国外计算机科学教材系列

数据与计算机通信

（第十版）

Data and Computer Communications
Tenth Edition

［美］ William Stallings 著

王 海 张 娟 周 慧 赵红宇 译

谢希仁 审校

電子工業出版社
Publishing House of Electronics Industry
北京·BEIJING

内容简介

本书是著名计算机专业作家William Stallings的经典著作之一，内容涉及基本的数据通信原理、各种类型的计算机网络以及多种网络协议和应用。新增主题包括软件定义网络，无线传输技术复杂性分析，4G蜂窝，千兆位WiFi，DHCP，PIM，QoS结构框架和标准因特网邮件体系结构。此外，本书还包括术语表、参考文献、缩写词对照表。每章都附有习题和建议，以便读者进一步阅读。

本书可供通信或计算机、信息技术专业的本科生和研究生使用，同时也可作为广大通信和计算机领域相关人员的参考用书。

图书在版编目（CIP）数据

数据与计算机通信：第10版 /（美）斯托林斯（Stallings, W.）著；王海等译.
北京：电子工业出版社，2015.9
（国外计算机科学教材系列）
书名原文：Data and Computer Communications, Tenth Edition
ISBN 978-7-121-24988-4

Ⅰ.①数…　Ⅱ.①斯…　②王…　Ⅲ.①数据通信－高等学校－教材　②计算机通信－高等学校－教材
Ⅳ.①TN91　②TP393

中国版本图书馆CIP数据核字（2014）第278983号

策划编辑：马　岚
责任编辑：马　岚　　特约编辑：赵晓温
印　　刷：北京虎彩文化传播有限公司
装　　订：北京虎彩文化传播有限公司
出版发行：电子工业出版社
　　　　　北京市海淀区万寿路173信箱　　邮编：100036
开　　本：787×1092　1/16　印张：39.25　　字数：1005千字
版　　次：2001年5月第1版（原著第6版）
　　　　　2015年9月第5版（原著第10版）
印　　次：2023年8月第6次印刷
定　　价：99.00元

凡所购买电子工业出版社图书有缺损问题，请向购买书店调换。若书店售缺，请与本社发行部联系，联系及邮购电话：（010）88254888。

质量投诉请发邮件至zlts@phei.com.cn，盗版侵权举报请发邮件至dbqq@phei.com.cn。

服务热线：（010）88258888。

译 者 序

我们非常高兴能向广大读者推荐William Stallings教授的*Data and Computer Communications*第十版的中译本。

很多阅读过计算机通信领域相关书籍的读者可能早已知道了William Stallings教授的大名。他早年在麻省理工学院获得计算机科学博士学位，是国际上颇具影响的计算机网络教授，同时也是著名的教科书作家。他曾先后12次荣获年度最佳计算机科学和工程教材奖，出版了17部有关计算机网络和通信体系结构的专著，堪称计算机通信网领域的全才。本书是他的代表作之一，也是他再版次数最多的一本书。本书业已成为国际上计算机与通信相关专业的标准教科书，产生了广泛而深远的影响。

本书的特点是内容丰富、涵盖面广，同时阐述条理清晰、举例生动、易于理解。第十版在前几版的基础上，吸取了众多授课专家的建议和意见，对内容进行了重新组织，条理性和可读性进一步增强，很多地方的叙述比以往更清晰更紧凑，并且许多图表都有所改进。

除了一些令本书更适合于教学和阅读的改进之外，还有一些实质性的变化贯穿全书。本书的章节结构改变了，现在的内容被分为两大单元，其中第二单元包含了与因特网相关的进阶内容以及扩展材料。除了组织结构上的变动之外，新版还针对近几年技术的发展特点，增加了一些新章节，补充了大量示例，更新了许多图表。例如本版新增了软件定义网络、第四代移动无线网络、千兆位WiFi、数据报拥塞控制协议等内容，并且每章都列出了详细的学习目标。

本书在继承第九版翻译成果的基础上，由王海教授和张娟、周慧、赵红宇共同完成全文翻译工作，并由谢希仁教授认真审校。

原书的一些错误已经在翻译过程中改正。在此特别感谢南京大学的王晓亮老师，他对第九版的翻译给出了很多宝贵建议。这些建议进一步提高了第十版的翻译质量。但限于水平，我们相信本版的翻译中仍然存在许多不妥和错误之处，敬请广大读者批评指正。来信请发至haiwang@ieee.org。

译者
2015年1月

前　言

第十版中的新内容

自本书第九版付梓以来，这个领域的发展以势不可挡的步伐持续向前。在此新版中，我一方面坚持对整个领域做出广泛而全面的介绍，另一方面也在努力跟上这些变化。在开始改版之前，有多位本专业的教授及专业人士对本书的第九版做了大量审阅工作。因此，这一版在很多地方的叙述比以往更清晰、更紧凑，并且许多图表都有所改进。

除了一些令本书更适合于教学和阅读的改进之外，还有一些实质性的变化贯穿全书。本书的章节组织结构改变了，现在的内容被分为两大单元，其中第二单元包含了许多高级内容以及与因特网相关的扩展材料。除了组织结构上的变动之外，最值得注意的变化包括以下内容：

- **套接字编程**　新增一节用于介绍套接字编程。另外还有一些套接字编程作业及其解题示例，可用于教师指导。
- **软件定义网络**　新增一节以涵盖这种被广泛使用的技术。
- **无线传输技术**　本书以统一的形式探讨各种无线网络传输的重要技术，包括FDD、DDD、FDMA、TDMA、CDMA、OFDM、OFDMA、SC-FDMA和MIMO。
- **4G蜂窝网络**　新增一节以涵盖4G网络和LTE-Advanced规范。
- **千兆位WiFi**　新增一节包括了两个新的WiFi标准，IEEE 802.11ac和802.11ad，它们提供吉比特量级的WiFi接入。
- **固定宽带无线接入**　新增几节内容以涵盖固定宽带无线接入因特网及相关的WiMAX标准。
- **前向纠错**　前向纠错技术在无线网络中必不可少。在新版中充实了大量与此重要话题相关的内容。
- **动态主机配置协议（DHCP）**　DHCP是一种被广泛用于动态IP地址分配的协议。新增一节以涵盖这个协议。
- **数据报拥塞控制协议（DCCP）**　DCCP是为了在不增加TCP开销的情况下，满足多媒体应用对拥塞控制传输协议的需求而出现的一个新协议。新增一节以涵盖DCCP。
- **协议独立多播（PIM）**　PIM是一种最重要的因特网多播路由算法，以新的一节来涵盖此内容。
- **支持服务质量（QoS）的体系结构框架**　新增一节以涵盖ITU-T 建议书 Y.1291，它为因特网QoS设施提供了一个整体框架。
- **电子邮件**　扩充第24章中关于电子邮件的章节以包含对标准因特网邮件体系结构的讨论。
- **学习目标**　现在，每章开始都列出详细的学习目标。
- **教学大纲案例**　本书文字所包含的内容超过了一个学期能够轻松学完的量。因此，我们为教师提供一些教学大纲案例，以指导如何在有限的时间（例如，16周或12周）使用这些内容。所有案例都是以使用本书第九版的教授的实践经验为基础的。

此外，继承自第九版的内容也经过修订，增加了新的图示，并修订和更新了一些内容。

宗旨

本书力图向读者全面完整地介绍数据与计算机通信这一广阔领域。从书中的章节结构组成可以看出作者试图将此庞大的主题细化，使之更易于理解，并逐步向读者揭示这一领域内的高新技术。本书的重点是基本原理以及与该领域的技术和体系结构有关的本质问题，同时也对前沿技术进行了详细讨论。

本书所讨论的内容始终围绕以下几条主线展开：

- **基本原理** 虽然所涉甚广，但有一些基本原理会作为主线反复出现，并贯穿该领域全部内容。例如复用、流量控制和差错控制。书中反复强调这些基本原理，并对具体技术范围下的各种应用进行了对比。
- **设计方法** 本书详细讨论了满足特定通信需求的不同设计方法。
- **标准** 在数据与计算机通信领域中，标准起着越来越重要的，甚至是决定性的作用。要想了解某一技术的现状和发展方向，就必须广泛深入地探讨其相关标准。

对2013版ACM/IEEE计算机科学课程的支持

本书的阅读对象包括学术研究人员和专业技术人员。对此领域有兴趣的专业技术人员可将本书视为基础入门教材，十分适合于自学。作为教科书来说，它可用于一个学期或两个学期的课程。此版本的目的是为了支持目前仍是（2013年2月）草案版[①] 的ACM/IEEE Computer Science Curricula 2013（CS2013）课程推荐书。该CS2013课程推荐书包括网络和通信知识域（Networking and Communication，NC），它是计算机科学专业知识体系（Body of Knowledge）中的一项知识域（Knowledge Areas）。CS2013将所有课程分为三类：一级核心Core-Tier 1（在课程中应包括所有的主题）、二级核心Core-Tier 2（课程应该包括所有或几乎所有的主题）、选修（在向广度和深度扩展时需要）。在NC知识域中，CS2013包括了2个一级核心主题和5个二级核心主题，其中每个主题又有多个子课题。本书涵盖了CS2013在这两级课程中列出的所有主题和子课题。

下表列出了本书对NC知识域提供的支持。

主　　题	本书涉及的章节
介绍（一级） ● 因特网组织（因特网服务提供商、内容提供商等等） ● 交换技术（电路交换、分组交换等等） ● 网络的物理组成（主机、路由器、交换机、ISP、无线、局域网、接入点、防火墙等等） ● 分层原理（封装、复用） ● 不同层的角色（应用层、运输层、网络层、数据链路层、物理层）	1（数据通信） 2（协议体系结构） 9（广域网技术和协议）
网络的应用（一级） ● 命名和寻址机制（DNS、IP地址、统一资源标识等） ● 分布式应用（客户/服务器、对等端、云等） ● 作为应用层协议代表的HTTP ● TCP和UDP的复用 ● 套接字API	24（电子邮件、域名系统和HTTP） 2（协议体系结构）

① 该课程建议书已经于2013年12月正式发布。——译者注

（续表）

主　　题	本书涉及的章节
可靠的数据交付（二级） ● 差错控制（重传技术、计时器） ● 流量控制（确认、滑动窗口） ● 性能问题（流水线技术） ● TCP	6（差错检测和纠正） 7（数据链路控制协议） 15（运输协议）
路由选择和转发（二级） ● 路由选择与转发之比较 ● 静态路由选择 ● 网际互连协议（IP） ● 可扩展性问题（分级地址）	19（路由选择） 14（网际协议）
局域网（二级） ● 多路接入问题 ● 对多路接入的一般解决办法（指数退避、时分复用等） ● 局域网 ● 以太网 ● 交换	11（局域网概述） 12（以太网）
资源分配（二级） ● 资源分配的需求 ● 固定分配（TDM、FDM、WDM）与动态分配的比较 ● 端对端的方法与网络辅助方法的比较 ● 公平性 ● 拥塞控制的原理 ● 解决拥塞的方法（内容分发网络等）	8（复用） 20（拥塞控制） 22（互联网的服务质量）
移动（二级） ● 蜂窝网络原理 ● 802.11网络 ● 有关支持移动结点（归属代理）的问题	10（蜂窝无线网络） 13（无线局域网）

内容安排

本书分为两个单元，共包括九部分，详情参见第0章：

● 第一单元包括了数据通信与网络的基础知识，如下所示。
  第一部分：概述
  第二部分：数据通信
  第三部分：广域网
  第四部分：局域网
  第五部分：网际协议与运输协议
● 第二单元包括了数据通信与组网高级专题，如下所示。
  第六部分：数据通信与无线网络
  第七部分：网际互连
  第八部分：因特网应用
  第九部分：网络安全

此外，本书还有许多与教学相关的特色，包括使用大量图表来阐明所讨论的内容。每一章都设有关键术语列表、复习题、习题，以及深入阅读的建议，并在书末列出了参考文献和缩略语表。本书还在网上提供了术语表，并为教师提供了试题库。

本书充分模块化的章节结构为课程安排提供了很大的灵活性。在第0章中有对课程安排的若干详细建议，可以采用自顶向下，也可采用自底向上的教学策略。

教师支持材料[①]

本书的主要目标是尽可能地成为这个令人兴奋又充满变化的主题的一个有效的教学工具。这个目标既反映在本书的结构上，也反映在它的支持素材中。为了帮助教师，用以辅助正文的补充材料如下所示：

- **解题手册** 包含所有章节末的复习题和习题解答。
- **课题手册** 适用于下面列出的所有课题类型的课题布置建议。
- **PowerPoint幻灯片** 一组包括了所有章节内容的幻灯片，适合讲课使用。
- **PDF文件** 内容为本书中所有的图和表。
- **试题库** 逐章给出的习题集，另有单独的解答文件。
- **教学大纲案例** 本书文字所包含的内容超过了一个学期能够轻松学完的量。因此，我们为教师提供一些教学大纲案例，以指导如何在有限的时间使用这些内容。这些案例都以使用本书第九版的教授的实践经验为基础。

课题及其他学生练习

对于许多教师来说，一个或一组课题是数据通信和网络教学课程中的重要组成部分，可以让学生们通过亲自动手实践，从而加深对课本中概念的理解。本书有侧重地在一些课程中提供相关的课题材料。教师资源中心不仅对如何布置和指导这些课题提供帮助，而且还包括了用于各种不同类型课题的用户指导及具体的课题布置，所有课题都完全针对本书设计。教师可布置以下几种类型的作业：

- **实践练习** 通过使用网络命令，学生可以获得网络连接方面的体验。
- **Socket编程课题** 在本前言稍后详细描述。
- **Wireshark 课题** Wireshark是一个协议分析程序，它使得学生能够研究各种协议行为。我们提供了一个教学视频以帮助学生从零开始，另外还有一组Wireshark作业。
- **仿真课题** 学生可使用仿真软件包cnet来分析网络的行为。在教师资源中心包括一些相关作业。
- **性能建模课题** 提供了两种性能建模技术：tools软件包和OPNET。在教师资源中心包括一些相关作业。
- **调研课题** 教师资源中心包括一个推荐的调研课题列表，这些调研既有需要上网搜索的，也有需要查找文献的。
- **阅读/报告作业** 教师资源中心包括一个可用于阅读作业和写报告的论文列表，以及推荐的作业用语。

① 采用本书作为教材的授课教师，可联系te_service@phei.com.cn获取相关教学资源。

- **书面作业** 教师资源中心包括一个书面作业的列表，以促进对本书内容的了解。
- **讨论题** 这些讨论题可用于教室、聊天室或消息板等环境中，以便更深入地对特定领域进行探讨，并且有助于学生之间的相互合作。

多种多样的课题以及其他一些学生练习使教师可以将本书视为丰富多样的学习体验中的一个重要组成部分，并通过剪裁课程计划以满足教师和学生的特定需求，详见在线附录B。

套接字编程

套接字是所有使用TCP/IP协议族的网络通信背后所依赖的基础。套接字编程是相对简单的课题，对学生来说，它们则可能是非常令人满意和有效的实践项目。这本书为学生学习和使用套接字编程提供了大力支持，以加强他们对网络的理解，包括：

1. 第2章提供了对套接字编程的基本介绍，涉及TCP服务器和客户端程序详细分析。
2. 第2章还包括一些课后的套接字编程作业。解题示例在本书的教师资源中心可获得。
3. 更多的套接字编程作业，附以解题示例，同样可在教师资源中心获得，包括一些中等规模的任务以及内容更丰富的项目，以逐步实现一个简化的即时通信客户端和服务器。

总之，这些资源使得学生能够对套接字编程有充分的理解，并获得一定的网络应用程序开发经验。

学生用的在线文档

对于新版，有大量学生可使用的原始支持材料已在线提供，读者可登录华信教育资源网（www.hxedu.com.cn）免费注册下载，具体内容如下所示。

- **在线章节** 为节省纸张并降低定价，本书中有两章涉及网络安全的内容以PDF文档的形式提供，本书目录中已列出。
- **在线附录** 有大量有趣的主题可用以支撑文中所讨论的内容，但是无法全部印在书中。我们为感兴趣的学生列出了19个相关主题，详见目录。
- **课后习题和解答** 为帮助学生了解相关内容，我们提供了独立的课后习题和解答。

致谢

本书历经数版，一直以来它们得益于数百位教师和专业人员的鼎力支持，他们慷慨地付出了自己的时间和专长。在此我谨向为此新版做出贡献的人员表示感谢。

参与评审本书全部或大部分原稿的教师有：Tibor Gyires（伊利诺伊州立大学）、Hossein Hosseini（威斯康星–密尔沃基大学）、Naeem Shareef（俄亥俄州立大学）、Adrian Lauf（路易斯维尔大学）和Michael Fang（佛罗里达大学）。

同时也要感谢为单独的章节提供了详细技术审阅的以下各位：Naji A. Albakay，C. Annamalai教授、Rakesh Kumar Bachchan、Alan Cantrell、Colin Conrad、Vineet Chadha、George Chetcuti、Rajiv Dasmohapatra、Ajinkya Deshpande、Michel Garcia、Thomas Johnson、Adri Jovin、Joseph Kellegher、Robert Knox、Bo Lin、Yadi Ma、Luis Arturo Frigolet Mayo、Sushil Menon、Hien Nguyen、Kevin Sanchez-Cherry、Mahesh S. Sankpal、Gaurav Santhalia、Stephanie Sullivan、Doug Tiedt、Thriveni Venkatesh和Pete Zeno。

还要感谢以下各位的慷慨付出。Yadi Ma提供了有关套接字编程的课后题。Michael Harris（曾在印第安纳大学）负责最初的Wireshark练习和用户手册。新西兰奥塔哥理工学院的首席讲师Dave Bremer负责更新了Wireshark练习中的大部分材料，同时他也制作了介绍如何使用Wireshark的在线教学视频。Kim McLaughlin制作了PPT幻灯片的课件。

最后我要感谢为本书的出版而付出努力的人们，他们的工作一如既往地出色。其中包括Pearson的工作人员，特别是我的编辑Tracy Johnson以及她的助手Jenah Blitz-Stoehr、项目经理经理Carole Snyder和权限主管Bob Engelhardt。我还要为迅速且出色的工作而感谢Shiny Rajesh以及Integra的工作人员。多亏了Pearson的市场营销和销售人员，没有他们的努力，这本书将无法出现在你面前。

目 录

第三部分　广　域　网

第四部分　局　域　网

第五部分 网际协议与运输协议

第二单元 数据通信与组网高级专题

第六部分 数据通信与无线网络

第七部分 网际互连

第八部分 因特网应用

网上章节和附录[1]

① 下列内容的PDF文件可登录华信教育资源网（www.hxedu.com.cn）免费注册下载。——编者注

第0章　读者及教师快速入门

本书及相应万维网网站涵盖大量的信息资料。在此先为读者提供一些基本的背景信息。

0.1　概要

本书共划分为两个单元。第一单元综述数据通信、网络以及网际协议的基本原理。第二单元则涉及数据通信和网络更高级、更深入的内容，并且更加全面地探讨了因特网的协议及其工作过程。

第一单元由如下五部分组成。

- **第一部分：概述**　介绍全书所讲述的内容范围。这部分包括对数据通信和网络的概述，以及对协议和TCP/IP协议族的讨论。
- **第二部分：数据通信**　主要考虑的是两个直接连接的设备之间的数据交换。在这个大前提下，对传输、传输媒体、差错控制、链路控制以及复用的技术要点进行了探讨。
- **第三部分：广域网**　主要研究的是为了在远距离网络上进行话音、数据和多媒体通信而发展起来的技术与协议。在探讨近期出现的ATM和蜂窝网络的同时，还介绍了早期分组交换和电路交换技术。
- **第四部分：局域网**　主要探讨的是为短距离组网而发展起来的各种技术和体系结构。传输媒体、拓扑结构以及媒体接入控制协议这些局域网设计要素是我们将要讨论的重点。随后是对以太网和WiFi的详细讨论。
- **第五部分：网际协议与运输协议**　讨论网际层和运输层的各种协议。

第二单元由如下三部分组成。

- **第六部分：数据通信与无线网络**　讨论相关领域内未曾在第一单元深入展开的内容。
- **第七部分：网际互连**　讨论与因特网的操作有关的一系列协议和标准，包括路由选择、拥塞控制以及服务质量。
- **第八部分：因特网应用**　考察运行在因特网上的一系列应用程序。

除此之外，还有在线的**第九部分：网络安全**。它涵盖安全威胁以及应对这些威胁的技术。另外还有一些在线附录，包含了与本书相关的更多话题。

0.2　读者及教师导读

本书所含内容超过了一个学期能够轻松完成的量。因此，在本书的教师资源中心（IRC）有一些教学大纲案例，以指导如何在有限的时间（例如，16周或12周）里使用这些内容。每个备选的案例都有章节选择以及每周课时安排的建议。这些案例全部以使用前几版的教师的教学实践经验为基础。

本书被划分为两大单元，这样做是为了将其内容大致划分为介绍性、基础性的主题（第一单元）和高级主题（第二单元）。因此，一个学期的课程可能只够用来学习第一单元的全部或大部分内容。

在本节，我们将为如何在一个学期的时间内组织这些内容提供一些其他建议。

0.2.1 课程重点

本书在内容上可分为四大类：数据的传输和通信、通信网络、网络协议、应用和安全性。书中各章各节在划分上的模块化足以为课程的规划提供充分的灵活性。以下是针对三种不同课程规划的建议：

- **数据通信基础：**第一部分（概述）、第二部分（数据通信）和第三部分（有线广域网和蜂窝网络）。
- **通信网络：**如果学生具备数据通信的基础知识，那么此课程将包括第一部分（概述）、第三部分（广域网）和第四部分（局域网）。
- **计算机网络：**如果学生具备数据通信的基础知识，那么此课程将包括第一部分（概述）、第6章、第7章（差错检测和纠正，数据链路控制协议）、第五部分（网际协议与运输协议）以及第七部分（网际互连）和第八部分（因特网应用）的全部或部分章节。

此外，如果略去某些对第一次阅读来说并不重要的章节，就能够以更连贯的方式讲授本书的所有内容。教师资源中心的教学大纲案例对章节的选择提供了指导。

0.2.2 自底向上与自顶向下方式的比较

本书以模块化的方式编写，在阅读了第一部分之后，其他几个部分的阅读顺序可有多种组合。假如你是从前往后地阅读本书，就是如表0.1(a)所描绘的自底向上的方式。采用这种方式，每一部分的内容都建立在之前所学的基础上，因此总能很清楚地了解某一层的功能是如何在下层的支持下实现的。如果只用一个学期的时间来学习，在教学内容上可能会有点太多，但是本书的章节结构使你可以简单地省略某些章节，而仍然保持自底向上的方式。表0.1(b)建议的是考察课程所使用的一种方法。

有些读者或教师可能更倾向于自顶向下的方式。在了解了背景内容（第一部分）后，读者直接从应用层开始学习，并一直向下学习所有的协议层。这样做的优点是可以在第一时间关注到本书中最直观的内容，也就是应用，然后再逐渐了解每一层又是如何在下一层的支持下工作的。表0.1(c)所示为一种完整的自顶向下例子，而表0.1(d)所示为一种考察课程的例子。

表0.1 建议的阅读顺序

(a)自底向上方式	(b)简化的自底向上方式
第一部分：概述	第一部分：概述
第二部分：数据通信	第二部分：数据通信
第三部分：广域网	第三部分：广域网
第四部分：局域网	第四部分：局域网
第五部分：网际协议与运输协议	第五部分：网际协议与运输协议
第七部分：网际互连	
第八部分：因特网应用	

（续表）

(c)自顶向下方式	(d)简化的自顶向下方式
第一部分：概述	第一部分：概述
第14章：网际协议	第14章：网际协议
第八部分：因特网应用	第八部分：因特网应用
第15章：运输协议	第15章：运输协议
第七部分：网际互连	第七部分：网际互连（第19章至第21章）
第三部分：广域网	第三部分：广域网
第四部分：局域网	第四部分：局域网（第11章）
第二部分：数据通信	

0.3　因特网和Web资源

在因特网和Web上可以找到很多与本书相关的有用资源，它们能够帮你紧跟这一领域的发展。

0.3.1　本书的相关Web网站

有三个Web网站向学生和教师提供了更多的资源。

本书的**配套网站**是http://williamstallings.com\DataComm。对学生来说，这个网站中包含了按章节顺序罗列的相关链接的清单，以及勘误表。对于教师来说，这个网站可以链接到一些以本书为教材的课程主页上，同时也提供大量有用的文档和链接。

还有一个有访问权限控制的**付费网站**（Premium Content Website），它提供了丰富的支持素材，包括附加的在线章节、附加的在线附录、课后习题及解答。

最后，在**教师资源中心**（Instructor Resource Center，IRC）有为教师准备的更多素材，包括解题手册和实践项目手册。其细节及如何访问可参见前言。

0.3.2　计算机科学学生资源网站

同时，作者维护着一个**计算机科学学生资源网站**（Computer Science Student Resource Site），地址是ComputerScienceStudent.com。这个网站的目的是向计算机科学专业的学生和专业人员提供一些文档、信息以及链接。这些链接和文档可分为如下7类。

- **数学**：包括基本数学知识回顾、排队论入门、数论入门以及与大量数学网站的链接。
- **指导**：对如何解答课外作业、撰写技术报告，以及准备科技讲座的建议和指导。
- **研究资源**：一些重要的论文库、技术报告资料库及参考书目库的链接。
- **杂项**：其他各种有用的文档和链接。
- **计算机科学职业**：对那些打算以计算机科学为职业的人来说会非常有用的链接和文档。
- **写作帮助**：帮助你成为一个更清晰、更高效的作者。
- **杂谈和幽默**：你需要时不时地把注意力从工作上挪开一会儿以提高工作效率。

0.3.3　其他Web网站

与本书所讨论的内容相关的Web网站数不胜数。在本书的配套网站中有按章节提供到这些网站的链接。

0.4 标准

标准早已在信息通信市场中扮演着举足轻重的角色。事实上几乎所有产品和服务的运营商都承诺支持国际标准。贯穿本书，我们描述的是在数据通信和组网技术的各个方面正在使用的以及正在开发的最重要的标准。有很多组织都涉及到了这些标准的制定和发布工作，其中最重要的几个组织（目前而言）如下：

- **因特网协会。** 因特网协会（Internet SOCiety，ISOC）是一个专业成员协会，拥有世界范围的组织和个人会员。它负责领导对有关因特网的未来发展方向等问题的探讨，同时它也是那些负责制定因特网框架标准的组织的大本营，其中包括因特网工程部（Internet Engineering Task Force，IETF）和因特网体系结构委员会（Internet Architecture Board，IAB）。这些组织负责开发因特网标准及相关规约，并全部以RFC的形式发布。
- **IEEE 802。** IEEE（Institute of Electrical and Electronics Engineers，国际电气电子工程师协会）802 LAN/WAN标准协会负责局域网和城域网标准的制定。其中应用最广的是以太网家族、无线局域网、网桥以及虚拟桥接局域网。针对每个领域都有一个独立的工作组负责。
- **ITU–T。** 国际电信联盟（International Telecommunication Union，ITU）是隶属于联合国的国际性组织，其中的政府部门和非政府部门共同协调全球的电信网络和服务。ITU电信标准部（ITU Telecommunication Standardization Sector，ITU-T）是ITU三个部门中的一个。ITU-T的任务是制定所有与电信领域相关的标准。ITU-T标准也称为推荐书（Recommendations）。
- **ISO。** 国际标准化组织（International Organization for Standardization，ISO[①]）是来自世界上140多个国家的标准化团体形成的联合组织，每个标准化团体代表一个国家。ISO是一个非政府组织，其目标是推动标准化及其相关活动的发展，以促进国际间的贸易和业务往来，并发展知识、科学、技术和经济等各领域的合作。ISO的工作成果是国际间的协定，并以国际标准的形式公布于众。

有关这些组织的详细讨论收录在在线附录C中。

① ISO不是首字母缩写（否则将是IOS），而是一个单词，源自希腊语，其含义是“平等”。

第一单元 基　　础

第一部分　概　述

第1章　数据通信、数据网络和因特网

学习目标

在学习了本章的内容之后，应当能够：

- 概述数据通信业务量的发展趋势；
- 了解数据通信系统中的要素；
- 总结数据通信网络的类型；
- 概述因特网整体体系结构。

本书的目标是向读者完整展现数据和计算机通信这一广袤领域。从书中的章节结构组成可以看出作者力图将此庞大的主题细化成更易于理解的部分，并逐步带领读者纵览相关新技术。本章作为引言，首先要介绍的是一个通信的基本模型，然后分别简要地讨论第二部分至第四部分以及第六部分，第2章则是对第五部分、第八部分和第九部分的概述。

1.1　现代企业的数据通信和网络构成

高效实用的数据通信和网络设施对任何企业来说都是至关重要的。这一节，我们首先要了解一些发展趋势，它们使企业管理者在规划和管理此类设施时遇到越来越大的挑战。然后我们要具体考察不断提高的传输速度和网络能力方面的需求。

1.1.1　趋势

有三股来自不同方向的力量一直在推动着数据通信和网络设施的体系结构化和不断向前发展：通信量的上升、新服务的发展和技术的进步。

近几十年来，不论是本地的（指位于一幢楼或一个商业园区内的）还是远距离的，**通信量**（communication traffic）一直呈现持续稳定的增长状态。这些通信量已经不再局限于话音和数据，而是越来越多地包含了图片和视频。随着人们对远程接入、在线交易以及社交网络业务的重视程度不断提高，这种趋势显然还将持续下去。因此，商业管理者也总是承受着以最小代价提高通信容量的压力。

随着企业越来越依赖于信息技术，商业用户有意愿消费的**服务**（sevice）范围也在不断扩大。例如，移动宽带的业务量呈爆炸性增长，而这是因为智能手机和平板电脑推入移动网络的数据量正在呈爆炸性增长。此外，随着时间的推移，移动用户需要越来越高的优质服

务来支持内置高分辨率相机的手机、热点视频流以及高质量的音频。类似的需求增长同样表现在因特网和专用网络的有线接入上。为了紧随消费者和商业用户生成的业务量的迅猛发展，移动服务提供商必须对高性能网络和传输设备始终保持投资。反过来说，由于高速网络的不断发展，带来了价格的不断降低，从而又鼓励了业务的进一步扩展。因此说，业务的扩展与通信容量的发展是携手并进的。作为一个例子，图1.1展示了通信量的构成以及因特网有线用户通信量的增长趋势[IEEE12]。

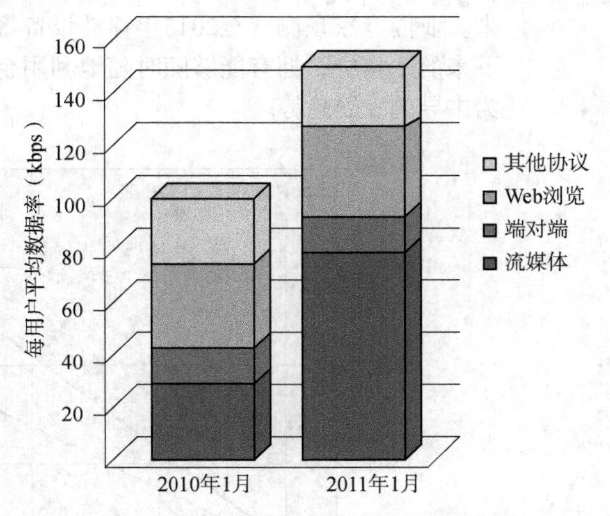

图1.1　每因特网用户的平均下行通信量

最后，**技术**（technology）的发展趋势使得我们能够提供越来越强大的通信性能，并支持更为广泛的服务。其中特别引人注目的技术发展方向有以下4个。

1. 不论是计算机系统还是通信系统，速度越来越高、价格越来越低的发展趋势从未停顿过。从计算机系统方面讲，这意味着更加强大的计算机和计算机群有能力支持那些要求更高的应用程序，例如多媒体应用程序。从通信方面看，光纤和高速无线技术的不断普及带来了传输价格的下降和性能的极大提高。例如，对于长途电信和数据网络链路来说，密集波分多路复用（dense wavelength division multiplexing，DWDM）技术能够使光纤承载的通信量达到每秒好几个太比特（Tb）的速率。对局域网来说，很多企业现在已拥有40 Gbps以太网或100 Gbps以太主干网络。图1.2描绘了对以太网数据率的需求趋势[IEEE12]。从图中的统计数据可以看出，因特网干线数据率的需求每18个月增加一倍，而企业/局域网应用的需求大约每24个月翻一番。
2. 今天的网络要比以前"聪明"多了。有两个方面的智能化是值得注意的。第一，今天的网络能够提供不同水平的服务质量（QoS），包括对最大延迟、最小吞吐量的规范等，以保证高质量地支持应用与服务；第二，今天的网络在网络管理和安全方面提供了多种可自定义的服务。
3. 不论是在工作上还是在个人生活中，因特网、Web及其相关的应用已经变得非常重要，"一切尽在IP上"的大迁徙仍然在继续，并给信息和通信技术（ICT）管理者带来了更多的机遇和挑战。除了利用因特网和Web来联络顾客、供应商和合作伙伴之外，企业还建立了内部网和外部网①，以隔离企业的私有信息，使之免受非法的访问。
4. 移动性是ICT管理者们面对的最新技术前沿，像iPhone、Droid和iPad此类流行的消费品已经成为推动商业网络及其应用发展的生力军。近几十年来，不断增强的移动性一直是一个发展趋势，而移动应用的爆发终成事实，并因此而解放了工作人员，使他们不再受限于一个物理位置固定的企业。由终端和办公桌面电脑来支持的传统企业应用，现在通过移动设备来支持已经非常常见。云计算目前正在被所有主要的商业软件生产商接纳，包括SAP、Oracle和微软，因此可以肯定的是，更进一步的移动变革即将到

① 简单地说，内部网就是在企业内部孤立的环境中应用因特网和万维网的技术。外部网就是将企业的内部网延伸出去，连接到因特网上，以允许特定的顾客、供应商和移动中的职员访问企业的私有数据和应用程序。

来。业内专家预测，至2015年移动设备将成为占据主导地位的企业计算平台，而在接下来的十年中，拥有能够随时随地利用企业信息资源以及服务的这一强大能力，将成为主导的发展趋势。

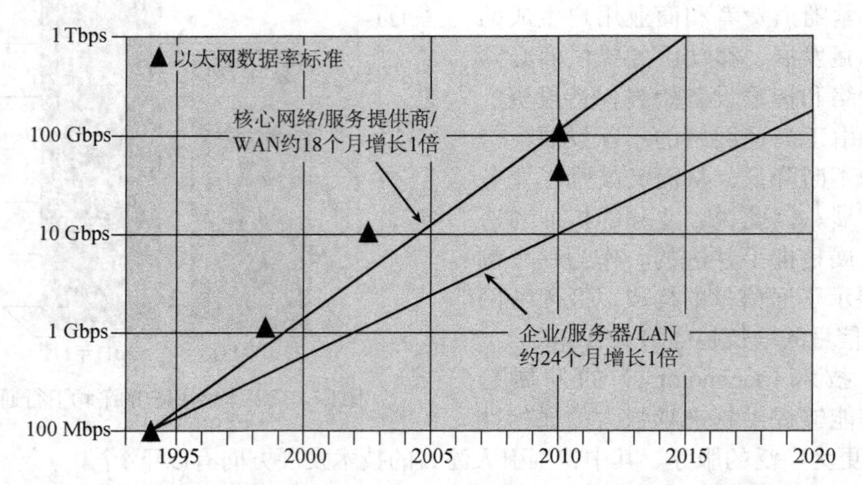

图1.2　过去的和预期的以太网数据率需求增长与现有以太网数据率之间的比较

1.1.2　数据传输和网络容量需求

企事业机构组织在其业务工作和处理信息的方式上，由于网络技术的改变而产生了巨大的变化，与此同时它又在不断促进着网络技术的改变。在这一点上就像是先有鸡还是先有蛋一样难以分辨。类似地，人们在工作和个人生活中对因特网的应用也反映了这一循环依赖关系：当因特网提供了新的基于图像的服务（即Web）后，导致其用户总数的激增以及每个用户产生的通信量的上升。反过来，这又对因特网的速度和效率提出了更高的要求。从另一方面讲，也正是因为速度的提高，才使得基于Web的应用程序能够让终端用户满意。

这一节将考察上述关系式中的终端用户这个因素。首先要介绍的是人们在工作环境中对高速局域网的需求，因为这一需求是最早出现的，并且它加速了网络发展的步伐。然后再介绍对企业广域网的需求。最后，我们简要介绍商用电子产品的变化对网络需求带来的影响。

高速局域网的出现

20世纪80年代初期，个人计算机和微型计算机工作站在商务计算系统中开始被人们广泛接受，时至今日更是取得了几乎与电话同等重要的地位，成为办公室职员最基本的工具。而在不久之前，办公室局域网所提供的还只是基础性的连接服务，也就是说将个人计算机或终端连接到运行着企业应用程序的大型主机或中型机系统上，同时提供部门级的工作组之间相互连接的功能。在这两种情况下，通信量模式相对而言都是比较轻的，其中用得比较多的只不过是文件传送和电子邮件。对于此种类型的工作负荷，当时可用的局域网主要是以太网和令牌环，确实能够适应当时的环境。

直至最近20年，以下两个重要的发展趋势不但改变了个人计算机的角色，而且同时也改变了对局域网的要求。

1. 个人计算机的速度和计算能力持续呈现爆炸性增长。这些更强大的平台支持了图形密集型的应用程序以及与操作系统之间的越来越精致的图形用户接口。

2. MIS（管理信息系统）机构已经认识到局域网是一个切实可行且不可或缺的计算平台，进而导致人们对网络计算能力的重视。这一趋势以客户/服务器模式的计算系统为开端，如今它已经成为商务环境中占主导地位的体系结构，另外还有最近出现的以Web为中心的内部网的趋势。这两种方式都涉及在面向事务环境下有可能会频繁传送很大量的数据。

上述趋势带来的影响就是局域网处理的数据量不断上升，并且由于应用程序的交互性越来越强，因此数据传送的可接受延迟必须减小。早期的10 Mbps以太网和16 Mbps令牌环显然无法胜任以上要求的工作。

下面的几个需求实例要求速度更快的局域网。

- **中央服务器群**　在很多应用程序中，要求用户或客户系统能够从称为服务器群（server farm）的多个中央服务器上读取大量的数据。其中的一个例子就是彩色出版系统，此时在多个服务器里通常包含了数十吉比特的必须被下载到图像处理工作站上的图像数据。随着服务器本身性能的提高，瓶颈也就转移到了网络上。
- **强大的工作组**　这些工作组通常由少数几个相互合作的用户组成，他们需要通过网络读取大量的数据文件。这样的例子包括正在对新的软件版本进行测试的某个软件研发小组，或者是定期对新设计进行模拟试验的某个计算机辅助设计（CAD）公司。此时，大量的数据分布在多个工作站上，并且以非常高的速度循环往复地处理和更新。
- **高速本地主干网**　随着处理要求的提高，导致在一个网点上局域网数量的激增，它们之间的高速互连也成为必然。

企业广域网需求

就在不久之前的20世纪90年代，很多企事业机构看重的还是集中式数据处理模式。在一个典型的环境中，可能在少数几个地区级办公场所中拥有大量重要的计算设施，包括大型主机或配置精良的中型计算机系统。这些集中式的设施，能够处理大多数的企业应用程序，包括基本的财务、会计、人事程序，以及很多商业专用的应用程序。而那些地处外围的较小的工作场所（如银行的支行）可能配置了一些终端和基本的个人计算机，并且在面向事务的环境下链接到某一个地区级的中心。

这种模式在20世纪90年代初期已经开始发生改变，从那以后这种改变不断加速。很多企事业机构将自己的职员分散到多个较小的办公场所。于是在家上班（telecommuting）的用户增多了。而最重要的是应用程序结构本身发生了改变。首先，客户/服务器模式的计算系统以及最近出现的内部网计算系统从本质上改变了企业数据处理环境的构成。如今对个人计算机、工作站和服务器的依赖性大大增加，而集中式的大型主机和中型计算机系统就用得很少了。再者，桌面计算机系统广泛采用了图形用户接口，使终端用户可以利用图形应用程序、多媒体和其他数据密集型的应用程序。另外，大多数企事业机构还要求接入因特网。当鼠标轻点几下就能触发大量的数据时，平均负荷随之升高，通信量模式也变得更加不可预测。

所有这些发展趋势都说明必将有更多的数据需要突破场所的限制而被传送至更广泛的区域。长期以来，人们一直认为在典型的商务环境中，大约有80%的通信量被保留在本地，只有大约20%的通信量会流入广域链路。但是现在这条规则已经不再适用于大多数公司了，因为进入广域网环境的通信量所占的百分比大大提高。这种通信流量的转移加重了局域网主干线路上的负担，当然也加重了企业使用的广域网设施的负担。因此，就如同在本地一样，企业数据通信量模式的改变促使着高速广域网的建立。

数字电器

家用电器向数字技术的迅速靠拢，对因特网和企业内部网来说都产生了巨大影响。随着这些新颖的小玩意逐渐进入人们的视野并且迅速普及，它们大大地增加了网络运载的图像和视频通信量。

这一发展趋势的两个值得注意的例子分别是多功能数字化光盘（digital versatile disk，DVD）和数码相机（digital still camera）。有了大容量的DVD，电器行业终于找到了一种可以取代模拟VHS录像带的载体。DVD取代了盒式磁带录像机中使用的录像带，同时也取代了个人计算机和服务器中使用的CD-ROM。DVD让视频进入数字化时代。DVD带来了照片质量的电影，使普通光盘相形见绌，另外它还能像音频CD一样随机访问，而DVD机也能播放音频CD。大量的数据能够挤在一张盘片中。有了DVD的超大存储容量和生动的质量，PC游戏变得更加逼真，而教育软件也能够收录更多的视频。紧紧伴随着这些发展而来的则是在因特网和公司内部网上所承载的通信量的一个新顶峰，因为此类资源已经融入Web 网站中。

另一个相关的产品发展是数码摄像机。这种产品使得个人和公司能够很容易地制作出数字视频文件，并将其放到公司或因特网的网站上，同样又加大了通信量负载。

1.1.3 融合

融合是指原先相对独立的电话技术、信息技术及其市场的合并。我们可以从企业通信三层模型的角度对此加以探讨。

- **应用** 这是业务终端用户所感受到的。融合使得通信应用（如电话、语音邮件、电子邮件、短信）与商业应用（如工作组协作、客户关系的管理及其他公司后勤职能）有机地结合起来。通过融合，应用程序可以用无缝的、结构化的、增值的方式，提供话音、数据和视频的综合能力。彩信就是这样的一个例子，它使得用户仅使用一个接口就能访问到来自多种不同源的消息（如办公语音邮件、办公电子邮件、寻呼机及传真）。
- **企业服务** 在这一层面上，与管理员打交道的是信息网络为支持应用而提供的各种服务。网络管理员需要设计、维护并支持那些与布署基于融合的设施相关的服务。同样在这一层，网络管理员还要将企业网络视为一个功能提供系统。此类管理服务包括设置鉴别机制，为各类用户、团体及应用进行容量管理，并提供QoS服务。
- **基础设施** 网络和通信基础设施由通信链路、局域网、广域网及企业可用的因特网连接构成。越来越多的企业网络基础设施现在也开始包括专用的和/或公共的云，它们与具有大容量数据存储和网络服务的数据中心相连接。在此层面上，融合的主要特点是通过原本为运载数据通信量而设计的网络来运载话音、图像和视频的能力。基础设施的融合也发生在原本设计用于话音通信量的网络上。例如，将视频、图像、文字和数据都通过手机网络传送给智能手机用户，已经成为日常生活的一部分。

简言之，融合涉及将话音迁移到数据基础设施上，把一个用户组织内的所有话音和数据网络综合到一个数据网络基础设施上，并将其延伸至无线领域。融合的基础是使用了网际协议（IP）的基于分组的传输。融合提高了基础设施及应用的能力和范围。

1.2 通信模型

本节将介绍一个简单的通信模型，如图1.3(a)所示。

通信系统的基本作用是完成通信双方的数据交换。图1.3(b)所示为一个具体实例，在该实例中，工作站和服务器之间通过公用电话网进行通信。另一个例子是两部电话机之间通过同样的网络来交换话音信号。在这个模型中有以下一些要素。

- **源点（source）** 源点设备生成传输的数据，例如电话机和个人计算机即可作为源点。
- **发送器（transmitter）** 通常，源系统生成的数据不会以它最初生成时的格式直接传输，而是通过一个发送器将这些信息转换并编码成能够在某些传输系统中进行传输的电磁信号。例如，调制解调器从与之相连的设备（如个人计算机）上获得一个数字比特流，并将这个比特流转换成能够在电话网上传输的模拟信号。
- **传输系统（transmission system）** 它有可能是一根单独的传输线，也可能是连接在源点和终点之间的复杂网络系统。
- **接收器（receiver）** 接收器接收来自传输系统的信号，并将其转换成能够被终点处理的信息。例如，调制解调器接收来自网络或传输线路上的模拟信号，并将其转换成数字比特流。
- **终点（destination）** 获取来自接收器的数据。

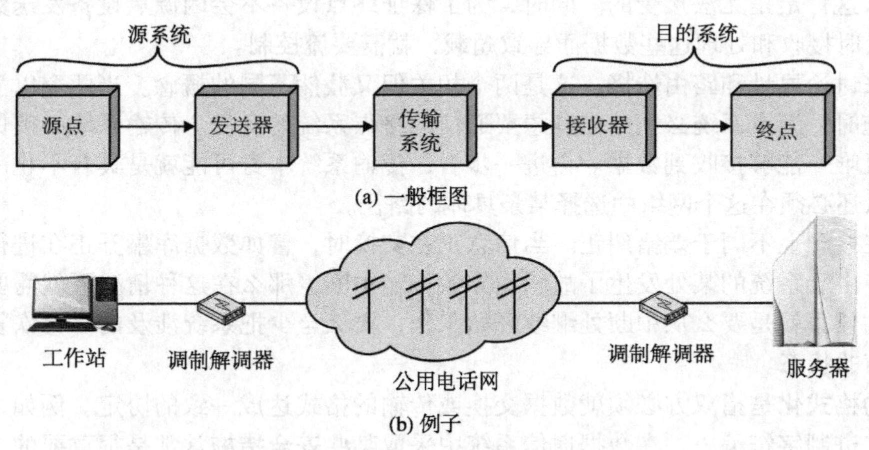

图1.3　简化的通信模型

上面这段简单的文字叙述掩盖了技术上的复杂性。为了使读者对此复杂性有所认识，表1.1列出了数据通信系统必须完成的一些关键任务。表1.1 并不很严谨，比如还可以向表中增加一些条目，表中的有些条目也可以互相合并，并且有些条目表示的若干任务是在系统的不同层次上完成的。尽管如此，这张表本身已提示了本书所涉及的范围。

第一项是**传输系统的利用**，它指的是如何充分利用传输设施，通常这些传输设施会被多个正在通信的设备共享。有多种技术（称为复用）可在多个用户之间分配传输系统的总传输能力。为保证系统不会因过量的传输服务请求而超载，需要引入拥塞控制技术。

表1.1　通信的任务

传输系统的利用	寻址
接口	路由选择
产生信号	恢复
同步	报文的格式化
交换的管理	安全措施
差错检测和纠正	网络管理
流控制	

任何想要通信的设备都必须与传输系统**接口**。本书所讨论的任何形式的通信都必须利用电磁信号在传输媒体上传播。因此，一旦建立了接口，若想进行通信还需要**产生信号**。信号的特性，如信号格式及强度，必须做到：（1）使信号能够在传输系统上进行传播；（2）使信号能够被接收器转换成数据。

仅仅根据传输系统和接收器的要求生成信号还不够，必须在发送器和接收器之间达成某种形式的**同步**。接收器必须能够判断信号在什么时候开始到达，又会在什么时候结束。它还必须知道每个信号单元的持续时间。

为了使双方顺利通信，除了要决定信号特性和定时这些基本要素之外，还有很多其他要求，我们将它们归类为**交换的管理**。如果在一段时间内，数据的交换是双向的，那么双方必须协同合作。例如双方进行电话交谈，有一方必须拨打另一方的电话号码，拨号产生的信号引起被叫方的电话振铃。被叫方拿起电话，双方就完成了连接。对数据处理设备来说，仅仅建立连接还是不够的，必须要达成某些协定。这些协定可能包括：两个设备是同时还是轮流地传送数据；每次传送的数据量；数据的格式；出现意外情况时的应对措施，比如出现了差错应如何处理。

接下来的两项也可以被容纳到交换的管理条目中，但由于它们十分重要，有必要将它们独立分列出来。任何通信系统都可能出现差错，传送的信号在到达终点之前会有不同程度的失真。在不允许出现差错的情况下就需要有**差错检测和纠正**机制。通常在数据处理系统中的确是这样的。例如，当一台计算机向另一台计算机发送文件时，如果文件的内容意外地被改变了，那么这肯定是无法接受的。同时，为了保证终点设备不会因源点设备发送数据过快，以致无法及时接收和处理这些数据而导致超载，就需要**流控制**。

下面来讨论**寻址**和**路由选择**，这是两个相关但又截然不同的概念。当两个以上的设备共享传输设施时，源点系统必须给出其想要通信的终点系统的身份。传输系统必须保证该终点系统能够且唯一能够接收到数据。再进一步看，传输系统本身可能就是具有不止一条路径的网络，那么还必须在这个网络中选择某条具体的路径。

恢复在概念上不同于差错纠正。当信息正在交换时，譬如数据库事务正在进行或文件正在传输时，由于系统的某处发生了故障而导致传输中断，那么在这种情况下就需要使用恢复技术。它的任务就是要么从中断处继续开始工作，要么至少把系统涉及的部分恢复到数据交换开始之前的状态。

报文的格式化是指双方必须就数据交换或传输的格式达成一致的协定。例如，双方都使用同样的二进制字符编码。在数据通信系统中采取某些**安全措施**常常是很重要的。数据发送方可能希望确保只有它期望的接收方能够接收到数据，而数据接收方则可能希望接收到的数据在传送过程中保证没有被改变过，并且此数据确实来自正确的发送方。

最后，数据通信设施是一个十分复杂的系统，它不可能自行创建或运行，于是就需要各种**网络管理**功能来设置系统，监视系统状态，在发生故障和过载时进行处理，并为系统的进一步发展做出合理的规划。

到此为止，我们已经从简单的源点和终点之间进行数据通信的概念出发，完成了对相当复杂的数据通信任务列表的介绍。我们还将在本书中进一步阐述这些任务，以期全面描述数据和计算机通信这一概念下涉及的一系列工作。

1.3 数据通信

1.3.1 数据通信模型

为了更加形象地说明第二部分的重点，如图1.4所示，我们从一个新的角度来考察图1.3(a)中的通信模型。让我们以电子邮件为例，逐步地详细说明该图。

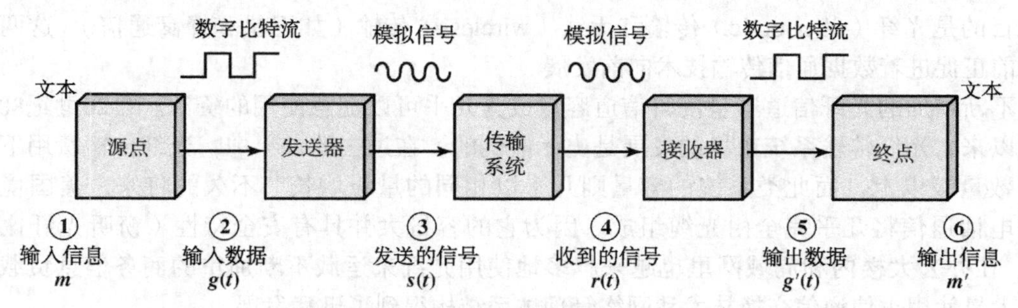

图1.4　简化的数据通信模型

假设图中的输入设备和发送器都是某台个人计算机的组件。使用这台计算机的用户希望向另一用户发送一条消息m。用户激活计算机上的电子邮件程序，并用键盘（输入设备）录入这条消息。此时字符串暂存在主存储器里。我们将此字符串视为主存储器中的一个比特序列g。这台计算机通过I/O设备，如局域网收发器或DSL调制解调器，与某种传输媒体相连接，例如局域网、数字用户线路（DSL）或无线连接。输入数据以一连串高低变化的电压$g(t)$的形式传递给发送器，这个电压变化在某些通信总线或线缆上代表了比特序列。发送器直接与传输媒体相连，并将输入的电压序列$g(t)$转换成适于传输的信号$s(t)$，具体使用的多种可互换的方法将在第5章中详细讲解。

在传输媒体上传送的信号$s(t)$在到达接收器之前会受到多种形式的损伤，这将在第3章中讨论。因此，接收到的信号$r(t)$很可能与$s(t)$不完全相同。接收器将根据$r(t)$以及它对该传输媒体的了解，尽量估算出$s(t)$的原貌，并产生比特序列$g'(t)$。这些比特被送到输出端的计算机上，在这里它们以比特块g'的形式暂存在主存储器中。在很多场合下，终点系统会试图判断是否有差错产生，如果有，则它将与源点系统合作，并最终获得没有差错的完整数据块。然后，这些数据通过输出设备，如打印机或屏幕，展现在用户面前。在正常情况下，用户看到的消息m'是和原消息m完全一样的副本。

现在考虑电话交谈的情况。在这种情况下，消息m以声波的形式输入电话机，电话机将声波转换成同频率的电信号。这些电磁信号不经过任何形式的改变直接在电话线上传输。因此，输入信号$g(t)$与被传输的信号$s(t)$是相同的。信号$s(t)$在传输媒体上会承受某些形式的失真，因此接收到的信号$r(t)$与$s(t)$并不完全一样。虽然如此，信号$r(t)$不经过任何形式的差错纠正，也不用提高信号质量，直接被转换回声波。因此m'与m并不完全一致。但是，对接听者来说，接收到的声音通常是能够听得懂的。

以上的讨论并没有涉及数据通信的其他几个关键性问题，包括用来控制数据流并检测、纠正差错的数据链路控制技术，以及用于提高传输效率的复用技术。

1.3.2　信息的传输

任何通信设施的基本构件都是传输线路。对企业管理者来说，并不会对如何将信息编码和如何通过线路来传输等大多数技术细节感兴趣。企业管理者关心的是在最小成本的前提下，某种特定的设施能否提供所要求的性能，并且具有能够接受的可靠性。但是，企业管理者还是应该了解某些传输技术特性，以便能够提出适当的问题并做出有理有据的决定。

企业用户要面临的一个最基本的选择是传输媒体。如果仅用于本企业范围内，则这个选择通常完全取决于企业本身。而对于远距离通信，此选择则通常取决于长途电信公司，当然也不总是如此。不论是在哪种情况下，技术上的变化正迅速改变着所用媒体的组成。特别引人注目的是光纤（fiber optic）传输和无线（wireless）传输（如卫星和蜂窝通信）。这两种媒体目前正促进着数据通信传输技术向前发展。

不断增加的光纤信道容量使得信道容量成为几乎可以随意使用的资源。自20世纪80年代初期以来，光纤传输系统市场的发展是史无前例的。在过去的10年中，光纤传输费用下降了几个数量级以上，而此类系统的容量则几乎以相同的量级增长。不久的将来，美国境内的长途电话通信将几乎完全由光缆组成。因为它的容量大并具有安全特性（窃听光纤比较困难），在办公大楼内和局域网里也越来越多地使用光纤来运载不断加重的商务信息负载。光缆的大量使用也使通信交换技术和网络管理体系结构得到了迅猛发展。

第二种媒体，即无线传输，是向统一的个人电信和统一的通信接入发展的趋势所带来的结果。其中第一个概念指的是个人可随时随地通过一个账号使用任何通信系统的能力，"随地"在理想情况下泛指全球。第二个概念指的是使用用户所亲睐的计算机设备在各种不同的环境下与信息服务连接的能力（如在办公室、在大街上，以及在飞机、公交、火车上可以同样出色工作的移动式终端、智能手机或平板电脑）。今天，这两个概念都可归入业务推动移动支持的概念。无线局域网已经成为企业网络及小型办公室/家庭办公室网络的常见组成部分，而具有无线功能的智能手机和平板电脑正迅速成为主流的商业用户通信设备。移动性的潜能还未完全释放，它应当在各种商业层面表现得更加出色：个人的、工作组的和企业范围的。这为人们在无线技术上投入更多的商业投资提供了令人信服的理由。

虽然传输设施的容量增加了，费用降低了，但是对大多数企业来说，传输服务仍然是通信预算中最昂贵的一部分。因此，企业管理者需要了解哪些技术能够提高这些设施的使用效率。提高效率的两种主要办法是复用和压缩。复用（multiplexing）指的是多个设备共享一个传输设施的能力。如果每个设备都只在某些时间段用到该设施，那么共享的安排可以让该设施的费用由多个用户分担。压缩（compression）这个名称很容易理解，就是将数据挤压变小，使得低容量、较便宜的传输设施能用来满足特定的需求。这两种技术本身是互相独立的，但在很多类型的通信设备中它们是合二为一的。企业管理者需要了解这些技术，才能正确评估市场上各种各样的产品，选择出适当且划算的产品。

传输和传输媒体

通过把信息转化成电磁信号并将这些电磁信号通过某些媒体（如电话双绞线）传播，信息就能进行通信了。最常见的传输媒体有双绞线、同轴电缆、光缆以及地面微波和卫星微波。能够达到什么样的数据率以及出现差错的机率有多少，全都取决于信息的特性和媒体的类型。第3章和第4章将考察电磁信号的重要属性，并对各种不同的传输媒体从费用、性能及应用方面进行比较。

通信技术

信息传输在经过传输媒体时所涉及的不仅仅是简单地将一个信号插入到媒体上，还要决定使用什么样的技术将信息编码成电磁信号。编码的方法有很多种，而且不同的选择会影响性能和可靠性。更进一步讲，成功的信息传输包括各个组成部分之间的高度合作。位于设备和传输媒体之间的接口必须经过协商达成一致。另外还必须使用一些控制信息流并能将其从丢失和损坏中恢复的手段。后面提到的这几种功能是由数据链路控制协议执行的。所有这些主题都将在第5章至第7章中介绍。

传输效率

在任何计算机/通信设施中，传输费用都是一项主要的花费。正因为如此，在给定的资源上运载最大量的信息，或者换一种做法，用最小的传输容量来满足给定信息的通信要求，就显得非常重要。达到上述目标有两种做法：复用和压缩。这两种技术既可以单独使用，也可以结合起来使用。第8章将考察3种最常用的复用技术：频分、同步时分复用和统计时分复用，以及一些重要的压缩技术。

1.4　网络

在全球范围内，互联网用户数量预计将从2011年的大约20亿上升到2016年的大约30亿。这个数字其实是误导性的，因为一个终端用户可能拥有多种设备。据估计，至2016年将会有超过200亿固定的和移动的网络设备，以及设备到设备的连接，而在2011年这个数字大约是70亿。用户设备数量的增加，特别是宽带设备的增加，对通信量带来了多方面的影响。网络容量可能长时间地被一个用户消耗，并且同时被多个设备一起消耗。另外，不同的宽带设备可以支持不同的应用程序，这些应用程序有可能具备产生更大通信量的能力。其结果是，在因特网及其他基于IP的网络上，每年生成的总流量预测将从372艾字节（372×2^{60}字节）上升至2016年的1.3泽字节（1.3×2^{70}字节）[CISC12a]。此通信量需求为通信协议（在第2章中介绍）以及通信与计算机网络带来了性能上的刚性需求。

世界上最普遍的网络类型之一是局域网（LAN）。事实上，几乎在所有大中型办公楼里都能找到局域网。局域网，尤其是WiFi局域网，也越来越多地用于小型办公室和家庭网络。随着计算设备在数量和能力上的增长，办公楼中LAN的数量及其性能也相应地在增加。它们在企业中的激增得益于为局域网开发的国际公认标准。虽然以太网已经成为占主导地位的网络体系结构，但企业管理者仍然可以选择传输速率（从100 Mbps到100 Gbps），以及在企业内部网络中以何种方式组合有线的和无线的局域网。在目前的商业网络中，不同性质的局域网和计算设备之间的互连以及管理问题将为网络专业人员带来长期的挑战。

要求能够支持话音、数据、图像和视频业务的网络，这个商业需求并不局限于一栋办公大楼或局域网内部，今天它已是企业范围的通信需求。局域网交换机和其他数据通信技术上的进步导致局域网传输性能上的大大增强，并带来了综合这个概念。综合（integration）的含义是指通信设备和网络能够同时处理话音、数据、图像甚至视频。因此，你的备忘录或报告就可以伴有话音解说、图形演示，甚至可能是一部短小的视频介绍或总结。在局域网中显得轻而易举的图像和视频服务却会对广域网的传输带来很高的要求，并且价格昂贵。再者，随着局域网的普及以及传输速率的提高，用企业网络来支持地理上分散的地区间的互连需求也在增加。这又迫使企业不得不提高广域网的传输和交换容量。幸运的是，光纤和无线传输服务所具有的巨大且仍在不断提高的容量，为满足这些业务数据的通信需求提供了足够的资源。但是，为了应对传输链路的容量以及通信业务量的不断增长，交换系统的研发仍然是一个尚未被征服的挑战。

将企业网络作为一种积极的竞争工具，并视之为提高生产力，大幅度削减生产成本的手段的可能性是很大的。如果企业管理者了解这些技术，他们就能行之有效地与数据通信设备生产商和服务提供商打交道，这样就能够提高公司的竞争地位。

在这一节剩下的内容中，我们将简单介绍各种类型的网络。第三部分和第四部分将会更深入地讨论这些主题。

1.4.1　广域网

通常，广域网覆盖了很大的地理范围，需要穿越公众设施，并且至少有一部分依靠的是由公共电信运营公司（向公众提供通信服务的公司）建立的电路进行传输的网络。一个典型的广域网内部包含了多个相互连接的交换结点。从任何一个设备出发的传输过程都要通过路由选择，途经这些网络结点，最后到达某个终点设备。这些结点（包括网络边缘的结点）并不关心所传输的数据具体是什么内容，它们只是提供交换功能，将数据从一个结点转交给另一个结点，直至这些数据到达终点。

传统上，广域网的建立采用以下两种技术中的一种：电路交换和分组交换。后来，帧中继和ATM网络开始担当主要角色。一方面，ATM及帧中继在某种程度上仍在广泛使用，而另一方面，它们的应用已渐渐被基于吉比特以太网和网际协议（IP）的技术所取代。

电路交换

在电路交换网中，两个站点之间建立一条专用的途经多个网络结点的通信路径。这一路径是由连接结点与结点的一连串物理链路组成的。每段物理链路都会为这一连接建立一条专用的逻辑通道。由源点生成的数据沿着这条专用通路被尽可能快速地传送。对每个结点来说，接收到的数据无延迟地通过路由选择或交换到达适当的出口通道。电路交换最常见的例子就是电话网。

分组交换

在分组交换网中使用的则是完全不同的方法。在这种情况下，没有必要建立一条独占传输能力的贯通网络的专用通道。相反，数据是以一连串小块的形式发送出去的，这些小数据块就称为分组。每个分组都将沿着从源点到终点的路径，途中经过一个个的结点，穿越整个网络。对每个结点来说，它接收完整的分组，先将其暂存，然后再传送给下一个结点。分组交换网常用于从终端到计算机和从计算机到计算机之间的通信。

帧中继

在分组交换网发展的那个时代，远距离数字传输设施与今天相比还存在相当高的误码率。因此，为了弥补差错，分组交换机制中引入了大量的额外开销。这些额外开销包括在每个分组中都要附加一些额外的比特，从而引入了冗余信息，并且在终端和途经结点上还需要有额外的处理过程，用以检测差错和从差错中恢复。有了现代的高速电信系统后，这些额外开销就变得没有必要，甚至阻碍发展。说它没有必要，是因为误码率已大大降低，即使发生了误码，也可以由终端系统通过分组交换逻辑层之上的高层逻辑来轻松地解决。说它妨碍发展，是因为分组交换中包含的额外开销会将网络提供的高能力中的很大一部分消耗掉。

帧中继的发展正是充分利用了这种高数据率和低误码率。传统的分组交换网能够达到的终端用户传输数据率约为64 kbps，而帧中继网络的终端用户传输速率可高达2 Mbps。达到这一高数据率的关键在于它抛弃了绝大多数与差错控制有关的额外开销。

ATM

异步传递方式（ATM）有时也被称为信元中继，它是电路交换和分组交换领域共同发展的结晶。ATM可被视为帧中继的进一步发展。帧中继和ATM之间最大的区别在于帧中继使用的是长度可变的分组，称为帧；而ATM 使用的是长度固定的分组，称为信元。和帧中继一样，ATM几乎不为差错控制提供额外开销，而依赖传输系统自身的稳定性以及终端系统的高层逻辑来捕获和纠正差错。由于使用了固定长度的分组，ATM需要处理的额外开销比帧中继还要少。因此,ATM预计的工作范围在几十到几百Mbps 之间，甚至可以工作在吉比特范围内。

ATM也可以视为从电路交换系统发展而来。在电路交换系统中，终端系统只能利用固定数据率的交换电路。ATM允许定义多条虚通路，而这些虚通路的数据率是在它被创建时动态定义的。ATM因为使用了长度固定且较短的信元而变得效率非常高，以至于即使是使用分组交换技术也能提供固定数据率的通路。就这样，ATM扩展了电路交换技术，能够允许多条通路的存在，且每条通路的数据率又可以根据要求动态定义。

1.4.2 局域网

与广域网一样，局域网也是一种连接各式各样的设备并向这些设备提供交换信息手段的通信网络。局域网和广域网之间有以下几点主要区别。

1. 局域网的范围较小，通常是一栋楼或一片楼群。正如我们将要看到的，这种地理范围的不同导致了不同的技术解决方案。
2. 在通常情况下，局域网和与局域网相连接的设备都属于同一个组织。对广域网来说，这种情况很少见，或者至少有很大一部分网络资产并不属于使用者。这里隐含了两层意思。首先，选择使用局域网要谨慎，可能需要一大笔资金的投入用于采购和维护（与广域网的接入费或租用费相比较）；第二，局域网的网络管理完全由用户独自负责。
3. 一般来说，局域网内的数据率要比广域网高得多。

局域网采用了几种不同的配置。其中最普通的是交换局域网和无线局域网。交换局域网中最常见的是交换以太局域网，它可能只含有一个交换机，其上挂接了一些设备，也可能含有多个互连的交换机。无线局域网最常见的类型是WiFi局域网。

1.4.3 无线网络

正如上面所提到的，无线局域网在商务环境下的应用非常广泛。同样，无线技术在广域话音网及数据网中的应用也很常见。无线网络的优势在于它的移动性以及安装配置的简易性。

1.5 因特网

1.5.1 因特网起源

因特网是从美国国防部高级研究计划署（Defense Advanced Research Projects Agency，DARPA）于1969 年开发的ARPANET 演变而来的。它是第一个可运行的分组交换网络。ARPANET 最初只在4个地方运行。今天其主机的数量以千万计，用户的数量更是高达数亿，而参与其中的国家和地区有将近200 个。因特网连接数量仍然保持着呈指数级增长。

这种网络如此成功，以至于DARPA将同样的分组交换技术应用于战术无线通信（分组无线）和卫星通信（SATNET）上。由于这3个网络运行在完全不同的通信环境中，它们对特定参数的相应取值（如最大分组长度）就各不相同。面对如何将这些网络集成这个难题，DARPA的Vint Cerf 和Bob Kahn开始研究网络互连（internetworking）的方法和协议，也就是跨越多个任意的分组交换网络的通信。1974年5月，他们发表了一份影响深远的论文[CERF74]，概要说明了实现传输控制协议（Transmission Control Protoco，TCP）的方法。这个建议后来经过ARPANET协会的改良和充实，其中欧洲网络的参与也功不可没，最终迎来了TCP和IP（Internet Protocol）协议，而正是这两个协议为最终的TCP/IP 协议族奠定了基础。因此也就提供了因特网的基础。

1.5.2 要素

图1.5所示为因特网所包含的要素。当然，因特网的目标是终端系统的相互连接，这些终端系统称为**主机**，包括个人计算机、工作站、服务器、大型计算机，等等。使用因特网的绝

大多数主机都会连接到某个**网络**上，如局域网（LAN）或广域网（WAN）。而这些网络又通过**路由器**相连。每个路由器都与两个以上的网络相连。某些主机，如大型计算机或服务器，会直接与路由器相连，而不是通过网络。

因特网最基本的运行方式如下。有一台主机可能希望向位于因特网中任意某地的另一台主机发送数据。源点主机将需要发送的数据拆成一个分组序列，称为**IP数据报**或**IP分组**。每个分组包含一个目标主机的唯一的数字地址。这个地址称为**IP地址**，因为它在IP分组中携带。每个分组根据这个目的地址途经一连串的路由器和网络，从源点到达目的点。每个路由器在接收到一个分组时，要做出路由选择的决定，并将该分组沿着通往目的点的路径转发。

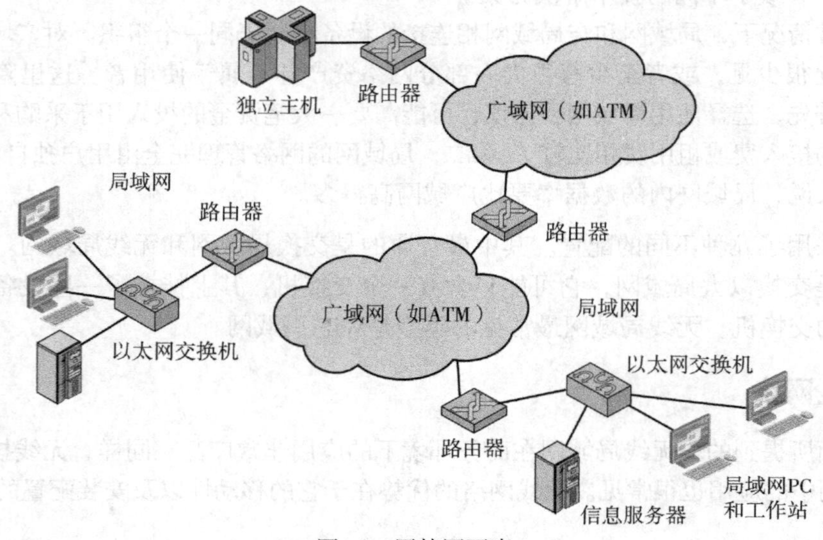

图1.5　因特网要素

1.5.3　因特网体系结构

今天的因特网是由几千个相互重叠的分层次的网络组成的。正因为如此，想要详细地描述因特网的确切体系结构或拓扑是不现实的。不过还是可以对其共同的普遍特征做全面概述，如图1.6所描绘的。表1.2总结了其中的术语。

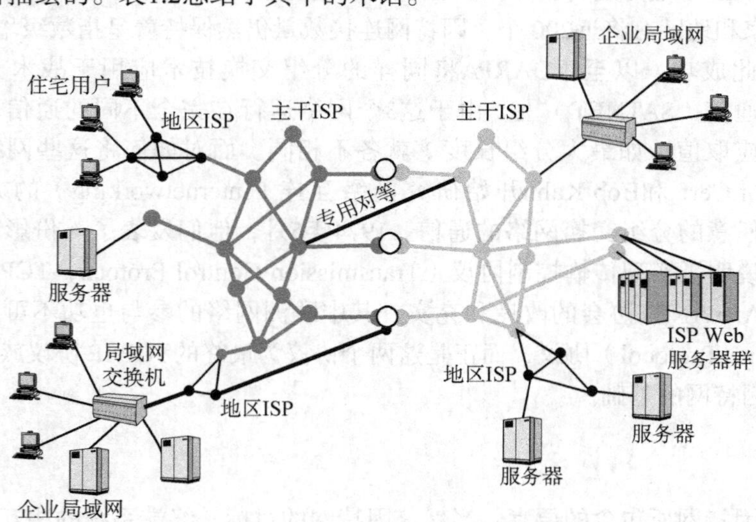

图1.6　部分因特网简化视图

因特网中的一个要素就是与因特网相连的主机集合。简单地说，一个主机就是一台计算机。今天，计算机的形式变化多样，包括移动电话甚至汽车。所有这些形式的计算机都可以是因特网上的一个主机。主机有时以局域网的方式聚集在一起。这种方式是企业环境中的典型配置。无论是单个主机还是局域网，都要通过一个**汇接点**（Point of Presence，POP）连接到一个**因特网服务提供者**（Internet Service Provider，ISP）。此连接分多步建立，用户首先连接的是**用户驻地设备**（Customer Premises Equipment，CPE）。CPE是位于主机一侧的通信设备。

表1.2　因特网术语

交换局（Central Office，CO）

是电话公司终结用户线路并放置交换设备，以将这些线路连接到其他网络的地方

用户驻地设备（Customer Premises Equipment，CPE）

是位于用户身边（物理位置），而不是在服务提供者周围或之间的电信设备。例如电话机、调制解调器、有线电视机顶盒、数字用户线路路由器。传统上，这个术语指的是位于电话线用户一端的设备，通常属于电话公司所有。今天，几乎所有的端用户设备都可以称为用户驻地设备，并且既可以属于用户，也可以属于服务提供者

因特网服务提供者（Internet Service Provider，ISP）

向其他公司或个人提供接入因特网或加入因特网的公司。ISP拥有一些设备和电信线路的接入权，这些条件是为服务范围内的用户提供连接因特网的汇接点所必须具备的。比较大的ISP具有自己的高速专用线路，这样它们就能减少对电信提供者的依赖，并能够为自己的用户提供更好的服务

网络接入点（Network Access Point，NAP）

在美国，一个网络接入点就是几个主要的因特网连接点之一，它们将所有ISP维系到一起。最初，全美国只有4个网络接入点，分别位于纽约、华盛顿、芝加哥和旧金山，它们是美国国家科学基金会创立并支持的，是从最初由美国政府资助的因特网向商业化转型过程中的一部分。自从那时起，又有几个新的网络接入点出现了，包括WorldCom公司位于加州圣何塞市的MAE West网点和ICS Network Systems公司的Big East网点

网络接入点提供面向大众服务的主要交换设施。公司需申请使用这些网络接入点设施。大部分因特网的通信量处理无须涉及网络接入点，而是使用对等约定和地理区域内的相互连接达成

网络服务提供者（Network Service Provider，NSP）

向因特网服务提供者（ISP）提供干线服务的公司。通常，ISP在一个称为因特网交换局（IX）的点上与地方ISP相连，然后再连接到NSP干线

汇接点（Point of Presence，POP）

具有一些电信设备的网点，通常指ISP或电话公司的网点。ISP的汇接点是ISP网络的边缘，来自用户的连接在这里被接受和鉴别。一个因特网接入提供者可能运营着多个分布在自己所辖区域内的汇接点，使自己的用户更有机会通过本地电话连接到其中一个汇接点上。最大的全国性ISP拥有的汇接点遍布全国

对许多家庭用户而言，用户驻地设备就是56 kbps的调制解调器。它对于电子邮件及其相关服务来说是非常合适的，但对图形密集型的Web就显得很勉强了。目前的用户驻地设备能提供更高的性能，并且在某些情况下具有保证的服务。此类接入技术的例子包括DSL（数字用户线路）、电缆调制解调器、地面无线系统以及卫星。在工作中需要连接到因特网的用户通常用工作站或个人计算机连接到属于雇主的局域网上，然后这个局域网通过共享的商业干线连接到一个ISP。在此类情况下，共享电路通常是T-1连接（1.544 Mbps）。而对于非常大的企业来说，有可能是T-3连接（44.736 Mbps）。还有另一种情况，企业局域网有可能挂接到广域网上，例如帧中继网络，然后通过广域网连接到ISP。

用户驻地设备在物理上连接到“本地环路”或“最后一里”。它们指的是位于服务提供者的设施和主机所在网点之间的基础设施。例如，使用DSL调制解调器的住宅用户将调制解调器连接到电话线路上。通常，电话线是从住宅到**交换局**（Central Office，CO）之间的一对铜线，由电话公司拥有和使用，而这条电话线的很大一段很可能采用的是光纤。在这种情况下，“本地环路”（local loop）指的就是住宅和交换局之间的这对铜线。如果住宅用户有电缆调

制解调器，那么本地环路就是从住宅到电缆设备公司之间的同轴电缆。上面这个例子有一点过于简单化了，但是对此处的讨论已经足够了。在很多情况下，从一个住宅延伸出来的电线要与从其他住宅出来的电线聚集到一起，然后转换成另一种不同的媒体，如光纤。此时，术语“本地环路”指的还是从住宅到交换局或电缆设备公司之间的线路。本地环路的提供者不一定是ISP。在很多情况下，本地环路的提供者是电话公司，而ISP则是一家大型的全国范围的服务公司。不过，一般来说本地环路的提供者也是ISP。

CPE-ISP的连接还有几种不经过电话公司交换局的其他形式。例如，有线电视链路也可以连接本地用户到有线电视公司站点，而此处则包含或链接到ISP。移动用户可以利用无线链路连接到WiFi接入点，由它来提供对因特网的接入。而大型企业在接入ISP时也有可能通过专用的高速链路或经由一个广域网，如ATM或帧中继网络。

通过汇接点，ISP提供与其所拥有的大型网络的接入。汇接点只不过是一个让消费者能够连接到ISP网络上的设施。这个设施有时是属于ISP的，但通常是ISP从本地环路所属的电信公司租来的。汇接点可以很简单，例如在交换局的一个机架上安装调制解调器池再加上一个接入服务器就是一个汇接点。通常，这些汇接点遍布服务提供者所辖的地理范围内。ISP的作用就相当于因特网的网关，它提供很多重要的服务。对绝大多数住宅用户来说，ISP会提供一个唯一的IP地址，这是与其他因特网主机通信时必须具备的。大多数ISP还提供名字解析以及其他一些基本的网络服务。但是ISP所提供的服务中最重要的是对其他ISP网络的接入。这种接入的实现需要服务提供者之间有正式的对等约定。物理接入可以通过多个ISP的汇接点相互连接来实现。当这些汇接点的位置靠得很近时可以用本地连接直接接入，或者当汇接点不在一起时也可以利用专线接入。但更常用的机制是**网络接入点**（Network Access Point，NAP）。

网络接入点是一个物理设施，它提供设备以便在互相连接的网络之间运送数据。在美国，国家科学基金会（NSF）私营化计划催生了4个网络接入点。网络接入点的建立和运作都是私营的。近几年来，网络接入点的数量增长惊人，应用技术也从光纤分布式数据接口（FDDI）和以太网升级换代为ATM和千兆位以太网。今天的网络接入点大多都有一个ATM核心。连接到网络接入点上的多个网络都归**网络服务提供者**（Network Service Provider，NSP）所拥有和运作。NSP可以是一个ISP，但并不一定是。对等约定是NSP之间的事，并不包括网络接入点的运营者。NSP在网络接入点上安装路由器，并将它们连接到网络接入点设施上。NSP的设备负责路由选择，而网络接入点设施提供路由器之间的物理接入路径。

1.6 网络配置举例

先让我们感受一下本书主要内容所涉及的范围，图1.7所示为一些最典型的目前正在使用的通信和网络要素。图的中心部分是一个IP主干网，它可以代表因特网或企业IP网络的一部分。通常，主干网是由大容量光纤链路互相连接的高性能路由器（称为核心路由器，core router）组成的。光纤链路使用了所谓的波分复用（WDM）技术，因此每条链路具有多个逻辑通道，它们分别占用光纤带宽的不同部分。

在IP主干网的边缘是提供外部网络与用户连接的路由器。这些路由器有时被称为边缘路由器（edge router）或汇聚路由器（aggregate router）。汇聚路由器也用于企业网络中，它将多个路由器和交换机与外部资源相连接，如IP主干网或高速广域网。作为对核心路由器和汇聚路由器的性能需求的说明，[XI11]分析报告了中国因特网主干提供商和大型企业网络的此类需求预计。该分析归纳认为，至2020年汇聚路由器的需求大约在200 ~ 400 Gbps每光纤链路的范围，而核心路由器的需求则大约在400 Gbps到1 Tbps每光纤链路的范围。

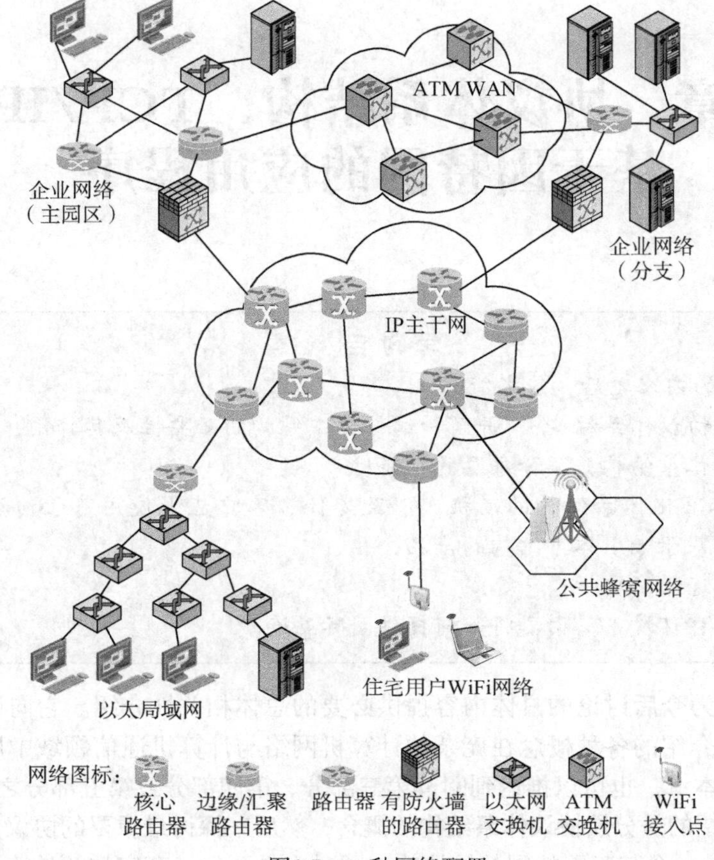

图1.7　一种网络配置

该图的上部描绘了类似大型企业网络的一部分。从图中可以看出该网络的两个区经由专用高速异步传递方式（ATM）广域网相连接，其中交换机使用光纤链路连接。企业资产通过具有防火墙功能的路由器连接到IP主干网或因特网，同时也受到防火墙的隔离保护，防火墙的这种布局方式十分常见。

图的左下角可能是一个小型或中等规模的基于以太网配置的局域网。经路由器到因特网的连接可以通过数字用户线路或者通过专用高速链路实现。

在图的下部我们看到一个住宅用户通过某种用户电路连接到因特网服务提供者（ISP）。这种连接最常见的例子有数字用户线路，它通过电话线向用户提供高速连接，同时也需要特殊的DSL调制解调器；另外的例子是有线电视设施，此时则需要电缆调制解调器。对于每一种情况，在信号编码、差错控制、用户网络的内部结构等方面所考虑的问题各不相同。

最后，像智能手机和平板电脑这样的移动设备可以经由公共蜂窝网络连接到因特网，它具有到因特网的高速连接，通常情况下是光纤链路。

ISP在图中并没有明确标绘出来。通常ISP包含数个相连的路由器，并通过高速链路与因特网连接。而因特网则由覆盖全球的很多相连的路由器组成。这些路由器转发数据包，使这些数据包通过因特网从源点到达终点。

两个相邻要素，如因特网上相邻的路由器或者ATM网络中相邻的交换机，或者是用户和ISP，它们之间的链路设计需要考虑很多因素，如信号编码和差错控制。不同种类的网络（电话网、ATM、以太网）的内部构造又牵扯到许多其他问题。本书的大部分内容讲的全部都是由图1.7所引申的设计特性。

第2章　协议体系结构、TCP/IP和基于因特网的应用程序

学习目标

在学习了本章的内容之后，应当能够：

- 定义术语“协议体系结构”，并解释通信体系结构的必要性及其作用；
- 描述TCP/IP体系结构并解释每层的功能；
- 解释开发标准化体系结构的动机，以及为什么客户应当使用基于协议体系结构标准的，而不是基于专用体系结构的产品；
- 解释网际互连的必要性；
- 描述在TCP/IP环境下路由器将如何提供网际互连。

本章的目的是为今后讨论的具体内容提供必要的总体相关性介绍。它向读者描绘了第二部分至第五部分所介绍的各种概念在庞杂的计算机网络与计算机通信领域中所处的位置。读者可以按顺序阅读本章，也可以推迟到阅读第三部分、第四部分或第五部分之前再阅读它[①]。

本章首先要介绍的是分层**协议体系结构**的概念，然后来探讨最重要的协议体系结构：TCP/IP协议族。TCP/IP是一个基于因特网的协议族，同时也是开发一套完整的计算机通信标准的框架。另一个著名的体系结构是**开放系统互连**（OSI）参考模型。OSI作为一个标准化的体系结构经常被用来描述通信功能，但是目前它已很少被真正实现。对OSI的详细介绍放在在线附录E中。

2.1　协议体系结构的必要性

当计算机、终端和/或其他数据处理设备互相交换数据时，涉及的处理过程可能相当复杂。例如，假设在两台计算机之间传送一个文件，那么在这两台计算机之间必定存在一条数据通道，这条数据通道可能是两点直连的，也可能要经过一个通信网络。但是仅有这些还不够。一般来说还需要完成以下这些工作。

1. 源点系统必须激活直连的数据通信通道，或者告诉通信网络它所期望的终点系统的标识。
2. 源点系统必须确定终点系统已经准备好接收数据。
3. 源点系统上的文件发送应用程序必须确定：终点系统上的文件管理程序已经准备好为它这个特定的用户接收并存储文件。
4. 如果两个系统上使用的文件格式不一致，那么其中的一个系统必须执行格式转换功能。

很显然，两台计算机系统之间必须有密切无间的合作。我们并不是把用于完成这一任务的所有逻辑以单一模块的形式实现，而是将这个大任务分解成很多子任务，然后分别独立实现每个子任务。在协议体系结构中，这些模块竖直排列成栈。栈中的每一层只完成与其他系

① 读者可能会发现在第一次阅读时略读本章，而在等到第五部分开始之前再仔细重读本章可能会更容易些。

统通信时所需要的相关功能子集。一方面，它要依赖下一层执行的更原始的功能，并且不用关心这些原始功能的实现细节；另一方面，它也要向它的上一层提供服务。理想情况下，层的划分应该做到当某一层发生变化时，其他层不需要相应改动。

当然，通信是双方的，因此两个系统中必须具有相同层次化的功能集。正是因为拥有互相对应的层次，或者说**对等层**，两个通信系统之间才能完成通信。对等层之间的通信由受限于一组规则或规约的格式化的数据块完成，这些规则或规约称为**协议**。协议有以下几个关键要素。

- **语法**　考虑有关数据块的格式。
- **语义**　包含用于相互协调及差错处理的控制信息。
- **定时关系**　包含速率匹配和数据排序。

附录2A描述了一个具体的协议范例：**因特网**标准之一的简单文件传送协议（TFTP）。

2.2　简单的协议体系结构

泛泛而言，我们认为分布式的数据通信涉及3个部分：应用程序、计算机和网络。应用程序的例子包括文件传送程序和电子邮件。这些应用程序在计算机上运行，且一般情况下计算机都可以支持多个应用程序并发运行。计算机连接到网络上，被交换的数据通过网络从一台计算机传送到另一台计算机上。因此，两个应用程序之间的数据传输首先要做的是将数据交给应用程序所在的计算机，然后试图让目的计算机上相应的应用程序获得这些数据。

了解这些概念之后，我们自然而然地会将通信任务划分为三个相对独立的层次：网络接入层、运输层和应用层。

网络接入层关心的是计算机与所连网络之间的数据交换。发方计算机必须向网络提供目的计算机的地址，这样网络才能够为数据选路以到达相应的终点。发方计算机可能需要调用某些由网络提供的特殊服务，如优先级等。网络接入层使用什么样的软件取决于所用网络的类型。针对电路交换、分组交换、局域网以及其他不同类型的网络，已开发出了不同的标准。例如，IEEE 802是为了接入局域网而制定的标准，它将在第三部分描述。因此，将这些与网络接入有关的功能划分为一个独立的层次是合理的。这样一来，位于网络接入层之上的其他通信软件就不需要关心所使用的网络类型了。不管与计算机相连的是何种网络，同一个上层软件在各种情况下都能正常工作。

不论进行数据交换的是什么样的应用程序，通常都要求数据能够可靠地交换。也就是说，我们希望确保所有数据都能顺利到达目的应用程序，并且在到达时与它们在发送时的顺序是一致的。我们将要看到，提供可靠性的机制与应用程序的类型根本没什么太大的关系。因此，有理由将这些机制集中到同一层中，并由所有应用程序来共享。这一层就称为**运输层**。

最后，**应用层**所包含的是用于支持各种不同的用户应用程序的逻辑。对不同类型的应用程序，如文件传送程序，需要一个独立的专门负责该应用的模块。

图2.1和图2.2描绘了这个简单的体系结构。图2.1所示为三台计算机与一个网络相连的情况。每台计算机上都含有网络接入层和运输层的软件，以及为一个或多个应用程序准备的应用层软件。为了顺利完成通信，这个系统里的每一个实体都必须有一个唯一的地址。在这个三层模型中，需要使用两级地址。网络上的每台计算机都必须有一个唯一的网络地址，它的作用是让网络能够将数据递交到正确的计算机上。计算机上的每个应用程序也必须有一个在计算机内部唯一的地址，它的存在使运输层能够在一台计算机上支持多个应用程序。后一种地址称为**服务访问点**（SAP）或**端口**，言外之意就是每个应用程序都要单独访问运输层的服务。

从图2.1中可以看出，位于不同计算机上的同层（对等层）之间需要通过协议来实现互相通信。一台计算机上的某个应用实体（如文件传送程序）要通过应用层协议（如文件传送协议）才能与另一台计算机上的应用之间进行通信。这个交互过程不是直接的（用虚线表示），而是由运输协议介入完成的，运输协议处理了两台计算机之间的数据传送的很多细节问题。运输协议也不是直接的，而是依赖于网络层协议，由网络层协议完成网络接入以及为数据选择穿越网络的路径，并到达终点系统。在每一层，互相协作的对等实体只关心它们相互之间的通信。

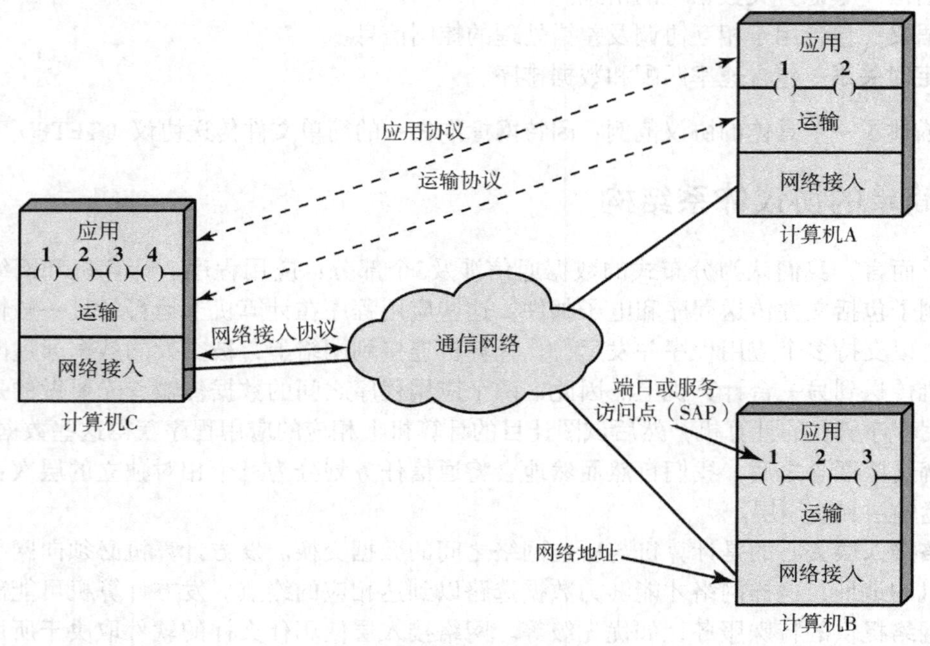

图2.1 协议体系结构和网络

让我们来跟踪一个简单的过程。假设计算机A上有一个关联到端口1的应用程序，它希望向另一个位于计算机B上与端口2关联的应用程序发送一个报文。A上的应用程序将这个报文递交给它的运输层，并命令运输层将其发送给计算机B上的端口2。运输层将这个报文递交给网络接入层，同时命令网络将其发送给计算机B。注意，网络并不需要知道目的端口。它只需要知道将数据递交给计算机B就足够了。

如图2.2所示，为了控制这一操作过程，除了用户数据之外，还必须传送一些控制信息。假设发方应用程序生成了一个数据块并将它递交给运输层。运输层可能为了方便而将这个数据块分割成两个更小的数据块，稍后再讨论这个问题。运输层还会为这两个数据块各加一个运输**首部**，其中的内容是协议控制信息。为数据附上控制信息的过程称为**封装**。来自上一层的数据和控制信息结合在一起称为**协议数据单元**（PDU）。此时它被称为运输PDU。通常运输PDU也称为**报文段**。每个报文段的首部中所含的控制信息都是计算机B上的对等的运输协议所需要的。在这个首部中可能存放有以下几项内容：

- **源端口** 指向发送此数据的应用程序。
- **目的端口** 当目的运输层收到这个报文段后，它必须知道这些数据应当交付给哪个应用程序。
- **序号** 由于运输协议发送的是报文段序列，所以必须按顺序给它们编号，有了这些编号，如果数据不按顺序到达，目的运输实体也能将它们按序重排。

- **差错检测码**　发送方的运输实体可能还要添加一个编码，这个编码是报文段内容的一个函数值。接收方的运输协议执行相同的运算，并将运算结果与接收到的编码相比较。如果在运输过程中有差错，那么两次运算会得到不同的结果。此时，接收方可以丢弃这个报文段并采取动作。这个编码也称为**检验和**或**帧检验序列**。

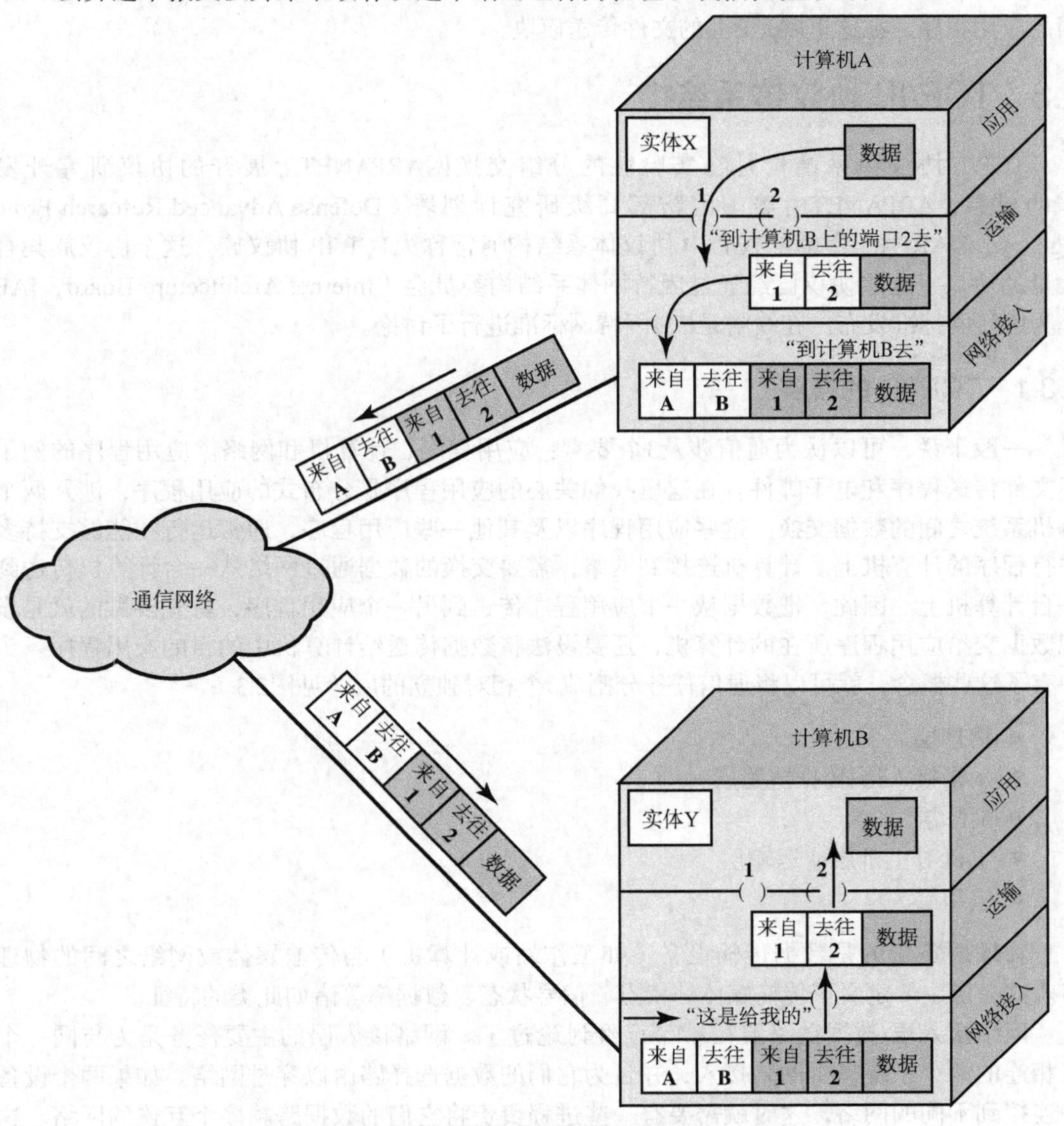

图2.2　一个简化的体系结构中的协议

接下来运输层要做的是将每个报文段分别递交给网络层，并命令网络层将其传送到目的计算机。为了满足这一请求，网络接入协议必须将数据提交给网络，并请求传输。与前面一样，这个操作也需要用到一些控制信息。此时，**网络接入协议**（NAP）在运输层送来的数据上附加一个网络接入首部，从而生成网络接入PDU，通常也称为**分组**。存放在这个首部中的大概有以下几项内容：

- **源计算机地址**　指向这个分组的源点。
- **目的计算机地址**　网络必须知道数据应当交付给网络中的哪一台计算机。
- **功能请求**　网络接入协议可能希望网络使用某些特殊的功能，如优先级。

注意，对网络接入层来说它是看不到运输层首部的。实际上网络接入层并不关心运输层报文段中的内容。网络接受来自A的网络分组，并将其交付给B。位于B上的网络接入模块接收到这个分组，并将分组首部剥掉，然后把其中的运输层报文段递交给B的运输层模块。运输层检查这个报文段的首部，然后根据首部中的端口字段，将其中携带的文件记录递交给适当的应用程序，在这里就是B上的文件传送模块。

2.3 TCP/IP 协议体系结构

TCP/IP协议体系结构是在实验性的分组交换网ARPANET上展开的协议研究开发工作的成果，ARPANET由美国国防部高级研究计划署（Defense Advanced Research Projects Agency，DARPA）资助。TCP/IP 协议体系结构通常称为TCP/IP 协议族。这个协议族集合了大量的协议，这些协议已经通过因特网体系结构委员会（Internet Architecture Board，IAB）作为因特网标准发布。在线附录C对因特网标准进行了讨论。

2.3.1 TCP/IP 的各层

一般来说，可以认为通信涉及3个要素：应用程序、计算机和网络。应用程序的例子包括文件传送程序和电子邮件。在这里我们关心的应用程序是分布式的应用程序，涉及两个计算机系统之间的数据交换。这些应用程序以及其他一些应用程序，通常运行在能够支持多个并行程序的计算机上。计算机连接到网络，需要交换的数据通过网络从一台计算机传送到另一台计算机上。因此，把数据从一个应用程序传送到另一个应用程序，首先要做的就是设法把数据交给应用程序所在的计算机，还要设法将数据传送给计算机中的目的应用程序。头脑中有了这些概念，就可以将通信任务分割成5个相对独立的层（见图2.3）：

- 物理层
- 网络接入层/数据链路层
- 网际层
- 主机对主机层或运输层
- 应用层

物理层负责的是数据传输设备（如工作站或计算机）与传输媒体或网络之间的物理接口。这一层主要定义了传输媒体的特点、信号状态、数据率等诸如此类的特征。

网络接入层/数据链路层在2.2节已经讨论过了。网络接入层的主要任务是为与同一个网络相连的两个系统提供网络接入，并且为它们的数据选择路由以穿过网络。如果两个设备分别连接到不同的网络，这时就需要有一些进程负责将它们的数据跨越多个互连的网络。这就是**网际层**的功能。这一层使用**网际协议**（Internet Protocol，IP）来提供经过多个网络的路由选择功能。IP协议不仅要在端系统中实现，同样也要在路由器中实现。路由器是连接两个网络的处理器，它的主要功能是把数据沿着从源到目的端系统的路径从一个网络转发到另一个网络。

主机对主机层或运输层可能提供可靠的端到端服务，正如2.2节所讨论的，或者只是端到端的交付服务而不提供可靠性机制。提供此类功能的最常用的协议是**传输控制协议**（Transmission Control Protocol，TCP）。

最后，**应用层**所包含的是用于支持各种不同的用户应用程序的逻辑。对于各种不同类型的应用程序，如文件传送程序，需要一个独立的专门负责该应用程序的模块。

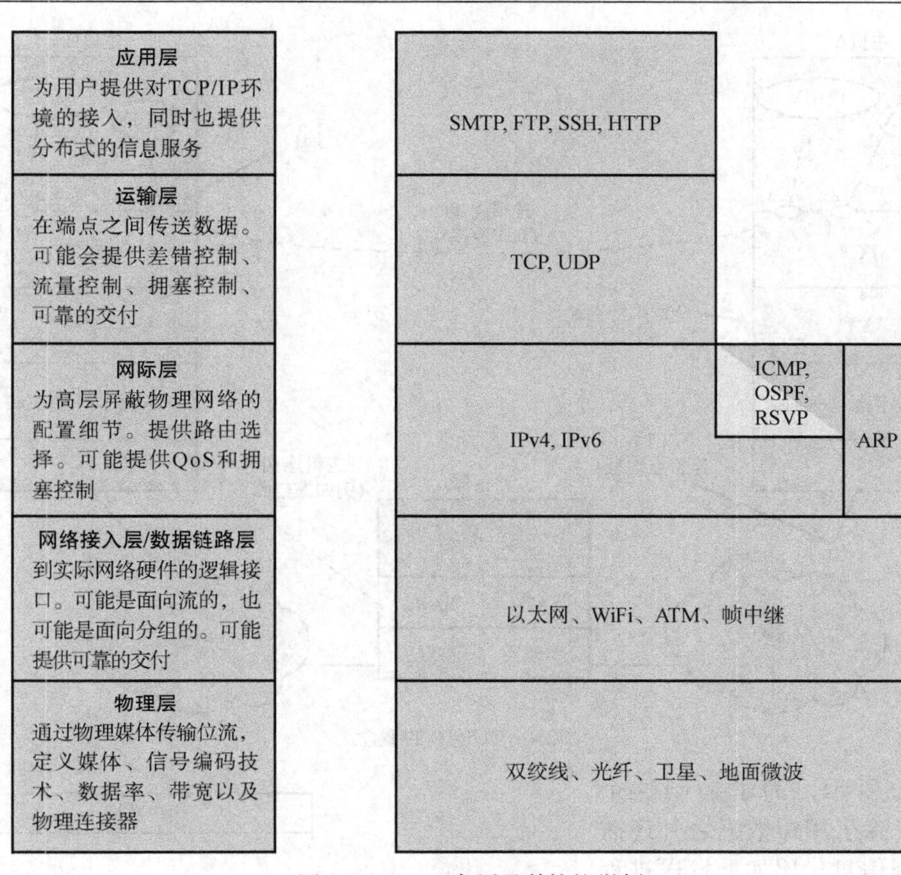

图2.3　TCP/IP各层及其协议举例

2.3.2　TCP和IP的操作

图2.4指出了这些协议是如何配置以便通信的。为了更清楚地表明整个通信设施可能由多个网络组成，我们把这些成员网络称为**子网**。某些网络接入协议用于连接计算机和子网，如以太网或WiFi逻辑，该协议让主机能够通过子网向另一个主机发送数据，或者如果目的主机在另一个子网上，那么就是向某个路由器发送数据，再由这个路由器继续转发数据。IP在所有的端系统和路由器上实现，它相当于一个中继者，将来自某个主机的数据块经过一个或多个路由器传递到另一个主机上。TCP仅仅在端系统上实现，它跟踪数据块以确保所有数据块都被可靠地交付给适当的应用进程。

正如2.2节中提到的，整个系统中的每一个实体都必须具有唯一的地址。子网上的每个主机必须具有唯一的全局互联网地址，这样才能使数据交付到正确的主机。主机中的每个进程必须具有一个在主机内部唯一的地址，这样端到端的协议（TCP）才能将数据交付给正确的进程。后一种地址称为**端口**。

让我们来描述一次简单的操作过程。假设有一个进程与主机A的端口3相关联，它希望向另一个与主机B上的端口2相关联的进程发送一个报文。主机A上的进程将报文向下递交给TCP，并命令TCP将其发送给主机B的端口2。TCP将报文向下递交给IP，并命令IP将其发送给主机B。注意，没有必要将目的端口号告诉IP。IP只要知道这些数据的目的地是主机B就足够了。然后，IP将报文向下递交给网络接入层（如以太网逻辑），并命令将这个报文发送到路由器J（通往B的途中经过的第一跳）。

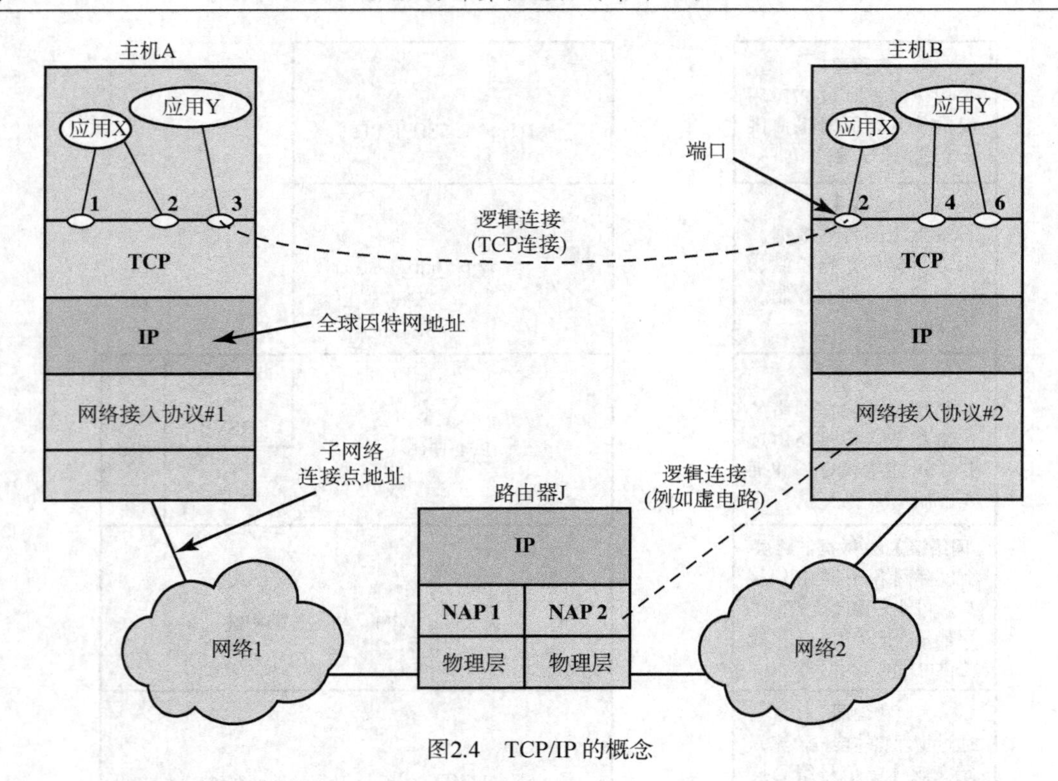

图2.4 TCP/IP 的概念

如图2.5所示，为了控制这个操作过程，除了用户数据之外还需要传送控制信息。比如，发送进程生成了一个数据块，并将它传递给TCP。TCP可能会将这个数据块分割成较小的数据块以便于管理。TCP为分割后的每个数据块添加一些控制信息，称为**TCP首部**，从而形成了**TCP报文段**。这些控制信息是位于主机B上的对等TCP协议实体需要用到的。在这个首部中可能包含了如下一些项目。

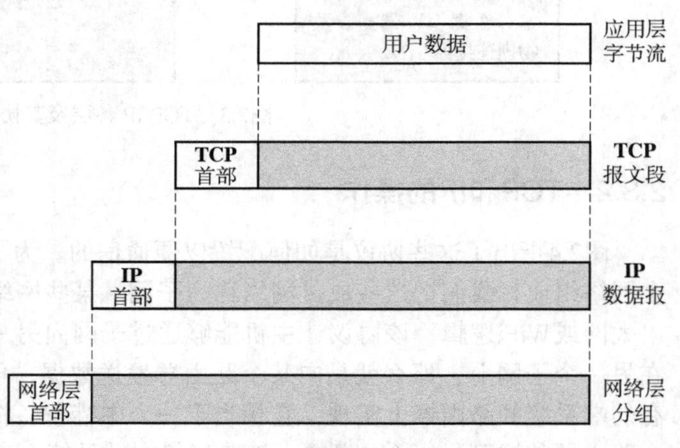

图2.5 TCP/IP体系结构中的协议数据单元（PDU）

- **目的端口** 当主机B上的TCP实体接收到这个报文段时，它必须知道这些数据应当交付给谁。
- **序号** TCP为发往某个目的端口的报文段按顺序编号，有了这个序号，如果报文段失序到达，主机B上的TCP实体可以重新排序。
- **检验和** 发送方TCP在首部中包含了一个检验码，它是这个报文段中其余内容的一个函数值。接收方TCP执行相同的计算，并将得到的结果与收到的检验和相比较。如果在传输过程中有差错出现，那么经过比较会发现这两个值是不同的。

接着，TCP将各个报文段递交给IP，并且命令它将数据传输到主机B。这些报文段必须经过一个或多个子网传输，并且经过一个或多个中间路由器的中继。这个操作过程也需要使用控制信息。因此，IP在每个报文段上附加一个包含控制信息的首部，从而形成**IP数据报**。保存在IP首部中的项目的一个例子就是目的主机地址（在此处就是B）。

最后，各个IP数据报被递交给网络接入层，并开始了它在通往目的地途中的第一个子网上的传输。网络接入层又附上自己的首部，从而生成了一个分组或帧。这个分组经过子网传输到路由器J。分组首部中包含的信息是子网在传递数据时需要用到的。

在路由器J上，分组的首部被剥离，并且检查IP首部，根据IP首部中的目的地址信息，IP路由器中的IP模块将这个数据报发送出去，经过子网2到达主机B。要做到这一点，这个数据报被再次添加上一个网络接入层首部。

当数据被主机B接收后，将要发生的操作过程正好相反。在每一层，相应的首部被剥离，并将剩余的数据传递给上一层，直到原始的用户数据被交付到目的进程。

2.3.3　TCP和UDP

对绝大多数作为TCP/IP协议体系结构的一部分运行的应用程序来说，运输层的协议就是TCP。TCP为应用程序之间的数据传送提供可靠的连接。简单地说，一条连接就是位于不同系统上的两个实体之间的临时性逻辑关联。一条逻辑连接指向一对给定的端口值。在连接持续期间，每个实体都要跟踪往返于另一个实体之间的TCP 报文段，以便调整报文段的流量，并恢复丢失或损坏的报文段。

图2.6(a)所示为TCP首部的格式，它的最小长度为20个八位组，或者说160比特。源端口和目的端口字段分别标识了位于源系统和目的系统上的两个正在使用该连接的应用程序。序号字段、确认序号字段和窗口字段提供了流量控制和差错控制。检验和是一个16比特的帧检验序列，用于发现TCP报文段中的差错。第15章将详细讨论这些内容。

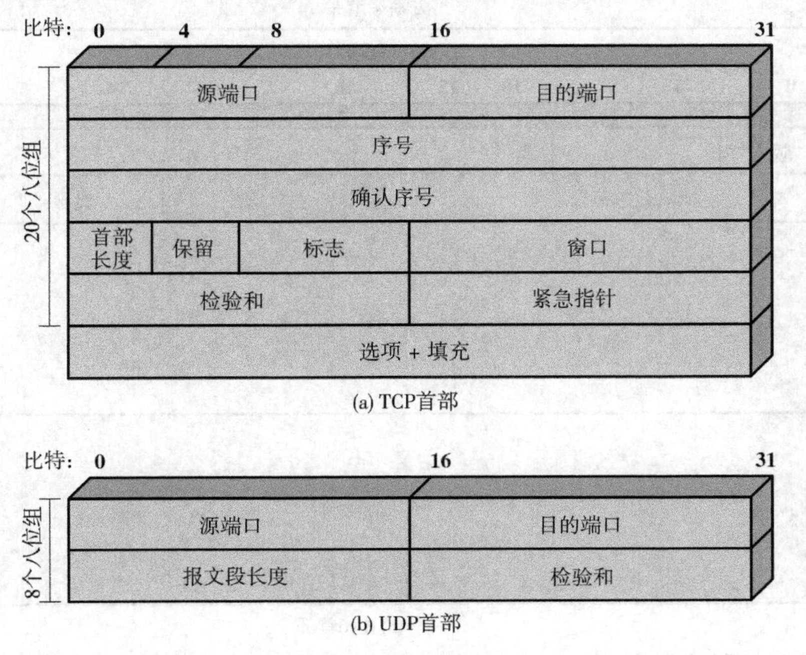

图2.6　TCP和UDP的首部

除了TCP之外，TCP/IP协议族中还有一个常用的运输层协议：**用户数据报协议**（User Datagram Protocol，UDP）。UDP不保证交付的正确性，不维护到达时的顺序，也不管是否有重复到达。UDP让一个进程可以做到通过最少的协议机制向另一个进程发送报文。某些面向事务的应用程序需要使用UDP，其中的一个例子是SNMP（简单网络管理协议），它是TCP/IP网络的标准网络管理协议。由于UDP是无连接的，所以它基本上不用做什么事情。根本上，它就是在IP上添加了一个端口寻址能力。通过考察UDP的首部就能很清楚地了解到这一点，如图2.6(b)所示。UDP也含有一个检验和，用来验证此数据有没有出过差错，此处检验和的使用是可选的。

2.3.4 IP和IPv6

长期以来，TCP/IP协议体系结构的基础一直是IPv4，人们通常称之为IP。图2.7(a)所示为IP首部格式，其最小长度为20个八位组，或者说160比特。这个首部，再加上来自运输层的报文段，就形成了IP层的PDU，称为IP数据报或IP分组。首部中包含了32比特的源地址和目的地址。首部的检验和字段用于发现首部中的差错以避免误传。协议字段指出正在使用IP的上一层协议是什么。ID字段、标志字段和数据报片偏移量字段都是用于分片和重装处理的。第14章将对此做详细讨论。

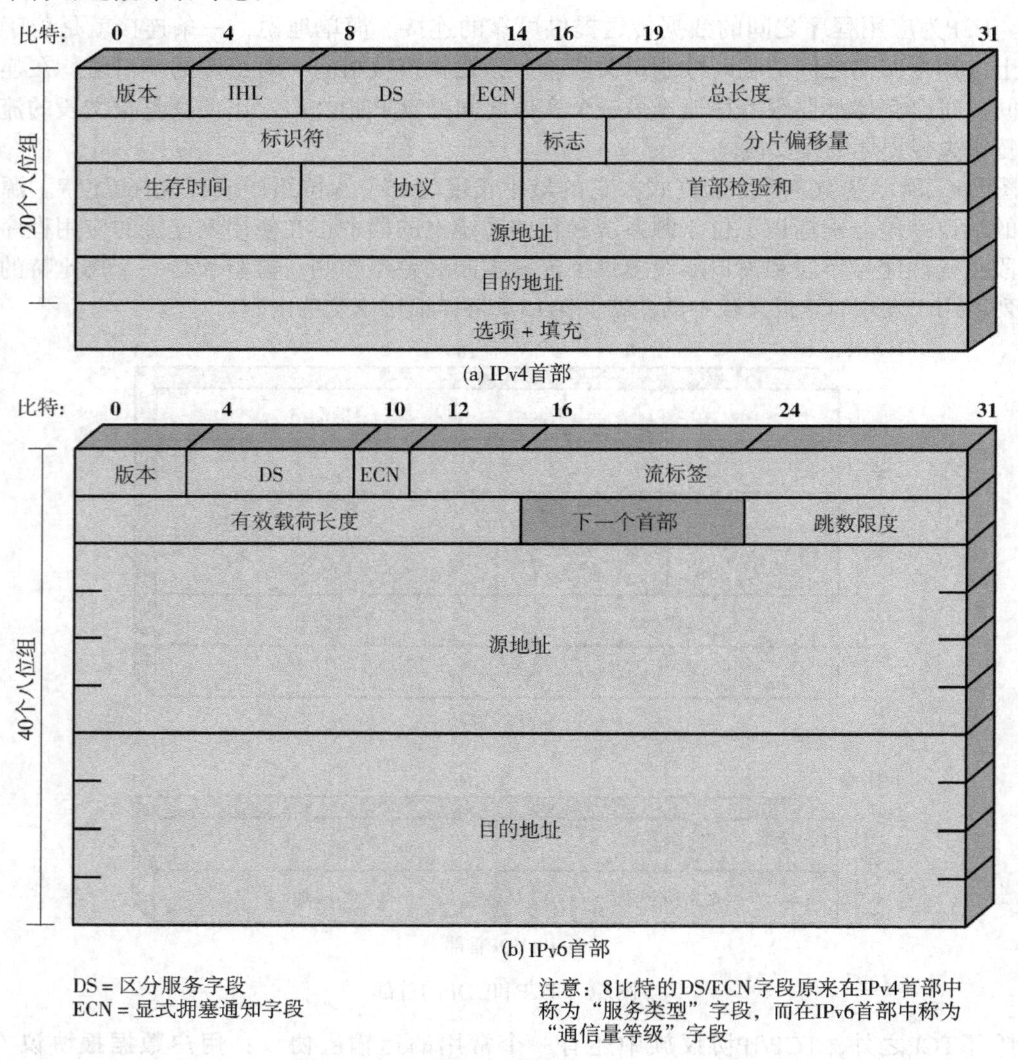

图2.7 IP首部

专门为因特网开发协议标准的因特网工程部（IETF）于1995年发布了下一代IP规约，当时称为IPng。这个规约在1996年成为标准，称为IPv6。IPv6在已有IP的基础上提供了一些增强功能，这样设计的目的是为了适应当前网络的高速率以及越来越普遍的混合型数据流，包括图像和视频。但是，促使人们开发新协议的真正潜在原因是对更多地址的需求。IPv4使用32比特地址来指明源点或目的点。随着因特网本身以及连接到因特网上的专用网络的爆炸性增长，这个地址长度已经开始容纳不下所有需要地址的系统了。如图2.7(b)所示，IPv6包含了128比特的源地址和目的地址字段。

最终，所有使用TCP/IP的设备都应该从当前的IP升级到IPv6，但是这一过程需要经过少则几年，多则几十年的时间。

2.3.5　协议接口

TCP/IP协议族中的每一层都与它的直接邻层交互操作。在源点，应用层利用端对端层的服务，向下将数据传递给该层。运输层和网际层之间的接口以及网际层和网络接入层之间的接口都存在类似的关系。而在终点，每一层向它的上一层交付数据。

这个体系结构并没有要求每一层都必须要用到。如图2.8所示，可以开发一些应用，使之能够直接调用任意一层的服务。大多数应用程序需要可靠的主机对主机协议，因此需要使用TCP。不过有一些特殊用途的应用程序不需要TCP的服务。此类应用程序中的一些，例如简单网络管理协议（Simple Network Management Protocol，SNMP），使用了另一种主机对主机的协议，称为用户数据报协议（User Datagram Protocol，UDP），而另一些应用程序则可能会直接利用IP。那些不涉及**网际互连**，因而也不需要TCP的应用程序被设计为直接调用网络接入层。

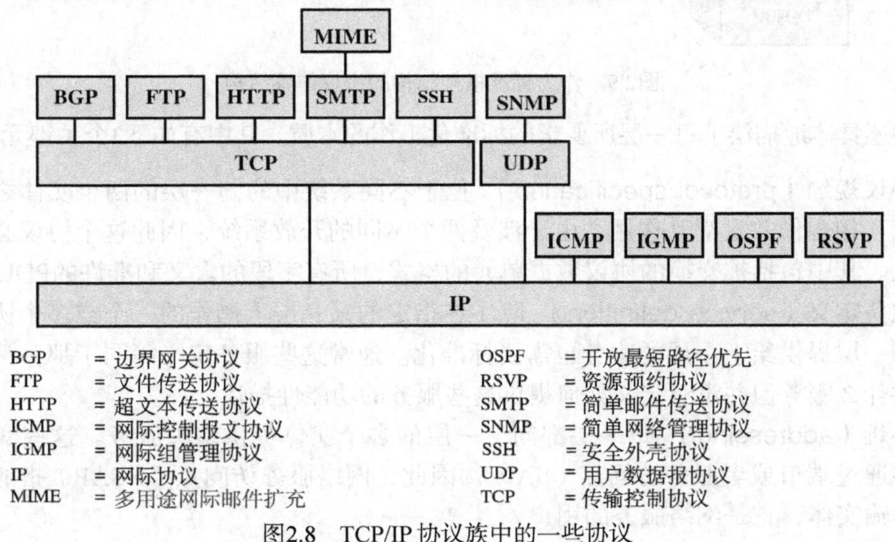

图2.8　TCP/IP 协议族中的一些协议

2.4　协议体系结构内的标准化

2.4.1　标准及协议层

协议体系结构，例如TCP/IP或OSI体系结构，为标准化提供了一个框架。在这个模型内，每一层都可以开发出一个或多个协议标准。总体来说，这个模型定义了每一层要执行的功能，并通过两种方式促进了标准制定的过程：

- 由于每一层的功能都有成熟的定义，因此可以独立且并行地为每一层开发标准，这样做加速了标准的制定过程。
- 由于层与层之间的边界有成熟的定义，因此某一层标准的改变并不会影响另一层中的现有软件，这样做就更容易引入新的标准。

图2.9所示为使用某协议体系结构作为标准框架的示例。整个通信功能被分解成数个不同的层次。也就是说，整体功能被分解成几个模块，并且使这些模块之间的接口尽可能地简单。另外，还用到了信息隐藏的原则：较低的层次需要考虑更多的细节问题，而较高的层次则与这些细节无关。每一层都向上一层提供服务，并要实现与另一个系统上的对等层交互的一套协议。

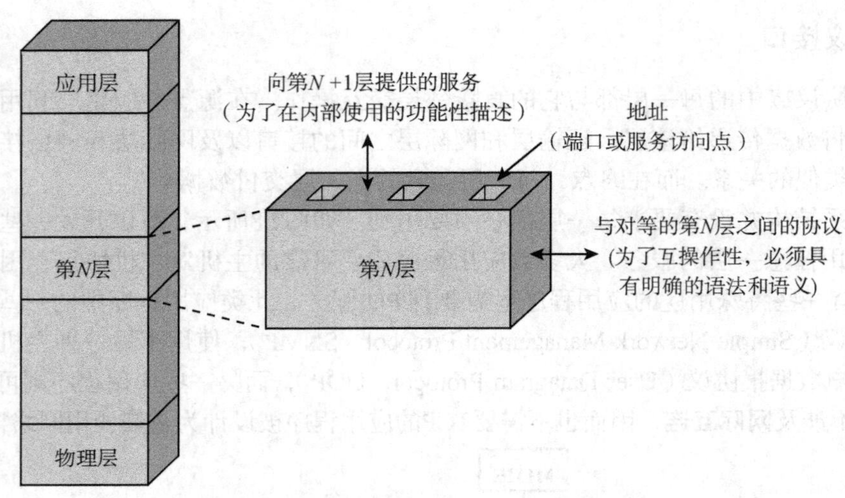

图2.9　作为标准框架结构的协议体系结构

图2.9还具体地描绘了每一层所要求的标准化工作的本质。其中有如下3个关键元素。

- **协议规约（protocol specification）** 位于不同系统中的同一层的两个实体之间通过协议互相合作并且交互作用。由于涉及两个不同的开放系统，因此这个协议必须准确定义。其中包括被交换的协议数据单元的格式，所有字段的含义和准许的PDU序号。
- **服务定义（service definition）** 除了在指定的某一层上操作的一个或多个协议之外，每一层提供给上一层的服务也需要标准化。通常这些服务定义等同于那些只定义了提供什么服务但并没有定义如何提供这些服务的功能性描述。
- **寻址（addressing）** 每一层都向上一层的多个实体提供多种服务。这些实体的引用要通过端口或者**服务访问点**（SAP）。因此，网络服务访问点（NSAP）指的就是一个运输实体，它是网络服务的用户。

为开放系统提供准确的协议规约，其必要性是不言而喻的。上面列出的另外两项还需要进一步说明。从服务定义的角度来看，仅仅提供功能性定义的动机如下所述。首先，两个邻层之间的交互作用发生在同一个开放系统的范围内，与任何其他开放系统无关。因此，只要不同系统上的对等层为它们的上一层提供同样的服务，不同系统是如何提供服务的这种细节问题就可以不完全一致，并不会因此而失去相互可操作性。第二，通常情况下相邻两层是在同一个处理器上实现的。因此，我们希望为系统程序员留有余地，让他们能够利用硬件和操作系统来提供尽可能高效的接口。

就寻址而言，在每一层以SAP形式实现的地址机制，使每一层都有可能复用来自上一层的多个用户。并不是每一层都会存在复用，但模型允许这种可能性。

2.4.2 服务原语和参数

在协议体系结构中，邻层之间的服务可以用术语“原语”（primitive）和“参数”（parameter）表示。服务原语定义的是所执行的功能，而参数则用于传递数据和控制信息。服务原语的真正形式取决于它的实现方式，过程调用就是服务原语的一个例子。

在标准中使用了4种类型的服务原语来定义该体系结构中的相邻层之间的交互作用。它们在表2.1中定义。图2.10(a)描绘了这些事件发生的时间顺序。例如，设想从发方(*N*)实体向另一个系统的对等(*N*)实体传送数据，步骤如下。

1. 源点的(*N*)实体用请求（request）服务原语调用它的(*N*–1)实体。与这个服务原语相关联的是必要的参数，比如传输的数据和终点地址等。
2. 源点的(*N*–1)实体准备一个(*N*–1)PDU发送到它的对等(*N*–1)实体。
3. 终点的(*N*–1)实体通过指示（indication）服务原语把数据交付给终点上适当的(*N*)实体，其参数包括数据和源点地址。
4. 如果要求确认，那么终点的(*N*)实体向它的(*N*–1)实体发送一个响应（response）服务原语。
5. (*N*–1)实体用一个(*N*–1)PDU来运送这个确认。
6. 这个确认以证实（confirm）服务原语的形式交付给(*N*)实体。

表2.1　服务原语类型

类型	说明
请求	由服务用户发出的服务原语将调用某些服务，并传递必要的参数，以完整地指明所请求的服务
指示	由服务提供者发出的服务原语，用于以下两者之一： 1. 指示连接上的对等服务用户已调用了某规程，并且提供了相关的参数 2. 向服务用户通知一个由提供者激活的动作
响应	由服务用户发出的服务原语，用于应答或完成某些规程，这些规程在早些时候已经由向该用户发出的指示调用
证实	由服务提供者发出的服务原语，用于应答或完成某些规程，这些规程在早些时候已经由服务用户的请求调用

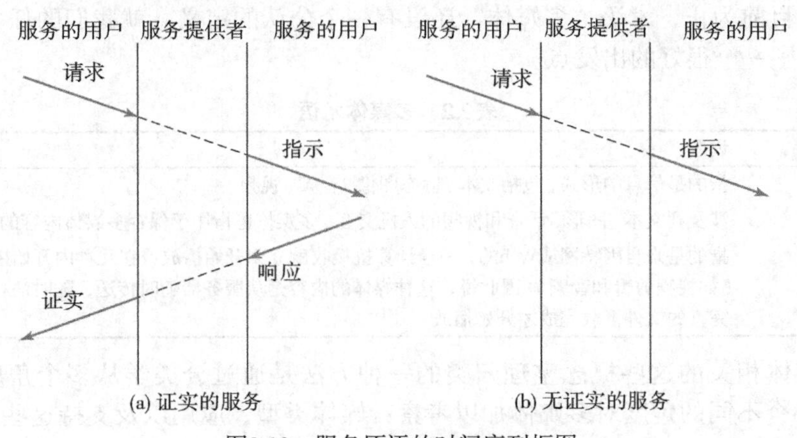

图2.10　服务原语的时间序列框图

以上事件序列称为证实的服务（confirmed service），因为发起者会接收到一个证实，表明它所请求的服务在另一端取得了预期的效果。如果仅仅涉及请求和指示这两个服务原语（对应于第1步到第3步），那么这个服务对话就是无证实的服务（non confirmed service），发起者不会接收到表明其所请求的动作已发生的证实信息，如图2.10(b)所示。

2.5 传统的基于因特网的应用程序

已有不少依赖TCP的应用程序标准化了。我们在这里要提到的是3个最常用的。

简单邮件传送协议（Simple Mail Transfer Protocol，SMTP）提供了基本的电子邮件收发能力。它为不同主机间的报文传送提供了一种机制。SMTP的特殊功能包括发送邮件列表、返回收据以及转发。SMTP协议并没有指明报文是如何生成的，因而需要一些本地的编辑器或本机的电子邮件工具。一旦生成了报文，SMTP就接受该报文，并利用TCP将其发送到另一个主机上的SMTP模块。目标SMTP模块将利用本地电子邮件软件在用户邮箱中保存收到的报文。

文件传送协议（File Transfer Protocol，FTP）的作用是按用户命令将文件从一个系统发送到另一个系统。不论是文本文件还是二进制文件都可以发送，并且该协议还提供了控制用户访问的特殊功能。当用户希望进行文件传送时，FTP建立一条到达目标系统的TCP连接，以便交换控制报文。在这条连接上可以传输用户标识符以及口令，并允许用户指明希望发送的文件以及文件操作。一旦文件传送被批准，就会建立第二条TCP连接用于数据传送。文件通过数据连接传送，因而不存在任何应用级的首部或控制信息。当传送完成时，控制连接将被用于发送结束信号，并接受新的文件传送命令。

安全外壳（Secure Shell，SSH）提供了安全远程登录的能力，它使得某个终端或个人计算机上的用户能够登录到一台远程计算机上，并使之如同直接连接到这台计算机上一样工作。SSH还支持本地主机与远程服务器之间的文件传送。SSH让用户和远程服务器能够互相鉴别，它还能对两个方向上的所有通信量进行加密。SSH的通信量由TCP连接承载。

2.6 多媒体

随着人们越来越多地利用宽带接入因特网，大家对基于Web和因特网的**多媒体**应用也越来越感兴趣。在各种学术和商业出版物中，对术语“多媒体”和“多媒体应用”的使用并不是十分严格，目前为止，术语“多媒体”还没有一个公认的定义。就我们的任务而言，表2.2中的定义提供了一个很好的出发点。

表2.2 多媒体术语

术语	说明
媒体	指的是信息的形式，包括文本、静态图像、音频、视频
多媒体	涉及到文本、图形、话音和视频的人机交互。多媒体也指用于保存多媒体内容的存储设备
流媒体	指的是来自因特网或Web的，一经计算机接收就立刻开始播放或在几秒内开始播放的多媒体文件（如视频剪辑和音频）。因此说，这种媒体的内容是从服务器随时传送，随时消耗的，而不是等到完整的文件下载完成才开始播放

将与多媒体相关的这些概念整理归类的一种方法是通过分类学从多个角度把握这些概念。图2.11从3个不同的角度对多媒体加以考察：媒体类型、应用以及支持这些应用所需要的技术。

2.6.1 媒体类型

术语“多媒体”(multimedia)通常指的是4种不同类型的媒体：文本、音频、图像和视频。

从通信的角度看，术语“**文本**”的含义显而易见，指的是能够用键盘输入，并且可以直接阅读和打印的信息。文本消息、即时消息和文本(非HTML)电子邮件是常见的例子，同样还有聊天室和留言板。不过，这个术语经常用来泛指能够存储在文件和数据库中的数据，而这种用法不适合其他三种类型。例如，某机构的数据库中可能含有用数值表示的数据文件，此时数据以一种比可打印字符更紧凑的方式保存。

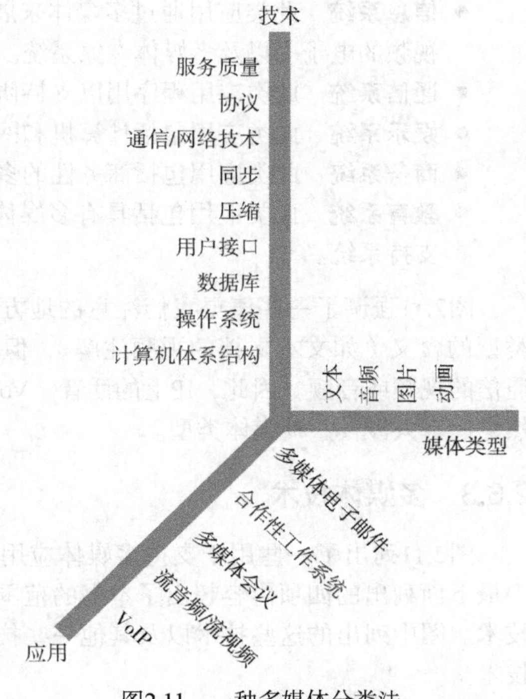

图2.11　一种多媒体分类法

术语“**音频**”通常包含两种不同范围的声音。话音，即讲话的声音，指的是由人类发声器官产生的声音。通常传输话音只需要中等的带宽(4 kHz以下)。电话及其相关应用(如语音邮件、电话会议、电话购物)是话音通信技术中最常见的几种传统应用。如果要支持音乐应用，包括音乐文件的下载，就需要更宽的频谱。

图像服务支持独立的图片、图表或图画的通信。基于图像的应用包括电传、计算机辅助设计(CAD)、印刷和医学成像。图像可以用向量图形的格式表示，正如在画图程序和PDF文件中所使用的那样。在栅格图形格式中，图像由点的二维数组表示，称为像素①。压缩的JPG格式是从栅格图形格式演变而来的。

视频服务运载的是一段时间内的图片序列。本质上，视频就是对栅格扫描图像序列的利用。

2.6.2 多媒体应用

直到不久以前，因特网中的大部分应用还是信息读取性质的应用、电子邮件和文件传送等，再加上强调文本和图像的Web接口。目前因特网越来越多地用于多媒体应用，为了达到可视化并支持实时交互，这些应用要涉及极其大量的数据。此类应用中最著名的可能要数流音频和流视频。交互式应用的一个例子是虚拟训练环境，它涉及分布式的模拟系统和实时的用户交互[VIN98]。表2.3列举了其他一些例子。

表2.3　多媒体系统领域及应用实例

领域	应用实例
信息管理	超媒体、具有多媒体功能的数据库、基于内容的读取
娱乐	计算机游戏、数字视频、音频(MP3)
电信	视频会议、共享的工作空间、虚拟社区
信息出版/发布	在线培训、电子书籍、流媒体

[GONZ00]中列出了如下主要多媒体应用领域。

① 像素，即图像元素，是数据图像中可被赋予一个灰度值的最小元素。对应地，一个像素也是图像的点矩阵表示中的一个点。

- **信息系统** 此类应用通过多媒体来展现信息。其示例包括自助服务终端、含有音频和视频的电子书以及多媒体专家系统。
- **通信系统** 此类应用程序用以支持协同工作，如视频会议。
- **娱乐系统** 此类应用包括计算机和网络游戏，以及其他形式的视听娱乐。
- **商务系统** 此类应用包括商务性的多媒体演示、录像手册和在线购物。
- **教育系统** 此类应用包括具有多媒体组件的电子书、仿真和建模程序，以及其他教学支持系统。

图2.11强调了一些值得我们注意的地方。术语“多媒体”传统上具有同时使用多种媒体类型的含义（如文本文档的视频注解），但它也指那些虽说是单独的，但却需要实时处理或通信的视频或音频。因此，IP上的话音（VoIP）、流音频和流视频也被认为是多媒体应用，虽然它们都只涉及一种媒体类型。

2.6.3 多媒体技术

图2.11列出了一些用于支持多媒体应用的相关技术。可以看出所涉及的技术很广泛。图中最下面列出的四项内容超出了本书的范围。而其余项目仅表示了部分的多媒体通信和网络技术。图中列出的这些技术以及其他一些技术将会贯穿全书。在这里将简单解释每种列出的技术。

- **压缩** 数字化的视频以及相比而言小得多的音频都会给网络带来极其巨大的通信量。流媒体应用将数据传递到多个用户，也会令通信量成倍增加。因此，人们已经开发出一些标准，通过压缩使通信量显著减少。此类标准中最值得注意的是用于静态图片的JPG以及用于视频的MPG。
- **通信/网络技术** 此类泛指能够支持数据量很大的多媒体通信量的传输和网络技术（如SONET，ATM）。
- **协议** 有很多协议有助于支持多媒体通信量。其中的一个例子是实时传送协议（Realtime Transport Protocol，RTP），它是为支持**非弹性通信量**（这种通信量在经过网络时，即使不是完全不能，也不太容易适应延迟和吞吐量上的变化）而设计的。RTP 利用了缓存技术和丢弃策略，以保证端用户接收到的实时通信量是平滑且连续的流。另一个例子是会话发起协议（Session Initiation Protocol，SIP），它是应用层的控制协议，通过IP 数据网络在参与者之间建立、修改和终止实时会话。
- **服务质量（QoS）** 因特网及其底层的局域网和广域网必须具有QoS能力，为不同类型的应用通信量提供不同水平的服务。QoS能力可处理优先级、时延限制、时延变化限制以及其他类似的要求。

所有这些内容都将在接下来的章节中进一步探讨。

2.7 套接字编程

套接字和套接字编程的概念是20世纪80年代在UNIX环境下发展起来的，称为Berkeley套接字接口。本质上，套接字就是为了使客户端与服务器进程之间能够互相通信。它可能是面向连接的，也可能是无连接的。套接字可以被认为是通信中的一个端点。某一台计算机上的客户端套接字通过地址调用另一台计算机上的服务器套接字。一旦两个合适的套接字相互之间约定好，两台计算机就可以交换数据了。

通常，具有服务器套接字的计算机要使TCP或UDP端口保持打开，随时准备好接收未经预约的传入调用。客户端一般通过查找域名系统（DNS）数据库来确定它所需要的服务器套接字的标识符。一旦连接建立，服务器就要将对话过程交换到另一个不同的端口号上，以便为后续传入的调用释放主端口号。

像TELNET和远程登录（rlogin）这样的互联网应用就利用了套接字，它的细节是对用户屏蔽的。套接字可以在程序中构建（使用如C、Java和Python之类的编程语言），这使得程序员能够很容易地支持网络功能及应用。套接字编程机制包含了足够的语义，可以让不同主机上的不相关进程之间相互通信。

Berkeley套接字接口是开发网络应用程序的事实上的标准**应用程序接口**（API），并且可跨多种操作系统。Windows套接字（Winsock）就是基于Berkeley规范的。套接字API提供了进程间通信服务的通用访问能力。因此，套接字功能非常适合学生通过程序开发实践来学习协议的原理以及分布式的应用程序。

2.7.1　套接字

回想一下，每个TCP和UDP首部都包含了源端口和目的端口字段（见图2.6）。这些端口值标识出两个TCP或UDP实体各自的用户（应用程序）。同样，每个IPv4和IPv6首部也包含源地址和目的地址字段（见图2.7），这些**IP地址**所识别的是各自的主机系统。端口值和IP地址组合起来就形成了**套接字**，它在整个互联网中是唯一的。因此，在图2.4中，主机B的IP地址和应用程序X的端口号的组合，唯一地标识了主机B上的应用程序X的套接字位置。如图所示，一个应用程序可以有多个套接字地址，每个端口对应一个套接字。

在编写使用了TCP或UDP的程序时，套接字被用来定义API，也就是通用的通信接口。实际上，被当成API使用时，套接字的标识需要3个要素（协议、本地地址、本地进程）。本地地址就是IP地址，本地进程是端口号。因为端口号在一个系统内是唯一的，所以端口号本身就隐含了协议（TCP或UDP）。不过，为了更清楚和易于实施，用作API的套接字除了IP地址和端口号之外，还要包含协议，这样才能唯一地定义一个套接字。

对应于这两种协议，套接字API可识别两种类型的套接字：流套接字和数据报套接字。**流套接字**（stream socket）使用TCP，它提供面向连接的可靠的数据传输。因此，采用流套接字时，在一对套接字之间发送的所有数据块都是保证交付且按发送时的顺序到达的。**数据报套接字**（datagram socket）使用UDP，它不提供TCP的面向连接的特点。因此，采用数据报套接字时，交付是没有保证的，也不一定会保留初始顺序。

套接字API还提供了第三种类型的套接字：原始套接字。**原始套接字**（raw socket）允许直接访问底层协议，如IP。

2.7.2　套接字接口调用

本小节将概括总结一些主要的系统调用。表2.4中列出了核心套接字函数。

表2.4　核心套接字函数

格式	功能	参数
socket()	初始化套接字	**domain**：创建套接字的协议族（AF_UNIX，AF_INET，AF_INET6） **type**：将要被打开的套接字类型（stream，datagram，raw） **protocol**：套接字将要使用的协议（UDP，TCP，ICMP）
bind()	绑定套接字到一个端口地址	**sockfd**：将要被绑定端口地址的套接字 **localaddress**：被绑定的套接字地址 **addresslength**：套接字地址结构的长度

（续表）

格式	功能	参数
listen()	在套接字上侦听是否有传入的连接	**sockfd**：应用程序侦听的套接字 **queuesize**：在任何时刻允许排队的传入请求的数量
accept()	接受传入的连接	**sockfd**：连接将被接受的套接字 **remoteaddress**：远程套接字地址，连接从那里发起 **addresslength**：套接字地址结构长度
connect()	去往服务器的外出连接	**sockfd**：连接将被打开的套接字 **remoteaddress**：连接将被打开的远程套接字地址 **addresslength**：套接字地址结构长度
send() recv() read() write()	在流套接字上发送和接收数据（或者使用send/recv，或者使用read/write）	**sockfd**：数据将通过这个套接字进行发送和读取 **data**：被发送的数据或将用来放置读取数据的缓冲区 **datalength**：被写入的数据的长度，或被读取的数据量
sendto() recvfrom()	在数据报套接字上发送和接收数据	**sockfd**：数据将通过这个套接字进行发送和读取 **data**：被发送的数据或将用来放置读取数据的缓冲区 **datalength**：被写入的数据的长度，或被读取的数据量
close()	关闭套接字	**sockfd**：将要被关闭的套接字

套接字的建立

使用套接字的第一步是通过socket()命令创建一个新的套接字。该命令包含3个参数。参数domain（域）指的是通信进程所在的区域。常用的几个domain值包括：

- AF_UNIX，用于同一个系统中的进程之间的通信；
- AF_INET，用于使用IPv4网际协议的进程之间的通信；
- AF_INET6，用于使用IPv6网际协议的进程之间的通信。

Type（类型）指出这是一个流套接字还是数据报套接字，而protocol（协议）则指定是TCP还是UDP。之所以type和protocol都需要被指定，是为了在将来的实现中能够容纳更多的运输层协议。也就是说，很可能会有一个以上的数据报方式的运输协议，或者是一个以上的面向连接的运输协议。socket()命令返回一个整数值，用于标识这个套接字，类似UNIX的文件描述符。确切的套接字数据结构取决于它的实现。它包括源端口和IP地址，以及目的端口和IP地址，还有与连接关联的各种选项和参数，这要看连接是打开的还是待打开的。

在套接字创建后，它必须有一个侦听地址。bind()函数将套接字绑定到一个套接字地址。这个地址的结构如下：

```
struct sockaddr_in {
    short int sin_family;          //地址族(TCP/IP)
    unsigned short int sin_port;   //端口号
    struct in_addr sin_addr;       //因特网地址
    unsigned char sin_zero[8];     //填充以使这个结构的尺寸与sockaddr一致
};
```

套接字的连接

对于流套接字来说，一旦套接字被创建，就必须与一个远程套接字建立连接。其中一方作为客户端，并向作为服务器的另一方请求连接。

服务器端的连接建立需要两个步骤。首先，服务器应用程序发出listen()调用，表明指定的套接字已准备好接受传入的连接。参数*backlog*是传入队列中允许的连接数。每个传入的连接请求都被放置在这个队列中，直至服务器端发出一个匹配的accept()。接下来，accept()调用将从队列中移出一个请求。如果队列是空的，accept()就阻塞进程，直到有一个连接请求到达。如果队列中有正在等待的调用，accept()就为该连接返回一个新的文件描述符。此举将创建一个新的套接字，这个套接字具有远程IP地址和端口号，以及本系统的IP地址和一个新的端口号。之所以为这个新的套接字分配一个新的端口号，是因为这样做可以使本地应用程序继续侦听更多的请求。因此，一个应用程序在任何时候都可以有多个活跃的连接，每个连接具有不同的本地端口号。这个新的端口号通过TCP连接被返回给发出请求的系统。

客户端应用程序发出connect()，它指定了本地套接字以及远程套接字地址。如果连接尝试失败，则connect()返回值-1。如果尝试成功，则connect()返回0，并在文件描述符参数中填写本地的和远程的IP地址以及端口号。前面提到，这个远程端口号可能与foreignAddress参数中指定的端口号不同，因为这个端口号在远程主机上被改变了。

一旦连接建立，就可以通过getpeername()找出流套接字连接的另一端是谁。该函数根据sockfd参数返回一个值。

套接字的通信

对于流通信（stream communication），通过函数send()和recv()就可以在sockfd参数指定的连接上发送或接收数据。在send()调用中，*msg参数指向被发送的数据块，而参数len指出要发送的字节数。参数flags包含一些控制标志，通常设置为0。send()调用返回发送的字节数，它可能小于len参数指定的数量。在recv()调用中，参数*buf指向用于存储输入数据的缓冲区，并通过参数len来设置字节数的上限。

在任何时候，任何一方都可以通过close()调用关闭连接，以阻止进一步的发送和接收。shutdown()调用则允许调用者来终止发送或接收。

图2.12描绘了客户端和服务器端在建立、使用和终止连接时的交互动作。

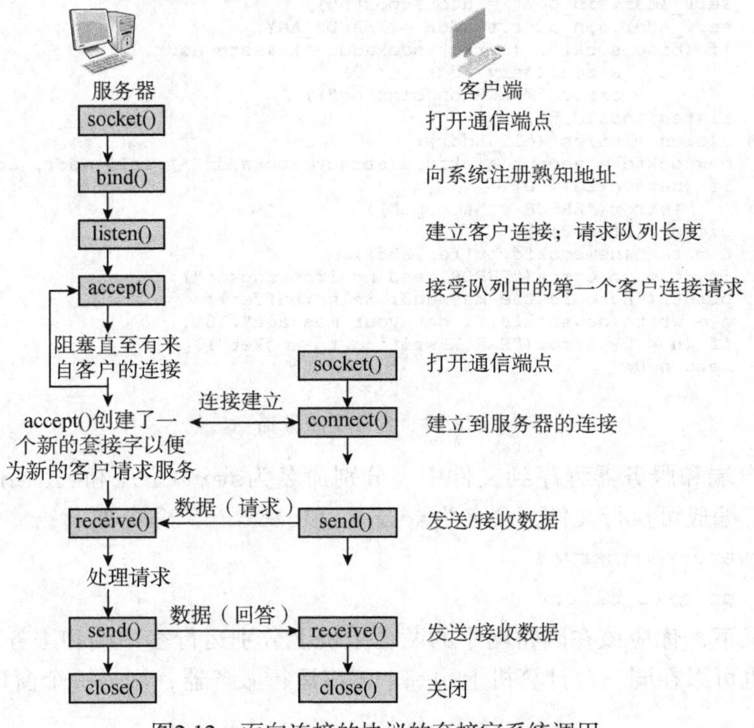

图2.12　面向连接的协议的套接字系统调用

对于**数据报通信**（datagram communication），使用的是函数sendto()和recvfrom()。sendto()调用包括了send()调用的所有参数，另外还要加上目的地址（IP地址和端口）的指定。同样，recvfrom()调用中也包含了地址参数，并在数据接收后被填入。

2.7.3 举例

在本节中，我们将给出一个用C语言实现的简单的客户端和服务器的实例，它使用流套接字通过因特网进行通信。这两个程序分别如图2.13和图2.14所示。在阅读下面的讨论之前，建议读者先编译和执行这两个程序以了解它们的操作。

```
 1 #include <stdio.h>
 2 #include <sys/types.h>
 3 #include <sys/socket.h>
 4 #include <netinet/in.h>

 5 void error(char *msg)
 6 {
 7     perror(msg);
 8     exit(1);
 9 }

10 int main(int argc, char *argv[])
11 {
12      int sockfd, newsockfd, portno, clilen;
13      char buffer[256];
14      struct sockaddr_in serv_addr, cli_addr;
15      int n;
16      if (argc < 2) {
17          fprintf(stderr,"ERROR, no port provided\n");
18          exit(1);
19      }
20      sockfd = socket(AF_INET, SOCK_STREAM, 0);
21      if (sockfd < 0)
22         error("ERROR opening socket");
23      bzero((char *) &serv_addr, sizeof(serv_addr));
24      portno = atoi(argv[1]);
25      serv_addr.sin_family = AF_INET;
26      serv_addr.sin_port = htons(portno);
27      serv_addr.sin_addr.s_addr = INADDR_ANY;
28      if (bind(sockfd, (struct sockaddr *) &serv_addr,
29               sizeof(serv_addr)) < 0)
30               error("ERROR on binding");
31      listen(sockfd,5);
32      clilen = sizeof(cli_addr);
33      newsockfd = accept(sockfd, (struct sockaddr *) &cli_addr, &clilen);
34      if (newsockfd < 0)
35           error("ERROR on accept");
36      bzero(buffer,256);
37      n = read(newsockfd,buffer,255);
38      if (n < 0) error("ERROR reading from socket");
39      printf("Here is the message: %s\n",buffer);
40      n = write(newsockfd,"I got your message",18);
41      if (n < 0) error("ERROR writing to socket");
42      return 0;
43 }
```

图2.13 套接字服务器

1. 下载客户端和服务器程序到文件中，分别命名为server.c和client.c，并将这两个文件汇编成可执行文件，命名为server和client。命令如下：

   ```
   gcc server.c -o server
   gcc client.c -o client
   ```

   理想情况下，你应该在因特网中的两台主机上分别运行客户端和服务器。如果条件有限，你也可以在同一台计算机上用一个窗口运行服务器，用另一个窗口运行客户端。

2. 首先发出一个命令来启动服务器，并以端口号作为参数。服务器将会在这个端口上进行侦听。在2000到65535之间选择一个数。如果这个端口正在使用中，则服务器会返回一条消息。在这种情况下，可以选择另一个数再试一次。典型的命令行如下：

```
server 62828
```

3. 发出一个命令来启动客户端，它有两个参数：正在运行服务器的主机名和该服务器正在侦听的端口号。于是，如果服务器在主机X上，那么命令行就是：

```
client X 62828
```

如果客户端和服务器在同一台计算机上，那么第一个参数就是*localhost*。

```
1  #include <stdio.h>
2  #include <sys/types.h>
3  #include <sys/socket.h>
4  #include <netinet/in.h>
5  #include <netdb.h>

6  void error(char *msg)
7  {
8      perror(msg);
9      exit(0);
10 }

11 int main(int argc, char *argv[])
12 {
13   int sockfd, portno, n;
14   struct sockaddr_in serv_addr;
15   struct hostent *server;
16   char buffer[256];
17   if (argc < 3) {
18      fprintf(stderr,"usage %s hostname port\n", argv[0]);
19      exit(0);
20   }
21   portno = atoi(argv[2]);
22   sockfd = socket(AF_INET, SOCK_STREAM, 0);
23   if (sockfd < 0)
24       error("ERROR opening socket");
25   server = gethostbyname(argv[1]);
26   if (server == NULL) {
27       fprintf(stderr,"ERROR, no such host\n");
28       exit(0);
29   }
30   bzero((char *) &serv_addr, sizeof(serv_addr));
31   serv_addr.sin_family = AF_INET;
32   bcopy((char *)server->h_addr,
33        (char *)&serv_addr.sin_addr.s_addr,
34        server->h_length);
35   serv_addr.sin_port = htons(portno);
36   if (connect(sockfd,(struct sockaddr *)&serv_addr,sizeof(serv_addr)) < 0)
37        error("ERROR connecting");
38   printf("Please enter the message: ");
39   bzero(buffer,256);
40   fgets(buffer,255,stdin);
41   n = write(sockfd,buffer,strlen(buffer));
42   if (n < 0)
43        error("ERROR writing to socket");
44   bzero(buffer,256);
45   n = read(sockfd,buffer,255);
46   if (n < 0)
47        error("ERROR reading from socket");
48   printf("%s\n",buffer);
49   return 0;
50 }
```

图2.14　套接字客户端

4. 客户端将提示你输入一个消息。接下来，如果不出差错，服务器会在*stdout*（标准输出）上显示该消息，并向客户端发送确认消息并终止。然后，客户端打印该确认消息并终止。

服务器程序

现在你已经看到这两个程序都做了些什么，那么我们可以研究一下代码，先从服务器开始（见图2.13）。第1行到第4行定义了头文件：stdio.h（包含大部分的输入和输出操作声明）；types.h（定义系统调用中使用的数据类型）；socket.h（定义套接字所需的数据结构）；netinet/in.h（包含因特网域名地址需要的常数和结构）。

当系统调用失败时，含有函数perror的错误处理程序error就会显示错误消息stderr，然后退出程序（见第5行至第9行）。

从第10行开始定义main程序。前两个整数变量sockfd和newsockfd是文件描述符列表的数组下标。在这张表里存储了socket系统调用和accept系统调用的返回值。portno存储的是端口号，服务器在这个端口上接受连接。clilen存储了客户端地址的大小，它是accept系统调用所需要的。服务器把从套接字连接中读取的字符存放在缓冲区char中。

第14行定义了客户端和服务器的地址结构，使用的是sockaddr_in因特网地址结构。这个结构在netinet/in.h中定义。变量n指出read()和write()调用读取或写入的字符数量。

第16行到第19行检查用户是否提供了端口号参数，如果这个参数不存在，就显示错误消息。

第20行到第22行处理的是新套接字的创建。socket()调用的第一个参数指定了IPv4域，第二个参数指出被请求的是流套接字，而第三个参数被设置为零，它用来定义将要使用的协议，零值表示应该使用默认协议，对流套接字来说就是TCP。socket()调用返回一个文件描述符列表的入口指针，在这张列表中定义的是套接字。如果调用失败，则返回-1，然后根据代码中的if语句显示错误消息。

函数bzero()将一个缓冲区中的所有值全部置为零（见第23行）。它需要两个参数，第一个是指向缓冲区的指针，第二个是缓冲区的大小。因此，这一行将serv_addr初始化为零。

第24行将作为参数提供给server程序的端口号提取出来。这个语句使用atoi()函数把该参数从字符串转换为整数类型并存储在portno中。

第25行到第27行向变量serv_addr分配值，它是sockaddr_in结构类型的一个变量。正如本节前面所提到的，sockaddr_in有四个字段，其中前三个字段必须被分配值。对于IPv4的通信来说，serv_addr.sin_family被设置为AF_INET。serv_addr.sin_port是来自参数的端口号。不过，并不是简单地将端口号复制到这个字段，而是必须使用函数htons()将其转换为网络字节顺序，这个函数的作用是将主机字节顺序的端口号转换为网络字节顺序的端口号。字段serv_addr.sin_addr.s_addr被设置为服务器在因特网的IPv4地址，它从符号常量INADDR_ANY那里获得。

第28行到第30行包含了bind()函数，如前所述，它将套接字绑定到一个套接字地址。它的3个参数分别是套接字文件描述符、该套接字被绑定的地址以及地址的大小。其中第二个参数是一个指针，指向sockaddr结构类型，但是被传递进来的是sockaddr_in结构类型，因此它必须被转换为正确的类型。绑定失败的原因有很多，最明显的就是该套接字在这台机器已经被占用。

如果bind()操作成功，那就是说服务器现在已经准备好可以侦听该套接字了。第31行的listen()以该套接字的文件描述符和积压队列的长度为参数，积压队列长度是指当进程正在处理某个连接时，能够排队等待处理的连接的数量。通常情况下，这个队列长度设置为5。

第32行到第35行处理accept()系统调用，它阻塞进程以等待从客户端到服务器的连接。因此，当来自客户端的连接被成功建立后，这个进程就被唤醒。该调用返回一个新的文件描述符，而该连接的所有通信都应使用这个新的文件描述符。第二个参数是指向该连接另一侧的客户端地址的参考指针，第三个参数是该地址结构的大小。

当客户端成功连接到服务器后，执行第36行到第39行。变量缓冲区设置为全零，然后调用函数read()来读取最多255字节到缓冲区。read调用使用的是accept()返回的新文件描述符，而不是socket()返回的最初的文件描述符。除了填充缓冲区外，read()还要返回读取的字符数量。还需要注意到read()也会阻塞进程，直至该套接字上有东西可读，也就是说客户端执行了一个write()后。读操作结束时，服务器显示通过该连接接收到的消息。

在读取成功后，服务器又写了一个消息，并通过该套接字的连接传递到客户端（见第40行和第41行）。write()函数的参数包括套接字的文件描述符、写的消息以及消息的字符数。

第42行和第43行是main的结束，也就是整个程序的结束。由于main被声明为int类型，因此如果它不返回任何东西，就可能会招致许多编译器的抱怨。

客户端程序

客户端程序如图2.14所示。第1行到第4行是与服务器相同的头文件。第5行多了一个头文件netdb.h，它定义了客户端程序中要用到的结构hostent。

在第6行到第14行中，error()函数与服务器的相同，接下来的变量sockfd、portno及n也相同。变量serv_addr分配给客户端想要连接的服务器的地址。

第15行把服务器变量定义为一个指向hostent结构类型的指针，该结构在netdb.h中定义。hostent结构包括以下字段：*h_name（主机名）；**h_aliases（主机的替用名列表）；h_addrtype（目前总是AF_INET）；h_length（地址的字节长度）；**h_addr_list（指向该命名主机的网络地址列表）。

第16行到第24行与服务器的几乎相同。

从第25行到第29行，客户端试图获得该服务器的hostent结构。argv[1]是client程序被调用的第一个参数，它包含想要连接的服务器主机名。函数*gethostbyname(char, *name)在netdb.h中被定义为结构hostent。它以主机名为参数，并返回一个指针，指向hostent结构的该命名主机。如果这个名字无法从本地获知，那么客户端就要用到域名系统。域名系统在后面的章节中介绍。

第30行到第35行设置serv_addr字段，过程类似于服务器程序。不过，由于字段server -> h_addr是一个字符串，因此要用到函数void bcopy（char *s1, char s2, int length），它从s1复制length长度的字符到s2。

现在，客户端就准备好向服务器请求一个连接了，在第36行和第37行。函数connect()接受三个参数：客户端的套接字文件描述符、所请求的主机的地址以及地址的大小。如果成功，则该函数返回0，如果失败，则返回-1。

剩下的代码，第38行到第50行，应该是相当清晰的。它提示用户输入一个消息，使用fgets函数从stdin（标准输入）读取这个消息，并向套接字写这个消息，然后从套接字中读取答复，并显示该答复。

2.8 推荐读物

对于有兴趣深入了解TCP/IP的读者来说，有两套三卷版的著作是再合适不过了。由Comer和Stevens撰写的著作已经成为经典，并且被视为权威之作[COME14，COME99，COME01]。Stevens、Wright和Fall的合著在协议操作方面更加详细，同样值得阅读[FALL12，STEV96，

WRIG95]。更简练且十分有用的参考著作是[RARZ06]，它涉及了一系列与TCP/IP相关的协议，虽然比较简洁但很全面，其中包括了一些其他两部著作中没有介绍的协议。

[GREE80]对分层协议体系结构的概念做了全面介绍，是一本很好的辅导用书。有两篇早期的论文对TCP/IP 协议族的设计思想有深刻讨论，它们是[LEIN85]和[CLAR88]。

虽然有些过时，但[FURH94]对多媒体主题的全面描述仍然很优秀。[VOGE95]介绍了多媒体在QoS方面的考虑。[HELL01]对多媒体理论的描述足够充分且值得阅读。[DONA01]出色且简洁地介绍了如何使用套接字，还有[HALL01]也对此做了全面的描述。

CLAR88 Clark, D. "The Design Philosophy of the DARPA Internet Protocols." *ACM SIGCOMM Computer Communications Review*, August 1988.

COME99 Comer, D., and Stevens, D. *Internetworking with TCP/IP, Volume II: Design Implementation, and Internals.* Upper Saddle River, NJ: Prentice Hall, 1999.

COME01 Comer, D., and Stevens, D. *Internetworking with TCP/IP, Volume III: Client-Server Programming and Applications.* Upper Saddle River, NJ: Prentice Hall, 2001.

COME14 Comer, D. *Internetworking with TCP/IP, Volume I: Principles, Protocols, and Architecture.* Upper Saddle River, NJ: Prentice Hall, 2014.

DONA01 Donahoo, M., and Clavert, K. *The Pocket Guide to TCP/IP Sockets.* San Francisco, CA: Morgan Kaufmann, 2001.

FALL12 Fall, K., and Stevens, W. *TCP/IP Illustrated, Volume 1: The Protocols.* Reading, MA: Addison-Wesley, 2012.

FURH94 Furht, B. "Multimedia Systems: An Overview." *IEEE Multimedia*, Spring 1994.

GREE80 Green, P. "An Introduction to Network Architecture and Protocols." *IEEE Transactions on Communications*, April 1980.

HALL01 Hall, B. *Beej's Guide to Network Programming Using Internet Sockets.* 2001. http://beej.us/guide/bgnet.

HELL01 Heller, R., et al. "Using a Theoretical Multimedia Taxonomy Framework." *ACM Journal of Educational Resources in Computing*, Spring 2001.

LEIN85 Leiner, B.; Cole, R.; Postel, J.; and Mills, D. "The DARPA Internet Protocol Suite." *IEEE Communications Magazine*, March 1985.

PARZ06 Parziale, L., et al. *TCP/IP Tutorial and Technical Overview.* IBM Redbook GG24-3376-07, 2006, http://www.redbooks.ibm.com/abstracts/gg243376.html

STEV96 Stevens, W. *TCP/IP Illustrated, Volume 3: TCP for Transactions, HTTP, NNTP, and the UNIX(R) Domain Protocol.* Reading, MA: Addison-Wesley, 1996.

VIN98 Vin, H. "Supporting Next-Generation Distributed Applications." *IEEE Multimedia*, July–September 1998,

VOGE95 Vogel, A., et al. "Distributed Multimedia and QoS: A Survey." *IEEE Multimedia*, Summer 1995.

WRIG95 Wright, G., and Stevens, W. *TCP/IP Illustrated, Volume 2: The Implementation.* Reading, MA: Addison-Wesley, 1995.

2.9 关键术语、复习题及习题

关键术语

application programming interface 应用程序接口（API）

application layer 应用层

audio 音频

checksum 检验和

datagram communication 数据报通信

datagram sockets 数据报套接字

encapsulation　封装
frame check sequence　帧检验序列
image　图像
inelastic traffic　非弹性通信量
Internet layer　网际层
Internetworking　网际互连
multimedia　多媒体
network access layer　网络接入层
packet　分组
physical layer　物理层
protocol　协议
protocol data unit　协议数据单元（PDU）
raw sockets　原始套接字
segments　报文段
service access point　服务访问点（SAP）
socket　套接字
Secure Shell　安全外壳（SSH）
stream sockets　字节流套接字
syntax　语法
text　文本
Transmission Control Protocol　传输控制协议（TCP）
User Datagram Protocol　用户数据报协议（UDP）
File Transfer Protocol　文件传送协议（FTP）
header　首部
host-to-host layer　主机对主机层
Internet　因特网
Internet Protocol　网际协议（IP）
IP datagram　IP数据报
network access protocol　网络接入协议（NAP）
Open Systems Interconnection　开放系统互连（OSI）
peer layer　对等层
port　端口
protocol architecture　协议体系结构
quality of service　服务质量（QoS）
router　路由器
semantics　语义
Simple Mail Transfer Protocol　简单邮件传送协议（SMTP）
socket programming　套接字编程
stream communication　流通信
subnetwork　子网
TCP segment　TCP报文段
timing　时序
transport layer　运输层
video　视频

复习题

2.1　网络接入层的主要功能是什么？
2.2　运输层完成什么功能？
2.3　什么是协议？
2.4　什么是协议数据单元（PDU）？
2.5　什么是协议体系结构？
2.6　什么是TCP/IP？
2.7　TCP/IP 体系结构中的分层方法有哪些优点？
2.8　什么是路由器？
2.9　目前最流行的IP 的版本是什么？
2.10　是不是所有在因特网上传输的通信量用的都是TCP？
2.11　比较IPv4 和IPv6 的地址空间。它们分别使用了多少比特？

习题

2.1　根据图2.15中的分层模块，描述一下比萨饼外卖时的预订和送货过程，并指出层与层之间的交互动作。

2.2　a. 中、法两国总理需要通过电话会谈协商某事，但是双方都不会讲对方的语言，甚至双方当时都没有会讲对方语言的翻译在场。不过，两位总理的工作人员中都有英语翻译。请为当时的情况绘制出类似图2.15的示意图，并描述各层之间的交互动作。

b. 现在假设中国总理的翻译只会翻译日语，而法国总理有一位德语翻译。在德国有一位通晓德语和日语的翻译。请再画一幅示意图来表示这时该怎么办，并描述一下假想的电话会谈过程。

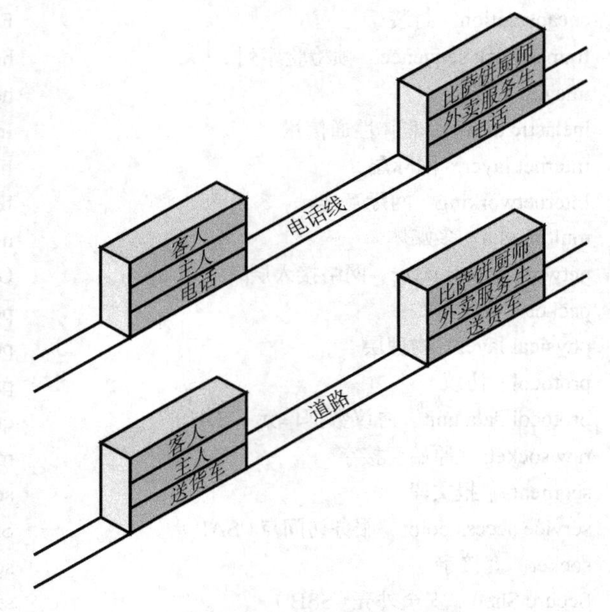

图2.15 习题2.1的体系结构

2.3 列举出分层协议的主要缺点。

2.4 两支蓝军分别位于面对面的两座山上，正在准备向山谷中的红军发起进攻。红军能够击败任何一支蓝军，但如果两支蓝军同时发动进攻，那么红军将无法抵御。蓝军之间通过不可靠的通信系统进行通信（一个步兵）。有一位蓝军的司令员希望在正午发动进攻。他的问题是：如果他向另一支蓝军发送进攻命令，他无法确定这条命令肯定会被对方收到。如果他要求对命令的确认，那么这个确认也有可能无法通过。有没有什么协议可以使这两支蓝军获胜？

2.5 广播网络是这样一种网络，连接到网络上的任何一个站点发起的传输都可以通过共享媒体被所有连接到网络上的其他站点接收。例如总线结构的本地局域网（如以太网）和无线广播网。讨论一下在广播网络中需要或不需要网络层（OSI第三层）的原因。

2.6 在图2.5中，刚刚好有一个第N层的协议数据单元（PDU）被装入第$(N-1)$层的协议数据单元中。当然将一个N层的协议数据单元包装在多个$(N-1)$层PDU（分片）中，或者将多个N层PDU 包装在一个$(N-1)$层PDU（组合）也是可能的。

a. 在分片的情况下，每个$(N-1)$层报文段都需要包含N层数据首部的副本吗？

b. 在组合的情况下，每个N层数据需要保留自己的首部吗？或者能不能用一个N层首部将数据组合成单一的N层PDU？

2.7 一个含有1500比特数据和160比特首部的TCP报文段被送往IP层，在IP层又附加了160比特的首部，然后途经两个网络传送，每个网络都使用了24比特的分组首部。目的网络的最大分组长度为800比特。包括首部在内，一共有多少位被传送到了目的端的网络层协议？

2.8 为什么要有UDP？为什么用户程序不能直接访问IP？

2.9 IP、TCP和UDP在收到检验和出错的分组后都会将其丢弃，并且不会试图通知源主机。为什么？

2.10 为什么TCP首部包含一个首部长度字段，而UDP首部则不含？

2.11 TFTP规约的上一个版本RFC 783中有下述一段话：

> 除非出现超时，除了通知结束的分组之外，所有分组都必须被逐个确认。

RFC 1350对此修订为：

> 除非出现超时，除了重复的确认分组和通知结束的分组之外，所有分组都必须被逐个确认。

这样的修改是为了避免出现一个称为“魔术师的徒弟”的问题。请推断并解释这个问题。

2.12 使用TFTP发送一个文件时，其传送时间的限制因素是什么？

2.13 UNIX主机上的一个用户希望向一台Microsoft Windows主机传送一个4000字节的文本文件。为了完成这个任务，他通过TFTP来传送该文件，并使用netascii传送模式。虽然发送方收到报告说传送过程成功完成，但是Windows主机所报告的最后文件尺寸为4050字节，而不是最初的4000字节。这种文件尺寸上的差别是否暗示着数据传送过程中有差错出现？请说明原因。

2.14 TFTP规约（RFC 1350）阐明，在为一个连接选择发送方标识符（TID）时应当使用随机选取，这样做会使前后紧接的两个连接选择相同数字的可能性较低。那么紧接着的两个连接使用相同的TID会带来什么问题呢？

2.15 为了能够重传丢失的分组，TFTP必须保留它所发送的数据的副本。要实现这个重传机制，TFTP一次必须保存多少个数据分组呢？

2.16 与大多数协议一样，TFTP不会在收到一个出错的分组时发送一个差错分组作为响应，为什么？

2.17 我们已经知道，为了解决丢失分组的问题，TFTP执行的是超时重传机制，通过在向远程主机发送分组的同时设置重传定时器来实现。大多数TFTP的实现将此定时器的值设置为一个固定值，大约在5 s左右。请讨论将重传定时器设置为一个固定值的优缺点各是什么？

2.18 TFTP的超时重传机制暗示了所有数据分组最终都将被目的主机收到。那么是否接收到的数据都完好无损呢？为什么？

2.19 这个问题涉及在线附录E的内容。根据表E.1 所阐明的原则，完成下列工作。

a. 设计一个具有八层的体系结构并举一个应用八层结构的例子。

b. 设计一个具有六层的体系结构并举一个应用六层结构的例子。

2.10 套接字编程作业

2.1 在处理网络通信任务时，确定本地机器的IP地址是非常有用的。编写一段代码以找出本地机器的IP地址。提示：你可以使用某些公共DNS。

2.2 写一个套接字程序，获取给定IP地址的主机的名称。

2.3 如何在因特网上广播一个消息？这需要回答两个问题：应该使用什么地址作为广播地址。如何向广播地址发送数据？广播地址是主机部分比特全部为1的子网地址。例如，如果一个网络的IP地址是192.168.1.0，且子网掩码为255.255.255.0，那么该地址的最后一个字节是主机号（因为根据子网掩码来看，它的前三个字节对应于网络号）。因此，它的广播地址就是192.168.1.255。在UNIX环境中，`ifconfig`命令将会真正给你所有这些信息。

a. 确定你的本地机器的广播地址；

b. 向这个广播地址发送一个广播分组。写一段代码来实现此任务。

2.4 编写一个基于流的echo服务器并向它发送消息的一个客户端，并依次返回接收到的每条消息。提示：修改本章的基于流的TCP客户端和服务器程序或者类似的程序，以往返传送多个消息（直至客户端终止连接）。

2.5 修改上题中的服务器程序来为这个服务器套接字设置一个TCP窗口尺寸。提示：通过调用`setsockopt()`来设置SO_RCVBUF的大小。注意，由于TCP固有的窗口流量控制机制，通过这种方法设置的TCP窗口尺寸不能保证就是该套接字整个生命期的窗口尺寸。本习题只是为了演示`setsockopt()`和`getsockopt()`的调用。

2.6 利用`poll()`函数和套接字编程来接收带外数据。带外数据又称为TCP紧急数据，经常通过一个单独的数据流并以最高优先级接收。提示：查看事件并选择POLLPRI。

附录2A 简单文件传送协议

此附录全面介绍了一个因特网标准——简单文件传送协议（Trivial File Transfer Protocol，TFTP），它在RFC 1350中定义。本书的目的是为了让读者更形象地了解协议的构成要素。TFTP非常简单，足以提供一个简明的实例，同时又包括了其他更为复杂的协议中的大部分重要的要素。

TFTP 简介

TFTP远比因特网标准FTP（RFC 959）简单。由于不提供访问控制和用户识别，因此TFTP只适用于公开访问的文件目录。由于TFTP非常简单，因此它易于实现且十分小巧。比如一些没有磁盘的设备在启动时就用TFTP下载其固件（firmware）。

TFTP的运行基础是UDP。TFTP实体用UDP报文段向目的系统发送一个读或写的请求，这个报文段的目的端口值为69，并由此而发起一个传送。这个端口号被目的UDP模块认为是TFTP模块的标识符。在传送持续期间，双方都用一个传送标识符（transfer identifier，TID）作为端口号。

TFTP 分组

TFTP实体之间以分组的形式交换命令、响应以及文件数据，每个分组都通过UDP报文段的主体运载。TFTP支持5种类型的分组（见图2.16）。其中前两个字节的内容是一个操作码，用来标识如下的分组类型。

- **RRQ** 读请求分组，请求允许从另一个系统传送一个文件到本系统。这个分组的内容包括一个文件名，它是一个ASCII[①]字节序列并由一个零字节终止。这个零字节的作用是让正在接收的TFTP实体知道该文件名在何处截止。在这个分组中还有一个模式字段，它指明数据字段应当视为ASCII码字符串（netascii模式）还是数据的纯8比特字节（八位组模式）。在netascii模式中，文件以字符行的形式传送，每一行用回车加换行结束。每个系统必须在自己的字符文件格式和TFTP格式之间相互转换。
- **WRQ** 写请求分组，请求允许向另一个系统传送一个文件。
- **数据** 数据分组的分组号初始值为1，每传送一个新的数据分组，其分组号递增1。这个规定使得程序能够通过这个分组号区分收到的数据分组是新的还是重复的。数据字段的长度从0到512字节。如果数据字段的长度为512字节，那么这个数据分组就不是末尾分组，而如果数据字段的长度在0到511字节之间，则表示此次传送结束。
- **ACK** 这个分组用于确认接收到一个数据分组或一个WRQ分组。对数据分组的ACK内含被确认的数据分组的分组号。WRQ分组的ACK分组内含的分组号为零。
- **差错** 差错分组可以作为对任何其他类型分组的确认。差错码是一个整数，指示是什么样的差错（见表2.5）。差错消息需要人工处理，当然应该是ASCII字符串。与其他所有字符串一样，差错分组用一个零字节代表结束。

---

① ASCII是美国信息交换标准码（American Standard Code for Information Interchange），它是美国国家标准学会制定的一个标准，它为每个字母设计一个唯一的7比特组合，而第8比特用于奇偶校验，ASCII相当于ITU-T在建议书T50中定义的国际基准编码（International Reference Alphabet，IRA），参见在线附录F中的讨论。

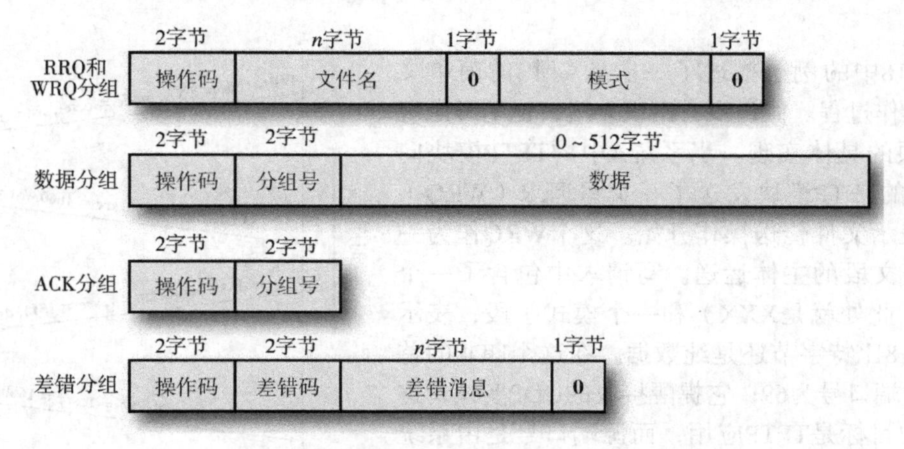

图2.16　TFTP分组格式

表2.5　TFTP差错码

值	意义	值	意义
0	没有定义，参见差错消息（如果有）	4	非法的TFTP操作
1	文件没找到	5	非法的传送ID
2	不可访问	6	文件已存在
3	磁盘满或超出分配空间	7	没有该用户

除了重复的ACK分组（稍后再解释）和用来表示终止的分组之外，所有的分组都将被确认。任何一个分组都可能由差错分组来表示确认。如果没有差错，那么遵守以下规约。一个WRQ或数据分组由一个ACK分组确认。当发送的是一个RRQ时，（在没有出错的情况下）对方的响应就是开始传送文件。因此，第一个数据块同时也起到了对RRQ分组的确认作用。在文件传送尚未完成的情况下，每收到对方的一个ACK分组之后，接着就传送一个数据分组，因此这个数据分组也有确认的作用。差错分组可以被任何其他类型的分组确认，取决于当时的具体情况。

图2.17所示为刚才讨论的一个TFTP数据分组。当这样的一个分组向下递交给UDP后，UDP会添加一个首部形成UDP报文段。然后它被向下递交到IP，由IP再添加一个IP首部，形成IP数据报。

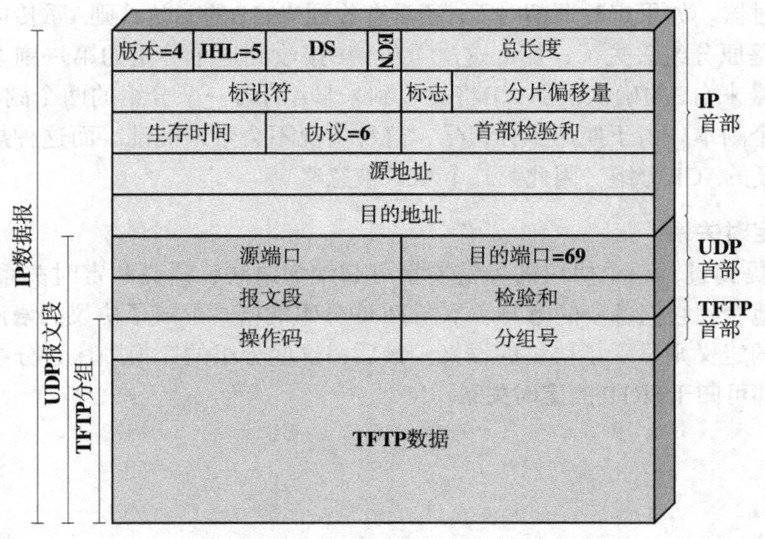

图2.17　本文中的TFTP分组

传送概述

图2.18中的例子描述了一次从A到B的简单文件传送操作过程。假设没有出现差错，也不考虑规范里选项的具体实现。当系统A中的TFTP模块向系统B中的TFTP模块发送了一个写请求（WRQ）时，就表示文件传送操作开始。这个WRQ作为一个UDP报文段的主体运送。写请求中包含了一个文件名（此处就是XXX）和一个模式字段，表示数据将是8比特字节还是纯数据。在这个UDP的首部，目的端口号为69，它提醒接收的UDP实体，这个报文的目标是TFTP应用，而源端口号是由系统A选择的TID，在这里是1511。系统B准备好接收文件，因此用一个分组号为0的ACK响应。此时这个UDP首部的目的端口号为1511，这样系统A上的UDP实体才能将接收到的分组传递给适当的TFTP模块，方法是将它的TID与WRQ的TID相比对。这个UDP首部的源端口号是由系统B为此次文件传送选择的TID，此处是1660。

在双方第一次交换完成后，文件传送开始进行。文件传送过程由系统A发送的一个或多个数据分组和系统B相应的确认分组构成。最后一个数据分组中的数据少于512字节，也就是通知传送结束。

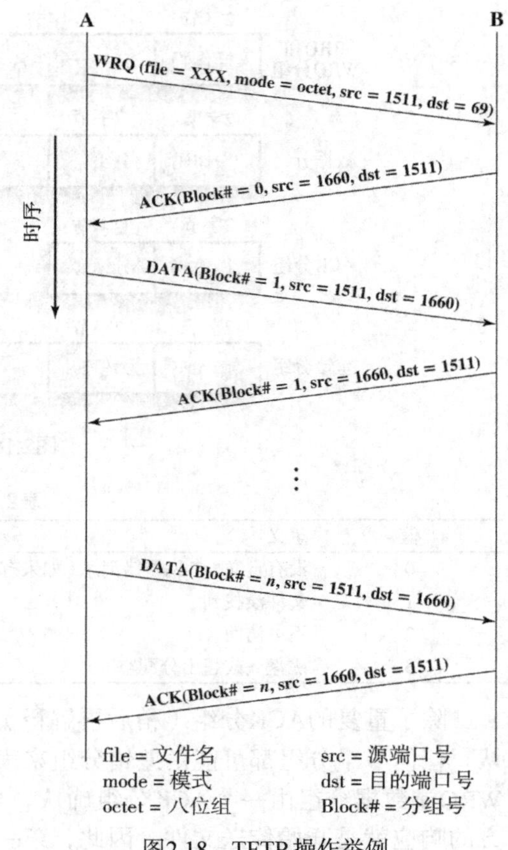

图2.18 TFTP 操作举例

差错和时延

如果TFTP的操作要通过一个网络或互联网（不是直接数据链路），分组就有可能丢失。由于TFTP的操作是基于UDP的，而UDP不提供可靠的交付服务，因此在TFTP中就需要有某些机制来处理分组丢失问题。TFTP使用常见的超时机制。假设A向B发送了一个需要确认的分组（即除了重复的ACK和用于终止的分组之外的任何分组）。当A把这个分组发送出去时，它启动一个定时器。如果定时器超时而A还没有收到来自B的确认，则A重传同一个分组。如果当时的情况是原分组丢失了，那么这次重传使B接收到这个分组的第一副本。如果丢失的不是原分组而是来自B的确认，那么B将接收到来自A的同一个分组的两个副本，而B则不加区别地确认每个副本。由于使用了分组号，这种情况不会带来混乱。而这种规则唯一可能带来的麻烦是重复的ACK分组。因此第二个ACK被忽略。

语法、语义和定时关系

在2.1节中提到过，一个协议的关键要素可归纳为语法、语义和定时关系。在TFTP协议中可以很清楚地看到它们各自的范畴。不同TFTP分组的格式形成了协议的**语法**。对每种分组类型及差错码的定义则显示了协议的**语义**。最后，这些分组的交换顺序、分组号的使用以及定时器的使用都可归于TFTP 的**定时关系**。

第二部分 数据通信

第3章 数据传输

学习目标

在学习了本章的内容之后，应当能够：

- 区分数字和模拟信息源；
- 解释用电磁信号来表示音频、数据、图像和视频的各种方法；
- 论述模拟和数字波形的特点；
- 论述对通信媒体上传送的信息和信号质量带来影响的各种传输损伤；
- 指出影响信道容量的因素。

成功的**数据**传输主要取决于两个因素：传输信号的质量和传输媒体的特性。本章及下一章就是为了使读者对这两个因素的本质有直观上的认识。

3.1节介绍了一些来自电气工程领域内的概念和术语，为本章后面的内容提供了充分的背景知识。3.2节阐明了术语“模拟”（analog）和“数字”（digital）的使用。不论是模拟数据还是**数字数据**，都可以用模拟信号或数字信号传输。再者，源和目的之间通常要执行一个中间过程，而这一过程既可能是模拟的，也可能是数字特性的。

3.3节简单介绍了传输过程中存在的各种损伤，这些损伤有可能会导致数据产生误差。主要的损伤包括**衰减**、**衰减失真**、**时延失真**和各种形式的噪声。最后，我们将讨论信道容量这个重要概念。

3.1 概念和术语

这一节中所介绍的这些概念和术语，在整个第二部分中都会经常涉及。

3.1.1 传输术语

数据传输发生在由某种传输媒体连接的发送器和接收器之间。传输媒体可分为导向媒体（guided media）和非导向媒体（unguided media）两类。在这两种情况下，通信都是以电磁波的形式进行的。对**导向媒体**而言，电磁波在导线引导下沿某一物理路径前进。导向媒体的例子有双绞线、同轴电缆和光纤。**非导向媒体**也称为**无线传播**，它提供了传输电磁波的方式，但并不引导它们的传播方向，例如通过空气、真空和海水的传播。

术语“**直连链路**”（direct link）指的是在两个设备之间，除了一些用于增加信号强度的放大器和转发器之外，再没有其他中间设备存在，信号传播可直接从发送器到达接收器的传输路径。注意，这个术语对导向媒体和非导向媒体都适用。

如果导向媒体在两个设备之间提供了一条直连链路，并且它仅被这两个设备共享，那么这个导向传输媒体就是**点对点**（point-to-point）的。在**多点**（multipoint）导向媒体的设置中，有两个以上的设备共享同一传输媒体。

传输过程可能是**单工**（simplex）、**半双工**（half-duplex）或**全双工**（full-duplex）的。在单工传输方式中，信号仅向一个方向传输，一个站点是发送器，而另一个站点则是接收器。在半双工操作中，两个站点都可以发送信号，但在同一时间只允许一方发送。在全双工操作中，两个站点可同时发送信号。在最后一种情况下，媒体在同一时间向两个方向传送信号。应当注意到，以上给出的定义都是美式常用术语（由ANSI 定义）。在其他一些地方（由ITU-T 定义），术语“单工”（simplex）对应于前面定义的术语“半双工”（half duplex），术语“双工”（duplex）则与前面定义的术语“全双工”（full duplex）对应。

3.1.2 频率、频谱和带宽

在本书中，我们讨论的电磁信号都是用作传输数据的一种手段。在图1.4中的点③，由发送器生成信号并通过媒体传输。这个信号是一个时间的函数，但它也可以用一个频率的函数来表示。也就是说，信号是由不同频率成分组成的。实际上，要了解数据传输，从**频域**（frequency domain）的角度解释信号比从**时域**（time domain）的角度解释信号重要得多。在此我们分别从这两种角度进行讨论。

时域概念

从时间函数的角度来看，电磁信号不是模拟的就是数字的。如果经过一段时间，信号的强度变化模式是平滑的，或**连续的**，这种信号就是**模拟信号**。换言之，就是信号没有中断或不连续[①]。如果在一段时间内信号强度保持某个常量值，然后在下一时段又以**离散的**形式变化到另一个常量值，这种信号就称为**数字信号**[②]。图3.1所示为上面两种信号的例子。这里的连续信号可能代表了一段讲话，而离散信号则可能代表了二进制的0和1。

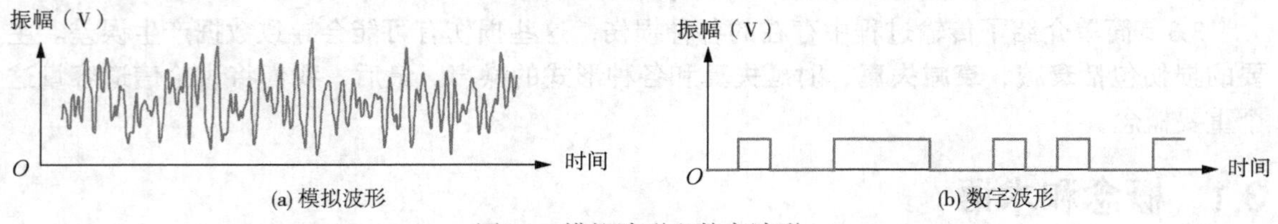

图3.1 模拟波形和数字波形

最简单的信号是**周期信号**，它是指经过一段时间，不断重复相同信号模式的信号。图3.2所举的例子就是一个周期连续信号（正弦波）和一个周期离散信号（方波）。从数学的角度看，当且仅当信号$s(t)$可表示为

$$s(t+T)=s(t) \quad -\infty < t < +\infty$$

时，信号$s(t)$才是周期信号。这里的常量T是信号周期（T是满足该等式的最小值），否则该信号是**非周期的**。

① 数学定义是：如果对于所有的a，都满足$\lim_{t\to a} s(t)=s(a)$，则信号$s(t)$是连续的。

② 这是理想化的定义。事实上，从一个电压值转换到另一个电压值不会是即时的，但转换期很短。不管怎样，实际的数字信号还是近似于在恒定电压值之间即时转换的信号模式。

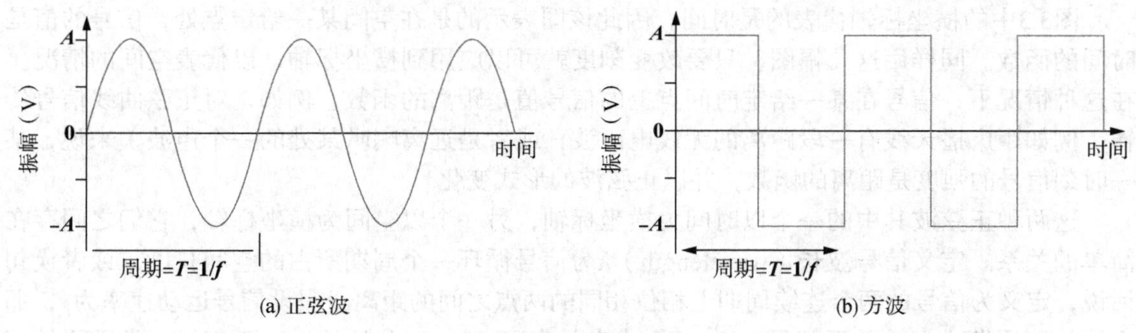

图3.2 周期信号举例

正弦波是最基本的周期信号。简单正弦波可由3个参数表示，分别是：峰值振幅(A)，频率(f)和相位(ϕ)。**峰值振幅**（peak amplitude）是指一段时间内信号值或信号强度的峰值。通常这个值的单位是伏特（volt）。**频率**（frequency）是指信号循环的速度，用赫兹（Hz）或每秒的周数表示。另一个与频率相关的参数是信号**周期**（period）(T)，指的是信号重复一周所用的时间，因此$T = 1/f$。**相位**（phase）表示了一个信号周期内信号在不同时间点上的相对位置，我们将在后面详细解释。更正式地说，对于一个周期为T的周期信号$f(t)$，相位就是比值t/T的余数，代表了领先周期起点的程度，而其中的周期起点通常取波形在上一次从负到正变化方向上经过的零点。

正弦波一般可表示如下：

$$s(t) = A\sin(2\pi ft + \phi)$$

具有上述等式形式的函数称为**正弦波**。图3.3显示了当3个参数分别变化时对这一正弦波的影响。在(a)部分，频率为1 Hz，也就是周期$T = 1$ s；在(b)部分，频率和相位不变，但振幅为0.5；在(c)部分，$f = 2$ Hz，对应的周期为$T = 0.5$ s；最后的(d)部分显示了相位移动$\pi/4$ 弧度时的效果，也就是移动了45°（2π弧度= 360° = 一个周期）。

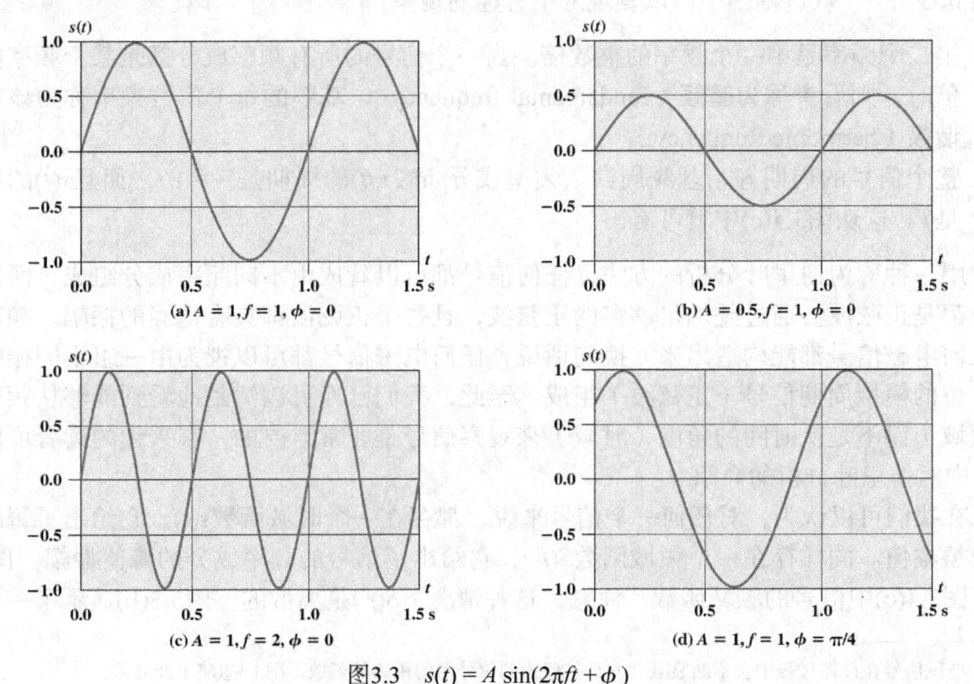

图3.3 $s(t) = A\sin(2\pi ft + \phi)$

图3.3中的横坐标轴代表的是时间，因此该图表示的是在空间某一给定点处，信号的值是时间的函数。同样用这几幅图，只要改变刻度就可以应用到横坐标轴，以代表空间的情况。在这种情况下，信号在某一给定时间点上的信号值是距离的函数。例如，对正弦曲线信号传输（例如距广播天线有一段距离的无线电磁波，或者是远离喇叭某处的一个声波）来说，某一时刻信号的强度是距离的函数，并以正弦波的形式变化①。

这两种正弦波其中的一个以时间为横坐标轴，另一个以空间为横坐标轴，它们之间存在简单的关系。定义信号**波长**（wavelength）λ为信号循环一个周期所占的空间长度，或者换句话说，定义为信号的两个连续周期上相位相同的两点之间的距离。假设信号运动速率为v，那么波长与周期之间的关系就是：$\lambda = vT$，或表示为$\lambda f = v$。对此处的讨论而言，非常重要的一个特例是$v = c$，c是自由空间中的光速，约等于3×10^8 m/s。

例3.1 在美国，典型的居民供电的频率为60 Hz，电压峰值大约为170 V。因此供电线路上的电压可用下式表示：

$$170 \sin(2\pi \times 60 \times t)$$

这个电流的周期是1/60 = 0.0167 s = 16.7 ms。典型的传播速率约为0.9 c，因此这个电流的波长就是$\lambda = vT = 0.9 \times 3 \times 10^8 \times 0.0167 = 4.5 \times 10^6$ m = 4500 km。

通常我们说居民供电电压为120 V，这是所谓的均方根值（对电压值取平方，使之成为正值，然后取其平均值，再开方）。对于一个正弦波来说，这个值的计算方法是$\sqrt{(A^2 - 0)/2} = 0.707A$。在这种情况下就是0.707 × 170 = 120 V。

频域概念

实际上，一个电磁信号是由多种频率组成的。例如，信号

$$s(t) = (4/\pi) \times [\sin(2\pi ft) + (1/3) \sin(2\pi(3f)t)]$$

如图3.4(c)所示，这个信号的组成成分只有频率为f和$3f$的正弦波。图中(a)和(b)分别显示了这两个独立成分②。从这幅图中可以发现两个有趣的现象：

- 第二个频率是第一个频率的整数倍。当一个信号的所有频率成分都是某个频率的整数倍时，则后者称为**基频**（fundamental frequency），基频的每个倍数频率称为该信号的**谐频**（harmonic frequency）。
- 整个信号的周期等于基频周期。频率成分$\sin(2\pi ft)$的周期是$T = 1/f$，而且$s(t)$的周期也是T。这从图3.4(c)中就可看出。

利用一种称为傅里叶分析的方法，任何信号都可以看成由不同频率成分组成，而每个频率成分都是正弦波。通过叠加足够多的正弦波，且每个正弦波都具有适当的振幅、频率和相位，任何电磁信号都能构造出来。换句话说，任何电磁信号都可以视为由一组不同振幅、频率和相位的模拟周期信号（正弦波）组成。至此，我们已经可以清楚地看到能够从频率的角度（频域）而不是从时间的角度（时域）来观察信号是非常重要的。有兴趣的读者可以参看附录A 中对傅里叶分析的介绍。

现在我们可以认为，对任何一个信号来说，都存在一个时域函数$s(t)$，它给出了每时每刻信号的振幅值。同样存在一个频域函数$S(f)$，它给出了信号的频率成分的峰值振幅。图3.5(a)显示了图3.4(c)中信号的频域函数。注意，这种情况下$S(f)$是离散的。图3.5(b)显示了一个方波

---

① 电磁信号在传播过程中会不断衰减，并且其值为到信号源的距离的函数。图3.3忽略了此效果。

② 幅度系数$4/\pi$用于产生一个峰值振幅近似为1的波形。

脉冲的频域函数，这个方波脉冲在$-X/2$到$X/2$之间的值为1，而在其他地方的值为0[①]。注意，这种情况下$S(f)$是连续的。尽管随着频率f不断增大，其频率成分的强度迅速减小，但仍然不等于零。在实际信号中这些特性同样存在。

信号的**频谱**（spectrum）是指它所包含的频率范围。对图3.4(c)中的信号来说，其频谱从f延伸至$3f$，信号的**绝对带宽**（absolute bandwidth）是指它的频谱宽度。在图3.4(c)的例子里，带宽是$2f$。对许多信号而言，其带宽是无限的，如图3.5(b)中的信号所示。但是，信号的绝大部分能量都集中在相当窄的频带范围内。这个频带称为**有效带宽**（effective bandwidth），或者就简称为**带宽**（bandwidth）。

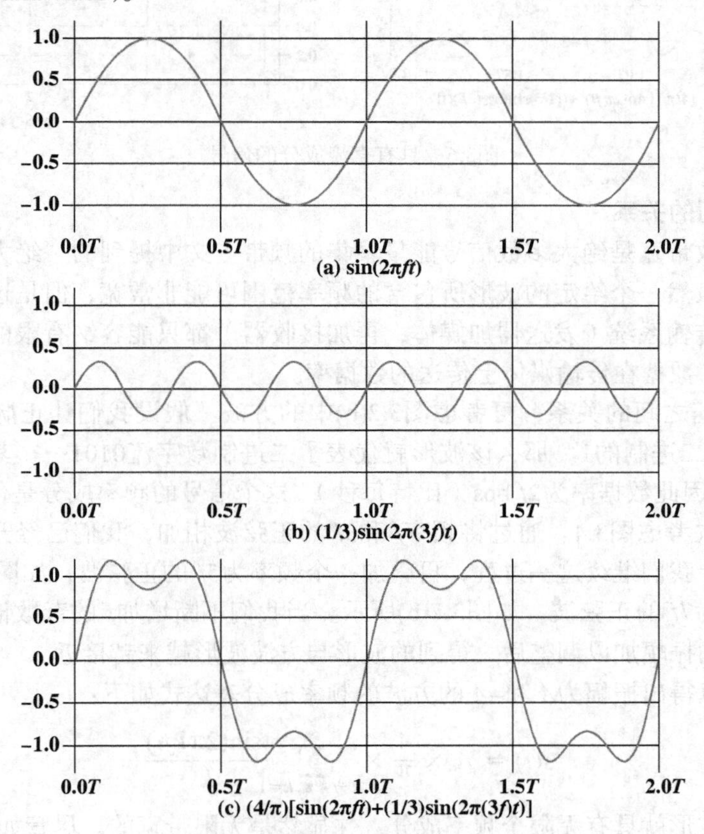

图3.4　频率成分叠加（$T=1/f$）

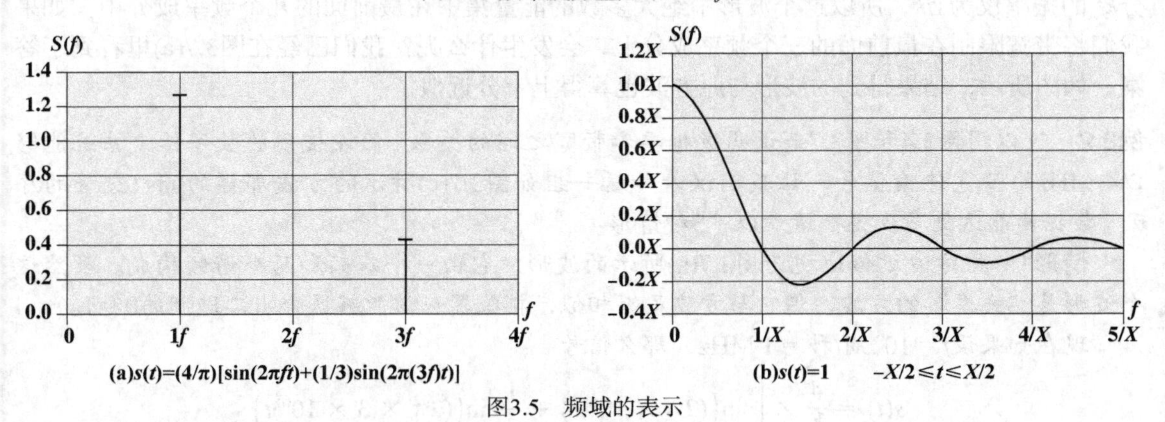

图3.5　频域的表示

① 实际上，在此情况下函数$S(f)$是围绕$f=0$对称的，所以会有负值的频率出现。负值的出现属于数学范畴，超出了本书范围。

最后需要定义的术语是**直流成分**（dc component）。如果一个信号包含频率为零的成分，那么这个成分就称为直流（dc）或恒量成分。例如，图3.6所示为图3.4(c)的信号叠加上一个直流成分后得到的结果。如果没有直流成分，信号的平均振幅就为零，就像在时域中看到的。具有直流成分的信号在$f=0$处有一个频率项存在，且振幅平均值不为零。

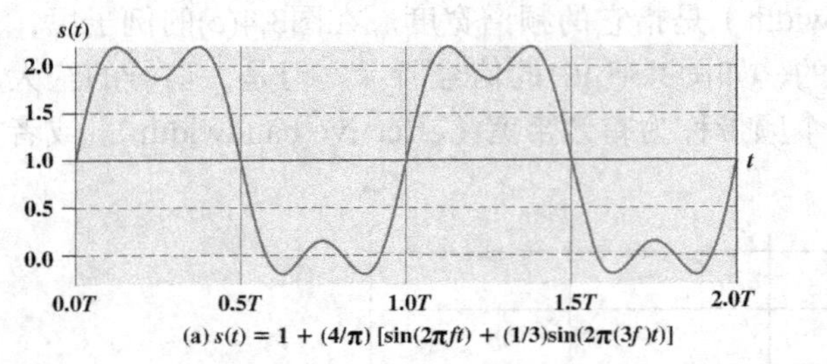

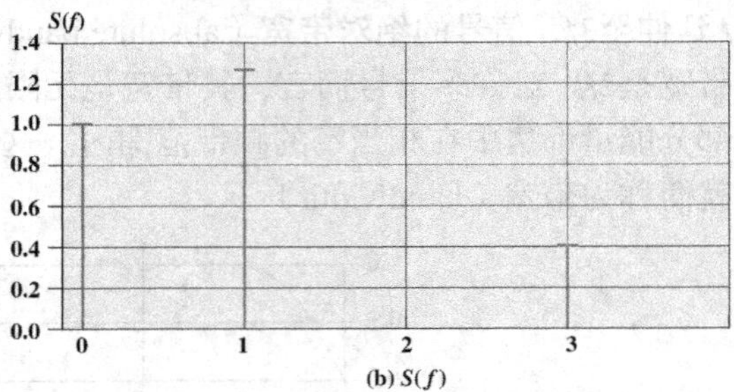

图3.6　具有直流成分的信号

数据率和带宽之间的关系

我们曾说有效带宽是绝大多数信号能量聚集的频带。文中提到的“绝大多数”在某种程度上并不明确。虽然一个给定的波形所包含的频率范围可能非常宽，但是这里有一个关键问题：实际上任何传输系统（发送器加媒体，再加接收器）都只能容纳有限的频率范围。反过来说就是它限制了数据在传输媒体上传送的数据率。

若要解释它们之间的关系，可考虑图3.2(b)中的方波。假设我们让正脉冲代表二进制的0，而负脉冲代表二进制的1。那么该波形就代表了二进制数字流0101…。其中每个脉冲的持续时间为$1/(2f)$，因此数据率为$2f$ bps（比特每秒）。这个信号的频率成分是什么呢？要回答这个问题，可以再次考虑图3.4。通过将频率f和$3f$的正弦波相加，我们已经开始得到一个与方波相似的波形。让我们继续这一过程，再叠加一个频率为$5f$的正弦波，如图3.7(a)所示，然后再加上一个频率为$7f$的正弦波，如图3.7(b)所示。当我们不断增加f的奇数倍正弦波，并按比例对这些正弦波的振幅加以调整后，得到的波形与方波波形越来越接近。

事实上，可以得出振幅为A和$-A$的方波的频率成分表达式如下：

$$s(t) = A \times \frac{4}{\pi} \times \sum_{k\text{为奇数},\, k=1}^{\infty} \frac{\sin(2\pi kft)}{k}$$

因此，这个波形就具有无限个频率成分，并显然是无限带宽的。尽管如此，第k个频率成分kf的振幅仅为$1/k$，所以这个波形中绝大多数的能量集中在最前面的几个频率成分中。如果我们将带宽限制在最前面的三个频率成分上，会发生什么呢？我们已经在图3.7(a)里看到了答案。如图所示，结果得到的波形与原方波也算得上十分近似了。

例3.2　可以用图3.4和图3.7来说明数据率和带宽之间的关系。假设使用的数字传输系统能够以4 MHz的带宽传输信号，让我们试着传送一组如图3.7(c)所示的方波那样的0和1交替的序列。数据率能达到多少呢？请看以下3种情形。

情形1　把方波近似地视为图3.7(a)所示的波形，它由一个基频和两个谐频构成。虽然这个波形是“失真”的方波，但它与方波足够相似，接收器应该能够区分出二进制的0和1。

现在如果设$f = 10^6$周/秒 = 1 MHz，那么信号

$$s(t) = \frac{4}{\pi} \times \left[\sin\left((2\pi \times 10^6)t\right) + \frac{1}{3}\sin\left((2\pi \times 3 \times 10^6)t\right) + \frac{1}{5}\sin\left((2\pi \times 5 \times 10^6)t\right)\right]$$

的带宽就是$(5\times10^6)-10^6=4$ MHz。注意，由于$f=1$ MHz，基频的周期就是$T=1/10^6=10^{-6}=1$ μs。因此，如果把这个波形视为0和1的比特序列，那么每0.5 μs产生1比特，也就是数据率为$2\times10^6=2$ Mbps。所以对4 MHz 的带宽来说，可以达到2 Mbps 的数据率。

情形2　现在假设具有8 MHz的带宽，再来看看图3.7(a)，这一次$f=2$ MHz。与前面的推导过程一样，这个信号的带宽为$(5\times2\times10^6)-(2\times10^6)=8$ MHz，但此时$T=1/f=0.5$ μs。因此，每0.25 μs产生1比特，也就是数据率为4 Mbps。所以，假如其他项保持不变，带宽加倍就意味着数据率加倍。

情形3　假设图3.4(c)中的波形足以近似于方波，也就是说图3.4(c)中的正、负脉冲之间的差别足够大，能够成功地用来表示0，1序列。假设该情形与情形2一样，$f=2$ MHz，$T=1/f=0.5$ μs，也就是每0.25 μs 产生1比特，数据率为4 Mbps，那么图3.4(c)中的信号带宽为$(3\times2\times10^6)-(2\times10^6)=4$ MHz。因此，给定的带宽可以根据接收器在噪声和其他损伤存在的情况下鉴别0和1的能力来支持不同的数据率。

总结如下。

- **情形1**　带宽 = 4 MHz；数据率 = 2 Mbps
- **情形2**　带宽 = 8 MHz；数据率 = 4 Mbps
- **情形3**　带宽 = 4 MHz；数据率 = 4 Mbps

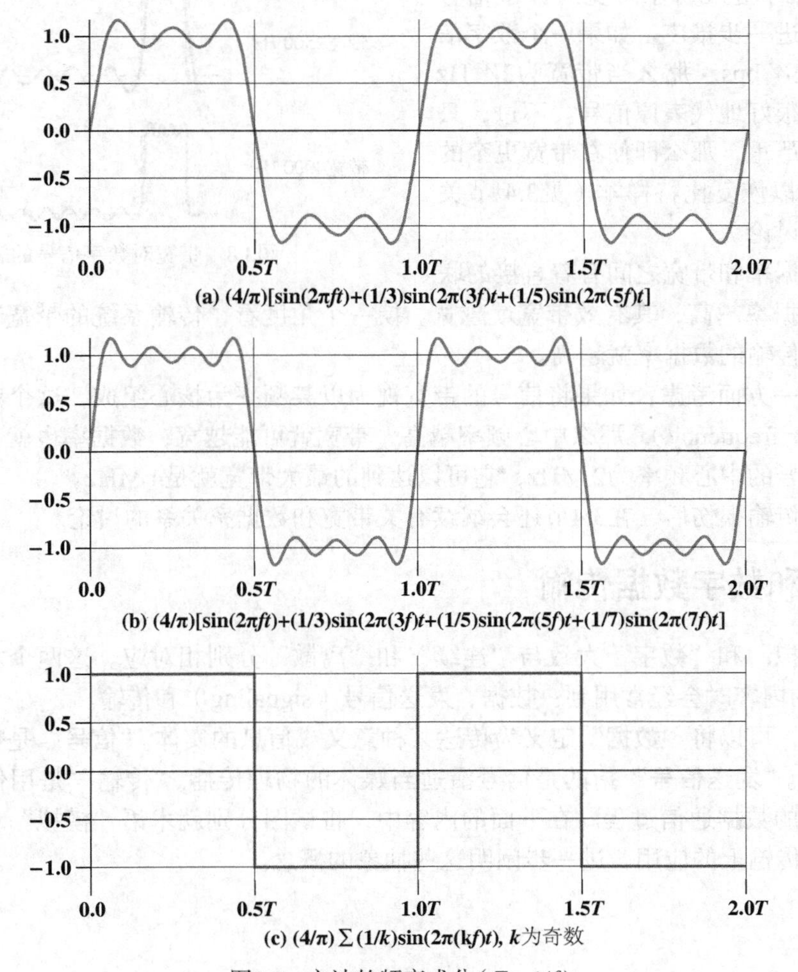

图3.7　方波的频率成分（$T=1/f$）

从以上的例子可以得出如下结论。总体来说，任何数字波形都具有无限的带宽。如果试图将这个波形作为一个信号，让它在某种媒体上传输，该媒体自身的特性将限制被传输信号的带宽。更进一步说，对于任何一种媒体，传输带宽越宽，则花费也越高。因此，一方面鉴于经济上和实现上的原因，数字信息不得不被近似为有限带宽的信号。而另一方面，带宽的限制引起了失真，这样就更加不易将接收到的信号转换为原信息。带宽越受限制，失真就越严重，接收器产生差错的机会也就越多。

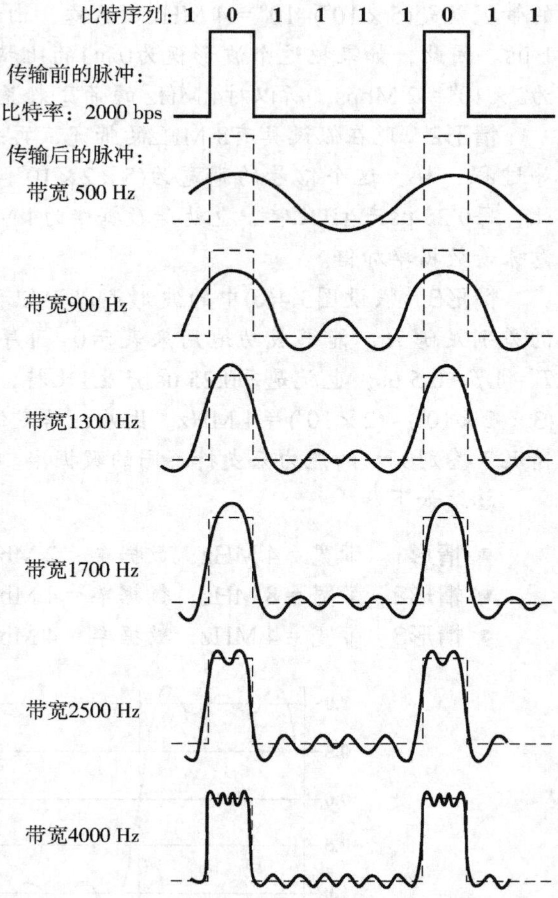

有必要再用一张图解来加深对这些概念的理解。图3.8显示了一个数字比特流。其数据率为2000 bps。当带宽在2500 Hz 甚至1700 Hz 范围内时，它就能够很好地代表方波。可以对图3.8所示带宽对数字信号的影响的结果进一步推广。如果一个数字信号的数据率是W bps，那么当带宽为$2W$ Hz时，它就可以很好地代表原信号。不过，只要噪声不是很严重，那么即使在带宽更窄的情况下，仍可以恢复比特样本（见3.4 节关于信道容量的讨论）。

图3.8 带宽对数字信号的影响

因此，数据率和带宽之间有着直接的联系：信号的数据率越高，其有效带宽就越宽。换一个角度看，传输系统的带宽越宽，则能够在这个系统上传输的数据率就越高。

不妨从另一方面考虑：如果将信号的带宽视为以某频率为核心组成，这个频率就称为**中心频率**（center frequency），那么中心频率越高，带宽就可能越宽，数据率也就有可能越高。例如，假定信号的中心频率为2 MHz，它可以达到的最大带宽就是4 MHz。

在介绍完传输损伤后，在3.4节还会继续有关带宽和数据率关系的讨论。

3.2 模拟和数字数据传输

术语“模拟”和“数字”大致与“连续”和“离散”分别相对应。这两个术语至少在涉及以下3方面的内容时会经常用到：数据、发送信号（signaling）和传输。

简单地说，可以将“**数据**”定义为传达某种意义或信息的实体。“**信号**”是数据的电气或电磁表示方式。“**发送信号**”指的是信号沿适当媒体的物理传播。“传输”是用传播并处理信号的方式进行的数据通信过程。在下面的内容中，将试图分别就术语“模拟”和“数字”在数据、信号和传输上的应用，进一步阐明这些抽象的概念。

3.2.1 模拟数据和数字数据

模拟数据和数字数据的概念十分简单。**模拟数据**在一段时间内具有连续的值。例如声音和视频的强度值是连续变化的。大多数用传感器采集的数据（如温度和压力）是连续数值的。数字数据的值是离散的，例如文本和数字。

模拟信号最常见的例子是**音频**（audio）信号，它们以声波的形式被人类直接感觉到。图3.9显示了人类说话时的话音频谱和音乐的声谱①。典型的话音频率成分在100 Hz到7 kHz之间。虽然话音的大多数能量集中在低频区，但实验证明，在600 Hz或700 Hz以下范围的频率对人耳的语音可懂度的影响甚小。典型的话音大约有25分贝（dB）②的动态范围，也就是说最大的叫喊声的能量可以比最小的低语声音大300倍。

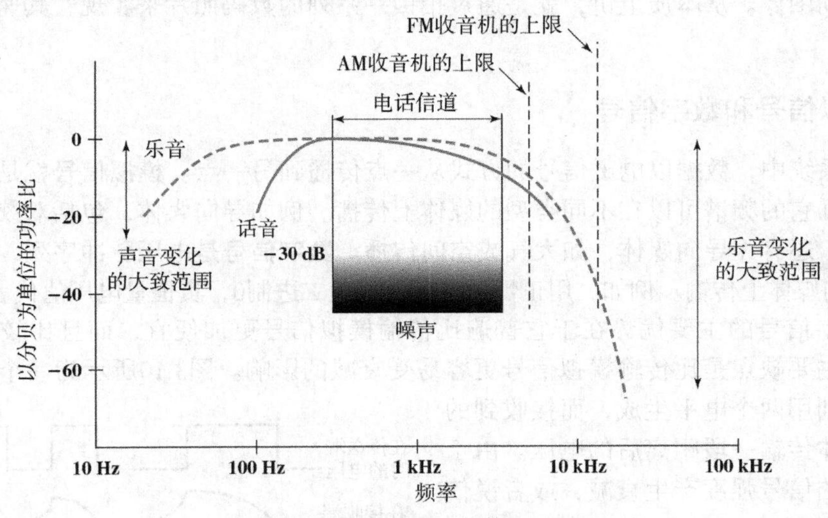

图3.9　话音和乐音的声谱[CARN99]

数字数据的一个常见实例是**文本**（text）或者说字符串。虽然文本数据对人类来说是最方便不过的，但是以字符的形式表示的数据既不容易存储，也不容易被数据处理系统处理或由通信系统传输。这些系统是设计用于处理二进制数据的。因而人们发明了许多编码，通过这些编码，字符被表示成比特序列。最早的常用编码可能要算莫尔斯码了。今天，最常用的字符编码是国际基准编码（International Reference Alphabet，IRA）③。在这种编码中，每个字符用唯一的7比特组合表示，因此一共可以表示128 个不同的字符。这一数量超出了我们的需要。有一些组合代表了不可见的控制字符（control character）。用IRA编码的字符几乎全部以8比特的形式存储和传输。其中的第8比特是检验位，用于差错检测。这种第8比特的设置原则是要使每个八位组中的二进制1的个数总是奇数（奇校验）或总是偶数（偶校验）。这样，由传输差错导致的任何一个比特或任何奇数个比特的改变都能够被检测出来。

视频（video）传输承载的是一段时间长度的图片序列。从本质上讲，视频就是利用光栅扫描成像的图片序列。在这里，从电视或计算机显示器画面（终点）的角度要比从录像机拍摄原景（源点）的角度更容易说明这些数据的特征。

---

① 注意x轴使用的是对数刻度。原因是y轴使用的单位是分贝，其实也算是一种对数刻度。

② 分贝的概念在附录3A中介绍。

③ IRA在ITU-T建议书T50中定义，它早期称为国际字符编号5（IA5）。IRA的美国国家版称为美国信息交换标准码（ASCII）。在线附录F提供了IRA编码表及其描述。

视频可以通过模拟或数字摄像机拍摄。被摄录的视频可以利用连续（模拟）或离散（数字）的信号进行传输，也可以被模拟或数字显示设备接收，并可以存储为模拟或数字文件格式。

第一代电视和计算机显示器使用的是阴极射线管（CRT）技术。CRT显示器本质上是利用电子枪在屏幕上“画”出图像的模拟设备。电子枪通过发射电子束，从左到右，从上到下地扫描整个屏幕表面。对黑白电视来说，在某一点产生的亮度（从黑到白取值）与扫过该点的电子束的强度成正比。因此，任一时刻的电子束具有一个模拟的强度值，对应于屏幕上的某点以产生适当的亮度。在电子束进行不断扫描的同时，这个模拟值也连续不断地变化。因此该视频图像可被视为随时间改变的模拟信号。

术语“数字视频”指的是以数字格式来拍摄、制作和存储的视频。数字视频摄像机数字化地采集运动图像。从本质上讲，就是通过拍摄一系列的数码照片来实现，其速度至少要达到每秒30帧。

3.2.2 模拟信号和数字信号

在通信系统中，数据以电磁信号的方式从一点传播到另一点。**模拟信号**就是连续变化的电磁波，根据它的频谱可以在不同类型的媒体上传播。例如导向媒体，包括双绞线、同轴电缆和光纤等，还有无导向媒体，如大气或空间传播。**数字信号**是电压脉冲序列，这些电压脉冲可以在导向媒体上传输。例如，用正恒量电压值代表二进制0，负恒量电压值代表二进制1。

传输数字信号的主要优势在于它普遍比传输模拟信号更加便宜，而且比较不易受噪声干扰。而其主要缺点是比传输模拟信号更容易受衰减的影响。图3.10所示为一个电压脉冲序列，由源点利用两个电平生成，而接收到的是沿导电媒体传输一段距离后的电压。由于频率较高处的信号强度产生衰减，或者说信号减弱了，脉冲变得圆滑且越来越小。显然，这种衰减很快就导致了传播信号中所含信息的丢失。

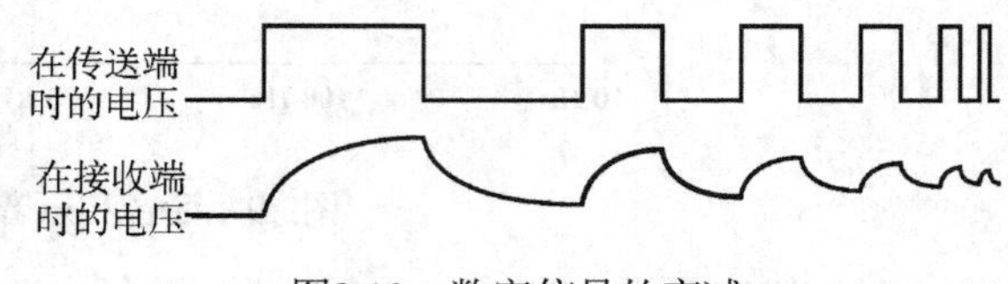

图3.10 数字信号的衰减

在下面的内容中，我们将首先考察一些信号类型的具体实例，然后讨论数据与信号之间的关系。

实例

回到前一小节中的三个例子，我们将考察每个例子中的信号，并估算其带宽。

首先要讨论的是**音频**信息，或者说声音信息，当然，人的讲话声就是一种声音信息形式。这种形式的信息很容易被转换成传输用的电磁信号（见图3.11）。其实，所有的声音频率成分都会被转换成电磁频率成分，原来的声音频率成分的振幅用响亮程度表示，而电磁频率成分的振幅则以电压值大小表示。在电话机的话筒中就存在这种转换的简单机制。

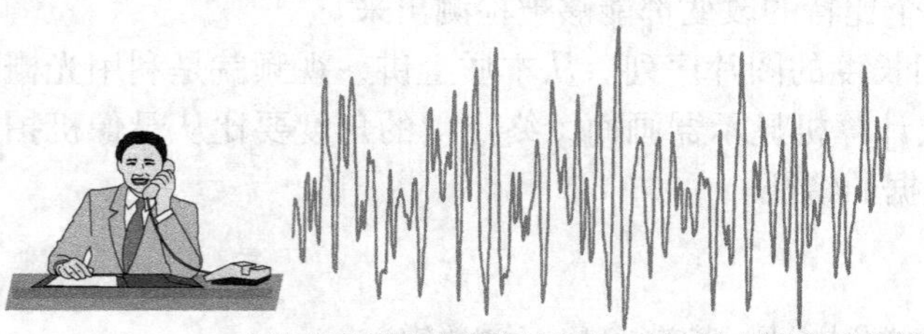
在这幅典型的模拟信号图中，振幅和频率的变化就携带着话音或乐音的音高及音调程序。同样的信号也可用于传输电视画面，只是频率要高得多。

图3.11 从话音输入到模拟信号的转换

在音频数据（声音）的例子中，数据可直接由具有相同频谱范围的电磁信号表示。但是此时的声音是以电的形式传输的，必须在其保真度和传输费用之间达成折中，因为传输时带宽越宽则费用也越高。正如我们曾提到的，话音的频谱范围大约在100 Hz到7 kHz之间，但即便是窄得多的带宽也足以生成可接受的重放话音。话音信号的标准频谱范围为300～3400 Hz。这对声音的传输来说是足够的，并且这样做对传输容量的要求降到了最低，可以使用相对便宜的电话设备。电话发送器将输入的话音信号转化成300～3400 Hz范围内的电磁信号，然后这个信号由电话系统传输到接收器，接收器把接收到的电磁信号重放为话音信号。

现在来看看视频信号。要产生视频信号，就需要使用摄像机，它执行的功能与电视机相似。摄像机有一个部件称为感光板，在其上景物可以形成光学聚焦。一个电子束从左至右、从上到下地扫描感光板。当电子束扫过某一点时，产生一个与该点景物亮度成正比的电信号。我们曾提到每秒需要扫描完整的30屏，每屏共483行。考虑到垂直回扫期间需要花费的时间，这里计算的只是一个估计值。按照美国的标准本来应当是525行，但其中在垂直回扫中损失了42行。因此水平扫描频率为(525行)×(30秒/屏) = 15 750行/秒，或者是63.5 μs/行。在这63.5 μs中，大约有11 μs用于水平回扫，剩下52.5 μs的时间用于扫描一个视频行。

现在可以估算一下视频信号所需要的带宽。为此，必须估算该频带的上限（最大值）和下限（最小值）。我们使用下面的推导得到最大频率：假设景物的颜色在黑与白之间以最大的可能性轮流交替，那么在水平扫描过程中会产生最大频率。通过视频图像的分辨率，就可以估算出这个最大值。就垂直方向来说，因为有483行，所以最大分辨率应为483。但经验证明，真正可看到的分辨率大约只有该数值的70%，也就是338行。我们要考虑的是一个整体平衡的图像，所以水平分辨率应当与垂直分辨率一致。由于电视屏幕的长宽比为4:3，所以水平像素应该是大约4/3×338= 450行。在最糟糕的情况下，一个扫描行应当由450个黑白交替的像素组成。它的扫描结果呈波状，波的每个周期都由一个高电压（黑）和一个低电压（白）组成。因此，在52.5 μs内这个波应当循环了450/2=225周，也就是最大频率约为4.2 MHz。事实上，以上粗略的推导得出的结果相当准确。频带的下限应当是一个直流频率或零频率，这里的直流成分对应于景物的平均亮度（明亮程度超出黑色参考值的平均值）。因此视频信号的带宽大约是4 MHz－0 = 4 MHz。

前面的讨论没有考虑信号的色彩成分或音频成分。经证明，如果包括这些成分，那么带宽仍然是4 MHz左右。

最后，上一节描述的第三个例子是**二进制数据**的一般情况。二进制信息由终端、计算机以及其他数据处理设备产生，然后被转换成传输用的数字电压脉冲，如图3.12所示。这类数据最常见的信号是采用两个恒定电压值（dc），一个值表示二进制1，另一个值表示二进制0（在第5章中，将看到这只是多种方式中的一种，称为NRZ）。同样，我们还是对这类信号的带宽比较感兴趣。在任何具体情况下，带宽都完全取决于波的形状和0，1序列。可以通过图3.8（与图3.7对照）多少对此有所了解。就如我们看到的，信号的带宽越宽，就越真实地近似于一个数字脉冲流。

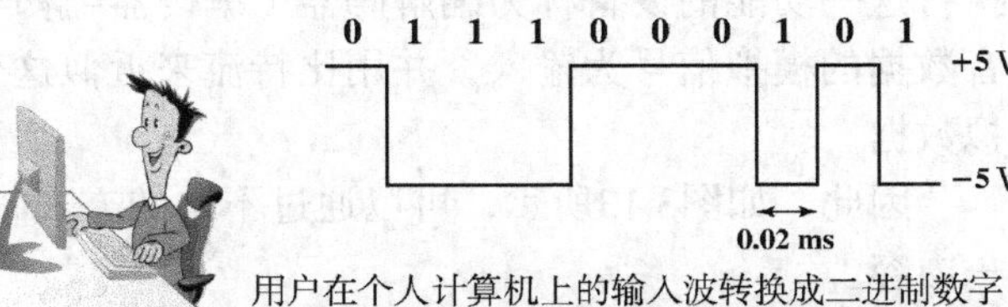

用户在个人计算机上的输入波转换成二进制数字流（1或0）。在这幅典型的数字信号图中，二进制1用−5 V表示，二进制0用+5 V表示。假定数据率为50 000比特每秒（50 kbps），则信号中每个比特的持续时间长度为0.02 ms。

图3.12 从个人计算机输入到数字信号的转换

数据和信号

在前面的讨论中，我们考察了用模拟信号表示模拟数据和用数字信号表示数字数据。总体来说，模拟数据是时间的函数，并且其频谱是有限的。这些数据可以用具有同样频谱的电磁信号表示。数字数据可由数字信号来表示，数字信号是用不同的电压值分别代表两个二进制的数字。

如图3.13所示，以上的情况并不是仅有的可能情况。通过使用调制解调器（调制器/解调器），数字数据也可以用模拟信号表示。调制解调器将二进制（只有两个值）电压脉冲序列转化成模拟信号，这种转化是把数字数据编码到某个载波频率上。结果得到的信号是以载波频率为中心的具有特定频谱的信号，并且能够在适宜该载波传输的媒体上传播。最常见的调制解调器将数字数据用话音频谱表示，因此使这些数据可以在普通的话音级的电话线上传播。在电话线的另一端，另一个调制解调器将信号解调恢复成原始数据。

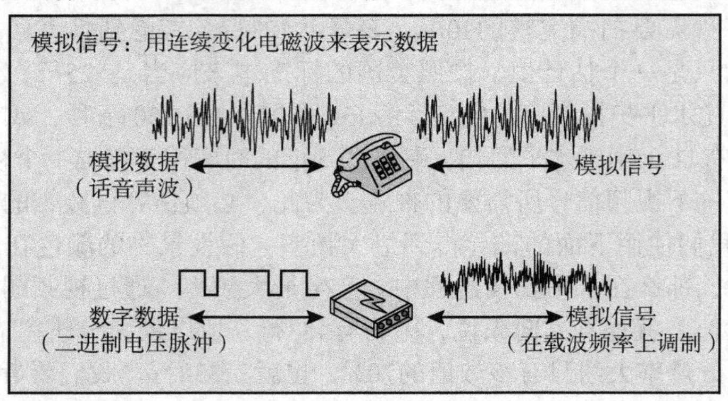

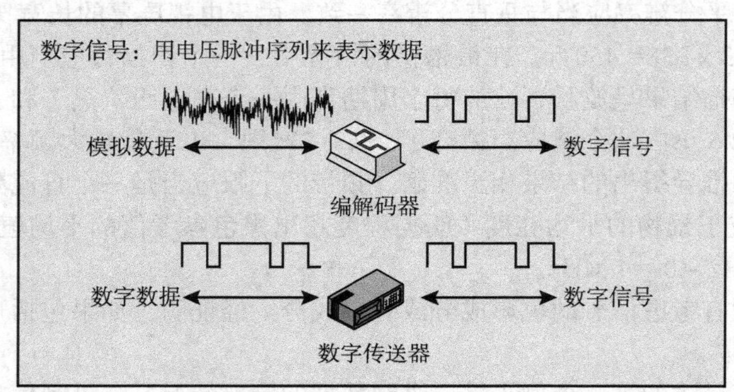

图3.13　模拟数据和数字数据的模拟信号传输方式和数字信号传输方式

模拟数据可以用数字信号表示，其操作与调制解调器的操作过程非常相似。对话音数据执行这一功能的设备称为编解码器（编码器-解码器）。从本质上讲，编解码器以直接代表话音数据的模拟信号为输入，并用比特流来近似这个信号。在接收端，通过这个比特流重建模拟数据。

因此，如图3.13所示，可以通过不同的方式将数据编码成各种信号。在第5章还会讨论这一内容。

3.2.3　模拟传输和数字传输

不论是模拟信号还是数字信号，都可以在适当的传输媒体上传输。如何处理这些信号，是传输系统的功能。表3.1概括了数据传输的方法。**模拟传输**是传输模拟信号的方法，它不考虑信号的内容，也就是说这些信号可能代表了模拟数据（例如话音），也可能代表了数字数据（例如经过了调制解调器的二进制数据）。无论哪种情况，在传输了一段距离之后，模拟信号会变得越来越弱（衰减）。为了完成远距离传输，模拟传输系统包括了放大器，用于增强信号能量。遗憾的是，放大器同时也增强了噪声成分。如果为了远距离传输而将放大器级联起来，那么信号的失真就会越来越严重。对模拟数据来说，譬如话音，失真比较严重也还是可以容忍的，其信息仍然可理解。但是对数字数据来说，级联放大器将带来差错。

表3.1　模拟和数字传输

(a) 数据和信号

	模拟信号	数字信号
模拟数据	两种选择：(1) 信号与模拟数据占相同的频谱；(2) 模拟数据被编码后占不同的频谱段	模拟数据通过编解码器的编码产生数字比特流
数字数据	数字数据通过调制解调器产生模拟信号	两种选择：(1) 信号由两个电平组成，分别代表了两个二进制的值；(2) 数字数据被编码后产生具有所要求的属性的数字信号

(b) 对信号的处理

	模拟传输	数字传输
模拟信号	通过放大器来传播；不论信号是用来表示模拟数据的，还是数字数据的，处理方式相同	假设这个模拟信号表示的是数字数据。信号通过转发器传播。在每个转发器上，根据入口信号恢复数字数据，并用它来生成新的外出模拟信号
数字信号	不使用	数字信号表示的是0和1的比特流，它代表了数字数据，或者是经过编码的模拟数据。信号通过转发器传播。在每个转发器上，根据入口信号恢复数字数据，并用它来生成新的外出数字信号

与模拟传输相反，**数字传输**假定信号代表了一个二进制的值。在衰减、噪声或其他损伤威胁到数据的完整性之前，数字信号只能传送很短的距离。要到达较远的距离，就必须使用转发器。转发器接收到数字信号，并将其恢复为1，0模式，然后重新传输一个新的信号，这样就克服了衰减。

假设一个模拟信号携带的是数字数据，那么同样的技术可用于这个模拟信号。传输系统在适当的地方加入转发器，而不是放大器。转发器将模拟信号恢复为数字数据，并生成一个新的干净的模拟信号，这样噪声就不会累积。

此时人们自然会问哪一种传输方式比较好呢？来自电信业界及其用户的回答是：数字传输比较可取。不论是远距离电信设施还是一幢建筑物内的服务，都在逐渐向数字传输方式转化，并且要尽可能地采用数字信号发送技术。其最重要的理由如下。

- **数字技术**　大规模集成电路（LSI）和超大规模集成电路（VLSI）的出现使数字电路无论在体积上还是价格上都不断降低。而模拟设备则没有这种下降的迹象。
- **数据完整性**　不使用放大器而使用转发器，噪声和其他损伤的影响都不会被累积。那么通过数字方式，就有可能在保持信号完整性的同时，将数据传到更远的地方，并且对线路质量的要求也不是很高。
- **容量利用率**　建立具有非常高带宽的传输链路已变得十分经济，包括卫星通道和光纤。因此需要更高级的复用技术，以便有效地利用其容量，而要做到这一点，使用数字技术（时分）比使用模拟技术（频分）更容易，也更便宜（将在第8章讨论）。
- **安全和保密**　对数字数据来说，加密技术是现成的，而模拟数据还需经过数字化以后才能应用。
- **综合性**　通过数字化处理模拟数据和数字数据，所有的信号具有相同的格式并且处理方法也相同。因此综合话音、视频和数字数据既经济又方便。

3.2.4 异步传输和同步传输

数字数据的接收过程涉及到对接收的信号进行每次1比特的采样，并判断其二进制值。在这个过程中会遇到一个问题，各种各样的传输损伤有可能会破坏信号，从而导致偶然性差错的出现。除了这个问题之外，还有时序问题：接收器为了对收到的信号进行正确采样，就必须了解接收到的比特在什么时间到达，以及持续多长时间。

假设发送器简单地传输了一个数据比特流。发送器有一个时钟，用于管理传输比特的时序。例如，假设数据以每秒一百万比特的速率传输（1 Mbps），那么以发送器的时钟为基准，每$1/10^6$ = 1微秒（μs）就应当传输1比特。一般情况下，接收器试图在每个比特时间的中心位置对媒体采样。接收器将它的采样时间长度设为一个比特间距时间。在我们的例子中，每1 μs就应当采样一次。如果接收器采样时间依据它自身的时钟，那么一旦发送器和接收器的时钟没有精确校准，就会出现问题。如果有1%的偏差（接收器的时钟比发送器的时钟快或者慢1%），那么第一次采样时的位置与这个比特的中心位置（这个比特的中心位置距起始和终止位置各有0.5 μs）之间会有0.01个比特时间的偏差（0.01 μs）。在第50次采样之后，接收器就会出现差错，因为它采样的比特时间是错误的（$50 \times 0.01 = 0.5$ μs）。两个时钟之间的偏差越小，误差发生得也就越晚。但是，如果发送器发送的比特流足够长，且没有采取任何措施使发送器和接收器同步，那么最终接收器一定会无法与发送器保持步调的一致。

有两种常用方式可实现我们需要的同步。说来奇怪，第一种方式称为**异步传输**。这种机制的策略是拒绝传输无中断的长比特流，以此来避免时序上的问题。事实上，数据传输是一次一个字符，其中每个字符的长度从5比特到8比特不等。因此，只需要在每个字符内保持时序正确，或者说同步就可以了。在每个新字符开始时，接收器都有机会重新取得同步。

使用**同步传输**时，比特块以稳定的比特流的形式传输，没有起始位和停止位。这个比特块可能很长。为了防止发送器和接收器之间的时间偏移，它们的时钟必须以某种形式同步。可以在发送器和接收器之间提供一条独立的时钟线路。由线路的某一端（发送器或接收器）定期地在每个比特时间向线路发送一个短脉冲信号。另一端则将这些有规律的脉冲作为时钟。这种技术在短距离传输时表现良好，但对于长距离的传输来说，这些时钟脉冲本身也和数据信号一样可能会受到损伤，因而产生时序上的误差。另一种可供选择的方法是将时钟信息嵌入到数据信号中。对数字信号而言，通过曼彻斯特编码或差分曼彻斯特编码就可以实现。对于模拟信号，也有很多技术可供使用。例如，根据载波的相位就可以利用载频本身来同步接收器。

使用同步传输，还需要另一个级别的同步，也就是要让接收器能够判断数据块的开始和结束。为了做到这一点，每个数据块以一个前同步码（preamble）比特样式作为开始，并用一个后同步码（postamble）比特样式作为结束。另外，数据块中间还附加了其他一些带有控制信息的比特，它们用于数据链路控制过程。实际的数据加上前同步码、后同步码以及控制信息，称为**一帧**（frame）。帧的具体格式取决于所使用的数据链路控制过程。

在线附录D中包含对这个话题的详细讨论。

3.3 传输损伤

在任何传输系统中，由于各种传输损伤的存在，可能接收到的信号与传输信号并不完全一样。就模拟信号而言，这些损伤会带来各种随机的改变，从而降低了信号的质量。对于数字信号则会导致比特差错，比如二进制1变成了二进制0，或者反过来。在这一节里将讨论各种损伤，并评估它们对通信链路的信息运载能力的影响。第5章将讨论这些损伤的补偿手段。

最重要的损伤有如下3种：

- 衰减和衰减失真
- 时延失真
- 噪声

3.3.1　衰减

在任何传输媒体上传输的信号，随着传输距离的增长，信号强度会不断减弱。对导向媒体（如双绞线和光纤）来说，这种强度的减弱，或者称为衰减，通常是呈指数级变化的，因此常常可表示为单位距离的常数分贝值[①]。对于非导向媒体（无线传输），衰减是距离的复杂函数，并与大气的成分有关。由于衰减的存在，传输工程需要有三方面的考虑。

1. 接收到的信号必须有足够的强度，这样接收器中的电路才能检测并解释信号。
2. 信号电平必须比噪声电平高某个程度，这样接收到的数据才没有差错。
3. 频率越高，衰减越严重，并将导致失真。

对于第一个和第二个问题，只要注意信号强度并使用放大器及转发器就可以解决。对于点对点的链接，发送器的信号应当足够强，使接收器能够分辨信号，但也不能太强，以至于发送器或接收器的电路过载，否则将导致生成的信号失真。到了一定距离之外，衰减程度超出了可接受的范围，此时就需要定距离地使用放大器或转发器来增强信号。对于多点线路而言，由于发送器和接收器之间的距离是可变的，因此情况要复杂得多。

第三个问题称为衰减失真，对于模拟信号，尤其值得关注。因为不同频率的衰减程度不一样，而信号又是由多个不同频率组成的，所以接收到的信号不仅在强度上会降低，而且还会失真。为了解决这个问题，可以在某个频带范围内采取衰减均衡技术，话音级线路的通常做法是利用加感线圈改变线路的某些电气特性，其结果就是使衰减对各个频率的影响都比较均匀。另一个办法是使用放大器，使其放大高频的倍数比放大低频的倍数要高。

在图3.14(a)所示的例子中，图中描绘了在典型专用线路上，衰减是频率的一个函数。图中的衰减值是相对于1000 Hz时的衰减值。y坐标轴上的正值代表比1000 Hz时的衰减高的衰减值。将一特定功率的1000 Hz单频波加载到输入端，在输出端测得功率为P_{1000}。对于其他任何频率f，重复上述过程，则以分贝为单位的相对衰减值为

$$N_f = -10\lg\left(\frac{P_f}{P_{1000}}\right)$$

图3.14(a)中的实线表示了没有经过均衡的衰减情况。我们可以看到话音频段的高端频率成分比低端频率成分衰减大得多。很明显，这样接收到的话音信号将会失真。图中虚线表示了均衡效果。扁平的响应曲线提高了话音信号的质量。这样，通过调制解调器的数字数据即使速率相当高，也可以正常传输。

---

① 在标准文档中通常使用术语“插入损失”（insert loss）来表示与缆线有关的损失，因为它更形象地指出这个损失是由发送器和接收器之间插入了一条链路而引起的。由于人们更熟悉的是“衰减”这个术语，因此本书使用的都是“衰减”。

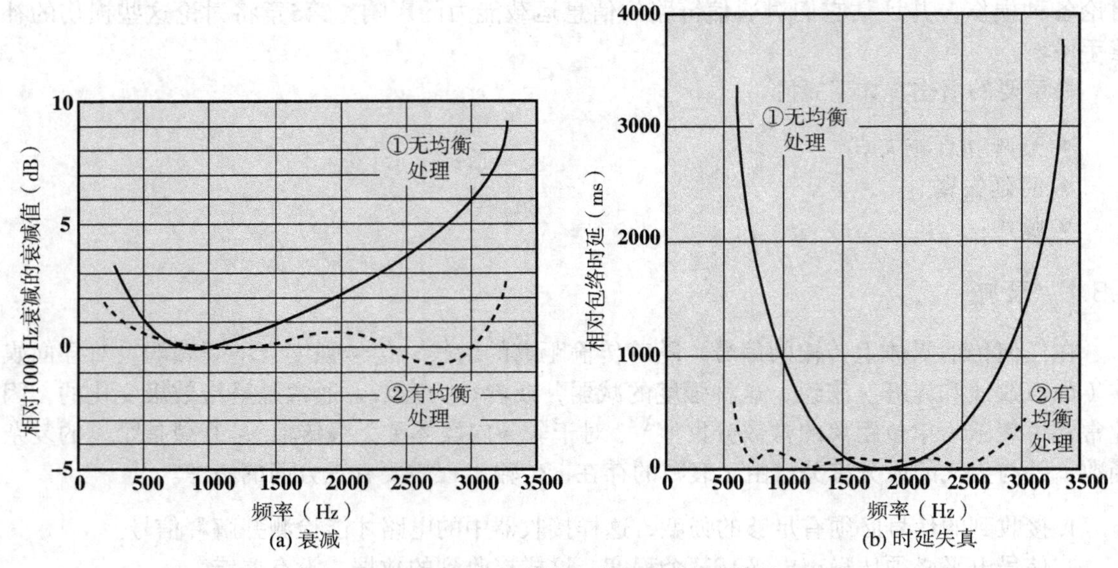

图3.14　话音信道的衰减和时延失真曲线

对数字信号来说，衰减失真不是什么大问题。如我们所知，数字信号的强度会随频率的增加急剧下降，如图3.5(b)所示。绝大部分信号的内容集中在信号的基频或比特速率附近。

3.3.2　时延失真

时延失真是发生在传输电缆上的现象（如双绞线、同轴电缆和光纤），通过天线在空气中传输的信号不会有这种现象。时延失真的产生是由于在电缆上信号传播速度随频率的不同而改变。对频带有限的信号来说，在靠近中心频率的地方其传播速度趋于最快，而越靠近频带的两侧，传播速度越慢。因此，信号的不同频率成分到达接收器的时间也不同。

因为接收到的信号因其频率成分延迟的不同而产生了失真，所以这一影响称为时延失真。时延失真对数字信号尤为严重。不管用的是模拟信号还是数字信号来传输一个比特串，由于时延失真的存在，某个比特的一些频率成分会溢出到其他比特上，因此会产生**码间串扰**。它是传输信道上最高比特速率受限的一个主要因素。

均衡技术也可用于时延失真。还是以专用电话线路为例，图3.14(b)所示为均衡对时延的影响，以频率的函数表示。

3.3.3　噪声

对任何传输事件来说，接收到的信号都是由被传输的信号、因传输系统引起的各种失真导致的变形，以及在传送和接收之间的某处插入的不希望有的信号组成的。后者（即那些无用的信号）就称为**噪声**。传输系统性能的主要制约因素就是噪声。

噪声可分为如下4类：

- 热噪声
- 互调噪声
- 串扰
- 冲激噪声

热噪声（thermal noise）是由电子的热运动造成的。热噪声存在于所有的电子设备和传输媒体中，并且是温度的函数。热噪声均匀地分布在通信系统常用的频率范围内，因此它通常称为**白噪声**。热噪声是无法消除的，这就为通信系统的性能带来一个上限。由于卫星地面站接收到的信号本来就很弱，因此热噪声对卫星通信的影响最为严重。

在任何设备和导体中，1 Hz带宽内存在的热噪声的值都是

$$N_0 = \mathrm{k}T\ (\mathrm{W/Hz})$$

其中[①]，N_0 = 噪声功率密度（W/Hz）；k = 玻尔兹曼常量 = 1.38×10^{-23} J/K；T = 温度，以开尔文为单位（绝对温度），符号K表示1开尔文。

例3.3 室内温度通常假定为T = 17 ℃，即290 K。在这个温度下，热噪声功率密度为

$$N_0 = (1.38 \times 10^{-23}) \times 290 = 4 \times 10^{-21}\ \mathrm{W/Hz} = -204\ \mathrm{dBW/Hz}$$

其中dBW是分贝–瓦，在附录3A中定义。

假设噪声与频率的大小无关。因此，在B Hz带宽内的热噪声用瓦表示就是

$$N = \mathrm{k}TB$$

或者，用分贝–瓦表示为

$$\begin{aligned} N &= 10\lg \mathrm{k} + 10\lg T + 10\lg B \\ &= -228.6\ \mathrm{dBW} + 10\lg T + 10\lg B \end{aligned}$$

例3.4 假设接收器的有效噪声温度为294 K，带宽为10 MHz，其输出端的热噪声功率为

$$\begin{aligned} N &= -228.6\ \mathrm{dBW} + 10\lg(294) + 10\lg 10^7 \\ &= -228.6 + 24.7 + 70 \\ &= -133.9\ \mathrm{dBW} \end{aligned}$$

当不同频率的信号共享同一传输媒体时，可能会产生**互调噪声**（intermodulation noise）。互调噪声带来的影响是产生了额外的信号，其频率为两个原频率之和或差，也可能是若干倍的原频率。例如，如果两个信号共享同一传输设施，其中一个信号的频率为4000 Hz，另一个信号的频率为8000 Hz，它们则有可能在12 000 Hz 的频率上产生能量。这个噪声就会干扰频率本应为12 000 Hz 的信号。

互调噪声的产生是由于在发送器、接收器中存在非线性因素，或者是传输系统受到干扰。理想情况下，这些系统组成器件以线性系统方式工作，即输出等于输入的常数倍。然而在任何实际系统中，输出是输入的较复杂函数。过度非线性的产生可能是由于元器件发生了故障或加载的信号过强。也正是在这些情况下会出现频率相加或相减的情况。

如果你曾经在打电话时听到过别人的对话，那么你对**串扰**（crosstalk）已经有过亲身经历。它是我们不希望看到的信号通道之间的耦合现象。它的产生是由于载有多路信号的相邻双绞线之间发生电耦合，有时在同轴电缆之间也会发生，不过很少见。当微波天线收到不需要的信号时也可能发生串扰现象。虽然微波采用方向性很强的天线，但在传播过程中总会有能量扩散。通常，串扰噪声值的量级与热噪声的一样（或更少）。

以上讨论的所有类型的噪声都是可预测的，并有着比较固定的强度。因此在设计传输系统时有可能妥善处理这些问题。然而**冲激噪声**（impulse noise）是非连续的，由不规则的脉冲或持续时间短而振幅大的噪声尖峰组成。它的产生有多种原因，包括外部电磁波干扰（如雷电）以及通信系统本身的故障和缺陷。

① 焦耳（J）是电子、机械和热能单位。瓦特（W）是功率单位，相当于1 J/s。开尔文（K）是热力学温度的国际单位制基本单位。对于热力学温度T，相对应的摄氏温度约为$T - 273.15$。

通常对模拟数据来说，冲激噪声引起的麻烦并不大。例如，话音传输可能被短暂的咔嚓声打扰，但并不影响对话音的理解。然而，在数字数据通信中，冲激噪声是差错的主要起因。例如，一个持续时间为0.01 s的能量尖峰不会破坏任何话音数据，但有可能会毁掉560比特的以56 kbps速率传输的数字数据。图3.15所示的例子是噪声对数字信号的影响。这里的噪声由适中的热噪声加上偶发的冲激噪声尖峰组成。通过对接收到的波形一次1比特地采样，可以从信号中恢复数字数据。如我们看到的，有时噪声的存在足以将1变为0，或将0变为1。

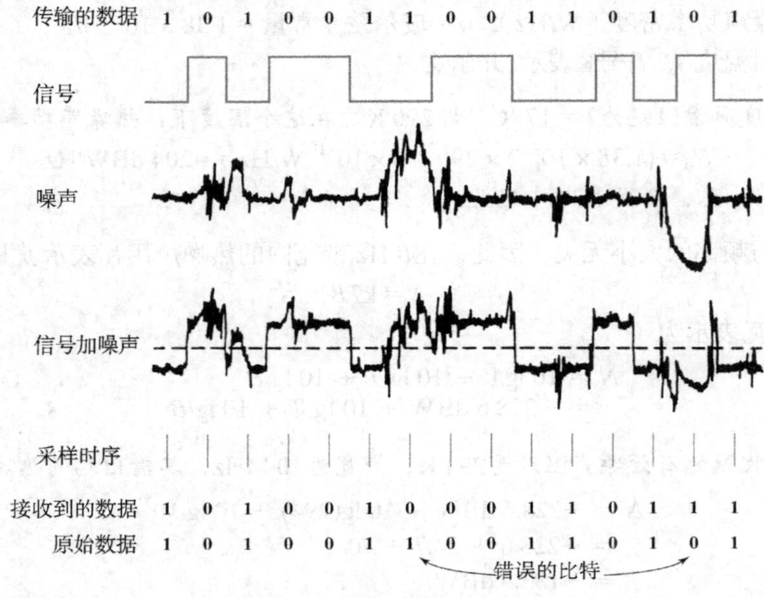

图3.15 噪声对数字信号的影响

3.4 信道容量

我们已经看到，有各种形式的损伤可能导致信号的失真或损坏。就数字数据而言，我们会想到这样一个问题，这些损伤对数据率带来的限制会达到何种程度？在给定条件下，某一通信通道或者说信道上所能达到的最大数据传输速率就称为**信道容量**（channel capacity）。

这里涉及4个彼此相关的概念：

- **数据率** 这个速率是指数据能够通信的速率，用比特每秒（bps）表示。
- **带宽** 传输信号的带宽是指在发送器和传输媒体的特性限制下的带宽，用赫兹或每秒的周数表示。
- **噪声** 通信通路上的平均噪声电平。
- **误码率** 即差错发生率。这里的差错是指发送的是0而接收的却是1，或者发送的是1而接收的却是0。

我们想要说的问题是：通信设施是昂贵的，并且一般来讲通信设施的带宽越宽，成本就越高。更进一步讲，任何有实际应用价值的传输信道都是有限带宽的。带宽的限制是由传输媒体的物理特性带来的，或者可能是发送器故意限制了带宽，以防止其他干扰源的干扰。相应地，我们希望能够尽可能有效地利用给定的带宽。对数字数据来说，这意味着我们希望在给定的带宽条件下尽可能地提高数据率，同时又将误码率限制在某个范围内。限制我们达到这种高效率的主要不利因素是噪声。

3.4.1 奈奎斯特带宽

首先让我们假设信道无噪声的情况。此时数据率的限制仅仅来自信号的带宽。根据**奈奎斯特**（Nyquist）定理的说法，这一限制的公式是：如果信号传输速率是$2B$，那么频率不大于B的信号就完全能够按此数据率传送。反之亦然，假定带宽为B，那么可承受的最大信号率（signal rate）就是$2B$。之所以有这个限制是由于码间串扰的影响，例如因时延失真而产生的。这一结果对于开发数字到模拟的编码机制十分有用，并且从本质上看的确是与采样定理的出处相同。采样定理可参见在线附录G。

注意，上文中提到了信号率。如果被传输的信号是二进制的（两个电平），那么B Hz 能承载的数据率是$2B$ bps。然而，在第5章中将会看到，可以使用多于两个电平的信号。也就是说，每个信号单元可代表多于1比特的数据。例如，如果使用4个可能的电平来表示信号，则每个信号单元可代表2比特。对多电平信号的发送，奈奎斯特公式为

$$C = 2B \log_2 M$$

其中M是离散信号的个数或电平的个数。

因此，对于给定的带宽，可以通过增加不同信号单元的个数来提高数据率。但是，这样做就会使接收器的负担加重：在每个信号单元时间内，它不再只是从两个可能的信号中区分出一个，而是必须从M个可能的信号中区分出一个信号来。传输线上的噪声和其他损伤将会限制M的实际值。

例3.5 考虑使用话音信道并通过调制解调器传送数字数据的情况。假设带宽为3100 Hz，那么该信道的奈奎斯特带宽C就是$2B = 6200$ bps。对于$M = 8$（这是某些调制解调器使用的值），带宽同样为3100 Hz，C的值变成了18 600 bps。

3.4.2 香农容量公式

奈奎斯特公式指出，当其他所有条件都相等时，带宽加倍则数据率也加倍。现在来考虑数据率、噪声以及误码率之间的关系。噪声的存在会破坏一个或多个比特。假如数据速率增加了，那么这些比特会变“短”，因而给定的噪声模式会影响更多个比特。于是，给定一个噪声值，数据率越高则误码率也越高。

图3.15描绘了此间的关系。如果数据速率增加，那么出现在噪声尖峰期间的比特个数更多，因而出现的误码也更多。

所有这些概念可以通过一个公式清楚地联系在一起，这个公式是由数学家克劳德·香农（Claude Shannon）推导得出的[SHAN48]。如我们刚才描绘的，数据率越高，无用的噪声会带来更严重的破坏。在噪声存在的情况下，给定一个噪声值，就能通过提高信号强度来提高正确接收数据的能力。在这一推导中涉及的主要参数是**信噪比**（SNR或S/N）[①]，它是指在传输过程中某一点的信号功率与噪声中包含的功率之比。通常信噪比在接收器处测量，因为正是在这里我们试图处理信号并恢复数据。为了使用方便，这个比率通常用分贝来表示，即

$$\mathrm{SNR_{dB}} = 10 \lg \frac{\text{信号功率}}{\text{噪声功率}}$$

它表示有用信号超出噪声值的量，以分贝为单位。SNR的值越高，表示信号的质量越好，所需中间转发器的数量越少。

① 有的文献用SNR，有的用S/N。另外，有时我们把无量纲的值称为SNR或S/N，而把用分贝表示的值称为$\mathrm{SNR_{dB}}$或$\mathrm{(S/N)_{dB}}$。另一种看法是直接用SNR或S/N表示以分贝为单位的值。本书采用的是SNR和$\mathrm{SNR_{dB}}$。

信噪比对数字数据传输十分重要，因为它限定了一个可达到的数据率上限。香农得出的结果是，用bps来表示的信道的最大容量遵从下式：

$$C = B\log_2(1 + \mathrm{SNR}) \tag{3.1}$$

其中C是信道容量（bps），B是信道带宽（Hz）。香农公式显示出理论上可达到的最大值。然而在实际应用中能够达到的速率要低得多。其中一个原因是该公式假定噪声为白噪声（热噪声），既没有考虑到冲激噪声，也没有考虑衰减和时延失真。即使是在理想的白噪声的环境下，因为编码的原因（如编码长度和复杂性等），目前的技术仍然无法达到香农容量。

式(3.1)中提到的容量称为**无误码容量**。经香农证明，假如信道上的实际信息率比无误码容量低，从理论上讲，通过使用适当的信号编码，信道就有可能达到无误码容量。遗憾的是，香农的理论并没有给出如何找到这种编码的方法，但提供了一个用来衡量实际通信机制性能的计算标准。

我们定义数字传输的**频谱效率**（也称为**带宽效率**）为每赫兹带宽可支持的每秒比特数。理论上，最大频谱效率可用式(3.1)表示，只要把带宽B移到左侧，得到$C/B = \log_2(1 + \mathrm{SNR})$。$C/B$的单位是bps/Hz。图3.16中显示出的结果刻度为log/log。当SNR = 1时，我们有$C/B = 1$。在SNR < 1的部分（信号功率小于噪声功率），该图形是线性的；在SNR = 1以上的部分，图形变得越来越平坦，但仍然随SNR的增加而上升。

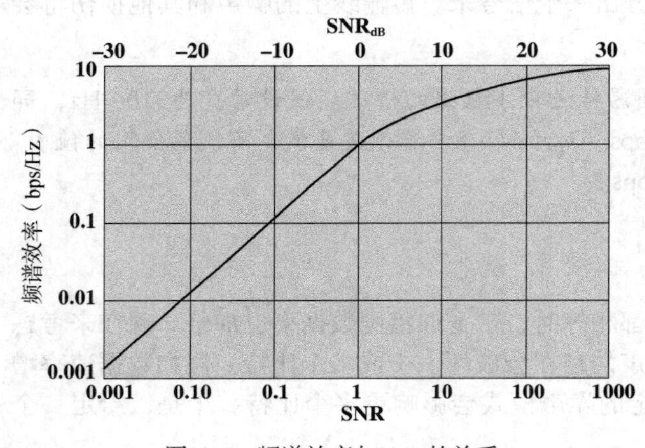

图3.16　频谱效率与SNR的关系

在图3.16中可以观察到以下几点。当信噪比低于0 dB时，影响信道容量的主要因素是噪声。香农定理表明，在这个区域的通信是有可能的，但数据率相对较低，且数据率的下降与SNR成正比（刻度为log/log）。在高于0 dB SNR至少6 dB以上的区域，噪声不再是通信速度的限制性因素。在这个区域，信号的相对振幅和相位的模糊度都很小，而高信道容量的实现则取决于信号的设计，包括像调制类型和编码等因素。

从式(3.1)中，还可以想到其他一些有趣的东西。假设噪声值给定，那么似乎通过增加信号强度或带宽就能提高数据率；但是，如果信号强度提高了，则系统的非线性程度也会提高，这就会导致互调噪声的增加。还有一点需要注意，由于假定噪声是白噪声，那么带宽越宽，系统容纳的噪声也就越多，因此随着B的增加SNR反而降低了。

例3.6　让我们来看一个说明奈奎斯特公式与香农公式之间关系的例子。假设某个信道的频谱在3 ~ 4 MHz之间，信噪比为24 dB，那么

$$B = 4\ \mathrm{MHz} - 3\ \mathrm{MHz} = 1\ \mathrm{MHz}$$

$$\mathrm{SNR_{dB}} = 24\ \mathrm{dB} = 10\lg(\mathrm{SNR})$$

$$\mathrm{SNR} = 251$$

用香农公式，得

$$C = 10^6 \times \log_2(1 + 251) \approx 10^6 \times 8 = 8\ \mathrm{Mbps}$$

这就是理论上的极限值，是不可能达到的。假设能够达到这个极限，根据奈奎斯特公式，这种信号需要有多少种电平呢？应该有

$$C = 2B \log_2 M$$
$$8 \times 10^6 = 2 \times (10^6) \times \log_2 M$$
$$4 = \log_2 M$$
$$M = 16$$

3.4.3　表达式E_b/N_0

最后，需要提到一个与SNR相关的参数，它更便于判别数字数据率和误码率，同时它也是度量数字通信系统性能好坏与否的标准。这个参数是每比特信号的能量与每赫兹噪声功率密度之比，即E_b/N_0。假设有一个信号，数字的或模拟的都可以，它包含了以特定比特率R传送的二进制数字数据。回想一下1 W = 1 J/s，那么信号的每个比特能量值由$E_b = ST_b$给出。这里S是信号功率，T_b是发送1比特所需的时间。数据率R就是$R = 1/T_b$。因此

$$\frac{E_b}{N_0} = \frac{S/R}{N_0} = \frac{S}{kTR}$$

或者，用分贝来表示就是

$$\left(\frac{E_b}{N_0}\right)_{dB} = S_{dBW} - 10 \lg R - 10 \lg k - 10 \lg T$$
$$= S_{dBW} - 10 \lg R + 228.6\ dBW - 10 \lg T$$

比值E_b/N_0非常重要，因为数字数据的误码率是这个比值的一个函数（下降函数）。首先给定一个E_b/N_0值，使之能够达到要求的误码率，然后就可以选择上面的公式中的参数值了。注意，如果比特率R增加，那么传输信号的功率也必须相对于噪声增加，以保持所需的E_b/N_0。

让我们试着通过图3.15来更形象地理解这一结果。虽然这里的信号是数字的，对模拟信号其推导过程也一样。在某些时刻，噪声的干扰能够改变一个比特的值。现在，如果数据率加倍，那么这些比特之间的排列会更加紧密，于是在遇到同样的噪声时，就可能会破坏两个比特的数据。因此，当信号和噪声强度恒定时，提高数据率就会增加误码率。

与SNR 相比，E_b/N_0的优势在于SNR的值取决于带宽。

例3.7　对于二进制相移键控编码方式（在第5章中定义），如果误码率为10^{-4}（每10 000比特里有1比特差错），则需要$E_b/N_0 = 8.4$ dB。如果有效噪声温度为290 K（室温），并且数据率为2400 bps，那么要求接收到的信号电平是多少？

我们有

$$8.4 = S(dBW) - 10 \lg 2400 + 228.6\ dBW - 10 \lg 290$$
$$= S(dBW) - (10)(3.38) + 228.6 - (10)(2.46)$$
$$S = -161.8\ dBW$$

可以看到E_b/N_0与SNR之间的关系如下：

$$\frac{E_b}{N_0} = \frac{S}{N_0 R}$$

其中，参数N_0是噪声功率密度，以W/Hz为单位。因此当带宽为B时，信号中的噪声为$N = N_0B$。通过代换得到

$$\frac{E_b}{N_0} = \frac{S}{N}\frac{B}{R} \tag{3.2}$$

还有一个公式表明了E_b/N_0与频谱效率之间的关系。香农定理推导的结果，即式(3.1)可重写为

$$\frac{S}{N} = 2^{C/B} - 1$$

利用式(3.2)，且设R等于C，就可以得到

$$\frac{E_b}{N_0} = \frac{B}{C}(2^{C/B} - 1)$$

这个公式相当有用，它说明了可达到的频谱效率C/B与E_b/N_0之间的关系。

例3.8 假设希望找到一个最小的E_b/N_0值，能够使频谱效率达到6 bps/Hz，那么$E_b/N_0 = (1/6)(2^6 - 1) = 10.5 = 10.21$ dB。

3.5 推荐读物

有许多书籍介绍了模拟和数字传输的基础知识。[COUC13]包括的内容相当完整。[FREE05]也是一本很好的参考著作，其中有本章用到的一些例子。[HAYK09]也不错 。

COUC13 Couch, L. *Digital and Analog Communication Systems.* Upper Saddle River, NJ: Pearson, 2013.

FREE05 Freeman, R. *Fundamentals of Telecommunications.* New York: Wiley, 2005.

HAYK09 Haykin, S. *Communication Systems.* New York: Wiley, 2009.

3.6 关键术语、复习题及习题

关键术语

absolute bandwidth 绝对带宽
analog data 模拟数据
analog signal 模拟信号
analog transmission 模拟传输
aperiodic 非周期的
asynchronous transmission 异步传输
attenuation 衰减
attenuation distortion 衰减失真
audio 音频
bandwidth 带宽
bandwidth efficiency 带宽效率
binary data 二进制数据
center frequency 中心频率
channel capacity 信道容量
continuous 连续的
crosstalk 串扰
data 数据
dc component 直流成分
decibel 分贝（dB）
delay distortion 时延失真
digital data 数字数据
digital signal 数字信号
digital transmission 数字传输
direct link 直连链路
discrete 离散的
effective bandwidth 有效带宽
error-free capacity 无误码容量
frame 帧
frequency 频率
frequency domain 频域
full duplex 全双工
fundamental frequency 基频
gain 增益
guided media 导向媒体
half duplex 半双工
harmonic frequency 谐频
impulse noise 冲激噪声
intermodulation noise 互调噪声
intersymbol interference 码间串扰
loss 损耗
multipoint link 多点链路
noise 噪声
Nyquist bandwidth 奈奎斯特带宽
peak amplitude 峰值振幅
period 周期的
periodic signal 周期信号
point-to-point link 点对点链路
phase 相位
signal 信号
signal-to-noise ratio 信噪比（SNR）
signaling 发送信号
simplex 单工
sinusoid 正弦波
spectral efficiency 频谱效率
spectrum 频谱
synchronous transmission 同步传输
text 文本
thermal noise 热噪声
time domain 时域
transmission 传输
unguided media 非导向媒体
video 视频
wavelength 波长
white noise 白噪声
wireless 无线

复习题

3.1　说出导向媒体与非导向媒体之间的区别。

3.2　说出模拟电磁信号与数字电磁信号之间的区别。

3.3　周期信号有哪3个重要参数?

3.4　完整的一周360° 对应的弧度是多少?

3.5　正弦波的波长和频率之间有什么关系?

3.6　基频的定义是什么?

3.7　信号的频谱和带宽之间有什么关系?

3.8　什么是衰减?

3.9　给出信道容量的定义。

3.10　影响信道容量的主要因素有哪些?

习题

3.1　a. 对于多点配置，同一时间只允许一个设备发送，为什么?

b. 通过两种办法可强制做到同一时间只允许一个设备传送。其中一种是集中方式，此时某个站点具有控制权，它要么传送数据，要么允许指定的另一个站点传送数据。而在非集中方式中，所有站点协同合作，依次轮流发送。你认为这两种方式各有什么优点和缺点?

3.2　某信号的基频为100 Hz，它的周期是多少?

3.3　尽可能简单地描述以下曲线的形状:

a. $\sin(2\pi ft - \pi) + \sin(2\pi ft + \pi)$

b. $\sin 2\pi ft + \sin(2\pi ft - \pi)$

3.4　声音的形状可以看成是正弦曲线函数。请比较以下音符对应的频率和波长。其中音速为330 m/s，各音阶的频率如下表所示。

音符	C	D	E	F	G	A	B	C
频率	264	297	330	352	396	440	495	528

3.5　如果图3.17中实线代表$\sin(2\pi t)$，那么虚线代表什么? 也就是说，虚线可以写成$A\ \sin(2\pi ft + \phi)$，那么其中的A、f和ϕ分别是多少?

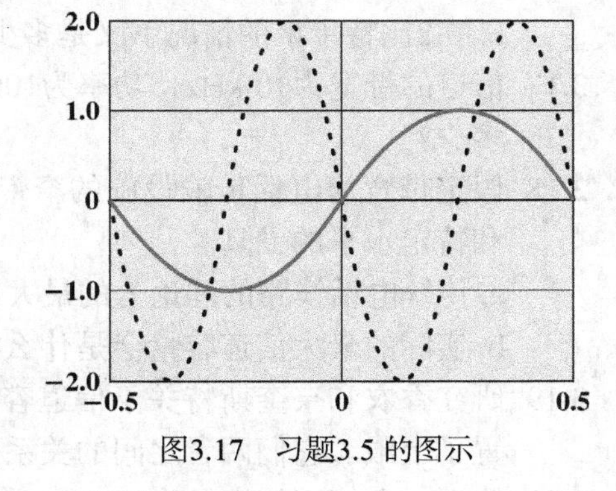

图3.17　习题3.5 的图示

3.6　请将信号$(1 + 0.1\cos 5t)\cos 100t$ 分解为正弦函数的线性组合，并指出其中每个正弦成分的振幅、频率和相位。提示：使用$\cos a \cos b$的恒等变形。

3.7　指出函数$f(t) = (10\cos t)^2$的周期。

3.8　假设有两个周期函数$f_1(t)$和$f_2(t)$，周期分别为T_1和T_2。那么函数$f(t) = f_1(t) + f_2(t)$是否也永远为周期函数? 如果是，请证明。如果不是，那么在什么条件下$f(t)$是周期函数?

3.9　图3.4所示为一个方波消除了高频谐波，只保留几个低频谐波后的结果。反过来情况会如何? 也就是说，保留所有高频谐波，而消除几个低频谐波。

3.10 图3.5(b)所示为单个方波脉冲的频域函数。在通信系统中，这一个脉冲可代表数字1。注意，若要表示一个方波，需要有无限多个强度递减的高频成分。那么对于实际的数字传输系统来说它暗示了什么？

3.11 IRA码是7比特编码，总共允许定义128个字符。在20世纪70年代，许多报纸接收到的报道都是通过有线服务传送来的称为TTS码的6比特编码。这种编码可容纳大写、小写字母，也可容纳许多特殊字符和格式命令。典型的TTS字符集允许定义100多个字符。你认为它是如何做到这一点的？

3.12 通常，医学数字影像的超声波检查包含从全动态超声波检查中提取的大约25幅图像。每幅图像由512 × 512个像素组成，其中每个像素使用8比特强度信息。

a. 这25幅图像共有多少比特？

b. 然而，理想情况下医生希望以30 fps（每秒帧）的速度使用512 × 512个像素，每像素8比特的帧。忽略所有可能的压缩和额外开销的因素，要维持这种全动态超声波所需的最小信道容量是多少？

c. 假设每次全动态检查包含25 s时长的帧，那么以未压缩形式存储一次检查需要多少字节的存储空间？

3.13 a. 假设数字化电视画面从源点发送时使用的是480 × 500的像素矩阵。其中每个像素可携带32种强度值中的一种。假设每秒发送30幅画面（此数字源大致相当于广播电视已采纳的标准），计算源点的数据率R（单位为bps）。

b. 假设该画面通过带宽为4.5 MHz，信噪比为35 dB的信道传输。计算这个信道容量（单位为bps）。

c. 假设(a)题中的每个像素从10个强度值中选一种，并且可以是三种颜色之一（红、绿、蓝）。请说明这种修改对传输的数字化图像属性会带来什么影响，图像传输速率是多少？

3.14 假定一个放大器的有效噪声温度为10 000 K，带宽为10 MHz，其输出端的热噪声值（以dBW为单位）估计为多少？

3.15 电传机信道的带宽为300 Hz，信噪比为3 dB，且假设其噪声为白（热）噪声，则这个信道的容量是多少？

3.16 一个数字信号发送系统要求工作在9600 bps。

a. 如果一个信号单元可对一个4比特单字编码，那么所需要的最小信道带宽为多少？

b. 在8比特单字的情况下又是多少？

3.17 信道的带宽为10 kHz，功率为1000 W，操作环境温度为50℃，则这个信道的热噪声值为多少？

3.18 假定带宽为电话传输设施的窄带（可用）音频带宽，标称的SNR值为56 dB（400 000）和特定水平的失真。

a. 传统电话线路的理论上的最大信道容量（kbps）是多少？

b. 实际的最大信道容量会是什么样的呢？

3.19 研究香农和奈奎斯特关于信道容量的理论，两者从不同的角度出发，为信道的比特率设置了上限。它们两者之间的关系是什么？

3.20 假设一个信道的容量为1 MHz，SNR为63。

a. 该信道的数据率上限是多少？

b. (a)问题得到的是一个上限。但实际上，较低的数据率可以得到较好的差错表现。假设我们选择的数据率为最高理论上限的2/3。若要达到这个数据率，需要有几个电平的信号？

3.21 假设信道所要达到的容量为20 Mbps，信道的带宽为3 MHz，且噪声为白（热）噪声，为了达到这一信道容量，要求信噪比为多少？

3.22 图3.7(c)中的方波周期为$T = 1$ ms，经过了一个允许8 kHz以下的频率无衰减通过的低通滤波器。

a. 计算输出波形的功率。

b. 假设这个滤波器的输入中有热噪声电压，且其$N_0 = 0.1$ μW/Hz，计算以分贝为单位的输出信噪比。

3.23 假设某数字系统接收到的信号值是−151 dBW，接收系统的有效噪声温度是1500 K。对于一个传输速率为2400 bps的链路，其E_b/N_0是多少？

3.24 在1939年给Vannevar Bush的一封信中，克劳德·香农说，他正在研究一个定理。这个定理指出，对任何发射机和接收机来说，任意报文的长度乘以其本质谱（essential spectrum），再除以系统的失真，一定小于报文传输时间乘以其本质谱宽度的某个常数倍。简而言之，在给定失真的条件下，带宽乘以传输时间是不可能减少的。这个定理与式(3.1)有什么关系？

3.25 下表是不同分贝值的近似功率比值，请填写表中的空白项。

分贝	1	2	3	4	5	6	7	8	9	10
损耗			0.5							0.1
增益			2							10

3.26 如果一个放大器的增益为30 dB，那么这个增益代表的电压比值是多少？

3.27 如果放大器的输出功率为20 W，则它的输出是多少dBW？

附录3A　分贝和信号强度

在任何传输系统中都有一个重要的参数，即信号强度。当信号沿着传输媒体传播时，信号强度会有损耗或衰减。为了补偿这些损耗，可能会在不同的地点安插一些放大器，以增益信号强度。

习惯上，我们用分贝来表示增益、损耗及其他类似的值。因为：

- 信号强度通常呈指数形式下降，因此用分贝更容易表示损耗，分贝是一个对数单位。
- 在一个级联的传输通道上，增益或损耗总量可以用简单的加减法计算。

分贝是两个信号功率的比值的度量，分贝增益公式如下：

$$G_{dB} = 10\lg\frac{P_{out}}{P_{in}}$$

其中，G_{dB} = 增益（dB）；P_{in} = 输入功率值；P_{out} = 输出功率值；$\log_{10}$ = 以10为底的对数。

表3.2所示为以10为幂的功率和分贝值之间的关系。该表中也包含了2和1/2的分贝值。

在一些文献中，对**增益**和**损耗**的使用有些自相矛盾的地方。如果G_{dB}值是正的，就表示功率事实上是增加了，例如3 dB的增益代表功率加倍。如果G_{dB}值是负的，就表示功率事实上是损失了，例如−3 dB的增益代表着功率减半，这是功率的损失。通常在这种情况下我们说有3 dB的损耗。但是在有些文献中会说有−3 dB的损耗。比较合理的说法是增益负值相当于损耗正值。因此，我们对分贝损耗的定义如下：

$$L_{dB} = -10\lg\frac{P_{out}}{P_{in}} = 10\lg\frac{P_{in}}{P_{out}} \tag{3.3}$$

例3.9 如果在传输线路上加入功率值为10 mW 的信号，并且在一定距离之外测得其功率为5 mW，它的损耗就可以表示为

$$L_{dB} = 10\lg(10/5) = 10 \times 0.301 = 3.01 \text{ dB}$$

注意分贝所衡量的是相对值，而不是绝对差值。从1000 mW到500 mW的损耗也是大约3 dB。

表3.2 分贝值

功率比	分贝	功率比	分贝
1	0	0.5	−3.01
2	3.01	10^{-1}	−10
10^1	10	10^{-2}	−20
10^2	20	10^{-3}	−30
10^3	30	10^{-4}	−40
10^4	40	10^{-5}	−50
10^5	50	10^{-6}	−60

分贝也可用于度量电压之间的差值，考虑到功率与电压的平方成正比，即

$$P = \frac{V^2}{R}$$

其中，P = 在电阻R上消耗的功率；V = 电阻R上的电压。因此有

$$L_{dB} = 10\lg\frac{P_{in}}{P_{out}} = 10\lg\frac{V_{in}^2/R}{V_{out}^2/R} = 20\lg\frac{V_{in}}{V_{out}}$$

例3.10 分贝对于衡量经过一组传输元件序列后的总增益及损耗是很有用的。假设某传输元件序列的输入端功率为4 mW，第一个元件是损耗为12 dB（−12 dB 增益）的传输线路，第二个元件是增益为35 dB 的放大器，第三个元件是损耗为10 dB 的传输线路。那么总的增益为(−12 + 35 − 10) = 13 dB。现在，计算输出功率P_{out}为

$$G_{dB} = 13 = 10\lg(P_{out}/4 \text{ mW})$$
$$P_{out} = 4 \times 10^{1.3} \text{ mW} = 79.8 \text{ mW}$$

分贝值指的是相对强度或强度的变化，而不是绝对强度值。如果有一种分贝化的计算单位能够表示功率或电压的绝对量，将会提供很多方便，这样就很容易计算以某个初始信号值为参考的增益及损耗。dBW（分贝–瓦）在微波应用中大量使用。我们选择1 W作为参考值，并定义其为0 dBW。功率的绝对分贝值用dBW定义就是

$$功率_{dBW} = 10\lg\frac{功率_W}{1\text{ W}}$$

例3.11 1000 W的功率等于30 dBW，1 mW的功率等于−30 dBW。

另一个常用的单位是dBm（分贝–毫瓦），它用1 mW作为参考点。因此0 dBm就等于1 mW。它的公式是

$$功率_{dBm} = 10\lg\frac{功率_{mW}}{1\text{ mW}}$$

注意下面的关系式：

$$+30 \text{ dBm} = 0 \text{ dBW}$$
$$0 \text{ dBm} = -30 \text{ dBW}$$

在有线电视和宽带局域网应用中的一个常用单位是dBmV（分贝–毫伏）。在这个绝对值单位中0 dBmV 等于1 mV。因此

$$电压_{dBmV} = 20\lg\frac{电压_{mV}}{1\text{ mV}}$$

其中假定电压值是在75 Ω电阻两端测得的。

第4章 传输媒体

学习目标

在学习了本章的内容之后，应当能够：

- 论述双绞线、同轴电缆和光纤的物理特性；
- 解释对光纤传输来说，波长如何决定了传输所用的频率；
- 理解抛物面天线的工作原理；
- 解释光学视距和无线电视距之间的差异；
- 列出并解释影响视距传输的因素。

在数据传输系统中，**传输媒体**指的是发送器和接收器之间的物理通道。回顾第3章，我们知道对**导向媒体**而言，电磁波被引导沿某一固体媒体前进，如铜双绞线、同轴电缆和光纤。而**非导向媒体**就是在大气层、外太空或水域中进行的无线传输。

数据通信的特点以及通信质量取决于传输媒体的性质以及信号的特点。对于导向媒体，传输受到的限制主要取决于媒体自身的性质。

对于非导向媒体，在决定传输特性这个问题上，发送天线生成的信号带宽要比媒体自身的特点更重要。天线发射的信号有一个重要属性：方向性。通常，低频信号是全向性的，就是说信号从天线发射后会沿所有方向传播。当频率较高时，信号才有可能聚集成为有向波束。

通常在设计数据传输系统时，主要考虑的是数据率及传输距离：数据率越大越好，传输距离越远越好。决定数据率和传输距离的许多设计因素都与传输媒体及信号有关，如下所述。

- **带宽**　当所有其他因素保持不变时，信号的带宽越宽，能够达到的数据率就越高。
- **传输损伤**　诸如衰减之类的传输损伤限制了传输的距离。对导向媒体而言，通常双绞线受损伤的情况要比同轴电缆严重，而同轴电缆又比光纤严重。
- **干扰**　在频率重叠的区域内，相互竞争的信号之间会互相干扰，可能导致信号的失真或丢失。干扰在非导向媒体中尤其值得注意，当然它对导向媒体来说也是一个问题。对于导向媒体，干扰可能是由相邻缆线的辐射（外部串扰）或同一外鞘下相邻导体间的辐射（内部串扰）造成的。例如，双绞线经常是扎成束的，再者，一般情况下铺设在管道中的缆线不止一根。导向媒体还有可能受到来自非导向传输系统的干扰。给导向媒体以适当的屏蔽，可以最大程度地减轻这类问题。
- **接收器的数量**　导向媒体可以构成一条点对点的链路，也可以构造一条连接多个设备的共享链路。在后一种情况下，每个连接的设备都会给这条链路带来不同程度的衰减和失真，从而限制了传输距离和/或数据率。

图4.1描绘了电磁波的频谱，并指出各种导向媒体和非导向传输技术的工作频率范围。在本章中，我们将介绍用于导向和非导向传输系统的各种可供选择的媒体。在每一种情况下，我们都将先描述其物理性质，然后简单讨论它们的应用，并总结其主要的传输特性。

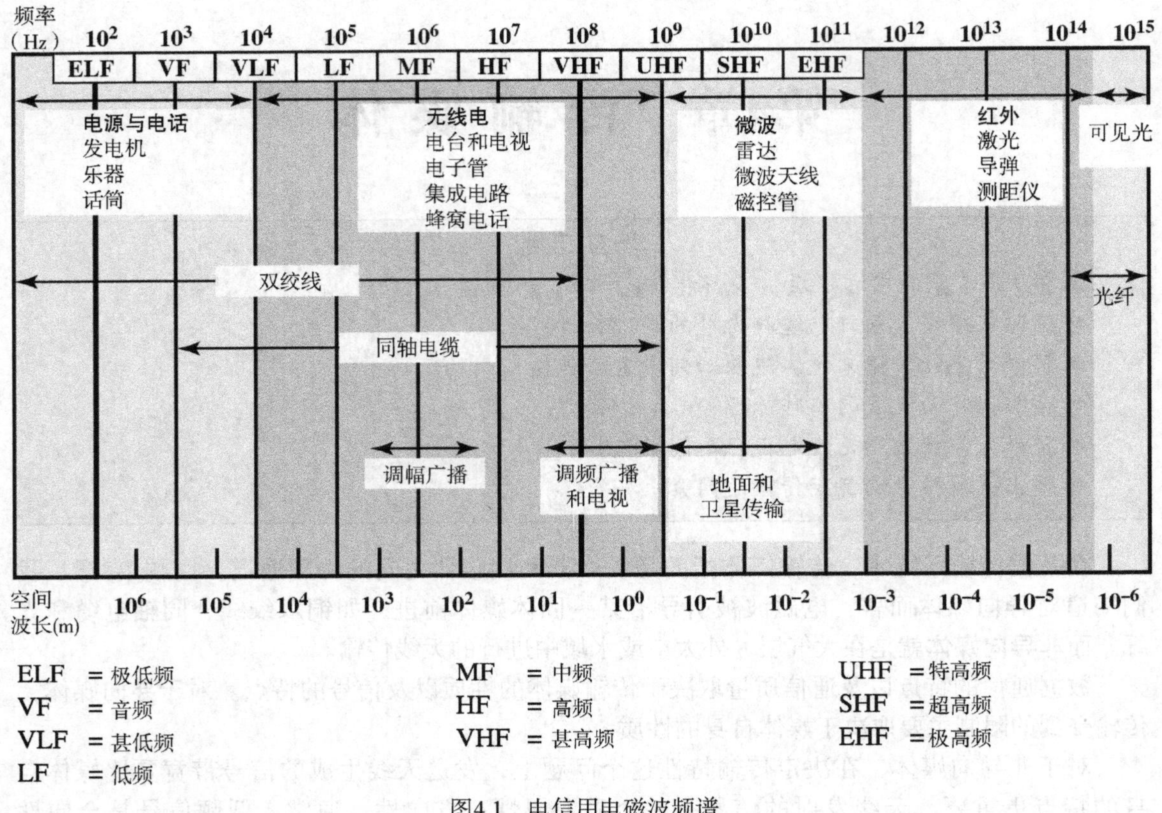

图4.1 电信用电磁波频谱

4.1 导向传输媒体

导向传输媒体的传输容量，可以用数据率表示，也可以用带宽表示，它主要取决于传输的距离，以及媒体是点对点的还是多点的。表4.1列出了常见的长途点对点导向媒体应用的典型特性。至于这些媒体在局域网中如何使用，我们将推后到第四部分讨论。

表4.1 导向媒体的点对点传输特性

	频率范围	典型衰减率	典型时延	转发器间距
双绞线（有负载）	0 ~ 3.5 kHz	0.2 dB/km 在 1 kHz	50 μs/km	2 km
双绞线（多对线）	0 ~ 1 MHz	0.7 dB/km 在 1 kHz	5 μs/km	2 km
同轴电缆	0 ~ 500 MHz	7 dB/km 在 10 MHz	4 μs/km	1 ~ 9 km
光纤	186 ~ 370 THz	0.2 ~ 0.5 dB/km	5 μs/km	40 km

THz = Terahertz = 10^{12} Hz

数据传输常用的3种导向媒体分别是：双绞线、同轴电缆及光纤（见图4.2）。我们将依次加以介绍。

4.1.1 双绞线

最廉价且使用最广的导向传输媒体是双绞线。

物理性质

双绞线由两根彼此绝缘的铜线组成，这两根线按照规则的螺线状绞合在一起。一对线作为一根通信链路使用。通常，将许多这样的线对捆扎在一起，并用坚硬的起保护作用的护皮包裹成一根电缆。当距离较长时，这些电缆有可能要容纳数百个线对。将线对绞合起来是为了减轻同一根电缆内相邻线对之间的串音干扰。同一捆中的相邻线对通常具有不同的绞距，以减少串扰。在长途链路上，绞距通常为5 ~ 15 cm 不等。这些线对中的铜线厚度为0.4 ~ 0.9 mm。

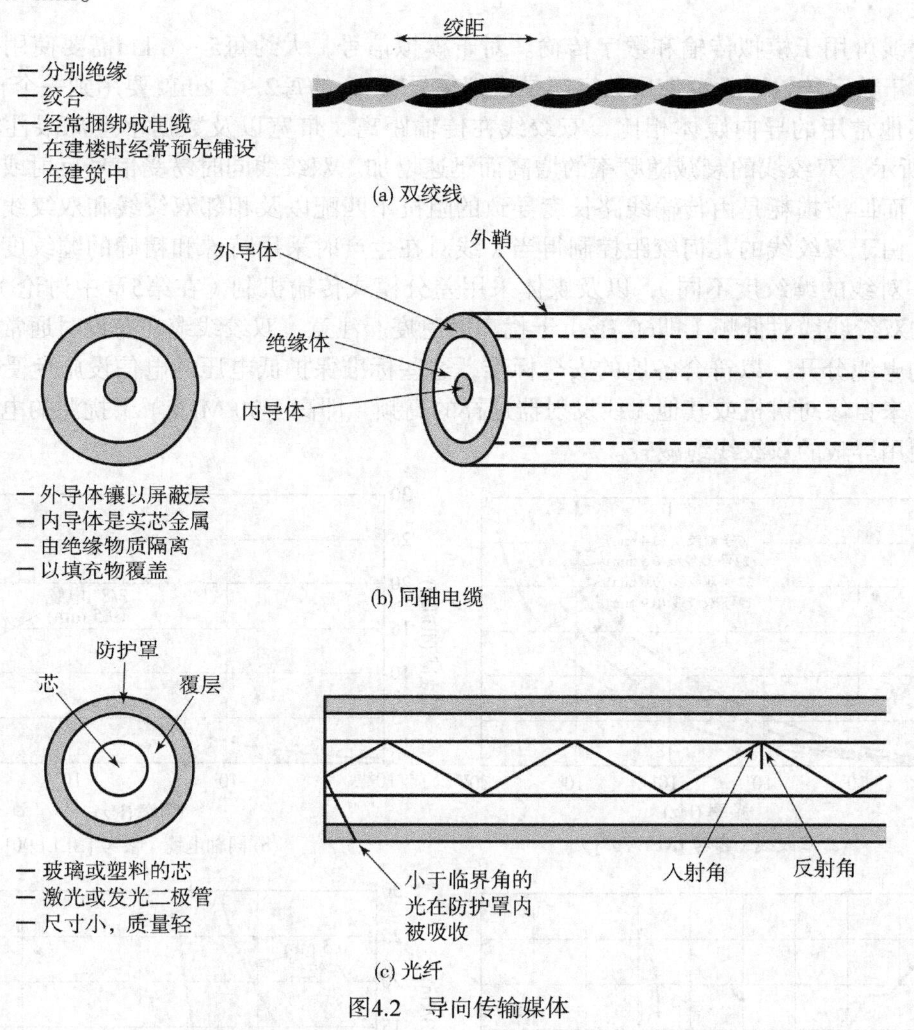

图4.2　导向传输媒体

应用

到目前为止，不论对模拟信号还是数字信号，最常用的传输媒体就是双绞线。它不仅是电话网上最常用的媒体，在楼层间的通信中也是由它来默默地承担了绝大部分工作。

在电话传输系统中，每部住宅电话机都通过双绞线与本地电话交换局（或者称为"端局"）连接，形成所谓的"**用户环路**"。在一幢办公楼内，每部电话机也是通过双绞线连接到室内专用小交换机（PBX）系统或端局的中央（Centrex）设备上。这些双绞线在设计安装时是为了支持使用模拟信号的话音通信量。然而，只要使用一个调制解调器，这些设施同样可以处理数据率适中的数字数据流。

对于数字信号，双绞线也是最常用的一种媒体。在一幢建筑物内部用双绞线连接数字数据交换机或数字PBX，其典型数据率为64 kbps。双绞线也经常用于建筑物内的局域网上，以支持个人计算机间的通信。这类用途的产品一般数据率在10 Mbps ~ 1 Gbps。最近已经开发出了数据率达到10 Gbps的双绞线网络。对长途传输应用，双绞线可用于数据率为4 Mbps或稍高的环境里。

双绞线比其他常用的导向传输媒体（同轴电缆、光纤）要廉价得多，并且使用方便。

传输特性

双绞线可用于模拟传输和数字传输。对于模拟信号，大约每5 ~ 6 km需要使用一个放大器。而对于数字传输（无论使用数字还是模拟信号），大约每2 ~ 3 km就要用到一个转发器。

与其他常用的导向媒体相比，双绞线在传输距离、带宽以及数据率上局限性很大。如图4.3(a)所示，双绞线的衰减随频率的增高而迅速增加。双绞线同时易受信号反射或回波损耗的影响，而回波损耗是由传输线路长度导致的阻抗不匹配以及相邻双绞线和双绞线缆的串扰引起的。由于双绞线的几何绞距控制得当（线对在生产时采用特殊和精确的缠绞度，使线缆中的每一对线的缠绞度不同），以及媒体采用差分模式传输机制（在第5章中讨论），用于数据传输的双绞线缆对低频（即60 Hz）干扰高度免疫。注意，双绞线缆在布设时通常要和传输交流电的电缆分开，以符合各地的安全标准，这些标准保护低电压的电信设施免受高电压应用干扰。来自像对讲机或其他无线发射器这样的高频（即高于30 MHz）干扰源的电磁干扰可以通过使用屏蔽的双绞线缆减轻。

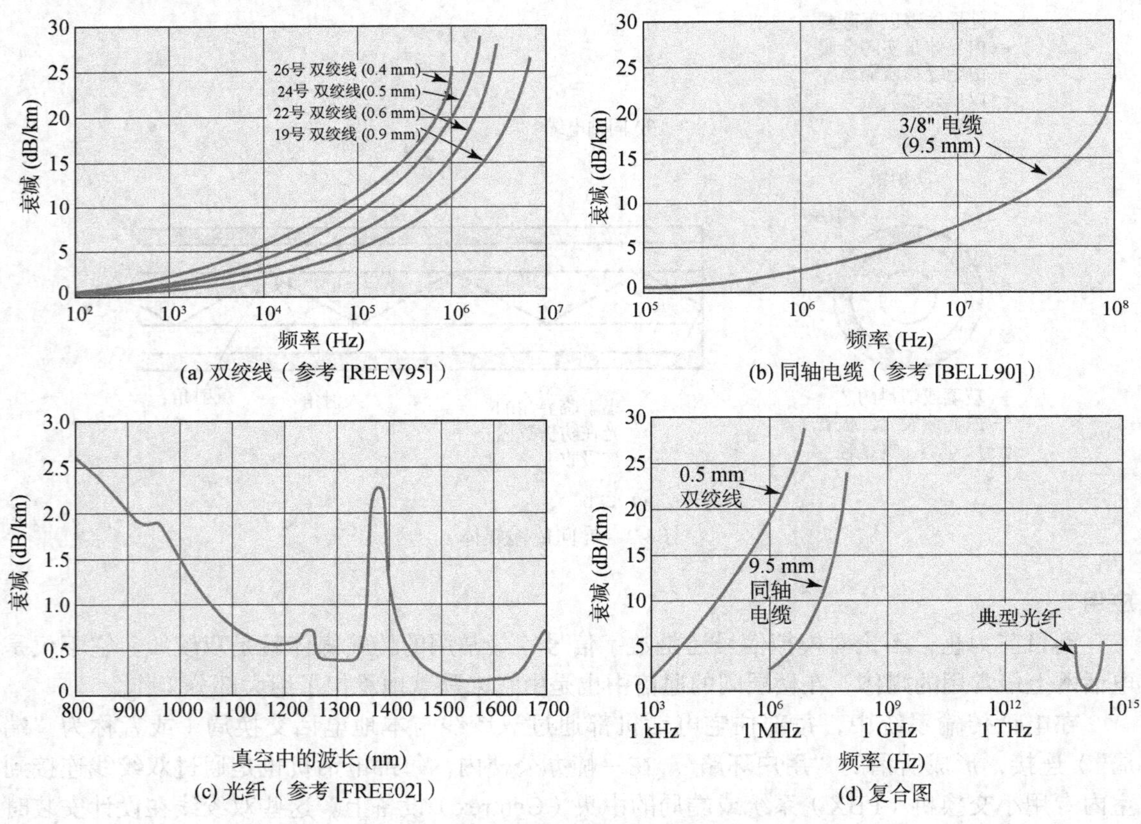

图4.3 典型导向媒体的衰减特性

对于点到点的模拟信号传输，带宽可达1 MHz。这一带宽可以容纳不少话音信道。对于远距离数字点到点信号传输，数据率可以达到几Mbps。100 m双绞线缆可实现高达10 Gbps的以太网数据率。

无屏蔽和屏蔽双绞线

双绞线有两种不同的类型：无屏蔽的和屏蔽的。正如其名称所暗示的，**无屏蔽双绞线**（Unshielded Twist Pair，UTP）包含一根或多根双绞线缆，通常一起包在一个热塑套管内，没有电磁屏蔽层。UTP最常见的形式是普通的话音级电话线。住宅和办公楼内通常会预先铺设无屏蔽双绞线。用作数据传输时，UTP可用于从话音级到局域网里甚高速电缆等各种场合。用于高速局域网时，在一个套管里UTP通常有四对线，每一对的每厘米缠绞数各不相同，以消除相邻线对之间的干扰。绞距越小，则支持的传输速率越高，每米的造价也越高。

无屏蔽双绞线在外部电磁场的干扰面前显得相当脆弱，这些干扰包括来自相邻双绞线的干扰和周围环境产生的噪声。在有各种潜在干扰源（如电机、无线设备和射频发射器等）的环境中，采用**屏蔽双绞线**（Shielded Twist Pair，STP）将是更好的方案。屏蔽双绞线缆有3种不同的产品配置：

1. 每一对线独立地由金属箔屏蔽，通常被称为金属箔双绞线（Foil Twisted Pair，FTP）。
2. 套管内有一层金属箔或金属带覆盖所有线对（作为一组），这种配置有时被称为屏蔽的双绞线（Screened Twisted Pair，F/UTP）。
3. 每一对线有独立的屏蔽，同时整组线缆还有屏蔽，这被称为完全屏蔽双绞线缆或屏蔽的/金属箔双绞线（S/FTP）。

屏蔽减少了干扰，在高数据率时有更好的表现。然而它比无屏蔽双绞线价格要贵，而且很熟悉UTP技术的安装者可能不太愿意使用新的媒体类型。

用于数据传输的双绞线分类

1991年，电子工业联盟（Electronic Industry Association，EIA）发布了ANSI/EIA/TIA-568标准，即商业建筑电信布线规范，该规范要求楼内数据应用使用话音级和数据级UTP和F/UTP电缆。当时，人们觉得这个规约还是适用于办公环境下的数据率和频率范围的。随着电缆和连接器设计以及测试方法的不断发展，这个标准已经经过了多次修订，以支持使用高质量电缆和连接器的高数据率传输。目前的版本归电信工业联盟（Telecommunications Industry Association，TIA）负责，作为如下4个美国国家标准学会（American National Standard Institute，ANSI）标准，于2009年发布。

- **ANSI/TIA-568-C.0 用户驻地通用电信布线规范**　支持为所有类型的用户驻地规划和安装结构化缆线系统。
- **ANSI/TIA-568-C.1 商业建筑通用电信布线规范**　支持为商业建筑规划和安装结构化缆线系统。
- **ANSI/TIA-568-C.2 平衡双绞线电信布线和部件规范**　指明平衡双绞线电信布线（例如，信道和永久链路）和部件（例如电缆、连接器、连接硬件、配线绳、设备软接线、工作区软接线和跳线），以及包括通信插口/连接器等的最小需求，这些布线和部件在一个园区环境的楼宇之间连接时会用到。这个标准还指明了所有传输参数的现场测试过程以及可应用的实验室参考测量过程。
- **ANSI/TIA-568-C.3 光纤布线部件规范**　指明用户驻地光纤布线的缆线和部件传输性能需求。

568-C标准指明了多种类型的布线及相关部件要求，这些线缆和部件可用于用户驻地和园区内数据分发。还有一个内容重复的标准，由国际标准化组织（ISO）和国际电子技术委员会（International Electrotechnical Commission，IEC）联合发布的被称为ISO/IEC 11801 标准的第二版，指明了多种布线类别和相关的部件，这些类别与568-C 的类型相对应。

表4.2 总结了目前标准里给出的各种类和类型的关键特征。表中所列举的类别如下。

- **类别5e/D类** 该规范首先于2000年发布，目标是描述类似1 Gbps比特以太网这样的应用所需要的传输性能特性。这些应用需要采用双向及全部四对线传输机制（在第12章描述）。
- **类别6/E类** 近年来，为新建筑物指定的结构化布线主流是类别6/E类。这一类别与类别5e相比，提供了更大的性能裕量（又称为性能净空），以确保布线公司能够承受恶劣的布线环境，并在应用需要从100 Mbps 以太网升级时，系统仍然能够支持1 Gbps以太网。这一类别于2002年发布，目标生存期是10年，所以在新的系统安装中其应用可能会迅速下降。
- **类别6A/E_A类** 该规范针对10 Gbps 以太网应用。
- **类别7/F类** 该规范使用完全屏蔽双绞线对（也就是整体有外部屏蔽，同时每个线对还有独立屏蔽的线缆）。与低等级线缆相比，这一类别的优势在于，由于使用了整体的外部屏蔽和每一线对的金属箔屏蔽，极大地减少了内部的线对串扰和外部串扰。这一类别的目标是支持10 Gbps 以太网以上的下一代应用。
- **类别7A/F_A类** 该类的需求基于F类布线需要提出。主要的增强是将频率带宽扩展到1 GHz。这一增强可确保对宽带视频（例如有线电视）的全部频道的支持，宽带视频的运行频率带宽可以高达862 MHz。很有可能在不久的将来所有完全屏蔽电缆解决方案都要指定采用F_A类。

表4.2 双绞线对的类别和类

	类别5e/D类	类别6/E类	类别6A/E_A类	类别7/F类	类别7A/F_A类
带宽	100 MHz	250 MHz	500 MHz	600 MHz	1000 MHz
电缆类型	UTP	UTP/FTP	UTP/FTP	S/FTP	S/FTP
插入损耗（dB）	24	21.3	20.9	20.8	20.3
近端串扰损耗（dB）	30.1	39.9	39.9	62.9	65
ACR	6.1	18.6	19	42.1	44.1

UTP＝无屏蔽双绞线对（unshielded twisted pair）

FTP＝金属箔双绞线对（foil twisted pair）

S/FTP＝屏蔽/金属箔双绞线对（shielded/foil twisted pair）

表4.2包含了3个关键性能参数。在该表中的**插入损耗**（insertion loss）是指从发送系统到接收系统链路上的**衰减**（attenuation）。因此，越小的dB值越好。表格显示了在100 MHz频率的衰减值，这个频率是列表比较各类双绞线时采用的标准频率。不过衰减是频率的递增函数，568标准指明了在不同频率下的衰减。为了符合ANSI/TIA-568-C.2和ISO/IEC 11801第二版标准，所有指明的传输特性都是在100 m 长度时测量到的最差值。虽然缆线长度可能小于100 m，但标准中没有给出如何按比例调整指定长度之外的参数指标。以分贝为单位的衰减是距离的线性函数，所以更短的或更长距离的衰减很容易计算出来。实际上，当以太网数据率达到1 Gbps或以上时，通常所采用的距离要远小于100 m，如同第12章所述。

双绞线布线系统中的**近端串扰**（near end crosstalk，NEXT）**损耗**是指从一对导体到另一对导体上的信号耦合。这些导体可能是连接器上的金属针或电缆中的线对。近端指的是耦合发生在被传输的信号进入链路时被同一端的接收导体耦合返回（即近端发送的信号被近端接收线收到）。我们可以把这种情况视为系统引入的噪声。因此损耗dB值越高越好。也就是说，NEXT损耗幅度越大，则相关的串扰噪声越小。图4.4所示为系统A的NEXT损耗与插入损耗之间的关系。A接收从系统B发来的信号，B的发送信号功率为P_t，而A接收到的是较小的功率P_r。与此同时，系统A也在向系统B发送，我们假设A的发送信号功率同样是P_t。由于串扰，A发送器的某部分信号泄漏到A的接收线对上，且该信号的功率为P_c，这就是串扰信号。很明显，我们需要使$P_r > P_c$，以保证正确接收期待的信号，P_r和P_c的差别越大越好。与插入损耗不同，NEXT损耗不会随链路长度的变化而变化，因为NEXT损耗是一种端现象，如图4.4所示。NEXT损耗作为频率的函数变化，当频率增加时损耗也增加。也就是说，近端发送器耦合到相邻传输线路的信号功率大小随频率增加而增加。

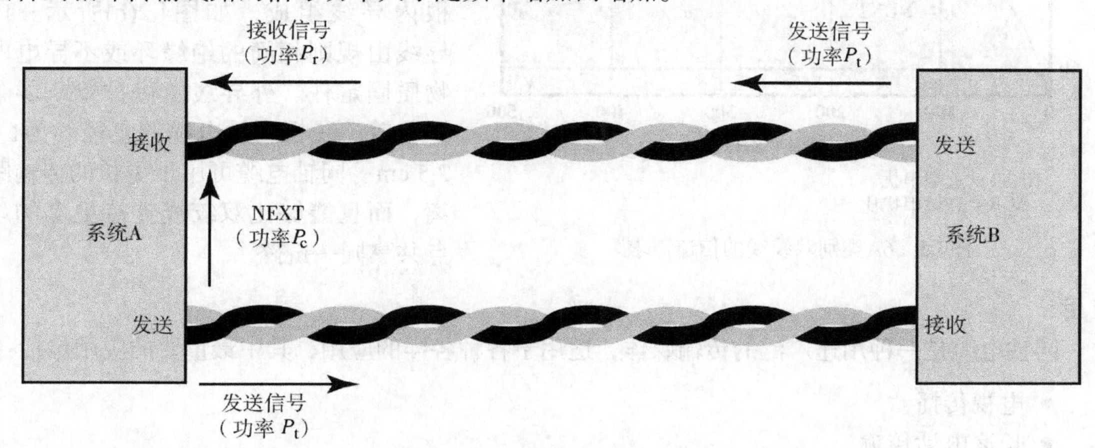

图4.4　信号功率之间的关系（从系统A的角度看）

在表4.2中，插入损耗和NEXT损耗的定义都与式(3.3)的形式相同

$$A_{dB} = 10\lg\frac{P_t}{P_r}, \qquad \text{NEXT}_{dB} = 10\lg\frac{P_t}{P_c}$$

注意，NEXT损耗定义为本地发送器和本地接收器之间的信号损耗。因此，NEXT损耗值更小意味着串扰的量更大。

ISO/IEC 11801 第二版规范使用的另一个重要参数是**衰耗串扰比**（Attenuation to Crosstalk Ratio，ACR），它被定义为$\text{ACR}_{dB} = \text{NEXT}_{dB} - A_{dB}$。ACR是衡量接收信号强度与同一线对的串扰比值大小的量度。正常工作情况下它必须为正值。要了解这一点，考虑如下推导。我们希望$\text{NEXT}_{dB} > A_{dB}$，这意味着

$$10\lg\frac{P_t}{P_c} > 10\lg\frac{P_t}{P_r}$$

$$\lg P_t - \lg P_c > \lg P_t - \lg P_r$$

$$\lg P_r > \lg P_c$$

$$P_r > P_c$$

这也是我们希望的结果。

例4.1　图4.5所示为6A类别双绞线的衰耗（插入损耗）和NEXT损耗与频率之间的函数关系。与常规一样，假设链路长度为100 m。该图说明高于250 MHz时，通信是不现实的。然而表4.2指出，6A类别双绞线的工作频率可到500 MHz。其解释是10 Gbps的应用采取了串扰消除，成功地提供了正ACR裕量直至500 MHz。标准指明的是最坏的情况，而工程实践（例如串扰消除）被用于克服最坏情况的限制。

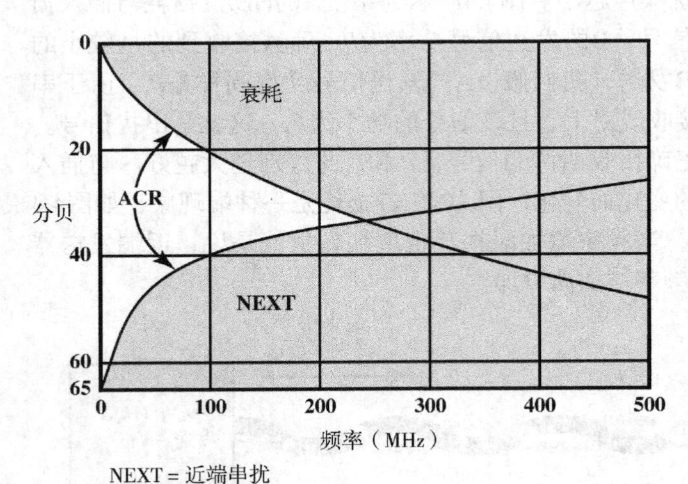

图4.5 6A类别双绞线的信道需求

4.1.2 同轴电缆

物理性质

与双绞线一样，同轴电缆也是由两根导线组成的，但其构造与双绞线不同，同轴电缆的结构使它能够应用在频率范围更宽的情况下。它由一根空心的圆柱形外导线和柱体内部的一根内导线组成，如图4.2(b)所示。内导线由规则相间的绝缘环或不导电的物质固定住。外导线由保护罩或屏蔽罩覆盖。一根同轴电缆的直径约为1～2.5 cm。同轴电缆可用于更长的传输距离，而且能够比双绞线支持更多的站点共享同一链路。

应用

同轴电缆是一种用途广泛的传输媒体，适用于各种各样的应用，其中最重要的应用包括：

- 电视传播
- 长途电话传输
- 计算机系统之间的短距离连接
- 局域网

同轴电缆作为将电视信号传播到千家万户的一种手段发展迅速，这就是有线电视。作为有线电视起源的“社区天线电视”（Community Antenna Television，CATV）并不惹人注目，最初它的设计目标只是为了向边远地区提供电视服务，现在有线电视在家庭和办公场所的普及率已基本和电话一样。一个有线电视系统可以负载几十个甚至上百个电视信道，其传播范围可达几十千米。

长期以来同轴电缆都是长途电话网的重要组成部分。今天，它面临着来自光纤、地面微波和卫星的日益激烈的竞争。使用频分复用（FDM，见第8章）技术，一根同轴电缆可以同时负载10 000个话音信道。

同轴电缆也常用于短距离设备间的连接。如果使用数字信号，则同轴电缆可以在计算机系统间提供高速I/O通道。

传输特性

同轴电缆可用于模拟信号和数字信号的传输。从图4.3(b)可知，同轴电缆的频率特性比双绞线优越得多，因此可有效地应用于频率更高、数据率更快的环境里。因为它是屏蔽的、同轴结构的，因此同轴电缆与双绞线相比不那么容易受干扰或串扰的影响。其性能上的主要限制来自衰减、热噪声以及互调噪声。后者仅当一条电缆上具有多个信道（FDM）或频带时才会出现。

如果是长途传输模拟信号，每隔几千米就需要使用放大器，频率越高，放大器的间隔就越接近。模拟信号的有效频谱可延伸至500 MHz左右。对于数字信号系统，大约每1 km左右就需要一个转发器，数据率越高，间隔就要越密。

4.1.3　光纤

物理性质

光纤是一种纤细、柔韧并能够传导光线的媒体。有多种玻璃和塑料可用于制造光纤。使用超高纯二氧化硅熔丝的光纤可得到最低损耗。超高纯光纤制造起来比较困难。损耗稍大一些的多成分玻璃光纤就比较经济实惠，而且其性能也不错。塑料光纤的价格还要低，它可用于短距离链路，因为此时即使损耗比较大也没有关系。

光纤丝（也称为光波导管）的外形是圆柱体，由三个同轴部分组成：芯、覆层以及防护罩，如图4.2(c)所示。芯是最里层的部分，由玻璃或塑料制成的细丝构成，这个芯的直径在8 ~ 62.5 μm之间。每个芯由自己的**覆层**包裹，这些覆层是由光特性与芯不同的玻璃或塑料制成的，直径为125 μm。芯和覆层之间的界面作为反射器来限制光线，使其不能从芯中逃逸。最外层是**防护罩**，它是一层硬塑料外套，用来保护玻璃不受潮湿和其他物理损害。

光缆为光纤提供保护，使之避免安装过程中的挤压以及安装后来自环境的压力。光缆内部可能仅含一根，也可能包含数百根光纤。光缆的最外层是**护皮**，它包裹着一根或一束光纤。护皮是由塑料和其他材料组成的，它们一层层地保护其内部抵挡潮湿、磨损、碰撞以及其他外界环境中存在的危险。

应用

在长途电信系统中，光纤的使用已相当广泛，而且它越来越多地用于军事应用。随着其性能不断提高，价格不断下降，加之与生俱来的优势，它对局域网的吸引力也越来越大。以下是光纤与双绞线或同轴电缆之间在特性上的区别。

- **容量更大**　光纤的带宽潜能是巨大的，当然数据率的潜能同样如此。它已被证实能够以数百吉比特每秒的数据率传输几十千米的距离。与此相比，同轴电缆在传输距离为1 km时的最大实际容量为几百兆比特每秒，而双绞线在传输距离为1 km时只能达到几兆比特每秒的速率，在只有几十米远时也只能达到100 Mbps到10 Gbps。
- **体积更小，质量更轻**　光纤比同轴电缆或捆扎在一起的双绞线电缆要细得多——在信息传输容量大致相同的条件下，光纤比起另外两种媒体至少细一个数量级。对建筑物内或人行道下错综复杂的管道而言，体积小带来的优势是不容忽视的。相应地，由于质量的减轻也减少了用于支持管道的附属设施。
- **衰减更小**　与同轴电缆和双绞线相比，光纤的衰减大大降低，如图4.3(c)所示，而且在相当大的范围内保持恒定。
- **隔绝电磁场**　光纤系统不受外部电磁场的影响，因而这样的系统不怕诸如冲激噪声和串扰之类的干扰。同理，光纤也不会辐射能量，因此对其他设备几乎没有干扰，同时也防止了信息被窃，提供了高度的安全性。另外，光纤从本质上讲难以被人搭线窃听。
- **转发器的间隔更远**　需要使用的转发器越少，意味着费用越低，故障点也越少。从这个角度看，光纤在传输性能上确实有很大的进步。相隔数十千米的光纤转发器已经很平常，而相隔数百千米的光纤转发器也已被演示成功。而同轴电缆和双绞线传输系统通常每隔数千米就需要使用转发器。

对光纤而言，以下5种类型的应用变得越来越重要：

- 长途干线
- 市区干线

- 农用交换干线
- 用户环路
- 局域网

电话网络是光纤的第一个重要用户。光纤链路首先在远距离链路（称为长线或长途线路）上被用来替代电话交换机之间的铜线或数字无线链路，此时光纤在距离和带宽上的性能优势使得它具有明显的成本效益。光纤被用于连接所有的中心局和长途交换机，因为它的带宽是铜线带宽的几千倍，并且能够在需要使用转发器之前，将信号运送到比铜线远数百倍的距离，从而使得同样的一次电话连接，使用光纤的成本只有使用铜线成本的百分之几。长途线路的平均长度为1500 km，同时可提供高容量（典型情况下可容纳20 000 ~ 60 000个话音信道）。同时海底光缆的使用也在快速增长。

市区中继电路的平均长度为12 km，并且一个中继组最多可容纳100 000个话音信道。这些系统的大多数设施都安装在地下管道中，并且不使用转发器，它们在市区或城区的电话交换局处汇接。这其中也包含了连接长途微波设施的线路，这些线路从市区边缘地带连接到位于市中心的电话交换总局大楼。

农用交换干线电路的长度范围在40 ~ 160 km之间，它们连接了市镇和乡村。在美国，它们通常连接到不同的电话公司交换局。大多数这样的系统所容纳的话音信道低于5000个。除了一些崎岖偏远的地区之外，整个电话干线目前全部都是光纤的。陆地上的光缆根据地理环境以及本地法规进行铺埋或架设。而连接全球的主要还是靠海底光缆，目前它们已经链接了除南极洲之外的各大洲以及绝大多数的岛国。

光纤用户环路是直接从交换中心连接到用户的电路。光纤设施正逐步取代双绞线和同轴电缆的位置，将电话网发展成全业务网络，不仅为用户提供话音和数据服务，而且还提供图像和视频等其他业务。光纤最初只是应用于为商业用户提供的服务中，但目前在很多地区，光纤传输已经走入千家万户。

光纤的最后一个重要应用类型是局域网。光纤网络的标准已经制定，同时此类产品也已上市。它们的总容量可高达100 Gbps，并且能够支持上千个位于大型办公楼或楼群中的工作站。

传输特性

图4.6所示为光纤链路的总体结构，它由位于光纤一端的发射器和另一端的接收器组成。大多数系统在进行全双工操作时是用一根光纤在一个方向上传送，相反方向的传送则需要使用另一根光纤。发射器以数字电信号为输入。电信号通过电子接口被送入LED或激光光源。光源根据输入的电信号对数字数据进行编码，产生一系列的光脉冲。接收器包括一个光传感器，用于检测传入的光信号，并将其转换回数字电信号。

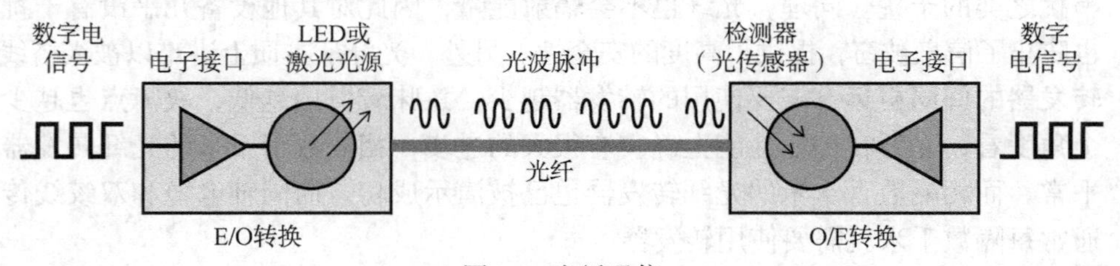

图4.6 光纤通信

光纤通过完全内部反射来传输信号编码的光束。完全内部反射可以在任何一种透明介质中发生，只要其反射率高于其周围的介质。实际上，光纤系统的频率操作范围大约在10^{14} ~ 10^{15} Hz之间。这个范围覆盖了红外线区和可见光区的频谱。

光纤传输的基本原理如图4.7所示。光线经光源发出后，进入圆柱形的玻璃或塑料体芯。入射角度平缓的光束被反射并沿着纤维向前传播，其他射线被周围的物质吸收。这种传播形式称为**多模突变**（step-index multimode）传播，指的是有多个角度可以发生反射。在多模传播中，存在多条传播路径，而每条路径的长度不同，因此通过纤维的时间也不同。这就导致了信号元素（光脉冲）最终会被扩散，因而限制了数据能够被准确接收的速率。换一个角度来看，光脉冲之间必须具有的间隔限制了数据率。这种光纤最适合在短距离上进行传输。如果芯纤维的半径减小，则能够发生反射的角度也会减少。通过将芯半径减小到波长的数量级，则仅有一个角度（或者说仅有一个模）能够通过传输纤维，这就是轴线光束。这种**单模**（single-mode）传播可提供卓越的传输性能，理由如下：由于单模传播只存在一条传播路径，就不存在多模传播时产生的失真。单模光纤常应用于远距离传输，诸如电话和有线电视。最后，通过改变芯的折射率可形成第三种可能的传播类型，称为**多模渐变**（graded-index multimode）。这种类型的传输特性介于前两者之间。中心较高的折射率（稍后讨论）使得光束沿轴线前进的速度比靠近覆层的光束慢。芯内的光束因为渐变的折射率呈现螺旋状，而不是呈锯齿状沿着覆层前进，这样便减小了光线传输的距离。较短的路径和较高的速度使周围的光束可以和沿光芯直线前进的光束几乎同时到达接收器。多模渐变光纤常用于局域网。

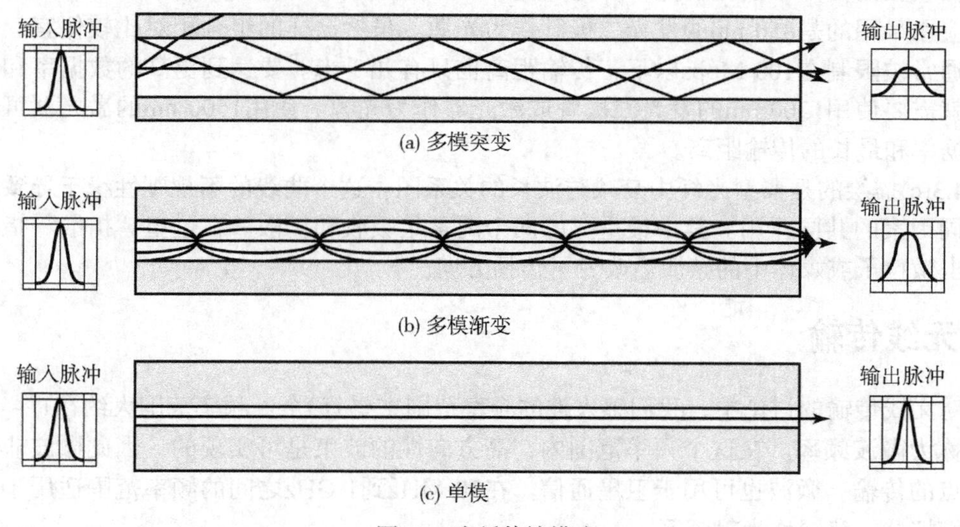

图4.7　光纤传输模式

在光纤系统中使用的光源有两种类型：发光二极管（Light-Emitting Diode，LED）和注入激光二极管（Injection Laser Diode，ILD）。这两者都是半导体设备，并能在电压的作用下发射光束。其中发光二极管比较便宜，工作温度范围也较宽，使用寿命长。ILD的工作基于激光原理，它的效率更高，并可支持较高的数据率。

光纤能达到的最大数据率与采用的波长及传输类型有关。无论是单模还是多模方式，都能够支持多种不同的光波长度，而且激光器或发光二极管都可作为其光源。在光纤中，根据传输媒体的衰减特性以及发送光源和接收器的性质，可适用的传输窗口共有4种，如表4.3所示。

我们看到光纤可利用的带宽相当可观。4个传输窗口的带宽分别为33 THz、12 THz、4 THz和7 THz[①]。它们比无线电波频谱中的有效带宽要大几个数量级。

---

① 1 THz = 10^{12} Hz。

表4.3 光纤应用的有效频率

（在真空中）波长范围（nm）	频率范围（THz）	波段标记	光纤类型	应用
820 ~ 900	366 ~ 333		多模	局域网
1280 ~ 1350	234 ~ 222	S	单模	多种
1528 ~ 1561	196 ~ 192	C	单模	WDM
1561 ~ 1620	192 ~ 185	L	单模	WDM

WDM = wavelength division multiplexing（波分复用，见第8章）

在记录光纤传输衰减的数据中有一点令人颇为费解，为什么光纤的性能总是以波长而不是频率给出。在图表中出现的波长对应的是真空中传输时的波长。可是光纤的传播速度要比真空中的光速c小，其结果是信号的频率虽然没有变化，但波长改变了。

例4.2 假设真空中的波长为1550 nm，对应的频率就是$f = c/\lambda = (3 \times 10^8)/(1550 \times 10^{-9}) = 193.4 \times 10^{12}$ = 193.4 THz。对于典型的单模光纤，其传播速度约为$v = 2.04 \times 10^8$ m/s。此时193.4 THz的对应波长为$\lambda = v/f = (2.04 \times 10^8)/(193.4 \times 10^{12}) = 1055$ nm。因此，对于这样的光纤，如果引用的波长是1550 nm，则在光纤中的实际波长为1055 nm。

这4个传输窗口都属于红外线区频谱，比可见光频谱（其频谱范围是400 ~ 700 nm）要低。波长较长的窗口中损耗较低，因此可允许以更高的数据率传输更远的距离。目前，大多数本地应用采用的是850 nm的发光二极管作为光源。虽然这样的组合相对比较便宜，但它的数据率通常被限制在100 Mbps以下，传输距离也只有几千米。要达到更高的数据率和更远的距离，就需要使用1300 nm的发光二极管或激光器作为光源。使用1500 nm的激光器可达到最高的数据率和最长的传输距离。

图4.3(c)描绘的是典型光纤中衰减与波长的关系图。这个曲线的不规则性缘于导致衰减的多种不同因素的共同作用。其中最重要的两个因素是吸收和扩散。在这里“扩散”指的是光线在撞击微粒子或媒体中的杂质后改变了传播方向。

4.2 无线传输

在对无线传输的讨论中，我们感兴趣的频率范围主要有3个。频率范围大约在1 ~ 40 GHz之间的称为**微波频率**。在这个频率范围内，高方向性的波束是可实现的，因此微波非常适用于点对点的传输。微波也可用于卫星通信。在30 MHz到1 GHz之间的频率范围适用于全向应用。我们把这一范围称为**射频区**。

还有一种对本地应用非常重要的红外线频谱。它大概包括了从$3 \times 10^{11} \sim 2 \times 10^{14}$ Hz的频率范围。红外线在特定地域（如一个房间）内完成点对点及多点应用时非常有用。

对于非导向媒体来说，发送和接收都是通过天线实现的。在考察无线传输的几种具体类型之前，先来简单介绍一下天线。

4.2.1 天线

天线可定义为用来发射电磁能量或者收集电磁能量的电导体或电导体系统。在发送信号时，来自发送器的无线电频率的电能量被天线转换成电磁能量，并由天线发射到周围环境中（大气、太空、水）。在接收信号时，碰撞天线的电磁能量被转换成无线电频率的电能量，并输送到接收器。

在双向通信过程中，同一个天线能够且常常既用于发送也用于接收。天线能够做到这一点，原因是任何天线从周围环境中收集能量并将其传送给接收端的能力，与它将发送端的能量传送到周围环境中的能力是一样的，只要这两个方向使用的频率相同。换句话说，不论是发送还是接收电磁能量，天线的特性在本质上是一样的。

天线会向所有方向发射能量，但通常，能量在各个方向上的分布并不均匀。表达天线性能特性的一种常用方法是天线的发射曲线，它将天线的发射性质图形化地表达为一个空间坐标的函数。最简单的曲线来自一种理想化的天线，称为各向同性天线。**各向同性天线**（isotropic antenna）也称为**全向天线**（omnidirectional antenna），它是空间中的一个点，均等地向所有方向发射能量。各向同性天线的发射曲线是以天线为中心的圆。

抛物面反射天线

抛物面反射天线（parabolic reflective antenna）是一种重要的天线类型，它用于地面微波和卫星应用。抛物线是指有一条定直线和直线外的一个定点，由那些到定直线的距离等于到定点的距离的点所形成的轨迹。我们称这个定点为焦点（focus），定直线为准线（directrix），如图4.8(a)所示。如果抛物线绕其轴线旋转，形成的面就称为抛物面（paraboloid）。用平行于轴线的平面与抛物面相交，得到的截线为抛物线，用垂直于轴线的平面与抛物面相交，得到的截线为圆。汽车前灯、光学天文望远镜、射电天文望远镜以及微波天线都采用这种抛物面造型，原因在于抛物面具有以下几个性质：如果将电磁能量（或声音）源放在抛物面的焦点上，并且如果该抛物面有反射性的表面，那么反射出去的能量波将平行于抛物面的轴线。图4.8(b)描绘的是发生在一个横截面上的效果。从理论上讲，这种效果产生的是无散射的平行线束。而实际上总会有散射存在，因为能量源所占的位置肯定大于一个点。天线的直径越大，线束的方向性就越强。在接收时，如果收到的能量波平行于反射抛物面的轴线，那么结果得到的信号将聚集到焦点上。

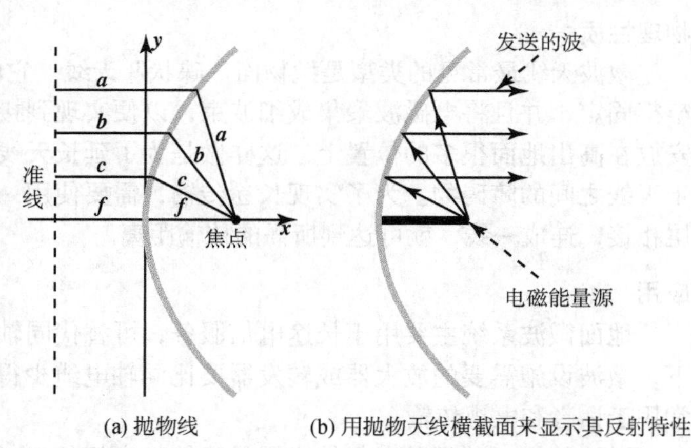

图4.8 抛物面反射天线

天线增益

天线增益是对天线方向性的度量。天线增益的定义是，该天线在特定方向上的输出功率与由完美的全向天线（各向同性天线）在任意方向上产生的功率之比。具体地说，就是 $G_{dB} = 10\lg(P_2/P_1)$，其中G是天线增益，P_1是定向天线的发射功率，P_2是参考天线的发射功率。例如，如果天线的增益为3 dB，那么它的功率比各向同性天线在该方向上产生的功率提高了3 dB，或者两倍。在某个特定方向上的发射功率增强了，代价是其他方向上功率的减小。实际上，在其他方向上减少的那部分功率被作为某一个方向上增加的功率发射出去。所以必须注意，天线增益并不是指天线获得了比输入功率更多的功率来输出，而是指它的方向性增加了。

例4.3 假设某定向天线与参考天线相比有6 dB的增益，并且发射功率为700 W。若要让参考天线在指定方向上提供相同的信号功率，则它的发射功率应为多少？解答过程如下。

$$6 = 10\lg(P_2/700)$$
$$P_2/700 = 10^{0.6} = 3.98$$
$$P_2 = 2786\ \text{W}$$

与天线增益相关的另一个概念是天线的**有效面积**。天线的有效面积与天线的物理大小和形状有关。天线增益和有效面积的关系为

$$G = \frac{4\pi A_e}{\lambda^2} = \frac{4\pi f^2 A_e}{c^2} \tag{4.1}$$

其中，G = 天线增益（无量纲数或比率）；A_e = 有效面积（m^2）；f = 载波频率（Hz）；c = 光速（$\approx 3 \times 10^8$ m/s）；λ = 载波波长（m）；用分贝表示，就是$G_{dB} = 10 \lg G$。

例如，理想化各向同性天线的功率增益为1，有效面积为$\lambda^2/4\pi$。如果抛物面天线的表面面积为A，则有效面积为0.56 A，功率增益为$7A/\lambda^2$。

例4.4 *有一个抛物天线的直径为2 m，工作频率为12 GHz，那么它的有效面积和天线增益各为多少？我们知道面积$A = \pi r^2 = \pi$（其中r为半径），有效面积为$A_e = 0.56\ \pi$。波长为$\lambda = c/f = (3 \times 10^8) / (12 \times 10^9) = 0.025$ m。那么*

$$G = (7A)/\lambda^2 = (7 \times \pi)/(0.025)^2 = 35186$$
$$G_{dB} = 10 \lg 35186 = 45.46 \text{ dB}$$

4.2.2 地面微波

物理性质

微波天线最常见的类型是抛物面“碟状”天线。它的典型尺寸约为直径3 m。这种天线被牢牢固定，并且将电磁波聚集成细波束，以便实现到接收天线的视距传输。微波天线通常被安放在高出地面很多的位置上，这样做是为了延长天线与天线之间的距离，并且能够越过位于天线之间的障碍物。为了实现长途传输，需要使用一组微波中继站。点对点的微波链路首尾相接，连成一线，就可达到所需的传输距离。

应用

地面微波系统主要用于长途电信服务，可替代同轴电缆或光纤。在传输距离相等的条件下，微波设施需要的放大器或转发器要比同轴电缆少得多，但是它要求在视距内传输。微波常用于话音和电视传输。

微波的另一种日益兴起的应用是建筑物之间的点对点短距离传输。这种方式可用于闭路电视或局域网之间的数据链路。短距离微波也可用于被称为旁路应用的情况。企业可以直接与本市长途电信设施建立微波链路，从而绕过本地的电话公司。

微波的另一个重要的应用是蜂窝系统，将在第10章介绍。

传输特性

微波传输覆盖了电磁波频谱中的很大一部分。常见的传输频率范围为1 ~ 40 GHz，使用的频率越高，可能的带宽也越宽，同样能达到的数据率也越高。表4.4列出了某些典型系统的带宽和数据率。

表4.4 典型的数字微波性能

波段（GHz）	带宽（MHz）	数据率（Mbps）
2	7	12
6	30	90
11	40	135
18	220	274

与其他所有传输系统一样，微波传输的主要损耗来自于衰减。对于微波（以及射频频段），其损耗可表示如下：

$$L = 10 \lg\left(\frac{4\pi d}{\lambda}\right)^2 \text{dB} \tag{4.2}$$

其中，d是距离，λ是波长，它们的单位是一样的。微波的损耗以距离的平方值变化。与此相反，双绞线和同轴电缆的损耗以距离的对数值变化（用分贝表示则为线性值）。因此在微波

系统中，转发器或放大器之间的距离就可以相距很远，典型情况下为10～100 km。雨天衰减会增大，这一点对高于10 GHz的频段来说影响尤其明显。损伤的另一起因是干扰。随着微波应用的不断增多，造成传输区域重叠，干扰的威胁始终存在。因此，频带的分配需要严格管理。

长途电信系统最常用的频段位于4～6 GHz的频率范围内。由于这些频段变得越来越拥挤，目前已经开始使用11 GHz的频段。12 GHz的频段是有线电视系统的组成部分。由微波链路向本地CATV设施提供电视信号，然后这些信号通过同轴电缆传播到各个有线电视用户。频率更高的微波用于建筑物之间点对点的链接，它通常使用的频段在22 GHz。由于频率越高衰减越大，所以较高的微波频率对长途传输没有什么用处，但却相当适用于近距离传输的情况。另外，频率越高，使用的天线就越小，价格也越便宜。

4.2.3　卫星微波

物理性质

一个通信卫星实际上就是一个微波接力站。它用于将两个或多个被称为**地球站**或基地台站的基地微波传送器/接收器连接起来。卫星从一个频段（**上行**）接收传输信号，放大或再生信号，并将其从另一个频段（**下行**）发送出去。一个轨道卫星可以在多个频段上工作，这些频段被称为**转发器信道**或简称为**转发器**。

图4.9说明了一般情况下卫星通信的两种常用配置方式。在第一种方式中，卫星用以提供两个远距离基地天线之间的点对点连接。在第二种方式中，卫星提供从一个基地发送器到多个基地接收器之间的通信手段。

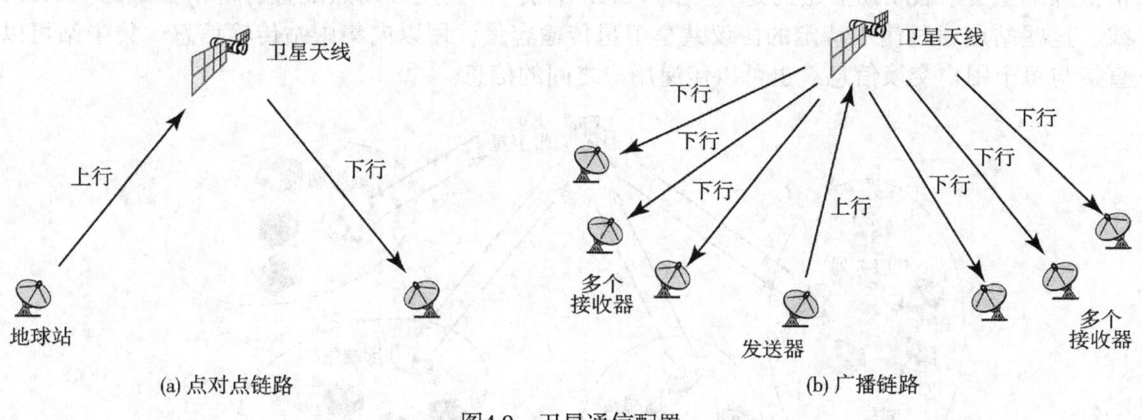

图4.9　卫星通信配置

为了使一个通信卫星有效工作，一般需要它相对于地球的位置是恒定的，否则不能保证它的所有地球站始终保持在可视范围之内。要维持恒定的位置，卫星绕地球旋转一周的时间应该与地球自转周期保持一致。当卫星高度在距赤道35 863 km的上空时，可以实现周期匹配。

如果两个使用相同频带的卫星离得很近，它们会相互干扰。为了避免这个问题，目前的标准要求在4/6 GHz频带有4°的间隔（从地球上测得的角度移位），在12/14 GHz频带有3°的间隔。因此，可用的卫星数目是有限的。

应用

以下是几个最重要的卫星应用：

- 电视广播
- 长途电话传输

- 专用商业网络
- 全球定位

由于卫星通信本质上是广播形式的，因此它非常适用于电视广播，并且不论在美国还是在世界其他各个国家，电视广播系统中大量使用了卫星通信手段。在传统的应用中，由一个网络提供来自电视中心的节目。这些节目被发送到卫星上，然后从卫星向下广播到各个电视台，并由这些电视台将节目传播给每位观众。有一个网络，即公众广播服务网（Public Broadcasting Service，PBS），几乎全部使用卫星信道来传播它的电视节目。其他商业网络也大量使用了卫星通信，而有线电视系统中来自卫星的节目所占比重也越来越大。卫星通信技术在电视广播中的较新应用是直播卫星（Direct Broadcast Satellite，DBS），此时卫星上的视频信号被直接发送到用户家庭。费用的不断降低和接收天线尺寸的不断缩小，使家庭能够承担DBS的费用。

卫星传输也用于公用电话网中电话交换局之间点对点的干线传输。对使用率很高的国际干线而言，它是所有传输媒体中的最佳选择，并且在众多长途国际干线应用中与陆地传输系统互相竞争。

卫星传输有许多商业数据的应用。卫星提供商可将总传输容量划分成许多信道，并将这些信道出租给商业用户。用户在一些站点上安装天线后，就可以利用卫星信道建立一个专用网络。在以前，这样的应用花费相当高昂，并且只限于设备众多的大型组织机构。最近新发展出来的甚小孔径终端（Very Small Aperture Terminal，VSAT）系统，为用户提供了一种价格低廉的选择。图4.10描绘的是典型的VSAT结构。一些用户站点配置有价格低廉的VSAT天线。这些站点通过使用特定的协议共享卫星传输容量，用以向集中站传输信息。集中站可以直接与每个用户交换信息，也可以传递用户之间的信息。

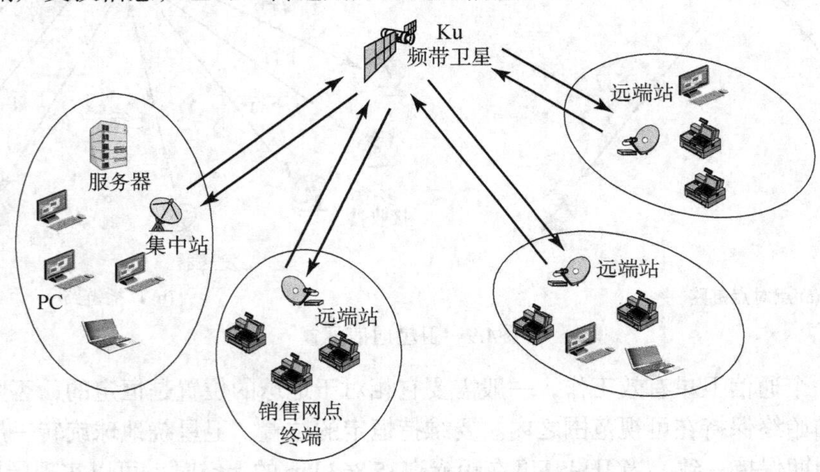

图4.10 典型的VSAT 配置

卫星的最后一个应用非常引人瞩目，并已用得越来越普遍。Navstar**全球定位系统**（或简称GPS）由如下3部分组成。

- 一个卫星星座（目前有27颗卫星），其轨道距地球表面约20 000 km，传输信号有两个频率范围，位于射频频谱的微波段中。
- 一个控制部分，通过地面监控站和卫星上传设施来维护GPS。
- 用户接收器，包括民用和军用设备。

每个卫星发送一串独特的由0和1组成的数字编码序列，并由原子钟精确定时，这个数字编码序列被GPS用户接收器的天线接收，并且与接收器内部产生的同一个数字编码序列进行匹配。通过一个一个地对比或匹配这个数字编码序列，接收器可以判断出信号从卫星到达接收器花了多少时间。这些测得的时间值利用光速换算成距离。如果同时测量与4颗或更多卫星之间的距离，并且知道这些卫星的精确位置（包含在卫星发送出来的信号中），接收器就能判断自己所处的经度、纬度和高度，与此同时通过将自己的时钟与GPS的时间标准进行同步，也使接收器得到了精确的时间。

传输特性

卫星传输的最佳频率范围为1 ~ 10 GHz。在低于1 GHz的情况下存在大量的自然界噪声，包括来自银河星系、太阳、大气层的噪声，以及来自各种电子设备的人为干扰。在10 GHz以上，由于大气层的吸收和降水气候的影响，信号将严重衰减。

目前，大多数提供点对点服务的卫星使用的频带范围为：从地球向卫星传输时（上行）在5.925 ~ 6.425 GHz之间，而从卫星向地球传输时（下行）在3.7 ~ 4.2 GHz之间。这两个频率结合起来称为4/6 GHz频段。注意，上行链路和下行链路的频率不同。卫星在进行无间断的连续性操作时，无法用同样的频率进行发送和接收。因此，来自基地台站的信号以某一频率被接收，必须用另一频率发送回地面。

4/6 GHz频段位于1 ~ 10 GHz的最佳频率范围内，但这个频段已经趋于饱和。由于干扰的存在，例如来自地面微波的干扰，使这个频率范围内的其他频率都无法使用。因此开发了12/14 GHz频段（上行链路：14 ~ 14.5 GHz，下行链路：11.7 ~ 12.2 GHz）。在这个频段中必须克服衰减问题。不过地球站可以使用比较小且比较便宜的接收器。据预计，这个频段也将要饱和，于是计划使用20/30 GHz频段（上行链路：27.5 ~ 30.0 GHz；下行链路：17.7 ~ 20.2 GHz）。在这个频段中会遇到更为严重的衰减问题，不过它允许更高的带宽（2500 MHz，与500 MHz相比高多了），并且接收器更小、更便宜。

卫星通信还有几个特点同样需要注意。首先，由于涉及的距离很远，所以从一个地球站发送到另一个地球站接收，这中间大约有1/4 s的传输时延。对于普通的电话通话，这个时延是很明显的。同时它还会带来差错控制和流量控制等方面的问题，这些问题将在后面的章节中讨论。其次，卫星微波天生就是广播工具。多个站点可以向卫星发送信息，同时从卫星传送下来的信息也会被众多站点接收。

4.2.4　广播无线电

物理性质

广播无线电波和微波之间的主要区别在于前者为全向性的，而后者是方向性的。因此，广播无线电波不要求使用碟状天线，并且天线也无须固定在某一精确的校准位置上。

应用

无线电波是一个笼统的术语，它包括的频率范围在3 kHz到300 GHz之间。我们使用了非正式术语“**广播无线电**”来涵盖 VHF频段及部分UHF频段：30 MHz到1 GHz。这个范围不仅覆盖了调频广播频段，还包括UHF和VHF电视频段。一些数据网络应用也使用了这一频率范围。

传输特性

30 MHz到1 GHz的频率范围是广播通信的有效频段。与低频电磁波不同，电离层对高于30 MHz的无线电波是透明的。因此无线电波的传输范围局限于视距范围，而相距很远的发送器不会因大气层的反射而互相干扰。与高频处的微波区也不同，下雨对无线电波的衰减影响不大。

与微波一样，因距离引起的衰减大小服从式(4.2)，即10 lg $(4\pi d/\lambda)^2$ dB。由于无线电波的波长比微波长，它受到的衰减也就相对要少。

无线电波损伤的一个主要来源是多径干扰。来自地面、水域和自然界或人造物体的反射会在天线之间产生多条传输路径。

4.2.5 红外线

使用发送器/接收器（收发器）调制出不相干的红外线光，就可以实现红外线通信。无论是直接传输还是经一个浅色表面如天花板等的反射，收发器与收发器之间的距离都不能超过视距范围。

红外线传输与微波传输之间的一个重要区别是前者无法穿透墙体。因此，微波系统中的安全问题和干扰问题在红外线传输中都不存在。更进一步说，红外线不存在频率分配的问题，因为没有必要取得使用许可。

4.3 无线传播

从天线发射出去的信号沿以下3条路径之一传播：地波、天波或视距（line of sight, LOS）。表4.5列出了它们各自所占据的频率范围。在本书中，我们基本上只需要考虑视距通信，但在本节中也会简单概述其他各种通信模式。

表4.5 频 段

频段	频率范围	自由空间中的波长范围	传播特征	典型用途
ELF（极低频）	30~300 Hz	10 000~1000 km	地波	电力线频率；用于某些家庭控制系统
VF（音频）	300~3000 Hz	1000~100 km	地波	电话系统用作模拟用户线路
VLF（甚低频）	3~30 kHz	100~10 km	地波；昼夜低衰减；大气噪声值高	远距离导航；潜水艇通信
LF（低频）	30~300 kHz	10~1 km	地波；可靠性稍逊于VLF；白天有大气吸收	远距离导航；海上通信无线电信号
MF（中频）	300~3000 kHz	1000~100 m	地波和夜间天波；夜间的衰减低，白天的衰减高；大气噪声	海上无线电；定向系统；AM电台广播
HF（高频）	3~30 MHz	100~10 m	天波；质量因时间、季节及频率的不同而不同	业余无线电；军事通信；
VHF（甚高频）	30~300 MHz	10~1 m	LOS；因逆温现象而散射；宇宙噪声	VHF电视；FM电台广播以及双向无线电、飞行器的调幅通信；飞行器辅助导航设备
UHF（特高频）	300~3000 MHz	100~10 cm	LOS；宇宙噪声	UHF电视；蜂窝电话；雷达；微波链路；个人通信系统
SHF（超高频）	3~30 GHz	10~1 cm	LOS；10 GHz以上会因降雨造成衰减；因氧气和水蒸气而造成大气层的衰减	卫星通信；雷达；地面微波链路；无线本地环路
EHF（极高频）	30~300 GHz	10~1 mm	LOS；因氧气和水蒸气而造成大气层的衰减	实验区；无线本地环路；射电天文学；
红外	300 GHz~400 THz	1 mm ~770 nm	LOS	红外局域网；家用电器
可见光	400 ~900 THz	770 ~330 nm	LOS	光通信

4.3.1 地波传播

图4.11(a)所示的地波传播或多或少总沿着地球表面轮廓传播，并且能到达相当远的地方，超出视平线之外。大约在2 MHz以下的频率可以达到这个效果。这个频带内的电磁波之所以会沿着地表曲线传播，是由多种因素造成的。其中之一是电磁波会使地表出现感应电流，其结果是靠近地面的波阵面速度变慢，致使波阵面向下倾斜，因而会沿着地表曲线传播。另一个因素是衍射，它是一种自然现象，与电磁波遇到障碍物时的反应有关。在这个频率范围内的电磁波会被大气层散射，以至于它们无法穿透高层大气。

地波通信最广为人知的例子就是调幅无线电广播。

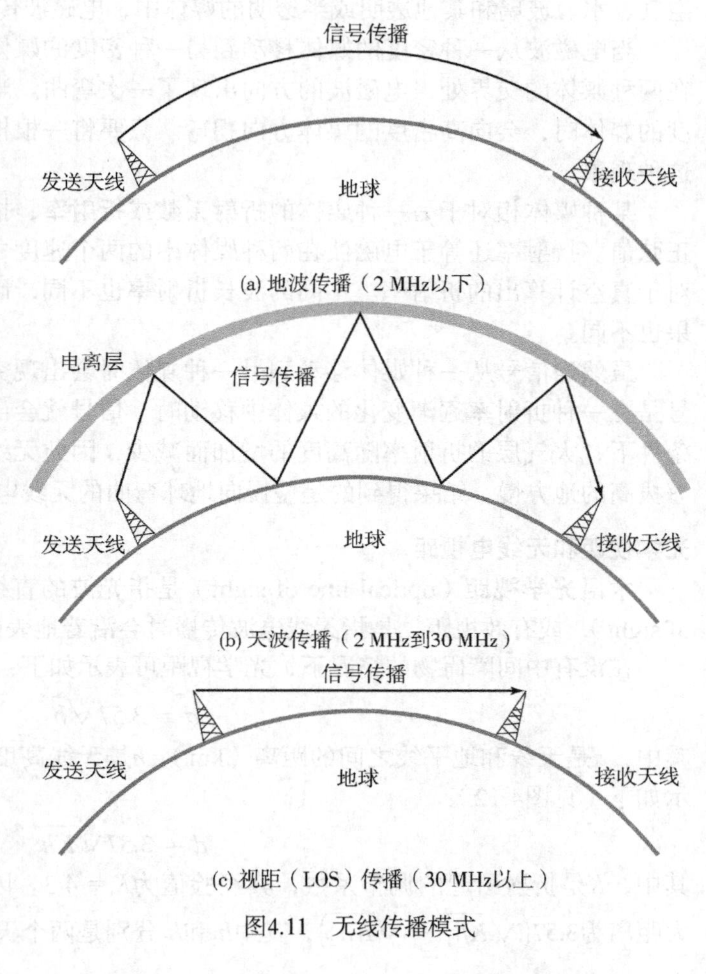

图4.11　无线传播模式

4.3.2 天波传播

天波传播用于业余无线电和国际电台广播，如BBC和美国之音。使用天波传播时，从基地天线发射出去的信号被上空大气层（电离层）反射回地球。虽然电波看起来好像是被电离层反射，就如同电离层是坚硬的反射面一样，但实际上这种效果是由折射引起的。稍后我们再来描述折射。

天波信号可以经过多次反弹传播，在电离层和地球表面之间穿梭几个来回，如图4.11(b)所示。在这种传播模式下，在距离发送器几千千米以外的地方也能收到信号。

4.3.3 视距传播

高于30 MHz的频段地波和天波传播模式都无法工作，只有视距通信可行，如图4.11(c)所示。对于卫星通信来说，高于30 MHz的信号不会被电离层反射，因此信号能够在地球站和位于地球站上空且在其视平线以内的卫星之间传送。对于地面通信，发送天线和接收天线必须在双方有效视距以内。在这里使用“有效”这个词，是因为微波会被大气层弯曲和折射。弯曲的程度甚至于方向都取决于当时的各种条件，但总体来说微波肯定会沿地球的地表曲线弯曲，因此它要比光学上的视距更远一些。

折射

在继续讨论其他内容之前，我们应该先简单介绍一下折射。折射的产生是由于电磁波的速度是电磁波途经媒体之密度的函数。在真空中，电磁波（如光波或无线电波）传播的速度大约为3×10^8 m/s。这就是常量c，通常用来代表光速，但实际上它指的是真空中的光速[①]。在空气、水、玻璃和其他透明或半透明的媒体中，电磁波传播的速度小于c。

当电磁波从一种密度的媒体移动到另一种密度的媒体中时，它的速度改变了。其结果是在两种媒体的交界处，电磁波的方向出现了一次弯曲。当电磁波从低密度的媒体移动到高密度的媒体时，会向高密度的媒体方向拐弯。只要将一根棍子部分浸在水中，就很容易观察到这种现象。

某种媒体相对于另一种媒体的**折射系数**或**折射率**，指的是入射角的正弦值除以折射角的正弦值。折射率还等于电磁波在两种媒体中的两个速度之比。媒体的绝对折射率是该媒体相对于真空计算出的折射率。不同的波长折射率也不同，因此对于不同波长的信号，折射的效果也不同。

虽然当信号从一种媒体移动到另一种媒体时会出现突然的一次性方向改变，但是如果信号是在一种折射率逐渐变化的媒体中移动时，信号就会出现连续的逐渐弯曲。在正常的传播条件下，大气层的折射率随高度的增加而减少，因此无线电波在靠近地表处传播的速度要比海拔高的地方慢。结果得到的是慢慢向地球弯曲的无线电波。

光学视距和无线电视距

术语**光学视距**（optical line of sight）是指光波的直线传播；术语**无线电视距**（radio line of sight），或有效视距，是指无线电波传播时会沿着地表曲线弯曲。

在没有中间障碍物的情况下，光学视距可表示如下：

$$d = 3.57\sqrt{h}$$

其中，d是天线和地平线之间的距离（km），h是天线高度（m）。到地平线的无线电视距可表示如下（见图4.12）：

$$d = 3.57\sqrt{Kh}$$

其中，K是折射引起的调整系数，其经验值为$K = 4/3$。因此，视距传播的两个天线之间的最大距离为$3.57\left(\sqrt{Kh_1} + \sqrt{Kh_2}\right)$，其中$h_1$和$h_2$分别是两个天线的高度。

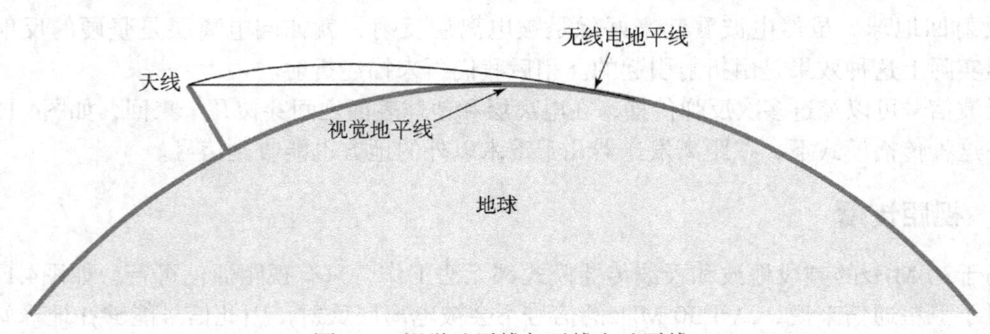

图4.12　视觉地平线与无线电地平线

例4.5　如果一个天线的高度为100 m，另一个天线的高度为地面高度，那么这两个天线之间最大的视距传播距离为

$$d = 3.57\sqrt{Kh} = 3.57\sqrt{133} = 41 \text{ km}$$

现在假设接收天线高度为10 m。为了达到相同的距离，发送天线必须达到的高度为多少？结果是

① 准确值是299 792 458 m/s。

$$41 = 3.57\left(\sqrt{Kh_1} + \sqrt{13.3}\right)$$

$$\sqrt{Kh_1} = \frac{41}{3.57} - \sqrt{13.3} = 7.84$$

$$h_1 = 7.84^2/1.33 = 46.2\ \text{m}$$

这时发送天线的高度节省了50 m以上。这个例子说明，将接收天线升高到地面以上就能降低发送天线的必要高度。

4.4 视距传输

3.3节讨论了导向传输和无线传输共同具有的各种传输损伤。本节将进一步讨论某些专门针对无线视距传输的损伤。

4.4.1 自由空间损耗

不论是何种方式的无线通信，信号都会随着距离的越来越远而慢慢消失。因此，如果天线的面积固定，那么它离发送天线距离越远，接收到的信号功率就越弱。对于卫星通信，这是信号损耗的主要方式。即使假设没有其他衰减或损伤的来源，发送的信号在经过一段距离后还是会衰减，因为信号扩散的面积越来越大。这种衰减形式称为**自由空间损耗**（free space loss），它可以表示成发射功率P_t与天线接收到的功率P_r的比值，或者也可以用分贝来表示，就是将该比率取对数值再乘以10倍。对于理想化的全向天线来说，自由空间损耗为

$$\frac{P_t}{P_r} = \frac{(4\pi d)^2}{\lambda^2} = \frac{(4\pi fd)^2}{c^2} \tag{4.3}$$

其中，P_t = 发送天线的信号功率；P_r = 接收天线的信号功率；λ = 载波波长；d = 天线间的传播距离；c = 光速（3×10^8 m/s）。这里，d和λ的单位相同（例如m）。

它可以被改写为①

$$L_{dB} = 10\ \lg\frac{P_t}{P_r} = 10\ \lg\left(\frac{4\pi d}{\lambda^2}\right)^2 = 20\ \lg\left(\frac{4\pi d}{\lambda}\right)$$

$$L_{dB} = -20\ \lg(\lambda) + 20\ \lg(d) + 21.98\ \text{dB}$$

再根据$\lambda f = c$，有

$$L_{dB} = 20\lg\left(\frac{4\pi fd}{c}\right) = 20\lg(f) + 20\lg(d) - 147.56\ \text{dB} \tag{4.4}$$

图4.13描绘的是自由空间损耗方程。

对于其他类型的天线，必须考虑天线增益，因而得到如下的自由空间损耗公式：

$$\frac{P_t}{P_r} = \frac{(4\pi)^2(d)^2}{G_r G_t \lambda^2} = \frac{(\lambda d)^2}{A_r A_t} = \frac{(cd)^2}{f^2 A_r A_t}$$

其中，G_t = 发送天线的增益；G_r = 接收天线的增益；A_t = 发送天线的有效面积；A_r = 接收天线的有效面积。

第三步是从第二步推导出来的，应用了式(4.1)中定义的天线增益与有效面积之间的关系。因此损耗公式还可以演变成

① 附录3A中已经说过，各种文献中对增益和损耗这两个词的使用有自相矛盾的地方。式(4.4)遵从式(3.3)的规定。

$$L_{dB} = 20\lg(\lambda) + 20\lg(d) - 10\lg(A_tA_r) \\ = -20\lg(f) + 20\lg(d) - 10\lg(A_tA_r) + 169.54\ \text{dB} \tag{4.5}$$

因此，如果天线尺寸和间隔距离相同，那么载波波长越长（载波频率f越低），自由空间损耗就越高。比较式(4.4)和式(4.5)会很有趣。式(4.4)说明，随着频率的增高，自由空间损耗也会增加，也就是说频率越高，损耗就越成问题。但是，式(4.5)表明可以用天线增益很轻松地补偿这个不断增加的损耗。事实上，如果其他变量保持不变，在频率较高的地方会出现净增益。式(4.4)说明，如果距离不变，频率增高，则导致的损耗增加量可以用20 lg(f)来表示。但如果考虑到天线的增益，以及固定的天线面积，则损耗的变化量可表示为–20 lg(f)。也就是说，事实上在高频率的地方损耗变小了。

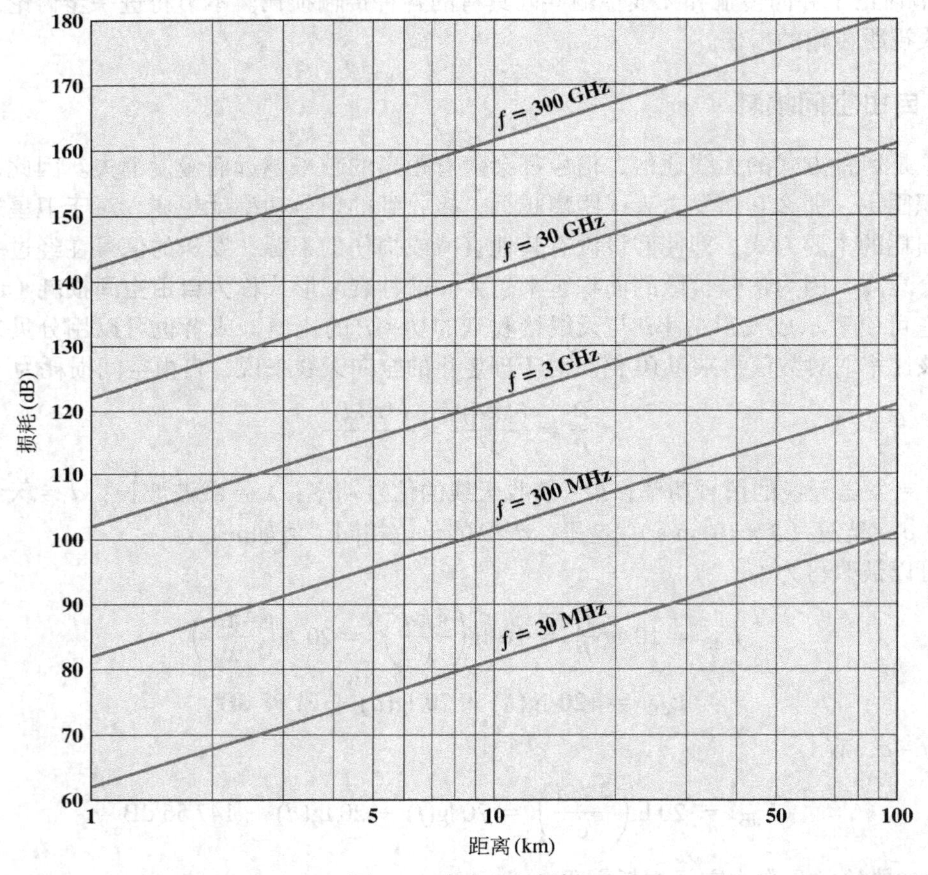

图4.13　自由空间损耗

例4.6　判断在4 GHz的频率上，地球同步轨道卫星（35 863 km）最短路径上的全向自由空间损耗是多少？频率为4 GHz时的波长为$(3 \times 10^8)/(4 \times 10^9) = 0.075$ m。然后根据式(4.4)有

$$L_{dB}=20\lg(4 \times 10^9)+20\lg(35.853 \times 10^6)-147.56=195.6\ \text{dB}$$

现在考虑卫星和基地天线的天线增益，通常它们分别为44 dB 和48 dB。因此空间损耗是

$$L_{dB} = 195.6 - 44 - 48 = 103.6\ \text{dB}$$

现在假设地球站的发送功率为250 W，那么卫星天线接收到的功率为多少？ 250 W的功率可换算成24 dBW，因此接收天线接收到的功率为24 – 103.6 = –79.6 dBW。

4.4.2 大气吸收

在发送天线和接收天线之间还有一种损耗是大气吸收。这种衰减主要来自水蒸气和氧气。因水蒸气的影响而产生的衰减峰值出现在22 GHz附近。这种衰减在15 GHz频率以下很小。因氧气的存在，将导致在60 GHz附近出现吸收衰减的峰值，但在30 GHz以下氧气的影响不大。雨和雾（悬浮的水滴）将引起无线电波的散射，因此导致衰减。在本文中，术语"散射"指的是当无线电波碰撞其他物质时会产生很多方向不同、频率也不同的波。它可能成为信号损耗的主因。因此，在降水频繁的地区，或者保持路径长度较短，或者应当使用较低的频率段。

4.4.3 多径

作为无线通信设备，天线安装地点的选择相对自由，只要附近没有阻碍物，它们放在任何地方，在发送天线和接收天线之间总会存在直接的视距路径。通常很多卫星设施和点对点微波都属于这种情况。另外还有一种情况，就像移动电话，对它们来说障碍物非常多。信号会被这些障碍物反射，导致接收到该信号的多份副本，且这些副本的时延各不相同。事实上，在极端的情况下，可能根本接收不到直接信号。合成的信号可能比直接信号大，也可能小，这取决于直接无线电波和反射无线电波路径长度上的差异。对于位置适当的固定天线之间的通信，以及卫星及其固定基站之间的通信来说，因信号沿多条路径传播而导致的信号强化或抵消行为是可以控制的。但也有一种例外情况，即当传播路径通过水域时，风会使水的反射面不停地运动，因此造成多径传播的信号不容易控制。对于移动电话和位置选择不当的天线之间的通信来说，多径问题应当引起足够的重视。

图4.14概括了地面固定微波系统和移动通信系统中几种典型的多径干扰类型。对于固定微波系统，除了直接视距传播之外，信号有可能因折射而沿一弯曲的路径通过大气层，此外信号还可能经地面反射传播。对于移动通信系统，建筑物和自然地理环境都可能产生反射面。

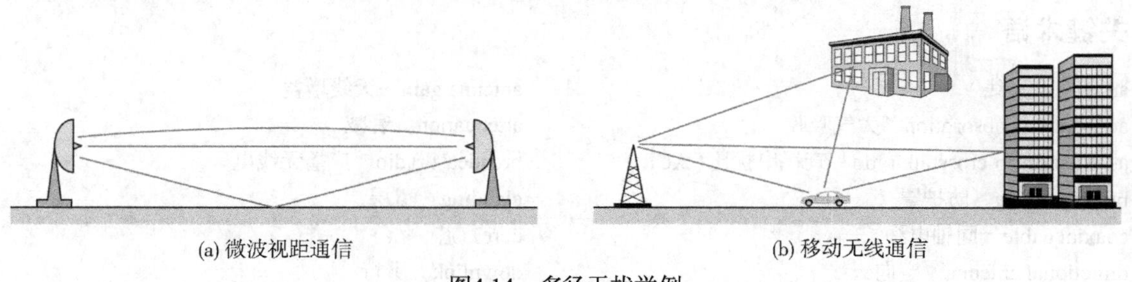

(a) 微波视距通信　　(b) 移动无线通信

图4.14　多径干扰举例

4.4.4 折射

当无线电波经大气层传播时会产生折射（或弯曲）现象。折射的产生是因为随海拔高度的变化或其他大气层状态的变化，信号速度也在改变。通常，随着海拔高度的上升，信号速度加快，导致无线电波向下弯曲。但是有的时候，因气候条件的作用，信号速度随海拔高度变化的剧烈程度与正常情况下相差很多。其结果是有时候只有部分甚至没有视距电波能够到达接收天线。

4.5 推荐读物

本章所讨论的传输媒体传输特性的详细描述可以在[FREE98b]里找到。一个技术性不太强但很优秀的资源是[OLIV09]。[BORE97]全面深入地探讨了光纤传输问题。另一本有关此主题的优秀著作是[WILL97]。[RAMA06]考察了光纤网络技术。[FREE02]是一本详尽的光纤传输技术参考手册。[STAL00]详细讨论了局域网传输媒体的特性。

要想更详细地了解无线传输和传播，请参考[STAL05]和[RAPP02]。[FREE07]也是一本优秀的无线技术参考手册。

BORE97 Borella, M., et al. "Optical Components for WDM Lightwave Networks." *Proceedings of the IEEE*, August 1997.

FREE98b Freeman, R. *Telecommunication Transmission Handbook.* New York: Wiley, 1998.

FREE02 Freeman, R. *Fiber-Optic Systems for Telecommunications.* New York: Wiley, 2002.

FREE07 Freeman, R. *Radio System Design for Telecommunications.* New York: Wiley, 2007.

OLIV09 Oliviero, A., and Woodward, B. *Cabling: The Complete Guide to Copper and Fiber-Optic Networking.* Indianapolis: Sybex, 2009.

RAMA06 Ramaswami, R. "Optical Network Technologies: What Worked and What Didn't." *IEEE Communications Magazine*, September 2006.

RAPP02 Rappaport, T. *Wireless Communications.* Upper Saddle River, NJ: Prentice Hall, 2002.

STAL00 Stallings, W. *Local and Metropolitan Area Networks,* Sixth Edition. Upper Saddle River, NJ: Prentice Hall, 2000.

STAL05 Stallings, W. *Wireless Communications and Networks*, Second Edition. Upper Saddle River, NJ: Prentice Hall, 2005.

WILL97 Willner, A. "Mining the Optical Bandwidth for a Terabit per Second." *IEEE Spectrum*, April 1997.

4.6 关键术语、复习题及习题

关键术语

antenna　天线

atmospheric absorption　大气吸收

attenuation-to-crosstalk ratio　衰耗串扰比（ACR）

buffer coating　防护罩

coaxial cable　同轴电缆

directional antenna　定向天线

earth stations　地球站

fiber optic cable　光缆

global positioning system　全球定位系统（GPS）

ground wave propagation　地波传播

index of refraction　折射系数

insertion loss　插入损耗

jacket　外鞘

microwave frequencies　微波频率

near-end crosstalk loss　近端串扰（NEXT）损耗

optical fiber strand　光纤丝

parabolic reflective antenna　抛物面反射天线

radio LOS　无线电视距

antenna gain　天线增益

attenuation　衰减

broadcast radio　广播无线电

cladding　覆层

core　芯

downlink　下行

effective area　有效面积

free space loss　自由空间损耗

graded-index multimode　多模渐变

guided media　导向媒体

infrared　红外线

isotropic antenna　各向同性天线

line of sight　视距（LOS）

multipath　多径

omnidirectional antenna　全向天线

optical LOS　光学视距

radio　无线电

reflection　反射

refraction　折射
refractive index　折射率
scattering　散射
satellite　卫星
shielded twisted pair　屏蔽双绞线（STP）
single-mode propagation　单模传播
sky wave propagation　天波传播
step-index multimode　单模
subscriber loops　用户环路
terrestrial microwave　地面微波
total internal reflection　完全内部反射
transmission medium　传输媒体
transponder channels　转发器信道
transponders　转发器
twisted pair　双绞线
unguided media　非导向媒体
unshielded twisted pair　非屏蔽双绞线（UTP）
uplink　上行
wavelength division multiplexing　波分复用（WDM）
wireless transmission　无线传输

复习题

4.1　为什么双绞铜线中的导线要绞合起来？
4.2　双绞线主要有哪些缺点？
4.3　非屏蔽双绞线和屏蔽双绞线之间的区别是什么？
4.4　描述光缆的组成？
4.5　微波传输有哪些主要的优点和缺点？
4.6　什么是直播卫星（DBS）？
4.7　为什么卫星的上行频率和下行频率必须不一样？
4.8　说出广播无线电和微波之间的一些重要区别？
4.9　天线主要有哪两个功能？
4.10 什么是各向同性天线？
4.11 抛物面反射天线的优点是什么？
4.12 决定天线增益的因素是哪些？
4.13 在卫星通信中信号损耗的主要原因是什么？
4.14 什么是折射？
4.15 衍射和散射的区别是什么？

习题

4.1　假设数据被存储在容量为8.54 GB的单面双层DVD中，每张DVD的质量为15 g。假设一列从伦敦开往巴黎的欧洲之星列车上装载了10^4 kg的这种DVD。行程总长度为640 km，列车运行时间为2小时15分钟。这个系统的数据传输速率是多少比特每秒。

4.2　已知某电话线具有20 dB的损耗。测得输入信号功率为0.5 W，同时测得输出噪声功率为4.5 μW。利用这些数值计算以分贝为单位的输出信噪比。

4.3　给定一个100 W的功率源。如果要求接收到的信号功率为1 W，那么以下传输媒体的最大允许长度分别为多少？

a. 规格24（0.5 mm）的双绞线，工作频率为300 kHz。

b. 规格24（0.5 mm）的双绞线，工作频率为1 MHz。

c. 0.375英寸（9.5 mm）同轴电缆，工作频率为1 MHz。

d. 0.375英寸（9.5 mm）同轴电缆，工作频率为25 MHz。

e. 工作在最佳频率范围内的光纤。

4.4　同轴电缆是两根导线的传输系统。将外层导体接地有什么好处？

4.5 请解释，当传输频率增加一倍或发射天线和接收天线之间的距离增加一倍时，接收功率衰减6 dB。

4.6 实验表明，当空气中的电磁波信号进入海洋后，信号可被探测到的海洋深度随波长的增加而增加。因此在军事方面，人们使用频率约为30 Hz的超长波在全球范围内与潜艇进行通信。天线的长度应当为波长的一半，那么天线应该多长？

4.7 人类话音的音频功率集中在300 Hz左右。适合这个频率的天线将会很大，所以如果要用无线电波传送话音，那么话音信号必须被调制成较高（载波）频率的信号，以适应小尺寸的普通天线。

a. 当以300 Hz传送无线电波时，其半波长天线应有多长？

b. 另一个办法是利用第5章介绍的调制方案。也就是说通过调制载波频率以使信号变为集中在载波频率周围的窄带信号。假设我们需要一个1 m长的半波天线，应该使用什么载波频率？

4.8 很多人有过这样的经历，他们经常从牙齿中的镶牙材料上接收到无线电信号。假设你牙里有一块长2.5 mm（0.0025 m）的镶牙材料起到了天线的作用。也就是说，它与信号的一半波长相同。你将能收到什么频率的信号？

4.9 你的通信是在两颗卫星之间进行的，其传输遵从自由空间定理。其间的信号太弱了，你的供应商向你提供两种选择。供应商可以使用更高的频率，也就是让当前频率加倍，或者可以让两个天线的有效面积都加倍。如果其他条件保持不变，哪一种选择可以提供较大的接收功率？还是说两种情况都一样？最佳选择可以将接收功率提高多少？

4.10 在卫星通信中，上行链路和下行链路使用不同的频带。请讨论为什么要使用这样的模式？

4.11 对于自由空间的射频传输，其信号功率减弱的程度与到源点的距离平方成正比，而电线传输每千米的衰减分贝值是固定的。右表用来表示自由空间的无线电传输和标准电线传输的衰减分贝与一些参数的关系。请填写表中的空格。

距离（km）	无线电（dB）	电线（dB）
1	−6	−3
2		
4		
8		
16		

4.12 4.2节中曾提到，如果将电磁能量源放在抛物面的焦点上，且如果该抛物面具有反射表面，那么波束就会沿与抛物面轴线平行的方面反射出去。我们来证明这一点。假设有抛物线$y^2=2px$，如图4.15所示。任取抛物线上一点$P(x_1, y_1)$，从点P到焦点的直线为PF。过点P做一直线L，使L平行于x轴，再过点P做抛物线的切线M。直线L和M之间的夹角为α，直线PF和M之间的夹角为β。角α就是从焦点F发出的光线撞击到抛物线P点的夹角。因为入射角等于反射角，所以从点P反射出去的光线与M之间的角度也是β。因此，如果我们能够证明$\alpha=\beta$，则说明从焦点F出发，经抛物线反射出去的光线平行于x轴。

a. 首先证明$\tan\beta=(p/y_1)$。提示：回忆所学的三角代数，直线的斜率等于该直线与x正轴夹角的正切。而过曲线上一点的切线的斜率等于曲线在该点的导数。

b. 现在来证明$\tan\alpha=(p/y_1)$，因而证明了$\alpha=\beta$。提示：回忆所学的三角代数，两个角α_1和α_2之差的正切为$\tan(\alpha_2-\alpha_1)=(\tan\alpha_2-\tan\alpha_1)/(1+\tan\alpha_2\times\tan\alpha_1)$。

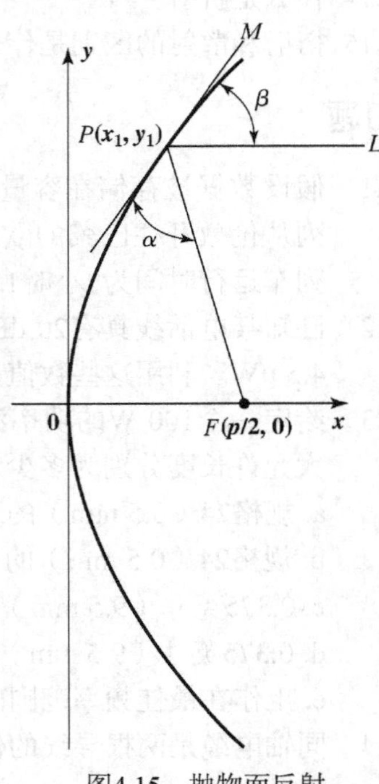

图4.15　抛物面反射

4.13 用单位km来表示距离，用MHz来表示频率，常常会比用m和Hz表示更方便。用这两个单位改写式(4.4)。

4.14 假设发送器产生的功率为50 W。

a. 请写出以dBm 和dBW 为单位的发送功率。

b. 如果将发送器的功率应用到单位增益天线，且载波为900 MHz，那么在自由空间距离为100 m 的地方接收到的功率为多少dBm？

c. 如果其他条件不变，距离变为10 km，那么接收到的功率又是多少dBm？

d. 现在假设接收天线的增益为2，重复(c)。

4.15 某微波发送器的输出功率为0.1 W，频率为2 GHz。假设这个发送器用于某微波通信系统中，在这个系统中发送天线和接收天线都是抛物面反射天线，直径为1.2 m。

a. 两个天线的增益分别是多少dB？

b. 考虑到天线增益，发送信号的有效发射功率是多少？

c. 如果接收天线的位置在距发送天线24 km处，且通过自由空间传输，那么在接收天线周围的有效信号功率是多少dBm?

4.16 4.3 节中曾提到，如果没有中间障碍物，则视觉上的视距可表示为$d=3.57\sqrt{h}$，其中d是天线和地平线之间的距离（km），h是天线高度（m）。利用已知地球半径为6370 km，推导该公式。提示：假设天线垂直于地球表面，并且注意到从天线顶端到地平线之间形成的直线就是在球平面处的地球表面切线。在图上画出天线、视线以及地球半径会有助于你更直观地解决这个问题。

4.17 已知某电视台需要向80 km以外的观众发送信号，判断其天线高度。

4.18 假设一可见光以与水平面成30° 角的入射角从大气进入水中。该光线在水中的角度是多少？注意：在地球表面标准大气条件下，一般折射率为1.0003。而水的典型折射率为4/3。

第5章 信号编码技术

学习目标

在学习了本章的内容之后，应当能够：

- 了解模拟和数字信息如何被编码成模拟或数字信号；
- 概述将数字数据编码成数字信号的基本方法；
- 概述将数字数据编码成模拟信号的基本方法；
- 概述将模拟数据编码成数字信号的基本方法。

第3章中阐明了模拟数据和数字数据之间以及模拟信号和数字信号之间的区别。由图3.13可知，这两种形式的数据都可以编码成任意一种形式的信号。

图5.1描绘的是同样的内容，并强调了其中涉及的过程。对于**数字信号传输**，数据源$g(t)$既可能是数字的，也可能是模拟的，它被编码成数字信号$x(t)$。$x(t)$的实际格式取决于编码技术，并且以如何优化使用传输媒体为选择原则。例如，选择某种编码技术，可能是为了节省带宽，也可能是因为它的差错率最小。

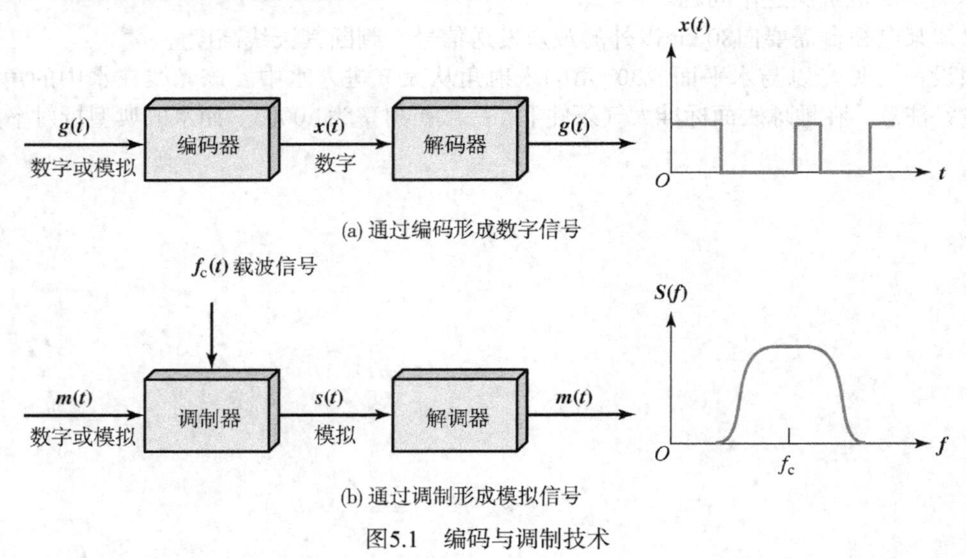

(a) 通过编码形成数字信号

(b) 通过调制形成模拟信号

图5.1 编码与调制技术

模拟信号传输的基础是一种连续且频率恒定的信号，称为**载波信号**。载波信号频率的选取必须与使用的传输媒体相兼容。数据经过调制后可以用载波信号发送。**调制**是将源数据编码到频率为f_c的载波信号上的过程。所有的调制技术或多或少都会涉及对以下3个基本频域参数的操作：振幅、频率、相位。

输入信号$m(t)$称为被调信号或**基带信号**，它可以是模拟的，也可以是数字的。载波信号经过调制后得到的结果称为已调信号$s(t)$。如图5.1(b)所示，$s(t)$是带宽受限（带通）信号。信号带宽在频谱中的位置与f_c有关，并且大多数情况下以f_c为中心频率。需要重申的是，实际选用何种编码形式都是为了优化某些传输特性。

在图5.1中描绘了4种可能的组合，每一种都有广泛的应用。为了完成某种通信任务而选择特定的组合，其原因可能各不相同。下面列出了一些有代表性的理由。

- **数字数据，数字信号**　一般来说，把数字数据编码成数字信号的设备比从数字到模拟的调制设备更简单、更便宜。
- **模拟数据，数字信号**　将模拟数据转化成数字形式后，就可以使用先进的数字传输和交换设备。数字方式的优势在3.2节中有过简要介绍。
- **数字数据，模拟信号**　有些传输媒体只能传播模拟信号，譬如光纤和非导向媒体。
- **模拟数据，模拟信号**　电信号形式的模拟数据可以作为基带信号来传输，既简单又经济。在话音级线路上的话音传输就属于此类。调制的一种常见用法是把基带信号的带宽搬移到其他频谱部分。这样，因各个信号在频谱中的位置不同，多个信号就可以共享同一传输媒体，这称为频分复用。

本章讨论了这4种编码组合中的前3种。从模拟数据到模拟信号编码的处理在数学上比较复杂。

5.1　数字数据，数字信号

数字信号是离散的非连续电压脉冲序列。一个脉冲就是一个信号元素。二进制数据在传输时要把每个数据比特都编码成信号元素。在最简单的情况下，比特和信号元素之间存在着一一对应的关系。在图3.16所示的例子中，二进制1由低电平表示，而二进制0由高电平表示。在这一节中，可以看到还有其他多种编码机制可供选择。

首先来定义一些术语。如果所有的信号元素具有相同的正负号，也就是说都是正值或都是负值，那么这个信号是就**单极性**的。在**极性**信号传输中，一个逻辑状态由正电平表示，另一个则由负电平表示。**数据信号传输速率**，或者说**数据率**，指的是数据传输的速率，以比特每秒为单位。一个比特的持续时间或长度是指发送器发送这个比特所需要的时间。如果数据率为R，则比特持续时间为$1/R$。相反，**调制速率**是指信号电平改变的速率，它取决于数字编码的特性，以后我们会加以解释。调制速率用波特表示，指的是每秒出现多少个信号元素。最后，由于历史的原因，术语“传号”（mark）和“空号”（space）分别指的是二进制数字1和0。表5.1概括了这些关键术语，在了解本节后面的例子之后，对这些术语的理解就会更为清楚。

表5.1　关键的数据传输术语

术语	单位	定义
数据元素	比特（bit）	单个的二进制1或0
数据率	比特每秒（bps）	数据元素传输的速率
信号元素	数字：一个固定振幅的电压脉冲 模拟：一个具有固定频率、相位和振幅的脉冲	在一个信号传输编码中占据最短时间间隔的那部分信号
信号传输速率或调制速率	信号元素每秒（波特）	信号元素传输的速率

再次参考图3.16，可以大概了解接收器在解释数字信号时涉及的一些任务。首先，接收器必须知道每个比特的定时关系。就是说接收器必须相当准确地了解一个比特的起止时间。其次，接收器必须判断每个比特的信号电平是高（0）还是低（1）。在图3.16中，以上的任务是通过在比特周期的中间位置采样，以获取各比特电平值，并将这些值与一个门限值相比较完成的。如图所示，由于噪声和其他损伤的存在，可能会出现差错。

接收器解释收到信号的成功程度是由哪些因素决定的呢？由第3章可知，有3个因素非常重要：信噪比、数据率和带宽。在其他条件保持不变的情况下，以下论述为真：

- 数据率增加，则比特差错率（BER）[①]也增加。
- 信噪比增加，则比特差错率减小。
- 增加带宽可使数据率增加。

还有一个因素也可以用来提高传输性能，这就是编码机制。简单地说，编码机制就是从数据比特到信号元素之间的映射。目前使用的编码机制有很多种。下文将介绍一些较为常用的编码机制，它们的定义见表5.2，并在图5.2中描绘。

表5.2　数字信号编码格式的定义

不归零电平（NRZ–L）
0＝高电平
1＝低电平
不归零1 制（NRZI）
0＝在间隔的起始位置没有跳变（一个比特时间）
1＝在间隔的起始位置跳变
双极性AMI
0＝没有线路信号
1＝正电平或负电平，如果是连续的比特1，则在正负电平之间不断交替
伪三进制码
0＝正电平或负电平，如果是连续的比特0，则在正负电平之间不断交替
1＝没有线路信号
曼彻斯特编码
0＝在间隔的中间位置从高向低跳变
1＝在间隔的中间位置从低向高跳变
差分曼彻斯特编码
在间隔的中间位置总是有一个跳变
0＝在间隔的起始位置跳变
1＝在间隔的起始位置没有跳变
8 零替换（B8ZS）
与双极性AMI 类似，除了连续8个零的比特串被另一个比特串所取代，这个比特串中有两个码是违反编码规则的
高密度双极性3零码（HDB3）
与双极性AMI 类似，除了连续4个零的比特串被另一个比特串所取代，这个比特串中有一个码是违反编码规则的

例5.1　图5.2所示为二进制序列01001100011分别用6种不同的信号编码机制进行信号编码。

在介绍这些技术之前，先考虑以下对不同技术评估和比较的方式。

- **信号频谱**　信号频谱有几个方面是很重要的。信号缺少高频成分意味着传输时需要的带宽较小。另外，缺少直流成分同样会受到欢迎。如果信号中有直流成分，那么各传输元件就必须有直接的物理连接。如果没有直流成分，就可以采用经过变压器的交流耦合。这种耦合方式提供了良好的电气隔离，减少了干扰。最后，信号失真和干扰影响的强度取决于传输信号的频谱特性。在实践中经常会发生这样的情况，在靠近频带边缘的地方，信道的发送能力比较差。因此，一个好的信号设计应当将传输功率集中在传输带宽的中心位置。在这种情况下，接收到的信号失真较小。为了达到这个目的，编码的设计应当能够对传输信号的频谱进行整形。

① BER（bit error rate）是数据电路差错性能的最常用测量单位，它的定义是接收的比特出现差错的概率，也称为误码率（bit error ratio）。后一种解释更加清楚，因为“速率”（rate）通常指的是某种随时间变化的量。遗憾的是，大多数书籍和标准文档却认为BER中的“R”指的是“速率”（rate）。

- **时钟同步**　我们曾经提到，必须知道每个比特的起始和终止时间。这不是一个简单的任务。一种方法是提供一个独立的时钟源，专门用来同步发送器和接收器，这种方法的代价相当高。另一种方法是提供一些基于发送信号的同步机制，这一点只要采用适当的编码就可以做到，稍后再详细解释。
- **差错检测**　在第6章中将会讨论多种不同的差错检测技术，并且可知它们是位于信号传输级之上的逻辑层的任务，这个逻辑层称为数据链路控制层。虽然如此，在信号传输编码的物理机制中设置一些差错检测能力还是非常有用的，这样可以更快地检测到差错。
- **信号干扰和抗噪声度**　某些码元在噪声存在的情况下展示出卓越的性能。这个性能通常用术语"比特差错率"（BER）表示。
- **费用和复杂性**　虽然数字逻辑电路的价格不断下跌，其费用还是不容忽视。尤其为了达到特定的数据率而提高信号传输速率时，费用就会很高。我们将会看到，事实上有些编码要求的信号传输速率比实际数据率要高。

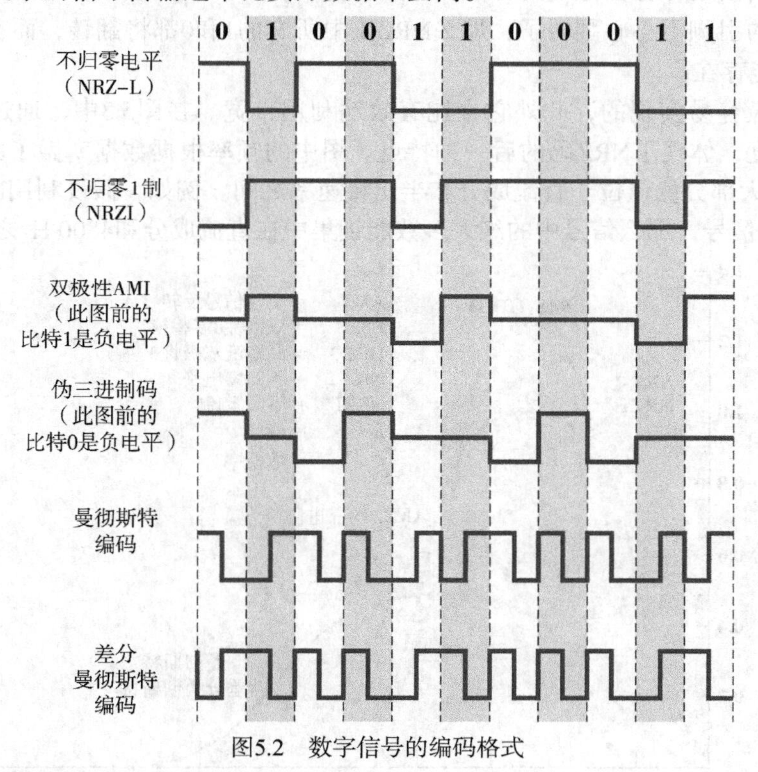

图5.2　数字信号的编码格式

现在让我们回到对各种技术的讨论中。

5.1.1　不归零码（NRZ）

传输数字信号时最常用、最简单的方法是使用两个不同的电平来表示两个二进制数字。这种策略中使用的编码有一个共同的特点，那就是在一个比特周期内其电平恒定，没有变化（不会回到零电平）。例如，没有电压的情况可以用来代表二进制0，同时用一个恒定的正电平代表二进制1。更常见的情况是用一个负电平代表一个二进制数，而正电平则用来代表另一个二进制数。后一种编码称为**不归零电平**（NonReturn to Zero-Level，NRZ-L），如图5.2

所示[①]。NRZ-L通常用于终端或其他设备中，以生成或解释数字数据。如果在传输时将使用不同的编码，这种编码是由传输系统从NRZ-L码转换生成的。在图5.1所示的情况下，NRZ-L是$g(t)$，而编码信号是$x(t)$。

NRZ的一种变形称为**不归零1制**（NonReturn to Zero, Invert on ones, NRZI）。与NRZ-L一样，NRZI在一个比特的持续时间内保持电平恒定。数据的编码形式是在一个比特的起始时刻看信号有或没有跳变。在每个比特的起始时刻，如果信号有跳变（从低到高或从高到低），则表示这个比特代表二进制1，没有跳变则代表二进制0。

NRZI是差分编码的一个例子。在**差分编码**中，被传输的信息是由两个连续信号之间是否发生变化而不是信号元素本身的大小来表示的。通常，对当前比特的编码情况判断如下：如果当前比特是0，那么这个比特编码后的信号与前一个比特相同；如果当前比特是1，那么当前比特编码后的信号与前一个比特不同。这种机制的一个优点是在有噪声的情况下，比起将信号值与门限值直接相比较，检测信号的跳变更为可靠。另一个优点是，在复杂的传输结构中，信号的正负极很容易变得不具有任何意义。例如，在一个多点双绞线线路上，如果相连设备到双绞线的引脚不小心翻转了，那么NRZ-L中所有的1和0都将翻转，而在差分编码中这种情况就不可能存在。

NRZ码是最容易实现的，此外它也能有效地利用带宽。在图5.3中，通过对比不同编码机制的频谱密度，体现了NRZ码的后一种特点。图中的频率根据数据率做了归一化。NRZ和NRZI信号的绝大部分能量位于直流成分和半比特速率之间。例如，假设利用NRZ码生成数据率为9600 bps的信号，那么信号中的绝大多数能量集中在直流成分和4800 Hz之间的区域。

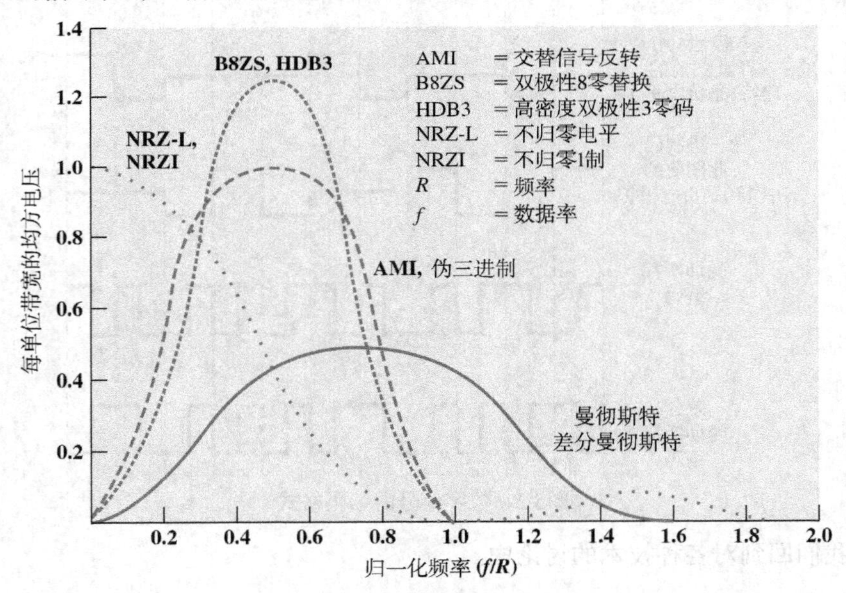

图5.3　各种信号编码方案的频谱密度

NRZ信号的主要局限性在于它具有直流成分，并且缺乏同步能力。为了使后一个问题更加形象化，可以设想将很长的1比特串或0比特串用NRZ-L编码，或是使用NRZI来编码很长的0比特串，那么其输出将是长时间的恒定电平。在这种情况下，发送器和接收器之间的定时关系只要稍有漂移，就会导致这两者之间失去同步。

① 在此图中，负电平等于二进制1，而正电平等于二进制0。这几乎与其他所有教科书中的定义正好相反。此处的定义与数据通信接口及负责管理这些接口的标准中使用的NRZ-L一致。

由于NRZ码的简单性和相对较低的频率响应特性，它们通常用于数字磁记录。但是，NRZ码的局限性使得这种编码方式在信号传输应用中没有利用价值。

5.1.2　多电平二进制

有一类编码技术称为多电平二进制，它弥补了NRZ码的一些缺陷。这种编码使用了多于两个的信号电平。图5.2描绘了这种机制的两个例子：双极性AMI（alternate mark inversion，即交替信号反转）和伪三进制①。

在**双极性AMI**机制下，没有线路信号代表二进制0，而二进制1由正脉冲或负脉冲表示。二进制1的脉冲值必须在正负两极之间不断交替。这种方式有以下几个优点。首先，即使出现1比特串很长的情况，也不会失去同步关系。每个1都会引起一次跳变，接收器就可以根据这些跳变重新同步。但较长的0比特串仍然是个问题。其次，由于信号1的电平在正、负值之间不断变换，所以不存在净直流成分。同时，最终得到的信号带宽比NRZ的带宽窄得多（见图5.3）。最后，脉冲交替变化的特性提供了一种简单的差错检测手段。任何孤立的差错，不论是丢失了一个脉冲还是添加了一个脉冲，都会导致违规现象。

上一段论述对**伪三进制**也是适用的。在这种情况下，没有线路信号代表二进制1，而二进制0由交替变换的正脉冲和负脉冲表示。这两种技术彼此之间不分优劣，并各有其应用场合。

虽然这两种技术提供了一定程度的同步能力，但如果在AMI的情况下存在较长的0比特串，或者在伪三进制的情况下存在较长的1比特串，则仍会有问题。可以使用一些技术来弥补这一缺陷。其中一种方法就是通过插入附加比特来强制信号的跳变。这种技术在ISDN（综合业务数字网）中用于传输数据率相对较低的情况。当然，在数据率较高时，这种机制付出的代价很大，因为它致使原本已经很高的信号传输速率变得更高。要在数据率较高的时候解决这个问题，就需要使用数据**扰码**技术。稍后，在本节中我们将介绍两个有关这种技术的例子。

如此看来，通过适当的改进，多电平二进制机制克服了NRZ码存在的问题。当然，与任何工程设计决策一样，有得必有失。使用多电平二进制码，线路信号可能是三个电平之一，对每个信号元素来说，它原本可以表示$\log_2 3 = 1.58$个比特的信息，但在这种情况下它仅含有1比特的信息，因而导致了多电平二进制码的效率不如NRZ码高。我们可以换一种说法，多电平二进制的接收器必须区分三个电平（$+A, -A, 0$），而不是区分两个电平，就像前面讨论的信号传输格式那样。正是由于这个原因，在差错率相同的情况下，多电平二进制信号需要的信号功率比两个电平的信号要多3 dB，如图5.4所示。换言之，在信噪比一定的情况下，NRZ码的差错率要比多电平二进制码低得多。

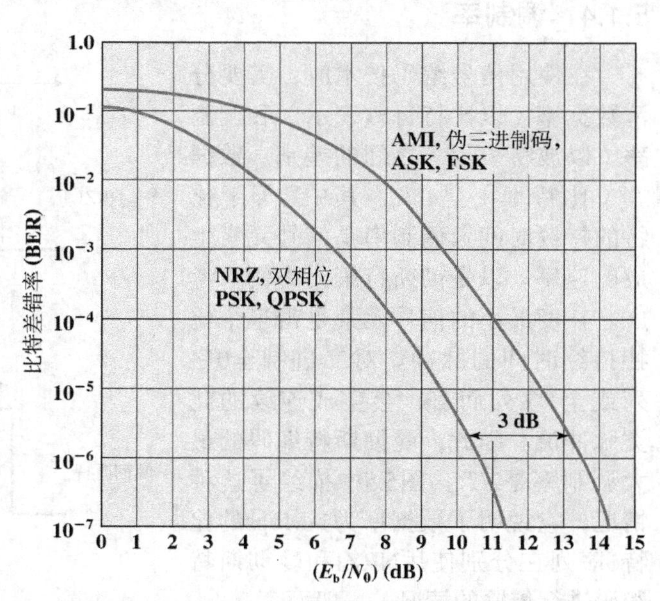

图5.4　不同的数字编码技术的理论比特差错率

① 这些术语在文献中说法并不一致。在某些书中，这两种术语用于描述其他编码策略，而不是用于本书所定义的这种情况，同时图5.2所给出的两种策略可以用多种术语表示。本书所沿用的术语来自于各种ITU-T标准文档。

5.1.3 双相位

另外还有一组可供选择的编码技术，它们属于术语“**双相位**”的范畴，克服了NRZ编码的局限性。其中有两种常用技术：曼彻斯特编码和差分曼彻斯特编码。

在**曼彻斯特**编码中，每个比特周期的中央都存在一个跳变。比特中央位置的跳变不仅表示了数据，而且还提供了定时机制：从低到高的跳变代表一个1，从高到低的跳变代表一个0[①]。在**差分曼彻斯特**编码中，比特中央位置的跳变只用于提供定时关系。编码0由比特周期起始时存在的跳变表示，而编码1由比特周期起始处没有跳变来代表。差分曼彻斯特编码更增添了应用差分编码技术带来的优势。

所有的双相位技术都要求在每个比特周期内至少发生一次跳变，有时可能会有两次跳变。因此，它的最大调制率是NRZ的两倍，相应地它需要更大的带宽。另一方面，双相位机制具有如下优点。

- **同步** 由于在每个比特时间内存在预知的跳变，所以接收器就可以根据这个跳变来同步。正是因为这个原因，双相位编码也称为自定时编码。
- **无直流成分** 双相位编码不存在直流成分，其好处在前面已有描述。
- **差错检测** 一个期待的跳变的丢失可用于检测差错。想要产生一个无法检测到的差错，那么线路上的噪声必须在期待的跳变发生之前和之后同时翻转信号。

从图5.3中可知，双相位编码的带宽还算比较窄，并且不包含直流成分。不过，它的带宽比多电平二进制编码要宽。

双相位编码技术在数据传输中受到欢迎。其中比较常用的是曼彻斯特编码，IEEE 802.3（以太网）标准中已经指定使用该编码，用于基带同轴电缆和双绞线总线局域网。差分曼彻斯特编码也被指定用于IEEE 802.5令牌环局域网，这种局域网使用的是屏蔽双绞线。

5.1.4 调制率

在使用信号编码技术时，需要分清数据率（以比特每秒表示）和调制率（以波特表示）之间的差别。数据率（比特率）是$1/T_b$，其中T_b等于比特的持续时间。调制率是信号元素生成的速率。以曼彻斯特编码为例来考虑。长度最小的信号元素是占半个比特持续时间的脉冲。对二进制全0序列或全1序列而言，会生成连续的此类脉冲流。因此，曼彻斯特编码的最大调制率是$2/T_b$。图5.5中描绘了这种情况，它说明了数据率为1 Mbps的比特1序列在分别使用NRZI和曼彻斯特编码进行传输的情况。一般而言，

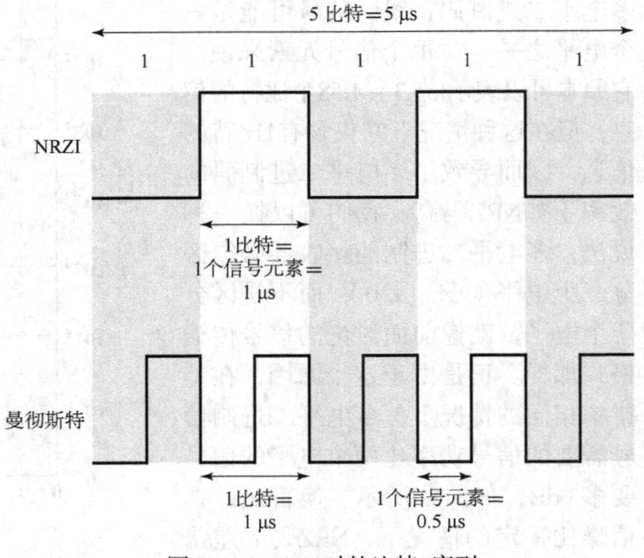

图5.5 1 Mbps 时的比特1序列

① 此处定义的曼彻斯特编码与许多著名的教科书使用的定义正好相反，在这些书中，从低到高的转换定义二进制0，从高到低的转换定义二进制1。本书中遵从工业实践以及在各种局域网标准里使用的定义，如IEEE 802.3。

$$D = \frac{R}{L} = \frac{R}{\log_2 M} \tag{5.1}$$

其中，D = 调制率（baud）；R = 数据率（bps）；M = 不同的信号元素个数 = 2^L；L = 每个信号元素中的比特数。

描述调制率特点的一种方法是判断在一个比特时间内发生跳变的平均次数。一般来说，它完全取决于被传输的比特序列本身。表5.3对比了几种不同技术的跳变发生速率。它显示出当数据流为0和1交替序列时的情况，以及产生最小和最大调制率的数据流的情况。

表5.3 不同数字信号编码速率的归一化的信号跳变速率

	最小值	101010…	最大值
NRZ-L	0（全0或全1）	1.0	1.0
NRZI	0（全0）	0.5	1.0（全1）
双极性AMI	0（全0）	1.0	1.0
伪三进制码	0（全1）	1.0	1.0
曼彻斯特编码	1.0（1010…）	1.0	2.0（全1或全0）
差分曼彻斯特编码	1.0（全1）	1.5	2.0（全0）

例5.2 对于11 位的二进制串01001100011（见图5.2），本小节中讨论的几种编码机制的跳变次数分别为

NRZ-L	5	伪三进制	8
NRZI	5	曼彻斯特	16
双极性AMI	7	差分曼彻斯特	16

5.1.5 扰码技术

虽然双相位技术已广泛用于局域网应用中，并且可达到较高的数据率（高达10 Mbps），但它们很少用于远距离应用。其主要原因是它们要求比数据率更高的信号传输速率。这种低效性在远距离应用中的代价更高。

另一种方法是利用某种扰码机制。这种方法的道理非常简单：替换可能导致线路上产生恒定电平的比特序列，在其中填入足够多的跳变，以满足接收器时钟保持同步的需要。接收器必须能够识别填入的比特序列，并用原数据序列取而代之。由于填入的比特序列与原比特序列的长度一样，所以不会以增加数据率为代价。这种方法的设计目标归纳如下：

- 没有直流成分
- 没有较长的零电平线路信号序列
- 不会降低数据率
- 可提供差错检测能力

现在来了解一下在远距离传输服务中常用的两种技术：B8ZS 和HDB3。

在北美常用的一种编码机制称为**双极性8零替换**（Bipolar with 8-Zeros Substitution，B8ZS）。这种编码机制以双极性AMI码为基础。我们已经知道，AMI编码的缺陷在于一长串的零值可能会导致同步丢失。为了克服这个问题，用以下规则对AMI编码进行了修正。

- 如果出现一个全零的八位组，并且在这个八位组之前的最后一个电压脉冲为正，那么这个八位组中的八个零被编码为000 + − 0 − +。
- 如果出现一个全零的八位组，并且在这个八位组之前的最后一个电压脉冲为负，那么这个八位组中的八个零被编码为000 − + 0 + −。

这种技术迫使两个码元违反AMI编码规则（在AMI中不允许出现的信号样式），这种事件也不太可能是由噪声或其他传输损伤引起的，接收器认出这个信号样式，并将其解释成由全零组成的八位组。

在欧洲和日本常用的编码机制称为**高密度双极性3零**（High-Density Bipolar-3 Zeros，HDB3）码（见表5.4）。和前面一样，它的基础也是AMI编码。此时，HDB3编码用含有一或两个脉冲的序列来替换四个零值的序列。在每一种情况下，序列中的第四个零值总是被替换成违规码。另外还需要一条规则来保证连续的两个违规码之间应当是正负极交替的，这样就不会产生直流成分。因此，如果上一个违规码是正的，那么此次违规码就是负的，反之亦然。从表5.4中可以看出，要检测出这个条件，就必须判断：（1）自上一个违规码之后的脉冲个数是奇数还是偶数；（2）在四个零出现之前，最后一个脉冲的正负极。

表5.4 HDB3的替换规则

	自上一次替换后双极性脉冲（比特1）数	
前面的脉冲的极性	奇数	偶数
−	000−	+00+
+	000+	−00−

例5.3 图5.6所示为利用AMI对二进制序列1100000000110000010进行信号编码，然后再通过B8ZS和HDB3扰码。原始二进制序列包含了一串8个零和一串5个零。B8ZS消除了8个零的串。HDB3则将这两个零串都消除了。其双极性AMI的总跳变数为7次，B8ZS为12次，HDB3为14次。

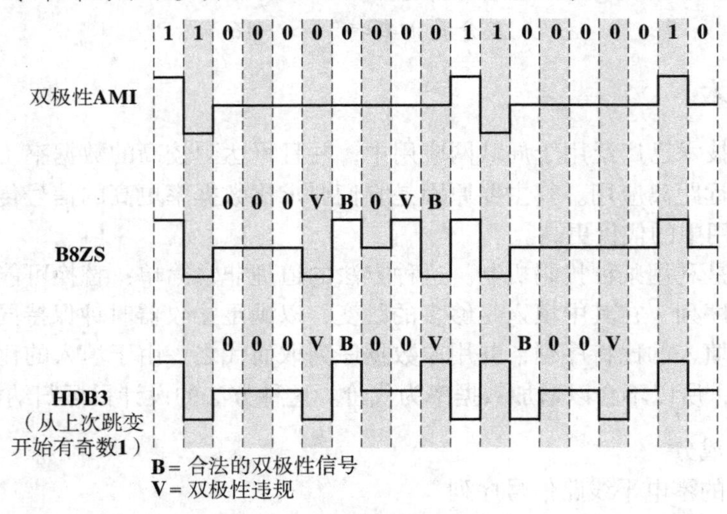

图5.6 B8ZS和HDB3的编码规则

图5.3描绘了这两种编码的频谱特性。从图中可知它们都没有直流成分。大多数的能量相对尖锐地集中在以半数据率频率为中心的频谱范围内。所以，这些编码很适合高数据率的传输。

5.2 数字数据，模拟信号

现在来讨论用模拟信号传输数字数据的情况。这种传输方式最常见的应用是通过公用电话网传输数字数据。电话网的设计是为了在300 ~ 3400 Hz的话音频率范围内接收、交换以及传输模拟信号。电话网并不是现成可以用来处理来自用户端的数字信号的（虽然这一点正在改变之中）。因此，数字设备需要通过调制解调器（调制器–解调器）与网络相连，调制解调器将数字数据转换成模拟信号，或将模拟信号转换成数字数据。

对于电话网而言，调制解调器用于生成话音频率范围内的信号。使用调制解调器生成高频信号（如微波），其基本技术也是一样。本节将会介绍此类技术，并简单讨论各种可供选择的方案及其性能特点。

我们曾经说过，调制技术或多或少要涉及对载波信号的3个属性的操作，这3个属性分别是：振幅、频率和相位。相应地，将数字数据转换为模拟信号的基本编码技术（或者说调制技术）也有3种：振幅键控（ASK）、频移键控（FSK）和相移键控（PSK），如图5.7所示。无论是哪一种情况，结果得到的信号所占的带宽都以载波频率为中心。术语**载波频率**是指一种连续的频率，它能够被调制或者用来承载另一个（携带信息的）信号。

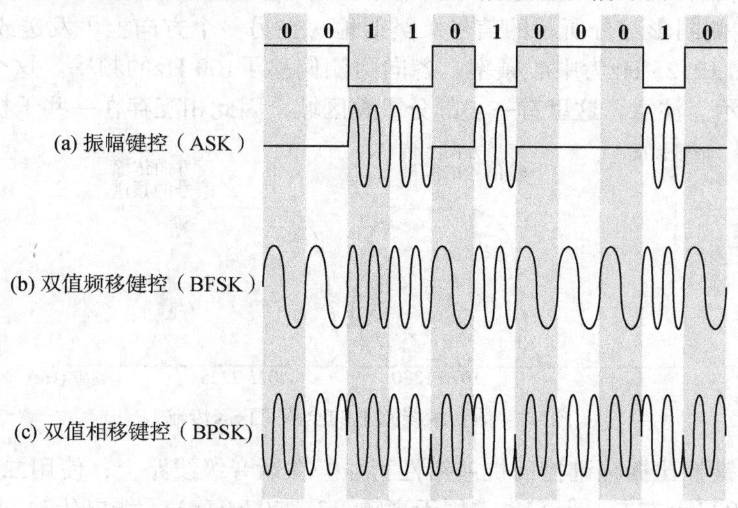

图5.7　数字数据的模拟信号调制

5.2.1　振幅键控

在振幅键控（ASK）中，二进制的两个数值分别由载波频率的两个不同振幅值来表示。通常，一个振幅值为零。也就是说，载波存在（振幅恒定），代表其中的一个二进制数，而另一个二进制数由载波不存在来表示，如图5.7(a)所示。其结果得到的信号（一个比特时间）是

$$\textbf{ASK}\quad s(t)=\begin{cases}A\cos(2\pi f_c t) & \text{二进制 1}\\ 0 & \text{二进制 0}\end{cases}\tag{5.2}$$

其中，载波信号为$A\cos(2\pi f_c t)$。振幅键控容易受突发的增益变化影响，同时也是一种低效率的调制技术。在话音级线路上，振幅键控通常仅用于数据率不高于1200 bps的情况下。

振幅键控技术用于在光纤中传输数字数据。当发送器为发光二级管（Light-Emitting Diode，LED）时，式(5.2)仍然有效。也就是说，一个信号元素由有光脉冲表示，而另一个信号元素则由无光脉冲来表示。激光发送器通常具有一个固定的“偏流”（bias），可导致设备发射出较低的亮度值。这个较低的亮度值可用来代表一个信号元素，而振幅较高的光波则可代表另一个信号元素。

5.2.2　频移键控

频移键控（FSK）最常见的形式是二进制频移键控（BFSK），这时，由载波频率附近的两个不同的频率来代表二进制数的两个值，如图5.7(b)所示。其结果得到的传输信号（一个比特时间）是

$$\textbf{BFSK} \qquad s(t) = \begin{cases} A\cos(2\pi f_1 t) & \text{二进制}1 \\ A\cos(2\pi f_2 t) & \text{二进制}0 \end{cases} \tag{5.3}$$

其中，f_1和f_2通常是载波频率f_c的两个偏移值，它们的绝对值相同，方向相反。

图5.8描绘的是话音级线路上使用频移键控进行全双工操作的例子。这幅图是Bell System 108系列调制解调器的说明。回想一下，话音级线路可通过的频率范围约为300 ~ 3400 Hz，而且“全双工”（full duplex）的含义是指信号可同时在两个方向上传输。为了达到全双工传输，这个带宽被分割成两部分。在某个方向上（发送或者接收），用于代表1和0的频率以1170 Hz为中心，各自向两侧偏移100 Hz。信号在这两个频率之间变化，其效果是产生了一个频谱为图5.8中左侧阴影部分所示的信号。类似地，在另一个方向上（发送或者接收），调制解调器使用的是以2125 Hz为中心频率，各向两侧偏移了100 Hz的频率。这个信号如图5.8中右侧阴影部分所示。注意，这里有一小部分重叠区域，因此相互存在一些干扰。

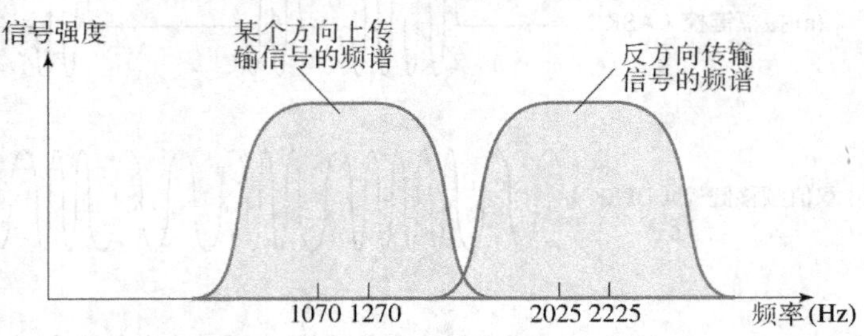

图5.8　话音级线路上的全双工FSK传输

二进制频移键控比振幅键控的抗差错性稍强。在话音级线路上，使用二进制频移键控的典型数据率为1200 bps左右。但它也常用于高频（3 ~ 30 MHz）无线电传输。在使用同轴电缆的局域网中，它甚至可用于更高的频率。

多值频移键控（MFSK）使用了两个以上的频率，它的带宽效率更高，但也更容易受到差错的影响。在这种情况下，每个信号元素代表1比特以上的数据。多值频移键控的传输信号（一个信号元素时间）可定义如下：

$$\textbf{MFSK} \qquad s_i(t) = A\cos 2\pi f_i t, \qquad 1 \leqslant i \leqslant M \tag{5.4}$$

其中，$f_i = f_c + (2i - 1 - M)f_d$；$f_c$ = 载波频率；f_d = 相差频率；M = 不同信号元素的个数 = 2^L；L = 每个信号元素携带的比特数。

为了与输入比特流的数据率相匹配，每个输出信号元素的持续时间是$T_s = LT$秒，其中T是比特周期（数据率 = $1/T$）。因此，一个信号元素，也就是一个恒定的频率，可以编码L个比特。所需总带宽为$2Mf_d$。可以看出要求的最小频率间隔为$2f_d = 1/T_s$。因此，调制器需要的带宽为$W_d = 2Mf_d = M/T_s$。

例5.4　设f_c = 250 kHz，f_d = 25 kHz，M = 8（L = 3 比特），分别为8个可能的3比特数据组合分配如下的频率：

f_1 = 75 kHz 000　f_2 =125 kHz 001　f_3 = 175 kHz 010　f_4 = 225 kHz 011
f_5 = 275 kHz 100　f_6 = 325 kHz 101　f_7 = 375 kHz 110　f_8 = 425 kHz 111

这种机制可支持的数据率为$1/T = 2Lf_d$ = 150 kbps。

例5.5　图5.9所示为M = 4 时多值频移键控的一个例子。输入的20比特的比特流一次2比特地编码，传输时分别为4种可能的2比特组合分配4个不同的频率。从图中可以看出，传输频率（y轴）是时间（x轴）的一个函数。每一列代表一个时间单元T_s，在此期间有一个2比特的信号元素传输。每一列中有阴影的方块表示了在该时间单元内的传输频率。

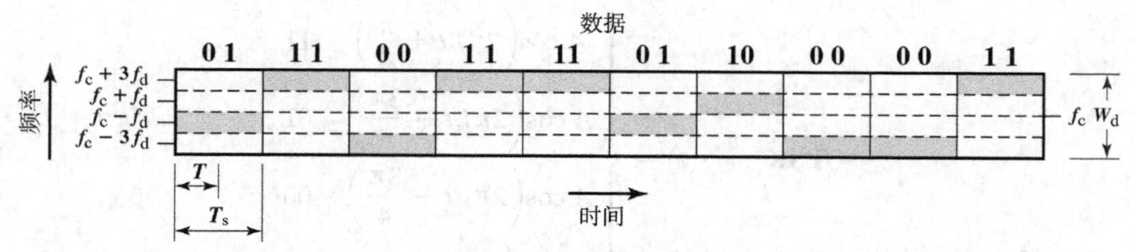

图5.9　MFSK频率使用（$M=4$）

5.2.3　相移键控

在相移键控（PSK）中，数据是通过载波信号的相位偏移来表示的。

二进制相移键控

最简单的相移键控机制是用两个相位来代表两个二进制数字，如图5.7(c)所示，称为二进制相移键控（BPSK）。其结果得到的传输信号（一个比特时间）是

$$\textbf{BPSK}\quad s(t)=\begin{cases}A\cos(2\pi f_c t)\\ A\cos(2\pi f_c t+\pi)\end{cases}=\begin{cases}A\cos(2\pi f_c t) & \text{二进制1}\\ -A\cos(2\pi f_c t) & \text{二进制0}\end{cases}\tag{5.5}$$

由于180°（π）相移正好等于正弦波形翻转，或者说乘以-1，因此有式(5.5)中最右边的表达式。这样就可以得到一个更简洁的公式。假设有一个比特流，且我们定义一个离散函数$d(t)$，在一个比特持续时间内，如果比特流中对应的比特值是1，则$d(t)$的值为+1；在一个比特持续时间内，如果比特流中对应的比特值是0，则$d(t)$的值为-1，那么传输信号可定义为

$$\textbf{BPSK}\qquad s_d(t)=A\,d(t)\cos(2\pi f_c t)\tag{5.6}$$

另一种形式的二进制相移键控是**差分相移键控**（DPSK）。图5.10描绘了它的一个例子。在这个系统中，通过传输信号的起始相位与前一个信号的起始相位相同来表示二进制0，而传输信号的起始相位与前一个信号的起始相位相反则表示二进制1。术语“差分”指的是相位的偏移是以上一个传输比特为参照，而不是以某个固定的值为参照。在差分编码机制中，被传输的信息用两个连续的数据信号之间的变化来表示，而不用信号元素本身来表示。使用差分相移键控，接收器上本地振荡器的相位与发送器上振荡器的相位不需要精确匹配。只要前一个相位被正确接收，那么参考相位就是准确的。

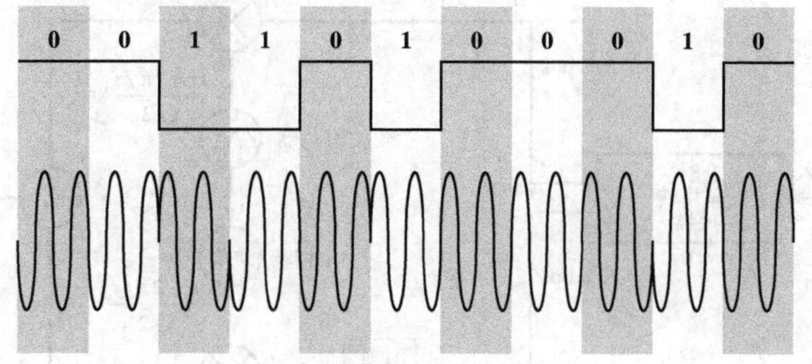

图5.10　差分相移键控（DPSK）

四相相移键控

如果让一个信号元素代表多个比特，就能够更有效地利用带宽。例如，一种常用的编码技术使用的相位偏移值为π/2（90°）的倍数，而不像BPSK中只允许存在180°的相位偏移，这种技术称为四相相移键控（QPSK）。

$$\textbf{QPSK} \quad s(t) = \begin{cases} A\cos\left(2\pi f_c t + \dfrac{\pi}{4}\right) & 11 \\ A\cos\left(2\pi f_c t + \dfrac{3\pi}{4}\right) & 01 \\ A\cos\left(2\pi f_c t - \dfrac{3\pi}{4}\right) & 00 \\ A\cos\left(2\pi f_c t - \dfrac{\pi}{4}\right) & 10 \end{cases} \tag{5.7}$$

这样，一个信号元素代表了2比特，而不是1比特。

图5.11是描绘四相相移键控机制的概况图。图中的输入是数据率为$R = 1/T_b$的二进制数字流，其中T_b是每比特持续时间。通过一次一个地交替读取，这个数字流被转化成两个独立的二进制流，数据率都是$R/2$ bps。这两个二进制流分别称为I（同相位）流和Q（正交相位）流。图上方的二进制流被调制到频率为f_c的载波上，也就是将该二进制流与载波相乘。为了使调制器的结构简单，我们将二进制1的振幅表示为$\sqrt{1/2}$，而二进制0的振幅表示为$-\sqrt{1/2}$。这样二进制1就可以用单位化的载波来表示，而二进制0则可用单位化载波的负值表示，两者的振幅都是恒定的。同样，这个载波经过90° 的相移后可用来调制图下方的二进制流，然后将这两个经过调制的信号叠加并传输。传输信号的表示如下：

$$\textbf{QPSK} \quad s(t) = \frac{1}{\sqrt{2}} I(t)\cos 2\pi f_c t - \frac{1}{\sqrt{2}} Q(t)\sin 2\pi f_c t$$

图5.12所示为四相相移键控编码的一个例子。两个调制过的信号流都是BPSK信号流，其数据率为原始比特流的一半。因此，组合后的信号速率为输入比特速率的一半。注意，从一个信号到下一个信号，发生180°（π）相位大转变是可能的。

图5.11同时还描绘了四相相移键控的另一种形式，称为偏置四相相移键控（OQPSK）或正交四相相移键控。它与四相相移键控之间的区别是在Q流中引入了一个比特时间的时延，结果得到如下信号：

$$s(t) = \frac{1}{\sqrt{2}} I(t)\cos 2\pi f_c t - \frac{1}{\sqrt{2}} Q(t - T_b)\sin 2\pi f_c t$$

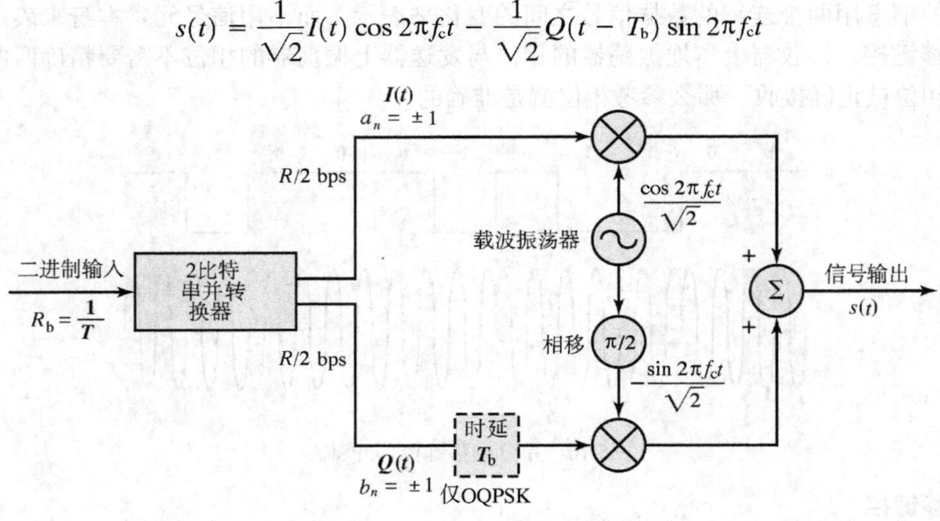

图5.11 QPSK和OQPSK调制器

因为OQPSK与QPSK之间的区别仅在于Q流上的时延，所以它的频谱特性及差错率与QPSK是一样的。从图5.12中可以观察到，在任何时间一对比特中只有1比特可以改变符号，因此叠加后信号的相位变化永远不会超过90°（π/2）。这就是一个优势，因为调相器物理上的局限性使它很难在高速工作时完成大相位的变化。当传输信道（包括发送器和接收器）中有强非线性元件时，OQPSK还是能提供较好的性能。非线性的影响是信号带宽的扩散，这可能会导致对相邻信道的干扰。如果相位变化不大，这种信号带宽的扩散也就比较容易控制，所以说OQPSK要比QPSK更具优势。

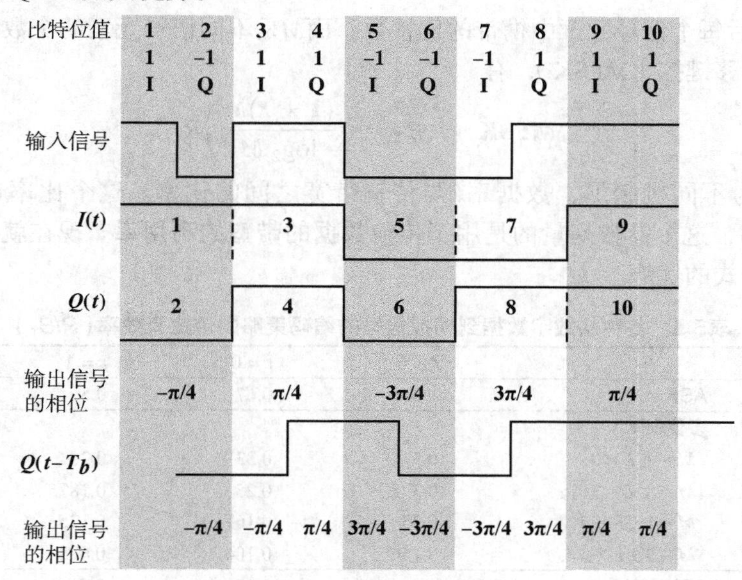

图5.12　QPSK和OQPSK波形举例

多值相移键控

多个相位的应用可进一步拓展，不仅仅是每次取2比特。如果使用8个不同的相位角度，那么就可以一次传输3比特。再者，每个角度也可以具有一个以上的振幅值。例如，标准的9600 bps调制解调器使用了12个相位角度，其中有4个具有两种振幅值，所以总共有16种不同的信号元素。

后面这个例子很清楚地指出了信号的数据率R（以bps为单位）和调制率D（以波特为单位）之间的区别。假设有一个数字输入，每个比特都由一个脉冲来表示，脉冲的电压值固定，其中一个电压值表示二进制0，另一个电压值表示二进制1。我们用多值相移键控机制对这个数字输入进行调制。数据率$R = 1/T_b$。但是，因为使用了$M = 16$ 种不同的振幅和相位组合，编码后的信号中每个信号元素含有$L = 4$比特。由此可知调制率应为$R/4$，因为信号元素每变化一次就有4比特被传输。如此看来，虽然线路信号速率为2400波特，但数据率却达到9600 bps。所以说通过使用较复杂的调制技术，话音级线路也可达到较高的比特率。

5.2.4　性能

在考察各种不同的从数字数据到模拟信号的调制机制的性能时，首先需要了解的参数是已调信号的带宽。它取决于多种因素，包括所采用的带宽定义，以及用于生成带通信号的滤波技术。我们将从[COUC13]中引用一些直观的结果。

振幅键控的传输带宽B_T可表示为

$$\textbf{ASK} \qquad B_T = (1 + r)R \tag{5.8}$$

其中，R是比特率，r的值与用来对信号进行滤波并建立传输带宽的技术有关，通常$0 < r < 1$。所以，带宽与比特率直接相关。上式对相移键控同样适用，并在特定条件下对频移键控也适用。

对于多值相移键控（MPSK），带宽效率可以有很大的提高。通常

$$\textbf{MPSK} \qquad B_T = \left(\frac{1+r}{L}\right)R = \left(\frac{1+r}{\log_2 M}\right)R \tag{5.9}$$

其中，L是编码后每个信号元素中携带的比特数，而M是不同信号元素的个数。

对于多值频移键控（MFSK），有

$$\textbf{MFSK} \qquad B_T = \left(\frac{(1+r)M}{\log_2 M}\right)R \tag{5.10}$$

表5.5所示为不同机制下，数据率R与传输带宽之间的比率。这个比率也称为带宽有效率。从名字可知，这个参数衡量的是用于传输数据的**带宽的利用率**。现在就可以清楚地看出多值信号传输方式的优势。

表5.5　各种从数字数据到模拟信号的编码策略的带宽有效率（R/B_T）

	$r = 0$	$r = 0.5$	$r = 1$
ASK	1.0	0.67	0.5
多值FSK			
$M = 4, L = 2$	0.5	0.33	0.25
$M = 8, L = 3$	0.375	0.25	0.1875
$M = 16, L = 4$	0.25	0.167	0.125
$M = 32, L = 5$	0.156	0.104	0.078
PSK	1.0	0.67	0.5
多值PSK			
$M = 4, L = 2$	2.00	1.33	1.00
$M = 8, L = 3$	3.00	2.00	1.50
$M = 16, L = 4$	4.00	2.67	2.00
$M = 32, L = 5$	5.00	3.33	2.50

当然，上述讨论所指的输入信号频谱都是在通信线路上的信号频谱。目前为止还没有提到存在噪声时的性能情况。图5.4归纳了在合理的传输系统假设条件下得出的一些结论[COUC13]。在图中，比特差错率曲线是比值E_b/N_0的函数，E_b/N_0在第3章中定义。显然，随着这个比值的增加，比特差错率会降低。更进一步说，差分相移键控（DPSK）和二进制相移键控（BPSK）的E_b/N_0要比振幅键控（ASK）和二进制频移键控（BFSK）高3 dB。

图5.13中两幅图所示信息相同，一个是不同M值的MFSK，另一个是不同M值的MPSK。注意两幅图中有一个重要的区别，对于多值频移键控（MFSK），当E_b/N_0值给定时，差错的可能性随M的增加而减小，而多值相移键控（MPSK）正好相反。从另一方面看，比较式(5.9)和式(5.10)，多值频移键控的带宽有效率随M的增加而减小，而多值相移键控则相反。

因此，在这两种情况下都存在带宽有效率和差错率之间的折中问题：带宽有效率的增加导致差错可能性的增加。MFSK和MPSK在M取值不同的情况下，上述关系走向正好相反的事实可以从基本公式中推导得到。形成此差别的原因超出了本书的讨论范围。如需全面了解，请参考[SKLA01]。

例5.6　假设信道的信噪比（SNR）为12 dB，比特差错率为10^{-7}，那么频移键控（FSK）、振幅键控（ASK）、相移键控（PSK）和四相相移键控（QPSK）的带宽有效率分别是多少？
根据式(3.2)，可知

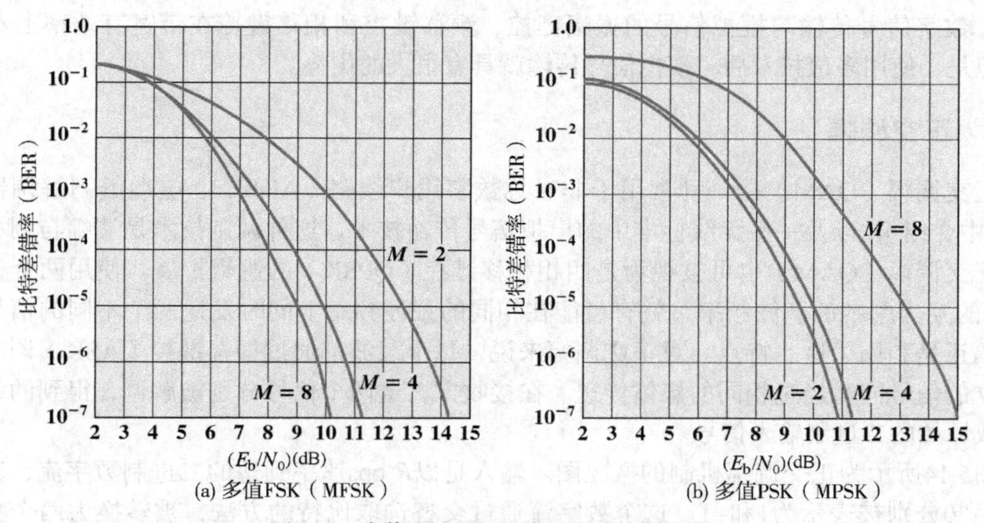

图5.13　多值FSK和PSK的理论比特差错率

$$\left(\frac{E_b}{N_0}\right)_{dB} = 12\,\text{dB} - \left(\frac{R}{B_T}\right)_{dB}$$

对于FSK和ASK，根据图5.4可得

$$\left(\frac{E_b}{N_0}\right)_{dB} = 14.2\ \text{dB}$$

$$\left(\frac{R}{B_T}\right)_{dB} = -2.2\ \text{dB}$$

$$\frac{R}{B_T} = 0.6$$

对于PSK，根据图5.4可得

$$\left(\frac{E_b}{N_0}\right)_{dB} = 11.2\ \text{dB}$$

$$\left(\frac{R}{B_T}\right)_{dB} = 0.8\ \text{dB}$$

$$\frac{R}{B_T} = 1.2$$

对于QPSK，必须考虑到它的波特率为$D = R/2$，因此

$$\frac{R}{B_T} = 2.4$$

从上面这个例子可以看到，ASK和FSK具有相同的带宽有效率。PSK的带宽有效率更好一些，而且如果使用多值机制则效果会更好。

有必要将模拟信号传输对带宽的要求与数字信号传输对带宽的要求进行比较。合理的近似值为

$$B_T = 0.5(1 + r)D$$

其中，D是调制率。对于不归零编码，$D = R$，并且可以得到

$$\frac{R}{B_T} = \frac{2}{1 + r}$$

因此，数字信号传输与模拟信号的振幅键控、频移键控和相移键控在带宽有效率上不分伯仲。但是，使用多值技术后，模拟信号传输就具有很大的优势。

5.2.5　正交调幅

正交调幅（QAM）是一种常用于非对称数字用户线路（ADSL）、电缆解制解调器（在第8章中介绍），以及一些无线标准中的模拟信号传输技术。这种调制技术是调幅与调相的综合。正交调幅（QAM）也可被视为是四相相移键控（QPSK）的逻辑扩展。使用两个彼此相差90° 的互为副本的载波频率，就有可能在相同的载波频率上同时发送两个不同的信号，正交调幅正是利用了这一特点。对正交调幅来说，每个载波都通过振幅键控（ASK）调制。两个独立的信号同时经过相同的媒体传送。在接收方，这两个信号分别被解调，得到的结果再合并成原始的二进制输入信号。

图5.14所示为正交调幅机制的概况图。输入是以R bps速率到达的二进制数字流，其中二进制1和0分别被表示为1和–1。这个数字流通过交替选取比特的方法，被转换为两个独立的比特流，每个比特流的速率为$R/2$ bps。图上方的二进制流用振幅键控技术调制到频率为f_c的载波上，也就是将该二进制流与载波相乘。这样，二进制0被表示为$-\cos 2\pi f_c t$，二进制1被表示为$+\cos 2\pi f_c t$，其中f_c是载波频率。同样的载波经过90° 的偏移后用于下方二进制数字流的振幅键控调制。再把经过调制的两个信号叠加后传输，传输信号可用下式表示：

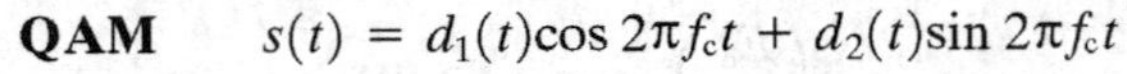

$$\textbf{QAM}\qquad s(t) = d_1(t)\cos 2\pi f_c t + d_2(t)\sin 2\pi f_c t$$

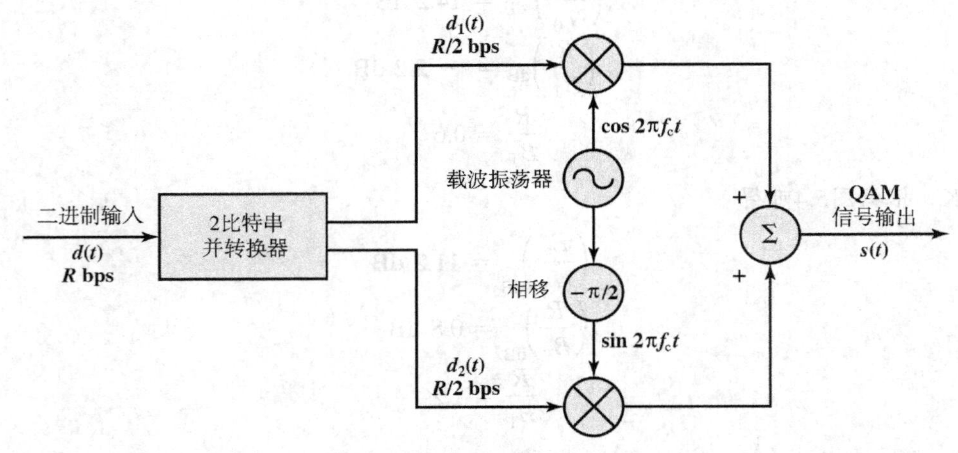

图5.14　QAM调制器

如果使用二进制ASK，那么这两条数据流中的每一条都可以处于两种状态之一，因此合并后的数据流可以是4 = 2 × 2种状态之一。这就是基本的QPSK。如果使用四电平ASK（即4种不同的幅度），那么合并后的数据流可以是16 = 4 × 4种状态之一。这被称为16-QAM。图5.15显示的是数字信号$d_1(t)$和$d_2(t)$可能的瞬时值组合。对于16-QAM，每个数字信号可编码2比特，取4个值中的一个，这4个值为两正两负。

图5.15　16-QAM星座图

QAM也可以被看成数字振幅调制和数字相位调制的组合。利用三角恒等式，可以将QAM式改写为$s(t) = D(t)\cos(2\pi f_c t + \theta(t))$的形式，其中

$$D(t)=\sqrt{d_1(t)^2+d_2(t)^2},\ \theta(t)=\arctan\left(\frac{d_2(t)}{d_1(t)}\right)$$

使用64种状态，甚至是256种状态的系统都已实现。状态数目越多，那么在给定带宽的条件下可能达到的数据率就越高。当然，如前所述，状态数目越多，因噪声和衰减而造成的差错的可能性也越高。

5.3　模拟数据，数字信号

这一节中将介绍把模拟数据转换成数字信号的过程。严格地讲，这一过程更准确的说法应该是把模拟数据转换成数字数据，称为数字化。当模拟数据被转换成数字数据后，就有可能做很多事情，其中最常见的3种如下所示。

1. 数字数据可以使用NRZ-L编码技术传输。在这种情况下，我们已从模拟数据直接转换成了数字信号。
2. 可以通过NRZ-L以外的其他编码技术将数字数据转换成数字信号。这时，需要多处理一步。
3. 通过使用5.2节讨论的调制技术，数字数据也可以转换成模拟信号。

上述最后一种情况看起来似乎有点奇怪，其过程如图5.16所示，图中的话音数据首先被数字化，然后再转换成模拟的振幅键控信号。这样做就可以使用第3章中介绍过的数字传输方式了。由于话音数据已被数字化，因而被作为数字数据处理，即使传输系统要求必须使用模拟信号（如使用微波）。

一种称为**编解码器**（codec）（编码–解码）的设备用于将模拟数据转换成可传输的数字形式，或相应地将数字信号恢复成原始模拟数据。本节将介绍编解码器使用的两种主要技术：脉码调制和增量调制。本节的最后将讨论这两种编码技术之性能对比。

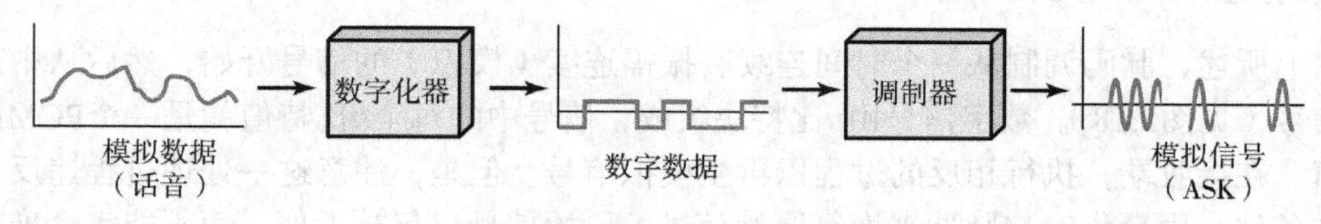

图5.16　模拟数据的数字化

5.3.1　脉码调制

脉码调制（PCM）的基础是采样原理。

采样原理　如果一个信号$f(t)$以固定的时间间隔并以高于信号最大主频率两倍的速率进行采样，那么这些样本就包含了原始信号中的所有信息。根据这些样本，通过使用低通滤波器，就可以重建函数$f(t)$。

感兴趣的读者可以参考在线附录G中提供的证明。如果话音数据的频率限制在4000 Hz以下，为了分辨这些话音数据，较为保守的方法是每秒采集8000个样本，这样就足以完全描绘出这个话音信号。然而，应注意这些样本是模拟的，称为**脉幅调制**（PAM）样本。要想转换为数字，必须为每个模拟样本赋予一个二进制码。

例5.7　在图5.17所示的例子中，假设原始信号是带宽受限的，其带宽为B。脉幅调制（PAM）样本的采集速率为$2B$，或者说每隔$T_s = 1/(2B)$ s采样一次。每个脉幅调制样本被近似地量化为16 个不同值中的一个，那么每个样本可以用4比特表示。由这个模拟信号得到的数字编码为0001100111111010010100100010。

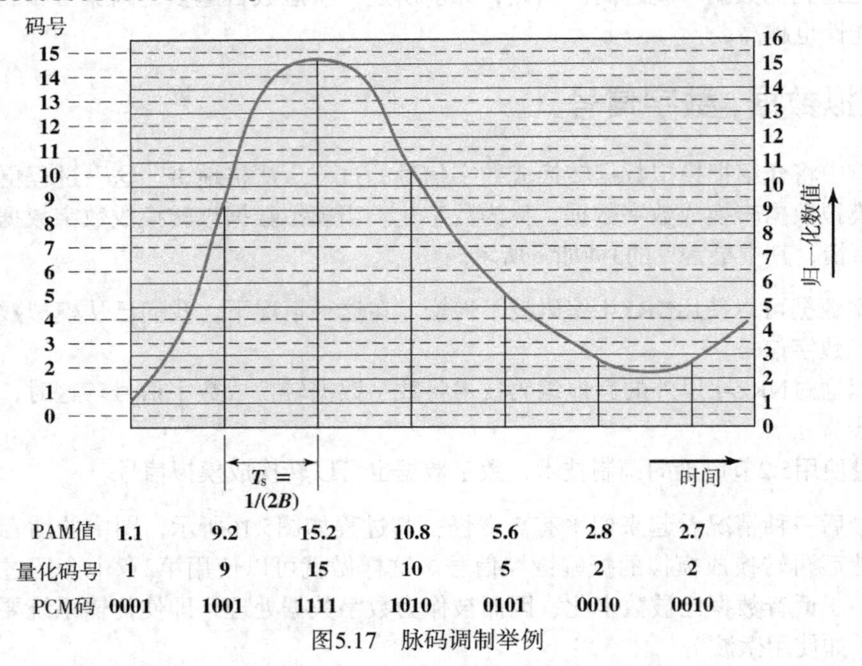

图5.17　脉码调制举例

由于量化得到的值只是近似值，所以不可能完全一模一样地恢复成原始信号。如果使用8比特样本，也就是允许256个量化值，那么经过恢复后的话音信号的质量可以与模拟传输所达到的效果相提并论。注意，这种情况暗示着一个话音信号所需要的数据率为8000个样本每秒乘以8比特每样本，即64 kbps。

综上所述，脉码调制从一个时间连续、振幅连续（模拟）的信号开始，然后从中产生出数字信号（见图5.18）。数字信号由n比特块组成，信号中的每个n比特值就是一个PCM脉冲的振幅值。在接收端，执行相反的过程以再生模拟信号。但是，注意这一处理过程违反了采样原理的条件。用量化PAM脉冲来恢复原始信号，原始信号仅仅被近似，而不能完全准确地重新恢复。这个影响称为**量化误差**或**量化噪声**。量化噪声的信噪比可表示如下[BENN48]:

$$\mathrm{SNR_{dB}} = 20 \lg 2^n + 1.76 \text{ dB} = 6.02n + 1.76 \text{ dB}$$

因此，用于量化的比特数每增加1比特，信噪比就增加6 dB，即增加了4倍。

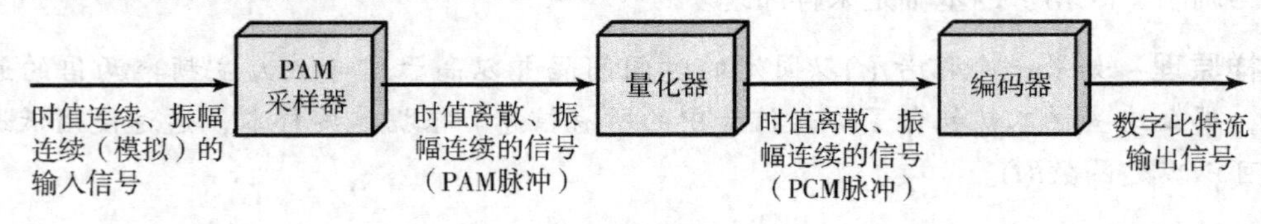

图5.18　PCM框图

通常，脉码调制机制通过一种称为非线性编码的技术进行优化，这里非线性编码的实际含义是说量化值之间并非是等距离的。间距相等带来的问题是：不论信号电平是多少，每个样本的绝对误差都相等。结果是振幅值较低的地方失真就相对较严重。如果在信号振幅值较低时量化的次数较多，而在信号振幅值较高时量化的次数较少，则信号的整体失真就可大幅度降低（见图5.19）。

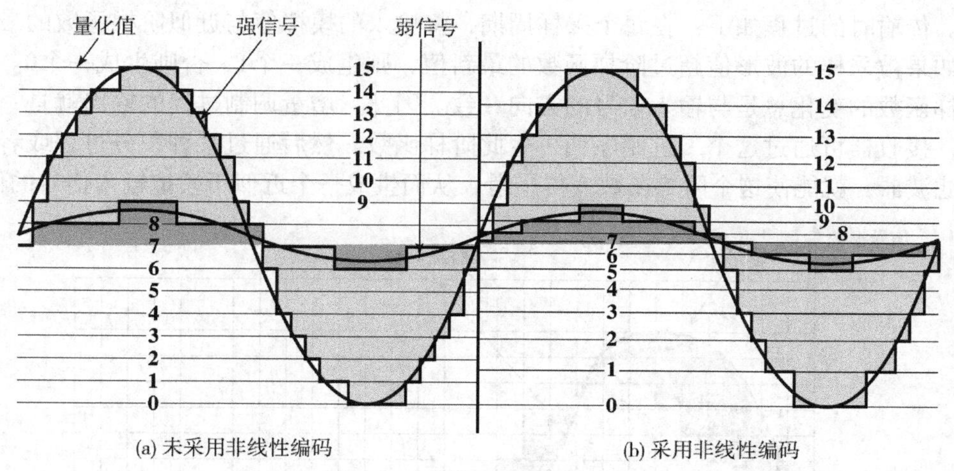

(a) 未采用非线性编码　　(b) 采用非线性编码

图5.19　非线性编码的效果

使用统一的量化过程，但对输入的模拟信号进行压扩（压缩-扩展），也可以达到同样的效果。压扩过程是指对信号的密度范围进行压缩，在压缩时输入的弱信号比强信号获得的增益要大。在输出端执行相反的过程。图5.20显示的是典型的压扩函数。注意，在输入端其效果是对样本进行压缩，使得与较低的值相比，较高的值会有所减小。这样，即使量化值的数量本身不变，对低电平信号的量化值数量还是比原来多。在输出端，扩展器对样本进行扩展，以使压缩值还原为它们的原始值。

非线性编码技术可大大提高脉码调制的信噪比。对于话音信号，已实现提高24～30 dB。

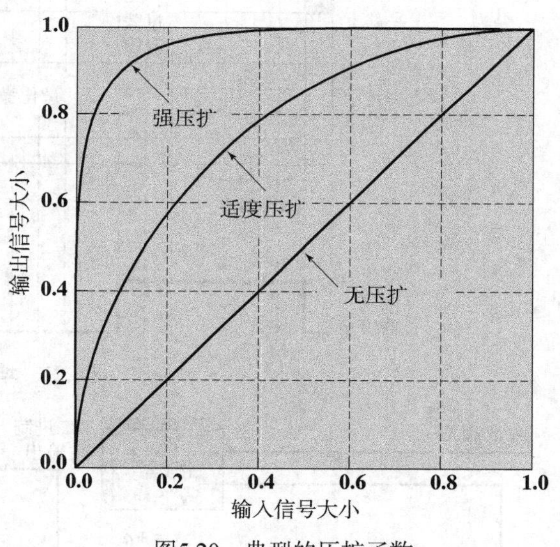

图5.20　典型的压扩函数

5.3.2　增量调制

能够提高脉码调制的性能或降低其复杂性的技术有多种，其中可以替代脉码调制且使用最广泛的是增量调制（delta modulation，DM）。

使用增量调制时，输入的模拟信号用一个阶梯函数来近似，这个函数在每个采样周期（T_s）上升或下降一个步长值（δ）。这种阶梯函数的一个重要特性是它的行为是二进制的：在每个采样时刻，函数上升或下降一个恒定的步长值δ。因此，增量调制的输出可以用一个样本对应一个二进制数来表示。从本质上讲，通过近似一个模拟信号的导数，而不是它的振幅，就可以产生一个比特流：如果阶梯函数将在下一个周期上升则生成1，否则生成0。

例5.8　如图5.21中所示的例子，图中的阶梯函数覆盖在原模拟波形上。由这个模拟信号得到的数字编码为0111111100000000001010101110。

只要选择好发生在每个采样周期的跳变方向（上升或下降），就能得到一个阶梯函数，几乎近似于原始的模拟波形。图5.22描绘了实现这一过程的逻辑，从本质上说它就是一种反馈机制。传输时的过程如下：在每个采样周期，将输入的模拟值与近似阶梯函数的最新值相比较。如果被采样的波形值超过阶梯函数的最新值，则生成一个1，否则生成一个0。这样，这个阶梯函数的变化总是与输入信号的方向一致。因此，增量调制过程的输出就是一个二进制序列，接收器可通过这个二进制序列再生此阶梯函数。然后通过某种积分过程或者通过一个低通滤波器，就能使这个阶梯函数变得平滑，从而生成一个近似于模拟输入信号的信号。

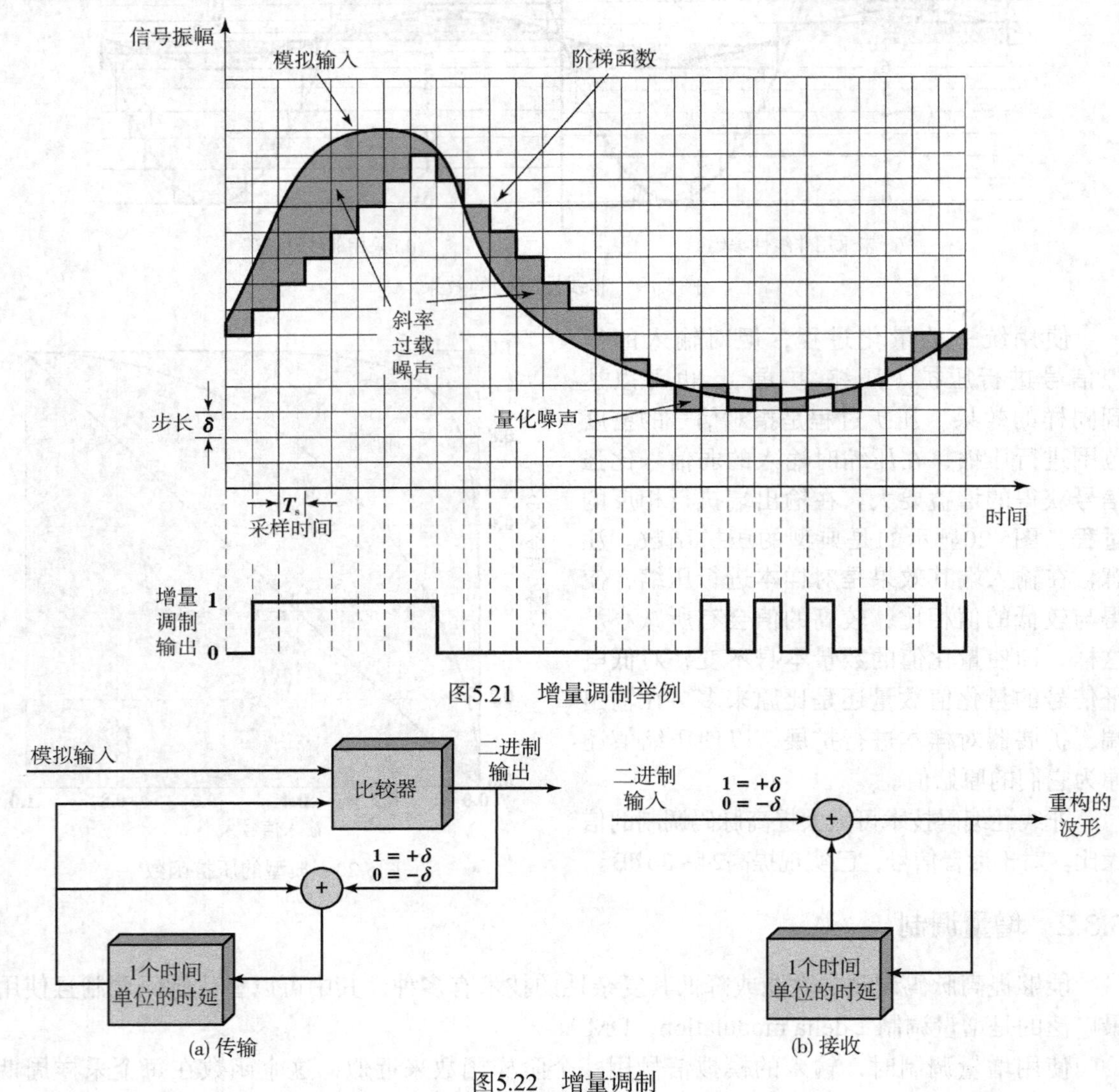

图5.21　增量调制举例

图5.22　增量调制

在增量调制机制中有两个重要的参数：给每个二进制数字分配的步长值 δ 以及采样速率。如图5.21所示，在选择 δ 时必须要在以下两种类型的差错或噪声之间找到平衡点。当模拟波形的变化非常缓慢时会出现量化噪声，它随 δ 的增大而增强。另一方面，如果模拟波形的变化非常迅速，以至于阶梯函数无法紧随，那么就会出现斜率过载噪声（slope overload noise）。这个噪声随 δ 的降低而增加。

有一点应当非常清楚，通过加快采样速率就可以提高这种机制的准确性。但是这样做也会使输出信号的数据率增加。

与脉码调制（PCM）相比，增量调制（DM）的主要优势在于它的实现比较简单。通常，在数据率相同的条件下脉码调制具有较好的信噪比。

5.3.3　性能

使用128个量化值，或者说7比特编码（$2^7 = 128$），使用脉码调制就能达到良好的话音再生效果。据保守估计，话音信号需占用4 kHz的带宽，因此根据采样原理，样本采集速率应该达到每秒8000次。就是说对经过PCM编码的数字数据，其数据率会达到$8000 \times 7 = 56$ kbps。

让我们从带宽需求的角度来考虑这意味着什么。模拟话音信号所占带宽为4 kHz。如果使用脉码调制，这4 kHz的模拟信号就会转换成56 kbps的数字信号。但是使用第3章中的奈奎斯特准则，此数字信号至少需要数量级为28 kHz的带宽。信号的带宽越高，这两者之间的差距就越大。例如，一种常用的彩色电视信号PCM编码机制使用10比特编码，其结果是，要传输带宽为4.6 MHz的信号则需要92 Mbps的速率。不管这些数字有多么惊人，用数字技术传输模拟信号的受欢迎程度还是有增无减。其主要原因如下所述：

- 由于使用了转发器而不是放大器，所以不存在噪声累积。
- 如我们将会看到的，数字信号使用的是时分复用（TDM），而不像模拟信号使用的是频分复用（FDM）。使用时分复用的情况下不存在交调噪声，而我们已经知道频分复用需要顾及到交调噪声。
- 通过向数字信号的转化，就能够使用更为有效的数字交换技术。

另外，更有效的编码技术正在不断开发中。就话音信号而言，合理的目标范围应该在4 kbps附近。而对于视频，事实上从一个帧到下一个帧，大多数图像元素并没有改变，可以利用这一点提高编码效率。帧间编码技术使得视频所需的数据率降低到15 Mbps左右，而在像电视会议这种场景变化缓慢的情况下，对数据率的需求能够降低到64 kbps，甚至更低。

最后还有一点需要指出，我们曾多次指出，在使用电信系统时，可能会导致既有从数字到模拟的转换过程，又有从模拟到数字的转换过程。在绝大多数情况下，从本地终端到电信网络使用的是模拟信号，而网络本身又混合使用了模拟和数字两种技术。因此，来自用户终端的数字数据可能通过调制解调器转换成模拟信号，然后又被编解码器数字化，在这些数据到达目的地之前，很可能会多次重复以上的转换过程。

由于上述原因，电信设施处理的模拟信号可能代表了话音数据，也可能代表了数字数据。这两种波形的特性相差很大。话音信号似乎更倾向于带宽中的低频部分（见图3.9），而数字信号经模拟编码后具有比较均匀的频谱，因而包含了更多的高频成分。研究显示，由于这些高频成分的存在，在对代表数字数据的模拟信号进行数字化时，使用PCM相关的技术比使用DM相关的技术更为可取。

5.4　推荐读物

由于某些原因，从数字到数字编码机制缺乏或难以找到完整统一的论述。[SKLA01]中有一些实用的讨论。

对于数字数据的模拟调制机制则有很多优秀的参考书籍。其中值得一读的有[COUC13]、[XION00]以及[PROA05]。这三册书还提供了对模拟数据的数字及模拟调制机制的深入探讨。

[FREE98a]讲解了有关比特率、波特以及带宽等概念。还有一本值得推荐的好教材是[SKLA93]，它对前几章中有关带宽有效率及编码机制的概念做了大量说明。

COUC13 Couch, L. *Digital and Analog Communication Systems.* Upper Saddle River, NJ: Pearson, 2013.

FREE98a Freeman, R. "Bits, Symbols, Baud, and Bandwidth." *IEEE Communications Magazine,* April 1998.

PROA05 Proakis, J. *Fundamentals of Communication Systems.* Upper Saddle River, NJ: Prentice Hall, 2005.

SKLA93 Sklar, B. "Defining, Designing, and Evaluating Digital Communication Systems." *IEEE Communications Magazine,* November 1993.

SKLA01 Sklar, B. *Digital Communications: Fundamentals and Applications.* Englewood Cliffs, NJ: Prentice Hall, 2001.

XION00 Xiong, F. *Digital Modulation Techniques.* Boston: Artech House, 2000.

5.5 关键术语、复习题及习题

关键术语

alternate mark inversion 交替信号反转（AMI）
amplitude shift keying 振幅键控（ASK）
analog signaling 模拟信号传输
bandwidth efficiency 带宽有效率
baseband signal 基带信号
biphase 双相位
bipolar-AMI 双极性交替信号反转
bipolar with 8-zeros substitution 8零替换（B8ZS）
bit error rate 比特差错率（BER）
carrier frequency 载波频率
carrier signal 载波信号
codec 编解码器
data rate 数据率
data signaling rate 数据信号传输速率
delta modulation 增量调制（DM）
differential encoding 差分编码
differential Manchester 差分曼彻斯特
differential PSK 差分相移键控（DPSK）
digital signaling 数字信号传输
frequency shift keying 频移键控（FSK）
high-density bipolar-3 zeros 高密度双极性3零（HDB3）
Manchester 曼彻斯特
modulation 调制
modulation rate 调制率
multilevel binary 多电平二进制
nonreturn to zero 不归零（NRZ）
"nonreturn to zero, inverted" 不归零反转（NRZI）
nonreturn to zero-level 不归零电平（NRZ-L）
phase shift keying 相移键控（PSK）
polar 极性
pseudoternary 伪三进制
pulse amplitude modulation 脉幅调制（PAM）
pulse code modulation 脉码调制（PCM）
pulse position modulation 脉位调制（PPM）
quadrature amplitude modulation 正交调幅（QAM）
quadrature PSK 四相相移键控（QPSK）
quantizing error 量化误差
quantizing noise 量化噪声
scrambling 扰码
unipolar 单极性

复习题

5.1 列出用于评估或比较各种不同的数字到数字编码技术的重要参数，并给出它们的简单定义。
5.2 什么是差分编码技术？
5.3 解释NRZ-L 和NRZI 之间的区别。
5.4 请描述两种多电平二进制数字到数字编码技术。
5.5 请给出双相位编码的定义并描述两种双相位编码技术。
5.6 请指出与数字到数字编码技术相关的扰码的功能。
5.7 调制解调器的作用是什么？
5.8 在振幅键控中二进制数值是如何表示的？这种方式的局限性是什么？

5.9　QPSK 和偏置QPSK之间的区别是什么？

5.10 什么是QAM？

5.11 在考虑模拟信号所要求的采样速率时，从采样原理可知什么？

习题

5.1　表5.2中哪几个信号使用的是差分编码？

5.2　从表5.2中的NRZ-L起，为每种编码设计生成算法。

5.3　增强型不归零（E-NRZ）是一种改进后的不归零编码。有时用于高密度磁带记录。E-NRZ编码的任务是将NRZ-L数据流分解成7比特字，并把第2，3，6，7比特翻转，还要为每个字增加一个检验比特。这个检验比特的设置原则是要使整个8比特字中有奇数个1。与NRZ-L相比，E-NRZ有什么优点？它又有什么缺点？

5.4　设计一个代表伪三进制码的状态图（有限状态机）。

5.5　考虑下面的信号编码技术，输入的数据为二进制数据a_m，其中$m = 1, 2, 3, \cdots$。处理过程分两步，首先产生一个新的二进制数

$$b_0 = 0$$
$$b_m = (a_m + b_{m-1}) \bmod 2$$

然后对它进行编码

$$c_m = (b_m - b_{m-1})$$

在接收端，原数据由以下算法恢复

$$a_m = c_m \bmod 2$$

a. 证明接收到的a_m与被传输的a_m相等。

b. 这是一种什么类型的编码。

5.6　画出表5.2中每种编码情况下，比特流01001110的波形图。假设NRZI的前一个比特的信号电平是高；最近处理过的1比特具有负电压（AMI）；最近处理过的0比特具有负电压（伪三进制）。

5.7　图5.23中的波形图是用曼彻斯特编码后的二进制数据流。判断比特周期的起始时间和终止时间（也就是说，提取时钟信息），并写出其数据序列。

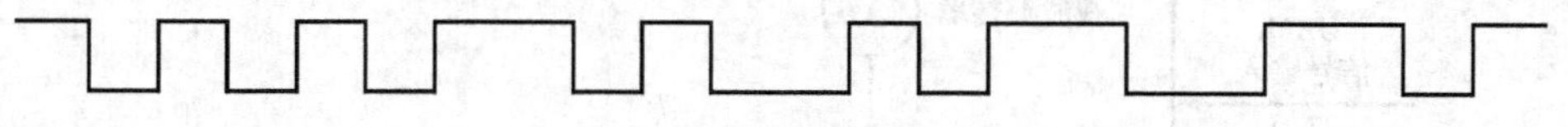

图5.23　曼彻斯特码流

5.8　假设有一个二进制数据流是由一长串的1后面跟着一个0，然后再是一长串的1组成，其余假设同习题5.6。画出该数据流使用以下几种编码方式时的波形图。

a. NRZ-L

b. 双极性AMI

c. 伪三进制编码

5.9　代表二进制序列0100101011的双极性AMI波形经过一个噪声较大的信道传输。接收到的波形如图5.24所示。该波形中有一处出现了差错。指出差错出现的位置并解释原因。

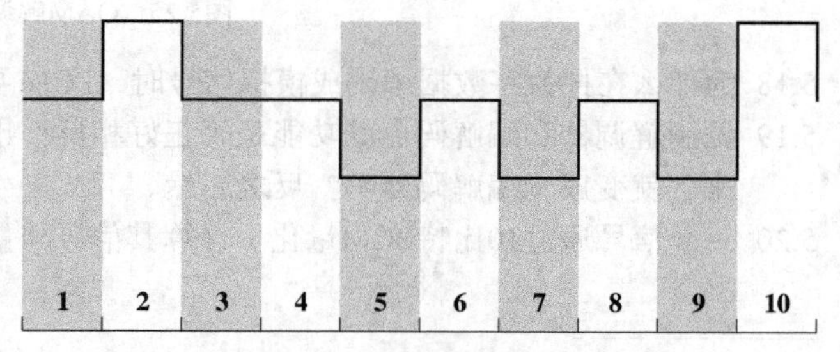

图5.24　接收到的双极性AMI波形

5.10 双极性编码令人有意想不到的好处，如果出现双极性违规（两个连续的正脉冲或两个连续的负脉冲之间被任何数目的零分隔），就相当于告诉接收器在传输过程中有差错出现。可惜的是仅根据接收到这样的违规现象，接收器无法判断哪一个比特出了差错（只能知道有差错）。如果接收到的双极性序列是

$$+ - 0 + - 0 - +$$

这里有一个双极性违规，请构造出会产生这样的接收比特序列的两种情况（两种情况本身的传输比特流各不相同，且都因为差错而使一个传输比特被改变了）。

5.11 假设有一个比特序列为01100，请将此数据分别用振幅键控（ASK）、二进制频移键控（BFSK）和二进制相移键控（BPSK）编码。

5.12 一个正弦波用于两种不同的信号传输机制：(a) PSK；(b) QPSK。信号元素的持续时间为 10^{-5} s。如果接收到信号形式如下：

$$s(t) = 0.0025\sin(2\pi 10^6 t + \theta)\ \mathrm{V}$$

并且假设在接收器处测得噪声功率为 2.5×10^{-8} W，分别计算这两种情况下的 E_b/N_0（dB）。

5.13 对采用表5.2中[①]数字编码技术的QPSK，推导波特率D作为比特率R的函数。

5.14 在分别使用ASK、FSK、PSK 以及QPSK的情况下，要达到1.0的带宽有效率，要求SNR的值为多大？假设要求的比特差错率为10^{-6}。

5.15 一个NRZ-L信号先通过一个$r = 0.25$的滤波器，然后被调制到载波上，其数据率为2400 bps。分别计算在ASK和FSK情况下的带宽。假设FSK使用的两个频率分别为50 kHz和55 kHz。

5.16 假设电话线路信道经过均衡后允许带通数据在600 ~ 3000 Hz的频率范围内传输。有效的带宽为2400 Hz。当$r = 1$时，分别计算数据率为2400 bps的QPSK和数据率为4800 bps的8相位的多值信号所要求的带宽大小。电话线信道能否满足它们的要求？

5.17 图5.25所示的QAM解调器对应于图5.14中的QAM调制器。说明这种设置确实能够恢复信号$d_1(t)$和$d_2(t)$，这两个信号结合后又可以恢复原始的输入信号。

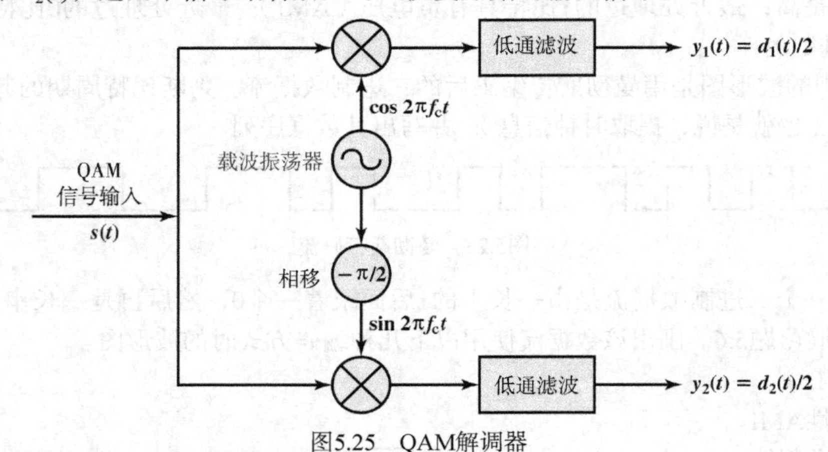

图5.25 QAM解调器

5.18 为什么在把数字数据编码成模拟信号时，PCM 要比DM更合适？

5.19 调制解调器和编解码器的功能是否正好相反？也就是说，如果把调制解调器的功能反过来，就变成了编解码器吗？反之亦然。

5.20 一个信号通过10比特PCM量化。计算其信号与量化噪声的比率。

① 原文如此，但QPSK并不适用于表5.2。——译者注

5.21 考虑这样一个声音信号，它的频谱成分在300 ~ 3000 Hz之间。假设使用每秒7000个样本的采样速率来生成PCM信号。

a. 当SNR = 30 dB时，需要多少个单位量化值？

b. 所要求的数据率是多少？

5.22 试计算为了防止斜率过载噪声所需要的步长值δ，它是信号中最高频率成分的频率函数。假设所有的频率成分振幅均为A。

5.23 一个PCM编码器接收到的信号具有10 V的满标（full-scale）电压，并且使用均匀量化生成8比特编码。最大归一量化电压为$1-2^{-8}$。试求：a. 归一步长值；b. 实际步长值（V）；c. 实际最大量化电平（V）；d. 归一化的分辨率；e. 实际分辨率；f. 百分比分辨率。

5.24 假设对图5.26所示的模拟波形进行增量调制，调制时的采样周期及步长值在图中以网格表示。并且图中还显示了第一个DM输出以及在这个周期中的阶梯函数。请画出其余的阶梯函数和DM输出，并指出存在斜率过载现象的区域。

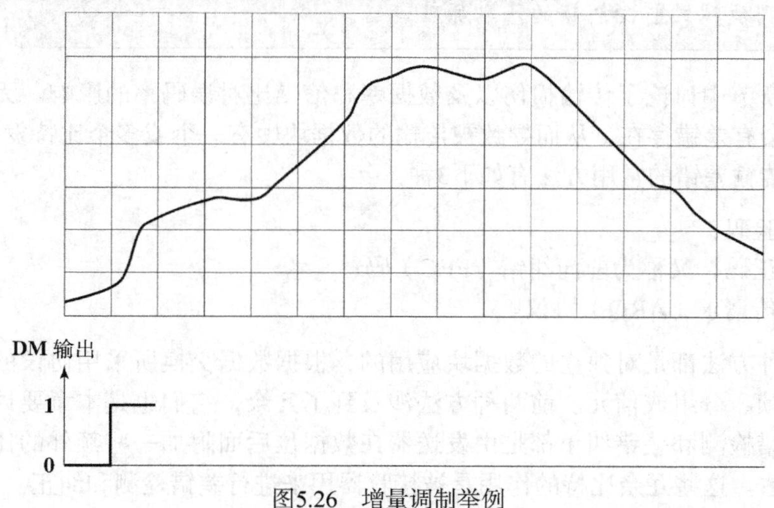

图5.26　增量调制举例

5.25 脉位调制（PPM）是一种通过数字输入值来确定窄脉冲的时钟相对位置的编码方案。此方法多应用于光通信系统，如光纤、红外局域网和红外遥控。这些系统对效率的要求很高，但很少或不存在外部干扰。传输采用的是强度调制机制，即信号存在则对应于二进制1，信号不存在则对应于二进制0。

a. IEEE 802.11的1 Mbps红外标准使用了16-PPM机制。其中每4个数据位视为一组，被映射成一个16-PPM符号，每个符号是一个16比特的二进制串。这个16比特二进制串由15个0和一个1组成，因此根据二进制1在串中的位置就能对0 ~ 15之间的某个值进行编码。

a1. 此传输的周期（比特与比特之间的时间）是多少？

对于相应的红外脉冲传输：

a2. 脉冲（1值）与脉冲之间的平均时间间隔是多少？相应的脉冲传输平均速率是多少？

a3. 相邻脉冲之间的最小时间间隔是多少？

a4. 脉冲与脉冲之间的最大时间间隔是多少？

b. 对2 Mbps红外标准使用的4-PPM机制重复a题。在这种机制中，每两个数据位被视为一组，映射成一个4比特的序列。

第6章　差错检测和纠正

学习目标

在学习了本章的内容之后，应当能够：

- 解释差错检验码应用的基本机制；
- 概述因特网检验和；
- 理解循环冗余检验的工作原理；
- 定义汉明距离；
- 解释使用块码的前向纠错的基本原理。

在前面的章节中讨论了传输损伤以及数据率和信噪比对误码率的影响。无论传输系统怎样设计，总是会有差错存在，从而导致被传输的数据块中有一个或多个比特发生改变。

应对数据传输差错的常用方法有如下3种：

- 差错检验码；
- 差错纠正码，又称为前向纠错（FEC）码；
- 自动重传请求（ARQ）协议。

所有这三种方法都是对独立的数据块应用的，根据数据交换所采用协议的不同，这些数据块可被称为帧、分组或信元。前两种方法涉及到了**冗余**，它们也是本章要讨论的内容。从本质上讲，差错检测和差错纠正都是由发送器在数据位后面附加一些额外的比特，它们是数据位的一个函数。这些冗余比特的作用是被接收器用来进行差错检测和纠正。

差错检验码只是简单地检测出差错的存在。通常情况下，此类检验码要和数据链路层或运输层（见图2.3）中使用ARQ机制的协议结合起来使用。有了ARQ机制，接收方就可以丢弃那些被检测出差错的数据块，而发送方会重传此数据块。前向纠错码的设计不仅是为了检测差错，而且能够纠正差错，从而避免了重传。前向纠错机制经常用于无线传输，因为无线传输重传机制的效率极低，而差错率又可能很高。

本章探讨了差错检验码和差错纠正码。ARQ协议将在第7章介绍。在对单比特差错和突发性差错之间的区别进行简单讨论之后，本章将介绍差错检测的3种方法：奇偶校验位的使用；因特网检验和技术；循环冗余检验（CRC）。CRC差错检验码被广泛用于多种应用。由于其复杂性，我们提出了3种不同的方法来描述CRC算法。

对于差错纠正，本章概述了差错纠正码的一般原理。具体的例子在第16章中介绍。

6.1　差错类型

在数字传输系统中，若一个比特在发送出去和被接收到之前的这段过程中发生改变，就出现了差错。也就是说，当发送的是二进制1而接收到的却是二进制0，或者发送的是二进制0而接收到的却是二进制1时，就有差错产生。可能会出现的差错有两大类：单比特差错和突发性差错。单比特差错是一种孤立的差错状态，它只改变一个比特，并不影响邻近的其他比特。长度为B的突发性差错指的是连续的B比特序列中的第一个和最后一个比特，以及任意多个中间比特都接收不正确。更准确地讲，IEEE Std 100和ITU-T建议书Q.9都对差错突发做了如下定义。

差错突发（error burst） 指在一组比特中，任意两个连续的差错比特之间间隔的正确比特数总是小于x，x为一给定值。因此在差错突发时的最后一个差错比特与下一次突发的第一个差错比特之间会有x个以上的正确比特间隔。

由此看来，突发差错指的是在一个比特簇中有很多差错出现，而不是说这些比特必须全部都错。图6.1举例说明了这两种类型的差错。

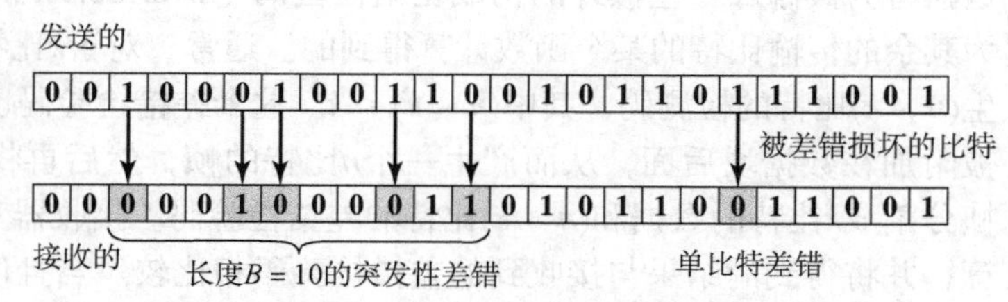

图6.1　突发性的和单比特的差错

单比特差错的出现可能是由于白噪声引起的，也就是说信噪比偶然出现程度不大的恶化，但这种恶化足以导致接收器在判断某一个比特的值时出现失误。突发性差错的出现更为普遍，也更难处理。突发性差错可能是由冲激噪声引起的，这在第3章中已经介绍过。另外也可能是由移动无线环境中的信号衰落引起的，信号衰落将在第10章中介绍。

注意，数据率越高，突发性差错的影响就越大。

例6.1　假设发生了1 μs的冲激噪声事件或衰落事件。当数据率为10 Mbps时，导致的差错突发为10比特。当数据率为100 Mbps时，就会出现100比特的突发性差错。

6.2　差错检测

无论传输系统的设计再怎么完美，差错总会存在，它可能会导致传输的帧中有一个或多个比特被改变。在以下的内容中，我们假设数据以一个或多个连续的比特序列传送，称为帧。下面定义一些与传输帧的差错有关的概率值。

P_b：接收到一个差错比特的概率，也称为比特差错率（BER）。

P_1：无比特差错的帧的到达概率。

P_2：在使用某种差错检测算法的情况下，含有一个或多个未检测到的比特差错的帧的到达概率。

P_3：在使用某种差错检测算法的情况下，含有一个或多个检测到的比特差错，并且没有未检测到的比特差错的帧的到达概率。

首先考虑未采取任何差错检测手段时的情况，此时检测到差错的概率P_3为零。为了表达其余几项概率，假设任意比特存在差错的概率P_b恒定，且与比特本身无关。那么可以得到其中F是每帧的比特个数。用语言来表达就是：一个无比特差错的帧的到达概率随单个比特差错概率的增加而减小，这和我们所预料的一样。同时，一个无比特差错的帧的到达概率随帧长度的增加而减小。帧越长，则这个帧含有更多的比特，那么这些比特中出现差错的概率也就越高。

例6.2　ISDN（综合业务数字网）连接规定要达到的目标是在64 kbps的信道中，一分钟时间内至少有90%的时间里，比特差错率小于10^{-6}。现在假设我们的要求不高，只需要在连续工作的64 kbps信道上，每天最多允许出现一个未检测到比特差错的帧，并且假设帧的长度为1000比特。通过计算可知，一天能够传输的帧的数量为5.529×10^6，由此得出题目所要求的帧差错率为$P_2 = 1/(5.529\times10^6) = 0.18\times10^{-6}$。但是，如果假设$P_b$的值为$10^{-6}$，那么$P_1 = (0.999\ 999)^{1000} = 0.999$，并且因此得到$P_2 = 10^{-3}$，这比我们的要求高出了三个数量级。

正是类似上述结果促使我们使用差错检测技术，以便在给定BER的连接上达到期望的帧差错率。所有这些差错检测技术的操作原理均如下所述（见图6.2）。给定一个帧的比特，发送器将为其添加一些额外的构成**差错检验码**（error detecting code）的比特。这些检验码是作为其余的传输比特的某个函数计算得到的。通常，对于k比特的数据块，差错检测算法将会产生$(n-k)$比特的检测码，其中$(n-k) < k$。这个差错检验码也称为**检验比特**（check bit），它会被附加在数据块后面，从而产生一个n比特的帧，然后再将其发送出去。接收器先将收到的帧分割成k比特的数据和$(n-k)$比特的差错检验码。接收器对数据比特执行同样的差错检测计算，并将得到的结果与接收到的差错检验码相比较。当且仅当两个结果不同时，表明有被检测到的差错。因此，P_3这个概率所指的是帧中含有差错，且差错检测机制能够检测出来的这种情况。P_2也称为剩余差错率，这个概率指的是尽管使用了差错检测机制也无法检测出来差错的情况。

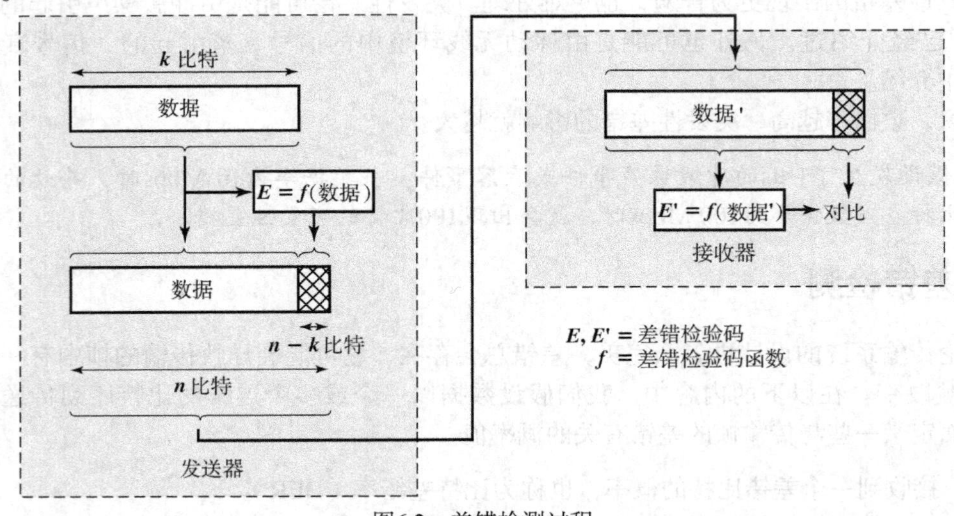

图6.2　差错检测过程

6.3　奇偶校验

6.3.1　奇偶校验比特

最简单的差错检测机制是在数据块的末尾附加奇偶校验比特。其典型的例子就是字符的传输，它为每个7比特的IRA字符附加一个奇偶校验比特。在选择奇偶校验比特的值时，要使整个字符中1的个数为偶数（偶校验）或奇数（奇校验）。

例6.3　假设发送器正在传输IRA字符G（1110001），并且使用的是奇校验，那么它会附加一个1，于是传输的就是11110001①。接收器检查接收到的字符，如果其中1的总数是奇数个，那么就认为没有出现差错。如果其中有一个（或任意奇数个）比特在传输过程中被错误地翻转了（例如11100001），那么接收器将会检测出这个差错。

① 回顾5.1节中的讨论，最先发送的是字符的最低位比特，因此奇偶校验比特就是最高位比特。

然而应注意，如果有两个（或任意偶数个）比特因错误而翻转，就会出现检测不到的差错。一般情况下，偶校验用于同步传输，而奇校验用于异步传输。

使用奇偶校验并不是十分安全，因为噪声脉冲的长度经常足以破坏一个以上的比特，特别是在数据率较高的情况下。

6.3.2　二维奇偶校验

如图6.3所示，二维奇偶校验机制比单比特奇偶校验比特更强健。需要检测的数据比特串被排列成一个二维阵列。在每一行i上添加该行的偶校验比特r_i，并在每一列j上添加该列的偶校验比特c_j。整个阵列的最后再添加一个整体的奇偶校验比特p。因此，这种差错检验码由$i + j + 1$个奇偶校验比特组成。

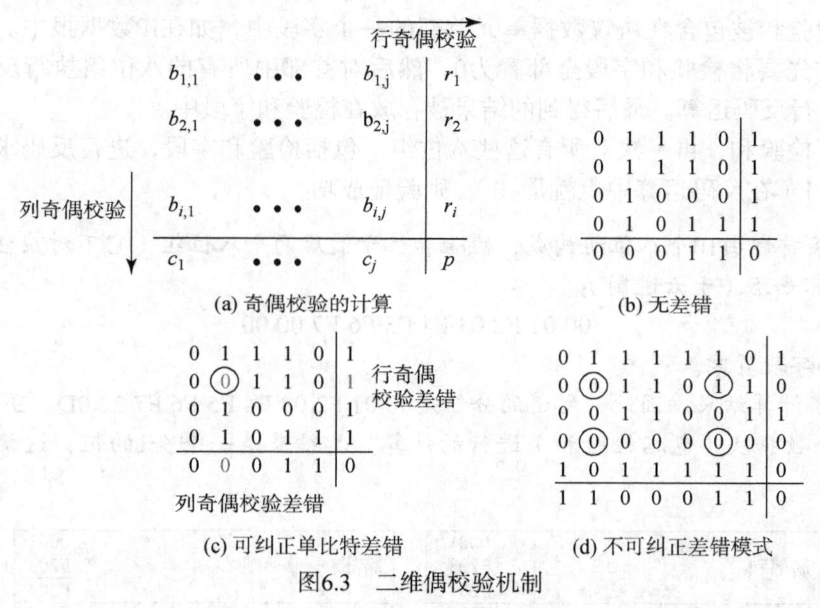

图6.3　二维偶校验机制

在这种机制中，每个比特都参与了两次奇偶校验的检测。与简单的奇偶校验一样，任何奇数比特的差错都能被检测到。

例6.4　图6.3(b)部分显示了一个20比特的数据串被排列成4×5的阵列，再加上计算得到的奇偶校验比特，从而形成了一个5×6的阵列。当发生单比特差错时，如图6.3(c)所示，两个相应的行和列的奇偶校验比特都指示出有差错存在。更进一步，该差错可以被认定为发生在该行与列的交叉点上。因此，它不仅能检测差错，而且能够纠正该比特的差错。

如果某一行里有偶数个差错发生，那么该差错就会被列的奇偶校验比特检测到。同样，如果某一列中有偶数个差错发生，该差错就会被行的奇偶校验比特检测到。然而，如图6.3(d)所示，任何构成矩形的四个差错将无法被检测出来。如果图中四个划圈的比特值都发生了变化，相应的行和列的奇偶校验比特的值都不改变。

6.4　因特网检验和

因特网检验和是许多因特网标准协议所采纳的差错检验码，这些协议包括IP、TCP和UDP。因特网检验和的计算利用了二进制反码运算以及反码求和[①]。对一组二进制数字执行反

① 参见在线附录H中对反码算法的深入讨论。

码运算就是将数字1替换为数字0，将数字0替换为数字1。而两个长度相等的二进制整数的反码求和的步骤如下。

1. 这两个数字都被视为无符号二进制整数，然后相加。
2. 如果最左边的比特有进位，则和再加1。这也被称为循环进位（end-around carry）。

这里有两个例子：

$$\begin{array}{r} 0011 \\ +1100 \\ \hline 1111 \end{array} \qquad \begin{array}{r} 1101 \\ +1011 \\ \hline 11000 \\ +\quad 1 \\ \hline 1001 \end{array}$$

通常，检验和被包含在协议数据单元首部的一个字段中，如在IP数据报中。为了计算这个检验和，首先要将检验和字段全部置为0，然后对首部中所有的八位组执行反码求和，再对计算结果进行反码运算。最后得到的结果被存放在检验和字段中。

为了验证检验和，再一次对所有这些八位组，包括检验和字段，进行反码求和。如果得到的结果是全1（在反码运算中也就是–0），则验证成功。

例6.5 假设某首部由10个八位组构成，检验和位于最后两个八位组（它不对应任何实际的首部格式），内容如下（十六进制）：

00 01 F2 03 F4 F5 F6 F7 00 00

注意，检验和字段置零。

图6.4(a)显示了计算结果。因此，发送的分组是00 01 F2 03 F4 F5 F6 F7 22 0D。图6.4(b)所示为接收器对整个数据块（包括检验和）进行的计算。其结果是一个全1的值，这就证实了没有检测到差错。

局部和	0001 F203 F204
局部和	F204 F4F5 1E6F9
进位	E6F9 1 E6FA
局部和	E6FA F6F7 1DDF1
进位	DDF1 1 DDF2
对结果执行反码运算	220D

(a) 由发送方计算的检验和

局部和	0001 F203 F204
局部和	F204 F4F5 1E6F9
进位	E6F9 1 E6FA
局部和	E6FA F6F7 1DDF1
进位	DDF1 1 DDF2
局部和	DDF2 220D FFFF

(b) 由接收方验算的检验和

图6.4 因特网检验和举例

相比奇偶校验位或二维奇偶校验机制来说，因特网检验和提供了更强大的差错检测能力，但是它的效果与接下来即将讨论的循环冗余检验（CRC）相比还是差很多。它被因特网协议所采用的主要原因在于效率。因为这些协议大多是在软件中实现的，而因特网检验和由于只涉及简单的加法运算和比较运算，所以带来的额外开销并不大。这是在假定链路层使用了像CRC这样强大的差错检验码的情况下，因特网检验和仅仅是补充的端到端的差错检测。

6.5 循环冗余检验

循环冗余检验（Cyclic Redundancy Check，CRC）是一种最常用也最有效的差错检验码，其描述如下。给定一个k位的比特块，或者说报文，发送器会生成一个$(n-k)$位的比特序列，称为**帧检验序列**（Frame Check Sequence，FCS），它必须使最后得到的含有n个比特的帧能被一些预先设定的数值整除。然后，接收器用同样的数值对接收到的帧进行除法运算，如其结果没有余数，则认为没有差错[①]。

要阐明这一点，我们用3种等价的方式来表达这一处理过程：模2运算、多项式以及数字逻辑。

6.5.1 模2运算

模2运算使用无进位的二进制加法，它恰好就是异或（XOR）操作。无进位的二进制减法也可以被解释成异或操作。例如

$$\begin{array}{r} 1111 \\ +1010 \\ \hline 0101 \end{array} \qquad \begin{array}{r} 1111 \\ -0101 \\ \hline 1010 \end{array} \qquad \begin{array}{r} 11001 \\ \times 11 \\ \hline 11001 \\ 11001 \\ \hline 101011 \end{array}$$

现在定义：T = 要发送的n比特帧；D = k比特数据块，或者报文，就是T中的前k比特；F = $(n-k)$比特帧检验序列（FCS），就是T中的后$(n-k)$比特；$P = (n-k+1)$比特的预定比特序列（pattern），它是预定的除数。

我们希望T/P没有余数。显然有

$$T = 2^{n-k}D + F$$

这就是说，通过将D乘以2^{n-k}，就达到了将其向左移动$n-k$比特的效果，并在得到的结果空位中填零。加上F后就形成了D和F的连接后的比特串，也就是T。我们希望T可以被P整除。假设用$2^{n-k}D$除以P，即

$$\frac{2^{n-k}D}{P} = Q + \frac{R}{P} \tag{6.1}$$

可得到一个商和一个余数。由于是模2除法，所以得到的余数至少比除数短1比特。把这个余数作为FCS，于是可得

$$T = 2^{n-k}D + R \tag{6.2}$$

这个R能否满足我们需要的T/P没有余数这个条件？要证明它能够做到这一点，考虑到

$$\frac{T}{P} = \frac{2^{n-k}D + R}{P} = \frac{2^{n-k}D}{P} + \frac{R}{P}$$

用式(6.1)替换后，得到

$$\frac{T}{P} = Q + \frac{R}{P} + \frac{R}{P}$$

不过，任何二进制数与它自己相加模2后得到的是零。因此

$$\frac{T}{P} = Q + \frac{R+R}{P} = Q$$

① 这个过程与图6.2中描绘的有点出入。我们将会看到，CRC过程可以如下实现：接收器可以对收到的k个数据比特执行除法运算，并将得到的结果与收到的$(n-k)$个检验比特相比较。

结果没有余数，因此说T可以被P整除。这样看来，FCS是很容易生成的：只要用P去除$2^{n-k}D$，并将其$(n-k)$比特的余数作为FCS。在接收时，接收方会用T除以P，并且如果传输没有差错，那么计算得到的结果就没有余数。

例6.6

1. 给定报文D = 1010001101（10 比特），预定比特序列P = 110101（6 比特），帧检验序列R由计算得出（5 比特），则有n = 15，k = 10 且$(n-k)$ = 5。

2. 报文乘以2^5，得到101000110100000。

3. 得到的数值除以P，即

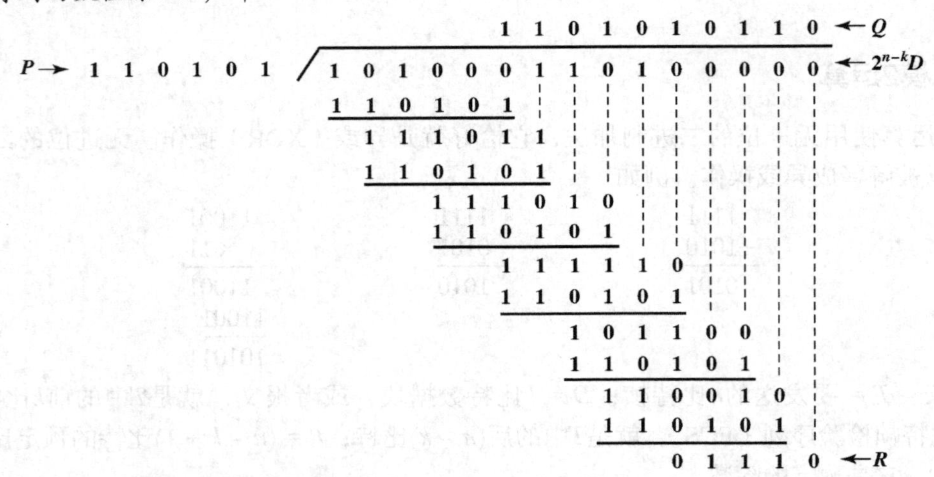

4. 2^5D 加上余数之后得到T = 101000110101110，T被发送。

5. 如果没有差错，则接收方接收到的T原封未动。接收到的帧除以P后得到

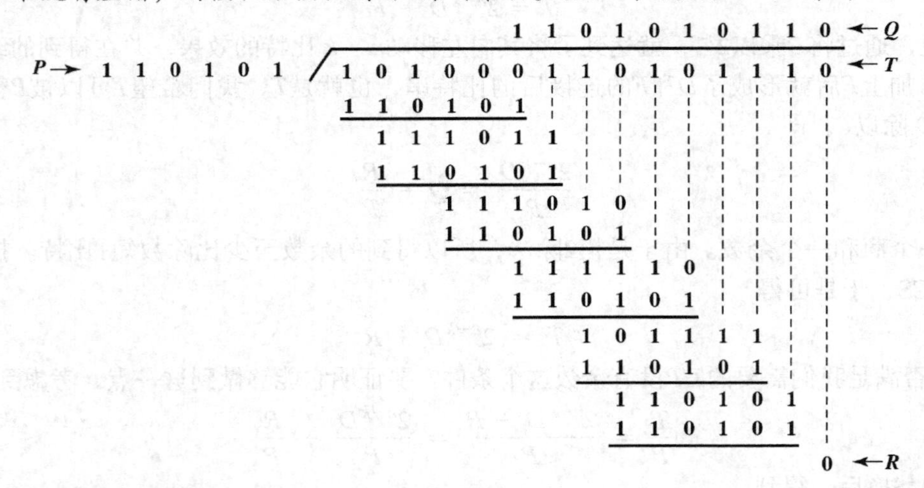

由于没有余数，因此可以认为传输没有差错。

预定比特序列P的选择要做到比要求的FCS多1比特，而其具体选择取决于预期的差错类型。至少，P的最高位比特和最低位比特都应当为1。

有一种简单的方法可以指出一个或多个差错的出现。某一比特的值发生了翻转就导致出现差错。这相当于用1与该比特进行异或操作（该比特与1的模2和）：0 + 1 = 1；1 + 1 = 0。因此，n比特的帧中出现的差错可以用另一个n比特长的字段来表示，在这个字段中出现差错的每个位置都被置1。结果得到的帧T_r表示如下：

$$T_r = T \oplus E$$

其中，T为传送帧；E为差错模式，置1的比特就是出现差错的位置；T_r为接收到的帧；$\oplus$为按比特异或（XOR）。

如果出现一个差错（$E \neq 0$），那么当且仅当T_r可以被P整除时，即等效于E可以被P整除时，接收方才无法检测到这个差错。直观地看，这种情况不太可能发生。

6.5.2 多项式

第二种观察CRC处理过程的方法是将所有的值表示成一个虚构变量X的多项式，其系数均为二进制数。这些系数与二进制数值中的每一位相互对应。因此，对于$D = 110011$，将其写为$D(X) = X^5 + X^4 + X + 1$，而当$P = 11001$时，有$P(X) = X^4 + X^3 + 1$。运算操作依然是模2的。这时的CRC过程可描述如下：

$$\frac{X^{n-k}D(X)}{P(X)} = Q(X) + \frac{R(X)}{P(X)}$$

$$T(X) = X^{n-k}D(X) + R(X)$$

将以上两个等式与式(6.1)以及(6.2)相比较。

例6.7 仍然用前面所举的例子，对$D = 1010001101$，有$D(X) = X^9 + X^7 + X^3 + X^2 + 1$，而对$P = 110101$，有$P(X) = X^5 + X^4 + X^2 + 1$。最后得到的结果应该是$R = 01110$，对应$R(X) = X^3 + X^2 + X$。图6.5描绘了上一个例子中的二进制除法所对应的多项式除法。

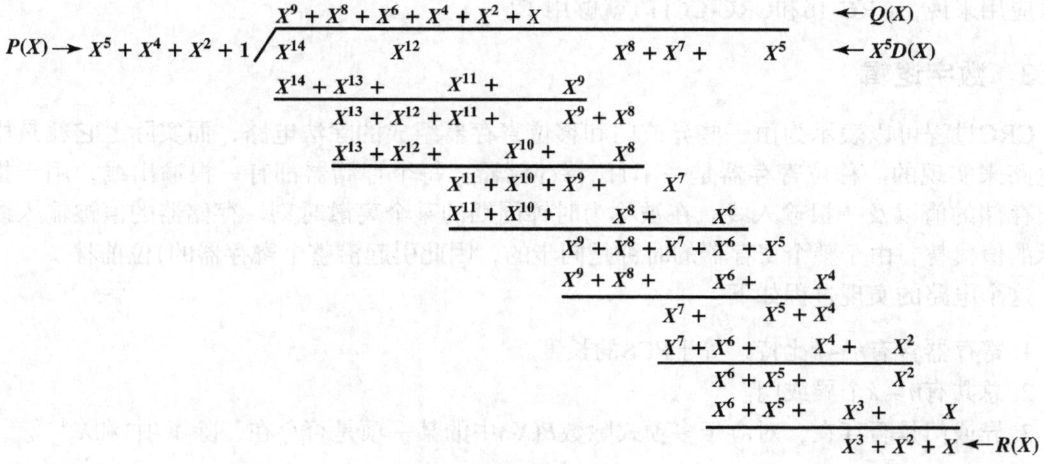

$$X^9 + X^8 + X^6 + X^4 + X^2 + X \leftarrow Q(X)$$

$$P(X) \rightarrow X^5 + X^4 + X^2 + 1 \,\big/\, X^{14} \quad X^{12} \quad X^8 + X^7 + \quad X^5 \leftarrow X^5D(X)$$

$$\begin{array}{l}
X^{14} + X^{13} + X^{11} + X^9 \\
\hline
X^{13} + X^{12} + X^{11} + X^9 + X^8 \\
X^{13} + X^{12} + X^{10} + X^8 \\
\hline
X^{11} + X^{10} + X^9 + X^7 \\
X^{11} + X^{10} + X^8 + X^6 \\
\hline
X^9 + X^8 + X^7 + X^6 + X^5 \\
X^9 + X^8 + X^6 + X^4 \\
\hline
X^7 + X^5 + X^4 \\
X^7 + X^6 + X^4 + X^2 \\
\hline
X^6 + X^5 + X^2 \\
X^6 + X^5 + X^3 + X \\
\hline
X^3 + X^2 + X \leftarrow R(X)
\end{array}$$

图6.5　多项式除法举例

通常，一个m位的CRC是由如下两种形式的多项式之一产生的：

$$P(X) = q(X)$$

$$P(X) = (X + 1)q(X)$$

其中$q(X)$是一种特殊类型的多项式，称为本原多项式。

差错$E(X)$只有在它能够被$P(X)$整除时才无法检测到。下列所有差错都不能被一个适当选择的$P(X)$整除，因此能被检测出[PETE61, RAMA88]。

- 所有的单比特差错，只要$P(X)$含有一个以上的非零项。
- 所有的双比特差错，只要$P(X)$是上述两种形式之一。
- 任意奇数个比特的差错，只要$P(X)$含有因式$(X-1)$。
- 任意突发差错，当突发差错长度小于或等于$n-k$，也就是小于或等于FCS的长度时。
- 长度为$n-k+1$的突发差错的片段，这个片段等于$1-2^{-(n-k-1)}$。
- 长度大于$n-k+1$的突发差错的片段，这个片段等于$1-2^{-(n-k)}$。

另外还可以证明，如果认为所有的差错模式都是等可能发生的，那么对于长度为$r+1$的突发差错，无法检测出的差错（$E(X)$可以被$P(X)$整除）的概率为$1/2^{r-1}$，且对于更长的突发差错，这个概率为$1/2^r$，其中r是FCS的长度。

有四个版本的$P(X)$被广泛应用：

$$\text{CRC-12} = X^{12} + X^{11} + X^3 + X^2 + X + 1 = (X+1)(X^{11} + X^2 + 1)$$

$$\text{CRC-ANSI} = X^{16} + X^{15} + X^2 + 1 = (X+1)(X^{15} + X + 1)$$

$$\text{CRC-CCITT} = X^{16} + X^{12} + X^5 + 1 = (X+1)(X^{15} + X^{14} + X^{13} + X^{12} + X^4 + X^3 + X^2 + X + 1)$$

$$\text{IEEE-802} = X^{32} + X^{26} + X^{23} + X^{22} + X^{16} + X^{12} + X^{11} + X^{10} + X^8 + X^7 + X^5 + X^4 + X^2 + X + 1$$

CRC-12系统用于6比特字符流的传输，且生成12比特的FCS。CRC-16和CRC-CCITT常用于8比特字符的情况下，它们分别用于美国和欧洲，并且生成的都是16比特的FCS。虽然CRC-32被指定为某些点对点同步传输标准中的一个选项，并在IEEE 802局域网标准中使用，但对大多数应用来说，CRC-16和CRC-CCITT就够用了。

6.5.3 数字逻辑

CRC过程可以表示为由一些异或门和移位寄存器组成的除法电路，而实际上它就是用除法电路来实现的。移位寄存器是一串1比特存储器。每个存储器都有一根输出线，用于指示当前存储的值以及一根输入线。在被称为时钟周期的某个离散时刻，存储器的值被输入线上表示的值代替。由于整个寄存器的时钟是同步的，因此引起沿整个寄存器的1位前移。

这个电路的实现过程如下。

1. 寄存器含有$n-k$比特，等于FCS的长度。
2. 总共有$n-k$个异或门。
3. 异或门是否存在，对应于多项式除数$P(X)$中的某一项是否存在，除了项1和X^{n-k}。

例6.8 要解释CRC电路的结构，最好先设想这样一个例子（见图6.6）。在这个例子中，使用

数据 $D = 1010001101$；　$D(X) = X^9 + X^7 + X^3 + X^2 + 1$

除数 $P = 110101$；　$P(X) = X^5 + X^4 + X^2 + 1$

这些都在以上的讨论中使用过。

图6.6(a)描绘了移位寄存器的实现。这个过程以移位寄存器的清零开始（全零）。然后开始输入这个报文，或者说除数，一次一比特，从最高位比特开始。图6.6(b)是一张表，列出了输入端一次输入1比特的操作步骤。表中的每行列出的是存储在5个移位寄存器单元中的当前值。另外，每一行还列出了三个异或电路输出端的值。最后行中还显示了下一次输入的比特值，它会在下一步操作中起作用。

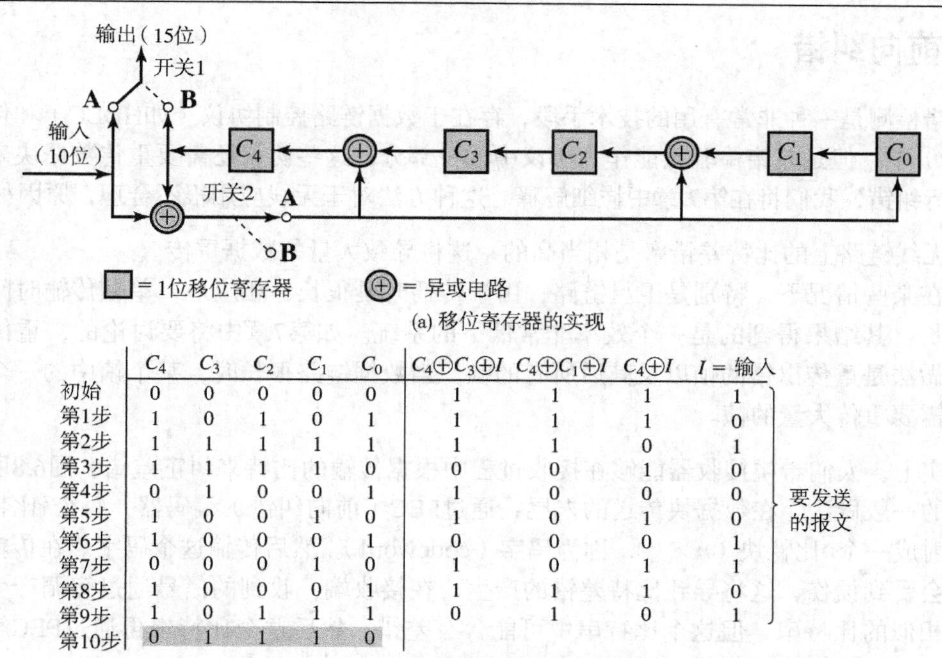

(a) 移位寄存器的实现

	C_4	C_3	C_2	C_1	C_0	$C_4 \oplus C_3 \oplus I$	$C_4 \oplus C_1 \oplus I$	$C_4 \oplus I$	I = 输入
初始	0	0	0	0	0	1	1	1	1
第1步	1	0	1	0	1	1	1	1	0
第2步	1	1	1	1	1	1	1	0	1
第3步	1	1	1	1	0	0	0	1	0
第4步	0	1	0	0	1	1	0	0	0
第5步	1	0	0	1	0	1	0	1	0
第6步	1	0	0	0	1	0	0	0	1
第7步	0	0	0	1	0	1	0	1	1
第8步	1	0	0	0	1	1	1	1	0
第9步	1	0	1	1	1	0	1	0	1
第10步	0	1	1	1	0				

要发送的报文

(b) 输入为1010001101的例子

图6.6　除以多项式$X^5+X^4+X^2+1$的移位寄存器电路

可以看到，受异或操作影响的是在下一步位移过程中的C_4、C_2和C_0。这与前面描述的二进制长除过程是一致的。这个过程一直持续到处理完报文的所有比特。为了产生正确的输出，需要使用两个开关。在输入数据比特被送入这个电路时，两个开关都在A位置。其结果是，对于前10步，输入比特不仅被送入移位寄存器，同时也用作输出比特。当最后一个数据比特处理完后，移位寄存器中所含的就是余数（FCS）（表的阴影部分）。一旦最后一个数据比特被送入移位寄存器，这两个开关都打到B位置。它有两个作用：（1）所有的异或门都变成简单的直通线路，不会改变任何比特；（2）随着移位过程的继续，这5个CRC比特也被输出。

接收方使用的逻辑相同。M中的各比特在到达时就被输入移位寄存器。如果没有出现差错，则寄存器中应当含有由M计算得出的预定比特序列R。这时传输的R比特序列开始到达，并且使得寄存器全部清零，因此，在接收完成后，寄存器中的值全部为零。

图6.7中描绘的是一种常用于实现多项式为$P(X)=\sum_{i=0}^{n-k} A_i X^i$的CRC移位寄存器，其中$A_0 = A_{n-k} = 1$，而其他所有$A_i$等于0或者1[①]。

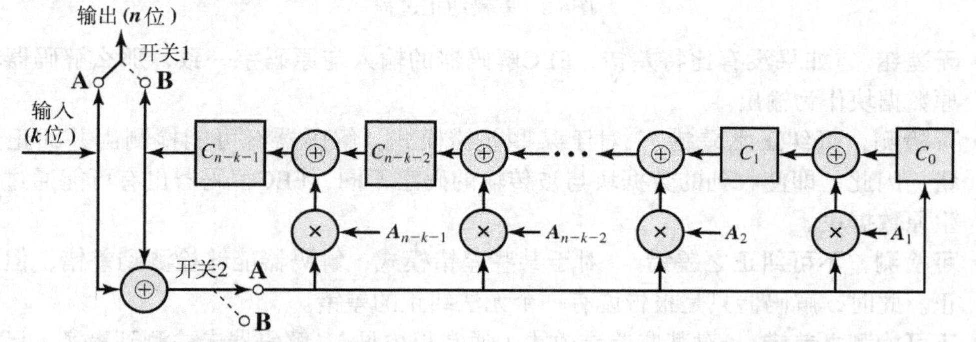

图6.7　实现除数为$(1+A_1X+A_2X^2+\cdots+A_{n-k-1}X^{n-k-1}+X^{n-k})$的通用CRC结构

① 通常在描绘CRC寄存器时都是向右移位，这与二进制除法演算相反。因为二进制数一般都是最高位在最左边，所以用左移寄存器更合适，就像本书中的例子。

6.6 前向纠错

差错检测是一种非常有用的技术手段，存在于数据链路控制协议（如HDLC）和传输协议（如TCP）中。但是差错检验只能作为协议中的一部分，这些协议还需要重传数据块来对传输数据进行纠错，我们将在第7 章中详细解释。这种方法对于无线应用很不合理，原因如下。

1. 无线链路上的比特差错率是相当高的，这将导致大量的数据重传。
2. 在某些情况下，特别是卫星链路，由于传播时延很长，相应地，单帧传输时间也相当长。其结果得到的是一个效率非常低下的系统。如第7章中将要讨论的，重传的典型做法是重传出错的帧以及其后所有的帧。当数据链路很长时，某个帧中的一个差错就需要重传大量的帧。

事实上，人们希望接收器能够在接收过程中根据传输的比特来纠正差错。图6.8所示为这种方式的一般做法。在数据块传送的末尾，通过FEC（前向纠错）编码器，每个k比特的数据块被映射成一个n比特块（$n > k$），称为**码字**（codeword）。然后传输这个码字。在传输时，信号可能会受到损伤，这将导致比特差错的产生。在接收端，收到的信号通过解调产生一个与原码字相似的比特串，但这个比特串中可能含有差错。然后这个比特串再通过FEC解码器，得到的输出将有以下4种可能。

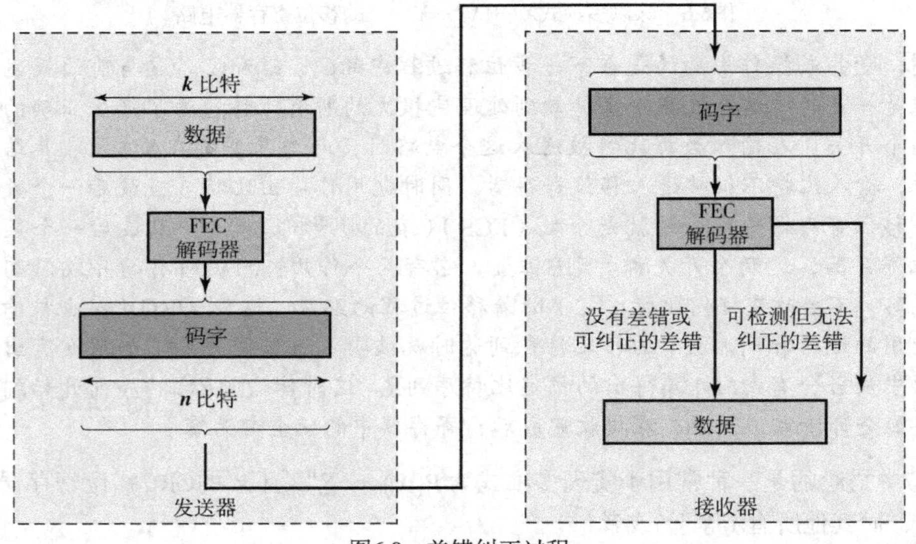

图6.8 差错纠正过程

- **无差错** 如果没有比特差错，FEC解码器的输入与原码字一致，那么解码器将生成原数据块作为输出。
- **可检测，可纠正之差错** 对于某些差错模式，解码器有可能检测出并纠正这些差错。因此，即使收到的数据块与被传输的码字不同，FEC解码器也有可能通过映射产生原数据块。
- **可检测，不可纠正之差错** 对于某些差错模式，解码器能够检测到差错，但无法纠正。此时，解码器只是报告说有一个无法纠正的差错。
- **不可检测之差错** 对某些差错模式（通常很少见），解码器未检测到事实上已经出现了的差错，因此将收到的n比特数据块映射成一个k比特块，而这个k比特块与原k比特块并不一致。

解码器怎么能够纠正比特差错呢？从本质上看，差错纠正是通过在传输报文上附加冗余信息完成的。冗余信息使接收器能够推算出原报文是什么，哪怕在比特差错率相当高的情况下。在这一节中，将考察一种使用非常广泛的纠错码，称为块纠错码。这里讨论的仅仅是其基本原理，针对具体纠错码的讨论可参见第16章。

在继续下面的内容之前，需要说明在很多情况下，差错纠正码在格式上与图6.2所示的差错检验码是一致的。也就是说，FEC算法以k比特块为输入，并向比特块增加$(n-k)$个检验比特，形成n比特数据块；原有k比特块内的比特都将在n比特块中出现。对于某些FEC算法，FEC算法将k比特输入映射到n比特码字，原始的k比特将不再在码字中出现。

6.6.1　块码原理

首先，我们要定义一个将用到的术语。两个n比特二进制序列v_1和v_2之间的**汉明距离**（Hamming distance）$d(v_1, v_2)$就是v_1和v_2之间不同比特的个数。例如，假设

$$v_1 = 011011, \quad v_2 = 110001$$

则

$$d(v_1, v_2) = 3$$

现在考虑一下如何将块码技术用于差错纠正。假设想发送的数据块的长度为k比特。我们并不会直接发送k比特的数据块，而是将各个k比特序列映射成唯一的n比特码字。

例6.9　设$k = 2, n = 5$。我们可以进行以下分配：

数据块	码字
00	00000
01	00111
10	11001
11	11110

现在假设接收到的码字块的比特序列是00100。这并不是一个有效的码字，因此接收器检测到差错。这个差错可以纠正吗？因为噪声有可能导致1, 2, 3, 4 甚至所有5比特都被损毁，所以我们不能确定被发送的数据块是什么。但是，注意到只要改变1比特就可能将码字00000变成00100。而要将00111变成00100则需要2比特发生变化，从11110到00100需要3比特发生变化，从11001到00100需要4比特的变化。因此我们推测发送时最有可能的码字是00000，如此看来最有可能的数据块是00。差错被纠正了。用汉明距离来表示，有

$$d(00000, 00100) = 1; \qquad d(00111, 00100) = 2;$$
$$d(11001, 00100) = 4; \qquad d(11110, 00100) = 3$$

因此我们将要用到的原则是：如果接收到一个非法码字，那么选择与它最近（最短距离）的合法码字。只有当与任一非法码字最短距离的合法码字都唯一时，这条原则才能起作用。在该例中并没有做到与任一非法码字距离最短的合法码字有且只有1个。在总共$2^5 = 32$个可能的码字中只有4个是合法的，剩余的28个都是非法码字。对这些非法码字可以得到下述列表。

非法码字	最短距离	合法码字	非法码字	最短距离	合法码字
00001	1	00000	10000	1	00000
00010	1	00000	10001	1	11001
00011	1	00111	10010	2	00000或11110
00100	1	00000	10011	2	00111或11001
00101	1	00111	10100	2	00000或11110

（续表）

非法码字	最短距离	合法码字	非法码字	最短距离	合法码字
00110	1	00111	10101	2	00111或11001
01000	1	00000	10110	1	11110
01001	1	11001	10111	1	00111
01010	2	00000或11110	11000	1	11001
01011	2	00111或11001	11010	1	11110
01100	2	00000或11110	11011	1	11001
01101	2	00111或11001	11100	1	11110
01110	1	11110	11101	1	11001
01111	1	00111	11111	1	11110

可以看到，在8种情况下，非法码字有两个不同的合法码字与它的距离都是2。因此，如果接收到这其中的一个非法码字，则表明有2比特出了差错才导致这种情况的出现，并且接收器无法从两个候选码字中选择，也就是说检测到差错但没有办法纠正。不过，只要发生的是单比特差错，毫无疑问，产生的码字总是与某个合法码字的距离为1。因此这种编码能够纠正所有单比特差错，但是无法纠正双比特差错。另一种方法是观察合法码字对之间的距离

$d(00000, 00111) = 3;$　　$d(00000, 11001) = 3;$　　$d(00000, 11110) = 4;$

$d(00111, 11001) = 4;$　　$d(00111, 11110) = 3;$　　$d(11001, 11110) = 3$

两个合法码字之间的最短距离为3。因此，单比特差错将导致一个非法码字，它与原合法码字的距离为1，但与其他所有合法码字之间的距离至少是2。我们得到的结论是，这种编码总是能够纠正单比特差错，同时也总是能检测出双比特差错。

上面这个例子形象地说明了块纠错码的基本性质。一个(n, k)块码将k个数据比特编码形成n比特的码字。通常，合法码字是原始的k个数据比特的重现，然后再附加$(n - k)$个检验比特，以形成n比特的码字。因此，块码的设计就等同于设计一个函数，使$\mathbf{v}_c = f(\mathbf{v}_d)$，其中$\mathbf{v}_d$是$k$个数据比特的矢量，而$\mathbf{v}_c$是$n$个码字比特的矢量。

对于(n, k)块码，总共有2^n个可能的码字，其中合法的码字有2^k个。冗余比特与数据比特数的比率$(n - k)/k$称为编码的**冗余度**（redundancy）。而数据比特与总比特数的比率k/n称为**编码率**（code rate）。编码率度量的是，如果数据率相同，与没有经过编码相比较，需要增加多少带宽。例如，假设编码率为1/2，如果要维持相同的数据率，就需要把未编码系统的传输容量加倍。在这个例子中，编码率为2/5，因此需要未编码系统容量的2.5倍。例如，如果输入编码器的数据率是1 Mbps，那么为了保持一致，从编码器输出的数据率要达到2.5 Mbps。

假设一个编码由码字$\mathbf{w}_1, \mathbf{w}_2, \cdots \mathbf{w}_s$组成，其中$s = 2^n$，这个编码的最短距离$d_{\min}$被定义为

$$d_{\min} = \min_{i \neq j}[d(\mathbf{w}_i, \mathbf{w}_j)]$$

可以看出有以下几种情况。对于一个给定的正整数t，如果编码满足$d_{\min} \geq (2t + 1)$，那么这个编码可以纠正高达（包括）t个比特的差错。如果$d_{\min} \geq 2t$，那么所有小于或等于$t - 1$个比特的差错都可以被纠正，并且能够检测出t个比特的差错，但通常无法纠正。反过来说，任何能够纠正所有小于或等于t个比特的差错的编码，必须满足$d_{\min} \geq (2t + 1)$，并且任何能够纠正小于或等于$t - 1$个比特的差错并能检测出t个比特的差错的编码，必须满足$d_{\min} \geq 2t$。

表示$d_{\min}$和t之间的关系的另一种方法是，每个码字的可保证被纠正的差错数满足

$$t = \left\lfloor \frac{d_{\min} - 1}{2} \right\rfloor$$

其中$\lfloor x \rfloor$表示不超过x的最大整数（例如$\lfloor 6.3 \rfloor = 6$）。更进一步说，如果我们要考虑的仅仅是差错检测而不是差错纠正，那么能够检测出的差错数t满足

$$t = d_{\min} - 1$$

要理解这一点，想象如果有$d_{\min}$个差错出现，它能够将一个合法码字变成另一个合法码字。但是任何小于$d_{\min}$个差错的出现不可能将一个合法码字变成另一个合法码字。

块码的设计需要考虑到以下几点。

1. 对于给定的n和k值，我们希望$d_{\min}$的值尽可能达到最大。
2. 编码的设计应当做到编解码过程相对简单，需要使用的内存和处理时间尽可能小。
3. 我们希望附加比特数$(n - k)$比较少，以减少带宽。
4. 我们希望附加比特数$(n - k)$比较多，以减少差错率。

显然最后两个目标是相互冲突的，需要折中考虑。

仔细研究图6.9会有很多启发，有关纠错码的参考文献中经常会出现类似的图示，用以说明不同编码机制的效率。回想第5章中提到过，如果比特差错率一定，使用编码的手段可以减小E_b/N_0的要求值①。第5章中讨论的编码都是关于如何定义信号元素以表示比特值的。而本章中讨论的编码对E_b/N_0也有影响。在图6.9中，右边的曲线是无编码的调制系统。曲线左边部分代表能够改进的部分。在这个区域中，对于给定的E_b/N_0，可以得到更小的BER（比特差错率）。反之，对于给定的BER，要求的E_b/N_0也更小。另一条曲线是典型的编码率为1/2（数据比特和检验比特数量相等）的系统。注意，当差错率为10^{-6}时，编码的应用使E_b/N_0减小了2.77 dB。这个减少量称为**编码增益**（coding gain），它的定义是：如果使用相同的调制方法，要达到指定的BER，有纠错码的系统与无纠错码的系统相比较，所要求的E_b/N_0值的减小量，以分贝为单位。

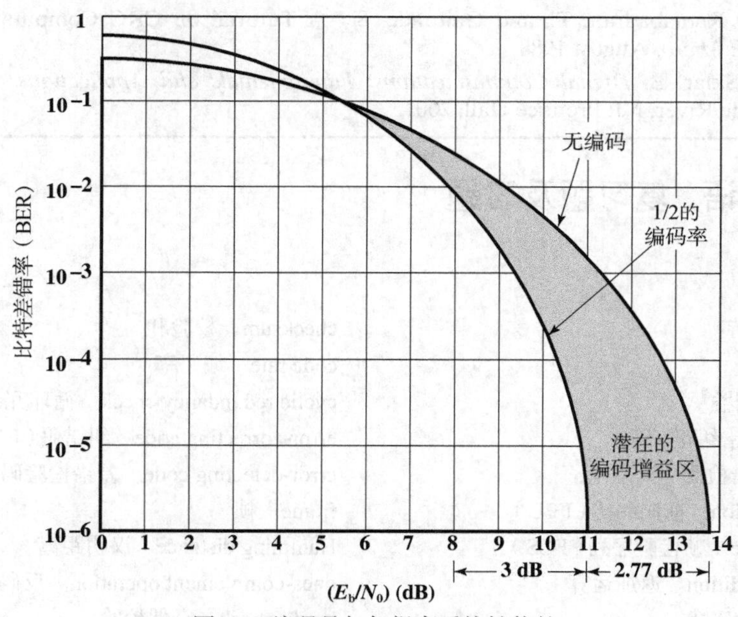

图6.9　编码是如何提高系统性能的

需要注意的是，第二条编码率为1/2的曲线的BER指的是未纠正的差错，且E_b的值指的是每个数据比特的能量。因为编码率为1/2，所以在信道上每两个比特代表一个数据比特，因此每个编码后的比特的能量是每个数据比特能量的一半，或者说减小了3 dB而达到8 dB。如果观察的是这个系统中每个编码后的比特能量，那么可知该信道比特差错率约为2.4×10^{-2}，即0.024。

① E_b/N_0是每比特信号能量与每赫兹噪声功率密度的比值，其定义和解释都在第3章中。

最后应注意，当E_b/N_0小于某个门限值后，事实上这个编码机制降低了系统的性能。在图6.9 的例子中，门限值大约出现在5.4 dB的地方。在这个门限值以下，附加的检验比特将会对系统带来额外负担，它会使每数据比特能量减少过多，并引起差错的增加。在门限值以上，编码的纠错能力足以补偿E_b的损失，并能带来编码增益。

6.7 推荐读物

对差错检测码和循环冗余检验的经典分析可参阅[PETE61]。[RAMA88]是关于循环冗余检验的优秀教程。

[ADAM91]提供了对纠错码的全面描述，而[SKLA01]中有一段文字清晰而精彩地讨论了纠错码。[BERL87]和[BHAR83]是两篇很实用的概览性的文章。[ASH90]对纠错码在理论和数学计算上进行了讨论，不难读懂。[LIN04]全面介绍了差错检测以及纠错码。

ADAM91 Adamek, J. *Foundations of Coding.* New York: Wiley, 1991.

ASH90 Ash, R. *Information Theory.* New York: Dover, 1990.

BERL87 Berlekamp, E.; Peile, R.; and Pope, S. "The Application of Error Control to Communications." *IEEE Communications Magazine,* April 1987.

BHAR83 Bhargava, V. "Forward Error Correction Schemes for Digital Communications." *IEEE Communications Magazine,* January 1983.

LIN04 Lin, S., and Costello, D. *Error Control Coding.* Upper Saddle River, NJ: Prentice Hall, 2004.

PETE61 Peterson, W., and Brown, D. "Cyclic Codes for Error Detection." *Proceedings of the IEEE,* January 1961.

RAMA88 Ramabadran, T., and Gaitonde, S. "A Tutorial on CRC Computations." *IEEE Micro,* August 1988.

SKLA01 Sklar, B. *Digital Communications: Fundamentals and Applications.* Upper Saddle River, NJ: Prentice Hall, 2001.

6.8 关键术语、复习题及习题

关键术语

check bits 检验比特
checksum 校验和
codeword 码字
code rate 编码率
coding gain 编码增益
cyclic redundancy check 循环冗余检验（CRC）
error correction 差错纠正
error-correcting code 纠错码（ECC）
error detection 差错检测
error-detecting code 差错检验码
forward error correction 前向纠错（FEC）
frame 帧
frame check sequence 帧检验序列（FCS）
Hamming distance 汉明距离
ones-complement addition 返加运算
ones-complement operation 反码运算
parity bit 奇偶校验比特
parity check 奇偶校验
redundancy 冗余
two-dimensional parity check 二维奇偶校验

复习题

6.1 什么是奇偶校验比特?

6.2 什么是CRC？

6.3 你为什么认为CRC比奇偶校验能够检测出更多的差错?

6.4 列出可以描述CRC算法的3种不同方式？

6.5 有没有可能设计一种纠错码（ECC），它能够纠正某些双比特差错，但不能纠正所有的双比特差错？为什么？

6.6 在(n, k)块纠错码中，n和k分别代表什么？

习题

6.1 对于图6.1中的例子，要满足6.1节中对差错突发的正式定义，x的最小值和最大值分别是多少？

6.2 你认为在每个字符中包含一个奇偶校验比特是否会改变接收到正确报文的概率？

6.3 两个正在通信的设备用1比特的偶校验进行差错检测。发送方发送了字节10101010，由于信道噪声，接收方收到的字节是10011010。接收方能否检测到这个差错？为什么？

6.4 设想一个帧由两个4比特长的字符组成。假设比特差错率为10^{-3}，且每个比特彼此无关。

a. 接收到的帧含有至少一个差错的概率为多少？

b. 再给每个字符增加一个奇偶校验比特。这时的概率又是多少？

6.5 请指出图6.3(a)中的p值不管是作为所有数据比特的奇偶校验比特，还是所有行奇偶校验比特的奇偶校验比特，或是所有列奇偶校验比特的奇偶校验比特，结果都是一样的。

6.6 为数据块E3 4F 23 96 44 27 99 F3计算其因特网检验和。再进行验证计算。

6.7 因特网检验和的一个很好的特点是字节顺序无关性。小端字节序（little endian）的计算机在存储十六进制数时，最低有效字节在最后（如Intel处理器）。而大端字节序（big endian）的计算机将最低有效字节放在最前面（如IBM大型机）。请解释为什么检验和不需要考虑字节顺序？

6.8 高速运输协议（Xpress Transfer Protocol，XTP）使用了一个32比特的检验和函数，它被定义为两个16位函数的组合（concatenation）：XOR和RXOR，如图6.10所示。XOR函数计算列的奇偶校验。RXOR是一种对角奇偶校验，它先旋转数据块的每个连续16比特字中的1比特，然后再执行按位异或运算。

a. 这个检验和能检测出所有由奇数个差错比特引起的错误吗？请解释。

b. 这个检验和能检测出所有由偶数个差错比特引起的错误吗？如果不能，请给出将会导致检验失败的差错模式的特征。

6.9 在计算FCS时，使用模2算法而不是二进制算法的意义是什么？

6.10 使用CRC-CCITT多项式，为一个1后面跟有15个0的报文计算生成的16比特CRC码。

a. 使用长除法。

b. 使用图6.4所示的移位寄存器机制。

6.11 用语言解释为什么使用移位寄存器实现CRC时，如果没有差错，接收器计算得到的结果就是全0。举例来说明这一点。

6.12 若$P = 110011$而$M = 11100011$，计算CRC。

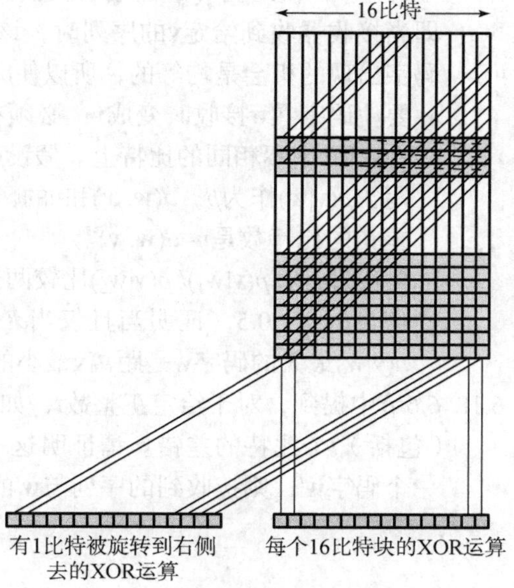

图6.10 XTP检验和机制

6.13 某CRC的结构可用于为11比特报文生成4比特的FCS。生成多项式为X^4+X^3+1。

a. 画出能够实现这一任务的移位寄存器电路（见图6.4）。

b. 用这个生成多项式将比特序列10011011100（最左边的是最低位）编码，并写出码字。

c. 现在假设在这个码字中的第7个比特（从最低位数起）有差错，请指出差错检测算法是如何检测到这个差错的。

6.14 a. 在CRC差错检测机制中，选择$P(X)=X^4+X+1$。请为比特序列10010011011编码。

b. 假设因信道带来的差错模式为100010000000000（也就是分别在位置1和5从1跳变到0或从0跳变到1）。那么接收到的比特序列是什么？这个差错能被检测出来吗？

c. 如果差错模式为100110000000000，重复问题(b)。

6.15 在通信标准中经常使用的是一种经修改的CRC过程。它的定义如下：

$$\frac{X^{16}D(X)+X^kL(X)}{P(X)}=Q+\frac{R(X)}{P(X)}$$

$$\text{FCS}=L(X)+R(X)$$

其中，

$$L(X)=X^{15}+X^{14}+X^{13}+\cdots+X+1$$

并且k是被检验的比特数（地址字段、控制字段以及信息字段）。

a. 用语言描述这个过程的效果。

b. 解释其可能带来的好处。

c. 画出实现$P(X)=X^{16}+X^{12}+X^5+1$的移位寄存器电路。

6.16 计算以下码字两两之间的汉明距离：

a. 00000, 10101, 01010

b. 000000, 010101, 101010, 110110

6.17 6.6节讨论了以最小距离作为选择依据的块纠错码。也就是说，假设某编码由s个等可能性的码字组成，每个码字的长度为n，那么对每个接收到的序列$\mathbf{v}$，接收器会为它选择一个码字$\mathbf{w}$，使距离$d(\mathbf{w}, \mathbf{v})$最小。我们希望证明这种机制从下述角度来看是“理想”的，即当接收器收到给定$\mathbf{v}$的序列时，该序列为码字$\mathbf{w}$的概率$p(\mathbf{w}|\mathbf{v})$最大。因为我们假设所有码字出现的机会是均等的，所以使$p(\mathbf{w}|\mathbf{v})$最大的码字与使$p(\mathbf{v}|\mathbf{w})$最大的码字是一致的。

a. 要使码字在$\mathbf{w}$接收时变成$\mathbf{v}$，必须在传输中产生恰好$d(\mathbf{w}, \mathbf{v})$个差错。这些差错必须发生在$\mathbf{w}$和$\mathbf{v}$中不相同的比特上。假设$\beta$是特定比特在传输中出错的概率，$n$是码字的长度，写出$p(\mathbf{v}|\mathbf{w})$作为$\beta$，$d(\mathbf{w}, \mathbf{v})$和$n$的函数表达式。提示：差错的比特数是$d(\mathbf{w}, \mathbf{v})$，而没有差错的比特数是$n-d(\mathbf{w}, \mathbf{v})$。

b. 再通过计算$p(\mathbf{v}|\mathbf{w}_1)/p(\mathbf{v}|\mathbf{w}_2)$比较两个不同的码字$\mathbf{w}_1$，$\mathbf{w}_2$的$p(\mathbf{v}|\mathbf{w}_1)$和$p(\mathbf{v}|\mathbf{w}_2)$。

c. 假设$0<\beta<0.5$，证明当且仅当$d(\mathbf{v}, \mathbf{w}_1)<d(\mathbf{v}, \mathbf{w}_2)$时有$p(\mathbf{v}|\mathbf{w}_1)>p(\mathbf{v}|\mathbf{w}_2)$。这就证明了使$p(\mathbf{v}|\mathbf{w})$最大的码字$\mathbf{w}$是距离$\mathbf{v}$最小的码字。

6.18 6.6节中提到，对于给定正整数t，如果编码满足$d_{\min}\geqslant 2t+1$，那么这个编码可以纠正高达（包括）t个比特的差错。请证明这一命题。提示：首先应注意，如果将码字$\mathbf{w}$解码成另一个码字$\mathbf{w}'$，则接收到的序列与$\mathbf{w}'$的距离必定小于或等于它与$\mathbf{w}$之间的距离。

第7章　数据链路控制协议

学习目标

在学习了本章的内容之后，应当能够：

- 说明流量控制的必要性；
- 概述停止等待流量控制和滑动窗口流量控制的基本机制；
- 概述停止等待ARQ、返回N ARQ以及选择拒绝控制的基本机制；
- 概述HDLC。

到目前为止，我们的讨论只关心经由传输链路传输信号的过程。为了有效地进行数字数据通信，还需要更多有关交换的控制和管理手段。本章将重点转移到经由数据通信链路传输数据的过程。为了实现必要的控制功能，在第6章中讨论的物理接口层之上又增加了一个逻辑层，这个逻辑称为**数据链路控制**（data link control）或**数据链路控制协议**（data link control protocol）。在使用数据链路控制协议时，系统之间的传输媒体称为数据链路（data link）。

为了理解数据链路控制的必要性，我们针对两个直接相连的发送-接收站点之间有效的数据通信，列出以下一些要求和目标。

- **帧同步**　数据以数据块的形式发送，这些数据块称为帧。每个帧的开始和结束必须可以辨别。我们在同步帧的讨论中简单介绍过这一内容。
- **流量控制**　发送站点发送帧的速度不得超过接收站点接纳这些帧的速度。
- **差错控制**　由传输系统引起的比特差错必须纠正。
- **寻址**　在类似局域网的共享链路上，传输涉及的两个站点的身份必须指明。
- **控制信息和数据在同一链路上**　通常人们不希望为控制信息另外设立一条物理上独立的通信路径。相应地，接收器必须能够从传输的数据中辨认出控制信息。
- **链路管理**　持续不断的数据交换的初始化、维持以及终止等工作，需要站点之间大量的协同与合作，因而需要具有管理这些交换的过程。

第6章中介绍的技术无法满足以上任何一条要求。在本章将会了解到，能够满足这些要求的数据链路协议是相当复杂的。首先，本章介绍属于数据链路控制的两种主要机制：流量控制和差错控制。有了这些背景知识之后，将介绍一种最重要的数据链路控制协议：HDLC（high level data link control，高级数据链路控制协议）。这个协议之所以非常重要，有两个原因：首先，它是被广泛应用的标准化的数据链路控制协议。其次，事实上以HDLC作为基础，从中衍生出了所有其他重要的数据链路控制协议。

7.1　流量控制

流量控制是用于确保发送实体发送的数据不会超出接收实体接收数据能力的一种技术。一般情况下，接收实体要为传输分配一些具有最大长度的数据缓存。一旦接收到数据，接收器在将这些数据传递给高层程序之前，必须对它们做一定的处理。如果没有流量控制，接收器在处理旧数据时，缓存就有可能会被新数据填满，甚至溢出。

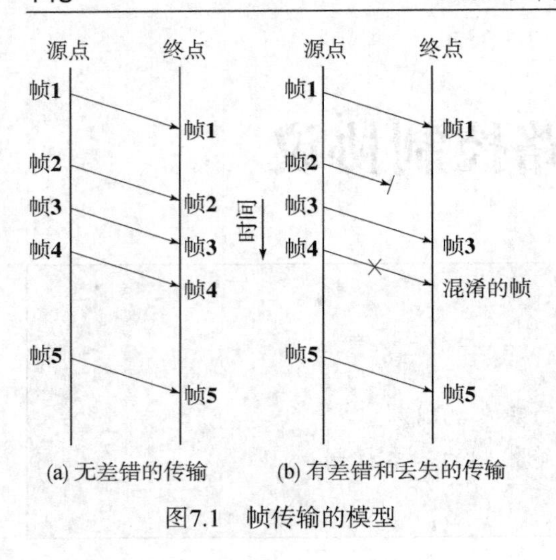

图7.1　帧传输的模型

首先讨论一下无差错情况下的流量控制机制。图7.1(a)中描绘了所用的模型，这个示意图在垂直方向表示出时间的顺序。它的优点是指明了事件发生的时序关系，并且描绘了正确的发送和接收之间的关系。图中的每个箭头都代表了在两个站点之间的数据链路上传送的一个帧。数据以帧序列的形式发送，在每个帧中都包含部分数据和一些控制信息。站点将一个帧的所有比特送到媒体上所花费的时间就是**传输时间**（transmission time），它与该帧的长度成正比。**传播时间**（propagation time）指的是一个比特经过链路从源点到达终点所花费的时间。此刻我们先假设所有传输的帧都成功地被接收，即没有丢失的帧，而且这些帧在到达时也没有差错。我们进一步假设所有的帧在到达时与它们被发送时的顺序是一致的。

不过，在被接收之前，每个传送的帧都会遭受到任意的不等量的时延①。

7.1.1　停止等待流量控制

流量控制中最简单的形式称为停止等待流量控制，其工作过程如下。源实体传输一个帧，目的实体在接收到它之后，返回一个对刚刚接收到的帧的确认，以表明自己愿意接受另一个帧。源点在发送下一个帧之前必须等待，直至接收到这个确认。因此，终点可以不发送确认，从而简单地中止了数据流。这一过程很有效，而且，如果一个报文通过少量但比较长的帧来发送，那么事实上这个过程很难再进一步完善。不过，更为常见的情况是源点把大块的数据分割成较小的数据块，并且用很多帧来传送这些数据。这样做的原因如下。

- 接收方的缓存空间可能有限。
- 传输时间越长，产生差错的可能性也越高，重传整个帧的可能性也越大。使用较小的帧，就能更快地检测到差错，而且需要重传的数据量也较小。
- 在类似局域网这样的共享媒体上，通常不希望让一个站点长时间地占用传输媒体，因为这样会导致其他发送站点的时延过长。

在一个报文使用多个帧传送的情况下，停止等待过程就可能不太合适了。其根本问题在于一次只能传送一个帧。在进一步解释这个问题之前，首先定义**链路的比特长度**

$$B = R \times \frac{d}{V} \tag{7.1}$$

其中，B = 以比特为单位的链路长度，即比特流完全占满整个链路时，链路上的比特数；R = 链路的数据率（bps）；d = 链路的长度，或者说距离（m）；V = 传播速率（m/s）。

在链路的比特长度大于帧长度的情况下，就会导致效率严重低下，如图7.2所示。在图中，传输时间取归一化值1，并且传播时延用变量a表示。因此可以将a表示为

$$a = \frac{B}{L} \tag{7.2}$$

其中L是一个帧中的比特数（以比特为单位的帧长度）。

① 在点对点的直接链路上，时延量是固定的，而不是可变的。但是数据链路控制协议可用于经过网络的连接，如电路交换网或ATM网，在这种情况下，时延可能是变化的。

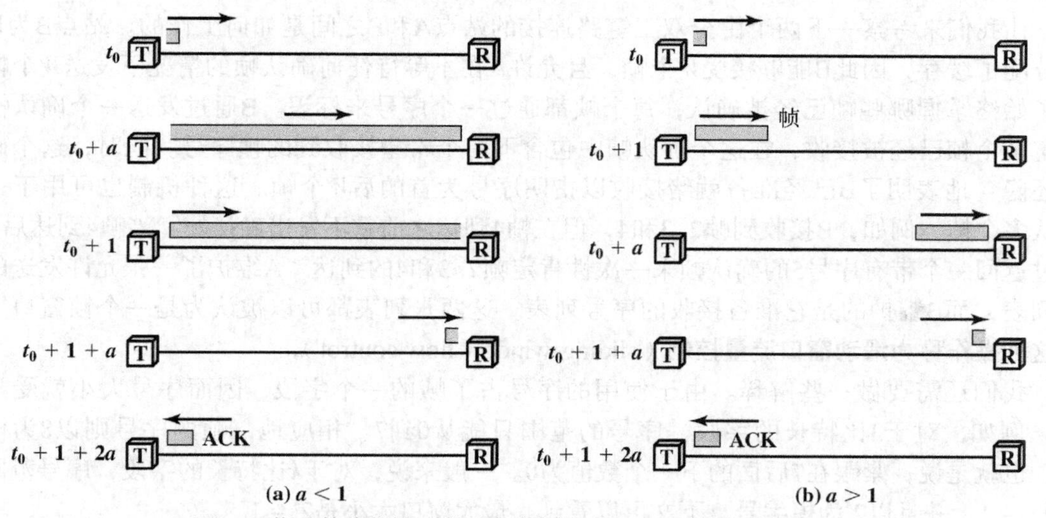

图7.2 停止等待的链路利用率（传输时间 = 1；传播时间 = a）

当a小于1时，传播时间小于传输时间。在这种情况下，帧的长度足以实现源点在把这个帧完全发送出去之前，帧的前几比特已经到达了终点。当a大于1时，传播时间大于传输时间。此时，在这个帧的前几比特到达接收方之前，发送方已完成了整个帧的传输。换句话说，a的值越大，则站点之间的数据率越高和/或距离越远。第16章讨论了a与数据链路的性能。

图7.2中的两部分显示的都是经过一段时间的传输后，瞬时取景得到的一系列帧传送图。其中，前4个图显示的都是含有数据的帧的传输过程，而最后一个图显示了较小的确认帧的返回。注意，当$a > 1$时，线路总是没有被完全利用，并且即使$a < 1$，线路也没有得到充分利用。总体来说，当数据率非常高时，或发送方与接收方之间的距离非常远时，停止等待流量控制所提供的线路利用效率不高。

例7.1 假设有一条数据率为1 Gbps的200 m光纤链路。光纤的传播速度通常在2×10^8 m/s左右。利用式(7.1)，$B = (10^9 \times 200)/(2 \times 10^8) = 1000$比特。假设传输的是1000个八位组的帧，或者说8000比特。利用式(7.2)，$a = (1000/8000) = 0.125$。参考图7.2(a)，假设传输起始时间为$t = 0$。在1 μs后（0.125个帧时间的归一值），帧的前沿（第一个比特）到达R，而帧的前1000个比特展开在整个链路上。当$t = 8$ μs时，帧的后沿（最后一个比特）刚刚被T发送到链路上，而最后的1000个比特在链路上展开。当$t = 9$ μs时，帧的最后一个比特到达R。此时R返回一个ACK帧。如果假设确认帧的传输时间可忽略不计（确认帧非常小），并且立刻发送这个ACK，那么ACK到达T的时间是$t = 10$ μs。此时，T可以开始发送一个新的帧了。实际用于传输这个帧的时间是8 μs，但是第一个帧的发送及接收，再加上ACK，总共耗时10 μs。
现在假设在两个基地站之间有一条1 Mbps的链路通过卫星中继进行通信。地球同步人造卫星的高度约为36 000 km。于是$B = (10^6 \times 2 \times 36\,000\,000)/(3 \times 10^8) = 240\,000$比特。对于长度为8000比特的帧来说，$a = (240\,000/8000) = 30$。根据图7.2(b)，我们可以像前面一样逐步分析。此时，帧的前沿到达R需要240 ms，整个帧到达还需要8 ms。ACK在$t = 488$ ms时返回到T。那么第一个帧的实际传输时间是8 ms，而第一个帧的发送及接收，再加上ACK，总共耗时488 ms。

7.1.2 滑动窗口流量控制

现在看来，我们所讨论的根本问题在于一次只允许发送一个帧。当链路的比特长度大于帧长度时（$a > 1$），它会导致严重的浪费。如果允许一次传送多个帧，就可以大大提高其效率。

让我们来考察一下两个由全双工链路连接的站点A和B之间是如何工作的。站点B为W个帧分配了缓存，因此B能够接受W个帧，且允许A在不等待任何确认帧的情况下发送W个帧。为了始终掌握哪些帧已经被确认，每个帧都通过一个序号来标识。B通过发送一个确认帧来肯定某个帧已经被接收，在这个确认帧中包含下一个希望接收到的帧序号。同时，这个确认帧还隐含地表明了B已经准备就绪接收以指明序号为首的后W个帧。这种机制也可用于一次确认多个帧。例如，B接收到帧2, 3和4，但在帧4到达之前它不发出确认帧。当帧4到达后，B通过返回一个带有序号5的确认帧来一次性肯定帧2, 3和4的到达。A维护了一张允许发送的序号列表，而B维护的是它准备接收的序号列表。这两张列表都可以被认为是一个帧窗口。因此这种操作称为**滑动窗口流量控制**（sliding-window flow control）。

我们还需要做一些解释。由于使用的序号占了帧的一个字段，因而序号大小就受到限制。例如，对于3比特长的字段，序号的范围只能从0到7。相应地，帧的序号则以8为模编号。也就是说，紧跟在7后面的下一个数值为0。一般来说，对于k比特长的字段，序号范围从0到2^k-1，并且以2^k为模编号。下文可以看到，最大窗口大小是2^k-1。

图7.3是描述滑动窗口过程的一种很有用的方式。假设使用3比特序号，那么这些帧从0到7顺序编号，并且同样的编号在后继帧中会有重复。带阴影的方框表示的是可以发送的帧。

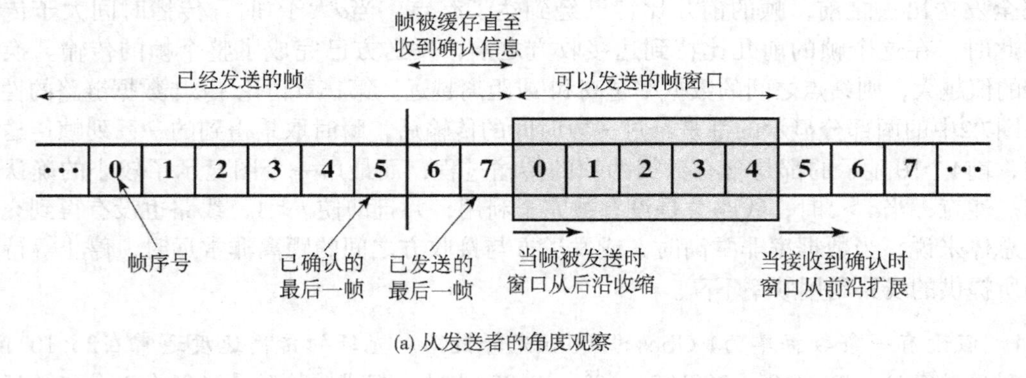

(a) 从发送者的角度观察

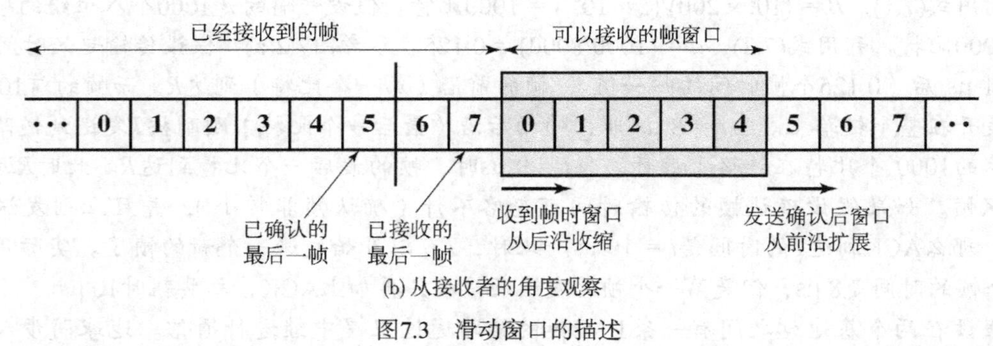

(b) 从接收者的角度观察

图7.3 滑动窗口的描述

在这幅图中发送方可以传送5个帧，从帧0开始。每当有一个帧发送出去，阴影窗口就会变小；每当接收到一个确认帧，阴影窗口就会变大。在竖线与阴影窗口之间的帧是已经发送但尚未被确认的帧。我们将会看到这些帧可能需要重传，因此发送方必须将这些帧保存在缓存中。

对于给定长度的序号，窗口的实际大小不必等于最大的可能值。例如，在3比特序号的情况下，使用滑动窗口流量控制协议的站点可以将滑动窗口大小设置成5。

例7.2 图7.4给出了一个例子。假设例中的序号字段为3比特，且最大窗口大小为7个帧。起初，A和B上的滑动窗口都表明A可以发送以帧0（F0）为首的后7个帧。在发送了3个帧F0，F1

和F2且没有收到确认的情况下，A将自己的滑动窗口缩小为4个帧，并保留已发送的3个帧的副本。此时的滑动窗口表明A可以发送以F3帧为首的后4个帧。接着B发送一个RR（接收就绪）3，它的含义是"我已经接收到F2帧以前的所有帧，并且准备接收F3帧，事实上，我已经准备接收以F3帧为首的后7个帧。"有了这个确认帧，A再次允许发送7个帧，并且仍然以F3帧为首，并且此时A可以将缓存的帧丢弃，因为它们已被确认了。A接着发送出帧F3、F4、F5和F6帧。B返回一个RR 4，以确认F3帧并允许A继续发送从F4帧开始直到下一轮的F2帧。当这个RR到达A时，A已经传送了F4，F5和F6帧，因此A打开的窗口只能允许4个帧的发送，以F7帧为首。

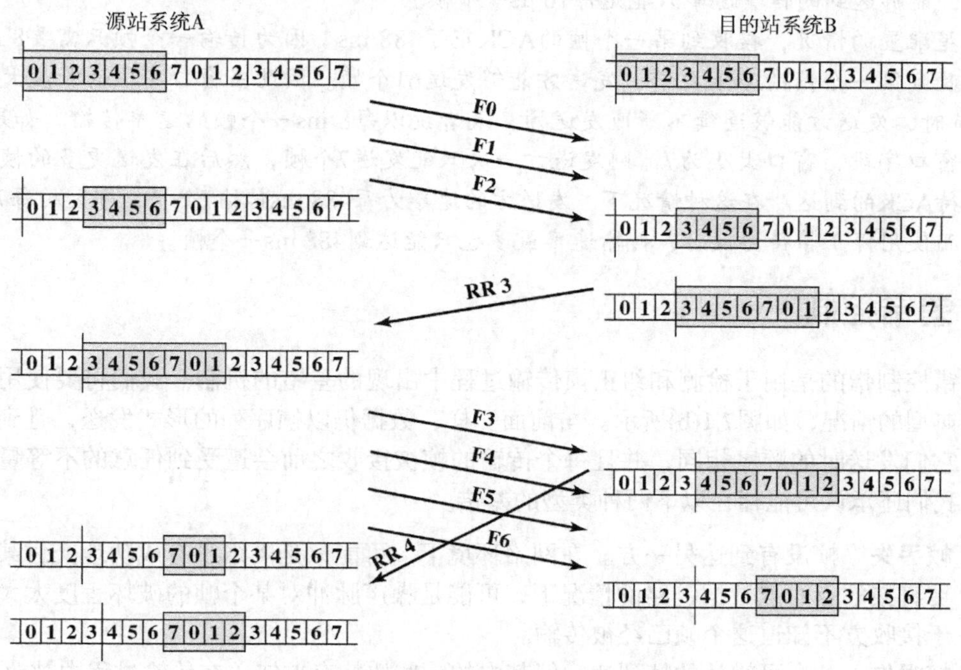

图7.4　滑动窗口协议的例子

就目前看来，我们所描述的机制实际提供了流量控制的一种形式：接收方必须只能容纳紧跟在最后一次确认帧之后的7个帧。大多数协议还允许站点通过发送一个"接收未就绪"（RNR）的报文来切断对方的帧流，这个报文确认了前几个帧，但禁止继续发送后面的帧。因此RNR 5的含义就是："我已经接收到F4帧之前的所有帧，但是无法接受更多的帧。"在此后的某个时刻，站点必须发送一个正常的确认帧来重新启动滑动窗口。

目前为止，我们仅讨论了一个方向上的传输。如果在两个站点之间交换数据，那么每个站点都要维护两个窗口，一个用于发送，另一个用于接收，且双方都需要向对方发送数据和确认帧。为了提供更有效的措施来满足这一要求，通常会采用一种称为**捎带**（piggybacking）的技术。每个**数据帧**除了一个存放帧序号的字段之外，还有一个用于存放确认序号的字段。因此，如果一个站点既要发送数据，又要发送确认，那么这两个字段会在一个帧中同时发送，因而节省了通信容量。当然，如果一个站点有确认，但没有需要发送的数据，它就会发送一个独立**确认帧**，如RR或RNR。如果一个站点需要发送数据，但没有新的确认，它就必须重新发送上一次已经发送过的确认，这是因为数据帧中包含一个用于确认帧号的字段，而且这个字段中必须存放有数据。当一个站点接收到重复的确认后，只是简单地忽略这个确认。

与停止等待流量控制相比，滑动窗口流量控制能够很大程度地提高效率。原因是，在使用滑动窗口流量控制的情况下，传输链路被看成一个管道，它有可能在传送过程中被填满。

相反，使用停止等待流量控制，在这个管道中一次只可能存在一个帧。第16章对有效性的提高进行了定量分析。

例7.3 再次使用例7.1中的配置，假设使用的是滑动窗口流量控制。正如例7.1中计算得到的，接收到第一个帧的ACK花了10 μs的时间。因为传输一个帧需要8 μs，所以在接收到第一个帧的ACK之前，发送方可以发送第一个帧以及第二个帧的一部分。因此，当窗口大小为2时发送方正好能够连续不断地发送帧，或者说以每8 μs一个帧的速率传输。而使用停止等待协议时，能够达到的传输速率只能是每10 μs一个帧。

对于卫星配置的情况，接收到第一个帧的ACK花了488 ms。因为传输一个帧只需要8 ms，所以在接收到第一个帧的ACK之前，发送方能够发送61个帧。因此当窗口字段的长度大于或等于6比特时，发送方能够连续不断地发送帧，或者说以每8 ms一个帧的速率传输。如果使用3比特的窗口字段，窗口大小为7，则发送方一次只能发送7个帧，然后在发送更多的帧之前，必须等待ACK的到达。在这种情况下，发送方的速率为每488 ms传输7个帧，即大约每70 ms一个帧。而使用停止等待协议时，传输速率最多也只能达到488 ms一个帧。

7.2 差错控制

差错控制指的是用于检测和纠正帧传输过程中出现的差错的机制。我们将要使用的模型包含了典型的情况，如图7.1(b)所示。与前面一样，数据仍以帧序列的形式发送，且到达时的顺序与它们发送时的顺序相同，并且每个传输的帧被接收之前会遭受到任意的不等量时延。另外，我们还承认可能存在以下两种类型的差错。

- **帧丢失** 帧没有到达另一方。在网络环境下，可能只是网络没有成功地交付某个帧。在直接的点对点数据链路的情况下，可能是噪声脉冲对某个帧的破坏程度太大，以至于接收方不知道这个帧已经被传输。
- **帧损伤** 一个可辨认的帧到达，但其中的一些比特有差错（在传输过程中被改变）。

最常用的差错控制技术的基础都是由下述的部分或全部技术组成的。

- **差错检测** 终点利用前一章所描述的技术检测到某些帧出了错，并丢弃这些帧。
- **肯定确认** 终点为成功接收到的无差错的帧返回一个肯定确认。
- **超时重传** 在预定时间没有收到确认的情况下，源点会重新传输一个帧。
- **否认与重传** 终点为检测到差错的帧返回一个否认。源点重新传输这些帧。

综合起来，这些机制都称为**自动重传请求**（automatic repeat request，ARQ）。ARQ 所起的作用就是使不可靠的数据链路变得可靠。有如下3种ARQ已经形成标准：

- 停止等待ARQ（stop-and-wait ARQ）
- 返回N ARQ（go-back-N ARQ）
- 选择拒绝ARQ（selective-reject ARQ）

所有这些形式都是基于7.1节中讨论的流量控制技术的应用。下文将依次介绍。

7.2.1 停止等待ARQ

停止等待ARQ的基础是前面介绍过的停止等待流量控制技术。源点传输一个帧之后，必须等待一个确认（ACK）。在终点的确认返回源点之前，源点不能发送其他的数据帧。

这时有可能出现两种类型的差错。第一，到达终点的帧可能已经被损伤。此时，接收器通过使用前面提到的差错检测技术检测出差错的存在，并简单地丢弃这个帧。针对这种可能的差错，在源点设置了一个计时器。当一个帧被传输后，源点开始等待确认。如果计时器超时而确认没有接收到，那么再次发送同一个帧。注意，使用这种方法要求发送方保留发送帧的副本，直至接收到这个帧的确认。

第二种差错是确认损伤。可以设想以下这种情况。站点A传输一个帧。这个帧被站点B正确接收，并用一个确认（ACK）来响应。这个ACK在传输中被损伤，使得A无法辨认，因此A的时钟超时并重传这个帧。这个重复的帧到达B，并被B接受。因此，B接收到了两份互为副本的帧，就好像它们是两份独立的帧一样。要避免此类问题，帧被交替地标记为0和1，且肯定确认的格式分别为ACK0和ACK1。为了遵从滑动窗口的协定，ACK0确认的是接收到了编号为1的帧，并表示接收方准备接收编号为0的帧。

图7.5所示为使用停止等待ARQ的一个例子，它描绘的是从源点A传输到终点B的一个帧序列[①]。图中描绘了刚才介绍的两种类型的差错。由A传输的第三个帧丢失或被损伤了，因此B没有返回ACK。A因超时而重传该帧。之后，A传输了一个标记为1的帧，但是该帧的ACK0丢失。A超时并重传同一个帧。当B连续接收到两个相同标记的帧后，它会丢弃第二个帧，但是会为每个帧返回一个ACK0。

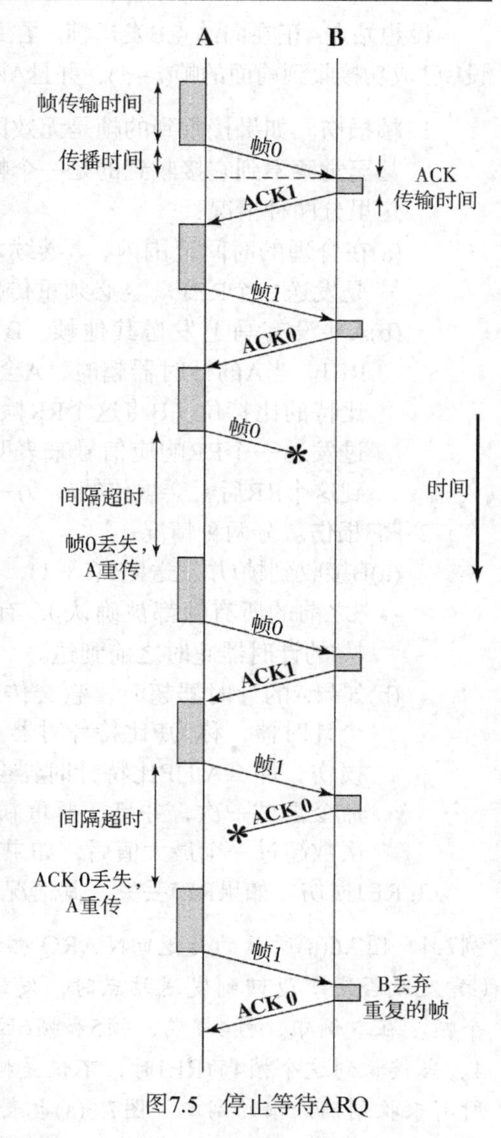

图7.5　停止等待ARQ

停止等待ARQ的主要优点是简单易行。它的主要缺点在于停止等待本身是一种低效率的机制，如同7.1节中的讨论。如果采纳滑动窗口技术，则能够提供更高的线路利用率。在这种情况下，有时它被称为连续ARQ（continuous ARQ）。

7.2.2　返回N ARQ

最常用的基于滑动窗口流量控制的差错控制形式称为返回N ARQ。在使用返回N ARQ时，站点发送的是以某个最大值为模的顺序编号的帧序列。利用滑动窗口流量控制技术，未确认的帧的最大数目取决于窗口大小。在没有出现差错的情况下，终点会像以往一样肯定确认（RR = 接收就绪或捎带的确认）接收到的帧。如果终点在某个帧中检测到差错，就可能会为这个帧发送一个否认（REJ = 拒绝），其原则稍后再解释。终点丢弃这个帧以及所有后续接收到的帧，直至有差错的帧被正确地接收到。因此，当源点接收到一个REJ后，必须重传有差错的帧以及这个帧之后的所有已经传输过的帧。

① 这幅图中指出了传输一个帧所需要的时间。为了保持简洁，本章的其他图中都没有显示这个时间。

设想站点A正在向站点B发送帧。在每次传输之后，A为刚才传输的帧设置确认计时器。假设B已成功接收到前面的帧$(i-1)$，并且A刚刚传输了帧i。返回N技术对下述异常事件做出反应。

1. **帧损伤**。如果接收到的帧是无效的（即B检测到一个差错，或者因为损伤情况严重，B甚至觉察不到它接收到的是一个帧），B丢弃该帧并且不对该帧做任何进一步的动作。这里分两种情况：
   (a)在合理的时间范围内，A继续发送帧$(i+1)$。B接收到帧$(i+1)$后发现次序不对，于是发送一个REJ i。A必须重传帧i以及所有的后继帧。
   (b)A并没有马上发送其他帧。B没有接收到任何帧，并且B既不返回RR，也不返回REJ。当A的计时器超时，A会传输一个RR帧，并在其中包含一个被置为1的称为P比特的比特位。B将这个RR帧中的P比特为1解释成一条命令，该命令要求B必须通过发送一个RR响应信号来表明自己希望接收到的下一个帧，也就是帧i。当A接收到这个RR后，会重传帧i。另一种情况是A的计时器超时，A也会重传帧i。
2. **RR损伤**。分两种情况：
   (a)B接收到帧i并发送RR $(i+1)$，而它在传输时丢失。由于确认是累积的（如RR 6表示5之前的所有帧都被确认），有可能A会接收到下一个帧的RR，并且这个RR可能在帧i的计时器超时之前到达。
   (b)如果A的计时器超时，它会传输一个RR命令，如1(b)中的情况。A还会设置另外一个计时器，称为P比特计时器。如果B没有响应这个RR命令，或者如果它的响应被损伤，那么A的P比特计时器会超时。在这种情况下，A将会通过发送一个新的RR命令重试一次，并且还要重新启动P比特计时器。这一过程将重复数次。在重试的次数超过一个最大值后，如果A还没有获得确认，A就会启动复位过程。
3. REJ损伤。如果REJ丢失，其情况等同于情况1(b)。

例7.4 图7.6(a)所示的是返回N ARQ 帧流的一个例子。由于线路上的传播时延，当一个确认（肯定或否定）返回到发送站点时，发送站点已经至少发送了这个被确认的帧之后的另外一个帧。在本例中，帧4损伤，帧5和帧6因失序到达而被B丢弃。当帧5到达时，B立即发送REJ 4。当接收到这个帧4的REJ时，不仅是帧4，连帧5和帧6都必须重传。注意，发送方必须保存所有未收到确认帧的副本。图7.6(a)也表明了超时重传的一个例子。在超时期限内没有收到对帧5的确认，因此A发出一个RR以判断B的状态。

7.1节曾提到，对于一个k比特的序号字段，它提供的序号范围为2^k，且窗口的最大值限制为2^k-1。它与差错控制和确认之间的交互有关。设想如果数据的交换是双向的，站点B必须在自己发送的数据帧中捎带地对A发送的帧做出确认，哪怕是这个确认已经发送过，原因我们已经提到过，B必须在自己的数据帧的确认字段中放入一些数据。例如，假设序号字段的长度是3比特（序号容量 = 8）。如果一个站点发送了帧0并得到返回的RR 1，于是继续发送帧1, 2, 3, 4, 5, 6, 7, 0 并且得到另一个RR 1。这可能意味着所有8个帧都被正确接收到，而RR 1是累积确认，同时也可能意味着所有8个帧在传输途中被损伤或丢失，而接收站点只是重复自己以前的RR 1。如果将窗口的大小限制到7（即2^3-1），就能避免上述问题。

7.2.3 选择拒绝ARQ

使用选择拒绝ARQ，被重传的只有那些接收到否认的帧或超时的帧，在这种情况下，否认称为SREJ。

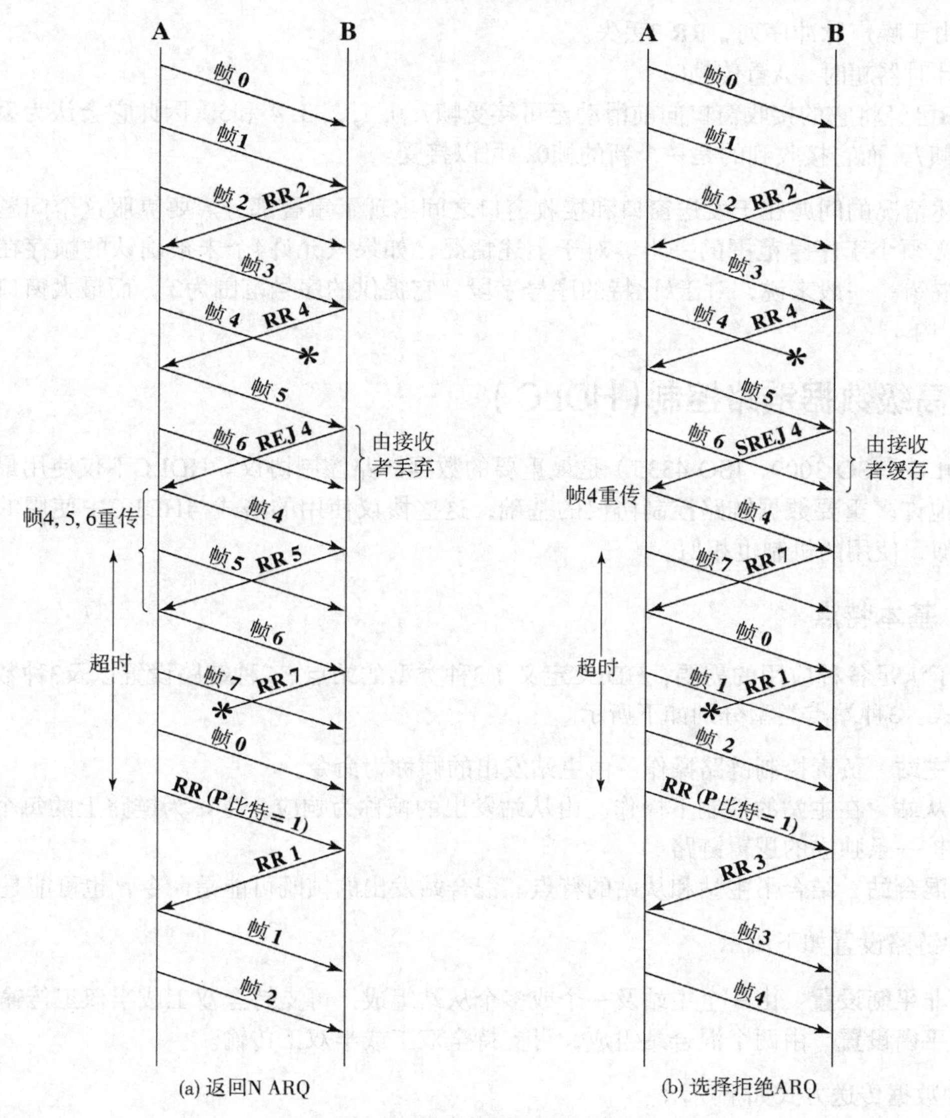

图7.6　滑动窗口ARQ协议

例7.5　图7.6(b)描绘了这一机制。当帧5未按顺序被接收时，B发送SREJ 4，表示它还没有收到帧4。但是B继续接受后续的帧，并缓存它们，直到收到一个有效的帧4。这时，B可以将帧按序排列，然后将它们传递给高层软件。

由于被重传的帧的数量降低到了最小，所以选择拒绝看起来比返回N更有效。但另一方面，接收方必须维护一个足够大的缓存，以便保存SREJ后收到的帧，直至那个有差错的帧被重传，而且它还必须具有能够按照正确的顺序重新插入这些帧的逻辑。发送方也需要具有能够发送失序帧的更为复杂的逻辑。正是因为这些复杂性，人们更倾向于使用返回N ARQ，而不是选择拒绝ARQ。对于卫星链路，因为其传播时延很长，选择拒绝不失为一种好的选择。

选择拒绝ARQ对窗口大小的限制比返回N ARQ更加严格。考虑这样一种情况，选择拒绝ARQ序号字段的长度为3比特，窗口大小可达到7个帧，那么设想以下情况：

1. 站点A向站点B发送从帧0到帧6的所有帧。
2. 站点B接收到所有的7个帧，并以RR 7作为累积确认。

3. 由于噪声脉冲序列，RR 7丢失。
4. 计时器超时，A重传帧0。
5. B已经将它的接收窗口向前滑动至可接受帧7, 0, 1, 2, 3, 4 和5。因此它会认为丢失的是帧7，而它接收到的是一个新的帧0，可以接受。

上述情况的问题在于发送窗口和接收窗口之间出现了重叠部分。要克服这个问题，最大窗口值必须小于序号范围的一半。对于上述情况，如果只允许4个未被确认的帧存在，就不会发生混淆。一般来说，对于k比特的序号字段，它提供的序号范围为2^k，而最大窗口值则限制在2^{k-1}内。

7.3 高级数据链路控制（HDLC）

HDLC（ISO 3009，ISO 4335）是最重要的数据链路控制协议。HDLC不仅使用最广泛，还是其他许多重要数据链路控制协议的基础，这些协议使用的格式与HDLC中使用的格式相同或类似，使用的机制也相似。

7.3.1 基本特点

为了满足各种应用的需要，HDLC定义了3种类型的站点、2种链路设置以及3种数据传送运行方式。3种站点类型分别如下所示。

- **主站** 负责控制链路操作。由主站发出的帧称为命令。
- **从站** 在主站的控制下操作。由从站发出的帧称为响应。主站为链路上的每个从站维护一条独立的逻辑链路。
- **混合站** 结合了主站和从站的特点。混合站发出的帧既可能是命令，也可能是响应。

2种链路设置如下所示。

- **非平衡设置** 由一个主站及一个或多个从站组成，可支持全双工或半双工传输。
- **平衡设置** 由两个混合站组成，可支持全双工或半双工传输。

3种数据传送方式如下所示。

- **正常响应方式（NRM）** 用于非平衡设置。主站能够发起到从站的数据传送，而从站只有在接收到主站的命令时才能传输数据。
- **异步平衡方式（ABM）** 用于平衡设置。两个混合站都能够发起数据传输，不需要得到对方混合站的许可。
- **异步响应方式（ARM）** 用于非平衡设置。在主站没有明确允许的情况下，从站能够发起传输。但主站仍然对线路全权负责，包括初始化、差错恢复以及链路的逻辑断开。

NRM用于多点线路，就是多个终端连接到一台主计算机上。主计算机对每台终端进行轮询并采集数据。NRM有时也用于点对点的链路，特别是当计算机通过链路连接到一台终端或其他外设时。ABM是这三种方式中使用最广泛的一种，由于没有用于轮询的额外开销，所以它较有效地利用了全双工点对点链路。ARM很少被使用，它应用于从站需要发起传输的某些特殊场合。

7.3.2　帧结构

HDLC使用的是同步传输。所有的传输均为帧形式，且一个独立的帧格式就能够完全满足各种类型的数据和控制交换。

图7.7中描绘了HDLC帧的结构。位于信息字段之前的标志字段、地址字段以及控制字段统称为**首部**（header），而跟在数据字段后面的FCS和标志字段称为**尾部**（trailer）。

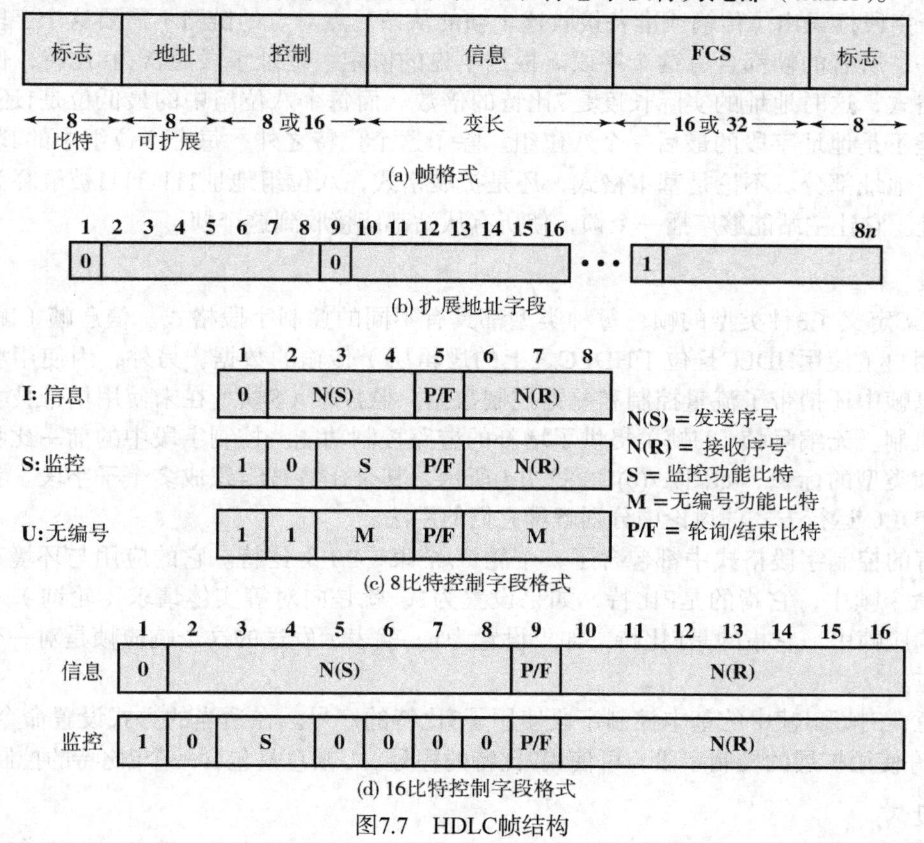

图7.7　HDLC帧结构

标志字段

标志字段以独特的01111110模式在帧的两端起定界作用。某个标志字段可能既是一个帧的结束标志，也是下一个帧的起始标志。在用户网络接口的两侧，接收方不断搜索标志序列，用于一个帧起始时的同步。正在接收一个帧时，站点也要继续搜索这个序列，用以判断这个帧的结束。因为这个协议允许存在任意的二进制比特序列（即链路协议不会对各字段的内容强加任何限制），所以01111110模式有可能出现在帧中间的某个地方，因而破坏了同步。为了避免出现这种情况，需要使用一种称为**比特填充**（bit stuffing）的处理过程。在帧的传输起始标志和结束标志之间，每当出现5个1之后，发送器就会插入一个附加的0。接收方在检测到起始标志后，会时刻注意这个比特流。一旦有5个1的模式出现，它就会检查第6个比特。如果第6个比特是0，那么该比特将被删除。如果第6个比特是1，并且第7个比特是0，那么这一组合被认为是标志字段。如果第6个比特和第7个比特都是1，那么发送方指明此时应处于异常终止状态。

使用比特填充后，在帧的数据字段中可以插入任意的比特序列。这种性质称为**数据透明性**（data transparency）。

图7.8所示为比特填充的示例。注意前两种情况，单从避免与标志比特序列冲突这个问题来讲，额外的0并不是必需的，但为了算法正常运作，它是必要的。

原模式：

111111111111011111101111110

比特填充之后：

1111101111101101111101011111010

图7.8　比特填充

地址字段

地址字段标识出了传输或准备接收这个帧的从站。点对点的链路不需要这个字段，但是为了统一，所有的帧都含有这个字段。根据早先的协定，地址字段通常为8比特，但可以使用扩展格式，这时地址的实际长度是7比特的倍数。而每个八位组中的最低位是1还是0，取决于它是不是地址字段的最后一个八位组。除了这个比特之外，每个八位组中的其他7个比特组成了地址部分。不论是基本格式，还是扩展格式，八位组地址11111111被解释为所有站点的地址。它让主站能够广播一个帧，使所有从站都能接收到这个帧。

控制字段

HDLC定义了3种类型的帧，每种类型都具有不同的控制字段格式。**信息帧**（I帧）携带的是向用户（使用HDLC且位于HDLC之上的逻辑层）传输的数据。另外，因使用ARQ机制而在信息帧中还捎带了流量控制和差错控制数据。**监控帧**（S帧）在未使用捎带技术时提供了ARQ机制。**无编号帧**（U帧）提供了增补的链路控制功能。控制字段中的前一比特或两比特用作帧类型的标识。如图7.7(c)和图7.7(d)所示，其余比特被组织成多个子字段。我们将在后面对HDLC 运行方式的讨论中分别解释它们的用法。

所有的控制字段格式中都包含了一个轮询/结束（P/F）比特。它的应用与环境有关。通常，在命令帧中，它指的是P比特，如果设置为1，就是向对等实体请求（轮询）一个响应帧。在响应帧中，它指的是F比特，如果设置为1，就表示发送的这个响应帧是对一个请求命令的响应。

注意，S帧和I帧中的基本控制字段使用了3比特的序号。在适当的方式设置命令下，S帧和I帧允许使用扩展的控制字段，可使用7比特的序号。U帧总是包含一个8比特的控制字段。

信息字段

只有I帧和某些U帧才具有信息字段。这个字段可以含有任意的比特序列，但必须由整数个八位组组成。信息字段的长度不固定，最大可达系统设置的最大值。

帧检验序列字段

帧检验序列（FCS）是从帧的除了标志字段以外的其他比特计算得到的差错检验码。通常这个检测码是16比特的CRC-CCITT 码，如6.3节中的定义。另一种选择是使用CRC-32的32比特FCS，它应用于帧长度或线路可靠性需要这种选择的情况下。

7.3.3　运行方式

HDLC的运行方式包括在两个站点之间交换I帧、S帧和U帧。在表7.1中列出了这些不同类型的帧所定义的不同命令和响应。在描述HDLC运行方式时，将讨论这3种类型的帧。

表7.1　HDLC命令和响应

名称	命令/响应	描述
信息（I）	命令/响应	交换用户数据
监控（S）		
接收准备完毕（RR）	命令/响应	肯定确认，准备接收I帧

（续表）

名称	命令/响应	描述
接收未准备就绪（RNR）	命令/响应	肯定确认；不准备接收
拒绝（REJ）	命令/响应	否认，返回N
选择拒绝（SREJ）	命令/响应	否认，选择拒绝
无编号帧（U）		
设置正常响应/扩展方式（SNRM/SNRME）	命令	置位方式：扩展＝7比特序号
设置异步响应/扩展方式（SARM/SARME）	命令	置位方式：扩展＝7比特序号
设置异步平衡/扩展方式（SABM/SABME）	命令	置位方式：扩展＝7比特序号
设置初始化方式（SIM）	命令	在所寻址的站点上发起链路控制功能
拆链（DISC）	命令	终止逻辑链路连接
无编号确认（UA）	响应	确认接收到一个置位方式命令
拆链方式（DM）	响应	响应者为拆链方式
请求拆链（RD）	响应	请求DISC命令
请求初始化方式（RIM）	响应	需要初始化，请求SIM命令
无编号信息（UI）	命令/响应	用于交换控制信息
无编号轮询（UP）	命令	用于请求控制信息
复位（RSET）	命令	用于恢复；复位N(R), N(S)
交换标识符（XID）	命令/响应	用于请求/报告状态
测试（TEST）	命令/响应	交换相同的信息字段用于测试
帧拒绝（FRMR）	响应	报告收到不可以接受的帧

HDLC的运行涉及3个阶段。首先，双方中有一方要初始化数据链路，使帧能以有序的方式进行交换。在这个阶段，双方需要就各种选项的使用达成一致。初始化之后，双方交换用户数据和控制信息，并且实施流量控制和差错控制。最后，双方中有一方要发出信号来终止运行。

初始化

任何一方都能够通过6个置位方式命令之一请求初始化。此命令有以下3个目的。

1. 通知对方请求初始化。
2. 指出请求的是3种方式（NRM、ABM、ARM）中的哪一种。
3. 指出使用的是3比特还是7比特的序号。

如果另一方接受这个请求，那么它的HDLC模块向发起方返回一个无编号确认（UA）帧。如果这个请求被拒绝，那么它发送一个拆链方式（DM）帧。

数据传送

当初始化被请求并被接受后，就会建立起一个逻辑连接。双方都可以通过I帧开始发送用户数据，帧的序号从0开始。I帧的N(S)和N(R)字段是用于支持流量控制和差错控制的序号。HDLC模块在发送I帧序列时，会按顺序对它们编号，并将序号放在N(S)中，这些编号以8 或128为模，取决于使用的是3比特的序号还是7比特的序号。N(R)是对接收到的I帧的确认。有了N(R)，HDLC模块就能够指出自己希望接收的下一个I帧的序号。

S帧同样也用于流量控制和差错控制。其中，接收就绪（RR）帧通过指出希望接收到的下一个I帧来确认接收到的最后一个I帧。在缺少能够捎带确认的反向用户数据流（I帧）时，需要使用RR帧。接收未准备就绪（RNR）帧和RR帧一样，都可用于对I帧的确认，但它同时还要求对等实体暂停I帧的传输。当发出RNR的实体再次准备就绪之后，会发送一个RR。拒绝（REJ）发起一次返回N ARQ交互。它指出最后一个接收到的I帧已经被拒绝，并要求重传以N(R)序号为首的所有后继I帧。选择拒绝（SREJ）帧用于请求仅重传某单个帧。

拆链

连接中的任何一方的HDLC模块都可以启动拆链操作，可能是由于模块本身因某种错误而引起的中断，也可能是由于高层用户的请求。HDLC通过发送一个拆链（DISC）帧宣布连接终止。对方必须用一个UA帧回答，表示接受拆链，并通知其第三层用户该连接已经终止。所有未被确认的I 帧都可能丢失，而这些帧的恢复工作则由高层负责。

运行方式举例

为了更好地理解HDLC的运行方式，图7.9中提供了几个范例。在例图中，每个箭头都附有一个图注，指出这个帧的名称和它的P/F比特的设置，并在适当位置还会给出N(R)和N(S)的值。如果P或F比特赋值，则将该P或F比特表示为1，如果没有赋值则表示为0。

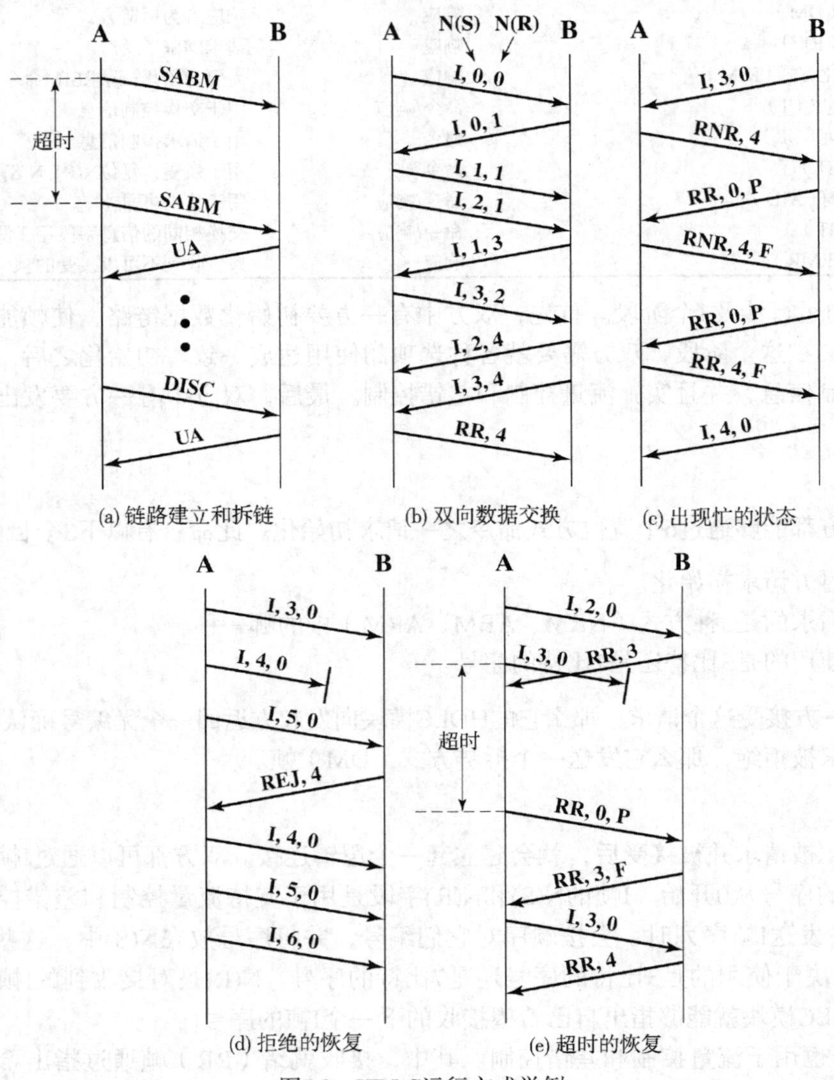

图7.9　HDLC运行方式举例

图7.9(a)所示为链路在初始化和拆链时涉及的帧。HDLC协议实体中的某一方向对方发出SABM命令，并启动一个计时器。对方在收到这个SABM后，会返回一个UA响应，并将局部变量和计数器设置为其初始值。发起实体在接收到这个UA响应后，会设置自己的变量和计数器，并停止计时器。这时的逻辑连接就被激活，并且双方可以开始帧的传输。假设计时器超

时还没有收到对SABM的响应，那么发起方会重新发送SABM命令，如图所示。这一过程将不断重复，直至接收到一个UA或DM，或者在重试了规定的次数后，实体放弃尝试并向管理实体报告操作失败。在这种情况下，就需要高层的介入。图7.9(a)同时还显示了拆链的过程。某一方发出DISC命令，而对方用UA确认来响应。

图7.9(b)所示为I帧的全双工交换过程。当一个实体在没有收到任何来自对方的数据的情况下，连续发送若干个I帧时，它的接收序号只是在不断地重复（如，在从A到B的方向上有I, 1, 1和I, 2, 1）。如果实体在没有发出任何帧的情况下连续接收到若干个I帧，那么它的下一个发出的帧中的接收序号必须反映这一累积效果（如在从B到A的方向上有I, 1, 3）。注意，除了I帧之外，数据交换还可能会涉及监控帧。

图7.9(c)显示了涉及忙状态的运行方式。导致这种状态的原因可能是由于HDLC实体处理I帧的速度无法跟上这些帧到达的速度，或者是由于目标用户接收数据的速度不如I帧中的数据到达的速度快。无论是哪一种情况，实体的接收缓存都会填满，而它不得不使用RNR命令阻止进入缓存的I帧流。在这个例子中，A发出一个RNR，它要求B停止传输I帧。收到RNR的站点通常会每隔一段时间就向忙站点发出轮询，通过发送一个P比特为1的RR来实现。它请求对方用RR或RNR来响应。当忙状态清除后，A返回一个RR，这时来自B的I帧传输可以再次进行。

图7.9(d)所示为使用REJ命令进行差错恢复的例子。在这个例子中，A传输了编号为3、4、5 的I帧。第4号帧出现差错且丢失。当B接收到第5号I帧时，它会因顺序不正确而丢弃这个帧，并发送一个N(R)为4的REJ。这促使A启动重传过程，再次发送从4号帧开始的所有I帧。A也可以在重传帧之后继续发送其他帧。

使用超时实现差错恢复的例子如图7.9(e)所示。在这个例子中，A传输的I帧序列中最后一个帧的编号为3。这个帧出现差错。B检测到这个差错并丢弃帧3。但是，B不可能发送REJ，因为B无从得知它是否为I帧。如果在帧中检测到差错，那么这个帧中的所有比特都会受到怀疑，于是接收器无法根据它做出反应。不过，A在这个帧被传输时已经启动了一个计时器，这个计时器的时间长度应当能够满足预计的响应时间。如果计时器超时，则A启动恢复动作，通常是通过使用P比特为1的RR命令来轮询对方，以判断对方所处的状态。由于这个轮询必须得到响应，所以实体会接收到一个含有N(R)字段的帧，并能够根据它继续处理。在这个例子中，这个确认指出帧3丢失，需要A重新传输。

上述这些示例并没有完全列举出所有的情况。不过通过这些示例，读者对HDLC的行为应当有了不少了解。

7.4　推荐读物

在[BERT92]中可以找到有关流量控制和差错控制的精彩而详细的描述。而[FIOR95]指出了在实际使用HDLC时的一些可靠性问题。

BERT92　Bertsekas, D., and Gallager, R. *Data Networks*. Englewood Cliffs, NJ: Prentice Hall, 1992.

FIOR95　Fiorini, D.; Chiani, M.; Tralli, V.; and Salati, C. "Can We Trust HDLC?" *ACM Computer Communications Review*, October 1995.

7.5 关键术语、复习题及习题

关键术语

automatic repeat request　自动重传请求（ARQ）
acknowledgment frame　确认帧
data frame　数据帧
data link　数据链路
data link control protocol　数据链路控制协议
data transparency　数据透明性
error control　差错控制
flag field　标志字段
flow control　流量控制
frame　帧
frame synchronization　帧同步
go-back-N ARQ　返回N ARQ
header　首部
high-level data link control　高级数据链路控制（HDLC）
piggybacking　捎带
propagation time　传播时间
selective-reject ARQ　选择拒绝ARQ
sliding-window flow control　滑动窗口流量控制
stop-and-wait ARQ　停止等待 ARQ
stop-and-wait flow control　停止等待流量控制
trailer　尾部
transmission time　传输时间

复习题

7.1　列出并简单定义数据链路上的有效通信的要求是什么？
7.2　给出流量控制的定义。
7.3　描述停止等待流量控制。
7.4　将很长的数据传输分解成多个帧的原因是什么？
7.5　请描述滑动窗口流量控制。
7.6　与停止等待流量控制相比，滑动窗口流量控制的优势是什么？
7.7　什么是捎带？
7.8　给出差错控制的定义。
7.9　列出链路控制协议中的差错控制一般都由哪些组成？
7.10 请描述自动重传请求（ARQ）。
7.11 列出并简单定义3种ARQ。
7.12 HDLC支持的站点类型有哪些？请分别描述。
7.13 HDLC支持的传送方式有哪些？请分别描述。
7.14 标志字段的目的是什么？
7.15 请给出数据透明性的定义。
7.16 HDLC支持的3种帧类型是什么？请分别描述。

习题

7.1　设想一条点对点的半双工链路使用的是停止等待机制。其上有一组报文发送，每个报文被分段形成一些帧。忽略差错和帧的额外开销。
　　a. 如果增加报文的长度，使需要传输的报文数目减少，它对线路利用率有什么影响？假设其他因素保持不变。
　　b. 如果报文的长度固定而增加帧的数量，又会对线路利用率产生什么样的影响？
　　c. 增加帧的长度对线路利用率的影响是什么？

7.2　传输线路上的正处于传输过程中的比特的数量（即已发送但尚未被接收的比特的数量）称为线路的比特长度。对于比特长度为1000的线路，用曲线图来说明线路长度和传输速度之间的关系，假设传播速度为2×10^8 m/s。

7.3　在图7.10中，由结点A生成帧，并通过结点B发送到结点C。在下述条件中，要使结点B的缓存不致溢出，判断结点B和C之间的最小传输速率要求为多少？

图7.10　习题7.3的配置图

- 结点A和B之间的数据率为100 kbps。
- 两条线路的传播时延都是5 μs/km。
- 节点之间的线路为全双工线路。
- 所有的数据帧都是1000比特长。ACK是独立的帧，长度可忽略不计。
- 在A和B之间，滑动窗口协议使用的窗口大小为3。
- 在B和C之间使用的是停止等待机制。
- 没有差错。

提示：要使B的缓存不溢出，需要在较长的一段时间内，进入和离开B的帧的平均数目相同。

7.4　一条信道的数据率为R bps，且传播时延为t s/km。发送和接收结点之间相距L km。结点之间交换的帧长度固定为B比特。求作为R，t，B和L的函数的帧序号字段的最小长度（要考虑最大利用率）。假设ACK帧的长度可忽略不计，且结点的处理是即时的。

7.5　我们在讨论停止等待ARQ时没有提到过拒绝（REJ）帧，为什么在停止等待ARQ中不需要REJ0和REJ1？

7.6　假设使用的是选择拒绝ARQ，且$W=4$。举例说明序号字段的长度至少是3比特。

7.7　两个相邻结点（A和B）使用3比特长序号字段的滑动窗口协议。对于ARQ机制，使用返回N ARQ，并且窗口大小为4。假设A发送而B接收，分别指出在下列几个连续事件时该窗口的位置。

a. A发送任何帧之前。

b. A发送帧0、1、2 并接收到来自B的对帧0和帧1的ACK。

c. A发送帧3、4 和5且B确认了帧4，并且A接收到这个ACK。

7.8　失序的确认不能用于选择拒绝ARQ。也就是说，如果帧i被站点X拒绝，那么在帧i被成功地接收之前，由X发送的所有后继的I帧和RR帧必须具有N(R) = i，哪怕这时X成功地接收到了N(S) ＞ i的其他帧。有一种可能的改进方法，如下所述：I帧或RR帧中的N(R) = j 可被解释为除了使用SREJ 帧明确拒绝的帧之外，帧 $j-1$以及它之前的所有帧都已被接受。请说明这种机制可能存在的问题。

7.9　HDLC规程（ISO 4335）的ISO标准包含有下述定义：（1）认为REJ状态已被清除的条件是接收到了一个I帧，它的N(S)与发出的REJ帧中的N(R)相同；（2）认为SREJ状态已被清除的条件是接收到一个I帧，它的N(S)与这个SREJ帧中的N(R)相同。标准中还包含了有关REJ和SREJ帧之间的关系规则。这些规则指出，当REJ状态还没有被清除时允许做些什么（就传输REJ和SREJ帧而言），以及在SREJ状态还未被清除时允许做些什么。请推演这些规则，并根据标准修正你的答案。

7.10 两个站点之间通过1 Mbps 的卫星链路进行通信，链路上的传播时延为270 ms。卫星的任务仅仅是把从一个站点接收到的数据重新传输到另一个站点，其用于交换的时延可忽略不计。使用具有3比特长序号字段的1024比特HDLC帧，最大数据吞吐量可能为多少？也就是说，在HDLC帧中所携带的数据比特的吞吐量为多少？

7.11 很显然，对于HDLC帧中的地址字段、数据字段以及FCS字段，都需要比特填充操作。那么控制字段是否也需要呢？

7.12 因为按照规定，只用一个标志就可以既作为结束标志，又作为起始标志，所以1比特的差错就可能导致问题的出现。

a. 解释为什么1比特的差错有可能使两个帧合二为一。

b. 解释为什么1比特的差错有可能使一个帧变成两个帧。

7.13 就如何克服上题中描述的单比特差错问题，对比特填充算法提出改进意见。

7.14 使用图7.8的例子中的比特序列，写出使用NRZ-L编码时的线路信号格式。它是否暗示了使用比特填充具有额外的好处？

7.15 假设NRM模式的HDLC主站向从站发送了6个I帧。在发送这6个帧之前，主站的N(S)计数器为3（二进制的011）。如果第6个帧的轮询比特为1，那么在收到最后一个帧之后，从站返回的N(R)计数值为多少？假设无差错操作。

7.16 设想在两个站点之间有多条物理链路。为了更有效地利用这些链路，我们希望使用“多路HDLC”，即根据先进先出（FIFO）的原则，把帧从下一条可用链路上发送出去，以提高效率。这时的HDLC需要什么样的改进？

7.17 Web服务器的设置通常是接收相对较小的来自客户机的报文，但很可能要向这些客户机发送极大量的报文。那么请阐明哪一种类型的ARQ协议（选择拒绝还是返回N）可以为那些特别著名的WWW服务器减轻一些负担。

第8章 复 用

> **学 习 目 标**
>
> 在学习了本章的内容之后，应当能够：
> - 说明传输效率的重要性并列出用于提高效率的两种主要手段；
> - 描述在话音网络中频分复用的使用情况；
> - 描述在数字载波系统中复用技术的使用情况；
> - 论述T-1服务并说明它的重要性以及它被哪些应用采纳；
> - 论述SONET标准以及它在广域网中的重要地位。

第7章介绍了在负荷较重的情况下如何提高数据链路利用率的技术。尤其是通过点对点链路相连接的两个设备，通常我们希望允许存在多个未确认的帧，这样数据链路才不会成为这两个设备之间的瓶颈。现在让我们反过来考虑这个问题。一般来说，正在通信的两个站点不会完全利用数据链路的容量。为了提高效率，数据链路的容量应当可以被共享。这种共享统称为**复用**（multiplexing）。

复用技术最常见的是在长途通信上的应用。长途网络的干线都是大容量的光纤、同轴电缆或微波链路。使用了复用技术，这些链路就可以同时运载大量的话音和数据信号。

图8.1以最简单的形式描绘了复用功能。复用器有n个输入。该复用器通过一条数据链路连接到一个**分用器**（demultiplexer）上。这条链路可以运载n个独立的数据信道。复用器将来自n条输入线上的数据组合起来（复用），并通过大容量数据链路传输。分用器接受经过复用的数据流，根据信道分解这些数据（分用），并将它们交付给相应的输出线。

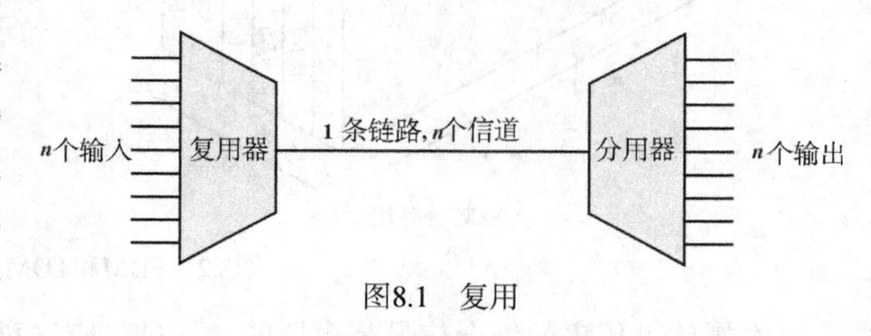

图8.1 复用

在数据通信中，复用被广泛应用的原因如下。

- 数据率越高，传输设施的性能价格比就越高。也就是说，对于给定的应用以及一定的距离，每kbps的花费随传输设施数据率的提高而降低。类似地，随着数据率的提高，传输和接收设备每kbps的费用也相应地减少。
- 大部分数据通信设备自身要求达到的数据率相对来说并不太高。例如，对于大多数不涉及Web访问或大量图片的终端和个人计算机的应用，典型的数据率在9.6 ~ 64 kbps之间就可以了。

上述论述是针对数据通信设备而言的。这些论述对于话音设备也同样适用。就是说，传输设施的容量越大，对于话音信道来说，每一路话音信道的费用就越小。同样，单路话音信道要求的容量也并不大。

本章描述两种类型的复用技术。第一种是频分复用（FDM），它的使用最为广泛，且对每一个使用过无线电收音机或电视机的人来说都不陌生。第二种是时分复用（TDM）中的一个特例，称为同步TDM。它常用于数字化的话音流和数据流的复用。最后介绍电缆调制解调器和数字用户线路这两种机制，它们是FDM和同步TDM技术的综合。

8.1 频分复用

8.1.1 特点

当传输媒体的有效带宽超出了被传输的信号所要求的带宽时，就可以使用FDM。如果将每个信号调制到不同的载波频率上，并且这些载波频率的间距足够大，能够保证这些信号的带宽不会重叠，多个信号就可以同时被运载。FDM的常见情况如图8.2(a)所示。有6个信号源向复用器输入数据，复用器将各路信号调制到不同的频率上（f_1，…，f_6）。每个被调制的信号都需要具有以各自载波频率为中心的一定的带宽，称为**信道**（channel）。为了防止相互间的干扰，这些信道被防护频带隔开，防护频带是频谱中未被使用的部分。

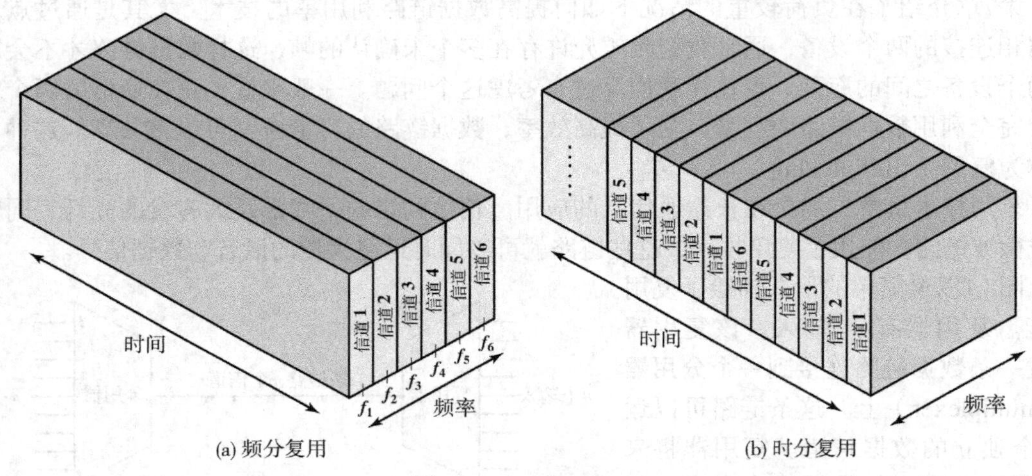

(a) 频分复用　　(b) 时分复用

图8.2　FDM和TDM

在媒体上传输的混合信号是模拟的。不过，应注意输入信号既可能是数字的，也可能是模拟的。在数字输入的情况下，输入信号必须通过调制解调器转换成模拟信号。然后不论是哪一种情况，每个模拟信号都必须经过调制后搬移到适当的频带上。

FDM系统的概况如图8.3所示。多路模拟或数字信号[$m_i(t)$，$i = 1$，n]经过复用到达同一传输媒体上。各路信号$m_i(t)$先被调制到载波f_i上，由于使用了多路载波，所以每一路载波就称为一个**副载波**（subcarrier）。可以使用任意类型的调制手段。接着，经调制得到的模拟信号叠加起来，产生复合**基带**（baseband）[①] 信号$m_b(t)$。图8.3(b)所示为得到的结果。信号$m_i(t)$的频谱被搬移到了以f_i为中心的位置。为了实现这种机制，必须选择f_i，使不同信号的带宽之间不会有重叠，否则就不可能恢复原始信号。

然后，这个复合信号可能作为一个整体，通过另外的调制步骤，被搬移到另一个载波频率上。下文将会看到这样的例子。第二次调制没有必要使用与第一次调制相同的技术。

① 术语“基带”指的是数据源传递的信号的频带，这些信号是将要被调制的信号。典型情况下，基带信号的主要部分由包含或邻近$f = 0$的频带组成。

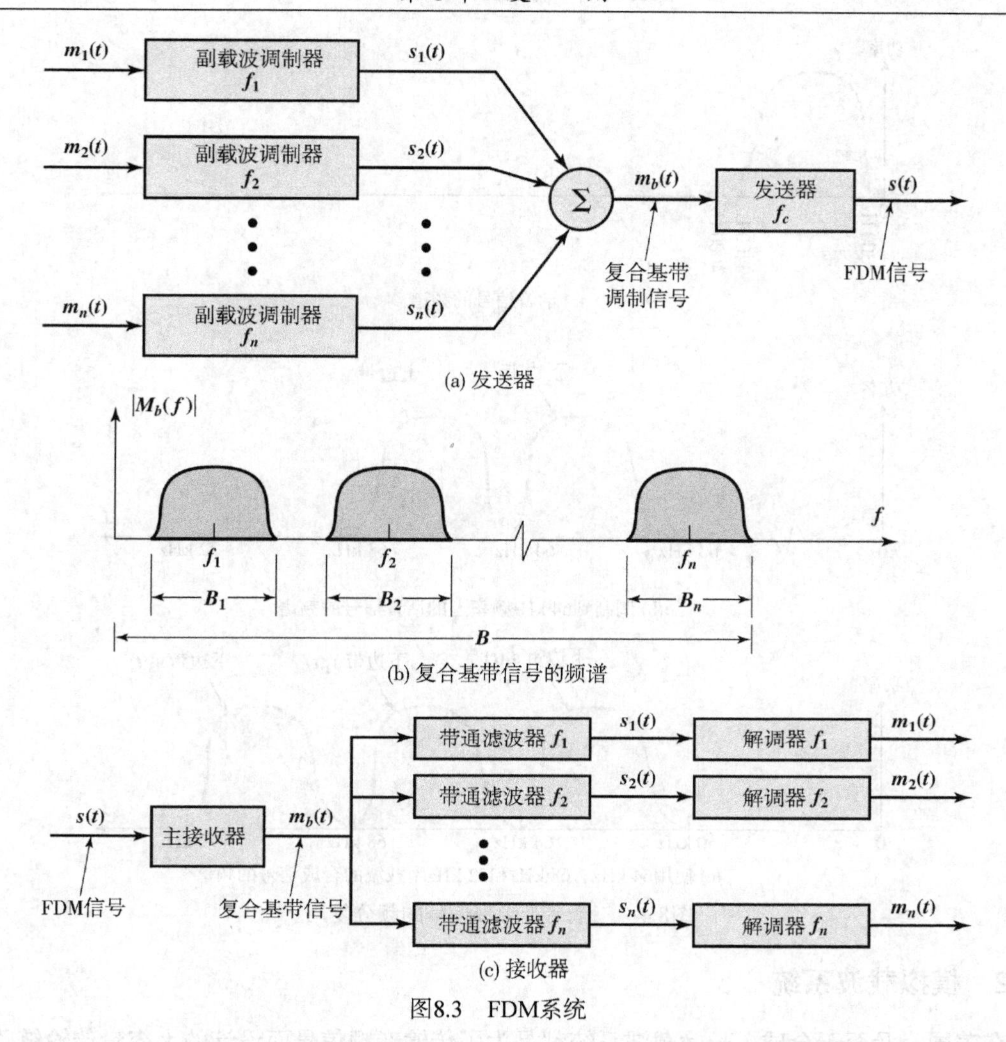

(a) 发送器

(b) 复合基带信号的频谱

(c) 接收器

图8.3 FDM系统

FDM信号$s(t)$的总带宽为B，其中$B > \sum_{i=1}^{n} B_i$。这个模拟信号可以通过某种适当的媒体进行传输。在接收端，FDM信号通过解调得到$m_b(t)$，然后将其通过n个带通滤波器，每个滤波器都以f_i为中心，且具有B_i的带宽，其中$1 \leqslant i \leqslant n$。使用这种办法，信号又被分割成多个成员部分。然后各成员部分经解调后恢复为原始信号。

例8.1 让我们设想一个简单的例子，通过某一媒体传输三路话音信号。正如曾经提到的，话音信号的带宽一般为4 kHz，其中的有效频谱范围为300～3400 Hz，如图8.4(a)所示。如果这样的信号用64 kHz载波进行调幅处理，可得到图8.4(b)所示的频谱。调制后信号的带宽为8 kHz，范围为60～68 kHz。为了提高带宽利用率，我们选择了只传输下边带。

现在，如果三种话音信号分别被调制到64 kHz, 68 kHz和72 kHz的载波上，且仅取其下边带，则得到的频谱如图8.4(c)所示。

图8.4指出了FDM系统必须处理好的两个问题。首先是串扰问题，如果相邻的信号频谱之间重叠情况严重，就可能出现串扰。对话音信号来说，它的有效带宽只有3100 Hz（300～3400 Hz），因此可以采用4 kHz的带宽。由音频传输调制解调器产生的信号频谱范围也在这个带宽之内。另一个潜在的问题是交调噪声，第3章中曾对此进行过讨论。对于远距离的链路，放大器对某条信道上的信号带来的非线性影响可能会在其他信道上产生频率成分。

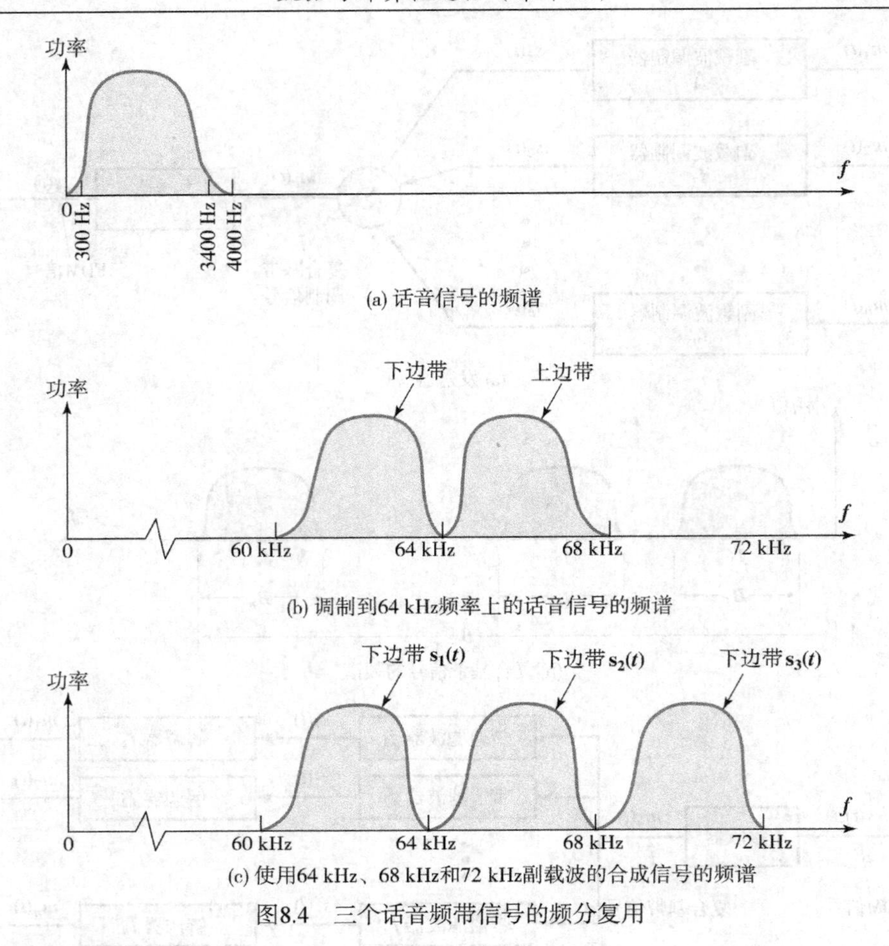

图8.4　三个话音频带信号的频分复用

8.1.2　模拟载波系统

在美国，乃至于全球，长途载波系统都是为了传输音频信号而设计的大容量传输链路，例如同轴电缆和微波系统。最早出现的大容量链路应用技术是FDM，目前它仍然是最常用的一种技术。在美国，为了适应各种传输系统的不同容量，AT&T曾经设计了一种分级的FDM机制。另一种类似但并不相同（令人遗憾）的系统也已经被ITU-T采纳，在全球推广应用（见表8.1）。

表8.1　北美和国际FDM载频标准

话音信道的数量	带宽	频谱	AT&T	ITU–T
12	48 kHz	60 ~ 108 kHz	基群	基群
60	240 kHz	312 ~ 552 kHz	超群	超群
300	1.232 MHz	812 ~ 2044 kHz		主群
600	2.52 MHz	564 ~ 3084 kHz	主群	
900	3.872 MHz	8.516 ~ 12.388 MHz		超主群
$N \times 600$			主群复用	
3 600	16.984 MHz	0.564 ~ 17.548 MHz	巨群	
10 800	57.442 MHz	3.124 ~ 60.566 MHz	巨群复用	

在AT&T分级结构的第一级中，12路话音信道复合形成一个基群信号，其带宽为12×4 kHz = 48 kHz，范围为60 ~ 108 kHz。信号形成的方式与前面描述的情况相似，使用的副载波频率范围为64 ~ 108 kHz，其增量为4 kHz。下一级基本组成部分是60路信号的超群，由5个基群信号通过

频分复用形成。此时每个基群信号被当成一个带宽为48kHz的信号，并通过副载波进行调制。这些副载波的频率范围为420 ~ 612 kHz，增量为48 kHz。结果得到的信号范围为312 ~ 552 kHz。

超群的格式有几种变化。超群复用器的5个输入中的每一个都可以是由12路话音信号复用后得到的基群信道。另外，任何带宽为48 kHz且频率范围在60 ~ 108 kHz内的信号，都可以作为超群复用器的输入。也可以直接将60路话音信道组合成一个超群，这又是一种变化。这样就不需要与已有群复用器之间进行接口，从而减少复用的花费。

该分级结构中的再下一级是由10个超群输入组成的主群组。同样，任何带宽为240 kHz且频率范围在312 ~ 552 kHz内的信号都可以作为主群复用器的输入。主群的带宽为2.52 MHz，并能够支持600路音频（VF）信道。在主群之上还有更高级别的复用的定义（见表8.1）。

注意，原始的话音信号或数据信号可能会经过多次调制。例如，一个数据信号可能使用QPSK（四相相移键控）编码形成模拟的话音信号。接着这个信号可能用76 kHz 载波来进行调制，形成基群信号的一个组成部分。然后这个基群信号又可能用516 kHz的载波进行调制，以形成超群信号的成分。而其中每一步都可能引起原始数据的失真。其原因很多，如调制器或复用器含有非线性因素，或引入噪声，都有可能导致失真。

8.1.3 波分复用

当不同频率的多路光线在同一光纤上传输时，光纤的真正潜能才能被完全利用。这是频分复用（FDM）的一种形式，但通常称为**波分复用**（WDM）。使用WDM时，由多种颜色或波长组成的光穿过光纤，每一种波长都携带一个独立的数据信道。1997年，贝尔实验室演示了一种WDM系统，它由100条工作速率为10 Gbps的光束组成，因此总的数据率为每秒1万亿比特（也称为每秒1兆兆比特或1 Tbps），这是一个新的里程碑。现在，具有160个10 Gbps信道的商用系统也已面市。在实验室环境下，阿尔卡特公司在100 km的距离上成功实现了256个39.8 Gbps信道的系统，共计10.1 Tbps。

典型的WDM系统与其他FDM系统的一般结构相同。由数个源生成波长不同的激光线束，它们被发送到一个复用器上，复用器将这些源合并起来再通过一条光纤线路传输。光纤放大器的作用是同时放大所有波长，通常这些光纤放大器的间距是数十千米。最后，复合的信号到达分用器，各个成员信道在这里被分解并发送到目的点的各个接收器上（见图8.5）。

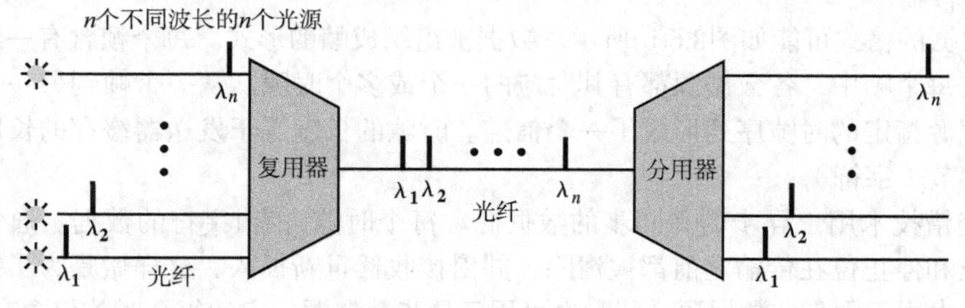

图8.5 波分复用

大多数WDM系统的工作范围是1550 nm。在早期的系统中，每个信道分配200 GHz，不过现在大多数WDM系统使用50 GHz 的间距。信道的间距在ITU-T G.692中定义，它包括80个50 GHz的信道，大概情况参见表8.2。

经常可以在文献资料中看见术语“密集波分复用”（DWDM）。这个术语没有官方的定义或标准。它暗示比普通WDM使用更多的信道，信道之间的间距更紧凑。一般来说，信道间距在200 GHz 或更低可认为是密集的。

表8.2 ITU WDM信道间距（G.692）

频率（THz）	真空中的波长（nm）	50 GHz	100 GHz	200 GHz
196.10	1528.77	×	×	×
196.05	1529.16	×		
196.00	1529.55	×	×	
195.95	1529.94	×		
195.90	1530.33	×	×	×
195.85	1530.72	×		
195.80	1531.12	×	×	
195.75	1531.51	×		
195.70	1531.90	×	×	×
195.65	1532.29	×		
195.60	1532.68	×	×	
……	…			
192.10	1560.61	×	×	×

8.2 同步时分复用

8.2.1 特点

当传输媒体能够达到的数据率（遗憾的是，有时它也被称为带宽）超出了被传输的数字信号的数据率时，就可以使用**同步时分复用**（synchronous time-division multiplexing）。采取在不同的时间交错地传输每个信号中的一部分的方法，多路数字信号（或携带数字数据的模拟信号）可以用一条传输通路运载。这种交错可以是比特级的，也可以是字节或更大的数据块。例如，图8.2(b)中的复用器有6个输入，不妨认为每路输入可达1 Mbps。那么一条容量至少在6 Mbps以上（加上额外开销的容量）的链路就能够容纳所有的6个数据源。

图8.6提供了同步TDM系统的概要图。多路信号[$m_i(t)$，$i = 1$，n]被复用到同一传输媒体上。这些信号携带的是数字数据，并且一般都是数字信号。所有来自数据源的输入数据都被暂时缓存起来。通常每个缓存的长度为1比特或1字符。这些缓存经顺序扫描后，形成复合数字数据流$m_c(t)$。扫描操作的速度非常快，以至于在更多的数据到达之前每个缓存都已清空。因此，$m_c(t)$的数据率至少必须等于$m_i(t)$的数据率之和。数字信号$m_c(t)$可能会直接传输，也可能会通过一个调制解调器，如果是这样，被传输的就是模拟信号。无论是哪种情况，都属于典型的同步传输。

传输数据的格式可能如图8.6(b)所示。数据被组织成**帧**的形式。每个帧含有一组循环使用的时隙。在每个帧中，各数据源都有其对应的一个或多个时隙。从一个帧到另一个帧，所有为某个数据源指定的时隙序列形成了一个**信道**。时隙的长度等于发送器缓存的长度，通常为1比特或1字节（字符）。

字节交错技术用于异步的和同步的数据源。每个时隙含有1字符的数据。通常，每个字符的起始位和停止位在传输之前都被清除，并由接收器重新插入，这样做是为了提高效率。比特交错技术用于同步的数据源，同时也可用于异步数据源。它的每个时隙仅含有1比特。

在接收器端，交错的数据解除复用，并传递到不同的目的缓存中。对应于某个输入数据源$m_i(t)$，都有一个对应的输出目的点，它接收到的输出数据的速率与数据生成时的速率相同。

同步TDM之所以称为同步，不是因为使用了同步传输，而是因为时隙预先分配给数据源，而且是固定的。无论数据源有没有数据需要发送，所有数据源的时隙都会被传输。当然这种情况在FDM中也是一样的。这两种情况都因简化设计实现而浪费了容量。不过，即使使用了固定分配，同步TDM设备也能处理不同数据率的数据源。例如，对于最慢的输入设备，可以每循环一次分配一个时隙，而对于较快的设备，则可以每次循环时多分配几个时隙。

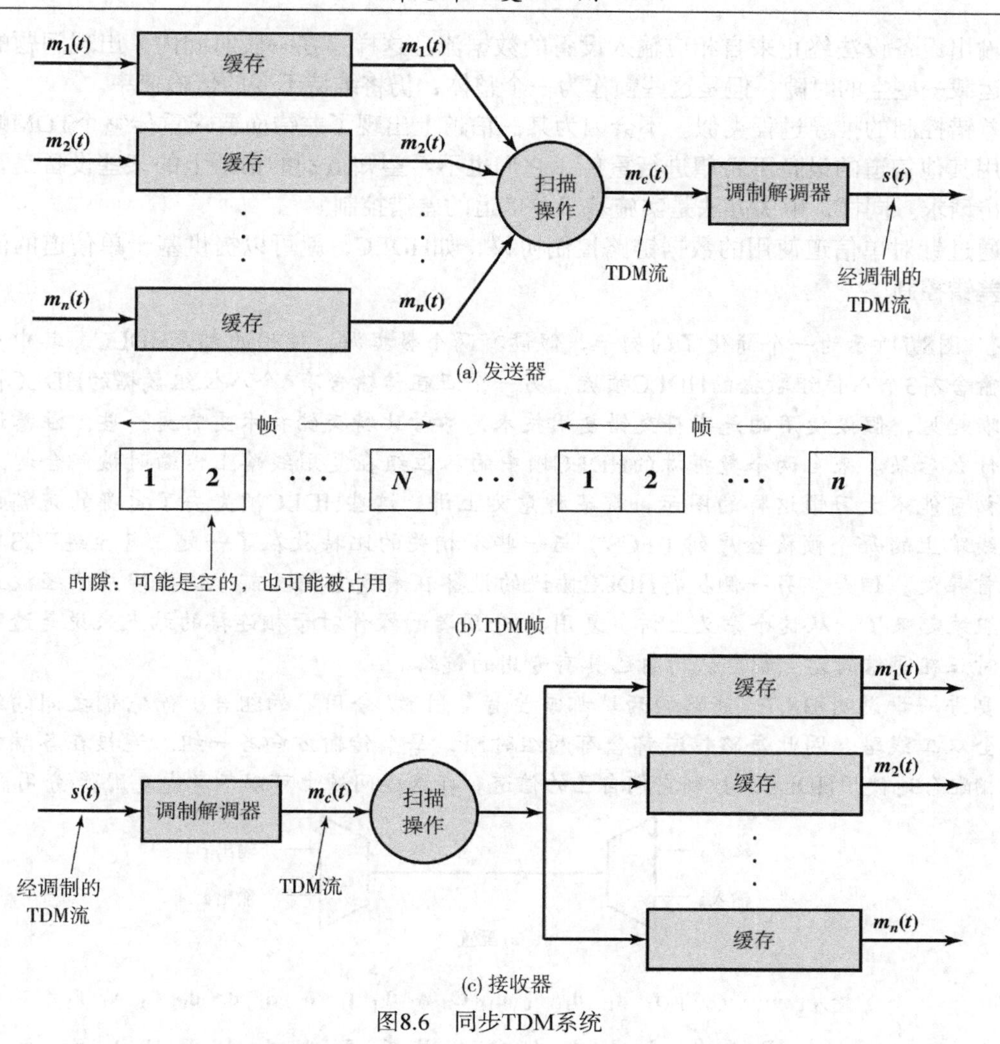

图8.6　同步TDM系统

可以代替同步TDM的是**统计TDM**（statistical TDM）。统计复用器按需动态分配时隙。与同步TDM一样，统计复用器的一侧是多条I/O线路，另一侧是高速复用线路。每条I/O线路都有一个与之相关联的缓存。在统计复用器的情况下，虽然有n条I/O线路，但TDM帧的有效时隙只有k个，其中$k < n$。对于输入而言，复用器的功能就是扫描输入缓存，搜集数据直到一个帧被填满，然后发送该帧。在输出时，复用器接收到一个帧，并将时隙数据分发给合适的输出缓存。实际上，分组交换就是统计TDM的一种形式。对统计TDM的进一步讨论见在线附录I。

8.2.2　TDM 链路控制

读者会注意到，在图8.6(b)所示的传输数据流中不存在首部和尾部，而一般同步传输却需要传输这些首部和尾部。不需要首尾部的原因在于此时并不需要由数据链路协议提供的控制机制。这一点引起了人们的深思。考虑两个关键的数据链路控制机制：流量控制与差错控制。显而易见，如果只考虑复用器和分用器（见图8.1），流量控制就没有必要。复用的线路上的数据率是固定的，且复用器和分用器的设计就是要以这个数据率操作。但是，假如和这些输出线路中的某一条相连接的设备暂时无法接受数据，会发生什么情况呢？ TDM帧的传输应当终止吗？显然不会，因为其余输出线路正等待按预定的时间接收数据。解决办法是让饱和的输出设备设法终止来自相应输入设备的数据流。这样，在一段时间内，出现问题的信道上会运载一些空的时隙，但是这些帧作为一个整体，仍将维持不变的传输速率。

差错控制的推导过程类似。不会因为某一信道上出现了差错而要求重传整个TDM帧。因为使用其他信道的设备不希望进行重传，它们也不希望知道别的信道上的某些设备是否发送了重传请求。同样，解决办法是实施基于单信道的差错控制。

通过针对单信道使用的数据链路控制协议，如HDLC，就可以提供基于单信道的流量控制和差错控制。

例8.2 图8.7所示为一个简化了的例子。假设有两个数据源，使用的都是HDLC。其中一个正在传输含有3个八位组数据的HDLC帧流。另一个正在传输含有4个八位组数据的HDLC帧流。为清晰起见，假设使用的是字符交错复用技术，尽管比特交错技术更常见一些。注意这样做会有什么后果。来自两个数据源的HDLC帧中的八位组在复用线路上传输时被混合起来。读者最初可能不太习惯这样的图示，就某种意义上讲，这些HDLC帧失去了自身的完整性。例如，线路上的每个帧检验序列（FCS）与一些不相关的比特放在了一起。甚至连FCS自己也是身首异处。但是，另一侧执行HDLC协议的设备在看到它们之前，这些碎片已经被正确地重新组装起来了。从这个意义上讲，复用器/分用器的操作对于相连接的站点来说是透明的。每一对正在通信的站点都会认为自己具有专用的链路。

还需要进一步说明图8.7。线路的两端都需要有复用器/分用器的组合，而它们之间的线路应当是全双工线路。因此每路信道都含有两组时隙，每个传输方向各一组。连接在各端的设备可互相配合地使用HDLC来控制它们自己的信道。在这些问题上可以不考虑复用器/分用器。

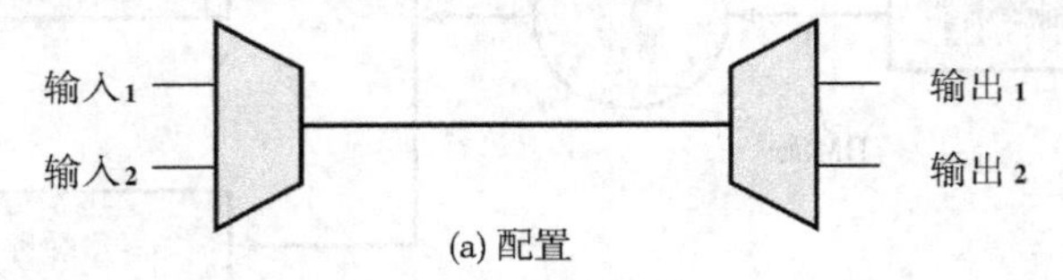

(a) 配置

输入1……… F_1 f_1 f_1 d_1 d_1 d_1 C_1 A_1 F_1 f_1 f_1 d_1 d_1 d_1 C_1 A_1 F_1

输入2…F_2 f_2 f_2 d_2 d_2 d_2 d_2 C_2 A_2 F_2 f_2 f_2 d_2 d_2 d_2 d_2 C_2 A_2 F_2

(b) 输入数据流

… f_2 F_1 d_2 f_1 d_2 f_1 d_2 d_1 d_2 d_1 C_2 d_1 A_2 C_1 F_2 A_1 f_2 F_1 f_2 f_1 d_2 f_1 d_2 d_1 d_2 d_1 d_2 d_1 C_2 C_1 A_2 A_1 F_2 F_1

(c) 复用的数据流

图例：F = 标志字段　　d = 数据字段的一个八位组
A = 地址字段　　f = FCS字段的一个八位组
C = 控制字段

图8.7 在TDM信道上使用数据链路控制

组帧

我们已经知道，没有必要使用链路控制协议来管理整个TDM链路。不过，组帧（framing）有其基本要求。由于没有提供标志或SYNC字符来为TDM帧定界，所以需要使用一些手段来确保帧的同步。很显然，维持帧传输的同步是非常重要的，因为如果源点和终点的步调不一致，那么所有信道上的数据都可能会丢失。

最常用的组帧机制是称为增加数字组帧的技术。在这种机制下，通常每个TDM帧附加一个控制比特。从一个帧到另一个帧，这些可识别的比特模式被用作“控制信道”。一个典型的例子是交替比特模式101010…。在数据信道上不太可能持续传输这样的比特模式。因此，为了保持同步，接收器将接收到的帧中的比特与预期的模式相比较。如果模式不匹配，则接着搜索下一个比特，直至这个模式在多个帧里持续传输。一旦建立了帧同步，接收器继 续监视帧定位比特信道。如果这个模式中断了，则接收器必须再次进入帧同步搜索模式。

脉冲填充

在设计同步时分复用器时，遇到的最困难的问题可能是需要同步不同的数据源。如果每个数据源具有独立的时钟，则这些时钟之间如有任何偏差都可能会引起同步丢失。并且，在某些情况下，输入数据流的数据率之间也可能并不存在简单的比例关系。有一种称为脉冲填充（pulse stuffing）的技术可以有效地弥补这两个问题。使用脉冲填充时，复用器输出的数据率，不包括帧定位比特，比此刻进入的数据率之和还要高。那些额外的容量被向各输入信号中填充的附加空比特或脉冲所消耗，直至其速率被提高到本地生成的时钟信号速率为止。填充脉冲被插入到复用器帧格式的固定位置上，以便分用器能够识别并删除它们。

例8.3　在[COUC13]中有一个例子，描述了使用同步TDM技术来复用数字和模拟的数据源（见图8.8）。设想在一条链路上复用11个数据源：

- **源1**　模拟的，2 kHz带宽。
- **源2**　模拟的，4 kHz带宽。
- **源3**　模拟的，2 kHz带宽。
- **源4～源11**　数字的，7200 bps同步。

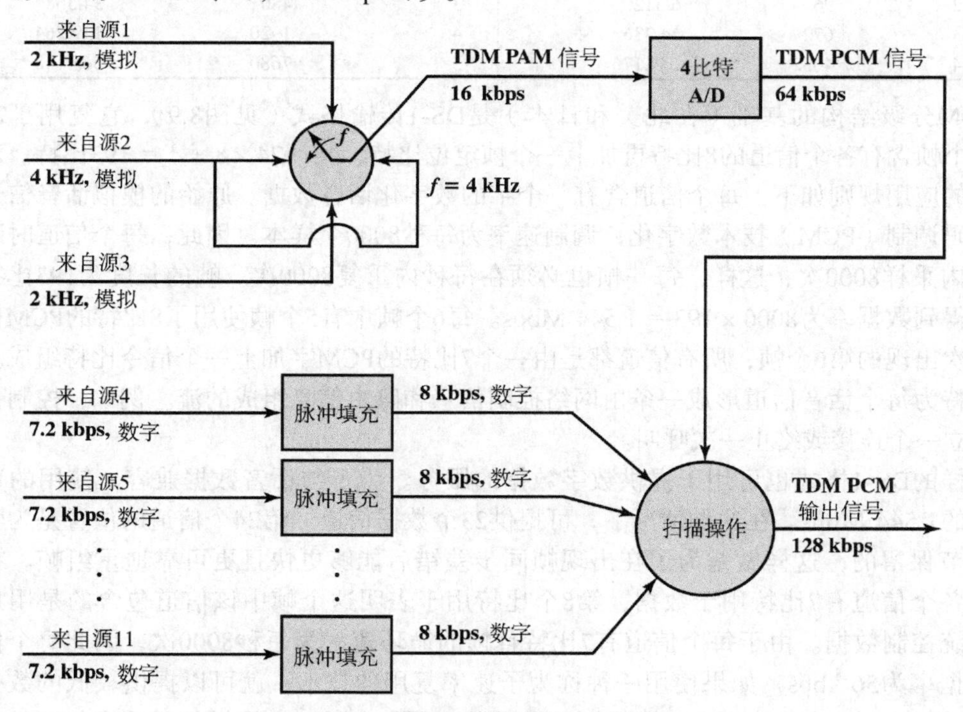

图8.8　模拟和数字源的时分复用

首先要做的是使用PCM把模拟源转换为数字的。回想第5章中提到，PCM的基础是采样原理，它指出信号的采样速率等于信号带宽的两倍。因此，源1和源3要求的采样速率为每秒4000个样本，而源2则需要每秒达到8000个样本。这些模拟的样本（PAM）必须被量化或数字化。假设每个模拟样本使用4比特。为了方便起见，先将这3个数据源作为一个单元进行复用。如果扫描的速率为4 kHz，那么每次扫描时从源1和源3中各取一个PAM样本，而从源2中取两个

PAM样本。这4个样本经过交错并转换成许多4比特的PCM样本。因此，以每秒4000次的速率生成共16比特的数据，合成的比特率为64 kbps。

对于数字源，使用脉冲填充将每个源的速率提高到8 kbps，因而总数据率达到64 kbps。一个帧可以由多个32比特重复组成，每32比特中包括了16比特的PCM，以及每个数字源的2比特（共有8个数字源）。

8.2.3 数字载波系统

在美国乃至全球，长途载波系统都是为了传输音频信号而设计的大容量传输链路，如光纤、同轴电缆和微波系统。这些电信网络系统的数字化技术革新之一就是采用了同步TDM传输体系。在美国，AT&T公司开发了针对不同容量的分级TDM结构。该体系结构不仅用于美国，同时也用于加拿大和日本。另一种类似但并不相同（令人遗憾）的分级结构也已经在ITU-T的支持下在全球范围内采用（见表8.3）。

表8.3 北美和国际的TDM载频标准

北美			国际（ITU–T）		
	话路数	数据率（Mbps）	级的编号	话路数	数据率（Mbps）
DS-1	24	1.544	1	30	2.048
DS-1C	48	3.152	2	120	8.448
DS-2	96	6.312	3	480	34.368
DS-3	672	44.736	4	1920	139.264
DS-4	4032	274.176	5	7680	565.148

TDM分级结构的基础（在北美和日本）是DS-1传输格式（见图8.9），它复用了24个信道。每个帧含有各个信道的8比特再加上一个帧定位比特，共计$24 \times 8 + 1 = 193$比特。对于话音传输的应用规则如下：每个信道含有一个字的数字化话音数据。原始的模拟话音信号使用脉冲编码调制（PCM）技术数字化，调制速率为每秒8000个样本。因此，每个信道时隙必须在每秒内采样8000次，这样，每一帧也必须在每秒内重复8000次。帧的长度为193比特，因此可以得到数据率为$8000 \times 193 = 1.544$ Mbps。每6个帧中有5个帧使用了8比特的PCM样本。对于每次出现的第6个帧，所有信道都是由一个7比特的PCM字加上一个信令比特组成。这些信令比特为每个话音信道形成一条由网络控制信息和路由信息组成的流。例如，控制信号可用于建立一个连接或终止一次呼叫。

同样的DS-1格式也可用于提供数字数据的服务。为了与话音数据兼容，使用的数据率是相同的1.544 Mbps。在这种情况下，可提供23个数据信道。第24个信道的位置是为特殊的同步字节保留的，这样做是为了在出现帧同步差错后能够更快且更可靠地重组帧。在每个帧中，各个信道有7比特用于数据，第8个比特用于表明这个帧中该信道包含的是用户数据还是系统控制数据。由于每个信道有7比特且帧的循环速率为每秒8000次，因此每个信道提供的数据率为56 kbps。如果使用一种称为子速率复用的技术，就可以提供较低的数据率。使用这种技术时，每个信道还要被剥夺掉1比特，用来表示正在提供的子速率复用的速率。因此，它使得每个信道的总容量减少至$6 \times 8000 = 48$ kbps。这样的容量能够复用5个9.6 kbps的信道，10个4.8 kbps的信道或20个2.4 kbps的信道。例如，如果信道2用于提供9.6 kbps的服务，就能有5个子信道的数据共享这个信道。每个子信道的数据在信道2的每5个帧中出现一次，且为6比特。

最后，DS-1格式可用于运载混合的话音信道和数据信道。在这种情况下，所有24个信道都被利用，且不提供同步字节。

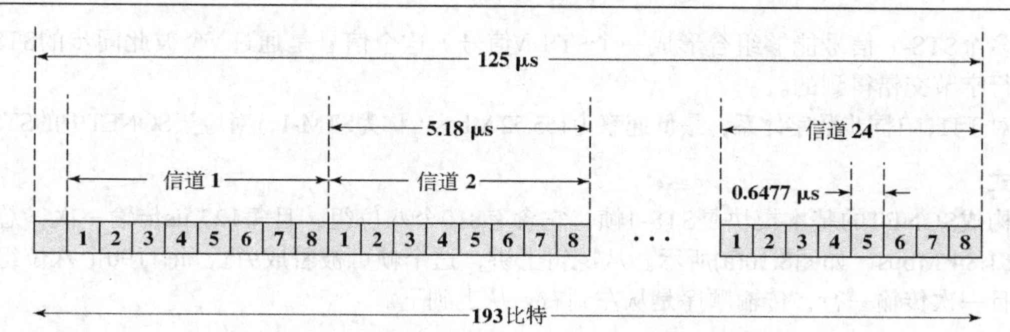

注释：
1. 首比特为帧定位比特，用于同步。
2. 话音信道：
 ·帧里5帧适用8比特PCM。
 ·第6帧使用7比特PCM，每个信道的第8比特是信令比特。
3. 数据信道：
 ·信道24在某些策略里仅用于信令。
 ·比特1~7用于56 kbps业务。
 ·比特2~7用于9.6 kbps，4.8 kbps和2.4 kbps业务。

图8.9 DS-1的传输格式

在1.544 Mbps 的基本数据率上，通过对DS-1输入进行比特交错，就能达到更高级别的复用。例如，DS-2传输系统将4个DS-1输入组合成6.312 Mbps的数据流。分别来自4个数据源的数据以每次12比特的形式交错。注意，这时1.544 × 4 = 6.176 Mbps。剩余的容量用于帧定位和控制比特。

8.2.4 SONET/SDH

SONET（同步光纤网络）是一种光纤传输接口，它最初由美国贝尔通信研究所提议，并经美国国家标准学会通过，形成正式标准。另一种可兼容的版本称为同步数字体系（SDH），已经由ITU-T在建议书G.707中出版发布①。SONET的目标是为了提供一种能够充分利用光纤的高速数字传输容量的规约。

信号体系

SONET 规约定义了标准化的数字数据率分级结构（见表8.4）。最低层称为STS-1（一级同步传输信号）或OC-1（一级光纤载波）②，数据率为51.84 Mbps。这一速率可用于承载一个DS-3信号或一组速率更低的信号，如DS1，DS1C，DS2及一些ITU-T的低速率集合（例如2.048 Mbps）。

表8.4 SONET/SDH的信号体系

SONET规定	ITU–T规定	数据率	有效载荷
STS-1/OC-1		51.84 Mbps	50.112 Mbps
STS-3/OC-3	STM-1	155.52 Mbps	150.336 Mbps
STS-12/OC-12	STM-4	622.08 Mbps	601.344 Mbps
STS-48/OC-48	STM-16	2.488 32 Gbps	2.405 376 Gbps
STS-192/OC-192	STM-64	9.953 28 Gbps	9.621 504 Gbps
STS-768	STM-256	39.813 12 Gbps	38.486 016 Gbps
STS-3072		159.252 48 Gbps	153.944 064 Gbps

① 在以下的内容中，使用的术语SONET同时代表了这两种规约。如果需要区分，会明确指出。

② OC-*N*速率是相当于STS-*N*电子信号速率的光信号速率。终端用户设备传输和接收的是电子信号，它们必须与在光纤上传输的光信号进行相互转换。

多个STS-1 信号能够组合形成一个STS-*N*信号。这个信号是通过*N*个彼此同步的STS-1信号进行字节交错得到的。

对于ITU-T同步数字体系，最低速率为155.52 Mbps，称为STM-1，对应于SONET中的STS-3。

帧格式

构成SONET的基本模块是STS-1帧，它含有810个八位组，且每125 μs传输一次，总数据率为51.84 Mbps，如图8.10(a)所示。从逻辑上讲，这个帧可被看成9行，每行90个八位组的阵列，且一次传输一行，传输顺序是从左到右，从上到下。

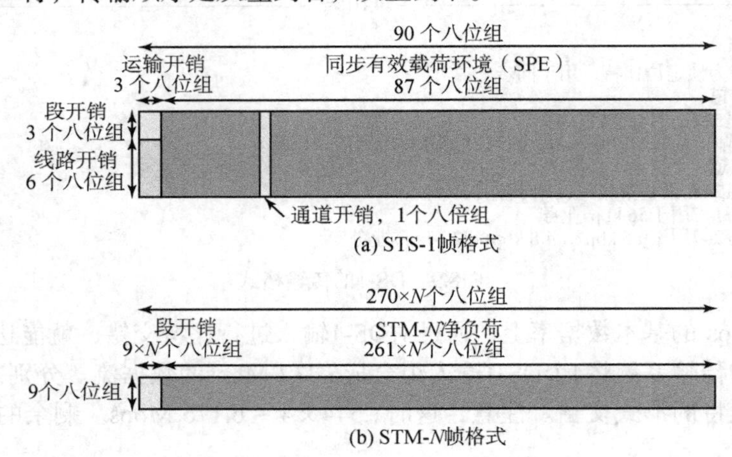

图8.10 SONET/SDH帧格式

帧的前三列（3个八位组×9行 = 27个八位组）是专门用于额外开销的八位组。其中有9个八位组专门用在与段（section）有关的开销上，而其余18个八位组用于线路（line）开销。图8.11(a)所示为这些用于额外开销的八位组的排列情况，而表8.5列出了各字段的定义。

帧中的其余部分是信息有效载荷，其中有一列是通道开销，它不必占据第一个有效列的位置，因为在线路开销中含有一个指针用于指出通道开销的起始位置。图8.11(b)所示为通道开销八位组的排列，且表8.5对此做了定义。

图8.10(b)所示为速率更高的帧的通用格式，使用ITU-T规定的格式。

段开销	Framing A1	Framing A2	trc/growth J0/Z0
	BIP-8 B1	Orderwire E1	User F1
	DataCom D1	DataCom D2	DataCom D3
线路开销	Pointer H1	Pointer H2	Pointer Action H3
	BIP-8 B2	APS K1	APS K2
	DataCom D4	DataCom D5	DataCom D6
	DataCom D7	DataCom D8	DataCom D9
	DataCom D10	DataCom D11	DataCom D12
	Status S1/Z1	Error M0/M1	Orderwire E2

(a) 传输开销

Trace J1
BIP-8 B3
Signal Label C2
Path Status G1
User F2
Multiframe H4
Growth Z3
Growth Z4
Growth Z5

(b) 通道开销

图8.11 SONET STS-1额外开销八位组

表8.5　STS-1额外开销比特

段开销	
A1, A2	帧定位字节 = F6, 28（十六进制），用于帧起始的同步
J0/Z0	通过传送一个16字节的报文，使得两个互相连接的段能够证实它们之间的连接。这个报文通过16个连续帧来传送，第一个帧携带第一个字节J0，第二个帧携带第二个字节Z0，以此类推
B1	比特交错奇偶检验字节，为扰码后的上一个STS-*N*帧提供偶检验；这个八位组中的第*i*个比特包含的是由上一个帧中所有八位组的第*i*个比特位计算得到的偶校验值
E1	段级64 kbps的PCM公务联络信道（orderwire）；可选的用于终端设备、集线器以及远程终端段之间的64 kbps话音信道
F1	用户专用的64 kbps信道
D1 ~ D3	段与段之间的用于告警、维护、控制以及管理的192 kbps数据通信信道
线路开销	
H1 ~ H3	用于信息有效载荷的帧对齐和频率调整的指针字节
B2	用于线路级差错监控的比特交错奇偶校验
K1, K2	用于线路级的自动保护交换设备之间的信号交换的两个字节；使用面向比特的协议，提供了SONET光纤链路上的差错保护及管理
D4 ~ D12	用于告警、维护、控制、监视以及管理的线路级576 kbps数据通信信道
S1/Z1	在STS-*N*信号的第1个STS-1中，用于运输同步报文（S1）。在第2至第*N*个STS-1中未定义（Z1）
M0/M1	第1个STS-1（M0）和第3个帧中的远端差错指示
E2	用于线路级公务联络的64 kbps PCM话音信道
通道开销	
J1	64 kbps信道，用于重复地发送64个八位组的定长比特串，以便接收终端能够持续地确认该通道的完整性。报文的内容是用户可编程的
B3	通道级的比特交错奇偶校验，由上一个SPE的所有比特计算得到
C2	用于指出是否装载STS信号的STS通道信号标记。未装载指的是线路连接完成，但没有发送任何通道数据。对于装载的信号，这个标记能够指明特定的STS有效载荷映射，接收终端在解释有效载荷时可能需要这一映射
G1	由通道终端设备返回到通道发起设备的状态字节，携带了终端设备和通道差错性能的状态
F2	为通道使用者提供的64 kbps信道
H4	多帧指示，用于有效载荷需要的帧比一个STS帧长的情况下；多帧指示用在将速率较低的信道（虚拟辅助信道）包装到SPE中时
Z3 ~ Z5	留给将来使用

8.3　电缆调制解调器

电缆调制解调器（cable modem）是让用户能够通过有线电视网访问因特网和其他在线服务的设备。为了支持通过电缆调制解调器往返的数据传输，有线电视提供商需要分出两条6MHz的专用信道，一个传输方向一条。每条信道与多个用户共享，因此就需要一些机制来分配每个信道上的传输容量。通常使用的是统计时分复用方式（见图8.12）。在下行流方向，即从电缆**头端**（headend）到用户的方向，电缆调度器（cable scheduler）以小分组的形式传递数据。由于信道被多个用户共享，如果两个以上的用户是活跃的，则每个用户仅得到下行流容量的一部分。单个电缆调制解调器可能的访问速度在500 kbps到1.5 Mbps之间或更高，这取决于网络的结构和流量。下行流方向同时也用于为用户授权时隙。如果用户有数据要传输，它就必须首先申请上行流信道上的时隙。为了发送这个请求，每个用户都有一个专用的时隙。头端调度器在接收到这个请求分组后，将把未来可用时隙分配给该用户，并将分配信息返回给该用户，表示已响应这个请求。这样，多个用户就能够无冲突地共享同一条上行流信道。

为了能够支持有线电视节目和数据信道，电缆频谱被划分为3段，然后再将每一段划分成多个6 MHz 的信道。在北美，频谱的划分如下。

- 用户到网络的数据（上行）：5 ~ 40 MHz
- 电视节目传播（下行）：50 ~ 550 MHz
- 网络到用户的数据（下行）：550 ~ 750 MHz

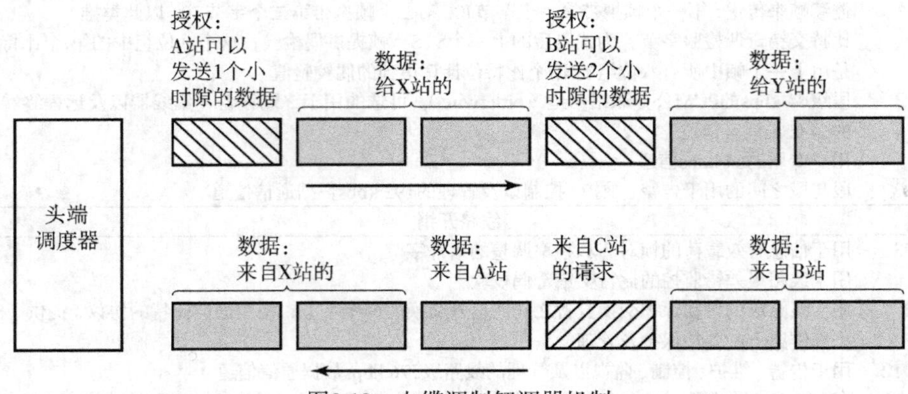

图8.12　电缆调制解调器机制

图8.13所示为典型的民宅或办公场所中，电缆调制解调器的配置图。在外部电缆接口处有一个一分二的分离器，使用户能够通过多个FDM 6 MHz信道不间断地接收有线电视服务，同时又能同步地为局域网中的一台或多台计算机提供数据信道。入信道首先通过一个无线电调频器来选择数据信道，并将数据信道解调至0 ~ 6 MHz。这个信道提供的数据流使用64-QAM（正交调幅）或256-QAM编码技术。QAM解调器提取被编码的数据流，将其转换为数字信号，并把它传递给媒体接入控制（MAC）模块。在外出的方向上的数据流使用QPSK（四相相移键控）或16-QAM编码。

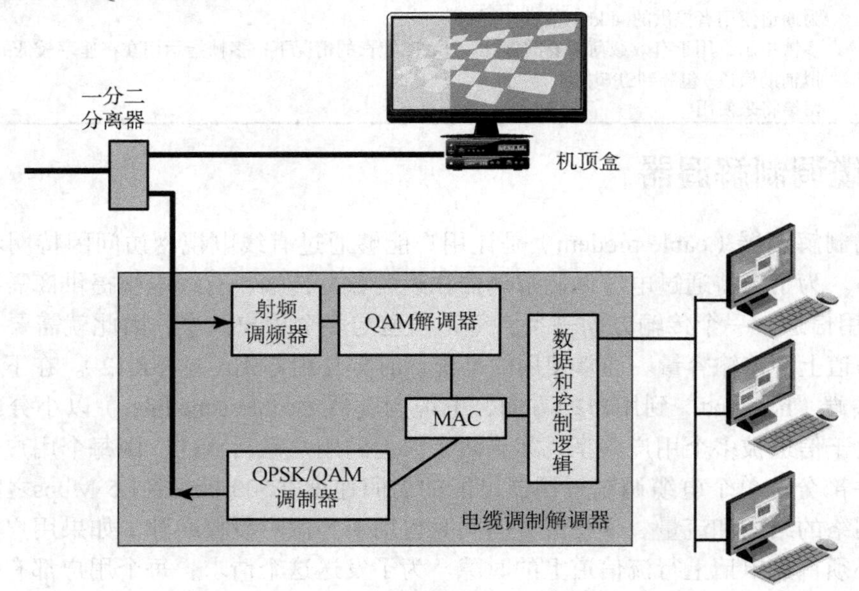

图8.13　电缆调制解调器的配置

8.4　非对称数字用户线路

在高速广域公用数字网络的实现和开发中，面临的最大挑战是用户和网络之间的链路：数字用户线路。在这个世界上可能存在几十亿的端点，如果为每个新客户安置一条新电缆是无法想像的。其实，网络设计者们已经在试图找到一种方式利用已安装好的双绞线，事实上这些双绞线将所有住宅用户和商业用户与电话网络连接了起来。安装这些链路是为了承载带宽范围为0～4 kHz的话音级信号。不过，这些线路有能力传输频谱宽得多的信号——1 MHz或更多。

在为了能够通过普通电话线提供高速数字数据的传输而设计的各种现代新技术中，非对称数字用户线路（Asymmetrical Digital Subscriber Line，ADSL）是名声最响的。目前已有数家电信公司提供ADSL，且在ANSI标准中有定义。本节首先介绍ADSL的总体设计，然后再考察其称为DMT的关键基础技术。

8.4.1 ADSL设计

术语“非对称”指的是ADSL提供的下行流（从电信公司的中心局到用户点）容量高于上行流（从用户到电信公司）容量。ADSL的最初设计目的是为了满足将来人们对视频及其相关业务的需求。自从出现了ADSL技术，对高速接入互联网的需求迅速增长。通常用户所要求的下行流容量要远远高于上行流的传输①。绝大多数用户传输的内容是键盘的键入信息或短小的电子邮件报文。与此同时，输入通信量却可能涉及大量的数据，并包括图片或视频，特别是在Web业务流中更是如此。因此，ADSL所提供的恰好就是因特网所需要的。

ADSL以新颖的手法通过使用频分复用（FDM）充分利用了双绞线的1 MHz容量。在ADSL策略中有如下3个要素（见图8.14）。

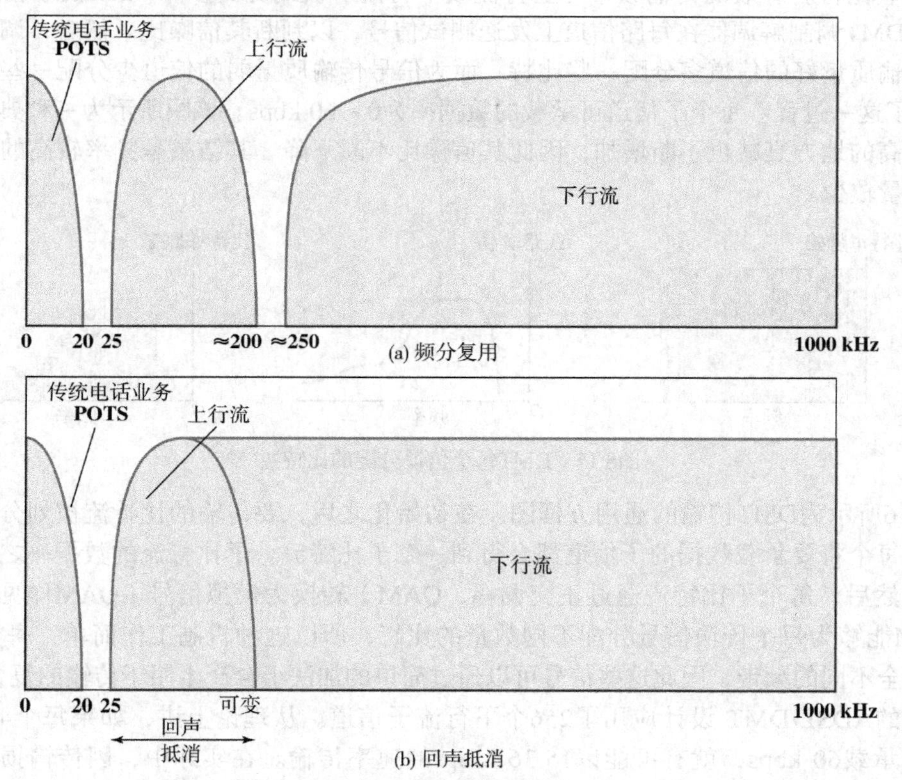

图8.14 ADSL信道设置

- 最低的25 kHz是为话音保留的，称为POTS（传统电话业务）。话音只在0～4 kHz频带中承载，另外的带宽用于防止话音和数据信道间的串扰。

① 在Peer to Peer技术问世之前的确如此。采用Peer to Peer技术（如迅雷）后，这一观点已发生变化。——译者注

- 在分配较小的上行流频带和较大的下行流频带时，或者使用回声抵消[①]，或者使用FDM。
- 上行流和下行流频带内部使用FDM。在这种情况下，单个比特流被分解为多个并行的比特流，并且每个比特流以一个独立的频带承载。

如果使用回声抵消，上行流信道的整个频带与下行流信道的低频带区重叠。与上行流和下行流使用截然不同的频带相比较，这样做有如下两个好处。

- 频率越高，衰减越大。如果使用回声抵消，就有更多的下行流带宽位于“好”的频谱区内。
- 回声抵消设计在改变上行流容量时具有更大的灵活性。上行流可以向上扩展而不会撞到下行流，只不过是重叠区被扩展。

使用回声抵消的缺点是在线路的两端都需要具有回声抵消逻辑。

根据电缆直径及其质量的不同，ADSL机制提供的距离范围可达5.5 km。它足够覆盖全美95%的用户线路，而在其他国家也可提供相当的覆盖率。

8.4.2　离散多音调

离散多音调（Discrete Multitone，DMT）在不同频率使用多个载波信号，而在每路信道上发送一些比特。有效的传输频带（上行流或下行流）被划分为多个4 kHz的子信道。在初始化时，DMT调制解调器在每路信道上发送测试信号，以判断其信噪比。然后，调制解调器为信号传输质量好的信道多分配一些比特，而为信号传输质量弱的信道少分配一些比特。图8.15描述了这一过程。每个子信道可承载的数据率为0 ~ 60 kbps。该图所示为一种典型情况，即频率较高的地方衰减也不断增加，因此其信噪比不断下降。其结果是频率较高的子信道承载的负荷量较少。

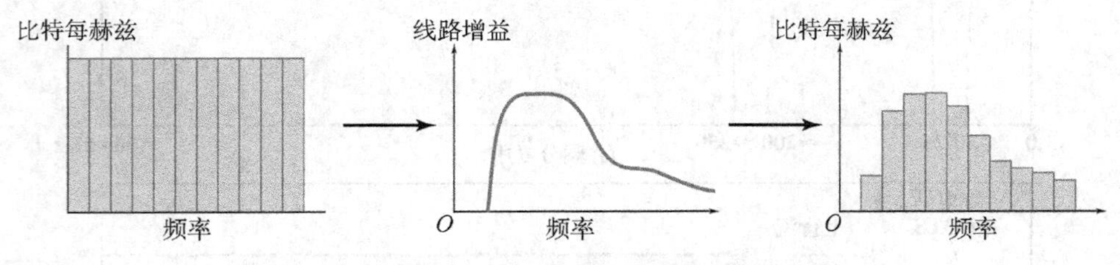

图8.15　DMT每个信道分配的比特数

图8.16所示为DMT传输的通用方框图。在初始化之后，要传输的比特流被划分为数个子比特流，每个将要承载数据的子信道都会得到一个子比特流。子比特流的数据率之和等于总数据率。然后，每个子比特流通过正交调幅（QAM）转换为模拟信号（QAM详见第5章）。由于QAM能够为每个传输信号分配不同数量的比特，所以这种机制工作简单。每个QAM信号占用完全不同的频带，因此这些信号可以通过简单的加法组合产生用于传输的复合信号。

目前的ADSL/DMT 设计应用了256个下行流子信道。从理论上讲，如果每个4 kHz的子信道能够承载60 kbps，就有可能以15.36 Mbps的速率传输。在实际中，因传输损伤的存在而无法达到这样的数据率。根据线路距离和质量的不同，当前实际产品的工作数据率在1.5 ~ 9 Mbps之间。

① 回声抵消是一种信号处理技术，它允许在一条传输线路上同时向两个方向传输数字信号。其基本原理是发送器必须从收到的信号中减去自己的传输回声，以恢复对方发送的信号。

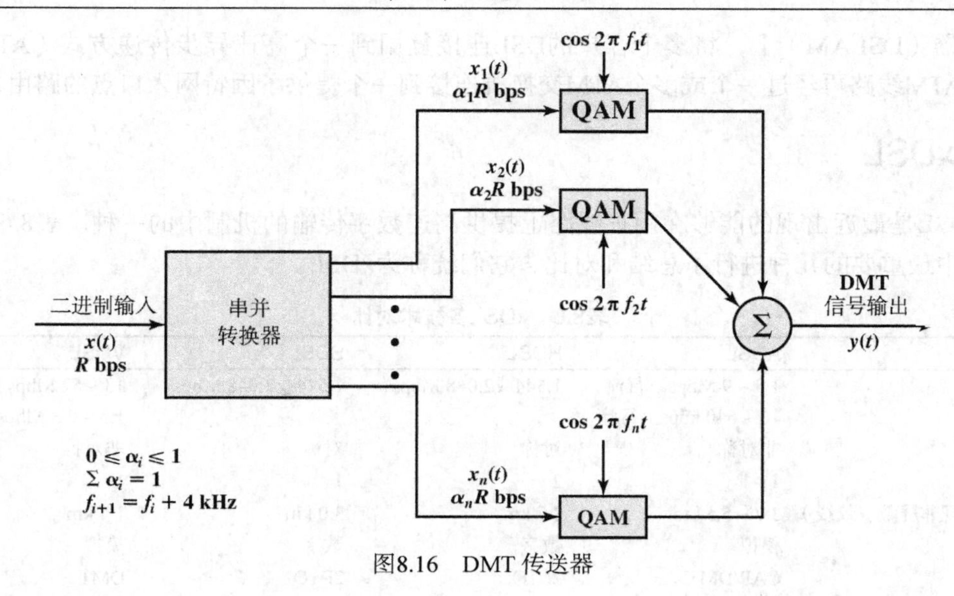

图8.16 DMT传送器

8.4.3 宽带接入配置

图8.17所示为应用了DSL宽带服务的典型配置。DSL链路位于服务提供者的中心局与住宅或商业驻地之间。在客户端，通过一个分离器可同时提供电话和数据服务。数据服务使用DSL调制解调器，有时也称为G.DMT调制解调器，因为它遵守针对DSL上的DMT的ITU-TG.992.1建议书。DSL数据信号可以进一步划分为一个视频流和一个数据流。后者通过调制解调器，或者连接到一台本地计算机，或者连接到一个无线调制解调器/路由器，以使客户能够支持无线局域网。

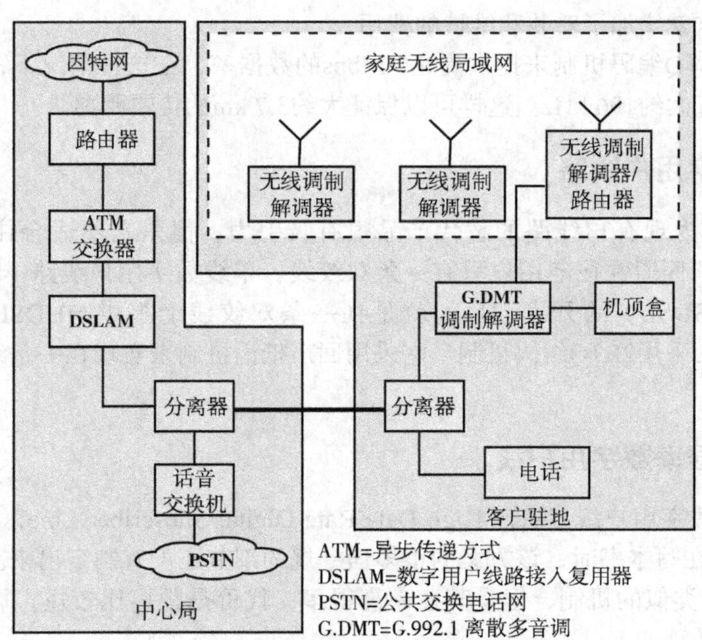

图8.17 DSL宽带接入

在提供者一端也要使用分离器，它将电话服务与因特网服务分隔开。话音通信量被连接到公共交换电话网（PSTN），这与向用户提供的普通电话线一样。数据通信量连接到DSL接入复用器（DSLAM）上，将多个客户的DSL连接复用到一个高速异步传递方式（ATM）线路上。ATM线路再经过一个或多个ATM交换机连接到一个提供了因特网入口点的路由器。

8.5 xDSL

ADSL是最近出现的能够在用户线路上提供高速数字传输的机制中的一种。表8.6对这些新机制中最重要的几种进行了总结和对比，它们统称为xDSL。

表8.6　xDSL各技术对比

	ADSL	HDSL	SDSL	VDSL
数据率	1.5 ~ 9 Mbps下行流 16 ~ 640 kbps上行流	1.544或2.048 Mbps	1.544或2.048 Mbps	13 ~ 52 Mbps下行流 1.5 ~ 2.3 Mbps上行流
模式	非对称	对称	对称	非对称
铜线对	1	2	1	1
范围（24规非屏蔽双绞线）	3.7 ~ 5.5 km	3.7 km	3.0 km	1.4 km
信令	模拟	数字	数字	模拟
线路编码	CAP/DMT	2B1Q	2B1Q	DMT
频率	1 ~ 5 MHz	196 kHz	196 kHz	≥10 MHz
比特/周	可变	4	4	可变

8.5.1　高数据率数字用户线路

贝尔公司于20世纪80年代后期开发的高数据率数字用户线路（High Data Rate Digital Subscriber Line，HDSL）可以更经济地提供T1数据率（1.544 Mbps）。标准的T1线路采用交替传号反转（AMI）编码，占用带宽约为1.5 MHz。由于涉及的频率很高，在其衰减特性的限制下，使用T1时转发器与转发器之间的距离约为1 km。因此，对许多用户线路来说，需要一个或多个转发器，这就增加了安装和维护的费用。

HDSL使用2B1Q编码机制来提供高达2 Mbps的数据率，在这种情况下，它采用两条双绞线，线上带宽只有大约196 kHz。这样可以保证大约3.7 km的传输距离。

8.5.2　单线数字用户线路

尽管HDSL作为现有T1线路的替代产品很有吸引力，但是它不适合住宅用户，因为它需要两条双绞线，而通常住宅用户只有一条双绞线。单线数字用户线路（Single Line Digital Subscriber Line，SDSL）的开发，目的就是在一条双绞线上提供与HDSL一样的服务。与HDSL一样，SDSL采用2B1Q编码机制。它采用回声抵消机制来实现在一条线上完成全双工传输的任务。

8.5.3　甚高数据率数字用户线

甚高数据率数字用户线（Very High Data Rate Digital Subscriber Line，VDSL）是最新的xDSL机制之一。在写本书时，该方案的很多信令规约细节还没有制定出来。该方案的目标是提供一种与ADSL类似的机制，但是其速率高得多，代价是距离比较短。可能被采用的信令技术是DMT/QAM。

VDSL不采用回声抵消技术，而是为不同服务提供独立的频带，可能的频带分配方案如下：

- POTS：0 ~ 4 kHz
- ISDN：4 ~ 80 kHz

- 上行流：300 ~ 700 kHz
- 下行流：≥ 1 MHz

8.6 多信道接入

本节将考察4种复用技术，它们用于共享多个发送/接收站点之间的信道容量。这些技术与迄今为止所讨论的FDM和TDM技术不同，因为它们不涉及物理上的复用器，而是为各站点分配一个频带或时隙序列，并直接在信道上传送，不用通过复用器。

本节所讨论的技术被公认为多种无线解决方案的组成部分，包括像WiFi这样的无线局域网以及蜂窝网络、卫星网络和无线宽带因特网接入，如WiMAX。

8.6.1 频分双工（FDD）

频分双工（Frequency-Division Duplex）本身并没有什么特别的地方。FDD仅仅表示两个站点之间有一条全双工的连接，且各站点在独立的频带上传输。这两个频带通过防护频带彼此隔离，同时也与网络上的其他频带分隔，从而避免了干扰，如图8.18(a)所示。两个频带的组合通常称为一个**子信道**（subchannel），两个子信道的组合则被看成站点和站点之间的一条全双工信道。

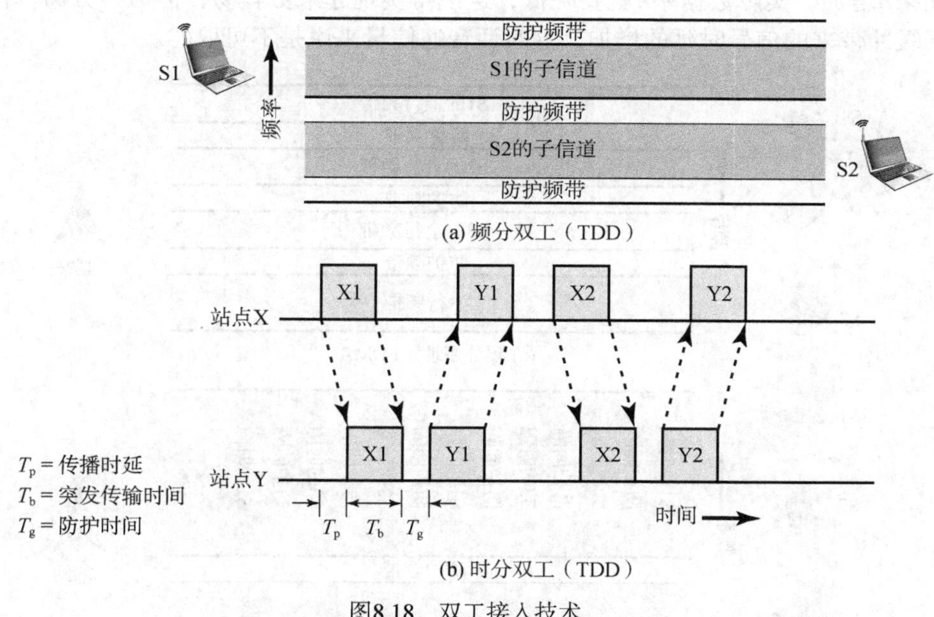

图8.18 双工接入技术

8.6.2 时分双工（FDD）

时分双工（Time-Division Duplex）也称为**时间压缩复用**（time-compression multiplexing，TCM），它的数据一次只在一个方向上传输，两个方向的传输交替进行。要想通过简单的TDD技术达到预期的用户数据率，就要把发送器的比特流分割成相等的数据段，并适时压缩以达到更高的传输速率，然后突发性地传送，在到达另一端后再重新展开回到原始的速率。两个相对方向的突发传送期之间需要使用一个短暂的静止期，以便让信道平静下来。因此，实际的信道数据率必须大于两个端系统所要求的数据率的两倍。

图8.19(b)所示为一段时间的传输情况。双方轮流传送数据。它们各自发送某个固定长度的数据块，发送所花的时间为T_b，此时间是数据块比特长度的一个线性函数。此外，时间T_p是从发送器到接收器信号传播所需的时间，此时间则是发送器和接收器之间的距离的线性函数。最后，引入防护间隔T_g以便让信道转向。因此，发送一个数据块的时间就是$(T_p + T_b + T_g)$。然而，由于双方必须交替传输，因此任一方发送数据块的速率只有$1/[2(T_p + T_b + T_g)]$。从两个端点的角度看，我们可以将此与有效数据率R联系起来。设B是数据块的比特长度，则每秒传输的有效比特数或有效数据率为

$$R = \frac{B}{2(T_p + T_b + T_g)}$$

可以很清楚地看到，传输媒体上的实际数据率A为

$$A = B/T_b$$

将两式组合起来，可以得到

$$A = 2R\left(1 + \frac{T_p + T_g}{T_b}\right)$$

数据块长度B的选取要在多个互斥的需求之间寻求妥协。如果数据块长度较大，T_b的值就会变得大于T_p和T_g的值。现在假设有一个固定的R值，它是链路所要求的数据率，我们需要确定A的值。如果B增加，实际数据率A就要降低，这使得实现起来更容易，但另一方面，伴随而来的是由于缓冲带来的信号时延的增加，这对话音通信量来说是不可取的。

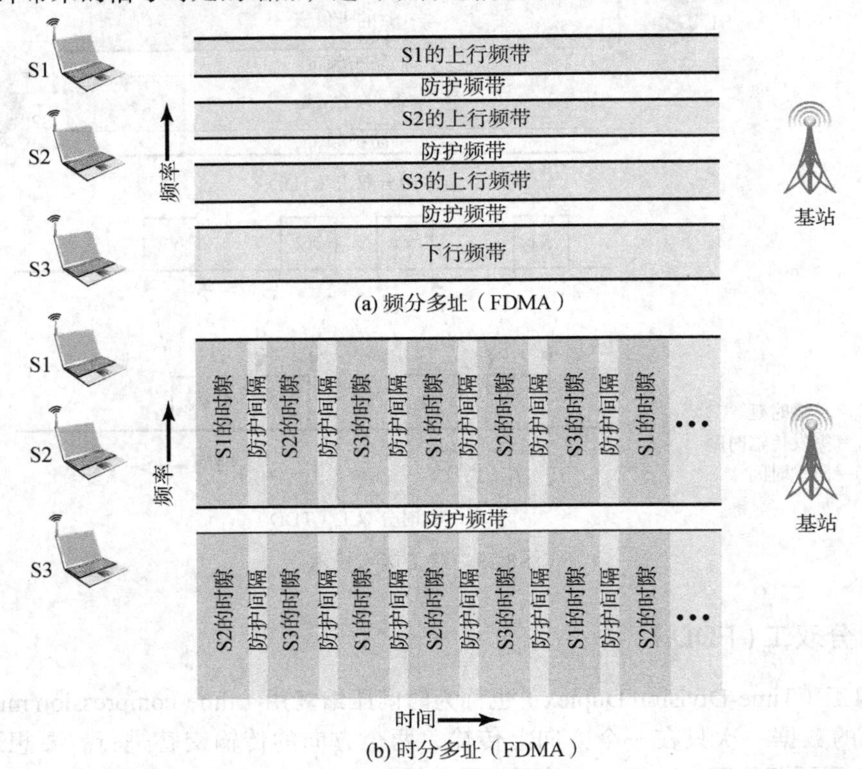

图8.19 多信道接入技术

例8.4 为ISDN（综合业务数字网）定义的标准接口中有一个是基本接口，它提供的数据率为192 kbps，并使用长度为48比特的帧。如果用TDD来传送一个与帧尺寸等长的数据块，假设用户和网络交换机之间的距离是1 km，采用的防护间隔为10 μs，那么实际的数据率是多少？

首先需要确定突发传输时间T_b。因为传播时延为(1 km)/(3 × 10^8 m/s) = 3.33 μs，并且$\frac{B}{2R}=(T_p+T_b+T_g)$，所以$T_b=\frac{B}{2R}-T_p-T_g=\frac{48}{0.384\times10^6}-(10\times10^{-6})-(3.33\times10^{-6})=111.67\ \mu s$。因此

$$A = 2 \times 192 \times [1 + (3.33 + 10)/111.67] \approx 430\ \text{kbps}$$

TDD被用于无绳电话，同时它也是多种无线网络系统的组成部分。

8.6.3 频分多址（FDMA）

频分多址（Frequency-Division Multiple Access）是多个站点共享频带的一种技术。在典型的配置中，一个基站与多个用户站点进行通信。这样的配置出现在卫星网络、蜂窝网络、WiFi和WiMAX中。通常情况下，基站要在整个可用的带宽内为各站点分配相应的带宽。以图8.19(a)为例，3个站点分配得到各自独立的频带（子信道），用于从这些站点到基站的传输（上行方向），另外在已分配的传输频带之间还需要一些保护频带。还有一个频带用于从基站到各站点的传输（下行方向），通常这个频带要相对宽一些。

FDMA的主要特点包括：

- 每个子信道由一个站点专用，不共享；
- 如果一个子信道不在使用中，就处于空闲状态，它的容量被浪费；
- FDMA与TDMA相比更简单，需要的额外开销比特也较少，因为每个子信道都是专用的。
- 子信道与子信道之间必须用防护频带隔离，以减少干扰。

8.6.4 时分多址（TDMA）

与频分多址一样，时分多址（Time-Division Multiple Access）通常也用于一个基站与多个用户站点的配置中。使用TDMA时，单一的、相对较宽的上行频带被用于时隙序列的传送。用户站点重复获得一个个时隙，以形成它的逻辑子信道。在图8.19(b)所示的例子中，每个站点在上行信道的总容量中获得相等大小的容量，因此它们每3个时隙可分得1个时隙。同样，在下行信道上，每个用户站点监听指定的时隙，这些时隙的分配可能与上行信道中的时隙分配相同，也可能不同。在这个例子中，下行信道也同样均等地分配给3个站点。

TDMA的主要特点包括：

- 每个子信道由一个站点专用，不共享；
- 对单个站点来说，数据传输是突发性的，不是连续的；
- 时隙和时隙之间需要防护时隙相隔，以应对用户站点之间缺乏良好同步的问题；
- 下行信道可能在一个单独的频带上，如上例所示，称为TDMA/FDD。使用TDMA/FDD，分配给用户站点用于接收的时隙通常与该站点的发送时隙不重叠。
- 上行链路和下行链路的传输也可能在相同的频带上，称为TDMA/TDD。

8.7 推荐读物

在[FREE98b]中可找到有关FDM与TDM载波系统的讨论。在[STAL99]和[TEKT01]中对SONET有深入的讲解。有关SONET的实用文章是[BALL89]和[BOEH90]。[MUKH00]对WDM有着全面介绍。

有关电缆调制解调器的两篇好文章分别是[FELL01]和[CICI01]。

[MAXW96]对ADSL 的讨论非常实用。对于xDSL 值得推荐的介绍性文章是[HAWL97]和[HUMP97]。

BALL89 Ballart, R., and Ching, Y. "SONET: Now It's the Standard Optical Network." *IEEE Communications Magazine*, March 1989.

BOEH90 Boehm, R. "Progress in Standardization of SONET." *IEEE LCS*, May 1990.

CICI01 Ciciora, W. "The Cable Modem Traffic Jam." *IEEE Spectrum*, June 2001.

FELL01 Fellows, D., and Jones, D. "DOCSIS Cable Modem Technology." *IEEE Communications Magazine*, March 2001.

FREE98b Freeman, R. *Telecommunications Transmission Handbook*. New York: Wiley, 1998.

HAWL97 Hawley, G. "Systems Considerations for the Use of xDSL Technology for Data Access." *IEEE Communications Magazine*, March 1997.

HUMP97 Humphrey, M., and Freeman, J. "How xDSL Supports Broadband Services to the Home." *IEEE Network*, January/March 1997.

MAXW96 Maxwell, K. "Asymmetric Digital Subscriber Line: Interim Technology for the Next Forty Years." *IEEE Communications Magazine*, October 1996.

MUKH00 Mukherjee, B. "WDM Optical Communication Networks: Progress and Challenges." *IEEE Journal on Selected Areas in Communications*, October 2000.

STAL99 Stallings, W. *ISDN and Broadband ISDN, with Frame Relay and ATM*. Upper Saddle River, NJ: Prentice Hall, 1999.

TEKT01 Tektronix. *SONET Telecommunications Standard Primer*. Tektronix White Paper, 2001, www.tek.com/document/primer/sonet-telecommunications-standard-primer.

8.8 关键术语、复习题及习题

关键术语

ADSL 非对称数字用户线路
baseband 基带
cable modem 电缆调制解调器
channel 信道
demultiplexer 分用器
dense wavelength division multiplexing 密集波分复用（DWDM）
digital carrier system 数字载波系统
discrete multitone 离散多音调
downstream 下行流
echo cancellation 回声抵消
frame 帧
frequency-division multiplexing 频分复用（FDM）
headend 头端
multiplexer 复用器
multiplexing 复用
pulse stuffing 脉冲填充
SDH 同步数字体系
SONET 同步光纤网络
statistical TDM 统计时分复用
subcarrier 副载波
synchronous TDM 同步时分复用
time-division multiplexing 时分复用（TDM）
upstream 上行流
wavelength division multiplexing 波分复用（WDM）

复习题

8.1 为什么复用的性价比高？

8.2 如何通过使用频分复用避免干扰？

8.3 什么是回声抵消？

8.4 给出用户线路中的上行流和下行流的定义。

8.5 解释同步时分复用（TDM）是如何工作的？

8.6 为什么统计时分复用与同步时分复用相比效率更高？

8.7 参照表8.3，指出北美和国际的TDM 载频标准有哪些主要的区别？

习题

8.1 4个模拟信号的信息经过复用后，通过电话信道传输，电话信道的通频带为400 ~ 3100 Hz。每个模拟基带信号的带宽限制在500 Hz。设计一种通信系统（方框图），让这4个数据源能够通过电话信道传输，假设：

a. 使用SSB（单边带）副载波的频分复用。

b. 使用PCM 的时分复用。假设4比特采样。

画出完整的系统方框图，包括传输、信道以及接收部分。并在该系统的不同位置上指出信号的带宽。

8.2 套用林肯的一句话：只有在部分时间会使用所有的通道，但有部分通道在任何时间都在使用。请参考图8.2，并将该图与这句话联系起来。

8.3 设想一种使用频分复用的传输系统。如果在这个系统中增加一对站点，会影响到哪些部分的费用？

8.4 在同步TDM情况下，有可能使用比特交错，在一个周期中从每个信道采集1比特。如果为了有助于同步，该信道使用了自同步编码，那么这种比特交错是否会因为没有来自一个数据源的连续比特流而引起问题？

8.5 使用同步TDM的字符交错时，为什么可以取消起始比特和停止比特？

8.6 用数据链路控制和物理层的概念来解释如何在同步时分复用中实现差错和流量控制。

8.7 在DS-1传输格式的193比特中有一个比特用于帧同步。请解释它的用途。

8.8 在DS-1格式中，每个话音信道的控制信号数据率为多少？

8.9 24路话音被复用，并在双绞线上传输，FDM需要多大带宽？假设带宽有效率（数据率与传输带宽之比值，在第5章中介绍）是1 bps/Hz，那么使用PCM的TDM需要的带宽为多少？

8.10 为一个TDM PCM系统画出类似图8.8的方框图，它能够容纳4个300 bps 的同步数字输入和一个带宽为500 Hz的模拟输入。假设该模拟样本被编码成4比特的PCM 字。

8.11 有一个字符交错的时分复用器，用它来复合多个110 bps异步终端的数据流，并将复合后的数据通过2400 bps的数字线路传输。各终端发送的字符都由7个数据比特、1个检验比特、1个起始比特和2个停止比特组成。假设每19个数据字符就发送一个同步字符，并且另外还要留至少3%的线路容量用于脉冲填充，以适配不同终端的不同速率。

a. 判断每个字符的比特数。

b. 判断该复用器可容纳的终端数。

c. 画出该复用器可能的帧格式。

8.12 使用T1类的TDM线路，如果为同步目的保留了1%的线路容量，计算其可容纳的下列设备的数量。

a. 110 bps的电传打印机终端。

b. 300 bps的计算机终端。

c. 1200 bps的计算机终端。

d. 9600 bps的计算机输出端口。

e. 64 kbps的PCM话音频率的线路。

如果每个源的平均操作时间为10%，并且使用的是统计时分复用，那么这时它们又分别为多少？

8.13 10条9600 bps的线路TDM进行复用。忽略其额外开销比特，那么同步TDM所需的总容量为多少？假设我们希望将线路的平均利用率限制在0.8，再假设每条线路有50%的时间处于忙状态，那么统计TDM所需的总容量为多少？

8.14 用同步非统计TDM复用4条4.8 kbps和1条9.6 kbps 的信号到一条专用线路上传输。在组帧方面，每48个数据比特插入一个7比特块（模式1011101）。帧重组算法（在接收端的分用器上）如下：

1. 随机选择一个比特位置。
2. 假设7比特块从该位置开始连续插入。
3. 观察每个帧中的这个7比特块，共观察12个连续的帧。
4. 如果12个块中有10个与组帧模式相匹配，则系统“帧同步”；如果不是，则向前一个比特的位置，然后返回第2步。

a. 画出复用后的比特流（注意9.6 kbps的输入可以视为两个4.8 kbps输入）。

b. 在复用后的比特流中，额外开销所占的百分比是多少？

c. 复用后的输出比特速率是多少？

d. 帧重组的最小时间是多少？最大时间是多少？平均时间又是多少？

8.15 有一个公司分布在两个地区：公司的总部与它的工厂相距约25 km。该工厂有4个300 bps的终端通过话音级租用线路与总部的中心计算机设施进行通信。公司正在考虑安装时分复用设备，这样仅需要一条线路就可以了。那么这个决定要考虑的费用分哪几部分？

8.16 在同步TDM中，通过两个复用器向I/O线路提供服务，虽然这两个复用器之间的信道必须是同步的，但这些I/O线路可能是同步的，也可能是异步的。这个系统中是否存在不一致性？为什么有，或为什么没有？

8.17 假设你准备设计一个TDM载波系统，如DS-489，其结构与DS-1类似，使用6比特的样本，可支持30路话音信道。判断需要达到的比特率。

8.18 为一个统计时分复用器定义如下参数：F = 帧长度（比特）；OH = 帧中的额外开销（比特）；L = 帧中的数据负荷（bps）；C = 链路容量（bps）。

a. 用其他几个参数的函数来表示F。解释为什么F被视为变量而不是常量？

b. 当C= 9.6 kbps且OH = 40比特，80比特，120比特时，画出F和L的关系曲线。对得到的曲线进行分析，并与在线附录I的图I.1比较。

c. 当OH = 40比特且C = 9.6 kbps和8.2 kbps时，画出F和L的关系曲线。对得到的曲线进行分析，与在线附录I的图I.1比较。

8.19 在统计TDM中，可能会有长度字段。除了包含长度字段外，还有没有其他的解决办法？这种方法可能会带来什么问题，应如何解决？

第三部分　广　域　网

第9章　广域网技术和协议

学习目标

在学习了本章的内容之后，应当能够：

- 定义电路交换并描述电路交换网络的关键元素；
- 定义分组交换并描述分组交换技术的关键元素；
- 论述电路交换和分组交换的相对优势，并分析它们各自最适合在何种环境下使用；
- 描述ATM网络的功能和特点。

第二部分介绍的是如何把信息进行编码，并通过通信链路传输。现在将转而讨论范围更广的网络，就是能够用于连接更多设备的网络。本章首先对交换通信网络进行概要讨论，然后重点介绍广域网，特别是广域网设计的传统方式：电路交换和分组交换。

自从发明电话以来，电路交换一直是话音通信领域的主要技术，并因表现良好而使其在数字时代也能保留有一席之地。本章将考察电路交换网的主要特点。

20世纪70年代左右，人们开始研究一种新形式的远距离数字数据通信体系：分组交换。虽然自此之后，分组交换技术得到了极大发展，但值得注意的是，（1）在今天的网络中，分组交换的基本技术与20世纪70年代早期的网络中运行的分组交换技术没有本质区别；（2）分组交换一直是少数几个实际应用的远距离数据通信技术之一。

本章全面介绍了分组交换技术。本章及这一部分稍后的内容中会讲到，分组交换具有的许多优点（灵活性、资源共享、稳健性、响应性）都是要付出代价的。分组交换网络是分布式的分组交换结点的集合。理想情况下，所有分组交换结点应总是知道整个网络的状态。可惜，由于这些结点是分布式的，所以在网络的某部分的状态发生变化与网络所有结点全都得知这一变化，这两者之间在时间上总会存在时延。再者，要传送状态信息，必然会涉及额外的开销。由此得出的一个结论是，分组交换网络永远无法做到“完美无瑕”。而且，为了妥善处理好网络操作的时延和额外开销问题，需要使用非常精密的算法。第五部分讨论网际互连时会再次遇到同样的问题。

9.1 交换式通信网

一般情况下，超出局部范围的数据[①]传输，需要将数据源发出的数据经过一个由中间交换结点构成的网络传输到目的地，从而完成通信任务。这种交换网络的设计方法有时也可以用于局域网实现。这些交换结点并不关心数据的内容，相反，它们的作用是提供了一种交换的手段，将数据从一个结点转移到另一个结点，直至这些数据到达它们的目的地。图9.1所示为一种简单的网络。需要通信的终接设备可以称为站点（station）。这些站点可能是计算机、终端、电话机或其他通信设备。我们把那些用于提供通信功能的交换设备称为结点（node），它们通过传输链路以某种拓扑结构互相连接在一起。每个站点都要连接到一个结点上，而这些结点的集合则称为通信网络（communications network）。

在交换式（switched）通信网络中，数据从一个站点进入网络后，经过由一个结点到另一个结点的交换，最后被传递到目的地。

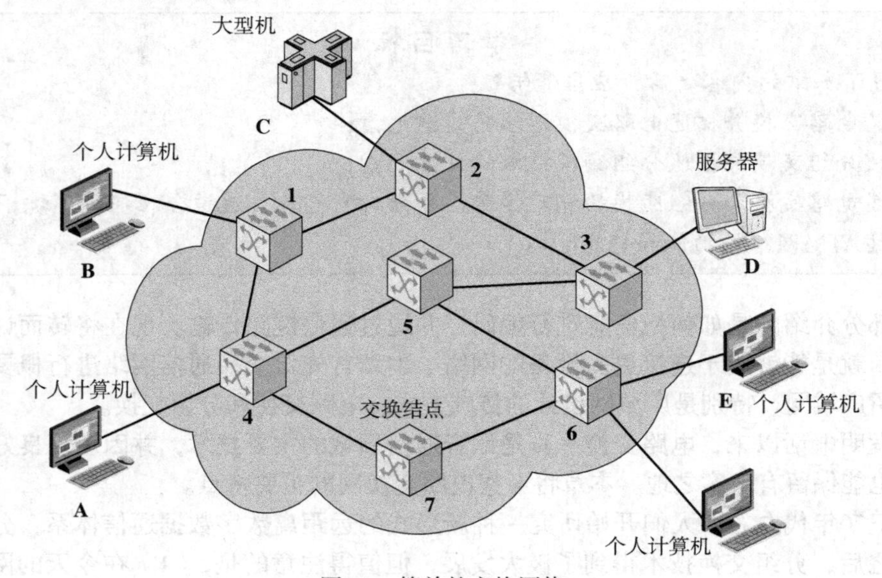

图9.1 简单的交换网络

例9.1 在图9.1中，来自站点A并希望到站点F去的数据被发送到结点4。接着它们可能经过结点5和6，或者结点7和6被传递到终点。这个过程必须遵守下列规则。

1. 某些结点仅仅和其他结点相连接（如结点5和结点7）。它们的全部任务就是数据的内部交换（对网络而言）。还有一些结点或多或少要与一些站点相连接。此类结点除了具有交换功能之外，还要从相连站点上接收数据，或者向相连站点传送数据。
2. 结点和站点之间的链路通常是点对点的专线。结点与结点之间的链路通常都是复用线路，所使用的技术不是频分复用（FDM），就是时分复用（TDM）。
3. 通常，网络并非是完全连接的。也就是说，并非在每一对可能的结点之间都有直接链路。不过，人们总是希望每两个站点之间存在多条穿过网络的可能通路。这样做可以提高网络的可靠性。

① 这里使用的“数据”这个术语是非常笼统的说法，除了普通的数据（如数字或文本）之外，还包括话音、图像以及视频等。

广域交换网使用的是两种差别很大的技术：电路交换和分组交换。这两种技术的主要区别在于信息从源点传输到终点的途中，结点将这些信息从一条链路交换到另一条链路时采取的方式不同。

9.2 电路交换网络

经由电路交换的通信，其言外之意就是在两个站点之间有一条专用的通信通路。这条通路是由网络结点之间的链路首尾相接形成的链路序列。在每条物理链路上都有该连接专用的逻辑信道。经由电路交换的通信包括如下3个步骤，对它们的解释可参考图9.1。

1. **电路建立**　在能够发送任何信号之前，首先必须建立一条端到端（站点到站点）的电路。例如，站点A向结点4发送一个请求，请求连接到站点E。通常，从A到结点4的链路是专线，因此这部分的连接已经存在。结点4必须找出通往E的下一段路由。根据路由信息以及有效的测量值，可能再加上费用等信息，结点4选择了与结点5之间的链路，它在这条链路上分配一条空闲的信道（使用FDM或TDM），并发送请求连接到E的报文。此时，从站点A经结点4到结点5的专用通路已经建立。由于结点4可能连接了多个站点，因此它必须能够建立从多个站点到多个结点的内部通道。如何做到这点将在本节稍后讨论。剩余的处理过程与此类似。结点5建立一条到达结点6的专用信道，并且将它与来自结点4的信道联系起来。结点6完成到达站点E的连接。在连接完成的时候会进行测试，以判断E是处于忙状态，还是准备接受该连接。
2. **数据传送**　此时从站点A发出的信息就可以经过网络传输到站点E。这些数据既可能是模拟的，也可能是数字的，取决于网络的性质。随着传送载体逐步发展成完全的综合数字网络，无论是话音还是数据都使用数字（二进制）传输方式，并且这种方式正在成为主导方式。这条完整的通路是：从站点A到结点4的链路；经结点4的内部交换；从结点4到结点5的信道；经结点5的内部交换；从结点5到结点6的信道；经结点6的内部交换；从结点6到站点E的链路。一般来讲，这些连接是全双工的。
3. **电路断连**　经过一段时间的数据传输之后，连接被终止，通常是由这两个站点中的某个站点发起的动作。这个动作信号必须传播到结点4、5和6，以取消分配的专用资源。

注意，连接的通路是在数据传输开始之前建立的。因此，通路中的每一对结点之间必须为该信道保留容量，而且每个结点必须具备相应的内部交换能力来处理被请求的连接。这些交换机必须具有足够的智能来完成这些分配工作，并建立一条经过网络的路由。

电路交换的效率可能非常低。在连接期间信道的容量是专用的，即使是没有数据可传送。对于话音连接，其利用率可能比较高，但还是不能接近百分之百。对于客户/服务器方式或者从终端到计算机的连接，可能在大多数的连接时间里该容量都处于空闲状态。从性能的角度来看，为了建立呼叫，信号在传送之前总会存在一段时延。不过，一旦电路建立，网络对于用户的透明度是很高的。信息以固定的数据率传输，除了经过传输链路时的传播时延之外，不存在其他时延。在每个结点上的时延可以忽略不计。

开发电路交换网络是为了处理话音通信量，不过现在它也可用于数据通信量。电路交换网络最著名的例子就是公用电话网（见图9.2）。它实际上集合了各个国家的网络，并将这些网络相互连接起来，形成全球性的服务设施。虽然这个网络最初的设计和实现目标是为模拟电话用户提供服务，但通过调制解调器，它也可以处理大量的数据通信量，并且正在逐渐转变成一个数字网络。另一种众所周知的电路交换应用是专用小交换机（PBX），它用于将一幢楼或一个办公室内的电话互相连接起来。电路交换还用在专用网络上，典型情况是一些公司或大型机构组织将它们自己处于不同位置的站点连接起来。通常，它们由各个地点的PBX系统组成，并通过专用或租用的线路相互连接，其中的租用线路是从一些电信公司如AT&T等处租来的。电路交换应用的最后一种常见例子是数据交换。数据交换与PBX相似，但却是为数字数据处理设备（如终端和计算机）之间的连接而设计的。

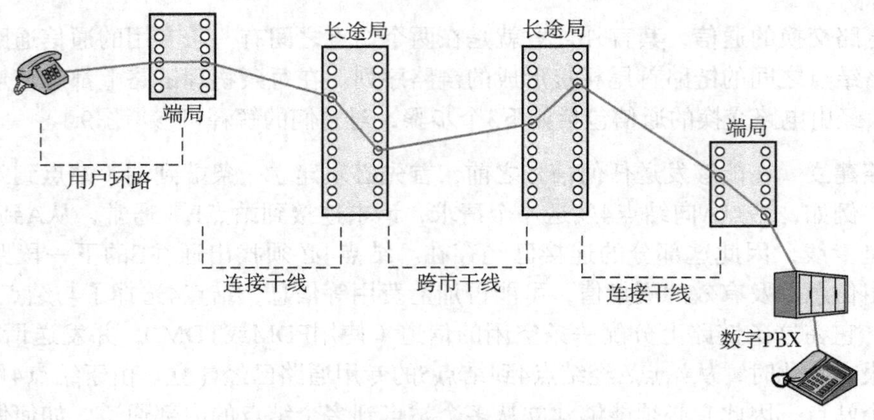

图9.2 通过公用电路交换网络的连接举例

一个公用电信网络可用下述4种组成部分来描述。

- **用户** 与网络连接的设备。在目前情况下，公用电信网络的大多数用户设备仍然是电话机，不过数据通信量的百分比正在逐年增长。
- **用户线路** 用户和网络之间的链路，也称为**用户环路**（subscriber loop）或**本地环路**（local loop）。几乎所有的本地环路连接使用的都是双绞线。一般情况下，本地环路的长度范围在几千米到几十千米之间。
- **交换局** 网络的交换中心。能够直接支持用户的交换中心称为端局。通常，一个端局可以支持本地区的几千个用户。在美国有19 000 个以上的端局，因此，显然不可能每个端局与其他所有端局之间都有一条直接链路。这需要2×10^8数量级的链路。为解决这个问题，我们使用了中间交换结点。
- **中继线** 交换局之间的干线线路。中继线使用FDM或同步TDM运载多路话音频率信号。在第8章中称其为载波系统。

用户直接与一个端局相连接，端局负责用户和用户之间以及用户和其他交换局之间的通信量交换。其他交换局负责的是端局之间通信量的路由选择和交换。它们之间的差别如图9.3所示。如果要在与同一个端局相连的两个用户之间建立连接，这两个用户之间就会以之前描述的方式建立一条电路。如果两个用户分别连接到不同的端局，那么它们之间的电路由通过一个或多个中间交换局的电路连接而成。在图中，只要简单地设置一条经过端局的连接，线路a和b之间的连接就建立了。c和d之间的连接较为复杂一些。在c的端局上，线路c要与通往中间交换局的TDM中继线上的一条信

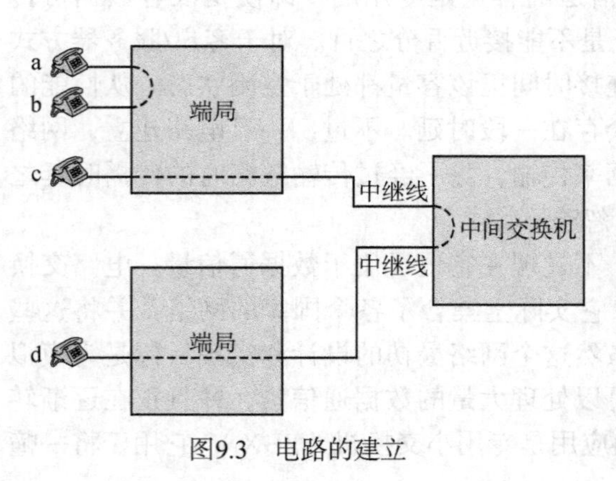

图9.3 电路的建立

道之间建立连接。在这个中间交换局中，该信道又与通往d的端局的TDM中继线上的某条信道相连接。在d的端局，该信道连接到线路d。

电路交换技术一直是在那些处理话音通信量的应用的推动下发展的。话音通信量的一个关键要求是不存在实质上的传输时延，当然也不能有时延变化。由于传输和接收的信号速率相同，所以必须保持恒定的信号传输速率。这个规定对于允许人类正常的对话来说是必不可少的。另外，接收到的信号质量必须足够高，至少要能够听得懂。

电路交换因其非常适合于话音信号的模拟传输而得到普及，占据了主导地位。而在今天的数字世界里，它的低效越来越明显。然而，尽管电路交换的效率不高，但它仍然是局域网和广域网感兴趣的一种选择。它的主要优势之一在于透明性。一旦建立起一条电路，对于连接到网络上的两个站点而言，它们之间好像有一条直接连接，任何一端都不需要特殊的组网逻辑。

9.3　电路交换的概念

了解电路交换最好的办法是考察单个电路交换结点的操作过程。单个电路交换结点构成的网络由连接到中央交换单元上的站点集合组成。中央交换单元为任意两个需要通信的设备之间建立一条专用通路。图9.4所示为这种单结点网络的主要组成部分。交换机内的虚线表示当前处于活跃状态的连接。

现代电路交换系统的心脏是**数字交换机**（digital switch）。数字交换机的功能是向与其相连的任意一对设备提供透明的信号通路。该通路的透明性体现在对于两个相连设备来而言，它们之间似乎存在直接连接。一般情况下，该连接必须允许全双工传输。

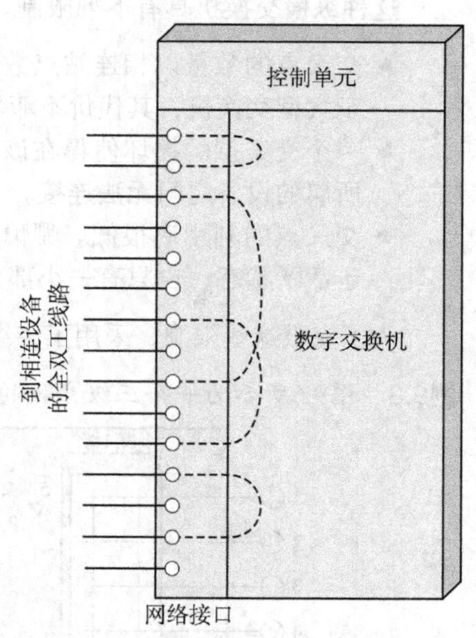

图9.4　电路交换结点的要素

网络接口（network interface）部分代表的是将数字设备连接到网络上所需的功能及硬件，如数据处理设备或数字电话等。如果网络接口中含有将模拟信号转换成数字信号的逻辑，它也就能连接模拟电话设备。在通往其他数字交换机的中继线上运载的是TDM信号，同时这些中继线为构造多结点的网络提供了链路。

控制单元（control unit）要完成3类任务。首先，它要建立连接，通常是根据需要来完成的（即所连接的设备发出请求时）。要想建立连接，控制单元必须根据请求连接的终点是否空闲来处理并响应该请求，并构造一条经过该交换机的通路。其次，控制单元必须维护连接。因为数字交换机使用了时分原理，所以交换机的交换单元可能需要持续性的操作。不过，通信过程的比特传输是透明的（从相连设备的角度看）。第三，控制单元必须拆除连接，这一动作或者源自响应通信双方中某一方的请求，或者源自其自身的原因。

电路交换设备的一个重要特性是，它是有阻塞的还是无阻塞的。当网络的两个站点之间因所有通路都正在使用而无法建立连接时就发生了阻塞。阻塞网络指的是有可能出现此类阻塞情况的网络。无阻塞网络允许所有站点同时建立连接（成对的），所有可能的连接请求都能够被接受，只要被叫方空闲。通常，当网络所支持的只有话音通信量时，将网络配置成阻塞网络是可接受的，因为我们认为大多数电话通话的持续时间并不长，因此在任何时间只可能有部分电话占线。不过，假如其中还涉及数据处理设备，那么上述推断可能无效。例如，对于一个数据输入应用，终端可能会一次性持续连接数小时。因此，对于数据应用，要求使用无阻塞或“接近无阻塞”（阻塞的概率非常低）的设置。

下面介绍单个电路交换结点的内部交换技术。

9.3.1 空分交换

空分交换的最初开发是针对模拟环境的，而今它已逐渐转入数字领域。不论交换机传送的是模拟信号，还是数字信号，其基本原理相同。正如其名字所暗示的，空分交换机就是信号通路与信号通路之间从物理上被分隔开（空间分隔）的交换机。每次连接都需要建立一条经过该交换机的物理通路，该通路完全专用于这两个端点之间的信号传送。交换机的基本构成模块是金属交叉点，或可以由控制单元闭合或断开的半导体门电路。

例9.2 图9.5所示为一个简单的纵横矩阵，具有10条全双工I/O线。这个矩阵有10个输入和10个输出。每个站点通过一条输入线和一条输出线与该矩阵相连接。只要闭合相应的交叉点，任意两条线路之间就能相互连接。注意，总共需要100个交叉点。

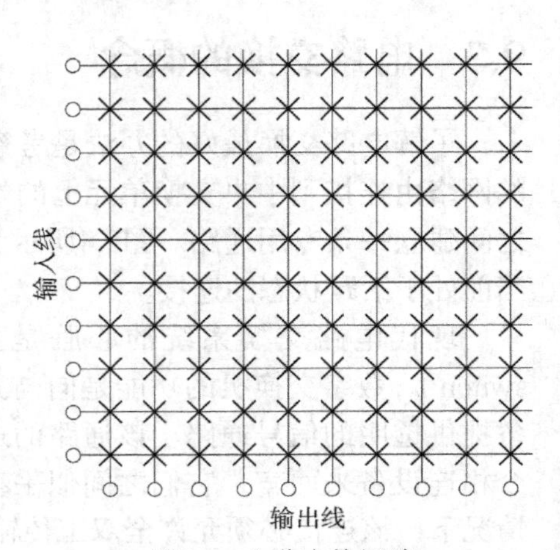

图9.5 空分交换矩阵

这种纵横交换机具有下列限制。

- 交叉点的数量以相连站点数量的平方数上升。对于大型交换机，其代价不菲。
- 一个交叉点的损坏使得在该交叉点上相交的线路所属的设备之间无法连接。
- 交叉点的利用率很低。哪怕所有的连接设备都处于活跃状态，也只有一小部分交叉点被占用。

为了克服这些限制，采用了多级交换。

例9.3 图9.6所示为一个三级交换的例子。

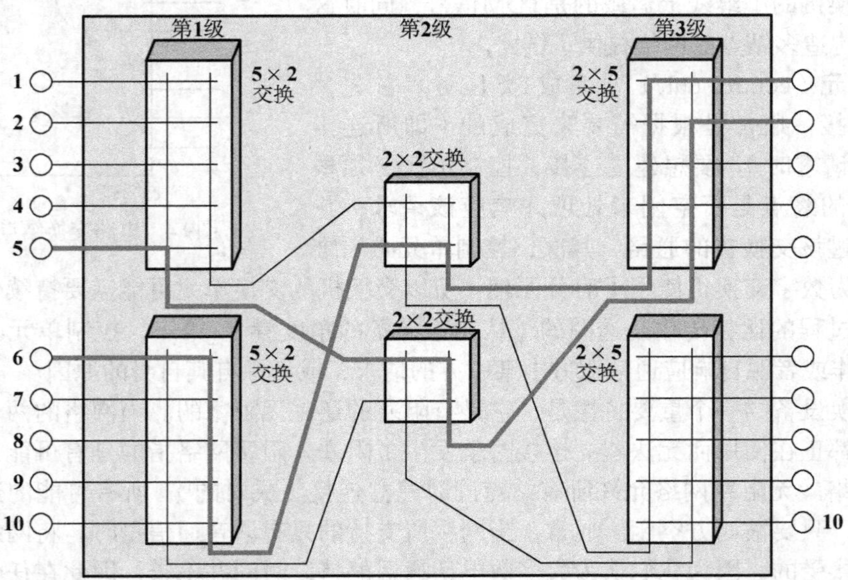

图9.6 三级空分交换机

多级交换比起单级纵横矩阵有如下两个优点。

- 交叉点的数量减少，从而提高了纵横矩阵的利用率。在例9.2和例9.3中，10个站点所需要的交叉点总数从100个减少至48个。
- 有多条通路可通过该网络连接两个端点，从而提高了可靠性。

当然，多级网络需要更加复杂的控制机制。在单级网络中，建立一条通路只需要闭合一个门电路。在多级网络中，需要找出一条经过各级的闲置通路，并且闭合相应的门电路。

使用多级空分交换需要注意的一个问题是它可能被阻塞。从图9.5中可清楚地看出，单级纵横矩阵是无阻塞网络。也就是说，永远有一条通路可用于连接一个输入和一个输出。而在使用多级交换时的情况就不是这样了，从图9.6中可看出。图中的粗线表示已经占用的线路。在这种状态下，比如说输入线10就不能与输出线3、4或5相连接，即使所有这些输出线都是可用的。通过增加中间交换机的数量或大小就能做到无阻塞的多级交换，但这样做会带来费用上的增加。

9.3.2　时分交换

交换技术具有悠久的历史，其中有很长一段时间是模拟信号交换占主宰地位的时代。随着数字化话音和同步时分复用技术的出现，不论是话音还是数据都可以用数字信号来传输，它导致了交换系统在设计及技术上的根本性改变。相当笨拙的老式空分系统目前已经很少使用，现代数字系统依靠的是对空分或时分单元的智能化控制。

事实上，所有的现代电路交换机都使用数字时分技术来建立及维护这些“电路”。时分交换手段涉及将低速率的比特流分割成许多小块，然后与其他比特流一起共享速率较高的容量。这些独立的数据块，或者说时隙，由控制逻辑管理，控制逻辑沿输入端到输出端为数据选择路由并传递它。

9.3.3　时隙交换

很多时分交换机的基础构件是**时隙交换**（Time-Slot Interchange，TSI）机制。TSI单元对同步TDM时隙流（或者说信道）进行操作，通过时隙对的互换来实现全双工的操作。图9.7(a)描述了设备*I*的输入线如何连接到设备*J*的输出线，反之亦然。

*N*个设备的输入线通过同步时分复用器产生具有*N*个时隙的TDM流。为了使任意两个时隙能够互换以便建立一条全双工的连接，传入某一个时隙的数据必须被存储起来，直至下一个TDM帧周期时该数据才能通过正确的信道发送出去。因此，TSI引入了时延，同时也产生预期顺序的输出时隙。然后，输出流的时隙被分解并选路到达适当的输出线路。由于不管该信道是否有数据发送，TDM帧为每个信道都提供了一个时隙，所以TSI单元尺寸的选择必须考虑线路的容量，而不是考虑实际的数据率。

图9.7(b)所示为一种TSI实现机制。图中使用了宽度等于一个数据时隙，长度等于一个帧的时隙数目的随机存取数据存储器。传入的TDM帧被逐个时隙地按顺序写入数据存储器中。通过在读取时隙从存储器中读取，就可以构建外出数据帧，它的读取顺序由一个地址存储器来指定，这个地址存储器反映的是现有的连接关系。在图中，信道*I*和*J*的数据被互换，从而在相应的站点之间建立了一条全双工连接。

TSI是一种简单有效的交换TDM数据的方法。然而，以连接的数目来衡量的这种交换机大小受限于可容忍的时延。信道的数量越多，每个信道经历的平均时延就越大。

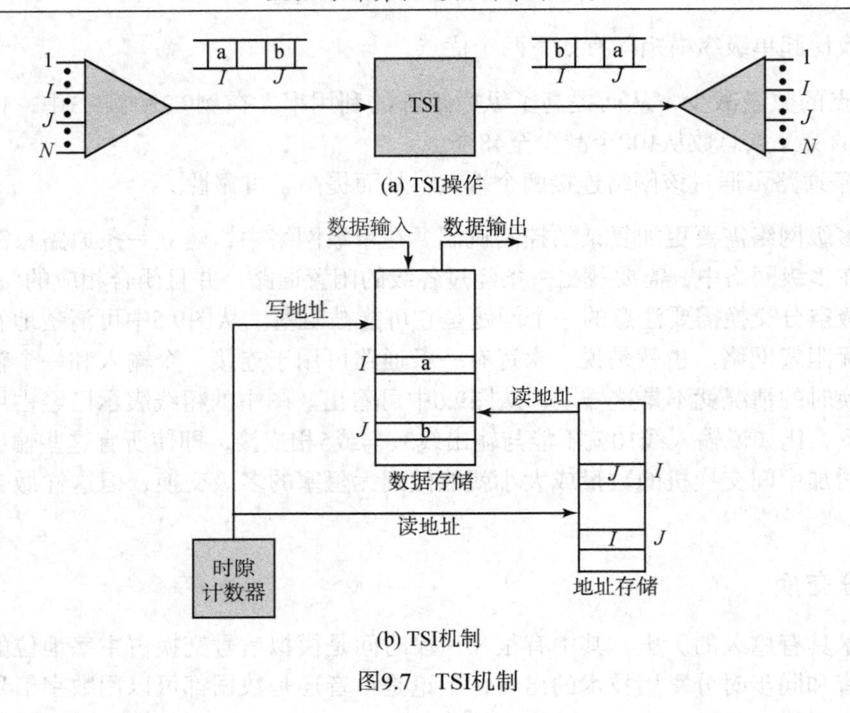

图9.7　TSI机制

9.3.4　时间复用交换

为了克服TSI的延迟问题，当代的时分交换机使用多个TSI单元，每个单元承载总通信量的一部分。要连接两个进入同一TSI单元的信道，就用前面所描述的方式，它们的时隙显然能够互换。然而，要连接某个TDM流的信道（通过某一个TSI单元）与另一个的TDM流的信道（通过另一个TSI单元），就必须使用某种形式的空分交换。当然，我们不要求从一个TDM流到另一个TDM流地交换所有的时隙，我们希望的是一次只交换一个时隙。这种技术称为**时间复用交换**（Time-Multiplexed Switching，TMS）。

实现TMS交换的一种方法是前面讨论过的纵横交换机。这要求每个时隙对交叉点进行控制。更常见的是通过数字选择器来实现的TMS交换机。选择器（SEL）设备根据信道的分配来选择输入线，而信道的分配是由一个时隙计数器控制的存储器提供的。

为了减少或消除阻塞，可以连接多级TMS（S）和TSI（T）以建立多级的网络。这种系统一般的描述方法是使用符号T和S，将它们从输入到输出所经过的每一级枚举出来。图9.8所示为采用SEL单元实现的一个三级交换机的例子。

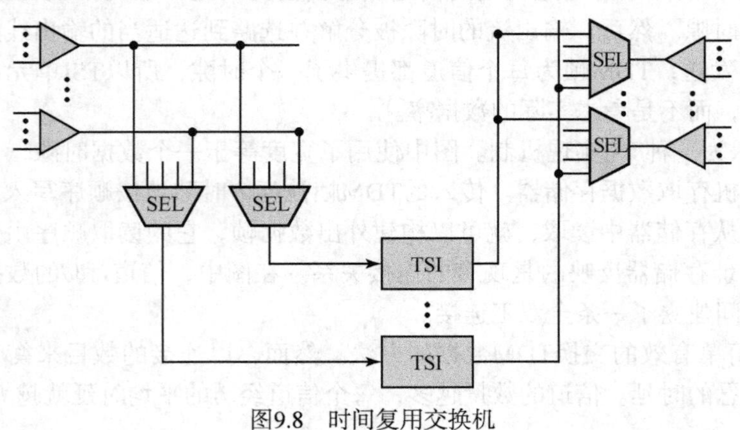

图9.8　时间复用交换机

9.4 软交换体系结构

电路交换技术的最新发展趋势通常称为软交换技术。本质上，软交换是在通用计算机上运行的专门软件，它可以将计算机变成一个智能电话交换机。软交换与传统电路交换相比，不仅大大节省了费用，而且可以提供更多的功能。特别是除了处理传统的电路交换功能之外，软交换还能够将数字化的话音比特流转换成分组。这为传输提供了很多可能的选择，包括越来越流行的通过IP（网际协议）方式传输话音。

在任何电话网交换机上，最复杂的构件就是控制呼叫过程的软件。这个软件要为呼叫选择路由，并实现数百个特制的呼叫业务的相关呼叫处理逻辑。通常，这个软件在专门的、与物理电路交换硬件相集成的处理器上运行。一种更灵活的方法是从物理上将呼叫处理功能与硬件交换功能分离。在软交换的领域里，物理交换功能由**媒体网关**（media gateway，MG）执行，而呼叫处理逻辑则位于**媒体网关控制器**（media gateway controller，MGC）中。

图9.9将传统电话网络中电路交换机的体系结构与软交换体系结构相比较。在后一种情况下，MG和MGC是两个不同的实体，并且可能由不同的运营商提供。为了推动它们的通用性，ITU-T已经为MG和MGC之间的媒体网关控制协议发布了一个标准：H.248.1（网关控制协议，版本3，2005）。RFC 2805（媒体网关控制协议体系结构和要求，2000）则从总体上介绍了媒体网关的相关概念。

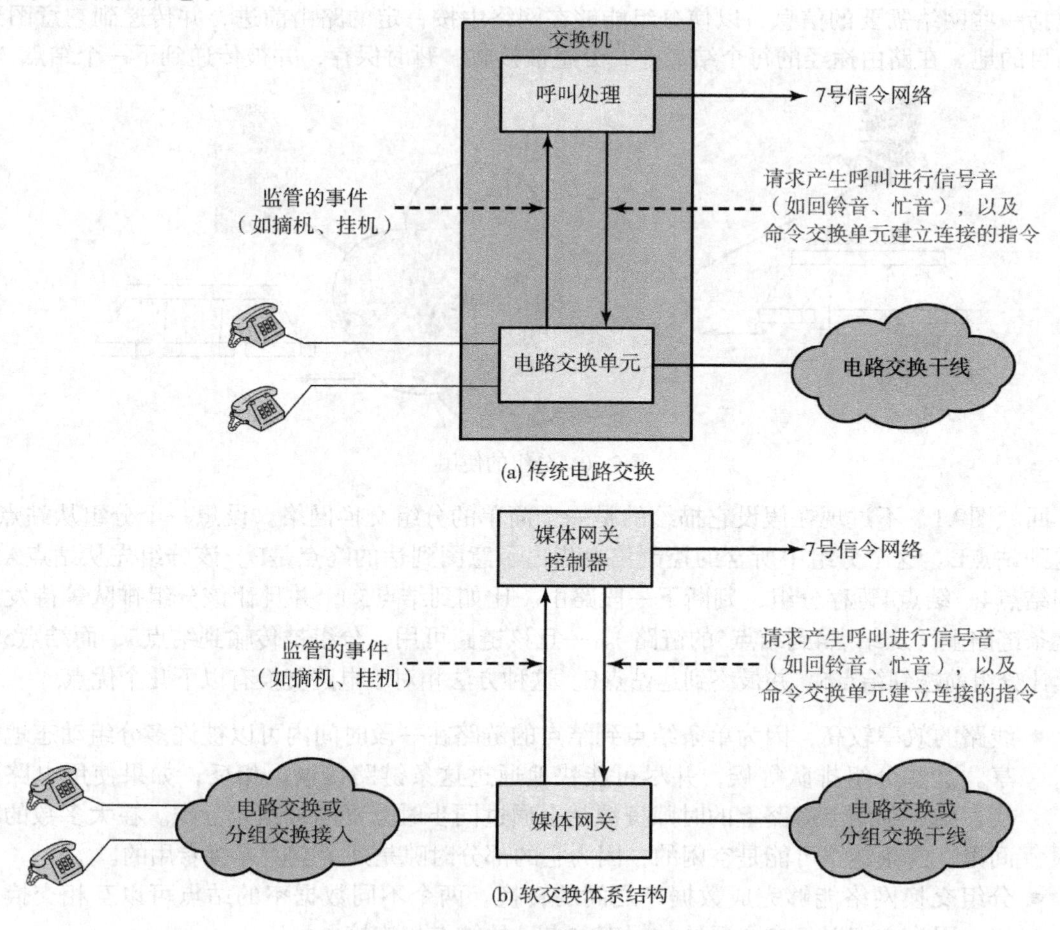

图9.9　传统电路交换与软交换的对比

9.5 分组交换原理

长途电路交换电信网的最初设计目标是为了处理话音通信量，并且这些网络的主要通信量一直以来都是话音通信量。电路交换网络的一个主要特点是网络内部资源被某次呼叫所专用。对话音连接而言，所得到的连接电路能够享有百分比很高的利用率，因为在大多数时间里，通话双方之间总会有一方在说话。但是，由于电路交换网络开始越来越多地用于数据连接，因而它的下述两个缺点也越来越明显。

- 在典型的用户/主机数据连接中（例如个人计算机用户登录到一台数据库服务器上），线路在大多数时间是空闲的。因此，对于数据连接，电路交换方式是低效的。
- 在电路交换网络中，为传输而提供的连接的数据率是恒定的。因此，相连的两个设备必须以彼此相同的数据率进行传送和接收。这样，在连接各种不同的主计算机和终端时，网络的利用率就受到了限制。

为了理解分组交换技术是如何处理这些问题的，下面简单地概括一下分组交换的操作过程。数据以短分组的形式传输。分组长度的上限值一般为1000个八位组（字节）。如果某个源具有更长的报文需要发送，这个报文就被分割成一个分组序列（见图9.10）。每个分组中包含了部分（或者对一个短报文来说是全部）用户数据，再加上一些控制信息。控制信息至少要包括一些网络需要的信息，以使分组能够在网络中按一定的路由前进，并传递到它意图到达的目的地。在路由途经的每个结点上，分组被接收，暂时保存，并被传递到下一个结点。

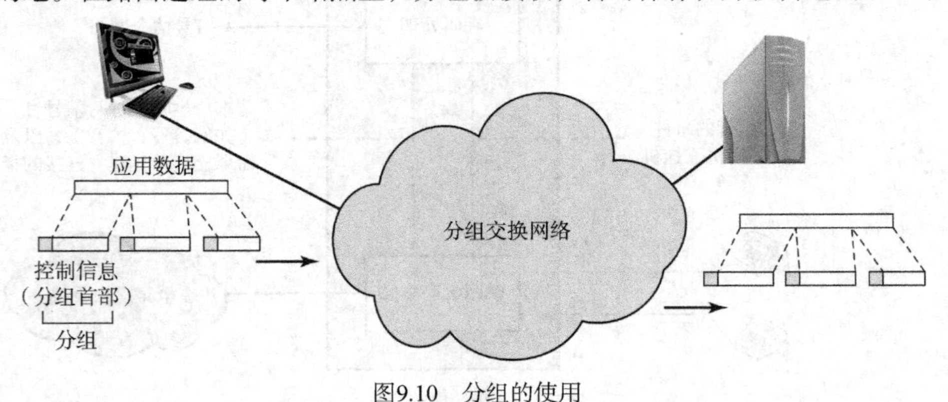

图9.10 分组的使用

回顾图9.1，不过现在假设它描绘的是一个简单的分组交换网络。设想一个分组从站点A发送到站点E。这个分组中所含的控制信息指出了意图到达的终点是E。该分组先从站点A发送到结点4。结点4暂存分组，判断下一段路由（比如到结点5），并且让该分组排队等待发送到这条链路上（从结点4到结点5的链路）。一旦该链路可用，分组被传输到结点5，而结点5将继续让分组前进到结点6，并最终到达站点E。这种方法相对于电路交换有以下几个优点。

- 线路的效率较高，因为单条结点到结点的链路在一段时间内可以被许多分组动态地共享。这些分组排队等候，并尽可能快地通过这条链路传输。相反，如果使用电路交换，结点到结点链路上的时隙资源就会通过同步时分复用被预先分配。在大多数的时间里，这条链路可能是空闲的，因为它的部分时隙是某个空闲连接专用的。
- 分组交换网络能够完成数据率之间的转换。两个不同数据率的站点可以互相交换分组，因为它们以各自合适的数据率与自己的结点相连接。

- 当电路交换网络中的通信量变得非常拥挤时，某些呼叫会被阻塞。也就是说，网络拒绝接受更多的连接请求，直至网络负荷有所减轻。在分组交换网络中，分组仍然能够被接受，只是传递的时延增长。
- 能够使用优先级别。这样，如果一个结点有多个分组在队列中等候传输，优先级较高的分组就会被首先传输。因此这些分组经历的时延要比优先级低的分组少。

9.5.1　交换技术

某站点有一个报文需要经过分组交换网络发送，且该报文的长度大于分组的最大长度，这个报文就会被分割成一些分组，并且每次一个地向网络发送这些分组。这时人们会想到这样一个问题，网络试图让这些分组沿一定的路由经过网络，并将它们交付给意图到达的目的地，那么网络是如何处理这个分组流的？目前的网络使用了两种方式：数据报和虚电路。

在**数据报**（datagram）方式中，每个分组被视为是独立的，它和以前发送的分组之间并没有关系。这种方式如图9.11所示，图中显示的是3个分组在通过网络时的几个时序快照。在前进的道路上，每个结点为分组选择下一个结点，选择结点时要考虑的因素有来自相邻结点的有关通信量的信息、线路故障等。因此，这些分组虽然具有相同的目的地址，但并不是沿相同的路由前进，并且它们很可能失序地到达出口结点。在这个例子中，出口结点恢复这些分组原来的顺序，然后再将它们交付给终点。在某些数据报网络中，是由终点而不是出口结点来负责重新排序的。同样，一个分组在网络中被损毁也是有可能的。例如，如果某个分组交换结点突然崩溃，那么所有在这个结点上排队等待的分组可能会全部丢失。同样，或者是出口结点，或者是终点，要检测分组的丢失并决定如何恢复。在这种技术中，被独立对待的一个分组就称为一个数据报。

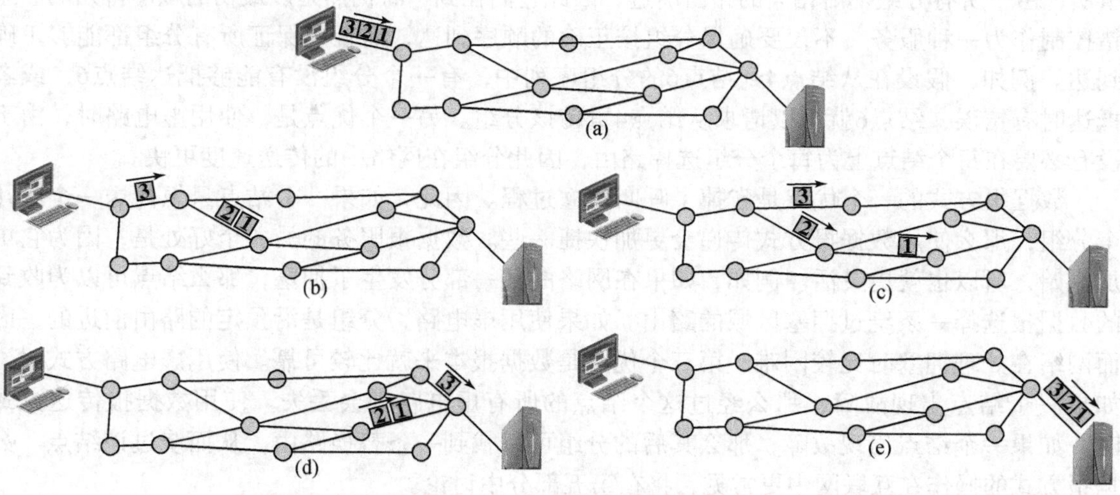

图9.11　分组交换：数据报方式

在**虚电路**（virtual circuit）方式中，在发送任何分组之前，首先要建立一条预定的路由。一旦路由建立，在通信双方之间的所有分组都沿相同的路由穿过网络（见图9.12）。由于在逻辑连接期间该路由是固定的，这使得它看起来有点像是电路交换网中的一条电路，因而被称为虚电路。此时除了数据之外，每个分组还含有一个虚电路标识。在这条预先建立的路由上，每个结点都知道应该如何引导这些分组，因而不需要路由选择判断。在任何时刻，任何站点都可以具有到达其他任何一个站点的多条虚电路，并且也可以拥有到达多个站点的多条虚电路。

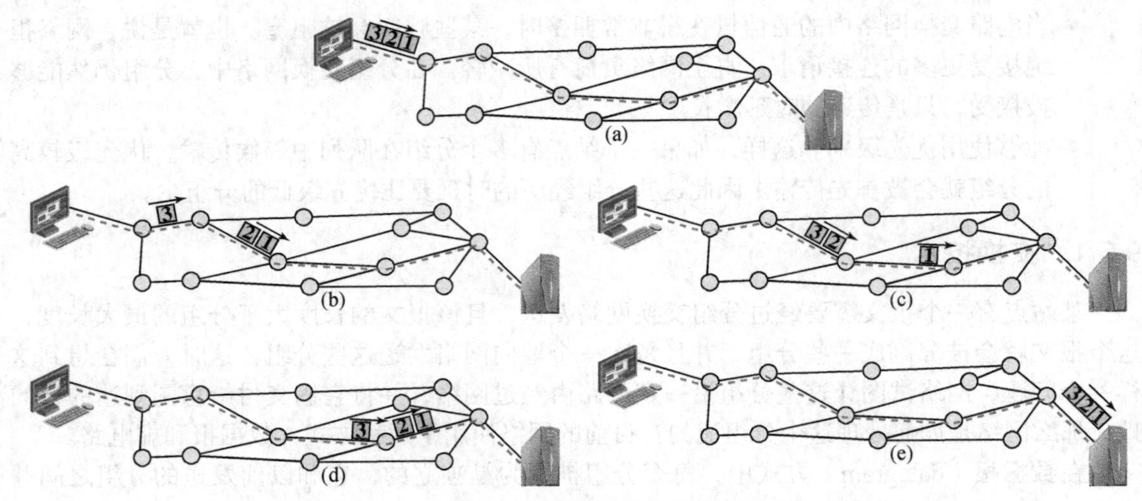

图9.12　分组交换：虚电路方式

这样看来，虚电路技术的主要特点是在数据传送之前，站点之间已经建立了一条路由。注意，这并不是说它是一条专用通路，就像电路交换一样。分组还是要在每个结点被缓存，并排队等待经一条线路输出，与此同时其他虚电路上的其他分组可能正在共享这条线路。它与数据报方式的区别在于，使用虚电路时，结点不需要为每个分组选择路由。对于使用同一条虚电路的所有分组，只需要做一次路由选择。

如果两个站点希望在很长的一段时间内交换数据，那么使用虚电路肯定是有好处的。首先，网络可以提供与虚电路有关的服务，包括按序传输和差错控制。按序传输指的是这样一个事实，由于所有分组都沿相同的路由前进，因此它们在到达时仍然是以最初的顺序排列的。差错控制作为一种服务，不仅要确保分组按正确的顺序到达，而且要保证所有分组都能够正确到达。例如，假设在从结点4到结点6的分组序列中，有一个分组没有能够抵达结点6，或者抵达时有错误，结点6就可以请求从结点4重传该分组。另一个优点是，使用虚电路时，由于没有必要在每个结点上为每个分组选择路由，因此分组在网络中的传送速度更快。

数据报方式的一个优点是省掉了呼叫建立过程。因此，如果一个站点只想传送一个或几个分组，那么使用数据报方式传递会更加快捷一些。数据报服务的另一个好处是，因为它更加原始，所以也就更灵活。例如，如果在网络的某一部分发生了拥塞，那么结点可以为收到的数据报选择一条绕过拥塞区域的路由。如果使用虚电路，分组是沿预定的路由前进的，因而网络在处理拥塞时比较困难。第三个优点是数据报本来就比较可靠。使用虚电路方式时，如果一个结点出现故障，那么经过这个结点的所有虚电路都会丢失。使用数据报传送方式时，如果一个结点出现故障，那么其后的分组可以找到一条替换路由，从而绕过该结点。数据报方式的操作在互联网中更常见，将在第五部分中讨论。

9.5.2　分组大小

分组大小和传输时间之间有很大关系，如图9.13所示。在这个例子中，假设有一条虚电路从站点X经结点a和b到达站点Y。发送的报文由40个八位组组成，且每个分组都含有3个八位组的控制信息，这些控制信息位于各分组的前端，称为首部。如果整个报文被当成一个分组发送，这个分组具有43个八位组（3个八位组的首部加上40个八位组的数据），这个分组先从站点X传输到结点a，如图9.13(a)所示。只有当完整的分组被接收后，它才能从结点a传输到结点b。当结点b接收到这个完整的分组后，将它传送到站点Y。不计其交换时间，它在这些结点上的总传输时间为129个八位组的时间（43个八位组乘以3次分组传输）。

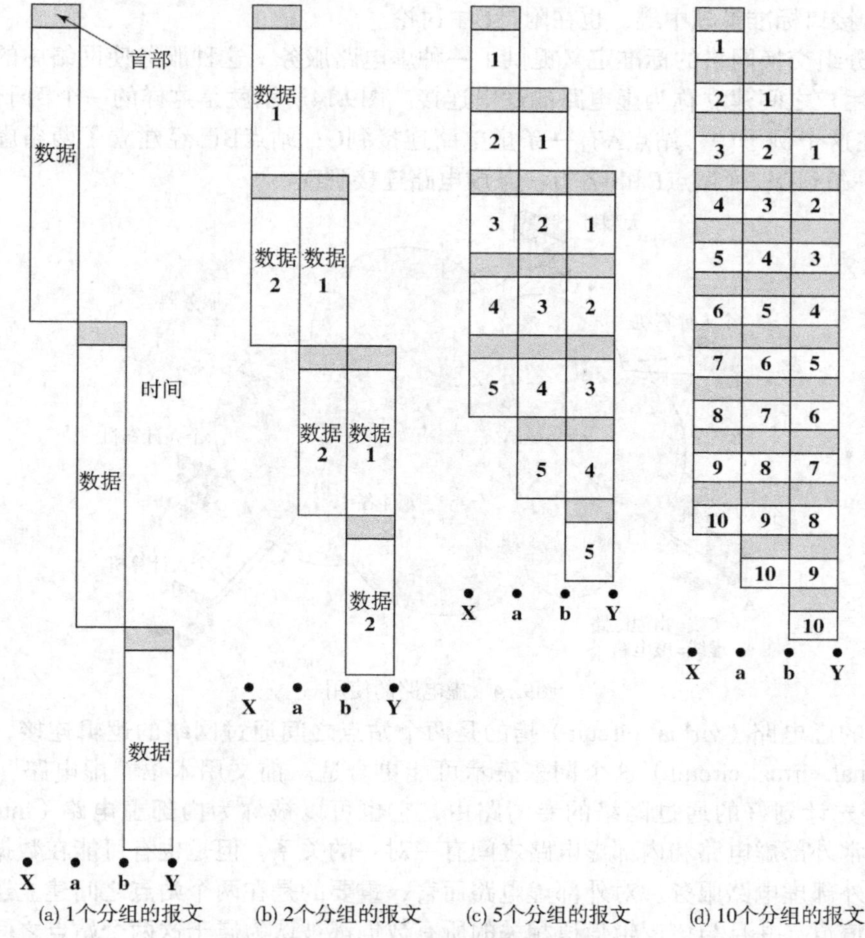

图9.13　分组大小对传输时间的影响

现在假设将这个报文分割成两个分组，每个分组含有20个八位组的内容，当然，每个分组还有3个八位组的首部或者说控制信息。在这种情况下，一旦从站点X发出的第一个分组到达结点a，结点a就可以开始传输第一个分组了，不需要等待第二个分组的到达。正是因为传输中有了并行的部分，所以总传输时间下降到92个八位组的时间。通过将报文分割成5个分组，每个中间结点就能更快地开始传输，因而节省了更多的时间，总计为77个八位组时间。不过，使用更多更小化分组的过程最终将会导致时延的增加，而不是减少，如图9.13(d)所示。这是因为每个分组都含有大小固定的首部，分组越多意味着首部越多。再者，这个例子中并没有显示出在每个结点上的处理及排队等待的时延。当使用更多的分组来处理一个报文时，这些时延量也会增加。不过将在下一节中看到，使用一种极小的分组大小（53个八位组）可以得到高效率的网络设计。

9.5.3　外部网络接口

分组交换网络还有一个技术方面的问题需要讨论：在网络和与之相连的设备之间的接口。

我们已经知道，电路交换网络为相连的设备提供了一条透明的通信通道，使得两个正在通信的站点之间看起来好像有一条直接链路。但是，在分组交换网络中，相连的站点必须将它们的数据整理成分组才能传输。这就需要网络和与之相连的设备之间有一定程度的合作。这种合作收录在接口标准中。传统分组交换网络使用的标准是X.25，（详见在线附录U中的介绍）。另一个接口标准是帧中继，也在附录U中讨论。

通常，分组交换网络的标准定义提供了一种虚电路服务。这种服务使网络中的任何用户都能与其他用户之间建立称为虚电路的逻辑连接。图9.14所示就是这样的一个例子（与图9.1相比较）。在这个例子中，站点A有一条虚电路连接到C；站点B已经建立了两条虚电路，一条到C，另一条到D；而站点E和F各有一条虚电路连接到D。

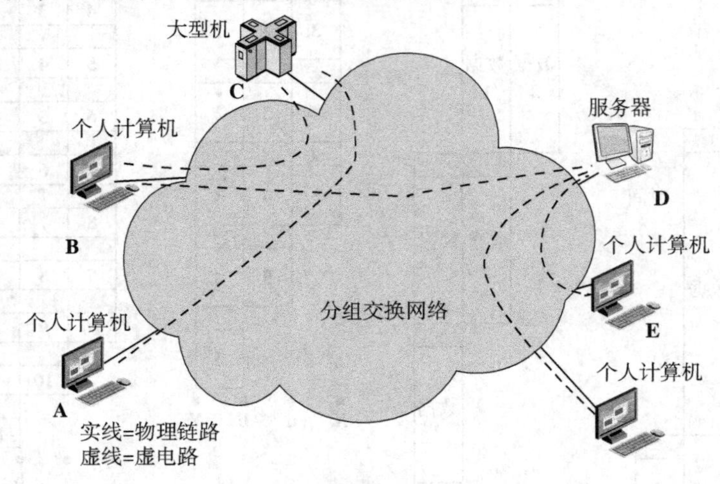

图9.14 虚电路的使用

这里讲的虚电路（virtual circuit）指的是两个站点之间通过网络的逻辑连接，用**外部虚电路**（external virtual circuit）这个词来表示可能更合适。前文用术语“虚电路”来指两个站点之间事先计划好的通过网络的专门路由，它也可以被称为**内部虚电路**（internalvirtual circuit）。通常外部虚电路和内部虚电路之间有一对一的关系。但是也有可能在数据报类型的网络上采用外部虚电路服务。对外部虚电路而言，重要的是在两个站点之间建立逻辑关系，或者说逻辑信道，并且与该逻辑信道相关的所有数据都被认为属于这两个站点之间的一个数据流。例如，在图9.14中，站点D可以根据收到的每个分组的虚电路号来跟踪判断来自3个不同工作站（B，E，F）的数据分组。

9.5.4 电路交换与分组交换的对比

既然已经知道了分组交换的内部操作，现在就可以回过头来将这种技术与电路交换进行比较。首先要看的是性能这个重要内容，然后介绍其他特性。

性能

图9.15所示为电路交换与两种分组交换形式之间的简单比较。这幅图描绘的是经过4个结点的报文传输，从与结点1相连的源点出发，到达与结点4相连的终点。在该图中，我们关心如下3种类型的时延。

- **传播时延** 信号从一个结点传播到下一个结点所需的时间。通常这个时间是可忽略不计的。例如，电磁信号通过有线媒体的典型速度为2×10^8 m/s。
- **传输时间** 发送器向外发送一块数据所需的时间。例如，向10 kbps 的线路上传输10 000比特的数据块需要花1 s的时间。
- **结点时延** 结点在交换数据时完成必要的处理过程所用的时间。

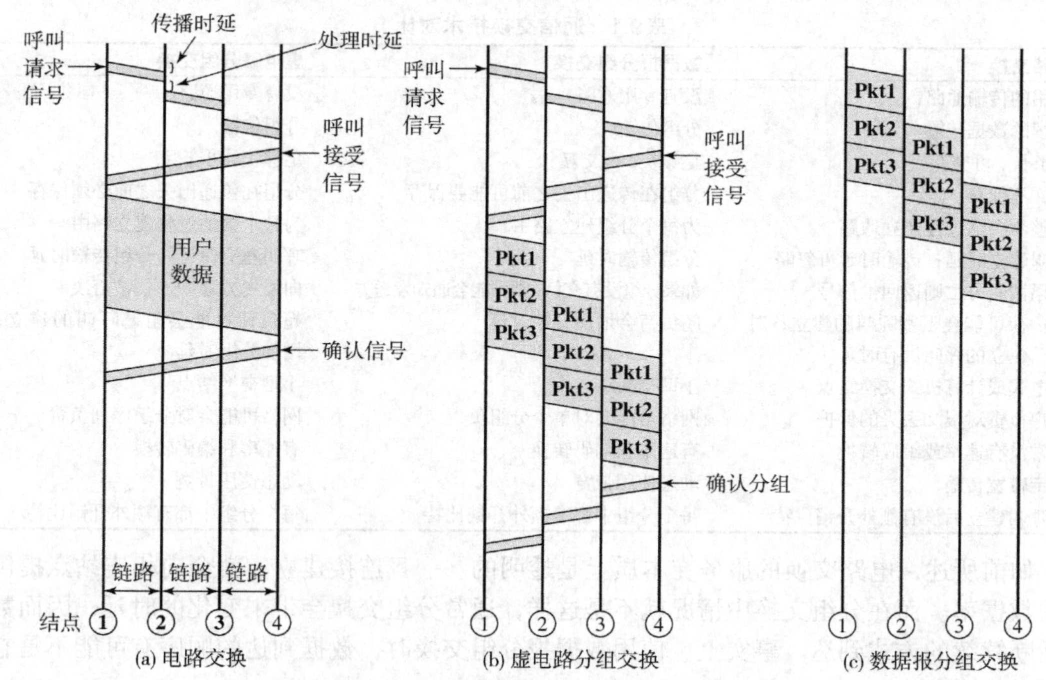

图9.15　电路交换和分组交换的事件时序

对于电路交换，在报文发送之前必定有一段延迟时间。首先，为了建立连接，一个呼叫请求信号经过网络发送到终点。如果终点不忙，则返回一个呼叫接受信号。注意，在呼叫请求期间，每个结点上都会出现处理时延。这些时间用于各结点建立该连接的路由。而在返回时，不再需要这个处理过程，因为连接已经建立。一旦连接建立，报文就以单块数据的形式发送，因而在各交换结点的时延可以忽略。

虚电路分组交换看上去与电路交换非常相似。它也需要使用呼叫请求分组，请求建立一条虚电路，这会在每个结点上引起时延。通过呼叫接受分组表示虚电路被接受。与电路交换的情况相反，呼叫的接受过程也需要经历结点上的时延，即使这时虚电路的路由已经建立。其原因是这个分组必须在各结点上排队，并且必须等轮到它才能传输回去。一旦虚电路建立，报文就以分组的形式传输。显然，对于可比较的两个网络而言，虚电路分组交换在这个阶段的操作不可能比电路交换快。这是因为电路交换的处理过程在本质上是透明的，提供了经过网络的恒定数据率。分组交换在其路径的每个结点处都会有一些时延，更糟糕的是，这个时延是变化的，它随网络负荷的增加而增加。

数据报分组交换不需要呼叫建立过程。因此，对于短报文，它要比虚电路分组交换快，甚至可能比电路交换还快。不过，由于每个数据报独立选择路由，在每个结点上，处理各数据报可能比处理虚电路分组需要更多的时间。因此，对于长报文，虚电路技术可能更出色。

图9.15的目的只是为了指出各种技术的相对性能如何，而实际的性能取决于很多因素，包括网络的规模、网络的拓扑结构、负荷模式以及典型交换机的特点等。

其他特性

除了性能之外，在对比讨论的这几种技术时，可能还要考虑其他一些特性。表9.1归纳了其中最重要的几项，这些特性中大多数已经讨论过，以下是几点附加说明。

表9.1 通信交换技术对比

电路交换	数据报分组交换	虚电路分组交换
专用的传输通路	没有专用通路	没有专用通路
连续的数据传输	分组传输	分组传输
足够快，可交互	足够快，可交互	足够快，可交互
报文不保存	分组在传递出去之前可能要保存	分组在传递出去之前必须保存
在整个会话过程建立通路	为每个分组建立路由	为整个会话过程建立路由
呼叫建立时延；传输时延可忽略	分组传输时延	呼叫建立时延；分组传输时延
如果被叫方忙则返回忙信号	如果分组没有交付，则可能会通知发送方	向发送方通知连接被否决
超负荷可能会阻塞呼叫的建立；对于已建立的呼叫没有时延	超负荷会增加分组时延	超负荷可能会阻塞呼叫的建立；增加分组时延
机电式或计算机式交换结点	小型交换结点	小型交换结点
用户负责对报文丢失的保护	网络可能会对单个分组负责	网络可能会对分组序列负责
通常没有速率或编码转换	有速率和编码转换	有速率和编码转换
固定带宽传输	动态使用带宽	动态使用带宽
在呼叫建立后没有额外开销比特	每个分组中都有额外开销比特	每个分组中都有额外开销比特

如前所述，电路交换的服务在本质上是透明的。一旦连接建立，就会向相连站点提供恒定的数据率。而在分组交换中情况就不是这样，通常分组交换会带来变化的时延，因而数据以断断续续的方式到达。事实上，使用数据报分组交换时，数据到达的顺序有可能不是它们发送时的顺序。

透明性带来的另一个影响是电路交换无须额外开销。一旦连接建立，不论是模拟数据还是数字数据，都以它自身的形式经过连接从源点传递到终点。对于分组交换，在传输之前模拟数据必须先转换成数字数据。另外，每个分组中都含有额外开销比特，如目的地址等。

9.6 异步传递方式

异步传递方式是一种交换和复用技术，它采用小的，固定长度的分组，称为**信元**（cell）。选择固定长度的分组，则时延的变化小，保证了交换和复用功能的高效实现。选择信元长度小，主要是为了打包时延小，从而支持了对时延无法容忍的交互话音服务。ATM是面向连接的分组交换技术，它设计来提供类似电路交换网络的性能，同时又提供分组交换网络的灵活性和效率。推进ATM标准化的主要动力是试图提供一组强有力的工具，支持丰富的QoS能力，以及强大的通信量管理能力。ATM起初是打算为电路交换和分组交换通信量提供一个统一的组网标准，以支持数据、话音和视频，并提供适当的QoS机制。有了ATM，用户可以选择希望的服务等级，并获得保证的服务质量。在内部实现方面，ATM网络预约资源并预规划路径，使传输分配过程建立在优先级和QoS特征上。

ATM起初打算成为一个统一的组网技术，大部分交换和选路功能采用硬件实现，可以支持基于IP的网络和电路交换网络。ATM还被看好用以实现局域网。ATM从来没有实现过这一无所不包的目标。然而，ATM继续作为一个重要的技术存在。ATM通常由电信提供者使用，以实现广域网。许多DSL实现在DSL基本硬件之上采用了ATM来实现复用和交换，ATM同时在许多IP网络和部分因特网中被用作干线网技术。

有许多因素导致ATM目前处于不那么重要的地位。IP及其许多相关协议提供了综合的技术，相比ATM而言其可扩展性更强，复杂性更低。另外，需要使用很小的固定长度信元来减少时延抖动的需求，随着传输速度的提高而不再存在。在IP协议之上的话音和视频技术的发展使得在IP级就可以提供综合能力。

也许，与ATM角色减弱相对比，最重要的发展是多协议标记交换（Multiprotocol Label Switching, MPLS）的广泛采纳。MPLS是一种二层的面向连接分组的交换协议，它正像名字所表达的那样，可以提供大量协议和应用的交换服务，包括IP，话音和视频。第23章将介绍MPLS。

9.6.1 ATM 逻辑连接

ATM中的逻辑连接称为虚通路连接（VCC）。VCC类似于虚电路，它是ATM网络中最基本的交换单元。VCC经由网络在两个端用户之间建立，通过这条连接所交换的是速率可变的、全双工的、长度固定的信元流。VCC也可用于用户和网络之间的交换（控制信令）以及网络与网络之间的交换（网络管理和路由选择）。

ATM引入了第二个处理子层，由它负责虚通道连接的概念（见图9.16）。一个虚通道连接（VPC）就是一群具有相同端点的VCC。因此，流经所有属于某个VPC中的VCC上的所有信元都是在一起进行交换的。

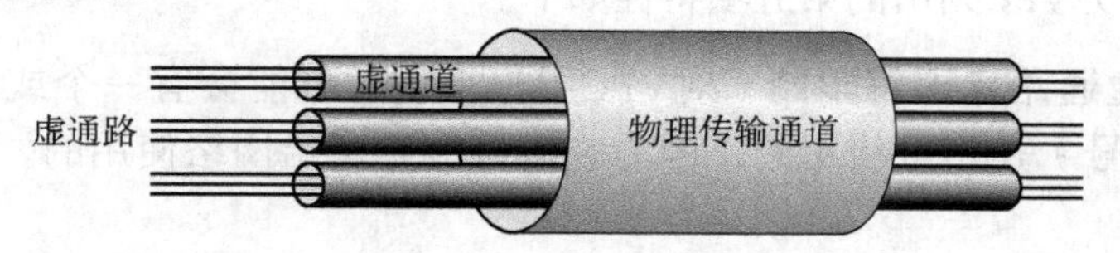

图9.16　ATM连接的关系

随着网络的速度越来越快，网络的控制费用所占网络整体费用的百分比也变得越来越高，为了响应这一趋势，就出现了虚通道的概念。虚通道技术把共享网络中相同通路的连接分成一组，通过将这些连接集成为一个单元来节约控制耗费。然后网络管理工作就可以针对为数不多的连接组而不是大量的单连接。

以下列出的是使用虚通道的几点好处。

- **简化了网络体系结构**　网络运输功能被划分为与单逻辑连接相关的功能部分（虚通路）以及与逻辑连接组相关的功能部分（虚通道）。
- **提高网络的性能与可靠性**　网络与更少且更集中的实体打交道。
- **减少处理过程并缩短连接建立时间**　大多数的工作在虚通道建立的时候就完成了。只要为将来可能的呼叫预留了容量，那么只需在虚通道连接的两端实施简单的控制功能，就能够建立新的虚通路连接，而在传送结点上并不需要呼叫处理过程。因此，在现有的虚通道上增加一条新的虚通路只需要很少的处理过程。
- **增强的网络服务**　虚通道是在网络内部使用的，但它对端用户来说也是可见的。其结果是，用户可以定义闭合的用户群，或者是闭合的由虚通路束（bundle）组成的网络。

虚通道/ 虚通路的特性

ITU-T建议书I.150中列出的虚通路连接的特性如下。

- **服务质量（QoS）**　可以向VCC的某个用户提供一些由参数定义的服务质量，如信元丢失率（丢失的信元与传输信元之间的比值）以及信元时延变化等。
- **交换的和半永久的虚通路连接**　交换的VCC是按需建立的连接，它的建立和拆除都需要使用呼叫控制信令。半永久VCC是由配置或网络管理动作建立的持续时间较长的虚通路连接。
- **信元序列完整性**　在一条VCC内要保证传输信元序列的完整性。

- **通信量参数协商和使用监控** 在用户和网络之间可以为每个VCC协商其通信量参数。VCC信元的输入由网络来监视，以保证没有违反协商参数。

可协商通信量参数的类型包括平均速率、峰值速率、突发度和峰值持续时间。网络可能需要使用一些策略，以处理拥塞并管理已存在和正在请求的VCC。在情况最严峻的时刻，网络可能会简单地拒绝新的VCC请求，以防止出现拥塞。另外，如果违反了协商参数或拥塞严重，则信元有可能被丢弃。在极端情况下，已存在的连接也有可能被终止。

I.150中也列出了虚通道连接（VPC）的特性。其中的前四项与VCC相同。这就是说，服务质量、交换的和半永久的VPC、信元序列完整性，以及通信量参数协商与使用监视，都同样是VPC的特性。它们重复出现是有一定原因的。首先，它们为网络服务如何管理这些请求提供了灵活性。其次，网络必须考虑到VPC的整体需求，并且在一个VPC内可能需要根据给定的特性来协商建立虚通路。最后，一旦VPC建立，端用户才有可能协商创建新的VCC。VPC特性使得端用户在做选择时必须遵守一些原则。

另外，I.150中为VPC列出的第五项特性如下。

- **VPC内的虚通路标识符限制** 对VPC用户来说，可能会有一个或多个虚通路标识符（虚通路编号）是不可使用的，因为它们可能是留给网络使用的。例如，用于网络管理的VCC。

控制信令

在ATM中，需要某种机制来建立和释放VPC和VCC。在这些处理过程中涉及的信息交换称为控制信令，并且它们与被管理的信息交换处于互相独立的连接上。

I.150为VCC定义了提供建立/释放功能的如下4种方式。在任何ATM网络中，都会使用到其中一种或几种混合的方式。

1. 半永久VCC可用于用户到用户的交换。在这种情况下不需要任何控制信令。
2. 如果没有预先建立的呼叫控制信令通路，就必须先建立一个。为了达到这一目的，必须在用户和网络之间的某条通路上进行控制信令交换。因此，我们需要一条永久通路。它可能是低数据率的，但可用于建立VCC，而这些VCC则可用于呼叫控制。这种通路称为**元信令通路**，因为该通路用于建立信令通路。
3. 元信令通路可用于在用户和网络之间，为呼叫控制信令建立一条VCC，然后这条**用户到网络的信令虚通路**可用来建立运载用户数据的VCC。
4. 元信令通路也可用于建立**用户到用户的信令虚通路**。这种通道路必须建立在一条预先建好的VPC内，然后才可能允许两个端用户在没有网络干预的情况下建立或释放从用户到用户的运载用户数据的VCC。

对于VPC，I.150 定义了如下3种方式。

1. 通过预先达成的约定，VPC可以被建立在**半永久**的基础上。在这种情况下，不需要任何控制信令。
2. VPC的建立/释放可能是**用户控制的**。在这种情况下，客户利用一条信令VCC向网络请求VPC。
3. VPC的建立/释放可能是**网络控制的**。在这种情况下，网络根据自己的方便建立一条VPC。这条通道可能是网络到网络的、用户到网络的或者是用户到用户的。

9.6.2 ATM信元

异步传递方式利用了固定长度的信元，由5个八位组的首部和48个八位组的信息字段组成。使用短小且固定长度的信元有许多好处。首先，使用信元可以减少高优先级信元的队列时延，因为如果它只是比优先级较低但已获许访问某资源（如传送器）的信元晚到一点点，那么它还是必须等待，不过等待的时间却要短得多。其次，固定长度的信元在交换时的效率更高。这对于数据率非常高的ATM来说是很重要的。使用固定长度的信元，它的交换机制在硬件上也更容易实现。

图9.17(a)所示为用户到网络的接口上的信元首部格式，图9.17(b)所示为网络内部的信元首部格式。

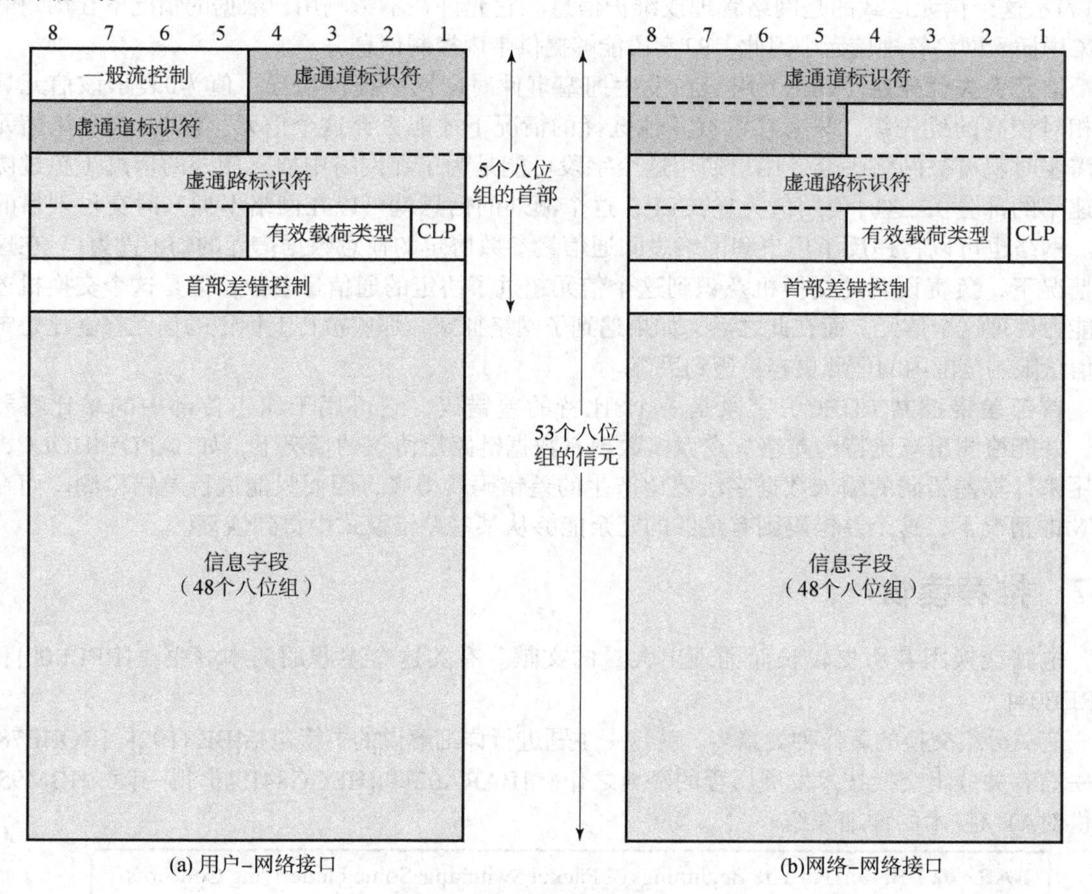

图9.17　ATM信元格式

一般流量控制（GFC）字段没有出现在网络内部的信元首部中，而只在用户网络接口的信元首部中出现，因而它只能控制本地用户网络接口上的信元流。该字段可用于帮助客户控制不同服务质量下的通信量。在任何一种情况下，GFC字段的用途都是为了减轻网络中的短期超负荷状态。

虚通道标识符（VPI）构成了网络的一个路由选择字段。它在用户到网络的接口处是8比特，而在网络到网络的接口处是12比特。后一种情况使得网络内部可以运行更多的虚通道，其中既包括那些支持用户的虚通道，也包括网络管理需要的虚通道。**虚通路标识符**（VCI）字段用于到达端用户或来自端用户的路由选择。

表9.2 有效载荷类型（PT）字段编码

PT编码	解释
000	用户数据信元，未遭受拥塞，SDU类型 = 0
001	用户数据信元，未遭受拥塞，SDU类型 = 1
010	用户数据信元，遭受过拥塞，SDU类型 = 0
011	用户数据信元，遭受过拥塞，SDU类型 = 1
100	与OAM分段相关的信元
101	与端到端OAM流相关的信元
110	资源管理信元
111	为将来的功能所保留的

SDU = 服务数据单元，OAM = 操作、管理、维护

有效载荷类型（PT）字段指出信息字段中的信息类型。表9.2列出了对PT比特的解释。第1个比特为0表示的是用户信息（也就是说来自上一层的信息）。在这种情况下，第2个比特指出是否遭受过拥塞。第3个比特称为服务数据单元（SDU）类型比特，它是1比特字段，用于区分与该连接相关联的两种类型的ATM SDU。术语“SDU”指的是信元中48个八位组的有效载荷。第1个比特为1表示这个信元运载的是网络管理或维护信息。它允许在不影响用户数据的情况下在用户的VCC中插入网络管理信元。因此，PT字段能够提供带内控制信息。

信元丢失优先级（CLP）用于在发生拥塞事件时向网络提供指导。值为0表示该信元具有相对较高的优先级，只有在没有其他选择的情况下才能丢弃这个信元。值为1表示该信元在需要时就可被网络丢弃。用户使用这个字段可能是为了在网络中插入额外的信息（超过协商速率的部分），这时使用值为1的CLP，这个额外的信息就可以在网络不拥塞时交付到目的地。网络也可以将违反了用户和网络之间通信量参数协定的任意数据信元的CLP置为1。在这种情况下，负责设置的交换机意识到这个信元超过了协定的通信量参数，但是这个交换机还有能力处理这个信元。而在此之后，如果遇到了网络拥塞，那些被打上标记的信元将会比协定通信量限制范围内的信元更容易遭到丢弃。

首部差错控制（HEC）字段是一个8比特的差错码，它可用于纠正首部中的单比特差错，并能检测出双比特的差错。在大多数现有数据链路层协议的情况下，如LAPD和HDLC，被用来计算差错码的输入数据字段要比产生的差错码长得多，因而只能进行差错检测。而在ATM的情况下，这个差错码则有足够的冗余能够从某些差错模式中得到恢复。

9.7 推荐读物

电路交换因其历史较长而涌现出大量的文献。有关这个主题的两本好书是[BELL00]和[FREE04]。

有关分组交换的著作种类繁多。就这一主题进行详细解说的书籍包括[BERT92]。[ROBE78]是一篇有关分组交换技术发展历程的经典之作。[BARA02]和[HEGG84]也值得一读。[IBM95]提供对ATM技术的详细介绍。

BARA02 Baran, P. “The Beginnings of Packet Switching: Some Underlying Concepts.” *IEEE Communications Magazine*, July 2002.

BELL00 Bellamy, J. *Digital Telephony*. New York: Wiley, 2000.

BERT92 Bertsekas, D., and Gallager, R. *Data Networks*. Englewood Cliffs, NJ: Prentice Hall, 1992.

FREE04 Freeman, R. *Telecommunication System Engineering*. New York: Wiley, 2004.

HEGG84 Heggestad, H. “An Overview of Packet Switching Communications.” *IEEE Communications Magazine*, April 1984.

IBM95 IBM International Technical Support Organization. *Asynchronous Transfer Mode (ATM) Technical Overview*. IBM Redbook SG24-4625-00, 1995. www.redbooks.ibm.com

ROBE78 Roberts, L. “The Evolution of Packet Switching.” *Proceedings of the IEEE*, November 1978.

[BERT92] is a good treatment of this subject.

9.8　关键术语、复习题及习题

关键术语

asynchronous transfer mode　异步传递方式（ATM）
cell　信元
circuit switching　电路交换
circuit-switching network　电路交换网络
crossbar matrix　纵横矩阵
datagram　数据报
digital switch　数字交换机
exchange　交换局
external virtual circuit　外部虚电路
generic flow control　一般流量控制（GFC）
header error control　首部差错控制（HEC）
internal virtual circuit　内部虚电路
local loop　本地环路
media gateway controller　媒体网关控制器
packet switching　分组交换
softswitch　软交换
space division switching　空分交换
subscriber　用户
subscriber line　用户线路
subscriber loop　用户环路
time-division switching　时分交换
time-multiplexed switching　时间复用交换（TMS）
time-slot interchange　时隙变换（TSI）
trunk　干线
virtual channel connection　虚通路连接
virtual circuit　虚电路
virtual path connection　虚通道连接

复习题

9.1　为什么每对站点之间有一条以上的可能路径会很有用？
9.2　公用通信网络的4个组成部分的总称分别是什么？给出每个术语的定义。
9.3　推动电路交换网设计的主要应用是什么？
9.4　与电路交换相比，分组交换有哪些优势？
9.5　请解释数据报和虚电路操作之间的区别？
9.6　在分组交换网中，分组大小有何重要意义？
9.7　在评价分组交换网络的性能时，哪几种类型的时延会有很大影响？
9.8　虚通路连接的特性是什么？
9.9　虚通道连接的特性是什么？
9.10　列出并简单解释ATM信元中的所有字段。

习题

9.1　设想一个简单的电话网络，由两个端局和一个中间交换局组成，各端局与中间交换局之间使用的是1 MHz全双工中继线路。假设每个话音呼叫分配一条4 kHz的信道。电话机的平均使用率为工作日的每8小时呼叫4次，平均呼叫持续时间为6分钟。10%为长途呼叫。那么一个端局最多能够支持多少部电话？

9.2　a. 如果一个纵横矩阵有n条输入线路和m条输出线路，共需多少个交叉点？
b. 如果不区分输入线路和输出线路（即交叉板上的任何线路都能与其他任何线路互相连接），则需要多少个交叉点？
c. 给出最小配置。

9.3　设想图9.6所示的一个三级交换机。假设这个三级交换机总共有N条输入线路和N条输出线路。如果n是第一级交叉板的输入线路条数和第三级交叉板的输出线路条数，就有N/n个一级交叉板和N/n个三级交叉板。再假设每个一级交叉板都有一条输出线路到达各个二级交叉板，并且每个二级交叉板都有一条输出线路到达各个三级交叉板。对于这样的配置可以证明，要想得到无阻塞的交换机，第二级交叉板矩阵的数量必须等于$2n-1$。

a. 所有交叉板合起来总共有多少个交叉点？

b. 对于给定的N值，交叉点的总数取决于n的值。换句话说，就是这个值取决于在第一级共有多少块交叉板来处理所有的输入线路。假设每个交叉的输入线路数量比较多（n的值比较大），那么对于无阻塞配置，用n的函数表示，交叉点最少有多少个？

c. 对于范围在10^2到10^6之间的N来说，推导出单级$N \times N$交换机和优化的三级交叉板交换机的交叉点数量。

9.4 设想一个TSI系统，它具有每秒8000帧的TDM输入。在每个时隙，TSI都要有一次存储器读操作和一次存储器写操作。那么它能够处理的每帧最大时隙数是多少？用存储器周期时间的函数来表示。

9.5 设想一个TDM系统，它有8条I/O线，且其连接为1–2，3–7和5–8。请画出几个到TSI单元的输入帧和几个从TSI单元输出的帧，并指出该数据从输入时隙到输出时隙的动作。

9.6 指出下述逻辑中的错误之处：分组交换要求为每个分组增加控制和地址比特。这就给分组交换带来了大量额外开销。在电路交换中，建立的是一条透明的电路，无须额外的比特。

因此，在电路交换中没有额外开销。由于电路交换中不存在额外开销，所以它的线路利用率肯定比分组交换更高。

9.7 为交换网络定义如下的参数：

N = 在两个指定的端系统之间的跳数

L = 以比特为单位的报文长度

B = 所有链路上的数据率，以比特每秒（bps）为单位

P = 固定分组长度，以比特为单位

H = 额外开销（首部），比特每分组

S = 呼叫建立时间（电路交换或虚电路），单位为秒

D = 每跳的传播时延，单位为秒

a. 若$N=4$，$L=3200$，$B=9600$，$P=1024$，$H=16$，$S=0.2$，$D=0.001$，计算在电路交换、虚电路分组交换、数据报分组交换的情况下，端到端的时延分别为多少？假设不存在确认，并忽略结点的处理时延。

b. 分别对(a)中的3种技术推导该时延的一般表达式。并且两个两个地比较（一共有3个表达式），在什么条件下它们的时延是相等的。

9.8 在数据报网络中，作为N、L和H的函数的P值为多少时，端到端的时延最小？假设L远远大于P，且D为零。

9.9 假设网络中的所有站点和结点都运行正常，有没有可能将一个分组交付到错误的终点？

9.10 虽然ATM不在用户数据中包含任何端到端的差错检测和控制功能，但是它通过一个HEC字段提供了首部差错检测和纠正能力。让我们来考虑一下这个特性的值。假设传输系统的比特差错率为B。如果差错是均衡地分布的，那么首部中出现差错的概率为

$$\frac{h}{h+i} \times B$$

而数据字段中出现差错的概率为

$$\frac{i}{h+i} \times B$$

其中h为首部的比特数量，i为数据字段的比特数量。

a. 假设首部中的差错没有被检测出，也没有被纠正。在这种情况下，首部中出现的差错可能会导致这个信元被错误地选路到达错误的终点。因此有i比特到达了错误的终点，而有i比特没能到达正确的终点。那么总的比特差错率B_1是多少？给出此时比特差错率的倍增效应表达式：$M_1 = B_1/B$。

b. 现在假设首部中的差错被检测出，但没有被纠正。在这种情况下，有i比特没能到达正确的终点。这时总的比特差错率B_2是多少？给出此时比特差错率的倍增效应表达式：$M_2 = B_2/B$。

c. 现在假设首部中的差错被检测出来，并被纠正。这时总的比特差错率B_3是多少？给出此时比特差错率的倍增效应表达式：$M_3 = B_3/B$。

d. 画出M_1, M_2和M_3作为首部长度的函数关系图，其中$i = 48 \times 8 = 384$比特，并说明这个结果。

9.11 ATM设计的一个关键决策在于，是使用固定长度的信元还是可变长度的信元。让我们从效率的角度来考虑这个决定。定义传输效率为

$$N = \frac{\text{信息八位组的数量}}{\text{信息八位组的数量+额外开销八位组的数量}}$$

a. 考虑使用固定长度的分组。在这种情况下，额外开销由首部八位组组成。定义如下变量：

L = 信元的数据字段长度，单位为八位组

H = 信元的首部长度，单位为八位组

X = 作为一个报文传输的信息八位组的数量

推导N 的表达式。提示：表达式中需要使用$\lceil \cdot \rceil$运算符，其中$\lceil Y \rceil$为大于或等于Y 的最小整数。

b. 如果信元具有可变的长度，那么额外开销由首部决定，再加上为信元定界的标志，或首部中附加的长度字段。用Hv表示为使用变长信元所需的附加开销八位组。用X，H和Hv推导N的表达式。

c. 令$L = 48$，$H = 5$，$Hv = 2$。分别为固定长度和可变长度的信元画出N与报文长度的关系曲线。对得到的结果加以说明。

9.12 ATM设计的另一个关键决策是，固定长度信元中的数据字段的长度。让我们从效率和时延的角度来考虑这个问题。

a. 假设进行的是扩展传输，因而所有信元都被完全填满。推导效率N作为H和L的函数的表达式。

b. 要传输数据就必须填满一个完整的包，因而在此之前需要先将这些比特缓存起来，这就在传输数据流中引入了打包时延。推导这个时延作为L和源数据率R的函数的表达式。

c. 通常话音编码的数据率为32 kbps和64 kbps。分别为这两种数据率画出打包时延作为L的函数关系曲线，其中左边y轴的最大值为2 ms。在同一幅图上，画出传输效率作为L的函数曲线，其中右边y轴的最大值为100%。说明得到的结果。

9.13 考虑ATM网上的压缩视频传输。假设标准的ATM信元必须传输通过5个交换机，数据率为43 Mbps。

a. 一个信元通过一个交换机的传输时间是多少？

b. 任何一台交换机都有可能正在传输来自其他通信量的信元，假设所有来自其他通信量的信元都具有较低（不能抢占）的优先级。如果交换机正忙着传输一个信元，我们的

信元就必须等待，直到其他信元传输完毕。如果交换机是空闲的，我们的信元就会立刻被传输。那么从一个典型的视频信元到达第一个交换机（有可能需要等待），到它被第五个（也就是最后一个）交换机传输完毕，最多需要多长时间？假设可以忽略传播时间、交换时间以及除了传输时间和用于等待其他信元传输完毕的时间之外的任何时间。

c. 现在，假设已知每个交换机上的低优先级通信量的占用率为60%，即观察某台交换机时，它处于忙状态的概率是0.6。假设有一台交换机正在传输一个信元，那么等待信元传输完毕所花费的平均时间是半个信元传输时间。计算从信元输入第一个交换机起到第五个交换机传输完毕，所花费的平均时间。

d. 人们最感兴趣的时间量并不是时延而是时延抖动，也就是时延的变化。用(b)和(c)分别计算时延的最大变化程度和平均变化程度。

在以上所有情况中，假设各种随机事件的发生是相互独立的。例如，我们忽略这类通信量的典型突发性。

9.14 为了在ATM网络上支持IP服务，将它们发送到ATM网络上之前，IP数据报必须首先分段形成数个ATM信元。因为ATM不提供信元丢失恢复，所以只要其中有任何信元丢失了，就会导致整个IP分组的丢失。给定：PC = ATM网络中的信元丢失率；n = 传输单个IP数据所需的信元数；PP = IP分组丢失率。

a. 推导PP的表达式，并解释该表达式。

b. 要得到尽可能最好的性能，你会使用何种ATM服务？

第10章 蜂窝无线网络

学习目标

在学习了本章的内容之后，应当能够：

- 概述蜂窝网络的组织结构；
- 区分四代移动电话技术的不同之处；
- 理解时分多址（TDMA）和码分多址（CDMA）两种移动电话技术的相对优势；
- 概述长期演进技术升级版（LTE-Advanced）。

在数据通信和电信领域取得的所有巨大进步中，最具革命性的要算是**蜂窝网络**的开发。蜂窝技术是移动无线通信的基础，有些地区的用户很难获得有线网络的服务，而蜂窝技术却可以支持这些地区的用户。蜂窝技术是移动电话、个人通信系统、无线因特网、无线Web应用以及其他更多应用的下层技术。

在这一章中，首先要介绍在所有蜂窝网络中都会用到的一些基本概念。然后考察具体的蜂窝技术和标准，为了方便起见，把它们划分为四代。最后，我们会较详细地介绍作为第四代移动电话标准的LTE-Advanced。

10.1 蜂窝网络的概念

当初，蜂窝技术的开发是为了增加移动无线电话服务的有效容量。在蜂窝无线电出现之前，移动无线电话服务只能由大功率的发送器和接收器来提供。一个典型的系统可支持25个信道，有效半径约为80 km。增加系统容量的方法是使用覆盖半径较小的低功率系统，并使用大量的发送器和接收器。

10.1.1 蜂窝网络构成

蜂窝网络的基础在于它使用了多个低功率发送器，数量级在100 W以下。因为这样的发送器所能达到的覆盖范围很小，所以可将一个区域划分为很多蜂窝（cell），各个蜂窝由自己的天线提供服务。每个蜂窝都分配有一个频带，并有一个**基站**提供服务，这个基站由发送器、接收器和控制单元组成。为了避免干扰或串音，相邻的蜂窝指派的频率各不相同。不过，如果两个蜂窝之间的距离足够远，则可以使用相同的频带。

在设计上要做出的第一个决定是覆盖一定区域的蜂窝的形状问题。采用正方形蜂窝的布局可能是最容易定义的，如图10.1(a)所示，但是这种几何形状并不理想。如果正方形蜂窝的边长为d，那么它与4个相邻蜂窝之间的距离为d，而与另外4个相邻蜂窝之间的距离为$\sqrt{2}d$。当某个蜂窝中的移动用户向蜂窝的边界方向移动时，我们希望最好所有相邻天线之间都是等距离的，因为这样就能简化何时将用户切换到相邻的天线以及切换到哪一个天线的问题。六边形模式提供了等距离的天线，如图10.1(b)所示。六边形半径的定义是它的外接圆的半径（等于从中点到顶点的距离，同时也等于六边形的边长）。如果蜂窝半径为R，则从该蜂窝的中心到每个邻蜂窝中心的距离都是$d = \sqrt{3}R$。

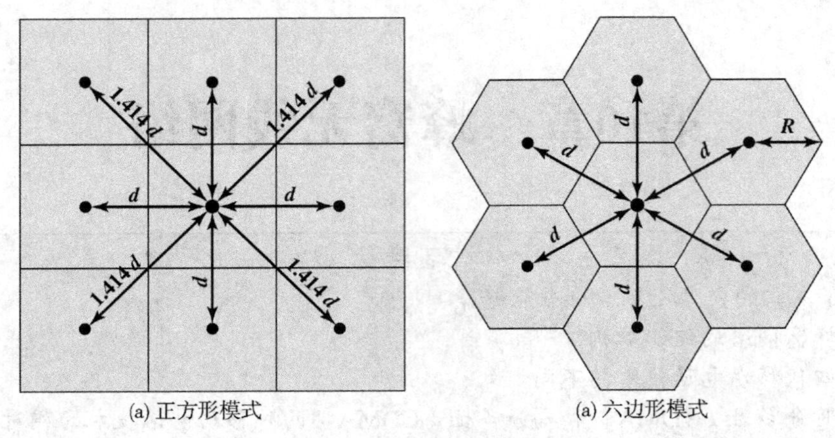

图10.1　蜂窝的几何形状

在实际中使用的并不是精确的六边形模式。之所以与理想形状不完全一样，是由于地形的限制、本地信号传播条件以及实际天线位置选择的限制。

在无线蜂窝系统中，使用相同频率来进行不同的通信是有条件限制的，因为信号没有受到约束，就有可能会互相干扰，即使它们在地理位置上是分隔开的也是如此。支持大量并发通信的系统就需要有某些机制用于频谱的保护。

频率重用

在蜂窝系统中，每个蜂窝都有一个基站收发器。它的传输功率被小心地控制着（其精细程度为在高度变化的移动通信环境中能够做到的程度），以允许蜂窝内的通信可以使用给定的频率，同时又要限制该频率的功率逃逸到邻近蜂窝。它的目标是在其他邻近蜂窝（但不是直接相邻的）也能使用相同的频率，这样才能允许这些频率用于多个同时进行的对话。通常每个蜂窝指派10～50个频率，具体取决于预期的通信量。

频率重用的根本问题是，在两个使用相同频率的蜂窝之间必须相隔多少个蜂窝，才能使这两个蜂窝互相之间不干扰。有多种可能的频率重用模式。图10.2所示为一些例子。如果该模式由N个蜂窝组成，且每个蜂窝指派的频率数量相同，则每个蜂窝可以有K/N个频率，其中K是分配给这个系统的频率的总数。

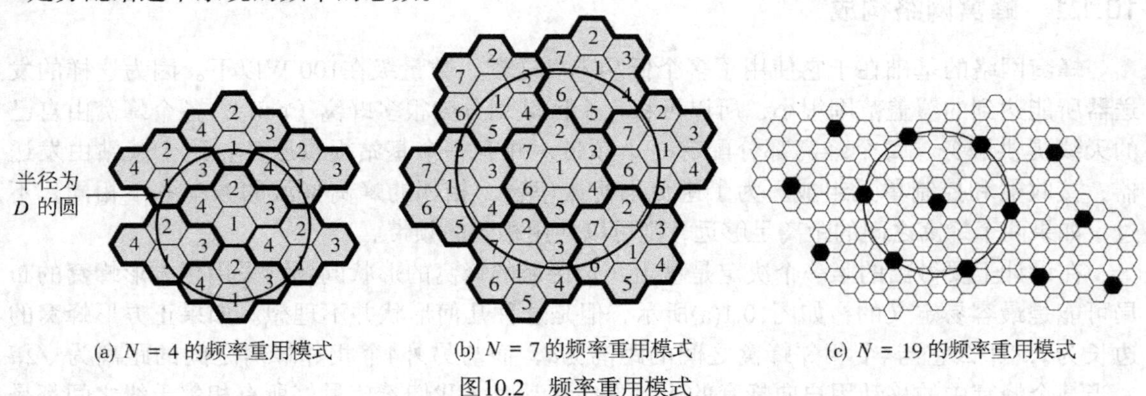

图10.2　频率重用模式

在对频率重用进行分析时，经常会用到以下几个参数：

D = 使用相同频率的蜂窝（称为同波道）中心之间的最小距离

R = 蜂窝半径

d = 相邻蜂窝的中心之间的距离（$d = \sqrt{3}R$）

N = 重复模式（在该模式中每个蜂窝使用的频带都是唯一的）中的蜂窝数，术语称为**重用系数**（reuse factor）

在六边形的蜂窝模式中，N的可能值只有以下这些：

$$N = I^2 + J^2 + (I \times J) \qquad I, J = 0, 1, 2, 3, \cdots$$

因此，N的可能值是1, 3, 4, 7, 9, 12, 13, 16, 19, 21等。以下关系式成立：

$$\frac{D}{R} = \sqrt{3N}$$

也可以表示为$D/d = \sqrt{N}$。

增大容量

随着时间的流逝，使用系统的用户不断增加，通信量也在增长，以至于没有足够的频率分配给蜂窝以处理其覆盖区域内的呼叫。这一问题目前已有以下多种解决方法。

- **添加新信道**　通常，当系统在某个区域建立时，并不会用到所有的信道，通过添加新的信道，系统的进一步发展和扩张就能得到有序管理。
- **频率借用**　在最简单的情况下，拥塞的蜂窝会从相邻蜂窝获取一些频率。另外也可以动态地指派频率给各个蜂窝。
- **蜂窝分裂**　在实际中，通信量的分布与地理上的特点并不一致，这就给增大容量提供了机会。在使用率高的地区可以把一个蜂窝分裂成几个小蜂窝。通常原始蜂窝的大小约为6.5 ~ 13 km。较小的蜂窝自己还可以再分裂。不过，1.5 km的蜂窝就接近于一般情况下实用的最小尺寸了（例外情况参见下面对微蜂窝的讨论）。若要采用较小的蜂窝，则必须降低它所使用的功率值，以便把信号限制在蜂窝内。同样，当移动单元移动时，它们可能会穿过一个又一个蜂窝，这就需要从一个基站收发器到另一个基站收发器地转移通话，这个处理过程称为切换（handoff）。当蜂窝变得越来越小时，切换也变得越来越频繁。图10.3所示为如何通过分裂蜂窝来提供更大的容量。如果半径以F为系数减小，它的覆盖范围随之减小，且所需基站的数量以F^2为系数增加。
- **蜂窝扇区化**　当蜂窝扇区化时，蜂窝被划分成若干个楔形扇区，每个扇区都有自己的一组信道，通常每个蜂窝分成3个或6个扇区。每个扇区被指派获得蜂窝信道的一个真子集，而基站使用定向天线以聚焦在每个扇区上。
- **微蜂窝**　当蜂窝变小时，天线也从高楼的顶层或山上被移至较矮的建筑物顶层或大建筑物的旁边，最后被移到了路灯柱上，此时它们就形成了微蜂窝。蜂窝尺寸的每次减小都伴随着基站或移动单元的辐射功率水平的降低。在拥挤的城市街道上、在高速公路旁、在大型公共建筑物里，微蜂窝的作用不可低估。

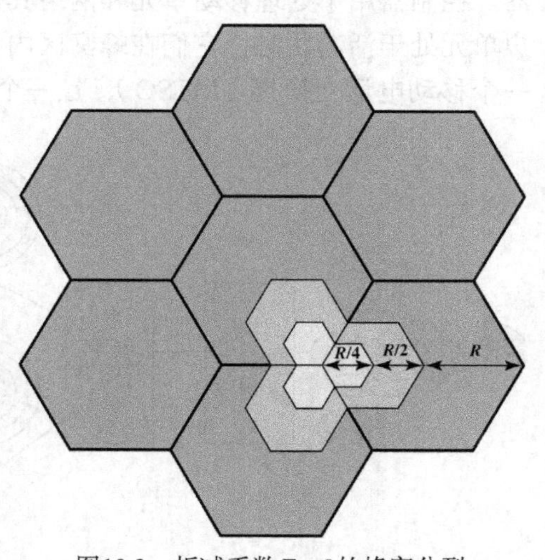

图10.3　折减系数F = 2的蜂窝分裂

例10.1　假设有一个32蜂窝的系统，每个蜂窝的半径为1.6 km，32个蜂窝的频带总量可支持336个业务信道，频率重用系数$N = 7$。如果总共有32个蜂窝，那么它们覆盖的地理面积是多少？每个蜂窝有多少信道？同时能够处理的呼叫总量为多少？假设蜂窝半径为0.8 km且共有128个蜂窝，重复上面的计算。

图10.4(a)所示为一个近似的四方模式。一个半径为R的六边形的面积为$1.5R^2\sqrt{3}$。半径为1.6 km 的六边形的面积是6.65 km²。所以覆盖的总面积为$6.65 \times 32 = 213$ km²。当$N = 7$ 时，每个蜂窝的信道数为$336/7 = 48$，因此总信道容量为$48 \times 32 = 1536$ 个信道。对于图10.4(b)所示的情况，覆盖面积为$1.66 \times 128 = 213$ km²。每个蜂窝的信道数为$336/7 = 48$，因此总信道容量为$48 \times 128 = 6144$个信道。

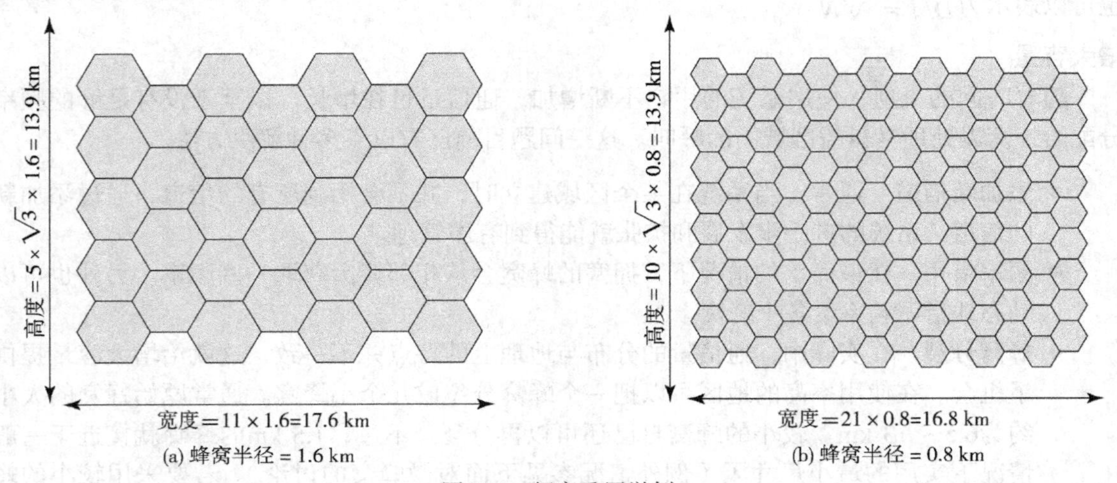

(a) 蜂窝半径 = 1.6 km　　　　(b) 蜂窝半径 = 0.8 km

图10.4　频率重用举例

10.1.2　蜂窝系统的操作

图10.5所示为蜂窝系统的主要构成元素。大约在每个蜂窝的中心位置是一个基站（BS）。这个基站包括一根天线、一个控制器和数个用来在指派给该蜂窝的信道上进行通信的收发器。控制器用于处理移动单元和网络其他部分之间的呼叫过程。在任何时刻都有一些移动用户单元处于活动状态，它们在蜂窝区内移动，且正在与基站进行通信。每个基站都要连接到一个移动电话交换局（MTSO），且一个MTSO可服务于多个基站。通常，基站和MTSO之间的链路是有线线路，但也有可能是无线链路。MTSO连接移动单元之间的呼叫，同时MTSO还要连接到公用电话或电信网络上，这样才能使公共电信网络上的固定用户和蜂窝网络上的移动用户之间建立连接。MTSO为每个蜂窝指派话音信道，执行切换处理，并为计费信息而监视呼叫。

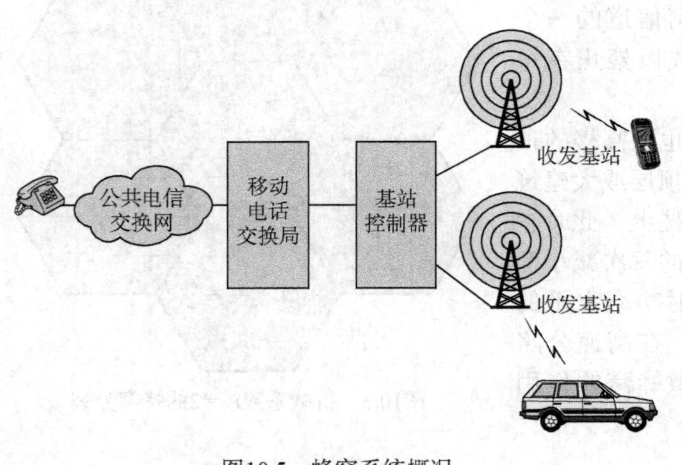

图10.5　蜂窝系统概况

蜂窝系统的使用是全自动的，用户除了拨打电话和接听电话之外不用做任何动作。在移动单元和基站之间有两种类型的信道：控制信道和业务信道。**控制信道**用于交换建立与维持呼叫的信息，以及建立移动单元与最近的基站之间的联系。**业务信道**承载用户之间的话音或数据的连接。图10.6所示为一个MTSO控制的某区域内两个移动用户之间的典型呼叫步骤。

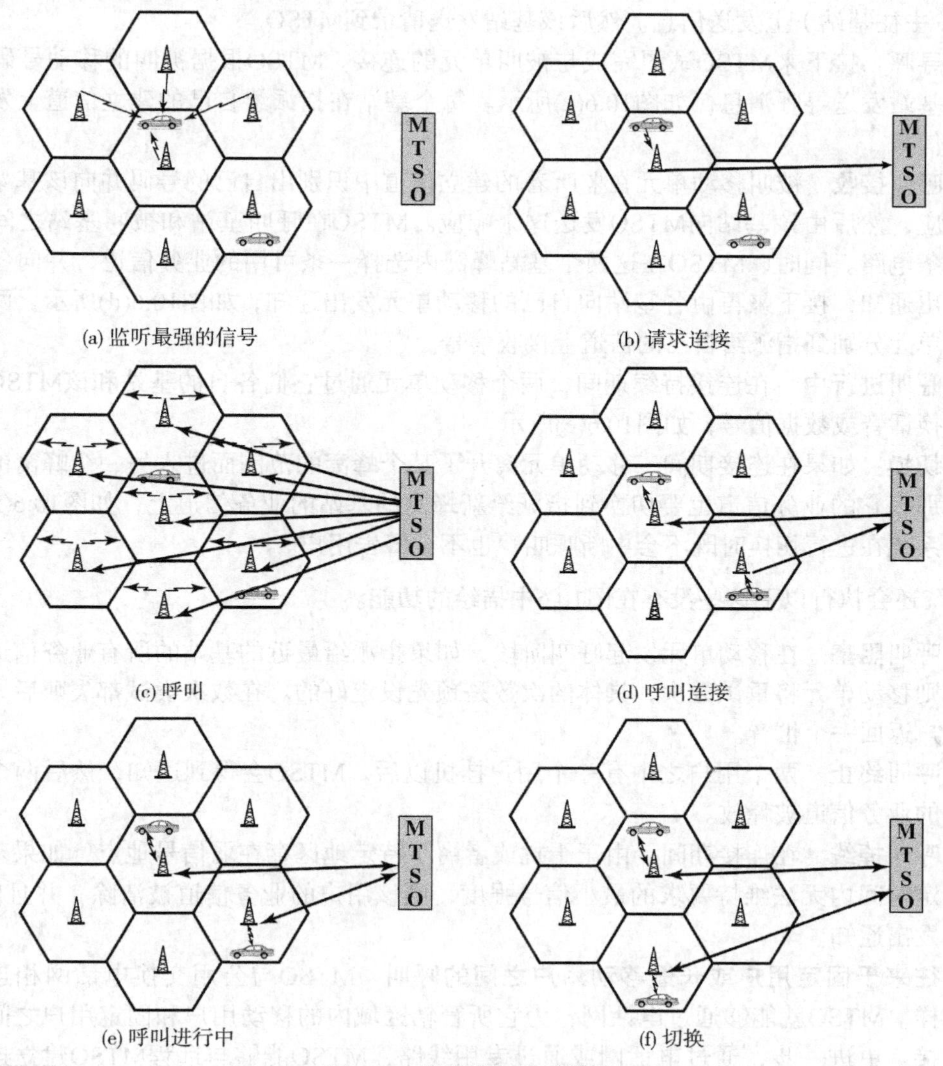

图10.6　移动蜂窝呼叫举例

- **移动单元初始化**　当移动单元开机时，它会扫描并选择使用最强的基站建立控制信道，如图10.6(a)所示。具有不同频带的蜂窝分别在不同的建立信道上进行广播。接收器选择最强的建立信道并监听该信道。这个过程带来的效果是移动单元已自动选择了它所在蜂窝的基站天线[①]。然后，通过该蜂窝内的基站，移动单元和控制该蜂窝的MTSO之间执行握手动作。握手用于识别用户并登记它所在的位置。只要该移动单元处于开机状态，这个扫描过程就会定期地不断重复，以记录该设备的运动位置。如果设备进入新蜂窝，就会选择新的基站。另外，该移动单元还不断地监听是否有寻呼（稍后再讨论）。

① 在大多数情况下是这样，但并不总是如此。被选择的天线是靠移动单元最近的天线，当然基站也是最近的。不过，由于传播异常的存在，事情并非总是如此。

- **移动台发起的呼叫**　移动单元通过在已选的建立信道上发送被叫单元的号码来发起呼叫，如图10.6(b)所示。移动单元的接收器首先通过检测前向信道（来自基站）中的信息来检查建立信道是否空闲。如果检测出空闲，移动单元就会在其相应的反向信道（去往基站）上发送信息。然后该基站发送请求到MTSO。
- **寻呼**　接下来MTSO试图完成与被叫单元的连接。MTSO根据被叫的移动号码向某些基站发送寻呼消息，如图10.6(c)所示。每个基站在指派给自己的建立信道上发送寻呼信号。
- **呼叫接收**　被叫移动单元在监听着的建立信道中识别出自己的号码并向该基站发出响应，然后由该基站向MTSO发送这个响应。MTSO在呼叫基站和被叫基站之间建立一条电路。同时，MTSO在这两个基站蜂窝内选择一条可用的业务信道，并向各基站发出通知，接下来再由各基站向自己的移动单元发出通知，如图10.6(d)所示。两个移动单元分别到指派给自己的信道上接收信号。
- **呼叫进行中**　在连接持续期间，两个移动单元通过它们各自的基站和该MTSO相互交换话音或数据信号，如图10.6(e)所示。
- **切换**：如果在连接期间，移动单元离开了某个蜂窝的范围而进入另一个蜂窝的范围，那么它的业务信道也要切换到指派给新蜂窝的基站的业务信道上，如图10.6(f)所示。系统在进行切换时既不会中断呼叫，也不会警告用户。

系统还会执行以下这些没有在图10.6中描绘的功能。

- **呼叫阻塞**　在移动单元发起呼叫阶段，如果指派给最近的基站的所有业务信道都忙，则移动单元将重试数次，具体的次数是预先设定好的。在数次尝试都失败后，将向用户返回一个忙音。
- **呼叫终止**　两个用户之中有一个用户挂机以后，MTSO会得到通知，然后两个基站上的业务信道被释放。
- **呼叫掉线**　在连接期间，由于干扰或者由于特定地区存在弱信号地点，如果基站在特定时间内无法维持要求的最小信号强度，则该用户的业务信道被清除，并且向MTSO发出通知。
- **往来于固定用户或长途移动用户之间的呼叫**　MTSO与公用交换电话网相连接，这样，MTSO就能够通过电话网，为它所管辖区域内的移动用户和固定用户之间建立连接。更进一步，通过电话网或通过专用线路，MTSO能够与远程MTSO建立连接，并为它所管辖区域内的移动用户和远程移动用户之间建立连接

10.1.3　移动无线电传播效应

移动无线电通信的出现带来了有线通信或固定无线通信中所没有的复杂性。备受重视的两大问题是信号强度和信号传播效应。

- **信号强度**　基站和移动单元之间的信号强度必须足够强，以保持接收器端的信号质量，但是又不能太强，否则导致与使用相同频带的其他蜂窝的信道之间产生过量的同信道干扰。这里有几个复杂性因素。首先，人为噪声的变化不可忽视，其结果是产生了变化的噪声电平。例如，城市中蜂窝系统频率范围内的汽车发动噪声就比郊区的大。其他信号源也会随地点的改变而变化。信号强度的变化程度是从基站到蜂窝内该点之间距离的函数。更糟糕的是，随着移动单元的不断移动，信号强度也在不断变化。

- **衰落**　即使信号强度的确在有效范围内，信号传播效应也可能破坏信号而导致差错。在本节的后面将讨论衰落问题。

在设计蜂窝布局时，通信工程师必须考虑到各种传播效应、预期的基站和移动单元的最大传输功率水平、移动单元天线的典型高度以及可用的基站天线高度。这些因素将会决定每个蜂窝的大小。遗憾的是，正如刚才讨论的，传播效应是动态变化且无法预测的。我们能做到的只是根据经验数据提出一个模型，然后在给定环境中应用该模型来形成有关蜂窝尺寸的指导方针。使用最为广泛的模型之一是由Okumura等[OKUM68]提出，经Hata[HATA80]改进的一个模型。它的起源是一份对东京地区的详细分析报告，并由此而提出了市区环境下的路径损耗信息。Hata模型是一个考虑到了各种环境和条件的经验公式。对于市区环境，预计的路径损耗为

$$L_{dB} = 69.55 + 26.16 \log f_c - 13.82 \log h_t - A(h_r) + (44.9 - 6.55 \log h_t) \log d \qquad (10.1)$$

其中，f_c = 载波频率（MHz），范围为150 ~ 1500 MHz；h_t = 发送天线（基站）的高度（m），范围为30 ~ 300 m；h_r = 接收天线（移动台）的高度（m），范围为1 ~ 10 m；d = 天线间的传播距离（km），范围为1 ~ 20 km；$A(h_r)$ = 移动天线高度的纠正系数。

对于中小型城市来说，纠正系数由下式给出：

$$A(h_r) = (1.1 \log f_c - 0.7)\, h_r - (1.56 \log f_c - 0.8)\ \text{dB}$$

而对于大城市来说，纠正系数由下式给出：

$$A(h_r) = 8.29\,[\log(1.54\, h_r)]^2 - 1.1\ \text{dB}, \qquad f_c \leqslant 300\ \text{MHz}$$

$$A(h_r) = 3.2\,[\log(11.75\, h_r)]^2 - 4.97\ \text{dB}, \qquad f_c \geqslant 300\ \text{MHz}$$

要估算郊区的路径损耗，式(10.1)中计算市区路径损耗的公式修改为

$$L_{dB}(\text{郊区}) = L_{dB}(\text{市区}) - 2[\log (f_c/28)]^2 - 5.4$$

在空旷地区，该公式修改为

$$L_{dB}(\text{空旷地区}) = L_{dB}(\text{市区}) - 4.78\,(\log f_c)^2 - 18.733\,(\log f_c) - 40.98$$

在估算路径损耗的准确性方面，Okumura/Hata 模型可以算得上是最好的模型之一，并且它还提供了在各种条件下估算路径损耗的实际方法[FREE07]。

例10.2　假设f_c = 900 MHz, h_t = 40 m, h_r = 5 m且d = 10 km。估算一个中型城市中的路径损耗。

$$A(h_r) = (1.1 \log 900 - 0.7)\, 5 - (1.56 \log 900 - 0.8)\ \text{dB}$$
$$= 12.75 - 3.8 = 8.95\ \text{dB}$$

$$L_{dB} = 69.55+26.16 \log 900-13.82 \log 40-8.95+(44.9-6.55 \log 40)\log 10$$
$$= 69.55+77.28-22.14-8.95+34.4=150.14\ \text{dB}$$

10.1.4　移动环境中的衰落

通信系统工程师遇到的最大技术挑战可能要数移动环境下的衰落问题了。术语“衰落”指的是由于传输媒体或路径中存在变化而使接收到的信号功率可能随时间而变化。在固定的环境中，衰落是受大气条件的变化而引起的，如雨天。但是在移动环境下，两个天线中的一个相对于另一个在移动，各种障碍物的相对位置也会不停地变化，这就产生了复杂的传播效应。

多径传播

在图10.7所示的情况下有3种传播机制在起作用。**反射**发生在电磁信号遇到比信号波长更大的物体表面时。例如，假设移动单元接收到附近地面的反射波。由于地面反射波在反射

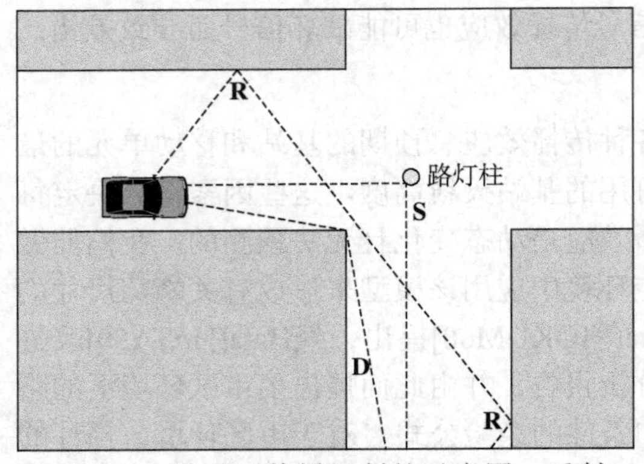

图10.7 3种重要传播机制的示意图：反射（R）、散射（S）、衍射（D）[ANDE95]

后会有180°的相移，就可能抵消地面波和视距（LOS）波，结果导致严重的信号损耗①。更进一步讲，由于移动天线比同一区域内的大多数人工建筑都要低，就会出现多径干扰的情况。这些反射波在接收器上可能产生积极的干扰，也可能产生消极的干扰。

衍射出现在比无线电波波长更大的无法穿透的物体边缘处。当无线电波遇到这样的物体边缘时，会以该边缘为源点，在不同的方向上衍生出多个无线电波。因此，即使与发送器之间不存在无障碍的视距，接收器还是有可能会收到信号。

如果障碍物的大小与信号波长相近或小于该信号波长，则会出现**散射**。射入信号会被散射成多个较弱的射出信号。对于典型的蜂窝微波频率，有大量的物质能引起散射，如路灯柱和红绿灯。因此，散射效应是很难预计的。

根据局部条件的不同，当移动单元在蜂窝内四处移动时，这3种传播效应会多方面地影响系统的性能。如果移动单元与发送器之间有清晰的视距，那么虽然反射可能有很大的影响，但总的来说衍射和散射的影响是很小的。如果没有清晰的视距，如市区街道之类的地方，衍射和散射就是信号接收的主要方式。

多径传播效应

刚才说过，多径传播的一个不受欢迎的效应就是可能到达多个相位不同的信号副本。如果这些相位叠加后是相互抵消的，信噪比就会下降，使接收器端在检测信号时更加困难。

第二个现象是码间干扰（ISI），它对数字传输尤其重要。假设正在固定天线和移动单元之间的链路上以给定的频率发送一个窄脉冲。图10.8所示为在两个不同的时间发送脉冲时，信道交付给接收器的信号。上半部分显示的是发送时的两个脉冲，下半部分显示的是接收器得到的脉冲。在这两种情况下，第一个接收到的脉冲是受欢迎的LOS信号。由于大气衰减，该脉冲的大小可能会发生变化。另外，当移动单元离固定天线越来越远时，LOS的衰减也不断增加。但是除了这个主要的脉冲之外，由于反射、衍射和散射，可能还会有多个副脉冲。现在假设在这个脉冲中编码了一个或多个数据比特。此时，该脉冲的一个或多个延迟副本可能会与下一个比特的主脉冲同时到达。对下一个比特的主脉冲而言，这些延迟的脉冲所起的作用就是某种形式的噪声，从而加大了从中提取数据比特的困难。

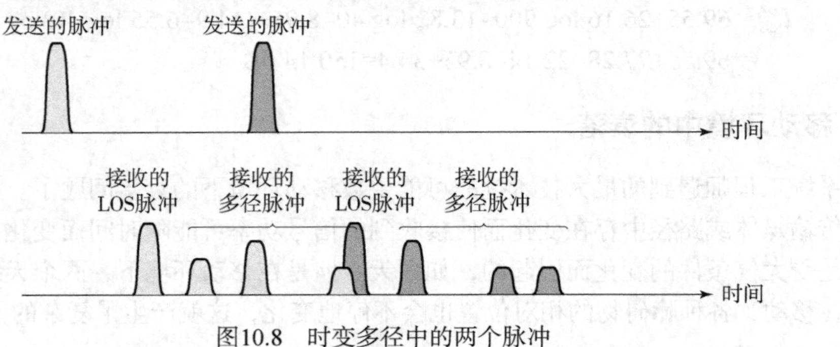

图10.8 时变多径中的两个脉冲

① 另一方面，反射的信号通过的路径更长，与无反射的信号相比就有时延，这会产生相移。当该时延等于波长的一半时，这两个信号相位就会相差180°。

当移动天线移动时，各种障碍物的位置也会改变，因此副脉冲的数量、大小及时序都在变化。这就使得过滤掉多径效应以真实地恢复所需信号的信号处理技术更难以设计。

衰落的类型

移动环境中的衰落效应可以被划分为快衰落和慢衰落两大类。从图10.7中可以看出，当移动单元在市区街道的环境中向前移动时，在超过半个波长的距离上，信号的强度会迅速发生变化。如果频率为900 MHz（移动蜂窝应用的典型频率），波长为0.33 m，即使经过短距离，振幅的变化也可能高达20～30 dB。这种类型的迅速衰落变化现象称为**快衰落**，它不仅会影响汽车内的移动电话，即使是用户在市区街道上步行，也会受到影响。

由于移动用户行进的距离远远超过波长，当用户经过不同高度的建筑物、空地、十字路口等时，市区环境在不断变化着。经过较长一段距离后，接收功率除了出现快速波动之外，接收到的平均功率水平也会变化。这称为**慢衰落**。

衰落效应还可以被划分为平坦衰落和选择性衰落两类。**平坦衰落**或者说非选择性衰落，是这样的一种衰落：接收信号的所有频率成分的波动是同时的且成相同比例的。选择性衰落对一个无线电信号的不同频谱成分的影响是不同的。术语**选择性衰落**通常只是相对于所有通信信道的带宽而言是有意义的。如果信号带宽的一部分出现衰减，这个衰落就被认为是选择性的；非选择性衰落的含义是指受关注的信号带宽比受衰落影响的频谱要窄，或者被衰落频谱完全覆盖。

差错补偿机制

对由多径衰落引起的差错和失真的补偿工作可划分为3大类：前向纠错、自适应均衡以及分集技术。在典型的移动无线环境中，需要将这3种类型的技术结合起来使用，以解决遇到的差错问题。

前向纠错可用于数字传输应用中，也就是说它的传输信号携带的是数字数据或数字化的语音和视频数据。通常，在移动无线应用中，发送的总比特数与发送的数据比特数之间的比例在2到3之间。看起来这个额外开销相当庞大，就是说系统的容量被减至原容量的一半或三分之一，但由于移动无线环境很难应付，这么大的冗余度也是完全有必要的。第6章已经讨论了前向纠错。

自适应均衡可用于携带模拟信息（如模拟语音或视频）或数字信息（如数字数据、数字化的语音或视频）的传输中，且被用于应对码间干扰。均衡的处理过程涉及使用某些办法将分散的码元能量收集起来，并合并到它的原始时间间隔中。均衡是内容很广泛的话题。这些技术包括使用所谓的“集总模拟电路”以及复杂的数字信号处理算法。

分集基于各信道经历的衰落事件是各自独立的这样一个事实。因此，通过在发送器和接收器之间提供某种意义上的多条逻辑信道，并在每条信道上发送部分信号，就可以补偿差错带来的影响。这种技术并不能消除差错，但是它的确能够减小差错率，因为我们已经将传输分散开，从而避免了受到可能出现的最高差错率的袭击。然后再由其他技术（均衡、前向纠错）来应对已经下降的差错率。

某些分集技术涉及物理传输路径，称为**空间分集**。例如，可能使用多个邻近的天线来接收一条消息，然后将这些信号以某种方式组合起来，以重建最像发送信号的信号。另一个例子是使用配置好的多个定向天线，每个天线面向不同的接收角度，然后再将收到的信号重新组合起来，以重建发送信号。

更常见的情况是，术语“分集”指频率分集或时间分集技术。使用**频率分集**，信号在大的频带上扩散或由多个载频运载。这种方式的最重要的例子是第17章中讨论的扩频技术。

10.2 四代蜂窝网络

自20世纪80年代中期引入以来，蜂窝网络发展迅速。为方便起见，行业标准机构把这些技术的发展按“代”来归类。目前蜂窝网络技术已进入第四代（4G）。本节先简短地概述四代蜂窝网络技术的发展，然后再着重讨论4G技术。

表10.1列出了几代蜂窝网络的主要特征。

表10.1 无线网络时代

技术	1G	2G	2.5G	4G
最初设计时间	1970	1980	1985	2000
应用时间	1984	1991	1999	2012
服务	模拟话音	数字话音	大容量分组化数据	完全基于IP
数据率	1.9 kbps	14.4 kbps	384 kbps	200 Mbps
复用技术	FDMA	TDMA, CDMA	TDMA, CDMA	OFDMA, SC-FDMA
核心网络	PSTN	PSTN	PSTN，分组网络	IP干线网

10.2.1 第一代

最初的蜂窝网络提供的是模拟业务信道，现在称之为1G，它们是作为扩展的公共交换电话网络而设计的。用户使用砖头大小的手机拨打和接听电话，其方式与固话用户相同。

部署最广泛的1G系统是由AT&T开发的**高级移动电话服务**（Advanced Mobile Phone Service，AMPS）。这种方式原来在南美、澳大利亚和中国也很常见。

在北美，分配给AMPS的是两个25 MHz 的频带（见表10.2），其中一条用于从基站到移动单元的传输（868 ~ 894 MHz），另一条用于从移动单元到基站的传输（824 ~ 849 MHz）。这两条频带都被一分为二以鼓励竞争（也就是说使每个市场可容纳两个运营商）。每个运营商的系统在每个方向上仅分配了12.5 MHz。信道之间的间距为30 kHz，因此每个运营商总共有416个信道。其中21个信道分配给控制用，剩余的395个信道用于承载会话。控制信道是工作在10 kbps的数据信道。会话信道以通过频率调制（FM）的模拟信号的形式承载会话。简单的频分多址（FDMA）被用来提供多路接入。同时，在会话信道上也可以通过小块突发的数据形式发送控制信息。这些信道的数量对大多数主要市场来说并不够用，因此必须找到其他一些手段，或者让每个会话使用更窄的频带，或者重用这些频率。这两种手段在1G电话系统所采用的各种方法中都有应用。对于AMPS来说，它使用的是频率重用手段。

10.2.2 第二代

像AMPS这样的第一代蜂窝网络很快就流行起来，产生了可支持容量爆满的危机。第二代系统（2G）在开发时提供了质量更好的信号、可支持数字服务的更快数据率，以及更大的容量。1G和2G系统之间的区别如下所示。

- **数字业务信道** 这两代系统之间最显著的区别是1G系统几乎是纯模拟的，而2G系统是数字的。实际上，1G系统的设计就是为了支持用频率调制的话音信道，它对数字业务的支持只能通过使用调制解调器将数字数据转换成模拟形式。2G系统提供了数字业务信道。它们就是为支持数字数据而准备的。话音业务在传输之前首先要编码成数字形式。
- **加密** 因为在2G系统中，所有的用户业务以及控制通信量都是数字化的，所以要对所有通信量进行加密以防止窃听是件相对比较容易的事。所有的2G系统都提供了这种能力，而1G系统则是毫无遮拦地发送用户业务，没有提供安全防护。

- **差错检测和纠正**　2G系统的数字业务流同时也有助于差错检测和纠正技术的实施，例如在第6章和第16章中所讨论的技术，其结果是接收到非常清晰的话音。
- **信道接入**　在1G系统中，每个蜂窝支持数个信道。在任意给定时间，一个信道只能分配给一个用户。2G系统同样也为每个蜂窝提供多个信道，但是通过使用时分多址（Time Division Multiple Access，TDMA）或**码分多址**（Code Division Multiple Access，CDMA）技术，多个用户可动态地共享一个信道。

10.2.3　第三代

无线通信第三代（3G）的目标是提供相当高速的无线通信，以支持多媒体、数据以及视频加音频的传输。ITU的2000年国际移动通信（IMT-2000）提案从ITU的角度定义第三代系统的性能如下。

- 与公用交换电话网相近的话音质量；
- 对在很大区域内高速行驶的汽车中的用户，可用的数据率达到144 kbps；
- 对于步行者，当静止或在较小的区域中漫步时，可用的数据率达到384 kbps；
- 在办公室使用时，支持2.048 Mbps的数据率（逐步实现）；
- 对称的和不对称的数据传输速率；
- 支持分组交换和电路交换两种数据服务；
- 与因特网之间有自适应接口，以高效利用入口业务和出口业务之间常见的非对称特性；
- 一般情况下对可用频谱的更有效利用；
- 支持多种多样的移动设备；
- 具有允许引入新服务和新技术的弹性。

3G系统的主导技术是CDMA。虽然已经采纳了3种不同的CDMA机制，但它们共享了以下这些共同的设计问题。

- **带宽**　所有3G系统的一个重要设计目标就是将信道使用限制在5 MHz内。这个目标存在的原因有以下几个。一方面，与更窄的带宽相比，5 MHz或更宽的带宽可以提高接收器解决多径影响的能力。另一方面，由于竞争的要求，可用的频谱是有限的，而5 MHz是3G可分配的合理上限。最后，5 MHz适合于支持144和384的数据率，而它们是3G的主要目标。
- **码片速率**　如果带宽给定，码片速率则取决于希望得到的数据率、差错控制的要求以及带宽限制。在这些设计参数给定后，3 Mcps或更高的码片速率是合理的。
- **多速率**　术语“多速率”指的是为特定的用户提供多条数据率固定的逻辑信道，且不同的逻辑信道提供不同的数据率。更进一步讲，每条逻辑信道上的业务可以互不相关地在无线网和固定网中交换，以到达不同的目的点。多速率的优点是可以灵活地支持来自特定用户的多个并发应用，且通过只为每个服务提供它所要求的容量，就能有效地利用可用容量。

10.2.4　第四代

随着智能手机和蜂窝网络的进一步发展，它们在容量和标准上已经迎来了一个新的时代，统称为4G。4G系统为各种设备提供超宽带的因特网接入，包括笔记本电脑、智能手机和平板电脑。4G网络支持移动Web接入以及高带宽的应用，如高清手机电视、移动视频会议和各种游戏服务。

这些需求促使了第四代移动无线技术（4G）的发展，其目的是最大限度地提高带宽和吞吐量，同时也使频谱效率最大化。根据ITU的说法，IMT-Advanced（或4G）蜂窝系统必须满足以下一些最低要求。

- 基于完全IP分组交换网络；
- 对于高流动性的移动接入，可支持的峰值数据率高达约100 Mbps，对于像本地无线接入这样的低流动性的移动接入，最高数据率可达约1 Gbps；
- 动态地共享和利用网络资源，以使每蜂窝支持更多的并发用户；
- 支持跨异构网络的平滑切换；
- 为新一代多媒体应用支持高质量的服务。

与前几代相比，4G系统不支持传统的电路交换电话服务，而只提供IP电话服务。并且，正如在表10.1中所看到的，作为3G系统特有的无线扩频技术，在4G系统中被OFDMA（正交频分多址）多载波传输和频域均衡机制所取代。

图10.9描绘了3G和4G蜂窝网络之间的主要差异。如图10.9(a)所示，3G网络中基站和电信交换局之间的连接通常是基于电缆的，不是铜线就是光缆。它们支持电路交换以实现手机用户与手机用户之间，或手机用户与连接PSTN的固定电话之间的话音连接。3G网络的因特网接入也可能会选路经过电信交换局。相比之下，在4G网络中，与因特网接入时所使用的IP分组交换连接一样，IP电话也属于常规标准，它们通过基站与交换局之间的无线连接实现，如固定宽带无线接入（BWA）的WiMAX，如图10.9(b)所示。使用4G智能手机的移动用户彼此之间的连接可能完全不会选路经过基于电缆的电路交换连接，它们之间的所有通信可能都基于IP并通过无线链路来完成。这种设置便于部署移动到移动的视频电话和视频会议服务，以及话音和数据服务的同时交付（例如一边浏览网页，一边打电话）。4G移动用户仍然可以与3G网络用户及PSTN用户进行连接，两者的交换局之间使用的是电缆/光纤的电路交换连接。

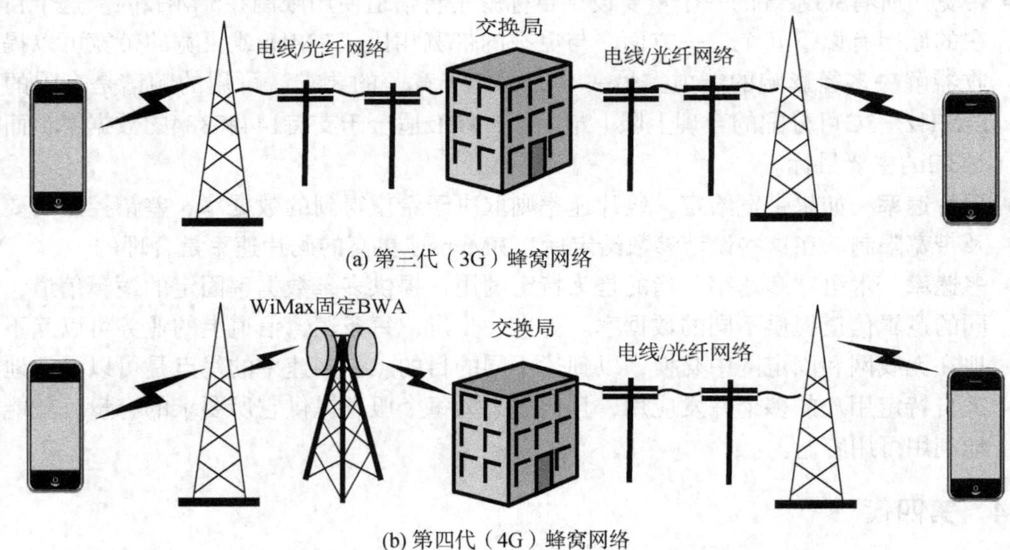

(a) 第三代（3G）蜂窝网络

(b) 第四代（4G）蜂窝网络

图10.9　第三代和第四代蜂窝网络的比较

10.3 LTE-Advanced

4G标准已出现两个候选者。一个是由第三代合作伙伴项目（3GPP）开发的**长期演进**（Long-Term Evolution，LTE）技术，其中3GPP是由亚洲、欧洲和北美电信标准机构组成的一个协会。另一项努力来自于IEEE 802.16委员会，它曾经为高速的、固定的无线操作开发了相应标准，称为WiMAX（在第18章中描述），而为了满足4G的需求，802.16委员会定义了增强的WiMAX。从性能和技术这两方面来看，两者所做的努力都是类似的。它们的基础都是利用正交频分复用接入（OFDMA）来支持对网络资源的多接入。WiMAX在上行链路和下行链路都使用了纯OFDMA方法。LTE在下行链路上使用了纯OFDMA，不过它还使用了一种基于OFDMA但能提高电源效率的技术。虽然WiMAX被作为固定宽带无线接入技术保留下来，但LTE已经成为4G无线的通用标准。例如，美国的所有主要运营商，包括AT&T和Verizon都采用了基于**频分双工**（FDD）的LTE版本，而中国移动通信，全球最大的电信运营商，则采用了基于时分双工（TDD）的LTE版本。

LTE的发展起始于3G时代，其初期版本提供的是3G或增强的3G服务。从第10版开始，LTE提供4G服务，称为**长期演进技术升级版**（LTE-Advanced）。表10.2比较了LTE与LTE-Advanced的性能目标。

表10.2　LTE和LTE-Advanced性能需求对比

系统性能		LTE	LTE-Advanced
峰值速率	下行	100 Mbps @20 MHz	1 Gbps @100 MHz
	上行	50 Mbps @20 MHz	500 Mbps @100 MHz
控制平台时延	从空闲到连接	<100 ms	< 50 ms
	从休眠到激活	< 50 ms	< 10 ms
用户平台时延		< 5 ms	低于LTE
频谱效率（峰值）	下行	5 bps/Hz @2 × 2	30 bps/Hz @8 × 8
	上行	2.5 bps/Hz @ 1 × 2	15 bps/Hz @4 × 4
移动性		最高350 km/h	最高350 ~ 500 km/h

LTE-Advanced规范内容庞杂，本小节只是简单概述。

10.3.1 LTE-Advanced体系结构

图10.10所示为LTE-Advanced网络的主要组成元素。该系统的核心是被命名为**演进型NodeB**（eNodeB）的基站。在LTE中，基站就称为NodeB。这两种基站在技术上的主要区别如下。

- NodeB与用户站（简称用户设备，UE）之间的接口是基于CDMA的，而eNodeB的空中接口是基于OFDMA的。
- eNodeB嵌入了自己的控制功能，而不是像NodeB那样使用了RNC（无线网络控制器）。

中继

LTE-Advanced蜂窝网络的另一个关键组成元素是**中继结点**（Relay Node，RN）的使用。与任何蜂窝系统一样，LTE-Advanced的基站在靠近其蜂窝边缘的地方数据率会下降，原因是信号电平的降低和干扰电平的增加。与其使用更小的蜂窝，还不如利用分布在蜂窝周围的小型中继节点更有效，与eNodeB相比，这些中继节点的操作半径更小。在中继结点附近的用户设备直接与该中继结点通信，然后再由中继结点与eNodeB通信。

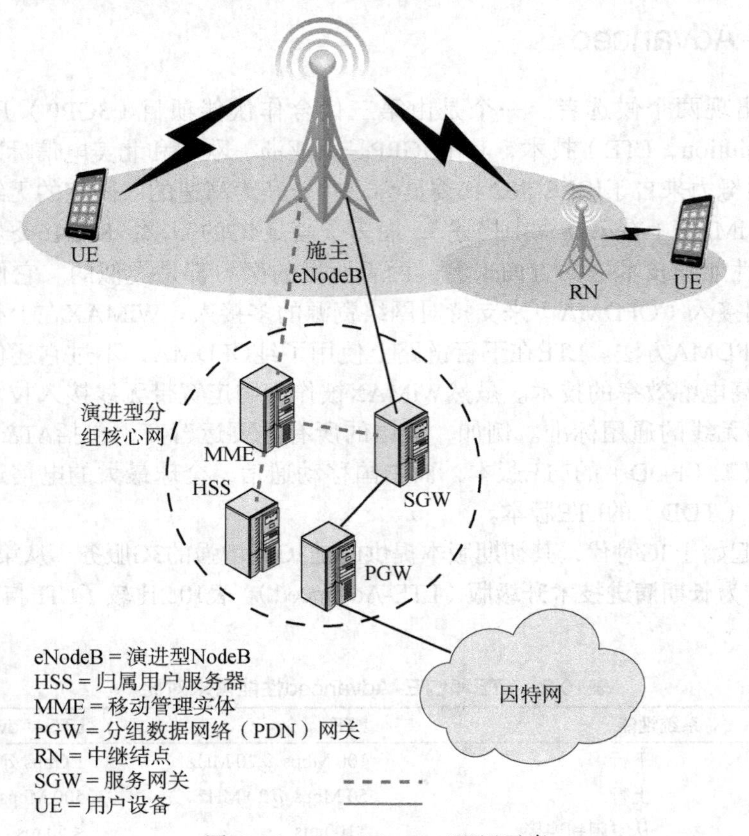

图10.10　LTE-Advanced配置元素

中继结点不仅仅是一个简单的信号中继器。相反，中继结点要接收、解调和解码数据，如有必要还需应用差错纠正功能，然后再向基站发送一个新的信号，本书中称这个基站为**施主eNodeB**（donor eNodeB）。从中继结点与用户设备之间的通信关系看，中继结点的作用相当于基站，而从中继结点与eNodeB之间的通信关系看，中继结点又相当于用户设备。

- 对于FDD系统，从eNodeB到中继结点和从中继结点到eNodeB的传输，分别通过DL频带和UL频带承载。
- 对于TDD系统，从eNodeB到中继结点和从中继结点到eNodeB的传输，分别由eNodeB和中继结点的DL子帧以及eNodeB和中继结点的UL子帧承载。

目前，中继结点使用带内通信，也就是从中继结点到eNodeB的接口与从中继结点到UE的接口使用相同的载波频率，因而会带来干扰的问题，描述如下。如果中继结点在从eNodeB接收的同时也在向用户设备发送，它就是在下行信道上既发送也接收。中继结点传输时的信号强度要比从基站发送过来的DL信号强度大得多，从而导致难以恢复传入的DL信号。同样的问题也发生在上行方向。为了克服这个困难，频率资源的划分如下。

- 从eNodeB到中继结点和从中继结点到用户设备的链路，在同一个频带上应用时分多路复用，并且任何时间只有其中之一是活跃的。
- 从中继结点到eNodeB和从用户设备到中继结点的链路，在同一个频带上应用时分多路复用，并且任何时间只有其中之一是活跃的。

演进型分组核心网

经营者（或电信运营商）的网络将自己拥有的所有基站互相连接起来，这个网络称为**演进型分组核心网**（evolved packet core，EPC）。传统上，这个核心蜂窝网络是电路交换的，但4G核心网则完全是分组交换的。它基于IP技术并支持使用VoIP的话音连接。

图10.10所示为EPC的以下几个基本组成要素。

- **移动管理实体（MME）** MME处理与移动性和安全性相关的控制信号的传输。MME主要负责跟踪并寻呼处于空闲模式的用户。
- **服务网关（SGW）** SGW处理的是用户设备发送和接收的数据，这些数据以分组形式并使用IP技术传输。SGW是无线电设备端与EPC之间的连接点。正如其名称所示，此类网关通过对进入的和外出的IP数据包进行路由选择，为用户设备提供服务。它是LTE内部移动性（即在eNodeB之间进行切换的情况下）的锚点。因此，通过SGW，数据分组可以从一个eNodeB经过路由选择到达其他地区的另一个eNodeB，也可以经过路由选择到达像因特网这样的外部网络（通过PGW）。
- **分组数据网络网关（PGW）** PGW是EPC与外部IP网络（如因特网）之间的连接点。PGW为分组选择路由，使之往返于EPC和外部网络之间。它同时也执行多种功能，如IP地址/IP前缀的分配、策略控制以及计费。
- **归属用户服务器（HSS）** HSS维护着一个包含了用户和用户相关信息的数据库。它还提供对移动的管理、呼叫和会话的建立、用户身份验证以及访问授权等多种功能的支持。

图10.10所示的每个配置要素只有一个实例。很显然，eNodeB的数量不只一个，而每个EPC要素也应该有多个实例。在eNodeB和MME之间、MME和SGW之间、SGW和PGW之间都存在数条多对多的链路。

毫微微蜂窝

为了满足来自智能手机、平板电脑及类似设备的日益增长的数据传输需求，这个行业引入了3G蜂窝网络，而目前已发展到4G蜂窝网络。随着要求的不断提高，人们的需求也变得越来越难以满足，特别是在人口稠密的地区和偏远的农村地区。为此，4G策略的一个重要组成部分就是毫微微蜂窝的使用。

毫微微蜂窝（femtocell）是一个低功耗、短距离、自包含的基站。最初它被用来描述以住宅用户为目标的消费单位，而目前这个词已经扩大到包含企业、农村和城市地区这些容量更大的消费单位。它的重要属性包括IP回程、自我优化、低功耗和易于部署。femtocell是迄今为止数量最多的一种小型蜂窝。术语“小型蜂窝”是对范围在10米到几百米，且运行在授权的和未经授权的频谱上的低功率无线接入结点的总称。这与典型的范围可达几十公里的移动宏蜂窝（macrocell）形成了鲜明对比。femtocell在数量上已经超过了macrocell，并且预计4G网络中femtocell所占的比例将继续攀升。

图10.11所示为一个使用了femtocell的典型网络组成。femtocell接入点是一个微型的基站，它更像是一个安放在住宅、企业或公共设施中的WiFi热点。它与普通蜂窝网络基站工作在相同的频带，并使用相同的协议。因此，4G智能手机或平板电脑可以不做任何改变地与4G femtocell进行无线连接。femtocell通常使用DSL、光纤或有线电缆与因特网连接。femtocell通过它的网关与手机运营商的分组核心网建立连接，而往返于此连接上的是分组化的通信量。

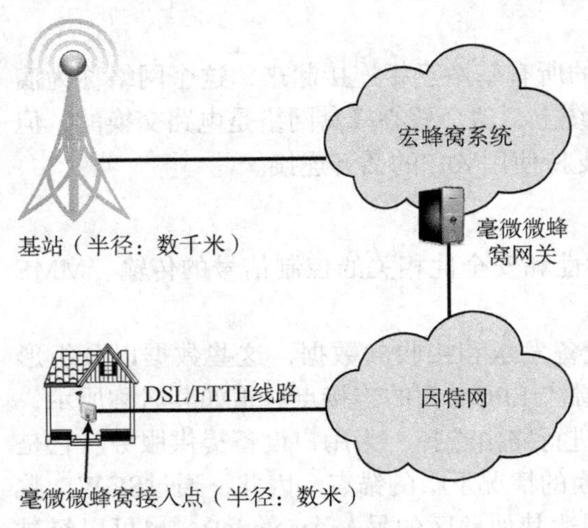

图10.11 毫微微蜂窝的角色

10.3.2 LTE-Advanced传输特性

在LTE-Advanced中，高数据率和高频谱率的实现主要依赖于两个关键技术：正交频分复用（OFDM）和多输入多输出（MIMO）天线。我们将在第17章探讨这些技术。

对于下行链路，LTE-Advanced使用OFDMA，而对于上行链路使用的是SC-FDMA（单载波的FDMA）。

OFDM信号具有较大的峰值平均功率比（PAPR），它需要一个线性功率放大器，从而使整体效率降低。这对于使用电池的手机来说是很不好的特性。而更复杂的SC-FDMA则具有较低的PAPR，且更适合于便携式的实现。

FDD和TDD

LTE-Advanced已被定义为既可适用于频分双工（FDD）的成对频谱，也可适用于时分双工（TDD）的非成对频谱。LTE TDD和LTE FDD都被广泛部署，且这两种形式的LTE标准具有各自的优缺点。表10.3比较了这两种方法的主要特点。

表10.3 LTE-Advanced使用于TDD和FDD时的特点

参数	LTE TDD	LTE-FDD
成对频谱	发送和接收发生在相同信道时不要求成对的频谱	要求成对的且有足够频率间隔的频谱，以允许同时传输和接收
硬件花费	因为不需要使用同向双工器来隔离发送器和接收器，所以花费较低。由于用户设备的产量巨大，使它的费用更具重要意义，这也成为一个关键因素	需要使用同向双工器，花费较高
信道相关性	两个方向上的信道传输是相同的，因此发送器和接收器能够使用同一套参数	两个方向上的信道特点不同，导致使用不同的频率
UL/DL不对称性	可以动态改变UL和DL的容量比率，以匹配需求	UL/DL的容量取决于由权威机构设置的频率分配方法，因此不可能动态改变以匹配容量需求。通常人们会要求监管政策的改变，并且一般来说每个方向分配的容量是相同的
保护周期/保护频带	保护周期的作用是保证上行链路和下行链路传输不冲突。较大的保护周期将会对容量带来限制。通常，如果距离增大，那么为了容纳更长的传播时间，就需要较大的保护周期	保护频带的作用是为上行链路和下行链路之间提供足够的隔离。保护频带的大小并不会影响容量
非连续传输	为了使上行链路和下行链路都能传输，就需要非连续的传输。它会降低发送器端射频功率放大器的性能	要求连续传输
跨时隙干扰	基站需要对上行链路和下行链路的传输时间同步。如果相邻基站使用不同的上行链路和下行链路且共享同一信道，那么在蜂窝与蜂窝之间就有可能会发生干扰	不可应用

FDD系统为上行传输和下行传输分配不同的频段。UL和DL的信道通常划分为两组相邻的信道（成对频谱），它们被数个空置的无线电频率（射频）保护带分隔，以避免相互之间

的干扰。图10.12(a)所示为一种典型的频谱分配，其中分配给用户i的是一对信道Ui和Di，它们的带宽分别为WU和WD。用于隔离成对信道的频率偏移WO应该足够大，使用户终端能够避免因链接的同时活跃而导致的链路间的自干扰。

对于TDD来说，UL和DL的传输操作是在同一频带上进行的，但在时域上它们是交替的。TDD在容量分配上比FDD更灵活，因为在给定信道内改变UL和DL所占用的时间比例是一件很容易的事。

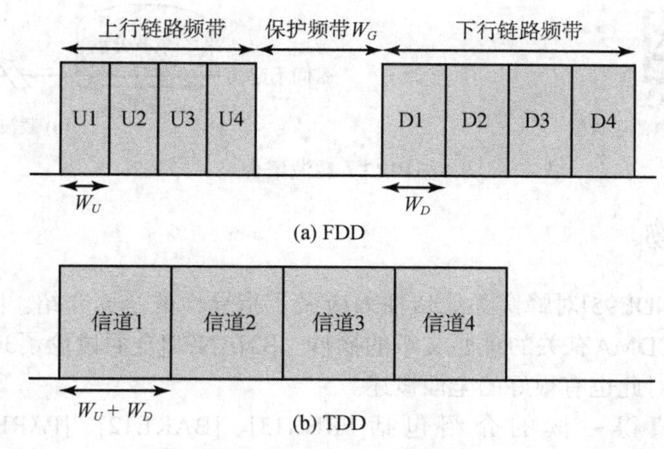

图10.12　FDD和TDD的频谱分配

载波聚合

在LTE-Advanced中使用**载波聚合**（carrier aggregation）是为了增加带宽，从而也提高了比特率。因为与LTE保持后向兼容性很重要，所以被聚合的是LTE载波。载波聚合可用于FDD和TDD。每个被聚合的载波称为一个分量载波（component carrier，CC）。分量载波的带宽可以是1.4 MHz，3 MHz，5 MHz，10 MHz，15 MHz或20 MHz，并且最多可以聚合5个分量载波，因此最大的聚合带宽为100 MHz。在FDD中，DL和UL聚合的载波数量可以不同，但UL分量载波的数目永远等于或低于DL分量载波的数目，且每个分量载波可以有不同的带宽。当使用TDD时，DL和UL使用的CC数目以及每个CC的带宽都必须是相同的。

图10.13(a)所示为3个本身适用于3G基站的载波如何聚合形成较宽的带宽，以适用于4G基站。如图10.13(b)所示，LTE-Advanced使用了3种聚合方法。

- **带内连续的**　这是一种最简单的LTE载波聚合形式的实现。此时，载波彼此之间是相邻的。从射频的角度来看，终端可以视该聚合信道为一个被放大的信道。在这种情况下，用户基站内只需一个收发器。这种方法的缺点是需要有连续的频带可用于分配。
- **带内不连续的**　非连续方式所使用的多个CC属于同一个频带。使用这种方法时，多载波信号不能被视为一个信号，因此需要多个收发器。这就明显地增加了其复杂性，尤其是对UE来说，空间、功率及成本都是它的首要考虑因素。这种方法较常见于那些在一个频带内的频谱分配不连续的国家，或者是因为中间的某些载波已被其他用户使用了。
- **带间不连续的**　这种形式的载波聚合使用了不同的频带。这对于频带碎片来说特别有用，有些频带碎片的带宽只有10 MHz。对于UE来说，它需要在一台机器里使用多个收发器，当然也会对成本、性能和功率带来相当的影响。

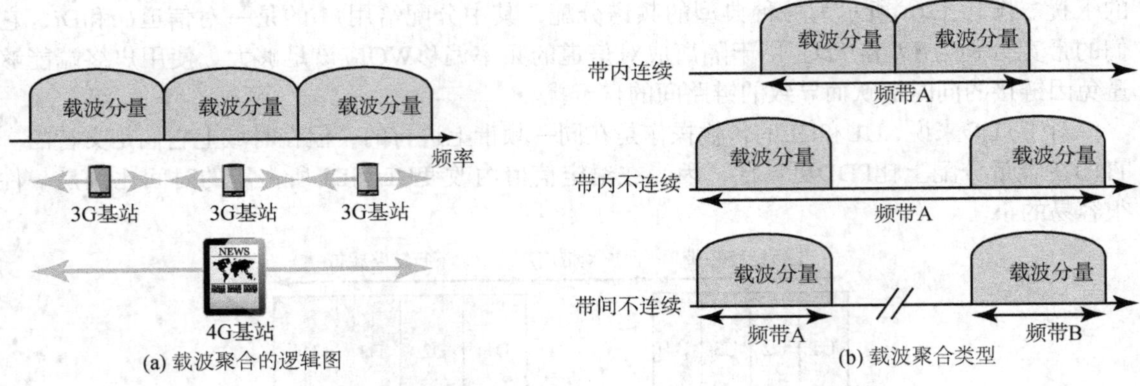

图10.13 载波聚合

10.4 推荐读物

[BERT94]和[ANDE95]对蜂窝无线传播效应做了指导性的全面介绍。[TANT98]中包括了大量与蜂窝网中的CDMA有关的重要文章的摘抄。[OJAN98]全面讨论了3G 系统中的主要技术因素。[ZENG00]对此也有很好的全面概述。

LTE-Advanced值得一读的介绍包括[FREN13]、[BAKE12]、[PARK11]和[GHOS10]。[CHAN06]探讨了4G网络中FDD和TDD的应用。[IWAM10]则概述了LTE-Advanced载波聚合。[BAI12]讨论的是LTE-Advanced调制解调器设计问题。

ANDE95 Anderson, J.; Rappaport, T.; and Yoshida, S. “Propagation Measurements and Models for Wireless Communications Channels.” *IEEE Communications Magazine*, January 1995.

BAI12 Bai, D., et al. “LTE-Advanced Modem Design: Challenges and Perspectives.” *IEEE Communications Magazine*, February 2012.

BAKE12 Baker, M. “From LTE-Advanced to the Future.” *IEEE Communications Magazine*, February 2012.

BERT94 Bertoni, H.; Honcharenko, W.; Maciel, L.; and Xia, H. “UHF Propagation Prediction for Wireless Personal Communications.” *Proceedings of the IEEE*, September 1994.

CHAN06 Chan, P., et al. “The Evolution Path of 4G Networks: FDD or TDD?” *IEEE Communications Magazine*, December 2006.

FREN13 Frenzel, L. “An Introduction to LTE-Advanced: The Real 4G.” *Electronic Design*, February 2013.

GHOS10 Ghosh, A., et al. “LTE-Advanced: Next-Generation Wireless Broadband Technology.” *IEEE Wireless Communications*, June 2010.

IWAM10 Iwamura, M., et al. “Carrier Aggregation Framework in 3GPP LTE-Advanced.” *IEEE Communications Magazine*, August 2010.

OJAN98 Ojanpera, T., and Prasad, G. “An Overview of Air Interface Multiple Access for IMT-2000/UMTS.” *IEEE Communications Magazine*, September 1998.

PARK11 Parkvall, S.; Furuskar, A.; and Dahlman, E. “Evolution of LTE toward IMT-Advanced.” *IEEE Communications Magazine*, February 2011.

TANT98 Tantaratana, S., and Ahmed, K., eds. *Wireless Applications of Spread Spectrum Systems: Selected Readings*. Piscataway, NJ: IEEE Press, 1998.

ZENG00 Zeng, M.; Annamalai, A.; and Bhargava, V. “Harmonization of Global Third-generation Mobile Systems.” *IEEE Communications Magazine*, December 2000.

10.5　关键术语、复习题及习题

关键术语

adaptive equalization　自适应均衡
base station　基站
cellular network　蜂窝网络
diffraction　衍射
donor eNodeB　施主NodeB
evolved packet core (EPC)　演进型分组核（EPC）
fast fading　快衰落
flat fading　平坦衰落
forward error correction　前向纠错
frequency diversity　频率分集
frequency reuse　频率重用
home subscriber server　归属用户服务器（HSS）
mobile radio　移动无线电
packet data network gateway　分组数据网络网关（PGW）
relaying　中继
scattering　散射
selective fading　选择性衰落
slow fading　慢衰落
third-generation network　第三代（3G）网络
Advanced Mobile Phone Service　高级移动电话服务（AMPS）
carrier aggregation　载波聚合
code division multiple access　码分多址（CDMA）
diversity　分集
evolved NodeB　演进型NodeB（eNodeB）
fading　衰落
femtocells　毫微微蜂窝
first-generation network　第一代（1G）网络
fourth-generation network　第四代（4G）网络
frequency-division duplex　频分双工（FDD）
handoff　切换
long-term evolution　长期演进（LTE）
mobility management entity　移动管理实体（MME）
reflection　反射
relay node　中继结点（RN）
reuse factor　重用系数
second-generation network　第二代（2G）网络
serving gateway　服务网关（SGW）
space diversity　空间分集
time-division duplex　时分双工（TDD）

复习题

10.1　蜂窝系统设计使用什么样的几何形状？
10.2　蜂窝网络中的频率重用原理是什么？
10.3　列出5种可以增加蜂窝系统容量的方法。
10.4　解释蜂窝系统中的寻呼功能。
10.5　什么是衰落？
10.6　衍射和散射之间的区别是什么？
10.7　快衰落和慢衰落之间的区别是什么？
10.8　平坦衰落和选择性衰落之间的区别是什么？
10.9　第一代和第二代蜂窝系统之间的主要区别是什么？
10.10　第三代蜂窝系统不同于第二代蜂窝系统的主要特点是什么？

习题

10.1　第一代AMPS系统使用K个频率的频率分配，且基本蜂窝模式为$N = 7$。每个蜂窝的最大频带数目是多少？
10.2　假设有4种不同的蜂窝系统都具有以下特点。它们的频带范围都一样，移动单元传输时为825 ~ 845 MHz，基站传输时为870 ~ 890 MHz。在每个方向都有由一条30 kHz信道组成的双工信道。这几个系统之间的不同之处在于频率重用系数，分别为4, 7, 12和19。

a. 假设在每个系统中，蜂窝簇(4, 7, 12, 19)都重复了16次。请指出每个系统能够支持的并发通信数量。

b. 指出在每个系统中，一个蜂窝能够支持的并发通信数量。

c. 每个系统的覆盖范围为多少，以蜂窝为单位。

d. 假设这4个系统的蜂窝尺寸都一样，且每个系统都有一片固定的区域被100个蜂窝所覆盖。指出每个系统能够支持的并发通信数量。

10.3 请用与图10.6相似的事件序列描述：

a. 从移动单元到固定用户的呼叫。

b. 从固定用户到移动单元的呼叫。

10.4 某模拟蜂窝系统的总带宽为33 MHz，利用两条25 kHz的单工（单向）信道来提供全双工的话音和控制信道。

a. 当重用系数分别为以下各值时，每个蜂窝可用的信道数量为多少？

(1) 4个蜂窝； (2) 7个蜂窝； (3) 12个蜂窝。

b. 假设控制信道的带宽为1 MHz，且每个蜂窝只有一个控制信道。为(a)部分的三个频率重用系数设计一个合理的控制信道和话音信道的分配方案。

10.5 某蜂窝系统使用的是FDMA，且每个方向分配的频谱宽度为12.5 MHz，位于频谱边缘的10 kHz 是防护频带，且一条信道的带宽为30 kHz。那么一共有多少条可用信道？

10.6 对于蜂窝系统来说，FDMA的频谱效率定义如下：

$$\eta_a = \frac{B_c N_T}{B_w}$$

其中，B_c = 信道带宽；B_w = 一个方向上的总带宽；N_T = 覆盖区域内的话音信道。请问η_a的上限是多少？

第四部分　局　域　网

第11章　局域网概述

学习目标

在学习了本章的内容之后，应当能够：

- 区分总线和星形拓扑结构；
- 解释IEEE 802.11参考模型；
- 概述逻辑链路控制；
- 了解网桥功能；
- 区分集线器和交换机；
- 概述虚拟局域网。

从本章开始讨论**局域网**（Local Area Network，LAN）。虽然广域网可以是公共的或专用的，但局域网通常属于某个组织，其目的是利用网络将设备互相连接起来。局域网比广域网的容量大得多，可以承载一般来说会很大的内部通信负载。

在这一章里，将考察局域网的底层技术和协议体系结构。第12章和第13章则专门讨论具体的局域网系统。

11.1　总线和星形拓扑结构

在讨论通信网络时，术语“拓扑”指的是端点或站点以何种方式与网络相连接以达到互连的目的。历史上局域网的几种常见拓扑结构是总线、树形、环形和星形（见图11.1）。在现代局域网中，以交换机为中心的星形拓扑结构占据了主导地位。简单考察总线拓扑结构的操作仍很有意义，因为它与无线局域网有一些共同特点，并且无线局域网接入协议的关键部分正是从总线局域网接入协议演变而来的。本节先描述总线拓扑结构，然后再介绍星形拓扑结构。

11.1.1　总线拓扑结构

在**总线拓扑结构**（bus topology）中，所有站点通过称为分接头的硬件接口直接连接到一个线性传输媒体上。在站点和分接头之间的全双工操作，使得数据能够在总线上发送和接收。来自任何站点的传输沿前后两个方向传遍整个媒体，并被所有其他站点接收。在总线的两端是端接器，它吸收所有信号并将之排出总线。

这种布局会带来两个问题。首先，由于所有其他站都可以接收到来自某个站点的传输，这就需要用某种方式指出到底要发给谁。其次，需要某种机制来调控传输。为了解其原因，假设两个站试图同时向总线发送，那么它们的信号将造成重叠而相互混淆。再或者假设某个站决定长时间地连续发送，也会带来问题。

为解决这些问题，各站点以称为帧的小型数据块的形式进行发送。每一帧由两部分组成，一部分是站点要发送的数据，另一部分是含有控制信息的帧头。总线上的每个站点都指派唯一的地址或标识，而终点地址就放在帧头中。

例11.1 图11.1描绘的就是这种机制。在这个示例中，站C要向站A发送一帧数据。其帧头包含站A的地址。当帧沿着总线传播时，它途经站B，站B审查其地址并忽略该帧。而当它途经站A时，站A审查发现该帧是发给自己的，于是将数据从该帧中复制下来。

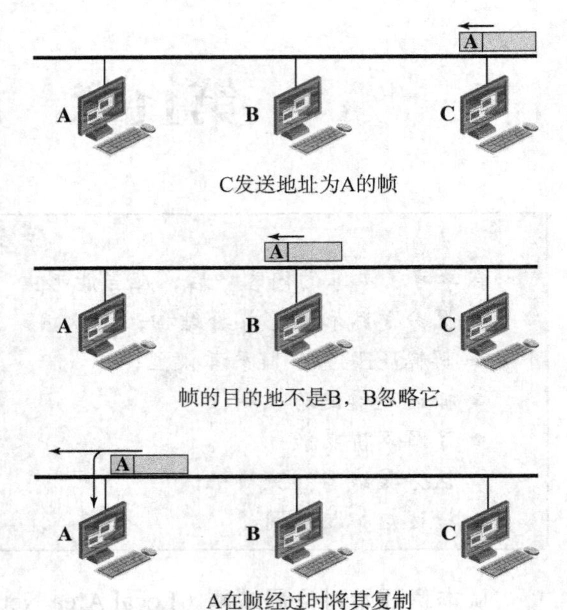

图11.1 总线局域网上的帧传输

看来采用帧结构就解决了上述第一个问题：提供了指示数据接收者的机制。同时它也提供了解决第二个问题的基本工具，即接入控制。具体地说，就是各站以某种合作的方式轮流发送帧。这种做法涉及在帧头中附加控制信息。关于这一点，稍后再讨论。

对总线结构来说，没有必要采取将帧从总线中删除的特殊操作。当传输信号到达媒体尽头时就被端接器吸收。

11.1.2 星形拓扑结构

在星形局域网的拓扑结构中，各站点直接连到一个公共的中心结点（见图11.2）。通常，各站点通过两条点对点链路连到一个中心结点，一条发送，一条接收。

一般情况下，中心结点的操作有两种选择。一种是中心结点以广播模式操作。从某站点发到中心结点的帧被转发到所有的出口链路上。在这种情况下，尽管物理上的拓扑布局是星形的，但在逻辑上是总线的：从任意站点发出的帧被其他所有站点接收，并且一次只有一个站点能够成功发送。此时的中心设备称为**集线器**（hub）。另一种方法是将中心结点用作一个帧交换设备。收到的帧先在结点内缓存，然后再转发到去终点站的链路上。我们将在11.4节中具体介绍这两种方式。

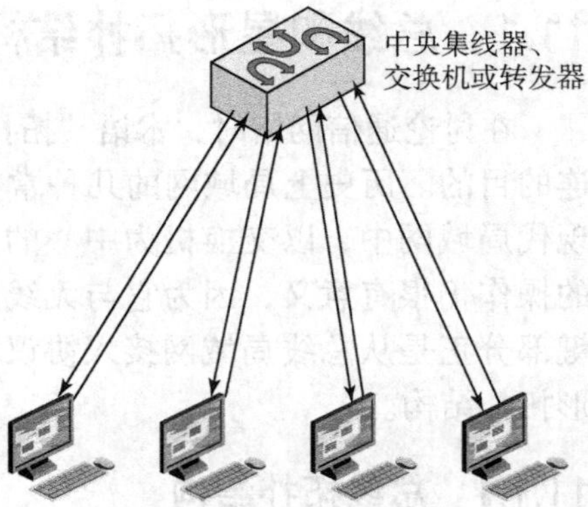

中央集线器、交换机或转发器

图11.2 星形拓扑结构

11.2 局域网协议体系结构

要了解局域网体系结构的最好办法是介绍组成局域网基本功能的各层协议。本节首先介绍局域网标准化的协议体系结构，包括物理层、媒体接入控制（MAC）和逻辑链路控制（LLC）层。本节要全面介绍的是MAC和LLC这两层。

11.2.1 IEEE 802 参考模型

为局域网（LAN）和城域网（MAN）的传输而专门定义的协议，着重强调与数据块在网络中的传输有关的内容。用OSI（开放系统互连）的话来说，高层协议（第三层或第四层以上）独立于网络体系结构，且对局域网、城域网和广域网同样适用。因此，对局域网协议的讨论就主要集中在OSI参考模型的低层上。

图11.3把局域网的协议与OSI体系结构加以比较。这个体系结构由IEEE 802局域网委员会[①]开发，并被所有开发局域网规约的机构采纳。通常它被称为IEEE 802参考模型。

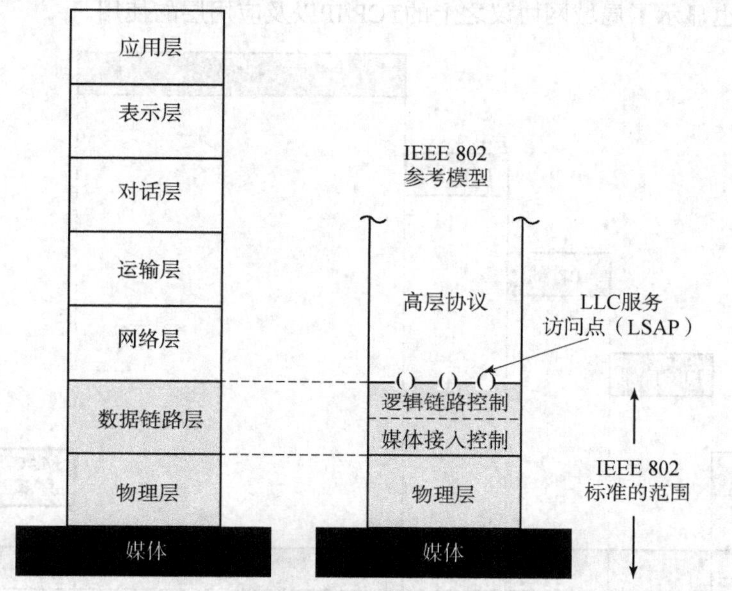

图11.3　IEEE 802协议层与OSI模型的对照

自底向上，IEEE 802参考模型最底层与OSI模型的**物理层**相对应，包含以下功能：

- 信号的编码/解码
- 前同步序列生成/去除（同步用）
- 比特传输/接收

除此之外，802模型的物理层中还包括了一个传输媒体和拓扑结构的规约。通常认为它们位于OSI模型最低层的“下面”。但是，在局域网设计中，传输媒体和拓扑结构的选择至关重要，因此模型将媒体的规约也包含进来。

物理层之上是与为局域网用户提供服务相关的如下功能。

- 在传输时，将数据和地址及差错检测字段组装成帧。
- 在接收时，分解帧，并执行地址识别和差错检测。
- 监管局域网传输媒体的接入。
- 向高层提供接口并执行流量控制和差错控制。

这些功能显然可与OSI第二层联系起来。上述最后一项的功能集合被划分成**逻辑链路控制**（LLC）层。而前三项的功能则作为另一个独立的层，称为**媒体接入控制**（MAC）。这样划分的原因在于：

① 这个委员会已经开发了各种类型局域网的相关标准。详情参见在线附录C。

- 对共享接入式媒体的接入管理需要一些逻辑，而它们在传统的第二层数据链路控制中是找不到的。
- 对于相同的LLC，可以提供几个不同的MAC选择。

图11.4所示为体系结构各层之间的关系（与图2.5相比）。高层数据向下传递到LLC，LLC添加控制信息作为首部，创建一个LLC协议数据单元（PDU）。这些控制信息在LLC协议操作过程中使用。然后整个LLC PDU向下传递到MAC层，MAC又在分组的前面和后面加上控制信息，形成一个MAC帧。同样，这个帧中的控制信息是MAC协议操作所需要的。为了说明整体关系，图中也显示了局域网协议之上的TCP/IP以及应用层的使用。

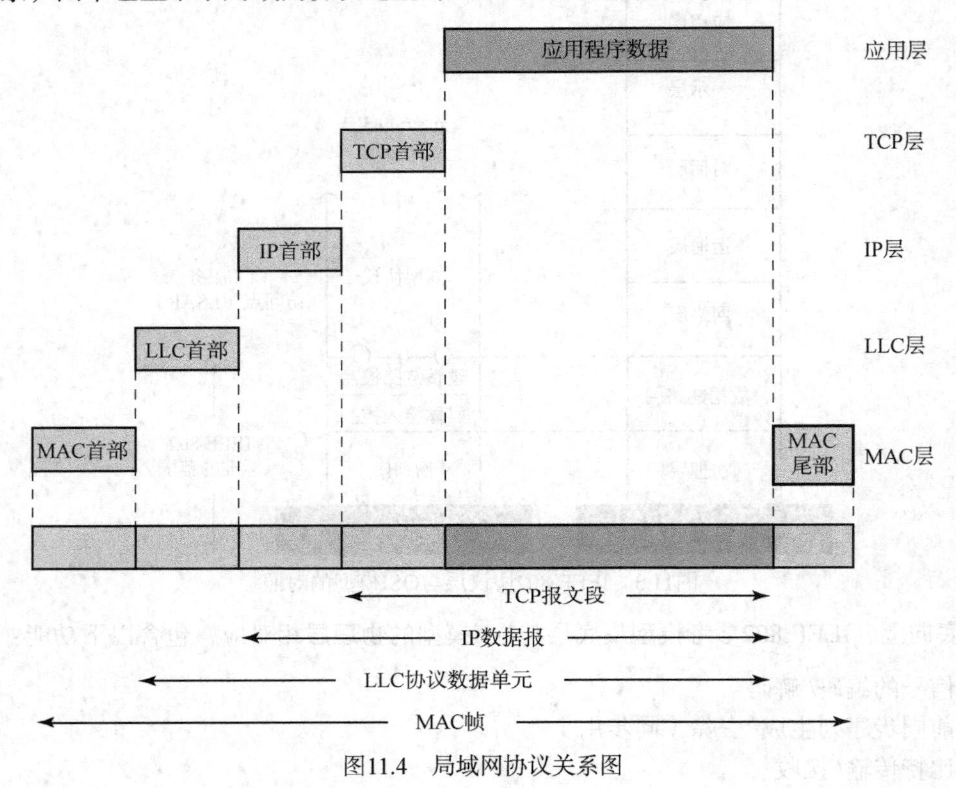

图11.4 局域网协议关系图

11.2.2 逻辑链路控制

局域网中的LLC层与其他通用的链路层在很多方面都很相似。与所有链路层类似，LLC负责在两个站点之间传输链路级协议数据单元，无须中间交换结点介入。LLC有以下两个不为大多数其他链路控制协议所共有的特点。

1. 它必须支持链路的多点接入和媒体共享这两个特色（它不同于多点线路，因为它没有主结点）。
2. MAC层承担了它在链路接入上的一些细节工作。

LLC的寻址包括指明LLC的源用户和目的用户。通常，用户是站点中的一个高层协议或网络管理函数。这些LLC用户地址称为服务访问点（SAP），它们与OSI关于协议层用户的概念相一致。

下面先看看LLC为高层用户提供的服务，之后再探讨LLC协议。

LLC 服务

LLC指明了在媒体上对站点的寻址以及控制两个用户间交换数据的机制。标准的操作和格式以HDLC（高级数据链路控制）为基础。以下3种服务模式可供使用LLC的网络设备进行选择。

- **不确认的无连接服务**　这种服务是一种数据报形式的服务。这是一种非常简单的服务，不包含任何流量控制和差错控制机制。因此，数据的传输就得不到保证。不过，对多数设备来说，应该会由软件的某个高层来负责可靠性问题。
- **连接模式服务**　该服务与HDLC提供的相类似。在两个要交换数据的用户之间建立逻辑连接，并提供流量控制和差错控制。
- **确认的无连接服务**　该服务介于前两者之间。它提供的服务要求确认所发送的数据报，但不事先建立逻辑连接。

通常，在用户购买系统时，运营商会根据客户的需要选择提供这些服务。客户也可以购买能提供两种或三种服务的系统，然后根据自己的应用需求选择使用其中一种服务。

不确认的无连接服务所需的逻辑最小，并适用于两种应用背景。首先，在大多数情况下，软件的上层提供了必要的可靠性和流量控制机制，这样可以避免重复，提高效率。例如，TCP提供了确认数据可靠交付的机制。其次，有些情况下建立和维护连接的额外开销是不必要的，甚至会起负面作用（例如定期对数据源采样的数据收集操作，如传感器和来自安全设备或网络部件的自动自检报告）。在监视性的应用中，偶尔丢失个别数据单元并无太大影响，因为下一报告将很快到达。因此，多数情况下，不确认的无连接服务是最好的选择。

连接方式服务可以用于像终端控制器这样的简单设备，此类设备具有很少的该层以上的操作软件。在这种情况下，有必要在该层提供本应由通信软件更高层提供的流量控制和可靠性保证机制。

带确认的无连接服务在某些场合非常有用。对于连接方式服务，逻辑链路控制软件必须为每个当前连接建立某种形式的表格并加以维护，以便记住连接状态。如果用户需要确保交付，而数据的终点又很多，那么连接方式服务可能因为要构造大量的表格而不太可行，比如一个控制进程或自动化工厂环境下的一个中央结点，都可能需要与大量的处理机和可编程控制器进行通信。另一个应用是传送某些非常重要且时间性也很强的信息或工厂中的应急控制信号，因为重要，所以要加以确认，以便发送方能确认信号已到达。因为紧急，所以用户不希望先花时间建立逻辑连接之后再发送数据。

LLC协议

基本的LLC协议以HDLC为蓝本，与HDLC具有一些相似的功能和格式。这两个协议之间的区别概括如下。

- LLC采取HDLC的异步平衡方式来支持连接方式的LLC服务，称为2类操作。其他HDLC方式都未采纳。
- LLC使用无编号的信息PDU来支持不确认的无连接服务，称为1类操作。
- LLC使用两个新的无编号PDU来支持带确认的无连接服务，称为3类操作。
- LLC允许通过使用LLC服务访问点（LSAP）达成复用。

所有这三种LLC协议都使用相同的PDU格式（见图11.5），它们都由4个字段组成。其中DSAP（目的服务访问点）和SSAP（源服务访问点）字段各含7比特地址，以指明源LLC用户和目的LLC用户。在DSAP中有1比特指出DSAP是单地址还是组地址的。在SSAP中有1比特指出PDU是命令PDU还是响应PDU。LLC控制字段的格式与HDLC（见图7.7）的相同，都采用扩展的（7比特）序号。

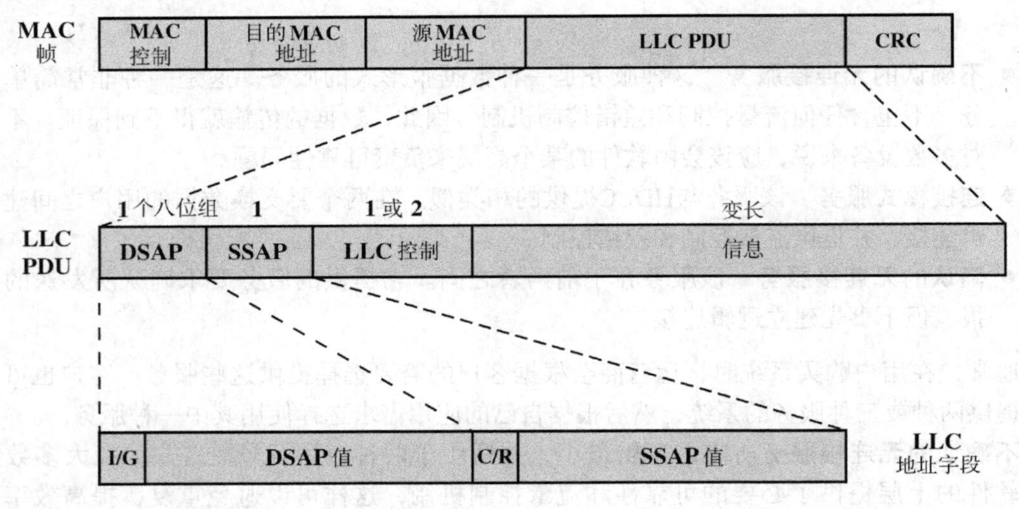

图11.5 LLC PDU的一般MAC帧格式

对支持不确认的无连接服务的**1类操作**而言，它采用无编号（UI）PDU来传输数据。没有确认、流量控制及差错控制。但是在MAC层有差错检测和丢弃功能。

另外两种PDU用来支持所有三类操作中的管理功能。这两种PDU都以下述方式使用。LLC实体可能会发出命令XID（C/R比特置0）或TEST。收方LLC实体则发出相应的XID或TEST响应。其中XID PDU用于交换两类信息：支持的操作类型和窗口的大小。TEST PDU则用于在两个LLC实体间的传输路径上进行回路反馈测试。一旦收到TEST命令PDU，目的LLC实体将尽可能快地发出TEST响应PDU。

对**2类操作**来说，在数据交换之前在两个LLC服务访问点之间建立一条数据链路连接。2类协议在响应来自用户的请求时尝试建立连接。LLC实体发出SABME PDU[①]，以请求与另一个LLC实体建立逻辑连接。如果目的服务访问点（DSAP）字段指定的LLC用户接受该连接，则目的LLC实体就会返回一个无编号确认（UA）PDU。此后，该连接就由这一对用户的SAP唯一标识。如果目的LLC用户拒绝该连接请求，那么它的LLC实体返回断连方式（DM）PDU。

一旦建立了连接，数据就像在HDLC中那样，用信息PDU进行交换。信息PDU包括发送和接收序号，以便排序和进行流量控制。监督PDU用于流量控制和差错控制，也像在HDLC中一样。任何LLC实体都能通过返回一个断连（DISC）PDU来结束逻辑LLC连接。

对3类操作来说，每个传输的PDU都要被确认。这里定义了一种新的（在HDLC中没有）无编号PDU，称为确认的无连接（AC）信息PDU。用户数据在AC命令PDU中发送，并且必须以一个AC响应PDU来确认。为了保证不丢失PDU，使用一个1比特的序号。发送方在AC命令PDU中交替使该比特为0和1，接收方则在返回AC响应PDU中，将该比特置为与对应的AC命令PDU中该比特相反的值。任意时刻在每个传输方向上只有一个未确认的PDU。

① SABME 代表设置扩展的异步平衡方式（Set Asynchronous Balanced Mode Extended）。它在HDLC中用来选择异步平衡方式和选择扩展的7 比特序号。异步平衡方式（ABM）和7比特序号在2类操作中都是强制要求。

11.2.3　媒体接入控制

由于所有的局域网和城域网都是由必须共享网络传输带宽的设备集合组成的，所以需要一些对传输媒体接入进行控制的手段，以保证有序且有效地使用网络传输带宽。这就是媒体接入控制（MAC）协议的功能。

在所有媒体接入控制技术中，最关键的参数都是“在哪里”和“怎么做”。“在哪里”指的是以集中式还是分布式方式进行控制。在集中式机制中，有一个控制器被指定为有授权网络接入的权力。想要发送的站点必须一直等到它收到该控制器发来的许可。在分布式网络中，由所有站点共同执行媒体接入控制功能，动态地决定站点发送的顺序。集中式机制具有某些优点，包括：

- 通过提供如优先级、取代以及保证容量的功能，可以支持更好地对接入进行控制。
- 能够让各站点使用相对简单的接入逻辑。
- 避免在对等实体之间分布式合作的问题。

集中式机制的主要缺点在于：

- 产生单点故障问题。也就是说，网络中存在某个点，一旦这个点出现故障，将导致整个网络故障。
- 它可能成为瓶颈，降低性能。

分布式机制的优缺点与集中式的优缺点正好相反。

第二个参数“怎么做”受到拓扑结构的限制，并且是几个竞争因素，如价格、性能以及复杂性之间的权衡。一般情况下，可以把接入控制技术分成同步和异步两大类。在同步技术中，对每条连接都指定了具体的带宽。这与电路交换的频分复用（FDM）以及同步时分复用（TDM）采用的是同一种方法。这种技术通常对局域网和城域网来说并不好用，因为站点的需求是无法预测的。人们通常更愿意采用能够以异步（动态）方式分配带宽的技术，它多少会对即时需求做出响应。异步方法可以进一步划分成3类：循环、预约和争用。

循环

在循环方式中，每个站轮流有发送机会。在轮到某个站发送时，它可以不发送，也可以发送事先规定的最大上限，最大上限通常用最大数据传输量或一次发送时间来表示。不管怎样，一旦该站点完成当前一轮的发送，就取消自己的发送资格，而把发送权传递到逻辑序列上的下一个站。发送次序的控制既可以是集中式的，也可以是分布式的。轮询法就是一个典型的集中式控制技术。

当很多站都有数据，且需要发送一段时间时，循环发送技术就很有效。但当只有少数站需要持续一段时间发送数据时，站间的循环则会造成相当大的额外开销，这是因为多数站将不发送任何数据，而只是纯粹地传递它们的发送权。在这种情况下，应用其他技术可能更有效，这就要取决于数据通信量的特性是以流为主还是以突发为主。流通信量是以长而持续的传输为特征的，如话音通信、远距离测量和大批文件传输。突发通信则是以短的、零星的传输为特征的，如交互式的终端与主机之间的通信量就属于此种情况。

预约

预约技术很适用于流通信。一般情况下，采用类似于同步时分复用的方法，把占用媒体的时间细分成时隙。想发送数据的站先要预约一段时间的或者是无限期的未来时隙。同样，预约控制既可以是集中式的，也可以是分布式的。

争用

争用技术通常适用于突发通信。在争用方式下，没有任何控制机制来决定该轮到谁了，而是让所有站点以一种可以说是粗暴混乱的方式争用媒体时间（正如将会看到的）。这种技术从其本质上讲肯定是分布式的。其主要优点在于实现简单，在负荷不大的情况下效率很高。

但是在负荷很重的情况下，某些此类技术可能会导致崩溃。虽然目前集中式和分布式的预约技术都出现在一些局域网产品中，但循环和争用技术是最为普遍采用的。

MAC帧格式

MAC层接收来自LLC层的数据块，负责执行与媒体接入和数据发送相关的功能。与其他协议层类似，MAC利用这一层的协议数据单元来实现这些功能。在这里，协议数据单元称为MAC帧。

对各种现行的MAC协议来说，它们的MAC帧格式并不完全相同。但基本上所有MAC帧格式都类似于图11.5 所示的帧格式。帧的各字段组成如下。

- **MAC控制**　该字段包含执行MAC协议功能所需的任意协议控制信息。例如，可以在这里确定优先级。
- **目的MAC地址**　该帧在局域网中的目的物理连接点。
- **源MAC地址**　该帧在局域网中的源物理连接点。
- **LLC**　来自上一层的LLC数据。
- **CRC**　即循环冗余检验字段（也称帧检验序列，FCS，字段）。它是一种差错检测代码，与我们在HDLC及其他数据链路控制协议（见第7章）中看到的相同。

在大多数数据链路协议中，数据链路协议实体不仅要负责用CRC检测误码，还要负责为消除差错而重传那些受损伤的帧。而在局域网协议体系结构中，这两项功能分别在MAC和LLC层完成。其中MAC层负责差错检测并丢弃出错的帧。而LLC层有选项可做到跟踪那些被正确接收的帧，并重传未正确接收的帧。

11.3　网桥

实际上，在任何情况下，网络都需要打破一个局域网的限制，需要提供到其他局域网和广域网的互连。实现这个目标有两种常用方法：网桥和路由器。**网桥**是这两种设备中较简单的一种，它提供了相似局域网之间互连的手段。路由器则是更通用的设备，能够实现多种不同的局域网和广域网之间的互连。这一节将介绍网桥，第五部分将考察路由器。

网桥被设计用于采用相同物理层和链路层协议的局域网之间（如都遵守IEEE 802.3的局域网）。因为这些设备都使用相同的协议，所以网桥需要完成的处理工作量不大。比较复杂的网桥可以做到从一种MAC格式到另一种格式的映射（如一个以太网和一个令牌环局域网之间的互连）。

由于网桥应用于具有相同特性的一组局域网的环境下，读者可能会问为什么不能简单地使用一个大的局域网。根据应用环境的不同，下面几个原因促使我们使用网桥来连接多个局域网。

- **可靠性**　将一个组织内部的所有数据处理设备都连接在一个网络中，所存在的危险在于：网络某个地方的故障可能导致所有设备无法通信。通过使用网桥，可以将网络分割成自包容的单元。

- **性能**　总的来说，局域网的性能将随着网络设备数目的增加或者传输媒体长度的增加而降低。如果能够将设备划分到较小的局域网中，并且使这些局域网的网内通信量大大超过网间通信量，使用多个这样的小型局域网就能提高它们的网络性能。
- **安全性**　建立多个局域网可以提高通信的安全性。我们希望具有不同安全要求的各种通信量类型在物理上使用独立媒体（如会计、人事、战略规划等）。同时，具有不同安全级别的用户也需要在某种监控机制的指导下实现通信。
- **地理位置**　很明显，如果设备分布在两个相距很远的位置上，则需要两个独立的局域网。即使在两栋大楼被高速公路隔开的情况下，采用微波网桥链路也要比试图用同轴电缆在两栋大楼之间连接起来方便得多。

11.3.1　网桥的功能

例11.2　图11.6说明了把两个使用相同MAC协议的局域网A和B连接起来的网桥的工作原理。在这个例子中，有一个网桥连接到两个局域网上。通常，网桥的功能由两个“半网桥”完成，每个局域网一半。网桥的功能少而且简单，如下所示。

- 读取局域网A上传输的所有帧，并接受站点地址在局域网B上的帧。
- 对局域网B使用媒体接入控制协议，在B上重传每个帧。
- 对从B到A的通信量采取相同的动作。

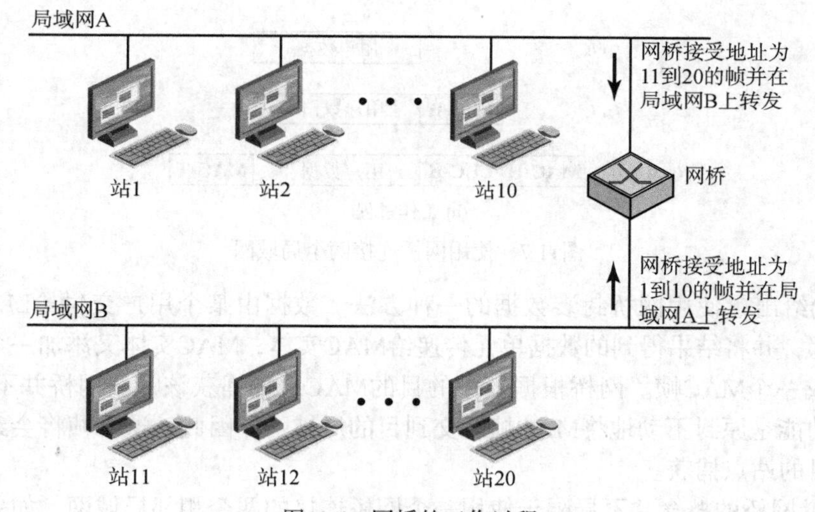

图11.6　网桥的工作过程

关于网桥的设计有以下几点需要强调。

- 网桥不更改它收到的帧的内容和格式，也不在帧的外部添加额外的首部。每一个要传输的帧只是简单地从一个网络中复制出来，并原封不动地传送到另一个局域网上。由于两个局域网使用同样的局域网协议，所以这样做没有问题。
- 网桥应该具有足够的缓存空间以满足峰值需要。在某段较短的时间内，帧到达的速率可能会比重传这些帧的速率高。
- 网桥必须具有寻址能力和路由选择智能。至少，网桥必须知道每个网络上有哪些地址，以明确它要传送哪些帧。更进一步，可能有两个以上的局域网通过多个网桥连接。在这种情况下，一个帧可能需要在源点和终点之间选择路由经过多个网桥。
- 一个网桥可以连接两个以上的局域网。

总而言之，网桥提供了一种扩展局域网的手段，它不需要更改与局域网相连的站点的通信软件。从两个（或者更多）局域网上的每个站点的角度来看，只存在一个局域网，且每个站点在这个局域网上都有唯一的地址。站点通信时使用的是这个唯一地址，而不必明确区分目的站点是在本局域网上，还是在另一个局域网上。这项工作是由网桥来完成的。

11.3.2 网桥协议体系结构

IEEE 802.1D规约定义了MAC网桥的协议体系结构。在802体系结构里，端点或站点的地址在MAC层指定。因此，网桥工作在MAC层。图11.7中给出了最简单的情况，两个局域网通过一个网桥连接。这两个局域网都使用同样的MAC层和LLC协议。网桥的工作方式与前面介绍的一样。一个目的地不在本局域网内的MAC帧被网桥捕获，经过暂时缓存后在另一个局域网上传输。在LLC层看来，两个端点设备的对等LLC实体之间有一个对话过程。网桥不需要包含LLC层，因为它只是中转一下MAC帧。

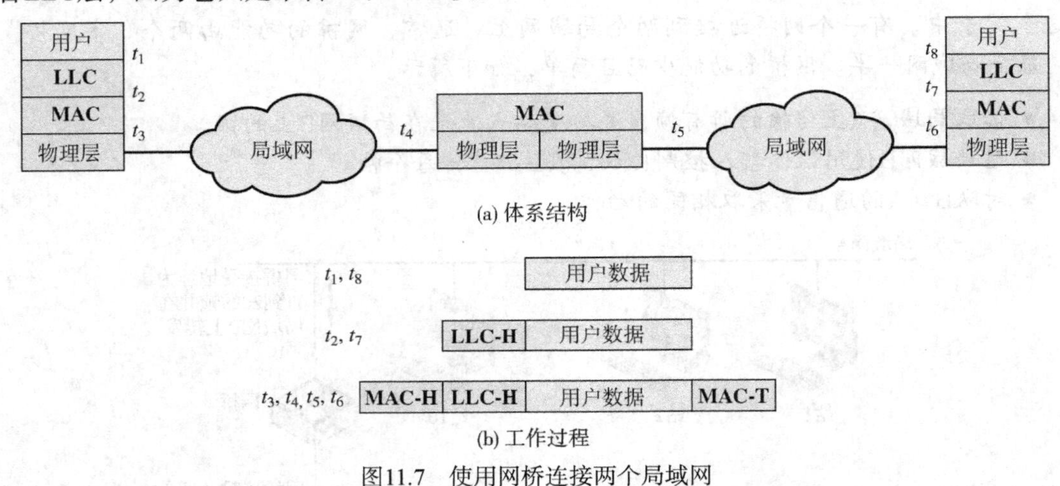

图11.7 使用网桥连接两个局域网

图11.7(b)给出了使用网桥封装数据的一种方法。数据由某个用户交付给LLC。LLC实体添加一个首部，并将结果得到的数据单元传递给MAC实体，MAC实体又添加一个首部和一个尾部，以形成一个MAC帧。网桥根据帧中的目的MAC地址捕获该帧。网桥并不会剥去MAC字段，它的功能是原封不动地将MAC帧转交到目的局域网。因此，这个帧将会到达目的局域网，并由其目的站点捕获。

MAC中继网桥的概念并不局限于使用一个网桥连接的两个相邻局域网。如果局域网之间距离比较远，那么它们可以与两个网桥连接，而这两个网桥又可以通过其他通信设施连接。中间通信设施可以是一个网络（如广域分组交换网），或者是点对点链路。在此类情况下，当网桥捕获到MAC帧时，它必须适当地封装该帧，然后通过通信设施把它发送给目的网桥。目的网桥剥去附加的字段，并将原始的、未经修改的MAC帧传送到终点。

11.3.3 固定路由选择

目前，在机构组织内部有利用网桥将越来越多的局域网互连的趋势。随着局域网数量的增加，为了平衡负载以及在发生故障时能重新配置网络，在局域网之间利用网桥来提供可选路径就显得非常重要。因而，许多机构都会发现，仅仅用预先定义好的静态路由表并不合适，还需要一些动态的路由选择。

例11.3 设想图11.8中的配置。假设局域网A上的站点1发送了一个目的地为站点6的帧。该帧将同时被网桥101、102和107发现。对这三个网桥来说，目的地址并不在其所连接的局域网上。因此，它们必须判断是否应该在其所连接的另一个局域网上重传该帧，以便让这个帧朝着目的地方向传递。在本例中，网桥102应该在局域网C上重传该帧，而网桥101和107应该避免重传该帧。一旦MAC帧在局域网C上传递，它会被网桥105和106同时捕获。同样，这两个网桥必须决定是否转发该帧。在这个例子里，应该由网桥105将帧发送到局域网F上，局域网F上的站点6 将会接收该帧。

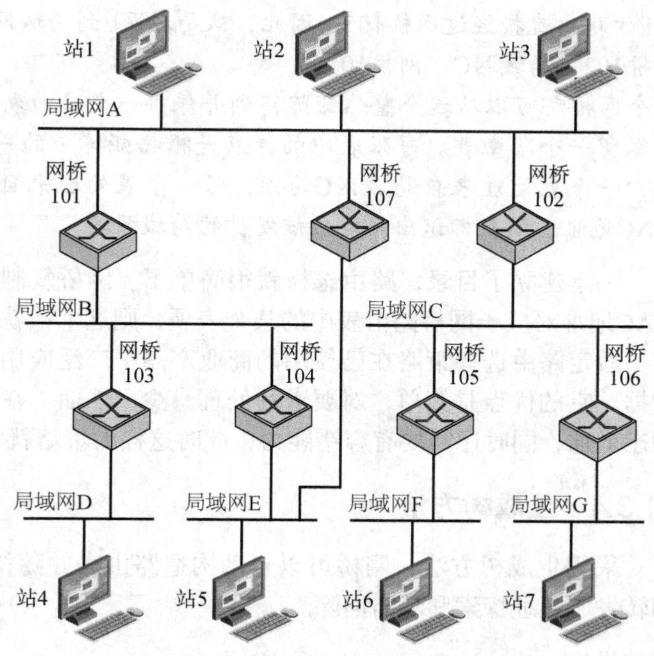

图11.8 有备选路由的网桥和局域网配置

因此，总的来说我们认为网桥必须具备路由选择的能力。当网桥收到一个帧时，它必须决定是否转发它。如果网桥连接了两个或更多的网络，那么它必须决定是否转发，如果进行转发，就还要决定应该发往哪个局域网。

路由选择判决并不总是很简单。图11.8还显示出在局域网A与局域网E之间有两条路由。这种冗余可以提高整个互联网络的可通率，增加负载平衡的概率。在这种情况下，如果局域网A上的站点1打算向局域网E上的站点5发送一个帧，则网桥101和网桥107都可以转发该帧。由网桥107来转发此帧应该比较合适，因为它只需要一跳，而如果这个帧经过网桥101传输，它必须要经历两跳。另外一个考虑是配置可能会发生某种变化。例如，网桥107发生故障，在这种情况下从站点1到站点5的帧应该经过网桥101。因此可以说，网桥的路由选择功能必须考虑互联网络的配置拓扑，并可能需要动态地变化。

最近几年提出并实现了许多种路由选择策略。最简单和最常用的策略就是**固定路由选择**。该策略适用于网络连接关系相对固定的小型互联网。最近，IEEE 802工作组的两个小组已经制定出路由选择策略的规范。IEEE 802.1小组发布了基于**生成树**（spanning tree）算法的路由选择标准。令牌环工作组，IEEE 802.5，也发布了其规范，称为**源站路由**（source routing）。本节后面将研究固定路由选择和生成树算法，这两种是最常用的网桥路由选择算法。

对于固定路由选择，在配置中每对源点-终点之间都有一条选定的路由。如果两个局域网之间还有其他可选路由，那么正常情况下会选择最少跳数的路由。这些路由都是固定的，或者至少只有在互联网络拓扑发生变化时才会改动。

为网桥设计固定路由选择配置方案的策略与分组交换网络中使用的类似。创建一个中央路由选择矩阵，它可能存储在某个网络控制中心。矩阵显示了局域网上的每一对源点-终点以及它所对应路由的第一个网桥的标识。

例11.4 从局域网E到局域网F的路由要从经过网桥107到达局域网A开始。同时，从矩阵上还可以看到，从局域网A到局域网F的路由需经过网桥102到局域网C。最后，从局域网C到局域网F的路由直接经过网桥105。因此，从局域网E到局域网F的完整路由是网桥107、局域网A、网桥102、局域网C、网桥105。

每个网桥都可以从这个整体矩阵得到并保存一个路由表。各网桥只需为它所连接的每个局域网保留一个路由表。每张表中的信息是根据矩阵中的一行信息得到的。例如网桥105有两个表，一个表处理来自局域网C的帧，另一个表处理来自局域网F的帧。对每一个可能的目的MAC地址，该表标识出网桥应该发往的局域网。

一旦建立了目录，路由选择就很简单了。网桥复制所有来自相连局域网的帧，如果目的MAC地址对应于网桥路由表中的某个表项，则这个帧就被转发到相应的局域网。

固定路由选择策略在已使用的商业产品中广泛应用。它需要网络管理员人工装载路由表数据。它的优点是简单，对要求的处理最少。然而，在一个复杂的互联网络里，网桥可能会动态增加，同时还需要有容错能力，此时这样的策略就太受限制了。

11.3.4　生成树方法

采用生成树方法，网桥可以自动构造路由表并随拓扑变化而更新。算法包含3个机制：帧转发、地址探索和环路消除。

帧转发

在这种机制中，网桥需要为连接到局域网的每个端口维护一个**转发数据库**。数据库指出应该通过该端口转发的帧的站点地址。我们可以这样理解，为每个端口维护一个站点列表，如果某个站点与该端口在网桥的“同侧”，它就出现在列表中。例如，对图11.9的网桥102来说，局域网C、F、G上的站点都与局域网C的端口在该网桥的同一侧；而局域网A、B、D、E上的站点则与局域网A的端口在该网桥的同一侧。当任何一个端口收到帧时，网桥必须决定该帧是否要通过网桥并从其另一端口转发出去。假设一个网桥从端口x处收到一个MAC帧，它将遵循下述规则。

1. 检查转发数据库并判断该MAC地址除了端口x之外是否也在其他端口的列表中。
2. 如果未找到目的MAC地址，则将该帧从除了它所到达端口之外的所有端口转发出去。这是地址探索过程中的一部分，稍后再介绍。
3. 如果发现转发数据库的某个端口y的列表中有该目的地址，就判断端口y是处于阻塞状态还是转发状态。在后面将会解释，端口有时可能会被阻塞，也就是不允许它发送或接收帧。
4. 如果端口y没有被阻塞，则该帧通过端口y转发到其所连接的局域网上。

地址探索

上述机制的前提是网桥已经有了一个转发数据库来指示从网桥到每个目的站点的传播方向。该信息可以像固定路由选择一样，预先装入网桥内。然而，还需要一种能够自动有效地发现每个站点方向的机制。获取该信息的简单策略是利用每个MAC帧的源地址字段。

该策略是这样的：当一个帧到达特定端口时，它肯定是从入口局域网方向进来的。帧的源地址字段指示出源站点。因此，网桥可以根据每个收到的帧的源地址字段，在转发数据库里更新该端口的信息。为了允许拓扑变更，数据库中每个元素都设置了一个计时器。当新元素添加到数据库中，计时器置位。如果计时器超时，则该元素从数据库中删除，因为其对应的方位信息可能不再有效。每次收到一个帧，它的源地址将和数据库中的进行对比。如果该元素已经在数据库里了，则该条目将被更新（方向可能已经变了），计时器将复位。如果该元素不在数据库内，则建立一个新的表项，同时还会设置一个对应的计时器。

生成树算法

上面讨论的地址学习机制对于树形结构的互联网络拓扑很有效。也就是说，在网络里没有另外的可选路由存在。存在另外的可选路由意味着存在闭合环路。例如在图11.8 中存在一个闭合环路：局域网A、网桥101、局域网 B、网桥104、局域网 E、网桥107、局域网 A。

要了解闭合环路带来的问题，可考虑图11.9。在t_0时刻，站点A发送一个目的地址为站点B的帧。该帧被两个网桥所捕获。这两个网桥都要更新自己的数据库，指示站点A在局域网X的方向上，并将帧传送到局域网Y上。假设网桥α在t_1时刻继续传送该帧，而网桥β在稍晚的t_2时刻发送。因此B将收到帧的两个副本。更进一步，每个网桥都会收到另一个网桥在局域网Y上传输的帧。注意，每次传输的都是同一个源地址为A、目的地址为B的MAC帧。于是每个网桥都会更新自己的数据库，指示站点A在局域网Y的方向上。结果是没有一个网桥能够正确地将目的地址为站点A的帧发送给A。

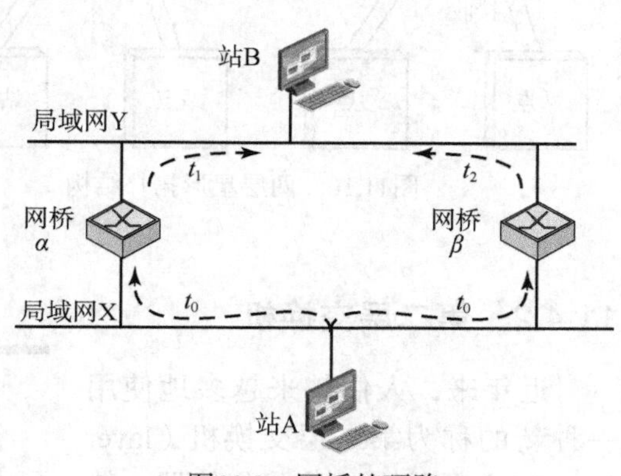

图11.9　网桥的环路

为了解决上述问题，可以使用图论的一个简单结论：对任何包含结点以及连接结点的边的连接图，都有一些可以构成一个生成树的边，能够保持图的连通性但并不包含闭合环路。用互联网的术语来说，每一个局域网对应图的一个结点，而每个网桥则对应图的一条边。因此，在图11.8 中，挪走网桥107、101或者104中的一个（且只有一个），就可以形成一个生成树。我们期望的是设计一种简单的算法，让互联网络的网桥可以交换足够的信息，然后由算法自动（没有用户干预）生成一个生成树。算法必须是动态的。也就是说，当拓扑发生变化时，网桥必须发现这一事实并自动生成一个新的生成树。

IEEE 802.1开发的生成树算法，正像它的名字所表明的，能够生成这样的生成树。唯一的要求是给每个网桥分配一个唯一的标识符，并给每个网桥端口赋一个代价值。如果没有任何特殊考虑，每个端口的代价都相等，这就会产生最小跳数的生成树。算法包括在所有网桥之间进行简单的消息交换，以寻找到最小代价生成树。一旦拓扑出现变化，网桥就会自动重新计算生成树。

有关生成树算法的更多信息可参阅在线附录J。

11.4　集线器和交换机

近年来出现了很多种类超出了11.3节讨论的网桥范围，以及第五部分讨论的路由器范围的局域网互连设备。为方便起见，把这些设备分成集线器和交换机两大类。

11.4.1　集线器

早些时候，在论及星形拓扑的局域网时用到了术语“集线器”。集线器是星形布局中活跃的中心元素。每个站点都通过两条线路（发送和接收）连接到集线器上。集线器的功能相当于一个转发器：当某个站点发送时，集线器在到每个站点的出口线路上复制该信号。一般情况下，该线路由两条非屏蔽双绞线构成。由于数据率高而非屏蔽双绞线的传输质量很差，所以线路的长度被限制在100 m 左右。使用光纤链路也是一种选择，此时它的最大长度约为500 m。

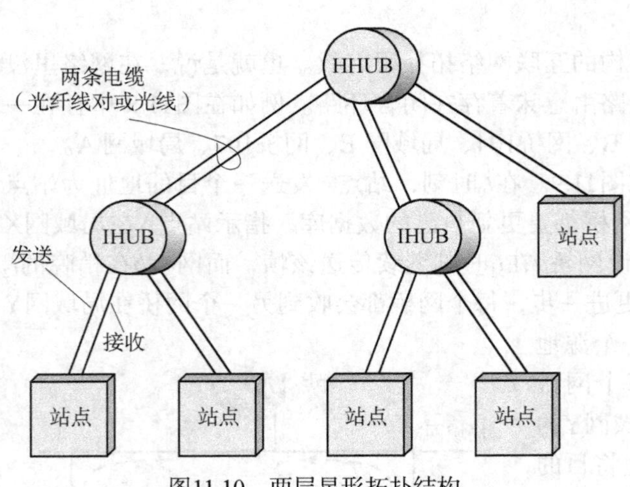

图11.10　两层星形拓扑结构

注意，虽然这种机制在物理上是星形的，但是从逻辑上看却是总线形的：来自任意站点的传输被其他所有站点接收。如果两个站点同时发送就会冲突。

多级集线器可以用层次化的配置进行级联。图11.10所示为两层配置。图中有一个**首位集线器**（HHUB）和一个或多个**中间集线器**（IHUB）。各集线器所连接的既可以是站点，也可以是其他的下层集线器。这个布局很适合实际建筑物的内部布线。通常，办公楼的每一层都有一个配线箱，而集线器就可以在每个配线箱里放一个。每个集线器能够为它所在的楼层提供服务。

11.4.2　第二层交换机

近年来，人们越来越多地使用一种新的称为第二层交换机（layer 2 switch）的设备来取代集线器，特别是在高速局域网环境下。第二层交换机有时也称为交换集线器。

为了明确集线器和交换机之间的区别，图11.11(a)描绘了一个典型的10 Mbps传统局域网的总线布局。总线在安装时的走线要做到：让所有与总线相连的设备的位置就在接入点的附近。在图中，站点B正在发送。传输从B出发，途经从B到总线的导线，沿着两个方向在总线传播，再沿其他各相连站点的接入导线到达其他站点。在这种配置中，所有站点必须共享总线的总容量，也就是10 Mbps。

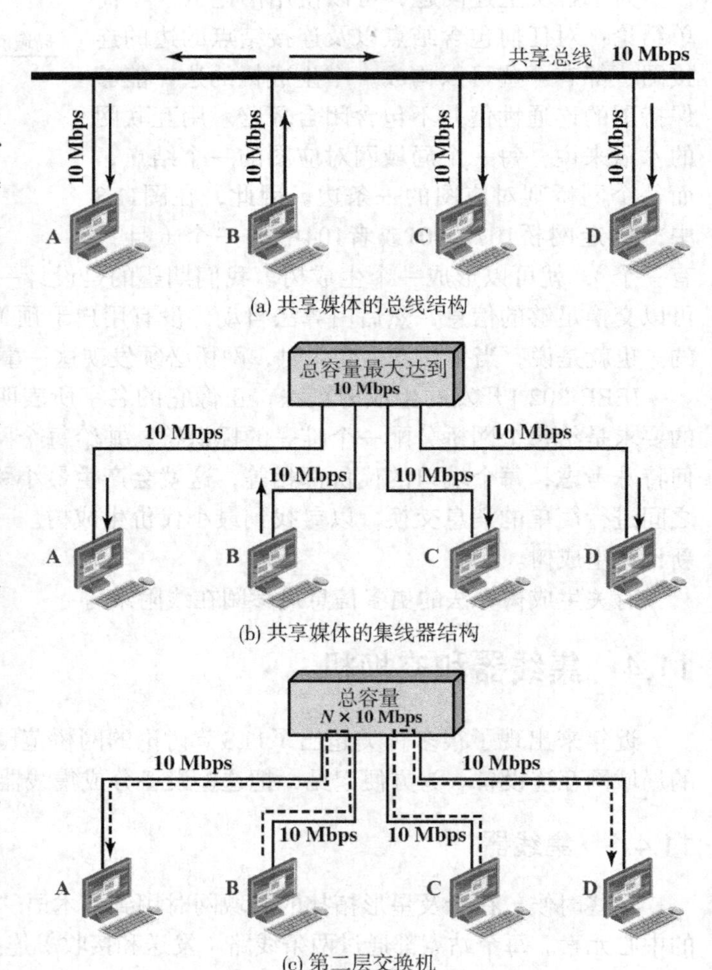

图11.11　局域网的集线器和交换机

集线器（通常位于建筑物的配线箱里）采用星形布局将站点与集线器相连。在这种布局中，来自任何站点的传输都会由集线器接收，然后在集线器的所有外出线路上重传。因此为了避免冲突，一次只允许一个站点发送。同样，局域网的总容量也是10 Mbps。集线器与简单的总线布局相比有几个优点。它利用了标准建筑物中布好的电缆作为实际的线路。另外，可以对集线器进行设置，使它能够识别因故障而造成网络堵塞的站点，并将该站点剔出网络。图11.11(b)所示的是集线器的工作过程。同样，站点B正在发送。传输从B出发，途经从B到集线器的发送线路，然后从集线器出来，沿其他各相连站点的接收线路到达其他站点。

可以通过使用第二层交换机获得更高的性能。在这种情况下，中央集线器起交换机的作用，就像分组交换机或电路交换机。在第二层交换机中，来自某个站点的入口帧被交换到适当的出口线路上，然后交付到预期的目的站点。与此同时，其他未使用的线路可用于交换其他通信量。在图11.11(c)所示的例子中，站点B正在向A发送一个帧，同时C正在向D发送一个帧。因此在这个例子中，虽然每个设备的吞吐量上限为10 Mbps，但该局域网的当前吞吐量为20 Mbps。第二层交换机有以下一些引人注目的优势。

1. 从总线形局域网或集线器局域网转变为交换局域网时，连接设备在软件或硬件上不需要做任何修改。如果原来是以太局域网，那么各连接设备继续使用以太网媒体接入控制协议来接入局域网。从连接设备的角度来看，接入逻辑没有任何改变。
2. 每个连接设备都有相当于原来整个局域网的容量的专用容量，只要第二层交换机有足够的容量为所有连接设备服务。例如，在图11.11(c)中，如果第二层交换机能维持20 Mbps的吞吐量，则每个连接设备好像都具有10 Mbps的专用容量用于输入或输出。
3. 第二层交换机扩容简单。只要相应地增加第二层交换机的容量，就能将更多的设备连接到第二层交换机上。

目前市场上有如下两种类型的第二层交换机。

- **存储转发交换机**　这种第二层交换机从输入线路上接收帧，先缓存一下，然后再通过路由选择将其发到适当的输出线路上。
- **直通式交换机**　这种第二层交换机利用了这样一个事实，目的地址总是出现在MAC（媒体接入控制）帧的最前面。一旦第二层交换机识别出目的地址，它就将收到的帧转发到适当的输出线路上。

直通式交换机能够取得最大可能的吞吐量，但有些冒险，它可能会传播损坏的帧，因为交换机在重传之前无法做CRC检查。存储转发交换机会在发送方和接收方之间引起一些延迟，但它增进了网络的整体一致性。

第二层交换机可被视为集线器的全双工版本。它也可以合并一些逻辑以用作多端口网桥。下面列出了第二层交换机与网桥之间的区别。

- 网桥对帧的处理是由软件完成的。第二层交换机用硬件执行地址识别和帧转发功能。
- 通常网桥一次只能分析和转发一个帧，而第二层交换机则具有多条并行的数据通道，一次能同时处理多个帧。
- 网桥采用了存储转发操作。而使用第二层交换机时，除了存储转发操作之外，还有直通式的操作。

由于第二层交换机具有较高的性能，并且能够结合网桥的功能，因此网桥的商业前景受到严重影响。通常，目前流行的网络安装包含具有网桥功能的第二层交换机，而不是网桥。

11.5 虚拟局域网

图11.12描述了一个较为常见的分级局域网配置。在这个例子中，局域网上的设备被划分为4个组，每组由一台局域网交换机负责。下侧的3个组可能对应不同的部门，它们在物理位置上是相互分开的，上侧的1个组对应于中心服务器集群，由所有部门共同使用。

设想一个来自工作站X的MAC帧的传输过程。假设这个帧的MAC目的地址（见图11.5）是工作站Y。该帧从X发送到本地交换机，然后被转发到通往Y的链路。如果X发送目的地址为Z 或W的帧，那么它的本地交换机将会为这个MAC 帧选择路由，使其通过适当的交换机到达目的终点。所有这些例子都是**单播寻址**（unicast adressing），即MAC帧中的目的地址指向唯一的终点。MAC帧也可以包含一个**广播地址**（broadcast address），即这个MAC目的地址的含义是该局域网中的所有设备都应当接收到该帧的副本。因此，如果X发送含有广播目的地址的帧，那么图11.12中所有交换机连接的所有设备都要接收该帧的一个副本。彼此能够接收广播帧的所有设备的集合称为一个**广播域**（broadcast domain）。

在很多情况下，广播帧被用于某种只在本地具有相对意义的信息，如网络管理或传输某些类型的告警信息。因此，如图11.12所示，倘若一个广播帧所包含的信息仅对某个特定的部门有用，那么对局域网的其他部门和其他交换机而言就是对传输容量的浪费。

提高效率的一种简单方法是在物理上将这个局域网分隔开来，形成独立的广播域，如图11.13所示。那么，就有了经由一台路由器互相连接的4个独立的局域网。在这种情况下，一个从X到Z的IP分组的处理过程如下。X的IP层判决通往终点的下一跳是经过路由器V。这个信息向下传递到X的MAC层，它用路由器V的MAC目的地址来准备一个MAC帧。当V接收到这个帧后，剥掉MAC首部，判断其终点，再用Z的MAC目的地址把这个IP 分组封装成一个新的MAC 帧。然后这个帧被发送到适当的以太网交换机，从而交付给目的地Z。

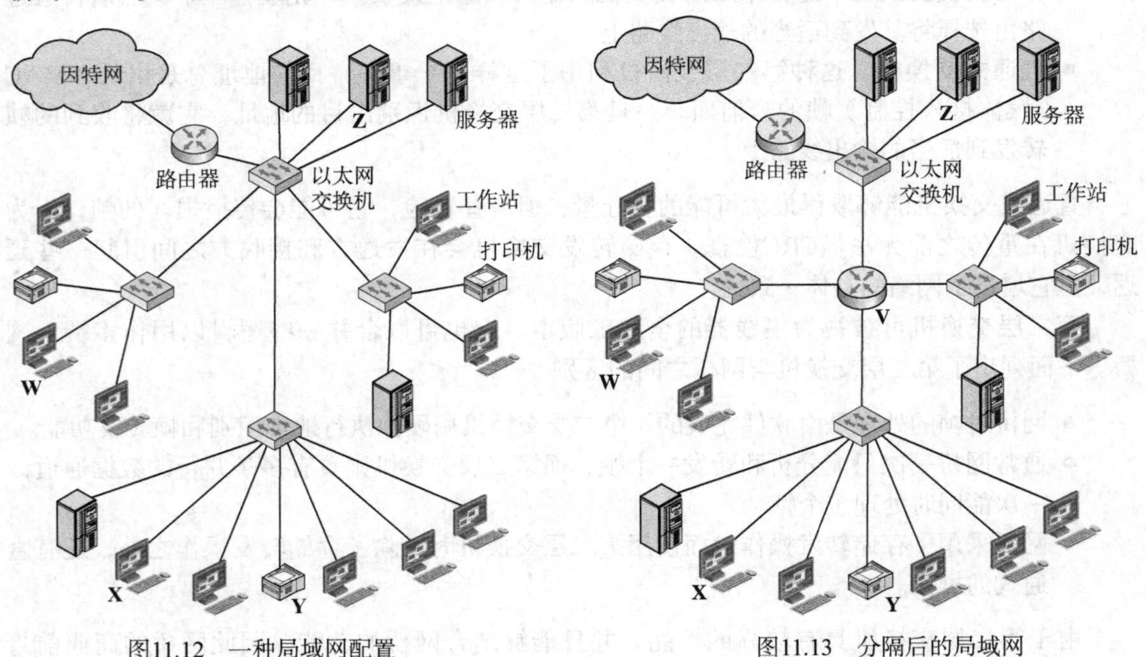

图11.12　一种局域网配置　　　　图11.13　分隔后的局域网

这种方法的缺点在于通信量模式与设备的物理分布可能不一致。例如，有些部门的工作站可能会与某一台中央服务器之间产生巨大的通信量。而且，随着网络的不断扩展，就需要更多的路由器把用户分隔到不同的广播域中，并在广播域和广播域之间提供连接性。路由器比交换机带来的延迟更长，因为路由器必须对分组做更多的处理才能为其判断终点，并将数据送达正确的结点。

11.5.1　虚拟局域网的应用

一种更有效的办法是建立**虚拟局域网**（VLAN）。从本质上讲，VLAN就是在局域网中通过软件创建的一个逻辑子集，而不是在物理上对设备进行搬移和分隔。它把一些用户工作站和网络设备组合成一个广播域，不必理会这些设备在物理上是连接局域网的哪个网段的，这样就能使通信量在这些有共同兴趣的用户之间更高效地流转。VLAN逻辑在局域网交换机上实现，并且工作在MAC层。由于其任务就是要把通信量隔离在VLAN内部，所以为了在VLAN之间建立链接，就需要用到路由器。路由器可以是独立的设备，此时从一个VLAN到另一个VLAN的通信量就需要经过路由器的转发，或者这个路由器逻辑也可以作为局域网交换机中的一部分来实现，如图11.14所示。

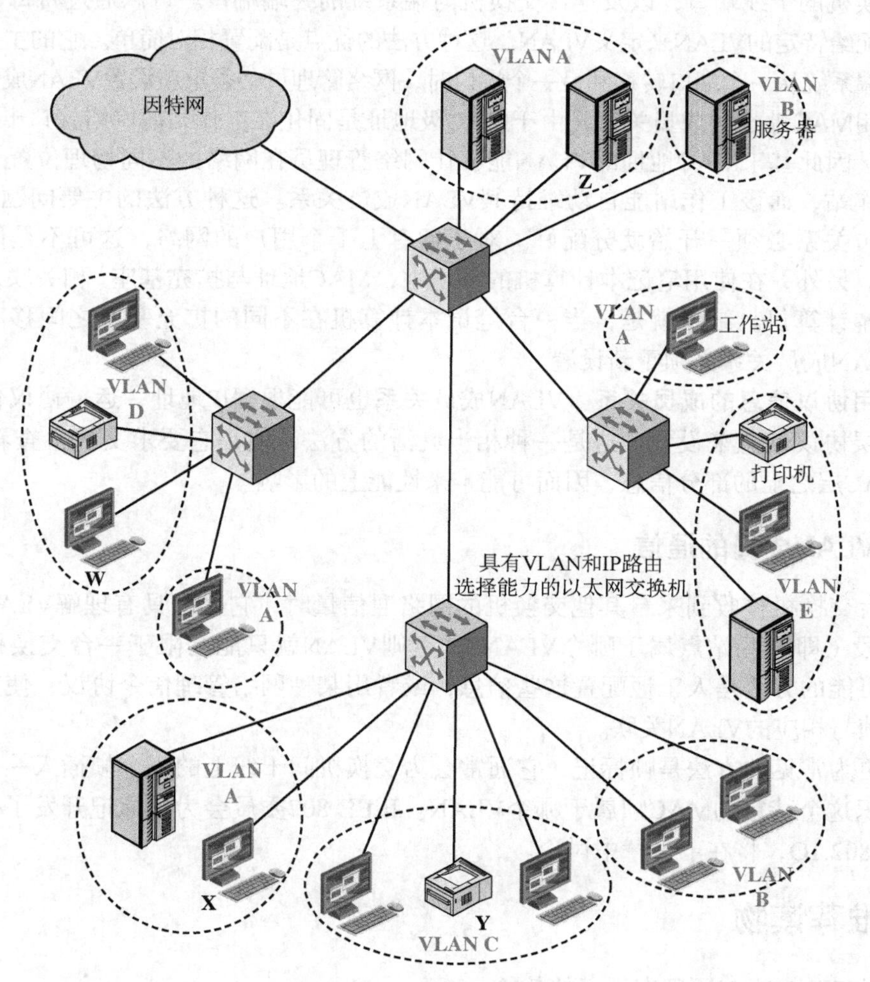

图11.14　一种VLAN配置

VLAN 提供了这样一种能力，一个机构可以在物理位置上散布于公司的各个角落，同时又能保持其组织的独立性。例如，会计员工可以身处销售柜台、研究开发中心、出纳办公室、机关办公室，而同时所有这些员工都连在同一个虚拟局域网上，并只在他们之间共享通信量。

在图11.14中定义了5个VLAN。从工作站X到服务器Z的传输是在同一个VLAN中的，因此可以高效地在MAC层交换。来自X的广播MAC帧将被传送给同一个VLAN中各个地方的所有设备。但是从X到打印机Y的传输就需要从一个VLAN到另一个VLAN，所以要通过IP层的路由器逻辑来把这个IP分组从X转发到Y。在图11.14中，这个逻辑是集成在交换机中的，因此由交换机来决定收到的MAC帧的终点是否在同一个VLAN中。如果不是，那么交换机在IP层为封装的IP分组选择路由。

11.5.2 VLAN的定义

VLAN是由一组不受物理位置约束的端站构成的一个广播域，也许这些端站在物理上处于多个局域网网段，但它们之间的通信就好像是在同一个局域网中，因而需要一些手段来定义VLAN的成员关系。有多种方法可用来定义其成员关系，其中包括：

- **利用端口的成员关系** 局域网中每台交换机的配置都包含两种类型的端口：连接两台交换机的干线端口，以及连接交换机与端系统的终端端口。可以通过将每个终端端口分配给特定的VLAN来定义VLAN。这种方法的优点是配置相对简单。它的主要缺点是每当端系统从一个端口转移到另一个端口时，网络管理员必须重新设置VLAN成员关系。
- **利用MAC地址的成员关系** 由于MAC级地址是固化在工作站的网络接口卡（NIC）上的，因此基于MAC地址的VLAN能够让网络管理员在网络的不同物理位置上任意移动工作站，而该工作站能自动维持其VLAN成员关系。这种方法的主要问题在于VLAN成员关系必须一开始就分配好。对于拥有上千个用户的网络，这可不是件简单的工作。另外，在使用笔记本计算机的环境中，MAC地址与扩充基座[①]相关联，而不是笔记本计算机。结果就是，当一台笔记本计算机在不同的扩充基座之间移动时，它的VLAN成员关系必须重新设置。
- **利用协议信息的成员关系** VLAN成员关系也可能根据IP地址、运输协议信息甚至是高层协议信息来设置。这是一种相当灵活的方法，但是它要求交换机查看MAC帧中MAC层之上的部分信息，因而可能带来性能上的影响。

11.5.3 VLAN成员的通信

当一台交换机接收到来自其他交换机的网络通信量时，它必须具有理解VLAN成员关系的某种手段（即哪些站点属于哪个VLAN），否则VLAN就只能局限于一台交换机的范围内了。一种可能的方法是人工地配置这些信息，或者用某种网络管理信令协议，使交换机能够将收到的帧与相应的VLAN关联。

一种更为常见的方法是帧标记，它通常会为交换机间干线上的每个帧插入一个首部，以唯一地标识这个特定的MAC帧属于哪个VLAN。IEEE 802委员会为帧标记开发了一个标准，称为IEEE 802.1Q，将在下一章中讨论。

11.6 推荐读物

[RAJA97]对VLAN原理有很好的总结。

RAJA97 Rajaravivarma, V. “Virtual Local Area Network Technology and Applications.” *Proceedings, 29th Southeastern Symposium on System Theory*, 1997.

① 此处作者讲的是本身不带网卡，网卡在外配扩充座上的便携式笔记本电脑。——译者注

11.7　关键术语、复习题及习题

关键术语

bridge　网桥
broadcast address　广播地址
broadcast domain　广播域
bus topology　总线形拓扑
connectionless service　无连接服务
connection-mode service　连接方式服务
fixed routing　固定路由选择
forwarding database　转发数据库
header hub　首位集线器（HHUB）
hub　集线器
intermediate hubs　中间集线器（IHUB）
layer 2 switch　第二层交换机
local area network　局域网（LAN）
logical link control　逻辑链路控制（LLC）
medium access control　媒体接入控制（MAC）
physical layer　物理层
source routing　源路由选择
spanning tree　生成树
star topology　星形拓扑
switch　交换机
树形拓扑
type 1 operation　1类操作
type 2 operation　2类操作
type 3 operation　3类操作
unicast addressing　单播地址
virtual LAN　虚拟局域网（VLAN）

复习题

11.1　什么是网络的拓扑结构？
11.2　列举4种常见的局域网拓扑结构，并简单描述它们的操作方式。
11.3　IEEE 802委员会的宗旨是什么？
11.4　为什么存在多个局域网标准？
11.5　列举并简单定义由逻辑链路控制（LLC）提供的服务。
11.6　列举并简单定义由LLC 协议提供的操作类型。
11.7　列举一些在MAC 层完成的基本功能。
11.8　网桥的作用是什么？
11.9　什么是生成树？
11.10 集线器和第二层交换机之间有什么区别？
11.11 存储转发交换机和直通式交换机之间有什么区别？

习题

11.1　能否不用LLC而用HDLC作为局域网的数据链路控制协议？如果不能，它还缺少什么？
11.2　某异步设备，如电传机，以不可预知的时延逐个地发送字符。如果把这样的设备连到局域网上并按它的方式发送（归结到获得媒体接入权），你能预见到会出现什么问题？怎样才能解决这些问题？
11.3　假设一个站点向另一个站点发送一份100万个8比特字符的文件。下列情况下，总用时和有效吞吐量是多少？

a. 电路交换的星形拓扑结构局域网。建立呼叫的时间忽略不计，媒体上的数据率是64 kbps。

b. 只有两个站点的总线拓扑结构局域网，两站点之间的距离为D，数据率为B bps，帧长度为P并带有80比特的额外开销。在发送下一帧之前，要用一个88比特的帧来确认上一帧。总线上的传播速度为200 m/μs。分别按以下条件进行求解：

1. D = 1 km，B = 1 Mbps，P = 256 比特
2. D = 1 km，B = 10 Mbps，P = 256 比特
3. D = 10 km，B = 1 Mbps，P = 256 比特
4. D = 1 km，B = 50 Mbps，P = 10 000 比特

11.4 假设某基带总线上挂了数个等距离间隔的站点，其数据率为10 Mbps，总线全长1 km。

a. 将一个1000比特的帧发送到另一个站点上，平均需要多少时间？计时从发送开始，到接收结束。假设传播速度为200 m/μs。

b. 如果有两个站点恰好在同一时刻发送，那么它们的分组将相互干扰。如果让每个正在发送的站点在发送期间监视总线，那么它发现一个干扰需要几秒？几个比特时间？

11.5 当数据速率为100 Mbps时，重做习题11.4。

11.6 为以下的配置画一张与图11.7类似的图。

a. 由两个网桥连接的两个局域网，网桥之间通过点对点的链路连接。

b. 由两个网桥连接的两个局域网，网桥之间通过ATM分组交换网连接。

11.7 对图11.8中的配置，画出各网桥上的中央路由选择矩阵和路由表。

11.8 给出图11.15中配置形成的生成树。

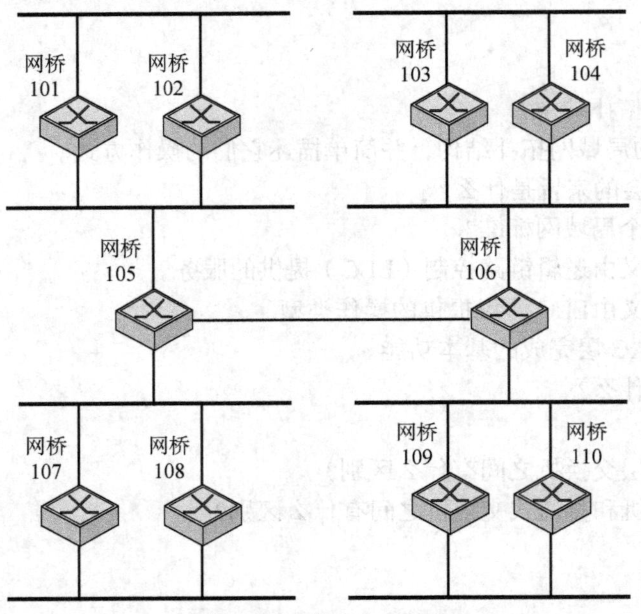

图11.15 习题11.8的配置

11.9 在一个用网桥相连的局域网中，某个站点向某个设备发送了一个帧，但这个设备不存在于整个网络的任何网段。网桥应该如何处理这个帧？

第12章　以 太 网

> **学习目标**
>
> 在学习了本章的内容之后，应当能够：
>
> - 概述IEEE 802.3 MAC标准；
> - 理解1 Gbps、10 Gbps和100 Gbps以太网之间的主要区别；
> - 概述IEEE 802.1Q VLAN标准；
> - 理解以太网数字信号编码机制；
> - 解释扰码技术。

占据绝对优势的有线局域网是通常称为以太网的基于IEEE 802.3标准的局域网。以太网最初是作为一个基于总线的3 Mbps实验性系统而开发的。第一个商用以太网以及IEEE 802.3的第一个版本是基于总线且运行在10 Mbps的系统。随着技术的进步，以太网已经从基于总线的发展成为基于交换的，且每隔一段时间其数据率就提高一个数量级。目前，已面市的以太网系统的数据率可高达100 Gbps。根据[IEEE12]提供的数据，图12.1表明，运行在1 Gbps以上的系统在数据中心占主导地位，而此需求正迅速朝100 Gbps的系统发展。

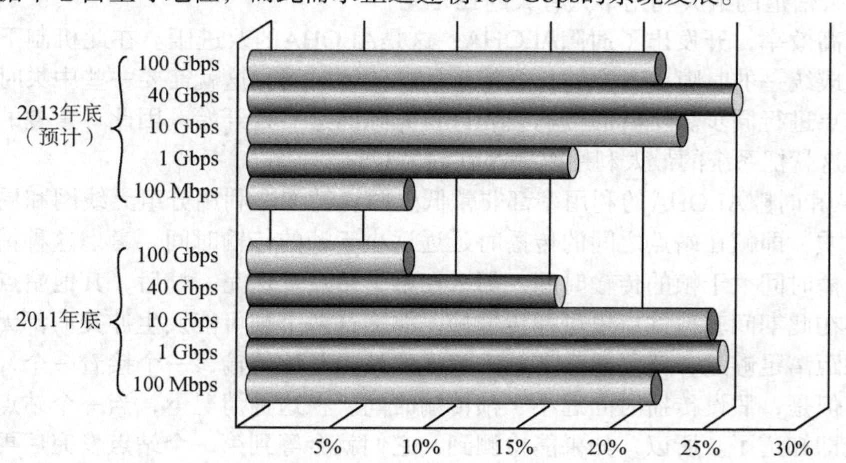

图12.1　数据中心研究——不同速率的以太网链路占有率

本章首先概述10 Mbps的系统以及为10 Mbps以太网定义的基本媒体接入控制（MAC）层。然后将介绍其后的几代以太网，一直到100 Gbps的版本，同时探讨物理层的定义以及对MAC层的改进。最后，本章将考察IEEE 802.1Q VLAN标准。

12.1　传统以太网

目前使用最广泛的高速局域网是由IEEE 802.3标准委员会开发的基于以太网的局域网。与其他局域网标准一样，它也有媒体接入控制层和物理层。我们将在后面逐一介绍。

12.1.1 IEEE 802.3 媒体接入控制

带冲突检测的载波监听多点接入（CSMA/CD）是从一些早期技术发展而来的，了解这些早期技术将有助于对CSMA/CD 操作的理解。

前身

CSMA/CD及其雏形可以被认为是随机接入或争用技术。之所以称为随机接入，是因为任意站点的传输时间都无法预测或调度，即站点的传输次序是随机的。因为站点之间竞争接入媒体的时间，所以说它们是争用的。

这些技术中最早的是ALOHA，它是为分组无线网络研制的。不过它也能应用于任何共享的传输媒体。ALOHA，或有时称为纯ALOHA技术，指明站点可以在任何时间传输帧。然后它进行一段时间的监听，时间的长度取网络上最大可能来回传播时延（是在两个距离最远的站点之间传输一个帧的时间的两倍）再加上一个很小的固定时间增量。如果监听期间该站点收到确认，则传输成功。否则，它将重新传输该帧。如果该站点在重复传输之后仍然没有收到确认，则会放弃传输。接收方通过检测帧检测序列字段（就像在HDLC 中一样）来判定到达帧的正确性。如果该帧有效且帧首部的目的地址与接收站点地址匹配，则接收站点立即传输一个确认信息。到达帧可能会因为信道上的噪声，或因为有其他站点在同一时间传输而失效。在后一种情况下，两个帧可能在接收方相互干扰以至于两个帧都不能通过，这就称为**冲突**。如果确定一个收到的帧无效，那么接收方忽略该帧即可。

ALOHA简单得不能再简单了，但这也带来了其他问题。因为冲突的数量随着负载的增加而迅速增长，信道的最大利用率只有大约18%。

为了提高效率，开发出了**时隙ALOHA**，这是ALOHA的改进版。在此机制下，信道上的时间被组织成统一的时隙，时隙的长度等于帧的传输时间。这就需要一些中央时钟或其他技术对所有站点进行同步。所有的传输只允许在时隙的边界处开始。因此，重叠的帧必然是完全重叠的。这就把系统的最大利用率提高到约为37%。

ALOHA和时隙ALOHA的利用率都非常低。两者都无法利用分组无线网和局域网共有的一个重要性质，即帧在站点之间的传播时延远远小于帧的传输时间。考虑这种情况：如果站点之间的传播时间大于帧的传输时间，那么在某个站点发送完一帧后，其他站点很久之后才会知道，而在此期间其他站点也可能传输帧，那么这两个帧可能发生冲突而都无法到达。事实上，如果距离足够远，就可能会有越来越多的站点开始传输，一个接着一个，但谁的帧都无法到达。但是，假设传播时间远小于帧传输时间。在这种情况下，当一个站点传输时，其他的站点立即知道了。所以，如果能检测到，它们就会等到第一个站点发完后再发。这样，冲突将很少发生，因为只有当两个站点几乎同时传输时才可能产生冲突。也可以从另一个角度来看这个问题：一个小的传播时延能提供更好的网络状态的反馈信息，而这个信息可用于提高效率。

上述事实带来了**载波监听多点接入**（CSMA）技术的开发。在CSMA 中，想要传输的站点首先监听信道，判断是否有其他站点正在传输（载波监听）。如果信道正被使用，则该站点必须等待；如果信道空闲，则该站点可以传输。也可能两个或多个站点同时要传输，此时必将产生冲突，冲突各方的数据将相互混淆而无法被正确接收。为解决这个问题，站点在传输后将在一段长度合理的时间内等待确认，要考虑到最大往返传播时延以及对方在响应时也必须争用信道等因素。如果没有收到确认，就假定发生冲突并且重传。

可以看到，在帧平均传输时间远大于传播时间的网络中，这个策略是很有效的。只有当一个以上的用户在很短时间内（传播时延内）同时开始传输的情况下，才可能发生冲突。若某站点开始传输，并且在被传输帧前端传播到最远站的时间内没有发生冲突，该帧就不会有冲突，因为所有其他站点现在都知道它在传输了。

CSMA可达到的最大利用率远远超过了ALOHA和时隙ALOHA。最大利用率取决于帧的长度和传播时延。帧越长或传播时延越短，利用率就越高。

使用CSMA时需要一个算法，指定如果站点发现信道忙时该怎么办。在图12.2中描述了3种方法。其中一种称为**非持续CSMA**。要传输的站点监听传输媒体并遵循以下原则。

1. 如果媒体空闲则传输，否则转到第2步。
2. 如果媒体忙则等待一段时间，再转到第1步。其中等待的时间长度是从一个概率分布（重传时延）中抽取的。

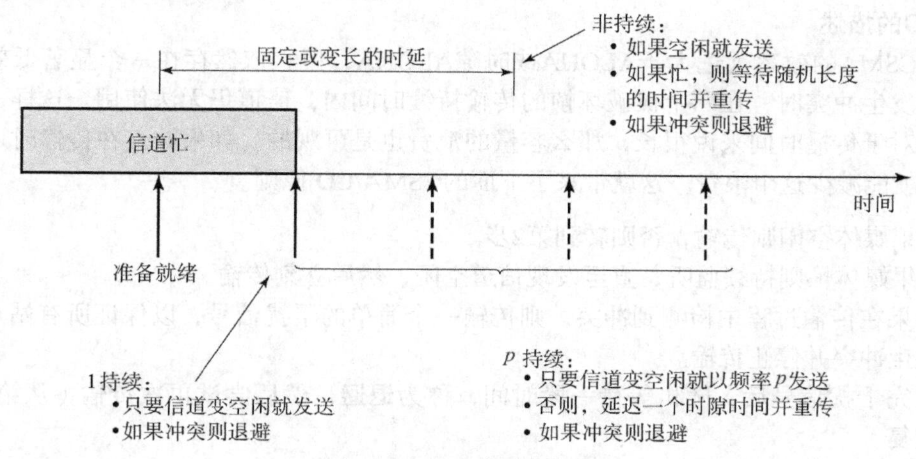

图12.2 CSMA持续和退避

使用随机长度的时延可以减少冲突的概率。要了解这一点，先假设有两个站点大约在同一时刻准备好要传输，与此同时，信道上还有一个正在进行中的传输。如果这两个站点在重试之前延迟相同的时间量，那么它们将会在同一时间再次尝试传输。使用非持续CSMA带来的一个问题是容量上的浪费。因为通常在一个传输结束后，信道就会保持空闲，即使还有一个或多个站点正在等待传输。

要避免信道空闲时间，可以用**1持续协议**。要传输的站点监听传输媒体并遵循以下原则。

1. 如果媒体空闲则传输，否则转到第2步。
2. 如果媒体忙则持续监听，直至发现信道空闲，然后立刻传输。

如果说非持续CSMA是谦让的，那么使用1持续CSMA的站点就是自私的。如果有两个或更多站点正在等待传输，那么一定会发生冲突。只有在冲突之后才能解决问题。

有一种折中的方法称为***p*持续CSMA**。一方面，它就像非持续CSMA，试图减少冲突，另一方面，它又像1持续CSMA，试图减少空闲时间。其原则如下。

1. 如果媒体空闲，则传输的概率为p，延迟一个时间单位再传输的概率为$(1-p)$。其中的时间单位通常等于最大传播时延。
2. 如果媒体忙则持续监听，直至发现信道空闲，再转到第1步。
3. 如果已经延迟过了一个时间单位，则转到第1步。

这会带来另一个问题，p的有效值是什么？这里主要想避免的问题是重负载下的不稳定性。假设这样一种情况，当信道正在传输时有n个站点需要传输帧。当传输完成时，预计将尝试传输的站点数等于准备好传输的站点数乘以传输概率，即np。如果np大于1，那么平均来说，有多个站点试图传输，显然将会出现冲突。麻烦的是，当这些站点意识到自己的传输遭遇到冲突后，将回头重来，结果肯定是更多的冲突。更糟糕的是，这些重试会与来自其他站点的新的传输相竞争，进一步加大冲突的概率。最后，所有站点都在试图传输，导致连续不断的冲突，而吞吐量则降至0。要避免这种灾难性的结局，对于预期的峰值n，np必须小于1。因此，如果据预测会经常出现重负载，那么p必须取很小的值。但是，如果p取得太小，那么站点必须等待更长的时间才能尝试传输。当负载较低时，会导致很长的时延。例如，如果只有一个站点需要传输，预计它重复第1步的次数是$1/p$次（见习题12.2）。因此，如果$p = 0.1$，那么在低负载时，一个站点将平均等待9次后才能在一条空闲的线路上进行传输。

CSMA/CD的描述

尽管CSMA的效率远远大于ALOHA或时隙ALOHA，但它依然存在一个显著低效情况：当两个帧发生冲突时，在两个被破坏帧的传输持续时间内，信道仍无法使用。这样，如果帧的长度相对于传播时间来说很长，那么容量的浪费也是可观的。如果站点在传输时还继续监听信道，就能减少这个浪费。这就带来了下面的CSMA/CD 原则。

1. 如果媒体空闲则传输，否则转到第2步。
2. 如果媒体忙则持续监听，直至发现信道空闲，然后立刻传输。
3. 如果在传输过程中检测到冲突，则传输一个简单的干扰信号，以保证所有站点都知道发生冲突并停止传输。
4. 发完干扰信号后，随机等待一段时间，称为**退避**，然后尝试再次传输（从第1步开始重复）。

图12.3所示为该技术运用于基带总线上。图的上半部分为一个总线局域网布局。在t_0时刻，站点A开始向D传输一个分组。在t_1时刻，B和C都准备好了传输。B检测到信道忙，推迟传输。但是C还不知道A正在传输（因为A传输的前沿尚未抵达C），于是开始传输。当A传输的分组在t_2时刻到达C时，C检测到冲突并停止传输。冲突的影响回传到A，使A在稍后的t_3时刻检测到冲突，并且A立刻停止传输。

在CSMA/CD中，信道浪费的时间减少到检测冲突所需要的时间。问题是：这究竟需要多长时间？首先考虑在基带总线上的两个距离最远的站。例如，在图12.3中，假设站A最先开始传输，且在到达D之前，D准备传输。因为D还不知道A正在传输，所以D开始传输，冲突几乎立即发生，同时D也知道了。但是，在A知道发生冲突之前，冲突必须一路返回传播到A。根据这个推理过程得到的结论是，检测冲突所需要的时间不超过端到端传播时延的两倍。

大多数CSMA/CD，包括IEEE标准，都遵循一个重要原则，那就是帧必须足够长，能在传输结束之前检测到冲突。如果帧的长度太短，就检测不到冲突的发生，这样CSMA/CD的性能就与效率较低的CSMA一样了。

对于CSMA/CD局域网来说，有一个问题就是采取什么样的持续算法。你可能很惊讶地发现，在IEEE 802.3标准中采用的是1持续CSMA。回想一下，非持续算法和p持续算法都有一些性能问题。在使用非持续算法的情况下，通常在一个传输结束后，信道就会保持空闲，不管是否还有一个或多个站点正在等待传输，因而浪费了容量。在使用p持续算法的情况下，p的值必须设置得很小以避免不稳定性，而这样会导致在负载较轻的情况下，有时会出现极度恶劣的时延状况。1持续算法，从本质上讲，也就是$p = 1$，看起来好像比p持续算法更加不稳定，因为所有站点都是贪心的。那么是什么让1持续算法反败为胜呢？原因在于冲突的时间并不太长（如果帧的长度相对于传播时延很长），并且因为使用了随机的退避机制，使得两个已经冲突的站点在下一次尝试传输时不太可能再发生冲突。为了保证退避机制能够维护稳定性，IEEE 802.3和以太网都使用了一种称为**二进制指数退避**的技术。当站点连续多次遇到冲突时，它仍然不断地试图进行重发。在前10次重传过程中，每次重传的随机时延平均值会加倍。然后再做6次尝试，此时的平均时延值保持不变。在16次不成功的尝试后，站点放弃传输并报告有差错发生。这样，在拥塞程度不断严重的情况下，逐渐增大退避量就可以减小冲突发生的概率。

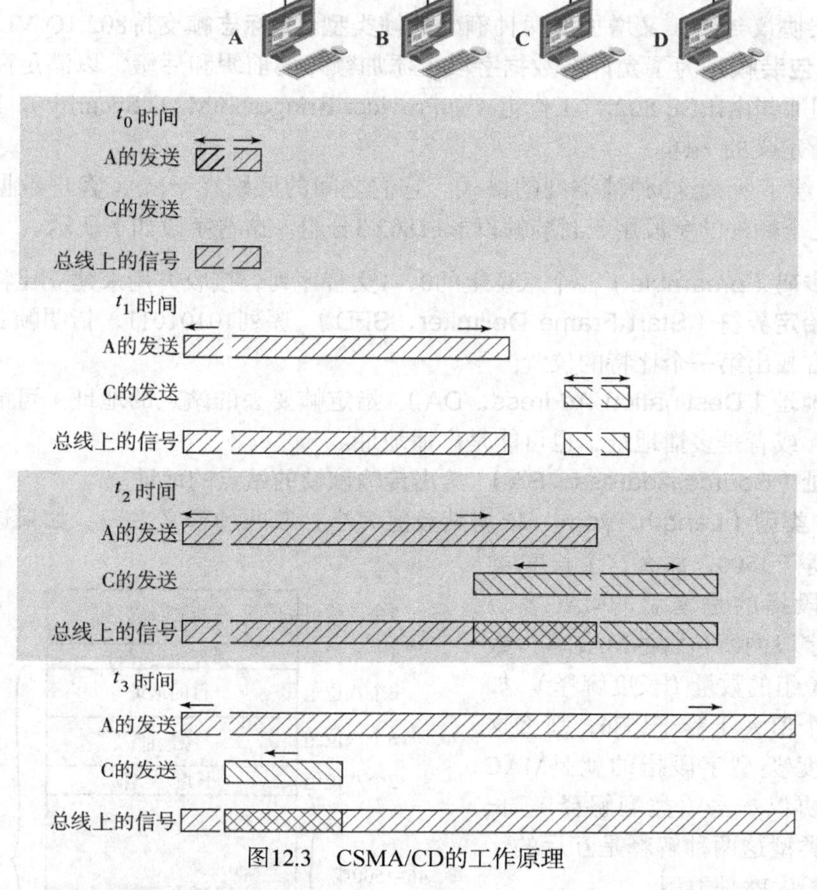

图12.3　CSMA/CD的工作原理

带有二进制指数退避机制的1持续算法表现出色的地方是在变化很大的各种负载条件下都是高效率的。在负载较轻时，1持续算法可以保证只要信道一旦空闲下来，站点就能得到该信道，这与非持续和p持续机制都不一样。当负载较重时，至少它能做到和其他两种技术一样稳定。但是，退避算法也有不良的反应，它具有后进先出的效果。也就是说，没有或几乎没有发生过冲突的站点要比已经等了很长时间的站点有更多的机会先传输。

对于基带总线结构，冲突实际上将产生一个比正常传输的电压更高的电压抖动。因此，IEEE标准指定，如果传输方在传输分接头点检测到电缆上的信号值超过单独传输所能产生的最大值，就认为发生了冲突。因为信号在传播过程中会衰减，这就出现了一个问题：如果两个站点离得很远，那么接收方将收到衰减很多的信号。由于信号强度太弱，当它在传输分接头点与传输的信号相叠加时，合起来的信号强度无法超过冲突检测的门限值。因此，IEEE标准又多加了几条限制，要求10BASE5同轴电缆的长度最大不超过500 m，10BASE2不超过200 m。

在双绞线的星形拓扑结构（见图11.2）中，可以采用一种简单的冲突检测方法。此时，冲突检测是基于逻辑而不是基于对电压值的检测。对于任何集线器，如果在超过一个的输入线路上检测到有功率（信号），就认为发生了冲突。这时产生一个称为“冲突出现”信号的特殊信号，并把该信号发到所有检测到有功率的输入线上，接收到该信号的结点就知道发生了冲突。

对局域网性能的讨论，可参阅在线附录K。

MAC 帧

IEEE 802.3定义了3种类型的MAC帧。**基础帧**是原始的帧格式。另外，为了支持帧数据区的数据链路层协议封装，又增加了两种额外的帧类型。**Q标志帧**支持802.1Q VLAN功能，如12.3节所述。**包装帧**是为了允许在数据字段上添加额外的前缀和后缀，以满足高层封装协议的需求，如同那些由IEEE 802.11工作组（如Provider Bridges 和MAC Security）、ITU-T或IETF（如MPLS）所定义的一样。

图12.4描绘了所有这3种帧类型的格式。它们之间的区别在于MAC客户数据字段内容的不同。还有几个额外的字段用于封装帧以形成802.3分组。这些字段如下所示。

- **前同步码（preamble）** 7个八位组的0、1交替序列，接收方用来建立比特同步。
- **帧开始定界符（Start Frame Delimiter，SFD）** 序列10101011，指明帧真正开始，使接收方找出第一个比特的位置。
- **目的地址（Destination Address，DA）** 指定帧要去的站点的地址。可能是唯一物理地址，或者是多播地址，也可能是广播地址。
- **源地址（Source Address，SA）** 给出传输该帧的站点的地址。
- **长度/类型（Length/Type）** 依据其数值大小，取两种含义之一。如果这个字段的值小于等于1500，那么这个长度/类型字段指的是之后的MAC客户数据字段内所包含的MAC客户数据八位组的数量（长度解释）。如果这个值大于等于1536，那么这个长度/类型字段指的就是MAC客户协议本身（类型解释）。长度和类型这两种解释是互斥的，不是长度就是类型。
- **MAC 客户数据（MAC Client Data）** LLC提交的数据单元。这个字段的最大长度的情况如下：基础帧为1500个八位组，Q标志帧为1504个八位组，包装帧为1982个八位组。
- **填充码（Pad）** 为保证帧足够长以适于冲突检测操作而填充的一些八位组。

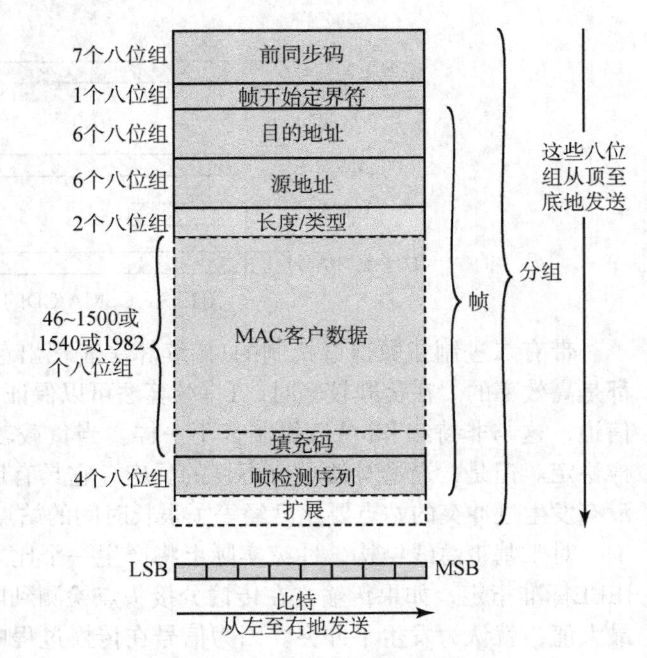

图12.4 IEEE 802.3 MAC帧格式

- **帧检测序列（Frame Check Sequence，FCS）** 32比特的循环冗余检验码，对除前同步码、SFD和FCS以外的所有字段做检验。
- **扩展（Extension）** 如果是1 Gbps的半双工操作，就要添加这个字段。为了在半双工方式的1 Gbps操作下保证媒体上的最小载波事件持续时间，就需要这个字段。

12.1.2　IEEE 802.3 10 Mbps 规约（以太网）

IEEE 802.3委员会已定义了数种备选的物理配置，这既是好事也是坏事。好的方面是，标准能与新技术保持呼应。坏的方面是，用户及那些希望入行的厂家将面对令人眼花缭乱的诸多选择。委员会为保证这些选择都能容易地集成到一个满足很多需求的配置中，也做了很多努力。因此，有复杂多样要求的用户将发现802.3 标准具有灵活性和多样性的特点。

为了区别目前已有的多种实现，委员会开发了一个精确的记法：

〈数据率（以Mbps 计）〉〈信号编码方式〉〈最大网段长度（以百米计）〉

对10 Mbps 定义了以下几种选择①。

- **10BASE5** 指明了使用50 Ω的同轴电缆以及曼彻斯特数字编码（见5.1节）。电缆段的最大长度是500 m。利用转发器可以扩展网络长度，转发器对MAC层是透明的，因为它没有缓冲区，所以不能隔离网段。例如，如果位于不同网段的两个站点同时要传输数据，则它们的传输将出现冲突。为了避免形成回路，在任意两个站点之间，只允许有一条由网段和多个转发器构成的路径。该标准允许任意两个站点之间的路径上最多有4个转发器，从而把媒体的最大有效长度扩展到2.5 km。
- **10BASE2** 类似10BASE5，但使用更细的电缆，比10BASE5电缆支持的距离更短，分接头的数量更少，是10BASE5的一种低价替代品。
- **10BASE-T** 使用非屏蔽双绞线，拓扑结构为星形。因为数据率高而非屏蔽双绞线的传输质量很差，所以链路长度限制在100 m以内。另外还可以选择使用光纤链路。此时，最大长度为500 m。
- **10BASE-F** 包含了3个规约：无源星形拓扑结构，用以内连站点和转发器，网段最大长度为1 km；点对点链路，可用于连接站点或转发器，最大距离为2 km；点对点的链路，可用于连接转发器，最大距离为2 km。

注意，10BASE-T和10BASE-F并不完全满足以下的记法：“T”代表双绞线，而“F”代表光纤。表12.1对这些选择做了总结。表中列出的所有选择都指明了10 Mbps的数据率。

表12.1　IEEE 802.3 10 Mbps物理层媒体可选技术

	10BASE5	10BASE2	10BASE-T	10BASE-FP
传输媒体	同轴电缆（50 Ω）	同轴电缆（50 Ω）	无屏蔽双绞线	850 nm光纤对
信号编码技术	基带（曼彻斯特）	基带（曼彻斯特）	基带（曼彻斯特）	曼彻斯特/开关
拓扑结构	总线形	总线形	星形	星形
最大网段长度（m）	500	185	100	500
每网段结点数	100	30	–	33
电缆直径（mm）	10	5	0.4 ~ 0.6	62.5/125 μm

① 还有一种10BROAD36选择，指定了一种10 Mbps宽带总线网，这种选择很少使用。

12.2 高速以太网

12.2.1 IEEE 802.3 100 Mbps 规约（快速以太网）

快速以太网指一组由IEEE 802.3委员会开发的规约，提供价格低廉、运行在100 Mbps的与以太网兼容的局域网。这些标准被笼统地称为100BASE-T。委员会还定义了几个备选标准以适用于不同的传输媒体。

表12.2总结了100BASE-T备选项的主要特点。所有100BASE-T的选择都使用IEEE 802.3 MAC协议和帧格式。100BASE-X指一组在结点间使用两条物理链路的选项，一条用于传输，一条用于接收。100BASE-TX采用屏蔽双绞线（STP）或高品质（5类）非屏蔽双绞线（UTP）。100BASE-FX采用光纤。

在许多建筑物中，任何100BASE-X的选择都要求安装新的电缆。其中，100BASE-T4定义了一种价格低的方法，除了高质量的5类UTP[①]之外，也可以使用话音级别的3类UTP。为了在低质量电缆上达到100 Mbps的数据率，100BASE-T4指定在结点之间使用4对双绞线，数据传输时每次在一个方向上用3对双绞线。

所有的100BASE-T选项的拓扑结构都类似于10BASE-T的星形拓扑。

表12.2 IEEE 802.3 100BASE-T物理层媒体选择

	100BASE-TX		100BASE-FX	100BASE-T4
传输媒体	2对，STP	2对，5类UTP	2根光纤	4对，3、4或5类UTP
信号编码技术	MLT-3	MLT-3	4B5B，NRZI	8B6T，NRZ
数据率（Mbps）	100	100	100	100
最大网段长度（m）	100	100	100	100
网络跨度（m）	200	200	400	200

100BASE-X

所有100BASE-X指定的传输媒体，都能使一条链路（一条双绞线或一条光纤）上的单向传输数据率达到100 Mbps。所有这些媒体都需要一种有效且高效的信号编码机制。目前选择的编码方式称为4B/5B NRZI。再将这种机制做些许修改即可应用于其他各备选项。参见附录12A中的描述。

100BASE-X设计包括两个物理媒体规约。一个是双绞线的，称为100BASE-TX；一个是光纤的，称为100BASE-FX。

100BASE-TX采用两对双绞线的电缆，一对用于发送，一对用于接收。STP和5类UTP都可以使用，并采用MTL-3发送机制（详见附录12A）。

100BASE-FX 采用两根光纤的电缆，一根用于发送，一根用于接收。在100BASE-FX中，需要采取某种手段把4B/5B NRZI码组流转换成光信号。目前采用的技术是强度调制。用一束光或一个光脉冲表示二进制1，没有光脉冲或一束强度很小的光表示二进制0。

100BASE-T4

100BASE-T4设计用来在低质量的3类电缆上提供100 Mbps的数据速率，这样就可以利用在办公楼中已安装好的大量3类电缆。规约表明也可以选择5类电缆。100BASE-T4在分组和分组之间不传输连续信号，所以它在以电池供电的应用中非常有效。

① 见第4章关于3类和5类电缆的讨论。

因为100BASE-T4采用话音级的3类电缆，所以在一对双绞线上根本不可能达到100 Mbps。事实上，100BASE-T4指明，数据流将被分成3个独立的数据流传输，每个数据流的有效数据率为$33\frac{1}{3}$ Mbps。总共使用4对双绞线，发送用3对，接收也用3对。因此，其中两对双绞线要配置成双向传输方式。

与100BASE-X一样，100BASE-T4没有采用简单的NRZ编码方式，否则就需要每对双绞线提供33 Mbps的信号传输率，并且还没有同步。事实上，它采用三重信号编码方式，称为8B6T（详见附录12A）。

全双工操作

传统的以太网是半双工的：站点可以传输帧，也可以接收帧，但不能同时传输和接收。而在全双工操作中，站点可以同时传送和接收。假设某100 Mbps的以太网工作在全双工模式下，则理论上的传送速率就变成200 Mbps。

要以全双工模式操作，就需要做一些改动。相连站点必须具有全双工的适配卡，而不是半双工的。星形结构的中点就不能是一个简单的多端口转发器，而必须是一台具有交换功能的集线器。在这种情况下，每个站点都构成了一个独立的冲突域。事实上，此时不会产生冲突也就不再需要CSMA/CD 算法了。不过采用的仍然是同样的802.3 MAC 帧格式，站点也可以继续执行CSMA/CD 算法，即便从来也不会检测到冲突。

混合配置

快速以太网方式的一个强项在于随时可以支持现有的10 Mbps局域网和新出现的100 Mbps局域网的混合配置。例如，100 Mbps技术可用作干线局域网来支持数个10 Mbps的集线器。大多数与10 Mbps集线器相连的站点采用10BASE-T标准，而这些集线器又可以连接到支持100BASE-T的交换式集线器上，这些交换式集线器可同时支持10 Mbps和100 Mbps两种链路。另外一些高性能的工作站和服务器直接连接到10/100 Mbps交换机上。再将这些混合容量的交换机通过100 Mbps链路连接到100 Mbps集线器上。100 Mbps集线器提供了楼内干线，同时也连接到一个与外界广域网相连的路由器上。

12.2.2 千兆位以太网

1995年底，IEEE 802.3委员会成立了一个高速研究组（High-Speed Study Group），研究如何以千兆位每秒的速度传递以太网格式的分组。千兆位以太网的策略与快速以太网是一样的，虽然定义了新的媒体和传输规约，但千兆位以太网仍然保留了CSMA/CD协议和它10 Mbps及100 Mbps前身的以太网格式。它与100BASE-T和10BASE-T是兼容的，以维护平滑的过渡。由于越来越多的机构都已采用100BASE-T，致使主干网承受了巨大的业务负载，所以对千兆位以太网的需求越来越强烈。

媒体接入层

1000 Mbps规约利用与IEEE 802.3的10 Mbps及100 Mbps版本中相同的CSMA/CD帧格式和MAC协议。就共享媒体集线器操作而言，如图11.11(b)所示，它在基本的CSMA/CD机制上做了如下两方面的改进。

- **载波扩充** 载波扩充在短MAC帧的末尾附加了一组特殊符号，使每个数据块长度从10 Mbps及100 Mbps的最小512个比特时间提高到至少4096个比特时间。从而使传输相应帧长度所需的时间超过1 Gbps时的传播时延。

- **帧突发**　这个特点允许连续传输多个短帧，直至达到最大限度，而无须在帧之间放弃对CSMA/CD的控制。帧突发能够避免当某个站点有多个小帧要传输时，载波扩充所产生的额外开销。

对提供媒体独享接入的交换集线器而言，如图11.11(c)所示，不需要载波扩充和帧突发。因为站点的数据传输和接收可以同时进行，无须干预，也没有对共享媒体的争用。

物理层

目前IEEE 802.3的1 Gbps规约包括以下物理层选择（见图12.5）。

- **1000BASE-SX**　这种波长较短的选项支持使用最长275 m的62.5 μm多模光纤，或最长550 m的50 μm多模光纤的双工链路。波长的范围在770 ~ 860 nm 之间。
- **1000BASE-LX**　这种波长较长的选项支持使用最长550 m的62.5 μm或50 μm的多模光纤，或5 km长的10 μm单模光纤的双工链路。波长的范围在1270 ~ 1355 nm。
- **1000BASE-CX**　这种选择支持在同一房间内或设备架上的设备之间使用1 Gbps 的链路，使用铜跳线（指明为屏蔽双绞线线缆，跨距不超过25 m）。每条链路由两条不同方向的独立的屏蔽双绞线对组成。
- **1000BASE-T**　这种选择使用4对5类非屏蔽双绞线来支持最大100 m范围内的设备，使用回声消除电路，所有这4对双绞线可同时发送和接收。

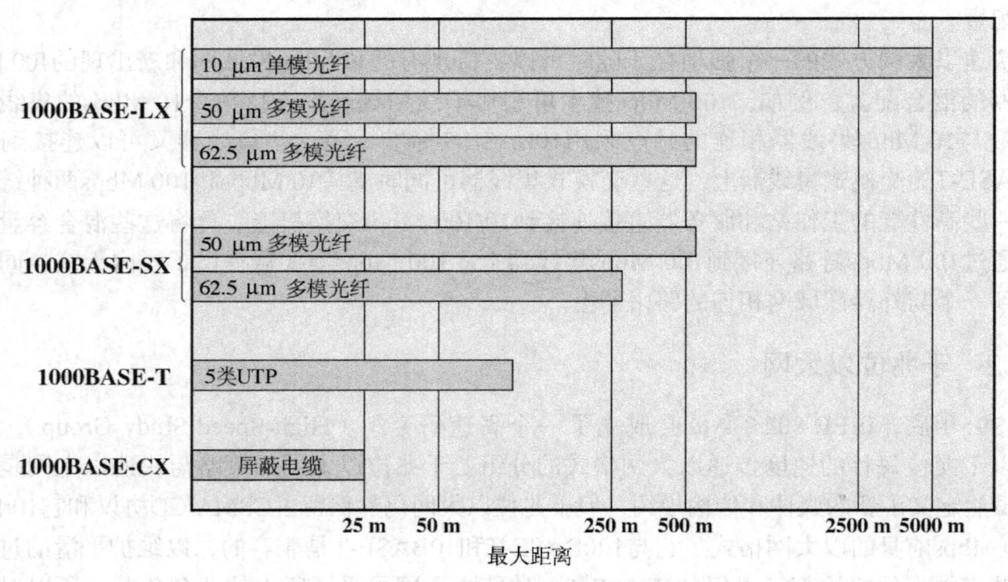

图12.5　千兆位以太网媒体选项（对数刻度）

以上所列的前三种千兆位以太网备选方式都使用单一的信号编码模式，即8B/10B（见附录12A）。用于1000BASE-T的编码机制是4D-PAM5。这是一种比较复杂的机制，对该编码的描述超出了本书范围。

12.2.3　10 Gbps 以太网

尽管千兆位产品还相当新，但是近年来人们的关注点已转移到10 Gbps以太网的容量上了。人们对10 Gbps以太网的要求之所以越来越迫切，主要原因是因特网和内联网的业务量在不断增加。导致因特网和内联网的业务量呈爆炸性增长的原因有多种：

- 连接的网络数量在增加。
- 每个端站的连接速率在增加（如10 Mbps用户更新换代至100 Mbps，56 kbps用户更新为DSL和电缆调制解调器）。
- 带宽密集型应用的使用在增加，如高质量的视频。
- Web托管和应用托管的业务量在增加。

起初，网络管理员用10 Gbps以太网来提供高速本地干线，用以相互连接大容量的交换机。随着带宽的不断增加，10 Gbps将应用于整个网络，包括服务器集群、干线以及园区之间的互相连接。这种技术使得因特网服务提供者（ISP）和网络服务提供者（NSP）能够以非常低的成本，在同一地域内的载波交换机和路由器之间创建速度非常高的链路。

同时，这种技术还可以构造城域网（MAN）和广域网，在校园或场点（PoP）之间连接这些地理上分隔的局域网。因此，以太网开始成为ATM和其他广域传输和组网技术的竞争对手。当用户的要求只是数据和TCP/IP运输时，在绝大多数情况下，不管对网络终端用户还是服务提供者来说，10 Gbps以太网的价值远远超过ATM 运输，如下所示。

- 不需要对以太网分组和ATM信元进行相互之间的转换，这种转换是昂贵的，且需要消耗带宽。所构成的网络是端对端的以太网。
- IP与以太网的结合可以提供服务质量和通信量管制能力，这些能力接近于ATM所提供的能力。因此用户和提供者都能用到先进的通信量工程（Traffic Engineering）技术。
- 已经为10 Gbps以太网定义了多种多样的标准光端接口（波长和链路距离），用来优化它的操作，并降低局域网、城域网和广域网应用的成本。

图12.6所示为10 Gbps以太网的潜在用途。高容量的骨干管道将有助于缓解工作组交换机的拥塞，因为千兆位以太网上行链路很容易超载，同时对于服务器集群来说，1 Gbps网络接口卡已被广泛应用。

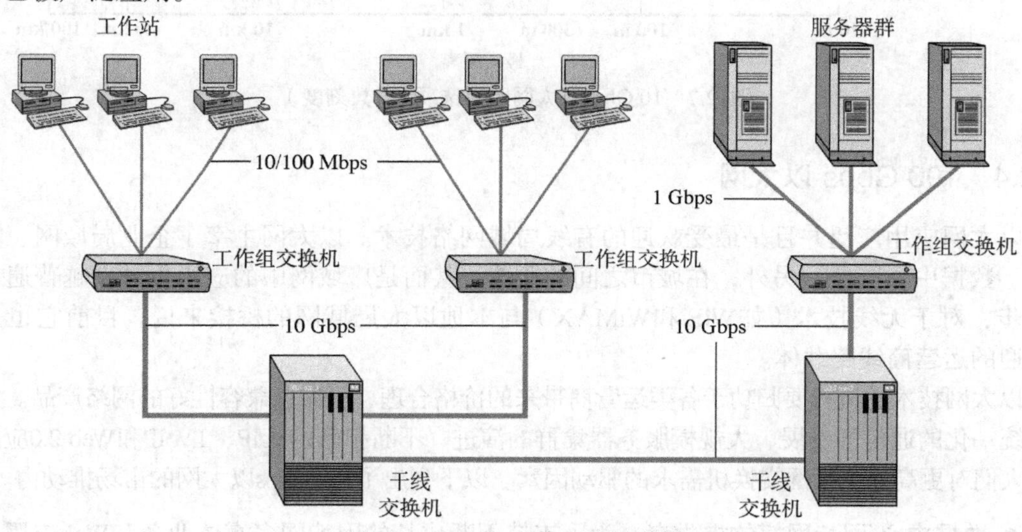

图12.6　10 Gbps以太网配置举例

之所以要增加链路所能达到的最大距离，就是为了能够用于多种应用，比如从300 m ~ 40 km。这些链路只能工作在全双工模式，采用了多种光纤物理媒体。

10 Gbps以太网定义了4种备选的物理层（见图12.7）。前三种还有两个子选择："R"子选和"W"子选。R设计指的是采用一种称为64B/66B的信号编码技术（见附录12A）的一组物理层实现。R实现是为了在黑光纤（dark fiber）上使用而设计的，黑光纤指的是没有使用并且没有与任何其他设备连接的光缆。W设计所指的一组物理层实现也采用64B/66B的信号编码技术，但此后要进行封装并与SONET 设备相连。

4种物理层选项如下：

- **10GBASE-S（短距离）** 设计用于多模光纤上的850 nm的传输。这种媒体能够达到的最大距离为300 m。有10GBASE-SR和10GBASE-SW两个版本。
- **10GBASE-L（远距离）** 设计用于单模光纤上的1310 nm的传输。这种媒体能够达到的最大距离为10 km。有10GBASE-LR和10GBASE-LW两个版本。
- **10GBASE-E（延长）** 设计用于单模光纤上的1550 nm的传输。这种媒体能够达到的最大距离为40 km。有10GBASE-ER和10GBASE-EW两个版本。
- **10GBASE-LX4** 设计用于单模或多模光纤上的1310 nm 的传输。这种媒体能够达到的最大距离为10 km，利用波分复用（WDM）对4条光波上的比特流进行复用。

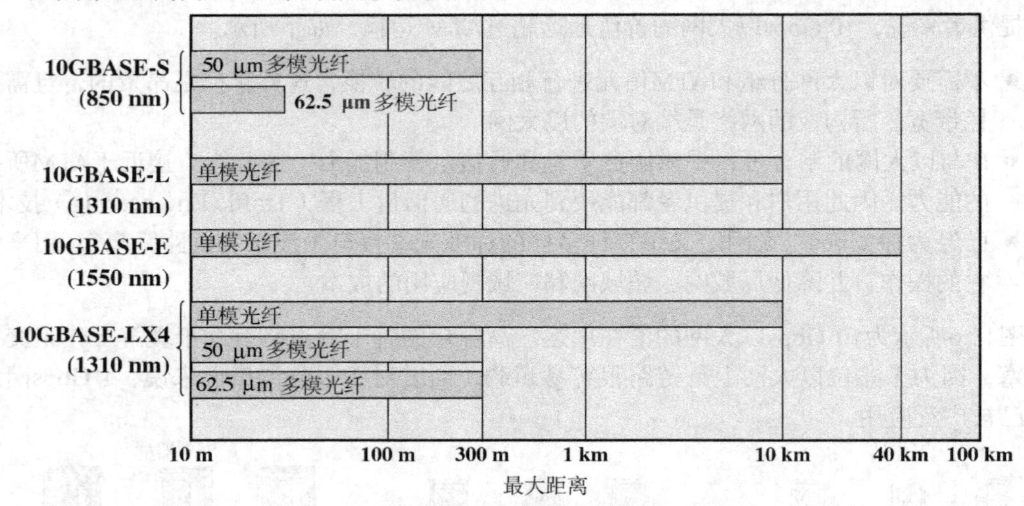

图12.7　10 Gbps以太网距离选项（对数刻度）

12.2.4　100 Gbps 以太网

以太网应用广泛并且是最受欢迎的有线局域网络技术。以太网主宰了企业局域网、宽带接入、数据中心网络。另外，在城市之间的通信，甚而是广域网中的应用也越来越普遍。更进一步，对于无线技术（如WiFi和WiMAX）与本地以太局域网的桥接来说，目前它也是最受欢迎的运营商线路载体。

以太网技术的流行要归功于各类运营商带来的价格合理、可靠且兼容性好的网络产品。集成化和统一化的通信的发展、大规模服务器集群的演进、不断扩张的VoIP、TVoIP和Web 2.0应用，都是人们对更高速以太网交换机需求的驱动因素。以下列出了100 Gbps以太网的市场推动力。

- **数据中心/因特网媒体提供者** 为了支持不断成长的因特网多媒体业务和Web应用，这些业务提供者不断地扩张其数据中心，使得10 Gbps以太网已达到了其自身的极限。他们极有可能成为100 Gbps以太网的早期采纳者，且需求量较大。
- **城域网-视频/服务提供者** 按需视频推动着新一代10 Gbps城域/核心以太网的构建。他们很有可能成为中期采纳者，且需求量较大。

- **企业局域网** 音频/视频/数据的集成以及统一化通信的不断发展，推动了对网络交换的需求。不过大多数企业仍然依赖于1 Gbps以太网或1 Gbps与10 Gbps混合以太网，他们对100 Gbps以太网的采纳可能会比较迟缓。
- **因特网交换/ISP核心路由选择** 随着巨大的通信量流经结点，这些设施很有可能成为100 Gbps以太网的早期采纳者。

在2007年，IEEE 802.3工作小组授权成立了IEEE P802.3ba 40Gbps和100 Gbps以太网特别任务组。802.3ba项目的授权请求援引了在数据率性能需求上超出10 Gbps以太网范围的大量应用实例，这些应用包括数据中心、互联网交换、高性能计算和按需视频的交付。该授权请求认识到网络聚集点和终端站点对带宽需求的增长速度不同，以证明新标准需要两个不同的数据率（40 Gbps和100 Gbps）。

此类产品首次出现在2009年，IEEE 802.3ba标准于2010年完成。

100 Gbps以太网应用的一个例子如图12.8所示，摘自[NOWE07]。由刀片式服务器[①]机房构成的大型数据中心的一个发展趋势就是为每个服务器应用10 Gbps的端口，以处理由这些服务器带来的巨大的多媒体通信量。这样的配置给当地的连接了海量服务器的交换机带来了压力。建议采用100GbE的速度，提供足够的带宽，以处理不断增加的通信量负载。人们预期100GbE不仅将在数据中心交换机的上行链路上应用，而且将会为企业网提供跨建筑物的、跨园区的、城域网以及广域网的连接。

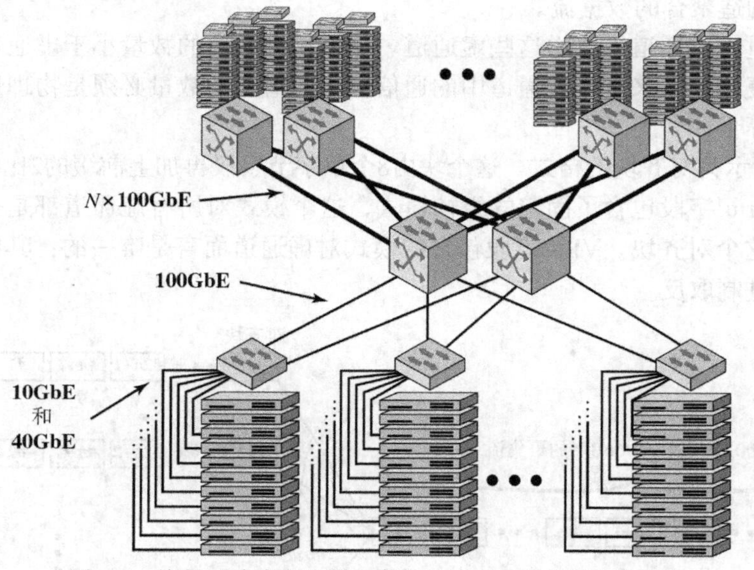

图12.8 海量刀片式服务器机房的100 Gbps以太网配置举例

快速以太网、千兆位以太网和10 Gbps以太网的成功突显了与选择网络技术相关的网络管理的重要性。40 Gbps和100 Gbps以太网规范提供了与已安装的现有局域网、网络管理软件以及应用的兼容性。这种兼容性昭示了在网络环境快速发展的今天，这项已经存在了30年的技术仍将继续。

---

① 刀片式服务是一种服务器结构，它在一个机柜中容纳多个服务器模块（刀片）。这种结构被广泛应用于数据中心，以节约空间并改进系统管理。不论是独立的还是层叠的，这些机柜都提供了电源，每个刀片服务器都有自己的CPU、内存和硬盘（此定义摘自pcmag.com 百科）。

多通道分发

802.3ba标准使用了称为多通道分发的技术来获得需要的速度。这里要说明两个独立的概念：多通道分发和虚通道。

多通道分发（multilane distribution）的基本思想是，为了容纳40 Gbps 和100 Gbps 这样高的数据率，端站与以太网交换机之间的物理链路或两台交换机之间的物理链路可能要以多条并行通道来实现。这些并行的通道可以是独立的物理线缆，比如在结点之间使用四条并行的双绞线链路。另外，并行通道也可以是独立的频道，例如在一根光纤链路上通过波分复用来提供。

为了简单和易于制造，我们希望在设备的电气物理子层之上再定义一个特殊的多通道结构，称为物理媒体附件（Physical Medium Attachment，PMA）子层。产生的通道称为虚通道（virtual lane）。如果虚通道的数量与在电气或光纤链路上使用的实际通道的数量不一致，就要在物理媒体相关（Physical Medium Dependent，PMD）子层中将虚通道分发到适当数量的物理通道中。这是复用的逆形式。

图12.9(a)所示为发送器中的虚通道机制。用户数据流使用64B/66B编码，此种编码也用于10 Gbps以太网。利用简单的轮询机制，以66比特为一个字，将用户数据一次一个字地分发到各个虚通道中（第一个字给第一个通道，第二个字给第二个通道，依次类推）。每个虚通道将会被定期地插入一个独特的66比特对齐块。这个对齐块用来对虚通道进行标识和重新排序，从而重新构造聚合的数据流。

接下来通过物理通道来发送这些虚通道。如果物理通道的数量小于虚通道的数量，就要利用比特级的复用技术来发送虚通道中的通信量。虚通道的数量必须是物理通道数量的整数倍（大于或者等于1）。

图12.9(b)所示为对齐块的格式。这个块由8个单字节字段再加上前缀的2比特同步字段（值为10）组成。Frm 字段包含了固定的组帧模式，这个模式对所有虚通道都是一样的，它被接收器用来定位这个对齐块。VL# 字段包含的模式对虚通道而言是唯一的：其中一个字段是另一个字段的二进制取反。

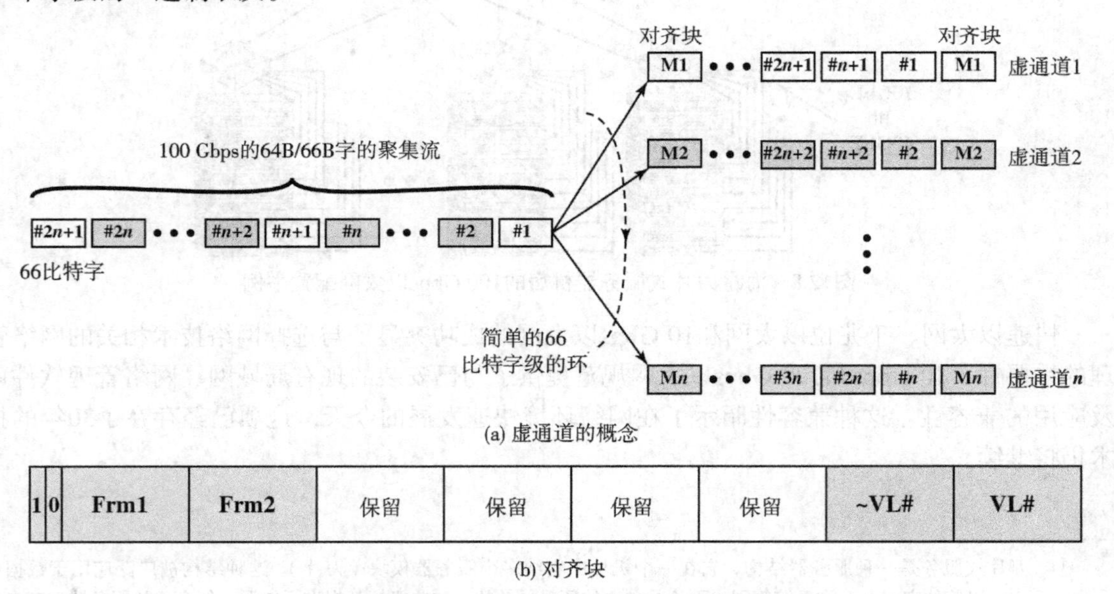

(a) 虚通道的概念

(b) 对齐块

图12.9　100 Gbps以太网的多通道分发

媒体选择

IEEE 802.3ba指定了3种类型的传输媒体（见表12.3）：铜背板、双心同轴电缆（一种与同轴电缆类似的电缆）和光纤。对于铜媒体，指定了4条独立的物理通道。对于光纤，根据数据率和距离的不同，指定了4个或10个波长通道。

表12.3　40 Gbps和100 Gbps以太网的媒体选择

	40 Gbps	100 Gbps
1 m背板	40GBASE-KR4	
10 m铜线	40GBASE-CR4	1000GBASE-CR10
100 m多模光纤	40GBASE-SR4	1000GBASE-SR10
10 km单模光纤	40GBASE-LR4	1000GBASE-LR4
40 km单模光纤		1000GBASE-ER4

缩略语：
铜：K = 背板；C = 电缆组件
光纤：S = 短距离（100 m）；L = 长距离（10 km）；E = 加长距离（40 km）
编码机制：R = 64B/66B块编码
末尾数字：通道数量（铜缆数或光纤波长）

12.3　IEEE 802.1Q VLAN 标准

IEEE 802.1Q最近一次更新是在2005年，它定义了VLAN网桥和交换机的操作，以允许在桥接的/ 交换的局域网设施中定义、运行和管理VLAN拓扑结构。在这一小节中，重点是802.3局域网中这个标准的应用。

回顾第11章，VLAN就是一个从管理上配置的广播域，由连接到局域网上的终端的一个子集构成。VLAN并不局限于一台交换机，而是可以跨越多个互相连接的交换机。在这种情况下，交换机之间的通信量必须指明其VLAN成员关系。这在802.1Q中通过插入一个标签就可以实现，这个标签携带的是VLAN标识符（VID），其取值范围为1 ~ 4094。在局域网配置中的每个VLAN都被分配了一个全局唯一的VID。通过在多个交换机上为端系统分配相同的VID，一个或多个VLAN广播域就能扩展到整个大网络中。

图12.10描绘了称为标签控制信息（Tag Control Information，TCI）的802.1标签的位置与内容。如果802.3 MAC帧的长度/类型字段被设置为十六进制的值8100，就说明在这个帧中存在两个八位组的TCI字段。TCI字段由以下3个子字段组成：

- **用户优先级（3比特）** 这个帧的优先级别。
- **规范格式指示（1比特）** 对于以太网交换机总是设置为0。CFI用于以太网类型的网络与令牌环类型的网络的兼容。如果从以太网端口接收到的一个帧的CFI置为1，这个帧就不能按原样转发给未标记的端口。
- **VLAN标识符（12比特）** 对该VLAN的标识。在4096个可能的VID中，0被用来表示这个TCI中只包含了优先级，而4095（FFF）是保留的，因此在VLAN的配置中它的最大可能值是4094。

图12.11描绘了一种局域网配置，其中包括3台实现了802.1Q的交换机和1台没有实现802.1Q的“旧式”交换机或网桥。在这种情况下，连接到传统设备的所有端系统必须属于同一个VLAN。在支持VLAN的交换机之间的干线上传输的MAC帧都要包含802.1Q TCI标签。在一个帧被转发到旧式交换机去之前，这个标签先要被剥掉。对于连接到支持VLAN的交换机的端系统而言，MAC帧既可以包含TCI标签，也可以不包含，具体取决于实现。重点是，在支持VLAN的交换机之间要使用TCI标签，以便这些交换机执行正确的路由选择并适当地处理帧。

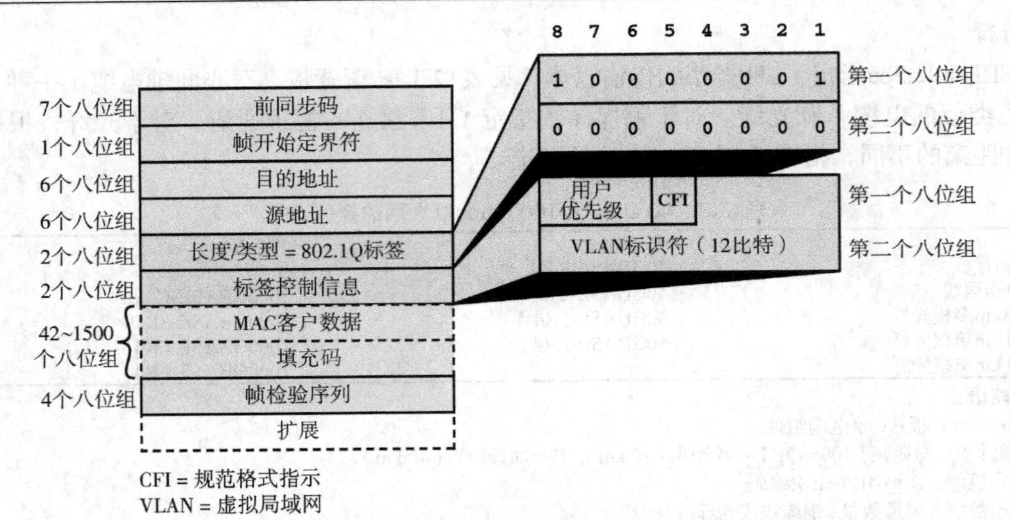

图12.10　带标签的IEEE 802.3 MAC帧格式

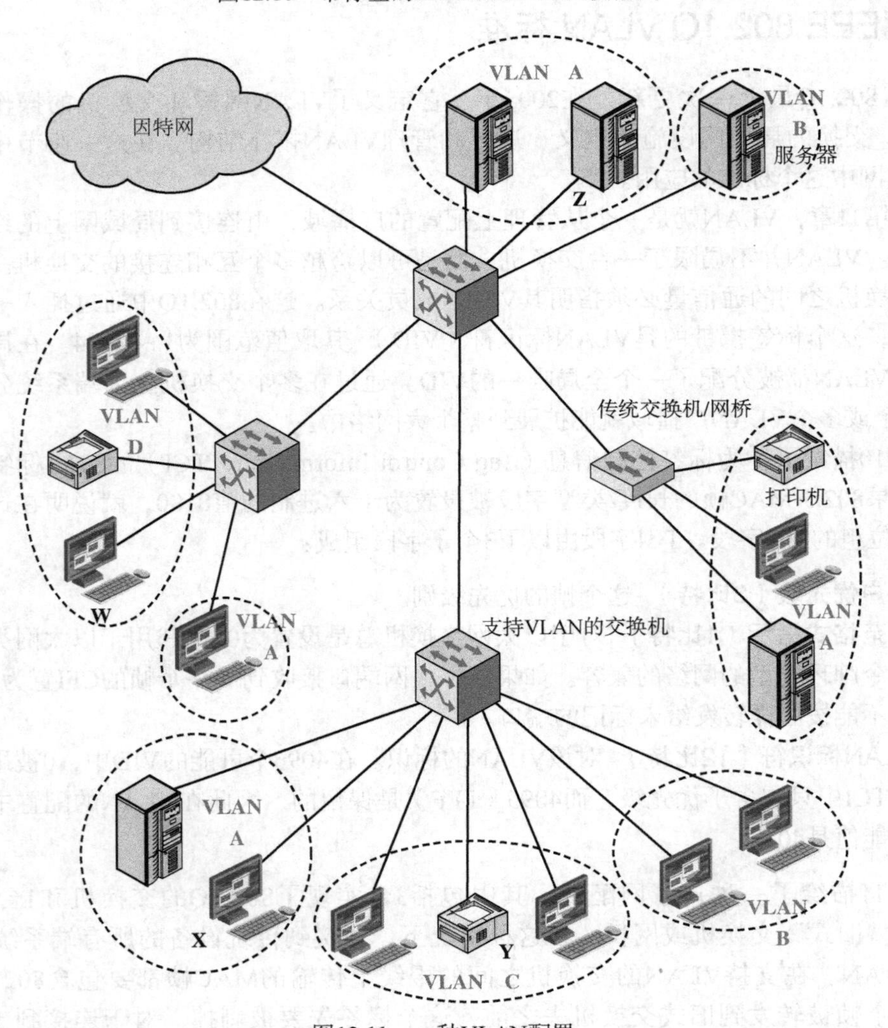

图12.11　一种VLAN配置

12.4 推荐读物

[METC76]是有关以太网的经典之作。[FRAZ99]是一篇很好的千兆位以太网综述。[TOYO10]全面介绍100 Gpbs以太网并探讨了与其实现相关的问题。

FRAZ99 Frazier, H., and Johnson, H. "Gigabit Ethernet: From 100 to 1,000 Mbps." *IEEE Internet Computing*, January/February 1999.

METC76 Metcalfe, R., and Boggs, D. "Ethernet: Distributed Packet Switching for Local Computer Networks." *Communications of the ACM,* July 1976.

TOYO10 Toyoda, H.; Ono, G.; and Nishimura, S. "100 GbE PHY and MAC Layer Implementation." *IEEE Communications Magazine,* March 2010.

12.5 关键术语、复习题及习题

关键术语

1-persistent CSMA　1持续CSMA
binary exponential backoff　二进制指数退避
collision　冲突
full-duplex operation　全双工操作
p-persistent CSMA　*p*持续CSMA
scrambling　扰码
carrier sense multiple access with collision detection
带冲突检测的载波监听多点接入（CSMA/CD）
ALOHA　ALOHA
carrier sense multiple access　载波监听多点接入（CSMA）
Ethernet　以太网
nonpersistent CSMA　非持续CSMA
repeater　转发器
slotted ALOHA　时隙ALOHA

复习题

12.1　什么是服务器集群？
12.2　解释CSMA可用的3种持续协议。
12.3　什么是CSMA/CD？
12.4　解释二进制指数退避。
12.5　快速以太网的传输媒体选项有哪些？
12.6　除了数据率不同之外，如何区分快速以太网与10BASE-T？
12.7　在以太网的背景下，什么是全双工操作？

习题

12.1　像CSMA/CD这种局域网的争用方法有一个缺点，那就是因为多个站点同时要接入信道而导致网络容量浪费严重。假定把时间分成离散的时隙，并且N个站点的各站点在每时隙以概率p的可能性尝试传输。那么因多个站点同时尝试传输而导致浪费的时隙有多少？

12.2　对p持续CSMA，假设发生如下情况。有一个站点准备好传输并且正在监听当前的传输。除此之外再没有其他站点准备传输，并且在无限期的时间内也没有其他传输。如果协议中使用的时间单位是T，证明协议第1步的平均重复次数为$1/p$，并且在当前传输结束后，该站点预计将要等待的时间为$T\left(\frac{1}{P}-1\right)$。提示：利用等式$\sum_{i=1}^{\infty} iX^{i-1}=\frac{1}{(1-X)^2}$。

12.3 IEEE 802定义的二进制指数退避算法如下。

时延是时隙长度的整数倍。第n次重传前所延迟的时隙个数r，是在$0 \leqslant r < 2^K$范围内均匀分布的随机整数，其中$K = \min(n, 10)$。

时隙时间约为往返时延的两倍。假定有两个站点总是有帧要传输。在发生冲突后，一个站点在成功地传输之前的平均重发尝试次数是多少？如果有3个站点一直有帧要传输，其答案是什么？

12.4 描述由曼彻斯特编码的IEEE 802.3 MAC帧的前同步码在媒体上产生的信号模式。

12.5 IEEE 802.3的帧把FCS字段置于帧尾而非帧的首部，请分析这样做有什么优点？

12.6 采用8B6T编码技术，在信号率为25 Mbaud的单信道上的有效数据率为33 Mbps。如果采用单纯的三态方案，则信号率为25 Mbaud时的有效数据率为多少？

12.7 采用8B6T编码技术，DC 算法有时对一个码组中的所有三态符号求反。接收方如何识别这种情况？接收方如何区别求反和没有求反的码组？例如，数据字节为00的码组为+－0 0+－，数据字节38 的码组就是它的反码，即－+0 0－+。

12.8 画出与图12.12中的编码状态图对应的MLT解码状态图。

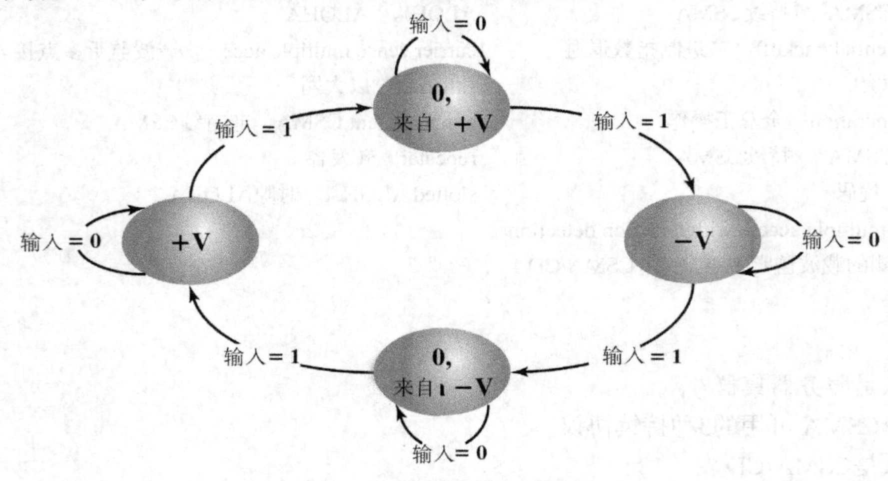

图12.12 MLT-3编码状态图

12.9 对于比特流0101110，画出NRZ-L、NRZI、曼彻斯特和差分曼彻斯特以及MLT-3编码的波形图。

12.10 a. 通过式(12.1)一步一步地计算结果来证明图12.18(a)所示的除法对应于图12.17(a)的实现。

b. 通过式(12.2)一步一步地计算结果来证明图12.8(b)所示的乘法对应于图12.17(b)的实现。

12.11 为MLT-3 扰码器和解扰码器画出类似于图12.16的图。

附录12A 局域网的数字信号编码

第5章中讨论了一些传输数字数据的通用编码技术，包括曼彻斯特编码和差分曼彻斯特编码，它们也用于某些局域网标准中。本附录要讨论的是本章曾提到的另外一些编码技术。

12A.1 4B/5B–NRZI

这种机制实际上是两种编码算法的结合，用于100BASE-X。为了理解这种选择的重要意义，首先考虑NRZ（不归零）的另一种简单变种编码方案。在NRZ 中，一个信号状态代表二进制1，另一个信号状态代表二进制0。这个方法的缺点是缺少同步。因为媒体上的跳变是无法预测的，所以接收方无法把自己的时钟与传输方的同步。一种解决的办法是将二进制数据进行编码，以保证跳变的存在。例如，可以先用曼彻斯特方法对数据编码。这个方法的缺点是效率只有50%。也就是说，因为每比特时间可能有两次跳变，所以要达到100 Mbps的数据率，需要每秒200兆信号元素的信号率（200 Mbaud）。这代表了不必要的耗费和技术负担。

通过使用4B/5B编码能很大程度地提高效率。在这种方案中，一次对4比特进行编码。数据中的每4比特被编码成一个符号，每个符号由5个码比特（code bit）组成，而每个码比特含有一个信号元素。在这里，5个码比特形成的比特块称为一个码组（code group）。实际上就是每4比特的数据被编码成5比特。因此效率提高到80%；用125 Mbaud 可得到100 Mbps。

为保证同步，要进行第二次编码：4B/5B流的每个码比特被视为一个二进制值，用不归零1制（NRZI）进行编码（见图5.2）。在这种编码中，用比特周期起始时刻有一个跳变来表示二进制1，而用比特周期起始时刻没有跳变表示二进制0，除此之外没有其他跳变。NRZI的优点是它采用了差分编码。回顾第5章对差分编码的介绍，信号的解码是通过比较相邻信号元素之间的极值而不是比较信号元素的绝对值进行的。这种方案的好处是，在噪声和失真的影响下，检测跳变通常比检测门限值要可靠一些。

现在我们要描述4B/5B码并解释为什么要选择它了。表12.4所示为符号的编码。表中列出了所有的5比特码组模式及其NRZI实现。因为我们是用5比特模式对4个比特进行编码，所以在32种可能的模式中只需要16种。选择那些至少有两次跳变的5码组码模式来代表这16个4比特的数据块。在单个或横跨多个码组中不允许连续出现超过3个零。

该编码技术总结如下：

1. 不使用简单的NRZ 编码，因为它不提供同步，也就是说一串1或一串0中将没有任何跳变。
2. 要传输的数据首先通过编码保证有跳变。之所以选择4B/5B编码而不是曼彻斯特编码，是因为它的效率更高。
3. 4B/5B 码进一步用NRZI 进行编码，使最后得到的差分信号有更好的接收可靠性。
4. 为了保证同步，需要选择特殊的5比特模式为16个4比特数据模式编码，以保证不会有连续超过3个零。

表12.4 4B/5B码组

数据输入（4比特）	码组（5比特）	NRZI模式	解释
0000	11110		数据0
0001	01001		数据1
0010	10100		数据2
0011	10101		数据3
0100	01010		数据4
0101	01011		数据5
0110	01110		数据6
0111	01111		数据7
1000	10010		数据8
1001	10011		数据9
1010	10110		数据A
1011	10111		数据B
1100	11010		数据C
1101	11011		数据D
1110	11100		数据E
1111	11101		数据F
	11111		空闲
	11000		流开始定界符，第1部分
	10001		流开始定界符，第2部分
	01101		流结束定界符，第1部分
	00111		流结束定界符，第2部分
	00100		传输差错
	其他		无效码

那些不用于表示数据的码组或者被宣布为无效，或者被赋予特殊意义，用作控制字符。这些特殊意义的设置列于表12.4中。非数据符号分成以下几类。

- **空闲**　空闲码组是在数据传输序列之间传输的。它由二进制1的恒定流构成，用NRZI编码后则是两个信号极之间的交替变换。这个连续的填充模式用于建立和维持同步，并在CSMA/CD协议中用来表明共享媒体是空闲的。
- **流开始定界符**　用于表明数据传输序列的开始界限。由两个不同的码组构成。
- **流结束定界符**　用于结束正常的数据传输序列。由两个不同的码组构成。
- **传输错误**　该码组被解释为发送差错。这个标志的正常用途是由转发器用来传播接收到的错误。

12A.2　MLT-3

尽管4B/5B-NRZI 在光纤上是高效的，但在双绞线上就没有那么好的效果了。原因是信号能量太过集中，导致线路上产生不利的辐射。用于100BASE-TX的 MLT-3的设计就克服了这个问题。

它包括以下步骤：

1. **从NRZI到NRZ的转换**　基本100BASE-X的4B/5B NRZI信号被转换回到NRZ。
2. **扰码**　对比特流进行扰码以便为下一步工作产生均匀的频谱分布。
3. **编码器**　对扰码后的比特流用MLT-3进行编码。
4. **驱动**　把所得的结果传输出去。

MLT-3的效果是把大多数能量集中在30 MHz以下的传输信号中，从而减少了辐射。反过来，这又减少了由于干扰带来的问题。

MLT-3编码输出的每个二进制1都有一个跳变，并且有3个电平：正电压（+V），负电压（–V）和没有电压（0）。用图12.12中的编码器状态图可以很好地解释该编码规则：

1. 如果下一个输入比特是0，则下一个输出的值与前面的值相同。
2. 如果下一比特是1，则下一输出的值含有一个跳变：
   a. 如果前面输出的值为+V 或者–V，则下一个输出是0。
   b. 如果前面输出的值是0，则下一个输出的值为非0，且输出的值与上一个非0值符号相反。

图12.13提供了一个例子。每当输入一个1，就产生一次跳变。+V 和–V交替出现。

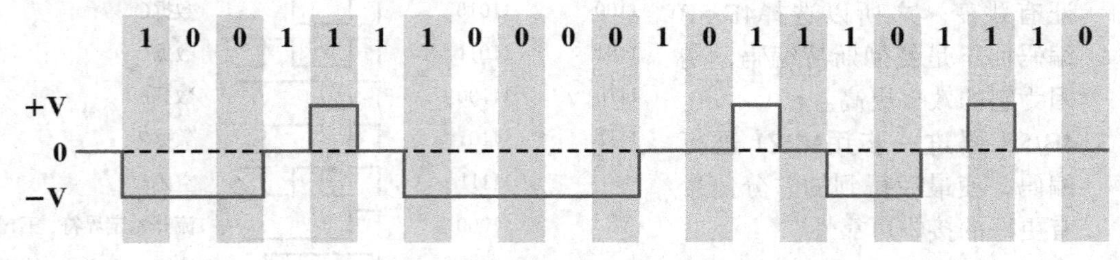

图12.13　MLT-3编码的例子

12A.3　8B6T

8B6T编码算法用三态信号技术。在三态信号技术中，每个信号元素可取三种值之一（正电压、负电压和零电压）。纯三进制码利用了三态信号的全信息携带能力。但是，与纯二进制码（NRZ）一样，纯三态也因为不能同步而不具有很强的吸引力。不过，有一种策略称为块编码方法，它在效率上接近3进制码，并且克服了这个三进制码的缺点。100BASE-T4 采用了一种称为8B6T的新的块编码方法。

在8B6T中，要传输的数据以8比特块为处理单位。每个8比特块被映射到一个有6个三进制码符号的码组上。然后在3个输出信道上以循环方式传输码组流（见图12.14）。因此，在每个输出信道上的三态传输速率为

$$\frac{6}{8} \times 33\frac{1}{3} = 25 \text{ Mbaud}$$

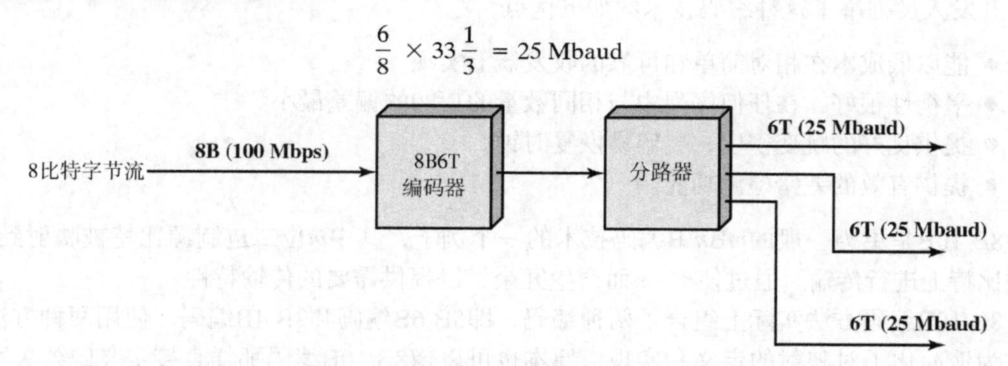

图12.14　8B6T的传输策略

表12.5显示了8B6T码表的一部分。全表把所有可能的8比特模式一对一地映射到6位三进制符号的码组上。映射的选择要牢记两个条件：同步和直流平衡。为了同步，码的选择要使每个码组的平均跳变次数最大。第二个要求是维持直流平衡，这是为了使线路上的电压平均为0。为达到这个目的，所有选择的码组或者正负符号的个数相同，或者正符号多出一个。为了维持平衡，采用了一个直流平衡算法。从本质上讲，这个算法就是在一根双绞线上监视传输的所有码组的积累权重。每个码组的权重为0或1。为了维持平衡，该算法可能把要传输的码组取反（把所有符号“+”变成符号“−”，把所有符号“−”变成符号“+”），这样结果得到的每个码组累积的权重为1或0。

表12.5　8B6T的部分码表

数据八位组	6T码组	数据八位组	6T码组	数据八位组	6T码组	数据八位组	6T码组
00	+−00+−	10	+0+−−0	20	00−++−	30	+−00−+
01	0+−+−0	11	++0−0−	21	−−+00+	31	0+−−+0
02	+−0+−0	12	+0+−0−	22	++−0+−	32	+−0−+0
03	−0++−0	13	0++−0−	23	++−0−+	33	−0+−+0
04	−0+0+−	14	0++−−0	24	00+0−+	34	−0+0−+
05	0+−−0+	15	++00−−	25	00+0+−	35	0+−+0−
06	+−0−0+	16	+0+0−−	26	00−00+	36	+−0+0−
07	−0+−0+	17	0++0−−	27	−−+++−	37	−0++0−
08	−+00+−	18	0+−0+−	28	−0−++0	38	−+00−+
09	0−++−0	19	0+−0−+	29	−−0+0+	39	0−+−+0
0A	−+0+−0	1A	0+−++−	2A	−0−+0+	3A	−+0−+0
0B	+0−+−0	1B	0+−00+	2B	0−−+0+	3B	+0−−+0
0C	+0−0+−	1C	0−+00+	2C	0−−++0	3C	+0−0−+
0D	0−+−0+	1D	0−+++−	2D	−−00++	3D	0−++0−
0E	−+0−0+	1E	0−+0−+	2E	−0−0++	3E	−+0+0−
0F	+0−−0+	1F	0−+0+−	2F	0−−0++	3F	+0−+0−

12A.4 8B/10B

光纤通道和千兆位以太网采用的编码技术是8B/10B，其中每8比特的数据被转换成10比特进行传输。该技术与前面介绍的4B/5B具有相同的思路。8B/10B由IBM为其200 Mbaud的ESCON互连系统开发并享有专利权[WIDM83]。8B/10B技术比4B/5B在传输特性和差错检测方面功能更强。

开发人员列举了这种编码技术的如下优点。

- 能以低成本在相对简单和可靠的收发器上实现。
- 平衡性很好，在任何序列中与相同数量的1和0的偏差最小。
- 提供良好的跳变密度，更容易恢复时钟。
- 提供有效的差错检测功能。

8B/10B是更为一般的*m*B*n* B编码技术的一个例子，其中*m*位二进制源比特被映射到*n*位二进制比特上进行传输。通过使$n > m$而产生冗余，以提供需要的传输特性。

8B/10B编码方法实际上组合了两种编码，即5B/6B编码和3B/4B编码。使用两种方法仅仅是人为地简化了对映射的定义和实现，原本也可以像8B/10B编码那样直接定义映射关系。无论如何，映射都是把可能的8比特源块映射到一个10比特的码块上。在这里还有一个称为不均衡控制（disparity control）的功能。从本质上讲，这个功能主要是跟踪0的个数是否超过1的个数，或者1 的个数是否超过0的个数。不论是哪个方向上的倾斜都称为不均衡。当存在着不均衡时，如果当前码块将会增加不均衡的程度，则不均衡控制功能对该10比特码块求补。其效果是或者消除不均衡，或者至少把当前的不均衡向相反方向移动。

12A.5 64B/66B

8B/10B码会带来25%的额外开销。为了在更高的数据率下得到更大的效率，64B/66B码将64比特块映射为66比特的输出码块，而其额外负载为3%。这个码用于10 Gbps和100 Gbps以太网中。包括控制字段的完整的以太网帧被认为是此次处理的“数据”。另外还有一些非数据符号，称为“控制”，这些控制符号包括之前在4B/5B码中定义的控制符号，再加上其他一些符号。

这个处理过程的第一步是将输入块编码为64比特块，之前再添加2比特的同步字段，如图12.15所示。如果输入块中全部都是数据八位组，则编码后的块由值为01的同步字段和紧跟其后的8个数据八位组（不做任何改变）构成。反之，这个输入块由8个控制八位组或者控制八位组和数据八位组混合构成。在这种情况下，同步字段的值是10，其后紧跟的是一个8比特的控制类型字段，这个字段定义了输入块中剩余56比特的格式。要了解这56比特是如何组成的，需要指出在输入块中可能包含的控制八位组的类型，如下所示。

- **分组开始（S）** 指出流的开始，这个流包括了完整的802.3 MAC分组加上某些64B/66B控制字符。这个八位组被编码为4比特或0比特。
- **分组结束（T）** 标志着分组的结束，用0到7比特来编码。
- **规定组（O）** 用于调校时钟速率，编码为4比特。
- **其他控制八位组** 包括了空闲和差错控制字符。这些字符被编码为7比特。

输入数据	同步	纯数据字段比特							
DDDD DDDD	01	D0	D1	D2	D3	D4	D5	D6	D7

输入数据		类型	数据/控制字段比特							
CCCC CCCC	10	0x1E	C0	C1	C2	C3	C4	C5	C6	C7
CCCC ODDD	10	0x2D	C0	C1	C2	C3	O	D5	D6	D7
CCCC SDDD	10	0x33	C0	C1	C2	C3		D5	D6	D7
ODDD SDDD	10	0x66	D1	D2	D3	O		D5	D6	D7
ODDD ODDD	10	0x55	D1	D2	D3	O	O	D5	D6	D7
SDDD DDDD	10	0x78	D1	D2	D3	D4	D5	D6	D7	
ODDD CCCC	10	0x4B	D1	D2	D3	O	C4	C5	C6	C7
TCCC CCCC	10	0x87		C1	C2	C3	C4	C5	C6	C7
DTCC CCCC	10	0x99	D0		C2	C3	C4	C5	C6	C7
DDTC CCCC	10	0xAA	D0	D1		C3	C4	C5	C6	C7
DDDT DDDT	10	0xB4	D0	D1	D2		C4	C5	C6	C7
DDDD TCCC	10	0xCC	D0	D1	D2	D3		C5	C6	C7
DDDD DTCC	10	0xD2	D0	D1	D2	D3	D4		C6	C7
DDDD DDTC	10	0xE1	D0	D1	D2	D3	D4	D5		C7
DDDD DDDT	10	0xFF	D0	D1	D2	D3	D4	D5	D6	

D ＝数据八位组
C ＝输入控制八位组
C_i ＝7比特输出控制字段
S ＝分组字段开始字界符
T（terminate）＝分组字段结束定界符
O ＝规定集控制字符

图12.15　64B/66B块格式

要想用56比特来容纳64比特输入块，就必须减少输入控制字符中的比特数量。图12.15指出了如何做到这一点。在输入块中，分组开始字符总是与第1个或第5个八位组对齐。如果是输入块中的第1个八位组，那么剩下的7个八位组一定是数据八位组。为了容纳所有7个数据八位组，S字段由块类型字段隐含，因而在编码后的块中不占位。如果S字符是第5个输入八位组，那么它在编码后的块中占4比特。类似地，T字段的位置和长度根据块类型字段的不同，在编码后从0到7比特都有可能，取决于输入块中控制和数据八位组是如何混合的。

图12.16所示为64B/66B传输的完整机制。首先输入块被编码，并在前面添加两个同步比特，再对编码后的64比特块进行扰码，扰码都是用多项式$1+X^{39}+X^{58}$执行的。对扰码的讨论参见附录16B。接着在扰码后的比特块前添加未经扰码的2比特同步字段。这个同步字段提供了块边界对齐，并且在发送很长的比特流时提供同步。

注意，在这种情况下并没有为了获得所需的同步和跳变频率而使用特别的编码技术。而是由扰码算法来提供所需的这些特性。

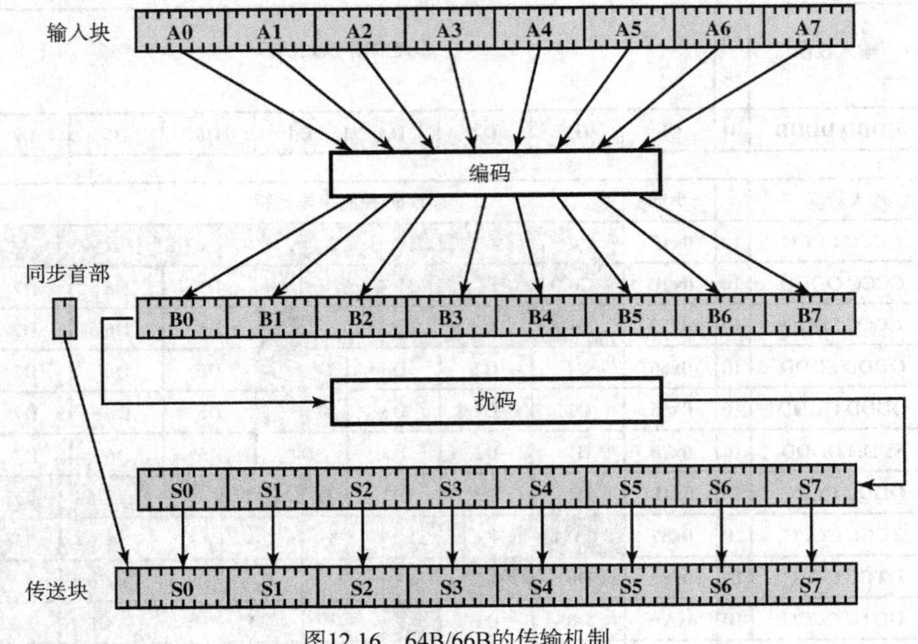

图12.16　64B/66B的传输机制

附录12B　扰码

对于某些数字数据编码技术，在传输中出现的一长串的二进制0或1会降低系统的性能。同样，如果数据本身更具有随机性，而不是恒定的或周期性的，则像频谱特征之类的其他一些传输特征也会得到改善。经常被用来提高信息质量的一种技术就是扰码和解扰码技术。扰码过程就是试图让数据看起来更随机一些。

扰码过程由一个反馈移位寄存器组成，而相对应的解码器则由一个前馈移位寄存器组成。图12.17描绘了一个例子。在这个例子中，扰码后的数据序列表示为

$$B_m = A_m \oplus B_{m-3} \oplus B_{m-5} \tag{12.1}$$

其中，⊕代表异或操作。移位寄存器初始化后所含全部为0。解扰码的序列为

$$\begin{aligned} C_m &= B_m \oplus B_{m-3} \oplus B_{m-5} \\ &= (A_m \oplus B_{m-3} \oplus B_{m-5}) \oplus B_{m-3} \oplus B_{m-5} \\ &= A_m (\oplus B_{m-3} \oplus B_{m-3} \oplus) B_{m-5} \oplus B_{m-5} \\ &= A_m \end{aligned} \tag{12.2}$$

可以看到，解扰码的输出就是原始数据序列。

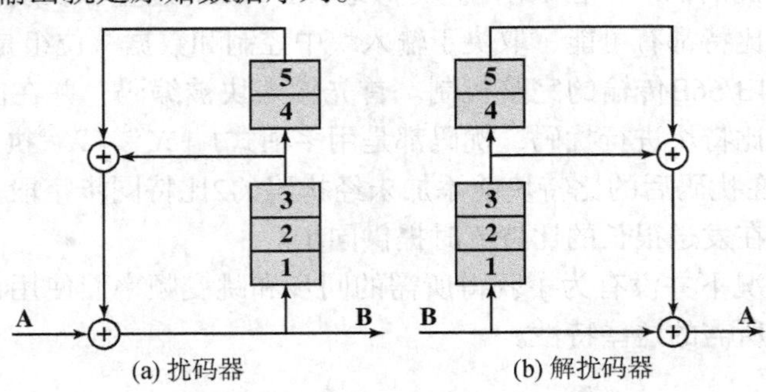

(a) 扰码器　(b) 解扰码器

图12.17　扰码器和解扰码器

可以通过使用多项式来表示这一过程。对于上例来说，该多项式就是$P(X)=1+X^3+X^5$。输入的数据除以此多项式，生成扰码后的序列。在接收器端，经过扰码的信号被接收后乘以相同的多项式，就可重现原始输入数据。图12.18所示为使用多项式$P(X)$且输入为101010100000111的例子[①]。通过除以$P(X)$(100101)进行扰码后，传输的是101110001101001。当这个数值乘以$P(X)$后，又得到了原始的输入数值。注意，输入序列含有周期性的序列10101010，以及一长串的0。扰码器有效地消除了这两个模式。

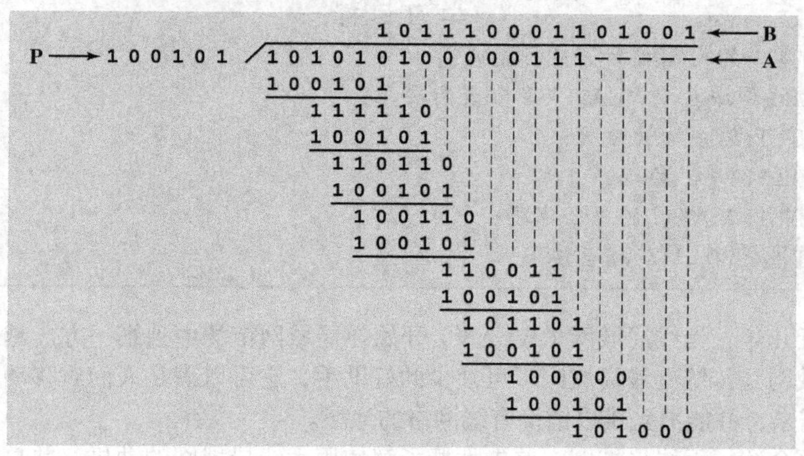

(a) 扰码

101110001101001 ← B
100101 ← P
101110001101001
101110001101001
101110001101001
C = A → 101010100000111

(b) 解扰码

图12.18 用$P(X)=1+X^{-3}+X^{-5}$进行扰码的例子

对用于100BASE-TX 的MLT-3机制来说，扰码等式为

$$B_m = A_m \oplus X_9 \oplus X_{11}$$

在这种情况下，移位寄存器含有9个单元，其使用方式与图12.17所示的5个单元的寄存器一样。但是，在MLT-3的情况下，输入移位寄存器的不是输出值B_m。事实上，每个比特经传输后，寄存器向上移动1个单元，而上一个异或的结果被输入第一个单元。这一过程可表示如下：

$$X_i(t) = X_{i-1}(t-1);\quad 2 \leqslant i \leqslant 9$$
$$X_i(t) = X_9(t-1) \oplus X_{11}(t-1)$$

如果移位寄存器包含的全为0，则不会进行扰码（即$B_m=A_m$），以上等式令移位寄存器没有任何变化。因此，标准规定移位寄存器初始化为全1，且一旦寄存器中出现全0的值就重新初始化为全1。

对于4D-PAM5机制，采用以下两个扰码等式，每个方向一个：

$$B_m = A_m \oplus B_{m-13} \oplus B_{m-33}$$
$$B_m = A_m \oplus B_{m-20} \oplus B_{m-33}$$

① 我们规定，最靠左的比特是最先提交给扰码器的比特。因此这些比特可以标识为$A_0A_1A_2\cdots$。类似地，多项式也被转化为一个从左至右的比特串。多项式$B_0+B_1X+B_2X^2+\cdots$可表示为$B_0B_1B_2\cdots$。

第13章　无线局域网

学习目标

在学习了本章的内容之后，应当能够：

- 概述无线局域网（WLAN）的配置和要求；
- 理解802.11体系结构组成；
- 描述802.11 MAC协议；
- 解释802.11 MAC帧的每个字段；
- 概述可选的802.11物理层规范。

就在最近几年，无线局域网（WLAN）开始在局域网市场中独霸一方。越来越多的机构发现无线局域网是传统有线局域网不可缺少的好助手，它可以满足人们对移动、布局变动和自组网络的需求，并能覆盖难以铺设有线网络的地域。

本章全面介绍了无线局域网。首先大概了解使用无线局域网的动机，并总结目前无线局域网的各种使用方法。下一节将讨论无线局域网的3种主要类型，它们是根据传输技术来划分的，包括红外线、扩频以及窄带微波。

无线局域网最著名的规约是由IEEE 802.11工作组开发的。本章其余部分都将围绕这个标准展开讨论，并且是基于2012版的标准。

13.1　概述

13.1.1　无线局域网的配置

图13.1所示为一个简单的无线局域网配置，它是许多环境下的典型配置。图中有一个像以太网这样的有线局域网主干，它支撑着服务器、工作站以及一个或多个连接到其他网络的网桥和路由器。另外，图13.1中还有一个控制模块（CM），用来作为无线局域网的接口。为了将无线局域网连接到主干上，这个控制模块必须含有网桥或者路由器的功能。这些功能包括某种接入控制逻辑，如轮询或令牌传递策略，以便协调端系统的接入。注意，有些端系统是孤立设备，如工作站或服务器。用来控制有线局域网以外的多个站点的集线器或其他用户模块（UM），也是无

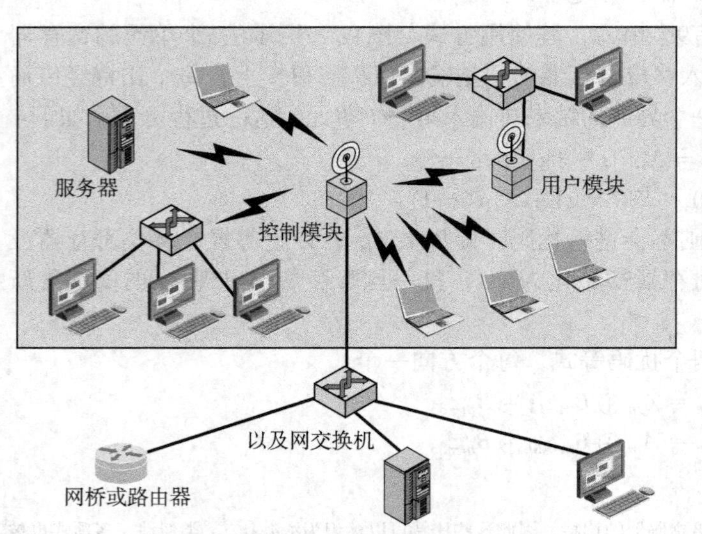

图13.1　单蜂窝无线局域网配置举例

线局域网配置中的一部分。

图13.1中的配置可称为单蜂窝无线局域网。它的所有无线端系统都在一个控制模块的控制范围内。另外还有一种常见配置，如图13.2所示，称为多蜂窝无线局域网。在这种情况下，有多个控制模块通过有线局域网相互连接。每个控制模块在自己的传输范围内支持多个无线端系统。例如，红外线局域网的传输仅限于一个房间内。因此，在需要无线支持的办公楼中，一个房间就需要一个蜂窝。

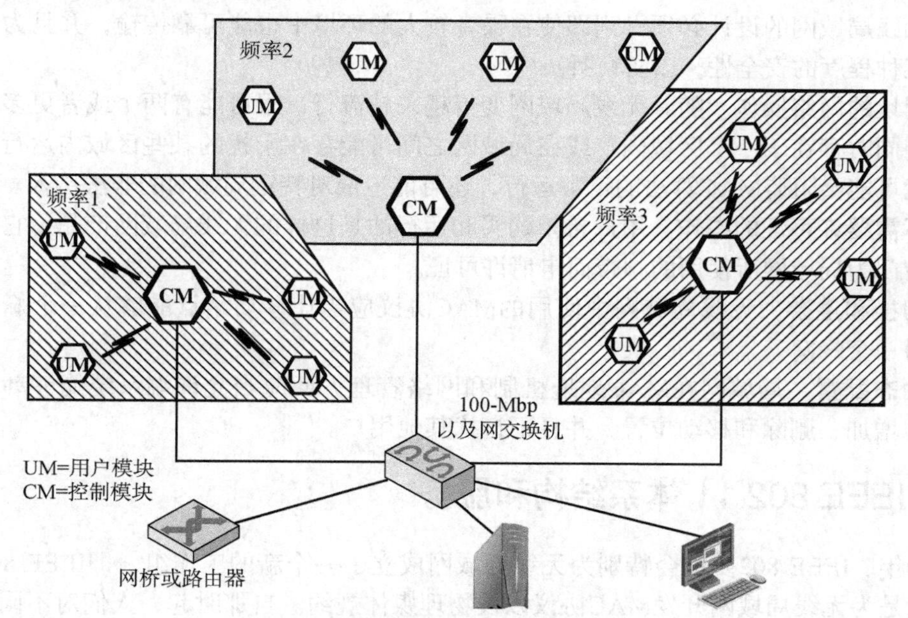

图13.2　多蜂窝无线局域网配置举例

与图13.1和图13.2所描绘的不同，图13.3所示为另一种类型的配置，称为**自组网络**（ad hoc network）。通常，无线局域网形成了由一个或多个蜂窝组成的固定基础设施，每个蜂窝里有一个控制模块。各蜂窝中可能会存在一些固定的端系统。漫游站点则可以从一个蜂窝移动到另一个蜂窝。与此相反，自组网络中不存在基础设施。事实情况是在某个范围内的一群对等站点动态地将自己配置成一个临时性的网络。

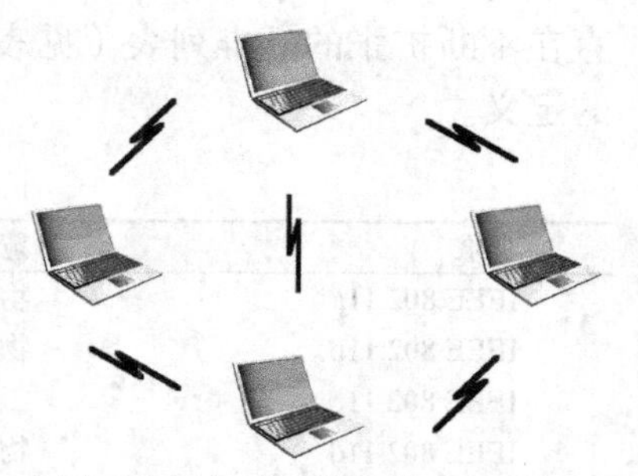

图13.3　自组无线局域网的配置

13.1.2　无线局域网的要求

无线局域网必须满足所有局域网的典型要求，包括大容量、近距离的覆盖能力、相连站点间的完全连接性以及广播能力。另外，无线局域网环境还有一些特殊的要求。以下是一些无线局域网最重要的要求。

- **吞吐量**　媒体接入控制（MAC）协议应当尽可能有效地利用无线媒体以达到最大的容量。
- **结点数量**　无线局域网可能需要支持分布在多个蜂窝中的上百个结点。
- **连接到主干局域网**　在大多数情况下，要求能够与主干有线局域网的站点相互连接。对于有基础设施的无线局域网，很容易通过利用控制模块完成这个任务，控制模块本身就连接着这两种类型的局域网。对于移动用户和自组无线网络来说，可能也需要满足这个要求。

- **服务区域**　无线局域网典型覆盖面积的直径为100～300 m。
- **电池能量消耗**　移动工作人员用的是由电池供电的工作站，它需要在使用无线适配器的情况下，电池供电时间足够长。这就是说，要求移动结点不停地监视接入点或者经常需要与基站握手的MAC协议，是不适用的。通常，无线局域网的实现都具有在不使用网络时减少能量消耗的特殊性能，如睡眠模式。
- **传输稳健性和安全性**　除非设计合理，无线局域网很容易受到干扰并且容易被窃听。无线局域网的设计必须做到即使在噪音较大的环境中也能可靠传输，并且为应用提供某种程度的安全性，以防窃听。
- **同址的网络操作**　随着无线局域网变得越来越流行，很可能有两个或者更多无线局域网同时存在于一个区域内，或在局域网之间可能存在干扰的某些区域内运行。这种干扰可能会阻碍MAC算法的正常运行，还可能造成对特定局域网的非法接入。
- **不需要许可证的操作**　用户希望购买和运行的是这样的无线局域网产品：它们不需要专门为局域网所使用的频带而申请许可证。
- **切换和漫游**　无线局域网中使用的MAC协议应当让移动站点能够从一个蜂窝移动到另一个蜂窝。
- **动态配置**　局域网在MAC地址机制和网络管理方面应当允许端系统能够动态且自动地增加、删除和移动位置，并且不打扰其他用户。

13.2　IEEE 802.11 体系结构和服务

1990年，IEEE 802委员会特别为无线局域网成立了一个新的工作组，即IEEE 802.11，它的宗旨就是为无线局域网开发MAC协议以及物理媒体规约。自那时起，人们对不同频率和数据率的WLAN的需求就已经开始激增。为了满足这一需求，IEEE 802.11工作组发布了一个一直在不断扩张的标准列表（见表13.1）。表13.2简要给出了IEEE 802.11标准中使用的关键术语的定义。

表13.1　IEEE 802.11标准

标准	范围
IEEE 802.11a	物理层：速率范围为6～54 Mbps的5 GHz OFDM
IEEE 802.11b	物理层：5.5 Mbps和11 Mbps的2.4 GHz直接序列扩频系统 DSSS
IEEE 802.11c	工作在802.11 MAC层的网桥
IEEE 802.11d	物理层：将802.11 WLAN的操作延伸到新的管理域（国家）
IEEE 802.11e	MAC：增强，以提高服务质量和改进安全机制
IEEE 802.11g	物理层：将802.11b的数据率扩展至20 Mbps以上
IEEE 802.11i	MAC：增强安全和鉴别机制
IEEE 802.11n	物理/MAC：增强，以允许更高的吞吐量
IEEE 802.11T	802.11无线性能评估的推荐实施办法
IEEE 802.11ac	物理层/MAC：增强，以在5 GHz频带支持0.5～1 Gbps的数据率
IEEE 802.11ad	物理层/MAC：增强，以在60 GHz频带支持1 Gbps以上的数据率

表13.2　IEEE 802.11术语表

术语	含义
接入点（Access Point，AP）	任何具有站点功能并能向建立联系的站点提供经过无线媒体接入分发系统的实体
基本服务集（Basic Service Set，BBS）	由单个协调功能所控制的站点的集合
协调功能（coordination function）	判断在BSS内运行的站点何时允许传输，何时能够接收PDU的逻辑功能

（续表）

术语	含义
分发系统（Distribution System，DS）	用于连接多个BSS以及综合局域网，以形成一个ESS的系统
扩展服务集（Extended Service Set，ESS）	一个或多个互连的BSS及综合局域网的集合，对于任何一个站点，只要与这些BSS中的某一个建立联系，那么对这个站点上的LLC层来说，这个集合看起来就像一个BSS
帧（Frame）	MAC协议数据单元的同义词
MAC协议数据单元（MAC Protocol Data Unit，MPDU）	在两个对等MAC实体之间利用物理层提供的服务进行交换的数据单元
MAC服务数据单元（MAC Service Data Unit，MSDU）	在MAC用户之间以单元的形式交付的信息
站点（station）	任何包含了IEEE 802.11 MAC层和物理层的设备

13.2.1　WiFi联盟

虽然所有802.11产品都基于相同的标准，但人们总会担心来自不同运营商的产品是否能够顺利地互操作。针对此种顾虑，无线以太网兼容性联盟（Wireless Ethernet Compatibility Alliance，WECA）作为一个工业协会于1999年成立。此组织后更名为WiFi（Wireless Fidelity，无线保真）联盟，它创建了一个测试套件以保证802.11产品的互操作性。

13.2.2　IEEE 802.11体系结构

图13.4所示为由802.11工作组开发的模型。无线局域网中最小的模块是**基本服务集**（BSS），由一些执行相同MAC协议并争用同一共享媒体完成接入的站点组成。基本服务集可以是孤立的，也可以通过**接入点**（AP）连到主干**分发系统**（DS）上。接入点的功能相当于网桥和中继点。在BSS中，客户站点之间不直接进行通信。实际上，如果在某个BSS中的一个站点想与位于相同BSS中的另一个站点通信，则MAC帧首先从发起站点发送到接入点上，然后再从接入点到达目的站点。同理，当一个MAC帧想从某个BSS中的站点发送到另一个远程站点上，它需要从本地站点发送到接入点上，然后通过接入点的中继，沿途经过分发系统到达目的站点。

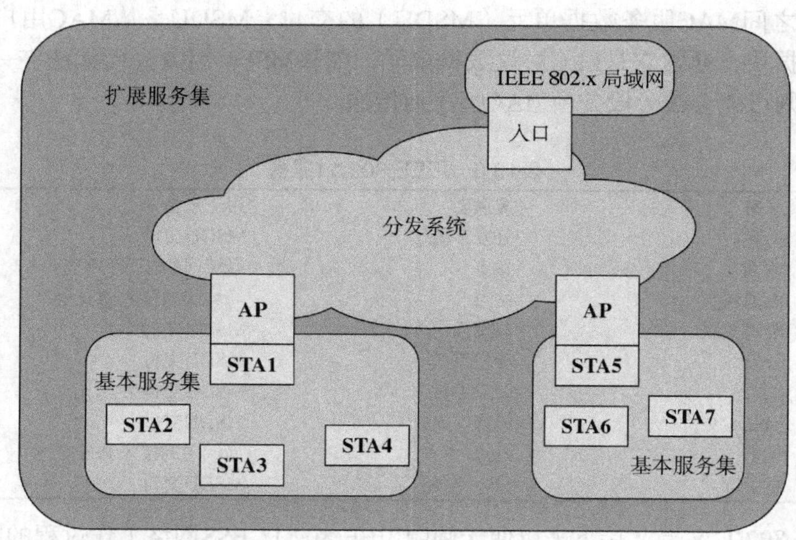

STA = 站点，AP = 接入点

图13.4　IEEE 802.11的体系结构

BSS通常与文献中的蜂窝相对应。分发系统有可能是交换机、有线网络或者一个无线网络。

如果某个BSS中的所有站点都是移动站点，且没有连接到其他BSS上，这个BSS就称为**独立BSS**（IBSS）。典型的IBSS是自主网络。在IBSS中，所有站点之间是直接通信的，没有涉及接入点。

最简单的配置如图13.4所示，其中每个站点都仅属于一个BSS。也就是说，各站点只与在同一个BSS内的站点处于无线传输范围内。事实上，两个BSS有可能在地理区域上互相重叠，因此一个站点也可以加入多个BSS中。另外，站点和BSS之间的联系是动态的。站点可能关机，可能进入传输范围，也可能离开传输范围。

扩展服务集（ESS）由两个或多个基本服务集通过一个分发系统互连而成。通常这个分发系统是有线主干局域网，但也有可能是任何形式的通信网络。对逻辑链路控制（LLC）层而言，扩展服务集合就像是单个逻辑局域网。

从图13.4中可以看出，接入点是作为站点中的一部分实现的。所谓接入点就是站点中的一个逻辑模块，它使该站点除了具有站点功能之外，还可以提供分发系统服务，以此提供对分发系统的接入。为了使IEEE 802.11体系结构综合到传统的有线局域网上，就要用到**入口**（portal）部件。入口部件的逻辑在像网桥和路由器这一类的设备中实现，它是有线局域网的一部分，但同时也与分发系统相连。

13.2.3 IEEE 802.11服务

IEEE 802.11定义了多种服务，它们都是无线局域网所必需的，目的是提供一些功能，这些功能等同于有线局域网固有的一些功能。表13.3列出了这些服务，并说明它们的分类方法有如下两种。

1. 服务提供者既可能是站点，也可能是分发系统。站点提供的服务在所有802.11站点上都有实现，包括接入点。分发式服务在BSS之间提供。这些服务可能在接入点中实现，也可能在其他连接到该分发系统的专用设备中实现。
2. 这些服务中有3种用于控制IEEE 802.11局域网的接入和实现保密。其他6种服务用于支持站点之间MAC服务数据单元（MSDU）的交付。MSDU是从MAC用户传递到MAC层的数据块，通常它是LLC协议数据单元。如果MSDU因太大而无法在一个MAC帧中传输，则可能会被分段并由MAC帧序列传输。

表13.3 IEEE 802.11服务

服务	提供者	用于支持
关联	分发系统	MSDU交付
鉴别	站点	局域网的接入和安全
取消鉴别	站点	局域网的接入和安全
取消关联	分发系统	MSDU交付
分发	分发系统	MSDU交付
综合	分发系统	MSDU交付
MSDU交付	站点	MSDU交付
保密	站点	局域网的接入和安全
重关联	分发系统	MSDU交付

遵照IEEE 802.11文档，接下来以便于阐明IEEE 802.11 ESS网络工作过程的顺序来讨论这些服务。其中**MSDU交付**是最基本的服务，前面已经提到过。与安全性相关的服务将在13.6节讨论。

分发系统内报文的分发

与分发系统内报文的分发相关的两个服务是分发和综合。**分发**是一项非常重要的服务，为了将MAC帧从一个BSS内的站点传递到另一个BSS内的站点，站点就需要用分发服务来交换该帧，使其穿越分发系统。例如，在图13.4中假设站点2（STA2）有一个帧要发送给站点7。因为站点1是该BSS的接入点，所以该帧从站点2发送到站点1。接入点将帧递交到分发系统，分发系统的任务就是为帧指引方向，使其到达目的BSS中与站点5关联的接入点。站点5接收到帧并将其转发给站点7。至于该报文是如何通过分发系统运输的，这个问题超出了IEEE 802.11标准的范围。

如果正在通信的两个站点在同一个BSS内，则分发服务只是在逻辑上通过该BSS上的接入点。

综合服务使数据能够在IEEE 802.11局域网上的站点与综合的IEEE 802.x局域网上的站点之间传送。术语“综合”指的是一个有线局域网，一方面它从物理上与分发系统相连，另一方面，它的站点可能通过综合服务，在逻辑上与IEEE 802.11局域网相连。综合服务要负责数据交换时所要求的所有地址转换和媒体转化逻辑。

与关联相关的服务

MAC层的主要任务是在MAC实体之间传送MSDU，这个任务是由分发服务实现的。分发服务的正常运行需要该ESS内所有站点的信息，而这个信息是由与关联相关的服务提供的。在分发服务向站点交付数据或者接收来自站点的数据之前，该站点必须要建立关联。在讨论关联之前，有必要先介绍移动的概念。标准基于移动性定义了如下3种转移类型。

- **无转移**　这种类型的站点或者是固定的，或者只在一个BSS的直接通信范围内移动。
- **BSS转移**　这种类型的站点移动是在同一ESS内从某个BSS移动到另一个BSS。在这种情况下，该站点的数据交付需要寻址功能，能识别出该站点的新位置。
- **ESS转移**　它的定义是指站点从某个ESS内的一个BSS到另一个ESS内的BSS的移动。只有站点真的能够任意移动，才会支持这种类型的转移。在这种情况下，由802.11支持的高层连接无法保证能够正常维持。事实上，有可能发生服务的崩溃。

为了在分发系统内交付报文，分发服务需要知道目的站点所处的位置。分发系统尤其需要知道报文应当交付给哪个接入点才能到达目的站点。为了满足这个要求，各个站点必须与自己所在BSS内的接入点保持联系。与此相关的有如下3个服务。

- **关联**　在站点和接入点之间建立一条初始的关联。站点能够在无线局域网上传输和接收帧之前，它的身份和地址必须被大家了解。为此，站点必须与某个BSS内的一个接入点建立联系。然后由这个接入点把信息传递给ESS内的其他接入点，从而使路由选择能正常工作，并能正常交付以该站点为终点的帧。
- **重建关联**　使一个已经建立的关联能够从一个接入点传送到另一个接入点。这样，移动站点就可以从一个BSS移动到另一个BSS中了。
- **取消关联**　由站点或接入点发出的通知，说明一条已存在的关联要结束了。站点应当在离开ESS或关机之前发出这个通知。不过，MAC管理功能可以保护自己不受站点不打招呼突然消失的影响。

13.3 IEEE 802.11媒体接入控制

IEEE 802.11 MAC层涉及3个功能区：可靠的数据交付、接入控制以及安全性。本节将讨论前两项内容。

13.3.1 可靠的数据交付

与所有无线网络一样，使用IEEE 802.11物理层和MAC层的无线局域网的一个弱点就是具有相当大的不可靠性。噪声、干扰以及其他传播效应都会导致大量帧的丢失。即使有纠错码，还是有很多MAC帧不能成功接收。这个问题可以通过高层的可靠性机制来处理，如TCP。但是，通常高层的重传所花的时间要以秒来计算，因此在MAC层处理差错的效率会更高一些。为了达到这个目的，IEEE 802.11包含了帧交换协议。当一个站点收到自另一个站点的数据帧时，它会向源点返回确认（ACK）帧。这个交换是作为原子单元（atomic unit）来处理的，不会被来自其他任何站点的传输打断。如果在一段不太长的时间内，源点没有收到ACK，则说明不是数据帧损坏了就是返回的ACK损坏了，源点将重传该帧。

因此IEEE 802.11的基本数据传送机制包括两个帧的交换。为了进一步加强可靠性，也可以使用4个帧的交换。在这种机制下，源点首先向终点发出请求发送（RTS）帧。然后终点允许发送（CTS）帧响应。源点在接收到CTS后传输数据帧，终点以ACK响应。RTS的作用是警告位于源点接收范围内的所有帧：有交换正在进行中。为了避免因同时传输而引起的冲突，这些站点会抑制传输。类似地，CTS警告位于终点接收范围内的所有站点：有交换正在进行。RTS/CTS的交换部分是MAC的必备功能，但也可以不启用它。

13.3.2 媒体接入控制

802.11工作组考虑了两类MAC算法的建议：分布式接入协议和集中式接入协议。分布式接入协议类似于以太网，采用载波监听机制把传输的决定权分布到所有结点。集中式接入协议由一个集中的决策模块来控制发送。分布式接入协议对于对等工作站形式的自组网络（通常为IBSS）是有意义的，同时也可能对主要是突发性通信量的其他一些无线局域网颇具吸引力。如果一个局域网的配置由许多互连的无线站点和以某种形式连接到主干有线局域网的基站组成，则采用集中式接入控制是自然而然的事情。当某些数据是时间敏感的或者是高优先级的时，这种方法特别有用。

IEEE 802.11得出的最终结果是一个称为分布式基础无线MAC（DFWMAC）的MAC算法，它提供了一个分布式接入控制机制，并在顶端具有可选的集中式控制。图13.5描绘了这种体系结构。MAC层的低端子层是分布式协调功能（DCF）。DCF采用争用算法为所有通信量提供接入。正常的异步通信量直接使用DCF。点协调功能（PCF）是一个集中式MAC算法，用于提供无争用服务。PCF建立在DCF之上，并利用了DCF的特性来保证它的用户的接入。我们依次来讨论这两个子层。

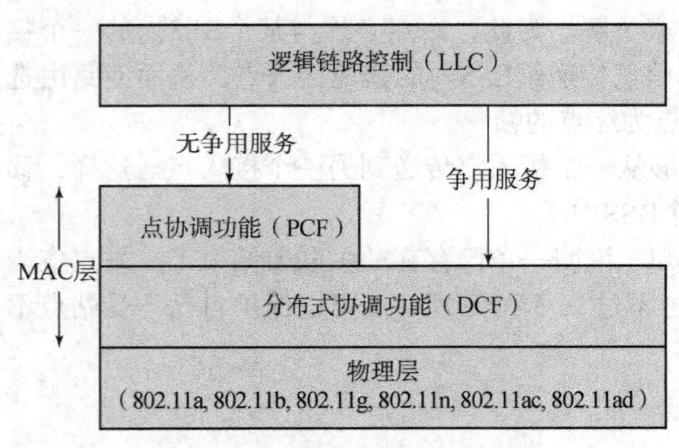

图13.5 IEEE 802.11协议体系结构

分布式协调功能

DCF子层使用一种简单的CSMA（载波监听多点接入）算法。如果站点有一个MAC帧要发送，则先监听媒体。如果媒体空闲，则站点可以发送。否则，该站点必须等待直到当前的发送结束。DCF不包括冲突检测功能（即CSMA/CD），因为在无线网络中进行冲突检测是不实际的。媒体上信号变动范围很大，所以如果正在传输的站点接收到微弱信号，那么它无法区分这是噪声还是因自己的传输而带来的影响。

为了保证算法的平稳和公平运行，DCF包含了一组等价于优先级策略的时延。我们首先考虑一个称为帧间间隔（IFS）的时延。事实上，有3种不同的IFS值，但为了更好地解释该算法，我们还是先忽略这个细节。采用IFS后CSMA的接入规则如下所示（见图13.6）。

1. 有帧要传输的站点先监听媒体。如果媒体是空闲的，则等待IFS长的一段时间，再看媒体是否仍然空闲，如果是，则可立即发送。
2. 如果媒体是忙的（或者是一开始就发现忙，或者是在IFS空闲时间内发现媒体忙），则推迟传输，并继续监听媒体直到当前的传输结束。
3. 一旦当前的传输结束，站点再延迟IFS时间。如果媒体在这段时间内都是空闲的，则站点采用二进制指数退避策略等待一段时间后再监听媒体。如果媒体依然是空闲的，则可以传输。在退避期间，如果媒体又变忙了，则退避定时器暂停，并在媒体变空闲后恢复计时。
4. 如果因为没有收到确认而判断此次传输不成功，则假设为有冲突发生。

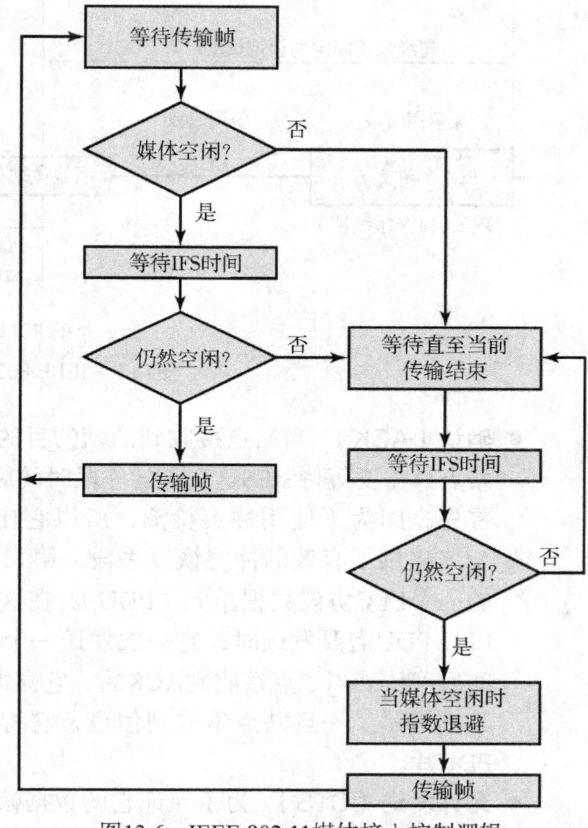

图13.6　IEEE 802.11媒体接入控制逻辑

为了保证退避能够维持稳定性，使用了第12章讨论过的二进制指数退避。二进制指数退避提供了对付重负载的一种办法。多次失败的传输尝试会导致越来越长的退避时间，这有助于让负载变得平滑。如果没有这样的退避，就可能会出现以下情况：两个或多个站点同时尝试传输，引起冲突。然后这些站点立即尝试重传，又引起新的冲突。

以上算法在DCF中通过将IFS 细化为如下3种不同值来提供基于优先级的接入。

- **SIFS（短IFS）** 最短的IFS，用于所有需要立即响应的动作，见后面的解释。
- **PIFS（点协调功能IFS）** 中等长度的IFS，由PCF策略中的集中控制器在发布轮询时使用。
- **DIFS（分布式协调功能IFS）** 最长的IFS，由异步帧在争用接入时作为最小时延。

图13.7(a)所示为这3种时间值的用途。首先考虑SIFS。任何用SIFS来决定传输机会的站点都具有事实上的最高优先级，因为它总在等待PIFS或DIFS时间的站点之前得到接入权。SIFS可以用于以下环境。

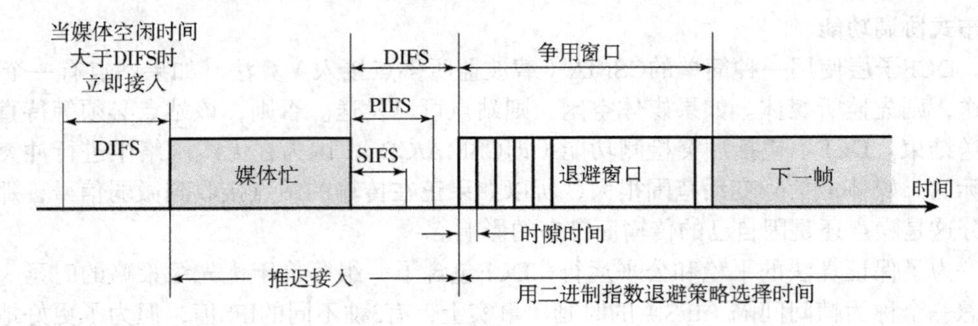

(a) 基本接入方法

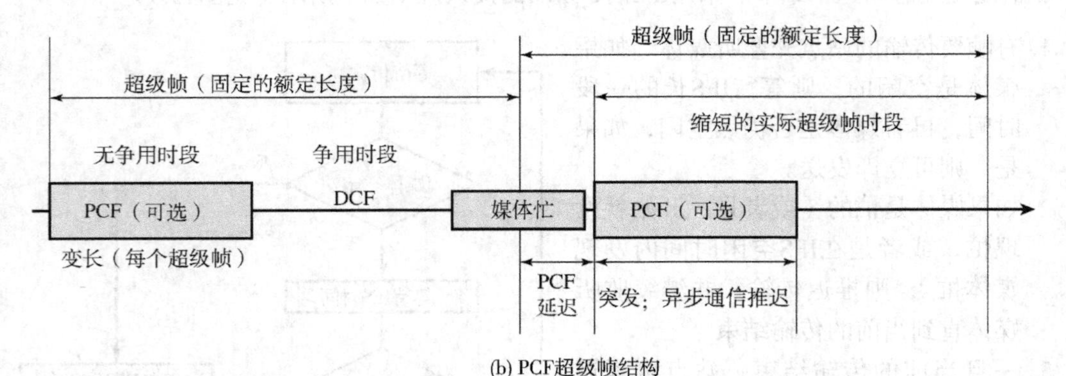

(b) PCF超级帧结构

图13.7 IEEE 802.11 MAC时序

- **确认（ACK）** 当站点接收到的帧的目的地址只有它一个（不是多播和广播）时，该站点只需要等待SIFS这么长的一段时间后就以ACK帧响应。这样做有两个理想效果：首先，因为不使用冲突检测，所以它比CSMA/CD更有可能发生冲突，而MAC层的ACK提供了有效的冲突恢复手段。第二，SIFS可用来有效地提交由多个MAC帧组成的一个LLC协议数据单元（PDU）。在这种情况下，会出现以下情况。当站点有多帧LLC PDU需要发送时，它一次发送一个MAC帧。接收方在收到每个帧后等待SIFS时间后确认。当源点接收到ACK后，它立即（在SIFS时间以后）发送序列中的下一帧。其结果是，一旦站点争取到信道，它将维持对信道的控制，直到它发完所有的LLC PDU片。
- **允许发送（CTS）** 为了保证它的数据帧能够顺利通过，站点可以首先发出一个很小的请求发送（RTS）帧。如果该帧的终点准备好接收，就必须立即发出CTS帧。其他所有站点也会收到RTS帧，并会推迟使用媒体。
- **轮询响应** 在下面讨论PCF时解释。

下一个较长的帧间间隔是PIFS。中央控制器在发起轮询时使用PIFS，它具有比普通争用通信量更高的优先级。不过，用SIFS传输的帧比PCF具有更高的优先级。

最后，DIFS间隔用于所有正常的异步通信量。

点协调功能

PCF是在DCF之上实现的另一种接入方式。其操作由中央轮询主控器（点协调器）的轮询构成。点协调器在发布轮询时采用PIFS。因为PIFS比DIFS小，所以点协调器在发布轮询和接收响应时能获取媒体并封锁所有的异步通信量。

作为一种极端情况，考虑以下场景。某无线网络的配置如下，有时间敏感通信量的站点由点协调器控制，而其他站点则采用CSMA算法争用接入。点协调器可以向所有配置成轮询的站点以循环方式发布轮询。当发布了一个轮询后，被轮询的站点在SIFS时间后响应。如果点协调器收到响应，它就在PIFS时间后发布另一个轮询。如果在预计的往返时间内没有收到响应，协调器就会发布下一个轮询。

如果按以上描述的规程实现，点协调器就会不断地发布轮询，并永远封锁所有异步通信量。为了避免这种情况，定义了一个称为超帧（superframe）的时间间隔。在超帧时间的前一部分，点协调器以循环方式向所有配置成轮询的站点发布轮询。然后，在余下的超帧时间里，点协调器空闲，允许异步通信量有一段争用接入的时间。

图13.7(b)描绘了超帧的使用。在超帧开始时，点协调器可以在给定时间内获得控制权和发布轮询，这个功能是可选项。由于响应站点发出的帧的长度是变化的，所以这个时间间隔也是变化的。超帧剩余的时间用于基于争用的接入。在超帧末尾，点协调器用PIFS时间争用媒体接入权。如果媒体是空闲的，点协调器即可立刻接入，然后又是一个全超帧期。不过，媒体在超帧末尾有可能是忙的。在这种情况下，点协调器必须等待直到媒体空闲并获得接入。其结果是下一个循环中相应缩短的超帧期。

13.3.3 MAC帧

图13.8所示为IEEE 802.11帧格式，也称为MAC协议数据单元（MPDU）。这是一个通用的格式，用于所有数据帧和控制帧，但在不同背景下有些字段可以不用。MAC帧的所有字段如下。

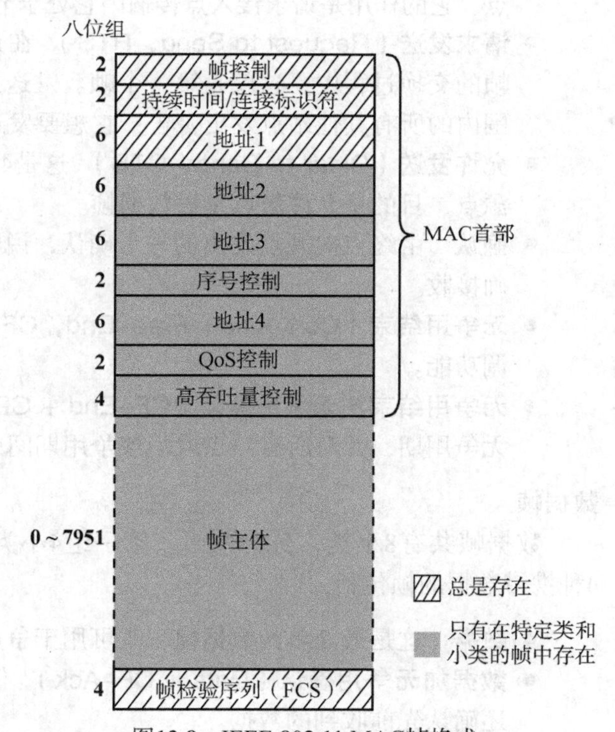

图13.8　IEEE 802.11 MAC帧格式

- **帧控制**　指明帧的类型（控制、管理或数据），并提供控制信息。控制信息包括帧是要去往还是来自分发系统、数据报分片信息以及私密信息。
- **持续时间/连接标识符**　如果作为持续时间字段，则指明一个MAC帧的成功传输需要分配的信道时间（以微秒为单位）。在某些控制帧中，这个字段包含的是一个关联标识符或连接标识符。
- **地址**　在不同背景下，48 比特地址字段的数量和含义各不相同。**发送方地址**和**接收方地址**是通过无线局域网并加入BSS的正在发送和接收帧的站点的MAC地址。**服务集标识符**（SSID）标识出帧传输通过的无线局域网。对于IBSS，它的SSID是在网络构成时生成的一个随机数。对属于某个大型网络配置中的无线局域网，SSID则标识了该帧传输通过的BSS，具体而言，SSID就是该BSS的接入点的MAC层地址（见图13.4）。

最后，源点地址和终点地址是作为该帧最终的源点和终点的站点的MAC地址，既可能是无线的，也可能是有线的。源点地址可能与发送方地址一致，终点地址可能与接收方地址一致。

- **序号控制** 含有一个4比特的数据报片序列号子字段（用于数据报分片和重装）和一个12 比特的序列号，用于在给定的发送器和接收器之间为发送的帧编号。
- **QoS控制** 包括与IEEE 802.11服务质量设施相关的信息。对这个设施的讨论超出了本书的范围。
- **高吞吐量控制** 这个字段包含了与802.11n、802.11ac和802.11ad的操作相关的控制位。对这个字段的讨论超出了本书的范围。
- **帧主体** 含有一个MSDU或一个MSDU数据报片。这个MSDU是LLC协议数据单元或MAC 控制信息。
- **帧检验序列** 一个32比特的循环冗余检验码。

现在来看看如下3种类型的MAC帧。

控制帧

控制帧在数据帧的可靠交付中起辅助作用。控制帧一共有如下6小类。

- **节电轮询（Power Save-Poll，PS-Poll）** 这个帧可以由任何站点发往含有接入点的站点。它的作用是请求接入点传输因它处于节电模式而缓存起来的属于该发送站点的帧。
- **请求发送（Request to Send，RTS）** 在13.3节一开始讨论可靠数据交付时提到的4次帧的交换过程中，这就是第一个帧。发送这个报文的站点向可能的终点以及在接收范围内的所有其他站点发出警告：它想要发送数据到该终点。
- **允许发送（Clear to Send，CTS）** 这是4次帧交换过程中的第二个帧。它由终点发往源点，目的是允许源点发送数据帧。
- **确认** 由终点向源点发出的一个确认，说明刚才发来的数据、管理或PS-Poll帧已被正确接收。
- **无争用结束（Contention-Free-End，CF-End）** 宣布无争用期的结束，它属于点协调功能。
- **无争用结束加无争用确认（CF-End + CF-Ack）** 确认无争用期结束。这个帧结束了无争用期，并对所有站点取消该争用期间的所有限制。

数据帧

数据帧共有8小类，分为两组。第一组4小类帧携带的是从源点到终点的上层数据。这4种携带数据的帧包括：

- **数据** 这是最简单的数据帧，既可用于争用期，也可用于无争用期。
- **数据加无争用确认（Data + CF-Ack）** 仅在无争用期间发送。除携带数据外，该帧还确认先前收到的数据。
- **数据加无争用轮询（Data + CF-Poll）** 由点协调器用来向移动站点交付数据，并请求移动站点发送它缓存的数据帧（如果有）。
- **数据加无争用确认及轮询（Data + CF-Ack + CF-Poll）** 在一个帧中结合了数据加无争用确认和数据加无争用轮询的功能。

剩下的4种数据帧实际上并没有携带任何用户数据。“空功能”数据帧不携带数据、轮询或确认。它是发往接入点的帧，里面仅在帧控制字段中有一个电源管理比特，以指示站点已进入节能操作状态。其余3种帧（CF-Ack，CF-Poll，CF-Ack + CF-Poll）分别与前面的数据帧类型（Data + CF-Ack，Data + CF-Poll，Data + CF-Ack + CF-Poll）一一对应，只是没有数据而已。

管理帧

管理帧用于管理站点和接入点之间的通信。其功能包括关联的管理（请求、响应、重建关联、取消关联以及鉴别）。

13.4 IEEE 802.11物理层

自引入以来，IEEE 802.11标准已有过多次扩展和修订。这个标准的第一版称为IEEE 802.11，包括MAC层和3个物理层规约，其中两个使用2.4 GHz波段，另一个使用红外线，它们运行的数据率都是1 Mbps和2 Mbps。该版本目前已被淘汰不再使用。表13.4归纳了其后几个版本的主要特点。本节将要考察802.11b，802.11a，802.11g和802.11n。下一小节要讨论的是802.11ac和802.11ad，两者都提供了大于1 Gbps的数据率。

表13.4　IEEE 802.11物理层标准

标准	802.11a	802.11b	802.11g	802.11n	802.11ac	802.11ad
引入年份	1999	1999	2003	2000	2012	2014
最大数据传送速度	54 Mbps	11 Mbps	54 Mbps	65 ~ 600 Mbps	78 Mbps ~ 3.2 Gbps	6.76 Gbps
频段	5 GHz	2.4 GHz	2.4 GHz	2.4 GHz和5 GHz	5 GHz	60 GHz
信道带宽	20 MHz	20 MHz	20 MHz	20、40 MHz	40 MHz、80 MHz和160 MHz	2160 MHz
最高级别调制	64 QAM	11 CCK	64 QAM	64 QAM	256 QAM	64 QAM
频谱利用	DSSS	OFDM	DSSS，OFDM	OFDM	SC-OFDM	SC，OFDM
天线配置	1 × 1 SISO	1 × 1 SISO	1 × 1 SISO	高达4 × 4 MIMO	高达8 × 8 MIMO，MU-MIMO	1 × 1 SISO

13.4.1 IEEE 802.11b

IEEE 802.11b是802.11标准早期版本之一，目前已被淘汰，它使用了直接序列扩频（DSSS）技术。它运行在2.4 GHz ISM波段，数据率为1 Mbps和2 Mbps。在美国，对这一波段的使用不需要FCC（联邦通信委员会）发放的许可证。可用信道的数量取决于不同国家的管理机构对带宽的分配。

IEEE 802.11b是IEEE 802.11 DSSS机制的扩展，提供在ISM波段中5.5 Mbps和11 Mbps的数据率。码片率为11 MHz，这一点与最初的DSSS机制相同，因而也提供了相同的带宽。为了在相同带宽和相同码片率的条件下取得更高的数据率，使用了称为**补码键控**（CCK）的调制机制。

CCK调制机制相当复杂，所以在这里不详细分析。图13.9描绘的是11 Mbps数据率调制机制的概况图。输入数据被划分成8比特的数据块，数据率为1.375 MHz（8比特/符号 × 1.375 MHz = 11 Mbps）。这些比特中的6个被映射为64个编码序列之一，这64个编码是从称为Walsh矩阵（在第17章中讨论）的64 × 64矩阵中生成的。映射后的输出加上另外的2比特就形成了QPSK（四相相移键控）调制器的输入。

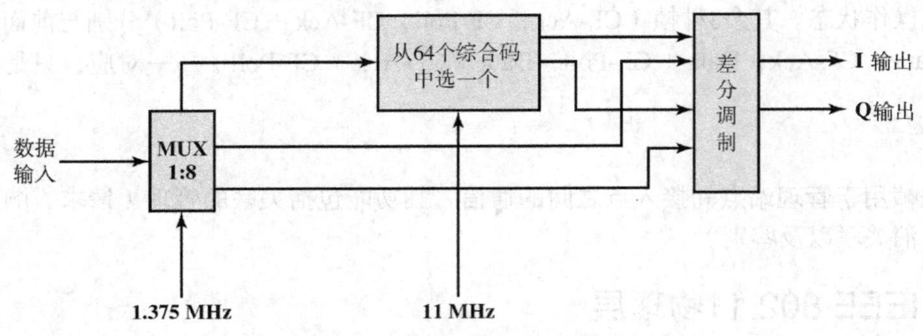

图13.9 11 Mbps CCK调制机制

CCK的另一种替代技术称为分组二进制卷积编码（PBCC）。PBCC有可能提供更高效的传输，其代价是接收器计算量的增加。正是因为预见到将来对标准增补时有可能需要更高的数据率，PBCC才会合并到802.11b中。

物理层帧结构

IEEE 802.11b定义了两种物理层帧格式，它们之间的差别仅在于前同步码的长度。长的前同步码为144比特，与原始的802.11 DSSS机制所用的前同步码一样，并使得它与其他较早的系统之间能够互操作。短的前同步码为72比特，它提供了改进的吞吐效率。图13.10(b)所示为具有短前同步码的物理层帧格式。PLCP前同步码字段使接收器能够获取入口的信号并同步解调器。它由两个子字段组成：用于同步的56比特的Sync字段和16比特的帧开始定界符（SFD）。前同步码用差分BPSK和Barker码扩展方式以1 Mbps的速率传输。

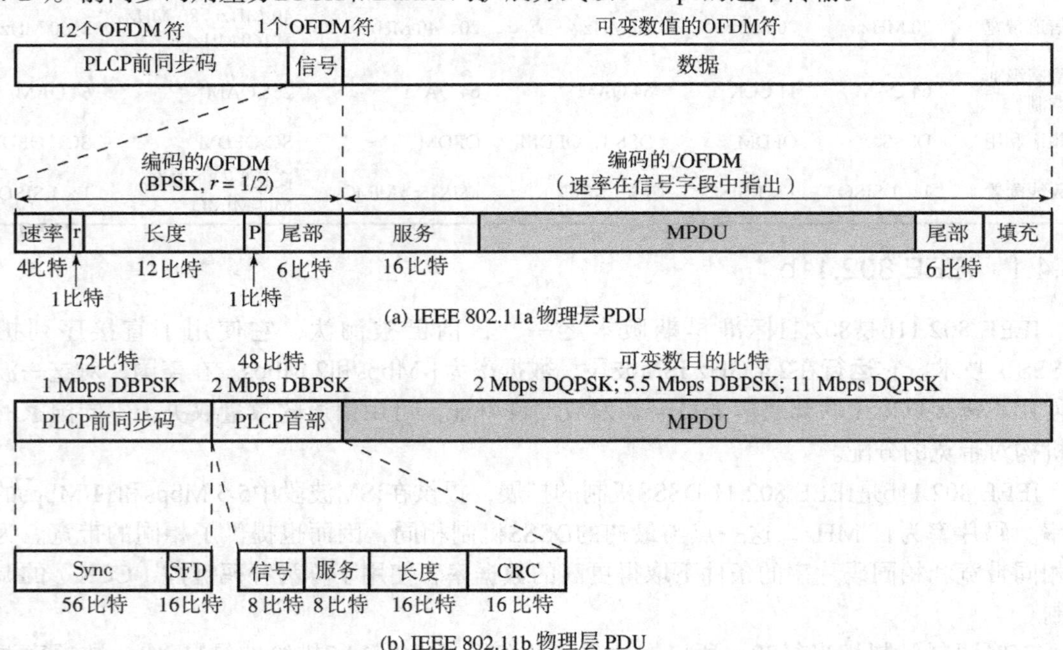

图13.10 IEEE 802物理层协议数据单元

紧跟着前同步码的是PLCP首部，它采用DQPSK方式以2 Mbps速率传输，并由如下子字段组成。

- **Signal（信号）** 指示帧中MPDU（MAC协议数据单元）部分的数据率。
- **Service（服务）** 在802.11b中这个8比特的字段只用了3比特。1比特指出传送频率和符号时钟是否使用相同的本地振荡器。1比特指出是使用CCK还是PBCC编码。1比特作为Length子字段的扩展标志。
- **Length（长度）** 通过指明传送MPDU所需的微秒数来指示MPDU字段的长度。如果给定数据率，则MPDU的长度（以八位组为单位）是可以计算出来的。对任何超过8 Mbps的数据率，就需要使用Service字段中的长度扩展比特来解决四舍五入带来的二义性。
- **CRC** 一个16比特的差错检验码，用于保护Signal，Service和Length字段。

MPDU字段含有可变数目的比特，它们以Signal子字段中指明的数据率传输。在传输之前，物理层PDU的所有比特都经过扰码（有关扰码的讨论参见附录12B）。

13.4.2 IEEE 802.11a

虽然802.11b取得了一定的成功，但因其数据率有限，使得人们对它的兴趣也不高。IEEE 802.11a的开发正是为了满足人们对真正的高速无线局域网的需求。

信道结构

IEEE 802.11a所用的频段称为通用组网信息基础结构（UNNI），它被划分为3个部分，其中UNNI-1 波段（5.15 ~ 5.25 GHz）适合室内使用；UNNI-2波段（5.25 ~ 5.35 GHz）既适合室内使用也适合室外使用；UNNI-3波段（5.725 ~ 5.825 GHz）适合室外使用。

与802.11b/g相比，802.11a有如下几个优点。

- IEEE 802.11a比802.11b/g利用了更多的可用带宽。每个UNNI波段可提供4个无重叠的信道，因此该频谱范围从头到尾共有12个信道。
- IEEE 802.11a比802.11b提供的数据率高得多，而与802.11g的最大数据率相同。
- IEEE 802.11a使用了一个不同的且相对而言比较纯净的频谱（5 GHz）。

编码和调制

与2.4 GHz波段规约不同的是，IEEE 802.11a没有采用扩频机制，而是使用了正交频分复用（OFDM）。OFDM也称为多载波调制，使用了不同频率的多个载波信号，并在每个信道上发送一些数据比特。这就类似于FDM。不过，在OFDM中，所有子信道都专属于一个数据源。

为了补足OFDM，该规约支持使用多种可选的调制和编码机制。该系统使用多达48个副载频，它们采用BPSK，QPSK，16 QAM或64 QAM调制。副载频之间的间隔为0.3125 MHz。每个副载频以250 kbaud的速率传输。采用速率为1/2、2/3或3/4的卷积码，提供前向纠错。数据率取决于调制技术和编码速率的组合。

物理层帧结构

物理层的主要任务是传送如802.11 MAC层提交的媒体接入控制（MAC）协议数据单元（MPDU）。PLCP子层提供OFDM传输所需要的组帧比特和信令比特，PDM子层执行实际的编码和传输操作。

图13.10(a)所示为物理层帧格式。**PLCP前同步码**字段使接收方能够获取入口的OFDM信号并同步解调器。下一个是**Signal（信号）**字段，包含由24比特编码成的一个OFDM符号。前同步码字段和信号字段用BPSK以6 Mbps的速率传输。信号字段由以下子字段组成。

- Rate（速率） 指明帧中的数据字段部分的传输数据率。
- r（保留） 留待将来备用。
- Length（长度） MAC PDU中的八位组数目。
- P（偶检验） 针对Rate，r和Length子字段中的17比特的偶检验比特。
- Tail（尾部） 包含6个0比特，附加在OFDM符之后，以便令卷积编码器进入零状态。

Data（数据）字段含有多个（不定数目）以Rate子字段中指定的数据率传输的OFDM符。在传输之前，数据字段中的所有比特都经过扰码（有关扰码的讨论参见附录12B）。数据字段含有如下4个子字段。

- Service（服务） 由16比特组成，其中前7比特置零，以同步接收器中的解扰码器，剩余的9比特（全0）留待将来备用。
- MAC PDU 自MAC层传递下来的。其格式如图13.8所示。
- Tail（尾部） 通过将紧跟在MPDU末端的6个经过扰码的比特替换为6个全0比特生成，用于重新初始化卷积编码器。
- Pad（填充） 为了使数据字段的长度成为OFDM符比特数的倍数（48、96、192、288）所需的比特数。

13.4.3 IEEE 802.11g

IEEE 802.11g将IEEE 802.11b的数据率扩展至20 Mbps以上，最高可达54 Mbps。与802.11b一样，802.11g工作在2.4 GHz范围，因此它们是兼容的。根据标准的设计，当802.11b的设备与802.11g的接入点连接时可正常工作，且当802.11g的设备与802.11b的AP接入点时也可正常工作，在这两种情况下采用的都是较低的802.11b的数据率。

IEEE 802.11g提供了更广的数据率范围和更多的调制机制选项。通过指明与802.11和802.11b在1 Mbps，2 Mbps，5.5 Mbps和11 Mbps时相同的调制机制和组帧机制，IEEE 802.11g提供与这两个标准的兼容性。在数据率为6 Mbps，9 Mbps，12 Mbps，18 Mbps，24 Mbps，36 Mbps，48 Mbps和54 Mbps时，802.11g采纳802.11a的OFDM机制，使之适合2.4 GHz的速率，并称之为ERP-OFDM，其中的ERP表示扩展速率的物理层（extended rate physical layer）。另外还使用了ERP-PBCC机制以提供22 Mbps和33 Mbps的速率。

在IEEE 802.11标准中并没有包括速度和距离之间关系的具体规范。不同运营商会提供不同的值，这取决于环境。表13.5依据[LAYL04]给出了典型办公环境下的估计值。

表13.5 距离（m）与数据率的估值比较

数据率（Mbps）	802.11b	802.11a	802.11g
1	90+	—	90+
2	75	—	75
5.5(b)/6(a/g)	60	60+	65
9	—	50	55
11(b)/12(a/g)	50	45	50
18	—	40	50
24	—	30	45
36	—	25	35
48	—	15	25
54	—	10	20

13.4.4　IEEE 802.11n

随着人们对无线局域网的要求越来越高，802.11委员会也在不断寻求提高802.11网络数据吞吐量和总容量的方法，其目标不只是增大发送天线的比特率，而是要提高整个网络的有效吞吐量。为了提高有效吞吐量，不仅要考虑信号编码机制，还要考虑天线结构和MAC帧结构。这些努力的结果是嵌在802.11n中的改进增强包。这个标准设计运行在2.4 GHz和5 GHz两个波段，因而能够向上兼容802.11a或802.11b/g。

IEEE 802.11n的不同之处主要体现在3个大的方面：使用了MIMO、对无线电传输的增强以及MAC改进。我们对此做简单讨论。

多输入多输出（Multiple-input-multiple-output，MIMO）天线结构是802.11n带来的最重要的改进。在第17章中有对MIMO的讨论，所以这里只做简单概述。在MIMO机制下，发送器使用多个天线。源数据流被划分为*n*个子数据流，与*n*个发送天线一一对应。这些子数据流分别是每个发送天线的输入（多输入）。在接收端，*m*个天线接收来自*n*个源天线的传输，这些传输结合了视距传播与多径传播。这*m*个接收天线的输出（多输出）与来自其他接收无线电的信号组合在一起。通过大量复杂的数学运算，结果得到的接收信号比单个天线或多频道好得多。802.11n定义了多种不同数量的发送器和接收器的组合，从2×1到4×4。系统中每增加一个发送器或接收器都会提高SNR（信噪比）。

除了MIMO，802.11n还在**无线电传输机制**上做了多方面的改进，以提高容量。在这些技术中最显著的称为信道结合，它将两个20 MHz的信道结合起来，形成一个40 MHz信道。并使用了OFDM，使得子信道的数量倍增，并使传输速率也加倍。

最后，802.11n提供了一些**MAC的改进**。其中最重要的变化是把多个MAC帧聚集成单个块来传输。一旦某站点获得了媒体使用权，它就可以发送较长的分组，且两次传输之间不会有明显的延迟。接收器也只需发送一个确认块。与传输相关的物理层首部只在聚合帧开始的地方发送一次，而不是每个帧都有一个物理层首部。帧聚合在传输容量的利用上明显地提高了效率。

802.11n规范包括3种形式的聚合，如图13.11所示[CISC12b]。为简单起见，4个八位组的MAC尾部字段在图中没有显示出来。A-MSDU就是将多个MSDU聚合成一个MPDU。因此，所有MSDU共用一个MAC首部和一个FCS，而不是每个MSDU各自拥有一个。这样做确实可以提高一定的效率，因为802.11 MAC首部有可能会很长。不过，如果其中的一个MSDU出现差错，那么所有参与聚合的MSDU都必须重发。A-MPDU聚合则是在一次物理传输中组合多个MPDU。因此，与A-MSDU一样，只需要一个物理层首部。这种方法在效率上要低一些，因为每个MPDU都包含自己的MAC首部和FCS。然而，如果其中一个MPDU出现差错，就只有这个MPDU需要重发。最后，这两种形式的聚合还可以再组合起来（A-MSDU的A-MPDU）。

图13.12指出了802.11n有效性与802.11g的对比[DEBE07]。图中所示为共享系统中每用户的平均吞吐量。与预期的一样，争用无线容量的活跃用户越多，每用户的平均吞吐量就越小。IEEE 802.11n带来了显著的提高，尤其是对那些有少量用户非常积极争用传输时间的网络更是如此。

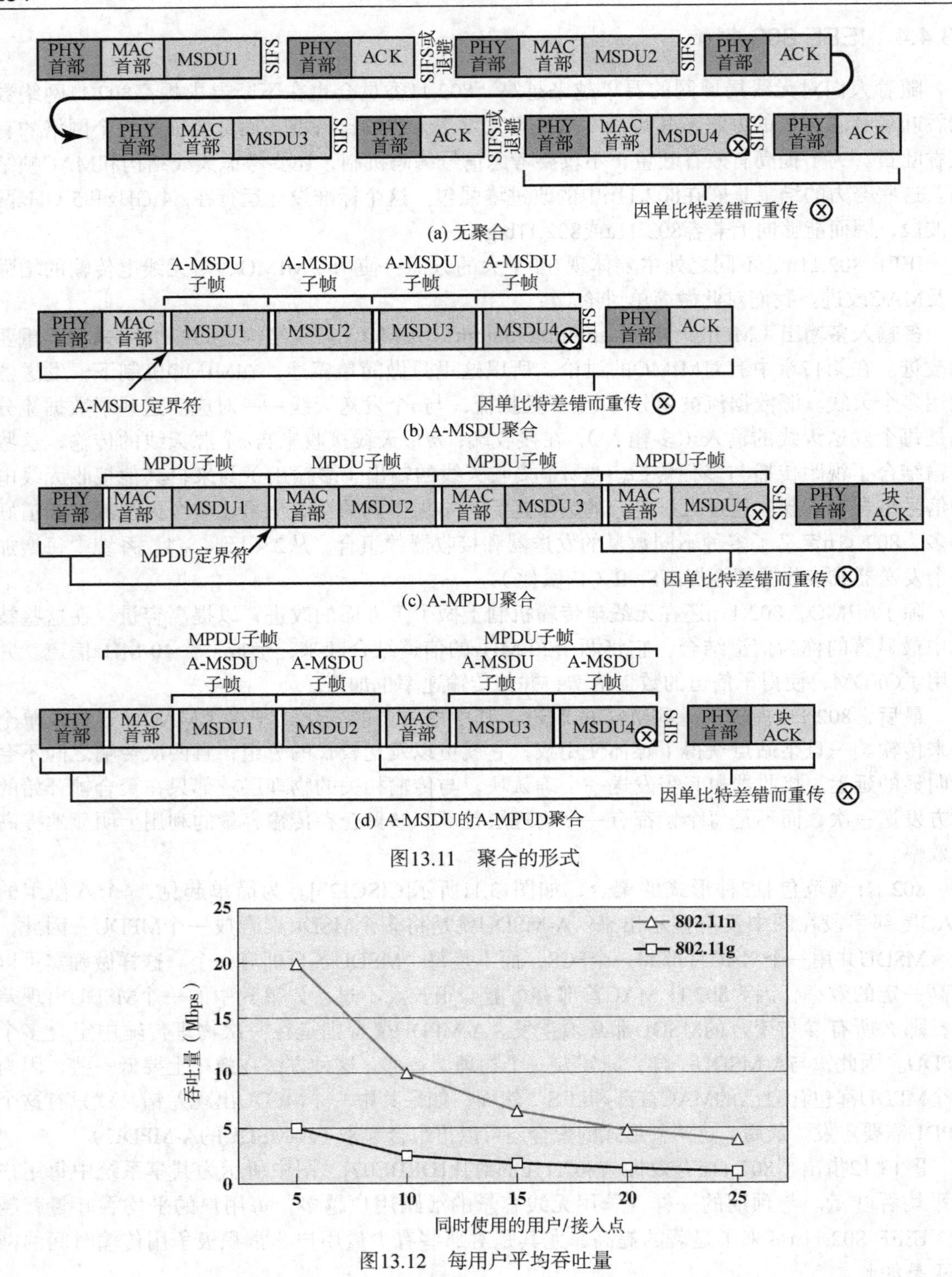

图13.11　聚合的形式

图13.12　每用户平均吞吐量

13.5　千兆位WiFi

如同以太网标准需要向千兆位每秒的速度扩展一样，WiFi也存在同样的需求。因此，IEEE 802.11最近推出了两个新的标准802.11ac和802.11ad，它们提供了超过1 Gbps的WiFi网络。下面依次介绍这两个标准。

13.5.1 IEEE 802.11ac

与802.11a及802.11n一样，IEEE 802.11ac工作在5 GHz频段。它的设计目标是从802.11n平滑地向前演进。通过对以下3个方面的加强，新标准可达到比802.11n更高的数据率（见图13.13）：

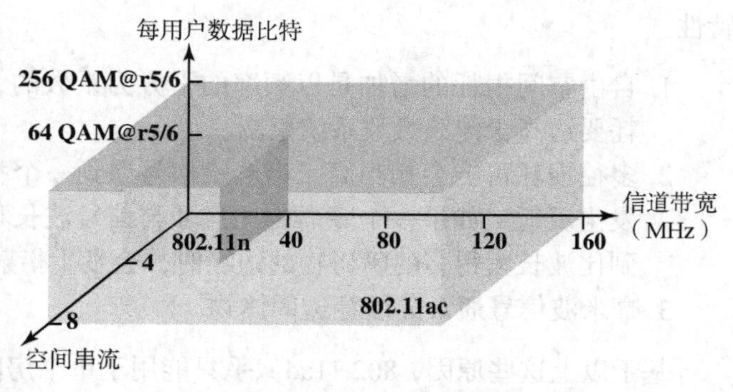

图13.13 IEEE 802.11性能因素

- **带宽** 802.11n的最大带宽为40 MHz，而802.11ac的最大带宽为160 MHz。
- **信号编码** 802.11n采用64 QAM的OFDM，而802.11ac使用256 QAM的OFDM。因此，每个符号能编码的比特数更多。这两种方案都采用编码率5/6（数据比特数与总比特数的比值）的前向纠错。
- **MIMO** 使用802.11n时最多可以采用4信道输入、4信道输出天线，而802.11ac将此提高到了8×8。

可以用下面的公式将这些增强功能进行量化，从而得到物理层的数据率，以bps为单位：

$$数据率=\frac{（数据子载波数量）\times（空间串流数量）\times（每个子载波的数据比特）}{（每个OFDM符号的持续时间，单位为秒）}$$

使用这个公式，可以得到以下的最大数据率：

$$802.11n：\frac{108\times4\times(5/6\times\lg_2 64)}{3.6\times10^{-6}}=600\times10^6\ \text{bps}=600\ \text{Mbps}$$

$$802.11ac：\frac{468\times8\times(5/6\times\lg_2 256)}{3.6\times10^{-6}}=6937\times10^6\ \text{bps}=6.937\ \text{Gbps}$$

信道带宽扩大4倍后，数据率也提高了大约4倍。此时发射功率必须覆盖超过4倍的子载波，因而会在使用范围上略有下降。从64 QAM变为256 QAM使得数据率增加了1.33倍。但是，256 QAM对噪声更敏感，因此在较短的范围内是最有效的。最后，速度与空间串流的数量成正比。当然，更多的空间串流就需要更多的天线，从而也增加了用户设备的成本。

从802.11n到802.11ac的另外两个变化也值得注意。802.11ac含有多用户MIMO（MU-MIMO）选项。这意味着在下行信道，发送器能够利用其天线资源，通过相同的频谱向不同的站点同时发送多个帧，因此MU-MIMO 接入点天线可以同时与不同的单天线通信设备进行通信，如智能手机或平板电脑。这使得在多数情况下接入点能够交付更大量的数据。

另一个区别是802.11ac要求每个802.11ac的传输都以A-MPDU聚合方式发送。简单地说，之所以必须强制要求这一点，是为了保证信道的有效利用。更详尽的解释请参见[CISC12b]。

13.5.2 IEEE 802.11ad

IEEE 802.11ad是工作在60 GHz频段上的802.11版本。这个频段可提供的信道带宽要比5 GHz频段上的更宽，因而在使用相对简单的信号编码和天线特性的条件下就能达到高数据率。在60 GHz频段工作的设备很少，这也意味着比起使用802.11其他频段的通信来说，它受到的干扰更少。

但是，在60 GHz的频段上，802.11ad在毫米范围内工作，这也会带来如下一些不良的传播特性。

1. 自由空间损耗的增加是以频率的平方为系数的，参见式(4.3)，因此在这个范围内的损耗要远高于传统微波系统范围。
2. 多径损耗可能会相当高。当电磁信号遇到一个相对于信号波长来说较大的表面时，会发生反射；如果一个障碍物的尺寸与信号波长相似或更小，会发生散射；当波阵面遇到比波长大得多的障碍物的边缘时，会发生衍射。
3. 毫米波信号通常无法穿透固体物。

基于以上这些原因，802.11ad似乎只能用于单个房间内。因为它可以支持很高的数据率，并且能够轻易地做到诸如传送未经压缩的高清视频之类的事情，所以它很适合一些诸如家庭娱乐系统电缆替代的应用，或者是将高清电影从你的手机流转到你的电视上之类的应用。

802.11ac和802.11ad之间存在着两个明显的差别。802.11ac支持MIMO天线配置，802.11ad却是专为单天线操作而设计的，并且802.11ad有着巨大的2160 MHz的信道带宽。

IEEE 802.11ad定义了4种物理层的调制及编码机制（见表13.6）。每种类型都有不同用途并支持不同范围的数据率。

表13.6 IEEE802.11ad调制和编码机制

物理层	编码	调制	原始比特率
控制（CPHY）	1/2 LDPC, 32次扩频	π/2-DBPSK	27.5 Mbps
单载波（SCPHY）	1/2 LDPC	π/2-BPSK	385 Mbps至4.62 Gbps
	5/8 LDPC	π/2-QPSK	
	3/4 LDPC	π/2-16 QAM	
	13/16 LDPC		
OFDM（OFDMPHY）	1/2 LDPC	OFDM-OQPSK	693 Mbps至6.76 Gbps
	5/8 LDPC	OFDM-QPSK	
	3/4 LDPC	OFDM-16 QAM	
	13/16 LDPC	OFDM-64 QAM	
低功率单载波（LPSCPHY）	RS(224, 208)+	π/2-BPSK	636 Mbps至2.5 Gbps
	块码（16/12/9/8，8）	π/2-QPSK	

BPSK = 二进制相移键控　　DBPSK = 差分二进制相移键控
LDPC = 低密度奇偶校验码　　OFDM = 正交频分复用
OQPSK = 偏置四相相移键控　　QAM = 正交调幅
QPSK = 四相相移键控　　RS = Reed-Solomon

控制PHY（CPHY）是迄今为止最强健的编码模式（因而也是最低吞吐量的），它的编码率只有1/2。其目的是专门发送控制信道的消息。CPHY的健壮性可以从它所使用的差分编码、扩频以及BPSK调制技术中得到充分证明。差分编码消除了载波跟踪的需要，32倍的扩频为链路效能带来了理论上的15 dB的增益，而BPSK调制技术对噪声有很好的容忍度。

与CPHY一样，**单载波PHY**（SCPHY）利用了功能强大的低密度奇偶校验（LDPC）码来提供强大的前向纠错能力，并且还提供3种调制选项。对编码率和调制密度的选项设定使得它可以通过操作来决定吞吐量与健壮性之间的权衡。

OFDM PHY（OFDMPHY）采用多载波调制技术，它可以提供更高的调制密度，并因此得到比单载波条件下更高的数据吞吐量。与SCPHY一样，OFDMPHY提供了差错保护率与应用于OFDM数据载波上的调制深度之间的选项，同样这也是为了在健壮性和吞吐量之间进行权衡而提供的可操作性控制。SCPHY与OFDMPHY之间的决择取决于多个因素。OFDM调制通常会导致比SCPHY更大的功率需求，但它在多径失真的环境下更健壮。

CPHY、SCPHY和OFDMPHY公用的LDPC纠错技术的基础是一个672比特的公共码字，其中携带了336、504、420或546个有效载荷比特，从而达到所需的1/2、3/4、5/8或13/16的编码率。

低功率单载波（LPSCPHY）采用单载波调制以减少功率的消耗。它可以使用Reed-Solomon或汉明块码。与LDPC码相比，它需要的芯片面积更小，因而功率更低，其代价是纠错方面的健壮性被降低。由电池供电的小型设备则能够从额外的电量节省中获益。

13.6　IEEE 802.11 的安全考虑

有线局域网有如下两个特点未被无线局域网继承。

1. 如果一个站点要想通过有线局域网传输，那么它必须在物理上连接到局域网。相反，使用无线局域网时，只要在同一个无线局域网上，且双方距离又在无线电通信范围内，任何一个站点都可以向另一个设备传输数据。从某种意义上讲，有线局域网本身就具有鉴别功能，因为它需要明确的、可见行为将站点连接到有线局域网上。
2. 类似地，如果要接收来自有线局域网中某个站点传输，那么接收站点必须连接到局域网。相反，使用无线局域网时，只要双方距离在无线电通信范围内，任何站点都可以接收。因此，有线局域网提供了某种程度的保密性，能够接收数据的站点仅限于那些连接到局域网上的站点。

13.6.1　接入和加密服务

IEEE 802.11 定义了如下3种服务，可为无线局域网提供前述的两个功能。

- **鉴别**　用于站点建立相互的身份关系（identity）。在有线局域网中，人们通常认为获得物理连接本身就表示具有连接到局域网的权利。但是在无线局域网中，这个假设不成立，因为只要具有调准的天线就能连接。站点利用鉴别服务在希望相互通信的站点之间建立身份关系。IEEE 802.11支持多种鉴别机制，并允许对这些机制的功能进行扩展。802.11标准并没有明确要求使用哪一种鉴别机制，而这些鉴别机制的范围很广，从安全性相对较弱的握手机制到公共密钥加密机制。不过IEEE 802.11要求在站点与接入点建立联系之前，双方首先要鉴别成功。
- **取消鉴别**　无论何时，只要已存在的鉴别即将终止，就唤醒这个服务。
- **加密**　用于保护报文的内容不要被期望的接收者以外的其他站点读取。为了保证私密性，802.11标准有加密选项可供使用。

13.6.2　无线局域网的安全标准

原始的802.11规范包括一组安全特性，用于加密和鉴别，不过很可惜它们相当弱。针对**加密**，802.11定义了有线等效加密（WEP）算法。802.11标准中的加密部分是最大的弱点。在WEP被开发之后，802.11i工作组已开发了一系列针对无线局域网安全问题的功能。为了更快地将更强大的安全性引入无线局域网，作为WiFi的标准，WiFi联盟发布了**WiFi保护接入**（WPA）。WPA是一组安全机制，它消除了大多数802.11具有的安全问题，并且以802.11i标准的现状为基础。WPA将随802.11i的发展而发展，以保持其兼容性。

WPA 在网上提供的第27章中详细介绍。

13.7 推荐读物

有关802.11的简洁但很有用的文章是[MCFA03]。[GEIE01]对IEEE 802.11a做了很好的讨论。[PETR00]归纳了IEEE 802.11b。[SHOE02]则全面概述了IEEE 802.11g。[XIAO04]讨论了802.11e。[CISC07]详细介绍了IEEE 802.11n。[SKOR08]全面讨论了802.11n MAC帧聚集机制。[HALP10]讨论了802.11n MIMO机制。[ALSA13]很好地介绍了802.11ac技术。[CORD10]和[PERA10]提供了对802.11ad的技术性概述。

ALSA13 Alsabbagh, E.; Yu, H.; and Gallagher, K. "802.11ac Design Consideration for Mobile Devices." *Microwave Journal,* February 2013.

CISC07 Cisco Systems, Inc. "802.11n: The Next Generation of Wireless Performance." Cisco White Paper, 2007, cisco.com

CORD10 Cordeiro, C.; Akhmetov, D.; and Park, M. "IEEE 802.11ad: Introduction and Performance Evaluation of the First Multi-Gbps WiFi Technology." Proceedings of the 2010 ACM international workshop on mmWave communications: From circuits to networks, 2010.

GEIE01 Geier, J. "Enabling Fast Wireless Networks with OFDM." *Communications System Design*, www.csdmag.com, February 2001.

HALP10 Halperin, D., et al. "802.11 with Multiple Antennas for Dummies." *Computer Communication Review*, January 2010.

MCFA03 McFarland, B., and Wong, M. "The Family Dynamics of 802.11." *ACM Queue*, May 2003.

PERA10 Perahia, E., et al. "IEEE 802.11ad: Defining the Next Generation Multi-Gbps Wi-Fi." Proceedings, 7th IEEE Consumer Communications and Networking Conference, 2010.

PETR00 Petrick, A. "IEEE 802.11b—Wireless Ethernet." *Communications System Design*, June 2000, www.commsdesign.com

SHOE02 Shoemake, M. "IEEE 802.11g Jells as Applications Mount." *Communications System Design*, April 2002, www.commsdesign.com

SKOR08 Skordoulis, D., et al. "IEEE 802.11n MAC Frame Aggregation Mechanisms for Next-Generation High-Throughput WLANs." *IEEE Wireless Communications*, February 2008.

XIAO04 Xiao, Y. "IEEE 802.11e: QoS Provisioning at the MAC Layer." *IEEE Communications Magazine*, June 2004.

13.8 关键术语、复习题及习题

关键术语

access point 接入点（AP）
ad hoc networking 自组网络
basic service set 基本服务集（BSS）
complementary code keying 补码键控（CCK）
coordination function 协调功能
distributed coordination function 分布式协调功能（DCF）
distribution system (DS) 分发系统（DS）
extended service set 扩展服务集（ESS）
narrowband microwave LAN 窄带微波局域网
point coordination function 点协调功能（PCF）
wireless LAN 无线局域网

复习题

13.1 列出并简单定义无线局域网的主要要求。

13.2 单蜂窝式和多蜂窝式无线局域网之间的区别是什么？

13.3　接入点和入口之间的区别是什么？

13.4　分发系统就是一个无线网络吗？

13.5　列出并简单定义IEEE 802.11的服务。

13.6　概念“关联”与“移动”之间有什么关系？

习题

13.1　考虑在图13.14所示BSS中发生的事件序列。画出一个时序图，从媒体忙的时段开始，到接入点广播CF-End时段结束。指出传输时段及间断处。

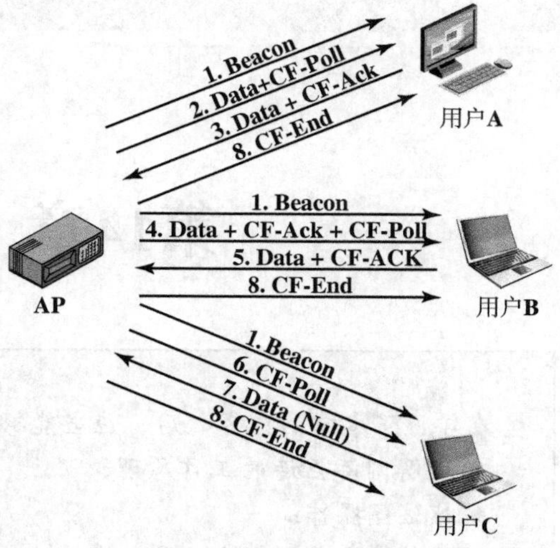

图13.14　习题13.1的配置

13.2　对于IEEE 802.11a，说明调制技术和编码率是如何决定数据率的。

13.3　802.11a 和802.11b 的物理层利用了数据扰码技术（见附录12B）。考虑如下扰码公式：

$$P(X)=1+X^4+X^7$$

在这种情况下，移位寄存器含有7个单位，其使用方式与图12.17所示的5单位寄存器相同。对802.11的扰码器和解扰码器，

a. 给出对应于此二项式定义的带有异或运算符的表达式。

b. 画一个类似于图12.17的图。

13.4　给出图13.11中FCS字段的位置。

13.5　根据你的无线网络，回答下述问题。

a. SSID是什么？

b. 设备运营商是谁？

c. 你使用的标准是什么？

d. 网络规模有多大？

13.6　根据你所掌握的有线和无线局域网的情况，画出你的网络的拓扑结构图。

13.7　大多数无线网卡附赠有少量的应用程序，可执行与Netstumbler类似的功能。用你自己的客户软件，重新回答上面的问题，两种答案是否一致？

13.8　做一个实验：仍然能够与你的网络保持连接的最远距离是多少？这在很大程度上取决于你的物理环境。

13.9　比较有线局域网和无线局域网有哪些不同之处？只有无线局域网的设计者才必须考虑的问题有哪些？

13.10　两个与无线媒体的安全问题相关的文档是FCC OET-65 Bulletin和ANSI/IEEE C95.1-1999。简单描述这两个文档的作用，并概括有哪些与无线局域网技术相关的安全考虑。

第五部分　网际协议与运输协议

第14章　网际协议

学习目标

在学习了本章的内容之后，应当能够：

- 理解网际互连的工作原理；
- 概述IP操作；
- 比较IPv4与IPv6的不同之处；
- 理解IPv4与IPv6的地址格式；
- 解释如何利用IPsec创建虚拟专用网络。

本章的目的就是研究网际协议，它是所有基于互联网的协议的基础，也是网际互连的基础。本章首先讨论网际互连的总体情况，这将会非常有用。然后重点介绍两个标准化的网际协议：IPv4 和IPv6。最后讨论的是有关IP 安全的问题。

本章所讨论的协议在TCP/IP 协议族中所处的位置如图2.8所示。

14.1　网际互连的基本原理

为了使计算机用户能够利用超出单个系统范围内的资源，分组交换网络和分组广播网络应运而生。同样，单个网络内的资源也经常无法满足用户的需求。由于各种类型的网络所展示的特性有很大的不同，所以将所有特性合并到一个网络中的做法并不合理。确切地说，我们所要求的是将各种不同类型的网络互相连接起来的能力，使得位于任何成员网络上的两个站点之间能够互相通信。

表14.1列出了一些与网络的网际互连相关的常用术语。从用户的角度来看，一组相互连接的网络可以简化成一个大网络。但是，如果每个网络成员都保持它自身的特性，并且需要使用一些特殊的机制来完成经过多个网络的通信，整个网络配置通常就称为一个**互联网**。

互联网中的每个成员网络都能支持与该网络相连的设备之间的通信，这些设备称为**端系统**（ES）。另外，网络和网络之间通过在ISO文档中称为**中间系统**（IS）的设备相连接。中间系统提供了通信路径，并执行必要的中继和路由选择功能，以使连接到互联网的不同网络上的设备之间能够交换数据。

两种具有特殊意义的中间系统分别是网桥和路由器。它们之间的不同之处在于使用了不同类型的协议来实现网际互连逻辑。从本质上讲，**网桥**的操作位于开放系统互联（OSI）七层体系结构中的第二层，并且被作为相似网络之间的帧的中继设备（关于网桥详见第11章）。**路由器**的操作位于OSI体系结构中的第三层，并且有可能在不同的网络之间为分组选择路由。

表14.1　网际互连术语

术语	作用
通信网络	在与网络相连的设备之间提供数据传送服务的设施
互联网	通过网桥和/或路由器相互连接的通信网络的集合
内联网	某个机构专用的互联网，它提供了主要的因特网应用，特别是万维网。内联网在机构内部运作，以满足内部需求，存在方式可以是自包容的独立互联网，也可以具有连接到因特网的链路
子网络	指的是互联网的组成网络。因为从用户的角度来看，整个互联网就是一个网络，所以需要用这个术语来避免二义性
端系统（ES）	与互联网中的某个网络相连接的设备，它用于支持端用户的应用或服务
中间系统（IS）	用于连接两个网络的设备，它允许连接到不同网络的端系统之间的通信
网桥	一种中间系统，用于连接两个使用相同局域网协议的局域网。网桥的作用就像是一个地址过滤器，从一个局域网中选取那些希望到达另一个局域网上的某个目的设备的分组，并转发这些分组。网桥不会修改分组的内容，也不会在这个分组上添加任何东西。网桥的操作处于OSI模型的第二层
路由器	一种中间系统，用于连接两个可能相同，也可能不相同的网络。路由器所应用的网际协议是网络中的每个路由器和每个主机都具有的。路由器的操作处于OSI模型的第三层

下文首先讨论的是实现网际互连的基本原则，然后介绍网际互连最重要的构造方式：无连接的路由器。

14.1.1　要求

网际互连设施的整体要求可以归纳如下（以图14.1为例，它与图2.4相同，贯穿全书）。

1. 提供网络与网络之间的链路。至少需要一条物理连接和一条链路控制连接（路由器J有到N1和N2的物理链路，且每条链路都具有数据链路协议）。
2. 在位于不同网络上的进程之间提供数据的路由选择和交付功能（主机A上的应用X与主机B上的应用X交换数据）。
3. 提供审计（accounting）服务，以跟踪各种网络以及路由器的使用情况，并维护状态信息。
4. 不需要改变任何成员网络的网络结构就能够提供上述服务。也就是说，网际互连设施必须能够容纳网络间的种种不同之处，包括：

   - **不同的寻址机制**　网络可能使用不同的端点名称、地址以及目录维护机制。必须提供某种形式的全局网络寻址策略以及地址目录服务（主机A和B，以及路由器J都有全局唯一的IP地址）。
   - **不同的分组最大长度**　来自某个网络的分组可能为了在另一个网络上传输而不得不被分割成较小的数据块。这个过程称为分片（N1和N2可能会设置不同的分组长度上限）。
   - **不同的网络接入机制**　对于不同网络上的站点，站点和网络之间的网络接入机制可能不同（例如，N1可能是帧中继网络，而N2则是以太网）。
   - **不同的计时器超时**　典型情况下，面向连接的运输服务需要等待确认报文，直至计时器超时，超时后会重传该数据块。一般来说，经过多个网络的成功交付需要更长的时间。互联网的计时过程必须在避免不必要重传的前提下实现成功传输。

- **差错恢复**　各种网络规程可能不具备差错恢复，也可能提供可靠的端到端（在网络内的）服务，或者是介于两者之间的任何方式的差错恢复。但互联网的服务既不应当由单个网络的差错恢复能力来决定，也不应当受其影响。
- **状态报告**　不同的网络以不同的方式报告其状态和性能，而网际互连设施则必须能够为感兴趣且获得授权的进程提供有关网际互连运作的相关信息。
- **路由选择技术**　内联网的路由选择可以依靠各网络特有的故障检测以及拥塞控制技术，而网际互连设施则必须能够协调这些技术，以便为不同网络的站点之间的数据正确地选择路由。
- **用户接入控制**　每个网络都有自己的用户接入控制技术（对网络的使用进行监管），在必要的时候，网际互连设施必须调用这些技术。另外，可能还需要独立的互联网接入控制技术。
- **连接的与无连接的**　单个网络可能会提供面向连接的（如虚电路）或面向无连接的（数据报）服务。我们希望互联网的服务与单个网络的连接服务特性无关。

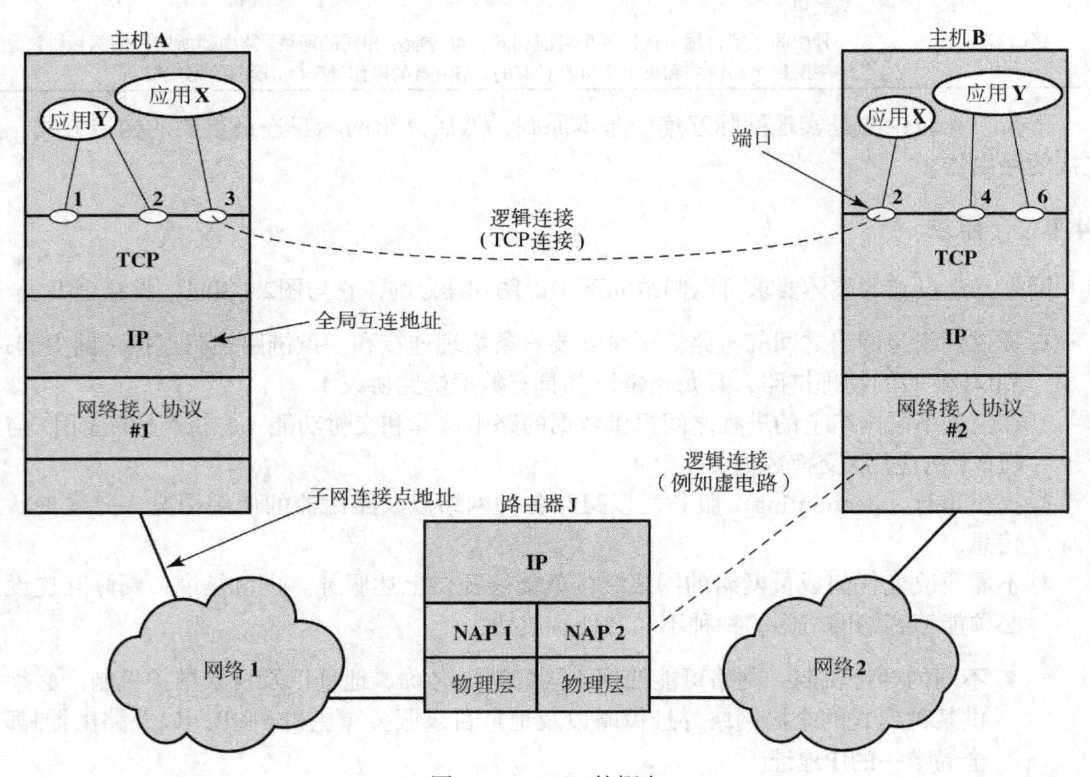

图14.1　TCP/IP的概念

上述这些要求中有一些是通过网际协议（IP）满足的。另外一些则需要附加的控制和应用软件，关于这些将在本章及下一章中介绍。

14.1.2　无连接操作

实际上，在所有网际互连的实现中都会涉及IP级的无连接操作。如果说面向连接的操作对应的是分组交换网的虚电路机制（见图9.12），那么无连接方式对应的就是分组交换网的数据报机制（见图9.11）。每个网络协议数据单元被单独对待，并经过一系列的路由器和网络，从源点到终点。对于A传输的每一个数据单元，A要决定应当让哪一个路由器接收这个数据单元。这个数据单元从互联网上的一个路由器跳到下一个路由器，直至到达目的网络。在每个路由器上都必须进行下一跳的判决（每个数据单元都是独立的）。因此，在相同的源和目的端系统之间，不同的数据单元可能途经不同的路由。

所有的端系统和路由器共享相同的网络层协议，这个协议统称为网际协议。网际协议（IP）最初是为DARPA互联网计划而开发的，并在RFC 791中发布，它已经成为因特网标准。在网际协议之下，需要某种协议来接入特定的网络。因此，通常在每个端系统和路由器的网络层上操作的有两种协议：提供网际互连功能的上子层，以及提供网络接入功能的下子层。图14.2描绘了一个例子。下一节将会详细讨论这个例子。

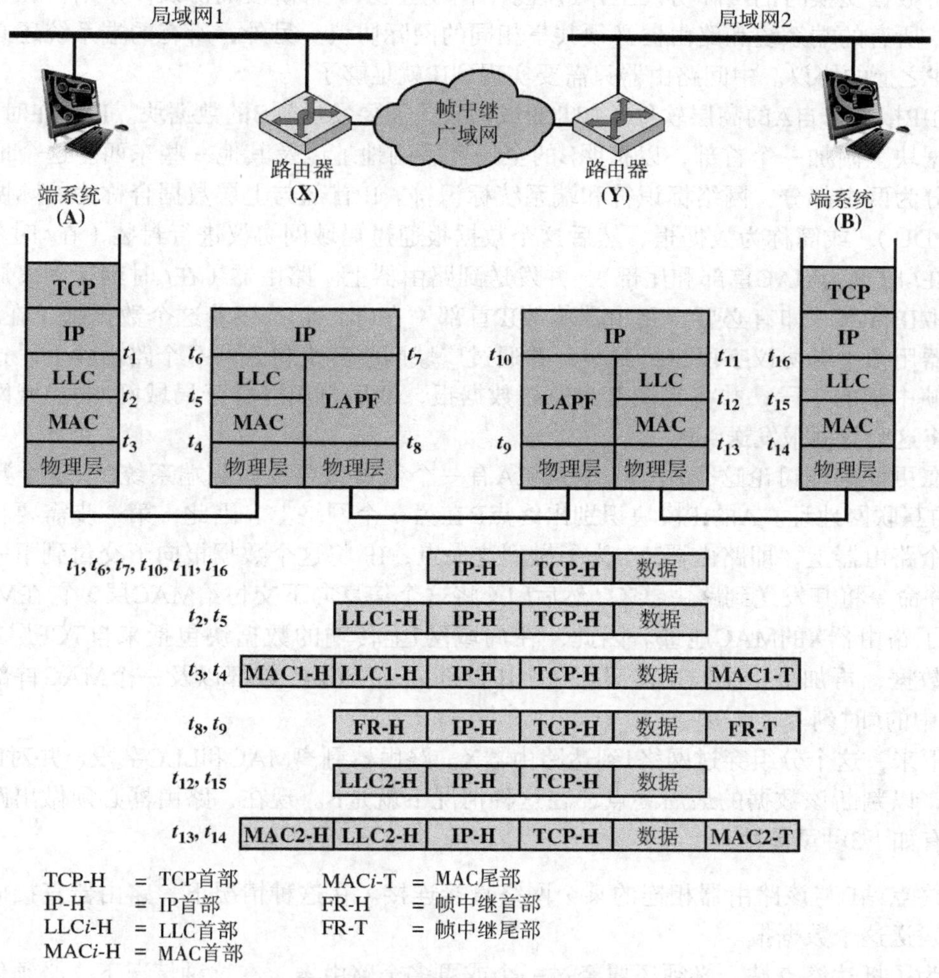

图14.2　网际协议工作过程举例

14.2　网际协议工作过程

这一节将讨论网际互连协议的基本功能。为了方便起见，我们特指的是因特网标准IPv4，但是本节的叙述适用于任何无连接的网际协议，如IPv6。

14.2.1　无连接的网际互连策略的工作过程

IP 在端系统之间提供了无连接的或称为数据报的服务。这种无连接方法有如下许多优点。

- 无连接的互联网设施是灵活的。它可以处理各种各样的网络，其中有一些网络本身就是无连接的。从根本上讲，IP对成员网络的要求非常少。
- 无连接互联网的服务可以做成高度健壮的。其论证过程基本类似于数据报网络服务和虚电路服务的对比推论过程。需要进一步讨论的读者可以参考9.5节。
- 无连接互联网服务是无连接运输协议最佳的选择，因为它不需要强加额外代价。

图14.2所示为使用IP的一个典型例子，其中两个局域网通过一个帧中继广域网相连接。图中描绘了某个局域网（网络1）上的主机A与另一个局域网（网络2）上的主机B之间经过广域网进行数据交换时的网际协议工作过程。图中还显示了各阶段的协议体系结构和数据单元的格式。所有的端系统和路由器必须共享相同的网际协议。另外，所有的端系统还必须共享相同的IP之上的协议。中间路由器只需要实现到IP就足够了。

A的IP接受来自A的高层软件（如TCP或UDP）需要发送到B的数据块。IP（在时间t_1）在这个数据块上附加一个首部，以指明B的全局互联网地址以及其他一些东西。这个地址在逻辑上可分为两个部分：网络标识符和端系统标识符。IP首部与上层数据合称为网际协议数据单元（PDU），或简称为数据报。然后这个数据报通过局域网协议进行封装（在t_2时刻为LLC首部，在t_3时刻为MAC首部和尾部），并发送到路由器上。路由器（在t_6时刻）剥离局域网字段以读取IP首部。如有必要，路由器修改IP首部（在t_7时刻），接着这个数据报（在t_8时刻）被路由器用帧中继协议字段进行封装，并通过广域网将其交付到另一个路由器上。这个路由器剥离帧中继的字段，并将其恢复为原始数据报，然后再用适合于局域网2的局域网字段包装，并将这个数据报发送到B。

现在更详细地讨论这个例子。端系统A有一个数据报要发送到端系统B。这个数据报中含有B的互联网地址。A的IP模块识别出终点B在另一个网络上。因此，第一步需要将数据发送到一个路由器上，即路由器X。为了做到这一点，IP 将这个数据报向下交付到下一层，即LLC，并命令将其发送到路由器X。然后LLC将这个信息向下交付给MAC层，它在MAC首部中插入了路由器X的MAC地址。因此，在局域网1上传输的数据块包括来自TCP层或TCP层之上的数据，再加上一个TCP首部、一个IP首部、一个LLC 首部以及一个MAC首部和尾部（图14.2中的t_3时刻）。

接下来，这个分组穿过网络1到达路由器X。路由器剥离MAC和LLC字段，并对IP首部进行分析，以判断该数据的最后终点，在这种情况下就是B。现在，路由器必须做出路由选择判决，有如下3种可能性。

1. 终点站B与该路由器相连的某个网络直接连接。在这种情况下，路由器直接向终点站发送这个数据报。
2. 为了抵达终点站，必须还要经过一个或更多个路由器。在这种情况下，必须做出路由选择判决：数据报应当发送到哪一个路由器上？
3. 路由器不认识这个终点地址。在这种情况下，路由器向这个数据报的源点返回差错通告。

无论是在情况1还是情况2中，路由器的IP模块均需要将带有目的网络地址的数据报向下交付给下一层。注意，此处所说的目的网络地址，是指向这个网络的低层地址。

在这个例子中，数据在到达终点之前必须经过路由器Y，于是路由器X在IP数据报上附加一个帧中继（LAPF）首部和尾部来构成一个新帧，在这个帧中继首部中指出了到路由器Y的逻辑连接。当这个帧到达路由器Y时，帧的首部和尾部被剥离。路由器Y判断出这个IP数据单元的终点是B，而B则与路由器Y连接的某个网络直接相连。因此，路由器Y创建一个第二层目的地址为B的帧，并将其发送到局域网2上。数据最终抵达B，此时局域网首部和IP首部才能被剥离。

在每个路由器转发数据之前，路由器可能需要将数据单元进行分片，以适应输出网络上较小的最大分组长度的限制。如有必要，这个数据单元被分割成两个或多个数据报片，每个数据的片都变成一个独立的IP数据单元。每个新数据单元被包装成下层分组，并排队等待传输。路由器可能还会限制与其相连的每个网络的队列长度，以免因某个速度较慢的网络而影响了速度较快的网络。一旦达到了队列长度的极限，更多的数据单元将被简单地丢弃掉。

上述过程将在数据单元抵达终点之前经过的所有路由器上不断重复。与路由器一样，终点端系统从网络包装中恢复该IP数据单元。如果发生过分片的情况，那么终点端系统的IP 模块将收到的数据缓存起来，直至能够重装成完整的原始数据字段。然后，这个数据块递交给端系统中的高层软件[①]。

由IP提供的这种服务是不可靠的。也就是说，IP既不保证所有的数据全部被交付，也不保证交付的数据会以正确的顺序到达。怎样从任何可能的差错中恢复，这是上一层（如TCP）的责任。这种方式提供了高度的灵活性。

使用网际协议方式，每个数据单元为了从源点传输到终点，都要经过一个又一个的路由器。由于交付是无保证的，所以对任何网络都没有特殊的可靠性要求，因此这个协议能够适应任何类型的网络的组合。由于交付的顺序也没有保证，连续的数据单元可以沿不同的路径通过互联网，这使得协议能够通过改变路由的方法，对互联网中的拥塞和故障做出反应。

14.2.2 设计问题

我们已经大致地介绍了IP控制的互联网的工作过程，现在可以回过头来更详细地考察一些有关设计方面的问题：

- 路由选择
- 数据报的生存时间
- 分片和重装
- 差错控制
- 流量控制

在讨论这些问题时，读者将会注意到这些设计方面的问题与分组交换网络的技术之间有很多相似之处。为了了解出现这种相似情况的原因，可以参考图14.3，它对照比较了互联网体系结构和分组交换网络的体系结构。互联网中的路由器（R1，R2，R3）分别对应于分组交换网络中的分组交换结点（P1，P2，P3），而互联网中的各个网络（N1，N2，N3）则分别对应于分组交换网络中的传输链路（T1，T2，T3）。从本质上讲，路由器执行与分组交换结点相同的功能，并且以类似于使用传输链路的方式来使用中介的网络。

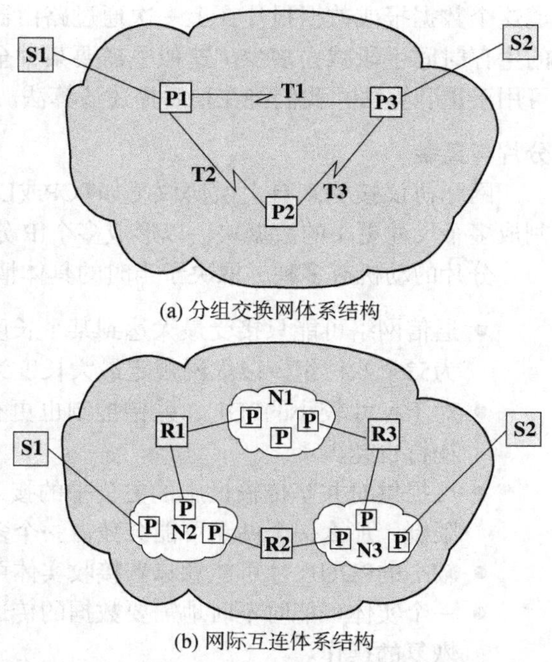

图14.3 将互联网视为一个网络（基于[HIND83]）

① 在线附录O提供了更详细的例子，描绘了涉及的所有协议层。

路由选择

为了实现路由选择，每个端系统和路由器上都维护了一个路由表，这个路由表为每个可能的目的网络给出了互联网数据报应当送达的下一个路由器。

路由表既可能是静态的，也可能是动态的。不过，在静态表中可以包含替换路由，以免某个路由器无效。动态表更加灵活，可以响应差错和拥塞的状态。例如，在因特网中，当某个路由器发生故障时，它的所有邻居都会发出一个状态报告，以使其他路由器和站点更新各自的路由表。一种相似的机制可用于控制拥塞。由于局域网和广域网之间的容量并不匹配，使得拥塞控制变得非常重要。第19章讨论了路由选择协议。

路由表还可以用于支持其他网际互连服务，如安全性和优先级。例如，某个网络可能是机密性的，它以给定的安全级别进行数据的处理。路由选择机制必须确保特定安全级别的数据不允许经过某些无权处理这些数据的网络。

另外一种路由选择技术是源选路。源点在数据报中包含一个路由序列表来指明路由。这种方式同样对安全性或优先级的要求有所帮助。

最后，我们讨论一个与路由选择相关的服务：路由记录。要记录一个路由，每个路由器将自己的互联网地址附加到数据报中一列地址的后面。该功能对于测试及调试是很有用的。

数据报生存时间

如果使用了动态的或交替的路由选择技术，那么数据报就有可能在互联网中无限循环。有两个原因可以说明它是我们所不希望的。首先，一个无休止循环的数据报会浪费网络资源。其次，我们将在第15章中看到，运输协议可能需要**数据报生存时间**有一个上限。为了避免这些问题，每个数据报都标有一个生存时间。一旦超出了生存时间，这个数据报就会被丢弃。

实现生存时间的一种简单方法是使用跳数计数器。每当数据报经过一个路由器时，这个计数器就递减。另一种方法是，生存时间可以是真正的时间测度。这要求路由器多少应该知道这个数据报或数据报片在上一次通过路由器后已经过了多长时间，从而才能知道应当将它的生存时间字段减去多少。这似乎需要某种全局时钟机制。使用真实的时间测度的优点是它可用于重装算法，我们将在稍后描述该算法。

分片与重装

网际协议接受来自上层协议（如TCP或UDP）的数据块，并且有可能会把这个数据块分割成多个尺寸更小的数据块，以形成多个IP 分组。这个过程称为**分片**[①]。

分片的动机有多种，取决于当时的具体情况。下面给出了几个分片的典型原因。

- 通信网络可能只接受最大达到某个长度的数据块。例如，ATM网络数据块的长度限制为53个八位组，以太网规定最大长度为1526个八位组。
- 对于尺寸较小的PDU，差错控制也更有效。PDU越小，当PDU出现差错时需要重传的比特也越少。
- 可提供对共享传输设施的更公平的接入，且延迟更小。例如，如果没有最大块长度的限制，那么一个站点可能会独占一个多点接入媒体。
- 较小的PDU尺寸可能意味着接收实体可以分配较小的缓存。
- 一个实体可能时不时地需要数据的传送进入某种“关闭”状态，以便于检查点和重启/恢复的操作。

---

① 在OSI 相关的文档中使用的是术语“分段”（segmentation），不过在与TCP/IP协议族相关的规范中使用的是术语“分片”（fragmentation）。两者的含义是一样的。

分片会带来一些不利之处，这又支持了PDU应当尽可能大的观点。

- 因为每个PDU都包含了一定量的控制信息，数据块越小，额外开销所占的比例也就越大。
- PDU的到达可能会产生中断以接受一些服务。数据块越小，导致的中断越多。
- PDU处理长度越小，数量越多，所花费的时间也就越多。

如果数据报在它们的行进途中可以被分片（可能多于一次），带来的问题就是：它们应当在什么地方重装？最简单的答案是仅仅在终点执行重装过程。这种方式的主要缺点是，随着数据在互联网中的不断前进，数据报片只会越分越小，而这将会损害某些网络的效率。然而，如果允许中间路由器重装，又会带来如下的问题。

1. 路由器需要很大的缓存空间，并且存在所有的缓存空间都被用来保存不完整的数据报片的危险。
2. 一个数据报的所有分片必须通过相同的路由器，因而排除了动态路由选择的使用。

在IP中，数据报分片在终点端系统重装。IP分片技术所使用的IP首部中的信息如下：

- 数据单元标识（ID）
- 数据长度（Data Length）①
- 偏移量（Offset）
- 后续标志（More Flag）

ID 用来唯一地标识一个由端系统生成的数据报。在IP中，它是由源地址和目的地址、生成这个数据的协议层的标识（如TCP）以及该协议层提供的标识符组成的。“数据长度”指示的是用户数据字段的长度，以八位组为单位。而“偏移量”指的是在原始数据报的数据字段中，该数据报片的起始位置，它是64比特的整数倍。

源端系统创建的数据报的数据长度等于整个数据字段的长度，偏移量等于0，且后续标志置为0（假）。为了将一个很长的数据报分成两片，路由器中的IP模块需要完成下述任务。

1. 创建两个新的数据报，并为它们复制两份与收到数据报的首部字段相同的首部。
2. 将收到的用户数据字段以64比特的整数倍为界，分割成大致相等的两片（从起始处开始计算），并在每个新数据报中插入一片数据。第一片数据长度必须是64比特的整数倍（8个八位组）。
3. 将第一个新数据报的数据长度设置为插入数据的长度，并将后续标志字段设置为1（真）。偏移量字段不变。
4. 将第二个新数据报的数据长度字段设置为插入数据的长度，然后将第一片数据的长度除以8，得到的结果添加到偏移量字段中。后续标志字段保持不变。

例14.1 图14.4中给出了将一个原始IP数据报分成两片的例子。从上述过程中很容易归纳出*n*次分割的过程。在这个例子中，原始IP数据报的有效载荷是一个TCP报文段，它由一个TCP首部和应用数据构成。原始数据报的IP首部同时用于两个分片，只需要对与分片相关的字段加以适当修改。注意，第一个分片中包含TCP首部，TCP首部不会在第二个分片中重复出现，因为包括TCP首部在内的所有IP有效载荷对IP来说都是透明的。也就是说，IP不关心数据报有效载荷的内容。

---

① 在IPv6的首部中，对应于此处讨论的数据长度的是一个有效载荷长度字段。在IPv4首部中有一个总长度字段，它的值是首部加上数据的长度，也就是说数据长度必须通过减去首部长度来计算。

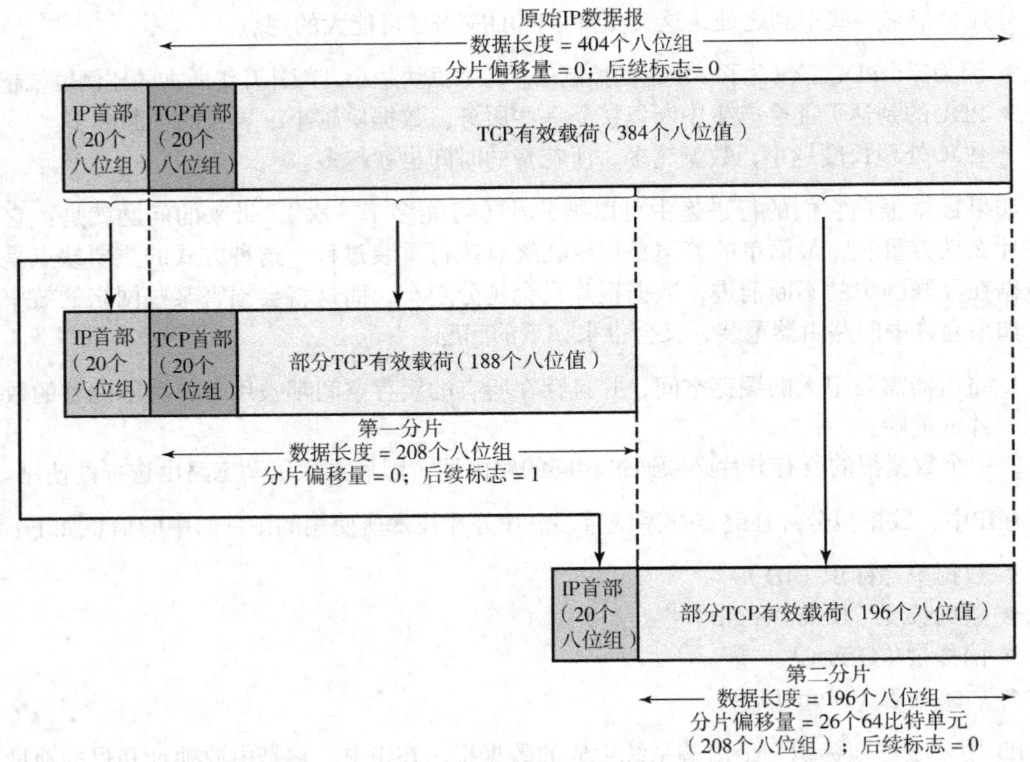

图14.4 分片举例

要重装数据报，在发生重装的地点必须有足够的缓存空间。当具有相同ID的数据报片到达时，它们的数据字段被插入缓存中适当的位置，直至完整的数据字段被重装，也就是形成无间断的连续数据，且以偏移量为0的数据报片中的数据为开始，并以后续标志为假（0）的数据报片中的数据为结束。

必须考虑到的一种偶然事件是，有一个或多个数据报片未能通过网络，这是因为IP服务并不保证交付的成功。因此需要某些方法来决定在什么时候应当放弃重装的尝试，以释放缓存空间。常用的方法有两种。首先，当第一个数据报片到达时设置一个重装生存时间。这是一个由重装功能设置的本地实际时间的时钟，它从原始数据报的数据片开始被缓存时开始递减。如果时钟在重装完成之前就超时了，接收到的数据报片就会被丢弃。第二种方式是利用数据报的生存时间，它是每一个接收到的数据报片首部中的一部分。生存时间字段被重装函数不断递减。正如第一种方式，如果在完全重装之前生存时间超时，接收到的数据报片被丢弃。

差错控制

网际互连设施并不保证每个数据报的成功交付。当一个数据报被路由器丢弃时，如果可能，路由器应当试图向源点返回一些信息。源点的网际协议实体可以利用这些信息来改变它的传输策略，并且它也能够据此来通知上层软件。为了汇报某个具体的数据报已丢弃了，就需要用到一些数据报的标识方法。关于这些标识方法将在下一节中讨论。

数据报被丢弃可能有很多原因，包括生存时间超时、拥塞以及FCS差错。在最后一种情况下，由于源地址字段可能被损坏，因此无法返回通告信息。

流量控制

互联网流量控制使路由器和/或接收站点能够限制它们接收数据的速率。对于正在描述的无连接类型的服务来说，流量控制机制是很有限的。最好的方法可能就是向其他路由器和源点发送流量控制分组，以请求减轻数据流量。下一节将在讨论网际报文控制协议（ICMP）的时给出一个例子。

14.3 网际协议

这一节将考察RFC 791中正式定义的第四版IP。尽管IPv4有最终被IPv6取代的趋势，但它仍然是目前TCP/IP 网络使用的标准IP。

网际协议（IP）是TCP/IP协议族的组成部分，并且是使用最广泛的网际互连协议。与其他所有协议标准一样，IP的定义分为两个部分（见图2.9）：

- 与高层的接口（如TCP），它指明了IP提供的服务。
- 实际的协议格式与机制。

这一节首先讨论IP服务，再介绍IP协议，之后是对IP地址格式的讨论，最后讨论网际报文控制协议（Internet Control Message Protocol，ICMP），它是IP的组成部分。

14.3.1 IP服务

在相邻的两个协议层之间（如在IP和TCP之间）提供的服务可以用原语和参数这两个术语表示。原语指明了执行的功能，而参数则用于传递数据和控制信息。原语的实际格式取决于实现。子程序调用就是一个例子。

IP在与上一层的接口处提供了两种服务原语。“发送”原语用于请求数据单元的传输。“交付”原语被IP用来通知用户：有数据单元到达。与这两个原语相关的参数如下所示。

- **源地址** 发送方IP实体的网际互连地址。
- **目的地址** 终点IP实体的网际互连地址。
- **协议** 接收协议实体（一个IP用户，比如TCP）。
- **服务类型指示** 用来定义数据单元在经过成员网络传输时所需的处理。
- **标识** 与源地址和目的地址以及用户协议结合起来使用，用于唯一地标识一个数据单元。这个参数是重装和差错报告时需要的。
- **不分片标识符** 为了完成数据的交付，是否允许IP将数据分片。
- **生存时间**（time to live，TTL） 以秒来测量。
- **数据长度** 被传输的数据的长度。
- **可选数据** 由IP用户请求的选项。
- **数据** 被传输的用户数据。

上述的标识、不分片标识符和生存时间这3个参数出现在“发送”原语中，但是在“交付”原语中没有。因为这3个参数提供了IP 的接收用户并不关心的IP 指令。

可选参数选项具有未来可扩充能力，并且包括一些平常并不唤醒的参数。当前定义的可选参数如下所示。

- **安全性** 允许为数据报附加一个安全标号。
- **源选路** 一个路由器地址的序列，它定义了数据报沿途将要经过的各个路由器。路由选择可能是严格的（只能经过标识出的路由器），也可能是宽松的（可以经过其他中间路由器）。

- **路由记录** 这个字段被分配用于记录数据报经过的路由器序列。
- **流标识** 指出了为流水线服务而保留的资源。这个服务为不稳定的间歇性通信量（如话音）提供特殊的处理。
- **时间戳** 源IP实体与某些或所有的中间路由器为经过的数据单元添加一个时间戳（精确到毫秒）。

14.3.2 网际协议

对IP实体之间的协议的描述最好是参照IP数据报的格式，如图14.5(a)所示。其中的字段如下所示。

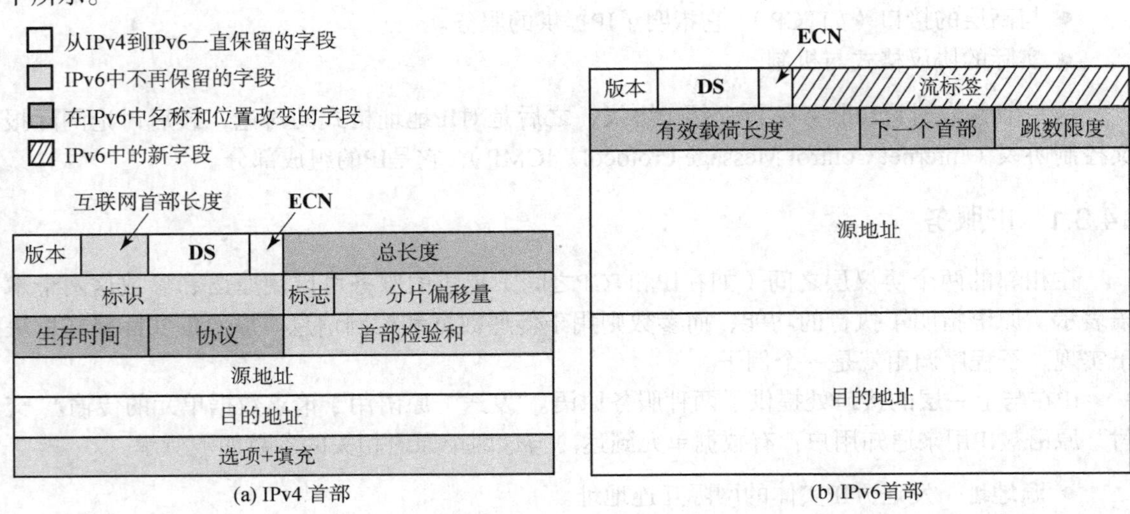

图14.5 IPv4和IPv6的首部

- **版本（4比特）** 指示的是版本号，使得这个协议可以不断发展。其值是4。
- **互联网首部长度（IHL）（4比特）** 以32比特字为单位的首部长度。最小的值为5，也就是说最小的首部长度为20个八位组。
- **DS（6比特）** 这个字段支持区分服务功能，在第22章中描述。
- **ECN（2比特）** 显式阻塞通知字段，在RFC 3168中定义，它使路由器能够向端结点指出正在经历拥塞的分组，而不是必须立刻丢弃此类分组。值00指的是分组没有使用ECN。值01或10是由数据发送方设置的，指出运输协议的端点有ECN的能力。值11是由路由器设置的，表示已经遇到拥塞了。DS和ECN的组合最初被定义为一个8比特的字段，称为“通信量类型”，不过现在大家都使用DS和ECN的解释。
- **总长度（16比特）** 数据报的总长度，包括首部和数据，以八位组为单位。
- **标识（16比特）** 一个序号，它与源地址、目的地址以及用户协议结合起来使用，以便唯一地标识出一个数据报。因此，当这个数据报还存在于互联网中时，这个标识符在具有相同源地址、目的地址以及用户协议的数据报中是唯一的。
- **标志（3比特）** 目前只定义了两个比特。“后续”比特用于数据的分片和重装，如上所述。“不分片”比特置位时不允许分片。如果已知目的地没有重装数据片的能力，那么这个比特所起的作用就非常重要了。但是，如果这个比特置位，那么假如某个数据报超出了途经的某个网络的最大长度，这个数据报就会被丢弃。因此，如果这个比特是置位的，那么我们建议使用源选路，以绕过那些最大数据报长度较小的网络。

- **数据报片偏移量（13 比特）** 指出这个数据报片在源数据报中的位置，以64比特为测量单位，其言外之意就是除了最后一个数据报片之外，所有数据报片包含的数据字段长度都是64比特的倍数。
- **生存时间（8 比特）** 规定一个数据报可以在互联网中存留多久，以秒为单位。每个处理数据报的路由器都必须减少生存时间（TTL）的值，减少量至少为1，因此从某种程度上讲，它类似于跳数计数。
- **协议（8 比特）** 指出目的系统中接收数据字段的上层协议。因此，这个字段指出了分组中IP 首部之后的下一个首部的类型。比如值为TCP = 6，UDP = 17。完整的值列表在http://www.iana.org/assignments/protocol-numbers 中有维护。
- **首部检验和（16 比特）** 仅仅对首部起作用的差错检验码。由于某些首部字段在传输途中会改变（例如，生存时间以及与分片相关的字段），所以需要在每个路由器上进行验证并重新计算。检验和字段是首部所有16比特字的16比特二进制反码加法。为了计算方便，检验和自身的初始值设置为0[①]。
- **源地址（32 比特）** 这个编码允许各种各样的比特配置，以便指明与某个网络相连接的网络或端系统，稍后再讨论。
- **目的地址（32比特）** 与源地址性质相同。
- **选项（可变）** 根据发送用户请求的选项进行编码。
- **填充（可变）** 用于确保数据报的首部是32比特的倍数。
- **数据（可变）** 数据字段必须是8比特的整数倍。数据报的最大长度（数据字段加上首部）为65 535个八位组。

现在可以清楚地看到，由“发送”原语和“交付”原语定义的IP服务是如何被映射到IP数据报的字段中的。

14.3.3　IP地址

IP首部中的源地址和目的地址字段各包含一个32比特的互联网全局地址，通常它们是由一个网络标识符和一个主机标识符组成的。

网络类别

如图14.6所示，这个地址的编码方法允许各种各样的比特配置，以定义不同的网络和主机。这种编码为地址设置提供了灵活性，并允许在一个互联网中混合各种不同规模的网络。3种网络类型最适合于下述条件：

- **A 类**　网络数较少，但每个网络具有许多主机。
- **B 类**　中等网络数目，每个网络具有中等数量的主机。
- **C 类**　网络很多，每个网络的主机较少。

在特定的环境下，最好还是一直使用一种类型的地址。例如，由许多部门局域网组成的一个公司的互连网络只需要使用C类地址。不过，地址的格式允许在同一个互联网络中混合使用所有这3种类型的地址，因特网本身就是这种情况。对于由少量的大型网络、许多小型网络及一些中等规模的网络混合而成的互联网来说，只有混合使用不同的地址类型才能适应。

① 有关这个检验和的讨论包含在第6章中。

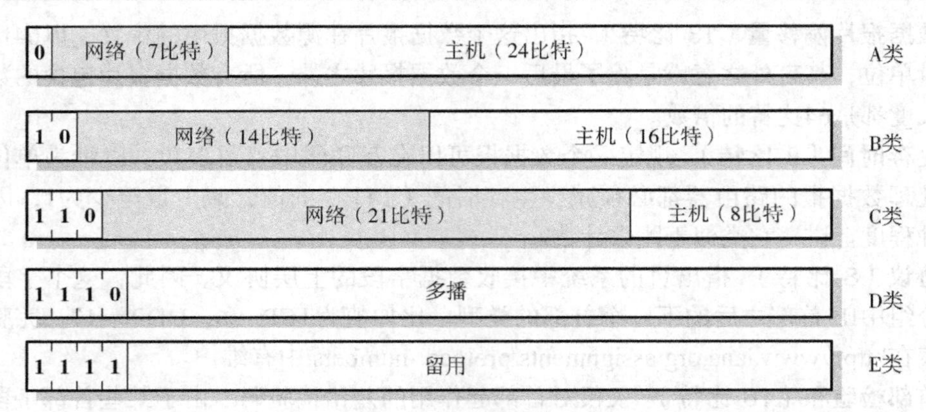

图14.6　IPv4地址格式

IP地址通常用**点分十进制表示法**书写，就是用一个十进制数来表示32比特地址中的每个八位组。例如，IP地址11000000 11100100 00010001 00111001可写为192.228.17.57。

注意，所有A类网络地址都以二进制0开始。第一个八位组为0（二进制的00000000）和127（二进制01111111）的网络地址被保留，因此只有126个可能的A类网络号，它的第一个点分十进制范围在1到126之间。B类网络地址以二进制10为开始，因此B类地址的第一个点分十进制的范围在128到191（二进制10000000 到10111111）之间。第二个八位组也是B类地址的一部分，因此一共有2^{14} = 16 384个B类地址。对于C类地址，第一个点分十进制的范围从192到223（11000000 到11011111）。C类地址的总数是2^{21} = 2 097 152个。

子网和子网掩码

子网概念的引入是为了满足以下的要求：设想某个互联网包含了一个或多个广域网以及许多的站点，而每个站点又可能具有多个局域网。我们一方面希望允许组织内部的互连局域网的结构可任意复杂，另一方面又希望互联网整体不受急剧增长的网络数目和路由选择的复杂度影响。解决这个问题的一种方法是为某个区域内的所有局域网设置一个网络号。从互联网的其他成员来看，这个区域内只有一个网络，从而简化了地址设置和路由选择。为了使该区域内的路由器能够正确工作，每个局域网分配有一个子网号。互联网地址的"主机"部分被划分为子网号和主机号两部分，以适应这一新的地址划分级别。

在划分了子网的网络内部，本地路由器在选择路由时必须依据一个扩展网络号，这个网络号由IP地址的"网络"部分和子网号组成。含有这个扩展网络号的比特位置通过地址掩码指示。地址掩码的应用使主机能够判断某个输出数据报的目的站是同一个局域网上的主机（直接发送）还是另外一个局域网上的主机（将数据报发送到路由器上）。当然，前提是假设我们有其他一些方法（例如，手工配置）可以用来创建地址掩码，并能告知本地路由器。

例14.2　图14.7所示为子网应用的一个例子。该图描绘了由三个局域网和两个路由器组成的一个综合网络。对于该互联网的其他部分来说，这个综合网是一个具有C类地址的单一网络，它的地址形式是192.228.17.x，其中最靠左的三个八位组是网络号，而最靠右的八位组则包含了一个主机号x。路由器R1和R2的子网掩码都设置为255.255.255.224，如表14.2(a)所示。例如，如果一个目的地址为192.228.17.57的数据报到达R1，不论这个数据报是来自互联网的其他地方还是来自局域网Y，R1 都要利用子网掩码，以便判断出这个地址指的是子网1，也就是局域网X，并因此而将该数据报转发至局域网X。同样，如果具有同样目的地址的数据报从局域网Z来到R2，那么R2就要利用子网掩码，并依据它的转发数据库判断出这个以子网1为目的地的数据报应当被转发到R1。主机在做路由选择的判决时也要应用子网掩码。

表14.2　IPv4地址和子网掩码

(a) IP地址与子网掩码的点分十进制表示法和二进制表示法

	二进制表示法	点分十进制表示法
IP 地址	11000000.11100100.00010001.00111001	192.228.17.57
子网掩码	11111111.11111111.11111111.11100000	255.255.255.224
地址和掩码的位与算法（得到的网络/子网号）	11000000.11100100.00010001.00100000	192.228.17.32
子网号	11000000.11100100.00010001.001	1
主机号	00000000.00000000.00000000.00011001	25

(b) 默认的子网掩码

	二进制表示法	点分十进制表示法
A类默认掩码	11111111.00000000.00000000.00000000	255.0.0.0
A类掩码举例	11111111.11000000.00000000.00000000	255.192.0.0
B类默认掩码	11111111.11111111.00000000.00000000	255.255.0.0
B类掩码举例	11111111.11111111.11111000.00000000	255.255.248.0
C类默认掩码	11111111.11111111.11111111.00000000	255.255.255.0
C类掩码举例	11111111.11111111.11111111.11111100	255.255.255.252

给定类别地址的默认子网掩码是空掩码，如表14.2(b)所示，由空掩码得到的网络号和主机号与没有子网的网络号和主机号相同。

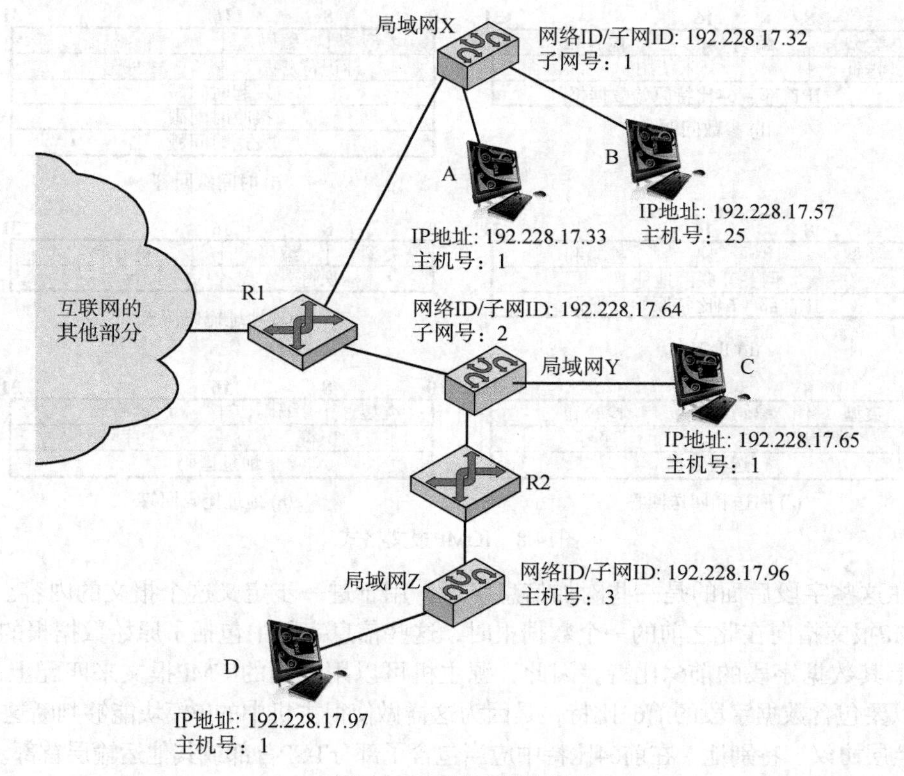

图14.7　子网互连的例子

14.3.4　网际控制报文协议（ICMP）

IP标准指明要实现IP就必须要实现ICMP（RFC 792）。ICMP提供了从路由器及其他主机到达某个主机的报文交付手段。从本质上讲，ICMP所提供的是对通信环境中遇到的有关问题的反馈信息。它的应用举例如下：当某个数据报无法抵达其终点时，当某个路由器没有足够的缓存能力来转发一个数据报时，或者当某个路由器能够为某站点发送的通信量指引一条更短的路由时，都可以使用该报文。在大多数情况下，ICMP报文是为响应某个数据报而发送的，可能由数据报沿途的路由器发出，也可能由希望到达的目的主机发出。

虽然在TCP/IP结构中，ICMP与IP位于同一层，但实际上它是IP的一个用户。构建好的ICMP报文向下传递到IP，由IP用IP首部对这个报文进行封装，然后将结果得到的数据报以正常方式传输。由于ICMP报文是在IP数据报中传输的，所以它们的交付是没有保证的，且它们的使用不能认为是完全可靠的。

图14.8所示为各种类型的ICMP报文格式。ICMP报文以64比特的首部开始，该首部包括：

- **类型（8 比特）** 定义了ICMP报文的类型。
- **编码（8比特）** 用于定义这个报文的一些参数，这些参数可以被编码成一个或几个比特。
- **检验和（16 比特）** 整个ICMP 报文的检验和。与IP 中使用的检验和算法相同。
- **参数（32比特）** 用于定义更长的参数。

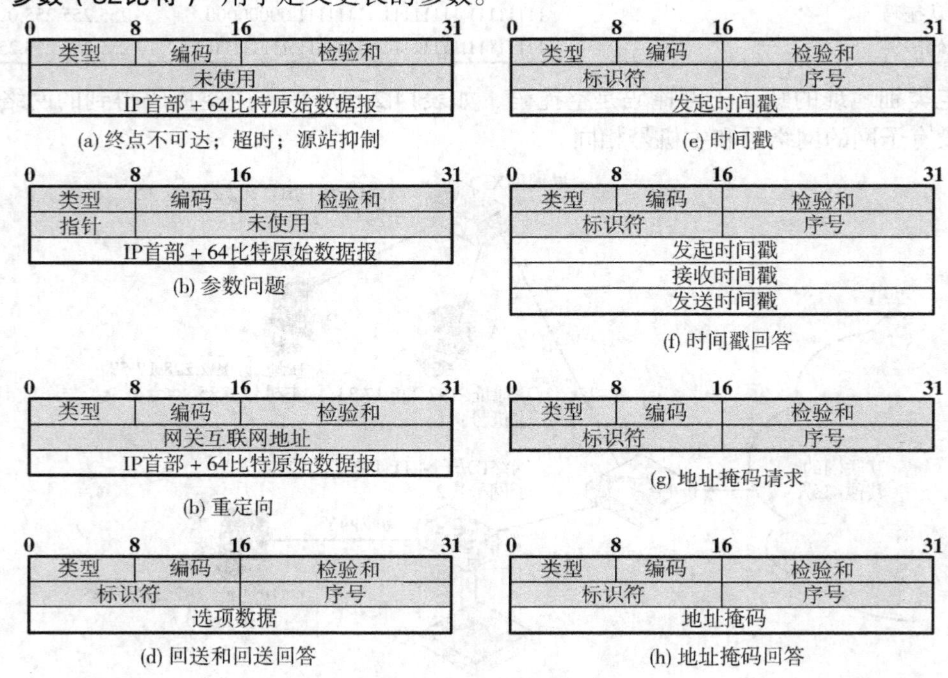

图14.8 ICMP报文格式

紧跟在这些字段后面的是一些附加信息字段，用于进一步定义这个报文的内容。

当ICMP报文指向在此之前的一个数据报时，这些信息字段中包括了原始数据报的完整IP首部，再加上其数据字段的前64比特。因此，源主机可以用收到的ICMP报文来匹配上一个数据报。之所以要包含数据字段的前64比特，是因为这样做使得主机中的IP模块能够判断这个数据报所涉及的上层协议。特别地，在前64比特中应当包含了部分TCP首部或其他运输层首部。

终点不可达报文涉及多种偶发事件。如果某个路由器不知道应当如何到达目的网络，那么该路由器可能会返回这个报文。在某些网络中，相连的路由器可以判断出某个主机是不可到达的，然后返回这个报文。如果目的主机上的用户协议或某些高层服务访问点是不可到达的，那么目的主机本身也可以返回这个报文。如果IP首部中的相应字段设置差错，就有可能发生这种情况。如果数据报定义的源选路是不可用的，那么也会返回这个报文。最后，如果某个路由器必须要将数据报分片，但是这个数据报的不分片标志置位，那么数据报将会被丢弃，同时也会返回这个报文。

如果数据报的生存时间超时，那么路由器将会返回一个**超时报文**。如果在规定的时间内重装不能完成，那么将会由该重装主机返回这个报文。

IP首部中的语法或语义的差错都会引起路由器或主机返回一个**参数问题**的报文。例如，提供给某个选项的参数可能是错的。参数字段中包含了一个指针，该指针指向原始首部中检测到差错的那一个八位组。

源点抑制报文提供了一种初步的流量控制形式。路由器和目的主机都有可能向源主机发送该报文，以请求源主机减少向互联网终点发送通信量的速率。源主机在接收到该源点抑制报文后，应当降低它向指明的目的主机发送通信量的速率，直到不再接收到源点抑制报文为止。这个报文可由那些因缓存满溢而不得不丢弃数据报的路由器或主机使用。在这种情况下，该路由器或主机将会为每一个被丢弃的数据报发出一个源点抑制报文。另外，系统可以预料拥塞情况，并在缓存的容量即将满溢时发出这个报文。此时，在源点抑制报文中所涉及的数据报可能是正常交付的。因此，接收到这个报文并不能说明相应的数据报有没有被交付。

路由器可以向直接相连的主机发送一个**重定向**报文，从而向该主机建议一条到达特定终点的更好路由。下面用图14.7举例说明。路由器R1接收到一个来自网络Y的主机C上的数据报，且路由器R1与网络Y相连。路由器R1检查其路由表，并从中获取到达该数据报目的网络Z要经过的路由中下一个路由器R2的地址。由于该数据报中的互联网源地址标识出的主机与R2在同一个网络，所以路由器R1就会向主机C发送一个重定向报文。这个重定向报文建议主机将终点为网络Z的通信量直接发送到路由器R2，因为这是一条更短的路径。路由器则继续将原始数据报发往它的互联网终点方向（经过R2）。R2的地址包含在重定向报文的参数字段中。

回送与回送应答报文提供了一种测试两个实体之间是否能够通信的手段。回送报文的接收者有义务在回送应答报文中返回这个报文。回送报文中有一个标识符和一个序号，被用来与回送应答报文进行相互匹配。标识符可能像服务访问点那样用于标识特定的会话，而序号则可能随每一个回送请求的发送而递增。

时间戳和**时间戳应答**报文提供了一种对互联网的时延特性进行采样的手段。时间戳报文的发送方会在该报文的参数字段中包含一个标识符和一个序号，并包含该报文的发送时间（原始时间戳）。接收方在返回的时间戳应答报文中记录接收到时间戳报文的时间，以及发送应答报文的时间。如果时间戳报文使用严格的源选路方式发送，就可测得特定路由的时延特性。

地址掩码请求和**地址掩码应答**报文在含有子网的情况下十分有用。地址掩码请求和应答报文使主机能够得知它所连接的局域网的地址掩码是什么。主机在局域网上**广播**一个地址掩码请求报文。该局域网上的路由器用一个地址掩码应答报文来响应，在这个地址掩码应答报文中包含有地址掩码。

14.3.5　地址解析协议（ARP）

在本章前面的内容中，曾经提及全局地址（IP地址）的概念以及遵从与主机相连的网络所规定的寻址机制的地址（子网地址）的概念。对于局域网来说，后一种地址就是MAC地址，它为连接到网络的主机端口提供物理地址。显然，为了向终点主机交付IP数据报，在最后一跳时必须将IP地址映射为子网地址。如果数据报在从源主机到终点主机的路途中经过一个或多个路由器，那么这个映射过程必须在最后一个路由器上执行，因为它连接的子网与终点主机连接的子网相同。如果数据报从同一个子网中的某个主机发送到另一个主机上，就必须由源主机进行映射。在以下的讨论中，用术语“系统”表示执行映射操作的实体。

要将一个IP地址映射为一个子网地址，有几种可能的方式，包括：

- 每个系统都维护一张本地表，表中的内容是有可能的成对的IP地址及其映射的子网地址。当子网中添加新主机时，这种方式无法提供简单且自动的操作。
- 子网地址可以是IP地址的网络部分的一个子集。但是整个互联网地址长度只有32比特，而大多数子网类型（如以太网）的主机地址要比32比特长。
- 可以在每个子网上维护一个中央目录，它的内容就是IP地址与子网地址的映射。对很多网络来说，这是一种合理的解决办法。
- 可以使用一个地址解析协议。这是一种比中央目录更简单的方式，且很符合局域网的要求。

RFC 826定义了一个地址解析协议（Address Resolution Protocol，ARP），它允许动态地分发信息，当构建从IP地址A转换为一个48比特以太网地址的表格时需要这些信息。这个协议可用于任意的广播类型的网络。ARP利用了局域网的广播特性，也就是说网络上的任何一个设备所发出的传输会被该网络中所有其他设备接收到。ARP的工作过程如下。

1. 局域网中的每个系统都要维护一张已知的IP与子网地址映射关系的表。
2. 当某个IP地址需要被映射成一个子网地址，而在该系统的表中又找不到其映射关系时，系统使用ARP直接从局域网协议（如IEEE 802协议）的顶层广播此请求。被广播的消息中含有需要寻找相应子网地址的IP地址。
3. 该子网上的其他主机监听ARP消息，并且在与其地址匹配情况时做出回答。在回答中包括了发出该回答的主机的IP地址及其子网地址。
4. 原始的请求中也包括了发出请求的主机的IP地址及其子网地址。任何感兴趣的主机都可以将此信息复制到它自己的本地表中，以避免将来再用ARP消息来获取它。
5. ARP消息也可用于简单地广播某个主机的IP地址和子网地址，因为子网中的其他主机可能需要它。

14.4 IPv6

网际协议（IP）已成为因特网的基础，事实上它也是所有的多厂商专用互联网的基础。这个协议正在走向它意义重大的一生的尽头，目前已经定义了一种新的协议，称为IPv6（IP版本6），最终将会由它来取代IP[①]。

首先要了解一下开发新版本IP的动机，然后再讨论它的一些细节问题。

14.4.1 下一代IP

采纳新版本IP的主要动机在于IPv4中的32比特地址字段具有很大的局限性。从理论上讲，使用32比特的地址字段总共可以分配2^{32}个不同的地址，它代表了超过40亿个可能的地址。你可能认为这个地址数量完全能够满足因特网的地址需求。但是，到了20世纪80年代，人们就预料到可能会出问题，到了90年代初期，这个问题开始逐渐浮现。32比特地址字段的不当之处包括如下几个方面。

- IP地址的两级结构（网络号，主机号）是很方便，但却会浪费地址空间。一旦为某个网络分配了一个网络号，那么在这个网络号下的所有主机号地址都是分配给这个网络

① 目前开发的IP的版本号是IP版本4。之前的IP版本（从1版到3版）是一边定义一边被新版所取代，直至IPv4。版本5是分配给流线协议（Stream Protocol，一种面向连接的互联网层协议）的版本号，因此新的IP就被标记为版本6。

的。该网络的地址空间的使用可能是稀稀落落的，但是就有效的IP地址空间而言，一旦使用了一个网络号，那么这个网络中的所有地址就都被用掉了。

- 通常IP地址结构模型要求为每个IP网络分配一个唯一的网络号，不论它实际上是否与因特网相连接。
- 网络快速激增。大多数组织都鼓吹使用多个局域网，而不是一个局域网系统。无线网络也正在迅速成长。因特网自身也在近年来呈爆炸性地增长。
- 随着TCP/IP在新领域中的应用增多，对唯一性IP地址的需要也迅速增加。例如，当使用TCP/IP连接电子柜员机终端以及使用有线电视接收机时，这些设备都需要唯一的IP地址。
- 典型情况下，每个主机分配有一个IP地址。而一种比较灵活的分配方式是允许每个主机具有多个IP地址。当然，这也增加了对IP地址的需求。

因此，对更多的地址空间的需求，使人们不得不考虑新版本的IP。另外，IP是一种很老的协议了，目前人们已经在地址配置、路由选择灵活性以及通信量支持等领域定义了一些新需求。

为了满足这些要求，因特网工程任务小组（IETF）于1992年7月发出通知征集对下一代IP（IPng）的建议。该组织收到了许多建议，到了1994年，IPng的最终设计已初露端倪。在1995年1月，RFC 1752，“The Recommendation for the IP Next Generation Protocol”（IP下一代协议的建议书）的发表是这项工作进展中的一个重要里程碑。RFC 1752概述了IPng的需求，定义了协议数据单元的格式，并且强调了IPng在地址、路由选择以及安全性等领域中所采取的方式。另外还有其他一些因特网的文档定义了这个协议的一些细节问题，此时这个协议的正式名称就是IPv6。这些文档包括IPv6的整体规范（RFC 2460）、一个讨论IPv6中寻址结构的RFC（RFC 4291）以及其他许多文档。

IPv6在IPv4的基础之上所做的改进如下。

- **扩展的地址空间**　IPv6使用的是128比特地址，而不是IPv4中使用的32比特地址。这使得地址空间增加了2^{96}倍。有文章曾指出[HIND95]，这使得在地球上每平方米的面积就可以拥有6×10^{23}个数量级的唯一地址！即使地址的分配是非常低效的，该地址空间似乎也不会被用光。
- **改进的选项机制**　IPv6的选项放置在独立的选项首部中，这个选项首部位于IPv6首部和运输层首部之间。大多数的选项首部在传输途中不需要经过任何路由器的检查或处理。因此与IPv4数据报相比，路由器简化且加速了对IPv6分组的处理①。这样也更容易添加其他更多的选项。
- **地址自动设置**　这种能力是为IPv6地址的动态分配而提供的。
- **增加寻址的灵活性**　IPv6具有任播地址的概念，也就是说，分组只交付给一组结点中的任意一个。通过在多播地址中增加一个范围字段，从而提高了多播路由选择的可扩展能力。
- **支持资源分配 IPv6**　能够根据发送方所请求的特殊处理，将分组标记为属于某个特定的业务通信量。这种方法有助于对特殊通信量如实时视频的支持。

所有这些特性都将在本节下面的内容中介绍。

① IPv6的协议数据单元被称为分组而不是数据报，数据报是IPv4的PDU使用的术语。

14.4.2 IPv6结构

IPv6 协议数据单元（称为分组）的通用格式如下：

唯一必须存在的首部就简称为IPv6首部。它具有固定的40个八位组的长度，而相对地，IPv4首部中必不可缺的部分只有20个八位组，如图14.5(a)所示。以下是已定义的扩展首部。

- **逐跳选项首部** 定义了要求逐跳处理的特殊选项。
- **路由选择首部** 提供了类似于IPv4源选路的扩展路由选择。
- **分片首部** 包含了分片和重装的信息。
- **鉴别首部** 提供了分组的完整性及其鉴别。
- **封装安全有效载荷首部** 提供了保密手段。
- **目的地选项首部** 包含了由目的结点检查的可选信息。

根据IPv6标准的推荐，当使用多个扩展首部时，IPv6首部出现的顺序如下。

1. IPv6首部：必不可少的，永远必须最先出现的。
2. 逐跳选项首部。
3. 目的地选项首部：此处的选项是由IPv6目的地址字段中指出的第一个目的地以及在路由选择首部中列出的后继目的地来处理。
4. 路由选择首部。
5. 分片首部
6. 鉴别首部。
7. 封装安全有效载荷首部。
8. 目的地选项首部：此处的选项只由分组的最后目的结点处理。

图14.9所示为IPv6分组的一个例子，在这个分组中除了与安全有关的首部之外，每个首部都存在。注意，IPv6首部以及每个扩展首部都含有一个“下一首部”字段。这个字段标识了紧随其后的首部的类型。如果下一个首部是扩展首部，那么这个字段包含的是该首部的类型标识符，否则这个字段包含的是使用IPv6的上层协议的协议标识符（通常是运输层协议），它的值与IPv4的协议字段的值相同。在图14.9中，上层协议是TCP，所以这个IPv6分组运载的上层数据是由TCP首部加上应用数据块组成的。

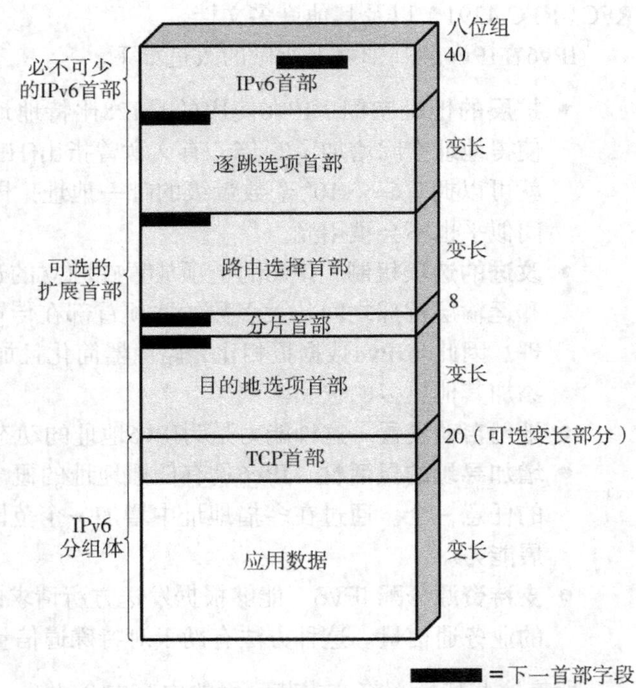

图14.9 具有扩展首部的IPv6分组（包含一个TCP数据报片）

下面首先介绍主要的IPv6首部，然后再依次描述各扩展首部。

14.4.3　IPv6首部

IPv6首部具有固定的40个八位组的长度，由以下的字段组成，如图14.5(b)所示。

- **版本（4比特）** 网际协议版本号。其值为6。
- **DS/ECN（8比特）** 由源结点和/或转发路由器使用，用于区分服务和拥塞功能，与IPv4中描述的DS/ECN字段一致。这个8比特的字段最初被称为"通信量类型"字段，但目前被指定为6比特的DS和2比特的ECN。
- **流标号（20比特）** 主机可以使用这个字段来为分组做标记，说明这些分组请求网络中的路由器对其进行特殊处理。讨论见下文。
- **有效载荷长度（16比特）** 跟在这个首部之后的剩余IPv6分组的长度，以八位组为单位。换言之，就是所有扩展首部再加上运输层协议数据单元的长度。
- **下一首部（8比特）** 标识了紧跟在IPv6首部后面的首部的类型。它可能是一个IPv6扩展首部，也可能是高层的首部，如TCP或UDP。
- **跳数限度（8比特）** 这个分组还能允许的跳数。跳数限度是由源点设置的，设置值为某个希望的最大值。转发这个分组的每一个结点都要将这个值减1。如果跳数限度被递减到零，这个分组就被丢弃。它是IPv4所要求处理的生存时间字段的简化。大家一致认为IPv4中为计算时间间隔所做的努力对这个协议带来的影响不大。事实上，IPv4的路由器都把生存时间字段作为跳数限度字段处理，这已经成了通用规则。
- **源地址（128比特）** 分组生成者的地址。
- **目的地址（128比特）** 该分组预期的接收者。事实上，如果路由选择首部存在，它就可能不是最终的目的地，稍后再解释。

虽然IPv6首部比起IPv4首部来说，必需的部分更长（分别为40个八位组与20个八位组），但它包含的字段较少（分别为8个字段与12个字段）。因此，路由器在处理每个首部时的工作量更少，也就是提高了路由选择的速度。

流标号

RFC 3697定义的流是指从特定的源点发送到特定终点（单播或多播）的分组序列，并且数据源希望中间路由器对它进行某些特殊的处理。通过源地址、目的地址和一个20比特的非零流标号的组合，就能唯一地标识出一个流。因此，被某个源点设置了相同流标号的所有分组都是同一个流的组成部分。

从源点的角度讲，一个流通常就是由源点上的某一个应用实例生成并具有相同传送服务需求的分组序列。一个流可以包含一个TCP连接，或者是多个TCP连接。后一种情况的例子就是文件传送应用，它可以具有一条控制连接及多条数据连接。单个应用也可能生成一个或多个流。后一种情况的例子就是多媒体会议，它可能有一个声音流和一个图像窗口的数据流，这两个流在数据率、时延以及时延变化等方面的要求各不相同。

从路由器的角度讲，一个流就是共享相同属性的分组序列，这些属性将会影响路由器对这些分组的处理方式，包括路径、资源分配、丢弃要求、计费以及安全属性。路由器可能对来自不同流的分组进行多种不同方式的处理，包括分配不同的缓存大小、指定转发时的不同先后顺序以及请求不同的网络服务质量。

任何一个流标号都不具有特殊意义。确切地说，为某个分组流提供的特殊处理必须通过其他方式来声明。例如，源点可能会使用一种控制协议提前向路由器协商或请求特殊的处理，也可能在传输时通过分组的扩展首部之一（如逐跳选项首部）来完成与路由器之间的协商或请求。可能会请求特殊处理的例子包括一些非默认的服务质量及某种形式的实时服务等。

原则上，一个用户为某个特定的流所做的各种请求都可以在扩展首部中被定义，且被包含在每个分组中。如果希望将流的概念扩大，以包括各种各样的请求，那么这种设计方式可能导致分组的首部变得庞大无比。另一种方法是使用流标号，这也是IPv6采用的方法，通过流标号，流的请求在这个流发出之前定义，并且为这个流设置一个唯一的流标号。在这种情况下，路由器必须为每个流保存该流的请求信息。

流标号服从下述一些原则。

1. 不支持流标号字段的主机或路由器必须在生成分组时将这个字段设置为零，而在转发分组时不对该字段做任何改变，并在接收分组时对这个字段忽略不计。
2. 特定源点生成的所有具有相同非零流标号的分组必须具有相同的目的地址、源地址、逐跳选项首部内容（如果这个首部存在）以及路由选择首部内容（如果这个首部存在）。其目的是让路由器做到仅仅查看表中的流标号就能够决定如何为分组路由选择以及如何处理，而不用检查首部中的其余部分。
3. 源点为一个流设置一个流标号。新的流标号必须从1到$2^{20}-1$范围内统一地用（伪）随机方式选择，并遵从以下约束条件，即源点在为一个新流分配流标号时不能重复使用仍在生存时间内的现有流的流标号。零值流标号专门用来指示没有使用流标号的情况。

上述的最后一点还需要进一步阐明。路由器必须维持每个可能会经过它的活动流的特征信息，很可能是使用一些表来做到这一点。为了高效且迅速地转发这些分组，对表的查找必须是高效率的。一种可选的方法是使用一个具有2^{20}（大约100万）个项目的表，每个项目对应一个可能的流标号，这样做会为路由器带来不必要的存储负担。另一种可选的方法是每一个活动的流在表中都有一个项目，而每个项目中存放着对应的流标号，这就要求路由器在每次遇到分组时都要搜索整个表，这种方法为路由器带来了不必要的处理负担。事实上，大多数路由器的设计可能会使用某些散列表方式。在这种方式下，使用的是一个大小适中的表，并且流标号通过一个散列函数被映射到各个流的项目上。这个散列函数可能仅仅是取流标号的几个低位比特（如8个或10个），或者是对流标号的20个比特进行简单的计算。无论哪一种情况，散列方式的效率通常取决于流标号在可能的取值范围内是否均匀分布，这就是采用上述第3条原则的原因。

14.4.4 IPv6 地址

IPv6地址的长度为128比特。地址是为结点上的每一个接口设置的，而不是为结点本身设置的①。一个接口可能具有多个唯一的单播地址。与一个结点的接口相关联的任何单播地址都可以用来唯一地标识这个结点。

长地址与一个接口对应多个地址相结合，就能够在IPv4的基础上进一步提高路由选择的效率。在IPv4中，地址结构通常对路由选择并没有什么帮助，因此路由器需要维持一个巨大的路由选择路径表。比较长的互联网地址则允许将网络的层次、接入提供者、地理位置、公司等信息加以综合形成地址。这种综合地址使得路由表更小，且对表的搜索也更快。允许每个接口具有多个地址，也就使得在同一个接口上使用多个接入提供者服务的用户能够为每个提供者配置一个地址，这些地址分别算在每个提供者的地址空间下。

① 在IPv6中，一个结点是任何一种应用了IPv6的设备，包括主机和路由器。

IPv6 允许如下3种类型的地址。

- **单播** 单个接口的标识符。发送到某个单播地址上的分组将会被交付到由这个地址标识的接口上。
- **任播** 一组接口的标识符（通常这些接口分属于不同的结点）。发送到某个任播地址的分组将会被交付到由这个地址标识的一组接口中的某一个接口上（根据路由选择协议的距离量度所认为的“最近”的那个接口）。
- **多播** 一组接口的标识符（通常这些接口分属于不同的结点）。发送到某个多播地址的分组将会被交付到由这个地址标识的所有接口上。

IPv6地是将128位地址视为8个16位数字，用冒号分隔的8个十六进制数来表示，例如：

2001:0DB8:0055:0000:CD23:0000:0000:0205

在冒号分隔的任何十六进制数字组中，如果最前面出现1至3个零，则它们有可能被丢弃。对于上述地址，可得

2001:0DB8:55:0:CD23:0:0:0205

最后，如果一组数字全部为零，或连续几组数字都为零，则可以由双冒号取代，但是在一个地址中只能这样做一次。对于所示例中的地址，可以写为

2001:0DB8:55::CD23:0:0:0205　或　2001:0DB8:55:0:CD23::0205

IPv6地址空间使用了格式化的前缀进行组织，类似于电话号码的国家和地区代码，从而在逻辑上将它划分为一棵树的形式，这样做就很容易找到从一个网络到另一个网络的路由。前缀的长度是可变的，并且通过以下格式的地址表示来指定：

ipv6地址/前缀长度

其中“ipv6地址”就是IPv6地址，前缀长度是一个十进制的数值，它指定了该地址最左边的多少个连续位包含的是前缀。因此，对于这个例子，前48位被解释为一个前缀，因此可以写成

2001:0DB8:55:0:CD23::0205/48

表14.3列出了整个IPv6地址空间中已经分配的主要前缀。表14.3中的地址类型可描述如下。

- **嵌入式IPv4地址** 在IPv6格式中嵌入现有的IPv4地址。这种地址类型用于将IPv4地址表示为IPv6地址。
- **回路** 用于一个结点向自身发送分组，可用来验证IP软件的操作。
- **多播** 对一组接口的标识符（通常在不同的结点上）。
- **链路本地单播** 用于一个局域网或一条网络链路。链路本地地址设计用于单链路进行寻址，类似于自动地址配置邻居发现时，或当没有路由器存在时的情况。具有链路本地目的地址的分组是不可路由的，并且不能被转发离开本地链路。
- **全局单播** 包含单播和多播地址。

表14.3 IPv6地址空间的使用

地址类型	二进制前缀	IPv6表示法	地址空间部分
嵌入的IPv4地址	00...1111 1111 1111 1111 （96位）	::FFFF/96	2^{-96}
回路	00...1 （128位）	::1/128	2^{-128}
链路本地单播	1111 1110 10	FE80::/10	1/1024
多播	1111 1111	FF00::/8	2/256
全局单播	其他所有		

14.4.5 逐跳选项首部

如果逐跳选项首部存在，则其中携带的选项信息必须被沿途的每个路由器检查。如图14.10(a)所示，这个首部包括：

- **下一首部（8比特）** 标识了紧跟在这个首部之后的首部类型。
- **首部扩展长度（8 比特）** 以64比特为单位的首部长度，不包括最前面的64比特。
- **选项** 由一个或多个选项定义组成的变长字段。其中每个定义由3个子字段组成："选项类型"（8比特）标识了该选项；"长度"（8比特）指出了该选项数据字段的长度，以八位组为单位；"选项数据"是这个选项的变长的规约。

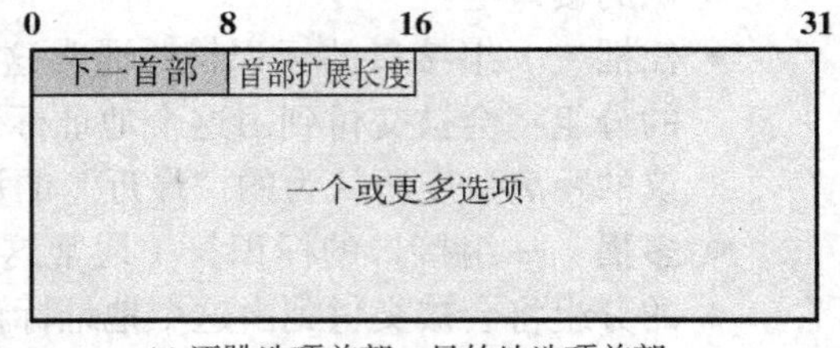

(a) 逐跳选项首部；目的地选项首部

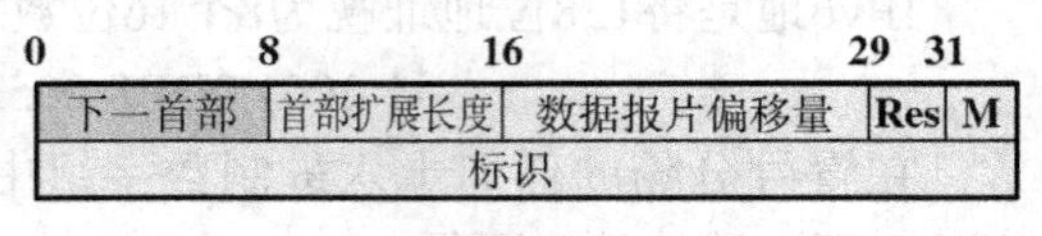

(b) 分片首部

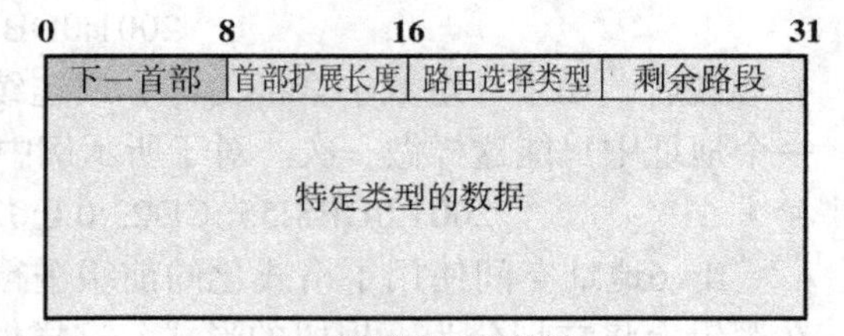

(c) 一般路由选择首部

图14.10 IPv6扩展首部

事实上，选项类型字段中的低5位被用来指明具体的选项类型。它的最高两位指明了无法识别该选项类型的结点应当采取什么动作，如下所述：

- 00 忽略这个选项，继续处理这个首部。
- 01 丢弃这个分组。
- 10 丢弃这个分组，并向该分组的源地址发送一个ICMP 参数问题报文，指向这个无法识别的选项类型。
- 11 丢弃这个分组，并且只有在这个分组的目的地址不是多播地址时，才会向该分组的源地址发送一个ICMP 参数问题报文，指向这个无法识别的选项类型。

它的第三高位比特指明了在分组从源点到终点沿途中，它的选项数据字段能改变（1）还是不能改变（0）。能够改变的数据必须被排除在鉴别计算之外（详见网上提供的第27章）。

上述这些选项类型字段的约定同样可应用到目的地选项首部上。

目前已经定义了如下4 种逐跳选项。

- **填充1** 用于向首部选项区域中插入1字节的填充。
- **填充*N*** 用于向首部选项区域中插入N（$N \geqslant 2$）字节的填充。这两个填充选项用以确保首部的长度是8字节的整数倍。
- **特大有效载荷** 用于发送有效载荷长度大于65 535个八位组的IPv6分组。这个选项的选项数据字段长度为32比特，给出了这个分组除去IPv6首部之外的其他部分的长度，以八位组为单位。对于这种分组，其IPv6首部中的有效载荷长度字段必须被置为零，并且必须没有分片首部。使用这个选项，IPv6可以支持的分组长度可达40亿个八位组。这样做是为了便于大型视频数据的传输，并且使IPv6能够最佳地利用任何传输媒体上的有效容量。
- **路由器警戒** 通知路由器：此分组的内容是该路由器感兴趣的，并且由该路由器对所有的控制数据进行相应的处理。如果在一个IPv6数据报中没有这个选项，那就是告诉路由器此分组中没有该路由器需要的信息，因此这个分组安全地经过路由选择，而不需要进一步做分组解析。在某些特殊环境下，要求主机在生成IPv6分组时必须包含这个选项。这个选项的用途是向诸如RSVP（将在第22章中介绍）这样的协议提供高效率的支持，RSVP协议生成的分组为了达到通信量控制的目的而必须经过中间路由器的检查。有了这个首部，当需要引起类似的注意时就可以提醒路由器，而不再需要中间路由器仔细地检查分组的扩展首部。

14.4.6 分片首部

在IPv6中，只有源结点能够执行数据的分片处理，分组交付途中的其他路由器都没有这个权利。为了充分地利用网际互连环境所带来的优势，结点必须执行一种路径发现算法，使之能够了解到沿途所有子网络都能够支持的最小的最大传输单元（MTU）（RFC 1981）。掌握了这一情况，源结点就能够在必要的情况下为每一个给定的目的地址执行分片处理。否则，源点必须将所有的分组限制在1280个八位组的长度之内，这是每个子网络都必须支持的最小MTU。

如图14.10(b)所示，分片首部的组成如下。

- **下一首部（8比特）** 标识了紧跟在这个首部之后的首部类型。
- **保留（8比特）** 为将来的使用而保留。
- **数据报片偏移量（13比特）** 指示出这个数据报片的有效载荷在原始分组中的位置，计算单位为64比特。其隐含之义是数据报片中（除了最后一个数据报片）所包含的数据字段的长度必须是64比特的整数倍。
- **Res（2比特）** 为将来的使用而保留。
- **M标志（1比特）** 1 = 还有更多的数据报片；0 = 最后一个数据报片。
- **标识（32比特）** 用来唯一地标识一个原始分组。在这个分组仍然存在于互联网期间，对相同的分组的源地址和目的地址来说，这个标识符必须是唯一的。也就是说，所有具有相同标识、源地址和目的地址的分片被重装以后将形成原始分组。

分片算法与14.2节中所描述的一样。

14.4.7 路由选择首部

路由选择首部由一个或多个中间结点的列表组成，这些中间结点是分组在发往终点的途中需要经过的。所有路由选择首部都以32比特的数据块为开始，这个数据块由4个8比特的字段组成，其后是路由选择数据，它是由给定的路由选择类型决定的，如图14.10(c)所示。这4个8比特的字段如下所示。

- **下一首部** 标识了紧跟在这个首部之后的首部类型。
- **首部扩展长度** 以64比特为单位的此首部的长度，其中不包括第一个64比特。
- **路由选择类型** 标识了一个特定的路由选择首部变量。如果路由器不认识这个路由选择类型值，就必须丢弃这个分组。
- **剩余路段** 剩余的路由段数。也就是说，在到达最后目的地之前，明确列出的还需要访问的中间结点的个数。

14.4.8 目的地选项首部

如果“目的地选项”首部存在，它所携带的选项信息就仅由分组的目的结点来检查。这个首部的格式与逐跳选项首部相同，如图14.10(a)所示。

14.5 虚拟专用网络和IP安全

在目前的分布式计算环境中，**虚拟专用网络**（VPN）为网络管理人员提供了一种极具吸引力的解决方案。从本质上讲，VPN所包含的一组计算机是通过相对而言不太安全的网络互相连接在一起的，并利用加密以及一些特殊的协议来提供安全性。在各种公司的网点中，工作站、服务器和数据库都是通过一个或多个局域网（LAN）连接起来的。这些局域网在网络管理员的控制之下，并且能够通过配置和协调达到合理性价比的性能。而因特网或其他一些公用网络则可用于这些站点之间的互连，比起使用一个专用网络来说，它的性价比好得多，同时也将广域网的管理任务推卸给了公用网的提供者。同样，这个公用网还为网络上班族及其他移动办公人员提供接入路径，以便从远程网点登录到公司的系统上。

但是管理员还面临一个基本需求：安全性。使用公用网会将机构的通信量暴露给窃听者，并为未经授权的用户提供了入口点。为了解决这个问题，管理员可能会选择各种各样用于加密和鉴别的软件包及产品。这些专属性质的解决方法会带来一些问题。首先，这种解决办法有多么安全？如果使用专属的加密或鉴别机制，则几乎无法从技术文献中对它所提供的安全级别加以确认。其次是兼容性的问题。没有哪个管理员希望在选择工作站、服务器、路由器、防火墙等等设备时因为需要安全设施之间的兼容而受到限制。这就是人们需要一组IP安全性（IPSec）互联网标准的动机。

14.5.1 IPSec

1994年，因特网体系结构委员会（IAB）发布了一篇名为《因特网体系结构中的安全问题》的报告（RFC 1636）。这份报告阐明大家一致认为因特网需要更多更好的安全性，并且它确定了安全的密钥区域。其中包括如下一些要求：保证网络基础设施的安全；防止未授权的监视和未授权的网络通信量的控制；保证使用了鉴别和加密机制的端用户对端用户通信量的安全性。

为了提供安全性，IAB将鉴别与加密指定为下一代IP必须具备的特性，IPv6就是已发布的下一代IP。幸运的是，这些安全功能的设计既能在IPv6中使用，也能在IPv4中使用。这就是说，运营商现在就可以开始提供这些特性，事实上，目前许多运营商已经在它们的产品中加入了某些IPSec功能。目前IPSec规约作为一组因特网的标准而存在。

14.5.2 IPSec的应用

IPSec提供了通过局域网，通过专用的和公用的广域网及通过因特网的安全通信能力。它的应用实例如下所示。

- **下属分支办公室通过因特网的安全连接**　一个公司可以通过因特网或公用广域网建立一个安全的虚拟专用网络。这样做可以使商业活动在很大程度上依靠因特网，从而降低对专用网络的需要，节省了费用和网络管理的代价。
- **通过因特网的安全远程访问**　系统配备有IP安全协议的端用户可以向因特网服务提供者（ISP）进行本地呼叫，并获取对某个公司网络的安全访问。这将节省旅途中的员工和网络上班族的电话费。
- **与合作伙伴建立外部网和内部网的连接**　IPSec可用于与其他组织的安全通信，确保鉴别和保密，并提供密钥交换机制。

- **增强电子商务的安全性**　虽然某些Web和电子商务应用已经有内置的安全协议，但是IPSec的使用能够增强其安全性。IPSec保证由网络管理员指定的所有通信量不但保密而且可信，不管应用层提供的是什么，它都会添加一个附加的安全层。

使IPSec能够支持上述各种应用的基本特征是它能够在IP层加密和/或鉴别所有的通信量。因此，所有分布式应用都可以有安全保证，包括远程登录、客户/服务器应用、电子邮件、文件传送、Web访问等。

图14.11所示为使用IPSec的典型方案。某机构在不同地点维护有多个局域网。在每个局域网上实施的是非安全的IP通信量。而对于局域网之外的通信量，则通过某种专用或公用的广域网应用了IPSec协议。这些协议在将各个局域网与外部连接的网络设备上运行，如路由器或防火墙。IPSec网络设备通常会对所有向外传输到广域网的通信量进行加密和压缩，并对所有从广域网进来的通信量进行解密和解压缩。对局域网上的工作站和服务器来说，这些操作都是透明的。拨号进入广域网的个人用户也可以具有安全的传输。这些用户的工作站必须实现IPSec协议，以提供安全性。

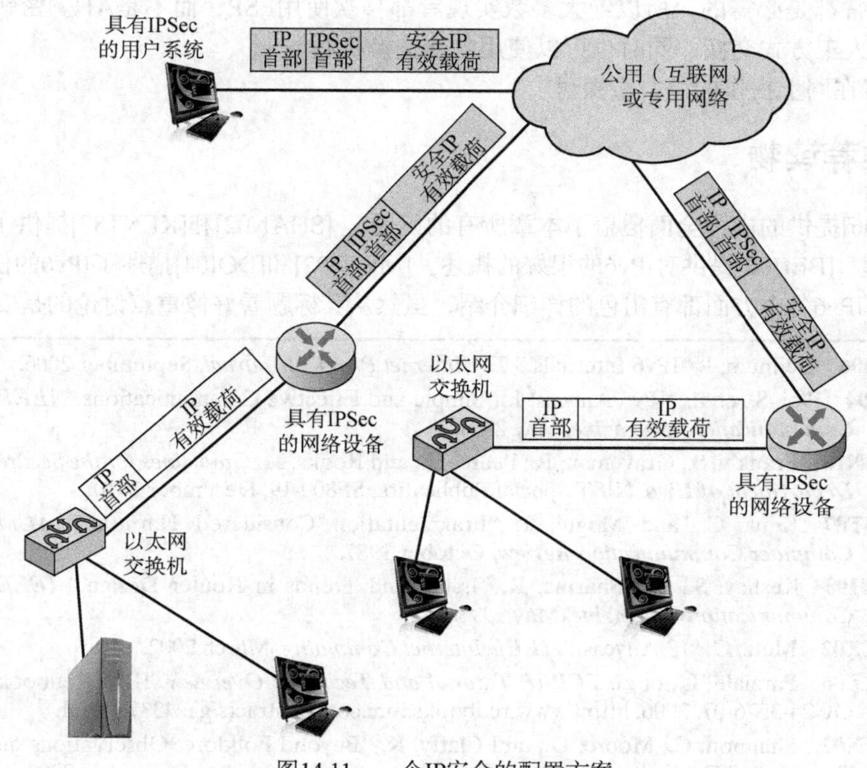

图14.11　一个IP安全的配置方案

14.5.3　IPSec的优点

IPSec具有如下几方面的优点。

- 当IPSec在防火墙或路由器中实现时，它提供了强大的安全性，可应用于跨越整个范围的所有通信量。公司内部或工作组内部的通信量不会承担与安全相关的处理过程带来的额外开销。
- 防火墙内的IPSec具有旁路抵制能力。如果所有来自外界的通信量都必须使用IP，则此时该防火墙是从因特网进入组织内部的唯一入口。

- IPSec在运输层（TCP，UDP）之下，因此对应用来说是透明的。当IPSec在防火墙或路由器上实现时，完全没有必要对用户或服务器系统上的软件进行改动。即使IPSec是在端系统实现的，也不会影响包括应用程序在内的上层软件。
- IPSec对端用户来说可以是透明的。因此不需要对用户进行安全机制的培训，不需要对每个用户公布密钥资料，或者说当用户离开某个组织时不需要收回密钥资料。
- 如有必要，IPSec可以为个人用户提供安全性。对于身处公司之外的工作人员以及在组织内部为某些敏感的应用建立一个安全的虚拟子网来说，这个功能是很有用的。

14.5.4 IPSec功能

IPSec提供3种主要功能：称为鉴别首部（AH）的仅用于鉴别的功能；称为封装安全有效载荷（ESP）的鉴别/加密组合功能；以及密钥交换功能。对于虚拟专用网络，由于不论是（1）确保无授权的用户不能渗入该虚拟专用网络，还是（2）确保因特网上的窃听者不能读取通过该虚拟专用网络发送的报文，都很重要，所以通常鉴别和加密都有必要。而正因为这两个特性通常都是必需的，所以绝大多数实现者都喜欢使用ESP，而不是AH。密钥交换功能允许密钥以人工方式交换，同时也可以使用自动交换机制。

IPSec将在网上提供的第27章探讨。

14.6 推荐读物

[PARZ06]提供的内容全面覆盖了本章所有的议题。[SHAN02]和[KENT87]提供了对分片的有用的讨论。[BEIJ06]提供对IPv6的很好的概述。[METZ02]和[DOI04]描述了IPv6的任播特性。[FRAN10]对IPv6各个方面都有出色的详细介绍，虽然从其标题看好像重点讨论的是安全性。

BEIJ06 Beijnum, I. “IPv6 Internals.” *The Internet Protocol Journal,* September 2006.

DOI04 Doi, S., et al. “IPv6 Anycast for Simple and Effective Communications.” *IEEE Communications Magazine,* May 2004.

FRAN10 Frankel, S.; Graveman, R.; Pearce, J.; and Rooks, M. *Guidelines for the Secure Deployment of IPv6.* NIST Special Publication SP800-19, December 2010.

KENT87 Kent, C., and Mogul, J. “Fragmentation Considered Harmful.” *ACM Computer Communication Review,* October 1987.

KESH98 Keshav, S., and Sharma, R. “Issues and Trends in Router Design.” *IEEE Communications Magazine,* May 1998.

METZ02 Metz, C. “IP Anycast.” *IEEE Internet Computing,* March 2002.

PARZ06 Parziale, L., et al. *TCP/IP Tutorial and Technical Overview.* IBM Redbook GG24-3376-07, 2006. http://www.redbooks.ibm.com/abstracts/gg243376.html.

SHAN02 Shannon, C.; Moore, D.; and Claffy, K. “Beyond Folklore: Observations on Fragmented Traffic.” *IEEE/ACM Transactions on Networking,* December 2002.

SPOR03 Sportack, M. *IP Addressing Fundamentals.* Indianapolis, IN: Cisco Press, 2003.

14.7 关键术语、复习题及习题

关键术语

broadcast 广播
datagram lifetime 数据报生存时间
end system 端系统
fragmentation 分片

intermediate system 中间系统
Internet Protocol 网际协议（IP）
intranet 内连网
IPv4 IPv4
multicast 多播
router 路由器
subnet 子网
subnetwork 子网络
unicast 单播
Internet Control Message Protocol 网际控制报文协议（ICMP）
internetworking 网际互连
IP security IP安全（IPsec）
IPv6 IPv6
reassembly 重装
segmentation 分段
subnet mask 子网掩码
Traffic class 通信量类别
virtual private network 虚拟专用网络（VPN）

复习题

14.1 列出网际互连设施的要求。
14.2 请给出使用分片和重装的几个理由。
14.3 只允许在目的端点进行重装与允许在中间路由器上重装相比，各有什么优点和缺点？
14.4 请解释IPv4首部中3个标志的作用。
14.5 IPv4首部的检验和是如何计算的？
14.6 IPv6中通信量类别和流标号字段有何区别？
14.7 简述IPv6地址的3种类型。
14.8 每种IPv6首部类型的作用是什么？

习题

14.1 虽然没有明确陈述，但网际协议（IP）规约RFC 791的确定义了一个所有可运行IP的网络技术都必须支持的最小分组长度。
a. 阅读RFC 791的3.2节，找到这个值。它是多少？
b. 请讨论采纳这个具体值的原因？
14.2 在讨论IP时曾经提到在“发送”原语中有标识符、不分片标识符以及生存时间这几个参数，但这几个参数在“交付”原语中却没有，因为它们仅仅与IP有关。请分别指出这几个原语是与源点的IP实体有关，还是与任何中间路由器上的IP实体或者是目的端系统上的IP实体有关？请说明理由。
14.3 IP协议的首部的额外开销有哪些？
14.4 在哪些环境下人们更倾向于使用源选路，而不是让路由器来进行路由选择判决？请描述。
14.5 由于数据报的分片，IP数据报可能分成好几个数据报片到达，且不一定按正确的顺序。在接收端系统的IP实体必须收集这些数据报片，直至重新构成原始的数据报。
a. 设想IP实体为了组装原始数据报中的数据字段而创建一个缓存。在组装过程中，这个缓存所包含的是数据块以及数据块之间的“空洞”。请为基于这种概念的数据报重装描述一种算法。
b. 对于(a)部分中的算法，必须要始终标记这些“空洞”的位置。请描述一种简单的机制以完成这项工作。
14.6 有一个4480个八位组的数据报需要传输，由于它将会经过一个最大有效载荷为1500个八位组的以太网，因而需要被分片。分片后得到的每个数据报片中的“总长度”字段、“后续标志”字段以及“分片偏移量”字段的值分别为多少？

14.7 假设某个首部含有10个八位组，且检验和位于最后两个八位组（它与任何实际的首部格式都无关），首部内容为（十六进制）：01 00 F6 F7 F4 F5 F2 03 00 00。

a. 计算这个检验和。写出你的计算过程。

b. 给出最后得到的分组。

c. 验证这个检验和。

14.8 由于IP首部在路由器上可能会被改变，例如生存时间字段，所以IP检验和在路由器上必须被重新计算。有可能做到部分地重新计算检验和。请提出一种牵涉的计算量比较少的过程。

提示：假设第k个16 比特字值的变化为：Z = 新值–旧值，考虑它对检验和的影响。

14.9 一个IP数据报将被分片。在选项字段中有哪些选项需要被复制到每个数据报片的首部中？哪些选项只需要在第一个数据报片中保留？通过对各种选项的处理来证明。

14.10 由1500比特的数据和160比特的首部组成的运输层报文被发送到互联网层，在这里又添加了160比特的首部。接着它被传输经过两个网络，每个网络使用了24比特的分组首部。目的网络的最大分组大小为800比特。那么包括首部在内，最终总共向目的网络层协议交付了多少比特？

14.11 如果要使用图14.1所示的体系结构，那么为了减轻由本地网络和长途网络失配可能带来的问题，需要在路由器上增加一些什么样的功能？

14.12 一个网络内部的路由选择是否应当考虑网际互连的问题？为什么？

14.13 请分别写出网络类别A、B、C的下述参数的值。在你的计算中一定要考虑到任何特殊的或保留的地址。

a. 地址网络部分的比特数。

b. 地址主机部分的比特数。

c. 可允许几个不同的网络。

d. 每种可能的网络中允许有多少个不同的主机。

e. 第一个八位组的整数范围。

14.14 每种网络类别所含的IP地址在总地址空间中的百分比是多少？

14.15 对于具有16比特子网ID的A类地址和具有8比特子网ID的B类地址，它们的子网掩码有什么区别？

14.16 对于A类地址，子网掩码255.255.0.255是否有效？

14.17 假设网络地址为192.168.100.0，且子网掩码为255.255.255.192。

a. 一共创建了多少个子网？

b. 每个子网的主机数有多少？

14.18 假设某公司有6个独立的部门，且每个部门有10台计算机或网络设备，该公司的网络应当采用什么样的掩码，才能将网络划分成平等的子网。

14.19 在现代路由选择和寻址技术中，经常会用到的一种称为无类域间路由或CIDR的表示方法。使用CIDR时，掩码内的比特数用以下方式指出：192.168.100.0/24。它所对应的掩码为255.255.255.0。如果这个例子为该网络提供256个主机地址，那么以下可提供多少个地址？

a. 192.168.100.0/23

b. 192.168.100.0/25

14.20 研究一下你自己的网络。使用命令ipconfig、ifconfig 或winipcfg，不仅可以了解自己的IP地址，还能知道其他一些网络参数。你能确定你的掩码、网关以及你所在网络可用的地址数吗？

14.21 通过利用你的IP地址和掩码，计算你的网络地址是什么？你可以将IP地址和掩码转换成二进制，然后通过逐比特逻辑与操作进行处理。例如，假设IP地址是172.16.45.0，且掩码为255.255.224.0，我们将会发现该网络地址应当是172.16.32.0。

14.22 将IPv4首部中的字段一个个地与IPv6的首部相比较。通过指出IPv6如何提供同样的功能来说明IPv4的每个字段所提供的功能。

14.23 论证IPv6扩展首部中出现的字段的推荐顺序（就是说为什么首先出现的是逐跳选项首部？而为什么路由选择首部又在分片首部之前？等等）。

14.24 IPv6标准中提到，如果具有非零流标号的分组到达一个路由器，并且这个路由器没有这个流标号的信息，那么该路由器应当忽略流标号而继续转发这个分组。

a. 如果把这种情况视为一种差错，则丢弃这个分组并发送一个ICMP报文，你认为这种做法的不当之处在哪里？

b. 有没有这样一种情况，如果把这个分组视为流标号为零的分组来选择路由就会导致差错的结果？请解释。

14.25 IPv6流机制假设给定流标号的相关状态都被保存在路由器中，因此路由器知道应当如何处理带有该流标号的分组。这种设计的一个要求是从路由器中清除掉不再使用的流标号（过时的流标号）。

a. 假设当数据源在完成这个流的传输后总是会向所有受影响的路由器发送一个控制报文，以删除这个流标号。在这种情况下，一个过时的流标号将在什么条件下继续保留？

b. 建议一些路由器及源点的机制，使之能够克服过时流标号所带来的问题。

14.26 有这样一个问题，由源点生成的哪些分组应当携带非零的IPv6流标号？对于一些应用来说，答案是显而易见的。小规模的数据交换应当具有零流标号，因为不值得为少量的几个分组而创建一个流。实时的数据流应当具有一个流标号，事实上这种数据流是创建流标号的主要原因。比较复杂的情况是两个对等实体发送大量的按最大努力交付（如TCP连接）的通信量。举例说明为每个长期的TCP连接设置一个唯一的流标号的情况。再举例说明不需要时的情况。

14.27 原始的IPv6规约将“通信量类型”和“流标号”两个字段组合成一个28比特的“流标号”字段。这样做使得流能够重新定义对不同值的优先级的解释。给出理由，说明为什么在最终的规约中“优先级”字段还是成为了一个单独字段。

第15章 运输协议

学习目标

在学习了本章的内容之后，应当能够：

- 解释使用可靠的按序网络会对可靠运输协议的需求带来什么影响；
- 概述工作于不可靠的网络服务上的运输协议所需要的主要功能；
- 列出并定义TCP的服务；
- 概述TCP机制；
- 了解不同的TCP实现政策选项的意义和它们之间的相互关系。

在协议体系结构中，运输协议位于提供网络相关服务的网络层或互联网层之上，且刚好在应用协议和其他上层协议之下。运输协议向运输服务（Transport Service，TS）用户，如FTP、SMTP 以及TELNET 提供服务。本地运输实体与某个远程运输实体进行通信，它们利用低层提供的某些服务（如网际协议）。由运输协议提供的一般性服务就是端到端的数据运输，并以某种方式将TS用户与下层通信系统的细节隔离。

本章首先要了解一下提供这些服务所需的协议机制。我们发现它的复杂性大部分与面向连接的服务有关。正如我们想像的那样，网络层提供的服务越少，运输协议需要做的就越多。

在本章剩余的内容中，将介绍两种广泛应用的运输协议：传输控制协议（Transmission Control Protocol，TCP）和用户数据报协议（User Datagram Protocol，UDP）。

有关本章中讨论的协议在TCP/IP 协议族中的位置，可参见图2.8。

15.1 面向连接的运输协议机制

有两种基本类型的运输服务：面向连接的和无连接的，后一种也称为数据报服务。面向连接的服务提供了TS用户之间的一条逻辑连接的建立、维护以及终止操作。到目前为止，它是人们最为常见的协议服务类型，并且有广泛的应用。面向连接的服务通常暗示这种服务是可靠的。本节要介绍的是支持面向连接的服务所需的运输协议机制。

面向连接的运输协议（如TCP）的全部特性确实非常复杂。为了简单起见，我们将按照运输协议机制的发展过程来揭示这些特性。首先考虑一种网络服务，它能够保证所有的运输协议数据单元在交付时保持原有顺序，这样可以减轻运输协议的压力，另外还要定义这种网络服务需要的一些机制。之后再介绍要处理好不可靠网络服务所需要的运输协议机制。所有这些讨论都可应用于普遍意义上的运输层协议。15.2节将用本节出现的概念描述TCP。

15.1.1 可靠的按序网络服务

在这种情况下，我们假设网络服务可接受任意长度的报文，并且以百分之百的可靠性按序将它们交付到目的地。这种网络的例子有：

- 使用面向连接的LLC服务的IEEE 802.3局域网
- 具有可靠连接选项的高可靠性的面向连接的分组交换网络，如帧中继在以上这几种情况下，运输层协议用于同一个网络相连的两个系统之间的端到端协议，而不是跨越互联网的协议。

假设使用的是可靠的按序网络服务，那么运输协议的应用就相当简单了。我们需要讨论如下4个方面的内容：

- 寻址
- 复用
- 流量控制
- 连接的建立/终止

寻址

简单地说，与寻址相关的内容是：某个给定的运输实体用户希望与另一个使用了相同运输协议的运输实体的用户建立一条连接或进行一次数据传送。我们需要为目标用户指明所有以下内容：

- 用户的标识
- 运输实体的标识
- 主机地址
- 网络编号

运输协议必须能够从TS用户地址中推算出上面列出的所有信息。典型情况下，用户地址被定义为（主机，端口）。**端口**变量表示的是指定主机上的某个特定的TS用户。通常，每个主机上只有一个运输实体，因而运输实体的标识就没有必要了。如果一个主机具有多个运输实体，那么通常也是每种类型仅有一个。在后一种情况下，这个地址中应当包括运输协议的类型标记（如TCP或UDP）。在单一网络中，**主机**标识的是连接到网络上的一个设备。而在互联网的情况下，主机就是一个全局互联网地址。在TCP中，端口和主机的结合称为**套接字**（socket）。

由于运输层并不涉及路由选择，所以它仅仅是将地址的“主机”部分向下递交给网络服务。“端口”被包含在运输层首部中，由终点的目的运输协议使用。

现在还剩下一个问题需要阐明：初始TS用户如何知道目的TS用户地址呢？据我们所知，有如下两种静态的和两种动态的策略可用。

1. TS用户必须提前知道它希望使用的地址。基本上这是一个系统配置功能。例如，一个正在运行的进程可能仅仅与有限的几个TS用户有关，例如收集性能统计数据的进程。某个特定的中心网络管理例程会时常与这个进程连接，以获取统计数据。通常这些进程不会是也不应当是熟知的，或任何程序都可访问的。
2. 一些公用服务被认为是“熟知的地址”。例如，服务器端的FTP、SMTP 及其他一些标准协议。
3. 需要提供一个名录服务器。TS用户使用某些通用的或全局的名字来请求一个服务。这个请求被发送到名录服务器上，由它进行目录查找并返回一个地址。然后，运输实体就可以通过连接进行工作了。这种服务对于经常改变位置的公用应用程序来说很有帮助。例如，为了平衡负载，某数据输入进程可能会在局域网中从一个主机移到另一个主机上。
4. 在某些情况下，目标用户是在请求时才会产生的进程。发起用户可以向一个熟知的地址发送进程请求。该地址的用户是一个有特权的系统进程，它可以产生一个新的进程并返回一个地址。例如，一个程序员编写了一段专用应用程序（如仿真程序），它将在远程服务器上执行，但却是在本地的工作站上调用，这时就可以向远程产生这个仿真进程的任务管理进程发出一个请求。

复用

从运输协议和高层协议之间的接口来看，运输协议执行的是复用/分用功能。也就是说，多个用户使用相同的运输协议，并且通过端口号或者服务访问点来相互区分。

从运输实体使用的网络服务来看，运输实体也可以执行复用功能。上行复用定义为将多个连接复用到单个低层连接中，而下行复用则定义为将单个连接划分成多个低层连接。

例如，设想一个应用了面向连接的网络服务的运输实体。为什么运输实体要使用上行复用呢？其中一个原因是网络提供商的计费标准中有一部分是根据连接的数量决定的，因为每条网络层的连接都要消耗结点的缓冲资源。因此，如果一条网络层连接能为多个TS用户提供足够的吞吐量，那么应该使用上行复用。

另一方面，下行复用或分割可能被用于提高吞吐量。例如，网络层连接可能只有一个较小的序号空间。而对于高速度、高时延的网络来说，可能需要更大的序号空间。当然这样做会增加吞吐量。如果所有的虚电路被复用到仅仅一条主机到结点的链路上，那么运输层连接的吞吐量不可能超过该链路的数据率。

流量控制

虽然链路层上的流量控制是一种比较简单的机制，但是到了运输层，它就是一种相当复杂的机制，主要有以下两个原因。

- 与实际的传输时间相比，运输实体之间的传输时延通常都比较长。也就是说，流量控制信息的通信存在着相当可观的时延。
- 因为运输层是在网络或互联网之上操作的，因此传输时延可能是高度可变的。这使得为重传丢失数据而使用的超时机制难以做到高效率。

为什么一个运输实体想要抑制来自另一个运输实体的连接的报文段[①]传输率呢？通常有以下两个原因。

- 接收运输实体的用户无法跟上数据流的传输速度。
- 接收运输实体自身无法跟上报文段流的传输速度。

这些问题是如何表现出来的呢？假设运输实体具有一定量的缓存空间，收到的报文段就被插入到这里面。每个缓存的报文段都会被处理（即检查运输首部），并且数据将会发送到TS用户。上面提到的两个问题都会导致缓存区满溢。因此，运输实体必须采取措施停止或减慢报文段的流量，这样才能防止缓存的溢出。这个要求并不很容易实现，因为在发送方和接收方之间存在着讨厌的时间间隔。稍后将讨论这个问题。首先，我们提出4种方法以应付流量控制的要求。接收运输实体可以：

1. 什么也不做；
2. 拒绝接受来自网络服务的更多报文段；
3. 使用固定的滑动窗口协议；
4. 使用信用量机制。

① 回顾第2章中所述，TCP实体所交换的数据块（协议数据单元）称为TCP报文段。

第一种可选方法意味着溢出缓存区的报文段将被丢弃。发送方运输实体因没有收到确认，将会重发这些报文段。由于可靠网络的优点就是永远也不需要重传数据，所以采用这种方法很不合适。更进一步，这种策略带来的影响可能会使问题更加恶化。在这种情况下，发送方不得不增大它的输出，以便包含新的报文段以及被重传的老报文段。

第二种选择是一种反压机制，它依赖于网络服务来完成这项工作。当运输实体的缓存区满溢时，它就拒绝接收来自网络服务的更多的数据。这会触发网络内部的流量控制过程，从而抑制发送端的网络服务。同样，这个网络服务又会拒绝来自其运输实体的更多报文段。显然，这种机制是十分笨拙且粗糙的。例如，如果有多条运输连接复用到一条网络连接（虚电路）上，那么流量控制只能施加在所有这些运输连接的集聚体上。

第三种选择在第7章对链路层协议的讨论中经常出现。回想一下，它的主要构成是：

- 在数据单元上使用序号；
- 使用固定大小的窗口；
- 通过确认使窗口向前滑动。

使用可靠的网络服务，滑动窗口技术的表现确实相当不错。例如，考虑窗口大小为7的一个协议。一旦发送方收到某个特定报文段的确认后，它就会自动认可后面的7个报文段的发送（当然，其中有一些报文段可能已经发送了）。现在，当接收方的缓存容量下降到7个报文段时，它就会拒绝为收到的报文段发送确认，以避免溢出。发送方运输实体最多只能再发送7个报文段，然后就必须停止。由于下层网络服务是可靠的，发送方不会超时及重传。因此，在某个时间点上，发送运输实体可能具有几个尚未收到确认的报文段。由于我们所面对的是可靠的网络，所以发送运输实体可以认为这些报文段能够通过网络到达目的站，之所以没有收到确认是出于流量控制的策略。这种策略在非可靠的网络上却是行不通的，因为发送运输实体无法得知缺少确认到底是因为流量控制还是因为报文段丢失了。

第四种选择，信用量机制向接收方提供了更高程度的对数据流的控制。虽然在可靠的网络服务下，这种机制并不是绝对必要的，但信用量机制能够带来较平滑的数据流量。再者，对于非可靠的网络服务来说，这是一种比较高效的机制，下文将讨论有关内容。

信用量机制将确认从流量控制中分离出来。而在像X.25和HDLC这样的固定滑动窗口协议中，它们是同义的。在信用量机制中，可以确认一个报文段但是并不给予新的信用量，反之亦然。对于信用量机制，传输数据的每个八位组都被认为具有一个序号。除了数据之外，每个传输的报文段要在它的首部中包括3个与流量控制相关的字段：**序号**（SN）、**确认号**（AN）和**窗口**（W）。在运输实体发送一个报文段时，它将包括报文段中数据字段的第一个八位组的序号。隐含之意就是后面的数据八位组是紧接这第一个数据八位组按序编号的。运输实体在返回的报文段中写入（$AN = i, W = j$），以确认一个收到的报文段，它的含义是：

- 直至序号$SN = i - 1$的所有八位组都被确认，下一个希望收到的八位组的序号为i。
- 赋予发送另外$W = j$个八位组的数据窗口的许可。也就是说，这j个八位组对应的序号从i一直到$i + j - 1$。

图15.1所示的就是这种机制（与图7.4比较）。为了简单方便，只显示了一个方向的数据流，并假设每个报文段将发送200个八位组的数据。最初，通过连接建立过程，发送方和接收方的序号是同步的，且A被赋予的初始信用量配额为1400个八位组，并从八位组号1001开始。A发送的第一个报文段包含了从1001号到1200号的数据八位组。A在三个报文段里发送

了600个八位组之后，将它的窗口缩小到800个八位组（从1601号到2400号）。当B接收到这三个报文段后，原来的1400个八位组的信用已经有600个被使用了，还剩下800个仍然可用。现在，假设在此时B有能力吸收此连接上的1000个八位组的入数据。相应地，B确认已接收到直至1600号的所有八位组，并发出1000个八位组的信用量。这意味着A可以发送从1601 号到2600号的八位组（5个报文段）。但是，在B的报文到达A时，A已经又发送了两个报文段，其中包含了从1601号到2000号的八位组（它们在初始配额的允许下）。因此，根据此时收到的来自B的信用量，A只剩下600个八位组（3个报文段）的配额了。随着数据进一步交换，A在每次传输时将它的窗口后沿向前移动，并且只有再次被赋予信用量的情况下才能使窗口的前沿向前移动。

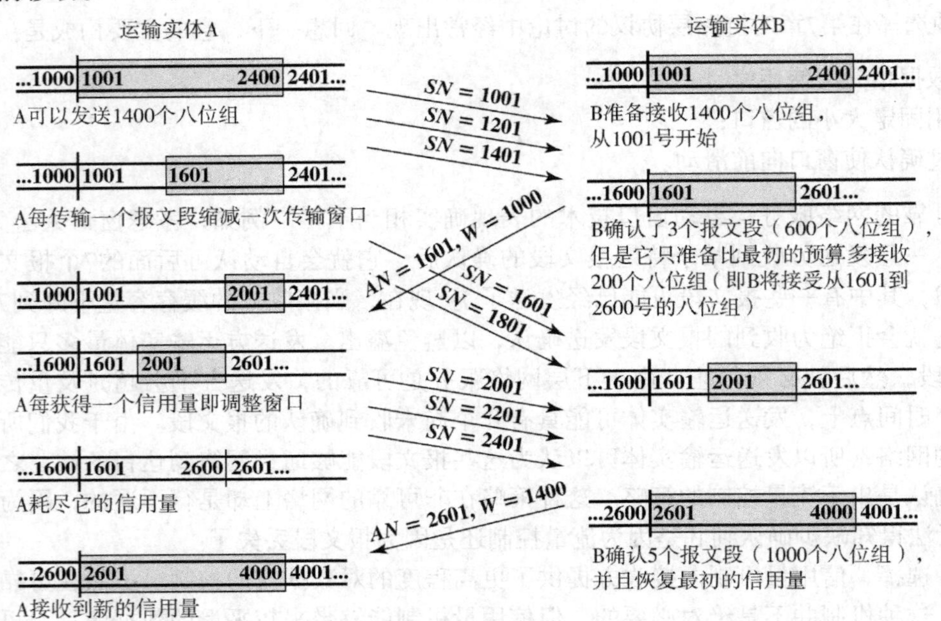

图15.1　信用量分配机制举例

图15.2所示为分别从发送方和接收方的角度观察到的这种机制（可与图7.3比较）。通常，这两种情况在双方都会出现，因为数据的交换是双向的。注意，接收方并不要求立即确认收到的报文段，而是可以等待并为多个报文段发出累积的确认。

接收方需要采取某种策略，以决定允许发送方传输的数据量。保守的方法只允许发送在有效缓存空间限制内的新报文段。如果在图15.1中采取这种策略，那么第一个信用量报文暗示了B具有1000个八位组的可用缓存，而第二个报文则表示B具有1400个八位组的空闲缓存。

保守的流量控制机制在时延较长的情况下可能会给吞吐量带来限制。接收方以乐观的态度为尚未释放的空间赋予信用量，就有可能提高吞吐量。例如，如果接收方的缓存虽然已满，但它预计在往返传播时间之内，自己能够释放1000个八位组的缓存空间，那么它就可以立即发送一个信用量为1000的报文。如果接收方速度能够跟得上发送方，那么这种机制可以提高吞吐量而不会有所损失。但是，如果发送方比接收方快，就有可能丢弃一些报文段，使得这些报文段必须重传。由于使用可靠的网络服务，在其他情况下并不需要重传（当互联网不拥塞时），因此乐观的流量控制机制会使这个协议复杂化。

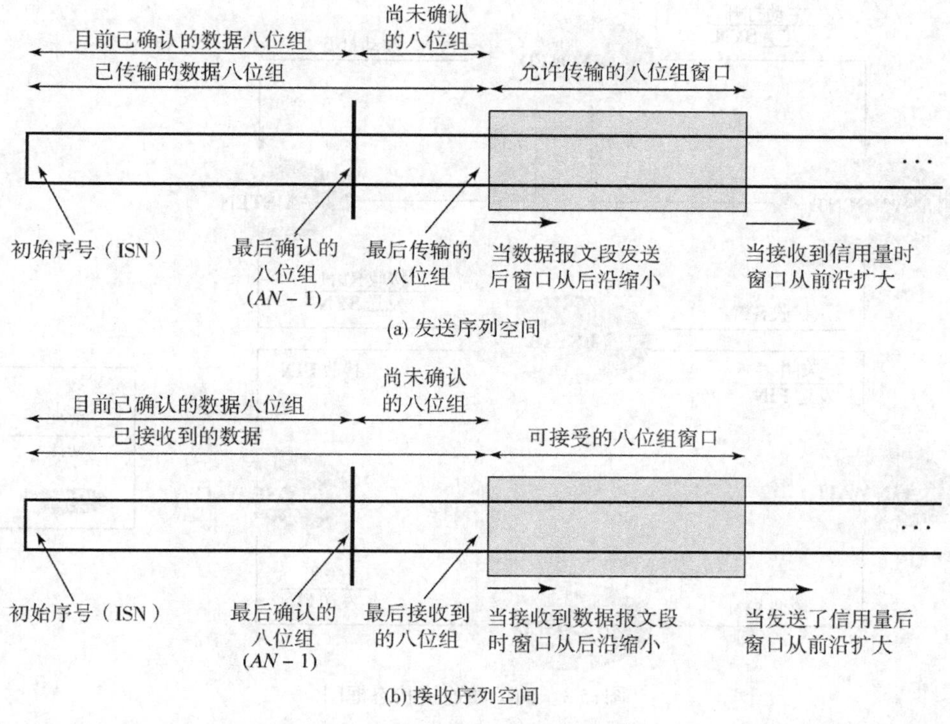

图15.2　发送和接收流量控制透视图

连接的建立和终止

即使使用可靠的网络服务，仍需要连接的建立和终止过程，以支持面向连接的服务。连接的建立有如下3个主要作用。

- 它使每一端都能证实对方的存在。
- 它允许对可选参数的协商（例如，最大报文段长度、最大窗口大小、服务质量等）。
- 它触发了对运输实体资源的分配（例如，缓存空间、连接表中的表项）。

连接经过双方同意后建立，并且可以通过一组简单的用户命令和控制报文段完成，其状态框图如图15.3所示。一开始，TS用户处于CLOSED（关闭的）状态（即未打开运输连接）。这个TS用户可以通过发出Passive Open（被动打开）命令向本地TCP实体表明自己正在被动地等待一个请求。类似时钟共享或文件传送应用这样的服务器程序可能会做这件事。在Passive Open命令发出后，运输实体将会创建某种处于LISTEN（监听）状态的连接对象（也就是一个表项）。TS用户也可以通过发送一个Close（关闭）命令表示自己的想法改变了。

从CLOSED 状态出发，TS用户可以通过发出Active Open（主动打开）命令打开一个连接，这个命令通知运输实体试图与指定的远程用户建立连接，于是就触发运输实体发送一个SYN（起同步作用）报文段。这个报文段被传输到接收运输实体，并且解释为请求与特定的端口建立连接。如果在目的运输实体该端口处于LISTEN状态，那么接收运输实体通过以下的动作就可以建立一条连接。

- 通知本地TS用户连接打开。
- 向远程运输实体发送SYN作为证实。
- 将这个连接对象置于ESTAB（建立）状态。

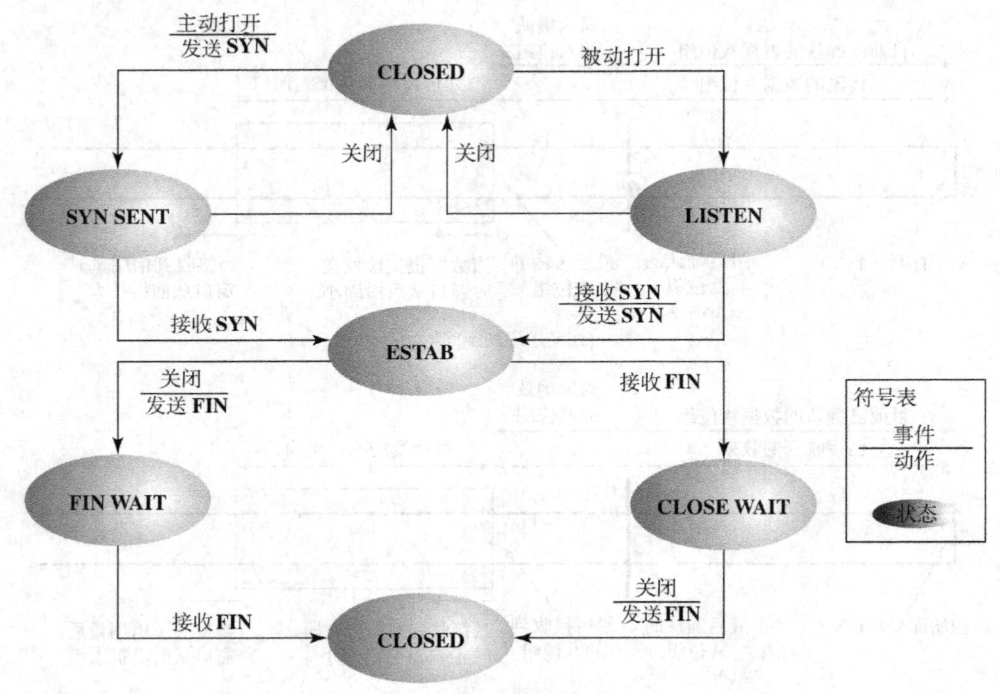

图15.3 简单的连接状态框图

当发起方运输实体接收到这个响应SYN时，它也将该连接置于ESTAB状态。如果有任何一方的TS用户发出Close命令，那么这条连接就会在还未完成时异常终止。

图15.4体现了这种协议的健壮性。任何一方都可以发起一条连接。再者，如果双方几乎同时发起连接，则连接也能有条不紊地建立起来，这是因为SYN报文段既可以用作连接请求，也可以用作连接确认。

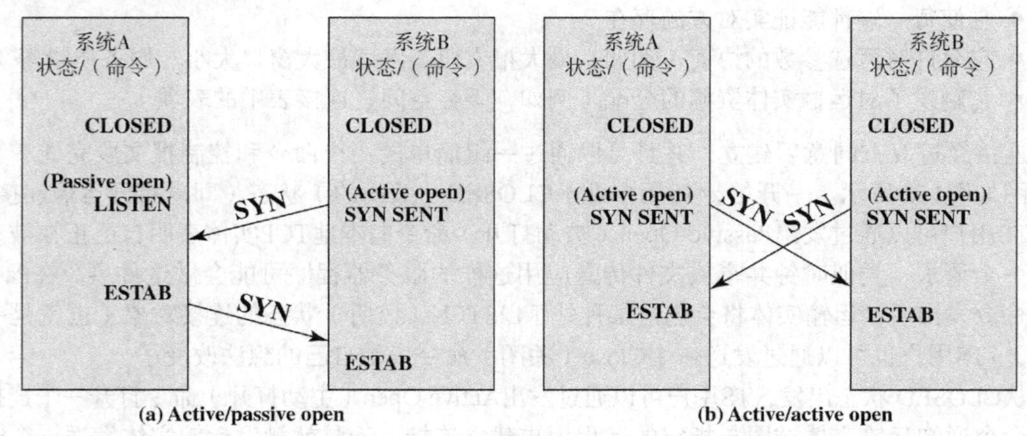

图15.4 连接建立过程

读者可能要问，如果当SYN到达时，被请求的TS用户正处于空闲状态（没有监听）会发生什么情况。此时可能会有如下3种处理过程。

- 运输实体可以通过向对方运输实体发送一个RST（复位）报文段，以拒绝这个请求。
- 请求可以排队等候，直至TS用户发出相应的打开命令。
- 运输实体可以中断TS用户，否则就通知TS用户，让它注意这个悬而未决的请求。

注意，如果使用了最后一种机制，那么Passive Open命令就不是绝对必要的了，而是可以用一个Accept（接受）命令取代，这是由用户向运输实体发出的通知，表示它接受了该连接的请求。

连接终止的处理过程类似。任意一方或者双方，都可以初始化关闭过程。连接经双方的同意而关闭。这种策略允许使用粗暴终止或者文明终止过程。如果使用粗暴终止，传输中的数据就可能会丢失。文明终止过程在所有数据传输完成之前不允许任意一端关闭连接。要实现后一种方式，处于FIN WAIT（结束等待）状态中的连接必须继续接受报文段，直至接收到一个FIN（结束）报文段。

图15.3演示了文明终止的过程。首先来考虑发起终止过程的那一方。

1. 为了响应TS用户的Close原语，运输实体向连接的另一方发送一个FIN报文段，请求终止。
2. 在发送了FIN报文段之后，运输实体将这条连接置于FIN WAIT状态。在这个状态下，运输实体必须继续接受来自对方的数据，并将这些数据传递给它的用户。
3. 当运输实体接收到响应的FIN报文段后，就会通知它的用户并关闭这条连接。

从未发起终止过程的运输实体的角度来看：

1. 当运输实体接收到一个FIN报文段后，就会通知它的用户有终止请求到达，并将连接置于CLOSE WAIT状态。在这种状态下，运输实体必须继续接受来自它的用户的数据，并且将这些报文段传输到对方。
2. 当用户发出一个Close原语后，运输实体向对方发送一个响应的FIN报文段，并且关闭该连接。

这一过程确保双方都能接收到所有未完成的数据，并且在连接真正终止时，双方都已经同意终止该连接。

15.1.2 不可靠的网络服务

对运输协议来说，比较麻烦的情况是不可靠的网络服务。不可靠的网络服务如：

- 使用IP的网际互连
- 仅仅使用LAPF核心协议的帧中继网络
- 使用无确认、无连接LLC服务的IEEE 802.3局域网

此时存在的问题不只是报文段偶尔会丢失，而且报文段可能因传送时延的不同而失序到达。我们将会看到，为了处理好这两个相关的网络缺陷问题，需要使用非常精密的方法。我们还会看到出现了一种令人沮丧的现象。在不可靠性与无序性的结合下，以前所讨论的各种机制都会出现问题。总的来说，解决一个问题又会引发另一个新问题，虽然说各个层次的协议都有需要克服的问题，但是比较起来，实现可靠的面向连接的运输协议所面临的困难是其他任何协议所无法比拟的。

在本节其余部分，除非特别提到，所讨论的机制均指TCP所用的。有7个方面的内容需要讨论：

- 按序交付
- 重传策略
- 副本检测

- 流量控制
- 连接建立
- 连接终止
- 崩溃恢复

按序交付

使用不可靠的网络服务，即使所有的报文段都交付了，在它们到达时还有可能失去原有的顺序。这个问题的解决办法是对报文段进行按序编号。我们已经知道，对于像HDLC这样的数据链路控制协议，每个数据单元（帧或分组）都是按序编号的，且后一个序号总是比前一个序号的值大1。这种机制也用于某些运输协议中，如ISO运输协议。不过TCP所使用的机制稍微有些不同，其每一个传输的八位组数据都被隐式编号。因此，第一个报文段的序号可能为1。如果这个报文段具有200个八位组的数据，那么第二个报文段的序号应当为201，依次类推。为了简化本节的讨论，我们假设每个后继报文段的序号总是比前一个报文段的序号值大200，也就是说，每个报文段正好包含200个八位组的数据。

重传策略

有两个事件使得报文段有必要重传。第一，报文段有可能在传输途中损坏，但不管怎样，这个报文段仍能到达它的目的地。如果在这个报文段中包含有一个检验和，那么接收运输实体可以检测出错误并丢弃这个报文段。第二种偶然事件是报文段未能到达目的地。不论在哪一种情况下，发送运输实体并不知道这个报文段的传输已经失败。考虑到这种偶然性，我们需要使用一种主动确认机制：接收方必须通过在返回的报文段中包含一个确认号的方法来确认所有成功接收到的报文段。为了提高效率，我们并不要求每个报文段都有一个确认。相反，可以使用累积确认，这在本书中已经出现过多次。这样，接收方可能接收到编号为1、201及401的报文段，但却仅仅返回一个$AN = 601$。发送方必须将$AN = 601$ 解释为$SN = 401$及以前的所有报文段都已经成功接收。

如果报文段没有成功到达，就不会发出确认，而此时就有必要重传该报文段。为了处理好这种情况，每个发送的报文段都有一个关联计时器。如果在报文段确认之前计时器超时，那么发送方必须重传。

看起来增加一个计时器就可以解决这个问题。接下来的问题是：这个计时器的值应当设置为多少呢？这让我们想起两种策略。一种是使用固定的计时器值，它的取值依据是对网络典型行为的了解。这种方法的问题在于它无法对变化的网络环境做出反应。如果这个值太小，就可能会有太多不必要的重传，从而浪费网络容量。如果这个值太大，这个协议对丢失报文段的反应就会过于迟缓。计时器设置的值应当比往返（发送报文段，接收ACK）的传输时延稍大一些。当然，即使在网络负荷恒定的情况下，这个时延值也是可变的。更糟糕的是，这个时延的统计值将会随网络环境的改变而变化。

另一种自适应的机制又有它自己的问题。假设运输实体对确认的报文段所花费的时间进行跟踪，并根据观察得到的平均时延来设置它的**重传计时器值**。但这个值并不是完全可信的，原因有如下3个方面。

- 对等实体可能没有立即确认报文段。回想一下，我们已经给了它发送累积确认的特权。
- 如果报文段已经重传，那么发送方无从得知它接收到的确认是对初次传输的响应，还是对重传的响应。
- 网络环境可能会突然改变。

以上的每个问题都会导致运输算法更加混乱，因此我们不得不承认这个问题没有完全的解决方案。有关重传计时器的最佳设置值总会存在一些不确定性。我们将在15.3节中再次讨论这个问题。

顺便说一下，运输协议要想正确地工作，就需要大量的计时器，而重传计时器只是其中之一。这些计时器在表15.1中列出，表中还列出了对它们的简单说明。

表15.1　运输协议计时器

计时器种类	功能
重传计时器	重传一个未被确认的报文段
MSL（最大报文段生存时间）计时器	在关闭一个连接与打开另一个具有相同目的地址的连接之间的最小间隔时间
持续计时器	ACK/CREDIT数据报之间最大的间隔时间
重传SYN计时器	为了打开一条连接所做的尝试之间的间隔时间
保活计时器	在没有接收到任何报文段的情况下中止连接所需的时间

副本检测

如果一个报文段丢失后重传，是不会带来混乱的。如果按序排列的一个或多个报文段成功交付，但相应的ACK却丢失了，那么发送方传送实体将会超时，这些报文段将会重传，并且如果它们成功到达，就会与先前接收到的报文段重复。因此，接收方必须能够识别副本。

每个报文段都随身带有一个序号，这对我们会有所帮助，但无论如何，副本的检测及处理并不是一件容易的事。有两种情况：

- 在连接关闭之前接收到一个副本
- 在连接关闭后接收到一个副本

上述第二种情况将在后面有关连接建立的小节中讨论。这里先来看看第一种情况。

注意，我们说“一个”副本而不是“这个”副本。从发送方的角度来看，重传的报文段就是副本。然而，这个重传的报文段可能在原始报文段之前到达，在这种情况下，接收方视原始报文段为副本。不论是何种情况，要处理好在连接关闭前接收到的一个副本需要如下两种方法。

- 接收方必须假设它的确认丢失了，从而必须确认这个副本。因而，如果发送方接收到同一个报文段的多个确认，则不应当引起混乱。
- 序号空间必须足够长，这样在报文段可能具有的最大生存时间（报文段通过网络花费的时间）内才不会存在“循环”。

图15.5所示为产生后一种要求的原因。在这个例子中，序号空间的长度为1600，也就是说，在SN = 1600之后，序号循环返回并从SN = 1再次开始。为了简化起见，我们假设信用窗口大小为600。设想A已经传输了报文段SN = 1, 201和401。B 已经接收到了报文段SN =201和401，但报文段SN = 1却在传输途中被耽搁了。因而B不会发送任何ACK。最终A的计时器会超时，且A重传报文段SN = 1。当副本报文段SN = 1到达时，B用AN = 601来确认1，201和401。与此同时，A的计时器已超时，并重传报文段SN = 201，对此B再次用AN =601确认。看起来事情已经解决了，而数据传送继续进行。在序号空间用尽之后，A循环回到SN = 1并继续发送报文段。此时，那个姗姗来迟的旧报文段SN = 1方才露面，它在新报文段SN = 1到达之前被B接受。等到新的报文段SN = 1到达时，它便会被作为副本丢弃掉。

很显然，如果序号还没有折回头重复使用，那么这个迟到的旧报文段是不会引起什么麻烦的。序号空间（表示序列号的比特数）越大，折回头就越迟。问题是：序号空间必须有多大？这取决于网络是否执行了最大数据分组生存时间检测，以及报文段将以何种速率传输，还有其他一些因素等。幸运的是，序号字段每增加一位，序号空间就可增加一倍，因此选择一个安全的序号空间大小并不是什么困难的事。

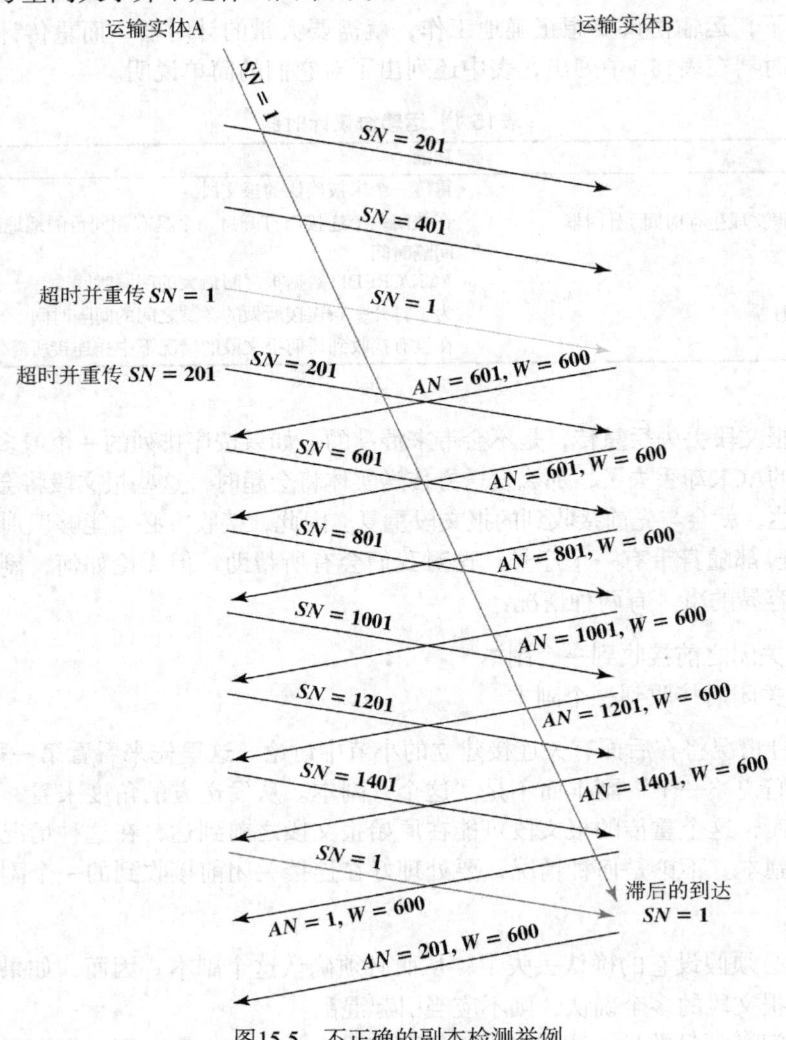

图15.5　不正确的副本检测举例

流量控制

前面所描述的信用量分配流量控制机制在面对不可靠的网络服务时显得相当健壮，并且几乎不需要什么改进。我们曾提到过，一个含有（$AN = i, W = j$）的报文段确认了直至$i - 1$号的所有八位组，并赋予以i为首的另外j个八位组的信用量。这种信用量分配机制功能相当灵活。例如，设想B接收到的数据的最后一个八位组的编号为$i - 1$，且B发出的最后一个控制报文段为（$AN = i, W = j$），那么：

- 为了在没有更多报文段到达的情况下，将信用量增加到k（$k > j$），B可以发出（$AN = i, W = k$）的控制报文段。
- 为了不增加信用量而确认一个新到的包含了m个八位组数据的报文段（$m < j$），B可以发出（$AN = i + m, W = j - m$）的控制报文段。

即使丢失了一个ACK/CREDIT报文段也不要紧，后面的确认将会重新同步这个协议。再者，如果没有新的确认到来，发送方的计时器超时并重传一个数据报文段，这将会触发一个新的确认。不过，还是有可能出现死锁的情况。考虑B发送（$AN = i, W = 0$）的情况，这会暂时关闭该窗口。随后B发送（$AN = i, W = j$），但是这个数据报文段丢失了。A不断等待着发送数据的机会，而B却认为它已经给了A机会。为了克服这个问题，就需要使用一个**持续计时器**。这个计时器在每发送一个报文段时复位（所有含有AN和W字段的报文段）。如果计时器超时，该协议实体就会发送一个报文段，哪怕这只是对上一个报文段的重复。这样就可以打破死锁，同时也向另一端证实这个协议实体还是活跃的。

连接建立

与其他协议机制一样，连接的建立必须考虑到网络服务的不可靠性。回顾要求交换SYN的连接建立过程，这个过程有时被称为二次握手。假设A向B发出SYN，它希望得到一个返回的SYN，以证实这条连接。在这个过程中可能出现两种错误：A的SYN丢失，或者是B的应答SYN丢失。这两种情况都可以通过**重传SYN计时器**来处理（见表15.1）。在A已发过了一个SYN之后，如果计时器超时，它就会重新发出这个SYN。

这种情况可能会带来重复的SYN。如果A最初的SYN丢失了，那自然就不会有副本。如果B的响应丢失了，B就可能会接收到两个来自A的SYN。更进一步，如果B的响应并没有丢失，只是被延迟了，A就可能会收到两个响应SYN。所有这些都意味着，一旦连接建立，A和B就都必须简单地忽略掉重复的SYN。

还需要克服一些其他的问题。就像延迟的SYN或丢失的响应可能会带来重复的SYN一样，一个延迟的数据报文段或丢失的确认也会带来重复的数据报文段，正如图15.5所示。这种延迟或重复的数据报文段都可能会干扰数据传输，如图15.6所示。假设运输协议实体对每个新连接都是从序号1开始对它的数据报文段编号。在图中，来自旧连接的一个报文段$SN = 401$的副本在新连接的活动期间到达，并且在合法的编号为$SN = 401$的数据报文段交付之前交付给了B。对付这个问题的一种方法是每个新的连接以不同的序号开始，且让这个序号远离上一次连接使用的最后一个序号。为了做到这一点，连接请求的形式采用SYN $i + 1$，其中i是在这个连接上将要发送的第一个数据报文段的序号。

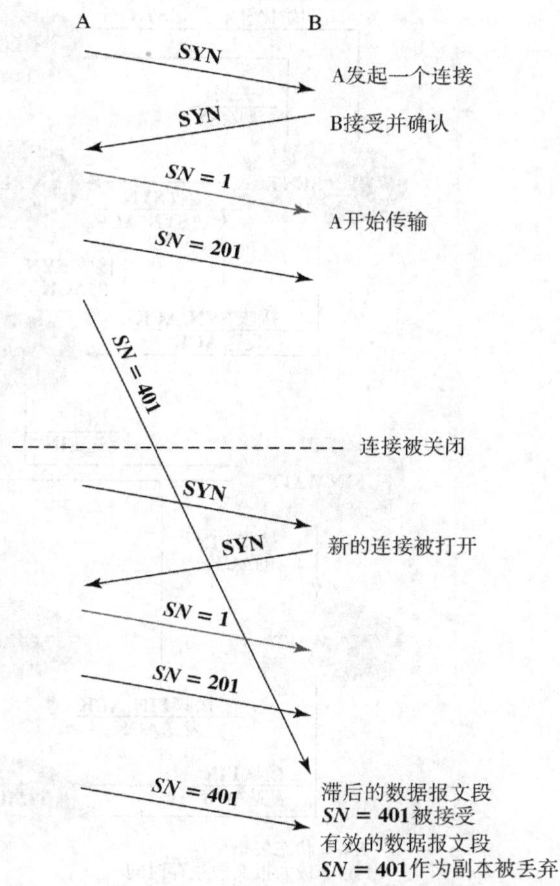

图15.6　二次握手：由滞后的数据报文段带来的问题

现在，考虑一个在连接终止之后仍然存活的SYN i副本。图15.7描绘了可能引起的问题。在连接终止后，一个旧的SYN i到达B。B认为这是一个新的请求并以SYN j响应，表示B接受这个连接请求，并且将从$SN = j + 1$ 开始传输。与此同时，A已决定打开一条与B之间的新连接，并发送SYN k，而它被B作为副

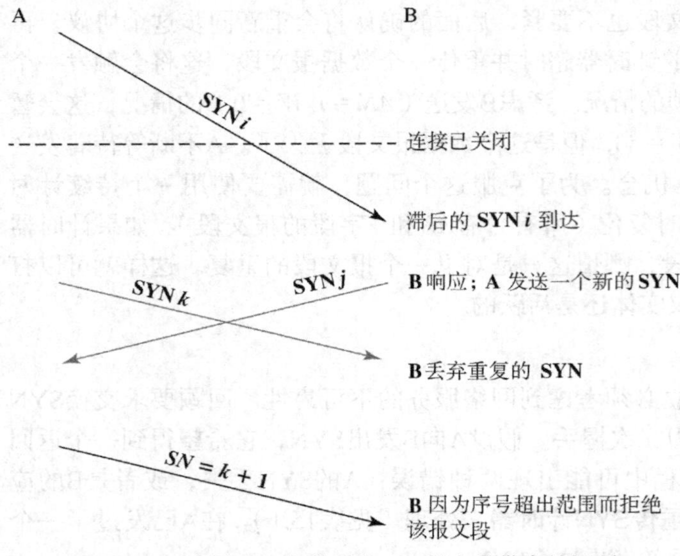

图15.7 二次握手：由滞后的SYN报文段带来的问题

本丢弃。现在，双方都已经传输了SYN报文段，并在此之后都接收到了一个SYN报文段，因此它们认为存在一条有效连接。然而，当A以编号为$k+1$的报文段开始传送数据时，B却会因这个序号超出范围而拒绝接收。

解决这个问题的办法是双方都要明确地确认对方的SYN及其序号。这种过程称为**三次握手**。图15.8的上半部所示为修正后的连接状态框图，它应用于TCP中。图中增加了一个新状态：SYN RECEIVED（接收到SYN）状态。在这个状态中，运输实体在打开连接之前犹豫了一下，以确保在宣布连接建立时，双方发送的SYN报文段都被确认。除了这个状态之外，还增加了一个控制报文段（RST），用于在检测到重复的SYN时将对方复位。

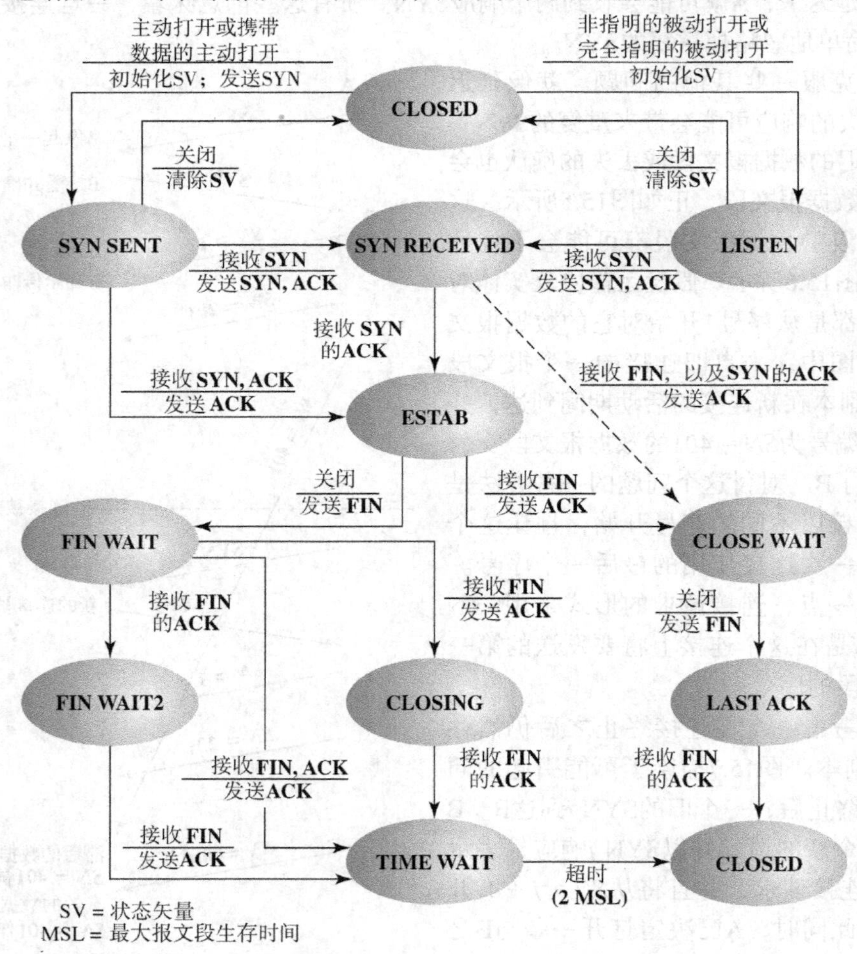

图15.8 TCP实体状态框图

图15.9所示为典型的三次握手操作过程。在图15.9(a)中，运输实体A初始化一条连接，它在SYN中包含了发送序号i。值i代表了初始序号（Initial Sequence Number, ISN），并与该SYN相关联。要传输的第一个数据八位组的序号就是$i+1$。响应SYN用（$AN=i+1$）确认该ISN，并且也包含了自己的ISN。A在它的第一个报文段中确认B的SYN/ACK，这个报文段以序号$i+1$开始。图15.9(b)所示的情况是一个旧的SYN i在它自己的连接已经关闭之后到达B。B假设这是一个新的请求，并且用SYN j, $AN=i+1$响应。当A接收到这个消息时，意识到自己并没有请求这样的连接，因而发送一个RST, AN = j。注意，RST消息中的$AN=j$部分是必要的，只有这样一个滞后的RST副本才不会打断合法的连接建立过程。图15.9(c)所示的情况是在新连接建立期间，有一个旧的SYN/ACK到达。由于在确认中使用了序号，这种事件不会带来危害。

为了简化图示，图15.8的上半部中并没有包括发送RST的状态变迁。其基本原则是：如果连接的状态没有进入OPEN状态，却接收到一个无效的ACK（就是不与任何发送过的东西对应），那么就要发送一个RST。读者可以试着用各种事件的组合来看看是否不论在任何旧报文段及丢失报文段的组合情况下，这种连接建立过程都能正常工作。

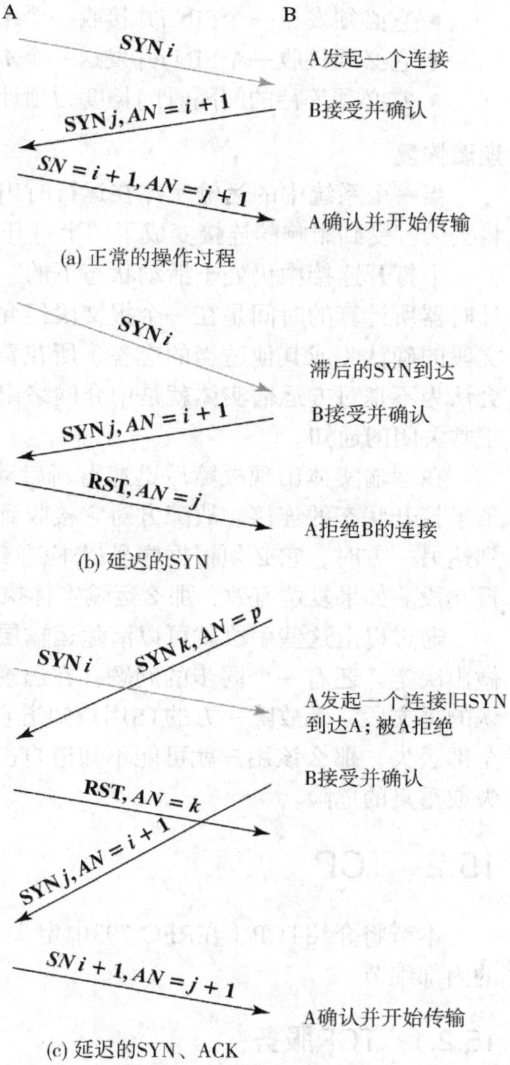

图15.9 三次握手举例

连接终止

图15.3中的状态框图为连接的建立定义了一种简单的二次握手过程。我们发现，面临不可靠的网络服务时，它的表现无法令人满意。类似地，该框图中为连接的终止而定义的二次握手过程对于不可靠的网络服务来说也是不合适的。如果报文段的顺序被打乱，就会导致下述情景。处于CLOSE WAIT状态下的运输实体将它最后的报文段发送出去，紧接着发送一个FIN报文段，但是这个FIN报文段比最后的报文段先到达另一端。接收运输实体将会接受这个FIN，关闭连接，从而丢失了最后的报文段。为了避免这种问题，可以用一个序号与FIN关联起来，这个序号的值可以被设置为紧跟在传输数据的最后一个八位组之后的编号。使用这种改良方法，接收运输实体根据接收到的FIN做出判断，如有必要，则会在关闭连接之前等待迟到的报文段。

更严重的问题是报文段可能会丢失，并且可能会出现已作废的报文段。图15.8所示的连接终止过程采纳了与连接建立过程类似的解决方案。每一方都必须明确地确认对方的FIN报文段，确认方式是使用带有被确认的FIN报文段序号的ACK。为了实现文明关闭过程，运输实体要求做到：

- 它必须发送一个FIN i并接收一个$AN = i + 1$。
- 它必须接收一个FIN j并发送一个$AN = j + 1$。
- 它必须等待的间隔时间长度为预计的报文段最大生存时间的两倍。

崩溃恢复

当一个系统中的运输实体在运行时出现故障并重新启动后，所有活动连接的状态信息都将丢失。受到影响的连接变成了“半打开”状态，因为无故障的一方并不知道出现了问题。

半打开连接中仍处于活动状态下的一方可以使用一个**保活计时器**来关闭这条连接。这个计时器所计算的时间是在一个报文段经允许的最大次数重传后，运输实体连续等待对传输报文段的确认（或其他适当的应答）所花费的累积时间。如果计时器超时，那么这个运输实体会认为不是对方运输实体就是中介网络出现了故障。于是关闭这条连接，并向TS用户发出非正常关闭的通知。

在运输实体出现故障后迅速重新启动的情况下，通过使用RST报文段可以更快地终止一条半打开状态的连接。故障方对它接收到的每一个报文段i都会返回一个RST i。当这个RST i到达另一方时，它必须根据序号i来检查其合法性，因为这个RST有可能响应的是一个过时的报文段。如果复位有效，那么运输实体执行非正常终止。

通过以上这些手段就可以清除运输层的各种状态。至于是否需要重新连接，则由TS用户做出决定。还有一个同步的问题。在出现故障时，两个方向上都可能具有一个或多个没有确认的报文段。无故障一方的TS用户知道它已经接收了多少数据，但是如果另一端的状态信息全部丢失，那么该用户就可能不知道自己发送了多少数据。因此，还是存在某些用户数据丢失或重复的危险。

15.2 TCP

本节将介绍TCP（在RFC 793中定义），首先研究它向TS用户提供的服务，然后讨论协议的内部细节。

15.2.1 TCP服务

TCP是为经过各种可靠的或不可靠的网络及互联网，在一对进程（TCP用户）之间提供可靠的通信而设计的。TCP提供了如下两种用于标记数据的有用设施（“推送”和“紧急”）。

- **数据流推送** 正常情况下，TCP会判断何时累积了足够的数据以形成传输报文段。TCP用户可以要求TCP传输所有尚未传输的数据，直至并且包括那些有推送标志的数据。在接收端，TCP以同样的方式将这些数据交付给用户。用户可能会在遇到数据中的逻辑断点时请求这种操作方式。
- **紧急数据通知** 它提供了一种手段，用于通知终点TCP用户在到达的数据流中有重要或“紧急”的数据。至于应当采取什么样的相应动作，则由终点用户决定。

与IP一样，由TCP提供的服务是用原语和参数这样的术语定义的。TCP提供的服务要比IP提供的服务丰富得多，因而它的原语和参数集更加复杂。表15.2列出了TCP服务请求原语，是由TCP用户向TCP发出的，而表15.3中列出了TCP服务响应原语，是由TCP向本地TCP用户发出的。表15.4提供了对所涉及的参数的简单定义。两种被动打开命令表达了TCP用户愿意接受连接请求。带数据的主动打开则允许用户打开连接并开始传输数据。

表15.2 TCP服务请求原语

原　语	参　数	描　述
Unspecified Passive Open（非指明的被动打开）	source-port, [timeout], [timeout-action], [precedence], [security-range]（源端口，[超时]，[超时动作]，[优先级]，[安全范围]）	以指明的安全性和优先级监听来自任何远程终点的连接企图
Fully Specified Passive Open（完全指明的被动打开）	source-port, destination-port, destination-address, [timeout], [timeout-action], [precedence], [security-range]（源端口，目的端口，目的地址，[超时]，[超时动作]，[优先级]，[安全范围]）	以指明的安全性和优先级来监听来自指明的终点的连接企图
Active Open（主动打开）	source-port, destination-port, destination-address, [timeout], [timeout-action], [precedence], [security]（源端口，目的端口，目的地址，[超时]，[超时动作]，[优先级]，[安全性]）	以特定的安全性和优选级向一个指明的终点请求连接
Active Open with Data（带数据的主动打开）	source-port, destination-port, destination-address, [timeout], [timeout-action], [precedence], [security], data, data-length, PUSH-flag, URGENT-flag（源端口，目的端口，目的地址，[超时]，[超时动作]，[优先级]，[安全性]，数据，数据长度，推送标志，紧急标志）	以特定的安全性和优选级向一个指明的终点请求连接，并且在请求的同时传输数据
Send（发送）	local-connection-name, data, data-length, PUSH-flag, URGENT- flag, [timeout], [timeout-action]（本地连接名，数据，数据长度，推送标志，紧急标志，[超时]，[超时动作]）	通过指明名字的连接传送数据
Allocate（分配）	local-connection-name, data-length（本地连接名，数据长度）	为接收数据向TCP发出增量资源获取信息
Close（关闭）	local-connection-name（本地连接名）	文明关闭连接
Abort（异常中止）	local-connection-name（本地连接名）	粗暴关闭连接
Status（状态）	local-connection-name（本地连接名）	查询连接状态

注意：方括号表示的是可选参数。

表15.3 TCP服务响应原语

原　语	参　数	描　述
Open ID（打开标识符）	local-connection-name, source-port, destination-port*, destination-address*（本地连接名，源端口，目的端口，目的地址）	告诉TCP用户指派给挂起连接的连接名，这个挂起的连接是一个Open原语请求的
Open Failure（打开失败）	local-connection-name（本地连接名）	报告一个Active Open请求的失败
Open Success（打开成功）	local-connection-name（本地连接名）	报告一个挂起的Open请求已完成
Deliver（交付）	local-connection-name, data, data-length, URGENT-flag（本地连接名，数据，数据长度，紧急标志）	报告数据的到达
Closing（关闭）	local-connection-name（本地连接名）	报告远程TCP用户已经发出了Close请求，并且远程用户发送的所有数据都已传递完毕
Terminate（终止）	local-connection-name, description（本地连接名，描述）	报告连接已经被终止，并且提供了对终止原因的描述
Status Response（状态响应）	local-connection-name, source-port, source-address, destination-port, destination-address, connection-state, receive-window, send-window, amount-awaiting-ACK, amount-awaiting-receipt, urgent-state, precedence, security, timeout（本地连接名，源端口，源地址，目的端口，目的地址，连接状态，接收窗口，发送窗口，等候ACK的数据量，等候接收的数据量，紧急状态，优先级，安全性，超时）	报告连接的当前状态
Error（差错）	local-connection-name, description（本地连接名，描述）	报告服务请求差错或内部差错

* = 在非指明被动打开中不使用。

表15.4 TCP服务参数

Source Port（源端口）	本地TCP用户
Timeout（超时）	在连接自动终止或差错报告之前允许的数据传递的最大时延，由用户指明
Timeout-action（超时动作）	指出在超时的情况下，连接是终止还是向TCP用户报告差错
Precedence（优先级）	连接的优先级。取值范围从0（最低）到7（最高）。与IP中定义的参数相同
Security-range（安全范围）	在分区、处理约束、传输控制码、以及安全级别上允许的范围
Destination Port（目的端口）	远程TCP用户
Destination Address（目的地址）	远程主机的互联网地址
Security（安全性）	连接的安全信息，包括安全级别、分区、处理约束、以及传输控制码。与IP中定义的参数相同
Data（数据）	由TCP用户发送的，或者是交付给TCP用户的数据块
Data Length（数据长度）	发送或交付的数据块长度
PUSH flag（推送标志）	如果置位，则表示相关的数据将被提供紧急数据流推送服务
URGENT flag（紧急标志）	如果置位，则表示相关的数据将被提供紧急数据通知服务
Local Connection Name（本地连接名）	用一个（本地插口，远程插口）对定义的连接标识符，由TCP提供
Description（描述）	终止或差错原语的补充信息
Source Address（源地址）	本地主机的互联网地址
Connection State（连接状态）	与连接相关的状态（CLOSED, ACTIVE OPEN, PASSIVE OPEN, ESTABLISHED, CLOSING）
Receive Window（接收窗口）	本地TCP实体愿意接收的数据量，以八位组为单位
Send Window（发送窗口）	允许发送到远程TCP实体的数据量，以八位组为单位
Amount Awaiting ACK（等候的ACK数据量）	正在等候确认的以前传输的数据量
Amount Awaiting Receipt（等候接受的数据量）	在本地TCP实体中缓存并等待被本地TCP用户接受的数据量，以八位组为单位
Urgent State（紧急状态）	向TCP用户指出是否存在紧急数据，或者如果有紧急数据，那么所有紧急数据是否都已经被交付给了用户

15.2.2 TCP首部格式

TCP只使用一种类型的协议数据单元，称为TCP报文段。它的首部如图15.10所示。由于必须用一个首部来执行所有的协议机制，所以这个首部相当大，最小长度为20个八位组。其中的字段如下所示。

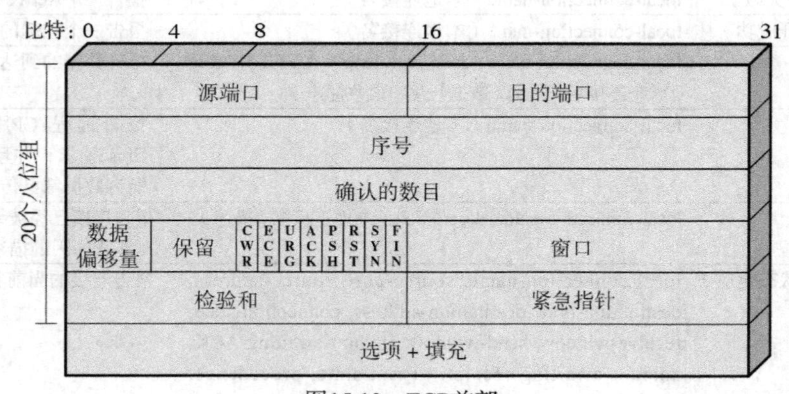

图15.10 TCP首部

- **Source Port（16比特，源端口）** 源TCP用户。这类值的例子有：Telnet = 23；TFTP = 69；HTTP = 80。完整的列表在http://www.iana.org/assignments/port-numbers中有维护。
- **Destination Port（16比特，目的端口）** 目的TCP用户。

- **Sequence Number（32比特，序号）** 除了SYN标志置位的情况外，它表示的是这个报文段中第一个数据八位组的序号。如果SYN置位，那么它就是初始序号（ISN），而第一个数据八位组的序号为ISN + 1。
- **Acknowledgment Number（32比特，确认序号）** 包含了TCP实体希望接收的下一个数据八位组的序号。
- **Data Offset（4比特，数据偏移量）** 首部中32位字的数量。
- **Reserved（4比特，保留）** 为将来使用而保留。
- **Flags（8比特，标志）** 对于每个标志，如果置1，则其含义如下。

  CWR：拥塞窗口减少。

  ECE：即ECN-Echo。在RFC 3168 中定义的CWR和ECE比特用于显式拥塞通知功能。有关这个功能的讨论超出了本书的范围。

  URG：urgent pointer 字段有意义。

  ACK：acknowledgment 字段有意义。

  PSH：推送功能。

  RST：连接复位。

  SYN：序号同步。

  FIN：发送者无其他的数据。
- **Window（16比特，窗口）** 流量控制的信用量分配，以八位组为单位。其内容为从Acknowledgment 字段中指出的那个八位组开始，发送方愿意接受的八位组的数量。
- **Checksum（16比特，检验和）** 报文段中所有16比特字加上一个伪首部的二进制反码取模之和。具体情况稍后再讨论[①]。
- **Urgent Pointer（16比特，紧急指针）** 此字段的值加上报文段的序号后，指向紧急数据序列的最后一个八位组。它使接收方能够知道共有多少紧急数据到来。
- **Options（可变，选项）** 此选项的一个例子是它指出了能够接受的最大报文段长度。

其中，Sequence Number和Acknowledgment Number与八位组相关，而与完整报文段无关。例如，如果一个报文段所含的序号为1001，且具有600个八位组的数据，那么这个序号指的是数据字段中的第一个八位组的序号，而逻辑顺序上的下一个报文段将包含的序号为1601。因此，TCP在逻辑上是面向流的：它接受来自用户的八位组数据流，并且在它认为合适时将数据流划分成报文段，并为数据流中的每个八位组编号。

Checksum字段应用于整个报文段，还要再加上计算时（不论是传输还是接收）在首部前面附加的伪首部。伪首部包括IP首部中的下列字段：源和目的互联网地址及协议，再加上报文段长度字段。通过包含这个伪首部，TCP可以防止它被IP误传递。也就是说，如果IP将报文段交付到了错误的主机上，即使报文段本身没有比特差错，接收TCP实体也能检测出这个交付差错。

通过将TCP首部与表15.2和表15.3所定义的TCP用户接口相比较，读者可能会感到TCP首部中还缺少点什么，而事实正是如此。TCP是专门为与IP一起工作而设计的。因此，一些用户参数由TCP向下递交给了IP，并被包含在IP首部中。优先级参数可以映射到DS（区分服务）字段，安全参数则可以映射到IP首部的可选安全性字段中。

---

① 有关此检验和的讨论包含在第6章中。

值得注意的是，这种TCP/IP之间的联系意味着每个数据单元实际上需要的最小代价为40个八位组。

15.2.3 TCP 机制

可以将TCP机制归纳为3类：连接建立、数据传送、连接终止。

连接建立

TCP的连接建立过程总是使用三次握手。当报文段的SYN标志置位时，这个报文段本质上就是一个连接请求，因此它的功能就像15.1节中描述的那样。为了初始化一条连接，实体发送一个SYN，$SN = X$，其中X是初始序号。接收方通过将SYN和ACK标志都置位的方法，以SYN，SN = Y，AN = X + 1来响应。注意，这个确认指出，接收方现在希望接收以编号为X+1的数据八位组开始的报文段，同时也确认具有$SN = X$ 的SYN。最后，初始方用$AN = Y$+1 响应。如果双方发出了交叉的SYN，也不会有问题，双方都需要SYN/ACK响应（见图15.4）。

一条连接是由源和目的套接字（主机名，端口）唯一确定的。因此，在任何时候，一对端口之间仅仅存在一条TCP连接。然而，一个给定的端口可以支持多条连接，只不过每条连接的对方端口都不相同。

数据传送

虽然数据是在报文段中通过运输连接传送的，但是这种数据传送在逻辑上被视为由八位组数据流组成。因此，每个八位组都被编号，以2^{32}为模。每个报文段所包含的序号是数据字段中的第一个八位组的序号。流量控制是通过信用量分配机制实施的，它的信用量是八位组的数目，而不是报文段的个数，正如15.1节中所讨论的。

运输实体在传输和接收时都要将数据缓存起来。正常情况下，TCP运用自己的判断力来决定何时应当构造一个传输的报文段，以及何时将接收到的数据交给用户。PUSH标志则用于强迫传输方将目前已积累的所有数据都发送出去，并让接收方马上递交给高层。这起到了文件结束符的作用。

用户可以将一个数据块定义为紧急数据。TCP可以用紧急指针来指出数据块的末端，并以正常的数据流将它发送出去。接收用户会被警告说正在接收的是紧急数据。

在数据交换期间，如果一个到达的报文段很明显地不属于当前连接，那么在输出的报文段中将RST标志置位。导致这种情况的例子有延迟的SYN副本，以及对没有发送的数据的确认。

连接终止

终止一条连接的正常方式是文明关闭。每个TCP用户都必须发出CLOSE原语。运输实体在它发出的最后一个报文段上将FIN比特置位，同时这个报文段中也包含了在该连接上发送的最后一些数据。

如果用户发出一个ABORT（异常终止）原语，就会发生粗暴的终止。在这种情况下，实体放弃所有发送或接收数据的努力，丢弃其传输和接收缓存中的数据，并向对方发送一个RST报文段。

15.2.4 TCP实现中的策略选项

TCP标准提供了TCP实体之间使用的严格的协议规约。然而，协议在某些方面允许有多个可用的实现选项。虽然选择了不同选项的两种实现方式是可互操作的，但是这样做会影响到性能。在规约中，设计范围有如下一些策略选项：

- 发送策略
- 交付策略
- 接受策略
- 重传策略
- 确认策略

发送策略

在没有推送数据并且传输窗口没有关闭的情况下，如图15.2(a)所示，发送TCP实体可以在它当前的信用量内随心所欲地传输数据。当用户发来数据时，这些数据缓存在传输缓存中。TCP可以为用户提供的每个数据块构造一个报文段，或者它也可以在构造和发送报文段之前等待，直至累积了一定量的数据再发送。实际采用的策略将取决于性能方面的考虑。如果数据传输很少发生，且一次传输的数据量很大，那么在报文段的生成和处理方面需要较低的额外代价。另一方面，如果传输频率很高，而传输数据量不大，那么系统应当提供迅速的响应。

交付策略

在没有推送数据的情况下，接收TCP实体可以根据自己的方便随时向用户交付数据。它可以按序将接收到的报文段逐个地交付给用户，或者也可以在交付前将接收的多个报文段的数据缓存起来。实际采用的策略将取决于性能方面的考虑。如果接收数据的频率不快，而数据量很大，那么用户可能不会像希望的那样及时地接收数据。另一方面，如果交付数据的动作频繁且数据量少，那么在TCP和用户软件中都存在不必要的处理过程。同时，这样做也会不必要地增加操作系统的中断次数。

接受策略

当所有报文段通过TCP连接按序到达时，TCP为了将数据交付给用户而把它们放入接收缓存中。然而，报文段有可能失序到达。在这种情况下，接收TCP实体有如下两种选择：

- **按序**　仅仅接受按序到达的报文段，任何失序到达的报文段都将被丢弃。
- **按窗口**　接受所有位于接收窗口内的报文段，如图15.2(b)所示。

按序的策略是一种简单的实现方法，它把责任推给了网络设施，因为对于那些虽然被成功接收但却因顺序不对而遭丢弃的报文段来说，发送方的TCP必然会超时并重传这个报文段。

更进一步，如果一个报文段在传输途中丢失，那么所有的后继报文段都会在发送方的TCP 计时器超时后重传。

按窗口的策略可以减少传输量，但却需要实现更复杂的接受检测以及更复杂的数据存储机制，以缓存并跟踪所接受的失序数据。

重传策略

TCP维护有一个报文段队列，其中的报文段是已经发送但尚未被确认的。TCP规约认为，如果在给定的时间内没有接收到报文段的确认，那么这个报文段将重传。TCP在实现时可以任选以下3种重传策略之一。

- **仅仅重传第一个**　它只为整个队列维护一个计时器。如果接收到确认，就从队列中删除相应的一个或多个报文段，并且使计时器复位。如果计时器超时，则重传队列最前端的报文段，并复位计时器。

- **批量重传** 只为整个队列维护一个计时器。如果接收到确认，就从队列中删除相应的一个或多个报文段，并复位计时器。如果计时器超时，则重传队列中的所有报文段，并复位计时器。
- **单个重传** 为队列中的每个报文段维护一个计时器。如果接收到确认，就从队列中删除相应的一个或多个报文段，并销毁对应的一个或多个计时器。如果有任何一个计时器超时，则单独重传对应的报文段，并复位它的计时器。

仅仅重传第一个报文段的策略从生成流量的角度来看是高效率的，因为只有丢失的报文段（或者是ACK丢失的报文段）被重传。由于队列中的第二个报文段在第一个报文段被确认之前没有设置计时器，所以其时延可能会相当大。单个重传的策略可以解决这个问题，代价则是实现起来更为复杂。批量重传策略也能降低时延过长的可能性，但可能会带来不必要的重传。

重传策略的实际效率部分取决于接收方的接受策略。如果接收方使用的是按序的接受策略，那么它会将接收到的位于一个丢失的报文段之后的所有报文段丢弃，这时使用批量重传最合适。如果接收方使用的是按窗口接受策略，那么最好使用仅仅重传第一个或单个重传策略。当然，在混合型的计算机网络中，可能这两种接受策略都有应用。

确认策略

当报文段序列到达时，接收TCP实体在确认时序的问题上有如下两种选择。

- **即时确认** 一旦数据被接受，马上传输一个空的（没有数据的）报文段，在这个报文段中包含有适当的确认号。
- **累积确认** 当数据被接受时，将其作为需要确认的报文段记录在案，但并不确认，而是等待一个携有数据的输出报文段，并在这个报文段中捎带确认。为了避免长时间的时延，需要设置一个持续计时器（见表15.1）。如果计时器在捎带确认发送之前超时，那么就传输一个空的含有适当确认号的报文段。

即时确认策略很简单，并且总是毫无保留地通知发送方TCP实体，这样可以限制不必要的重传次数。但是，这种策略带来的问题是需要额外地传输一些报文段，即仅仅用于ACK的空报文段。更进一步，这种策略可能会导致更大的网络负荷。设想TCP实体接收到一个报文段，并立即发送ACK。然后，这个报文段中的数据交付给应用程序，这会扩大接收窗口，触发另一个用来向发送方TCP实体提供更多信用量的空TCP报文段。

由于即时确认策略可能会带来额外代价，所以通常使用的是累积确认策略。但是，必须承认，使用这种策略时，接收端需要更多的处理过程，并且也会使发送方TCP实体估计往返时延（round-trip time，RTT）的任务变得更加复杂。

15.3 UDP

除了TCP之外，还有一种常用的运输层协议，它也是TCP/IP协议族的一部分：用户数据报协议（UDP），由RFC 768定义。UDP为应用层的过程提供无连接服务。因此从本质上讲，UDP是不可靠的服务，它无法许诺不会出现交付和重复的差错。但是这种协议的代价很小，这可能很适合于某些情况。

面向连接方式的强大是很明显的。它允许了面向连接的特性，如流量控制、差错控制以及按序交付。但是无连接的服务更适合于某些情况。在低层（网际互连层和网络层），无连接的服务更健壮（见10.5节的讨论）。另外，它代表了高层希望的“最小公分母”的服务。再者，即使是在运输层及其上层，无连接服务也是有理由存在的。在某些场合下，连接的建立和维护所需要的额外代价是不合理的，甚至是有害的。举例如下。

- **内部的数据采集** 涉及对数据源定期地主动或被动的采样，如传感器，以及来自安全设备或网络部件的自动自检报告。在实时监控状态下，一个偶然的数据单元的丢失并不会导致灾难，因为在很短的时间之内就会有下一个报告到达。
- **向外的数据分发** 包括向网络用户广播消息、宣布一个新结点的加入或一个服务地址的改变以及实时时钟值的分发。
- **请求-响应** 由公共服务器向多个分布式TS用户提供事务性服务的应用程序，并且在这种情况下通常只有一个请求-响应序列。该服务的使用由应用层来协调，而低层的连接通常是不必要的，甚至是个累赘。
- **实时应用** 涉及某种程度的冗余和/或实时传输要求的应用，如话音传输和遥测器。它们根本不需要面向连接的功能，如重传等。

因此在运输层，既有面向连接服务的位置，也有无连接服务的用武之地。

UDP位于IP之上。由于它是无连接的，所以UDP不需要做什么事情。基本上，它只是为IP 增加了一个端口寻址能力，这一点最好是参照UDP的首部来说明，如图15.11所示。这个首部中包含了一个源端口和一个目的端口。长度字段的值是整个UDP报文段的长度，包括首部和数据。检验和使用的算法与TCP和IP 中的一样。对于UDP，检验和字段应用于整个报文段，再加上计算时在UDP首部前面附加的伪首部，这个伪首部与TCP中使用的相同。如果检测到差错，这个报文段就会被丢弃，并不采取更进一步的行动。

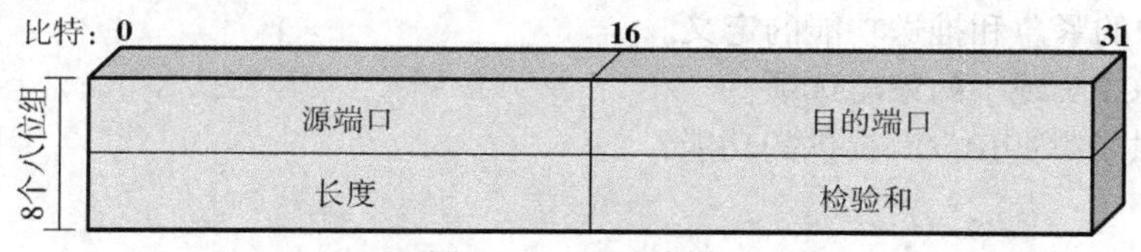

图15.11 UDP首部

UDP中的检验和字段是可选的。如果不使用该字段，就将其设置为零。不过应当指出，IP检验和仅仅应用于IP首部，并不负责数据字段，而这个数据字段是由UDP首部和用户数据组成的。因此，如果UDP没有执行检验和的计算，那么无论是运输层还是网际互连协议层，都不会对用户数据进行检验。

15.4 推荐读物

[IREN99]对运输协议服务和协议机制有全面介绍，并且简单讨论了几种不同的运输协议。

IREN99 Iren, S.; Amer, P.; and Conrad, P. “The Transport Layer: Tutorial and Survey.” *ACM Computing Surveys*, December 1999.

JACO88 Jacobson, V. “Congestion Avoidance and Control.” *Proceedings, SIGCOMM '88, Computer Communication Review*, August 1988; reprinted in *Computer Communication Review*, January 1995; a slightly revised version is available at ftp.ee.lbl.gov/papers/congavoid.ps.Z

STEV94 Stevens, W. *TCP/IP Illustrated, Volume 1: The Protocols*. Reading, MA: Addison-Wesley, 1994.

15.5 关键术语、复习题及习题

关键术语

checksum 检验和
data stream push 数据流推送
flow control 流量控制
port 端口
sequence number 序号
TCP implementation policy options TCP实现中的策略选项
Transmission Control Protocol 传输控制协议（TCP）
urgent data signaling 紧急数据通知
credit 信用量
duplicate detection 副本检测
multiplexing 复用
retransmission strategy 重传策略
socket 套接字
three-way handshake 三方握手
transport protocol 运输协议
User Datagram Protocol 用户数据报协议（UDP）

复习题

15.1 要指明一个目标运输服务（TS）用户，需要哪些寻址要素？
15.2 描述发送TS用户可以获知接收TS用户地址的4种策略。
15.3 解释在运输层协议中复用技术的作用。
15.4 简述TCP中流量控制所使用的信用量策略。
15.5 TCP中的信用量策略与众多其他协议如HDLC中使用的滑动窗口流量控制技术有哪些关键区别。
15.6 解释二次握手和三次握手机制。
15.7 三次握手机制的优点是什么？
15.8 给出TCP的紧急和推送功能的定义。
15.9 什么是TCP实现中的策略选项？
15.10 UDP提供了哪些IP没有提供的功能？

习题

15.1 在实践中，通常大多数运输协议（事实上是各个层次上的大多数协议）的控制信息和数据经复用后在相同的逻辑信道上传输，并且是以一条连接对应一个用户的形式。另一种选择是，在每一对正在通信的运输实体之间建立一条独立的控制运输连接。这条连接用于运载与这两个实体之间的所有用户运输连接相关的控制信号。讨论这种策略的含义。
15.2 在讨论使用可靠网络服务的流量控制时，提到了一种利用低层流量控制协议的反压机制。讨论这种策略的缺点。
15.3 两个运输实体之间经过一个可靠的网络进行通信。让我们将传输一个报文段所需要的时间归一化为1。假设端到端的传播时延为3，并且需要花费时间2将接收到的报文段中的数据交付给运输用户。最初，发送方具有7个报文段的信用量。接收方使用保守的流量控制策略，并且只要有机会就更新它的信用量分配。那么可达到的最大吞吐量为多少？
15.4 有人在comp.protocols.tcp-ip网站上发帖子抱怨一条从美国到日本之间的往返时延为128 ms的256 kbps链接，说它的吞吐量只有122 kbps，并且当链路的路由通过卫星时吞吐量只有33 kbps。

a. 这两条链路上的利用率是多少？假设卫星链路具有500 ms往返时延。

b. 看起来这两种情况下的窗口大小会是多少？

c. 卫星链路的窗口大小应该是多少？

15.5 为下述各种情况画出类似图15.4中的示意图（假设一个可靠且按序的网络服务）。

a. 连接终止：主动/被动。

b. 连接终止：主动/主动。

c. 连接拒绝。

d. 连接异常中断：用户发出OPEN命令来监听用户，然后在尚未交换任何数据之前就发出了CLOSE命令。

15.6 使用可靠的按序网络服务时，报文段的序号是否绝对必需？如果不使用序号会丢失某些功能，那么丢失的是什么功能？

15.7 设想一个正在复位中的面向连接的网络服务。假设这个网络服务除了复位情况之外，其他情况都是可靠的，那么运输协议将如何处理这个问题？

15.8 在对重传策略的讨论中提到了与动态计时器计算有关的3个问题。为了减少这些问题带来的影响，应当如何修改这种策略？

15.9 考虑一种使用面向连接网络服务的运输协议。假设这个运输协议使用的是信用量分配流量控制机制，并且其网络协议使用的是滑动窗口机制。如果运输协议的动态窗口与网络协议的固定窗口之间存在某些关系，那么是什么关系？

15.10 在一个网络中，最大分组长度为128字节，数据包最长生存时间为30 s，且具有8比特的分组序号，那么每个连接的最大数据率为多少？

15.11 仅仅使用二次握手而不使用三次握手时，是否会出现死锁？请举例说明。

15.12 以下列出了可用于向运输用户提供目的运输用户地址的4种策略。请为其中的每一种情况描述一种邮政服务中存在的类似例子。

a. 提前知道地址。

b. 使用“熟知地址”。

c. 使用名字服务器。

d. 地址在请求时生成。

15.13 在像TCP这样的信用量流量控制机制中，对于传输中丢失的或未按序到达的信用量分配，应当制定什么样的规则？

15.14 在图15.3中，如果当SYN到达时，被请求的用户正处于CLOSED状态下，那么会发生什么？在用户并未监听的情况下，有没有什么办法可以引起用户的注意？

15.15 在参照图15.8进行有关连接终止的讨论时曾经提到，除了需要接收对自己发出的FIN的确认以及对收到的FIN做出确认之外，一个TCP实体还必须等待两倍于预计的报文段最大生存时间（在TIME WAIT 状态下）。接收到自己发出的FIN的确认可以确保所有发送的报文段都被对方收到。为对方的FIN发送ACK可以让对方知道它发送的所有报文段已经收到。给出在连接关闭前为什么还必须等待的理由。

15.16 通常，TCP首部中的窗口字段以八位组来给出信用量的配额。在使用了窗口扩张选项的情况下，窗口字段的值乘以$2F$，其中F是窗口扩张选项中的值。TCP能接受的F的最大值为14。为什么要将这个选项值限制为14？

15.17 假设两个主机之间的往返时延（RTT）是100 ms，且两个主机都使用了32 KB 的TCP 窗口。在这种情况下用TCP能够达到的最大吞吐量是多少？

15.18 假设两个主机之间通过一条100 Mbps的链路相互连接，并且假设它们之间的往返时延（RTT）为1 ms。如果要让TCP在这两个主机之间达到最大可能的吞吐量，则TCP窗口的最小尺寸是多少（注：假设没有额外开销）？

15.19 一个主机正在用有效载荷为1460字节的TCP报文段接收来自远程对等主机的数据。如果TCP每隔一个报文段就确认一次，要达到1 MBps的数据吞吐量所需的最小上行链路带宽为多少？假设网络层以下没有额外开销（注：假设TCP和IP都没有使用选项字段）。

15.20 拙劣的TCP滑动窗口机制会导致极差的性能。这种现象称为糊涂窗口综合症（SWS），它很容易使性能降低到原来的几十分之一。例如，设想一个正在发送长文件的应用，TCP以200个八位组的报文段来传送这个文件。接收方最初提供了1000个八位组的信用量。发送方在发送了5个200个八位组的报文段后就没有可用的信用量了。现在假设接收方为每个报文段返回一个确认，并且在接收到每一个报文段后再提供200个八位组的信用量。从接收方的角度来看，它使窗口重新打开到1000个八位组。但是从发送方的角度来看，如果在5个报文段都被发出去后，第一个确认才到达，那么只有200个八位组的窗口可用。假设在某个时刻，发送方计算出的窗口为200个八位组，但是当它遇到一个“推送”点时，总共只有50个八位组可以发送。于是它用一个报文段来发送这50个八位组，紧接着在下一个报文段中发送150个八位组的数据，然后再恢复传输200个八位组的报文段。此时会发生什么情况而引起性能问题？并对SWS 进行归纳总结。

15.21 TCP规定接收方和发送方应该配合解决SWS。

a. 请为接收方建议一个策略。提示：让接收方在某种情况下在有多少可用缓存的问题上“撒谎”。请用一个合理经验法则说明这件事。

b. 请为发送方建议一种策略。提示：考虑最大可能发送窗口与目前可以发送的内容之间的关系。

第二单元 数据通信与组网高级专题

第六部分 数据通信与无线网络

第16章 高级数据通信专题

第17章 无线传输技术

第18章 无线网络

第七部分 网际互连

第19章 路由选择

第20章 拥塞控制

第21章 互联网的工作过程

第22章 互联网的服务质量

第23章 多协议标记交换

第八部分 因特网应用

第24章 电子邮件、域名系统和HTTP

第25章 因特网应用——多媒体

第六部分　数据通信与无线网络

第16章　高级数据通信专题

学习目标

在学习了本章的内容之后，应当能够：

- 概述模拟数据编码为数字信号的基本方法；
- 描述角度调制的两种形式；
- 概述FEC码，包括循环码、BCH码以及奇偶校验矩阵码；
- 理解LDPC码的操作；
- 论述ARQ协议中的主要性能问题。

本章将介绍在第一单元中已涉及到的，但还需要更深入地进行数学探讨的3个数据通信话题。首先要完成第5章对信号编码技术的介绍，本书将讨论使用模拟信号来传输模拟数据。然后，通过对特定算法的考察，进一步阐明第6章介绍的前向纠错技术。最后，本章还将探讨一些局域网的性能问题。

16.1　模拟数据，模拟信号

调制的定义是指将输入信号$m(t)$与一个频率为f_c的载波信号合并的过程，以产生信号$s(t)$，信号$s(t)$的带宽（通常）以f_c为中心。对于数字数据，调制的目的是显而易见的：如果只有模拟传输设施，就需要将数字数据转换成模拟形式。但是当信号已经为模拟形式时，调制的目的就不那么明显了。毕竟话音信号是以它们本身的频谱在电话线上传输的（称为基带传输）。模拟信号的模拟调制之所以有必要，其主要原因有如下两个方面。

- 为了使信号能够有效传输，可能会需要比较高的频率。对于非导向传输，事实上不可能直接传输基带信号。若果真如此，则需要直径为几千米的天线。
- 通过调制就可以使用频分复用技术，这是一种很重要的技术，在第8章中已介绍过。

这一节将考察几种模拟数据的主要调制技术：调幅（AM）、调频（FM）以及调相（PM）。与以往一样，调制用到了信号的3个基本属性——振幅、频率和相位。

16.1.1　调幅

调幅（AM）是最简单的调制方式，如图16.1所示。从数学上讲，这个过程可表示如下：

$$s(t) = [1 + n_a x(t)]\cos 2\pi f_c t \tag{16.1}$$

其中$\cos 2\pi f_c t$是载波，而$x(t)$是输入信号（携带数据的信号），这两个信号都经过归一化，具有单位振幅。参数n_a称为**调制系数**，它是输入信号与载波的振幅比。根据上面的表达式，输入信号为$m(t) = n_a x(t)$。式(16.1)中的“1”是直流成分，它的作用是防止信息丢失，稍后再做解释。这个机制也称为双边带载波传输（DSBTC）。

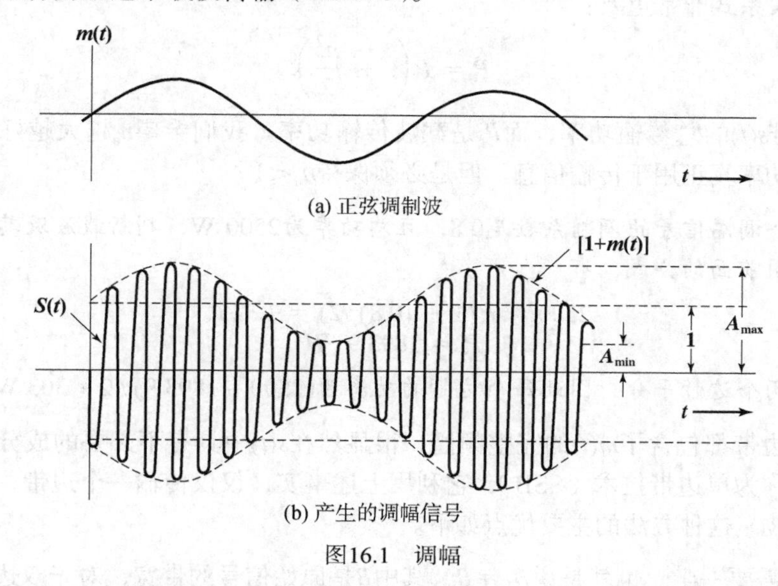

(a) 正弦调制波

(b) 产生的调幅信号

图16.1　调幅

例16.1　假设调幅信号$x(t)$为$\cos 2\pi f_m t$，要求推导$s(t)$的表达式。

我们有

$$s(t) = [1 + n_a \cos 2\pi f_m t] \cos 2\pi f_c t$$

通过三角变换，可以展开为

$$s(t) = \cos 2\pi f_c t + \frac{n_a}{2} \cos 2\pi (f_c - f_m) t + \frac{n_a}{2} \cos 2\pi (f_c + f_m) t$$

结果得到的信号包含一个原始载波频率成分，另外再加上一对频率成分，并且这两个频率成分分别与载波频率偏移f_m Hz。

由式(16.1)和图16.1可知，调幅涉及输入信号与载波信号的乘积。结果得到的信号的包络是$[1 + n_a x(t)]$，并且只要$n_a < 1$，这个包络就是原始信号的完整再生信号。如果$n_a > 1$，则包络会穿过时间坐标轴，导致信息丢失。

研究一下调幅信号的频谱会得到很多启发。如图16.2所示的例子。这个频谱包含了原始载波的频谱和搬移到f_c后的输入信号频谱。频谱中$|f| > |f_c|$的部分是上边带，而$|f| < |f_c|$的频谱部分是下边带。上、下边带都是原始频谱$M(f)$的副本，只不过下边带的频率是反向的。

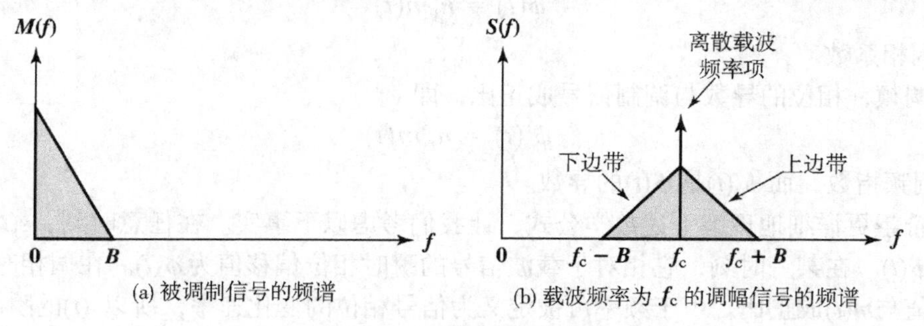

(a) 被调制信号的频谱　　(b) 载波频率为 f_c 的调幅信号的频谱

图16.2　调幅信号的频谱

例16.2 考虑这样一个例子，把频带范围为300 ~ 3000 Hz的话音信号调制到60 kHz的载波上，结果得到的信号包含一个60.3 ~ 63 kHz的上边带、一个57 ~ 59.7 kHz的下边带和原60 kHz的载波。如果这个载波的振幅是50 V，且话音信号的振幅是20 V，调制系数就是$n_a = 20/50 = 0.4$。

下面这个关系式非常重要：

$$P_t = P_c\left(1 + \frac{n_a^2}{2}\right)$$

其中，P_t是信号$s(t)$的总传输功率，而P_c是载波传输功率。我们希望n_a越大越好，这样就能使大多数的信号功率真正用于传输信息。但是必须保持$n_a < 1$。

例16.3 若一个调幅信号的调制系数是0.8，且总功率为2500 W，判断载波及其上、下边带的传输功率。使用前面的公式，有

$$2500 = P_c(1 + (0.8)^2/2) = 1.32\,P_c$$
$$P_c = 1893.9\ \text{W}$$

剩下的功率被两个边带平分，因此每个边带的功率为(2500 − 1893.9) / 2 = 303 W。

因为每个边带都包含了$m(t)$的完整频谱，很显然在$s(t)$中具有不必要的成分。调幅技术的一种常见变形称为单边带技术（SSB），它利用上述事实，仅仅传输一个边带，而消除了另一个边带以及载波。这种方法的主要优点如下。

- 带宽只需要一半。也就是说$B_T = B$，其中B是原始信号的带宽。对于双边带载波传输，$B_T = 2B$。
- 由于不需要浪费功率来传输载波或另一个边带，因而需要的功率较低。另一种变形是双边带载波抑制（DSBSC），它滤除了载波频率，但发送两个边带。这样做节省了一些功率，但使用的带宽与双边带载波传输（DSBTC）相同。

抑制载波的缺点是载波可以起到同步的作用。例如，假设原始模拟信号是用振幅键控波形编码的数字数据。为了正确地解释数据，接收器必须知道每个比特周期的起始时间。持续的载波信号提供了一种定时机制，通过它可以明确每个比特的到达时间。折中的方法是采用残留边带技术（VSB），它用到了一个边带以及功率降低后的载波。

16.1.2 角度调制

调频（FM）和调相（PM）是**角度调制**的特例。调制后的信号表达如下：

$$\text{角度调制}\qquad s(t) = A_c\cos[2\pi f_c t + \phi(t)] \tag{16.2}$$

对于调相，相位与调制信号成正比，即

$$\phi(t) = n_p m(t) \tag{16.3}$$

其中n_p是调相系数。

对于调频，相位的导数与调制信号成正比，即

$$\phi'(t) = n_f\, m(t) \tag{16.4}$$

其中n_f是调频指数，而$\phi'(t)$是$\phi(t)$的导数。

如果希望更详细地理解上述数学公式，让我们考虑以下事实。在任意时刻，$s(t)$的相位都是$2\pi f_c t + \phi(t)$。在某一时刻，它相对于载波信号的瞬时相位偏移值为$\phi(t)$。在调相时，相位的瞬时偏移值与$m(t)$成正比。由于频率可被定义为信号相位的变化速率，所以$s(t)$的瞬时频率为

$$2\pi f_i(t) = \frac{d}{dt}[2\pi f_c t + \phi(t)]$$

$$f_i(t) = f_c + \frac{1}{2\pi}\phi'(t)$$

且其相对于载波频率的瞬时频率偏移为$\phi'(t)$，在调频时，它与$m(t)$成正比。

图16.3用正弦波分别描绘了调幅、调相和调频。调频信号与调相信号的波形很相似。事实上，在不知道调制函数的情况下，它们是无法区分的。

现在应当了解一下调频过程中的几个现象。从上面的讨论可知，信号的峰值偏移ΔF为

$$\Delta F = \frac{1}{2\pi} n_f A_m \quad \text{Hz}$$

其中A_m是$m(t)$的最大值。因此，增加$m(t)$的强度就会导致ΔF的增加，显而易见，这样做也会增加传输的带宽B_T。不过，从图16.3中明显可知，它不会增加调频信号的平均功率值，这个值是$A_c^2/2$。这一点与调幅完全不同，在调幅中被调制的信号值会影响调制信号的功率，但不会影响它的带宽。

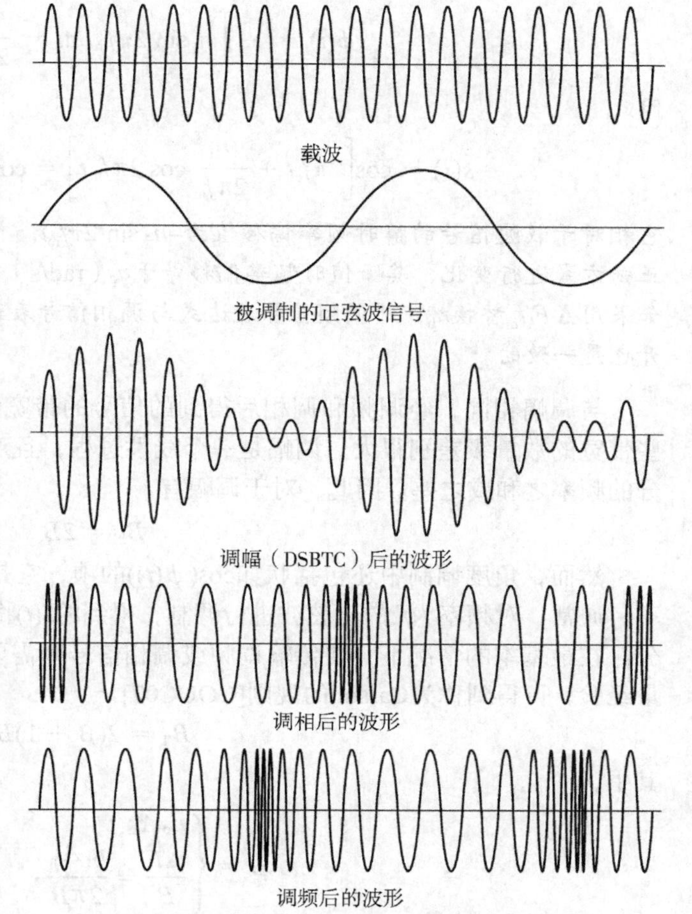

图16.3　正弦信号被正弦载波分别调幅、调频和调相

例16.4　如果调相信号的$\phi(t)$等于$n_p\cos 2\pi f_m t$，试推导信号$s(t)$的表达式。假设$A_c = 1$，直接可得

$$s(t) = \cos[2\pi f_c t + n_p \cos 2\pi f_m t]$$

它相对于载波信号的瞬时相位偏移为$n_p\cos 2\pi f_m t$。信号的相角在未经调制的信号的相位值上以简单正弦方式进行变化，其中在峰值时的相位偏移等于n_p。

上式可用贝塞尔三角函数式展开为

$$s(t) = \sum_{n=-\infty}^{\infty} J_n(n_p)\cos\left(2\pi f_c t + 2\pi n f_m t + \frac{n\pi}{2}\right)$$

其中，$J_n(n_p)$是第一类n阶贝塞尔函数。利用其性质

$$J_{-n}(x) = (-1)^n J_n(x)$$

上式可改写为

$$s(t) = J_0(n_p)\cos 2\pi f_c t + \sum_{n=1}^{\infty} J_n(n_p)\left[\cos\left(2\pi(f_c + nf_m)t + \frac{n\pi}{2}\right) + \cos\left(2\pi(f_c - nf_m)t + \frac{(n+2)\pi}{2}\right)\right]$$

结果得到的信号具有一个原始载波频率成分，以及一组边带成分，这些边带是以f_m的所有可能的倍数频率偏离f_c得到的。当$n_p \ll 1$时，高阶项的值迅速下降。

例16.5　假设调频信号的$\phi'(t)$为$-n_f \sin 2\pi f_m t$，试推导$s(t)$的表达式。这里选择使用$\phi'(t)$是为了方便。我们有

$$\phi(t) = -\int n_{\rm f}\sin 2\pi f_{\rm m}t\,{\rm d}t = \frac{n_{\rm f}}{2\pi f_{\rm m}}\cos 2\pi f_{\rm m}t$$

因此

$$s(t) = \cos\left[2\pi f_{\rm c}t + \frac{n_{\rm f}}{2\pi f_{\rm m}}\cos 2\pi f_{\rm m}t\right] = \cos\left[2\pi f_{\rm c}t + \frac{\Delta F}{f_{\rm m}}\cos 2\pi f_{\rm m}t\right]$$

它相对于载波信号的瞬时频率偏移值为$-n_{\rm f}\sin 2\pi f_{\rm m}t$。信号的频率为未经调制的频率值以简单正弦方式进行变化，其峰值时频率偏移等于$n_{\rm f}$（rad/s）。

如果用$\Delta F/f_{\rm m}$替换$n_{\rm p}$，则调频信号表达式与调相信号表达式具有相同的形式。因此其贝塞尔展开也是一致的。

与调幅相同，经调频和调相后得到的信号的带宽都以$f_{\rm c}$为中心。不过，现在可以看出这些带宽的数量级差别很大。调幅是一个线性过程，且产生的频率是载波信号与被调制信号成分的频率之和或之差。因此，对于调幅有

$$B_{\rm T} = 2B$$

然而，角度调制中还包括状如$\cos(\phi(t))$的项，它是非线性的，并且会产生范围很广的频率。通常，对频率为$f_{\rm m}$的正弦波进行调制，得到的$s(t)$将包含中心频率为$f_{\rm c}+f_{\rm m}$，$f_{\rm c}+2f_{\rm m}$等的成分。在最基本的情况下，要传输调频或调相信号则需要无限带宽。而在实际应用中，根据大量经验，可得到称为Carson的规则[COUC07]

$$B_{\rm T} = 2(\beta + 1)B$$

其中，

$$\beta = \begin{cases} n_{\rm p}A_{\rm m}, & \text{PM} \\ \dfrac{\Delta F}{B} = \dfrac{n_{\rm f}A_{\rm m}}{2\pi B}, & \text{FM} \end{cases}$$

可以将调频改写为

$$B_{\rm T} = 2\Delta F + 2B \tag{16.5}$$

因此调频和调相比调幅需要更大的带宽。

16.2 前向纠错码

6.6节介绍了前向纠错的基本原理。本节将介绍一些最重要的前向纠错码。

16.2.1 循环码

许多正在使用的纠错码都属于同一类，称为循环码。对于此类纠错码，如果一个n位的序列$\mathbf{c} = (c_0, c_1, \cdots, c_{n-1})$是有效码字，那么通过将$\mathbf{c}$向右循环移动一位所形成的$(c_{n-1}, c_0, c_1,\cdots, c_{n-2})$也是一个有效码字。此类纠错码可以很容易地使用线性反馈移位寄存器（LFSR）进行编码和解码。循环码的例子包括Bose-Chaudhuri-Hocquenghem（BCH）码和Reed-Solomon码。

循环纠错码编码器LFSR的实现与CRC（循环冗余检验）差错检验码的实现方法相同，如图6.7所示。两者的主要区别在于CRC以任意长度的输入产生一个固定长度的CRC校验码，而循环纠错码以固定长度的输入（k位）产生一个固定长度的校验码（$n-k$位）。

图16.4描绘了循环纠错码解码器的设计实现，可将其与图6.7中的编码器逻辑进行比较。注意，对于编码器来说，移位寄存器以k个数据位作为输入，并产生$n-k$位的校验码，而对于解码器，其输入为接收到的n位比特流，它由k个数据位及其后的$n-k$个校验位共同组成。如果没有差错，在经过前k个步骤之后，移位寄存器里所包含的就应当是被传输的校验位样式。再经过剩余的$n-k$步之后，移位寄存器里所包含的就是校验子。

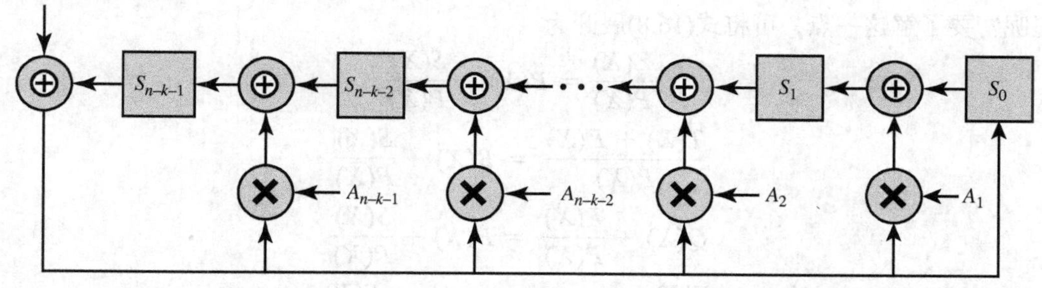

图16.4　除数为$(1 + A_1X + A_2X_2 + \cdots + A_{n-k} - 1X^{n-k-1} + X_{n-k})$的块校验子生成器

循环码的解码过程如下。

1. 对接收到的比特流采用与编码器处理数据位产生校验码相同的方式来进行处理，计算后得到校验子。
2. 如果这个校验子的各位全部为零，则未检测到差错。
3. 如果这个校验子非零，则需要根据校验子进行额外的处理，以期纠错。

为了理解校验子的含义，我们利用多项式对此进行分析。与CRC的情况相同，一个特定的循环码可以通过一个多项式除数来表示，称为生成多项式。那么对于(n, k)码，它的生成多项式形式为

$$P(X) = 1 + \sum_{i=1}^{n-k-1} A_i X^i + X^{n-k}$$

其中各系数不是0就是1，且对应于除数中的特定位。例如，若$P = 11001$，则有$P(X) = X^4 + X^3 + 1$。类似地，一组数据比特可用多项式$D(X)$表示，而校验码则用多项式$C(X)$表示。回想对CRC的讨论，校验码由下式决定：

$$\frac{X^{n-k}D(X)}{P(X)} = Q(X) + \frac{C(X)}{P(X)}$$

也就是说，数据块$D(X)$向左移动$n-k$位，并除以$P(X)$。这个过程将产生商数$Q(X)$以及长度为$n-k$位的余数$C(X)$。被传输的比特块是由$D(X)$和$C(X)$连接而成，即

$$T(X) = X^{n-k}D(X) + C(X) \tag{16.6}$$

如果接收无差错，则$T(X)$将被$P(X)$整除而无余数。这很容易证明：

$$\frac{T(X)}{P(X)} = \frac{X^{n-k}D(X)}{P(X)} + \frac{C(X)}{P(X)} = \left(Q(X) + \frac{C(X)}{P(X)}\right) + \frac{C(X)}{P(X)} = Q(X) \tag{16.7}$$

根据模2运算的规则（$a + a = 0$，不论$a = 0$还是$a = 1$），最后的等式是有效的。因此，如果没有任何差错，则$T(X)$除以$P(X)$后无余数。

如果有一个或多个比特出现了差错，那么接收到的比特块$Z(X)$将是如下形式：

$$Z(X) = T(X) + E(X)$$

其中$E(X)$是一个n位的差错多项式，它的每个值为1的比特位对应$Z(X)$中的一个出错的位置。如果让$Z(X)$经过图16.4所示的LFSR，即执行$Z(X)/P(X)$除法运算，得到的就是$n-k$位的校验子$S(X)$：

$$\frac{Z(X)}{P(X)} = B(X) + \frac{S(X)}{P(X)} \tag{16.8}$$

其中$B(X)$是商，$S(X)$是余数。因此，$S(X)$是$Z(X)$的一个函数。但这又如何帮助我们执行差错纠正呢？要了解这一点，可将式(16.8)展开为

$$\begin{aligned}\frac{Z(X)}{P(X)} &= B(X) + \frac{S(X)}{P(X)}\\ \frac{T(X)+E(X)}{P(X)} &= B(X) + \frac{S(X)}{P(X)}\\ Q(X) + \frac{E(X)}{P(X)} &= B(X) + \frac{S(X)}{P(X)}\\ \frac{E(X)}{P(X)} &= [Q(X) + B(X)] + \frac{S(X)}{P(X)}\end{aligned} \tag{16.9}$$

可以看到$E(X)/P(X)$与$Z(X)/P(X)$产生的余数相同。因此，无论初始的比特样式，即被传输的值$T(X)$形式如何，校验子的值$S(X)$仅取决于差错的比特。如果能从$S(X)$中恢复差错比特$E(X)$，就能够通过简单的加法来纠正$Z(X)$中的差错：

$$Z(X) + E(X) = T(X) + E(X) + E(X) = T(X)$$

因为$S(X)$仅取决于$E(X)$，所以可以很容易地判断循环码的有效范围。如果校验子有$n-k$位，就有2^{n-k}个可能的值。全零的值表示没有差错，因此总共有$2^{n-k}-1$种不同的差错样式可被纠正。如果要纠正一个(n, k)码的所有可能的单比特差错，就必须令$n \leqslant (2^{n-k}-1)$。要想纠正所有的单比特和双比特差错，则要求$\left(n + \frac{n(n-1)}{2}\right) \leqslant (2^{n-k}-1)$。

从$S(X)$得到$E(X)$时采用的方法可能取决于所涉及的具体编码。最简单的方法是开发一张列表，其内容是所有可能的$E(X)$值及其相应的$S(X)$值，接下来只需简单的表查找即可。

例16.6 假设有一个(7, 4)码，它的生成多项式为$P(X) = X^3 + X^2 + 1$，因此有$7 = 2^3 - 1$，所以此码能够纠正所有的单比特差错。表16.1(a)列出了所有的有效码字，注意，$d_{\min}$为3，进一步确认这是一个单比特纠错码。例如，对于数据块1010，有$D(X) = X^3 + X$和$X^{n-k}D(X) = X^6 + X^4$。根据式(16.7)相除如下：

$$\begin{array}{rl}
 & X^3 + X^2 + 1 \quad \leftarrow Q(X)\\
P(X) \rightarrow X^3 + X^2 + 1 \,\big) & X^6 \qquad X^4 \qquad\qquad\qquad \leftarrow 2^3D(X)\\
 & X^6 + X^5 + \qquad X^3\\ \hline
 & X^5 + X^4 + \quad X^3\\
 & X^5 + X^4 + \qquad X^2\\ \hline
 & X^3 + X^2\\
 & X^3 + X^2 + \quad 1\\ \hline
 & 1 \quad \leftarrow C(X)
\end{array}$$

然后根据式(16.6)，得到$T(X) = X^6 + X^4 + 1$，也就是码字1010001。

在纠错时，需要构建如表16.1(b)所示的校验子列表。例如，对于差错样式1000000，有$E(X) = X^6$。利用式(16.7)的最后一行，计算如下：

$$
\begin{array}{rll}
 & X^3+X^2+X & \leftarrow Q(X)+B(X) \\
P(X) \rightarrow X^3+X^2+1 & \big/\ X^6 & \leftarrow E(X) \\
 & \underline{X^6+X^5+\qquad X^3} & \\
 & X^5+\qquad X^3 & \\
 & \underline{X^5+X^4+\qquad X^2} & \\
 & X^4+\ X^3+X^2 & \\
 & \underline{X^4+\ X^3+\qquad X} & \\
 & X^2+X & \leftarrow S(X)
\end{array}
$$

因此$S = 110$。表16.1(b)中剩余的条目计算与此类似。现在假设接收到的数据块是1101101，或者说$Z(X) = X^6 + X^5 + X^3 + X^2 + 1$。根据式(16.8)有

$$
\begin{array}{rll}
 & X^3 & \leftarrow B(X) \\
P(X) \rightarrow X^3+X^2+1 & \big/\ X^6+X^5+\qquad X^3+X^2+1 & \leftarrow Z(X) \\
 & \underline{X^6+X^5+\qquad X^3} & \\
 & X^2+1 & \leftarrow S(X)
\end{array}
$$

因此，$S = 101$。使用表16.1(b)即可得到$E = 0001000$。那么，

$$T = 1101101 \oplus 0001000 = 1100101$$

于是，根据表16.1(a)可知发送的数据块是1100。

表16.1　单比特纠错(7, 4)循环码

(a) 有效码字表

数据块	码字
0000	0000000
0001	0001101
0010	0010111
0011	0011010
0100	0100011
0101	0101110
0110	0110100
0111	0111001
1000	1000110
1001	1001011
1010	1010001
1011	1011100
1100	1100101
1101	1101000
1110	1110010
1111	1111111

(b) 单比特纠错的校验子表

差错模式E	校验子S
0000001	001
0000010	010
0000100	100
0001000	100
0010000	111
0100000	011
1000000	110

16.2.2　BCH码

BCH码是最强大的循环码之一，广泛用于无线应用中。对于任意一对正整数m和t，都有一个具有如下参数的二进制(n, k) BCH码：

$$\textbf{数据块长度：} n = 2^m - 1$$
$$\textbf{校验位数：} n - k \leqslant mt$$
$$\textbf{最小距离：} d_{\min} \geqslant 2t + 1$$

此BCH码可以纠正所有小于等于t比特的差错组合。这种码的生成多项式可用因式$(X^{2^m-1} + 1)$构造得到。BCH码在参数（块长度，编码率）的选择上提供了灵活性。表16.2列出了块长度参数最大达到$2^8 - 1$的BCH码。表16.3列出了其中一些BCH码的生成多项式。

表16.2　BCH码参数

n	k	t	n	k	t	n	k	t	n	k	t	n	k	t
7	4	1	63	30	6	127	64	10	255	207	6	255	99	23
15	11	1		24	7		57	11		199	7		91	25
	7	2		18	10		50	13		191	8		87	26
	5	3		16	11		43	14		187	9		79	27
31	26	1		10	13		36	15		179	10		71	29
	21	2		7	15		29	21		171	11		63	30
	16	3	127	120	1		22	23		163	12		55	31
	11	5		113	2		15	27		155	13		47	42
	6	7		106	3		8	31		147	14		45	43
63	57	1		99	4	255	247	1		139	15		37	45
	51	2		92	5		239	2		131	18		29	47
	45	3		85	6		231	3		123	19		21	55
	39	4		78	7		223	4		115	21		13	59
	36	5		71	9		215	5		107	22		9	63

对于BCH的解码，目前已设计出多种技术，它们对内存的需求比简单的表查找还要少。其中最简单的一种技术是由Berlekamp提出的[BERL80]。其中心思想是计算一个差错定位多项式并求解其根。该算法的复杂程度仅与被纠正的差错数目的平方成正比。

表16.3　BCH码的生成多项式

n	k	t	P(X)
7	4	1	X^3+X+1
15	11	1	X^4+X+1
15	7	2	$X^8+X^7+X^6+X^4+1$
15	5	3	$X^{10}+X^8+X^5+X^4+X^2+X+1$
31	26	1	X^5+X^2+1
31	21	2	$X^{10}+X^9+X^8+X^6+X^5+X^3+1$

16.2.3　Reed-Solomon码

Reed-Solomon（RS）码是一种被广泛应用的非二进制BCH码的一个子类。使用RS码时，数据以m位数据块的形式被处理，这种数据块称为符号。一个(n, k) RS码具有以下参数：

符号长度：每个符号长为m比特

数据块长度：$n = (2^m - 1)$个符号$= m(2^m - 1)$比特

数据长度：k个符号

校验码长度：$n - k = 2t$个符号 $= m(2t)$比特

最小距离：$d_{\min} = 2t + 1$个符号

因此，此码的算法是通过添加$n - k$个冗余的校验符号来将k个符号的数据块扩展到n个符号。通常情况下，m是2的幂，而一个比较受欢迎的m值是8。

例16.7　假设$t = 1$且$m = 2$。用0, 1, 2, 3来表示符号，可以写出它们的二进制等价值为：0 = 00；1 = 01；2 = 10；3 = 11。该代码具有以下参数：

$$n = 2^2 - 1 = 3\text{个符号} = 6\text{比特}$$

$$n - k = 2\text{个符号} = 4\text{比特}$$

此码可以纠正任何跨越2比特符号的突发差错。

RS码非常适合于突发性差错的纠正。它们高效率地利用了冗余，并且数据块长度和符号长度可以很容易地进行调整，以适应范围很广的各种报文尺寸。此外还有各种高效的编码技术可用于RS码。

16.2.4 奇偶校验矩阵码

低密度奇偶校验码（LDPC）是一种重要的FEC（前向纠错）码。LDPC码越来越多地用于高速无线规范中，包括802.11n和802.11ac WiFi标准以及卫星数字电视传输。LDPC码也用于10 Gbps以太网。从比特差错率看，LDPC码展现出的性能非常接近于香农极限，可以有效地实现高速应用。

在讨论LDPC码之前，我们先来介绍一下奇偶校验码，而LDPC码只是其中的一个具体例子。下一节将讨论LDPC码。

考虑一个简单的用于n比特数据块的奇偶校验位方案，它由$k = n - 1$个数据比特和1个奇偶校验比特组成，并使用偶校验。假设从c_1到c_{n-1}是数据比特，且c_n是奇偶校验比特，则下面的条件成立：

$$c_1 \oplus c_2 \oplus \cdots \oplus c_n = 0 \tag{16.10}$$

其中的加法是模2加法（此加法相当于异或函数）。根据第6章讨论块码原理时的术语，此处有2^n个可能的码字，其中的有效码字为2^{n-1}个。有效码字就是那些能满足式(16.10)的码字。如果接收到任何一个有效码字，这个数据块就被认为是无差错的，且前面的$n - 1$位都被认为是有效数据而接受。这种方案可以检测单比特差错，但不能执行纠错。

我们将奇偶校验的概念进一步推广以考虑这样一些编码，它的码字能满足一组$m = n - k$个联立的线性方程。能产生n比特码字的**奇偶校验码**（parity-check code）就是下列方程组的解集：

$$\begin{gathered} h_{11}c_1 \oplus h_{12}c_2 \oplus \cdots \oplus h_{1n}c_n = 0 \\ h_{21}c_1 \oplus h_{22}c_2 \oplus \cdots \oplus h_{2n}c_n = 0 \\ \cdots \\ h_{m1}c_1 \oplus h_{m2}c_2 \oplus \cdots \oplus h_{mn}c_n = 0 \end{gathered} \tag{16.11}$$

其中的系数h_{ij}的值是二进制的0或1。

这个$m \times n$矩阵$\mathbf{H} = [h_{ij}]$称为**奇偶校验矩阵**（parity-check matrix）。在$\mathbf{H}$的m行中，每一行对应于方程组(16.11)中的一个方程。在$\mathbf{H}$的n列中，每一列对应于码字中的1比特。如果用行向量$\mathbf{c} = [c_j]$来表示码字，则方程组(16.11)可以表示为

$$\mathbf{Hc}^\mathrm{T} = \mathbf{cH}^\mathrm{T} = \mathbf{0} \tag{16.12}$$

一个(n, k)奇偶校验码是将k个数据比特编码成n比特的码字。通常，且不失一般性地约定使用码字最左边的k比特来重现原始的k个数据比特，并用最右边的$n - k$比特作为校验比特（见图16.5）。这种模式称为**系统码**（systematic code）。因此，在奇偶校验矩阵$\mathbf{H}$中，前k列对应数据比特，而剩余列则对应校验比特。在第6章中曾经说过，对于(n, k)码，总共有2^n个可能的码字，其中合法的码字有2^k个。冗余比特与数据比特的比率$(n - k)/k$称为编码的**冗余度**（redundancy），而数据比特与总比特数的比率k/n称为**编码率**（code rate）。编码率度量的是在数据率相同的情况下，与没有经过编码时相比，需要多少额外的带宽。

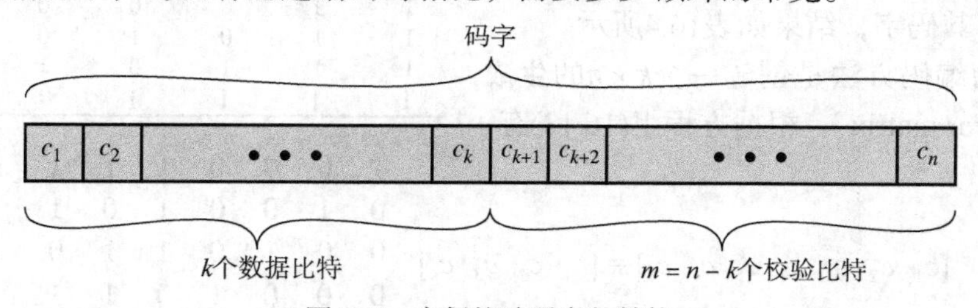

图16.5 奇偶校验码字的结构

对奇偶校验码的最基本的约束条件是该编码必须具有$n-k$个线性无关的方程。一种编码可能会有更多的方程，但只有$n-k$个是线性无关的。不失一般性地，可以限制**H**具有形式：

$$\mathbf{H} = [\mathbf{A}\ \mathbf{I}_{n-k}]$$

其中$\mathbf{I}_{n-k}$是$(n-k)\times(n-k)$单位矩阵，**A**是一个$k\times k$矩阵。当且仅当行列式**A**非零时，这个线性独立约束得到满足。在这一约束条件下，方程组(16.11)中的k个数据比特可以任意指定，然后求解这组方程来获得校验比特的值。换句话说，对于数据比特的2^k个可能组合中的每一种，可以通过方程组(16.11)的唯一解来确定它的$n-k$个校验比特。

假设由如下方程组定义的(7, 4)校验码：

$$\begin{aligned} c_1 \oplus c_2 \oplus c_3 \quad \oplus c_5 \quad &= 0 \\ c_1 \quad \oplus c_3 \oplus c_4 \oplus c_6 \quad &= 0 \\ c_1 \oplus c_2 \quad \oplus c_4 \quad \oplus c_7 &= 0 \end{aligned} \tag{16.13}$$

使用奇偶校验矩阵，则有

$$\underbrace{\begin{bmatrix} 1 & 1 & 1 & 0 & 1 & 0 & 0 \\ 1 & 0 & 1 & 1 & 0 & 1 & 0 \\ 1 & 1 & 0 & 1 & 0 & 0 & 1 \end{bmatrix}}_{\mathbf{H}} \begin{bmatrix} c_1 \\ c_2 \\ c_3 \\ c_4 \\ c_5 \\ c_6 \\ c_7 \end{bmatrix} = \begin{bmatrix} 0 \\ 0 \\ 0 \end{bmatrix} \tag{16.14}$$

与任何FEC码一样，对于奇偶校验码来说，需要完成以下3项工作。

- **编码**　对于一组给定的k个数据比特，生成相应的n比特码字。
- **检错**　对于一个给定的码字，判断是否有单个或多个比特的差错。
- **纠错**　如果检测到差错，则执行纠错。

编码

在我们的示例中，为了形成码字，首先要选择数据比特c_1，c_2和c_3的值。例如，$c_1=1$，$c_2=1$，$c_3=0$，$c_4=0$。重写方程组(16.13)并求解，就可以用各数据比特的函数来表示校验比特：

$$\begin{aligned} c_5 &= c_1 \oplus c_2 \oplus c_3 \\ c_6 &= c_1 \oplus c_3 \oplus c_4 \\ c_7 &= c_1 \oplus c_2 \oplus c_4 \end{aligned} \tag{16.15}$$

因此这个码字就是1100010。因为信息比特是4个，所以在总共$2^7=128$个可能的码字中只有16个有效码字。我们可以为16种可能的数据比特组合分别计算其码字，结果如表16.4所示。

表16.4　由方程组(16.15)定义的(7, 4)奇偶校验码

数据位				校验位		
c_1	c_2	c_3	c_4	c_5	c_6	c_7
0	0	0	0	0	0	0
0	0	0	1	0	1	1
0	0	1	0	1	1	0
0	0	1	1	1	0	1
0	1	0	0	1	0	1
0	1	0	1	1	1	0
0	1	1	0	0	1	1
0	1	1	1	0	0	0
1	0	0	0	1	1	1
1	0	0	1	1	0	0
1	0	1	0	0	0	1
1	0	1	1	0	1	0
1	1	0	0	0	1	0
1	1	0	1	0	0	1
1	1	1	0	1	0	0
1	1	1	1	1	1	1

更通用的编码方法是创建一个$k\times n$的**生成矩阵**（generator matrix）。根据方程组(16.13)有

$$[c_1\ c_2\ c_3\ c_4\ c_5\ c_6\ c_7] = [c_1\ c_2\ c_3\ c_4]\underbrace{\begin{matrix} 1 & 0 & 0 & 0 & 1 & 1 & 1 \\ 0 & 1 & 0 & 0 & 1 & 0 & 1 \\ 0 & 0 & 1 & 0 & 1 & 1 & 0 \\ 0 & 0 & 0 & 1 & 0 & 1 & 1 \end{matrix}}_{\mathbf{G}} \tag{16.16}$$

根据我们的约定，$\mathbf{c}$的前k比特是数据比特。如果将$\mathbf{c}$的数据比特标志为$\mathbf{u} = [u_i]$，其中$u_i = c_i$，$i = 1$到k，则一个数据块所对应的码字由下式决定：

$$\mathbf{c} = \mathbf{uG} \tag{16.17}$$

$\mathbf{G}$的前k列是单位矩阵$\mathbf{I}_k$。从$\mathbf{H}$可计算得到$\mathbf{G}$如下：

$$\mathbf{G} = [\mathbf{I}_k \mathbf{A}^T]$$

差错检测

差错检测很简单，就是利用式(16.12)。如果$\mathbf{Hc}^T$产生了一个非零的向量，就说明检测到有差错。用我们举例的编码，假设在传输信道上发送的码字是1100010，且接收到的是1101010。对接收到的码字运用奇偶校验矩阵，则有

$$\underbrace{\begin{bmatrix} 1 & 1 & 1 & 0 & 1 & 0 & 0 \\ 1 & 0 & 1 & 1 & 0 & 1 & 0 \\ 1 & 1 & 0 & 1 & 0 & 0 & 1 \end{bmatrix}}_{\mathbf{H}} \begin{bmatrix} 1 \\ 1 \\ 0 \\ 1 \\ 0 \\ 1 \\ 0 \end{bmatrix} = \begin{bmatrix} 0 \\ 1 \\ 1 \end{bmatrix}$$

因而可检测到差错。此外，计算得到的列向量称为**校验子**（syndrome）。该校验子指出哪一个奇偶校验方程不等于0。在我们的例子中，该结果表明$\mathbf{H}$中的第2个和第3个奇偶校验方程不能被满足。因此，在$c_1, c_2, c_3, c_4, c_5, c_6, c_7$中至少有一个比特是错误的。

纠错

回到第6章的讨论中，纠错的一种方法是在接收到非法码字时，选择从汉明距离看与它最近的合法码字。只有当与给定非法码字最短距离的合法码字唯一时，这条原则才能起作用。如同在第6章中所介绍的，编码的最小距离定义为任意两个有效码字之间的最小汉明距离$d_{\min}$。此编码可以检测出所有$(d_{\min} - 1)$个及更少比特的差错样式，并且可以纠正所有$\left\lfloor \frac{d_{min} - 1}{2} \right\rfloor$个或更少比特的差错样式。

如果对于奇偶校验码$\mathbf{H}$，有$d_{\min}$个列的异或和等于零，但小于$d_{\min}$个列的异或和都不等于零，则这个奇偶校验码$\mathbf{H}$的最小距离就是$d_{\min}$。对于大多数奇偶校验码的设计来说，这是最基本的一个重要属性。也就是说，编码的设计要最大化$d_{\min}$。这种方法的一个例外情况是低密度奇偶校验码，它很重要，将在下一节讨论。

对于我们一直在使用的示例$\mathbf{H}$来说，没有一个列是0向量，也没有哪两个列的和是$\mathbf{0}$。但在某些情况下，存在3个列的和为$\mathbf{0}$（例如，第4列、第6列和第7列）。因此，它的$d_{\min} = 3$。

一种粗暴的纠错方法是将接收到的无效码字与所有2^k个有效码字相比较，然后选择最小距离的那个。这种方法仅对较小的k值来说是可行的，而对于具有上千个数据比特的码字的编码来说，已另行开发出多种方法。这些超出了我们的讨论范围。

16.2.5　低密度奇偶校验码（LDPC）

规则LDPC码是一种奇偶校验码，它的奇偶校验矩阵$\mathbf{H}$具有以下属性：

1. $\mathbf{H}$的每一行都含有w_r个1。
2. $\mathbf{H}$的每一列都含有w_c个1。

3. 任意两列中，在相同位置上，1只能出现1次或0次。

4. 与列数（码字的长度）和行数相比，w_r和w_c都是很小的值。

根据属性4，**H**中的1的密度很小。也就是说，**H**中的大多数元素都为0。因此，这种设计是“低密度”的。

在实践中，第1条和第2条属性经常会稍稍有些违反，这是为了避免**H**中包含具有线性相关的行。对于**不规则LDPC码**，可以说每行和每列的1的平均数量与行数及列数相比是很小的。

编码构造

通过定义LDPC奇偶校验矩阵，已经开发出多种构造LDPC码的方法。最早的一种方法是由Robert Gallager提出的[GALL62]。这种编码被构造为具有w_c个子矩阵的堆栈。最上面的子矩阵有n列，n/w_r行。这个子矩阵的第一行的前w_r个位置上都是1，其他位置则全为0；第二行从接下来的位置开始出现一组w_r个1，其他位置都是0，以此类推。其他的子矩阵是第一个子矩阵的列的随机置换。图16.6(a)所示为$w_r = 4$的一个例子。

另一种方法是由MacKay和Neal提出的[MACK99]，图16.6(b)描绘了这样的一个例子。使用此方案时，要对发送的块长度n和源数据块长度k进行选择。w_c的初始值被设置为一个大于或等于3的整数，而w_r的初始值被设置为$w_c n/m$。**H**的列是从左到右一次一个地构造的。第一列最初随机生成，但要服从其权重等于w_c的初始值的约束。其后每一列中的非零项都是随机选择的，但要服从每一行的权重不能超过w_r的约束。在填写完整矩阵的过程中可能需要做一些回溯，也可能不那么严格地服从约束。

前面描述的这两种编码都不是系统码。也就是说，**H**的前k列并不对应数据比特。一般来说，使用非系统码时，要确定从数据块产生一个码字的技术是比较困难的。而一种称为**重复累积码**[DIVS98]的LDPC构造技术则最终可得获得一个系统码。其构造过程是从最右边的列开始的，该列只有最底部的一个1。左侧下一列则在最低的两个位置上填1。对于其后的

$$\left[\begin{array}{cccccccccccc}
1 & 1 & 1 & 1 & 0 & 0 & 0 & 0 & 0 & 0 & 0 & 0 \\
0 & 0 & 0 & 0 & 1 & 1 & 1 & 1 & 0 & 0 & 0 & 0 \\
0 & 0 & 0 & 0 & 0 & 0 & 0 & 0 & 1 & 1 & 1 & 1 \\
\hline
1 & 0 & 1 & 0 & 0 & 1 & 0 & 0 & 0 & 1 & 0 & 0 \\
0 & 1 & 0 & 0 & 0 & 0 & 1 & 1 & 0 & 0 & 0 & 1 \\
0 & 0 & 0 & 1 & 1 & 0 & 0 & 0 & 1 & 0 & 1 & 0 \\
\hline
1 & 0 & 0 & 1 & 0 & 0 & 1 & 0 & 0 & 1 & 0 & 0 \\
0 & 1 & 0 & 0 & 0 & 1 & 0 & 1 & 0 & 0 & 1 & 0 \\
0 & 0 & 1 & 0 & 1 & 0 & 0 & 0 & 1 & 0 & 0 & 1
\end{array}\right]$$

(a) Gallager奇偶校验矩阵（$w_c = 3, w_r = 4$）

$$\left[\begin{array}{cccccccccccc}
1 & 0 & 0 & 0 & 0 & 1 & 0 & 1 & 0 & 1 & 0 & 0 \\
1 & 0 & 0 & 1 & 1 & 0 & 0 & 0 & 0 & 0 & 1 & 0 \\
0 & 1 & 0 & 0 & 1 & 0 & 1 & 0 & 1 & 0 & 0 & 0 \\
0 & 0 & 1 & 0 & 0 & 1 & 0 & 0 & 0 & 0 & 1 & 1 \\
0 & 0 & 1 & 0 & 0 & 0 & 1 & 1 & 0 & 0 & 0 & 1 \\
0 & 1 & 0 & 0 & 1 & 0 & 0 & 0 & 1 & 0 & 1 & 0 \\
1 & 0 & 0 & 1 & 0 & 0 & 1 & 0 & 0 & 1 & 0 & 0 \\
0 & 1 & 0 & 0 & 0 & 1 & 0 & 1 & 0 & 1 & 0 & 0 \\
0 & 0 & 1 & 1 & 0 & 0 & 0 & 0 & 1 & 0 & 0 & 1
\end{array}\right]$$

(b) McKay-Neal奇偶校验矩阵（$w_c = 3, w_r = 4$）

$$\left[\begin{array}{ccc|ccccccccc}
1 & 0 & 0 & 1 & 0 & 0 & 0 & 0 & 0 & 0 & 0 & 0 \\
1 & 0 & 0 & 1 & 1 & 0 & 0 & 0 & 0 & 0 & 0 & 0 \\
0 & 1 & 0 & 0 & 1 & 1 & 0 & 0 & 0 & 0 & 0 & 0 \\
0 & 0 & 1 & 0 & 0 & 1 & 1 & 0 & 0 & 0 & 0 & 0 \\
0 & 0 & 1 & 0 & 0 & 0 & 1 & 1 & 0 & 0 & 0 & 0 \\
0 & 1 & 0 & 0 & 0 & 0 & 0 & 1 & 1 & 0 & 0 & 0 \\
1 & 0 & 0 & 0 & 0 & 0 & 0 & 0 & 1 & 1 & 0 & 0 \\
0 & 1 & 0 & 0 & 0 & 0 & 0 & 0 & 0 & 1 & 1 & 0 \\
0 & 0 & 1 & 0 & 0 & 0 & 0 & 0 & 0 & 0 & 1 & 1
\end{array}\right]$$

(c) 不规则重复累积奇偶校验矩阵

图16.6　LDPC奇偶校验矩阵示例

列，这一对1不断上移一个位置，直至它们到达列的顶部。剩余的k列则要使每行有一个1。图16.6(c)描绘了这样的一个例子。第一个奇偶校验比特的计算方法是$c_4 = c_1$，第二个奇偶校验比特是$c_5 = c_4 + c_1$，第三个是$c_6 = c_5 + c_2$，以此类推。因此，在第一个奇偶校验比特之后，每个奇偶校验比特都是前一个奇偶校验比特与一个数据比特的函数。

纠错

与所有奇偶校验码一样，LDPC码的差错检测可以用奇偶校验矩阵进行。如果$\mathbf{Hc}^{\mathrm{T}}$产生一个非零的向量，就是检测到了差错。因为在奇偶校验矩阵中的1的数量相对较少，所以此种计算显然是高效的。

差错检测是一个较为复杂的过程。根据LDPC码的结构特性，已经开发出了多种方法能够提供合理有效的计算。这里给出了简单的概述。

有很多差错检测技术都使用了称为Tanner图的LDPC码表示法。Tanner图包含两种不同的结点：校验结点（对应于**H**的行）和位结点（对应于**H**的列），也就是对应了码字中的各个比特。构造过程如下：当且仅当**H**中的项h_{ij}为1时，校验结点j才与变量结点i相连接。图16.7描绘了这样的一个例子。

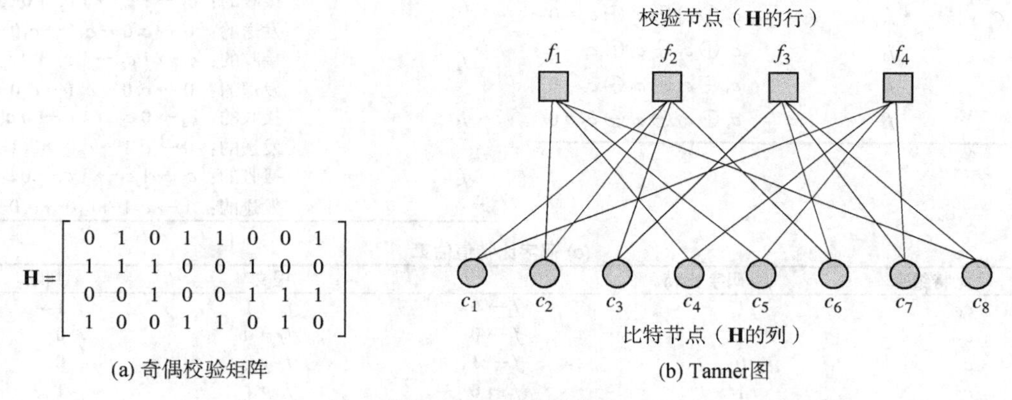

(a) 奇偶校验矩阵　　(b) Tanner图

图16.7　LDPC码示例

下面针对图16.7中的LDPC码例子提出了一种非常简单的纠错技术。这种技术的效率不高，并且还没有在实践中使用过。不过它很简单，并且可以从中窥得典型LDPC码纠错算法基本机制的思路。

假设例子中的源码字为10010101。因为$\mathbf{Hc}^{\mathrm{T}} = \mathbf{0}$，所以这是一个有效的码字。假定该码字中的第二个比特在传输过程中改变了，接收到的码字就是11010101。差错检测算法检测到发生了一个或多个比特差错：

$$\begin{bmatrix} 0 & 1 & 0 & 1 & 1 & 0 & 0 & 1 \\ 1 & 1 & 1 & 0 & 0 & 1 & 0 & 0 \\ 0 & 0 & 1 & 0 & 0 & 1 & 1 & 1 \\ 1 & 0 & 0 & 1 & 1 & 0 & 1 & 0 \end{bmatrix} \begin{bmatrix} 1 \\ 1 \\ 0 \\ 1 \\ 0 \\ 1 \\ 0 \\ 1 \end{bmatrix} = \begin{bmatrix} 1 \\ 1 \\ 0 \\ 0 \end{bmatrix}$$

纠错过程按以下步骤执行。

1. 使用图16.7(b)中的Tanner图，每个比特结点向其所连接的校验结点发送它的值，如表16.5(b)所示。因此，码字中的值为1的c_1将该值发送到结点f_2和f_4。
2. 每个校验结点利用其相应的约束方程，为每个相连的比特结点计算一个值，并将这个值发送给该比特结点。例如，根据**H**的第一行可知f_1的约束方程为$c_2 \oplus c_4 \oplus c_5 \oplus c_8 = 0$。$f_1$轮流将其中4个输入作为变量，对该约束方程求解4次。也就是说，f_1接收到的值分别为$c_2 = 1$，$c_4 = 1$，$c_5 = 0$，$c_8 = 0$。首先求解的是$c_2 = c_4 \oplus c_5 \oplus c_8 = 0$，并将0发送给$c_2$。然后求解$c_4 = c_2 \oplus c_5 \oplus c_8 = 0$，并将0发送给$c_4$。剩余的两个变量依次同样处理。
3. 每个比特结点的传入值就是对该结点的正确值的估计。该结点的原始值作为第三个估计值。比特结点要选择出现次数多的那个值作为其最终的估计值，如表16.5(c)所示。因此，对于c_1来说，三个估计值中有两个是1，所以1被选为码字第一个比特的最终值。

表16.5　以图16.7中的LDPC码为例的纠错技术

(a) 约束方程

H的行	校验结点	方程
1	f_1	$c_2 \oplus c_4 \oplus c_5 \oplus c_8 = 0$
2	f_2	$c_1 \oplus c_2 \oplus c_3 \oplus c_6 = 0$
3	f_3	$c_3 \oplus c_6 \oplus c_7 \oplus c_8 = 0$
4	f_4	$c_1 \oplus c_4 \oplus c_5 \oplus c_7 = 0$

(b) 校验结点收发的报文

校验结点	报文
f_1	接收的：$c_2 \rightarrow 1$ $c_4 \rightarrow 1$ $c_5 \rightarrow 0$ $c_8 \rightarrow 1$
	发送的：$0 \rightarrow c_2$ $0 \rightarrow c_4$ $1 \rightarrow c_5$ $0 \rightarrow c_8$
f_2	接收的：$c_1 \rightarrow 1$ $c_2 \rightarrow 1$ $c_3 \rightarrow 0$ $c_6 \rightarrow 1$
	发送的：$0 \rightarrow c_1$ $0 \rightarrow c_2$ $1 \rightarrow c_3$ $0 \rightarrow c_6$
f_3	接收的：$c_3 \rightarrow 0$ $c_6 \rightarrow 1$ $c_7 \rightarrow 0$ $c_8 \rightarrow 1$
	发送的：$0 \rightarrow c_3$ $1 \rightarrow c_6$ $0 \rightarrow c_7$ $1 \rightarrow c_8$
f_4	接收的：$c_2 \rightarrow 1$ $c_4 \rightarrow 1$ $c_5 \rightarrow 0$ $c_7 \rightarrow 0$
	发送的：$1 \rightarrow c_1$ $1 \rightarrow c_4$ $0 \rightarrow c_5$ $0 \rightarrow c_7$

(c) 码字比特值估算

比特结点	码字比特	报文		判断
c_1	1	$f_2 \rightarrow 0$	$f_4 \rightarrow 1$	1
c_2	1	$f_1 \rightarrow 0$	$f_2 \rightarrow 0$	0
c_3	0	$f_2 \rightarrow 1$	$f_3 \rightarrow 0$	0
c_4	1	$f_1 \rightarrow 0$	$f_4 \rightarrow 1$	1
c_5	0	$f_1 \rightarrow 1$	$f_4 \rightarrow 0$	0
c_6	1	$f_2 \rightarrow 0$	$f_3 \rightarrow 1$	1
c_7	0	$f_3 \rightarrow 0$	$f_4 \rightarrow 0$	0
c_8	1	$f_1 \rightarrow 0$	$f_3 \rightarrow 1$	1

以上3个步骤不断重复，直至码字停止变化，或直至所有的约束方程都被满足。在这种情况下，仅经过一次迭代后，该码字就稳定了。

在比特结点和校验结点之间传递消息的概念也可用于概率基值的传递。从本质上讲，一个码字比特是1还是0的概率是在每次迭代中计算得到的，并且当所有概率都达到特定阈值后，循环终止。

还有一些其他的纠错方式，其中大多数都利用了Tanner图的结构。

编码

在前面对一般情况下的奇偶校验码的讨论中，提到了一种简单的方法，可以将数据比特编码形成一个码字，也就是从奇偶校验矩阵**H**计算出生成矩阵**G**。通常，对于LDPC码来说，这是一件困难且资源密集型的操作。因此，为了求解奇偶校验约束方程，以表明奇偶校验比特是数据比特的函数，已经开发出了多种技术。对于重复累积码，正如我们看到的，是一个比较简单的过程。而其他形式的LDPC码，编码过程则要复杂得多，并且经常涉及Tanner图的使用。

另一点值得注意的是，除了重复累积码之外，一般情况下的LDPC码都不是系统码。也就是说，数据比特不一定集中在码字开始的地方。基本上，编码设计者会将数据比特选择作为码字比特，然后再计算奇偶校验比特。

16.3 ARQ性能问题

这一节将考察一些与使用滑动窗口流量控制相关的性能问题。

16.3.1 停止等待流量控制

让我们来推导一下使用停止等待机制的点对点半双工线路的最大可能效率。假设以帧序列F_1，F_2，…，F_n的形式发送一个较长的报文，其方式如下：

- 站点S_1发送F_1。
- 站点S_2发送一个确认。
- 站点S_1发送F_2。
- 站点S_2发送一个确认。
- 站点S_1发送F_n。
- 站点S_2发送一个确认。

发送这些数据的总时间T可表示为$T = nT_F$，其中T_F是发送一个帧并接收到确认所需的时间。我们可以将T_F表达如下：

$$T_F = t_{\text{prop}} + t_{\text{frame}} + t_{\text{proc}} + t_{\text{prop}} + t_{\text{ack}} + t_{\text{proc}}$$

其中，t_{prop}为从S_1到S_2的传播时间；t_{frame}为传输一个帧所需的时间（发送完一个帧的所有比特所需的时间）；t_{proc}为每个站点在响应输入事件时需要的处理时间；t_{ack}为传输一个确认需要的时间。

假设处理时间相对来讲可忽略不计，且与数据帧相比，确认帧显得非常短小，这两个假设都是合情合理的。于是可以将发送数据所需的总时间表示如下：

$$T = n\,(2t_{\text{prop}} + t_{\text{frame}})$$

在这个时间里，只有$n \times t_{\text{frame}}$是用于传输数据的时间，其余均属额外开销。该线路的利用率，或者说效率为

$$U = \frac{n \times t_{\text{frame}}}{n(2t_{\text{prop}} + t_{\text{frame}})} = \frac{t_{\text{frame}}}{2t_{\text{prop}} + t_{\text{frame}}} \tag{16.18}$$

为了使用方便，定义参数$a = t_{\text{prop}} / t_{\text{frame}}$（见图16.8），于是有

$$U = \frac{1}{1 + 2a} \tag{16.19}$$

这是该线路的最大利用率。由于在帧中含有额外开销比特，实际上的利用率要更低一些。如果t_{prop}和t_{frame}都是常数，那么参数a也是常数，这是一种较典型的情况。通常，除了位于序列末尾的那个帧之外，帧的长度都是固定的，且对于点对点的链接来说，传播时延也是常数。

为了更深入地理解式(16.19)，下面为a推导另一种不同的表达式。我们有，

$$a = \frac{\text{传播时间}}{\text{传输时间}} \tag{16.20}$$

传播时间等于线路的距离d除以传播速度V。对于经由空气或太空的无线传输，V就是光速，约为3×10^8 m/s。对于有线传输，光纤和铜媒体的V约为光速的0.67倍。传输时间等于用比特表示的帧长度L除以数据率R，因此有

$$a = \frac{d/V}{L/R} = \frac{Rd}{VL}$$

这样，如果帧的长度固定，那么a与数据率乘以传输媒体的长度成正比。我们换一个角度来看a可能更有帮助，那就是a代表了用比特表示的媒体长度$R \times (d/v)$与帧长度L的比值。

有了这些解释，图16.8就可以看成式(16.19)的图示。在图中，传输时间归一化为1，因此从式(16.20)可知传播时间就是a。在$a<1$的情况下，链路的比特长度小于帧长度。站点T在t_0时间开始传输一个帧。到了$t_0 + a$时，帧的前沿到达接收站点R，而T仍然在处理这个帧的传输。到了$t_0 + 1$时，T完成传输。到了$t_0 + 1 + a$时，R已完全接收到了整个帧，且立即传输一个短小的确认帧。这个确认帧在$t_0 + 1 + 2a$时返回到T。所花费的总时间为$1 + 2a$，总传输时间为1。因此，利用率为$1/(1 + 2a)$。当$a>1$时可以得到同样的结果，如图16.8所示。

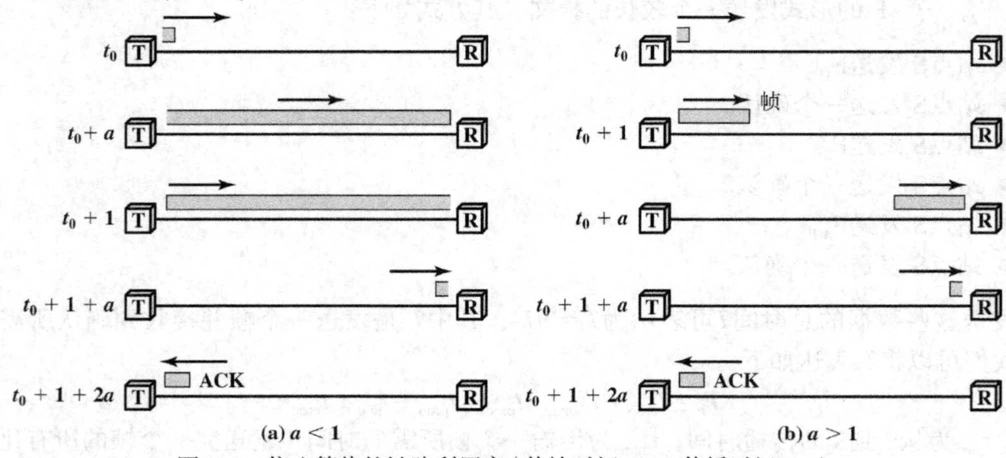

图16.8 停止等待的链路利用率（传输时间 = 1；传播时间 = a）

例16.8 首先设想一个使用ATM（在第三部分中描述）的广域网，它的两个站点之间相距1000 km。标准的ATM帧长（称为信元）为424比特，且一种标准化的数据率为155.52 Mbps。因此，传输时间等于$424/(155.52 \times 10^6) = 2.7 \times 10^{-6}$ s。如果使用的是光纤链路，那么传播时间为$(10^6 \text{ m})/(2 \times 10^8 \text{ m/s}) = 0.5 \times 10^{-2}$ s。因此，$a = (0.5 \times 10^{-2})/(2.7 \times 10^{-6}) \approx 1850$，且效率仅为$1/3701 = 0.000\,27$。

就距离而言，另一个极端是局域网。距离范围为0.1 ~ 10 km，且数据率范围为10 Mbps到1 Gbps。数据率越高，一般意味着距离就越短。使用$V = 2 \times 10^8$ m/s的数值，帧长为1000比特，且数据率为10 Mbps，这时的a值范围为0.005 ~ 0.5，由此得到的利用率范围为0.5 ~ 0.99。对于100 Mbps的局域网，给定更短的距离，可以得到类似的利用率。

可以看出，通常局域网的效率相当高，而高速广域网却并非如此。作为最后一个例子，考虑通过调制解调器经由话音级线路的数字数据传输。其典型的数据率为56 kbps。同样，设想帧长为1000比特。链路的长度可任意为几十米到几千千米不等。如果选择了较短的距离，如d = 1000 m，那么$a = (56\,000 \text{ bps} \times 1000 \text{ m})/(2 \times 10^8 \text{ m/s} \times 1000\text{比特}) = 2.8 \times 10^{-4}$，利用率实际上高达1.0。哪怕是在距离较长的情况下，比如d = 5000 km，仍可以得到$a = (56\,000 \times 5 \times 10^6)/(2 \times 10^8 \times 1000\text{比特}) = 1.4$，利用率等于0.26。

16.3.2 无差错的滑动窗口流量控制

对于滑动窗口流量控制，线路的吞吐量取决于窗口大小W和a的值。为了方便起见，让我们再次将帧传输时间归一化为1，因此传播时间就是a。图16.9示意了全双工点对点线路的有效性①。站点A在$t = 0$时刻开始连续发送一个帧序列。第一个帧的前沿在$t = a$时刻到达站点B。第一个帧在$t = a + 1$时刻被完全接纳。假设处理时间可忽略不计，B就可以立即确认第一个帧（ACK）。再假设确认帧非常短小，以至于其传输时间可忽略不计。于是ACK在$t = 2a + 1$时刻到达A。为了估算其性能，需要考虑如下两种情况。

- **情况1**　$W \geqslant 2a + 1$。在A的窗口还没有用尽之前，帧1的确认已到达A。因此A能够连续不断地传送，且归一化的吞吐量为1.0。
- **情况2**　$W < 2a + 1$。在$t = W$时刻A的窗口尽数用完，且无法发送其他的帧，直到$t = 2a + 1$时刻。因此，归一化的吞吐量是$2a + 1$时间单位内的W个时间单位。

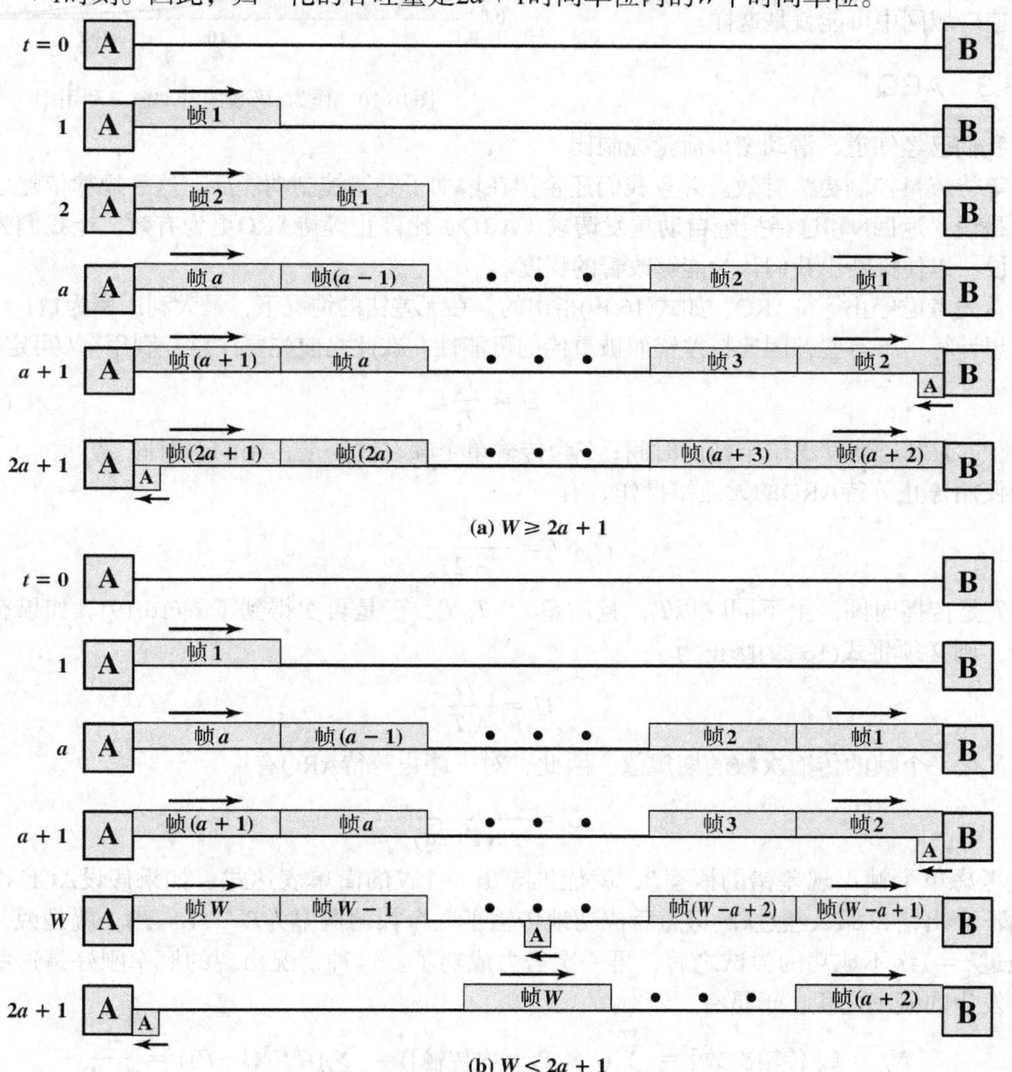

图16.9　滑动窗口协议的时序

因此，可以将利用率写为

$$U = \begin{cases} 1, & W \geqslant 2a + 1 \\ \dfrac{W}{2a + 1}, & W < 2a + 1 \end{cases} \tag{16.21}$$

① 为了简单，假设a是一个整数，这样占据线路的帧数量恰好是整数。对于非整数值的a，讨论过程不变。

典型情况下，序号在一个n比特的字段中提供，且窗口的最大值为$W = 2^n - 1$（不是2^n）。图16.10表明，当窗口大小分别为1，7和127时，能够达到的最大效率（作为a的函数）。窗口大小为1的情况相当于停止等待协议。窗口大小为7（3比特）对于许多应用来说就足够了。当a的值较大时，窗口大小可采用127（7比特），比如在高速广域网中可能就是这样。

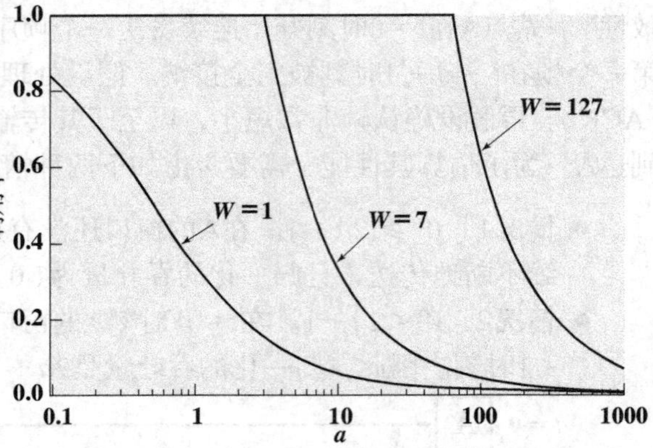

图16.10　作为a函数的滑动窗口利用率

16.3.3　ARQ

我们已经知道，滑动窗口流量控制比停止等待流量控制更为有效。并且我们还希望在增加了差错控制功能后，这一规律依然成立。也就是说，返回N和选择拒绝**自动重发请求**（ARQ）比停止等待ARQ更为有效。让我们先做一些假设，以便推断出我们认为能够改善的程度。

首先考虑停止等待ARQ。如式(16.19)指出的，在无差错的情况下，最大利用率为$1/(1 + 2a)$。我们想计算一下有些帧因比特差错而被重传的可能性。在此之前先要注意，利用率U可定义为

$$U = \frac{T_f}{T_t} \tag{16.22}$$

其中，T_f为发送器发送单个帧的时间；T_t为传输单个帧在线路上占用的总时间。

对于使用停止等待ARQ的无差错操作，有

$$U = \frac{T_f}{T_f + 2T_p}$$

其中T_p是传播时间。上下同除以T_f，且注意$a = T_p/T_f$，于是再次得到了式(16.19)。如果有差错出现，则必须将式(16.22)修正为

$$U = \frac{T_f}{N_r T_t}$$

其中N_r是一个帧的传输次数的期望值。因此，对于停止等待ARQ有

$$U = \frac{1}{N_r(1+2a)}$$

通过考虑单个帧出现差错的概率P，就能推导出一个N_r的简单表达式。如果假设ACK和NAK永远不会出错，那么经过k次努力后成功地传输了一个帧的概率为$P^{k-1}(1 - P)$。就是说，我们在经过$k - 1$次不成功的尝试之后，再一次努力成功了。这种情况出现的概率刚好是这些单个事件发生的概率之积，于是有①

$$N_r = \mathrm{E}[\text{传输次数}] = \sum_{i=1}^{\infty}(i \times \Pr[i\text{次传输}]) = \sum_{i=1}^{\infty}(iP^{i-1}(1-P)) = \frac{1}{1-P}$$

所以有

$$\textbf{停止等待：}U = \frac{1 - P}{1 + 2a}$$

对于滑动窗口协议，式(16.21)应用在无差错工作的情况下。对于选择拒绝ARQ，可采用与停止等待相同的推理过程。就是说，无差错的等式必须除以N_r。同样，$N_r = 1/(1 - P)$。因此有

① 这个推导使用了等式$\sum_{i=1}^{\infty}(iX^{i-1}) = \frac{1}{(1 - X)^2}$，条件为$(-1 < X < 1)$。

$$\text{选择拒绝：} U=\begin{cases}1-P, & W \geqslant 2a+1 \\ \dfrac{W(1-P)}{2a+1}, & W<2a+1\end{cases}$$

对于返回N ARQ，可采用相同的推理过程，但是必须在估计N_r时更加小心。每个差错都会引起重传K个帧的请求，而不只是一个帧。这样，

$$N_r = \mathrm{E}[\text{成功发送一帧所要发送的帧数}] = \sum_{i=1}^{\infty} f(i)P^{i-1}(1-P)$$

其中$f(i)$是传输的帧的总数（如果原始帧必须被传输i次）。这可以表达为

$$f(i) = 1+(i-1)K = (1-K)+Ki$$

替换后得到[①]：

$$N_r = (1-K)\sum_{i=1}^{\infty}P^{i-1}(1-P)+K\sum_{i=1}^{\infty}iP^{i-1}(1-P) = 1-K+\frac{K}{1-P} = \frac{1-P+KP}{1-P}$$

通过仔细研究图16.9，读者应当得出这样的结论：当$W \geqslant (2a+1)$时，K约等于$(2a+1)$；当$W<(2a+1)$时，$K=W$。因此有

$$\text{返回N：} U=\begin{cases}\dfrac{1-P}{1+2aP}, & W \geqslant 2a+1 \\ \dfrac{W(1-P)}{(2a+1)(1-P+WP)}, & W<2a+1\end{cases}$$

注意，当$W=1$时，无论是选择拒绝还是返回N ARQ，都会降为停止等待协议。图16.11[②]对$P=10^{-3}$时的这3种差错控制技术进行了对比。这幅图以及这些等式仅仅是近似的。例如，我们忽略了确认帧的差错，并且在返回N的情况下，还忽略了重传帧中的差错，而不仅仅是初始帧中的差错。尽管如此，这些结果确实指出了这3种技术在性能上的关系。

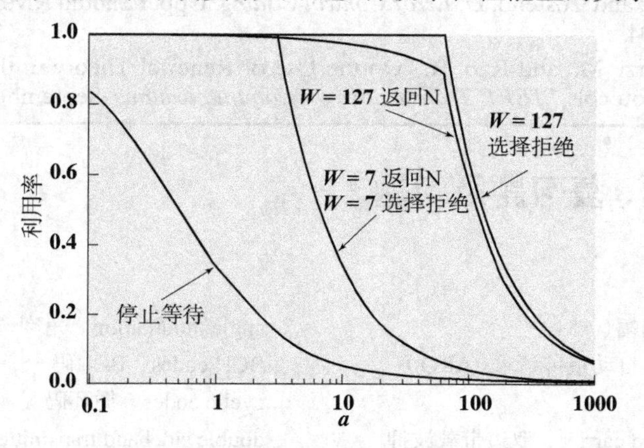

图16.11　作为a函数（$P=10^{-3}$）的ARQ利用率

② 这个推导使用了等式$\sum_{i=1}^{\infty}X^{i-1}=\dfrac{1}{1-X}$，条件为$-1<X<1$。

③ 对于$W=7$，返回N和选择拒绝的曲线非常相似，以至于在图中它们看起来是相同的。

16.4 推荐读物

[COUC13]对模拟数据的模拟信号传输有充实的内容介绍。

[LIN04]对前向纠错码有全面的讨论，包括LDPC码。另外两篇介绍性的文章是[BERL87]和[BHAR83]。而[ASH90]对纠错码在理论上和数学上做了全面介绍，值得一读。

对ARQ链路控制协议的性能讨论有大量的文献可读。其中非常值得一读的三篇经典之作是[BENE64]、[KONH80]和[BUX80]。[LIN84]介绍了简化的性能结果，也可一读。另一个对其有很好的分析的是[ZORZ96]。更全面的讨论则可在[LIN04]中看到。

[KLEI92]和[KLEI93]是两篇考察了千兆数据率的性能问题的重要论文。

ASH90 Ash, R. *Information Theory*. New York: Dover, 1990.

BENE64 Benice, R. "An Analysis of Retransmission Systems." *IEEE Transactions on Communication Technology*, December 1964.

BERL87 Berlekamp, E.; Peile, R.; and Pope, S. "The Application of Error Control to Communications." *IEEE Communications Magazine*, April 1987.

BHAR83 Bhargava, V. "Forward Error Correction Schemes for Digital Communications." *IEEE Communications Magazine*, January 1983.

BUX80 Bux, W.; Kummerle, K.; and Truong, H. "Balanced HDLC Procedures: A Performance Analysis." *IEEE Transactions on Communications*, November 1980.

COUC13 Couch, L. *Digital and Analog Communication Systems*. Upper Saddle River, NJ: Pearson, 2013.

KLEI92 Kleinrock, L. "The Latency/Bandwidth Tradeoff in Gigabit Networks." *IEEE Communications Magazine*, April 1992.

KLEI93 Kleinrock, L. "On the Modeling and Analysis of Computer Networks." *Proceedings of the IEEE*, August 1993.

KONH80 Konheim, A. "A Queuing Analysis of Two ARQ Protocols." *IEEE Transactions on Communications*, July 1980.

LIN84 Lin, S.; Costello, D.; and Miller, M. "Automatic-Repeat-Request Error-Control Schemes." *IEEE Communications Magazine*, December 1984.

LIN04 Lin, S, and Costello, D. *Error Control Coding*. Upper Saddle River, NJ: Prentice Hall, 2004.

ZORZ96 Zorzi, M., and Rao, R. "On the Use of Renewal Theory in the Analysis of ARQ Protocols." *IEEE Transactions on Communications*, September 1996.

16.5 关键术语、复习题及习题

关键术语

amplitude modulation 调幅（AM）

automatic repeat request 自动重传请求（ARQ）

code rate 码率

double sideband suppressed carrier 双边带载波抑制（DSBSC）

forward error-correcting codes 前向纠错（FEC）码

generator matrix 生成矩阵

irregular LDPC code 不规则LDPC码

linear feedback shift register 线性反馈移位寄存器（LFSR）

angle modulation 角度调制

BCH codes BCH码

cyclic codes 循环码

double sideband transmitted carrier 双边带载波传输（DSBTC）

frequency modulation 调频（FM）

go-back-N ARQ 返回N ARQ

modulation index 调制系数

low-density parity-check codes 低密度奇偶校验（LDPC）码

parity-check code　奇偶校验码
parity-check matrix codes　奇偶校验矩阵码
Reed–Solomon code　Reed-Solomon码
redundancy　冗余
selective-reject ARQ　选择拒绝ARQ
single sideband　单边带
stop-and-wait ARQ　停止等待ARQ
syndrome　校验子
Tanner graph　Tanner图
parity-check matrix　奇偶校验矩阵
phase modulation　调相（PM）
regular LDPC code　规则LDPC码
repeat-accumulate code　重复累积码
sideband　边带
sliding-window flow control　滑动窗口流量控制
stop-and-wait flow control　停止等待流量控制
systematic code　系统码

复习题

16.1　角度调制、PM以及FM之间的区别是什么？

16.2　是否有可能设计一种ECC，它能够纠正某些双比特差错，但不是所有的双比特错误？请解释。

16.3　在(n, k)ECC编码中，n和k分别表示什么？

16.4　奇偶校验矩阵码中的矩阵**H**和**G**发挥了什么作用？

16.5　奇偶校验矩阵码与LDPC码之间的区别是什么？

16.6　请说明在ARQ性能中参数a的重要性？

习题

16.1　假设角度调制信号为

$$s(t) = 10 \cos[(10^8)\pi t + 5 \sin 2\pi(10^3)t]$$

请指出其最大相位偏移和最大频率偏移。

16.2　假设角度调制的信号为

$$s(t) = 10 \cos[2\pi(10^6)t + 0.1 \sin(10^3)\pi t]$$

a. 将$s(t)$表示成$n_p = 10$的调相信号。

b. 将$s(t)$表示成$n_f = 10\pi$的调频信号。

16.3　假设$m_1(t)$和$m_2(t)$是报文信号，$s_1(t)$和$s_2(t)$是相应的调制信号，其载波频率为f_c。

a. 试说明如果使用简单AM调制，那么$m_1(t) + m_2(t)$生成的调制信号等于$s_1(t)$与$s_2(t)$的线性组合。这就是AM有时被称为线性调制的原因。

b. 试说明如果使用简单PM调制，那么$m_1(t) + m_2(t)$生成的调制信号不等于$s_1(t)$与$s_2(t)$的线性组合。这就是PM有时被称为非线性调制的原因。

16.4　用$g(X) = X^4 + X^3 + X + 1$去除$f(X) = X^6 + 1$。证明用得到的商乘以$g(X)$可恢复$f(X)$。

16.5　对表16.1相关的例子：

a. 画出LFSR。

b. 用类似于图6.6(b)的方式，展现出数据块1010的校验位是001。

16.6　一种简单的FEC码将每个数据比特传输5次。接收方通过选择多数票的方式来决定每个数据比特的值。如果未编码的比特差错率为10^{-3}，那么这种编码的比特差错率是多少？

16.7　一个(6, 3)奇偶校验码由以下方程组定义：

$$c_1 \oplus c_3 \oplus c_4 = 0$$
$$c_1 \oplus c_2 \oplus c_3 \oplus c_5 = 0$$
$$c_1 \oplus c_2 \oplus c_6 = 0$$

a. 给出其奇偶校验矩阵**H**。

b. 给出其生成矩阵**G**。

c. 列出所有有效的码字。

16.8 一个(6, 3)奇偶校验码由以下奇偶校验矩阵定义：

$$\mathbf{H}=\begin{bmatrix}1&0&1&1&0&0\\1&1&0&0&1&0\\0&1&1&0&0&1\end{bmatrix}$$

a. 给出其生成矩阵**G**。

b. 列出以101开头的码字。

16.9 为图16.6中的每种LDPC码画出其对应的Tanner图。

16.10 一个LDPC码由以下奇偶校验矩阵定义：

$$\mathbf{H}=\begin{bmatrix}1&1&0&1&0&0\\0&1&1&0&1&0\\1&0&0&0&1&1\\0&0&1&1&0&1\end{bmatrix}$$

假设发送的是有效码字001011，而接收到的是无效码字101011。请使用16.2节中的消息传递算法来说明此差错的纠正过程。

16.11 信道的数据率为4 kbps，且传播时延为20 ms。要使停止等待机制达到至少50%的有效性，那么帧长度的范围为多少？

16.12 设想在具有270 ms时延的1 Mbps卫星信道上使用1000比特的帧。对于以下各种情况，线路的最大利用率分别为多少？

a. 停止等待流量控制。

b. 窗口大小为7的连续流量控制。

c. 窗口大小为127的连续流量控制。

d. 窗口大小为255的连续流量控制。

16.13 假设使用与图16.11相同的条件，在下述各种差错控制技术下，画出线路利用率关于P的函数，其中P是采用如下差错控制策略后单个帧出错的可能性。

a. 停止等待。

b. 返回N，其中$W = 7$。

c. 返回N，其中$W = 127$。

d. 选择拒绝，其中$W = 7$。

e. 选择拒绝，其中$W = 127$。

当a的值分别为0.1, 1, 10, 100时重复上述练习。并就此得出结论，对于不同范围的a分别应当采取哪一种技术？

第17章　无线传输技术

学 习 目 标

在学习了本章的内容之后，应当能够：

- 解释MIMO天线的基本原理；
- 描述有关MU-MIMO使用所涉及的内容；
- 概述OFDM、OFDMA和SC-FDMA；
- 解释如何利用SC-FDMA实现多址接入；
- 概述扩频的基本原理；
- 理解直序扩频的工作方式；
- 理解码分多址的工作方式。

本章将讨论一些与无线网络有关的关键传输技术，同时它们也是最新一代WiFi和蜂窝网络的关键技术。17.1节要介绍的是多输入多输出（MIMO）天线，然后将探讨正交频分复用。在本章剩余内容里将讨论的是几种类型的扩频传输技术。

17.1　MIMO天线

多输入多输出（MIMO）天线结构已经成为正在发展中的高速无线网的关键技术，包括IEEE 802.11 WiFi局域网和WiMAX均是如此。MIMO利用空间维度来提高无线系统容量、范围以及可靠性方面的能力。MIMO和OFDM技术共同构成了新兴的宽带无线网络的基石。

17.1.1　MIMO原理

在MIMO机制中，发送器和接收器都应用了多部天线。源数据流被划分为n个子流，一一对应于n个发送天线。这些子流是发送天线的输入（多输入）。在接收端，m个天线利用视距传输以及多径的组合，接收来自n个源天线的传输（见图17.1）。从全部m个接收天线获得的输出（多输出）组合起来，经过大量复杂的数学运算，最终可以得到比单天线或多频道所能达到的效果好得多的接收信号。注意，术语输入和输出分别指进入传输信道的输入和从传输信道出来的输出。

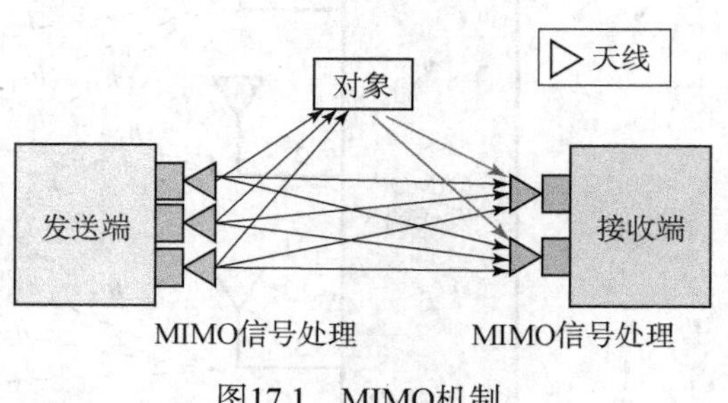

图17.1　MIMO机制

MIMO系统以无线信道两侧的天线数目为特征。因此，一个8 × 4 MIMO系统就是在信道的一侧有8个天线，另一侧有4个天线。在基站配置中，前面的数字通常指的是基站天线数目。MIMO传输方案有如下两种类型。

- **空间分集**　同样的数据经过编码后，由多部天线同时进行传输，它能有效地将信道功率提高到与发射天线的数量成正比。这样做在性能上可以改善蜂窝边缘的信噪比

（SNR）。此外，多样化的多径衰落为接收器提供了不同的“视角”来观察被发送的数据，从而增强了其稳健性。在多径的情况下，每个接收天线经历的干扰环境不同，那么很有可能发生的情况是某个天线正在经历高水平的衰落，而另一个天线却获得了足够的信号电平。

- **空间复用** 源数据流在发送天线之间分配。信道容量的增幅与发送器或接收器中的有效天线数量较少的那一侧的天线数量成正比。与空间分集相比，空间复用可用于传输条件相对较好以及距离相对较近的情况下。由于所有子流都在同一频道上传输，因此接收器必须做大量的信号处理工作才能理得清传入的子流，并恢复每一个数据流。

对空间复用来说，它的多链路信道可以表示为$y = \mathbf{H}\mathbf{c} + \mathbf{n}$，其中$y$是接收信号向量，$\mathbf{c}$是发送信号向量，$\mathbf{n}$是附加噪声成分，$\mathbf{H} = [h_{ij}]$是一个$r \times t$信道矩阵，其中$r$是接收天线数量，$t$是发送天线数量。空间数据流的数量为$\min[r, t]$。对于3个发送器和4个接收器的信道（见图17.2），其等式为

$$\begin{bmatrix} y_1 \\ y_2 \\ y_3 \\ y_4 \end{bmatrix} = \begin{bmatrix} h_{11} & h_{12} & h_{13} \\ h_{21} & h_{22} & h_{23} \\ h_{31} & h_{32} & h_{33} \\ h_{41} & h_{42} & h_{43} \end{bmatrix} \begin{bmatrix} c_1 \\ c_2 \\ c_3 \end{bmatrix} + \begin{bmatrix} n_1 \\ n_2 \\ n_3 \end{bmatrix}$$

其中h_{ij}是复数$x + \mathrm{j}z$，代表了信道上的振幅衰减x和路径相关的相移z。n_i是附加噪声成分。接收器根据分组前同步码中包含的已知样式的训练字段测量出信道的增益，然后可以用下面的公式估算发送信号：

$$\begin{bmatrix} \hat{c}_1 \\ \hat{c}_2 \\ \hat{c}_3 \end{bmatrix} = \mathbf{H}^{-1} \begin{bmatrix} y_1 \\ y_2 \\ y_3 \\ y_4 \end{bmatrix}$$

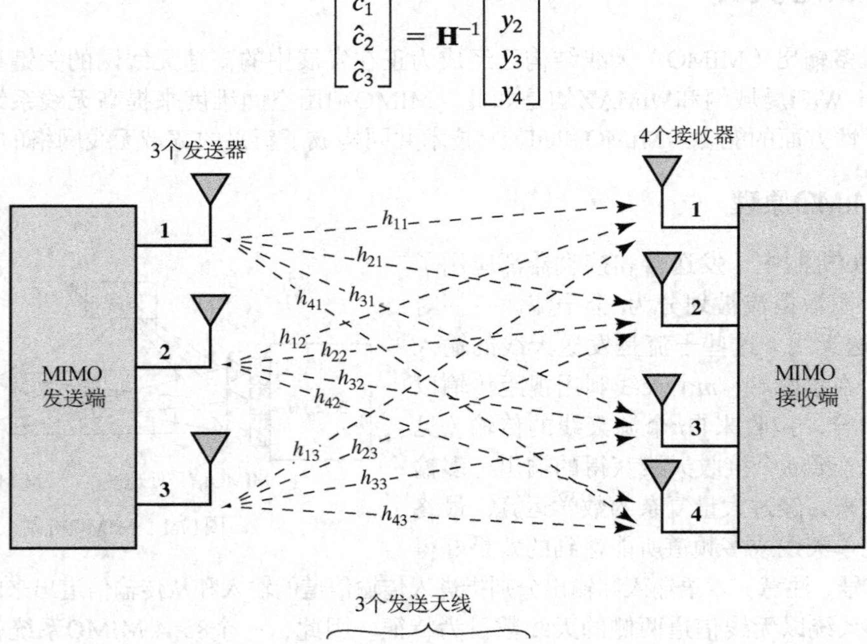

$$\mathbf{H} = \overbrace{\begin{bmatrix} h_{11} & h_{12} & h_{13} \\ h_{21} & h_{22} & h_{23} \\ h_{31} & h_{32} & h_{33} \\ h_{41} & h_{42} & h_{43} \end{bmatrix}}^{3个发送天线} \Bigg\} 4个接收天线$$

图17.2　3 × 4 MIMO机制

17.1.2　多用户MIMO

多用户MIMO（MU-MIMO）将基本的MIMO概念扩展到了多个端点，每个端点都有多部天线。与单用户MIMO相比，MU-MIMO的优势在于可共享有效的容量，并满足随时间变化的需求。MU-MIMO技术被应用于WiFi和4G蜂窝网络。

MU-MIMO有如下两个应用。

- **上行链路——多址接入信道（Multiple Access Channel，MAC）** 多个端用户同时向一个基站发送。
- **下行链路——广播信道（Broadcast Channel，BC）** 基站向多个独立的用户发送分离的数据流。

MIMO-MAC应用于上行信道，提供用户站点的多址接入。一般情况下，MIMO-MAC系统优于点对点的MIMO，尤其当接收器天线的数量大于每用户的发射天线数量时。有各种各样的多用户检测技术被用来分离用户传送来的信号。

MIMO-BC用于下行通道，使基站能够通过同一个频带向多个用户发送不同的数据流。MIMO-BC在实施上更具挑战性，它所采用的技术涉及到在发送器处进行数据符号的处理，以最小化用户相互之间的干扰。

17.2　OFDM、OFDMA和SC-FDMA

本节将要介绍的是一些基于FDM（频分复用）的技术，它们在宽带无线网中的应用呈上升趋势。

17.2.1　正交频分复用

正交频分复用（OFDM）也称为多载波调制，使用不同频率的多个载波信号，并在每个信道上发送一些比特。OFDM类似于FDM，但在使用OFDM时，所有的副载波都是由一个数据源专用的。

图17.3描绘了OFDM。假设我们有一个R bps的数据流，并且可用带宽为Nf_b，中心频率在f_0。可以使用整个带宽来发送这个数据流，即每个比特的持续时间为$1/R$。另一种方法是将该数据流分裂成N个子数据流，并使用串并转换器。每个子数据流的数据率为R/N bps，并通过一个独立的副载波来传送，相邻副载波之间相距f_b。现在每个比特的持续时间就是N/R。

为了更清楚地了解OFDM，可考虑在它的基频f_0时的机制。这是最低频率的副载波。所有其他副载波都是这个基频的整

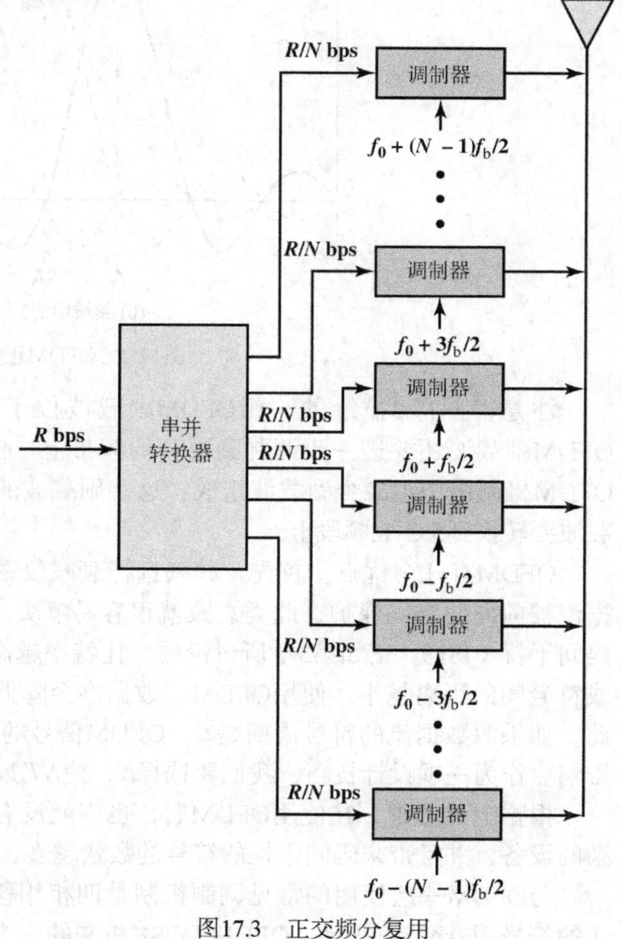

图17.3　正交频分复用

数倍，也就是$2f_b$、$3f_b$等，如图17.4(a)所示。OFDM机制使用高级数字信号处理技术在精确的频率上将数据分发给多个载波。这个副载波之间的精确关系称为正交性。如图17.4(b)所示，其结果就是每个副载波的功率谱密度的峰值出现在其他副载波的功率正好全部为零的地方。使用OFDM，这些副载波能够紧凑地聚在一起，因为相邻副载波之间的干扰最小。

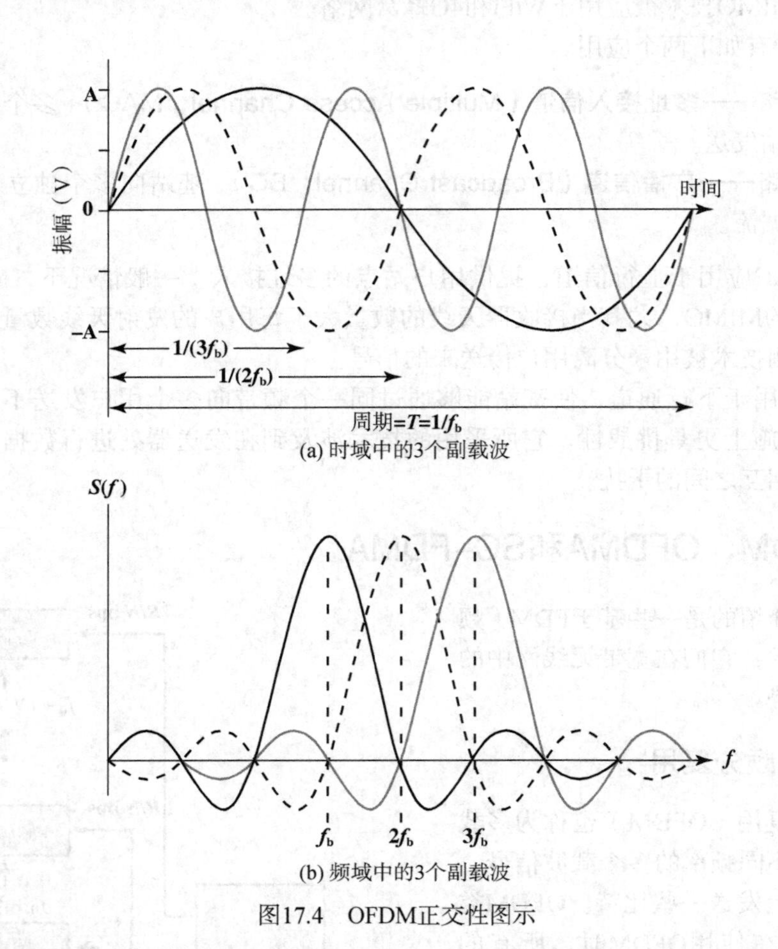

(a) 时域中的3个副载波

(b) 频域中的3个副载波

图17.4　OFDM正交性图示

注意，图17.3描绘的一组OFDM副载波位于从基频开始的频带上。为了传输，这组OFDM副载波还要进一步调制到更高的频带上。例如，对于IEEE 802.11a局域网标准来说，OFDM机制由一组52个副载波组成，这些副载波的基频是0.3125 MHz。然后在传输时这组副载波要转换到5 GHz频段上。

OFDM有几个优点。首先，频率选择衰减仅影响一些副载波，而不是整个信号。如果数据流被前向纠错码保护，此类衰减就很容易解决。更重要的是，OFDM克服了多径环境中的码间干扰（ISI）。正如第3章所讨论的，比特率越高，码间干扰的影响也就越大，因为比特间或符号间的距离越小。使用OFDM，数据率会降低$1/N$倍，也就是说符号周期增加了N倍。因此，如果源数据流的符号周期是T_s，OFDM信号的周期就是NT_s。这就急剧降低了码间干扰的影响。作为一项设计技巧，我们要选择N，使NT_s远远大于信道带来延迟的均方根值。

根据上述考虑，在使用OFDM后，也许就没有必要再应用均衡器了，因为它是一种很复杂的设备，并且带来码间干扰的符号的数量越多，它就越复杂。

与OFDM一起使用的常见调制机制是四相相移键控（QPSK）。在这种情况下，每个被传送的符号用2比特来表示。OFDM/QPSK机制的一个例子是由512个载波构成的6 MHz带宽，载波间距略小于12 kHz。为了使码间干扰最小化，数据以突发形式传送，每次发送由一个循环前缀及其后紧跟的数据符号构成。这个循环前缀用于吸收因多径而引起的上一次发送的不稳定性。对于这个系统，每次突发包括由64个符号构成的循环前缀，以及之后的512个QPSK符号。因此在每个副载波上，QPSK符号被持续时间为64/512个符号时间的前缀分隔开，这个前缀又称为循环前缀（cyclic prefix，CP）。一般来说，当前缀发送完毕时，由组合的多径信号产生的波形不会是前一次发送的任何样本的函数，因此就不存在码间干扰。

OFDM信号处理涉及两个函数，称为**快速傅里叶变换**（FFT）和**快速傅里叶逆变换**（IFFT）。FFT是将一组均匀分布的数据点从时域变换到频域的算法。实际上，FFT是能够进行快速数字傅里叶变换的一个算法族，它们构成了离散傅里叶变换（DFT）中的一种特殊情况。DFT是指任何能够生成时域函数的量化傅里叶变换的算法。

IFFT是FFT的逆运算。对OFDM来说，源比特流被映射到一组M个副载波频带上。然后，为了生成发送信号，每个副载波都要执行IFFT操作以生成M个时域信号。这些信号被依次矢量相加，并生成用于发送的最终时域波形。IFFT操作具有保证副载波互不干扰的效果。在接收端，使用FFT模块将输入信号映射回M个副载波，从中就可以恢复这些数据流了。

17.2.2　正交频分多址

与OFDM一样，正交频分多址（OFDMA）应用了多个距离很近的副载波，但是这些副载波被划分为副载波组。每一组称为一个子信道。形成子信道的副载波可以是不相邻的。在下行链路方向，一个子信道可以由不同的接收器使用。在上行链路方向，一个发送器可以分配一个或多个子信道。图17.5比较了OFDM和OFDMA，并描绘了使用OFDMA时用相邻的副载波形成子信道的情况。

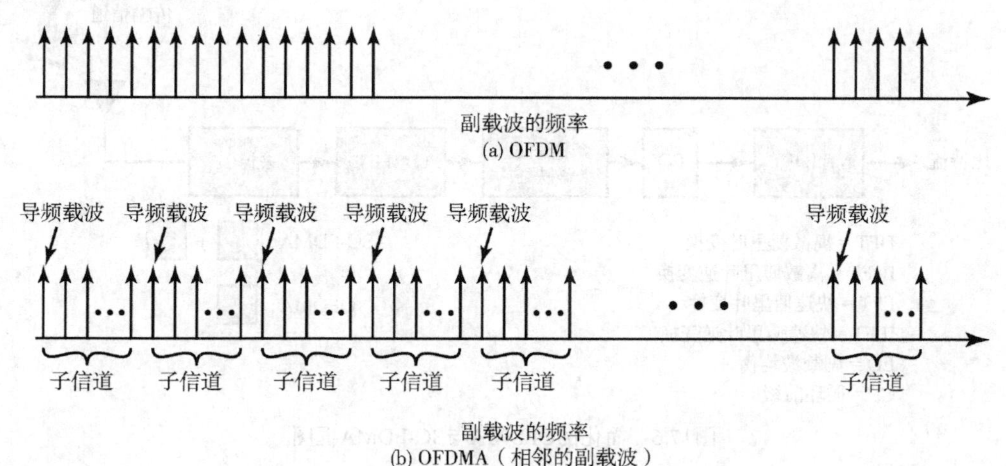

图17.5　OFDM和OFDMA

子信道化技术可以根据信道条件和数据需求来指定分配给用户站（SS）的子信道。使用子信道化技术，在时间间隙相同的情况下，4G基站能够为SNR（信噪比）较低的用户设备（SS）分配更多的传输功率，而为SNR较高的用户设备分配较少的功率。子信道化技术还能使基站为指定给室内用户站的子信道分配更高的功率，从而使室内的覆盖效果更好。子信道还可以进一步分组为能够分配给无线用户的突发（burst）。每个突发的分配可以逐帧改变，也可以在调制顺序内改变。这就使得基站能够根据当前系统的需求动态地调整带宽的使用。

在上行链路方向的子信道化技术可以节省用户设备的发送能量，因为它可以将能量集中在分配给它的一个或多个特定的子信道上。这种能量节省的特点对电池供电的用户设备来说特别有帮助，移动4G很有可能会使用它。

17.2.3 单载波频分多址

单载波频分多址（SC-FDMA）是相对较新的多址接入技术，它具有与OFDMA类似的结构和性能。SC-FDMA与OFDMA相比有一个突出的优势就是降低了发送波形的电压峰值平均功率比（PAPR），从而在电池寿命和功率上更有利于移动用户。在时域里，因为多载波信号是多个窄带信号的总和，所以OFDM信号具有较高的PAPR。这个总和值在某些时间会很大，而另一些时间又会很小，这意味着信号的峰值实际上是大于平均值的。

因此，SC-FDMA优于OFDMA。不过，它仅限于在上行链路使用，因为SC-FDMA越来越复杂的时域处理会对基站造成很大的负担。

如图17.6所示，SC-FDMA在进行IFFT处理之前先要执行DFT，它将数据符号分散到所有承载信息的副载波上，并产生一个虚拟的单载波结构。然后再通过OFDM处理模块将信号划分给副载波。不过，这样做的结果就是每个数据符号会出现在所有副载波上。图17.7举例描绘了OFDM和SC-FDMA信号。

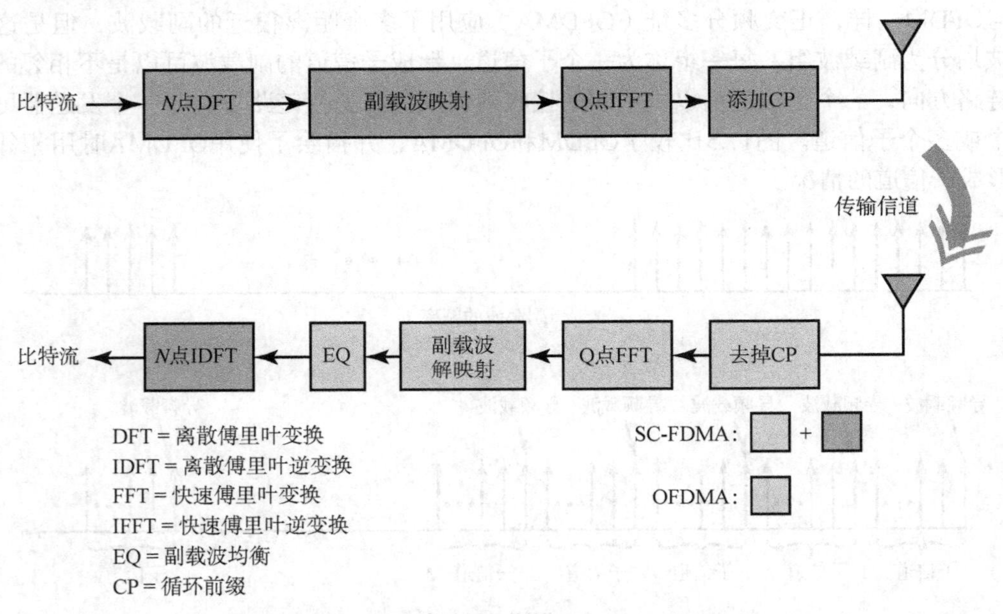

图17.6 简化的OFDMA与SC-FDMA框图

从图17.7可以看到这样一些事实。对于OFDM，源数据流被分成N个独立的数据流，这些数据流经过调制后在N个独立的副载波上平行传输，每个副载波的带宽为f_b。源数据流的数据率是R bps，那么每个副载波的数据率就是R/N bps。而对SC-FDMA来说，从图17.7可以看到，源数据流是在带宽为$N \times f_b$的单载波上进行调制的（因此SC被作为名字的前缀），并且以数据率R传输。与OFDM的单个副载波的数据率相比，它具有更高的传输速率，但同时带宽也更宽。然而，由于SC-FDMA有复杂的信号处理过程，所以前面的描述并不准确。实际上，源数据流被复制了N次，每个数据流的副本独立调制，并在副载波上传输，且每个副载波的数据率都是R bps。相对于OFDM来说，它的每个副载波的传输数据率要高得多，但是因为每个副载波发送的都是相同的数据流，所以接收器仍然能够可靠地恢复原来的数据流。

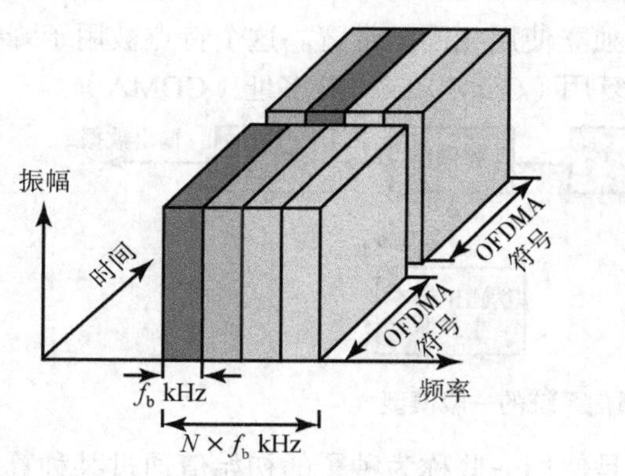

(a) OFDM：在一个OFDMA符号周期内，
数据符号占用带宽为f_b kHz

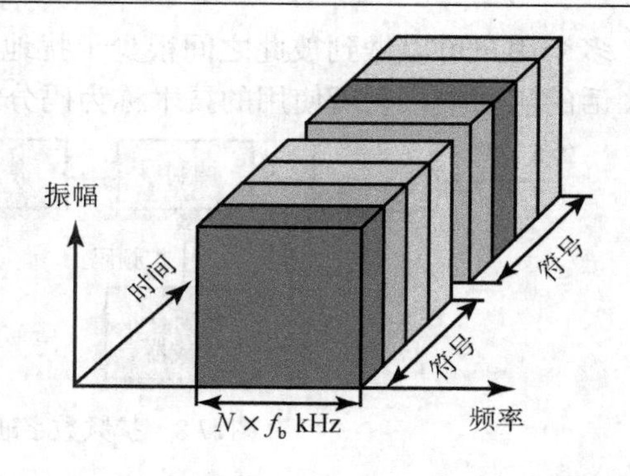

(b) SC-FDMA：在1/N个SC-FDMA符号周期内，
数据符号占用带宽为$N \times f_b$ kHz

图17.7　OFDMA与SC-FDMA举例

最后一个问题是有关术语“多址接入”的。使用OFDMA时，不论是接收还是发送，通过在任意时间为多个用户分配副载波，就有可能同时向不同的用户传输。但在使用SC-FDMA时这样行不通。因为在任何给定的时间点，所有的副载波携带的是相同的数据流，因此它们只能为一个用户效力。不过，如图17.7所示，在经过一段时间后，它就有可能提供多址接入。因此，比起SC-FDMA，也许它被称为SC-OFDM-TDMA更适合，尽管没有人用这个词。

17.3　扩频

扩频[①]是无线通信的一种重要的编码形式。这种技术并不完全属于第5章定义的几种编码类型，因为通过使用模拟信号，扩频既可用于传输模拟数据，也可用于传输数字数据。

扩频技术最初是针对军事及情报部门的需求而开发的。它的基本思想是将携带信息的信号扩散到较宽的带宽中，用以加大干扰及窃听的难度。开发出的第一种扩频类型称为跳频。较新一些的技术是直接序列扩频。这两种技术广泛应用于各种无线通信标准和产品中。从本书的主题来说，直接序列扩频要重要得多。

本节是对这种技术的简单概述。下面还要详细讨论直接序列扩频。最后一节要考察的是基于扩频的多址接入技术。

图17.8重点描绘了所有扩频系统的主要特点。输入的数据进入信道编码器，以生成模拟信号，这个模拟信号具有围绕某个中心频率的、相对较窄的带宽。然后这个信号被称为扩频码或扩频序列的数字序列进一步调制。通常（但并非绝对）情况下，这个扩频码由伪随机样本或伪随机数生成器产生。此次调制带来的影响是传输信号的带宽有显著增加（频谱被扩展）。在接收端，使用相同的数字序列对扩频信号进行解调。最后，信号进入信道解码器，被还原成数据。

从这种明显的频谱浪费中可以得到以下几个好处。

- 我们可获得对各种噪声和多路失真的抗扰性。扩频最早应用在军事上，就是利用了它对人为干扰的抗干扰能力。
- 它也可用于信号的隐蔽和加密。只有知道扩频码的接收方才能恢复加密过的信息。

① 信不信由你，扩频（使用跳频技术）是由好莱坞女影星Hedy Lamarr在1940年发明的，当时她才26岁。她与后来加入的另一个合作伙伴于1942年获得专利权（U.S. Patent 2292387；1942年8月11日）。Lamarr认为她因此技术而对战争负有不可推卸的责任，所以一直没有从自己的发明中获利。

- 多个用户可以做到彼此之间很少干扰地独立使用相同的带宽。这个特点被用于蜂窝电话的应用中，它所使用的技术称为码分复用（CDM）或码分多址（CDMA）。

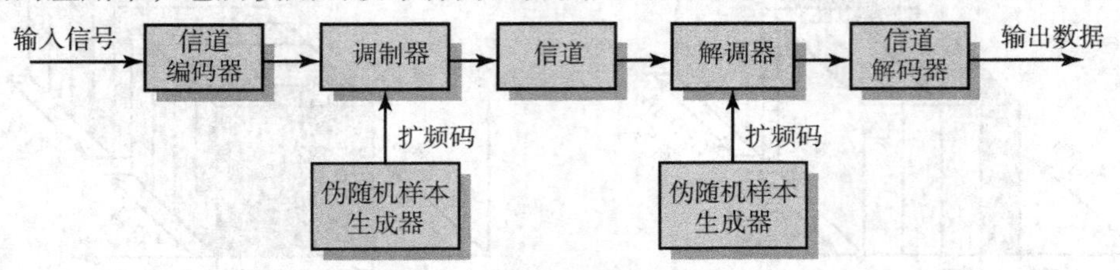

图17.8 扩频数字通信系统的一般模型

接下来需要讨论一下伪随机数。这些数字是使用一些称为种子的初始值通过某种算法得到的。这个算法是确定的，因此产生的数字序列在统计上并不是随机的。不过，假如这个算法优良，那么结果得到的数字序列就能够通过许多合理的随机性测试。这些数字通常称为伪随机数①。关键之处在于，除非你知道算法和种子，否则不太可能推测出这个序列。因此，只有与发送器共享信息的接收器才能够成功地将信号解码。

17.4 直接序列扩频

使用直接序列扩频（DSSS）时，原始信号中的一个比特在传输信号中就变成了多个比特，这种转换是借助于扩频码完成的。扩频码将信号扩展到较宽的频带范围，而这个频带范围与使用的比特数成正比。因此，10比特的扩频码能够将信号扩展至1比特扩频码的10倍带宽。

有一种直接序列扩频技术是使用异或（XOR）算法将数字信息流与扩频码比特流结合到一起。XOR的算法法则是：

$$0 \oplus 0 = 0, \quad 0 \oplus 1 = 1, \quad 1 \oplus 0 = 1, \quad 1 \oplus 1 = 0$$

例17.1 图17.9对输入数据01001011使用DSSS。注意，在结合过程中，信息流中的比特1会使扩频码的比特翻转，而信息比特0则使扩频码不翻转而直接传输。结合后的比特流与原扩频码序列的数据率相同，因此，它具有比信息流更宽的带宽。在这个例子中，扩频码比特流的时钟是信息流时钟的4倍。

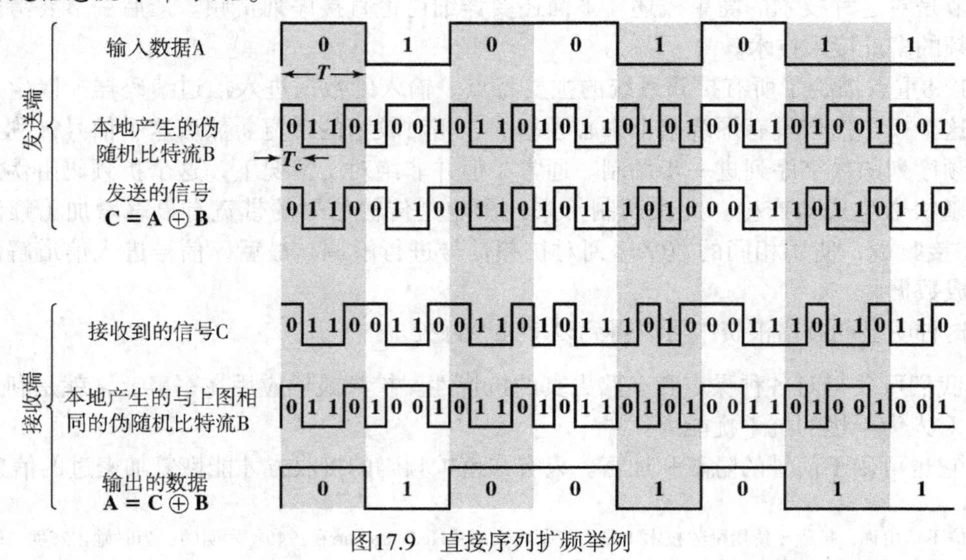

图17.9 直接序列扩频举例

① 有关伪随机数的详细讨论可参考[STAL05]。

17.4.1 使用BPSK的DSSS

要了解这种技术在实际中是如何工作的，先假设使用的是二进制相移键控（BPSK）。为了便于讨论，我们用+1和–1而不是1和0来代表两个二进制数字。在这种情况下，根据式(5.6)，BPSK信号可表示为

$$s_{\mathrm{d}}(t) = A\, d(t) \cos(2\pi f_c t) \tag{17.1}$$

其中，A为信号的振幅；f_c为载波频率；$d(t)$为离散函数，当比特流中对应的比特为1时，值为+1，当比特流中对应的比特为0时，值为–1。

为了产生直接序列扩频信号，我们将上面的信号乘以$c(t)$，$c(t)$就是取值+1和–1的PN序列，得到

$$s(t) = A\, d(t)c(t) \cos(2\pi f_c t) \tag{17.2}$$

在接收端，收到的信号再次乘以$c(t)$。由于$c(t) \times c(t) = 1$，这样就重新得到了原始信号：

$$s(t)c(t) = A\, d(t)c(t)c(t) \cos(2\pi f_c t) = s_{\mathrm{d}}(t)$$

式(17.2)可以有两方面的解释，因而得到两个不同的实现。第一种解释是先将$d(t)$和$c(t)$相乘，然后再执行双相位相移键控的调制。这种解释我们刚刚已经讨论过。另一种是先对数据流$d(t)$执行二进制相移键控的调制，生成数据信号$s_{\mathrm{d}}(t)$，然后再将这个数据信号与$c(t)$相乘。

使用第二种解释的应用模型如图17.10所示。

例17.2 图17.11使用了图17.10所示的方法，输入数据为1010，表示为+1 –1 +1 –1。这个扩频码比特流的时钟是信息流时钟的3倍。

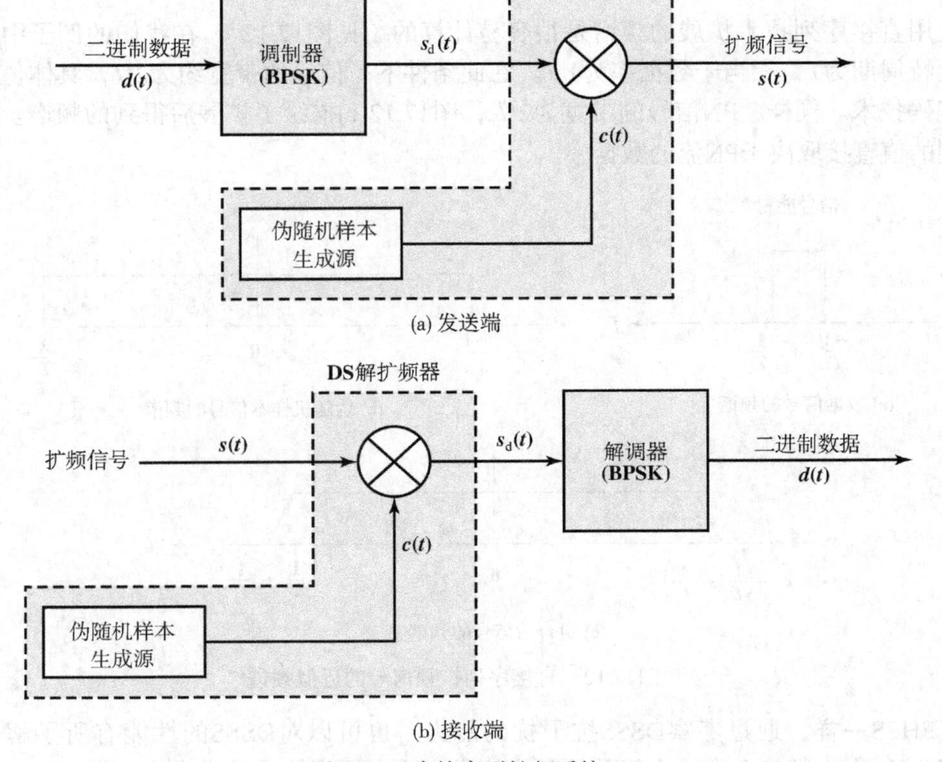

图17.10 直接序列扩频系统

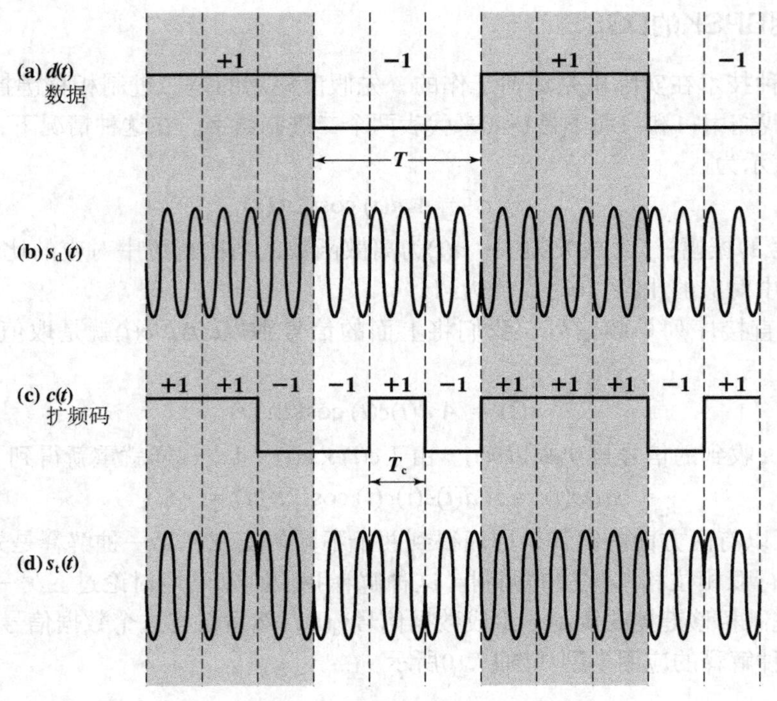

图17.11 使用BPSK调制的直接序列扩频举例

17.4.2 DSSS的性能分析

使用直接序列技术扩展的频谱是很容易计算的（见图17.12）。在我们的例子中，信息信号的比特周期为T，相当于数据率为$1/T$。在此条件下，信号的带宽约为$2/T$，具体值取决于不同的编码技术。同样，PN信号的带宽为$2/T_c$，图17.12(c)描绘了扩展后得到的频谱。频谱扩展可达到的值直接取决于PN流的数据率。

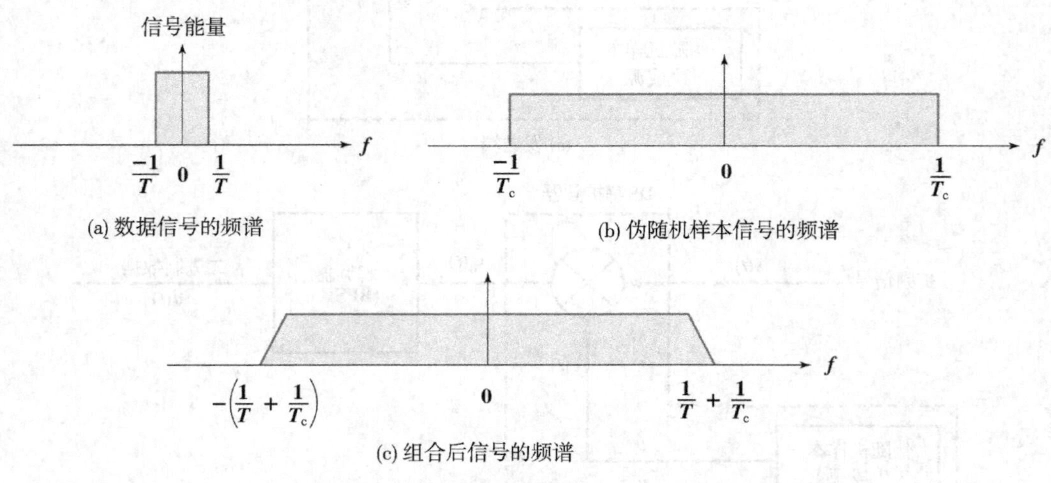

图17.12 直接序列扩频信号的近似频谱

与FHSS一样，通过考察DSSS抗干扰的能力，也可以对DSSS的性能有所了解。假设在DSSS系统的中心频率上有一个简单的干扰信号。这个干扰信号的形式为

$$s_j(t) = \sqrt{2S_j}\cos(2\pi f_c t)$$

且接收到的信号为

$$s_r(t) = s(t) + s_j(t) + n(t)$$

其中，$s(t)$为传输的信号；$s_j(t)$为干扰信号；$n(t)$为附加白噪声；S_j为干扰信号功率。

接收端的解扩频器让$s_r(t)$乘以$c(t)$，于是因干扰信号而存在的信号成分为

$$y_j(t) = \sqrt{2S_j}c(t)\cos(2\pi f_c t)$$

它就是载波的一个二进制相移键控调制信号。因此，载波功率S_j被扩散到约为$2/T_c$的带宽上。但是，DSSS解扩频器之后紧跟的BPSK解调器（见图17.9）包含一个于BPSK数据匹配的带通滤波器，其带宽为$2/T$。因此，绝大多数干扰能量被过滤掉了。虽然有很多因素在起作用，但作为估计值，我们可以认为通过滤波器的干扰信号的功率为

$$S_{iF} = S_j(2/T)/(2/T_c) = S_j(T_c/T)$$

通过使用频谱扩展，干扰功率被减少了T_c/T倍。这个倍数反过来就是信噪比上的增益，即

$$G_P = \frac{T}{T_c} = \frac{R_c}{R} \approx \frac{W_s}{W_d} \tag{17.3}$$

其中，R_c是扩频码的比特率，R是数据率。W_d是信号带宽，W_s是扩频信号的带宽。

17.5 码分多址

17.5.1 基本原理

码分多址（CDMA）是一种与扩频一起使用的复用技术。这种机制的工作原理如下。首先，数据信号的速率为D，称为比特数据率。我们根据固定的模式将每个比特拆解成k个**码片**，且每个用户都有其特定的模式，称为**用户码或码片码**（chipping code）。新信道的码片数据率又称为码片率（chipping rate），为每秒kD个码片。为了方便说明，我们设想一个简单的例子，让$k = 6$。最简单的方法是将用户码归纳为1和–1序列。图17.13所示为3个用户A、B和C的用户码，这些用户都正在与同一个基站接收器R通信。因此，用户A的用户码是c_A = <1, –1, –1, 1, –1, 1>。同样，用户B的用户码是c_B = <1, 1, –1,–1, 1, 1>，C的用户码c_C = <1, 1, –1, 1, 1, –1>。

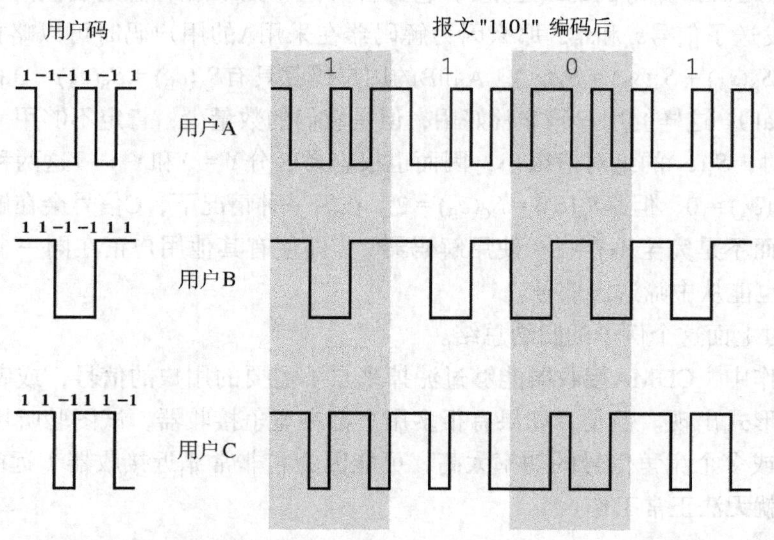

图17.13 CDMA 举例（来源：基于布鲁克林工学院Richard Van Slyke教授提供的例子）

现在考虑用户A与基站通信的情况。假设基站知道A的用户码。为了简单起见，假设通信已经被同步，因此基站知道何时去找用户码。如果A希望发送的是比特1，则以码片模式<1, –1, –1, 1, –1, 1>传输它的用户码；如果要发送的是比特0，则传输它的用户码的补码（颠倒1和–1）<–1, 1, 1, –1, 1, –1>。在基站，接收器对码片模式进行解码。在这个简单的例子中，如果接收器R接收到码片模式$d = \langle d1, d2, d3, d4, d5, d6 \rangle$，且接收器正试图与用户$u$通信，它手头有$u$的用户码$\langle c1, c2, c3, c4, c5, c6 \rangle$，那么接收器自动执行以下解码函数：

$$S_u(d) = d1 \times c1 + d2 \times c2 + d3 \times c3 + d4 \times c4 + d5 \times c5 + d6 \times c6$$

S右下方的u仅仅是为了表明u就是我们正在考虑的用户。不妨假设用户u实际上就是A，看看会发生什么？如果A发送的是比特1，d就是<1, –1, –1, 1, –1, 1>，用上式计算可得到S_A：

$$\begin{aligned} S_A(1,-1,-1,1,-1,1) &= 1 \times 1 + (-1) \times (-1) + (-1) \times (-1) \\ &\quad + 1 \times 1 + (-1) \times (-1) + 1 \times 1 = 6 \end{aligned}$$

如果A发送的是比特0，则对应d = <–1, 1, 1, –1, 1, –1>，可得到

$$\begin{aligned} S_A(-1,1,1,-1,1,-1) &= -1 \times 1 + 1 \times (-1) + 1 \times (-1) + (-1) \times 1 \\ &\quad + 1 \times (-1) + (-1) \times 1 = -6 \end{aligned}$$

注意，无论d是由–1和1组成的什么样的序列，总有$-6 \leqslant S_A(d) \leqslant 6$，并且两个极值6和–6的$d$分别是A的用户码及其补码。因此，如果$S_A$的计算结果是+6，就认为接收到来自A的比特1；如果S_A的计算结果是–6，则认为接收到了来自A的比特0，否则认为发送信息者另有其人，或者有差错存在。那么为什么要如此大费周章？让我们来看看，如果用户B也正在发送，而试图用S_A来接收的话，会发生什么？也就是用错误的用户码（A的用户码）来解码会怎么样？如果B发送的是比特1，那么d = <1, 1, –1, –1, 1, 1>。于是：

$$\begin{aligned} S_A(1,1,-1,-1,1,1) &= 1 \times 1 + 1 \times (-1) + (-1) \times (-1) + (-1) \times 1 \\ &\quad + 1 \times (-1) + 1 \times 1 = 0 \end{aligned}$$

这样看来，不需要的信号（来自用户B）根本不会显现。可以很轻松地证明，如果B发送的是比特0，解码器计算得到的S_A还是0。它的含义是，如果解码器是线性的，且如果用户A和B分别同时发送了信号s_A和s_B，那么因为解码器在采用A的用户码时可以略掉B的信号，所以$S_A(s_A + s_B) = S_A(s_A) + S_A(s_B) = S_A(s_A)$。A和B的用户码都具有$S_A(c_B) = S_B(c_A) = 0$的性质，称为**正交**[①]（orthogonal）。这样的用户码非常好用，但是它们的数量少，肯定不够用。更普通的情况是，当$X \neq Y$时，$S_X(c_Y)$的绝对值很小，因而也很容易区分$X = Y$和$X \neq Y$这两种情况。在例子中，$S_A(c_C) = S_C(c_A) = 0$，但是$S_B(c_C) = S_C(c_B) = 2$。在后一种情况下，C信号会在解码后的信号中有少量存在，而不是完全不存在。使用解码器S_u，即使有其他用户正在同一个发射区中发射信号，接收器也能从中筛选出信号。

表17.1是对上面这个例子的归纳总结。

在实际工作中，CDMA接收器能够过滤掉来自不需要的用户的信号，或者让这些信号以低功率噪声的形式出现。但是，如果有很多用户都在竞争接收器，试图聆听用户的信道，或者如果有一个或多个竞争信号的功率太高，可能因为它非常靠近接收器（远端/近端问题），那么这个系统就无法正常工作。

① 参见在线附录N对码片正交的讨论。

表17.1　CDMA举例

(a) 用户码

用户A	1	−1	−1	1	−1	1
用户B	1	1	−1	−1	1	1
用户C	1	1	−1	1	1	−1

(b) 来自用户A的传输

发送（数据比特 = 1）	1	−1	−1	1	−1	1	
接收器的码字	1	−1	−1	1	−1	1	
乘积	1	1	1	1	1	1	= 6

发送（数据比特 = 0）	−1	1	1	−1	1	−1	
接收器的码字	1	−1	−1	1	−1	1	
乘积	−1	−1	−1	−1	−1	−1	= −6

(c) 用户B的传输，接收器试图当成A的传输来恢复

发送（数据比特 = 1）	1	1	−1	−1	1	1	
接收器的码字	1	−1	−1	1	−1	1	
乘积	1	−1	1	−1	−1	1	= 0

(d) 用户C的传输，接收器试图当成B的传输来恢复

发送（数据比特 = 1）	1	1	−1	1	1	−1	
接收器的码字	1	1	−1	−1	1	1	
乘积	1	1	1	1	1	−1	= 2

(e) 用户B和C的传输，接收器试图当成B的传输来恢复

B（数据比特 = 1）	1	1	−1	−1	1	1	
C（数据比特 = 1）	1	1	−1	1	1	−1	
组合后的信号	2	2	−2	0	2	0	
接收器的码字	1	1	−1	−1	1	1	
乘积	2	2	2	0	2	0	= 8

17.5.2　用于直接序列扩频的CDMA

下面从使用BPSK的DSSS系统的角度来考察一下CDMA。图17.14描绘的是一个配置图，其中有n个用户，每个用户都在用不同的正交PN序列发送（与图17.10相比）。对每个用户而言，被发送的数据流$d_i(t)$是经过BPSK调制生成的带宽为W_s的信号再乘以该用户的扩频码$c_i(t)$而得到的。接收天线接收到的是所有的信号，再加上噪声。假设接收器试图恢复用户1的数据。收到的信号乘以用户的扩频码，然后经过解调。这样做的目的是使收到的信号中对应于用户1的那部分信号带宽恢复到未扩频信号的原始带宽，它与数据率成正比。因为收到的信号中的其余部分与用户1的扩频码是正交的，所以其余部分的带宽仍然是W_s。因此，不需要的信号能量能够仍然扩散在很大的带宽范围内，而需要的信号则集中在较窄的带宽内。于是解调器中的带通滤波器就能够恢复最后希望得到的信号。

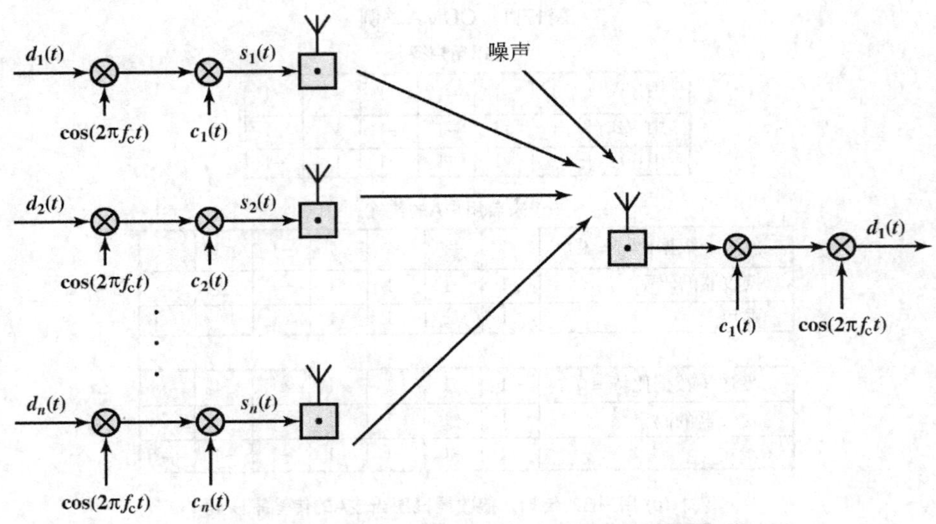

图17.14 接收用户1在DSSS环境下的CDMA通信

17.6 推荐读物

[GESB02]对MIMO有全面的介绍。[GESB03]的范围包括MIMO和MU-MIMO。另外一本书是[KURV09]，它对全面理解MU-MIMO很有帮助。

[BERA08]和[MYUN06]对OFDMA和SC-FDMA做了详细介绍。

[PICK82]是一篇介绍扩频的优秀作品。

BERA08 Beradinelli, G., et al. "OFDMA vs SC-FDMA: Performance Comparison in Local Area IMT-A Scenarios." *IEEE Wireless Communications,* October 2008.

GESB02 Gesbert, D., and Akhtar, J. "Breaking the Barriers of Shannon's Capacity: An Overview of MIMO Wireless Systems." *Telektronikk,* January 2002.

GESB03 Gesbert, D., et al. "From theory to practice: An overview of MIMO space—Time coded wireless systems," *IEEE Journal on Selected Areas in Communications,* April 2003.

KURV09 Kurve, A. "Multi-User MIMO Systems: the Future in the Making." *IEEE Potentials,* November/December 2009.

MYUN06 Myung, H.; Lim, J.; and Goodman, D. "Single Carrier FDMA for Uplink Wireless Transmission." *IEEE Vehicular Technology,* September 2006.

PICK82 Pickholtz, R.; Schilling, D.; and Milstein, L. "Theory of Spread Spectrum Communications—A Tutorial." *IEEE Transactions on Communications,* May 1982. Reprinted in [TANT98].

17.7 关键术语、复习题及习题

关键术语

chip 码片

chipping code 码片码

chipping rate 码片率

code division multiple access 码分多址（CDMA）

direct sequence spread spectrum 直接序列扩频（DSSS）

fast Fourier transform 快速傅里叶变换

frequency-hopping spread spectrum 跳频扩频（FHSS）

orthogonal 正交

inverse fast Fourier transform 快速傅里叶逆变换（IFFT）

multiple-input multipleoutput　多输入多输出（MIMO）
multiple-user MIMO　多用户多输入多输出（MU-MIMO）
orthogonal frequency division multiplexing　正交频分复用（OFDM）
orthogonal frequency division multiple access　正交频分多址（OFDMA）
pseudonoise single-carrier FDMA　伪随机样本（PN）
spread spectrum　单载波FDMA（SC-FDMA）
spreading code　扩频码
spreading sequence　扩频序列

复习题

17.1　请简单定义MIMO和MU-MIMO。

17.2　请简单定义OFDM、OFDMA和SC-FDMA。

17.3　采用扩频编码后的信号带宽与编码前的带宽之间的关系是什么？

17.4　列举扩频的3个优势。

17.5　什么是直接序列扩频？

17.6　采用DSSS编码后，信号的比特率与编码前的比特率之间的关系是什么？

17.7　什么是CDMA？

习题

17.1　假设希望使用扩频技术发送56 kbps的数据流。

a. 当SNR分别等于0.1，0.01和0.001时，要达到56 kbps的信道容量，需要的信道带宽是多少？

b. 在普通（非扩频）系统中，带宽利用率的合理目标值可能是1 bps/Hz。也就是说，要传送56 kbps的数据流，需要使用56 kHz。在这种情况下，要使传输没有明显的差错，能够容忍的最小的信噪比是多少？然后与扩频时的情况相比较。

提示：回顾3.4节中对信道容量的讨论。

17.2　图17.15描绘了一种简化的CDMA编码和解码机制。一共有7个逻辑信道，都使用7比特扩频码的DSSS。假设所有信号源都是同步的。如果所有7个信号源都发送了一个7比特序列形式的数据比特，则在接收端，来自所有源的信号合并，使两个正值或两个负值进一步加强，而一正一负的两个值则相互抵消。为了对给定的信道进行解码，接收器将收到的组合信号乘以该信道的扩频码，然后累加，并给正值赋二进制1，给负值赋二进制0。

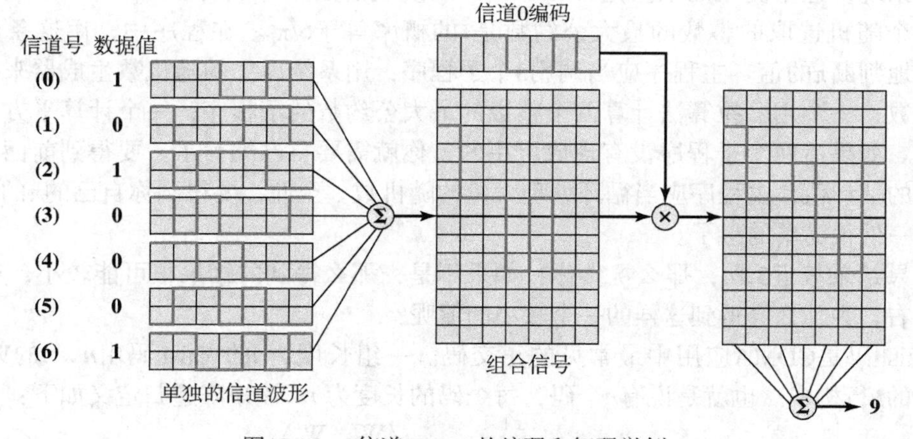

图17.15　7信道CDMA的编码和解码举例

a. 这7个信道的扩频码是什么？

b. 判断信道1的接收器输出值以及赋予的比特值。

c. 对信道2重复题b。

17.3 目前为止最常用的伪随机数生成器技术是线性同余方法。该算法有以下4个数值参数：

m	模数	$m > 0$
a	乘数	$0 \leqslant a < m$
c	增量	$0 \leqslant c < \mathrm{m}$
X_0	初值或种子	$0 \leqslant X_0 < M$

伪随机数序列$\{X_n\}$是通过以下这个迭代式计算得到的：

$$X_{n+1} = (aX_n + c) \bmod m$$

如果m, a, c和X_0都是整数，那么这个技术将产生一个整数序列，其中每个整数都在$0 \leqslant X_n < m$范围内。伪随机数生成器的一个基本特征是，生成的序列看上去应当是随机的。虽然该序列不是真正随机的，因为它的生成是确定性的，但是有各种统计测试可以用来评价序列展现的随机程度。另一个要求的特征是，该函数应当是全周期生成函数，也就是说该函数在重复生成某个数之前，应当已经生成过了0和m之间的所有数值。应用线性同余算法时，能够提供全周期性的参数选择并不一定能够提供良好的随机性。例如，假设有两个生成器：

$$X_{n+1} = (6X_n) \bmod 13$$

$$X_{n+1} = (7X_n) \bmod 13$$

请写出两个序列，以表明它们都是全周期的。你认为其中哪一个看起来更随机一些？

17.4 我们希望m很大，这样有可能产生较长的由不同数值组成的随机序列。一个常用的准则是m接近或等于给定计算机能够表示的最大非负整数。因此，通常选择m接近或等于2^{31}。很多专家推荐的值是$2^{31} - 1$。你可能会奇怪为什么不简单地使用2^{31}，既然它在表示时不需要额外的比特，且它的模操作更加简单。但是通常模数$2^k - 1$要比2^k更可取。原因是什么？

17.5 任何需要使用随机数的场合，不管是加密、仿真还是统计设计，如果你盲目地信任计算机系统库中任何碰巧现成的随机数生成器，那将十分危险。[PARK88]发现目前有很多课本和程序包中都使用了有缺陷的算法来生成随机数。本习题教你如何测试自己的系统。这个测试的依据是Ernesto Cesaro发现的法则（证明参见[KNUT98]），它是说两个随机选取的整数的最大公约数是1的概率等于$6/\pi^2$。在程序中，用这条法则来统计地判断π的值。主程序应当调用3个子程序：用系统库中的随机数生成器来生成随机整数；一个用欧拉算法计算两个整数的最大公约数的子程序；一个计算平方根的子程序。如果后两个子程序没有现成可用的，你就需要自己编写了。要得到前面提到的概率的估计值，主程序应当循环处理大量的随机数。至此，要得到你自己的π的估计值就是一件很简单的事了。

如果结果接近3.14，那么祝贺你！如果不是，那么得到的结果很可能较小，通常在2.7左右。为什么会得到这样的一个较小的值呢？

17.6 Walsh码是CDMA应用中最常见的正交码。一组长度为n的Walsh码由$n \times n$的Walsh矩阵中的n行构成。也就是说有n个码，每个码的长度为n。该矩阵递归定义如下：

$$\mathrm{W}_1 = (0), \quad \mathrm{W}_{2n} = \begin{pmatrix} \mathrm{W}_n & \mathrm{W}_n \\ \mathrm{W}_n & \overline{\mathrm{W}_n} \end{pmatrix}$$

其中n是矩阵的维，上划线表示矩阵中比特的逻辑非。Walsh矩阵的特点是每一行与其他每行都是正交的，且与其他每行都是逻辑非的关系。请给出维度分别为2，4和8的Walsh矩阵。

17.7　通过将任意一个码与其他任何码相乘得到的结果都是0的方式，证明一个8 × 8 Walsh矩阵中的所有码两两之间都是正交的。

17.8　设想在一个CDMA系统中用户A和B的Walsh码分别是(–1　1　–1　1　–1　1　–1　1)和(–1　–1　1　1　–1　–1　1　1)。

a. 如果A发送一个数据比特1而B没有发送数据，那么接收器端的输出是什么？

b. 如果A发送一个数据比特0而B没有发送数据，那么接收器端的输出是什么？

c. 如果A发送一个数据比特1且B发送一个数据比特1，那么接收器端的输出是什么？假设无论来自A还是B，接收到的功率相同。

d. 如果A发送一个数据比特0且B发送一个数据比特1，那么接收器端的输出是什么？假设无论来自A还是B，接收到的功率相同。

e. 如果A发送一个数据比特1且B发送一个数据比特0，那么接收器端的输出是什么？假设无论来自A还是B，接收到的功率相同。

f. 如果A发送一个数据比特0且B发送一个数据比特0，那么接收器端的输出是什么？假设无论来自A还是B，接收到的功率相同。

g. 如果A发送一个数据比特1且B发送一个数据比特1，那么接收器端的输出是什么？假设来自B的接收功率是来自A的两倍。这可以通过将接收到的来自A的信号成分表示为由强度为1（+1，–1）的元素组成，而来自B的信号成分表示为由强度为2（+2，–2）的元素组成来表示。

h. 如果A发送一个数据比特0且B发送一个数据比特1，那么接收器端的输出是什么？假设来自B的接收功率是来自A的两倍。

第18章 无线网络

学习目标

在学习了本章的内容之后，应当能够：

- 理解固定宽带无线接入的需求及相关内容；
- 概述IEEE 802.16网络参考模型及协议体系结构；
- 总结IEEE 802.16 MAC层的功能；
- 解释3种802.16物理层规范的主要区别；
- 概述蓝牙协议体系结构；
- 理解蓝牙无线电规范的主要构成；
- 概述蓝牙基带规范；
- 理解蓝牙音频表示。

本章将讨论两种重要的无线网机制。首先是对固定宽带无线接入概念的介绍，然后将探讨用以支持此类网络的WiMAX/IEEE 802.16规范。本章接下来的内容将介绍一种重要且被广泛应用于个人局域网的技术，我们称之为蓝牙。

18.1 固定宽带无线接入

传统上，经由本地环路或用户环路向终端用户提供语音和数据通信的是有线系统，而随着宽带因特网接入需求的增长，有线环路服务提供商则越来越依赖于光纤和同轴电缆。

但是，目前的迹象表明，在用户接入的问题上，人们对几种正在角逐中的无线技术越来越感兴趣。它们通常被称为**无线本地环路**（wireless local loop，WLL）或**固定无线接入**（fixed wireless access）。其中最著名的是以IEEE 802.16标准为基础的称为WiMAX的**固定宽带无线接入**（fixed broadband wireless acces，固定BWA）系统。我们将在下一节深入探讨WiMAX，本节首先全面介绍固定宽带无线接入的概念。

图18.1描绘了一个简单的固定宽带无线接入配置。宽带无线接入提供者为一个或多个蜂窝提供服务。每个蜂窝包含一个基站（BS）天线，它们被安装在高层建筑顶部或塔顶。在早期的系统中，用户需要使用安装在建筑物或竖杆上的具有与基站天线之间无遮挡视线的固定天线。随着技术的发展，室内无线接入点已成为可能。从基站到交换中心有一条链路，它既可以是有线的，也可以是无线的。交换中心通常为电话公司的当地办事处，以提供到本地和长途电话网的连接。因特网服务提供商（ISP）可以与交换中心并置，或者通过高速链路与交换中心连接。

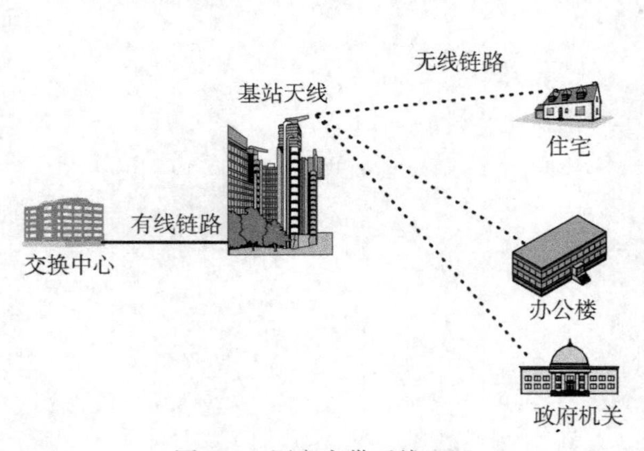

图18.1 固定宽带无线配置

图18.1描绘的是一种两层架构的安装配置。实际上，更为复杂的配置也已被实施，其中一个基站可服务于数个从属基站天线，而每个从属基站天线又可支持多个用户。

对用户环路来说，固定宽带无线接入与有线方式相比具有以下一些优点。

- **成本** 无线系统比有线系统的成本低。虽然无线发射器/接收器这些电子器件可能比有线通信的器件要贵一些，但如果使用宽带无线接入，则可节省电缆本身的铺设成本，无论是埋地的还是架杆的，其成本都很高，另外维护有线基础设施的成本也省下来了。
- **安装时间** 宽带无线接入系统通常能够更快速地安装到位，它的最大障碍在于获得使用一个特定频段的许可，以及为基站天线寻找一个适合的架高地点，一旦这些障碍被解决，安装宽带无线接入系统所需的时间与新建一个有线系统相比就微乎其微了。
- **选择安装** 无线设备可以仅仅为当前需要服务的用户而安装。但对有线系统来说，通常是根据预期需要服务的用户在一个局部区域范围内敷设电缆。

在评估宽带无线接入方案时要考虑到以下两个选择。

- **使用现成已铺设电缆的有线方案** 地球上很大一部分居民并没有安装电话线，并且对于高速应用来说，许多用户的电话线质量不够高，或者与中心局距离太远，从而无法有效利用xDSL。很多类似的用户也没有安装有线电视，或者他们的有线电视提供商不提供双向数据业务。最后，由于无线本地环路在成本上已成为有线方案强有力的竞争者，因此新的安装不得不面对在有线和无线方案之间的选择。
- **移动蜂窝技术** 4G蜂窝系统提供了对宽带的支持。固定宽带无线接入方案的一个主要优势在于它的基站可以覆盖更大的范围，并且能够实现更高的数据率。

18.2 WiMAX/IEEE 802.16

随着人们对宽带无线接入服务兴趣的与日俱增，业内人士认识到有必要为此服务开发相应的标准。为响应这一需求，IEEE 802委员会于1999年成立了802.16工作组，以负责开发宽带无线标准。该小组的主旨就是要开发如下一些标准：

- 使用微波或毫米波无线电的无线链接
- 使用授权的频谱（典型）
- 大都市规模
- 向付费客户提供公共网络服务（典型）
- 使用具有固定的屋顶或塔顶天线的点对多点架构
- 为支持服务质量（QoS）的异构通信量提供优质、高效的数据传输
- 具有宽带传输能力（大于2 Mbps）

本质上，IEEE 802.16所标准化的是空中接口，以及与之相关的宽带无线接入功能。此外，它还成立了WiMAX（Worldwide Interoperability for Microwave Access，全球微波接入互操作性）论坛这样一个产业组织，其目的是推动802.16标准并制定互操作性规范。IEEE 802.16及相关WiMAX规范的最初目标是固定宽带无线接入，不过现在固定的和移动的宽带无线接入都在考虑范围之内。本节将概述802.16和WiMAX规范，重点是固定宽带无线的应用。本节内容基于2012版的IEEE 802.16。

18.2.1 IEEE 802.16体系结构

网络参考模型

WiMAX论坛开发了一个用于实现WiMAX的网络体系结构逻辑表示法，称为网络参考模型[WIMA12]。该模型在确定逻辑功能实体之间的接口点方面十分有用，可作为开发互操作标准的指南。图18.2描绘了此模型的主要构成，包括以下内容。

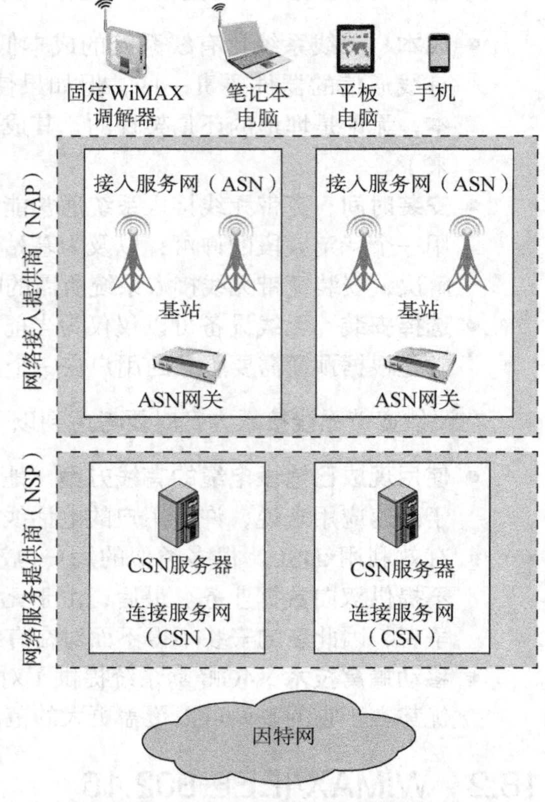

图18.2　WiMAX网络参考模型构成

- **接入服务网（Access Service Network，ASN）** 提供WiMAX用户无线接入所需的一组网络功能。
- **网络接入提供商（Network Access Provider，NAP）** 提供到达一个或多个WiMAX网络服务提供商（NSP）的WiMAX无线接入基础设施的经营实体。
- **连接服务网（Connectivity Service Network，CSN）** 为WiMAX用户提供IP连接服务的一组网络功能。这些功能包括因特网接入、认证以及基于用户配置的管理控制。
- **网络服务提供商（Network Service Provider，NSP）** 向WiMAX用户提供IP连接和WiMAX服务的经营实体。
- **ASN网关（ASN Gateway）** 提供从ASN到网络服务提供商的连接。此网关执行诸如路由选择和负载均衡这样的功能。

该网络体系结构在逻辑上分为3部分：用户站（SS）、接入服务网以及连接服务网。用户既可以是固定的，也可以是移动的。固定用户就是位于一个固定的地理位置并使用了固定WiMAX调制解调器的宽带接入连接。固定地点包括住宅、商业和政府机构。接入服务网包含一个或多个基站，这些基站由核心网络互连，并与ASN网关连接。ASN网关连接一个或多个连接服务网，并由这些连接服务网提供到因特网的宽带接入。IEEE 802.16标准所关注的是用户站的收发信器与基站的收发信台之间的空中接口。标准规定了此接口的所有细节（将在本节稍后讨论）。这个系统的参考模型也显示了收发信器与支撑网络之间的接口。对这些接口细节的讨论超出了802.16标准范围。之所以要在系统的参考模型中显示这些接口，是因为用户及核心网络技术（如语音、ATM等）会影响到空中接口所使用的技术，以及收发信器通过空中接口所提供的服务。

协议体系结构

图18.3所示为IEEE 802.16协议参考模型。该物理层包括：

- 信号的编码/解码
- 前同步码的生成/移除（用于同步）

- 比特的发送/接收
- 频带及带宽的分配

媒体接入控制（MAC）层被划分为3个子层。**安全子层**包括身份验证、安全密钥交换以及加密。注意，该子层所关心的是用户站与ASN基站之间的安全通信。而用户站与连接服务网之间的安全通信由高层处理。

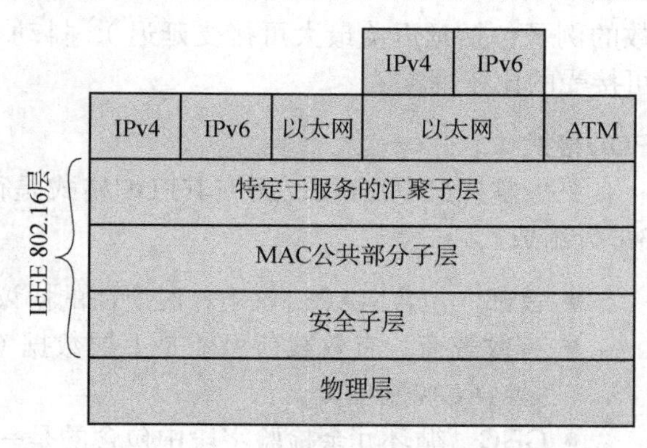

图18.3 IEEE 802.16协议体系结构

MAC公共部分子层包括了任何MAC层都应当具备的基本功能：

- 在发送时，将数据组装成带有地址和差错检验字段的协议数据单元（PDU）。
- 在接收时，拆解PDU并进行地址识别和差错检测。
- 管理对无线传输媒体的接入。

这个子层位于基站和基站之间，它负责无线电信道的共享接入。具体来说，MAC协议定义了基站或用户站应当在何时以及怎样初始化信道上的传输。由于某些位于MAC以上的层（如ATM）要求指定服务级别（QoS），因此MAC协议必须能够以满足其服务需求的方式对无线信道容量进行分配。在下行方向（从基站到用户站），因为只有一个发送器，所以MAC协议相对简单一些，而在上行方向有多个用户站竞争接入，从而导致了很复杂的MAC协议。

特定于服务的汇聚子层为特定的服务提供一些功能。汇聚层协议可能会执行以下一些操作：

- 封装上层PDU帧为本地802.16 MAC PDU。
- 将上层地址映射为802.16地址。
- 将上层的QoS参数转换为本地的MAC 802.16格式。
- 将上层通信量的时间依赖关系调整为对等的MAC服务。

18.2.2 IEEE 802.16 MAC层

用户通过802.16空中接口发送或接收的数据都要被组装为MAC PDU序列。此处使用的术语MAC PDU是指包括了MAC协议控制信息以及上层数据的PDU。不要将它与TDMA突发（TDMA burst）混淆，后者由时隙序列构成，专用于各自特定的用户。TDMA时隙可能刚刚好包含一个MAC PDU，也可能是某个MAC PDU的一小部分，还可能包含了多个MAC PDU。分配给某个用户的多个TDMA脉冲串时隙序列就构成了一个逻辑信道，且MAC PDU经由此逻辑信道传输。

连接与服务流

802.16 MAC协议是面向连接的，也就是说实体交换数据之前首先要在对等实体（MAC用户）之间建立一条逻辑连接。每个MAC PDU都包含一个连接ID，它被MAC协议用来向正确的MAC用户交付传入的数据。此外，在连接ID和服务流之间存在一对一的对应关系。服务流为在此连接上交换的PDU定义QoS参数。

连接上的服务流这个概念形成了MAC协议操作的核心。服务流提供了用于管理上行数据流和下行数据流的QoS的一种机制。特别要强调的是，它们与带宽分配机制整合在一起。对于每个活跃的连接，基站会依据其服务流来分配上行数据流和下行数据流的带宽。服务流参数的例子包括延迟（最大可接受延迟）、抖动（最大可接受延迟变化量）以及吞吐量（最低可接受的比特率）。

PDU格式

要想掌握MAC协议，研究其PDU格式是很好的方法（见图18.4）。该MAC PDU由如下3部分组成。

- **首部** 包含MAC协议运作时所需的协议控制信息。
- **有效载荷** 有效载荷可能是上层数据（例如ATM信元、IP分组或数字语音块），或者是MAC控制报文。
- **CRC** 循环冗余检验字段中包含的是一个差错检验码。这个可选的CRC涵盖首部和有效载荷，并且如果使用了加密，则应用于加密后的有效载荷。

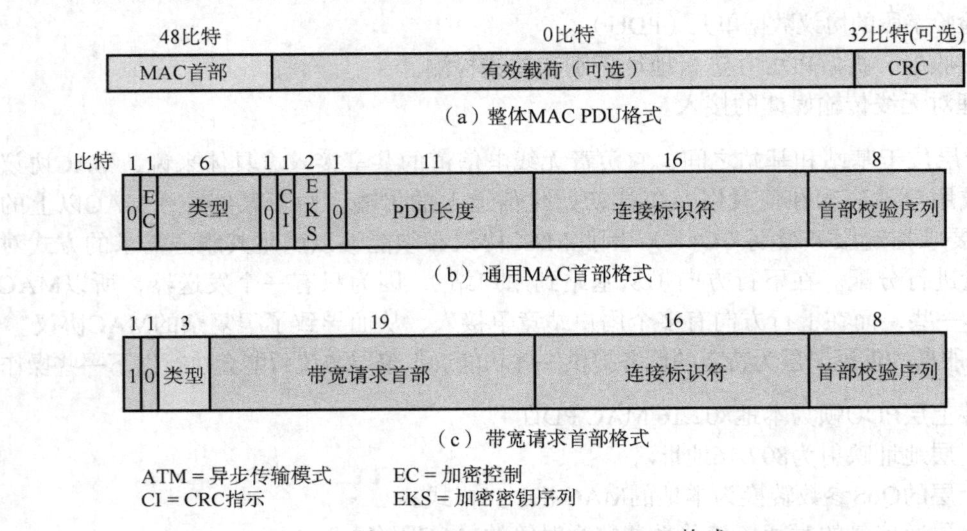

图18.4 IEEE 802.16 MAC PDU格式

有两种类型的首部被定义：通用MAC首部和带宽请求首部。通用MAC首部用于下行链路（基站到用户站）和上行链路（用户站到基站）两个方向。具有通用首部的MAC PDU所包含的是MAC层管理报文或会聚子层的数据。通用MAC首部包括以下字段。

- **首部类型（1比特）** 此比特被设置为零，指示首部类型是通用的MAC PDU 。
- **加密控制（1比特）** 表示负载是否被加密。
- **类型（6比特）** 指出子首部以及报文有效载荷的具体载荷类型。
- **保留（1比特）** 保留未用，设置为零。
- **CRC指示（1比特）** 表示在有效载荷之后是否跟有32比特的CRC。
- **加密密钥序列（2比特）** 指向加密密钥信息向量的一个索引，当有效载荷被加密时有用。
- **保留（1比特）** 保留未用，设置为零。
- **PDU长度（11比特）** 整个MAC PDU的字节长度。
- **连接标识符（16比特）** 单向的MAC层地址，它标识了用户与基站MAC对等端之间的一条连接。连接标识符（CID）对应于一个服务流标识符（SFID），后者为与该连接关联的服务流定义QoS参数。
- **首部校验序列（8比特）** 一个8位的CRC，用于检测首部是否有差错。

类型字段中的各个比特位用于指示在有效载荷的起始部分是否存在以下子首部。

- **分片子首部** 分片用于将称为服务数据单元（SDU）的上层数据块分割为两个或更多数据片，以期减小MAC帧的尺寸。这样做的目的是为了适应连接服务流的QoS需求而有效地利用带宽。如果使用了分片功能，那么所有片段的分片子首部中都设置了相同的分片序列号（FSN）。由终点MAC用户负责重组所有具有相同FSN的分片。
- **打包子首部** 打包是将多个MAC SDU打包成一个MAC PDU有效载荷的过程。在这个子首部中所包含的是接收方MAC实体将来解包各SDU时所需要的信息。
- **快速反馈分配子首部** 只在下行链路方向使用。它请求具有先进天线系统的用户站的反馈。
- **授予管理子首部** 仅在上行链路方向中使用。它传达有关带宽管理的各种信息，如轮询请求和额外带宽请求。

用户要请求额外的带宽就要使用**带宽请求首部**。这个首部用于一个没有有效载荷的MAC帧。如图18.4(c)所示，该首部包含的许多字段就是通用MAC首部中的字段，其中19比特的带宽请求字段指明它为上行链路传输所请求的容量字节数。类型字段允许用户站只为此连接请求带宽，或者为所有上行链路连接请求总的带宽。

调度服务和QoS

IEEE 802.16网络被设计为能够同时传输多种不同类型的通信量，包括实时流（例如语音、视频）和突发性的TCP流。虽然这些业务流在经由连接传输时都被当成PDU流来处理，但基站对每个数据流的处理方式要依据该业务流的特点以及应用的要求。例如，实时视频流必须在最小时延变化范围内交付。

为适应不同类型通信量的需求，IEEE 802.16定义了多种不同的服务类别。每一类由特定的通用特征来定义，并且通过分配一组QoS参数值来定义某个具体的服务流。其中最重要的参数如下所示。

- **最大可持续通信量速率** 即峰值信息率，以每秒比特为单位。这个速率与系统输入的服务数据单元（SDU）有关。此参数长度为6比特，取值范围为1200 bps至1.921 Mbps。
- **最小保留通信量速率：**指对此服务流保留的最小速率，以每秒比特为单位。对于一条连接来说，只要它请求的带宽不大于最小保留通信量速率，基站都应当予以满足。如果连接所请求的带宽小于最小保留通信量速率，基站就可以重新分配多余的保留带宽用于其他目的。它的取值范围为1200 bps至1.921 Mbps。
- **最大时延：**从基站或用户站会聚子层接收分组，到向空中接口转发该服务数据单元之间的最大时间间隔。取值范围为1 ms到10 s。
- **可容忍抖动：**该连接的最大时延变化量（抖动）。取值范围为1 ms至10 s。
- **通信量优先级：**与服务流关联的优先级。假设有两个服务流，除了优先级之外的其他所有QoS参数都相同，那么优先级高的服务流应赋予较低的延迟和较高的缓冲优待。而对于其他不同的服务流，优先级参数不应优先于任何有冲突的服务流的QoS参数。共有 8 个优先级被使用。

表18.1列出了IEEE 802.16中定义的5种服务类别的主要QoS参数。该标准区分上行链路服务和下行链路服务。每对服务使用相同的QoS参数集，其主要区别在于其中有两类服务的上行链路传输涉及轮询，而从基站出发的下行链路传输不使用轮询，因为只有一个发送器，就是该基站。

表18.1 IEEE 802.16服务类别及其QoS参数

调度服务（上行）	数据交付服务（下行）	应用	QoS参数
主动授权服务（UGS）	主动授权服务(UGS)	VoIP	• 最小保留通信量速率 • 最大时延 • 可容忍抖动
实时轮询服务（rtPS）	实时可变速率服务（RT-VR）	流式音频或视频	• 最小保留通信量速率 • 最大可持续通信量速率 • 最大时延 • 通信量优先级
非实时轮询服务（nrtPS）	非实时可变速率服务（NRT-VR）	FTP	• 最小保留通信量速率 • 最大可持续通信量速率 • 通信量优先级
尽最大努力（BE）服务	尽最大努力（BE）服务	数据传送应用、Web浏览器等	• 最大可持续通信量速率 • 通信量优先级
扩展rtPS	扩展实时可变速率服务（ERT-VR）	VoIP（具有运动检测的话音）	• 最小保留通信量速率 • 最大可持续通信量速率 • 最大时延 • 可容忍抖动 • 通信量优先级

主动授权服务（unsolicited grant service，UGS）用于生成固定速率数据的实时应用。具有UGS数据交付服务的服务流将以均匀的周期性时间间隔分配得到上行链路资源，而不需要每次请求，如图18.5(a)所示。UGS通常用于无压缩的音频和视频信息。在下行链路方向，基站以均匀的PDU流的形式形成固定速率的数据。UGS应用的例子包括视频会议和远程教学。

实时可变速率（real-time variable rate，RT-VR）下行链路服务用于时间敏感的应用，也就是那些对时延和时延变化有严格限制的应用。适合RT-VR与适合UGS的应用之间的主要区别在于RT-VR应用的发送速率随时间而变化。例如，标准的视频压缩方式会产生大小不固定的图像帧序列，而实时视频需要均匀的帧传输速率，所以实际上的发送数据率是变化的。在下行链路方向，RT-VR通过以均匀的周期间隔发送有效数据来实现。在上行链路方向，这个服务称为**实时轮询服务**（real-time polling service，rtPS）。基站以周期性间隔发出单播轮询（向用户站方向的轮询），使得用户站在每间隔能发送一个数据块，如图18.5(b)所示。RT-VR/rtPS服务使得网络比UGS更为灵活。这种网络能够在相同的专用容量上统计性地复用多条连接，并仍然能够为每条连接提供所需的服务。

扩展实时可变速率（extended real-time variable rate，ERT-VR）服务用于支持需要保证数据交付和有时延要求的可变数据率的实时应用，例如具有静音抑制功能的VoIP。对于上行链路，此服务称为扩展rtPS。与UGS一样，基站以主动授权方式提供单播带宽授权，从而节省了带宽请求的等待时间。不过在这种情况下，带宽的分配要根据已承载的通信总量而不断变化。对于下行链路，基站通过服务流以变化的时间间隔发送大小可变的PDU，以此来满足该服务流的QoS。

非实时可变速率（non-real-time variable-rate，NRT-VR）服务用于具有突发性通信量特征的应用，它在时延和时延变化上没有严格的限制，但可以根据预期业务流的特征来设置QoS参数。其中的一个例子是文件传输。在下行链路，基站以不固定的时间间隔发送数据，并满足此服务流的最小和最大数据率要求。在上行链路，该服务称为**非实时轮询服务**（non-real-time polling service，nrtPS）。基站根据已发送的数据量，以变化的时间间隔发出轮询，以适应所要求的服务流，如图18.5(c)所示。

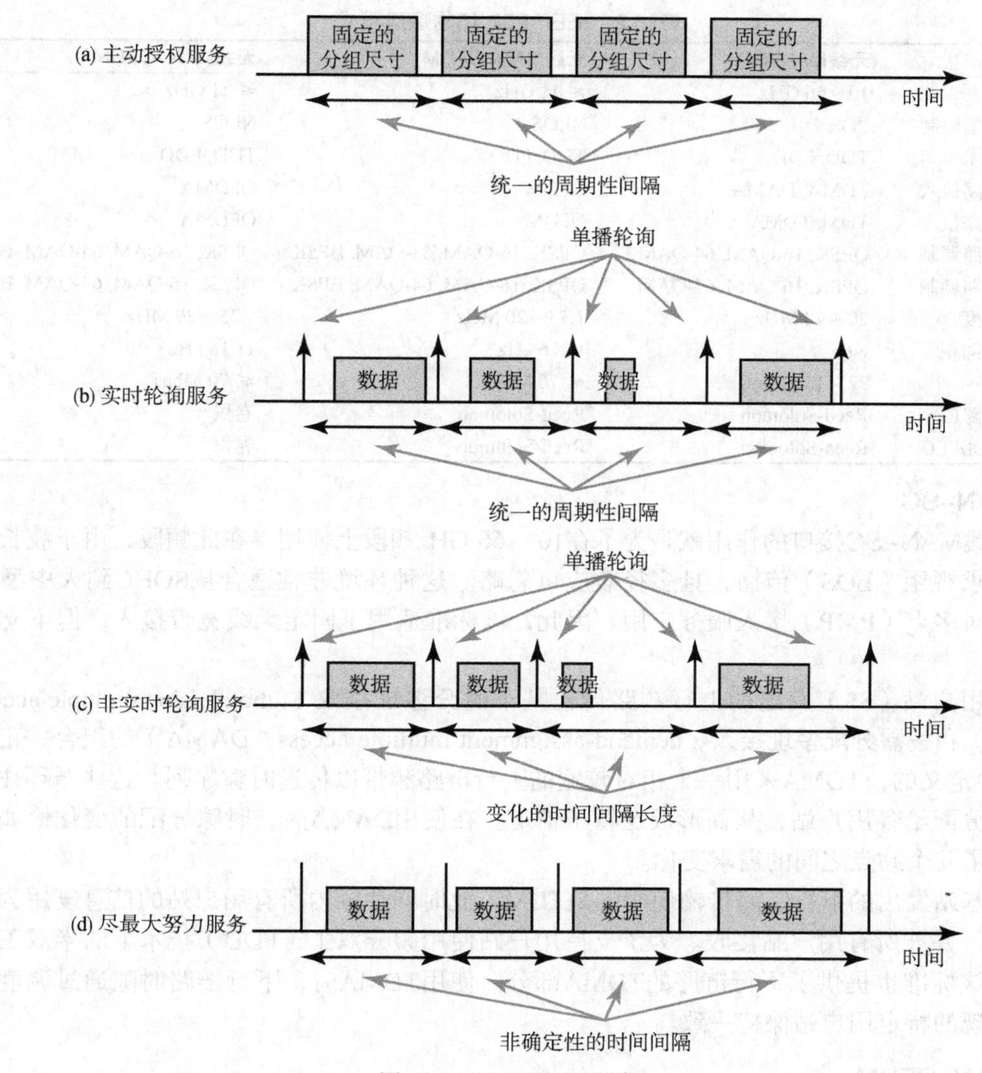

图18.5　IEEE 802.16服务

在任意给定时间，基站和用户站之间始终存在一定量的容量，这些容量是前面所讨论的4类服务都未使用的。这些容量用于**尽最大努力**（best effort，BE）服务。此服务适用于那些可以容忍变化的时延及数据率的应用。大多数运行在TCP之上的应用都具有此容忍能力。在上行链路，用户站或者使用随机接入时隙（这些时隙由用户站争用接入），或者使用专门的传输时机来发送带宽请求。

18.2.3　IEEE 802.16物理层

IEEE 802.16物理层的标准集尚处于发展中，但其稳定程度足以为广泛分布的WiMAX提供实施和部署基础。在2012年版的标准中，有关物理层规范的内容有近600页之多。在此我们只做简要概述。

802.16规范定义了3个主要的空中接口，归纳于表18.2中。所有这些都在授权的频段工作。此外，对这些规范稍加修改后，可在低于11 GHz的免授权频段范围内进行操作。

表18.2 IEEE 802.16物理层模式

	无线MAN-SC	无线MAN-OFDM	无线MAN-OFDMA
频带	10 ~ 66 GHz	≤ 11 GHz	≤ 11 GHz
视距传播限制	LOS	NLOS	NLOS
双工技术	TDD, FDD	TDD, FDD	TDD, FDD
上行链路接入	TDMA, DAMA	OFDM	OFDMA
下行链路接入	TDM, TDMA	OFDM	OFDMA
下行链路调制	QPSK, 16-QAM, 64-QAM	QPSK, 16-QAM, 64-QAM, BPSK	QPSK, 16-QAM, 64-QAM, BPSK
上行链路调制	QPSK, 16-QAM, 64-QAM	QPSK, 16-QAM, 64-QAM, BPSK	QPSK, 16-QAM, 64-QAM, BPSK
信道宽度	20 ~ 28 MHz	1.75 ~ 20 MHz	1.25 ~ 20 MHz
子载波间距	N/A	11.16 kHz	11.16 kHz
数据率	32 ~ 134 Mbps	≤ 70 Mbps	≤ 70 Mbps
下行链路FEC	Reed-Solomon	Reed-Solomon	卷积
上行链路FEC	Reed-Solomon	Reed-Solomon	卷积

无线MAN-SC

无线MAN-SC接口的作用就是为了在10 ~ 66 GHz频段上使用。在此频段，由于波长短，因而要求视距（LOS）传播，且多径效应可忽略。这种环境非常适合从SOHO到大中型办公室的点对多点（PMP）接入服务应用。因此，该标准适用于固定无线宽带接入，但不支持移动站。

从用户站（SS）发出的上行链路传输基于**时分多址接入**（time-division multiple access，TDMA）和**按需分配多址接入**（demand-assignment multiple access，DAMA）的组合。正如在第8章中定义的，TDMA采用一个相对较宽的上行链路频带以传送时隙序列。这些循环往复的时隙被分配给各用户站，从而形成逻辑子信道。在使用DAMA时，时隙分配的变化恰如其分地反映了几个站点之间的需求变化。

从基站发出的下行链路传输使用的是TDM，此时同片区内所有用户站的信息复用为一个数据流，并被所有用户站接收。为了支持用户站使用频分双工（FDD）技术下的半双工模式操作，该标准也提供了下行链路的TDMA部分。使用TDMA时，下行链路时隙通过调度，与交替出现的特定用户站保持一致。

无线MAN-OFDM

无线MAN-OFDM接口工作在低于11 GHz的频率范围。在该区域中，因为波长短，所以不一定要求视距传播，重要的是多径效应。为了支持在近距LOS以及非LOS（NLOS）环境下的工作能力，需要更多的物理层功能，如先进的电源管理技术、干扰抑制/共存，MIMO天线的支持等等。上行链路和下行链路的传输都采用OFDM。无线MAN-OFDM和无线MAN-OFDMA都适用于含有移动用户站的环境。

无线MAN-OFDM支持一组信道带宽。表18.3给出了各种不同带宽能够达到的数据率。

表18.3 各种不同无线MAN-OFDM带宽可达到的数据率

调制技术	QPSK	QPSK	16-QAM	16-QAM	64-QAM	64-QAM
编码率	1/2	3/4	1/2	3/4	2/3	3/4
1.75 MHz	1.04	2.18	2.91	4.36	5.94	6.55
3.5 MHz	2.08	4.37	5.82	8.73	11.88	13.09
7.0 MHz	4.15	8.73	11.64	17.45	23.75	26.18
10.0 MHz	8.31	12.47	16.63	24.94	33.25	37.40
20 MHz	16.62	24.94	33.25	49.87	66.49	74.81

无线MAN–OFDMA

无线MAN-OFDMA是无线MAN-OFDM的增强版，它利用OFDMA提供了更高的灵活性和效率。图18.6是无线MAN-OFDMA如何使用时分双工（TDD）操作的一个示例。传输被构造为帧序列，其中每个帧都包含一个下行链路（DL）子帧，然后是一个上行链路（UL）子帧。在每个帧的DL和UL子帧之间以及每个帧的结尾处，都要插入空隙，以便传输的转向。每个DL子帧的最前面是用于同步所有站点的前同步码，其后是DL-MAP样式和帧控制首部（FCH）。DL-MAP样式指出在此DL子帧中所有子信道是如何分配的。FCH提供帧配置信息，例如MAP长度、调制和编码方案以及可用的副载波。DL子帧的剩余部分被划分为多个突发，每个突发为连续的一组子信道占用一组连续的时隙。其中，有一个突发是UL-MAP样式，其余的突发则包含了数据，并与特定的用户站一一对应。UL子帧也被类似地划分为多个突发。其中有一个突发用于测距子信道，它被分配给用户站，用于执行闭环时间、频率、功率的调整以及带宽的请求，其余突发则被分配给用户站用于向基站的传输。

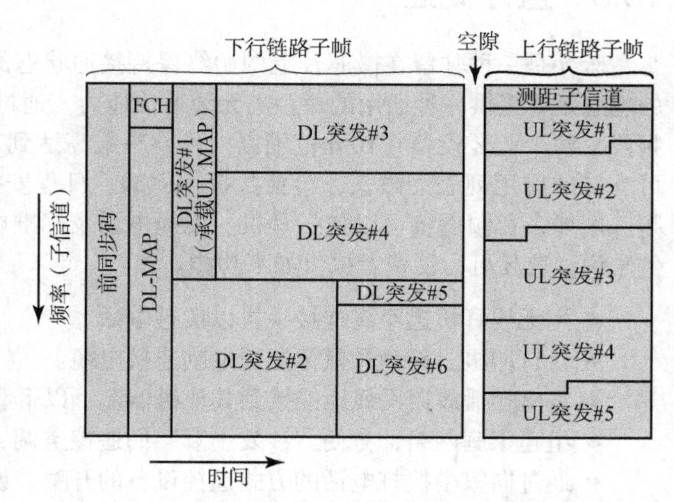

图18.6　TDD模式下的IEEE 802.16 OFDMA帧结构

就其结构而言，TDD随时可以支持半双工传输，因为UL和DL的传输在时间上必须交替进行，而使用FDD时情况就不一样了。图18.7显示了FDD无线MAN-OFDMA结构是如何支持半双工操作的。FDD帧结构既可支持全双工，也可支持半双工用户站。这种帧结构支持两组半双工用户站（第1组和第2组）的协同传输分配，它们占用帧的不同部分以共享该帧。在每个帧中，有一部分频带专门用于DL传输，还有一部分用于UL传输。DL传输包括两个子帧，第一个子帧用于组1，第二个子帧用于组2。UL传输由组2的子帧与紧随其后的组1的子帧构成。在子帧和子帧之间插入了空隙，以允许传输的转向和半双工操作。

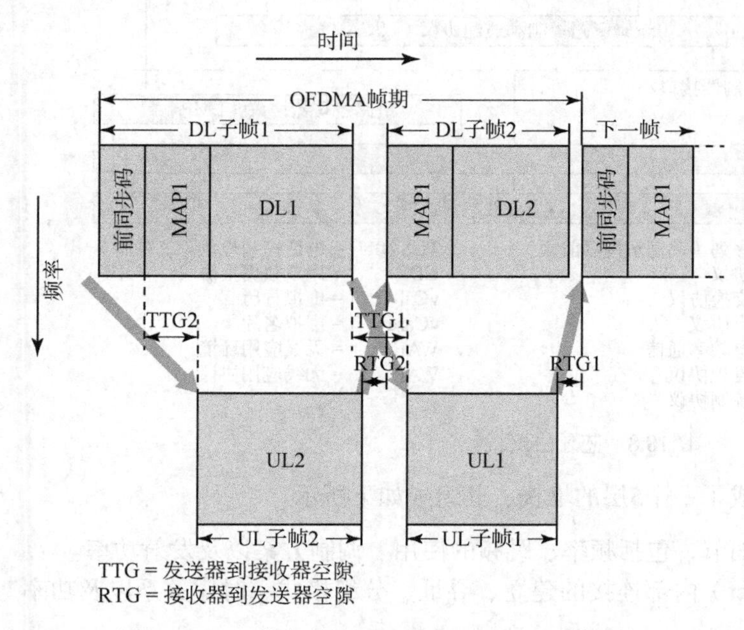

图18.7　FDD模式下的IEEE 802.16 OFDMA帧结构

18.3 蓝牙概述

蓝牙是一种驻留在微芯片上的始终保持接通状态的短距离无线电连接。蓝牙背后所隐含的理念是要提供一种通用的短距离无线通信能力。通过使用向小功率应用全面开放的2.4 GHz频段，两个蓝牙设备在10 m范围以内可共享最高达到720 kbps的传输能力。蓝牙的目标是让可支持的应用列表无限长，包括数据（例如，日程安排和电话号码）、音频、图像甚至是视频。例如，音频设备可以包括耳机、无绳电话及标准电话、家庭音响和数码MP3播放器。举例来说，蓝牙可为消费者提供如下功能。

- 用无线耳机远距离连接手机以拨打电话。
- 让打印机、键盘和鼠标摆脱电脑连接电缆。
- 将MP3播放器无线地连接到其他机器上，以下载音乐。
- 组建家庭网络，方便“沙发土豆”们遥控空调、烤箱以及孩子们“网上冲浪”。
- 通过向家中拨打电话的方式遥控设备的开关、设置报警以及监视活动。

18.3.1 协议体系结构

蓝牙定义为一个分层的协议体系结构，由核心协议、电缆替代协议、电话控制协议和采用协议组成（见图18.8）。

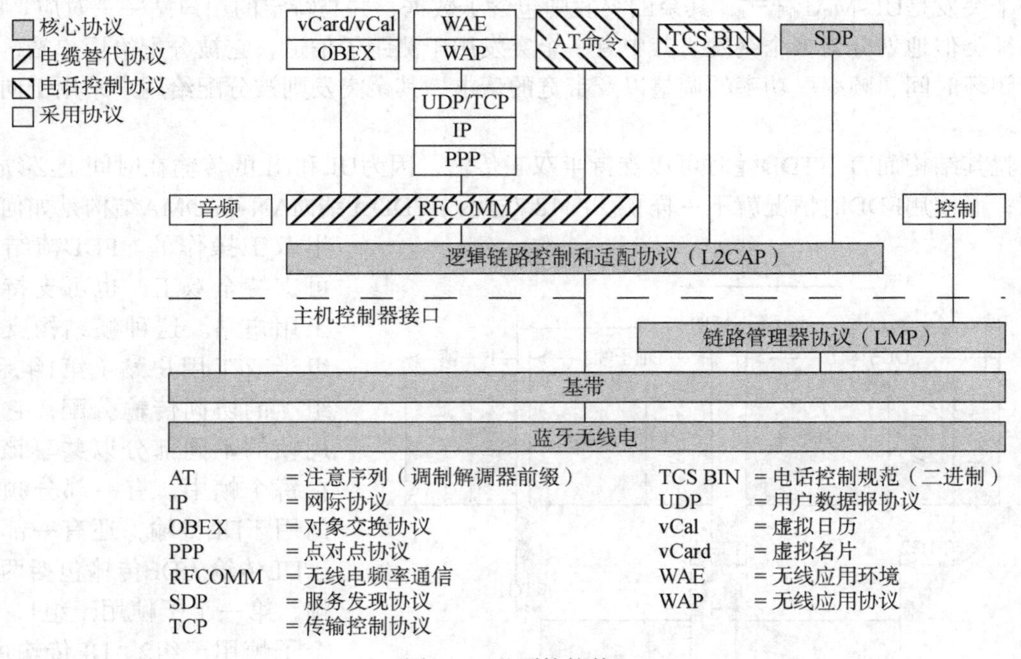

图18.8 蓝牙协议栈

核心协议（core protocol）形成了一个5层的堆栈，其组成如下所示。

- **无线电** 规定空中接口的细节，包括频率、跳频的使用、调制方案以及发射功率。
- **基带** 与蓝牙微网（piconet）内部连接的建立、寻址、分组格式、时序关系以及功率控制有关。
- **链路管理协议（LMP）** 负责蓝牙设备之间的链路建立以及持续的链路管理，包括诸如身份验证和加密等安全方面的问题，以及对基带分组大小的控制和协商。

- **逻辑链路控制和适配协议（L2CAP）** 实现上层协议与基带层之间的适配。L2CAP提供了无连接的和面向连接的两种服务。
- **服务发现协议（SDP）** 允许查询设备信息、服务以及服务特征，以便在两个或多个蓝牙设备之间建立连接。

在蓝牙规范中，**电缆替代协议**（cable replacement protocol）是RFCOMM。RFCOMM提出一种虚拟串口，其设计目的是尽可能透明地替代电缆技术。串行端口是计算和通信设备上最常见的一种通信接口，因此RFCOMM能够通过最小化地修改现有设备来实现对串行端口电缆的替代。RFCOMM提供二进制数据传输，并在蓝牙基带层上模拟EIA-232控制信号。EIA-232（原名为RS-232）是一种被广泛应用的串行端口接口标准。

蓝牙还指定了一个**电话控制协议**（telephony control protocol）。TCS BIN（电话控制规范–二进制）是一种面向比特的协议，它定义了在蓝牙设备之间建立话音和数据呼叫的呼叫控制信令。此外，它还定义了一些移动管理过程，用于处理蓝牙TCS设备组的操作。

采用协议（adopted protocol）是指在其他标准制定机构发布的规范中定义并被纳入蓝牙整体体系架构中的协议。蓝牙的策略是尽可能使用现有标准，只创造必要的协议。采用协议如下所示。

- **PPP** 点对点协议是通过点对点链接运输IP数据报的因特网标准协议。
- **TCP/UDP/IP** 它们是TCP/IP协议族（如第4章所述）的基础协议。
- **OBEX** 对象交换协议是由红外数据协会（IrDA）为对象的交换而制定的会话层协议。OBEX提供类似于HTTP的功能，但形式更简单。它还提供了一个用于表示和操作对象的模型。通过OBEX传输的内容格式的例子包括vCard和vCalendar，它们分别提供了电子名片和个人日历事项及日程安排信息的格式。
- **WAE/WAP** 蓝牙将无线应用环境以及无线应用协议整合至其体系结构中。

18.3.2 微网和分布网

蓝牙的设计是为了在多用户环境下运行。在一个称为**微网**（piconet）的小型网络中，最多可以有8台设备相互通信。在蓝牙无线电覆盖的同一区域内可共存的微网数量为10个。为了保障其安全性，每条链路都要经过编码和保护，以防止窃听及干扰。蓝牙微网由1个主站与1 ~ 7个活跃的从站组成。主站在确定信道（跳频序列）和相位（定时偏移，即何时发送）的同时，也就指派了此蓝牙微网中所有设备必须使用的无线电。主站利用自己的设备地址作为参数来确定无线电的指派，而从站必须调谐到相同的信道和相位。从站可能仅允许与主站通信，也可能仅在主站获准的情况下进行通信。一个微网中的设备也可能作为另一个微网中的成员而存在，并且在这些微网中它既可以是主站，也可以是从站（见图18.9）。这种形式的重叠称为**分布网**（scatternet）。图18.10将微网/分布网体系结构与其他形式的无线网络进行了比较。

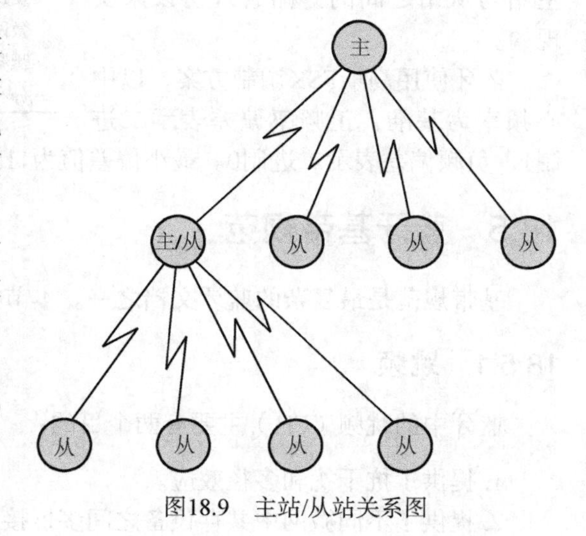

图18.9　主站/从站关系图

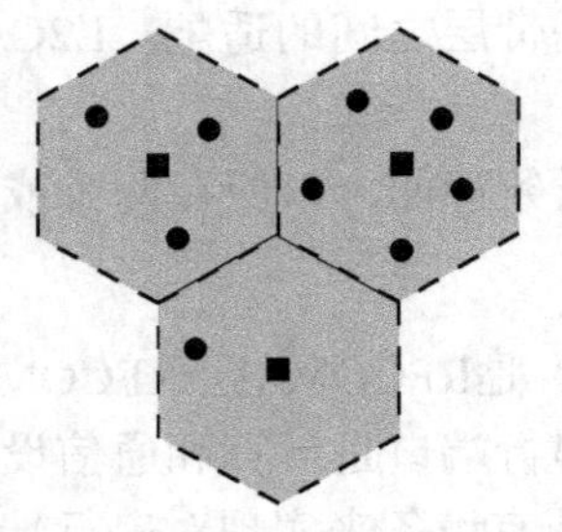

（a）蜂窝系统（方块代表固定基站）

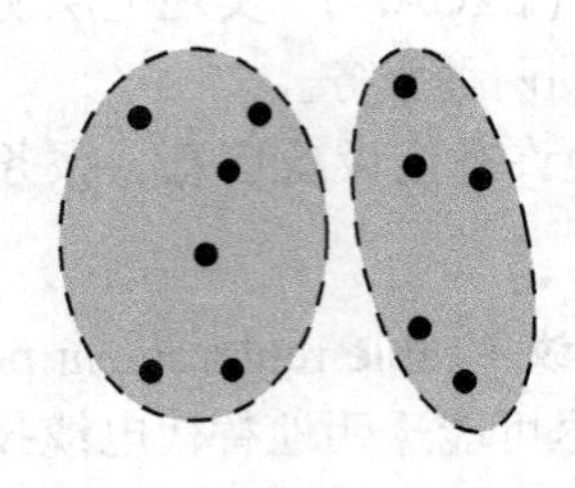

（b）传统的无线自组网络系统

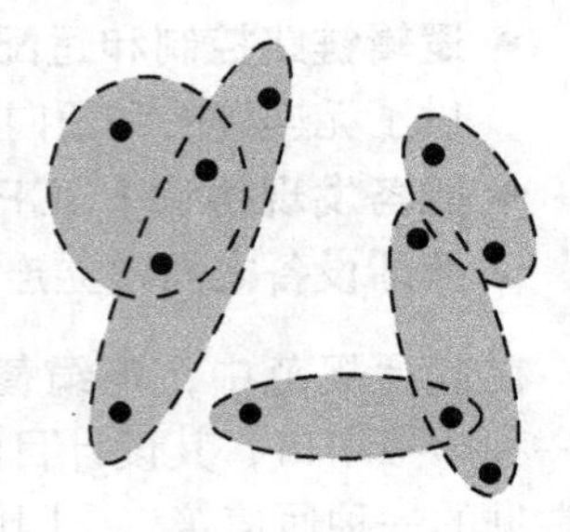

（c）分布网

图18.10　无线网络配置

微网/分布网方案的优点在于它允许多个设备共享同一个物理区域，并能有效地利用带宽。蓝牙系统采用具有1 MHz载波间隔的跳频机制。一般情况下，80 MHz的总带宽可用于最多80个不同的频率。如果不使用跳频，一个信道就对应一个1 MHz频段。如果使用跳频，则逻辑信道由跳频序列来定义。在任何给定时间，可用的带宽都是1 MHz，且最多有8个设备共享此带宽。不同的逻辑信道（不同的跳频序列）可以同时共享80 MHz带宽。如果处于不同逻辑信道上的不同微网中的设备恰巧在同一时间使用了相同的跳频频率，则会发生冲突。当某一区域内微网数量不断增加时，冲突次数也会随之增加，并带来性能上的降低。总之，分布网共享了物理面积和总带宽，而微网共享了逻辑信道和数据传输。

18.4　蓝牙无线电规范

蓝牙无线电规范是一个简短的文件，它给出了蓝牙设备无线传输的基本细节。其中一些关键参数汇总于表18.4。

表18.4　蓝牙无线电与基带参数

拓扑结构	以逻辑星形结构链接，同时最多容纳7条链路
调制方案	GFSK
峰值数据率	1 Mbps
射频带宽	220 kHz (–3 dB)，1 MHz (–20 dB)
射频频带	2.4 GHz，ISM频段
射频载波	23/79
载波间距	1 MHz
发送功率	0.1 W
微网接入	FH-TDD-TDMA
跳频频率	1600跳每秒
分布网接入	FH-CDMA

蓝牙使用ISM（工业、科学和医疗）频段内的2.4 GHz频带。在大多数国家，此带宽足以定义79个1 MHz的物理信道。功率控制使得设备不会发射任何超出实际需要的射频功率。在一个微网中，功率控制算法是通过使用主站与从站之间的链路管理协议来实现的。

蓝牙使用高斯FSK调制方案，以中心频率为基准，正频率偏差表示二进制1，负频偏差表示二进制0。最小偏差值为115 kHz。

18.5　蓝牙基带规范

基带规范是最复杂的蓝牙文档之一。本节将概述其重点内容。

18.5.1　跳频

蓝牙中的跳频（FH）主要有两个目的：

1. 提供了抗干扰和多径效应。
2. 提供了不同微网中共存设备之间多址接入的一种形式。

跳频方案的工作原理如下。总带宽被划分为79个（在几乎所有国家）物理信道，每个信道的带宽为1 MHz。跳频的产生就是以伪随机序列从一个物理信道跳跃到另一个物理信道。一个微网中的所有设备共享相同的跳频序列，我们称为**跳频信道**（FH channel）[①]。跳频率为每秒1600跳，因此每个物理信道被占用的时间为0.625 ms。每0.625 ms的时间段称为一个时隙，并且被顺序编号。

蓝牙无线电通信采用时分双工（TDD）原理。因为有两个以上的设备共享蓝牙微网媒体，所以其接入技术是TDMA。因而微网接入可被表示为FH-TDD-TDMA。图18.11描绘了这种技术。在该图中，k表示时隙号，而$f(k)$是在时隙周期k所选的物理信道。

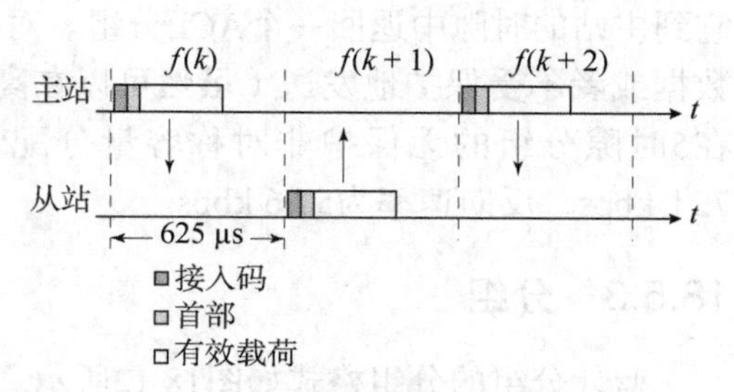

图18.11　跳频时分双工

分组的传输起始于某个时隙的开始。需要1个、3个或5个时隙长度的分组是被允许的。对于多时隙分组，无线电将保持在相同的频率，直至整个分组被完全发送。在多时隙分组后面紧接的时隙中，无线电返回到其所需跳变序列的频率，因而使得传输过程中有2个或4个跳频被略过。

使用TDD可以防止无线电收发信机端的发送和接收操作之间的串扰，如果必须使用单芯片来完成发送和接收，它就是必需的。注意，因为发送和接收发生在不同的时隙中，所以使用的是不同的频率。

跳频序列由蓝牙微网中的主站来决定，它是主站蓝牙地址的一个函数。为了生成伪随机跳变序列，就要使用涉及排列和异或（XOR）操作的相当复杂的数学运算。

由于同一区域内的不同蓝牙微网具有各自不同的主站，所以它们使用的是不同的跳频序列。因此在大部分时间内，同一区域不同微网的两个设备之间的传输将处在不同的物理信道上。偶尔会有两个微网在同一时隙使用相同物理信道的情况，从而导致了冲突以及数据的丢失。不过，这种事不会经常发生，所以使用前向纠错和差错检测/ARQ技术就能很好地解决这个问题。因此，同一个分布网中不同微网的设备之间使用某种形式的码分多址（CDMA），我们称之为FH-CDMA。

18.5.2　物理链路

在主站和从站之间可以建立如下两种类型的链路。

- **同步面向连接（synchronous connection oriented，SCO）**　主站分配固定的带宽与某从站之间进行点对点连接。主站以固定间隔预留时隙以维持该SCO链路。预留的基本单位是两个连续的时隙（每个传输方向各一个）。主站最多可同时支持3条SCO链路，从站则可支持2条或3条SCO链路。SCO分组永远不会被重传。
- **异步无连接（asynchronous connectionless，ACL）**　主站与微网中的所有从站之间的点对多点链路。对于未被预留给SCO链路的时隙，主站可与任何从站单时隙交换分组，包括已经有一条SCO链路的从站。只能存在一条ACL链路。分组重传应用于大多数ACL分组。

① 在蓝牙文档中并未使用术语FH信道，此处引入这个术语是为了描述得更清晰。

SCO链路主要用于交换需要保证数据率但不保证送达且具有时限的数据。其中的一个例子是对数据丢失具有天生耐受性的数字编码音频数据，这在蓝牙配置中很常见。通过预留特定数量的时隙就能实现保证的数据率。

ACL链路提供了一种分组交换式的连接。它不可能预留带宽，且保证交付是通过差错检测和重传实现的。当且仅当从站在上一个由主站到从站的时隙中被指明，该从站才被允许在它到主站的时隙中返回一个ACL分组。对于ACL链路，定义了1时隙、3时隙和5时隙的分组。数据或者不受保护地发送（虽然可以在高层中使用ARQ），或者使用2/3前向纠错码的保护。在5时隙分组的无保护非对称容量分配情况下，可达到最大数据率，此时的前向速率为721 kbps，反向速率为57.6 kbps。

18.5.3 分组

蓝牙分组的分组格式如图18.12所示。它包含了以下3个字段。

- **接入码** 用于时序同步、偏移补偿、寻呼和查询。
- **首部** 用于标识分组类型，并携带协议控制信息。
- **有效载荷** 如果存在，则包含用户的语音或数据以及有效载荷首部。而在大多数情况下，只有有效载荷首部。

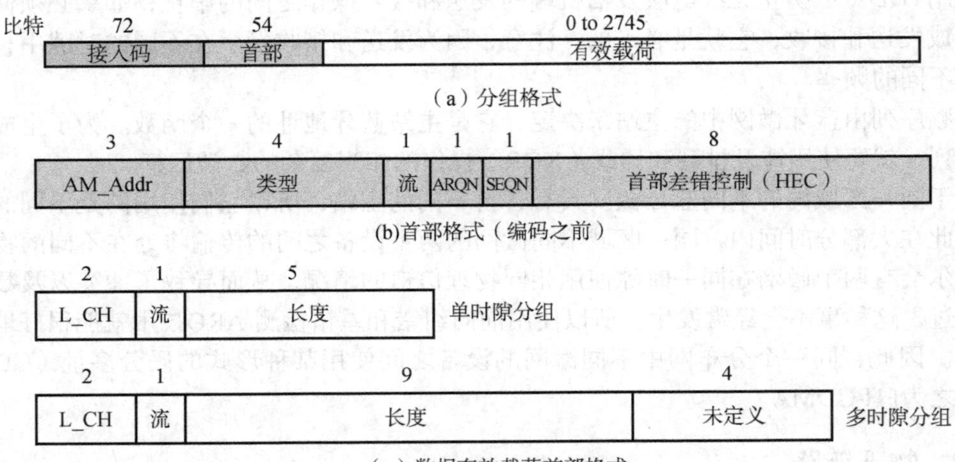

图18.12 蓝牙基带格式

通用蓝牙分组首部格式如图18.12(b)所示。它由如下6个字段组成。

- **AM_ADDR** 3比特的AM_ADDR字段包含了从站的“活跃模式”地址（在此微网中分配给该从站的临时地址）。由主站到从站的传输包含的是该从站的地址，而来自从站的传输则包含从站自己的地址。0值保留为微网中由主站到所有从站的广播地址。
- **类型（Type）** 用于识别分组的类型。SCO和ACL链路为控制分组保留了4种类型代码。其余类型的分组用于传送用户信息。对于SCO链路，HV1，HV2和HV3分组携带64 kbps的话音。它们的区别在于所提供的差错保护程度不同，从而决定了分组发送的频度，以便维持64 kbps的数据率。DV分组承载话音和数据。对于ACL链路，一共定义了6种不同的分组，它们与DM1分组一起承载不同差错保护程度和不同数据率的用户数据。这两种物理链路另外还有一个通用的常见分组类型，它仅包含接入码，固定长度为68比特（不包括尾部），这种分组称为ID分组，用于查询和接入过程。

- **流（Flow）** 提供了1比特的流控制机制，仅用于ACL通信量。在收到带有Flow = 0的分组时，接收该分组的站点必须暂时停止此链路上的ACL分组的传输。当接收到Flow = 1的分组时，传输可以恢复。
- **ARQN** 提供了1比特的确认机制，用于受CRC保护的ACL通信量。如果接收成功，则返回ACK（ARQN = 1），否则返回NAK（ARQN = 0）。如果未接收到确认的相关消息，则隐含NAK之意。如果接收NAK，则相关分组被重发。
- **SEQN** 提供1比特的顺序编号机制。传输分组被交替标志为1或0，其目的是为了让终点对重传的分组进行辨认，因为如果是由于一个失败的ACK而发生的重传，那么终点会接收到两个相同的分组。
- **首部差错控制（HEC）** 用于保护分组首部的8比特差错检验码。

对于某些分组类型，基带规范还定义了有效载荷字段的格式。话音有效载荷不包括有效载荷首部的定义。所有ACL分组以及SCO DV分组中的数据部分都有首部定义。对于数据有效载荷，其格式由如下3个字段构成。

- **有效载荷首部** 为单时隙分组而定义的8比特首部，以及为多时隙分组而定义的16比特首部。
- **有效载荷主体** 包含了用户信息。
- **CRC** 16比特的CRC码，用于除了AUX1分组之外的所有数据有效载荷。

如果存在有效载荷首部，则该首部由以下3个字段组成，如图18.12(c)所示。

- **L_CH** 用于标识逻辑信道（随后描述）。其选项包括：LMP消息（11）；无分片L2CAP消息或分片L2CAP消息的开始（10）；分片L2CAP消息的后续（01）；其他消息（00）。
- **流（Flow）** 用于L2CAP流控制。提供了与ACL通信量分组首部中的Flow字段相同的开关机制。
- **长度** 有效载荷中数据的字节数，不包括有效载荷首部及CRC。

18.5.4 纠错

蓝牙在基带级采用以下3种纠错方案：

- 1/3编码率的FEC（前向纠错）
- 2/3编码率的FEC（前向纠错）
- ARQ（自动重发请求）

这几种纠错机制的设计是为了满足一些相互矛盾的需求。纠错机制首先必须足以应付本质上不可靠的无线链路，但同时也必须是精简高效的。

1/3编码率的FEC用于18比特的分组首部，也用于HV1分组的话音字段。这种机制就是简单地为每一比特发送3个副本。它使用了“大多数”逻辑：每一个接收了3次的比特用其接收到的次数最多的值来映射。

2/3编码率的FEC用于所有DM分组、DV分组的数据字段、FHS分组以及HV2分组。编码器采用参数(15, 10)的汉明码。此编码可以纠正所有单比特差错，并能检测出每个码字的所有双比特差错。

ARQ机制用于DM和DH分组以及DV分组的数据字段。这种机制类似于数据链路控制协议（见第7章）中使用的ARQ机制。

蓝牙采用的是称为快速ARQ的机制，它利用了这样一个事实：主站和从站分别在交替的时隙进行通信。图18.13描绘的就是这种技术。当一个站点接收到分组时，它利用16位的CRC判断是否有差错发生。如果有差错发生，那么首部中的ARQN位被设置为0（NAK）。如果没有检测到差错，则ARQN被设置为1（ACK）。当站点接收到NAK时，它将重传前一个时隙发送的分组，并在分组首部中使用相同的1比特的SEQN值。通过这种技术，在传输失败的情况下，发送方将在下一个时隙即被告知，如是则重传。使用1比特的序号和及时的分组重传可以最小化开销并最大化响应度。

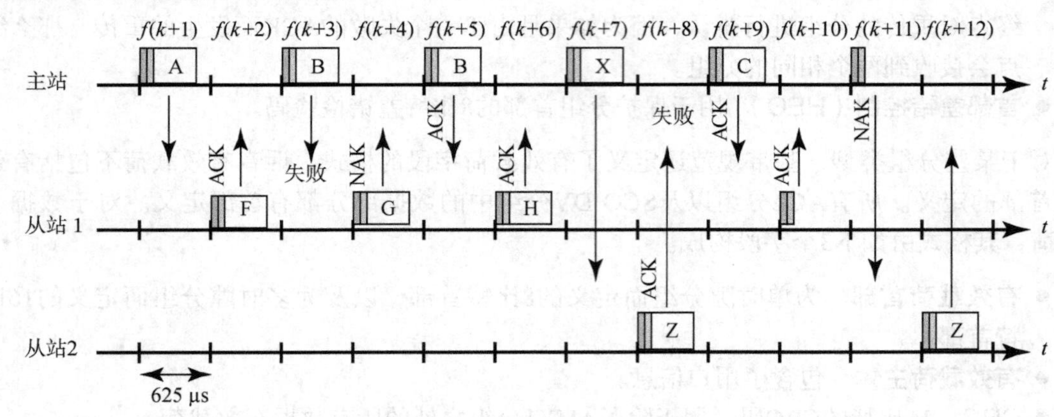

图18.13 重传操作举例

18.5.5 逻辑信道

蓝牙定义了5种类型的逻辑数据信道，分别用于承载不同类型的负载通信量。

- **链路控制（link control，LC）** 用于管理通过链路接口的分组流。链路控制信道被映射在分组首部中。这个信道携带低级别链路控制信息，例如ARQ、流量控制以及有效载荷特征。除ID分组之外的每个分组都承载了链路控制信道。ID分组没有分组首部。
- **链路管理器（link manager，LM）** 用于运送相关站点之间的链路管理信息。这个逻辑信道支持链路管理协议（LMP）通信量，并且可以通过同步面向连接或者异步无边接链路承载。
- **用户异步（user asynchronous，UA）** 携带异步用户的数据。这个信道通常由异步无连接链路承载，但也可以通过同步面向连接链路上的DV分组承载。
- **用户等时（user isochronous，UI）** 携带等时用户的数据①。该信道通常由异步无连接链路承载，但可以通过同步面向连接链路上的DV分组承载。在基带级，用户等时信道以与用户异步信道相同的方式处理，用来提供等时属性的定时功能由高层负责。
- **用户同步（user synchronous，US）** 携带同步用户的数据。此信道由同步面向连接链路承载。

18.5.6 蓝牙音频

基带规范指明可使用两种话音编码机制：脉冲编码调制（pulse code modulation，PCM）或连续可变斜率增量（continuously variable slope delta，CVSD）调制。由两个通信设备的链路管理器来选择具体使用何种机制，它们会就最适合该应用的机制进行协商。

① 术语“等时”指的是在预知的周期时间内重复出现的数据块。

脉冲编码调制在第5章中已讨论过。CVSD是增量调制（DM）的一种形式，增量调制也在第5章中讨论过。回想一下，使用增量调制时，由一个阶梯函数在每个采样时隙（T_s）增加或降低一个量化电平（δ）来近似其模拟输入。因此，增量调制过程的输出就是将每个采样表示为一个二进制数字。在本质上讲，它产生的比特流近似的是模拟信号的导数，而不是其幅度。如果在下一个时隙该阶梯函数上升，则生成1，否则生成0。

正如我们曾经讨论过的，在增量调制方案中存在两种形式的差错：量化噪声和斜率过载噪声。当波形变化非常缓慢时会发生量化噪声，而当波形变化很快时又会产生斜率过载噪声（见图5.20）。CVSD的设计旨在通过使用可变的量化电平来尽量减少这两种类型的误差，它在波形变化缓慢时使用较小的量化电平，在波形变化较快时使用较大的量化电平（见图18.14）。通过对K个最近输出比特的关注来监视其斜率，结果得到的编码机制要比脉冲编码调制的抗比特差错能力强，同时又比增量调制的抗量化和斜率过载差错能力更强。

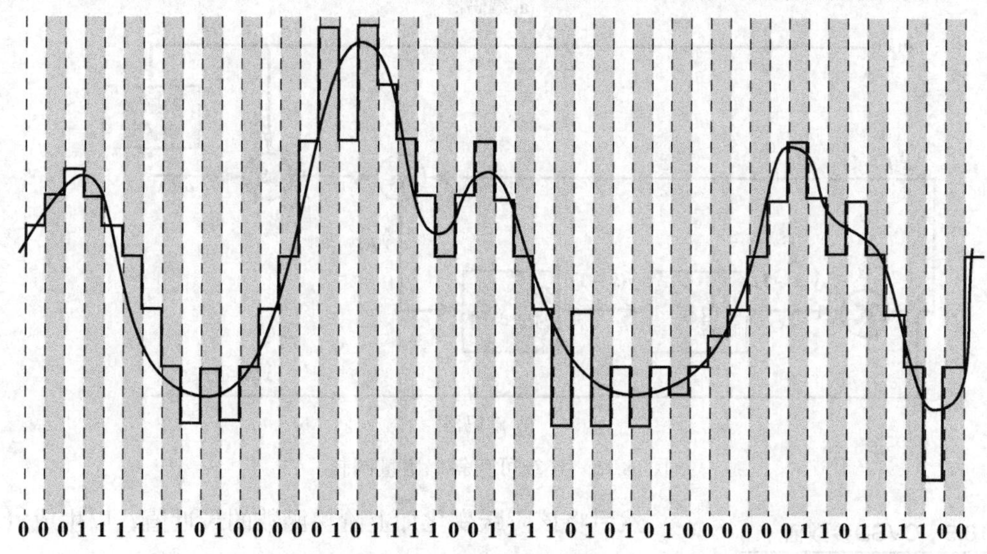

图18.14　连续可变斜率增量调制举例

图18.15描绘了CVSD的编码和解码过程（与图5.21相比较）。与增量调制一样，二进制的输出被转换成一个阶梯函数，这个函数尽可能地贴近原始波形。编码时的过程如下：编码器的输入是64 kbps的脉冲编码调制，在每次取样时，将脉冲编码调制的输入$x(k)$与近似阶梯函数的最近值$\hat{x}(k-1)$相比较。比较器$b(k)$的输出定义为

$$b(k)=\begin{cases}1, & x(k)-\hat{x}(k-1)\geqslant 0\\ -1, & x(k)-\hat{x}(k-1)<0\end{cases}$$

为了传输，这些数字被表示为符号比特（负数映射为二进制1；正数映射为二进制0）。输出$b(k)$用于产生阶梯函数的下一个幅度$\delta(k)$，定义如下：

$$\delta(k)=\begin{cases}\min\left[\delta_{\min}+\delta(k-1),\delta_{\max}\right], & \text{若最后 } k \text{ 个输出比特中至少有 } J \text{ 个是相同的}\\ \max\left[\beta\times\delta(k-1),\delta_{\min}\right], & \text{其他}\end{cases}$$

表18.5给出了这些参数的默认值。上面这个定义的效果如下：如果波形变化很快（最近的K个阶跃中至少有J个方向相同），则说明阶跃变化的幅度$\delta(k)$应以线性方式每次增加一个恒量$\delta_{\min}$，直至某个最大幅度值$\delta_{\max}$。另一方面，如果该波形的变化不快，那么阶跃变化的幅度则以β为衰减因子（decay factor）逐渐衰减，直至最小值$\delta_{\min}$。阶跃变化的符号由输出$b(t)$的符号决定。

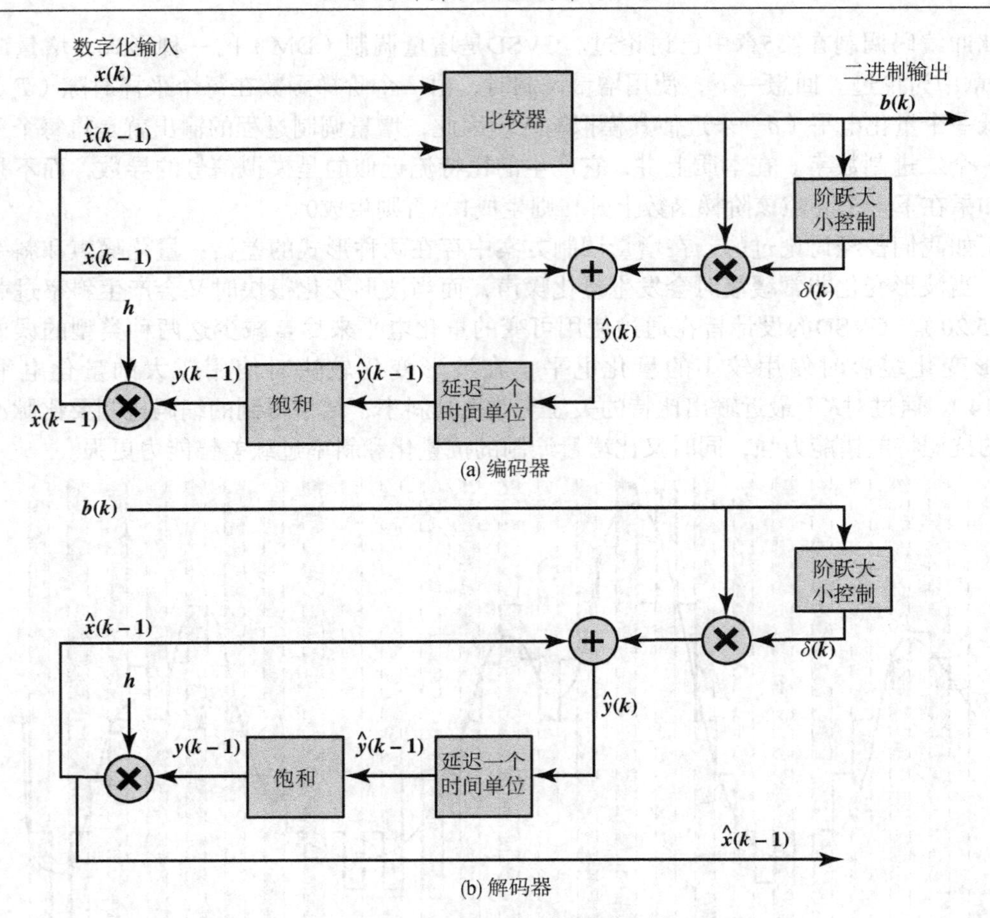

图18.15 连续可变斜率增量调制

表18.5 CVSD参数值

参数	值
h	$1-\frac{1}{32}=0.96875$
β	$1-\frac{1}{1024}\approx 0.999$
J	4
K	4
δ_{min}	10
δ_{max}	1280
y_{min}	–215或–215+1
y_{max}	215–1

然后将该阶跃变化加上阶梯函数的最近值，以生成$\hat{y}(k)$。

$$\hat{y}(k) = \hat{x}(k-1) + b(k)\delta(k)$$

接着这个值被延迟一个采样时间，得到$\hat{y}(k-1)$。然后再应用一个饱和函数，其定义如下：

$$y(k-1) = \begin{cases} \min[\hat{y}(k-1), y_{max}], & \hat{y}(k-1) \geqslant 0 \\ \max[\hat{y}(k-1), y_{min}], & \hat{y}(k-1) < 0 \end{cases}$$

其中，y_{min}和y_{max}是用于编码器的负饱和值和正饱和值，目的是限制阶梯函数的总范围。

最后，$y(k-1)$乘以衰减因子h，得到波形估计值$\hat{x}(k-1)$。在输入没有剧烈变化的情况下，衰减因子决定了CVSD解码器的输出返回到零的快慢程度。

18.6 蓝牙逻辑链路控制及自适应协议

与IEEE 802规范中的逻辑链路控制（LLC）类似，逻辑链路控制及自适应协议（Logical Link Control and Adaptation Protocol，L2CAP）提供了跨共享媒体网络的实体之间的链路层协议。与LLC一样，L2CAP提供多项服务，并且依赖于低层（在此处就是指基带层）进行流量和差错控制。

L2CAP采用ACL链路，也就是说它不提供对SCO链路的支持。通过使用ACL链路，L2CAP为上层协议提供如下两种可供选择的服务。

- **无连接服务** 这是一种可靠的数据报式服务。
- **连接模式服务** 这种服务类似于由HDLC提供的服务。在两个交换数据的用户之间建立一条逻辑连接，并提供流量控制和差错控制。

根据这两种服务，L2CAP提供了如下3种类型的逻辑信道。

- **无连接** 支持无连接服务。每个信道都是单向的。此类信道通常用于由主站到多个从站的广播。
- **面向连接** 支持面向连接的服务。每个信道都是双向的（全双工）。服务质量（QoS）流规范在两个方向分别配置。
- **信令** 提供L2CAP实体之间信令的交换。

与每个逻辑信道相关联的是信道标识符（channel identifier，CID）。对于面向连接的信道，信道两端各自分配得到一个唯一的CID，以识别不同的连接，并将其与两端的L2CAP用户相关联。无连接信道用CID值2来识别，信令信道用CID值1来识别。因此，在主站和任何从站之间，只可能有一条无连接的信道和一条信令信道，但允许有多条面向连接的信道。

L2CAP的一个重要组成是提供了服务质量（QoS）。根据RFC 1363，L2CAP的QoS参数定义了通信量的流规范①。实际上，**流规范**就是指明发送器试图达到的性能水平的一组参数。当这个选项出现在"配置请求"（Configuration Request）中时，描述的是从发送请求的设备到接收该请求的设备的外出流量。当这个选项出现在"正"配置响应（Configuration Response）中时，描述的是从发送该响应的设备的角度看到的传入流量协约。当这个选项出现在"负"配置响应中时，描述的是对发送响应的设备而言的传入流量协约。

流规范包含以下几个参数：

- 服务类型
- 权标速率（Bps）
- 权标桶大小（B）
- 峰值带宽（Bps）
- 时延（μs）
- 时延变化（μs）

服务类型（service type）参数指示了流的服务水平。0值表示这个信道上没有通信量传输。1值表示尽最大努力的服务，也就是说该设备将尽可能快地传输数据，但没有性能上的保证。2值表示保证的服务。发送方将遵守其他QoS参数的约定来发送数据。

权标速率（token rate）和**权标桶大小**（token bucket size）参数定义了一种经常会出现在QoS规范中的权标桶机制。这种机制的优点是能够简洁地描述接收方预期的峰值及平均通信量负载，并且它还提供了一种很方便的机制，通过这种机制，发送方能够实施通信流量的策略。权标桶机制将在第20章中描述。

对于L2CAP，以上两个参数的值若都为0，则意味着该应用不需要且未使用权标机制。两个值同时为1则被认为是通配符。对于尽最大努力的服务，这两个通配符分别表示请求者

① RFC 1363，建议的流规范，1992年9月。

希望得到尽可能快的权标速率和尽可能大的权标桶。对于保证的服务，这两个通配符分别表示了在请求时可用的最大数据率和权标桶大小。

峰值带宽（peak bandwidth）以Bps为单位，它限制了一个应用连续发送分组的速度，而某些中间系统则可利用此信息得到更有效的资源分配。想想看，即使权标桶是满的，这个流仍然有可能发送相当于权标桶大小的后续分组序列。如果这个权标桶的尺寸较大，后续分组的到来就有可能超出接收者的能力。为了控制这种情况，最大传输速率对应用程序把分组连续送入网络的速度加以限制。

时延（latency）以μs为单位，指从发送方发出1比特到该比特开始在空中传输之间的最大可接受时延。

时延变化（delay variation）以μs为单位，是指分组将要体验的最大和最小可能时延之间的差值。这个值被应用程序用于判断接收端所需的缓冲空间大小，以便恢复数据的原始传输样式。如果接收方应用程序要求被交付的数据必须与该数据在发送时的样式相同，接收主机就必须将接收到的数据暂时缓存起来，才能恢复原来的传输样式。其中的一个例子是，应用程序希望发送和传输诸如话音样本这样的数据，而话音样本必须以固定的时间间隔生成和播放。接收主机愿意提供的缓冲空间的大小就决定了给定流的每个分组所允许的时延变化量。

18.7　推荐读物

[PARE12]对IEEE 802.16和WiMAX的发展历史有翔实的描述。[EKLU02]全面概述了IEEE 802.16在2002年以前的技术发展。[KOFF02]讨论的是WiMAX中的OFDM技术。阅读[HAAR00a]、[HAAR00b]和[SAIR02]可以很好地全面了解蓝牙技术。

EKLU02　Elkund, C., et al. "IEEE Standard 802.16: A Technical Overview of the WirelessMAN™ Air Interface for Broadband Wireless Access." *IEEE Communications Magazine*, June 2002.

HAAR00a　Haartsen, J. "The Bluetooth Radio System." *IEEE Personal Communications*, February 2000.

HAAR00b　Haartsen, J., and Mattisson, S. "Bluetooth—A New Low-Power Radio Interface Providing Short-Range Connectivity." *Proceedings of the IEEE*, October 2000.

KOFF02　Koffman, I., and Roman, V. "Broadband Wireless Access Solutions Based on OFDM Access in IEEE 802.16." *IEEE Communications Magazine*, April 2002.

PARE12　Pareit, D.; Moerman, I.; and Demester, P. "The History of WiMAX: A Complete Survey of the Evolution in Certification and Standardization for IEEE 802.16 and WiMAX." *IEEE Communications Surveys and Tutorials*, Fourth Quarter 2012.

SAIR02　Sairam, K.; Gunasekaran, N.; and Reddy, S. "Bluetooth in Wireless Communication." *IEEE Communications Magazine*, June 2002.

18.8　关键术语、复习题及习题

关键术语

adopted protocol　采用协议
best effort　最大努力（BE）
cable replacement protocol　电缆替代协议
extended real-time variable rate　扩展实时可变速率（ERT-VR）
asynchronous connectionless　异步无连接（ACL）
Bluetooth　蓝牙
delay variation　时延变化
extended rtPS　扩展rtPS
fixed wireless access　固定无线接入

fixed broadband wireless access 固定宽带无线接入
frequency hopping 跳频
Logical Link Control and Adaptation Protocol 逻辑链路控制及自适应协议（L2CAP）
non-real-time polling service 非实时轮询服务（nrtPS）
piconet 微网
real-time variable rate 实时可变速率（RT-VR）
service discovery protocol 服务发现协议（SDP）
TDMA burst TDMA突发
token bucket 权标桶
WiMAX WiMAX
Wireless MAN-OFDM 无线MAN-OFDM
Wireless MAN-SC 无线MAN-SC
flow specification 流规范
latency 时延
link manager protocol 链路管理器协议（LMP）
non-real-time variable-rate 非实时可变速率（NRT-VR）
real-time polling service 实时轮询服务（rtPS）
scatternet 分布网
synchronous connection oriented 同步面向连接（SCO）
telephony control protocol 电话控制协议
unsolicited grant service 主动授权服务（UGS）
wireless local loop 无线本地回路（WLL）
Wireless MAN-OFDMA 无线MAN-OFDMA

复习题

18.1 定义固定宽带无线接入。
18.2 列出并简要定义IEEE 802.16的服务类别。
18.3 列出并简要描述3个IEEE 802.16物理层选项。
18.4 在微网中，主站和从站之间的关系是什么？
18.5 怎样才能将跳频与时分双工结合起来？
18.6 列出并简要定义蓝牙基带逻辑信道。
18.7 什么是流规范？

习题

18.1 在图18.6中，DL子帧同时包含了DL-MAP和UL-MAP。为什么不把UL-MAP用作UL子帧的前导码？

18.2 用类似于图18.11的方式，为多时隙分组的使用画两幅时序图。在第一幅图中，假定该站点以一个3时隙分组开始，后面跟着两个1时隙的分组。在第二幅图中，假定该站点以一个5时隙分组开始，后面跟着一个1时隙的分组。忽略TDD，只需说明单个站点的行为。

18.3 18.5节描述了CVSD机制。假设$x(k)$的当前值是1000，$\hat{x}(k-1)$的当前值为990，且$\delta(k-1)$的当前值为30。

a. 假定最近的4个输出比特相同，计算$\hat{x}(k-1)$的下一个值。

b. 如果最近4个输出不相同，重复题a。

18.4 权标桶机制对能够以最大数据率发出的通信量在时间长度上进行了限制。假设这个权标桶的规格定义如下：权标桶大小为B字节，权标到达速率为每秒R个八位组，并假设最大输出数据率为每秒M字节。

a. 推导最大速率突发长度S的公式。也就是说，在权标桶的监管之下，一个流以最大输出速率发送数据的持续时间有多长？

b. 假设b = 250 KB，r = 2 MBps且M = 25 MBps，那么S的值是多少？

提示：S的公式可能不像看起来那么简单，因为当突发正在输出时会有更多的权标到达。

第七部分 网际互连

第19章 路由选择

学习目标

在学习了本章的内容之后，应当能够：

- 了解交换数据网络中使用的主要路由策略；
- 概述为ARPANET 开发的三代路由算法；
- 定义术语“自治系统”；
- 解释BGP的主要特点；
- 解释OSPF的主要特点；
- 比较Dijkstra算法和Bellman-Ford算法的不同之处。

在交换网络中，包括分组网络、因特网以及其他专用互联网，以及各种互联网，一个关键的设计因素就是路由选择。概括起来说，路由选择功能试图为每一对正在通信的端结点设计穿过网络的路由，以有效地利用网络。

本章首先简要概述路由选择会涉及的问题，然后研究分组交换网络中的路由选择功能，接着要介绍的是因特网中的主要路由算法。最后还要详细讨论最小代价算法，它是分组交换网络中路由选择的核心部分。

19.1 分组交换网络中的路由选择

分组交换网络设计的一个最复杂也最关键的内容就是路由选择。本节首先全面介绍用来区分不同类型的路由选择策略的主要特性。

19.1.1 特性

分组交换网络的主要功能是接受来自源点的分组，并将它们交付到终点。为了完成这项任务，必须选择一条经过网络的路径或者说路由，因为通常会有多条路由可行。因此，必须执行路由选择功能。这个功能需要做到

- 正确性
- 简洁性
- 稳健性
- 稳定性
- 公平性
- 最优性
- 高效性

这个列表中的前两项，正确性和简洁性，不用多做解释。稳健性主要强调的是网络需要在面临局部故障或超负荷时依然能够通过某些路由传递分组的能力。在理想情况下，网络能够对

此类偶发事件做出正确反应，并做到没有分组的丢失或虚电路的中断。寻求稳健性的设计者必须妥善处理它与稳定性需求之间的冲突。遗憾的是，对条件变化有积极反应的技术都带有某种倾向，不是对事件的反应太慢，就是经历从一个极端到另一个极端之间不停地摇摆。例如，网络对拥塞做出的反应可能是将一个区域的大部分负荷转移到另一个区域。此时第二个区域变为超负荷工作，而第一个区域却没有充分利用，于是引发再次转移。在这些转移过程中，分组就可能在网络中不断循环。

在公平性和最优性之间也存在相互折中的问题。某些旨在提高性能的机制，给相邻站点之间的分组交换的优先级别可能会高于给相距较远的站点之间的分组交换的优先级别。这一策略可以获得最大的平均吞吐量，但对那些主要是与远距离站点通信的站点来说则显得不公平。

最后，任何路由选择技术都会在每个结点上引入一些处理开销，而且经常还有传输开销，这两者都会影响网络的效率。基于某种合理的比较方法，此类开销带来的消极因素必须小于它所产生的积极作用，如增强了稳健性或公平性。

记住以上这些要求，我们即将开始评估各种设计要素给路由选择策略带来的影响。表19.1列出了这些要素。在划分这些类别时，某些类别之间可能有重叠部分，或者有彼此相关的部分。但无论如何，考察这张表对路由选择概念的分类和组织是有作用的。

表19.1 分组交换网络中的路由选择策略

性能评估标准	网络信息资源
跳数	无
代价	局部
时延	相邻结点
吞吐量	路由途中各结点
	所有结点
判决时间	
分组（数据报）	**网络信息更新定时**
会话（虚电路）	连续的
	周期的
判决地点	主要负荷改变
每个结点（分布式）	拓扑结构改变
中心结点（集中式）	
源结点（源点式）	

性能评估标准

通常，路由选择基于某些性能评估标准。最简单的标准是选择经过网络的最小跳数路由（途经结点的数量最少）①。这是一种很容易测量的标准，并且能够使网络资源的消耗最少。将最小跳数标准推广到一般情况，就得到了最小代价路由选择。在这种情况下，每条链路都具有一个相应的代价，并且所寻找的是任意一对与网络相连的站点之间经过网络的累积代价最小的路由。

例19.1 在图19.1所示的网络中，每对结点之间的双箭头连线表示的是结点之间的链路，而对应的数字代表了该链路在两个方向上的代价。从结点1到结点6的最短路径（最少跳数）是1–3–6（代价 = 5 + 5 = 10），但是最小代价路径是1–4–5–6（代价 = 1 + 1 + 2 = 4）。

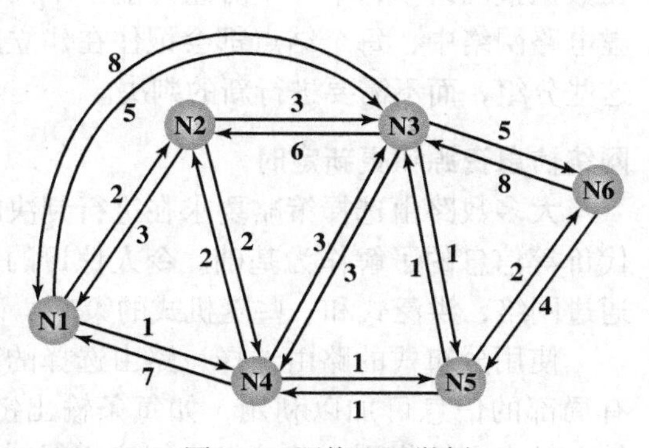

图19.1 网络配置举例

指派给各链路的代价可以用来表现一个或多个设计目标。例如，代价可以与数据率成反比关系（就是说，链路上的数据率越高，指派给链路的代价就越小），或者与链路上当前的队列时延相

① 术语“跳”（hop）在各种文献中的使用从某种程度上说并不严格。其中最常见的定义，也是我们所使用的定义是这样的：沿着一条从指定源点到指定终点的路径上的跳数，指的是数据分组沿该路径前进时将会遇到的网络结点数目（分组交换结点、ATM交换机、路由器等）。有时候，跳数的定义包括了从源点到网络之间的链路和从网络到终点之间的链路。后一种定义得到的值要比我们使用的定义得到的值大2。

关。在第一种情况下，最小代价路由可以提供最大吞吐量。而在第二种情况下，最小代价路由可以使时延达到最小。

不论是最小跳数还是最小代价方法，判断任意一对站点之间最佳路由的算法都是相对明确的，并且这两种算法的处理时间也大约一致。由于最小代价标准比较灵活，所以它比最小跳数标准更为常用。

有几种最小代价路由选择算法比较常用。将在19.4节中介绍。

判决时间和地点

路由选择的判决是依据某些性能评估标准而得到的。这种判决的两个主要属性分别是进行判决的时间和地点。

路由选择是基于分组的还是基于虚电路的，这个问题决定了判决时间。如果网络内部操作是数据报，那么网络将会对每个分组独立地进行路由选择的判决。对于内部虚电路操作，则在建立虚电路的时候进行路由选择判决。在最简单的情况下，所有使用该虚电路的后继分组将沿着相同的路由前进。而在比较复杂的网络设计中，网络可能会对变化的条件做出响应，从而动态地改变为某一条虚电路分配的路由（例如，部分网络超负荷或出现故障）。

"判决地点"这个术语指的是应当由网络中的哪一个或哪一些结点来负责路由选择的判决。最常见的是分布式路由选择。此时，每个结点都有责任为到达该结点的分组选择一条输出链路。对于集中式路由选择，这个判决是由某些设定的结点执行的，如网络控制中心。后一种方法的危险之处在于，网络控制中心的失控会使整个网络的操作受阻。分布式方法可能较为复杂一些，但也更加稳健。在某些网络中还使用了第三种可选方法，就是源路由选择。在这种情况下，路由选择的判决实际上是由源站而不是网络结点执行的，然后再将这个判决传达到网络。这样做是为了让用户能够指定一条穿过网络的路由，从而满足了该用户本地所要求达到的标准。

判决时间和判决地点是相互独立的设计变量。例如，在图19.1中，假设判决地点是每个结点，且图中标出的数值是给定时刻的代价，这个代价可能会随时间改变。如果分组需要从结点1传递到结点6，那么它可能沿着路由1-4-5-6前进，该路由的每一段都是由传输该分组的结点进行局部判决得到的。现在这些数值改变了，使得1-4-5-6不再是最佳路由。那么，在数据报网络中，下一个分组可能沿不同的路由前进，并且仍然由沿途各结点进行判决。在虚电路网络中，每个结点都会记住在建立虚电路时做出的路由选择判决，并且仅仅继续传递这些分组，而不需要进行新的判决。

网络信息资源和更新定时

大多数路由选择策略要求在进行判决时，应以对网络的拓扑结构、通信量负荷以及链路代价等信息的了解作为基础。令人惊讶的是，有些策略并没有使用这些信息，也能够让分组通过网络，洪泛式和一些随机式的策略（讨论见后）就属于这种类型。

使用分布式的路由选择，路由选择的判决是由各结点完成的，而这些单个结点可能只拥有局部的信息可加以利用，如每条输出链路的代价等。每个结点还可能从相邻（直接连接的）结点上搜集到一些信息，如该相邻结点所经受的拥塞程度等。最后，还有一些通用的算法，允许结点从它感兴趣的任何一条潜在路由上的所有结点中获取信息。在集中式路由选择情况下，中心结点通常要利用从所有结点上获取的信息。

与此相关的一个概念是信息更新定时，它是信息资源和路由选择策略两者的函数。显然，如果没有可以利用的信息（如在洪泛式中），也就不存在信息的更新。如果只需要利用本地信息，那么这种信息的更新从本质上讲就是连续性的，也就是说，结点个体总是了解自己的本地条件。对于其他所有的信息资源类别（相邻结点、所有结点），更新定时取决于路由选择策略。使用固定式策略，信息永远不需要更新。使用自适应式策略，信息需要经常更新，使路由选择判决能够适应变化的条件。

可以想象，如果有用的信息越多，更新的频率就越快，网络就更有可能做出良好的路由选择判决。而另一方面，这些信息的传输会消耗网络资源。

19.1.2　路由选择策略

为了满足分组交换网络中的路由选择需求，已逐渐发展出大量的路由选择策略。这些策略中有许多还应用在互联网的路由选择上，我们将在第五部分中对此加以讨论。这一节将概要讨论4种主要的策略：固定式、洪泛式、随机式和自适应式。

固定式路由选择

固定式路由选择为网络中的每一对源结点和目的结点选择一条永久的路由。可以使用19.4节描述的两种最小代价路由选择算法之一。这些路由是固定的，仅仅在网络拓扑结构发生改变时，它们才有可能改变。因此，在设计路由时使用的链路代价不可能是基于诸如通信量等的动态变量。不过它们可以基于预期的通信量或容量。

例19.2　图19.2指出了如何为图19.1描绘的网络实现固定式路由选择，其中相关的链路代价如图19.1所示。需要创建一个中心路由选择矩阵，它可能保存在网络的控制中心。该矩阵指出每一对源结点和目的结点的路由途中的下一个结点标识。

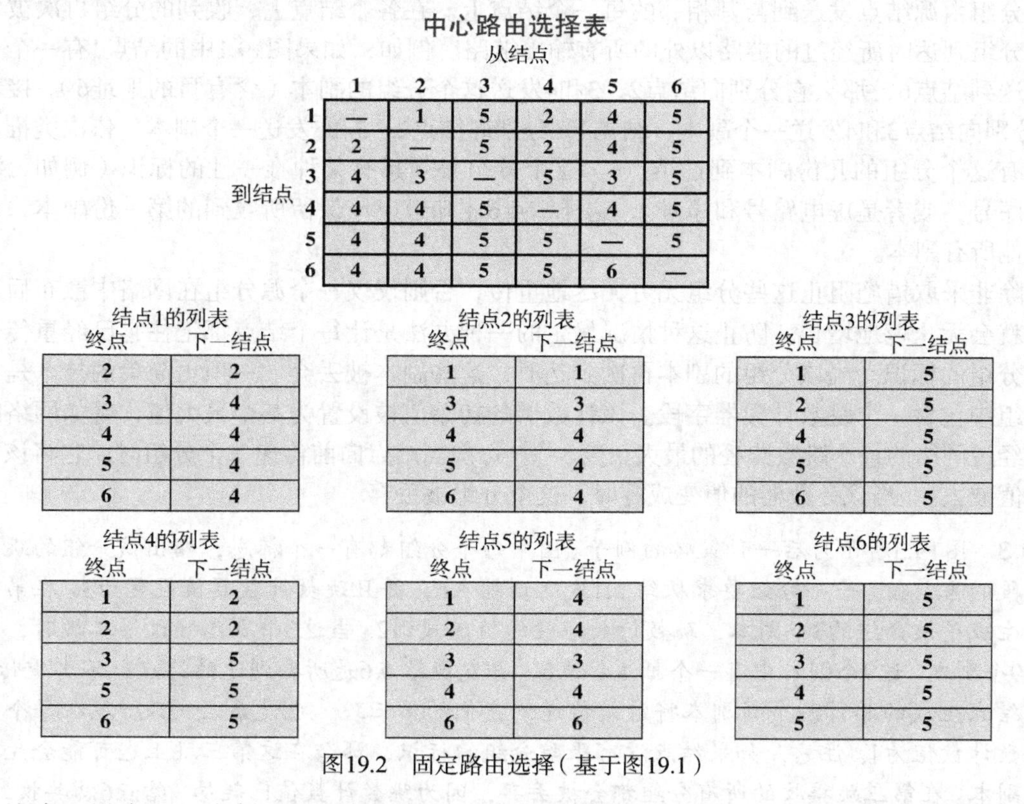

中心路由选择表

到结点 \ 从结点	1	2	3	4	5	6
1	—	1	5	2	4	5
2	2	—	5	2	4	5
3	4	3	—	5	3	5
4	4	4	5	—	4	5
5	4	4	5	5	—	5
6	4	4	5	5	6	—

结点1的列表

终点	下一结点
2	2
3	4
4	4
5	4
6	4

结点2的列表

终点	下一结点
1	1
3	3
4	4
5	4
6	4

结点3的列表

终点	下一结点
1	5
2	5
4	5
5	5
6	5

结点4的列表

终点	下一结点
1	2
2	2
3	5
5	5
6	5

结点5的列表

终点	下一结点
1	4
2	4
3	3
4	4
6	6

结点6的列表

终点	下一结点
1	5
2	5
3	5
4	5
5	5

图19.2　固定路由选择（基于图19.1）

注意，没有必要为每一对可能的结点保存完整的路由。相反，对每一对结点而言，只需要知道路由上的第一个结点标识就足够了。为了说明这一点，假设从站点X到站点Y的最小代价路由以X-A链路为起始。将剩余的路由称为R_1，它是从结点A到站点Y的一段路由。定义R_2

为从结点A到站点Y的最小代价路由。现在，如果R_1的代价大于R_2的代价，那么使用R_2来代替R_1就能够改进X-Y路由。如果R_1的代价小于R_2的代价，那么R_2就不是从结点A到站点Y的最小代价路由。因此$R_1 = R_2$。这样，在路由沿途的各结点，只需要知道下一个结点的标识，而不是完整的路由。在我们的例子中，从结点1到结点6的路由首先要经过结点4。再次参考该矩阵之后得知，从结点4到结点6的路由途经结点5。最后，从结点5到结点6是一条直接与结点6连接的链路。这样，从结点1到结点6的完整路由就是1–4–5–6。

根据这张完整的矩阵可以产生许多路由表，并保存在各个结点中。从上一段文字的推理可知，每个结点只需要保存路由选择表中的一列。结点中的列表显示的是为各终点选择的下一个结点。

使用固定式路由选择，数据报和虚电路在路由选择时没有区别。从指定源站点到指定目的站点的所有分组都沿相同的路由前进。固定路由选择的优点是它的简洁性，并且在一个具有稳定负荷的可靠网络中，它的表现良好。其缺点在于缺乏灵活性，无法对网络拥塞或故障做出反应。

固定式路由选择的一种改进办法是在表中提供一些预备的链路和结点，这样就能够向结点提供到各目的站点的可替代的下一个结点。例如，在结点1的路由表中，可替代的下一个结点也许是4，3，2，3，3。

洪泛

另一种简单的路由选择技术是洪泛。这种技术不需要任何网络信息，其工作过程如下：一个分组由源结点发送到与其相邻的每一个结点上。在各个结点上，收到的分组再次被传输到除分组到达时所经过的链路以外的所有输出链路。例如，如果图19.1中的结点1有一个分组要发送到结点6，那么它分别向结点2，3和4发送这个分组的副本（含有目的地址6）。接着结点2分别向结点3和4发送一个副本，结点4又分别向结点2，3和5发送一个副本，依次类推。最终会有这个分组的几份副本到达结点6。这个分组必须具有某种唯一性的标识（例如，源结点和序号，或者是虚电路号和序号），这样结点6才知道应该保留所收到的第一份副本，而丢弃其他所有副本。

除非采取措施阻止这些分组无穷无尽地重传，否则仅仅一个源分组在网络中散布后，其数量就会无止境地增长。防止这种情况发生的一种办法是让每个结点都记住它已经重传过的那些分组的标识。当该分组的副本再次到达时，这些副本被丢弃。一项更简单的技术是在每个分组中包含一个跳数计数器字段。该计数器的初始值被设置为某个最大值，譬如网络的直径（经过网络的最小跳数路径的最大长度）[①]。每次当结点向前传递一个分组时，它将该计数器的值减去1。当该计数器的值变成零时，这个分组被丢弃。

例19.3　图19.3所示为后一种策略的例子。图中每个分组都有一个标志，指出该分组的跳数计数字段的当前值。一个分组要求从结点1发送到结点6，并且跳数计数器值设置为3。在第一跳时，生成了该分组的3个副本，跳数计数字段的值递减到2。当这3个副本经过第二跳时，共计生成9个副本。这9个副本中有一个抵达结点6，并发现结点6是所要到达的终点，不再重传。而其他结点生成的总计22个新副本将继续传递到它们的第三跳，也是最后一跳。现在每个分组的跳数计数值为1。注意，如果结点没有跟踪分组的标识，那么在这第三跳上也可能会生成重复的副本。在第三跳接收的所有分组都会被丢弃，因为跳数计数值已耗尽。结点6总共收到4个多余的该分组的副本。

① 对于每对附加在网络上的终端系统，有一个最小跳数路径。这种最小跳数路径的最大长度是该网络的直径。

洪泛式技术具有如下3个重要属性。

- 在源点和终点之间的所有可能路由都被尝试过。因此不论发生了什么样的链路或结点的损坏，只要源点和终点之间至少存在一条路径，那么分组必然会到达终点。
- 因为所有的路由都被尝试过，因此该分组至少有一个副本使用的是最小跳数路由到达终点。
- 所有直接或间接地与源结点相连的结点全部都被访问到。

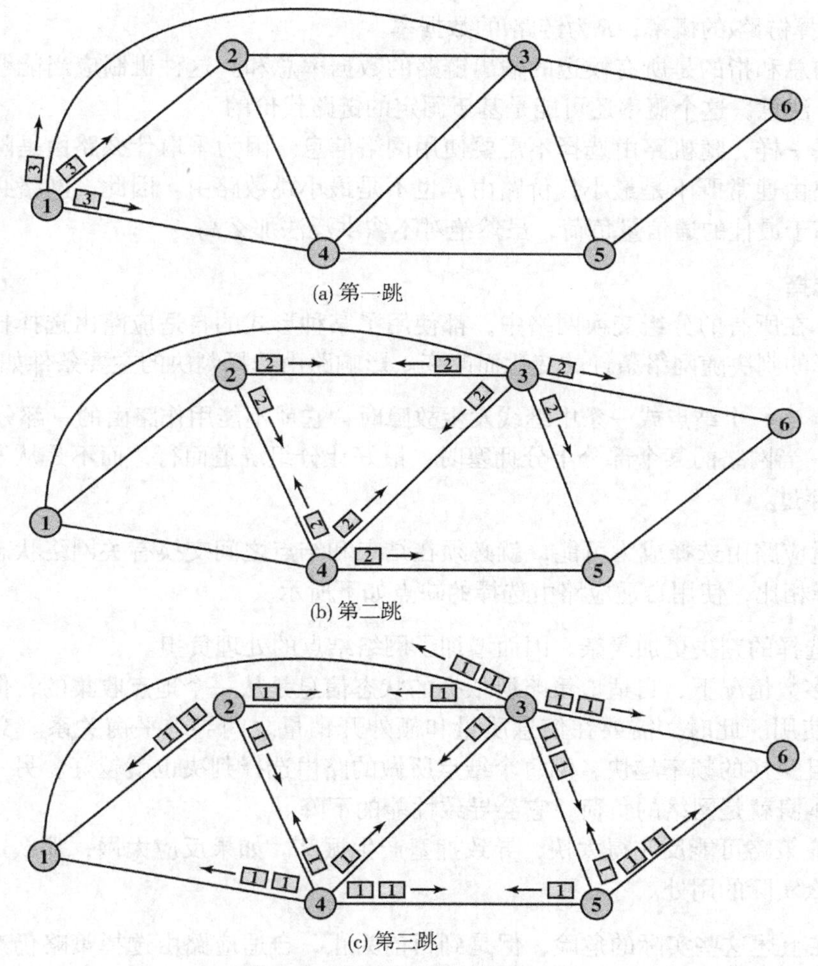

图19.3　洪泛法示例（跳数 = 3）

正是因为第一个属性，所以说洪泛技术是高度稳健的，并且可用于发送紧急报文。它的一个应用实例是可能遭到严重损坏的军事网络。由于第二个属性，洪泛法可以用于虚电路路由的最初建立。从第三个属性可以想到，洪泛法对于某些向所有结点散播的重要信息来说是十分有用的。下文将会看到洪泛法用在了某些路由选择策略的信息发布机制中。

洪泛法最根本的缺点是它产生的通信量负荷过高，并且与网络的连通度成正比关系。另一个缺点是每个结点都有机会目睹被选路通过的数据，这就增加了安全方面的风险。

随机路由选择

随机路由选择具有洪泛法的简单性和稳健性，并且具有远远低于洪泛法的通信量负荷。使用随机路由选择时，为了重传收到的分组，结点只选择一条输出链路。这条输出链路是从除了分组到达所经过的那条链路之外的其他链路中随机选中的。如果所有链路被选中的可能性都相等，那么结点可能简单地以轮流方式使用输出链路。

这种技术的改良方法是为每条输出链路分配一个概率，并根据这个概率来选择链路。这个概率有可能是基于数据率的，此时有

$$P_i = \frac{R_i}{\sum_j R_j}$$

其中，P_i为选择链路i的概率；R_i为链路i的数据率。

上式中的总和指的是所有候选的输出链路的数据率总和。这种机制应当能够提供良好的通信量均衡。注意，这个概率还可能是基于固定的链路代价的。

与洪泛法一样，随机路由选择不需要使用网络信息。因为采取什么路由是随机决定的，所以实际的路由通常既不是最小代价路由，也不是最小跳数路由。因此，网络必须承担的通信量负荷要高于最佳的通信量负荷，虽然绝对不像洪泛法那么高。

自适应路由选择

事实上，在所有的分组交换网络中，都使用了某种形式的自适应路由选择技术。也就是说，路由选择的判决随网络条件的变化而改变。影响路由选择判决的主要条件如下。

- **故障** 当一个结点或一条中继线发生故障时，它就不能用作路由的一部分。
- **拥塞** 当网络的某个部分十分拥塞时，最好让分组绕道而行，而不是从发生拥塞的区域中穿过。

要使自适应路由选择成为可能，就必须在结点和结点之间交换有关网络状态的信息。与固定路由选择相比，使用自适应路由选择的缺点如下所示。

- 路由选择的判决更加复杂，因而增加了网络结点的处理负担。
- 在大多数情况下，自适应策略所依据的状态信息是从一个地点收集的，但却在另一个地点使用。此时，需要在信息质量和额外开销量之间寻求平衡关系。交换的信息越多，且交换的频率越快，则每个结点所做的路由选择判决也就越好。另一方面，这个信息本身就是网络的负荷，它会导致性能的下降。
- 自适应策略可能反应得太快，导致拥塞产生振荡。如果反应太慢，那么这个策略就没有什么实际的用处。

虽然存在上述这些实际的危险，但是到目前为止，自适应路由选择策略仍然是使用最普遍的，原因有如下两个方面。

- 从网络用户的角度来看，自适应路由选择策略能够提高网络性能。
- 自适应路由选择策略能够有助于拥塞控制，这一点将在第20章中讨论。由于自适应路由选择策略趋向于平衡负荷，所以它能够拖延严重拥塞的发作。

自适应路由选择策略的这些好处有可能成为现实，也可能无法实现，这与网络的设计是否优秀以及负荷的本质有关。总体来说，要想获得良好的实际效果，的确是一项极其复杂的任务。作为这一点的事实证明，大多数主要的分组交换网络，比如ARPANET和它的后代以及商用网络，都曾经至少经历过一次对其路由选择策略的重大检修。

用来划分自适应路由选择策略类别的一种简单方法是以信息源为依据：本地的、相邻结点的、所有结点的。一种仅依赖于本地信息的自适应路由选择策略的例子是：网络中的结点在为每个分组选择路由时，会选择队列长度Q最短的输出链路。它具有平衡输出链路上的负荷的效果。但是，有些输出链路所指的大方向可能并不正确。只要再加上对首选方向的考虑，就能够改善这种状况，这与随机路由选择很相似。在这种情况下，从结点出发到每一个目的站i的各条链路应当具有一个偏移值B_i。对于接收到的每一个以结点i为目的站的分组，这个结点会选择$Q + B_i$的值最小的输出链路。因此说，结点试图将这些分组发送到正确的方向，而当前通信量的传输时延会有所增加。

例19.4 图19.4所示为图19.1中的结点4在某个特定时间下的状态。结点4与其他4个结点之间有链路。已经有不少的分组抵达结点4，并且已经形成了积压的分组，在每一条输出链路上都有等待发送的分组队列。有一个分组从结点1来，准备到结点6去。那么这个分组应当从哪条输出链路上传送出去呢？根据各条输出链路上的当前队列的长度和偏移值（B_6），可以得到$Q + B_6$的最小值为4，对应于通向结点3的链路。因此，结点4为该分组选择的路由经过结点3。

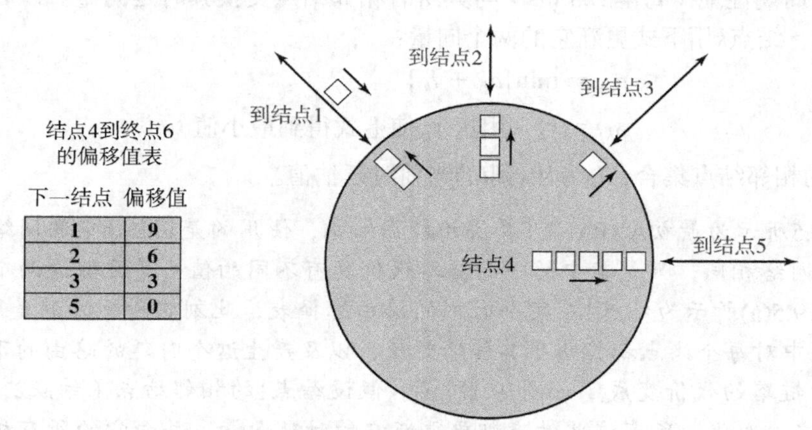

图19.4 独立的自适应路由选择的例子

仅仅依据本地信息的自适应机制实际很少使用，因为它们没有利用一些很容易得到的信息。比较常见的路由选择策略以从相邻结点上或从所有结点上得到的信息为基础。这两种策略都使用了各结点上的有关时延和损耗的当前信息。这一类的自适应策略既可以是分布式的，也可以是集中式的。在分布式情况下，每个结点都要与其他结点交换时延的信息。结点试图根据收到的信息估算整个网络的时延情形，并运行最小代价路由选择算法。在集中式情况下，每个结点向中心结点汇报自己的链路时延状态，由中心结点根据这些收到的信息设计路由，并将路由选择信息返回给所有结点。

19.2 举例：ARPANET中的路由选择

通过这一节可了解路由选择策略的几个实例。所有这些最初都是为ARPANET开发的，ARPANET是分组交换网络，它就是今天因特网的基础。考察这些策略会使我们受益良多。这有几个原因。首先，这些策略以及其他类似的策略同时还应用于其他一些分组交换网络中，包括了因特网上的许多网络。其次，在ARPANET的工作基础上得到的路由选择机制，既应用于为因特网选路的互联网，也用于专用互连网络。最后，ARPANET路由选择机制的逐步发展过程正好说明了与路由选择算法相关的一些主要的网络设计问题。

19.2.1 第一代——距离向量路由选择

于1969年设计的原始路由选择算法是一种分布式的自适应算法，它利用估算时延作为性能标准，并且属于Bellman-Ford算法的一个版本（见19.4节）。这种方法也称为**距离向量路由选择**（distance-vector routing）。要实现这种算法，每个结点都要维护如下两个向量：

$$D_i = \begin{bmatrix} d_{i1} \\ \bullet \\ \bullet \\ \bullet \\ d_{iN} \end{bmatrix}, \qquad S_i = \begin{bmatrix} s_{i1} \\ \bullet \\ \bullet \\ \bullet \\ s_{iN} \end{bmatrix}$$

其中，D_i为结点i的时延向量；d_{ij}为从结点i到结点j的最小时延的当前估算值（$d_{ii} = 0$）；N为网络中的结点的数目；S_i为结点i的后继结点向量；s_{ij}为当前从i到j的最小时延路由中的下一个结点。

每个结点周期性地（每隔128 ms）与其所有相邻结点交换其时延向量。以收到的所有时延向量为基础，结点k用下式更新它的两个向量：

$$d_{kj} = \min_{i \in A}[d_{ij} + l_{ki}]$$

$$s_{kj} = i \text{，用这个}i\text{使上式得到最小值}$$

其中，A为k 的相邻结点集合；l_{ki}为从k到i的当前时延估值。

例19.5 图19.5所示为最初ARPANET算法的数据结构，使用的是图19.6中的网络。这个网络与图19.1中的网络相同，只是其中的一些链路代价具有不同的值（并且假设两个方向上的代价相同）。图19.5(a)所示为结点1在某个时刻的路由选择表，此刻它所反映的是图19.6中的链路代价。在表中对每个终点都指明了其传输时延，以及产生这个时延的路由的下一个结点。在某一时刻，链路的代价变成了如图19.1所示。假设结点1的相邻结点（结点2，3和4）比结点1更早知道这一变化。所有这些结点都要更新它的时延向量，并向它的所有相邻结点发送一份副本，包括结点1，如图19.5(b)所示。结点1根据收到的时延向量以及它自己对每条相邻结点链路的时延估算，重新建立一张新表，并丢弃掉自己当前的路由选择表。得到的结果如图19.5(c)所示。

终点	时延 (D_1)	下一结点 (S_1)
1	0	—
2	2	2
3	5	3
4	1	4
5	6	3
6	8	3

(a) 结点1在更新前的路由表

D_2	D_3	D_4
3	7	5
0	4	2
3	0	2
2	2	0
3	1	1
5	3	3

(b) 相邻结点发送给结点1的时延向量

终点	时延	下一结点
1	0	—
2	2	2
3	3	4
4	1	4
5	2	4
6	4	4

$I_{1,2} = 2$
$I_{1,3} = 5$
$I_{1,4} = 1$

(c) 更新后结点1的路由表以及更新用的链路代价

图19.5 最初的ARPANET 路由选择算法

估算的链路时延仅仅是指该链路的队列长度。因此，在建立新的路由选择表时，结点倾向于使用具有较短队列的输出链路。这一趋势可以平衡输出链路上的负荷。不过，由于队列的长度随时在改变，因此对最短路由的分布式判定可能会出现这样一种情况，即在一个分组的传送过程中最短路由发生了变化。这会导致一种振荡状态，此时的分组将继续寻找低拥塞的区域，而不是直接向终点传送。

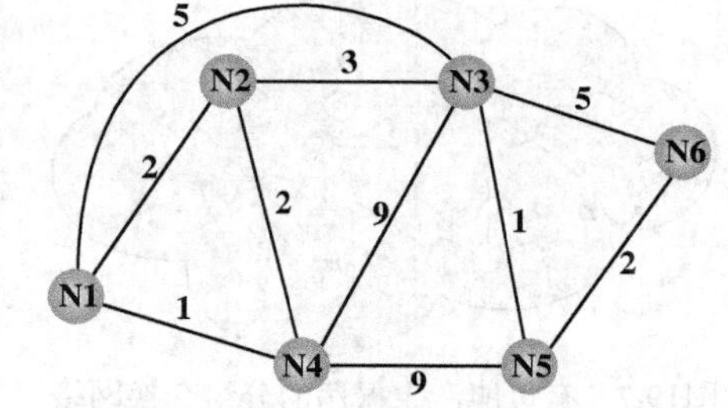

图19.6 图19.5(a)示例中的网络

19.2.2 第二代——链路状态路由选择

经过几年的实践和多次较小的修改之后，原始的路由选择算法于1979年被一种几乎完全不同的路由选择算法所取代[MCQU80]。旧算法的主要缺点如下所示。

- 这个算法没有考虑线路速率，而只考虑了队列的长度。因此，容量较高的链路没有得到它们应得的优势。
- 在任何情况下，队列长度都是对时延的武断的测量，因为从一个分组抵达结点直到它被插入输出队列，这中间所消耗的处理时间是个变量。
- 这个算法并不十分精确，特别是它对拥塞和时延的增加响应迟缓。

新算法仍然是分布式的自适应算法，并以时延作为性能标准，但是它们之间有重要的区别。新算法的时延是直接测量得到的，而不是用队列长度作为时延的替代。在一个结点上，每个收到的分组都要用抵达时间作为时间戳。当分组被发送时，会记录分组的发出时间。如果返回的是肯定的确认，那么这个分组的时延就被记录为发出时间减去抵达时间，再加上传输时间和传播时延。因此结点必须知道链路的数据率和传播时间。如果返回的是否认信息，那么结点将再次尝试，并更新发出时间，直到获得传输成功的时延测量值。

每隔10 s，结点计算一次各条输出链路的平均时延。如果时延有任何显著变化，就使用洪泛法向其他所有结点发送该信息。所有结点都维护了网络中各条链路上的估算时延。

当新的信息到达时，它使用Dijkstra 算法（见19.4 节）重新计算自己的路由选择表。

第二代路由选择算法被称为**链路状态路由选择**（link-state routing）算法。

19.2.3 第三代

这种新策略的实际应用表明它比旧策略更加稳定，且响应性更好。因为结点最多每隔10 s交换一次信息，所以由洪泛法带来的额外开销量比较适中。然而随着网络负荷的增长，这种新策略的缺点也开始显露，并且该策略于1987 年被重新修订[KHAN89]。

第二种策略存在的问题是它假设在某个链路上测量的分组时延将会正好是该链路实际遇到的时延，而这个实际的时延本身又是在所有结点根据这个时延报告为其通信量重新选路以后经历的。因此，只有当报告的时延值与重新选路后实际经历的时延之间密切相关时，它才算得上是一种有效的路由选择机制。而这种相关性只有在通信量较轻或中等时才会变得更加明显。在负荷很重时，它们之间基本上不存在相关性。因而在这种情况下，在所有结点对其路由选择表进行更新的瞬间，该路由选择表已经过时了！

作为一个例子，设想一个网络由两个区域组成，这两个区域之间只通过两条链路A和B相互连接（见图19.7）。位于不同区域的两个结点之间的所有路由都必须经过这两条链路之一。假设发生了这样一种情况，绝大多数的通信量都在链路A上。这将使A上的链路时延变得很大，并且在下一次机会来临时，这个很大的时延值将被报告给其他所有结点。这个更新消息

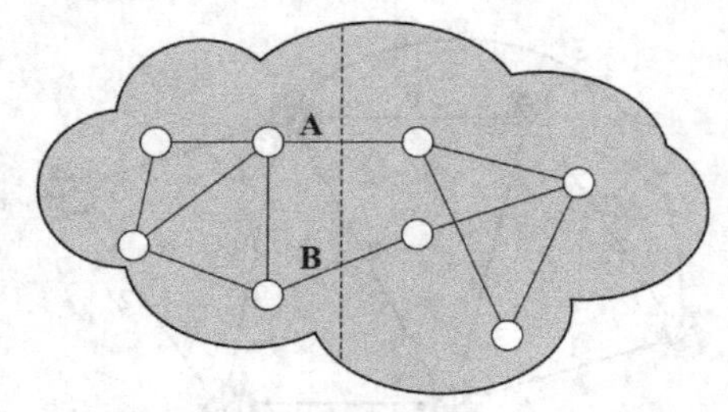

图19.7 有可能产生振荡的分组交换网络

几乎同时到达所有结点，并且所有结点将会立刻更新其各自的路由选择表。对即使不是全部也是大部分的跨区域路由而言，很可能链路A的这个新时延太大了，使得链路B成为最好的选择。由于所有结点同时对它们的路由进行调整，所以大部分或全部的跨区域通信量被同时转移到了链路B。现在链路B上的时延值变得非常大，而紧接着还会再次发生向链路A的通信量转移。这种振荡的行为将会继续下去，直至通信量减弱为止。

有很多理由可以说明为什么人们不希望看到这样的振荡行为：

- 在通信量负荷很重的情况下，也正好是急需链路容量的时刻，此时却有很大一部分的有效容量闲置未用。
- 对某些链路的过度使用会导致拥塞在网络内部扩散（这一点可以在第20章中讨论拥塞时看到）。
- 时延测量值的大幅度摇摆带来的结果是需要更频繁的路由选择更新报文。这会在网络已经非常紧张的时刻加重网络的负担。

ARPANET的设计者们认为，问题归根结底在于每个结点都试图为所有目的站获取最佳路由，而它们所做的努力又发生了冲突。最后得出的结论是：在负荷很重的情况下，路由选择的目标是要让大多数路由具有良好的路径，而不是试图给所有路由最佳的路由。

设计者们认为没有必要改变整个路由选择算法。相反，只要改变计算链路代价的函数就足够了。他们用降低路由选择的振荡并减少路由选择开销的办法来做到这一点。计算过程首先要测量在前10 s内的平均时延。然后将这个值通过下述几个步骤的变换。

1. 利用简单的单服务排队模式，将时延测量值转换成对链路利用率的估算。根据排队论可知，利用率可表达为一个时延的函数，如下所示：

$$\rho = \frac{2(T_s - T)}{T_s - 2T}$$

其中，ρ为链路利用率；T为测量出的时延；T_s为服务时间。

2. 服务时间设置为整个网络的分组平均长度（600 比特）除以链路的数据率。
3. 然后将得到的结果用前一次估算的利用率进行平均，使之变得平滑，即

$$U(n+1) = 0.5 \times \rho(n+1) + 0.5 \times U(n)$$

其中，$U(n)$为在采样时间n计算得到的平均利用率；$\rho(n)$为在采样时间n测得的链路利用率。

均值运算可以加大路由选择振荡发生的周期，因而也减少了路由选择开销。

4. 然后，将链路代价设置成平均利用率的一个函数，这个函数的设计要在避免振荡的条件下提供合理的代价估算。图19.8中指出了估算的利用率被转换成代价值的方法。实际上最后得到的代价值是时延值的变换。

在图19.8中，时延以空闲线路上可达到的值进行归一化，而空闲线路上的时延就是传播时延加上传输时间。图中的一条曲线表示的是实际时延作为利用率的函数上升的情况，这个时延增加，是因为该结点的排队时延增加了。对于修订后的算法，代价值总是保持为最小的值，除非利用率达到某个给定的水平。这种特性具有在低通信量水平的情况下减少路由选择开销的效果。当利用率超过某个特定水平时，就允许代价的级别升高到一个最大值，这个最

大值是最小值的3倍。这个最大值的效果是要求通信量宁愿选择多出两跳以上的路由，以绕过十分拥挤的线路。

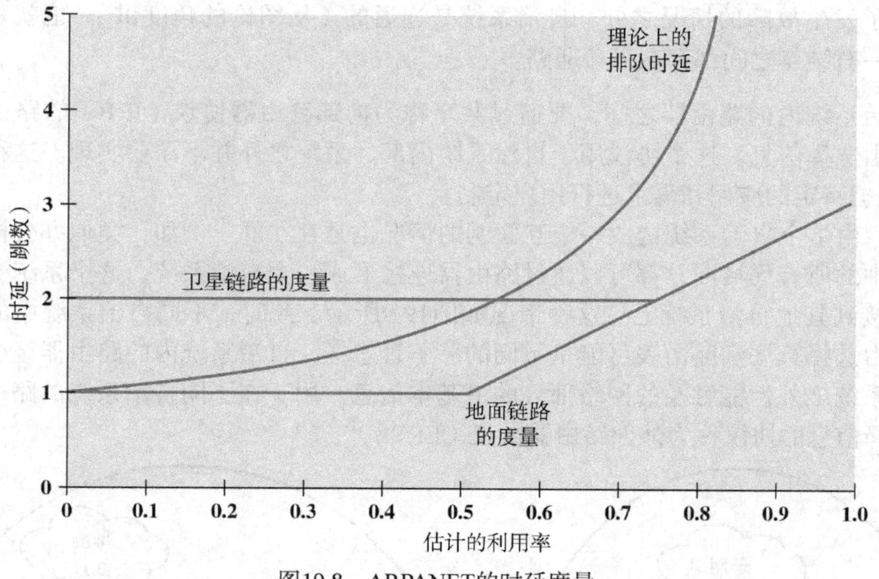

图19.8　ARPANET的时延度量

注意，卫星链路的最小门限值设置得比较高。这样做可以在通信量较轻的情况下鼓励使用地面链路，因为地面链路具有低得多的传播时延。另外还需要注意的是，当利用率的值较高时，实际的时延曲线比换算曲线陡得多。正是这种链路代价的急剧上升，使得一条链路上的所有通信量都发生了迁移，反过来又导致了路由选择振荡。

总体来说，修改后的代价函数是以利用率而不是以时延为中心的。这个函数在负荷较轻时类似于基于时延的衡量标准，同时在负荷较重时又像基于容量的衡量标准。

19.3　互联网路由选择协议

互联网中的路由器要负责接收数据报，并使数据报经过互相连接的一组网络不断前进。每个路由器都要根据自己对该互联网拓扑结构以及通信量/时延状态的了解，做出路由选择的判决。在简单的互联网中可以使用固定路由选择机制。而在比较复杂的互联网中，就需要路由器和路由器之间具有一定程度的动态合作能力。尤其是路由器必须回避那些出现故障的网络部分，同时也应当回避出现拥塞情况的网络部分。为了实现这样的动态路由选择判决，路由器之间必须使用专门的路由选择协议来交换路由选择信息。我们需要的是一些有关互联网状态的信息，也就是说哪些网络能够通过哪些路由器到达，以及不同路由的时延特性。

从路由器的路由选择功能方面来考虑，很重要的一点是要区分以下两个概念：

- **路由选择信息**　有关互联网拓扑结构以及时延的信息。
- **路由选择算法**　以当前的路由选择信息为基础，为某个数据报进行路由选择判决的算法。

19.3.1　自治系统

为了继续对路由选择协议的讨论，还需要介绍**自治系统**（AS）这样一个概念。自治系统具有以下的特性：

1. 一个自治系统是由一个机构进行管理的一组路由器和网络的集合。
2. 一个自治系统包含了一组路由器，它们之间通过相同的路由选择协议交换信息。
3. 除了发生故障的情况之外，自治系统是连通的（从图论的角度讲）。也就是说，在任意一对结点之间都存在一条通路。

在自治系统内的路由器之间，要通过共享称为**内部路由器协议**（IRP）的路由选择协议来传递路由选择信息。这个协议用于自治系统内部，系统之外并不需要实现。这种灵活性使IRP能够根据特定的应用和需求进行用户定制。

然而，由多个自治系统构成一个互联网的情况也是存在的。例如，类似办公楼或办公区这种场所中的所有局域网，都可以通过路由器连接形成一个自治系统，这个系统又可能通过广域网连接到其他自治系统上。这种情况如图19.9所示。此时，不同自治系统中的路由器所使用的路由选择算法和路由表可能是不同的。不管怎样，自治系统内的路由器至少需要一些有关自治系统之外但能触及的网络部分的最基本信息。用于在不同自治系统的路由器之间传递路由选择信息的协议称为**外部路由器协议**（ERP）[①]。

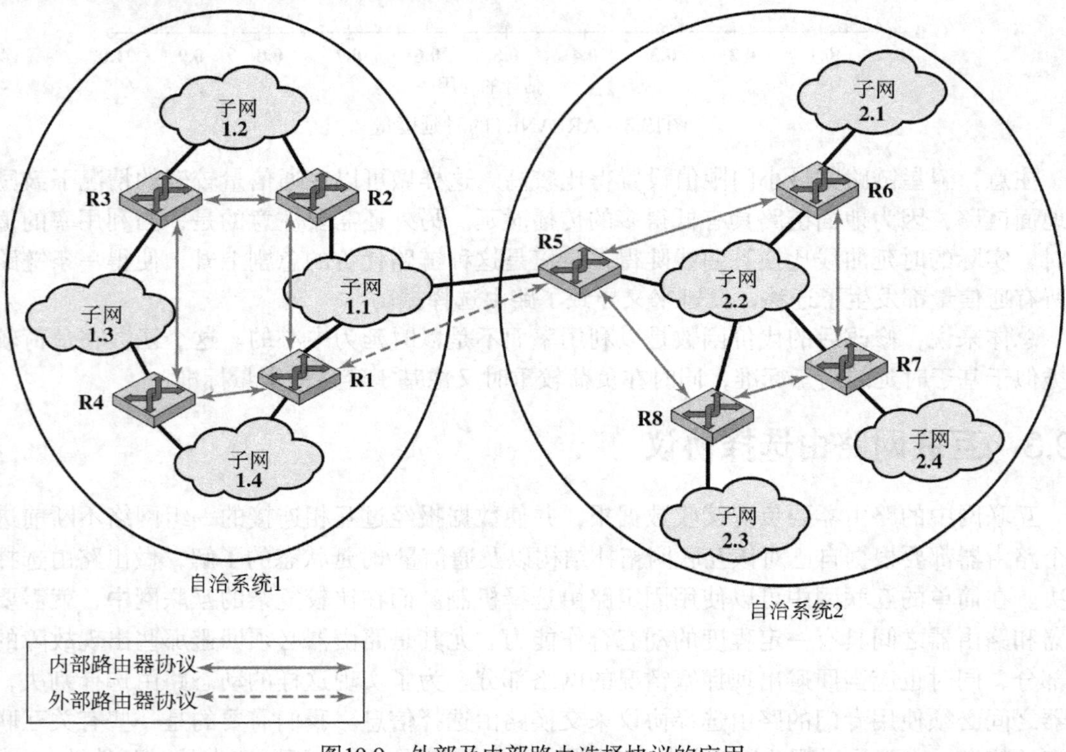

图19.9 外部及内部路由选择协议的应用

我们可以根据如下理由推断认为ERP比IRP传递的信息更少。如果要把数据报从一个自治系统上的主机传送到另一个自治系统上的主机里，那么第一个系统上的路由器只需要确定目标自治系统，并指出进入目标系统的路由。一旦数据报进入了目标自治系统，该自治系统中的路由器就能够协助传递数据报。ERP不关心也不知道目标自治系统中接下来的路由细节。

① 在文献中经常用术语“内部网关协议”（IGP）和“外部网关协议”（EGP）来表示这里的IRP和ERP。但是，由于术语IGP和EGP同时也指特定的协议，所以我们避免用它们来定义一般性的概念。

在本节剩余的内容里，将会考察两个协议：**边界网关协议**（BGP）和**开放最短路径优先**（OSPF）协议，它们可能是这两种类型的路由选择协议的最重要例子。下面首先讨论表现路由选择协议的不同方法。

19.3.2 路由选择的处理方法

互联网路由选择协议采用以下3种方法之一来采集和使用路由信息：距离向量路由选择、链路状态路由选择和路径向量路由选择。

距离向量路由选择要求每个结点（执行路由选择协议的路由器或主机）与它们的相邻结点相互交换信息。我们所说的两个结点相邻，是指这两个结点都直接连接到相同的网络上。这种方法就是ARPANET的第一代路由算法（详见19.2节）。为实现这种方法，每个结点必须为每个直接相连的网络维护它的链路代价向量，并为每个目的系统维护它的距离和下一跳向量。比较简单的路由信息协议（RIP）使用了这种方法。

距离向量路由选择方法要求每个路由器传输的信息较多。每个路由器必须向它所有相邻路由器发送距离向量，并且该向量含有到配置中所有网络的预计路径代价。另外，当一个链路代价发生显著变化或者链路不可用时，通过互联网传播这一信息将会花费可观的时间。

链路状态路由选择的设计克服了距离向量路由选择的缺点。路由器在初始化时就确定了自己的每个网络接口的链路代价。然后路由器向互联网拓扑结构中的每个路由器（而不仅仅是相邻路由器）发送这组链路代价。从这一时刻起，路由器开始监控其路由代价。一旦发生显著变化（链路代价明显增大或减小、新的链路被创建或已存在的链路变得不可用），路由器就会再次向配置中的所有路由器发送这组链路代价信息。

由于每个路由器都能接收到配置中所有路由器的链路代价，因此每个路由器都能构建整个配置的拓扑结构，并计算出到每个目标网络的最短路径。完成以上工作之后，路由器就可以构建自己的路由表，并列出到每个目标网络的第一跳。由于路由器掌握整个网络的情况，因此不需要使用类似距离向量路由选择方法所用的路由选择算法，而是能用任意一种路由选择算法来判断最短路径。现实中，我们使用Dijkstra路由选择算法。开放最短路径优先（OSPF）协议就是使用链路状态路由选择方法的一个例子。ARPANET的第二代路由选择算法也是使用这种方法。

链路状态和距离向量这两种方法都用于内部路由器协议，并且都不适合用于外部路由器协议。

在距离向量路由选择协议中，每个路由器向其相邻的路由器传递一个向量，列出它能触及的每个网络，以及与目标网络路径相关的距离度量。每个路由器根据相邻路由器提供的信息建立路由选择数据库，但它们并不知道任何具体路径上的中间路由器或网络的身份。对一个外部路由器协议来说，这种方法会产生如下两种问题。

1. 这种距离向量协议假定所有的路由器都使用相同的距离衡量标准来判断路由器的参数。这种假设对不同的自治系统来说可能并不成立。如果不同的路由器以不同的含义来衡量给出的值，就不太可能建立一个稳定、无回路的路由。
2. 某个自治系统可能和其他自治系统有不同的优先级，并且可能有禁止访问某些自治系统的限制。距离向量算法无法给出沿途将要访问的自治系统的信息。

在链路状态路由选择协议中，每个路由器都向其他所有路由器通知它的链路度量。每个路由器都建立一张完整的配置拓扑结构图，并进行路由计算。这种方法用于外部路由器协议时也会产生如下问题。

1. 不同的自治系统可能使用不同的度量及限制。尽管链路状态协议允许路由器建立完整的拓扑结构图，但由于不同系统间的度量可能不同，也就不可能实现一致的路由选择算法。
2. 大量链路状态信息传递给所有的路由器，对于执行跨越多个自治系统的外部路由选择协议来说，这是不可管理的。

另一种选择是传播带有路由选择度量的方法，称为**路径向量路由选择**，它只是简单地提供了通过给定的路由能抵达哪些网络，以及抵达这些网络必须通过的自治系统的信息。这种方法和距离向量算法的不同之处在于以下两个方面：第一，路径向量不提供距离及代价估算；第二，为了经过给定的路由抵达目的网络，路由选择信息中的每一块都要列出所有访问过的自治系统。

由于路径向量列出了如果数据报沿着路由前进而必须穿越的每一个自治系统，所以这个路径信息可以使路由器执行策略化路由选择。也就是说，路由器可以为了避免穿越某个自治系统而决定避开特定的路径。例如，机密信息可能只能限制在某些自治系统中，或者路由器由于得知位于某个自治系统中的部分互联网的性能和质量的信息而避开该自治系统。性能和质量度量的例子包括链路速度、容量、拥塞倾向以及整体运行质量。另一个可用的度量标准是穿越最少的自治系统。

19.3.3 边界网关协议

边界网关协议（Border Gateway Protocol，BGP）的开发是为了连接应用了TCP/IP协议族的互联网，但是这些概念在其他类型的互联网上也是适用的。BGP已经成为因特网中最受欢迎的外部路由器协议。

功能

BGP的设计是为了允许不同自治系统（AS）中的路由器能够在交换路由选择信息时互相合作。这些路由器在标准中称为网关。协议以报文的形式操作，这些报文通过TCP连接发送。在表19.2中对所有这些报文进行了总结。BGP的当前版本称为BGP-4（RFC 4271）。

表19.2 BGP-4报文

报文	说明
Open（打开）	用于打开与另一个路由器的邻站关系
Update（更新）	用于传输有关一条路由的信息，并且（或者）列出多条被取消的路由
Keepalive（保活）	用于确认一个Open报文，并且周期性对邻站关系加以证实
Notification（通知）	在检测到错误状态时发送该报文

在BGP 中涉及如下3个功能性过程：

- 邻站获取
- 邻站可达性
- 网络可达性

如果两个路由器连接到同一个网络上，这两个路由器就被认为是邻站。如果两个路由器在不同的自治系统中，它们就有可能希望交换路由选择信息。为此，首先需要执行**邻站获取**功能。基本上，邻站获取过程发生在两个不同自治系统中的相邻路由器同意定期地交换路由选择信息时。由于可能有一个路由器不希望加入邻站关系中，所以需要一种正式的获取过程。例如，该路由器可能已经超负荷了，它不希望对来自外部系统的通信量负责。在邻站获取过程中，一个路由器向另一个路由器发送请求报文，而后一个路由器既可能接受也可能拒绝这个请求。协议并没有讨论一个路由器如何得知另一个路由器的地址，甚至不关心另一个路由器是否存在，也没有说明它为什么需要与这个特定的路由器交换路由选择信息。这些问题必须在设置时决定，或由网络管理员主动干预。

为了实现邻站获取功能，一个路由器必须向另一个路由器发送Open报文。如果目标路由器接受该请求，它就返回一个Keepalive报文作为响应。

一旦建立了邻站关系，就可以使用**邻站可达性**过程来维持这个关系。双方都必须确保对方仍然存在，且仍然具有邻站关系。为此，这两个路由器必须定期互相发送Keepalive报文。

BGP定义的最后一个过程是**网络可达性**。每个路由器都维持着一个数据库，其中包含了它能够到达的网络以及到达该网络的最佳路由的信息。一旦这个数据库有所改变，该路由器就会向其他所有实现了BGP的路由器广播一个Update报文。通过这些Update报文的广播，所有BGP路由器都能够建立和维护路由选择信息。

BGP报文

图19.10所示为所有BGP报文的格式。每种报文都是以19个八位组的首部开始的，这个首部中包含了3个字段，在图中用阴影部分表示。

- **Marker（标记）** 为鉴别而保留。发送方可能会在这个字段中插入一个值，作为鉴别机制的一部分，使接收方能够证实发送方的身份。
- **Length（长度）** 报文的长度，以八位组为单位。
- **Type（类型）** 报文的类型：Open，Update，Notification，Keepalive。

为了获得一个邻站，路由器首先要打开通往某个感兴趣的相邻路由器的TCP连接，然后发送一个Open报文。这个报文标识出了发送方所属的自治系统，并且提供了该路由器的IP地址。在这个报文中还包含一个Hold Time（保持时间）参数，它指出发送方建议的Hold Timer（保持计时器）的值设为多少秒。如果接收方准备打开邻站关系，就需要计算Hold Timer的值，也就是在它自己的Hold Time和Open报文中的Hold Time中取较小的那个值。计算得到的值是发送方连续收到Keepalive和/或Update报文之间的最大时间间隔，以秒为单位。

Keepalive报文只含有首部。所有的路由器都要经常向它的各个对等路由器发送这种报文，以防止Hold Timer超时。

Update报文传达了两种类型的信息：

- 有关一条穿过互联网的路由的信息。这个信息可被添加到任意接收路由器的数据库中。
- 以前由这个路由器传播但即将被取消的路由列表。

一个Update报文可能含有其中一种信息，或者两种信息都有。有关一条穿过网络的路由的信息包括3个字段：Network Layer Reachability Information（NLRI，网络层可达信息）字段、Total Path Attributes Length（总路径属性长度）字段、Path Attributes（路径属性）字段。NLRI字段由该路由可达的网络的标识符列表组成。每个网络由它的IP地址标识，这个IP地址实际上是完整的IP地址的一部分。回想一下，IP地址是32比特的{网络，主机}格式。这个地址的左边，或者说前缀，标识的是具体的网络。

Path Attributes字段包含了在这个特定路由上应用的属性列表。以下列出的是已定义的属性。

- **Origin** 指出这个信息是由内部路由器协议（如OSPF）生成的，还是由外部路由器协议（如BGP）生成的。

- AS_Path　该路由途经的自治系统列表。
- Next_Hop　它是一个边界路由器的IP地址，该路由器用来作为通向NLRI字段中列出的终点的下一跳。
- Multi_Exit_Disc　用于自治系统内部的路由信息的通信。本节稍后将会详细介绍。
- Local_Pref　路由器用来向同一个自治系统内的其他路由器通告它倾向于某个特定路由的程度。它对其他自治系统内的路由器来说是没有意义的。
- Atomic_Aggregate，Aggregator　这两个字段用于实现路由聚集的概念。从本质上讲，一个互联网及其相应的地址空间可以被组织成层次结构（即树形结构）。在这种情况下，网络的地址由两个或更多的部分构成。某个给定子树中的所有网络共享了公共的互联网地址部分。使用这种公共的部分地址，需要在NLRI中进行通信的信息量就可以大幅度减少。

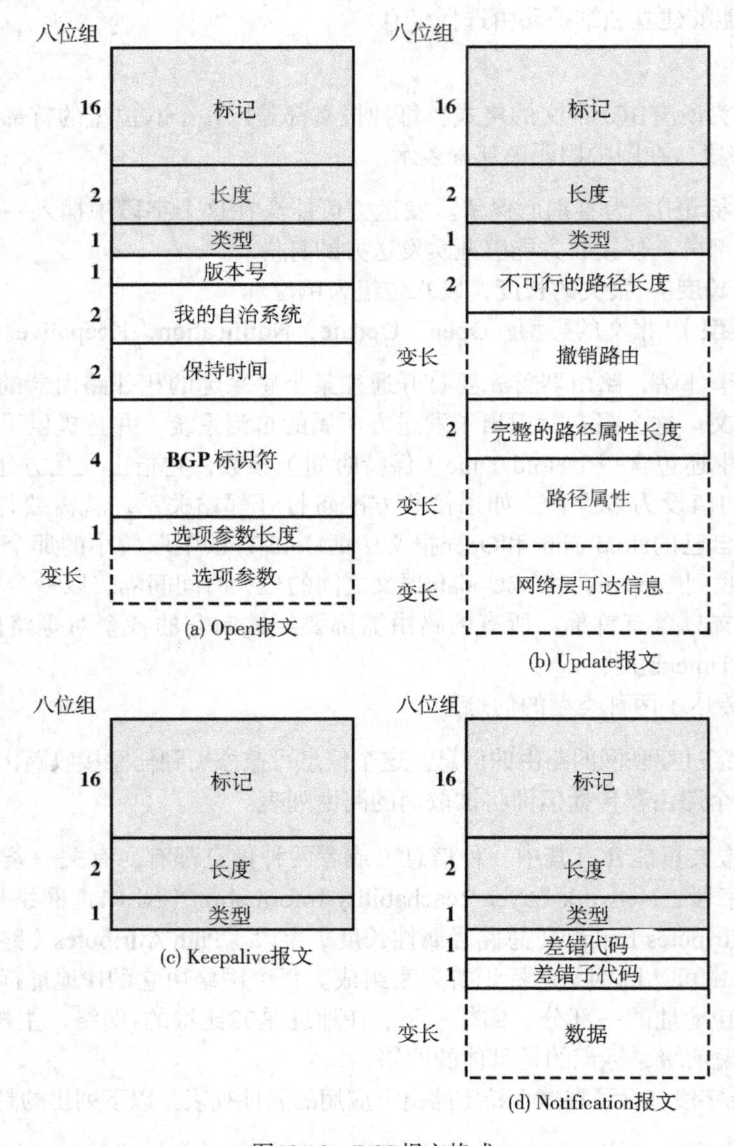

图19.10　BGP报文格式

AS_Path属性其实有两个作用。因为它列出了沿该路由前进的数据报必须经过的自治系统，所以AS_Path信息使路由器能够执行策略化路由选择。也就是说，路由器为了避免传输经过某个自治系统，而决定绕过某条特定的路由。例如，某些机密的信息可能只局限在一些特定类型的自治系统内传递。或者，路由器可能知道位于某个自治系统内的互联网部分性能或质量信息，这些信息导致路由器希望绕过该自治系统。这些性能或质量的度量包括链路速度、容量、可能发生拥塞的概率以及操作的整体质量等。另外还有一个有用的规则是传输时要途经最少的自治系统。

读者可能会对Next_Hop属性的作用感到疑惑。发出请求的路由器有必要通过响应路由器了解到哪些网络是可及的，但为什么还要提供其他路由器的信息呢？要对此加以解释，最好是参照图19.9。在这个例子中，自治系统1中的路由器R1和自治系统2中的路由器R5都应用BGP，并且获得了邻站关系。R1向R5发送Update报文，表明它可以到达哪些网络，以及相应的距离（网络跳数）。R1还要代表R2提供同样的信息。也就是说，R1要告诉R5经过R2可以到达哪些网络。在这个例子中，R2没有应用BGP。典型情况下，一个自治系统中的大多数路由器都没有应用BGP，只有少数几个路由器委派了与其他自治系统中的路由器通信的重任。最后一点，由于R1和R2共享内部路由器协议（IRP），所以R1拥有关于R2的必要信息。

更新信息的第二种类型是对一条或多条路由的撤销。在这两种情况下，该路由都是通过目的网络的IP地址标识的。

最后，在检测到错误状态时就会发送Notification报文。可能会报告的差错如下所示。

- **报文首部差错**　包括鉴别错误和语法错误。
- **Open报文差错**　包括Open报文中出现的语法错误和不可识别的选项。这个报文也可用于指示某个Open报文中所建议的Hold Time是无法接受的。
- **Update报文差错**　包括Update报文中出现的语法错误和验证错误。
- **保持计时器超时**　如果发送方路由器没有在保持时间期限内接收到下一个Keepalive报文和/或Update报文，和/或Notification报文，就会发送这个差错信息并关闭连接。
- **有限状态机差错**　包括任何程序上的错误。
- **停止**　在出现任何其他错误的情况下，被一个路由器用来关闭与另一个路由器之间的连接。

BGP 路由选择信息的交换

BGP的本质就是在多个自治系统中的参与路由器之间交换路由选择信息。这个处理过程可能会相当复杂。在下面的内容中将提供简单而全面的介绍。

考虑图19.9中自治系统1（AS1）的路由器R1。首先，应用了BGP的路由器也要应用某种内部路由选择协议，比如OSPF。使用OSPF，R1才能与AS1内部的其他路由器交换路由选择信息，并建立起AS1内部所有网络和路由器的拓扑图，以及构建一个路由表。接下来，R1就可以向AS2中的路由器R5发送一个Update报文了。这个Update报文可能包括以下一些内容：

- **AS_Path**　AS1的标识符
- **Next_Hop**　R1的IP地址
- **NLRI**　AS1中所有网络的列表

这个报文告诉R5，在NLRI中列出的所有网络都可以通过R1到达，且途中只经过一个自治系统，即AS1。

假设此时R5与其他自治系统的另一个路由器也具有邻站关系，如AS3中的路由器R9。R5将刚才接收到的来自R1的信息在一个新的Update报文中转发到R9。该报文中的内容包括：

- AS_Path　标识符列表{AS2, AS1}
- Next_Hop　R5的IP地址
- NLRI　AS1中所有网络的列表

这个报文告诉R9，在NLRI中列出的所有网络都可以通过R5到达，且途中经过AS2和AS1两个自治系统。现在R9必须决定这条路由是否为抵达所列出的网络的最佳路由。基于性能上或某些其他策略度量的原因，R9可能已经选择了一条能够抵达其中的部分或全部网络的路由。如果R9认为R5的Update报文中提供的路由更好，R9就会将这些路由信息合并到它的路由选择数据库中，并向其他邻站发送这个新的路由选择信息。这个新的报文中将包含一个类似{AS3, AS2, AS1}的AS_Path字段。

在上述过程中，路由的更新信息会经过由多个互连的自治系统组成的大型互联网进行传播。这个AS_Path字段可用于确保这些报文不会无限循环：如果某个自治系统中的路由器接收到一个Update报文，而这个Update报文的AS_Path字段中已包含有这个自治系统，这个路由器就不会向其他路由器转发这个更新信息。

在同一个自治系统内的路由器称为内部邻站，它们之间也可以交换BGP信息。在这种情况下，发送路由器不会在AS_Path字段中添加这个共同的自治系统的标识符。当路由器已经选择了到某个外部终点的最佳路由时，就把这个路由传输给它的所有内部邻站。然后所有这些路由器都要判断这条新路由是否更好，如果是，就把新路由增加到它们的数据库中，并发出一个新的Update报文。

当某个自治系统有多处入口点可被其他自治系统上的路由器利用时，就可以使用Multi_Exit_Disc属性在它们之中进行选择。这个属性含有一个数字，它反映了到达某个自治系统内的终点的一些内部度量。例如，假设在图19.9中R1和R2都应用了BGP，并且都与R5有邻站关系。R1和R2同时向R5提供到网络1.3的Update报文，这个报文中包含有AS1内部使用的路由选择度量信息，例如与OSPF内部路由器协议相关的路由选择度量信息。于是R5就可以将这两个度量值作为在这两条路由之间进行选择的依据。

19.3.4 开放最短路径优先（OSPF）协议

目前OSPF（开放最短路径优先）协议（RFC 2328）广泛用作TCP/IP网络中的内部路由器协议。OSPF计算出一条经过互联网的最小代价路由，这个代价基于用户可设置的代价度量。用户可以将代价设置为表示时延、数据率、现金花费或其他因素的一个函数。OSPF能够在多个同等代价的路径之间平均分配负载。

每个路由器都维护着一个数据库，这个数据库反映了该路由器掌握的所属自治系统的拓扑结构。这个拓扑结构表示为有向图。在图中包含了如下信息。

- 两种类型的顶点或结点
  1. 路由器。
  2. 网络，同样也有两种类型：
     a. 转送网络，如果它能够运载数据，且这些数据既不是与这个网络相连的端系统生成的，也不终止于该网络相连的端系统。
     b. 残桩网络，如果它不是转送网络。

- 两种类型的边
  1. 在图中连接两个路由器顶点的边，当这两个相应的路由器通过点对点的直接链路互相连接时。
  2. 在图中连接一个路由器顶点和一个网络顶点的边，当这个路由器直接与该网络连接时。

图19.11以RFC 2328中的一个例子为依据，描绘了一个自治系统的实例，而图19.12所示的就是对应的有向图。它们之间的映射关系是十分明显的：

- 通过点对点链路连接的两个路由器在图中被表示为有一对有向边直接相连，每个方向上一条边（例如路由器6和10）。
- 当多个路由器连接到一个网络（如局域网或分组交换网络）上时，有向图显示出所有的路由器都被双向连接到网络顶点上（例如路由器1、2、3和4都连接到网络3）。
- 如果某个网络只有一个相连的路由器，那么该网络在图中看上去就像是一个残桩连接（如网络7）。
- 称为主机的端系统可以与路由器直接连接，对这种情况在图中有相应的描述（如主机1）。
- 如果一个路由器连接到其他自治系统上，那么到其他系统中的所有网络上的路径代价必须通过某种外部路由器协议（ERP）获得。在图中，这些网络被表示成残桩以及一条连接到该路由器的具有已知路径代价的边（如从网络12到网络15）。

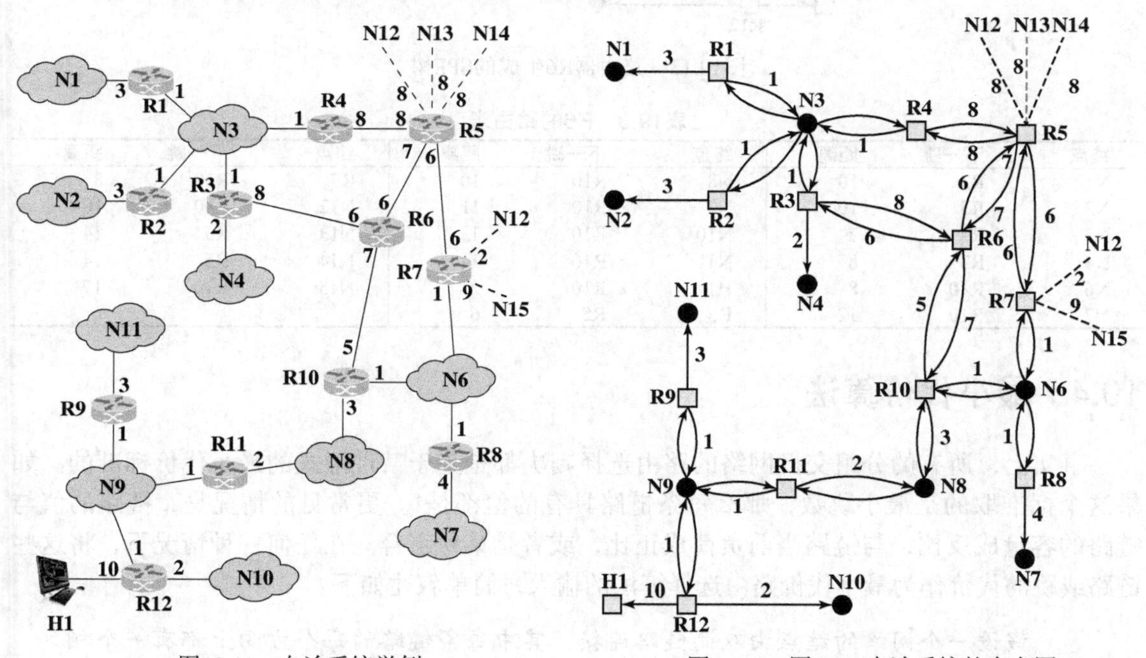

图19.11 自治系统举例　　图19.12 图19.11自治系统的有向图

在每个路由器接口的出口一侧都有一个相关联的代价，这个代价是系统管理员可配置的。图中的弧被标记为相应的路由器到输出接口的代价。对于没有标记代价的弧，其代价为0。注意，从网络到路由器的弧的代价总是0。

每个路由器都维护着对应于这个有向图的一个数据库。它是通过从互联网的其他路由器上得到的链路状态报文拼凑而成的。路由器使用Dijkstra算法（见19.4节），为所有目的网络计算最小代价路径。通过图19.11中的路由器6计算得到的是图19.13所示的一棵树，且以R6为该树的根。这个树给出了到达任何一个目的网络或主机的完整路由。不过，在转发过程中只需要考虑到终点的下一跳。通过路由器6计算得到的路由表如表19.3所示。这个表中包含了传播外部路由的路由器的表项（路由器5和7），同时对已知身份的外部网络也有对应的表项。

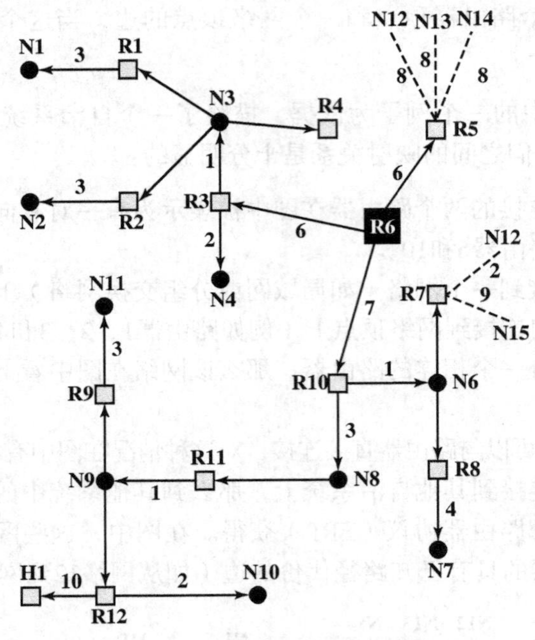

图19.13　路由器R6生成的SPF树

表19.3　R6的路由表

终点	下一跳	距离	终点	下一跳	距离	终点	下一跳	距离
N1	R3	10	N8	R10	10	R7	R10	8
N2	R3	10	N9	R10	11	N12	R10	10
N3	R3	7	N10	R10	13	N13	R5	14
N4	R3	8	N11	R10	14	N14	R5	14
N6	R10	8	H1	R10	21	N15	R10	17
N7	R10	12	R5	R5	6			

19.4　最小代价算法

事实上，所有的分组交换网络的路由选择判决都是基于某种形式的最小代价标准的。如果这个标准取的是最小跳数，那么每条链路具有的值都是1。更常见的情况是，链路的值与链路的容量成反比，与链路当前负荷成正比，或者是某种组合。在任何一种情况下，将这些链路或跳的代价作为最小代价路由选择算法的输入，简单叙述如下。

假设一个网络的结点由双向链路连接，其中每条链路的每个方向上都有一个相关的代价，并且定义两个结点之间的路径代价为途经的链路代价的总和。对于每一对结点，找出具有最小代价的路径。

注意，一条链路在两个方向上的代价可能不同。例如，如果链路的代价等于这条链路上两个结点各自正在等待传输的分组队列的长度，那么这种情况下两个方向上的代价就不同。

分组交换网络和各种互联网中最常用的最小代价路由选择算法一般都是两种常用算法之一的变形，这两种常用算法称为Dijkstra算法和Bellman-Ford算法。本节将概要地介绍这两种算法。

19.4.1 Dijkstra算法

Dijkstra算法[DIJK59]可叙述如下：通过拓展路径以不断增加这条路径的长度，从而寻找给定源结点到所有其他结点之间的路径。这个算法分阶段进行。在第k阶段，已经判断出k个离源结点最近的（它们之间的代价最小）结点具有的最短路径，这些结点在集合T中。在第$(k+1)$个阶段，不在T集合中但具有到源结点最短路径的结点被加入T中。随着各个结点都加入到T中，就定义了它与源结点之间的路径。这个算法用公式表示如下，定义：

N = 网络中的结点集合

s = 源结点

T = 此时由算法合并的结点集合

$w(i, j)$ = 结点i到结点j之间的链路代价。$w(i, i) = 0$；如果结点之间不是直接连接的，那么$w(i, j) = \infty$；如果两个结点之间是直接连接的，则$w(i, j) \geqslant 0$

$L(n)$ = 算法目前所知的从结点s到结点n之间的最小代价路径的代价，算法结束时，它就是图中从s到n的最小代价路径的代价

这个算法有三步。第2步和第3步不断重复，直到$T = N$。就是说，在网络中的所有结点都已经分配到最终路径之前，第2步和第3步就会不断重复。

1. 初始化

$T = \{s\}$ （就是说，目前的结点集合只含有源结点）

$L(n) = w(s, n)$ 当$n \neq s$ （就是说，到相邻结点的初始路径代价就是链路代价）

2. 找到下一个结点

找出不在T中的某个相邻结点，这个相邻结点与结点s之间有最小代价路径，并将这个结点合并到T中，这样做正好将该结点与T中某一结点形成的一条有用的边也加入T中了，这个过程可以表示如下：

$$\text{找出}\, x \notin T\text{，使得}\, L(x) = \min_{j \notin T} L(j)$$

将x加入T中。向T加入一条边，这条边恰巧在x上，并且是$L(x)$最小代价路径的一部分（就是说，该路径上的最后一跳）。

3. 更新最小代价路径

$$L(n) = \min\,[L(n), L(x) + w(x, n)] \quad \text{对所有}\, n \notin T$$

如果后一个表达式的值最小，那么从s到n的路径现在变成了从s到x的路径，与从x到n的链路衔接。

当所有的结点都已经加入T之后，算法就结束了。在结束时，与各结点x相关的值$L(x)$就是从s到x的最小代价路径的代价（长度）。另外，T定义了从s到各结点的最小代价路径。

第2步和第3步每循环一次，就向T中添加一个新结点，并且定义了从s到该结点之间的最小代价路径。这条路径在途中只经过T中的结点。要证实这一点，设想如下推理过程。在k次循环之后，T集合中有k个结点，并已定义了从s到这些结点中任意一个之间的最小代价路径。现在设想从s到不在T中的结点之间的所有可能路径。在这些路径中，必定有一条最小代价路径经过T中的结点（见习题19.4），并且最后结尾的链路是某个在T中的结点与一个不在T中的结点之间的直接链路。这个结点加入T中，而相关的路径被定义为该结点的最小代价路径。

例19.6 表19.4(a)和图19.14列出了图19.1应用这种算法后得到的结果，使用$s = 1$。有阴影的边就是该图中的生成树。圆圈中的数值是每个结点x的当前估算值$L(x)$。当一个结点被加入T中时，该结点以阴影表示。注意，每一步都会生成对各结点的路径以及这条路径的总代价。在最后一次循环之后，就完成了到每个结点的最小代价路径以及这些路径的代价计算。可以把结点2作为源点，应用相同的处理过程，并以此类推。

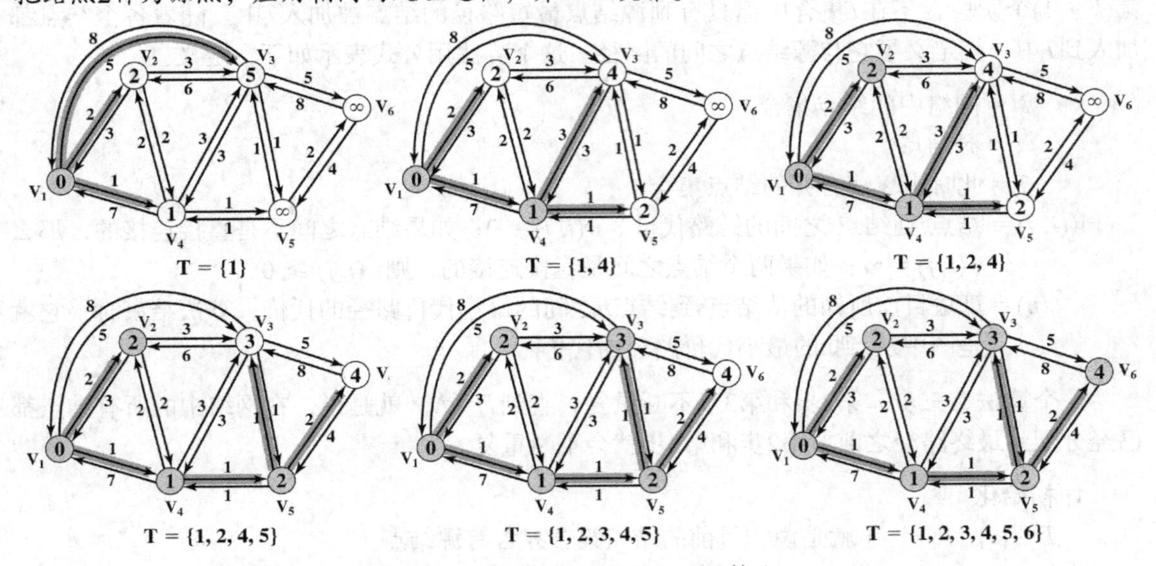

图19.14 应用于图19.1的Dijkstra算法

表19.4 最小代价路由选择算法举例（使用图19.1）

（a）Dijkstra 算法（$s = 1$）

循环	T	$L(2)$	路径	$L(3)$	路径	$L(4)$	路径	$L(5)$	路径	$L(6)$	路径
1	{1}	2	1–2	5	1–3	1	1–4	∞	—	∞	—
2	{1, 4}	2	1–2	4	1–4–3	1	1–4	2	1–4–5	∞	—
3	{1, 2, 4}	2	1–2	4	1–4–3	1	1–4	2	1–4–5	∞	—
4	{1, 2, 4, 5}	2	1–2	3	1–4–5–3	1	1–4	2	1–4–5	4	1–4–5–6
5	{1, 2, 3, 4, 5}	2	1–2	3	1–4 –5–3	1	1–4	2	1–4–5	4	1–4–5–6
6	{1, 2, 3, 4, 5, 6}	2	1–2	3	1–4–5–3	1	1–4	2	1–4–5	4	1–4–5–6

(b) Bellman–Ford算法（$s = 1$）

h	$L_h(2)$	路径	$L_h(3)$	路径	$L_h(4)$	路径	$L_h(5)$	路径	$L_h(6)$	路径
0	∞	—	∞	—	∞	—	∞	—	∞	—
1	2	1–2	5	1–3	1	1–4	∞	—	∞	—
2	2	1–2	4	1–4–3	1	1–4	2	1–4–5	10	1–3–6
3	2	1–2	3	1–4–5–3	1	1–4	2	1–4–5	4	1–4–5–6
4	2	1–2	3	1–4–5–3	1	1–4	2	1–4–5	4	1–4–5–6

19.4.2 Bellman–Ford算法

Bellman-Ford 算法[FORD62]可叙述如下：从给定的源结点找出一条最短路径，该最短路径是从所有最多只含一条链路的路径中选择出来的；接着再找出条件为所有路径最多只含两条链路的最短路径，以此类推。这个算法也是分阶段进行的。算法用公式表示如下，定义：

s = 源点

$w(i, j)$ = 结点i到结点j之间的链路代价。$w(i, i) = 0$；如果结点之间不是直接连接的，则 $w(i, j) = \infty$；如果两个结点之间是直接连接的，则$w(i, j) \geqslant 0$

h = 在算法的目前阶段中的路径具有的最大链路数

$L_h(n)$ = 在不多于h条链路的条件下，从结点s到结点n的最小代价路径的代价

1. [初始化]

$$L_0(n) = \infty,\ \text{对所有} n \neq s$$
$$L_h(s) = 0,\quad \text{对所有} h$$

2. [更新]

对每个后继的$h \geqslant 0$

对每个$n \neq s$，计算

$$L_{h+1}(n) = \min_j [L_h(j) + w(j, n)]$$

将n与前一次处理的结点j相连接，以获取最小值，并删除在以前循环时形成的n与任何其他前次处理结点之间的连接。从s到n的路径以从j到n的链路结束。

第2步不断重复，当$h = K$时，并且对于每个目的结点n，算法将从s到n的长度为$K + 1$的可能路径与前一次循环结束时得到的路径相比较。如果前次更短的路径具有较小的代价，那么将仍然保持前次的路径；否则从s到n之间定义一条长度为$K + 1$的新路径。这条路径含有长度为K的从s到某个结点j的路径，再加上从结点j到结点n的直接一跳。在这种情况下，其中用到的从s到j的路径是在前一次循环时为j定义的K跳路径（见习题19.5）。

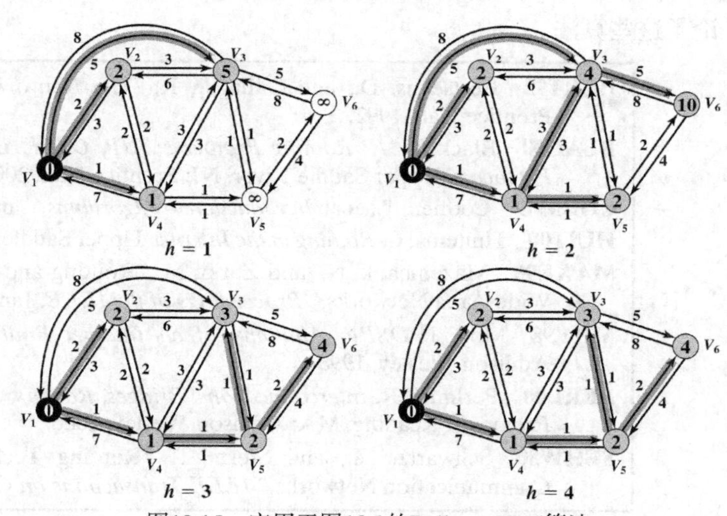

图19.15　应用于图19.1的Bellman-Ford算法

例19.7　表19.4(b)以及图19.15显示了图19.1应用这种算法后得到的结果，使用$s = 1$。在每一步，找到最大链路数等于h的最小代价路径。在最后一次循环后，每个结点的最小代价路径，以及该路径的代价就已经全部找出。可以把结点2作为源结点，应用相同的处理过程，并以此类推。注意，它得到的结果与使用Dijkstra算法得到的结果一致。

19.4.3　比较

在这两种算法之间可以做一项有趣的比较，这与它们各自需要搜集的信息有关。首先来考虑Bellman-Ford 算法。在第2步中，对结点n的计算涉及结点n与所有相邻结点之间的链路代价，即$w(j, n)$，再加上从某个特定源结点s到这些相邻结点中每个结点的路径总代价，即$L_h(j)$。每个结点可以维护一个代价集合，以及与网络中的其他结点相关的路径，并且能够在直接相邻的结点之间经常交换这些信息。这样每个结点都能够使用Bellman-Ford算法中的第2步的表达式，且仅仅需要根据从它的相邻结点处得到的信息，以及它自己的链路代价信息，来更新它的代价和路径。另一方面，考虑Dijkstra算法。看起来第3步要求每个结点必须知道网络的完整的拓扑信息。也就是说，每个结点必须知道网络中所有链路的链路代价。因此，对于这种算法，一个结点必须与所有其他结点交换信息。

总体来说，对这两种算法各自具有的优点的评估应考虑到算法的处理时间，以及必须从网络或互联网其他结点处搜集的信息量。这种评估将取决于实现方法及具体实施。

最后一点：这两种算法已知均可以在拓扑和链路代价稳定的状态下收敛，并收敛到相同的解。如果链路代价经常改变，算法将努力跟上这些变化。然而，如果链路的代价取决于通信量，而通信量又取决于对路由的选择，就会存在反馈情况，并可能导致不稳定状态的产生。

19.5 推荐读物

[MAXE90]对路由选择算法有很好的全面介绍。[SCHW80]是另一本给出了大量例子并且介绍非常全面的书籍。

有几本值得一读的书中包括对各种路由算法的详细描述：[HUIT00]、[BLAC00]和[PERL00]。

[MOY98]对OSPF做了全面而透彻的分析。

[CORM09]中包括有对本章所讨论的最小代价算法的详细分析。[BERT92]也很详细地讨论了这些算法。

BERT92 Bertsekas, D., and Gallager, R. *Data Networks*. Upper Saddle River, NJ: Prentice Hall, 1992.

BLAC00 Black, U. *IP Routing Protocols: RIP, OSPF, BGP, PNNI & Cisco Routing Protocols*. Upper Saddle River, NJ: Prentice Hall, 2000.

CORM09 Cormen, T., et al. *Introduction to Algorithms*. Cambridge, MA: MIT Press, 2009.

HUIT00 Huitema, C. *Routing in the Internet*. Upper Saddle River, NJ: Prentice Hall, 2000.

MAXE90 Maxemchuk, N., and Zarki, M. "Routing and Flow Control in High-Speed Wide-Area Networks." *Proceedings of the IEEE*, January 1990.

MOY98 Moy, J. *OSPF: Anatomy of an Internet Routing Protocol*. Reading, MA: Addison-Wesley, 1998.

PERL00 Perlman, R. *Interconnections: Bridges, Routers, Switches, and Internetworking Protocols*. Reading, MA: Addison-Wesley, 2000.

SCHW80 Schwartz, M., and Stern, T. "Routing Techniques Used in Computer Communication Networks." *IEEE Transactions on Communications*, April 1980.

19.6 关键术语、复习题及习题

关键术语

adaptive routing 自适应路由选择
Bellman-Ford algorithm 边界网关协议（BGP）
Dijkstra's algorithm Dijkstra算法
exterior router protocol 外部路由协议（ERP）
flooding 洪泛
least-cost algorithms 最小代价算法
neighbor reachability 邻站可达性
Open Shortest Path First 开放最短路径优先（OSPF）
autonomous system 自治系统（AS）
Border Gateway Protocol Bellman-Ford算法
distance-vector routing 距离向量路由选择
fixed routing 固定路由选择
interior router protocol 内部路由协议（IRP）
link-state routing 链路状态路由选择
network reachability 网络可达性
random routing 随机路由选择

复习题

19.1 在分组交换网络中，路由选择功能的关键要求有哪些？
19.2 什么是固定路由选择？
19.3 什么是洪泛？

19.4 自适应路由选择的优点和缺点分别是什么？

19.5 什么是最小代价算法？

19.6 Dijkstra 算法和Bellman-Ford 算法之间最根本的区别是什么？

19.7 什么是自治系统？

19.8 内部路由器协议和外部路由器协议有什么区别？

19.9 比较3种主要的路由选择方法。

19.10 列出并简述BGP的3个主要功能。

习题

19.1 设想有N个结点的分组交换网络，并以下述拓扑结构相连接。

a. 星形：一个不连接任何端站的中心结点，其他所有结点都与这个中心结点相连接。

b. 环形：每个结点都与其他两个结点相连接，形成一个闭合环。

c. 完全连接：每个结点都与其他所有结点直接连接。

对以上各种情况，计算站点与站点之间的平均跳数。

19.2 设想一个分组交换网络的拓扑结构为二进制树形结构。树的根结点与其他两个结点连接。所有中间结点都在朝着根的方向上与一个结点相连接，而在背着根的方向上与两个结点相连接。底层结点只在朝着根的方向上与一个结点相连接。如果一共有2^N-1个结点，当N很大时，试推导平均情况下每个分组的跳数，假设选择所有结点对之间的路途都是等概率的。提示：下列等式可能对你有用。

$$\sum_{i=1}^{\infty} X^i = \frac{X}{1-X}; \qquad \sum_{i=1}^{\infty} iX^i = \frac{X}{(1-X)^2}$$

19.3 用来找出从结点s到结点t之间最小费用路径的Dijkstra算法可用以下程序来表示：

```
for n := 1 to N do
    begin
        L[n] := ∞; final[n] := false; {所有结点都临时标记为无穷大}
        pred[n] := 1
    end;
  L[s] := 0; final[s] := true;   {结点s被永久标记为0}
  recent := s;                   {最新访问过的结点被永久标记为s}
path := true;
{initialization over }
while final[t] = false do
begin
    for n := 1 to N do {找出新标记}
      if (w[recent, n] < ∞) AND (NOT final[n]) then
      {对每一个recent的结点的后继中间结点，且没有永久标记的，做以下动作}
        begin {更新临时标记}
          newlabel := L[recent] + w[recent,n];
          if newlabel < L[n] then

                begin L[n] := newlabel; pred[n] := recent end
                {如果经过recent结点有更短的路径，则重新标记n，并将
                 recent结点标记为从s发出的最短路径上 n 的前一站点}
        end;
    temp := ∞;
    for x := 1 to N do {找出具有最小临时标记的结点}
      if (NOT final[x]) AND (L[x] < temp) then
            begin y := x; temp :=L[x] end;
    if temp < ∞ then { 此处有路径 } then
        begin final[y] := true; recent := y end
        {y是最靠近s的结点，并具有永久标记}
    else begin path := false; final[t] := true end
end
```

在这段程序中，最初每个结点都分配有一个临时标记。当最后确定一条到某个结点的路径时，它被分配了一个等于从s出发的路径费用作为永久标记。为Bellman-Ford算法编写一段类似的程序。提示：Bellman-Ford算法经常被称为标记修正方法，与Dijkstra的标记设置方法相反。

19.4 在19.4节中对Dijkstra算法的讨论认为，在每次重复时，每当一个新结点加入T，这个新结点的最小费用路径必然要经过T中已经存在的结点。举实例证明这一论断为真。提示：从一开始就需要指出第一个加入T的结点必须与源结点有直接连接。然后指出第二个加入T的结点必须与源结点有直接连接，或者是与第一个加入T的结点有直接连接。记住我们假设所有链路费用都是非负值。

19.5 在Bellman-Ford算法的讨论中断言，在每次循环$h = K$时，若定义了任意一条长为$K + 1$的路径，则该路径中头K跳形成的路径是在上一次循环中定义的。证明该论断为真。

19.6 在Dijkstra算法的第3步中，仅仅对还不在T中的结点进行最小费用路径值的更新。最小费用路径有没有可能会在一个已经在T中的结点上找到？如果认为可能，举例说明。如果认为不可能，试说明理由。

19.7 使用Dijkstra算法，在图19.1中为结点2生成经结点6到所有结点的最小费用路径。并将得到的结果以表19.4(a)的形式列出。

19.8 使用Bellman-Ford算法重复习题19.7。

19.9 在图19.16的网络中应用Dijkstra路由选择算法。对于网络A，考虑结点C为源点。请给出类似表19.4(a)的列表，以及类似图19.14的图示。

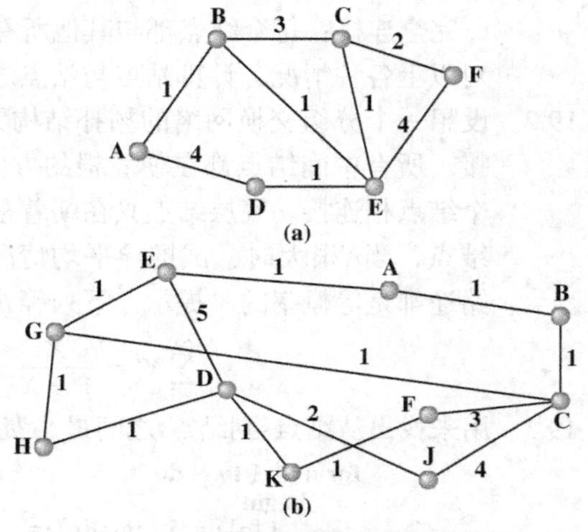

图19.16 具有链路代价的分组交换网

19.10 使用Bellman-Ford算法重复习题19.9。

19.11 Dijkstra算法和Bellman-Ford算法是否总能得到相同的结果？请说明原因。

19.12 Dijkstra算法和Bellman-Ford算法都能够找出从一个结点到其他所有结点的最小费用路径。而Floyd-Warshall算法则用于找出所有结点对之间的最小费用路径。定义：

N = 网络中的结点集合

$w(i, j)$ = 从结点i到结点j的链路费用；$w(i, i) = 0$，且如果结点之间不是直接连接的，那么$w(i, j) = \infty$

$L_n(i, j)$ = 从结点i到结点j的最小费用路径的费用，限制条件是只有结点1, 2, …, n可以作为路径的中间结点

该算法的步骤如下。

1. 初始化

$$L_0(i, j) = w(i, j), \quad \text{对所有} i, j, i \neq j$$

2. 对$n = 0, 1, \cdots, N - 1$

$$L_{n+1}(i, j) = \min[L_n(i, j), L_n(i, n+1) + L_n(n+1, j)], \quad \text{对所有} i \neq j$$

用语言解释该算法。用归纳法证明这个算法是可行的。

19.13 假设在图19.3的网络中，结点1使用洪泛法向结点6发送分组。将一个分组通过一条链路的传输计算成负荷为1。在下述情况中，总负荷为多少？

a. 每个结点都将重复收到的分组丢弃。

b. 使用了一个跳数计数字段，其初始值设置为5，且不丢弃重复的帧。

19.14 我们已知洪泛法可用来判断最小跳数路由。那么它是否能够用来判断最小时延路由？

19.15 使用随机路由选择，分组的副本一次只存在一个。尽管如此，还是应该利用跳数计数字段，为什么？

19.16 另一种自适应路由选择机制称为反向记忆。当一个分组选路经过网络时，它不仅携带了目的地址，还有源地址和正在运行的跳数计数器，这个计数器每经过一跳就增加1。每个结点都建立了一张路由选择表，表中给出了下一个结点以及到每个终点的跳数计数值。如何才能利用分组信息建立这样一张表？这种技术的优点和缺点各是什么？

19.17 为图19.16 中的网络建立一个集中式路由选择列表。

19.18 设想一个系统使用具有跳数计数器的洪泛法。假设这个跳数计数器的初始值置为网络的“直径”。当这个跳数计数器达到零时，分组被丢弃，除非此时正好抵达终点。这一过程是否能够保证在至少有一条可用路径的情况下，分组总是可以到达它的终点？请说明理由。

19.19 BGP的AS_PATH的属性标识了路由选择信息经过的自治系统。AS_PATH属性如何被用来探测路由选择信息环路？

19.20 BGP提供了到终点途经的自治系统列表。但是这个信息不能被认为是一个距离度量，为什么？

第20章 拥塞控制

学习目标

在学习了本章的内容之后，应当能够：

- 解释网络通信量拥塞的后果；
- 概述主要的拥塞控制机制；
- 理解在通信量管理中涉及的各种话题；
- 概述TCP拥塞控制方案；
- 概述DCCP。

拥塞是各种类型的交换数据网络都会遇到的重要问题。拥塞现象是一个复杂的现象，同样，拥塞控制也是一个复杂的课题。以最普通的术语来说，拥塞发生在通过网络传输的分组[①]数量开始接近网络的分组处理能力时。拥塞控制的目标是将网络中的分组数量维持在一定的水平之下，超过这个水平，网络的性能就会急剧恶化。

为了理解拥塞控制所涉及的问题，需要介绍一些排队论的结论[②]。从本质上讲，数据网络或互联网就是一个由队列组成的网络。在每个结点（数据网络交换机、互联网路由器）的每个输出信道上都有一个分组队列。如果分组到达和排队的速率超出分组能够被传输的速率，队列的长度就会逐渐无限增长，而分组经历的时延就会慢慢变成无穷大。即使分组到达的速率小于分组传输的速率，如果到达的速率接近传输的速率，队列长度也会急剧增长。作为一个经验规则，当接受分组排队的线路的利用率超过80%时，队列长度的增长速率就值得警惕了。这种队列长度的增长意味着分组在每个结点经历的时延都会延长。更进一步讲，因为任何队列的长度都是有限的，当队列长度不断增加时，队列最后一定会溢出。

本章的重点是交换式数据网络中的拥塞控制，包括分组交换网络和因特网。本章还讨论了TCP拥塞控制以及一个为不可靠的服务提供拥塞控制的新协议。接下来的三章将在讨论互联网操作的同时介绍更多的拥塞控制机制。

20.1 拥塞的后果

考虑图20.1所示的在一个交换机或路由器上的排队情况。任意给定的结点上都有一些与之相接的I/O端口[③]：其中有一个或多个端口与其他结点相连，同时有零个或多个端口与端系统相连。分组则在这些端口上来来往往。我们可以认为在每个端口处都有两个缓存，或者说队列，一个接收到来的分组，一个暂存等待离去的分组。在实际应用中，可能是每个端口分

① 本章中使用广义的分组来表示分组交换网络中的分组、帧中继网络中的帧、ATM网络中的信元或互联网中的IP数据报。

② 在线附录H中有对排队分析的概述。

③ 在分组交换、帧中继或ATM网络的交换机中，每个I/O端口连接一条传输链路，而这条传输链路与其他结点或端系统相连接。在互联网的路由器中，每个I/O端口或者与直接到达其他结点的链路相连接，或者与直接到达其他子网的链路相连接。

配有两个固定大小的缓存，也可能有一块存储区供所有端口接收和发送缓存共用。在后一种情况下，可以认为每个端口都分配有两个大小可变的缓存，只不过全部缓存大小的总和是恒定的。

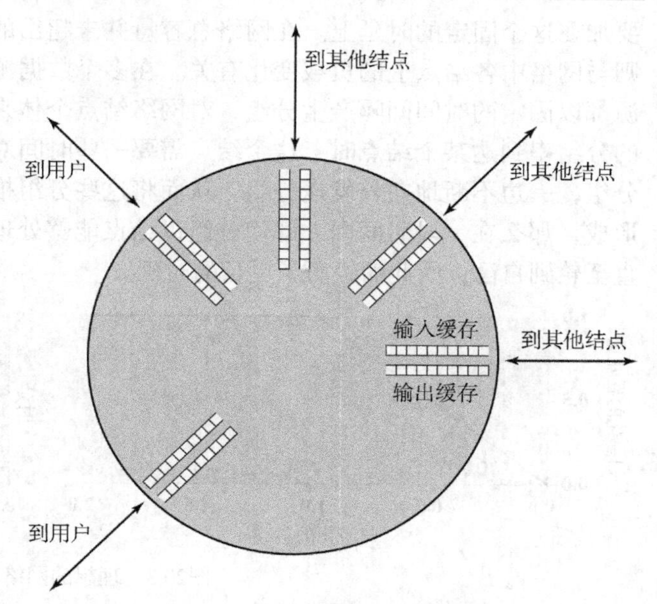

图20.1　结点处的输入和输出队列

在任何一种情况下，每当分组到达，就被存储在相应端口的输入缓存中。结点检查每个收到的分组，做出路由选择的判决，然后将分组转移到适当的输出缓存中。排队等待输出的分组被尽可能快地发送出去。从效果上讲，这也就是统计时分复用。如果分组到达太快，以至于结点来不及处理它们（即为其进行路由选择判决），或者比分组从输出缓存中被清除所需的时间更快，那么最终分组将会在到达时没有存储区可供存放。

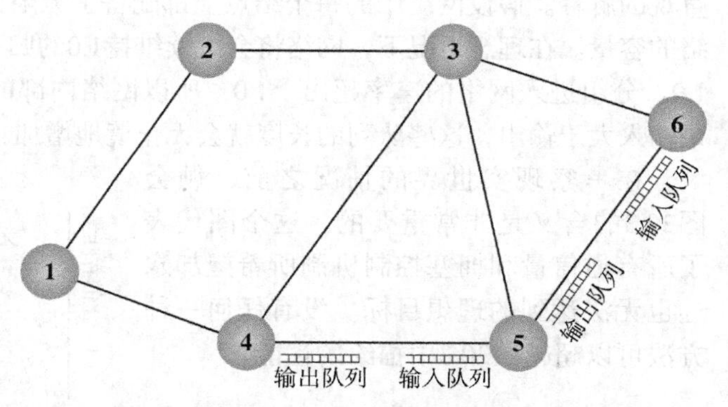

图20.2　数据网络中队列与队列之间的交互作用

如果到达这样的饱和点，则可以采用两种常用策略之一。第一种策略是在没有可用的缓存空间时简单地丢弃所有收到的分组。另一种策略是由出现此类问题的结点对其相邻结点实施某种流量控制措施，以使通信流保持在掌控之中。但是，如图20.2所示，每个结点的相邻结点也正在管理着大量的队列。如果结点6限制来自结点5的分组流量，就会引起结点5到结点6的端口输出缓存空间耗尽。因此，网络中某一处的拥塞会很快扩散到一个区域或整个网络。一方面，流量控制的确是一种强大的工具；另一方面，要妥善利用流量控制，以便对整个网络上的通信量进行管理。

20.1.1　理想的性能

图20.3描绘了网络利用率的理想目标。最上方的图画出了稳定状态下通过网络的总吞吐量（交付到目的端系统的分组数）作为输入负载（源端系统传输到网络的分组数）的函数，图中的总吞吐量和输入负载都相对于网络的最大理论吞吐量做了归一化处理。例如，如果某个网络由一个结点和两条全双工1 Mbps的链路组成，那么该网络的理论上的容量是2 Mbps，每个方向上各有1 Mbps的流量。在理想情况下，网络的吞吐量随着负载的增加而增加，直到输入负载等于网络的总容量，那么对于更高的输入负载，吞吐量归一化后始终保持在1.0。然而应注意，分组经历的端到端的时延即使在这种理想性能的假定下也有明显变化。在负载非常小的情况下，只存在一个很小且固定的时延，这个时延由从源点到终点通过网络的传播时延，加上每个结点上的处理时延组成。随着网络负载的增加，每个结点上用于排队的时延也

要加在这个固定的时延上。在网络总容量并未超出的情况下，网络时延仍会变长，究其原因则与网络中各结点上的负载变化有关。在多个数据源同时向网络注入数据时，即使每个数据源都以固定的时间间隔产生分组，对网络结点个体来说，其输入速率仍然是波动的。当突发的分组串到达某个结点时，这个结点需要一些时间对其进行排队处理。它一边处理队列中的分组，一边不断地向外发送分组，从而将这些分组推向下游结点。一旦在某个结点上有队列形成，那么在一段时间内，即使分组以结点能够处理的速度到达，它们也必须在队列中等候直至轮到自己，因此而经历了更长的时延。

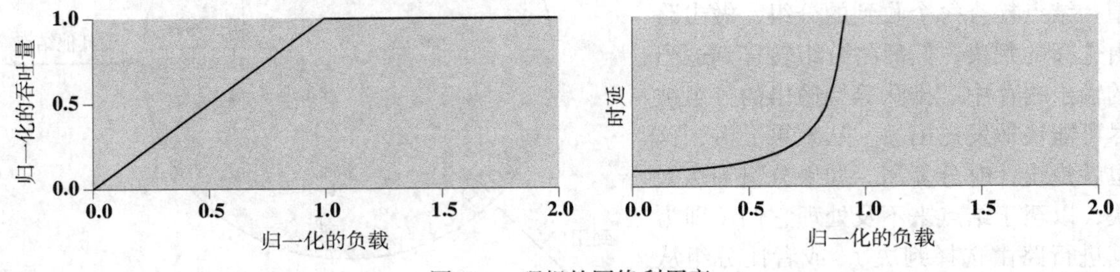

图20.3　理想的网络利用率

一旦负载超过网络容量，时延将无限制增加。这里给出为什么时延会变得无穷大的简单且直观的解释。假设网络中的每个结点上都配备了无限大的缓存，并且再假设输入负载超过了网络的容量。在理想情况下，网络将会继续维持1.0的归一化吞吐量。因此分组离开网络的速率是1.0。分组进入网络的速率超出了1.0，所以网络内部的队列长度就会增加。在稳定状态下，如果输入大于输出，这些队列的长度就会无止境地增加，因此排队时延也会无止境地延长。

在考察现实世界的情况之前，领会图20.3的含义是非常重要的。这个图代表了所有通信量和拥塞控制机制所希望却永远也无法达到的理想目标。没有任何一种方法可以超越图20.3中描绘的性能。

20.1.2　实际的性能

图20.3中反映的理想情况是假定缓存空间无穷大，并且没有与分组传输和拥塞控制相关的额外开销。在实际应用中，缓存是有限的，因此缓存会溢出，并且控制拥塞的操作也会因为交换控制信号而消耗网络容量。

在有限缓存空间的网络中，如果不对拥塞进行控制或不控制端系统的输入，则会发生什么情况？当然，其具体细节将依赖于网络配置和现有通信量的统计特性。不过，图20.4中的曲线描绘了一般情况下的破坏性结果。

在负载较轻时，随着负载的增长，网络的吞吐量以及相关的网络利用率也会

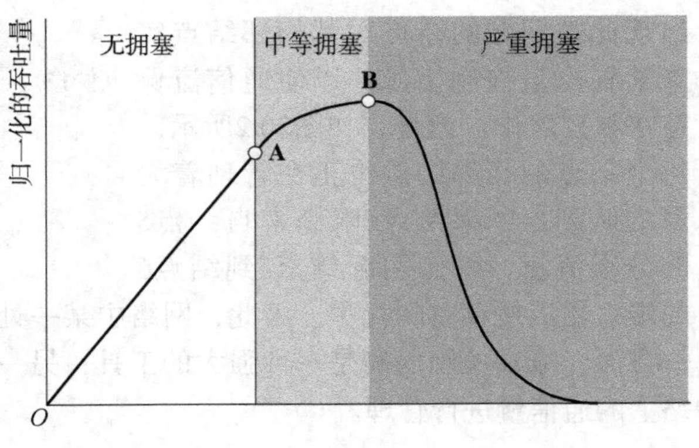

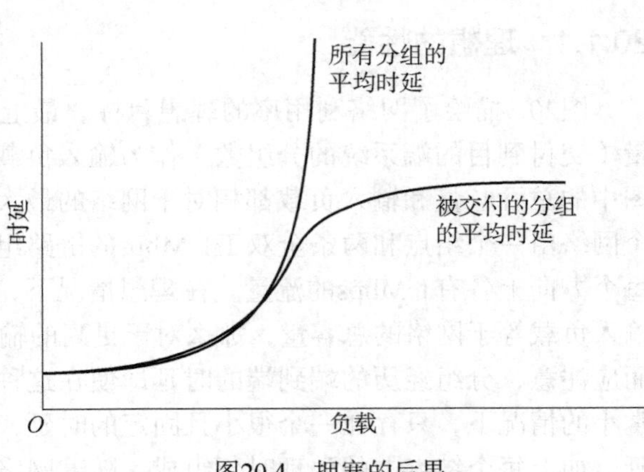

图20.4　拥塞的后果

增加。当负载继续增加时，就会到达一个点（见图中的A点），此后网络吞吐量的增长速率比输入负载的增长速率减慢。这是因为网络进入了一个中等的拥塞状态。在这个区域，虽然时延变长了，但网络能继续处理负载。这种情况下的吞吐量与理想情况的差别是由多种因素引起的。一个原因就是负载不可能在整个网络上均匀分布。因此，当一些结点经历到中等拥塞时，其他结点则可能经历着严重的拥塞，以至于必须丢弃一些通信量。另外，当负载增加时，网络将试图通过路由选择让分组穿过低拥塞区以平衡负载。为了完成路由选择功能，就必须在结点之间交换更多数量的路由选择报文，使彼此之间互相警告，从而避开拥塞区。这种额外开销降低了可用于数据分组的容量。

当网络上的负载继续增加时，各个结点的排队长度也继续增加。最终到达一点（见图中的B点），超过这一点后，随着输入负载的增加，网络实际吞吐量反而下降了。其原因是每个结点上的缓存是有限的。当一个结点的缓存变满时，它一定会丢弃一些分组。这样，数据源除了传送新的分组外，一定会重传被丢弃的分组。这只会加重下面这种情况：随着越来越多的分组被重传，系统的负载不断增加，越来越多的缓存变得饱和。当系统正尽力清除积压的分组时，用户还在向系统输入旧的和新的分组。由于高层（如运输层）确认花费的时间太长，以至于即使是成功提交的分组也有可能由于发送方认为分组未到达对方而被重传。在这种情况下，系统的有效容量下降到零。

20.2　拥塞控制

本书将讨论在分组交换网络、因特网以及专用互联网中的各种各样的拥塞控制技术。为了使这些讨论更加连贯，图20.5提供了对重要的拥塞控制技术的一般性描述。

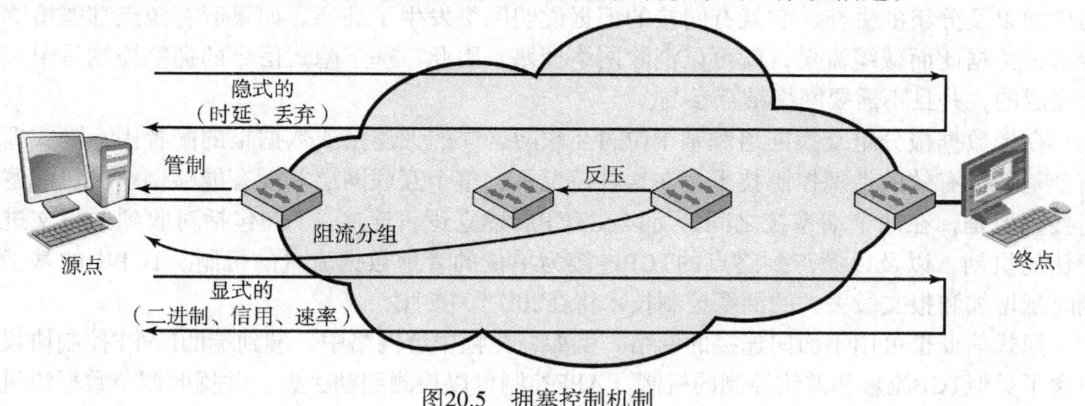

图20.5　拥塞控制机制

20.2.1　反压

我们已经提到过作为拥塞控制技术的反压技术。这种技术产生的效果类似于流过管道的流体产生的反压现象。当管道末端被关闭（或受限制）时，流体就向源头产生压力，从而阻断（或减慢）流量。

反压可在链路或逻辑连接（如虚电路）的基础上实施。再次参考图20.2，如果结点6变得拥塞（缓存满溢），结点6就会减慢或阻止来自结点5（或结点3，或结点5和结点3）的所有分组流量。如果这一限制措施持续下去，结点5就会减慢或阻止它的入口链路上的通信量。这种流量的限制将会反向地（与数据通信流量反方向）传播到信源，而这些信源则会限制新的分组流入网络。

反压可以有选择地应用到某些逻辑连接上，以使从一个结点到下一个结点之间的流量只在某些连接上受限或停止，它们通常是通信量最大的连接。在这种情况下，流量的限制就会沿着该连接传播到数据源。

20.2.2 阻流分组

阻流分组是由拥塞的结点产生的控制分组，并且被传回源结点以限制通信流量。阻流分组的一个例子就是ICMP（网际控制报文协议）的“源点抑制”分组。路由器或目的端系统都可以向源端系统发送此报文，以要求源端系统减小它向互联网终点发送通信量的速度。一旦接收到一个源点抑制报文，源点主机就会降低其对特定终点的发送速率，直到它不再收到源点抑制报文为止。当一个路由器或主机由于缓存溢出而不得不丢弃IP数据报时，就可以使用源点抑制报文。在这种情况下，路由器或主机会为每个丢弃的数据报发送一个源点抑制报文。另外，当一个系统的缓存即将存满时，它可能会预测到拥塞的发生，并因此而发送源点抑制报文。在这种情况下，源点抑制报文中所指的那个数据报可能已经很正常地被传递到目的地了。因此，接收到源点抑制报文并不表示相应的数据报是否正确传递。

相对来说，阻流分组是一种比较粗糙的拥塞控制技术。下面将会讨论一些更为复杂的显式拥塞信令方式。

20.2.3 隐式拥塞信令

网络在发生拥塞时，可能会出现两种情况：（1）从源点到终点的个别分组的传输时延加大，以至于明显地比固定传播时延长得多；（2）分组被丢弃。如果源点能够检测到传输时延的增加以及分组的丢弃，它就有间接的证据说明网络发生了拥塞。如果所有源点都能检测到拥塞，并据此而减缓流量，就可以消除网络拥塞。因此，基于隐式信令的拥塞控制是由端系统完成的，并且不需要网络结点参与。

在像数据报分组交换网络和基于IP的互联网这样的无连接或数据报的配置中，隐式拥塞信令是一种有效的拥塞控制技术。在这种情况下，整个互联网层并没有能够调整流量的逻辑连接。但是，在两个端系统之间，可以在TCP层建立逻辑连接。TCP包括对收到的报文进行确认的机制，以及以源点到终点的TCP连接为单位的管理数据流量的机制。TCP中的基于检测时延增加和报文段丢失的拥塞控制技术将在20.5节中讨论。

隐式信令也可用于面向连接的网络。例如，在帧中继网络中，端到端的LAPF控制协议就包含了类似TCP流量和差错控制的机制。LAPF控制可以检测到帧丢失，并据此调节数据流量。

20.2.4 显式拥塞信令

人们通常希望网络中的可用容量都能够得到充分利用，但同时又要能够以公平的方式对拥塞做出及时的反应，以控制拥塞。这就是显式拥塞回避技术要实现的目标。一般来说，对于显式拥塞回避，网络会对网络中正在形成的拥塞向端系统发出警告，而端系统则应采取措施降低对网络的供给负荷。

通常，显式拥塞控制技术用于面向连接的网络中，并以单个连接为单位控制分组流量。显式拥塞信令可以向如下两个方向发送。

- **反向** 通知源点应该对与收到的分组方向相反的通信量采取必要的拥塞避免措施。它表示用户在该逻辑连接上传输的分组可能会遭遇拥塞的网络资源。反向信息的传送要么改变发往受控源点的数据分组中的某些比特，要么给源点发送单独的控制分组。

- **前向** 通知用户应该对与收到的分组方向相同的通信量采取必要的拥塞避免措施。它表示这个分组在其逻辑连接上遭遇了拥塞的网络资源。同样，这个信息可以通过数据分组中改变了的比特或通过单独的控制分组来传递。在某些方案中，端系统收到前向信号时，会将此信号沿着同一条逻辑连接返回给源端。在另外的方案中，端系统将在高层（如TCP）对源端系统实施流量控制措施。

可将显式拥塞信令方式划分为如下3大类。

- **二进制的** 拥塞结点在转发数据分组时对分组中的某一比特位置。当源点收到一条逻辑连接上的拥塞二进制指示时，就会降低该连接上的通信流量。
- **基于信用值的** 这类方案在一条逻辑连接上对源点提供显式信用值。这个信用值表示了允许源点发送的字节数或分组数。当一个源点用完它的信用值后，必须等待更多的信用值，才能发送更多的数据。基于信用值的方法在端到端的流量控制中很常见，此时目的端系统使用信用值，以防止源端造成目的端缓存的溢出。但基于信用值的方法也可用于拥塞控制。
- **基于速率的** 这类方案在一条逻辑连接上提供一个明确的数据率上限。源点只能以不超过该上限的速率发送数据。为控制拥塞，一条连接沿途的任一个结点都可将发往源点的控制分组中的数据率上限值减少。

20.3 通信量管理

有许多与拥塞控制有关的问题可以归入通信量管理这个大范畴来讨论。在最简单的形式下，拥塞控制关心的问题是如何在通信负载较重时高效率地使用网络。当这种情况出现时，就可以使用上一节中讨论的各种机制，而与特定源点或终点无关。当一个结点因饱和而不得不丢弃分组时，它可以采用某种简单规则，如丢弃最近到达的分组。然而，拥塞控制技术和丢弃规则的采用，有时需要考虑到另一些因素。我们将在这里简单介绍这些因素中的一部分。

20.3.1 公平性

随着拥塞的扩展，从源点到目的点的分组将经受更多的时延，而当拥塞严重到一定程度时，就会出现分组丢弃。如果没有其他要求，我们希望保证不同的流量在遭受拥塞方面能够体现出公平。采用最后到达的最先丢弃策略来丢弃分组，对各分组流来说可能并不公平。为了达到公平性，我们可以采用一些技术，例如为每个逻辑连接或每个“源点终点对”分别维持一个队列。如果每个队列缓存的大小相等，那么通信量负荷最大的队列将更经常地丢弃分组，从而使负荷较轻的连接公平地分到一份带宽容量。

20.3.2 服务质量

我们可能希望用不同的方法对待不同的通信流量。例如，像[JAIN92]中指出的，有些应用，例如话音和视频，对时延敏感而对丢失并不敏感。另外一些应用，例如文件传送和电子邮件，则对时延不敏感而对丢失很敏感。还有像交互图形或交互计算的应用，则对时延和丢失都很敏感。同样，不同的通信流量还具有不同的优先级。例如，网络管理的通信量就比一般应用程序的通信量更加重要，特别是出现网络拥塞或故障时。

在网络出现拥塞时，保证不同需求的通信流量得到各自所需的不同服务质量（QoS）尤其重要。例如，一个结点可以将同一个队列中的高优先级分组先于低优先级分组发送出去。或者一个结点可以为不同服务质量等级维持不同的队列，并对高优先级的队列进行优先处理。

20.3.3 预留

避免拥塞并对一些应用提供确保服务的一种方法是采用预留（reservation，也称预约）方式。这种方式是ATM网络中的一部分。当要建立一条逻辑连接时，网络和用户就订立了一个通信量合约，在其中指明通信流量的数据率及其他特性参数。只要通信流量在合约参数规定的范围内，网络就向其提供事先商定好的服务质量。超过合约规定的通信量要么被丢弃，要么以尽最大努力传送的方式处理，不能传送的就丢弃掉。对于一个新的预留申请，如果网络没有足够的资源满足它，这个申请就会被拒绝。现在正在为基于IP的互联网制定一个类似的方案（RSVP，在第22章中讨论）。

预留方案的一个内容就是通信量管制（见图20.5）。网络中的一个结点，通常是与端系统相连的那个结点，监视通信流量，并将其与通信量合约进行比较，超出的那部分通信量，要么被丢弃，要么加上标记，说明它可以在网络中丢弃或延迟。

20.3.4 通信量整形和通信量管制

网络管理中的两个重要工具是通信量整形和通信量管制。**通信量整形**（traffic shaping）的目的是通过减轻分组的堆集，使流量变得更加平滑，因为正是分组的堆集导致了缓冲区占用的不稳定。从本质上讲，如果从某条信道、逻辑连接或者数据流到达交换机的输入是突发性的，那么经过通信量整形后所产生的输出则应是比较平缓且规则的分组流。

通信量管制（traffic policing）辨别传入的分组是否符合服务质量（QoS）协约。不遵守协约的分组将会用以下方式之一进行处理：

1. 赋予此分组比其他输出队列中的分组更低的优先级；
2. 通过设置首部中的相应位，以标记此分组为违规分组。一旦有拥塞发生，下游交换机就能严厉地对待违规的分组；
3. 丢弃此分组。

从本质上讲，通信量整形关注的是离开交换机的通信量，而通信量管制关注的则是进入交换机的通信量。可用于通信量整形或通信量管制的两种重要技术分别是权标桶和漏桶。

权标桶

权标桶是一种被广泛使用的通信量管理工具。它作为归整和管理通信量的一种方式，具有以下3个优点。

1. 许多通信量的信源可以简单且精确地用一个权标桶机制来定义。
2. 权标桶机制可以为一个流带来的负载提供简洁的描述，这就使服务能够容易地确定对资源的需求。
3. 权标桶机制为管制功能提供了输入参数。

权标桶机制能简洁地描述接收方所预期的峰值及平均通信量负载，并能提供一种方便的机制使发送方能够实施对通信流的管制。权标桶在蓝牙规范（见第18章）和区分服务（见第22章）中都有应用。

权标桶通信量规约包括两个参数：权标补充速率R和桶的大小B。权标速率R指明了可连续支持的数据率。也就是说，在相当长的一段时间内，为支持这个流所需的平均数据率为R。权标桶的大小B指出了在短时间内允许数据率超过R的量。正确的条件是这样的：在任意时间段T内，发送的数据量不能超过$RT + B$。

图20.6描绘了这种机制，并解释了术语“桶”的使用。桶代表了一个计数器，它指出在任何时刻可以发送的数据字节数。“八位组权标”以速率R（即计数器以每秒R次的速率递增）填入桶中，直到填满（即达到最大计数值）。来自用户的数据到达后就被组装成分组，排队等待处理。如果有八位组权标的数量足够与分组大小匹配，就可以处理这个分组。此时，从桶中取走相应数量的权标，并发送该分组。如果到达的分组没有足够的权标可用，这个分组就已超过了这个流的规约。对于此类分组所做的处理应由设计或实现来决定。可能的动作包括：

- 排队等待发送，直至有足够的权标可用，然后发送。
- 排队等待发送，直至有足够的权标可用，但是在发送时要将其标记为超过阈值。
- 丢弃该分组。

权标桶一般不使用最后一个选项。权标桶通常用于通信量整形，但不具通信量管制能力。

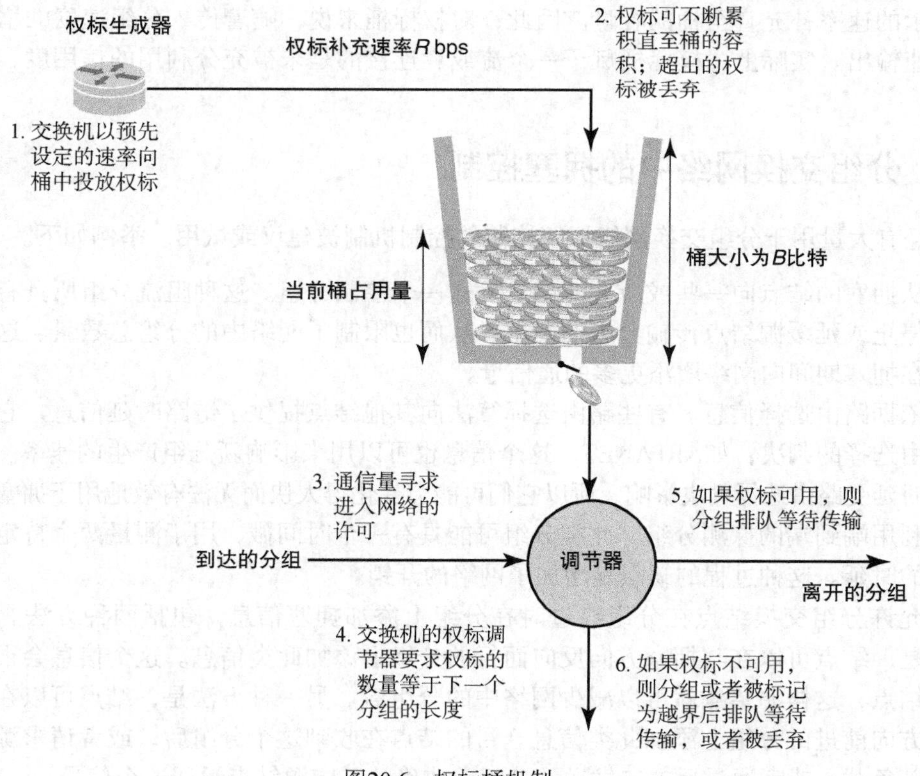

图20.6　权标桶机制

权标桶机制得到的结果是，如果有积压的分组和一个空桶，那么这些分组以每秒数个分组的平滑流方式发出，不存在时延变化，直至分组积压处理完毕。因此，权标桶可以使突发的分组变得平滑。在较长的一段时间内，权标桶允许的数据率是R。但是，如果有一段空闲或相对较缓的时间，该权标桶的容量就会累积，因此在平均速率之上最多可以接受另外B个八位组的数据。这样，B就是允许的数据流突发程度的一种度量。

漏桶

另一种类似于权标桶的方案是漏桶。漏桶用于异步传递方式（ATM）规约以及ITU-T H.261标准，该标准适用于数字视频的编码和传输。漏桶的基本原理如图20.7所示。漏桶算法有一个计数器X，它对累积发送的数据量进行持续计数。该计数器以每个单位时间下降一个单位的恒定速率递减，直至最小值零，也就是相当于一个泄漏速率为1的漏桶。每当有一个分组到达时，该计数器的值就会上升I，其中I是分组的大小，而分组的大小要受到最大计数器值L的限制。任何将会导致该计数器超过最大值（即相当于一个容量为L的桶）的到达分组都被定义为违规的。

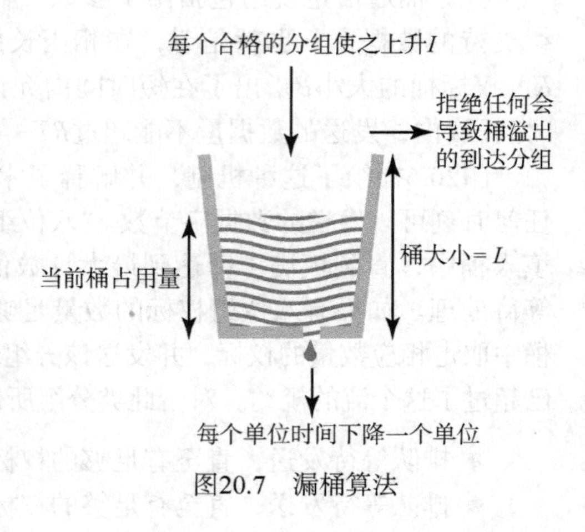

图20.7 漏桶算法

权标桶机制和漏桶机制在操作方式上类似，但也有一些不同之处。权标桶以恒定速率向桶中补充权标直至桶的容量，并在桶内非空时按输入数据流指示的速率清空该桶。而漏桶则当桶内非空时以恒定的速率清空该桶，并按输入数据流指示的速率补充直至桶的容量。因此，对权标桶来说，随着传入分组速度的增加，系统将会加速输出。实际上，权标桶赋予一个流或者连接的是未被充分利用的信用度，直至某个最高点。

20.4 分组交换网络中的拥塞控制

已经有大量用于分组交换网络拥塞控制的控制机制被建议或试用，举例如下。

1. 从拥塞的结点向一些或所有源结点发送一个控制分组。这种阻流分组所具有的作用是停止或延缓源结点传输分组的速率，从而也限制了网络中的分组总数量。这种方法会在拥塞期间向网络增添更多的通信量。
2. 依据路由选择信息。有些路由选择算法向其他结点提供了链路时延信息，它会影响路由选择的判决，如ARPANET。这个信息也可以用来影响新分组产生的速率。因为这些时延受路由选择判决影响，所以它们可能会变化得太快而无法有效地用于拥塞控制。
3. 利用端到端的探测分组。此类分组可能具有一个时间戳，用于测量两个特定端点之间的时延。这种过程的缺点是增加了网络的开销。
4. 允许分组交换结点在分组经过时在分组上添加拥塞信息。包括两种方法。一种方法是，结点可以在与拥塞方向反向而行的分组上添加此类信息。这个信息会很快到达源结点，这样源结点就可以减少网络中的分组流。另一种方法是，结点可以在向着拥塞方向前进的分组上添加此类信息。目的结点在收到这个分组后，或者请求源结点调整其负载，或者通过反方向发送的分组（或确认）向源结点返回这个信号。

20.5 TCP拥塞控制

基于信用量的TCP流量控制机制的设计是为了使终点能够限制来自源点的报文流，以避免终点缓存的溢出。现在，同样的流量控制机制也以各种灵活多变的形式应用于因特网上，为源点和终点之间提供拥塞控制。拥塞这个话题在本书中已提到过多次，它的影响主要有两方面。首先，当拥塞开始出现时，通过一个网络或互联网的传输时间会增加。其次，当拥塞变得严重时，网络或互联网的结点就要丢弃分组。TCP流量控制机制可用于识别拥塞的发作（通过识别延迟时间的增长和报文段丢弃的增加），并用减少数据流量做出反应。如果经过某个网络运行的大多数TCP实体都实施了这种限制功能，互联网的拥塞就可以被缓解。

自从RFC 793发布以来，已经出现了很多目的在于提高TCP拥塞控制特性的技术。表20.1列出了这些技术中使用最广泛的几种。这些技术都没有超出或违反原始的TCP标准。事实上，它们提出了在TCP规约范围之内的执行策略。这些技术中有许多要求与RFC 1122（互联网主机要求）中的TCP一起使用，而另一些则在RFC 5681中定义。其中Tahoe、Reno和NewReno这些名称指的是在许多支持TCP的操作系统中提供的实现软件包。这些技术大概可分为两大类：重传计时器管理和窗口管理。本节将介绍这些技术中最重要并且应用最广泛的几种。

表20.1　TCP拥塞控制措施的实现

措施	RFC 1122	TCP Tahoe	TCP Reno	NewReno
RTT方差估算	√	√	√	√
指数RTO退避	√	√	√	√
Karn算法	√	√	√	√
慢启动	√	√	√	√
基于拥塞的动态窗口大小调整	√	√	√	√
快重传		√	√	√
快恢复			√	√
改进的快恢复				√

20.5.1　重传计时器管理

随着网络或互联网状况的变化，静态的计时器有可能会变得太长或太短。因此，事实上几乎所有的TCP实现都试图通过观察最近的报文段时延模式来估计当前的往返时延，然后将计时器的值设置得比估计的往返时延稍大一些。

简单平均

一种方法是对观察到的多个报文段的往返时延简单地取平均值。如果这个平均值精确地预测了将来的往返时延，那么由此得到的重发计时器就会产生良好的性能。这个简单的平均方法可表达如下：

$$\mathrm{ARTT}(K+1) = \frac{1}{K+1}\sum_{i=1}^{K+1}\mathrm{RTT}(i) \tag{20.1}$$

其中，RTT(i)是对第i个传输的报文段所观察到的往返时延，而ARTT(K)是对前K个报文段所取的平均往返时延。

这个表达式还可以写成

$$\mathrm{ARTT}(K+1) = \frac{K}{K+1}\mathrm{ARTT}(K) + \frac{1}{K+1}\mathrm{RTT}(K+1) \tag{20.2}$$

利用这个公式，就不必每次重新计算全部的求和项。

指数平均

注意，求和项中的每一项都被赋予了相等的权值。也就是说，每一项都乘以相同的常数$1/(K+1)$。通常，我们希望给越近的采样值以越大的权值，因为它们更能反映将来的行为。基于一个时间序列，用过去值预测其下一个值的一种常用技术称为指数平均，它是RFC 793中定义的一种技术，表示为

$$\mathrm{SRTT}(K+1) = \alpha \times \mathrm{SRTT}(K) + (1-\alpha) \times \mathrm{RTT}(K+1) \tag{20.3}$$

其中，SRTT(*K*)称为平滑往返时延估值。定义SRTT(0) = 0。将上式与式(20.2)相比较。通过使用一个与过去观察的数值无关的常数值α（$0 < \alpha < 1$），就既考虑到了所有过去的数值，又对较远的值给予了较小的权值。为了更清楚地理解这一点，考虑下面对式(20.3)的展开：

$$\mathrm{SRTT}(K+1) = (1-\alpha)\mathrm{RTT}(K+1) + \alpha(1-\alpha)\mathrm{RTT}(K) + \alpha^2(1-\alpha)\mathrm{RRT}(K-1) + \cdots + \alpha^K(1-\alpha)\mathrm{RTT}(1)$$

由于α和$(1-\alpha)$都小于1，因此上式中的后续项越来越小。例如，当$\alpha = 0.8$时，该展开式为

$$\mathrm{SRTT}(K+1) = (0.2)\mathrm{RTT}(K+1) + (0.16)\mathrm{RTT}(K) + (0.128)\mathrm{RTT}(K-1) + \cdots$$

观察的值越旧，它在平均值中的计入量就越少。

α的值越小，给予近期观察值的权值就越大。当$\alpha = 0.5$时，几乎所有的权重都给了最近的4个或5个观察值，而当$\alpha = 0.875$时，平均计算就有效地扩大到10个或更多个最近的观察值。使用一个较小的α值的优点是，该平均值能很快地反映出观察量的迅速变化。其缺点是，如果观察值有一个短期的高峰，然后又落回到某个平均值，这时用较小的α值就会造成平均值的突然起伏。

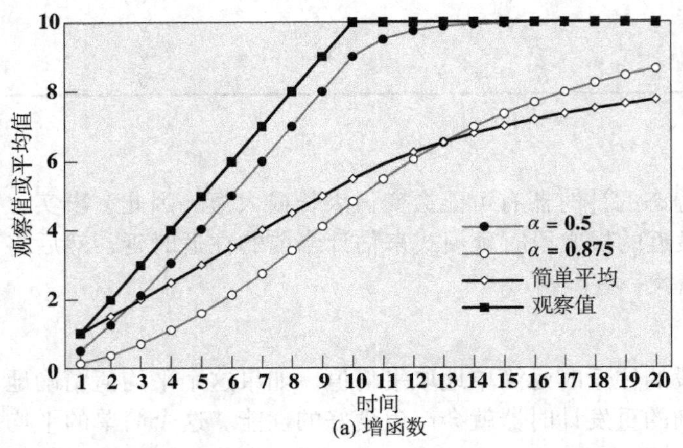

(a) 增函数

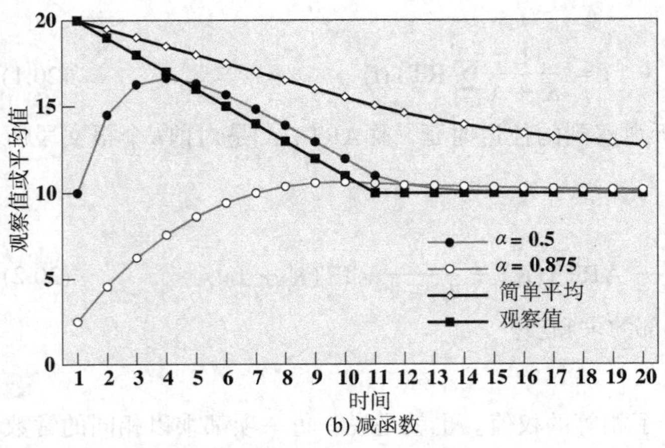

(b) 减函数

图20.8　指数平均的使用

图20.8比较了简单平均算法和指数平均算法（包括取两个不同的α值）。在图20.8(a)中，观察值从1开始，逐渐增加到10，然后保持在这个值上。在图20.8(b)中，观察的值从20开始，逐渐减小到10，然后保持在这个值上。注意，指数平均对过程行为变化的跟踪比简单平均更快，而较小的α值会使估值更迅速地反映观察值的变化。

式(20.3)在RFC 793中用于估计当前往返时延。我们曾提到，重传计时器的值应该设置得比估计的往返时延稍大。一种可能是使用一个常数值：

$$\mathrm{RTO}(K+1) = \mathrm{SRTT}(K+1) + \Delta$$

其中，RTO是重传计时器（也称重传超时），而Δ是一个常数。这种取值方法的缺点是Δ与SRTT没有比例关系。对于较大的SRTT值，Δ相对较小，实际RTT的波动就会造成不必要的重传。对于较小的SRTT，Δ相对较大，这在重传丢失报文段时又会引起不必要的延迟。因此，RFC 793 规定使用一个其值与SRTT成比例的计时器，并加以约束：

$$\mathrm{RTO}(K+1) = \mathrm{MIN}(\mathrm{UBOUND}, \mathrm{MAX}(\mathrm{LBOUND}, \beta \times \mathrm{SRTT}(K+1))) \quad (20.4)$$

其中，UBOUND和LBOUND是事先选定的计时器的固定上限值和下限值，而β是一个常数。RFC 793并未推荐具体的取值，但却列出了下面一些“例值”：α在0.8到0.9之间，而β在1.3到2.0之间。

RTT方差估计（Jacobson算法）

在TCP标准中指明的以式(20.3)和式(20.4)所描述的技术，使TCP实体能够适应往返时延的变化。然而，它不能很好地处理往返时延存在相对较高方差的情况。[ZHAN86]指出了高方差的如下3个来源：

1. 如果TCP连接上的数据率相对较低，那么传输时间与传播时间相比就会相对较大。而且，由于IP数据报大小的变化引起的时延的方差将会很可观。因此，SRTT估值器的特性就会受到数据属性而不是网络属性的很大影响。
2. 互联网通信量载荷及状况可能由于来自其他源点的通信量而突然变化，从而造成RTT的突然变化。
3. 对等TCP实体可能会因其自身的处理时延而并不对每个报文段都立即发出确认，或者是因为它利用了累积确认的特权。

最初的TCP规约试图通过对RTT估值乘以一个常数因子的方法来考虑这种可变性，如式(20.4)所示。在稳定的环境中，RTT的方差很低，这个公式得到的RTO就显得过高，而在一个不稳定的环境中，取$\beta = 2$可能并不足以防止不必要的重传。

一种更有效的方法是估计RTT值的变化，并将其作为计算RTO时的输入。一种比较容易估计的方差度量方法是平均偏差，其定义为

$$\mathrm{MDEV}(X) = \mathrm{E}[|X - \mathrm{E}[X]|]$$

其中E[X]是X的期望值。

与估算RTT一样，简单平均法也可用于估算MDEV：

$$\mathrm{AERR}(K+1) = \mathrm{RTT}(K+1) - \mathrm{ARTT}(K)$$

$$\mathrm{ADEV}(K+1) = \frac{1}{K+1}\sum_{i=1}^{K+1}|\,\mathrm{AERR}(i)|$$

$$= \frac{K}{K+1}\mathrm{ADEV}(K) + \frac{1}{K+1}|\mathrm{AERR}(K+1)|$$

其中ARTT(K)是式(20.1)中定义的简单平均，而AERR(K)是在时刻K所测量的采样平均偏差。

与ARTT的定义类似，ADEV和式中的每一项都被赋予了一个相同的权值。也就是说，每一项都被乘以相同的常数$1/(K+1)$。与以前一样，我们想给较近的时刻以更大的权值，因为它们更能反映未来的行为。曾提出对RTT进行动态估计[JACO88]的Jacobson又建议采用与SRTT计算时所用技术相同的指数平滑技术。Jacobson提出的完整算法可表达如下：

$$\begin{aligned}
\mathrm{SRTT}(K+1) &= (1-g)\times\mathrm{SRTT}(K) + g\times\mathrm{RTT}(K+1)\\
\mathrm{SERR}(K+1) &= \mathrm{RTT}(K+1) - \mathrm{SRTT}(K)\\
\mathrm{SDEV}(K+1) &= (1-h)\times\mathrm{SDEV}(K)\times|\mathrm{SERR}(K+1)|\\
\mathrm{RTO}(K+1) &= \mathrm{SRTT}(K+1) + f\times\mathrm{SDEV}(K+1)
\end{aligned} \tag{20.5}$$

与RFC 793的定义一样，见式(20.3)，SRTT是RTT的一个指数平滑估值，其中$(1-g)$等效于α。但是，这里不是用一个常数乘以SRTT的估值，见式(20.4)，而是采用了估计的平均偏差的倍数加到SRTT上，以形成重传计时器。基于其计时实验，Jacobson在最初的论文中提出对各常数使用下列数值[JACO88]：

$$g = 1/8 = 0.125$$

$$h = 1/4 = 0.25$$

$$f = 2$$

做了进一步的研究之后[JACO90a]，他又建议将f值改为4，该值是目前TCP实现所用的标准值。

图20.9所示为将图20.8中使用的同一组数据代入式(20.5)中的情况。一旦到达时间稳定下来，变化估值SDEV就会降下来。在RTT变化的时候取$f = 2$和$f = 4$，得到的RTO的值都相当保守，但当RTT稳定下来之后，RTO就开始收敛到RTT。

经验证明，Jacobson算法可以显著提高TCP的性能。然而它本身并不完整。还有如下两种其他因素要考虑到：

1. 对于重传的报文段应该使用什么样的RTO值？指数RTO退避算法被用于这一目的。
2. 哪些往返时延采样值应该用来作为Jacobson算法的输入？Karn算法决定了使用哪些采样。

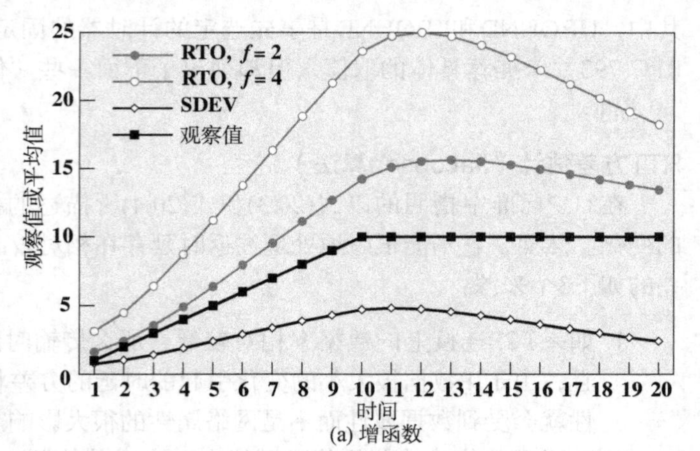

(a) 增函数

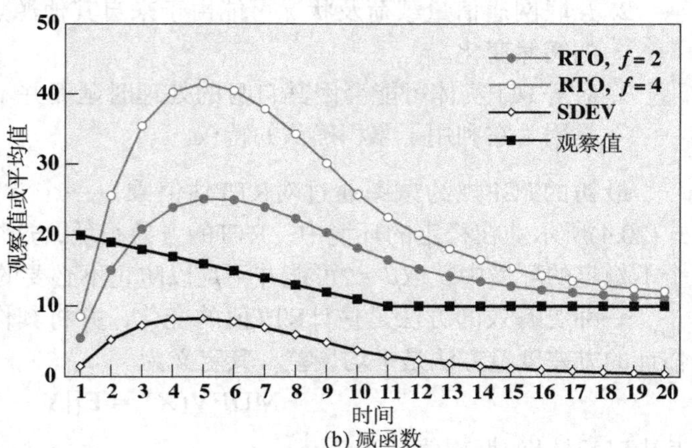

(b) 减函数

图20.9 Jacobson的RTO计算

指数RTO退避

如果TCP发送方在发送报文段时超时，它就必须重传这个报文段。RFC 793假设对这个重传报文段使用相同的RTO值。但是此次超时很可能是因网络拥塞造成的（网络拥塞的表现就是分组发生丢失或往返时延变得很长），所以保持相同的RTO值并不是明智之举。

考虑以下场景。有许多来自不同源的活动的TCP连接正在向互联网中发送通信量。有一个区域发生了拥塞，以至于许多连接上的报文段丢失，或者时延超过了该连接的RTO时间。因此，大约在相同的时间，有许多报文段会因重传进入互联网，这使得拥塞持续下去，甚至会恶化拥塞。然后，所有的源点都等待一个本地的（对每个连接而言）RTO时间，并再次重传。这种模式的行为可能导致拥塞状况的延续。

更理智的策略是要求TCP源在每次重传同一个报文段时增加其RTO时间，这称为退避过程。在前面一段文字叙述的场景下，当每一条受到影响的连接上的报文段第一次重传后，TCP源在进行第二次重传之前会等待更长的时间。这可以让互联网有时间消除目前的拥塞状况。如果还要重传第二次，那么每个TCP源在第三次超时重传之前将等待更长的时间，给互联网更多的时间以便从拥塞中恢复。

实现RTO退避的一种简单技术是在每一次重传时，为报文段的RTO乘以一个常数：

$$RTO = q \times RTO \tag{20.6}$$

式(20.6)使得RTO随每次重传呈指数增加。q最常用的数值是2。取这个值时，这种技术称为二进制指数退避。这和以太网CSMA/CD协议中所用的是同一种方法（见第12章）。

Karn算法

如果没有重传的报文段，Jacobson算法的采样过程就很简单。每个报文段的RTT都可以包括在计算中。然而，假设一个报文段因超时而必须重传。如果随后又收到了一个确认，那么就有以下两种可能性。

1. 这是对该报文段第一次传输的ACK。在这种情况下，RTT仅仅比期望的更长一些，但却是网络状况的精确反映。
2. 这是对第二次传输的ACK。

TCP发送实体无法区分这两种情况。如果发生的是第二种情况，而TCP实体只是简单地根据从第一次传输到接收ACK之间的时间来测量RTT，这个测得的时间就太长了，该RTT约为实际的RTT加上RTO。将这个错误的RTT输入Jacobson算法中，会产生过高的SRTT和RTO值。更进一步讲，它会继续影响到以后的多次迭代，因为一次迭代产生的SRTT值是下一次迭代的输入。

一种更糟的办法是将RTT算成是从第二次传输到收到ACK的这段时间。如果这个ACK实际上是对第一次传输的ACK，那么这个测得的RTT会太小，并因此而产生非常小的SRTT和RTO的值。这很有可能产生正反馈效应，引起更多的重传和更多的错误测量。

Karn算法[KARN91]采用了以下规则来解决这个问题。

1. 不要用对重传报文测得的RTT来更新SRTT和SDEV，见式(20.5)。
2. 当发生重传时，使用式(20.6)来计算退避RTO。
3. 对后续的报文段使用退避RTO值，直至接收到一个对未重传的报文段的确认为止。

当接收到一个对未重传报文段的确认后，Jacobson算法再次被激活，以计算将来的RTO值。

20.5.2　窗口管理

除了提高重传计时器效率的技术之外，还有许多管理发送窗口的方法也得到了研究。TCP发送窗口的大小对于能否在不引起拥塞的情况下高效率地使用TCP至关重要。我们讨论两种几乎在所有现代TCP实现中都要用到的技术：慢启动和拥塞时**动态调整窗口大小**[①]。

慢启动

TCP中使用的发送窗口越大，TCP源在必须等待确认之前可发送的报文段就越多。这样做，在TCP连接第一次建立时就会出现问题，因为TCP实体可以不受约束地将整个窗口中的数据统统推到互联网中。

可以采用的一种策略是让TCP发送方从某个相对较大的窗口而不是最大的窗口开始发送，希望在此过程中逼近连接最终能提供的窗口大小。这比较危险，因为发送方因超时而意识到流量过量之前，可能已经造成互联网的流量泛滥。事实上，在接收到确认之前，需要某种逐步扩展窗口的手段。这就是采用慢启动机制的目的。

① 这些算法是由Jacobson[JACO88]提出的，同时在RFC 2581中也有描述。Jacobson以TCP报文段单元来表述其算法，而RFC 2581则主要使用TCP数据八位组单元来表述，并提供了一些报文段单元的计算作为参考。我们这里采用[JACO88]中的说法。

使用慢启动时，TCP传输受下述关系的制约：

$$awnd = \mathrm{MIN}[credit, cwnd] \tag{20.7}$$

其中，

awnd = 允许窗口，以报文段为单位。这是TCP在没有收到进一步确认的情况下，当前允许发送的报文段的个数。

cwnd = 拥塞窗口，以报文段为单位。TCP在启动阶段使用的或在拥塞期间为减少流量而使用的窗口。

credit = 最近一次确认许可的未被使用的信用量，以报文段为单位。在接收到一个确认时，这个值作为“窗口/报文段大小”来计算，其中的窗口是收到的TCP报文段中的一个字段（对等TCP实体所愿意接受的数据量）。

在打开一个新连接时，TCP实体初始化$cwnd = 1$。这就是说只允许TCP发送一个报文段，然后在传输第二个报文段之前就必须等待确认。每次收到一个确认，*cwnd*的值就加1，直至到达某个最大值。

实际上，慢启动机制通过不断地试探互联网来确保它不会把太多的报文段发送到一个已经拥塞的环境中。随着确认的到达，TCP就可以扩大其窗口，直到流量最终由收到的ACK而非*cwnd*所控制。

“慢启动”这个术语多少有些用词不当，因为*cwnd*实际上是以指数规律增长的。当第一个ACK到达时，TCP将*cwnd*打开到2，从而可以发送两个报文段。当这两个报文段都被确认后，对每个收到的ACK，TCP都可以将窗口滑动一个报文段，同时为每个收到的ACK将*cwnd*加1。因此，这时TCP就可以发送4个报文段。当这4个报文段被确认后，TCP就能够发送8个报文段。

拥塞时动态调整窗口大小

可以说慢启动算法在初始化连接时工作得很有效。它使TCP发送方可以为该连接快速地决定一个合理的窗口大小。那么在拥塞露出苗头时上述同一种技术是否有用？特别地，假设TCP实体发起一个连接并经过慢启动过程。而在某一时刻，不论是在*cwnd*达到另一方分配的信用量之前或之后，有一个报文段丢失了（超时）。这就是发生了拥塞的信号。但是拥塞的严重程度并不清楚。因此，一种明智的方法是复位$cwnd = 1$，并完全重新开始慢启动过程。

它看起来像是一种合理且保守的方法，但实际上它还不够保守。Jacobson[JACO88]指出“让网络进入饱和状态很容易，而让网络从饱和状态中恢复却很难”。换一种说法，即一旦拥塞发生了，那么消除拥塞就需要花很长的时间[①]。因此，慢启动中*cwnd*的指数增长可能太激进了，它可能会使拥塞更加恶化。事实上，Jacobson提出在开始时使用慢启动，然后使*cwnd*呈线性增长。其规则如下。当有一次超时发生时：

1. 设置慢启动的门限值为目前拥塞窗口的一半大小，即设置$ssthresh = cwnd/2$。
2. 设置$cwnd = 1$，并执行慢启动过程，直到$cwnd = ssthresh$。在这个阶段中，*cwnd*在每收到1个ACK时就加1。
3. 当$cwnd \geqslant ssthresh$时，每过一个往返时延就将*cwnd*加1。

图20.10描绘了这种行为。注意，要将*cwnd*恢复到最初花4个往返时延即可达到的水平，现在要花11个往返时延。

① Kleinrock将这种现象称为高峰期的长尾效应。详见[KLEI76]中2.7节和2.10节的讨论。

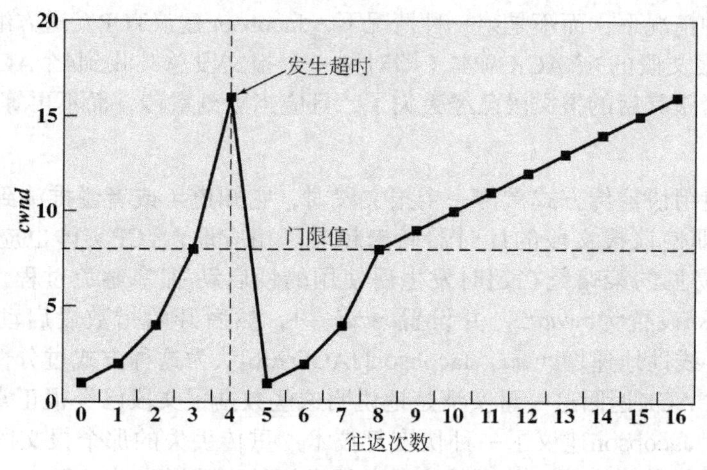

图20.10 慢启动与拥塞避免示意图

快重传

发送TCP实体用来判断何时重传一个报文段的重传计时器（RTO）常常会比该报文段的ACK抵达发送方所花费的实际往返时延（RTT）明显长得多。在最初的RFC 793算法和Jacobson算法中，都是将RTO设置为比估算的往返时延SRTT大一些的值。以下几个原因使得人们有必要对此留有余地。

1. RTO的计算基础是根据RTT的过去值预估得到的下一个RTT值。如果网络中的时延是起伏不定的，那么这个预估的RTT很有可能比实际的RTT要小。
2. 类似地，如果在终点的时延是起伏不定的，那么这个预估的RTT也就变得不可靠。
3. 终点系统有可能不是对每个报文段都返回一个ACK，而是对多个报文段的ACK累积起来，在它有数据发送的时候捎带发送累积的ACK。这种行为加剧了RTT的不稳定性。

以上这些因素带来的结果是，如果有一个报文段丢失了，TCP可能就会减速重传。如果终点TCP使用的是按序接收的策略（见15.2节），就会有多个报文段丢失。即使TCP使用的是更常见的按窗口接收的策略，慢重传也会带来问题。要了解这一点，假设A要传输一个报文段序列，其中的第一个报文段丢失了。只要A的发送窗口非空且RTO还没有超时，它就可以在没有接收到确认的情况下继续不断地传输。B接收到除第一个报文段之外的其他所有报文段。但是B在丢失的那个报文段重传到达之前，必须将收到的所有其他报文段缓存起来，因为在丢失的报文段到达之前，它无法将数据递交给应用程序，从而也不能清空自己的缓存。如果那个丢失的报文段的重传被拖延得太久，B不得不开始丢弃正在接收的报文段。

Jacobson[JACO90b]建议了两种处理过程，称为快重传和快恢复，它们在某些环境下改善了RTO的工作性能。快重传利用了TCP的以下规则。如果TCP实体接收到一个失序的报文段，就必须立刻为已接收的最近一个按序到达的报文段发出ACK。在那个丢失的报文段赶来“填补”缓存中的空缺之前，TCP必须不断地为每个收到的报文段重复这个ACK。当空缺填补完整后，TCP为此时已收到的所有按序排列的报文段发送一个累积的ACK。

当源点TCP接收到一个ACK副本时，它的含义或者是紧跟在该ACK确认的报文段后面的那个报文段被延误了，以至于它最终失序抵达终点，或者是那个报文段丢失了。在第一种情况下，该报文段最后还是到达了，因此TCP不应当重传。但是在第二种情况下，ACK副本的到来可以看成对系统的提前警告，它告诉源点TCP有一个报文段已丢失，必须重传。为了确保我们处在第二种情况下，而不是第一种情况下，Jacobson建议TCP发送方继续等待，直至它接收到对同一个报文段的3个ACK副本（即对同一个报文段总共收到4个ACK）。在这种情况下，极有可能是紧跟其后的报文段已经丢失了，且应当立刻重传，而不再等到计时器超时。

快恢复

当TCP实体使用快重传方式重传一个报文段时，它知道（或者说推测到更恰当）有一个报文段丢失了，即使该报文段的计时器尚未超时。相应地，TCP实体也应当采取拥塞避免措施。一个显而易见的策略是在超时发生后使用的慢启动/拥塞避免过程。也就是说，TCP实体应当将*ssthresh*设置为*cwnd*/2，并设置*cwnd* = 1，然后开始指数慢启动过程，直至*cwnd* =*ssthresh*，然后再线性地递增*cwnd*。Jacobson[JACO90b]认为这种方式过分保守。就像刚才指出的，累积的多个ACK返回这一事实清楚地说明这些数据报文段已经很正常地通过网络到达了另一方。因此，Jacobson建议了一种快恢复技术：重传丢失的那个报文段，将*cwnd*减少一半，然后实行*cwnd*的线性递增。这种技术避免了最初的指数慢启动过程。

RFC 3782（TCP快恢复机制的NewReno改进）改进了这个快恢复算法，以完善对同一个窗口中有两个报文段丢失所做的响应。使用快重传，发送方在超时之前重传一个报文段，原因是它推断该报文段丢失了。如果发送方后来收到的确认并没有包括在快重传启动之前已发送的所有报文段，发送方就可以断定当前窗口中的两个报文段丢失了，并重传另一个的报文段。快恢复和修改的快恢复的细节内容都很复杂，读者可以参考RFC 5681和RFC 3782。

20.5.3 显式拥塞通知

显式拥塞信令的一个例子是在RFC 3168中定义的IP和TCP所提供的显式拥塞通知（ECN）性能。这个机制最初由[FLOY94]提出。IP首部中含有一个2比特的显式拥塞通知字段，这使得路由器能够向端结点指出分组正在经历拥塞，而不是必须立刻丢弃这些分组。00值表示该分组不使用ECN。01或10值由数据发送方设置，以指明该运输协议的两个端点具有处理ECN的能力。11值由路由器设置，表示已遇到拥塞。TCP首部中包含了两个1比特的标志：ECN-Echo标志和CWR（拥塞窗口减少）标志。与上述标志位相关的典型事件序列如下所示。

- 发送方将被发送分组的ECN字段设置为10或01，以指出这些分组的运输层实体有能力支持ECN。
- 一个具有ECN能力的路由器检测到将发生拥塞，同时它发现自己正准备丢弃的分组的ECN被设置为10或01。此时路由器所做的选择是将该分组IP首部中的ECN字段设置为11并转发，而不是丢弃该分组。
- 接收方接收到ECN字段值为11的分组，就在其后向发送方回复的TCP ACK分组中将ECN-Echo标志置位。
- 发送方接收到ECN-Echo标志置位的TCP ACK，从而就好像分组被丢弃了一样地对拥塞进行响应。
- 发送方在下一个即将发往接收方的分组中，令其TCP首部的CWR标志置位，以确认接收到并响应了ECN-Echo标志。一般情况下，它所做出的响应就是减小拥塞窗口。

20.6 数据报拥塞控制协议

这一节将介绍一个重要的新协议：**数据报拥塞控制协议**（Datagram Congestion Control Protocol，DCCP）。我们首先要讨论一个重要的因特网概念，称为TCP友好。

20.6.1 TCP友好

为维持因特网的实际使用价值而面临的一个重要挑战是：在重负载下仍然能够提供优质的服务。即使在互联网初期人们就已经意识到，如果各行其道的通信流量过多，且谁都不考虑对整体因特网性能所造成的影响，那么很有可能会发生严重的拥塞现象，这种情况称为**拥塞崩溃**[NAGL84]，如图20.4所示。正是拥塞崩溃现象促使人们开发出如20.5节所描述的各种精巧细腻的TCP拥塞控制过程。

TCP拥塞控制过程不支持没有使用TCP的应用。随着来自多媒体应用的负载不断增加，因特网上有大量的通信量并不使用TCP，而是使用UDP或者其他一些无连接的协议。这些应用通常不会从整体上考虑因特网的拥塞效应，因而促进了拥塞崩溃的发生。因此，人们开始关注开发某种手段，能够以TCP友好的方式控制因特网上来自此类应用的数据流。术语**TCP友好**（TCP friendly），也称为TCP兼容，粗略地讲就是指在面对拥塞时会适当退避的流量。[BRAD98]对这个概念的定义如下：

> 我们为这样一种流引入了术语“TCP兼容”，它在遇到拥塞时的行为与使用TCP的应用产生的流的行为类似。TCP兼容的流会对拥塞通知做出反应，并且在稳定状态下它所需的带宽不会超过同样条件下运行的符合TCP的应用。

此需求可用下述TCP友好公式[FLOY99]进行量化：

$$T \leqslant \frac{1.22 \times B}{R \times \sqrt{p}} \tag{20.8}$$

其中，T为发送速率；B为最大分组长度；R为在该连接上所经历的往返时延；p为分组丢弃率。

上述公式具有直观意义。使用大分组比使用大量的小分组更好，因为它们需要的累积处理过程较少。无论是往返时延还是丢包率的增加，都是越来越严重的拥塞情况的指标，此时应当降低发送速率，以帮助缓解拥塞现象。

因此，未使用TCP的应用也希望做到能够与使用TCP的应用相提并论的拥塞避免，使之也能遵守式(20.8)。

20.6.2 DCCP操作

对于多媒体应用（如流式音频或视频），可靠的面向连接的运输协议（如TCP）并不适用，原因有两个：额外开销太大，并且通常不希望为了重传被丢弃的分组而使数据流被延迟。另一方面，人们也看不出来应当如何让不可靠的无连接运输协议（如UDP）对拥塞进行检测并响应，以符合TCP友好公式。因此，因特网社区开发出了一种不可靠的面向连接的协议，称为数据报拥塞控制协议（DCCP），在RFC 4340中定义。因为DCCP是面向连接的，所以它可以包含检测拥塞的机制，也就是确定往返时延和分组的丢弃率。又因为DCCP是不可靠的，所以它不包含不被需要的分组重传机制。

DCCP运行在IP之上，并且由那些原本要使用UDP的应用程序用作可替代的运输协议。DCCP包括以下10种分组类型。

- **DCCP-Request（DCCP请求）** 由客户端发出以初始化连接（初始化三次握手中的第一次）。
- **DCCP-Response（DCCP响应）** 由服务器发出以响应DCCP请求（初始化三次握手中的第二次）。
- **DCCP-Data（DCCP数据）** 用于传输应用数据。

- DCCP-ACK（DCCP确认） 用于传输纯确认。也就是说，当连接的某一端需要确认收到了数据分组，而又没有任何可回传的数据分组时，就发送这个分组。
- DCCP-DataAck（DCCP数据与确认） 用于传输应用数据并捎带确认信息。
- DCCP-CloseReq（DCCP关闭请求） 由服务器发出，请求客户端关闭连接。
- DCCP-Close（DCCP关闭） 由客户端或服务器使用，以关闭连接，并引发DCCP-Reset响应。
- DCCP-Reset（DCCP复位） 用于终止连接，无论正常还是异常。
- DCCP-Sync（DCCP同步）和DCCP-SyncAck（DCCP同步确认） 用于大量突发性分组丢失后的序列号重新同步。

图20.11描绘了两个DCCP用户之间的正常交流过程。首先，这两个用户必须建立一条全双工逻辑连接。此阶段还包括选项的协商，譬如使用何种拥塞控制机制。接下来是数据传输阶段，此时任何一方都可以发送数据，而另一方则必须对收到的数据进行确认。为此，每个数据分组和确认分组都要携带一个序列号，此序列号每分组递增1。最后，任何一方都可终止连接。需要注意的是，无论是初始化阶段还是终止阶段，都涉及到三次握手机制。

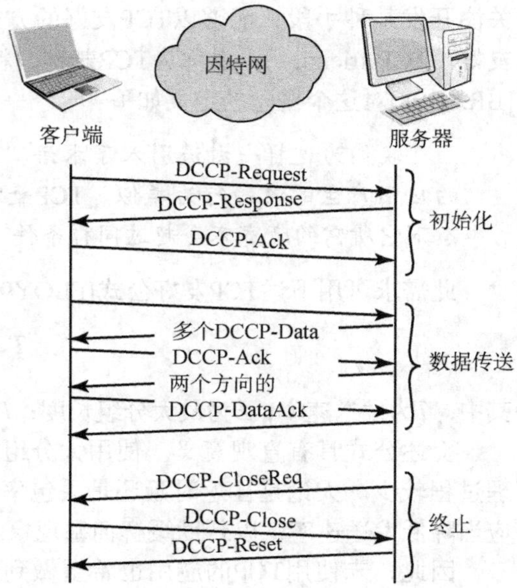

图20.11 DCCP分组交换过程

在每个方向上，为所有10种类型的分组维护一个序列号。以下是DCCP实体A和B之间交流的一个例子：

A→B：DCCP-Data（序列号 = 1）
A→B：DCCP-Data（序列号 = 2）
B→A：DCCP-Ack(序列号 = 10，确认号 = 2）
A→B：DCCP-DataAck（序列号 = 3，确认号 = 10）
B→A：DCCP-DataAck（序列号 = 11，确认号 = 3）

前两行表示，A发送了两个分组到B，编号分别为1和2。然后B发送一个序列号为10的纯确认分组，并确认最近收到的分组。在A的下一个分组中，它对自己的序列号递增，并包含一个确认号，以确认最近收到的来自B的分组。B的下一个分组也是同时具有序列号和确认号的数据分组。以上3种类型的分组使用一个序列号方案，就使得端点能够检测所有的分组丢失情况，包括确认的丢失。

由于DCCP提供的是不可靠的语义，不存在重传，因此TCP风格的累计确认字段没有任何意义。DCCP的确认号字段就等于接收到的最大序列号，而不是没有被接收的最小序列号。可以使用独立选项来指明任何未接收到的中间序列号。

如果网络运行中断或发生大量突发性分组丢失的情况，两个端点接收到的序列号和确认号与预期的会有很大差距。这可能会令DCCP所采用的一些拥塞控制机制变复杂。为了让两个端点重回同步状态，当一个端点接收到意料之外的序列号或确认号时，会发送一个同步分组来询问对方，以求验证该序列号，对方在处理时用同步响应分组回复。当原端点接收到带有有效确认号的同步响应分组后，它要根据该序列号来更新自己的序列号预期窗口。

20.6.3　DCCP分组格式

图20.12描绘了DCCP分组的完整格式。每个分组都有一个通用首部，包括如下字段。

- **源端口和目标端口（各16比特）** 这些字段标识了连接，类似于TCP和UDP中的相应字段。
- **数据偏移（8比特）** 从分组的DCCP首部起始位置到其应用程序数据区起始位置之间的偏移量，以32比特字为单位。
- **CCVal（4比特）** 保留，由发送方的拥塞控制机制使用。也就是说，它可被拥塞控制机制用来在通用首部中保存被编码为4比特的信息。
- **检验范围（CsCov）（4比特）** 检验范围决定了检验和字段涵盖分组的哪些部分。DCCP首部和选项肯定是要包括的，但部分或全部的应用数据可以被排除在外。这样做，使那些比较能够容忍数据损毁的应用可以在噪声较大的链路上提高性能。
- **检验和（16比特）** 一个因特网检验和，它涵盖了分组的DCCP首部（含选项）、网络层伪首部以及由检验范围所决定的全部或部分应用数据，也可能不包括应用数据。
- **保留（RES）（3比特）** 未使用。
- **类型（4比特）** 表示分组的类型。
- **扩展的序列号（X）（1比特）** 设置为1就表示使用了具有48比特序列号和确认号的扩展通用首部。图20.12所示为X = 1的格式。
- **保留（8比特）** 如果X = 1则不使用。如果X = 0则这个字段不存在，从而使24比特的序列号不需要额外的32比特字就能被容纳。
- **序列号（48比特或24比特）** 数据源经过连接发送一个分组序列，序列号则唯一地标识了其中的每个分组。每发送一个分组，序列号递增1，包括像DCCP-Ack这样的未携带任何应用数据的分组。

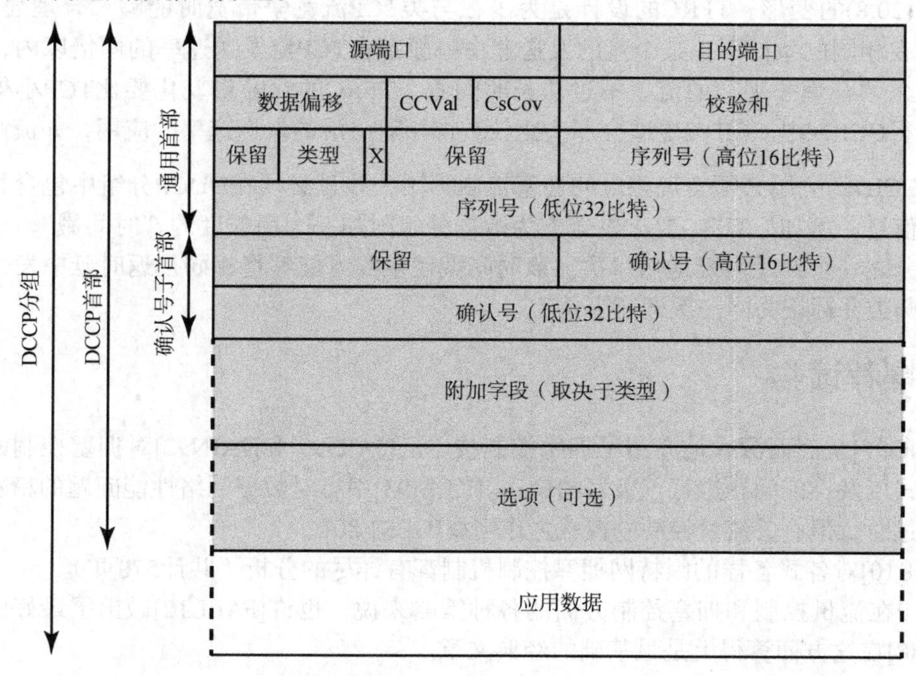

图20.12　DCCP分组格式（X = 1）

连接的初始化分组、同步分组和拆链分组都必须使用48比特的序列号。这样做可以确保端点之间对序列号的理解一致性，并能降低某些类型的攻击的成功概率。24比特的序列号就是该序列号的后24比特，在大多数情况下是足够用的，同时能提高数据分组传输的效率。

跟在通用首部后面的是确认子首部，它包含一个24比特或48比特的确认号。除DCCP请求和DCCP数据之外，其他所有分组都包含这个确认子首部。之所以允许DCCP数据分组不包含确认号，是为了使数据密集的用户（如视频流）能够以最小的额外开销进行传输。

分组的其余部分还包括不同分组类型所需的附加字段、用于各种功能的可选数据以及可选的应用数据。

20.6.4 DCCP拥塞控制

与TCP一样，DCCP是一个运输层协议，它为连接建立、数据传输以及连接终止定义了各种机制和格式，但并没有直接指定任何拥塞控制机制。DCCP分组格式具有足够的灵活性，能够支持多种多样的拥塞控制机制。因此，因特网DCCP工作组定义了两种拥塞控制机制，并为每一种分配了一个拥塞控制标识符（CCID），而未来将会有更多的拥塞控制机制被定义。目前为止所定义的两种机制如下。

- **类TCP拥塞控制（CCID 2）** 此机制在行为上直接模仿TCP，包括拥塞窗口、慢启动和超时。从长时间看，CCID 2能够达到最大的带宽利用率，这与使用端到端的拥塞控制的情况是一致的，只是每次响应拥塞事件都要使拥塞窗口减半，这会导致TCP式的传输速率的突然改变。与稳定的速率相比，更偏爱带宽利用率最大化的应用适合采用CCID 2。通常这些应用程序都不会直接将数据流送给用户。
- **TCP友好性速率控制（TFRC）（CCID 3）** 这种机制的基础是TCP友好公式，即式(20.8)的变形。TFRC的设计是为了在与类TCP流竞争带宽时能够“合理公平”。如果在相同的条件下，某个流的发送速率一般都在TCP流发送速率的两倍以内，它就是一条“合理公平”的流。不过从长时间看，TFRC的吞吐量变化要比TCP小得多，这使得CCID 3比CCID 2更适合那些比较重视相对平滑的发送速率的应用，如流媒体。

适合CCID的应用必须实现相应的拥塞控制算法，并且必须在DDCP分组中包含相应的字段和可选信息。例如，TFRC要求发送方为数据分组附加一个粗粒度的“时间戳”，这个时间戳在每四分之一个往返时延递增一次。该时间戳使接收方能够将相同往返时延中发生的分组丢失情况归类并标记为同一次拥塞事件。

20.7 推荐读物

[YANG95]全面而深入地介绍了拥塞控制技术。[JAIN90]和[JAIN92]对拥塞控制的需求、采取的方式以及性能问题进行了极好的论述。[KLEI93]中有对数据网络性能问题的精彩论述。虽然有点过时，但有关流量控制的权威之作当属[GERL80]。

[MILL10]对各式各样的因特网拥塞控制机制都有详尽的分析（共计570页）。

对TCP在流量控制和拥塞控制方面的各种策略来说，也许[FALL12]做出了最好的描述，而[JACO88]在这方面算得上是最基础的经典文章。

[KOLH06]对DCCP有精彩的介绍。

FALL12 Fall, K., and Stevens, W. *TCP/IP Illustrated, Volume 1: The Protocols.* Reading, MA: Addison-Wesley, 2012.

GERL80 Gerla, M., and Kleinrock, L. "Flow Control: A Comparative Survey." *IEEE Transactions on Communications,* April 1980.

JACO88 Jacobson, V. "Congestion Avoidance and Control." *Proceedings, SIGCOMM '88, Computer Communication Review*, August 1988; reprinted in Computer Communication Review, January 1995; a slightly revised version is available at http://ee.lbl.gov/nrg-papers.html

JAIN90 Jain, R. "Congestion Control in Computer Networks: Issues and Trends." *IEEE Network Magazine*, May 1990.

JAIN92 Jain, R. "Myths About Congestion Management in High-Speed Networks." *Internetworking: Research and Experience*, Volume 3, 1992.

KLEI93 Kleinrock, L. "On the Modeling and Analysis of Computer Networks." *Proceedings of the IEEE*, August 1993.

KOHL06 Kohler, E.; Handley, M.; and Floyd, S. "Designing DCCP: Congestion Control Without Reliability." *ACM Computer Communication Review*, October 2006.

MILL10 Mill, K., et al. Study of Proposed Internet Congestion Control Mechanisms. NIST Special Publication 500-82, May 2010.

YANG95 Yang, C., and Reddy, A. "A Taxonomy for Congestion Control Algorithms in Packet Switching Networks." *IEEE Network*, July/August 1995.

20.8 关键术语、复习题及习题

关键术语

backpressure 反压
congestion 拥塞
congestion control 拥塞控制
dynamic window sizing 动态窗口尺寸
exponential average 指数平均
fairness 公平
fast retransmit 快重传
Jacobson's algorithm Jacobson算法
quality of service 服务质量（QoS）
retransmission timer 重传计时器
slow start 慢启动
token bucket 权标桶
traffic policing 通信量管制
window management 窗口管理
choke packet 阻流分组
congestion collapse 拥塞崩溃
Datagram Congestion Control Protocol 数据报拥塞控制协议（DCCP）
explicit congestion signaling 显式拥塞信令
exponential RTO backoff 指数RTO退避
fast recovery 快恢复
implicit congestion signaling 隐式拥塞信令
leaky bucket 漏桶
reservations 预留
RTT variance estimation RTT 方差估算
TCP friendliness TCP友好
traffic management 通信量管理
traffic shaping 通信量整形

复习题

20.1 如果结点正当饱和之时又收到分组，一般情况下会采取哪些策略？
20.2 为什么当负载超过网络容量时，时延会趋于无限大？
20.3 简要说明图20.5中描绘的每种拥塞控制技术。
20.4 反向显式拥塞信令和前向显式拥塞信令之间有什么区别？
20.5 简要说明显式拥塞信令的3种方法。

20.6 权标桶与漏桶之间有何区别？

20.7 TCP是如何用于处理网络或因特网拥塞的？

20.8 区分TCP、UDP和DCCP。

习题

20.1 有人提出一种称为许可证（isarithmic）控制的拥塞控制技术。在这种方案中，通过向网络中插入固定数目的许可证，使网络中正在传送的分组数目保持固定。这些许可证在帧中继网络中随机地传播。每当一个帧处理模块要将与其相连的用户发送给它的一个帧转发出去时，就必须先捕获并销毁一个许可证。当与目的用户相连的帧处理模块将帧交付给该用户时，帧处理模块就重新发出一个许可证。请列出这种技术可能带来的三个问题。

20.2 当持续通信量通过一个分组交换结点时超出了该结点的容量，该结点必须丢弃分组。缓存只能延缓拥塞问题，但不能解决这个问题。考虑图20.13所示的分组网络，在网络的一个结点上连接有5个站点。该结点只有一条链路通往网络的其他地方，该链路归一化的吞吐量为C = 1.0。1至5号发送器的平均持续发送速率r_i分别为0.1, 0.2, 0.3, 0.4和0.5。显然该结点已超负荷。为了应付拥塞问题，结点以p_i的概率丢弃来自发送器i的分组。

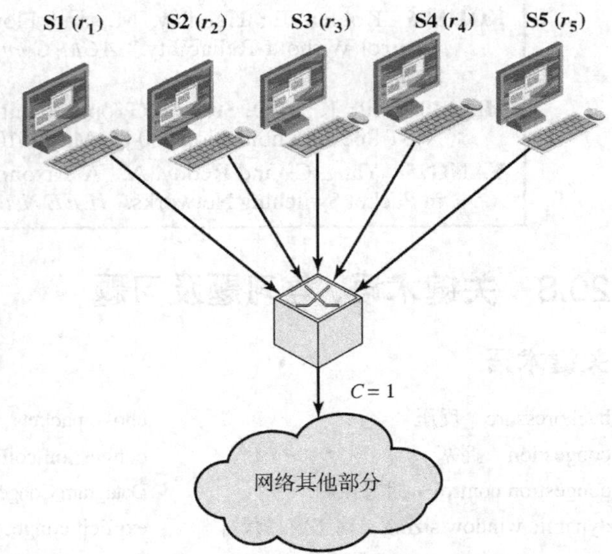

图20.13 与分组交换结点相连的站点

a. 要想使未丢弃分组的速率不超过C，请给出p_i, r_i和C之间的关系。

该结点通过设置p_i的值，以满足(a)中推导出的关系，从而建立了一种丢弃策略。对下述各策略，证明它们能够满足该关系，并从发送方的角度用语言进行描述。

b. $p_1 = 0.333; p_2 = 0.333; p_3 = 0.333; p_4 = 0.333; p_5 = 0.333$

c. $p_1 = 0.091; p_2 = 0.182; p_3 = 0.273; p_4 = 0.364; p_5 = 0.455$

d. $p_1 = 0.0; p_2 = 0.0; p_3 = 0.222; p_4 = 0.417; p_5 = 0.533$

e. $p_1 = 0.0; p_2 = 0.0; p_3 = 0.0; p_4 = 0.0; p_5 = 1.0$

20.3 在ABR（可用比特率）中使用的一种拥塞控制机制以减小允许的数据率作为对拥塞的响应，且遵守以下等式：

$$新速率 = 原速率 - 原速率 \times RDF$$

其中RDF是速率递减因子。

a. 对于不同的RDF值，发送器对拥塞的响应是快还是慢，程度如何？

b. 如果将该等式改为：新速率 = 原速率 – 原速率 × α，则响应会更好还是更糟，为什么？

20.4 考虑图20.14所示的分组交换网络。C是链路的容量，以帧每秒为单位。结点A向A′发出的恒定负载为0.8帧每秒。结点B向B′发出的负载为λ。结点S有一个公共缓存池，用于存放A′和B′的通信量。这个缓存已满后，帧就被丢弃了，并在稍后由源用户重发。S的吞吐量为2。画出总吞吐量（即A–A′和B–B′交付的通信量之和）作为λ的函数关系图。λ > 1时，吞吐量的哪一部分是A–A′的通信量？

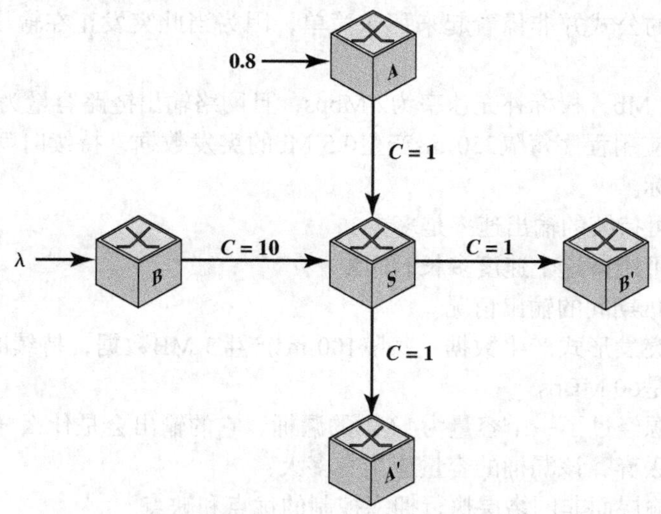

图20.14　分组交换结点网络

20.5　对于能够检测并发出拥塞通知的帧中继网络，每个帧处理程序都需要监视自己的队列的行为。如果队列长度开始向危险水平发展，那么不是前向或后向地发送显式通知，就是做一些综合设置，以试图减轻通过该帧处理程序的帧流量。帧处理程序可以做一些选择，如决定哪些逻辑连接应当被警告出现拥塞。如果拥塞变得相当严重，那么通过该帧处理程序的所有逻辑连接都可能被警告，而在拥塞的初级阶段，帧处理程序可以仅仅向那些生成最大通信量的用户发出警告。

有一个帧中继规约建议了一种监视队列长度的算法，如图20.15所示。当外出电路从空闲（队列空）进入忙（非零的队列长度，包括当前帧）时，循环就开始了。如果超出了一个门限值，则电路的状态进入准拥塞状态，使用该电路的某些或所有逻辑都要设置拥塞避免比特。用文字来描述这个算法并说明它的优点。

The algorithm makes use of the following variables:

t = current time
t_i = time of ith arrival or departure event
q = number of frames in the system after the event
T_0 = time at the beginning of the previous cycle
T_1 = time at the beginning of the current cycle

The algorithm consists of three components:

1. Update: Beginning with $q_0 := 0$
   If the ith event is an arrival event, $q := q_{i-1} + 1$
   If the ith event is a departure event, $q := q_{i-1} - 1$

2.
$$A_{i-1} = \sum_{\substack{i \\ t_i \in [T_0, T_1)}} q_{i-1}(t_i - t_{i-1})$$
$$A_i = \sum_{\substack{i \\ t_i \in [T_1, t)}} q_{i-1}(t_i - t_{i-1})$$

3.
$$L = \frac{A_i + A_{i-1}}{t - T_0}$$

图20.15　一个帧中继算法

20.6　权标桶方法给出了以最大数据率发送通信量的时间上限。假设这个权标桶定义的桶的大小为B八位组，且权标到达的速率为R八位组/秒，且假设最大输出数据率为M八位组/秒。

a. 试推导最大速率突发的长度S的公式。也就是说，受权标桶的控制，一个流以最大输出速率发送，能够维持多长时间？

b. 当B = 250 KB，R = 2 MBps，且M = 25 MBps 时，S的值为多少？

（提示：S的公式并非像看起来那么简单，因为当此突发正在输出时，会有更多的权标到达）。

20.7 考虑容量为1 Mb，权标补充速率为2 Mbps，且网络输出链路容量为10 Mbps的一个权标桶。假设某应用程序每隔250 ms产生0.5 Mb的突发数据，持续时间为3 s，并且最初桶中充满了权标。

a. 开始时，可持续的输出速率是多少？

b. 此权标桶可维持这个速度多长时间？

c. 请描绘出3 s期间的输出情况。

20.8 某数据源以突发形式产生数据：每隔100 ms产生3 MB数据，持续时间为2 ms。该网络提供的带宽是60 MBps。

a. 这个数据源经过了一个容量为4 MB的漏桶。它的输出会是什么样的？

b. 为了避免丢弃，该漏桶的容量应当有多大？

20.9 试分析在运输层而非网络层执行拥塞控制的优点和缺点。

20.10 Jacobson的拥塞控制算法假设绝大多数分组丢失是由于网络拥塞导致路由器丢弃分组而引起的。然而，如果分组在前往终点的路途中遭到破坏，也会使分组被丢弃。试分析在此类丢失环境中，因Jacobson的拥塞控制算法对TCP性能的影响。

20.11 最初的TCP SRTT估值器遇到的一个困难是对初值的选取。在不知道任何具体的网络状况的情况下，典型的方法是选择一个任意值，例如3 s，并希望它能够迅速收敛到准确的数值。如果这个估值太小，TCP就会进行不必要的重传。如果它太大，TCP在第一个报文段丢失后要等待很长的时间才会重传。同样，如本题所指出的，它的收敛会很慢。

a. 选择α = 0.85且SRTT(0) = 3 s，假设所有测得的RTT值都是1 s，并且没有出现分组丢失。那么SRTT(19)是多少？提示：通过使用表达式$(1 - \alpha^n)/(1 - \alpha)$，可以将式(20.3)重写以简化计算。

b. 现在令SRTT(0) = 1 s，并假定测得的RTT值为3 s，且没有分组丢失。SRTT(19)是多少？

20.12 从式(20.1)中推导出式(20.2)。

20.13 按式(20.5)重写SRTT(K + 1)的定义，使其可表示为SERR(K + 1)的函数。解释所得结果。

20.14 某个TCP实体打开一个连接并使用慢启动。在TCP可以发送N个报文段之前大约要花多少个往返时延？

20.15 虽然具有拥塞避免的慢启动是对付拥塞的一种有效技术，但它在高速网络中可能导致很长的恢复时间，这正是本题所要论证的。

a. 假设往返时延为60 ms（大约是跨越一个大陆的时间），而链路的有效带宽是1 Gbps，报文段的大小为576个八位组。确定要使管道保持在满的状态所需的窗口大小，以及使用Jacobson算法在出现一个超时后再次达到该窗口所需的时间。

b. 对于16 KB的报文段大小，a题的答案又是多少。

第21章　互联网的工作过程

学习目标

在学习了本章的内容之后，应当能够：

- 列举并解释多播的需求；
- 概述IGMPv3；
- 总结软件定义网络的主要构成；
- 理解OpenFlow的操作；
- 概述移动IP。

本章首先讨论多播，然后考察一种称为软件定义网络（SDN）的管理因特网通信量的新方法及其相关协议OpenFlow。接下来，本章将介绍移动IP的话题。本章讨论的协议在TCP/IP协议族中所处的位置可参见图2.8。

21.1　多播

通常，一个IP地址指向某网络中的一台主机。但IP同时也具有指向一个或多个网络中的一组主机的地址形式，这种地址称为**多播地址**，而将分组从一个源点发送到一个多播组的所有成员的行为称为**多播**。

多播有很多特定的应用，如下所示。

- **多媒体**　多个用户“收听”来自某个多媒体源的视频或音频传输。
- **电话会议**　由一组工作站组成一个多播组，于是来自任何一个成员的传输都会被组内其他成员接收到。
- **数据库**　可以在同一时间里更新一个文件的所有副本或数据库。
- **分布式计算**　中间结果需要发送给所有的参与者。
- **实时工作组**　在活跃的工作组成员之间实时交换文件、图片以及报文。

在单个局域网段范围内的多播操作相当简单。IEEE 802和其他局域网协议都包括了对MAC层多播地址的支持。当一个具有多播地址的分组在某个局域网段上传输时，相应多播组的成员都能识别出这个多播地址，并接受该分组。在这种情况下，只需要传输一个分组副本。这种技术之所以能行之有效，是因为局域网本身就具有广播特性：来自任何一个站点的传输都会被局域网中的所有其他站点接收到。

在互联网的环境下，多播的任务远非如此简单。要了解这一点，可以参考图21.1。在图中，通过路由器连接着数个局域网。路由器或者通过高速链路，或者经过一个广域网（网络N4）将这些局域网彼此连接起来。每个方向上的每条链路或网络都有一个相关的代价，由离开路由器通向该链路或网络方向上的值表示。假设网络N1上的多播服务器正在向一个多播地址传输分组，这个多播地址表示的就是网络N3、N5和N6中标出的工作站。如果多播服务器不知道多播组成员所处的位置，那么要保证这些分组被所有组员接收到的一种方法是通过

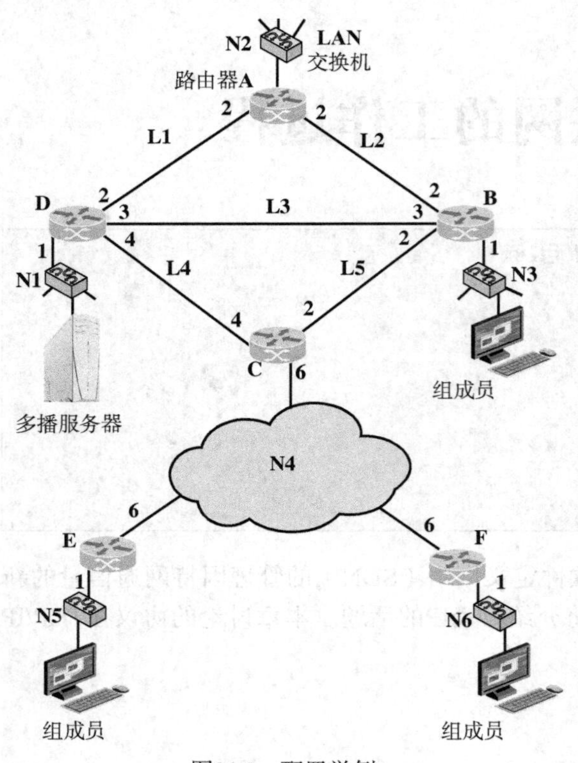

图21.1　配置举例

每个网络的最小代价路由向配置中的所有网络**广播**这个分组的副本。例如，有一个分组需要到达N3，那么它将途经N1、链路L3和N3。在该分组的MAC帧传输到N3之前，由路由器B负责将IP层的多播地址转换成MAC层的多播地址。表21.1总结了通过这种方式将一个分组传输到一个多播组时，各链路和网络中生成的分组数量。表中的源点是图21.1中网络N1上的多播服务器，多播地址中包含的组成员分别是N3、N5和N6。表中的每列代表从源主机到与特定目的网络相连的目的路由器时采用的路径，每行代表图21.1配置中的一个网络或链路。表中的每个数据项代表沿指定路径通过指定网络或链路的分组的数量。这种广播技术总共需要13个分组的副本。

现在假设源系统知道该多播组中每个成员所处的位置。也就是说，源系统有一个表，它将一个多播地址映射为一个网络的列表，这些网络包含了该多播组的所有成员。在这种情况下，源系统只需要将分组发送到这些包含了组成员的网络就足够了。可以称其为**多次单播**策略。从表21.1中可以看出，在这种情况下总共需要11个分组。

表21.1　各种多播策略产生的通信量

	(a) 广播					(b) 多次单播				(c) 多播
	S→N2	S→N3	S→N5	S→N6	总计	S→N3	S→N5	S→N6	总计	
N1	1	1	1	1	4	1	1	1	3	1
N2										
N3	1	1	1		1			1	1	
N4			1	1	2		1	1	2	2
N5			1		1		1		1	1
N6			1	1			1	1	1	
L1	1			1						
L2										
L3		1			1	1			1	1
L4			1	1	2		1	1	2	1
L5										
总计	2	3	4	4	13	3	4	4	11	8

不论是广播还是多次单播策略，效率都不高，因为它们生成了不必要的源分组副本。而在真正的**多播**策略中，使用了如下的手段。

1. 判决从源点到含有多播组成员的每个网络的最小代价路由。结果得到的是该配置的一棵生成树[①]。注意，它并不是该配置的完全生成树。事实上，它是只包括那些含有组成员的网络的生成树。

① 生成树的概念在第15章讨论网桥时曾介绍过。一个图的生成树包括这个图中的所有结点加上图中链路（边）的一个子集，这些链路提供的是无闭合环路（在任意两个结点之间只有一条通路）条件下的连通性（任意两个结点之间存在一条通路）。

2. 源点沿着生成树传输一个分组。

3. 只有在这个生成树的分支点上的路由器才会复制该分组。

图21.2(a)所示为从源点到多播组传输的生成树，而图21.2(b)描绘了此种方式是如何工作的。源点通过N1向路由器D传输一个分组。由D生成该分组的两个副本，并通过链路L3和L4传输。B接收到来自L3的分组，并将其在N3上传输，该分组在N3上被该网络内的多播组成员读取。同时C接收到在L4上传输的分组。现在它必须将该分组交付到E和F。如果网络N4是广播网络（如IEEE 802局域网），那么C只需要传输该分组的一个实例，并由这两个路由器来读取。如果N4是一个分组交换广域网，那么C必须生成两个副本，并分别以E和F为地址。接下来，这两个路由器将接收到的分组分别在N5和N6上传输。如表21.1所示，此时多播技术只需要用到分组的8个副本。

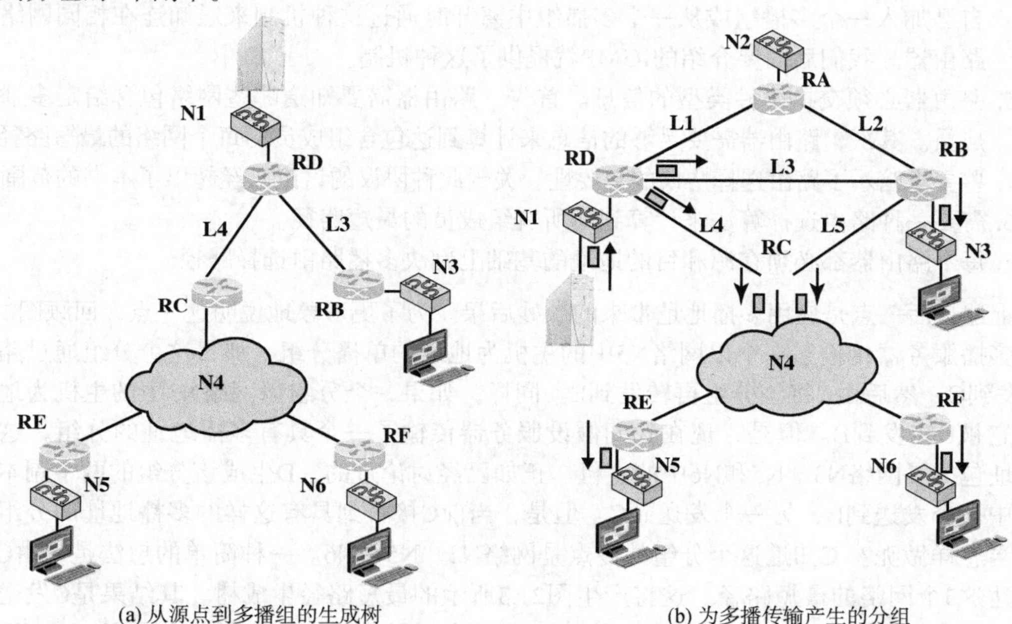

(a) 从源点到多播组的生成树　　(b) 为多播传输产生的分组

图21.2　多播传输举例

21.1.1　多播的需求

在正常的经过互联网的单播传输中，每个数据报具有一个唯一的目的网络，因此每个路由器的任务就是沿着从路由器到目的网络的最短路径转发该数据报。而在多播传输中，可能会要求路由器为收到的数据报转发两个或更多副本。在我们的例子中，路由器D和C都必须为收到的数据报转发两个副本。

因此，预测多播路由选择的整体功能要比单播路由选择复杂。以下列出的是要求做到的功能。

1. 需要某种规范以标识多播地址。在IPv4中，D类地址保留做此用途。在这些32比特的地址中，最高4比特是1110，紧跟着的是28比特的组标识符。在IPv6中，128比特的多播地址中包含一个全1的8比特前缀、一个4比特的标志字段、一个4比特的范围字段和一个112比特的组标识符。目前的标志字段仅仅指出这个地址是否为永久设置的。范围字段指出该地址的应用范围，其范围可以从一个网络到全球。

2. 每个结点（路由器或者是参与路由选择的源点）都必须在IP多播地址和一个包含了组成员的网络列表之间进行转换。这些信息使结点能够构造出一棵到达所有包含了组成员的网络的最短路径生成树。
3. 为了在目的网络上交付多播IP数据报，路由器必须在IP多播地址和网络多播地址之间进行转换。例如，在IEEE 802网络中，MAC层地址长度为48比特。如果最高位比特是1，那么它就是多播地址。因此，为了多播交付，与IEEE 802网络相连接的路由器必须将32比特的IPv4多播地址或128比特的IPv6多播地址转换为48比特的IEEE 802 MAC层多播地址。
4. 虽然有些多播地址是永久设置的，但更常见的情况是这些多播地址是动态生成的，并且主机个体可以动态地加入或离开这些多播组。因此需要一种机制，主机个体可以在自己加入一个多播组或从一个多播组中离开时通过这种机制来通知连在相同网络上的路由器。我们后面要介绍的IGMP就提供了这种机制。
5. 路由器必须交换两种类型的信息。首先，路由器需要知道哪些网络包含给定多播组的成员。其次，路由器需要足够的信息来计算到达包含组成员的每个网络的最短路径。这些要求暗示了路由选择协议的必要性。关于此种协议的讨论已经超出了本书的范围。
6. 需要一种路由选择算法来计算到达所有组成员的最短路径。
7. 每个路由器都必须在源和目的地址的基础上判决多播路由选择路径。

上述最后一点是使用多播地址带来的微妙后果。为了更形象地说明这一点，回顾图21.1。如果多播服务器传输了一个以网络N5中的主机为地址的单播分组，那么这个分组通过路由器D转发到C，然后由C将该分组再转发到E。同样，如果一个分组以网络N3中的主机为地址，那么它被D转发到B。但是，现在我们假设服务器传输了一个具有多播地址的分组，这个多播地址包括了网络N3、N5和N6中的主机。正如已经讨论过的，D生成该分组的两个副本，并将其中一个发送到B，另一个发送到C。但是，当前C接收到具有这样的多播地址的分组时，它应当怎样做呢？ C知道这个分组的终点是网络N3、N5和N6。一种简单的想法是，由C来计算到达这3个网络的最短路径。这将产生图21.3所示的最短路径生成树。其结果是C发送出去两份经过N4的该分组的副本，其中一份以N5为终点，另一份以N6为终点。但是，它还要向B发送该分组的一个副本，以便在N3上传递。因此B将会接收到该分组的两个副本，一个来自D，另一个来自C。很显然，这并不是N1中的主机在发出这个分组时所希望看到的。

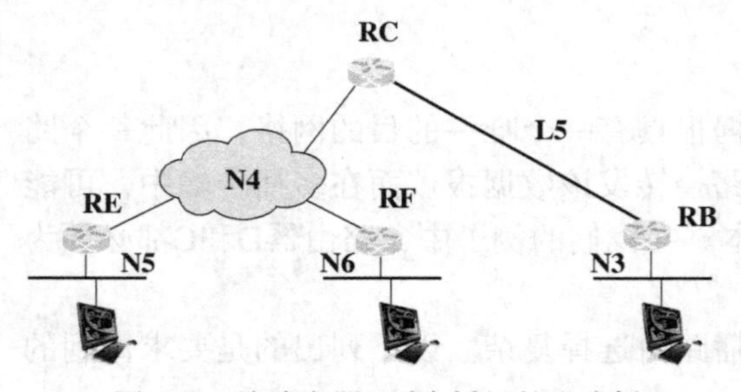

图21.3 从路由器C到多播组的生成树

为了避免不必要的分组复制，每个路由器必须同时以源地址和多播目的地址为依据来为分组选择路由。当C接收到一个来自N1的主机并以多播组为目标的分组时，它必须以N1为根来计算生成树，如图21.2(a)所示，并且根据这棵生成树为分组选择路由。

21.1.2 网际组管理协议（IGMP）

在RFC 3376中定义的网际组管理协议（Internet Group Management Protocol，IGMP）用于主机和路由器经过局域网交换多播组成员信息。IGMP利用局域网的广播特性提供了一种在多播主机和路由器之间高效交换信息的技术。总体来说，IGMP支持以下两种主要操作。

1. 主机发送报文到路由器，以预订或取消由给定多播地址定义的多播组。
2. 路由器周期性检查哪些主机对哪些多播组有兴趣。

IGMP目前的版本是3。在IGMPv1中，主机可以加入多播组，而路由器使用定时器对组员进行取消预订。IGMPv2允许主机请求取消对某个组的预订。本质上，这前两个版本使用了以下操作模式。

- 接收者必须预订多播组；
- 源点不必预订多播组；
- 任何主机可以向任何多播组发送通信量。

这种模式非常通用，但是也存在以下一些缺点。

1. 向多播组发送垃圾信息很容易。即便在应用层有过滤器去掉不需要的分组，对于网络和处理它们的接收者来说，仍然消耗了不少宝贵的资源。
2. 建立多播分发树时会有问题，这主要是因为不知道源点所处的位置。
3. 查询全局唯一的多播地址变得困难，总有可能存在两个多播组使用相同的多播地址的情况。

IGMPv3通过以下方式弥补了这些缺点。

1. 允许主机制定自己愿意接收通信量的主机列表。来自列表外其他主机的通信量在路由器上便被阻拦了。
2. 允许主机阻拦来自发送垃圾信息的源系统的分组。

本节后半部分将讨论IGMP的版本3。

IGMP报文格式

所有的IGMP报文都在IP数据报中传输。当前的版本定义了两种报文类型：成员关系查询报文和成员关系报告报文。

成员关系查询报文由多播路由器发送。它有3个子类型：**一般查询**，用来了解哪些组在与路由器相连的网络上有组成员；**指明组查询**，用来了解指明的多播组在与路由器相连的网络上是否有组成员；**指明组及源的查询**，用来了解是否有任何相连设备愿意接收来自指明列表中的源，且发送到指明多播组的分组。报文格式如图21.4(a)所示，其中包含的字段如下所示。

- **Type（类型）** 定义了当前报文的类型。
- **Max Resp Time（最长响应时间）** 指明了发送响应报告之前允许间隔的最长时间，以十分之一秒为单位。
- **Checksum（检验和）** 一个差错检验码，它是该报文中所有16比特字的16比特反码加法运算的结果。为了计算方便，Checksum字段本身的初始值为0。其检验和算法与IPv4中使用的相同。
- **Group Address（组地址）** 0代表一般查询报文。当发送指明组查询或指明组及源的查询时，其值为一个有效IP多播组地址。
- **S Flag（S标志）** 置为1时，表示向所有正在接收的路由器发出指示，要求它们抑制因收到查询而执行的正常计时器更新。
- **QRV（查询者的稳健性变量）** 如果非零，则QRV字段包含查询者（即查询发送方）所用的RV（健壮性变量）值。路由器采用其最近收到的查询中的RV值作为自己的RV

值，除非最近收到的RV值是零。在这种情况下，接收者使用默认值或静态设置值。RV值指示了为确保报告不被任何多播路由器错过，主机需要重传报告的次数。

- **QQIC（查询者的查询者间隙码）** 指明了查询者使用的QI（查询间隙）值，这个值是发送多重查询时的计数器。非当前查询者的多播路由器采用其最近收到的查询中的QI值作为自己的QI值，除非最近收到的QI值是零。在这种情况下，接收路由器采用默认QI值。

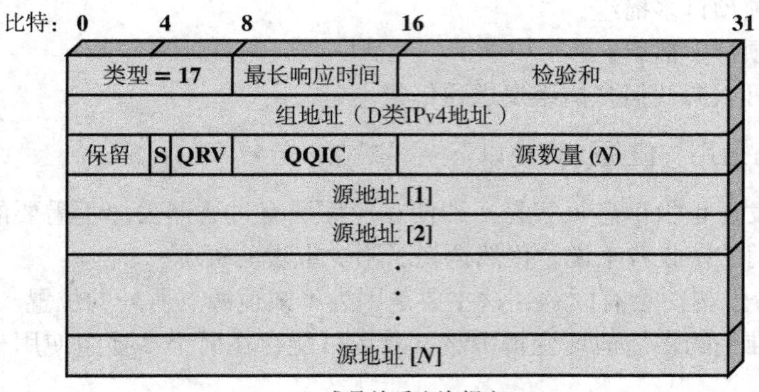

(a) 成员关系查询报文

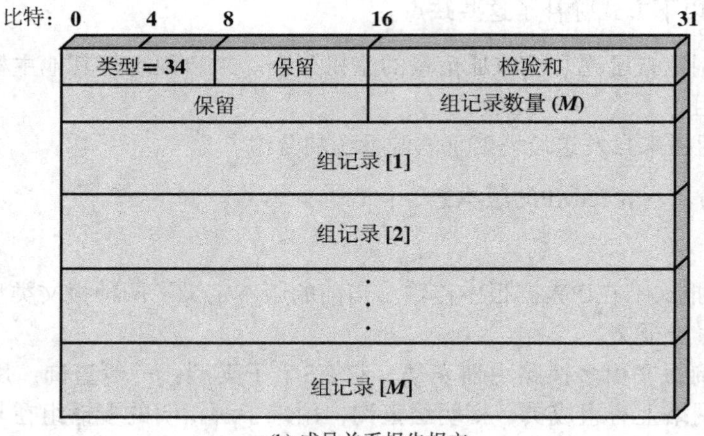

(b) 成员关系报告报文

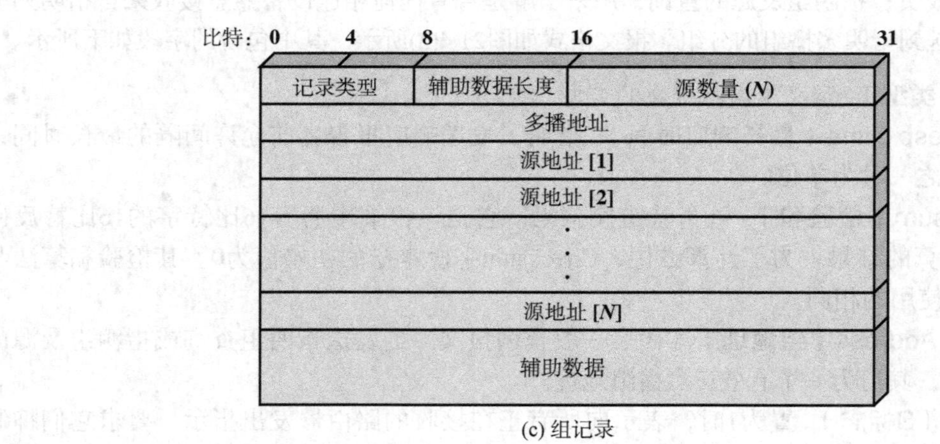

(c) 组记录

图21.4 IGMPv3报文格式

- **Number of Sources（源数量）** 指明当前查询中出现的源地址的数量。这个值只对指明的组及源的查询是非零的。
- **Source Addresses（源地址）** 如果源数量为*N*，那么将在报文后面附加*N*个32比特的单播地址。

成员关系报告报文包含以下字段。

- **Type（类型）** 定义了当前报文类型。
- **Checksum（检验和）** 一个差错检验码，它是该报文中所有16比特字的16比特反码加法运算的结果。
- **Number of Group Records（组记录数量）** 指明当前报告中组记录的数量。
- **Group Records（组记录）** 如果组记录数量为*M*，那么将在报文后面附加*M*个32比特的单播组记录。

组记录包含以下字段。

- **Record Type（记录类型）** 定义了当前记录类型，将在稍后描述。
- **Aux Data Length（辅助数据长度）** 用32比特字表示的Auxiliary Data字段的长度。
- **Number of Sources（源数量）** 指明当前记录中出现的源地址数量。
- **Multicast Address（多播地址）** 指的是属于当前记录的IP多播地址。
- **Source Addresses（源地址）** 如果源数量是*N*，那么将在报文后附加*N*个32比特的单播地址。
- **Auxiliary Data（辅助数据）** 当前记录的附加信息。目前还没有定义附加信息的值。

IGMP 工作过程

任何主机使用IGMP的目的都是为了让局域网中的其他主机和所有路由器能够了解到它是某个组的成员，并且这个组具有给定的多播地址。IGMPv3赋予主机这样一种能力，它可以根据源地址信息过滤分组，并将此能力告知所有组成员。主机可以标明它愿意接收除了特定地址之外的所有源发送的通信量（称为EXCLUDE模式），或者标明它只愿意接收来自特定地址的源发送的通信量（称为INCLUDE模式）。主机为了加入某个组而发送一个IGMP报告报文，其中的组地址字段就是该组的多播地址。这个报文在具有相同多播目的地址的IP数据报中发送。换句话说，IGMP报文中的Multicast Address字段与封装在IP首部中的Destination Address字段是相同的。所有多播组的当前成员都将接收到这份报文，并了解到这个新的组成员。与局域网相连的每个路由器必须监听所有的IP多播地址，以便获取所有的报告。

为了维护一份活动组地址的当前有效列表，多播路由器必须定期发出一份IGMP一般查询报文，这个报文在IP数据报中发送，其多播地址为所有主机。仍然希望保持一个或多个组成员身份的任何主机都必须读取地址为“所有主机”的数据报。当某个此类主机接收到查询报文时，它必须为每个需要声明成员身份的组回应一个报告报文。

注意，多播路由器并不需要知道组中的每个主机的身份。相反，它只需要知道该组至少有一个组成员仍然处于活动状态即可。因此，多播组中接收到查询报文的每个主机都要设置一个具有随机时延长度的计时器。任何主机在了解到该组中已经有其他的主机声明了成员身份后，都将取消自己的报告。如果没有收到其他主机的报告，而计时器已超时，那么这个主机就会发送一份报告。使用这种机制，每个组中只有一个成员向多播路由器提交一份报告。

当主机离开一个组时，它要发送一个离组报文，其多播地址为“所有路由器”的静态地址。这是通过发送一个有INCLUDE选项和一个空白源地址列表的成员报告报文来实现的。也就是说，所有源地址都将被排除，其作用等同于离开组。当路由器接收到某个组的这种报文，且路由器的接收接口上也有这个组时，路由器需要确定这个组是否还有其他的组成员。路由器利用指定组查询报文完成这一动作。

IPv6的组成员关系

IGMP是为IPv4的操作定义的，并且使用了32比特的地址。在IPv6互联网中也需要同样的功能。事实上，IGMP的功能已经被合并到新版本的网际报文控制协议（ICMPv6）中，而不是专门为IPv6定义了一个独立的IGMP版本。ICMPv6包括了ICMPv4和IGMP的所有功能。就多播支持来说，ICMPv6既有组成员关系查询报文，也有组成员关系报告报文，并且它们的使用方式与IGMP中一样。

21.1.3 协议独立多播（PIM）

IGMP提供了创建多播用户组的一种手段，但它本身并非路由选择协议。多年来，被提议的因特网多播路由协议为数不少，但其中最成功的是协议独立多播（Protocol Independent Multicast，PIM）。

大多数多播路由选择协议具有以下两个特点。

1. 多播协议是某个现有单播路由选择协议的扩展，并要求路由器实现该单播路由选择协议。例如MOSPF就是OSPF的扩展。
2. 大多数情况下，多播路由选择协议的设计只有在多播组成员相对高度集中的条件下才能够发挥较高的效率。

单播路由选择协议的多播扩展适用于单个自治系统中，通常此时只应用了一种单播路由选择协议。对于单个自治系统以及像群件（groupware）这样的应用来说，多播组成员高度集中的假设条件往往是生效的。但是，对于由多个自治系统组成的较大范围的互联网以及像多媒体这样的应用来说，它们的多播组的规模可能相对较小但分布广泛，因而需要采取不同的处理方法。

为了让多播路由选择有更通用的解决方案，目前已开发了一个新的协议，称为协议独立多播（PIM）。正如其名称所暗示的，PIM是一种独立的路由选择协议，它不受任何现有单播路由选择协议的约束。PIM协议的设计目标是从任意单播路由选择协议中提取所需的路由信息，并能跨多个具有不同单播路由选择协议的自治系统使用。

PIM策略

PIM在设计时就认识到针对多播组成员集中程度的不同，可能需要使用不同的方法。当多播组成员较多，且配置中的大多数子网都拥有多播组的成员时，频繁地交换组成员信息是有道理的。在这样的环境中，建立共享生成树是值得的，如图21.2(b)所示，这样做可以尽可能少地复制分组。然而，如果某个多播组的成员为数不多且分散得很广，我就要做出不同的考虑。首先，向所有路由器洪泛多播组信息肯定是低效的，因为大多数路由器并不处在该多播组的任何成员的路径上。其次，使用共享生成树的机会也相对较少，因而更重要的应当是如何提供多条最短路径的单播路由。

为了适应这些不同的需求，PIM定义了两种操作模式：密集模式和稀疏模式。实际上，这是两个单独的协议。密集模式协议适用于自治系统内部的多播路由选择，可以看成是对

OSPF协议的多播版本MOSPF潜在的备用协议。稀疏模式协议适用于自治系统之间的多播路由选择。下面重点讨论稀疏模式PIM（RFC 2362）。

稀疏模式PIM

PIM规范定义的稀疏多播组具有以下特点。

- 拥有组成员的网络/域的数量明显小于互联网的网络/域的数量。
- 多播组所跨越的互联网并没有资源丰富到可以无视当前的多播路由选择方案所带来的额外开销。

开始讨论之前，首先定义组目的路由器为拥有本地组成员的路由器（组成员相连的子网通过该路由器接入）。一个路由器要成为特定多播组的目的路由器，至少要有一台本地主机使用IGMP或类似协议加入了该多播组。组源路由器是指该路由器所连接的网络中至少有一台主机正在通过它向这个多播组地址发送分组。对有些多播组来说，某个路由器既是源路由器，也是目的路由器。然而对于广播类型的应用，如视频发布，可能源路由器只有一个或少数几个，而目的路由器则很多。

稀疏模式PIM采用的方法由以下内容组成。

1. 对于多播组，其中一台路由器被指定为集合点（rendezvous point，RP）。
2. 组目的路由器向集合点发送Join（加入）报文，请求它的成员被添加到组中。请求的路由器利用单播最短路径路由向集合点发送该报文。这条路径的逆向路径就变成从集合点至该多播组“听众”的分布树的一部分。
3. 任何结点若要向该多播组发送数据，都要通过最短路径单播路由将分组转发到集合点。

以上所定义的传输机制可归纳如下。一个分组沿着最短单播路径从发送结点到达集合点。从集合点出发，传输沿着树倒行至多播组的“听众”，并且在树的各分支处复制各分组。这种机制最大程度地减少了路由信息的交换，因为路由信息仅仅从支持多播组成员的路由器发送到集合点。此机制还具有合理的效率，特别是从集合点到多播接收方时使用了共享树，从而最大限度地减少了分组副本的数量。

在一个高度分散的多播组中，任何集合点都会与许多多播组成员相距甚远，且到达多数多播组成员的路径要比它的最小代价路径远得多，这是无可奈何的事。为了在保持PIM机制优势的同时缓和这些矛盾，PIM允许目的路由器用通往源路由器的最短路径树替换组共享树。当目的路由器接收到一个多播分组后，它可以选择沿单播最短路径向源路由器返回一个Join报文。此后，在该源路由器与所有邻接该目的路由器的多播组成员之间的多播分组都将沿这条单播最短路径传输。

图21.5所示为上述事件的发生序列。一旦目的路由器开始通过最短路径路由接收来自源的分组，它就要向集合点发送一个Prune（剪枝）报文。这个报文指示集合点不要再发送任何从该源路由器到目的路由器的多播分组。目的路由器仍将继续通过基于集合点的树接收来自其他源路由器的多播分组，除非它也修剪了与这些源之间的路径。另一方面，任何源路由器都必须继续向集合点发送多播分组，以便交付给其他多播组成员。

为某个多播组选择集合点是一个动态的过程。多播组的发起方会选择一个主集合点和几个按序排列的备用集合点。一般情况下，集合点所在位置并不是十分关键的问题，因为对大多数接收方来说，在启用最短路径路由之后，基于集合点的树就不再使用了。

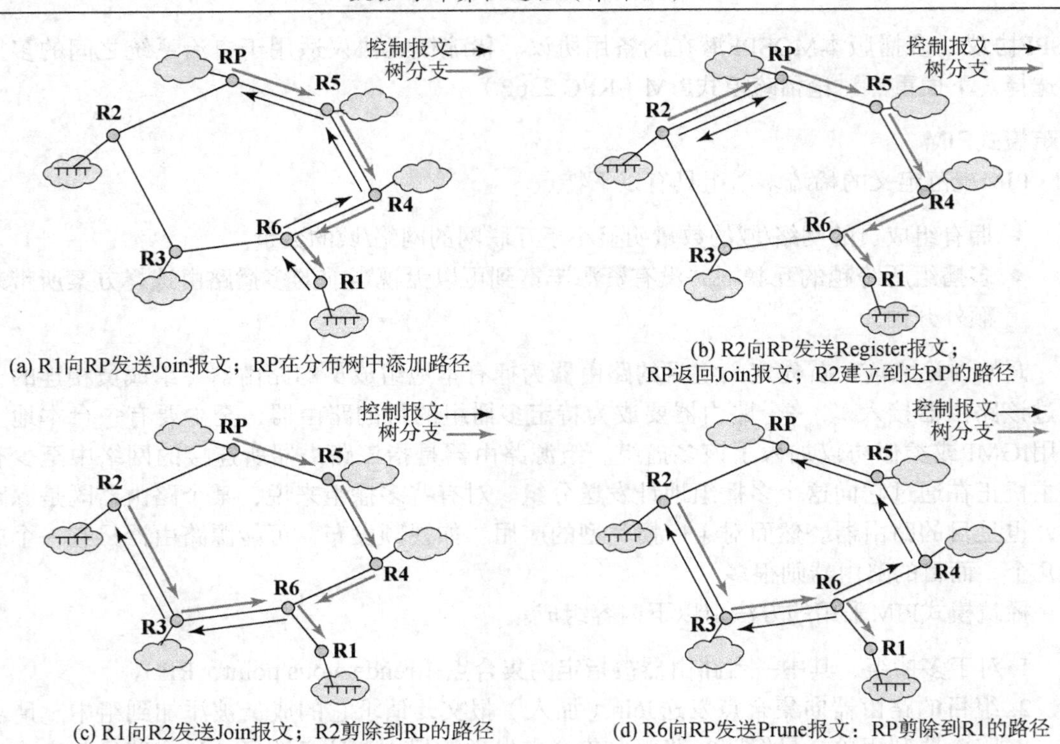

图21.5 PIM工作方式举例

21.2 软件定义网络

最近引人注目的组网技术是软件定义网络（software-defined network，SDN）。本质上，SDN就是利用定义成熟的应用程序接口（API）将网络设备（如路由器、分组交换机、局域网交换机）的数据与控制功能分离。与此相反，对于大多数大型企业网来说，路由器及其他网络设备的数据与控制功能是合在一起的，因此使得调整网络基础设施以及大规模加入终端系统、虚拟机和虚拟网络的操作变得非常困难。

21.2.1 网络需求的发展

在详细介绍软件定义网络之前，让我们先来了解一下导致人们需要对网络或互联网上的流量实施更灵活且积极的控制方法的网络需求的发展过程。

其中一个主要的动因是服务器虚拟化的应用越来越广泛。从本质上讲，服务器虚拟化就是使服务器用户看不到服务器的资源状况，包括其数量以及每个服务器、处理器和操作系统的身份。这使得一台机器能够被划分成多个独立的服务器，从而节约硬件资源。这也使得在需要平衡负载，或需要在机器故障的情况下进行动态切换时，服务器能够快速地从一台机器迁移到另一台机器上。在处理“大数据”应用和实施云计算基础架构时，服务器虚拟化已经成为一个核心要素。但是它在使用传统的网络体系结构时会出现一些问题，具体的例子可参阅[LAYL10]。其中一个问题是虚拟局域网（VLAN）的配置。网络管理员必须确保给虚拟机（VM）使用的虚拟局域网分配的交换机端口与运行该虚拟机的物理服务器一致。但是，因为虚拟机是可移动的，所以每当虚拟服务器移动时就不得不重新配置虚拟局域网。一般而言，为了适应服务器虚拟化所带来的灵活性，网络管理员需要能够动态地添加、删除和更改网络资源及配置文件。这对于传统的网络交换机来说很难做到，因为每个交换机的控制逻辑与交换逻辑是并置的。

服务器虚拟化带来的另一个影响是，它的流量与传统客户机/服务器模式下的有很大的不同。通常，在虚拟服务器之间存在大量类似于维护数据库的连贯映像以及调用安全功能（如访问控制）的通信量。这些从服务器到服务器的流时常会改变其位置和强度，因而要求以更灵活的方式来管理网络资源。

导致需要在网络资源分配上做出快速响应的另一个动机是，企业员工越来越多地使用移动设备来访问企业资源，如智能电话、平板电脑和笔记本电脑。网络管理员必须能够应对快速变化的资源、QoS和安全性的要求。

现有的网络基础设施也能响应对流量管理不断变化的需求，并为不同的流提供特定的QoS水平和安全等级，但对于大型和/或包括多个厂商的网络设备的企业网来说，这个过程可能非常耗时。网络管理员必须单独配置每个供应商的设备，并基于每个会话、每个应用而调整其性能和安全参数。在一个大型企业中，每当有新的虚拟机出现，网络管理人员就可能需要几小时甚至几天的时间来进行必要的重构[ONF12]。

这种状况堪比计算机的大型机时代[DELL12]。在大型机时代，应用程序、操作系统和硬件是垂直一体化的，并由单一的运营商提供。所有这些组成元素都是专用的、封闭的，从而导致其发展创新缓慢。今天，大多数的计算机平台使用x86指令集，并于硬件之上运行着多种多样的操作系统（Windows、Linux和Mac OS）。操作系统提供的API使外部运营商能够开发各种各样的应用程序，从而使其快速地发展创新和普及。以类似的方式，商业网络设备具有运营商专有的功能和特殊的控制平面及硬件，所有这一切都垂直地整合在交换机上。正如下面将要看到的，SDN体系结构和OpenFlow标准提供了一个开放式的架构，其中控制功能与网络设备分离，并被纳入可访问的控制服务器中，这使得底层基础设施被抽象化，让应用程序和网络服务可以将网络视为一个逻辑实体。

21.2.2　SDN体系结构

图21.6所示为SDN的逻辑结构。中央控制器执行所有复杂功能，包括路由选择、命名、策略声明和安全检查。它们构成了**SDN控制平面**（SDN control plane），并包含一个或多个SDN服务器。

SDN控制器定义了在**SDN数据平面**（SDN data plane）上发生的数据流。每个通过网络的数据流都必须首先得到控制器的许可，控制器要验证该通信是被网络策略所允许的。如果控制器应允了某个流，那么它要为该流计算行进路由，并在沿途所有交换机中为该流添加一个表项。既然所有这些复杂的功能都被划归给了控制器，那么交换机所要做的仅仅是管理流表，并且流表中的表项只能被控制器来填写。控制器和交换机之间的通信要使用一个标准化的协议和API。此接口最常见的情况是使用OpenFlow规范，下一节将会进行讨论。

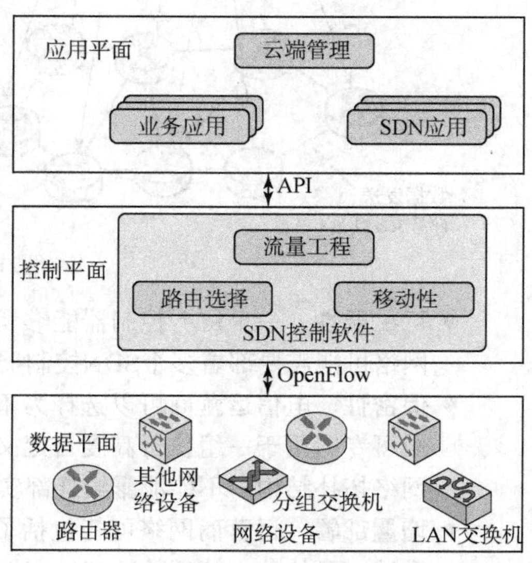

图21.6　SDN逻辑结构

SDN体系结构具有显著的灵活性，它可以使用不同类型的交换机，并在不同的协议层进行操作。SDN控制器和交换机可以作为以太网交换机（第二层）、网际路由器（第三层）、传输层交换机（第四层）或应用层的交换和路由选择功能实现。SDN依赖于网络设备中的一些通用功能，从本质上说就是涉及根据某种形式的流的定义来转发分组的功能。在SDN体系结构中，交换机执行下述功能。

1. 交换机封装并转发流的第一个分组到SDN控制器，让控制器来决定该流是否应当被添加到交换机的流表中。
2. 交换机根据流表将传入的分组从相应的端口转发出去。流表可能包含了由控制器决定的优先级信息。
3. 交换机可以根据控制器的指示，暂时或永久地丢弃某个特定流的分组。分组丢弃可出于安全目的，遏制拒绝服务攻击，或者是通信量管理的需要。

简单来说，SDN控制器管理SDN中交换机的转发状态。这种管理是通过一个厂商独立的API完成的，它使得控制器能够解决广泛多样的操作需求，而不用改变任何网络的底层内容，包括拓扑结构。

随着控制平面与数据平面的解耦，SDN使得各种应用只需应对一个抽象的网络设备，而不用关心设备的操作细节。网络应用所面对的是它与控制器之间的API，因此就有可能快速地创建和部署新的应用，并通过协调网络流量来满足企业对性能或安全的特定要求。

21.2.3 SDN域

在大型企业网络中，仅部署一个控制器来管理所有的网络设备会被证明是不实用或不可行的。更有可能的情况是，大型企业或电信运营商网络的经营者将整个网络划分成若干个不重叠的SDN域（见图21.7）。使用SDN域的原因如下所示。

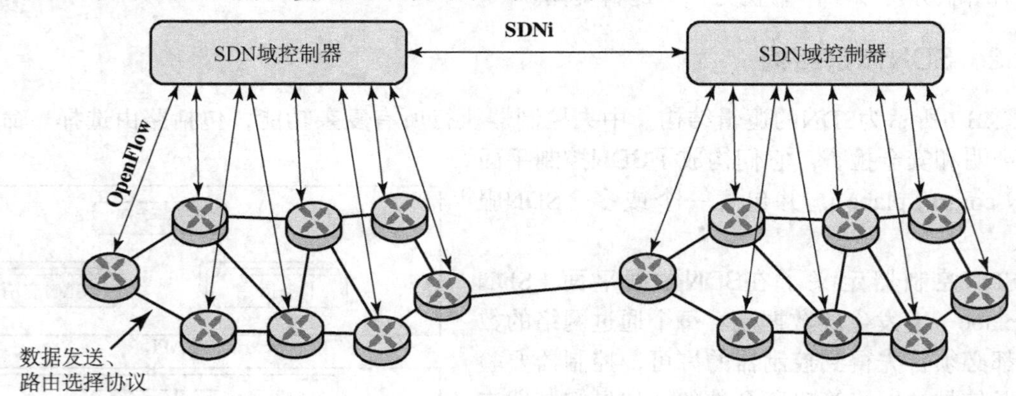

图21.7 SDN域结构

- **可扩展性** 一个SDN控制器能够切实管理的设备数量是有限的。因此，一个相当大的网络可能需要部署多个SDN控制器。
- **保密性** 电信运营商可以选择为不同的SDN域实现不同的保密策略。例如，一个SDN域可专门用于一组执行高度自定义保密策略的客户，它要求该域的一些网络信息（如网络拓扑结构）不能泄露给外部实体。
- **增量部署** 运营商网络可能包括了传统的和非传统的基础设施部分。将网络划分为多个域，可使独立管理的SDN域能够做到灵活的增量部署。

多个域的存在导致了各控制器之间需要通过标准的协议互相通信，以便交换路由信息。IETF目前正在开发一个称为SDNi的协议，它被用作SDN域控制器之间的接口。SDNi功能包括以下内容。

- 对由应用发起的流建立过程进行协调，包括诸如路由要求、服务质量以及跨多个SDN域的服务水平协定之类的信息。
- 交换可达性信息，以方便跨SDN之间的路由选择。这将允许一个流跨越多个SDN，并在有多条路径可用的情况下让各SDN控制器选择最合适的路径。

对于SDNi报文的类型暂定包括以下内容。

- 可达性信息更新。
- 流的建立/拆除/更新请求（包括QoS、数据传输速率、时延等应用性能需求）。
- 性能更新（包括网络相关的各种功能，如数据率和服务质量，以及域内可用的系统和软件性能）。

21.3 OpenFlow

要将SDN从概念转化为现实，必须满足两个条件。首先，由SDN控制器所管理的所有交换机、路由器及其他网络设备必须具备共同的逻辑体系结构。这个逻辑体系结构可能会在不同厂商以及不同类型的网络设备上以不同的方式实现，只要从功能上能够被SDN控制器视为统一的逻辑交换机就行。其次，在SDN控制器和网络设备之间需要一个标准且安全的协议。OpenFlow对这两个需求都有考虑，它既是SDN控制器与网络设备之间的规范，也是网络交换机功能逻辑结构的规范。OpenFlow在OpenFlow交换机规范中定义，由开放网络基金会（ONF）发布。ONF是由软件供应商、内容分发网和网络设备供应商组成的论坛，其宗旨是促进软件定义网络的发展。

本节内容基于当前的OpenFlow规范，也就是2012年6月25日发布的1.3.0版。最初的1.0版规范由斯坦福大学开发，并得到了广泛的推行。OpenFlow 1.2版是ONF在继承了斯坦福大学的项目之后发布的第一个版本。OpenFlow 1.3则显著地扩展了规范的功能性。1.3版的Openflow有可能成为建立OpenFlow未来商业化实现的稳定基础。ONF打算让这个版本成为芯片和软件供应商的稳定目标，因此在可预见的未来，没有计划对它做任何大的改变[KERN12]。

21.3.1 逻辑交换机体系结构

图21.8所示为OpenFlow环境的基本结构。SDN控制器通过运行在安全套接字层（SSL）之上的OpenFlow协

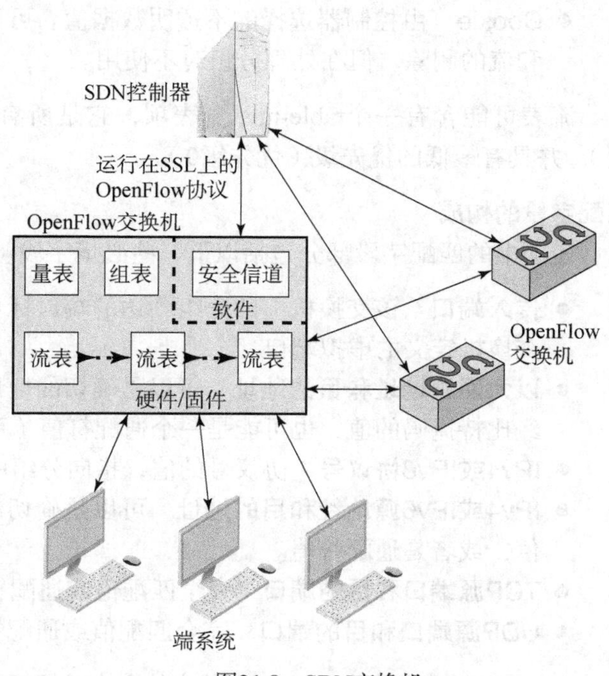

图21.8　SDN交换机

议与OpenFlow兼容的交换机进行通信。这些交换机与其他OpenFlow交换机相互连接，并且也可能连接到作为分组流的源点和终点的端用户设备。在各个交换机中，使用一系列的表来管理经过交换机的分组流，这些表通常会在硬件或固件上实现。

OpenFlow规范在逻辑交换机体系结构中定义了3种类型的表。**流表**（flow table）将传入的分组与某个特定的流相匹配，并指明对该分组应当执行什么功能。如果以流水线方式操作则可能存在多个流表，稍后再解释。流表有可能会将一个流引导到**组表**（group table），这可能会触发影响一个或多个流的各种动作。**计量表**（meter table）可以在流的基础上触发各种性能相关的动作。

在开始讨论之前先定义一下术语“流”的含义会很有帮助，但奇怪的是，在OpenFlow规范中并没有对这个术语的定义，事实上，几乎所有有关OpenFlow的文献中都没有试图去定义它。总体而言，**流**就是穿行在网络中且共享一组首部字段值的分组序列。例如，一个流可以由具有相同源和目的IP地址的所有分组构成，或者由具有相同的虚拟局域网（VLAN）标识符的所有分组构成。稍后会提供更具体的定义。

21.3.2　流表的构成

逻辑交换机体系结构的基本构件是流表。每个进入交换机的分组都要经过一个或多个流表。每个流表中的表项由以下6部分内容组成。

- **匹配字段**　用于选择匹配这些字段值的分组。
- **优先级**　表项的相对优先级。
- **计数器**　若分组匹配则更新。OpenFlow规范定义了多种计数器。例子包括接收字节数和每端口、每流表及每流表项的分组数，还有丢弃的分组数、流的持续时间等。
- **指令**　若匹配则采取的动作。
- **超时**　在交换机认为一个流过期之前的最大空闲时间。
- **Cookie**　由控制器选择的不透明数据值。可以被控制器用来过滤流统计数据、流改变和流的删除。但在处理分组时不使用。

流表可能含有一个table-miss流表项，它是所有匹配字段的通配符（不论值是什么都匹配），并具有最低的优先级（优先级0）。

匹配字段的构成

表项中的匹配字段部分包括以下一些必填字段。

- **传入端口**　该交换机上的分组到达的端口标识符，既可能是一个物理端口，也可能是交换机定义的虚拟端口。
- **以太网源地址和目的地址**　可以是确切的地址，或者是仅其中某些地址位需要检查的经比特掩码的值，也可能是一个通配符值（可匹配任意值）。
- **IPv4或IPv6协议号**　协议号的值，指向分组中的下一个首部。
- **IPv4或IPv6源地址和目的地址**　可以是确切的地址、经比特掩码的值、经子网掩码的值，或者是通配符值。
- **TCP源端口和目的端口**　完全匹配值或通配符值。
- **UDP源端口和目的端口**　完全匹配值或通配符值。

以上匹配字段是任何OpenFlow兼容的交换机都必须支持的，而以下字段则是可选择支持的。

- **物理端口** 当从逻辑端口接收分组时，指明了底层的物理端口。
- **元数据** 在分组处理过程中，可以从一个表传递到另一个表的附加信息。它的使用稍后讨论。
- **以太网类型** Ethernet Type字段。
- **VLAN ID和VLAN用户优先级** IEEE 802.1Q虚拟LAN首部的字段。
- **IPv4或IPv6 DS和ECN** Differentiated Services and Explicit Congestion（区分服务和显式拥塞通知）字段。
- **SCTP源端口和目的端口** 完全匹配值或通配符值。
- **ICMP类型和代码字段** 完全匹配值或通配符值。
- **ARP操作码** 与Ethernet Type字段精确匹配。
- **ARP有效载荷的源和目的IPv4地址** 可以是一个确切的地址、经比特掩码的值、经子网掩码的值，或者是通配符值。
- **IPv6流标签** 完全匹配值或通配符值。
- **ICMPv6类型和代码字段** 完全匹配值或通配符值。
- **IPv6的邻居发现目标地址** 在IPv6 Neighbor Discovery（IPv6邻居发现）报文中。
- **IPv6的邻居发现的源和目的地址** IPv6邻居发现报文的链路层地址选项。
- **MPLS标记值、通信量类别和BoS** MPLS标记堆栈的几个顶部字段。

因此，OpenFlow可用于涉及各种协议和网络服务的网络通信量。需要注意的是，在MAC/链路层仅支持以太网。因此，目前定义的OpenFlow无法控制通过无线网络的第二层通信量。

现在可以为术语“流”提供更准确的定义。从交换机的角度来看，流就是匹配了流表中某个表项的分组序列。这个定义是面向分组的，在某种意义上讲，构成流的是分组中首部字段值的函数，而不是这些分组在经过网络时所遵循的路径的函数。多个交换机上的流表项的组合共同定义了绑定到某个特定路径上的流。

指令的构成

流表项的指令部分包括了当分组与表项匹配时将执行的一组命令。在描述这些指令的类型之前，需要先定义术语“动作（action）”和“动作集（action set）”。**动作**描述了分组转发、分组修改以及组表处理等操作。OpenFlow规范中包括以下一些动作。

- **Output（输出）** 转发分组到指定的端口。
- **Set-Queue（设置队列）** 为分组设置队列ID。当分组被Output动作转发到一个端口时，队列ID决定了使用哪个与端口相连的队列来调度和转发该分组。转发行为听从该队列配置的指示，并用于提供基本的服务质量的支持。
- **Group（组）** 通过指定的组来处理分组。
- **Push-Tag/Pop-Tag（推进标签/弹出标签）** 为VLAN或MPLS分组推进或弹出一个标签字段。
- **Set-Field（设置字段）** 通过字段的类型来标识各种不同的Set-Field动作，并修改相应分组首部字段的值。
- **Change-TTL（修改TTL）** 各种Change-TTL动作用于修改分组中的IPv4 TTL、IPv6 Hop Limit（跳数限制）或MPLS TTL的值。

动作集是与分组相关联的一套动作的列表，这些动作是分组在被各个流表处理时不断累积下来的，并在分组退出该处理流水线时执行。

4种类型的指令如下所示。

- **引导分组通过流水线** Goto-Table指令引导分组沿着流水线到达下一个表。Meter指令引导分组到达特定的计量表。
- **对分组执行动作** 当分组与表项匹配时，可能会对该分组进行某些操作。
- **更新动作集** 将指定的动作合并到该流的这个分组的当前动作集中，或清除动作集中的所有动作。
- **更新元数据** 一个分组可以关联一个元数据值，用来将一些信息从一个表携带到下一个表。

21.3.3 流表流水线

一个交换机包括了一个或多个流表。如果存在一个以上的流表，它们就被组织成流水线（见图21.9），这些流表使用从0开始递增的编号进行标识。当分组被提交给流表进行匹配时，其输入包括该分组、传入端口标识、相关联的元数据值，以及相关联的动作集。对于初始表，元数据值为空，动作集为空。处理过程如下所示。

1. 找到优先级最高的匹配的流表项。如果任何表项都不匹配，且表中没有table-miss项，该分组就将被丢弃。如果它仅能与table-miss项匹配，则表项指定了以下3个动作之一。
   a. 发送分组到控制器。这将使控制器能够为该分组及类似分组定义一个新的流，或者由控制器决定丢弃该分组。
   b. 引导分组沿流水线到达下一个流表。
   c. 丢弃该分组。
2. 如果除了table-miss项之外还有一个或多个匹配的表项，则匹配要按具有最高优先级的表项来定义。然后可以执行以下动作：
   a. 更新与此表项相关的所有计数器。
   b. 执行与此表项相关的所有指令。这可能包括更新动作集、更新元数据值以及完成一些动作。
   c. 然后沿流水线将该分组向下一个流表、组表、计量表进行转发，或者直接传递到一个输出端口。

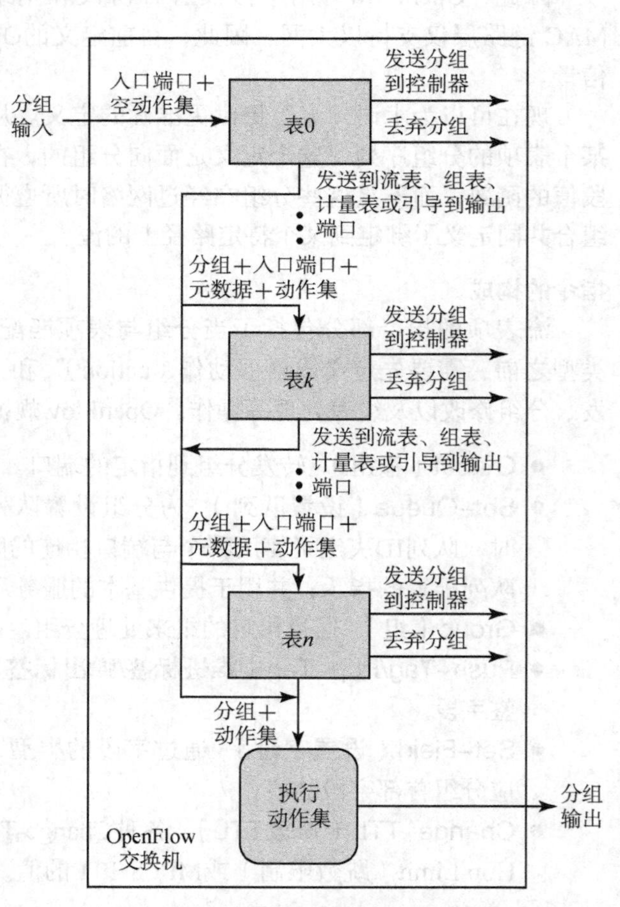

图21.9 通过OpenFlow兼容交换机的分组流

对于流水线中的最后一个表来说，不会再选择转发到另一个流表。

当且仅当分组最终要被引导到一个输出端口时，累积的动作集被执行，然后该分组排队等待输出。

21.3.4 OpenFlow协议

OpenFlow协议描述的是发生在OpenFlow控制器和OpenFlow交换机之间的报文交换。通常情况下，该协议在SSL或TLS的基础上实现，从而提供了一个安全的OpenFlow信道。

OpenFlow协议使控制器能够对流表中的表项执行添加、更新和删除的操作。它支持3种类型的报文（见表21.2）。

表21.2　OpenFlow报文

报　文	描　述
	从控制器到交换机的
Features	向交换机请求性能。交换机用一个Features报文回答，以指明自己的性能
Configuration	设置和询问配置参数。交换机用参数设置响应
Modify-State	添加、删除和修改流表项/组表项，以及设置交换机端口属性
Read-State	收集来自交换机的信息，如当前配置、统计数据以及性能
Packet-out	引导分组到达交换机的特定端口
Barrier	控制器使用Barrier Request/Reply报文以确保报文之间的相关性被满足，或者为了接收操作完成的通告
Role-Request	设置或询问OpenFlow信道的角色。当交换机与多个控制器连接时非常有用
Asynchronous-Configuration	对异步报文设置过滤器或询问该过滤器。当交换机与多个控制器连接时非常有用
	异步的
Packet-in	发送分组到控制器
Flow-Removed	通知控制器：一个流表项被从流表中删除
Port-Status	将端口的变动情况通知给控制器
Error	通告控制器差错或故障的情况
	对称的
Hello	连接启动期，在交换机与控制器之间互相交换
Echo	交换机和控制器都可以发送Echo Request/Reply报文，并且必须返回一个Echo Reply报文
Experimenter	用于附加功能

- **从控制器到交换机的**　这些报文由控制器发送，并且在某些情况下需要交换机做出响应。此类报文使控制器能够管理交换机的逻辑状态，包括交换机的配置以及流表和组表表项的细节。在此类报文中还包括Packet-out报文。当交换机发送了一个分组到控制器，而控制器决定不应丢弃该分组，而是将它递交给交换机的输出端口时，就要用到此报文。
- **异步的**　这些报文类型是不需要经过控制器询问的报文。它们包括向控制器发送的各种状态报文。此类型还包括Packet-in报文，当交换机在流表中未找到匹配项时，可利用此报文向控制器发送该分组。
- **对称的**　此类报文由控制器和交换机主动发送。它们是简单而有用的。Hello报文通常会在连接刚建立时来往穿梭于控制器和交换机之间。Echo请求和响应报文可被任何交换机或控制器用于测量控制器与交换机之间连接的时延或带宽，或只是验证设备已启动并正在运行中。Experimenter报文用于逐渐实现那些将会出现在OpenFlow未来版本中的新功能。

OpenFlow协议使得控制器能够管理交换机的逻辑结构，而无须考虑交换机如何实现OpenFlow逻辑体系结构的细节。

21.4 移动IP

随着掌上电脑和其他移动式计算机越来越普及，移动IP应运而生，它使计算机能够从一个因特网连接点移动到另一个连接点时保持其与因特网的连接。虽然移动IP也可以工作在有线连接的情况下，此时计算机从一个物理连接点拔下插头，再插到另一个连接点上，但它还是特别适合无线连接。

在本文中，术语“移动”暗示了以下情况：用户通过因特网连接到一或多个应用，虽然用户的连接点在动态地改变，但不论怎样变，都能自动维持其所有的连接性。这与携带某种可移动计算机，到达一个目的地后再通过拨号接入因特网服务提供者（ISP）的用户（如出差办公人员）是不同的。在后一种情况下，每当用户开始移动，它的因特网连接就终止，每当用户重新拨入时，它的因特网连接就开始。因特网连接在每次建立后，通过连接点（通常是ISP）的软件获得一个临时分配的新的IP地址。这个临时IP地址由其应用层连接（如FTP，Web连接）的对等方使用。术语“漫游”更适合此类应用。

我们首先大概地了解一下移动IP的总体情况，然后再考察其中的一些细节。

21.4.1 移动IP的工作过程

正如本章前面所描述的，路由器利用IP数据报中的IP地址来执行路由选择。特别地，IP地址（见图14.6）的**网络部分**被路由器用来将数据报从源计算机所连接的网络搬移到终点计算机所连接的网络。而整个路径中的最后一台路由器（它与终点计算机连接在同一个网络上）利用IP地址的**主机部分**将这个IP数据报交付到终点。更进一步讲，协议体系结构（见图14.1）中的上一层需要掌握这个IP地址。尤其是，大多数因特网应用是由TCP连接支持的。建立一条TCP连接时，该连接两端的TCP实体必须知道对方主机的IP地址。当一个TCP报文向下传递到IP层进行传输时，TCP必须提供IP地址，IP实体在IP首部中使用这个地址来创建一个IP数据报，并且将这个数据报发送出去，进行路由选择和交付。但是对于移动主机来说，在一个或多个TCP连接仍然活跃时，其IP地址就可能发生了改变。

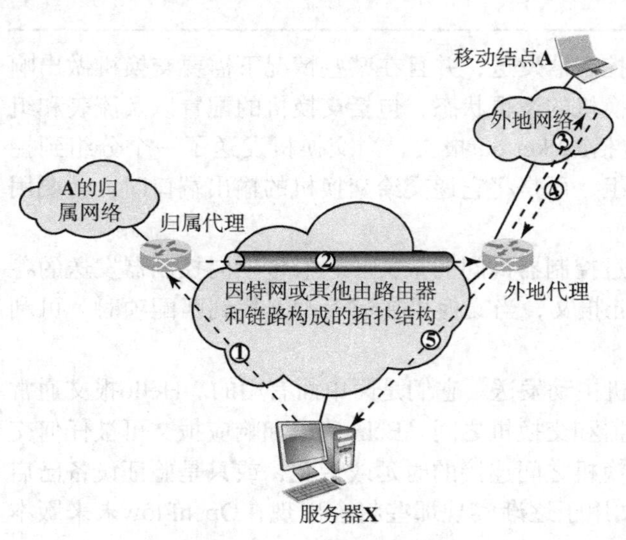

图21.10 移动IP场景分析

图21.10所示为移动IP如何处理动态IP地址问题的概要图。一个移动结点被分配给一个特定的网络，称为它的**归属网络**（home network）。它在这个网络上的IP地址称为它的**归属地址**（home address），这个地址是静态的。当移动结点将其连接点移动到另一个网络时，这个网络就被认为是它的**外地网络**（foreign network）。一旦移动结点重新连接，它就要向外地网络中的某个网络结点（通常是路由器）进行登记，让大家都知道它在哪里，这个网络结点称

为**外地代理**（foreign agent）。然后移动结点与它的归属网络中的一台类似的代理进行通信，这个代理称为**归属代理**（home agent），移动结点要向归属代理提供自己的**转交地址**（care-of address）。转交地址标识的是外地代理所处的位置。通常，一个网络中有一到多台路由器同时充当着归属代理和外地代理的角色。

当移动结点与另一台主机（见图21.10中的服务器）之间的连接上有IP数据报交换时，其操作过程如下。

1. 服务器X发送一个IP数据报，其目的地为移动结点A，在这个IP首部中有A的归属地址。IP数据报选路到达A的归属网络。
2. 在归属网络中，进入的IP数据报被归属代理截获。归属代理把整个数据报封装入一个新的IP数据报中，新的IP首部里有A的转交地址，然后这个数据报被再次传送。使用具有不同目的IP地址的外部IP数据报的技术称为**隧道技术**。这个IP数据报选路到达外地代理。
3. 外地代理剥掉外部IP首部，将原始的IP数据报封装入一个网络级PDU（如局域网LLC帧），并通过外地网络将这个原始IP数据交付给A。
4. 当A向X发送IP通信量时，它使用的是X的IP地址。在我们的例子里，这是一个固定地址，即X不是移动结点。A发送的所有IP数据报到达外地网络中的某个路由器，并由该路由器为其选路到达X。通常，这个路由器也是一个外地代理。
5. 从A到X的IP数据报使用X的IP地址，直接穿过因特网到达X。

为了支持图21.10所示的工作过程，移动IP需要具有以下3个基本功能。

- **发现**　移动结点使用一种发现过程来识别预期的归属代理和外地代理。
- **登记**　移动结点使用一个授权的登记过程向其归属代理通知自己的转交地址。
- **隧道**　隧道被用来从归属地址向转交地址转发IP数据报。

图21.11所示为用于支持移动IP功能的底层协议。登记协议在移动结点的应用与归属代理上的应用之间进行通信，因此使用的是一个运输层协议。因为登记是简单的请求-响应式交互，所以不需要面向连接的TCP带来额外的负担，而是使用UDP作为这个运输协议。发现过程利用了现有的网际控制报文协议（ICMP），只要增加适当的ICMP首部扩展即可。最后，隧道是在IP层执行的。

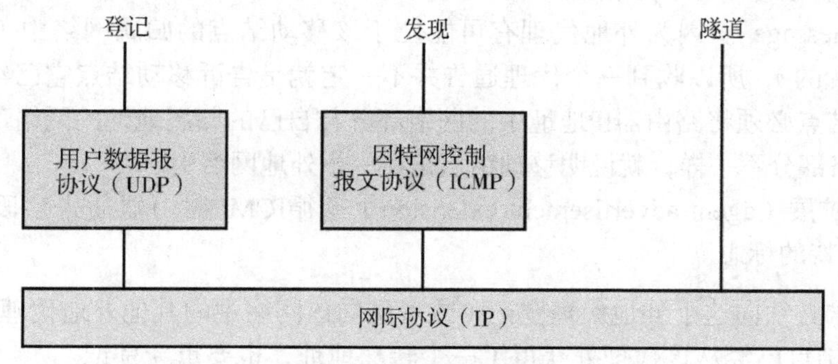

图21.11　支持移动IP的协议

移动IP在多个RFC中指明。其基本定义文档是RFC 3344。表21.3列出了来自FRC 3344的一些有用的术语。

表21.3 移动IP术语（RFC 3344）

术语	说明
移动结点	以从一个网络或子网络到另一个网络或子网络的方式，改变自己的连接点的主机或路由器。移动结点可以改变自己的位置但不改变IP地址。它可以在任何位置用自己的（固定）IP地址与其他因特网结点连续地通信，只要该连接点上具有可用的链路层连接能力
归属地址	为移动结点分配的可长期使用的一个IP地址。不论移动结点从哪里接入因特网，这个地址保持不变
归属代理	位于移动结点归属网络中的一台路由器。当移动结点离开归属网络时，它会利用隧道将数据报交付给移动结点，并为移动结点维护当前位置信息
归属网络	一个网络，也可能是虚拟网络，它的网络前缀与移动结点的归属地址网络前缀相匹配。注意，标准IP路由选择机制会将目的地为移动结点归属地址的数据报交付到该移动结点的归属网络
外地代理	移动结点所访问的网络中的一台路由器。只要移动结点经过登记，它就可以向该移动结点提供选路服务。外地代理对移动结点的归属代理通过隧道发过来的数据报解除隧道，并将其交付给移动结点。对于从移动结点发送来的数据报，外地代理的作用就是已登记移动结点的默认路由器
外地网络	不是移动结点归属网络的任意一个网络
转交地址	当移动结点不在归属网络中时，为了向移动结点转发数据报而使用的隧道的终止点，并且是靠着移动结点的那一头。协议可使用两种不同类型的转交地址："外地代理转交地址"是移动结点所登记的外地代理的地址；"同址转交地址"是移动结点在外面获得的一个本地地址，它将这个地址与自己的一个网络接口关联起来
对方结点	移动结点正在与之通信的对等实体。对方结点既可能是移动的，也可能是固定的
链路	一个设施或媒体，结点能够通过它在链路层进行通信。链路位于网络层之下
结点	一台主机或路由器
隧道	数据报被封装后经过的一条通道。模型是这样的，当数据报被封装后，经过选路到达一个知道如何拆封的代理处，这个代理将数据报拆封，然后将其正确地交付给最终的目的地

21.4.2 发现

移动IP的发现过程与ICMP中定义的路由器通告过程非常类似。因此，代理发现利用了ICMP路由器通告报文，让其中的一或多个扩展指明是移动IP的。

移动结点对发现行为负责。它必须判断自己是连接在归属网络中，还是连接到了一个外地网络。如果它连接在归属网络中，IP数据报就能直接交付，不需要转发。因为从一个网络到另一个网络的切换是在物理层发生的，所以从归属网络到外地网络的转变可以在任何时刻发生，而不会通知网络层（即IP层）。因此，移动结点的发现过程是一个持续的过程。

为了做到发现，能够充当代理的路由器或其他网络结点定期发布带有通告扩展的路由器通告ICMP报文。这个报文的路由器通告部分包含路由器的IP地址。通告的扩展部分包含这个路由器作为代理的额外信息，稍后再讨论。移动结点监听这些**代理通告报文**（agent advertisement message）。因为外地代理有可能位于该移动结点的归属网络中（为到访的移动结点服务而设置的），所以收到一个代理通告并不一定就是告诉移动结点它已经在一个外地网络中。该移动结点必须将路由器IP地址中的网络部分与自己的归属地址的网络部分进行比较。如果这两个网络部分不一样，就说明移动结点是在一个外地网络中。

代理通告扩展（agent advertisement extension）遵循ICMP路由器通告字段。这个扩展包括以下一些1比特的标志。

- R　要求必须向这个外地代理登记（或者是向该网络中的其他外地代理登记）。哪怕这些移动结点已经从该代理处获得了一个转交地址，也要重新登记。
- B　忙。这个外地代理不再接受来自更多移动结点的登记。
- H　该代理在此网络上提供归属代理的服务。
- F　该代理在此网络上提供外地代理的服务。
- M　该代理可以接收在隧道处理时使用了最小封装的IP数据报，稍后再解释。

- G　这个代理可以接收在隧道处理时使用了普通选路封装（GRE）的IP数据报，稍后再解释。
- r　保留的。
- T　外地代理支持反向隧道。

另外，在这个扩展中包含了零到多个**转交地址**，它们都是此网络中被该代理所支持的。如果F比特置1，那么至少要有一个这样的地址。也可能有很多地址。

代理询问

外地代理会定期地发布代理通告报文。但是，如果一个移动结点马上就需要代理的信息，则可以发布ICMP路由器询问报文，如图14.8(e)所示。任何接收到这个报文的代理都将发布一个代理通告。

移动检测

正如前面提到的，移动结点可以在IP层不知晓的情况下，因某种切换机制而从一个网络移动到另一个网络。代理发现过程试图让代理能够检测到这种移动。为此，代理可使用以下两种算法之一。

- **利用生存时间字段**　当移动结点接收到来自它目前正在使用的外地代理的代理通告时，或者它正在向该代理登记时，它要把生存时间字段作为计时器记录下来。如果移动结点收到来自该代理的另一个代理通告之前，计时器超时，那么这个结点就认为与该代理失去联络。假设此时移动结点收到了来自另一个代理的代理通告，且这个通告尚未过期，那么该移动结点可以向新代理登记。否则它就需要使用代理询问来找到一个代理。
- **利用网络前缀**　移动结点检查最近是否收到过与它的当前转交地址在同一个网络中的代理通告。如果没有，代理结点就认为自己移动了，因而可以向它刚刚收到的代理通告中的代理登记。

同址寻址

到目前为止，我们讨论的都是与外地代理相关的转交地址的使用。也就是说，转交地址是外地代理的一个IP地址。外地代理将在该转交地址上接收目的地为移动结点的数据报，然后将这些数据报通过外地网络转交给移动结点。但是在某些情况下，移动结点可能会移动到一个没有外地代理的网络，或者是该网络上的所有外地代理都很忙。作为另一种方案，移动结点可以通过使用同址转交地址来充当自己的外地代理。同址转交地址就是移动结点获得的一个IP地址，它与该移动结点当前连接网络的接口相关联。

移动结点如何获得一个同址转交地址的方法超出了本书的范围。方法之一是通过因特网服务（如动态主机配置协议，DHCP）动态地请求得到一个临时IP地址。另一种方法是这个同址转交地址长期被该移动结点所拥有，而只有在访问这个特定的外地网络时才会被使用。

21.4.3　登记

一旦移动结点认识到自己处于一个外地网络中，并且已获得了一个转交地址，那么它必须通知自己的归属网络中的一台归属代理，并请求该归属代理为其转交IP通信量。这个登记过程涉及以下4个步骤。

1. 移动结点通过向它希望使用的外地代理发送一个登记请求报文来请求转发服务。
2. 外地代理将这个请求转交给移动结点的归属代理。
3. 归属代理接受或者拒绝这个请求，并向外地代理发送一个登记回答。
4. 外地代理将这个回答转交给移动结点。

如果移动结点使用的是同址转交地址，它就直接向自己的归属代理登记，而不必经过外地代理。

登记操作使用了两种类型的通过UDP报文段携带的报文。**登记请求报文**（registration request message）包括下述一些1比特的标志。

- **S** 同时绑定。移动结点请求其归属代理保留它之前的移动绑定。在绑定同时生效的情况下，归属代理将转发IP数据报的多个副本，这个移动结点当前登记的每个转交地址都将获得一个副本。在无线切换条件下，多地址同时绑定可以提高可靠性。
- **B** 广播数据报。表示这个移动结点希望能够接收到广播数据报的副本，就像它连接在自己的归属网络时那样。
- **D** 由移动结点拆封。移动结点使用的是同址转交地址，并且将从隧道传来的给它自己的IP数据报拆封。
- **M** 表示归属代理将使用最小封装，稍后再解释。
- **G** 表示归属代理将使用GRE，稍后再解释。
- **T** 反向隧道需要。

另外，这个报文还包括以下几个字段。

- **归属地址** 移动结点的归属IP地址。归属代理预期接收到以这个地址为目的地址的IP数据报，并且必须将这些数据报转发到相应的转交地址。
- **归属代理** 移动结点归属代理的IP地址。用于告知外地代理应当向哪个地址转交这个请求。
- **转交地址** 隧道另一端的IP地址。归属代理应当将它接收到的具有该移动结点归属地址的IP数据报转发到这个目的地址。
- **标识** 由移动结点生成的一个64比特的数值，用于登记请求和登记回答的匹配，并且还能起到安全保护作用，稍后再解释。
- **扩展** 目前定义的唯一一个扩展是鉴别扩展，稍后再解释。

登记回答报文（registration reply message）包括一个编码，它指出该请求是否被接受，如果不接受，拒绝的原因是什么。

登记过程的安全保护

登记过程中的一个重点考虑是安全。通过设计，移动IP可以抵御如下两种类型的攻击。

1. 某结点可能会假装自己是一个外地代理，并向一个归属代理发送登记请求，使得原本应当给移动结点的通信量都转给自己。
2. 某个恶意代理可能会重演旧的登记报文，从而有效地切断该移动结点与网络的联系。

用来抵御此类攻击的技术涉及报文鉴别的使用，以及对登记请求和回答报文中的标识字段的正确使用。

为了报文鉴别，每个登记请求和回答报文中都要包含一个**鉴别扩展**（authentication extension），包括以下几个字段。

- **安全参数索引（SPI）** 一个标识了一对结点间的安全内容的索引。安全内容经过配置，使得这两个结点共享一个密钥以及与此关联相关的参数（如鉴别算法）。
- **鉴别码** 用来鉴别这个报文的一个编码。发送者用共享密钥将鉴别码插入报文中。

接收方利用鉴别码来保证报文没有被修改或延迟。鉴别码保护的是整个登记请求或应答报文，包括在此扩展之前的任何扩展，以及此扩展的类型和长度字段。

默认的鉴别算法是HMAC-MD5，在RFC 2104中定义，它产生一个128比特的报文摘要。HMAC-MD5是称为键控散列码的一种例子。在线附录Q描述了这些编码。摘要由一个共享密钥以及登记报文中被保护的字段共同经计算得到。

一共定义了如下3种类型的鉴别扩展。

- **移动–归属** 这个扩展是移动结点与归属代理之间的登记报文中必须具备的，它为该登记报文提供鉴别。
- **移动–外地** 当移动结点和外地代理之间存在安全关联时，可以具有这个扩展。外地代理在向归属代理转交请求报文之前，需要先剥掉这个扩展，并且要在来自归属代理的回答报文中添加这个扩展。
- **外地–归属** 当外地代理和归属代理之间存在安全关联时，可以具有这个扩展。

注意，鉴别码保护了请求和回答报文中的标识字段。因此，这个标识值可用于对抗重演类的攻击。正如前面提到的，标识值使移动结点能够将回答报文与请求报文进行匹配。更进一步讲，如果移动结点和归属代理之间保持同步，那么归属代理就能够区分合理的标识和可疑的标识，因而归属代理就能够拒绝可疑的报文。实现它的一种方法是使用时间戳值。只要移动结点与归属代理之间在时间上存在合理的同步，就可以用时间戳来完成这个任务。另外，移动结点也可以用伪随机数生成器产生一些值。如果归属代理也掌握这个算法，它就能知道下一个预期的标识是什么。

21.4.4　隧道技术

一旦移动结点向归属代理登记完成，这个归属代理就必须能够截获发送到该移动结点归属地址的IP数据报，这样才能通过隧道来转发这些数据报。对此，标准中并没有强制要求使用哪种具体技术，但是指出了地址解析协议（ARP）作为一种可能的机制。归属代理需要通知同一个网络（归属网络）上的所有其他结点，应当把目的地为该移动结点的IP数据报交付（在链路层）给自己。实际上，为了捕获那些正在归属网络中传播的目的地为该结点的分组，归属代理需要盗用移动结点的身份。

例如，假设图21.12中的R3作为一个移动结点的归属代理，这个移动结点目前正连接在因特网某处的一个外地网络上。

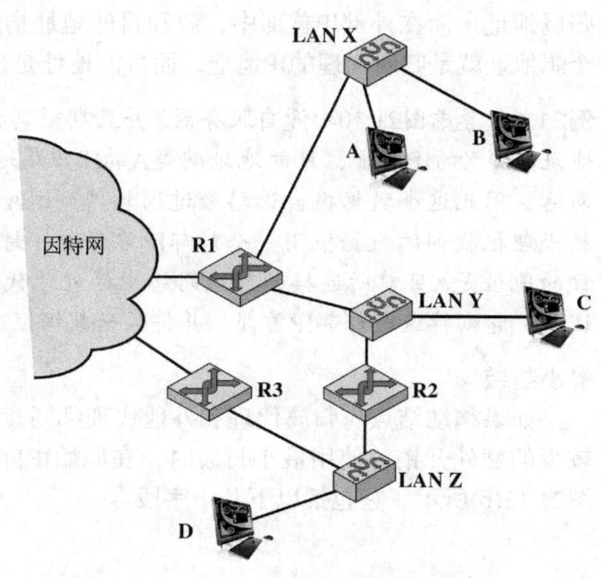

图21.12　一个简单的互联网络的例子

也就是说，有一个主机H，它的归属网络是LAN Z，它目前正连接在某个外地网络上。如果主机D有一些到H的通信量，它就生成一个IP数据报，其中IP目的地址字段放的是H的归属地址。主机D上的IP模块认出这个目的地址在LAN Z中，因此将这个数据报向下传递给链路层，并命令链路层将这个数据报交付给LAN Z中的某个特定的MAC地址。在此之前，R3已经通知D的IP层，让它把目的地为该特定地址的数据报都发送到R3。因此，D在外出MAC帧的目的MAC地址字段中放入R3的MAC地址。类似地，如果有一个目的地址为移动结点归属地址的IP数据报到达路由器R2，R2就会识别出这个目的地址在LAN Z中，并且试图将这个数据报交付到Z中的一个MAC地址。同样，R2事先已经被通知该MAC地址与R3相对应。

对于来自因特网，并选路经过因特网到达R3的通信量来说，R3只需认识到这个目的地址的数据报应当被捕获并转发。

为了将IP数据报转发给转交地址，归属代理需要将整个IP数据报放入一个外部IP数据报中。这是封装的一种形式，就好像在TCP报文段之前放上一个IP首部，从而将TCP报文段封装在IP数据报中一样。对于移动IP可以有如下3种封装选择。

- **IP在IP中的封装**　这是最简单的方法，在RFC 2003中定义。
- **最小封装**　这种方法涉及较少几个字段，在RFC 2004中定义。
- **普通选路封装（GRE）**　这是一个普通封装过程，它在开发移动IP之前就已被开发，在RFC 1701中定义。

我们将讨论其中的前两种方法。

IP在IP中的封装

使用这种方式，整个IP数据报都成为新IP数据报的有效载荷，如图21.13(a)所示。在内部，原始的IP首部中除了生存时间（TTL）字段减1之外，什么也不改变。外部首部是一个完整的IP首部。有两个字段是从内部首部中复制来的（图中用阴影表示）：版本号为4，即IPv4的协议标识符；另一个是服务类型字段，外部IP数据报请求的服务类型与内部IP数据报请求的一样。

在内部IP首部中，源地址指的是发送这个原始数据报的主机，目的地址是预期接收方的归属地址。而在外部IP首部中，源和目的地址指的是隧道的进口点和出口点。因此，通常这个源地址就是归属代理的IP地址，而目的地址是预期终点的转交地址。

例21.1　考虑图21.10中源自服务器X并且期望到移动结点A去的IP数据报。原始IP数据报的源地址就是X的IP地址，目的地址就是A的IP归属地址。A的归属地址的网络部分指向A的归属网络，因此这个数据报会选路经过因特网到达A的归属网络，在这里它被归属代理截获。归属代理把收到的数据报用一个外部IP首部进行封装，其中源地址就是归属代理的IP地址，而目的地址是A目前所连接的外地网络中的外地代理的IP地址。当这个新的数据报抵达外地代理时，它剥掉这个外部IP首部，并将原始数据报交付给A。

最小封装

如果移动结点、归属代理和外地代理都同意使用最小封装，就可以使用最小封装并产生较少的额外开销。使用最小封装时，在原始IP首部和原始IP有效载荷之间插入新的首部，如图21.13(b)所示。它包括以下几个字段。

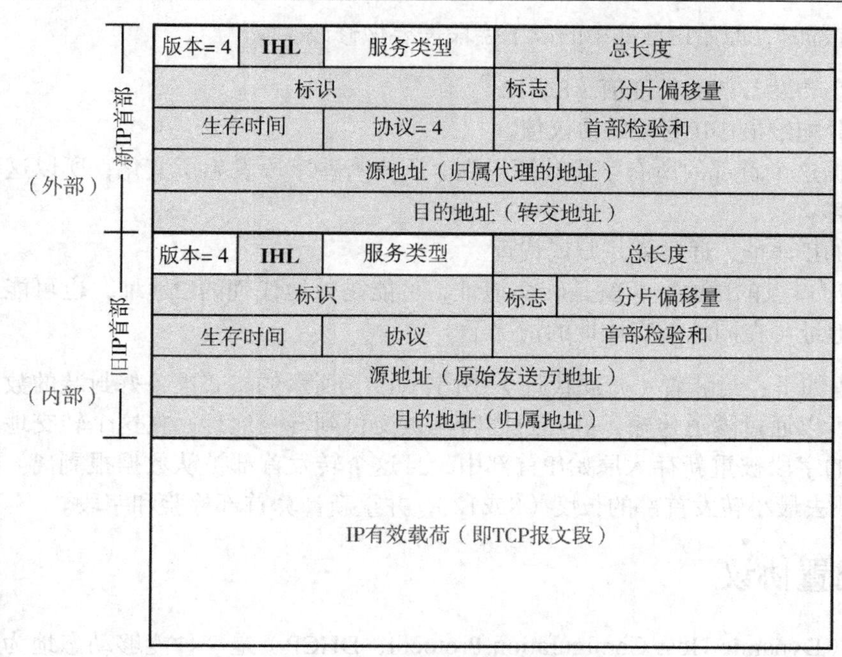

(a) IP在IP中的封装

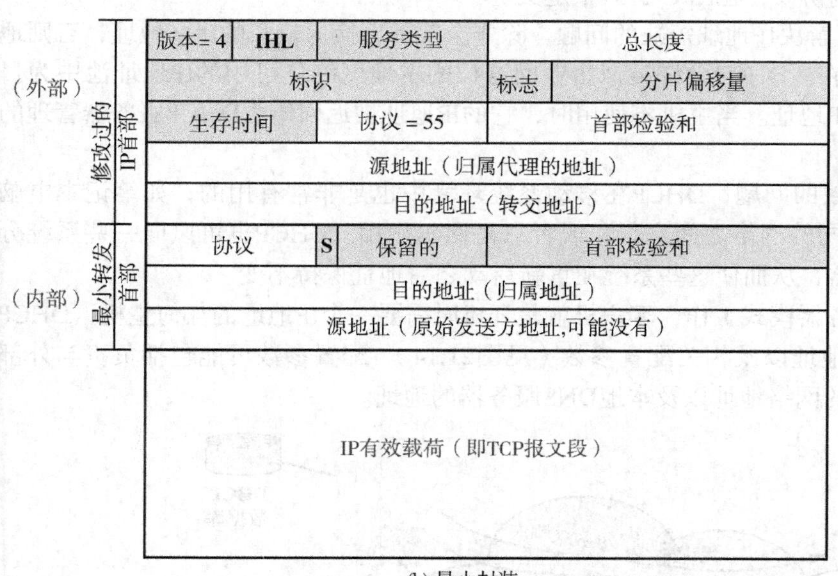

(b) 最小封装

图21.13　移动IP的封装

- **协议**　复制自原始IP首部中的协议字段。这个字段标识的是原始IP有效载荷的协议类型，因此它标识的是首部的类型，而不是原始IP有效载荷开始的地方。
- **S**　如果值为0，则表示没有原始源地址，且这个首部的长度是8个八位组。如果值为1，则表示有原始的源地址，这个首部的长度是12个八位组。
- **首部检验和**　根据这个首部的所有字段计算得到。
- **原始目的地址**　复制自原始IP首部中的目的地址字段。
- **原始源地址**　复制自原始IP首部中的源地址字段。如果S比特为1，这个字段就存在。如果封装者就是这个数据报的源（即数据报源自归属代理），就不需要这个字段。

在形成新的外部IP首部时，原始IP首部中的以下字段需要做修改。

- **总长度** 加上最小转发首部的长度值（8或12）。
- **协议** 55，这是分配给最小IP封装的协议值。
- **首部检验和** 根据这个首部的所有字段计算得到。因为有些字段发生了变化，所以这个值必须重新计算。
- **源地址** 封装者的IP地址，通常就是归属代理。
- **目的地址** 隧道出口点的IP地址，就是转交地址，可能是外地代理的IP地址，也可能是移动结点的IP地址（在同址转交地址的情况下）。

最小封装的处理过程如下：封装者（归属代理）用图21.13(b)所示的格式准备好封装的数据报。现在这个数据报可以通过隧道传输，并经过因特网被交付到转交地址。在这个转交地址处，最小转发首部中的字段被重新存入原始IP首部中，且这个转发首部被从数据报剥离。IP首部中的总长度字段减去最小转发首部的长度（8或12），并重新计算首部检验和字段。

21.5 动态主机配置协议

动态主机配置协议（Dynamic Host Configuration Protocol，DHCP）是一种能够动态地为主机分配IP地址的互联网协议，在RFC 2131中定义。

DHCP的开发是为了解决IP地址短缺的问题，除非全部都更换为较长的IPv6地址，否则地址短缺的矛盾将始终存在。DHCP允许类似企业网这样的本地网络从可用的IP地址池中为目前正在使用的主机分配IP地址。当主机不使用时，它的IP地址被返回给由DHCP服务器管理的地址池。

即使没有IP地址短缺的问题，DHCP在移动系统环境中也是非常有用的，如笔记本电脑和平板电脑，它们在不同的网络之间穿行，或者只是偶尔用用。DHCP也可以向一些系统分配永久IP地址，如服务器，从而使这些系统在重新启动之后地址保持不变。

DHCP以客户机/服务器模式工作，客户机就是开机时需要一个IP地址的任何主机，DHCP服务器提供被请求的IP地址以及相关配置参数（见图21.14）。配置参数可能包括负责与外部网络沟通的默认路由器的网络地址以及本地DNS服务器的地址。

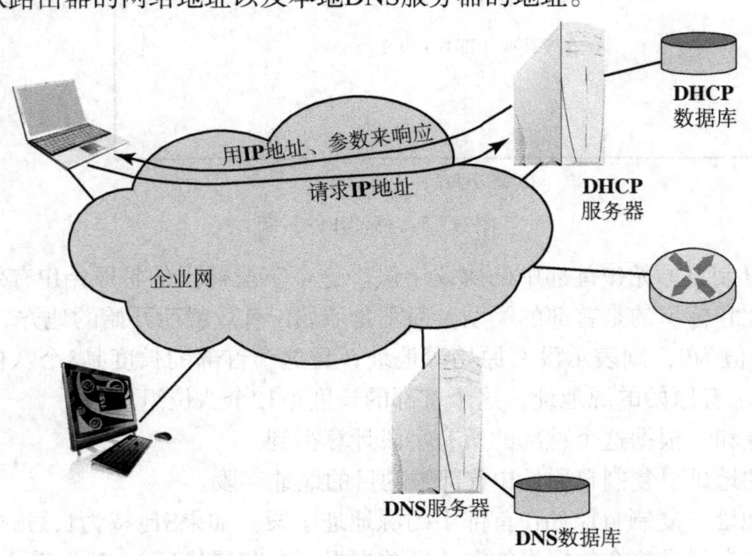

图21.14 DHCP角色

在DHCP协议工作过程中将会用到以下DHCP报文。

- DHCPDISCOVER　客户机用以广播找出有效的服务器。
- DHCPOFFER　服务器用以响应客户机的DHCPDISCOVER，并提供配置参数。
- DHCPREQUEST　客户机向服务器发送这个报文是为了(a)请求某台服务器提供参数，并隐式地婉拒来自其他任何服务器的支持，或者(b)在发生了例如系统重启之类的事件后确认先前分配地址的正确性，或者(c)延长某个特定网络地址的租期。
- DHCPACK　从服务器到客户机的报文，携带配置参数并包括已提交的网络地址。
- DHCPNACK　从服务器到客户机的报文，说明客户机打算使用的网络地址是不正确的（例如，客户机已经转移到新的子网），或者客户机的地址租约已经到期。
- DHCPDECLINE　客户机向服务器指明网络地址已被使用。然后DHCP服务器应该通知系统管理员。
- DHCPRELEASE　客户机向服务器表示放弃网络地址并取消后续的租约。
- DHCPINFORM　从客户机到服务器的报文，请求只适用于本地的配置参数，因为客户机已经有了外部配置的网络地址。

图21.15描绘了一个典型的报文交换过程，涉及的步骤如下所示。

1. 客户机在自己的本地物理网络上广播一个DHCPDISCOVER报文。该报文可能包括建议的网络地址和租用期限的选项。中继代理可以将这个报文传递给不在同一个物理网络中的DHCP服务器。
2. 每个服务器都可以用DHCPOFFER报文进行响应，并在报文中包含一个可用的网络地址。
3. 客户机收到来自一个或多个服务器的一个或多个DHCPOFFER报文。客户机可以选择等待多个响应的到来。客户机根据DHCPOFFER报文中提供的配置参数，选择其中的一个服务器，以向它请求配置参数。客户机广播DHCPREQUEST报文，这个报文中包含了服务器标识符选项，用以指示它已选定的服务器，同时还可能包含其他一些选项，以指明它所希望的配置值。这个DHCPREQUEST报文被广播，并通过DHCP中继代理转发。若客户机未收到DHCPOFFER报文，则超时并重发DHCPDISCOVER报文。

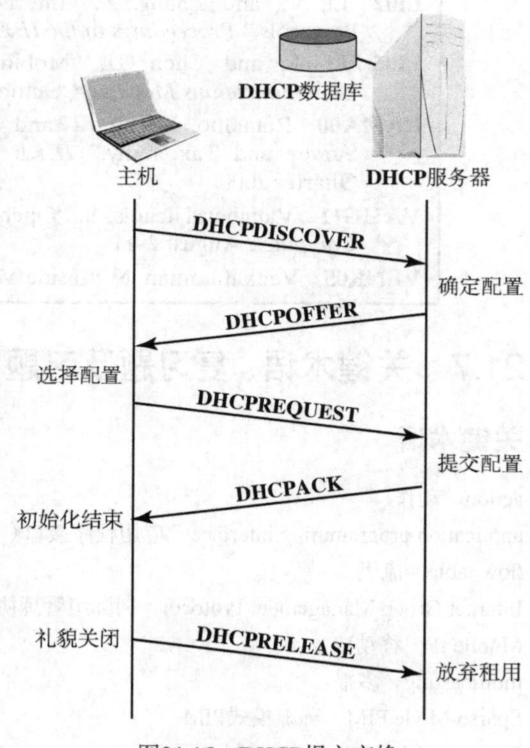

图21.15　DHCP报文交换

4. 服务器收到来自客户机的DHCPREQUEST广播。没有被该DHCPREQUEST报文选中的服务器将此报文视为客户机拒绝它提供服务的通知。该DHCPREQUEST报文所选中的服务器将此客户机的绑定信息提交到持久存储器中，并以DHCPACK报文响应，其中包含了请求客户机的配置参数。

5. 客户机收到DHCPACK报文与配置参数。此刻该客户机被配置。
6. 客户机可以选择将DHCPRELEASE报文发送到服务器，以放弃其对网络地址的租用。

21.6 推荐读物

[LI05]提供了对移动IP的全面描述。更详细的讨论在[VENK05]中。

[LI02]和[RAMA00]两本书都全面介绍了多播路由选择协议。[DEER96]对稀疏模式PIM做了详细讨论。

[GOTH11]概述了SDN和OpenFlow。[VAUG11]和[LIMO12]对全面了解OpenFlow很有帮助。[JARS11]讨论的是基于OpenFlow的SDN体系结构的性能。

DEER96 Deering, S., et al. " The PIM Architecture for Wide-Area Multicast Routing." *IEEE/ACM Transactions on Networking*, April 1996.

GOTH11 Goth, G. "Software-Defined Networking Could Shake Up More than Packets." *IEEE Internet Computing*, July/August 2011.

JARS11 Jarschel, M., et al. "Modeling and Performance Evaluation of an OpenFlow Architecture." *Proceedings, International Teletraffic Congress*, 2011

LIMO12 Limoncelli, T. "OpenFlow: A Radical New Idea in Networking." *Communications of the ACM*, August 2012.

LI02 Li, V., and Zhang, Z. "Internet Multicast Routing and Transport Control Protocols." *Proceedings of the IEEE*, March 2002.

LI05 Li, J., and Chen, H. "Mobility Support for IP-Based Networks." *IEEE Communications Magazine*, October 2005.

RAMA00 Ramalho, M. "Intra- and Inter-Domain Multicast Routing Protocols: A Survey and Taxonomy." *IEEE Communications Surveys and Tutorials*, First Quarter 2000.

VAUG11 Vaughan-Nichols, S. "OpenFlow: The Next Generation of the Network?" *Computer*, August 2011.

VENK05 Venkataraman, N. "Inside Mobile IP." *Dr. Dobb's Journal*, September 2005.

21.7 关键术语、复习题及习题

关键术语

action 动作
action set 动作集
application programming interface 应用程序接口（API）
flow 流
flow table 流表
group table 组表
Internet Group Management Protocol 网际组管理协议
meter table 计量表
Mobile IP 移动IP
multicast address 多播地址
multicasting 多播
Protocol Independent Multicast 协议独立多播（PIM）
Sparse-Mode PIM 稀疏模式PIM
SDN application plane SDN应用平面
SDN control plane SDN控制平面
SDN data plane SDN数据平面
SDN domain SDN域
server virtualization 服务器虚拟化
software-defined networks 软件定义网络
unicast address 单播地址

复习题

21.1 列举多播的几种实际应用。
21.2 简述单播、多播和广播地址的区别。

21.3　列出并简述多播需要的功能。

21.4　什么操作由IGMP执行？

21.5　什么样的网络需求导致了SDN的发展？

21.6　什么是SDN域？

21.7　什么是Openflow？

21.8　列出并简单定义移动IP提供的能力。

21.9　移动IP发现与ICMP之间有什么关系？

21.10　当移动结点连接到外地网络时，能够给移动结点分配哪两种不同类型的目的地址？

21.11　分别在什么情况下移动节点会选择使用21.10题中所指出的地址类型？

习题

21.1　大多数操作系统都有一个称为traceroute（或tracert）的工具，其作用是判断分组从该工具运行的系统出发，并到达某个指定的主机沿途经过的路径。有多个网站提供了从Web上获取traceroute工具，例如

http://www.supporttechnique.net/traceroute.ihtml

http://www.t1shopper.com/tools/traceroute

利用traceroute工具判断分组到达williamstallings.com主机沿途经过的路径。

21.2　一个连接图可能有不止一个生成树。请找出下图的所有生成树。

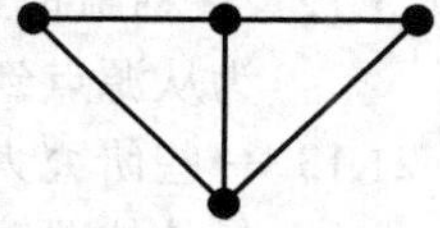

21.3　关于图21.1，我们讨论了向一个多播地址传输分组的3种方式：广播、多次单播以及真正的多播。然而，还有一种称为洪泛（flooding）的方法。这种方法从源点向所有相邻的路由器传输同一个分组。当各路由器接收到分组后，在所有出口接口上重传这个分组，除了用于接收分组的那个接口。每个分组都标上唯一标识符，以防止路由器多次扩散同一分组。请画出与表21.1相似的矩阵，并对结果加以说明。

21.4　请用与图21.3相似的形式表示出从路由器A到多播组的生成树。

21.5　IGMP规定IP数据报中发送的查询报文要将生存时间字段设为1，为什么？

21.6　在IGMPv1和IGMPv2中，如果主机监听到有其他主机声明是该多播组的成员身份，它就会取消正在等待发送的组成员报告，其目的是控制生成的IGMP通信量。但是IGMPv3撤销了这种对主机组成员报告的抑制。请分析此设计决定背后的原因。

21.7　IGMP 组成员查询中包括一个Max Resp Code字段，用于指明在发送一个响应报告前允许的最长时间。可以使用实际时间，称为Max Resp Time，它以十分之一秒为单位表示，并以如下方式从Max Resp Code 字段中推导得到：

如果Max Resp Code < 128，则Max Resp Time = Max Resp Code

如果Max Resp Code ≥ 128，则Max Resp Time 是一个如下所示的浮点数：

0	1	2	3	4	5	6	7
1	exp			mant			

Max Resp Time=（mant | 0×10）<<（exp + 3）以C语言记法表示

Max Resp Time=（mant OR 16）OR $2^{(exp+3)}$

请解释取较小值和较大值的动机是什么？

21.8　为了请求IP层允许接收或不允许接收从某些指定的IP地址发送到某个指定的多播地址的分组，多播应用要在它们的套接字上调用一个API函数。

对于每一个这样的套接字，系统记录下希望接收的多播状态。除了这些每套接字的多播接收状态之外，系统必须为它的每个接口维护一个多播接收状态，这个状态是由每套接字接收状态推导得到的。

假设同一台主机上运行着4个多播应用程序，且参加了相同的多播组M1。第一个应用程序使用了一个EXCLUDE{A1, A2, A3}过滤器，第二个应用程序使用了一个EXCLUDE{A1, A3, A4}过滤器，第三个应用程序使用了一个INCLUDE{A3, A4}过滤器，而第四个应用程序使用了一个INCLUDE{A3}过滤器。对于这个网络接口，结果得到的多播状态（多播地址、过滤模式、源列表）是什么？

21.9 多播应用通常使用UDP或RTP（实时运输协议）作为它们的运输协议。多播应用不用TCP作为自己的运输协议。用TCP会有什么问题？

21.10 通过多播功能，分组向多个终点交付。因此，如果出现差错（如路由选择失败），一个IP分组就可能触发多个ICMP差错分组，带来一次分组风暴。如何避免这种可能的问题？提示：查阅RFC 1122。

21.11 大多数多播路由协议，如MOSPF，使每个组成员的路径代价最小化，但是它们不一定将互联网视为一个整体以实现最佳的利用。此题即证明了这一事实。

a. 根据图21.2(a)所示的生成树，计算一个源分组的多播传输过程中所涉及到的每个分组发生的所有跳数的总和。

b. 请设计另一种生成树，使其总费用最小化。给出这棵树及其总费用。

21.12 “在稀疏模式PIM中，对于从给定源点到给定终点之间的路由，基于RP的树可能被替换为从源点到终点的最短单播路径”。这个表述并不太准确。这种说法错在哪里？

21.13 一些研究人员认为，对于多播通信量来说，找到共享树的中心（即PIM的集合点）的最佳位置对实现良好的时延特性是一个关键。你是支持还是反对这种说法，为什么？

21.14 此题参考图21.12。假设LAN Z是主机E的归属网络，且D通过IP向D发送一个数据块。

a. 请给出该PDU的结构，包括IP首部中的字段和下一层的首部(MAC, LLC)，并且其地址字段的内容指出E目前在它自己的归属网络中。

b. 当E在一个能够从R3经因特网到达的外地网络中时，重复(a)题。给出离开D时的MAC帧的格式以及离开R3时的IP 数据报的格式。假设采用IP在IP中的封装。

c. 现在假设使用最小封装，请重复(b)，给出离开R3时的IP数据报的格式。

21.15 再次参考图21.12，假设A是一个移动结点，且LAN X是A的外地网络。假设一个来自因特网且应当被交付给A的IP数据报到达了R1。请给出到达R1时的IP数据报的格式，以及下述几种情况下离开R1时的MAC帧的格式（包括一个或多个IP首部）：

a. 使用IP在IP中的封装，并且转交地址是R1。

b. 使用最小封装，并且转交地址是R1。

c. 使用IP在IP中的封装，并且转交地址是A。

d. 使用最小封装，并且转交地址是A。

21.16 在典型的移动IP归属代理的实现中，这个代理维护着一个移动绑定表，以便在转发分组时将移动结点的归属地址与它的转交地址相映射。这个表中的每行需要有哪些最基本的表项？

21.17 在典型的移动IP外地代理的实现中，这个代理维护着一个访问者列表，以包含有关当前正在访问这个网络的移动结点的信息。这个表中的每行需要有哪些最基本的表项？

第22章　互联网的服务质量

学习目标

在学习了本章的内容之后，应当能够：

- 总结综合服务体系结构中的主要概念；
- 对比和比较弹性通信量和非弹性通信量；
- 概述RSVP；
- 解释区分服务的概念；
- 理解服务级别协约的应用；
- 描述IP性能度量。

因特网和其他互联网必须承载的通信量在持续增长和变化。由传统的基于数据的应用，如电子邮件、用户组新闻、文件传送和远端登录所产生的通信量需求，已经给这些系统带来了足够的挑战。但是，服务质量的驱动因素则是WWW的广泛使用，它需要实时的响应，以及在互联网体系结构中日益增长地使用音频、图像和视频。

本质上，这些互联网机制采用数据报分组交换技术，其中路由器像交换机那样工作。这项技术并不是设计来处理话音和视频的，而是被扭曲来满足强加于它的需求。

要应对这些需求，光增加因特网的容量是不够的。需要切合实际和有效的方法来管理通信量和控制拥塞。从历史角度讲，基于IP的互联网已经能够给所有使用互联网的应用提供简单的尽最大努力交付服务。但是用户的需求已经变化了。一个公司可能已经花费了数以百万计的美元安装基于IP的互联网，这个网络设计用于运送局域网之间的流量，但是当前却发现新的实时、多媒体和多播应用在这样一个配置里并没有得到较好的支持。

因此，存在强烈的需求，要求在TCP/IP体系结构中能支持各种类型的拥有各种服务质量（Quality of Service，QoS）需求的通信量。本章首先介绍QoS整体体系结构，并描述设计来满足这一需求的互联网功能和服务。

接下来将讨论综合服务体系结构（Integrated Services Architecture，ISA），它提供了当前和未来因特网服务的一个框架。随后会讨论与ISA相关的一个称为RSVP的关键协议，之后将分析区分服务。最后，介绍服务级别协约和IP性能度量相关主题。

22.1　支持服务质量的体系结构框架

在讨论那些为因特网和专用互联网提供服务质量的互联网协议之前，先考察一下完整的体系结构框架是很有帮助的，这个框架中的所有元素都与提供QoS相关。这样一个框架已由国际电信联盟电信标准化部门（ITU-T）作为Y系列建议的一部分开发出来[①]。建议书Y.1291（在分组网络中支持服务质量的体系结构框架）描绘了一幅“全景图”，用以概括构成QoS设施的机制和服务。

① 名为“全球信息基础设施、互联网协议全貌以及下一代网络”的Y系列建议包含了一些有关QoS、拥塞控制和通信量管理的非常有用的文档。

Y.1291框架由一组通用的控制网络服务的网络机制构成（以响应服务请求），这些服务所请求的既可以是某个网络元素，也可以是网络元素之间的信令，或者是对跨越网络的通信量的控制和管理。图22.1描绘了这些元素之间的关系，并被组织为3个平面：数据平面、控制平面和管理平面。

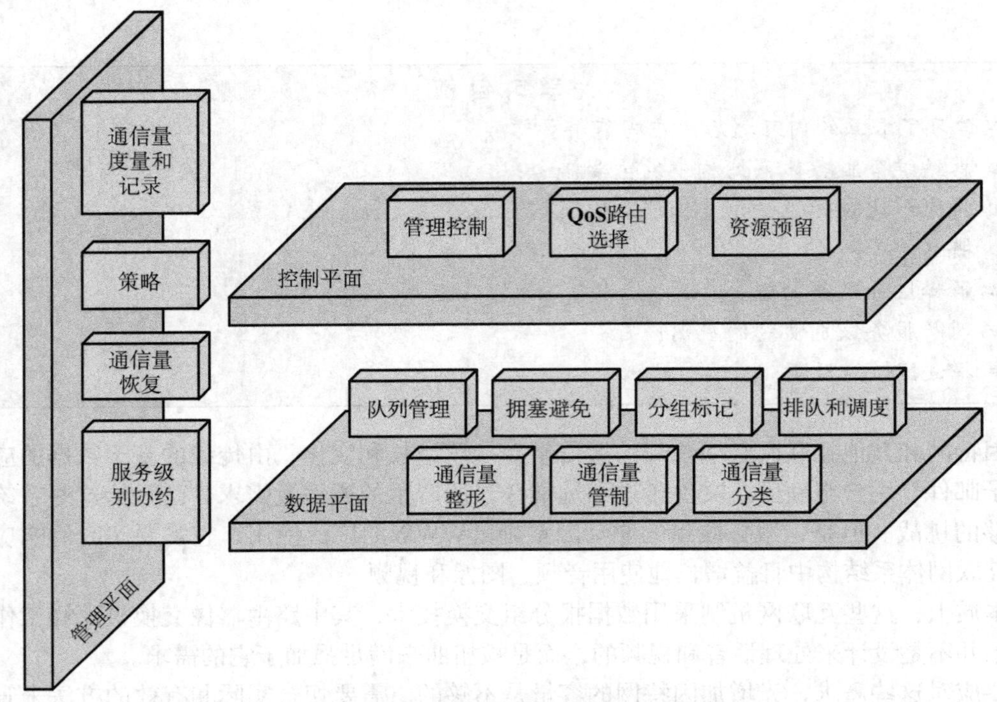

图22.1　支持服务质量的体系结构框架

22.1.1　数据平面

数据平面包括一些直接在数据流上进行操作的机制。我们将简单地逐一讨论。

队列管理算法通过在必要或适当的时候丢弃分组来管理分组队列。队列主动管理考虑的重点是拥塞避免。在因特网初期，队列管理的原则是在队列满员时丢弃任何传入的分组，称为**尾丢弃**（tail drop）技术。尾丢弃有如下许多缺点[BRAD98]。

1. 非要等到不得不丢弃分组，否则对拥塞缺乏反应，而更积极的拥塞避免技术则应当使网络的整体性能有所提高。
2. 队列很容易接近满员，这将导致分组通过网络的时延不断增加，因此使突发通信量中有成批的分组被丢弃，而不得不重传大量的分组。
3. 尾丢弃可能会让一个连接或少量的流垄断队列空间，致使其他连接无法获得队列空间。

队列管理的一个值得注意的例子是随机早期检测（Random Early Detection，RED）。RED根据预估的平均队列长度对传入的分组按概率进行丢弃。随着预估平均队列长度的增大，丢弃概率也变大。在线附录P对RED进行了描述。

排队和调度算法又称为排队规则算法，它决定了下一个将要发送的分组，主要用于在流和流之间分配传输容量。排队规则在22.2节中讨论。

拥塞避免所涉及的各种手段被用来使网络负载保持在网络容量范围之内，使之既能够运行在可接受的性能水平之上，又不会发生拥塞崩溃。拥塞避免已在第20章中详细讨论过。

分组标记包含了两个不同的功能。首先，分组可能会被网络边缘结点所标记，以指出在某些QoS条件下该分组应被接收。其中的一个例子是IPv4和IPv6分组中的区分服务（DS）字段（见图14.5）以及MPLS标记中的流量类别字段（见第23章）。此类标记可被中间结点用于提供对传入分组的区分处理。分组标记也可用来标记分组为违规的，如果将来发生了拥塞，它们就会被丢弃。

通信量分类可以在分组或流的基础上实施。所有被指派给一个特定的流或其他聚合体的通信量都可以得到同样的处理待遇。IPv6首部中的流标签，如图14.5(b)所示，可被用于通信量分类。

通信量管制在第20章中介绍过，它所涉及的是在逐跳的基础上判断当前通信量是否遵守预先商定的策略或协约。不符合的分组可能会被丢弃、延迟，或者被标记为违规的。ITU-T建议Y.1221（基于IP的网络流量控制和拥塞控制）推荐使用权标桶对通信量进行特征化，以便于通信量管制。

通信量整形也在第20章中讨论过，它所涉及的是在逐流的基础上对进入及通过网络的通信量在速度和数量上进行控制。负责通信量整形的实体将不合规矩的分组缓存起来，直至这些聚合体的通信量变得平顺。因此，最后得到的通信量不像原始通信量那么具有突发性，且更可预测。Y.1221建议使用漏桶和/或权标桶进行通信量整形。

22.1.2　控制平面

控制平面关注用户数据流通过的路径的建立和管理，包括准入控制、QoS路由选择和资源预留。

准入控制决定哪些用户通信量可以进入网络。这可能部分取决于数据流的QoS需求与网络内部当前可承诺资源之间的比较。22.3节描述的RSVP实现的就是这种形式的准入控制。但除了均衡QoS请求与可提供的性能以决定是否接受请求之外，准入控制还有其他因素要考虑。网络管理员和服务提供者必须能够基于根据某些标准（如用户和应用的身份）得出的策略、通信量/带宽的需求、安全的考虑以及每天或每周的某个时刻之类的条件，对网络资源和服务进行监视、控制以及强制应用。RFC 2753（基于策略的许可控制框架）讨论了与此类策略相关的问题。

QoS路由选择是判决一条网络路径是否有可能满足流的QoS需求的路由选择技术。这与第19章所描述的寻找穿过网络的最小代价路径的路由选择协议的思路完全不同。RFC 2386（在因特网中基于QoS的路由选择框架）概述了与QoS路由选择相关的问题，这也是目前正在进行中的研究。

资源预留是这样一种机制，它预留网络资源是为了向请求的流提供所需的网络性能。在因特网中已实施的资源预留机制是RSVP，将在22.3节中描述。

22.1.3　管理平面

管理平面所包含的是对控制平面和数据平面机制都有影响的一些机制。管理平面涉及有关网络的操作、运行和管理等方面的内容，包括服务级别协约（SLA）、通信量恢复、通信量度量和记录以及策略。

服务级别协约（SLA）通常表现为在客户和服务提供者之间指定可用级别、服务能力、性能、操作或其他服务属性的协约。SLA将在22.5节中讨论。

通信量度量和记录所关心的是，利用诸如数据率和丢包率之类的性能指标，对通信量的动态特性进行监视。它包括在一个给定的网络节点上对通信量特征进行观察，并采集和存储信息，以便于分析和进一步的行动。度量可以为分组流调用必要的处理措施（如丢弃或整形），这取决于分组的违规程度。22.6节讨论了此功能所使用的度量类型。

通信量恢复指的是网络对故障的响应。它包含了多个协议层及其技术。

策略指的是对网络资源在执行、管理和访问控制方面的一套规则。它们可以是特别地应服务提供者要求的，或者反映了客户与服务提供者之间的协约，其中可能包括对一段时期的可靠性和可用性的需求以及其他一些QoS要求。

22.2 综合服务体系结构

为了满足基于QoS服务的需求，IETF正在开发一套标准，它的总标题是综合服务体系结构（ISA）。ISA打算在基于IP的互联网上提供QoS运输，它的总体定义在RFC 1633中，同时还有许多其他文档正在开发中，以进一步描述细节。目前已经有许多运营商在路由器和端系统的软件中实现了部分的ISA。

本节提供了对ISA的概述。

22.2.1 互联网上的通信量

在一个网络或互联网上的通信量可分为两大类：弹性的和非弹性的。对于它们的不同需求所做的研究，能使我们更清楚地了解到对增强的互联网体系结构的迫切要求。

弹性通信量

弹性通信量是一种可在很大范围内进行调整的通信量，经过互联网的时延和吞吐量可以改变，但仍然能够满足其应用的需要。这就是基于TCP/IP的互联网所支持的通信量的传统类型，也是最初互联网设计时所针对的通信量类型。产生这种通信量的应用一般都使用TCP或UDP作为传输协议。在使用UDP的情况下，应用程序将使用所有可能提供的带宽，直至达到应用程序产生数据的速率为止。在使用TCP的情况下，应用程序能够使用的网络速率则要看端到端接收器所能接受数据的最大速率。此外，在使用TCP时，若遇到拥塞，则可以调整个别连接上的通信量，减少数据发送到网络上的速率。这些已在第20章中讨论过。

能划归为弹性的应用包括那些在TCP或UDP上运行的常用应用程序，包括文件传送（FTP）、电子邮件（SMTP）、远程登录（TELNET）、网络管理（SNMP）及Web访问（HTTP）。不过这些应用的需求也不尽相同。例如：

- 电子邮件一般对时延的变化相当不敏感。
- 当联机进行文件传送时（很常见的情况），用户期望时延与文件的大小成正比，因此它对吞吐量的变化是敏感的。
- 在使用网络管理时，时延一般不是大问题。但是，若互联网中出现的故障是引起拥塞的原因，那么越是拥塞就越希望SNMP报文能以最小的时延通过网络。
- 像远程登录和Web访问这样的交互式应用则对时延相当敏感。

有一点必须了解，那就是我们所感兴趣的时延量并不是单个分组的时延。正如[CLAR95]中指出的，对通过因特网上的实时时延的观察表明，并没有发生相当大的时延变化。由于TCP中有拥塞控制机制，当发生拥塞时，在来自各TCP连接的数据率逐渐减缓之前，时延的增加量并不多。事实上，用户感受到的服务质量与传送当前应用的一个元素的总耗费时间有关。对于一个交互式的基于TELNET的应用，这个元素可能是键盘上的一次敲击或一行录入。对于Web的访问，这个元素是一个Web页面，它可以小到只有几千字节，也可能会大得多（如果是个有很多图片的页面）。对于科学应用，这个元素可能是有很多兆字节的数据。

对于非常小的元素，在总耗费时间中，通过互联网的时延是最主要的部分。但是对于较大的元素，总耗费时间是由TCP的滑动窗口性能决定的，也就是说，是由TCP连接能够达到的吞吐量决定的。因此，对于大量数据的传送，传送时间正比于文件的大小，以及源点由于拥塞而减缓其发送速率的程度。

现在很清楚，即使我们关心的只是弹性通信量，基于QoS的互联网服务也还是有用的。如果没有这种服务，那么路由器对到达的IP分组公平处理而不考虑应用的类型，也不考虑此分组到底是一个很大的传送元素还是一个很小的元素的一部分。在这种情况下，若发生了拥塞，就不可能根据所有应用的需要，公平地分配资源。在非弹性通信量加入进来后，情况就更加难以让人满意了。

非弹性通信量

非弹性通信量不能很好地，甚至是完全不能，适应互联网中的时延和吞吐量的变化。其主要例子就是实时通信量。非弹性通信量具有以下一些要求。

- **吞吐量**　可能要求有一个最小吞吐量值。弹性通信量可以连续交付数据，哪怕是降低其服务质量，而与大多数弹性通信量不同，许多非弹性通信量的应用则绝对地要求给定一个最小的吞吐量。
- **时延**　股票交易是对时延敏感的应用的一个例子。那些总是得到滞后服务的用户，采取动作也总是比别人慢一步，条件比别人更为不利。
- **抖动**　时延变化的大小称为抖动，它是实时应用的一个关键性因素。由于因特网肯定会带来时延的变化，所以分组在到达终点时，两两之间不可能维持一个固定的间隔时间。为了进行补救，终点接收到的分组会被缓存起来，以充足的时延来解决抖动问题，然后再以固定的速率向希望接收稳定的实时数据流的软件释放这些分组。容许的时延变化越大，则交付数据时的实际时延就越大，并且接收端用于时延的缓存也要求更大。像电视会议这样的实时交互性应用可能会要求一个合理的抖动上限。
- **分组丢失**　各种实时应用所能忍受的分组丢失量是不同的（如果发生丢失）。

在排队时延可变和拥塞丢失的环境下，要满足上述这些要求很困难。因此，非弹性通信量在互联网体系结构中引入了两个新的需求。首先，需要有一些手段对具有较多要求的应用进行优先处理。这些应用应当能够陈述它们的要求，可以是事先通过某种服务请求功能，也可以用IP分组首部中的某些字段，边请求边通过。前一种方式在陈述请求时提供了更多的灵活性，它可以让网络能够预估这些要求，并且在资源不够的情况下拒绝某些新的请求。这一方法意味着要使用某种资源预留协议。

在互联网体系结构中支持非弹性通信量的第二个需求是必须能同时支持弹性通信量。通常，非弹性应用在面临拥塞时既不退避，也不减少需求，这与基于TCP的应用不同。因此，在出现拥塞时，非弹性通信量仍然不停地提供重负荷，而弹性通信量则被挤出互联网。使用资源预约协议有助于控制这种局面，它会拒绝一些服务请求，如果不这样做，那么剩下的用于处理当前弹性通信量的可用资源就太少了。

22.2.2 ISA的处理方法

ISA的目标是在基于IP的互联网上提供对QoS的支持。ISA的主要设计问题是在发生拥塞时如何共享可用的网络容量。

对于只提供尽最大努力服务的基于IP的互联网来说，用于拥塞控制和提供服务的工具是有限的。基本上，路由器在这个方面主要有以下两种机制。

- **路由选择算法**　互联网中使用的大多数路由选择协议都是选择时延最小的路由。路由器通过交换信息可得到整个互联网的时延情况。最小时延的路由选择有助于平衡负载，因而减轻了局部的拥塞，并有助于减少单个TCP连接的时延。
- **分组丢弃**　当路由器中的缓存溢出时，路由器开始丢弃分组。在通常情况下，被丢弃的是最近到来的分组。TCP连接上的分组丢失带来的后果是发送方TCP实体退避并减少其负荷，因而有助于减缓互联网上的拥塞。

这些工具已经算是尽到了各自的职责，但是从前文的讨论中可以看出，这种技术对互联网中正在兴起的种类繁多的通信量并不适合。

ISA是一个总的体系结构，其中开发了许多针对传统的尽最大努力机制的增强机制。在ISA中，每个IP分组都与一个流相关联。RFC 1633对一个流的定义是：由相关IP分组构成的一个可区分的分组流，它是由单个用户活动产生的，并且要求同样的服务质量。例如，一个流可以包括一条TCP连接或一个ISA可区分的视频流。流与TCP连接的区别主要有两点：流是单向的，同时一个流可以有多个接收者（多播）。通常一个IP分组根据其源IP地址和目的IP地址、端口号及协议类型被标识为某个流的成员。IPv6首部中的流标识符不必等同于一个ISA流，但是在将来，IPv6的流标识符就可以用在ISA中。

ISA 使用以下功能来管理拥塞和提供QoS服务。

- **准入控制**　对于QoS运输（而不是默认的尽最大努力运输），ISA要求对新的流进行预约。如果网内的路由器收集信息后认为没有足够的资源来保证所请求的QoS，这个流就不允许进入网络。协议RSVP用于预约。
- **路由选择算法**　可以基于多个不同的QoS参数来判决路由，而不仅仅是最小时延。例如，在19.3节中已讨论过的路由选择协议OSPF可基于QoS来选择路由。
- **排队规则**　ISA的一个起决定作用的因素就是高效率的排队策略，它考虑了不同流的不同需求。
- **丢弃策略**　丢弃策略决定在缓冲区已满且有新的分组抵达的情况下，选择丢弃哪个分组。在管理拥塞和满足QoS保证方面，丢弃策略是很重要的一个要素。

22.2.3 ISA 的构件

图22.2大致描绘了一个路由器内的ISA体系结构的实现。在粗水平线以下是路由器的转发功能，这些功能对每个分组都要执行，因此必须高度优化。在这条线以上的其他功能是一些后台功能，用来创建转发功能所使用的一些数据结构。

主要的一些后台功能如下。

- **预约协议**　这个协议用来在给定级别的QoS基础上为一个新的流预约资源。它用于路由器之间以及路由器和端系统之间。预约协议负责在端系统和在沿着流的路径上的路由器中维持特定流的状态信息。使用RSVP协议就是为了这个目的。预约协议更新分组调度程序所使用的通信量控制数据库，以便决定给每一个流的分组所提供的服务。

- **准入控制**　当请求一个新的流时，预约协议就调用准入控制功能。这个功能要判断是否有足够的资源用于这个流请求的QoS。判断的依据是当前对其他预约所承诺的水平和/或网络上的当前负载状态。
- **管理代理**　网络的管理代理能够修改通信量控制数据库，并能指导准入控制模块，以便设置准入控制策略。
- **路由选择协议**　路由选择协议负责维护一个路由选择数据库，它对每个目的地址和每个流都给出应到达的下一站。

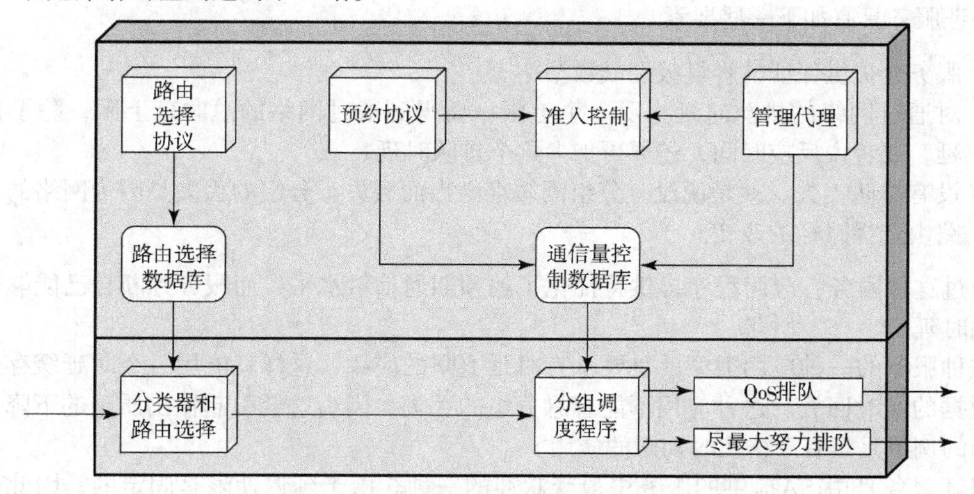

图22.2　路由器中综合服务体系结构的实现

这些后台功能支持了路由器的主要功能，即分组的转发。完成转发的两个主要功能区如下。

- **分类器和路由选择**　为了实现转发和通信量控制，必须将入口分组映射到类。一个类可以对应于一个流，或者是一组具有相同QoS需求的流。例如，所有视频流的分组或属于某个机构的所有流的分组，在进行资源分配和执行排队规则时都可同等对待。类的选择基于IP首部中的字段。根据分组的类和它的目的IP地址，这个功能决定分组的下一跳地址。
- **分组调度程序**　这个功能管理每个输出端口的一个或多个队列。它决定排队分组的发送顺序，以及在必要时应丢弃哪些分组。这些决定的依据是分组的类、通信量控制数据库中的内容以及该输出端口过去和现在的活跃度。分组调度程序的部分任务是管制，这个功能用于判断一个给定流中分组的通信量是否已超过了所请求的容量，如果超过了，那么它应该决定如何处理这些过量的分组。

22.2.4　ISA服务

一个分组流的ISA服务可以在两个层次上进行定义。首先是提供了一些通用的服务种类，而每一种服务都提供了一些特定的通用服务保证类型。其次，在每种服务中，对某个特定流的服务则由某些参数值来指明，这些值合起来就称为通信量规约（TSpec）。目前已定义了如下3种服务类型。

- 保证的
- 受控负载
- 尽最大努力的

某个应用可以为一个流请求预约，以得到保证的或受控负载的QoS，并具有一个TSpec，它定义了所需服务的准确的量。如果接受预约，这个TSpec就是数据流与其服务之间的合约的一部分。只要能通过TSpec继续精确地描述流的数据通信量，服务就同意提供所请求的服务类型。不属于预约流的那一部分分组则被默认给予尽最大努力的服务。

保证服务

保证服务具有如下一些要素。

- 服务会提供保证的容量级别或数据率。
- 对通过网络的排队时延指明一个上限。要得到通过网络的总时延上限，除了传播时延，或者说反应时间，还要再加上这个排队时延。
- 没有排队损失。就是说没有分组因缓存溢出而丢失。分组的丢失是因为网络的故障或路由选择路径的改变。

通过这种服务，应用程序提供特征化了的预期通信量水平，而服务判断自己能够保证的端到端时延。

这种服务的一种应用类型就是要求有时延上限的应用，这样就能用一个时延缓存来实现接收数据的实时回放。这种应用不能容忍分组的丢失，因为这会引起输出质量的下降。另一个应用的例子是具有严格实时期限的应用。

保证服务是由ISA提供的服务中最受欢迎的一种。由于延迟期限是固定的，因此延迟必须设置为一个较大的值，以包含很少出现的排队时延很长的情况。

受控负载

受控负载服务具有如下一些要素。

- 这种服务看起来和在网络无负载的条件下尽最大努力服务的应用得到的服务十分接近。
- 对通过网络的排队时延没有指明上限。但这种服务保证相当大的比例的分组所经受的时延不会明显超过某个最小传输时延（即传播时延加上没有排队时延时的路由器处理时延）。
- 发送分组中有很大比例的分组将会成功交付（即几乎没有排队丢失）。

正如我们曾经指出的，为实时应用提供QoS服务的互联网，其潜在问题是尽最大努力的通信量可能会因拥塞而失败。这是因为尽最大努力类型的应用使用的是TCP，而TCP一遇到拥塞和时延就会退避。而受控负载服务则保证网络会留出足够的资源，因此获得这个服务的应用看到的将是这样的网络，它对此的响应就好像这些实时应用不曾存在，也不会参与资源竞争。

受控服务对称为自适应实时应用的那些应用很有帮助[CLAR92]。这些应用并不需要事先规定的通过网络的时延上限。事实上，接收端测量入口分组经受的抖动，并将回放点设置在最小时延处，这时仍能产生足够低的丢失率（例如，视频可以通过丢弃一个帧或将输出流稍稍延迟一会儿来达到自适应。声音则可以通过调整静默期间隔来达到自适应）。

22.2.5 排队规则

ISA实现中的一个重要的构件就是路由器使用的排队规则。传统上，路由器在每个输出端口使用的都是先进先出（FIFO）的排队规则。每个输出端口都维护着一个队列。当一个新的分组到达并通过路由选择传送到一个输出端口时，就被放置在队列的最后。只要队列不是空的，路由器就会发送队列中的分组，其原则是选取下一个排队时间最长的分组。

FIFO排队规则存在如下这些缺点。

- 对于来自高优先级的或时延敏感的流中的分组，它并没有给予特殊对待。如果有来自不同流的许多分组要转发，那么它们将严格按照FIFO的顺序进行处理。
- 如果有一些短分组排在一个长分组的后面，那么FIFO的排队将使每个分组的平均时延比在发送长分组之前先发送短分组所得到的平均时延更长。通常，由许多长分组构成的流将得到更好的服务。
- 一个贪婪的TCP连接可以把一些较为不自私的连接挤掉。在发生拥塞时，如果一个TCP连接没有能够退避，沿相同路径段的其他连接就必须比平时退避得更多。

为了克服FIFO排队方法的缺点，可以使用某种公平排队策略，此时路由器在每个输出端口维护多个队列（见图22.3）。使用简单的公平排队策略时，每个到达的分组被放置在属于它自己的流的队列中。这些队列按照轮流方式接受服务，即依次从每个非空队列中取一个分组。空的队列就跳过去。这种策略之所以公平，是因为在每次循环中，每个有数据要发送的流都正好可以发送一个分组。此外，它也是在不同的流之间进行负载平衡的一种形式。贪婪并不会得到好处。一个贪婪的流将会发现它的队列变得很长，这就增加了它的时延，而这种行为并没有影响其他的流。

一些运营商已经实现了一种公平排队的改良策略，称为加权公平排队（WFQ）。基本上，WFQ会考虑通过每个队列的通信量，并且在不会完全关闭较闲的队列的前提下，给较忙的队列更多容量。另外，WFQ也会考虑到每个通信量流所请求的服务，并据此调整其排队规则。本节提到的算法细节可参见在线附录P。

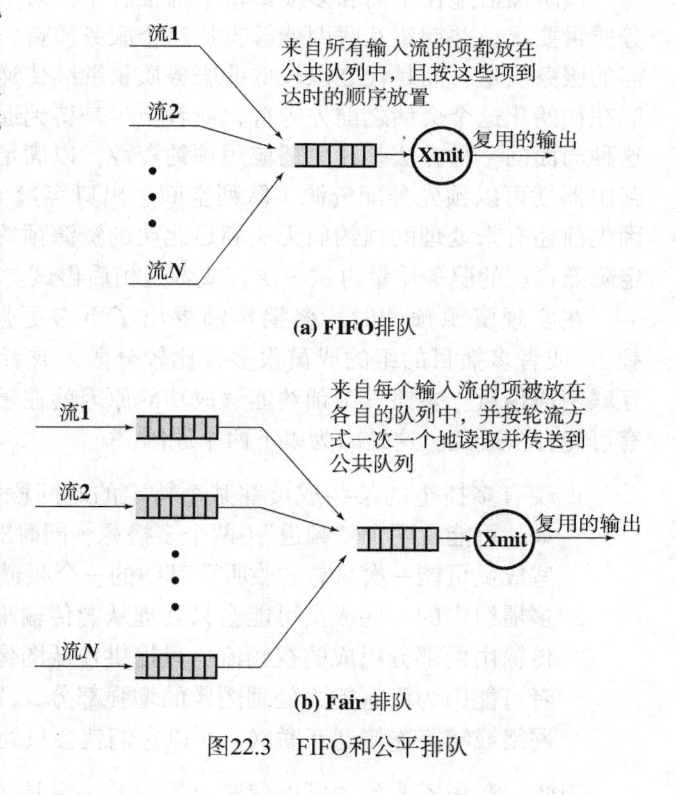

图22.3　FIFO和公平排队

22.3 资源预约协议

RFC 2205定义了RSVP，它为ISA提供了支持功能。在本节将对RSVP进行大致介绍。

互联网络的一个主要任务，也可以说是唯一的主要任务，就是从一个源点向一个或多个终点交付数据，且要满足其需要的服务质量，如吞吐量、时延、时延变化等。随着用户数量、应用的数据率以及多播应用的不断增长，这个任务在任何一种互联网络中都变得越来越难以实现。应对如此高的需求的一个工具是动态路由选择。动态路由选择策略，由OSPF和BGP（见第19章）之类的协议支持，可以通过选路绕开故障点的方式快速地响应互联网上的故障。更重要的是，动态路由选择策略可以在某种程度上应对拥塞，首先是通过负载平衡来平滑互联网上的负载，其次通过最小耗费路由选择方法选路绕开正在发生拥塞的区域。在多播的情况下，动态路由选择机制已经被补充了多播路由选择功能，利用从源到多播目的地的共享路径来使分组的复制次数最少。

另外，路由器可使用的工具是基于QoS标记处理分组的能力。我们已经看到，路由器（1）可基于QoS使用排队规则来赋予分组优先权；（2）基于每条路径的QoS特性，可在多条路由之间选择；（3）如果可能，可调用下一跳子网的QoS处理机制。

所有这些技术都是应对交付给互联网的通信量的方法，但是谁也没彻底地解决问题。仅使用动态路由选择和QoS，路由器无法预见拥塞和防止应用导致超载。事实上，路由器只能够支持简单的尽最大努力交付服务，某些分组可能丢失，而其他交付的分组可能达不到所请求的服务质量要求。

当互联网的需求继续增长，对拥塞的预防与反应一样必要。本节要展示的是，实现预防策略的方法之一是资源预约。

预防性措施在单播和多播传输中都很有用。对于**单播**，两个应用协商确定某次会话的服务质量要求，并期望互联网能够支持这个服务质量。如果互联网严重超载，它就无法提供所需的服务质量，而是代之以较低的服务质量继续传递分组。在这种情况下，应用程序可能宁愿在初始化这个会话之前先等待，或者至少是得到通知可能会在沿途降低其服务质量。处理这种局面的一种方法是让单播应用预约资源，以满足特定的服务质量。那么沿途将要经过的路由器就可以预先分配资源（队列空间、出口容量），以保证所需的服务质量。如果路由器因先前还有未处理的预约而无法满足此次的资源预约，应用就会得到通知，于是它可能会决定降低自己的服务质量再试一次，或者是稍后再试。

在实现资源预约时，**多播**传输提出了更多更强的要求。如果应用是大容量的（如视频），或者多播目的组的成员很多且比较分散，或者两者兼有，那么多播传输会产生巨大的互联网通信量。多播资源预约能够成功的原因就在于由多播源产生的很大一部分潜在负载都有可能轻松避免。这是因为以下两个原因。

1. 现有多播组的某些成员在某个特定的时间段内可能不需要来自某些源点的数据。例如，可能有两个“频道”（两个多播源）同时对某个多播组进行广播，而多播组中的一些成员可能一次只想“收听”其中的一个频道。
2. 多播组中的一些成员可能会只处理从源传输来的数据的一部分。例如，某视频源可能传输由两部分组成的视频流：只提供较低图像质量的基本部分和增强部分。某些接收者可能因为没有能力处理图像的增强部分，或者是用了没有足够容量传输全部信号的网络或链路连接到互联网，所以它们就会只处理基本部分。

因此，利用资源预约可以使路由器提前决定是否有能力满足向所有设定的多播接收者传递多播传输，并且在可能的情况下预留适当的资源。

互联网中的资源预约与面向连接的网络（如ATM或帧中继）中可能实现的资源预留的类型不一样。互联网资源预约方案肯定会和动态路由选择策略相互影响，后者可能会改变传输中的各分组所经过的路由。如果路由改变了，那么资源预约也必须随之改变。为处理这种动态的局面，我们使用了软状态（soft state）的概念。简单地说，软状态就是一个路由器上的状态信息集合，除非周期性地从请求状态的实体中获得刷新信息，否则软状态就会超时。如果某次传输的路由发生了改变，有一些软状态就会超时，而新的资源预约就会在路由沿途的新路由器上引入适当的软状态。因此，在应用传输过程中，请求资源的端系统必须定期更新其请求。

现在，我们转而介绍开发用于在互联网环境里执行资源预约的协议：RSVP，它在RFC 2205里定义。

22.3.1　RSVP的目标和特性

基于前面的考虑，RFC 2205列出了RSVP的以下一些特性。

- **单播和多播**　RSVP可以为单播传输和多播传输提供预约，它能动态地适应组成员关系的变化和路由的变化，并根据多播成员的单个请求预约资源。
- **单向性**　RSVP预约是为单向数据流提供的。在两个端系统之间的数据交换要求在两个方向上分别进行预约。
- **接收方发起的预约**　数据流的接收方为该数据流发起并维护资源预约。
- **在互联网上维护软状态**　RSVP在中间路由器上维护一个软状态，并将维护这些预约状态的责任留给了端用户。
- **提供不同的预约风格**　这些风格使RSVP用户可以指明同一多播组的预约如何在中间交换机上聚合。这个特性可以更加高效地利用互联网的资源。
- **在非RSVP路由器上的透明操作**　因为预约及RSVP是独立于路由选择协议的，所以在有些未实现RSVP的路由器的混合环境中也不会发生本质上的冲突。那些不支持RSVP的路由器可以简单地采用尽最大努力方式进行传输。

有必要深入讨论一下这些设计特性中的两个：接收者发起预约和软状态。

接收者发起预约

在资源预约的前期尝试中，包括帧中继和ATM网络采用的方法，数据流的源负责请求一组资源。在一个严格单播的环境下，该方法是合理的。一个正在发送的应用程序能够以特定速率传输，并能够得到该传输机制内嵌的给定QoS服务。然而，该方法对于多播来说是不够的。正如前面所描述的，同一多播组的不同成员可能有不同的资源需求。如果源发送流可以分割成几个成员子流，那么某些多播成员可能只需要一个子流。如果有多个源发送给一个多播组，那么特定的某个多播接收者可能希望只选择从一个源或这些源的一个子集处接收。最后，不同接收者可能根据其输出设备、处理功率和接收者的链路速度的差异而拥有不同的服务质量需求。

因此，让接收者而不是发送者来预约资源就显得合理了。发送者需要给路由器提供传输的通信量特性（数据率、变化率），但是接收者必须声明它所希望的服务质量。路由器可以随后积聚多播资源预约，以利用分发树沿途的共享路径片段。

软状态

RSVP使用软状态的概念。该概念首先由David Clark在[CLAR88]里引入。Clark在他的论文中提出以下几点①。

① 网关是路由器在大多数早期RFC和TCP/IP文献里的称呼，目前它还偶尔被使用（例如边界网关协议）。

1. 当网关以独立的态度对待每个数据报时，就很难在网关或路由器级别进行任何智能的资源分配和性能管理。
2. 大多数的数据报属于从某个源点到终点的分组序列中的一部分，而不是应用级别的孤立的单元。我们可以称每个这样的序列为一个**流**。
3. 与其说是数据报，不如说是流更适合作为下一代因特网体系结构的构件，因为它必须在更灵活的服务质量上提供更好的性能管理。
4. 为了利用这些流，路由器必须为经过它的每个流维护其状态信息，同样也要记住这些经过的流的性质。
5. 在维护与流相关联的服务类型的描述时，流的状态信息并不是很重要。相反，这个服务类别可以由端点来落实。端点可以周期性地向路由器发送报文，以确保适当的服务类型与该流相关联。
6. 因此，与流相关联的状态信息可能会在网络崩溃中丢失，但不会导致正在使用的服务功能被永久破坏。所以Clark指出这样一种流状态为**软状态**（soft state）。

从本质上讲，面向连接的机制采用硬状态方法，其中沿着固定路由而形成的连接是通过中间交换结点的状态信息来定义的。RSVP采用的是软状态，或者说无连接的方法，其中预约状态是缓存在路由器中的信息，由终端系统装载并周期性地刷新。如果在要求的时间限制内，某个状态没有被刷新，路由器则丢弃该状态。如果某个特定流变得更倾向于一条新的路由，则端系统将向该路径上的新的路由器提供预约信息。

22.3.2 数据流

与数据流相关的3个概念形成了RSVP操作的基础：会话、流规约和过滤器规约。

会话是由其目的地来标识的数据流。使用术语“会话”而不是简单的“目的地”的原因是它反映了RSVP操作的软状态本质。一旦特定的目的地在某路由器上预约了资源，该路由器就认为这是一个会话，并在会话的生存期内为其分配资源。特别地，会话的定义如下：

会话　目的IP地址
IP协议标识符
目的端口

目的IP地址可以是单播或多播。协议标识符指示IP的用户（例如TCP或UDP），而目的端口是该运输层协议用户的TCP或UDP端口号。如果是多播地址，则不一定需要目的端口号，因为通常不同的应用有不同的多播地址。

由目的端系统发起的预约请求称为“流描述符”，包含一个“流规约”和一个“过滤器规约”。流规约指明了所希望的服务质量，用来在结点的分组调度器里设置参数。这就是说，路由器将基于当前的流规约设置的一个优先级集合来发送分组。过滤器规约定义了请求预约的分组集合。因此，过滤器规约和会话一起定义了一个分组集合，或者说流，它们将接受所期望的QoS服务。任何其他到同一目的地的分组被作为尽最大努力通信量处理。

流规约的内容超出了RSVP的范围，它只是请求的承载者。通常来说，一个流规约包含如下元素：

流规约　服务类别
RSpec
TSpec

服务类别是所请求的服务类型的标识符，它包含路由器用来融合请求的信息。另外两个参数是一组数值。RSpec（R代表预约）参数定义了希望的QoS，TSpec（T代表通信量）参数描述了数据流。RSVP并不理解Rspec和Tspec的内容。

原则上，过滤器规约可以指定一个会话的任何分组子集（即：所有到达的，且携带了该会话指明的目的地的分组）。例如，一个过滤器规约可以指明一个特定的源，或者特定的源协议，或更一般地讲，所有在分组首部任意字段匹配特定规则的分组。目前的RSVP版本使用受限的过滤器规约，包含如下元素：

过滤器规约　源地址

UDP/TCP 源端口

图22.4所示为会话、流规约、过滤器规约的关系。每个进入分组最多只能是一个会话的一部分，并根据图中描绘的该会话的逻辑流进行处理。如果一个分组不属于任何会话，它就被赋予尽最大努力交付服务。

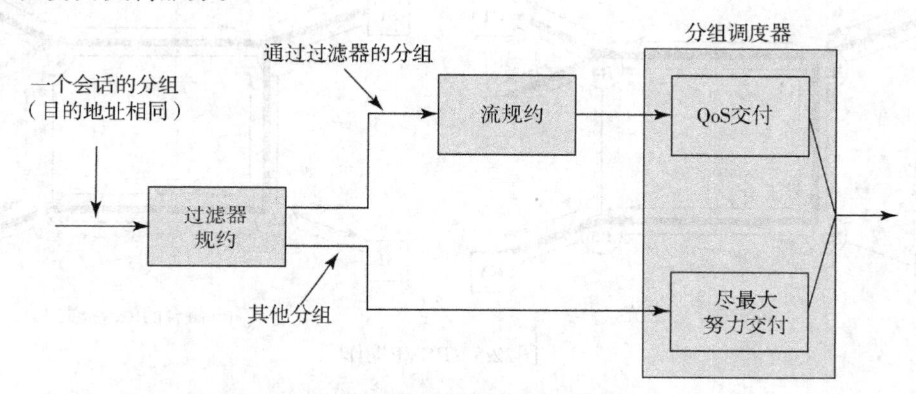

图22.4　某路由器上的一个会话分组的处理

22.3.3 RSVP操作

RSVP的大部分复杂性主要来自于处理多播传输。单播传输被作为特例处理。接下来将讨论RSVP为多播资源预约的常规操作，其中使用了图22.5(a)所示的互联网配置。如图所示，该配置包含四个连接的路由器。两个路由器之间的链路由一条线表示，它可以是一个点到点链路，或者是一个子网。三个主机，G1，G2和G3是某多播组的成员，可以接收相应目的多播地址的数据报。两个主机，S1和S2发送数据给这个多播地址。粗黑线表示源S1到这个多播组的路由选择树，粗灰线表示源S2到这个多播组的路由选择树。带箭头的线表示从S1（黑）和S2（灰）开始的分组发送。

可以看到，所有四个路由器都需要知道每个多播目的地的资源预约情况。因此，从目的地来的资源请求必须经路由选择树反向传播直到每个潜在的主机。

过滤

图22.5(b)所示为G3已经通过过滤器规约建立了资源预约的情况，该过滤器规约包含了S1和S2两者，同时G1和G2已经请求只接受S1的发送。R3继续将来自S2且目的地为此多播地址的分组交付给G3，但是并不把该分组转发给R4，R4就不用再转交给G1和G2。产生这一结果的预约行为如下。G1和G2都发送RSVP请求，其中包含排除S2的过滤器规约。由于G1和G2是R4可以访问到的全部多播组成员，R4不再需要为该会话转发分组。因此，它可以融合两个过滤器规约请求，并将其放在一条RSVP报文里发给R3。收到该报文后，R3将不再转发该会话

的分组给R4。然而，它仍然需要转发这些分组给G3。相应地，R3存储这一预约但并不将其传播回R2。

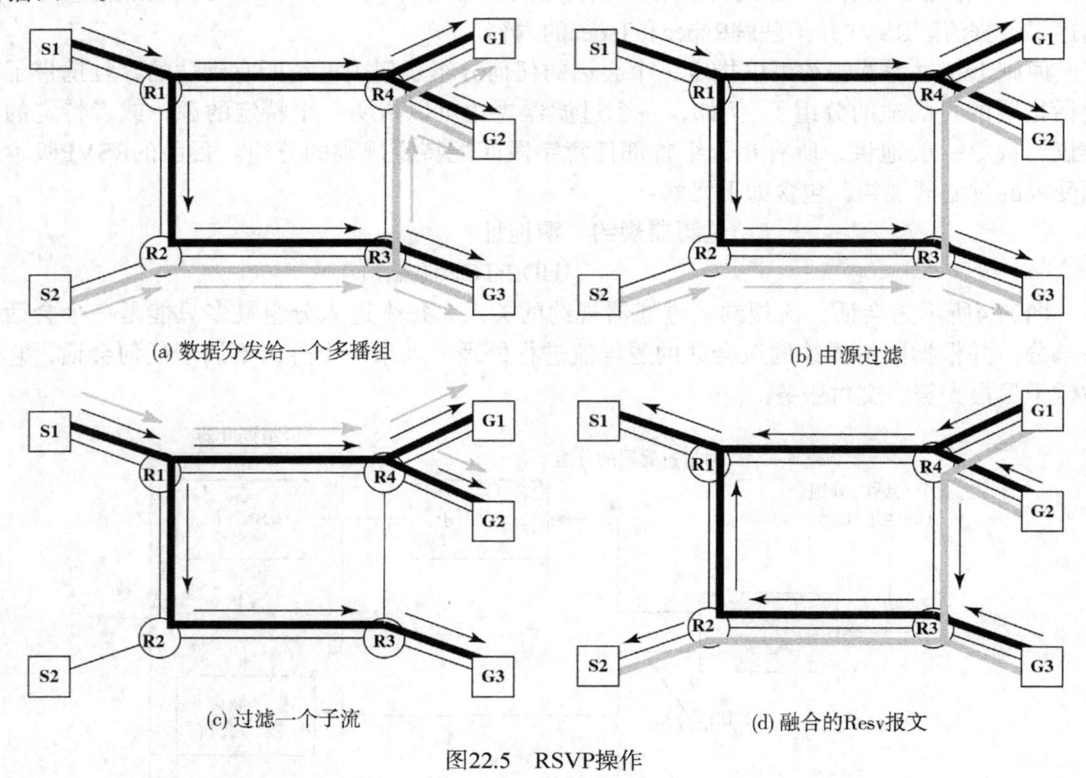

图22.5　RSVP操作

目的地到一特定会话但是并不匹配任何过滤器规约的数据分组被当成尽最大努力通信量处理。

更精细过滤的例子如图22.5(c)所示。此处为清晰起见，只考虑来自S1的传输。假设代表两个子流（例如：视频信号的两部分）的两种类型的分组要传送到同一多播地址。这两个流用黑和灰箭头线表示。G1和G2已经发送了预约，它们对源没有限制，G3使用过滤器规约排除了两个子流中的一个。这一请求从R3传播到R2，最后到R1。R1随后阻止流的一部分传输给G3。这样就节省了从R1到R2，R2到R3和R3到G3的链路资源，以及R2、R3和G3上的资源。

预约风格

来自同一多播组的多个接收者的资源请求的积聚方式由预约风格决定。这些风格反过来由预约请求中的以下两个不同选项来决定其特性。

- **预约属性**　接收者可以指明一个资源预约被多个发送者共享（共享的），或者可以指明要分配给每个发送者的一个资源预约（单独的）。在前一种情况中，接收者指明整个数据流的特性，它将接收从过滤器规约里的全部源发出的到这一多播地址的复合数据流。在后一种情况中，接收者的意思是它可以同时接收来自其过滤器规约里指明的每个源的一个数据流。
- **发送者选择**　一个接收者可以提供源的列表（显式），或者通过不带过滤器规约（通配）而隐含地选择所有源。

基于这两个选项，RSVP里定义了3种预约风格，如表22.1所示。**通配过滤器**（wildcard-filter，WF）**风格**指明被所有发往这一地址的发送者所共享的一个资源预约。如果所有的接收者都使用这一风格，就可以把这一风格看成一个共享管道，它的容量（或质量）是来自分发树上任何一点的所有下游接收者中最大的资源请求。其大小与使用它的发送者的数量无关。这一预约类型朝上游传播给所有发送者。如果用符号表示，这种风格就可以表示为WF(*{Q})的形式，其中星号代表通配发送者选择，Q是流规约。

表22.1　预约属性和风格

发送者选择	预约属性	
	单独的	共享的
显式	固定过滤器风格	共享显式风格
通配	—	通配过滤器风格

要了解WF风格的效果，可使用取自RSVP规范的图22.6所示的路由器配置。这是分发树沿线的一个路由器，它在端口y为接收者R1转发分组，在端口z为接收者R2和R3转发分组。对于该多播组的传输来说，来自S1的分组到达端口w，来自S2和S3的分组到达端口x。来自所有源的传输要经过此路由器转发给所有的目的地。

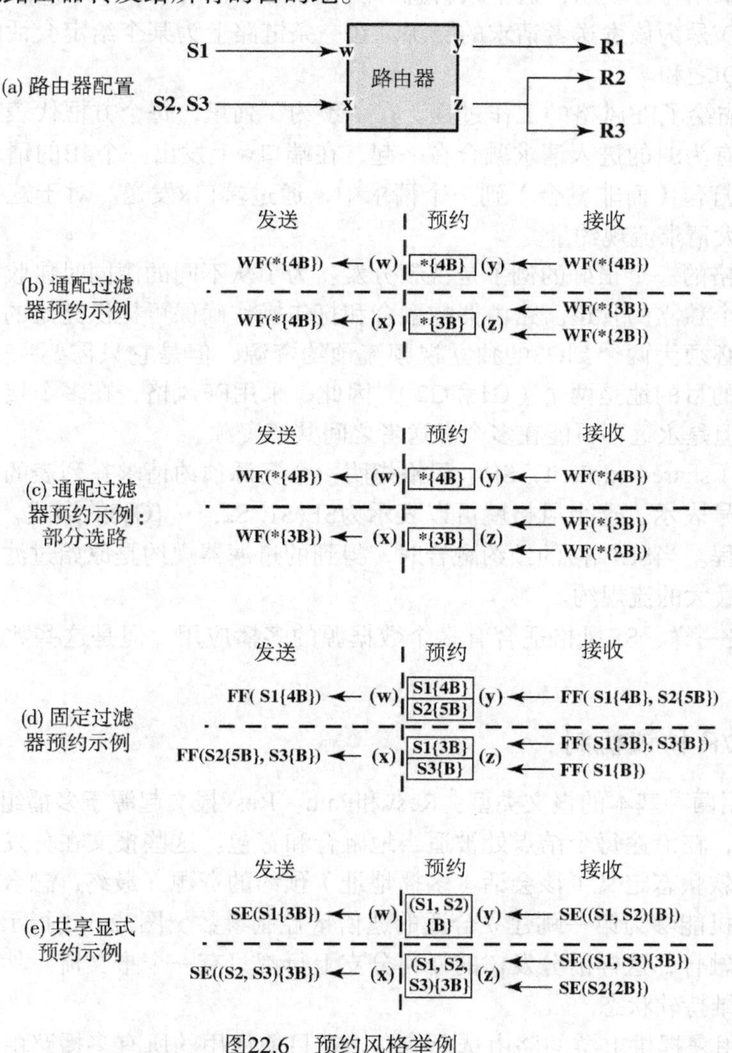

图22.6　预约风格举例

图22.6(b)所示为路由器处理WF风格请求的方式。为简单起见，流规约是个一维的数量，以资源B的整数倍表示。“接收”列显示来自接收者的请求。“预约”列显示每个外出端口的结果预约状态。“发送”列显示发送给上游前一跳结点的那些请求。注意，路由器必须为端口y

预约容量为4B的管道，并为端口z预约容量为3B的管道。在后一种情况下，路由器已经将来自R2和R3的请求融合，以支持该端口的最大需求。然而，在将请求转交给上游时，路由器必须融合所有的外出请求，并同时从端口w和x向上游发送4B的请求。

现在假设分发树是这样的，路由器将来自S1的分组同时转发给端口y和z，但是把来自S2和S3的分组只转发给端口z，因为互联网拓扑提供了从S2和S3到R1的更短路径。图22.6(c)显示了资源请求如何在这种情况下融合。唯一的改变是通过端口x发送给上游的请求变成了3B。这是因为从该端口来的分组只通过端口z转发，而它的最大的流规约请求是3B。

使用WF风格的一个很好的例子是多个站点之间的音频电话会议。通常，一个时间只有一个人讲话，所以共享的容量可以被所有发送者使用。

固定过滤器（fixed-filter，FF）**风格**为每个发送者指明明确的预约信息，并提供显式的发送者列表。如果用符号表示，这个风格就可以表示为FF(S1{Q1}, S2{Q2}, …)的形式，S*i*是请求的发送者，Q*i*是为该发送者请求的资源。在一条链路上为某个给定会话的总预约是所有请求的发送者的Q*i*之和。

图22.6(d)描绘了FF风格的工作过程。在“预约”列里，每个方框代表外出链路上的一个预约管道。所有为S1的进入请求融合在一起，在端口w上发出一个4B的请求。发送者S2和S3的流描述符被打包（而非融合）到一个请求中，通过端口x发送。对于这一请求，使用的是对每个源的最大请求流规约量。

使用FF风格的一个很好的例子是视频分发。为了从不同的源同时接收视频信号，需要对每个流申请一个独立的管道。路由器的融合和打包操作确保可提供充足的资源。例如，在图22.5(a)中，R3必须为两个到G3的独立视频流预约资源，但是它只需要一个管道服务到R4的流，尽管该流的目的地是两个（G1和G2）。因此，采用FF风格，在多个接收者之间共享资源是有可能的，但是永远不可能在多个发送者之间共享资源。

共享显式（shared-explicit，SE）**风格**指明一个资源预约请求在列表的显式发送者之间共享。如果用符号表示，这个风格就可以表示为SE(S1, S2, … {Q})的形式。图22.6(e)描绘了该风格的工作过程。当SE风格的预约融合时，得到的过滤器规约是原始过滤器规约的合并，且结果流规约是最大的流规约。

与WF风格一样，SE风格适合有多个数据源的多播应用，但是这些数据源不太可能同时发送。

22.3.4 RSVP 协议机制

RSVP 使用两种基本的报文类型：Resv和Path。Resv报文起源于多播组接收者，通过分发树向上游传播，在沿途每个结点处被适当地融合和打包。这些报文在分发树的路由器里创建了软状态，该软状态定义了该会话（多播地址）预约的资源。最终，融合的Resv报文到达发送主机，使主机能够为第一跳建立合适的通信量控制参数。图22.5(d)指示了Resv报文流。注意报文已经过融合，这样沿分发树的任何分支上行都只有一个报文流。然而，该报文必须周期性重复，以维持软状态。

Path报文用来提供上游的路由选择信息。在目前使用的所有多播路由选择协议中，都以分发树形式只维护下游路由。然而，Resv报文必须向上游传播，经过所有中间的路由器，到达所有的发送主机。在缺乏路由协议提供反向路由选择信息的情况下，RSVP通过Path报文提供这一信息。每个希望作为发送者参与到一个多播组中的主机都要发送一个Path报文，该报文经过分发树传送，到达所有多播目的地。沿途的每个路由器和每个目的主机都要创建一个路径状态，以指示该源将使用的反向跳。图22.5(a)所示为这些报文采用的路径，这些路径也是数据分组采用的路径。

图22.7描绘了协议的工作过程，事件从每个主机的角度编号。发生的事件如下。

a. 一个接收者通过向相邻路由器发送IGMP（网际组管理协议）加入报文，以加入一个多播组。

b. 潜在的发送者给多播组地址发送一个Path报文。

c. 接收者收到一个Path报文，该报文识别了一个发送者。

d. 现在接收者有了反向的路径信息，它可以开始发送Resv报文，指明所希望的流描述符。

e. Resv报文经过互联网广播，并交给发送者。

f. 发送者开始发送数据分组。

g. 接收者开始接收数据分组。

事件a和b可以互换顺序。

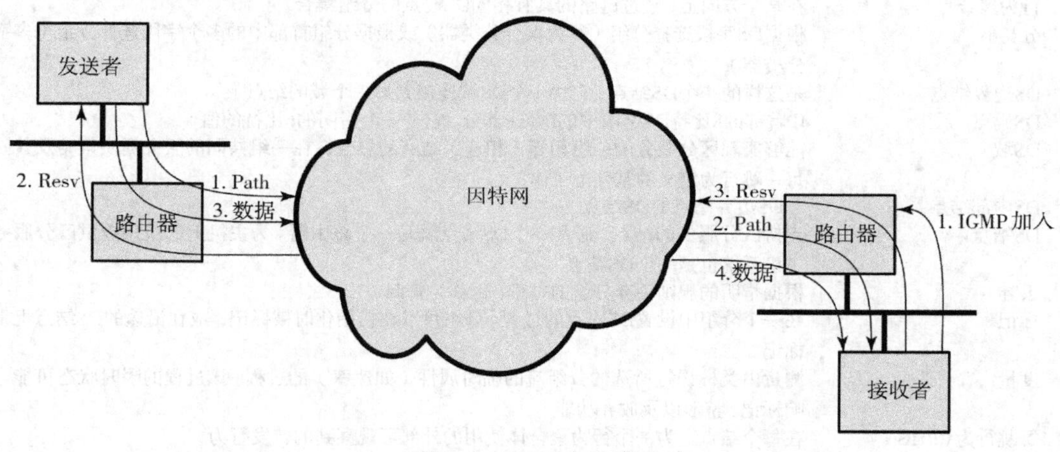

图22.7　RSVP主机模型

22.4 区分服务

综合服务体系结构（ISA）和RSVP试图支持在因特网和专用互联网中提供QoS的能力。虽然一般性的框架ISA和作为范例的RSVP在这一方面都是比较有用的工具，但是它们在应用时比较复杂。再者，由于要协调好综合QoS服务就需要大量的控制信令，还要维护路由器所需的状态信息，因此ISA和RSVP可能因为复杂而不能够很好地处理极大的通信量。

随着因特网上的负载不断增加以及不同应用种类的增多，人们急需为不同的通信流量提供不同级别的服务质量。区分服务（DS）体系结构（RFC 2475）的设计就是为了提供一种简单、易于实现且低代价的工具，以支持性能各异的各种网络服务。

区分服务之所以高效率且易于实现，是因为它具有下述几个主要特点。

- 使用当前IPv4或IPv6（见图14.5）的DS字段可以为IP分组标记不同的QoS策略，因此IP不需要改变。
- 服务提供者（互联网主域）和客户之间的服务级别协约（SLS）的建立发生在使用区分服务之前。这样就避免了在应用中合并区分服务机制的必要性。因此，现有的应用也不需要为了使用区分服务而修改。SLS是一个参数集合，这些值合在一起定义了DS域为通信流量提供的服务。

- 通信量条件规约（TCS）是服务级别协约的一部分，它指明了通信量分类器的规则和相应的通信量特征参数，以及要加之于通信流量上的度量、标记、丢弃和整形规则。
- 区分服务提供了一个内置的聚合机制。具有相同DS八位组的所有通信量都被网络服务同等对待。例如，多条话音连接并不是个别处理的，而是一起处理的。这样，无论是较大的网络还是较重的通信量负载，在其规模上都没有问题。
- 各路由器内的区分服务是通过基于DS八位组的分组排队和转发来实现的。路由器分别处理每个分组，并且不必为分组流保存状态信息。

目前，区分服务是企业网络中最受欢迎的QoS机制。

虽然区分服务试图在相对简单的机制的基础上提供简单的服务，但与区分服务相关的RFC还是相当复杂。表22.2归纳了这些规约中的一些主要术语。

表22.2 区分服务的术语

术语	说明
行为聚合	在某个方向上，经过链路的具有相同DS码点的分组集合
分类器	根据DS字段选择分组（行为聚合分类器）或根据分组首部中的多个字段选择分组（多字段分类器）
DS边界结点	是这样的一个DS结点，它将一个DS域连接到另一个域的结点上
DS码点	IP首部的8比特DS字段中的DSCP部分，它是一个指明的6比特的值
DS域	能够实现区分服务的一组相邻（相连）结点的集合，在一组共同的服务提供策略及共同的每一跳行为定义的基础上工作
DS内部结点	非DS边界结点的DS结点
DS结点	支持区分服务的结点。通常一个DS结点就是一个路由器。为主机上的应用提供区分服务的主机系统也是一个DS结点
丢弃	根据指明的规则丢弃分组的过程，也称为**管制**
标记	在一个分组中设置DS码点的过程。分组可以在初始化时被标记，或在沿途的DS结点上重新标记
度量	测量由类标识符所选的分组流的临时属性（如速率）的过程。该过程的瞬时状态可能会影响标记、整形以及放弃功能
每跳行为（PHB）	在每个结点上为一个行为聚合体使用的外部可观察到的转发行为
服务级别协约（SLA）	客户和服务提供者之间的服务合约，它指明了一个客户应当得到的转发服务
整形	延迟一个分组流内部的一些分组的过程，使之能够遵守某些已定义的通信量特性参数
通信量调节	为了实施某些在TCA中指明的规则而执行的控制功能，包括测量、标记、整形和放弃
通信量调节协约（TCA）	一份合约，它规定了应用于由类标识符所选定的分组的分类规则和通信量调节规则

22.4.1 服务

区分服务类型在DS域内提供，DS域的定义是互联网中的一片相邻区域，且被一组相同的区分服务策略所管理。通常，一个DS域会在一个管理实体的控制之下。整个DS域内所提供的服务都在服务级别协约（SLA）中定义，它是客户和服务提供者之间达成的服务合约，定义了客户的不同类别的分组应当享受到何种转发服务。一个客户可能是一个用户组织，也可能是其他DS域。一旦建立了SLA，客户提交的分组就要在DS八位组上标记，以指示该分组的类别。服务提供者必须确保客户至少能够为每个分组得到商定的服务质量。为了提供该服务质量，服务提供者必须在每个路由器上配置适当的转发策略（基于DS八位组的值），并且必须根据当时的情况测量提供给每个类别的性能。

如果客户提交的分组希望到达的终点在同一个DS域内，就应该由这个DS域提供商定的服务。如果终点超出了客户所在的DS域，那么DS域将试图转发分组通过其他域，并请求与原请求的服务最相近的服务。

DS框架结构的草案列出了以下一些可能会在SLA中出现的详细性能参数。

- 预期的吞吐量、丢弃概率、等待时间（时延）等详细的服务性能参数。
- 在提供服务的入口点和出口点处进行的约束，以指示服务的范围。
- 为了提供所请求的服务而必须坚持的通信量特性参数，如权标桶参数。
- 对已提交但却超出了规定的特性参数的那些通信量进行处理。

该框架结构文档还给出了如下一些可能提供的服务实例。

1. 服务级别A所支持的通信量将以较少的等待时间被传递。
2. 服务级别B所支持的通信量将以较小的丢失率被传递。
3. 按服务级别C交付的在特性参数规定之内的通信量，其中有90%经历的等待时间不超过50 ms。
4. 按服务级别D交付的在特性参数规定之内的通信量，其中有95%将会交付。
5. 服务级别E所支持的通信量将被分配到的带宽是按服务级别F交付的通信量的两倍。
6. 放弃优先级为X的通信量交付的概率高于放弃优先级为Y的通信量。

前两个例子是定性的，并且只有在与其他通信量相比较时才有效，比如与获得尽最大努力服务的默认通信量相比较。接下来的两个例子是定量的，并且提供了明确的保证，保证它能够通过对实际服务的度量来核实，而不需要与同时提供的其他服务相比较。最后两个例子是定性和定量的结合体。

22.4.2　DS字段

标记了服务的分组通过IPv4首部或IPv6首部中的6比特DS字段来处理。DS字段的值称为DS码点，它是分组根据区分服务进行分类的标志。图22.8(a)显示了DS字段。

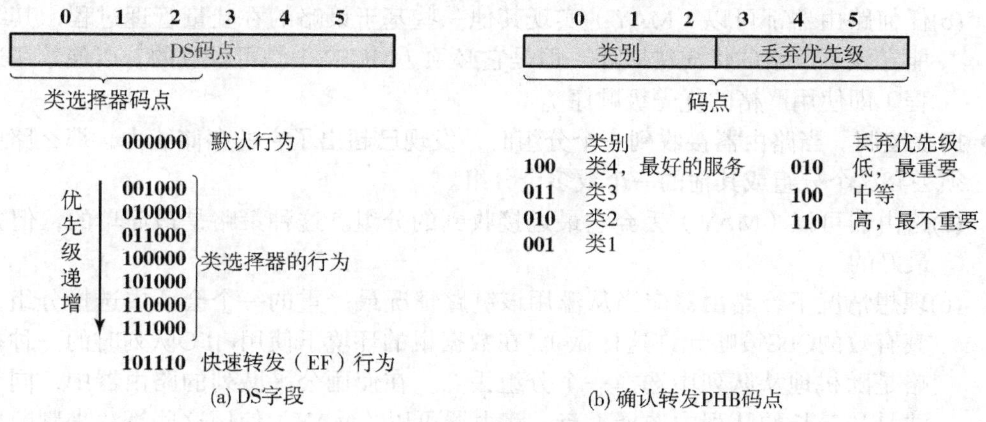

(a) DS字段　　(b) 确认转发PHB码点

图22.8　DS字段

使用6比特的码点，原则上可以定义64种不同的通信量类别。这64个码点在3个码点池中分配，具体情况如下。

- 格式为xxxxx0的码点留作标准设置使用，其中x既可能是0，也可能是1。
- 格式为xxxx11的码点留作试验或本地使用。
- 格式为xxxx01的码点也是留作试验或本地使用的，但是如果有必要，则会在将来的标准中被分配出去。

在第一个码点池中，RFC 2474已经分配了一些值。码点000000是默认的分组类别。默认的分组类别就是目前路由器尽最大努力转发的行为。像这样的分组只要链路容量可用，就会按顺序将其转发。如果在传输中还有其他有效的DS类别，且该DS类别中又有较高优先级的分组，那么这些分组比起尽最大努力的默认分组，可以得到更优厚的条件。

格式为xxx000的码点是为了向下提供与IPv4优先服务的兼容而保留的。为解释它的必要性，我们会稍有点离题，先解释一下IPv4的优先服务。IPv4的服务类型（TOS）字段包含两个子字段：3比特的优先级子字段和4比特的TOS子字段。这两个子字段功能互补。TOS子字段向IP实体（在源点或路由器上）提供为该数据报选择下一跳时的指导，而优先级子字段则提供有关为该数据报分配相关路由器资源的指导。

优先级字段的设置是为了指出与数据报相关联的紧急程度或优先程度。如果路由器支持优先级子字段，则会有如下3种响应方式。

- **路由选择**　路由器将会选择这样一条特定的路由，如果路由器在该路由上具有较短的队列，或者如果该路由上的下一跳支持网络优先级或优先权（如令牌环网络就支持优先权）。
- **网络服务**　如果网络在下一跳支持优先级，那么该服务被唤醒。
- **排队规则**　路由器可能会用优先级来影响队列的处理方式。比如，路由器可能会给队列中具有较高优先级的数据报以更高的待遇。

RFC 1812即“IP版本4路由器要求”，为排队规则所提供的建议可以归纳为如下两大类。

- **队列服务**

  (a)路由器应当（SHOULD）实现按优先级顺序排队的队列服务。优先级顺序的队列服务意味着在选择一个分组输出到（逻辑）链路上时，在该链路上排队等候的具有最高优先级的分组被选中发送。

  (b)任何路由器都可以（MAY）实现其他一些基于策略的吞吐量管理过程，其结果可能导致不严格的优先级顺序，但是它必须（MUST）是可设置的，以便禁用这些过程（即使用严格的优先级顺序）。

- **拥塞控制**　当路由器接收到一个分组时，发现已超出了它的存储能力，那么路由器必须丢弃这个分组或其他的一个或多个分组。

  (a)路由器可以（MAY）丢弃它最近接收到的分组。这种策略是最简单的，但并不是最好的。

  (b)理想情况下，路由器应当从滥用该链路情况最严重的一个会话中选择分组（如果其有效的QoS策略允许这样做）。在数据报的环境下使用FIFO队列时的一种推荐策略是随机地从队列中选择一个分组丢弃。在使用公平队列的路由器中，同等的算法是从最长的队列中选择丢弃。路由器可以（MAY）使用这些算法来判断应当丢弃哪个分组。

  (c)如果优先级顺序的队列服务已实现，且能够工作，那么如果某个分组的IP优先级比其他分组要高，则路由器不能（MUST NOT）丢弃这个分组。

  (d)路由器可以（MAY）保护那些在IP首部中请求了最大可靠性TOS的分组，除非这样做时会违反前面的规则。

  (e)路由器可以（MAY）保护分段的IP分组，其理由是丢弃一个数据报中的某个数据段可能会加重拥塞，因为这样做会导致源点重传该数据报的所有数据段。

  (f)为了有利于防止路由选择的混乱或管理功能的损坏，路由器可以（MAY）保护那些用于路由选择控制、链路控制或网络管理的分组不被丢弃。专用的路由器（即并非同时也是普通用途的主机、终端服务器等的路由器）可以通过保护源或目的地址是这个路由器本身的那些分组来大致实现这个规则。

格式为xxx000的DS码点提供的服务应当至少等同于IPv4优先级功能提供的服务。

22.4.3　区分服务配置和工作过程

图22.9所示的配置类型是DS文档中设想的一种配置。一个DS域由一组相邻的路由器组成。也就是说，从该域内的任何一个路由器到相同域内其他任意一个路由器，都存在一条这样的路径，在这条路径中没有任何该域之外的路由器。在一个域内对DS码点的解释都是统一的，因此所提供的服务也是统一且前后一致的。

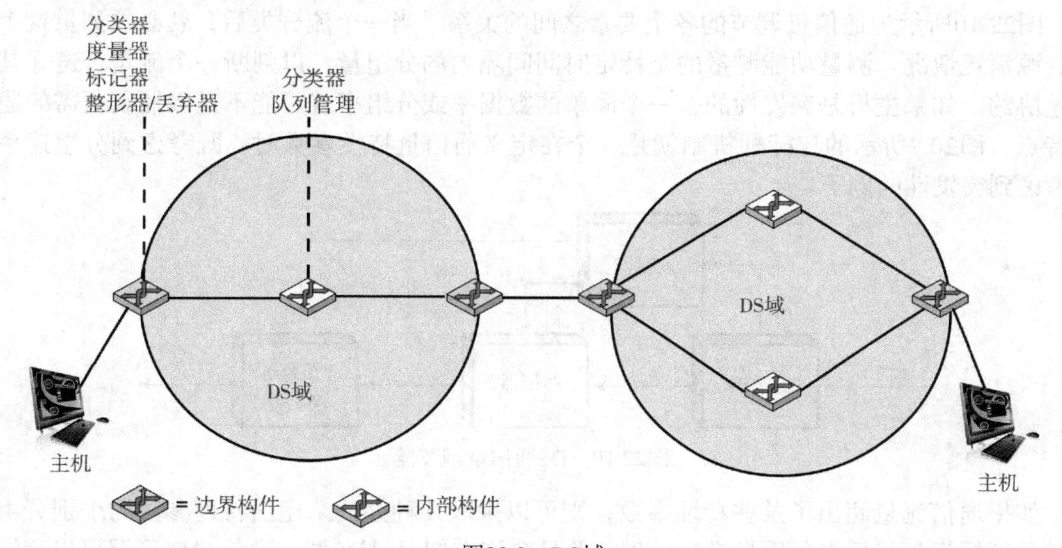

图22.9　DS域

DS域内的路由器不是边界结点，就是内部结点。通常，内部结点执行一些简单的机制，以便根据DS码点值来处理分组。这包括排队规则和分组放弃规则，其中排队规则根据码点值给分组以优先的待遇，而分组放弃规则指出在遇到缓存饱和的情况下应当首先放弃哪些分组。在区分服务规约中，将路由器提供的转发处理称为每跳行为（PHB）。PHB必须在所有路由器中都有效，而且一般情况下PHB是内部路由器实现的区分服务中的唯一部分。

边界结点不仅包括PHB机制，还有一些更为复杂的通信量调节机制以提供所需服务。因此，内部路由器在提供区分服务时具有最小的功能体和最少的额外代价，而大多数复杂的东西都在边界结点上。边界结点的功能也可以由连接到域上的主机系统提供，由主机系统中的应用程序负责。

通信量调节功能包括如下5个要素。

- **分类器**　将提交的分组划归到不同的类别中。这是提供区分服务的基础。分类器可能仅仅根据DS码点来划分通信量（行为聚合分类器），也可能根据分组首部中的多个字段，甚至是分组的有效载荷来划分（多字段分类器）。
- **度量器**　测量提交的通信量是否符合一个特性参数设置。度量器判断一个给定的分组流是在该类别保证的服务级别之内，还是超出了该服务级别。
- **标记器**　根据需要为具有不同码点的分组重新标记。这个工作可能是针对超出特性参数范围的分组的。例如，如果向某个特定的服务级别保证一定的吞吐量，那么在某个规定的时间间隔内，这个类别中任何超出了该吞吐量范围的分组都可能被标记为要求尽最大努力的处理。同样，在两个DS域之间的边界上也可能需要重新标记。例如，如果某个给定的通信量类别准备享受所支持的最高优先级，而这个优先级的值在一个域中是3，在另一个域中却是7，那么第一个域上具有优先级值3的分组在进入第二个域时被重新标记为优先级7。

- **整形器** 根据需要延迟分组，使得某个给定类别中的分组流不会超出该类别的特性参数中所规定的通信量速率范围。
- **丢弃器** 当某个给定类别分组的速率超出了该类别的特性参数中所规定的速率时，丢弃分组。

图22.10所示为通信量调节的各个要素之间的关系。当一个流分类后，就必须测量这个流的资源消耗情况。测量功能测量的是特定时间间隔内的分组量，以判断一个流是否遵守其通信量协约。如果主机是突发性的，一个简单的数据率或分组率就可能不足以捕获所需的通信量特点。图20.7所示的权标桶机制就是一个在定义通信量特性参数时，既考虑到分组速率，也考虑到突发性的例子。

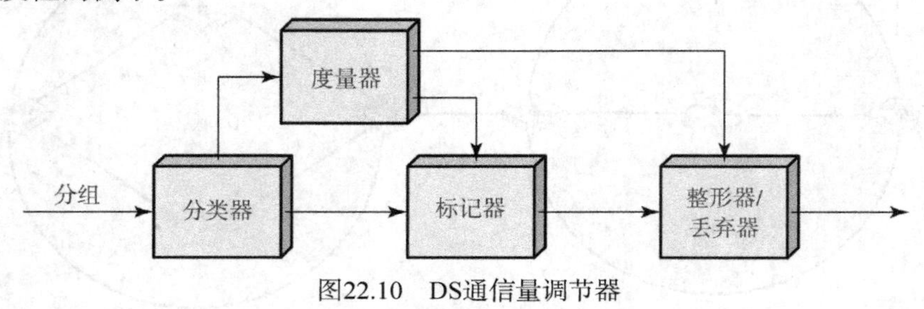

图22.10 DS通信量调节器

如果通信流量超出了某些特性参数，则可以采取几种办法。超出特性参数的个别分组可以被重新标记为用低服务质量进行处理，并且允许它们通过DS域。通信量整形器可以用缓存来吸收突发的分组，并且在一段较长的时间内平缓分组。如果用于平缓分组的缓存也接近饱和，丢弃器就会丢弃分组。

22.4.4 每跳行为

作为使区分服务标准化努力的一部分，需要定义PHB的具体类型，它们可以与具体的区分服务联系起来。目前已经发布两类PHB进入标准序列：快速转发PHB（RFC 3246和3247）和确认转发PHB（RFC 2597）。

快速转发PHB

RFC 3246将快速转发（Expedited Forwarding，EF）PHB定义为一种在DS域中提供低损失、低延迟、低抖动且端到端服务的构件。实质上，此种服务应当出现在端点上，以提供端到端连接或租用线路等的性能。

在互联网或分组交换网络中，低损失、低延迟、低抖动的服务是很难实现的。从互联网的自身特性来看，它的每个结点或路由器上都会涉及队列，在这些地方，分组被缓冲起来以等待使用共享的输出链路。正是每个结点上的排队行为才导致了损失、时延和抖动。因此，除非互联网能够提供足够大的带宽以消灭所有排队效应，否则在处理EF PHB通信量时必须要小心，以确保排队效应不会导致超过某个特定门限值的损失、时延或抖动。RFC 3246指出，EF PHB的本意是为那些因经常遇到很短的或空队列而适当标记的分组提供一种PHB。相对而言，没有队列的存在会最小化时延和抖动。再者，如果队列总是远远小于可用的缓存空间，那么分组丢失的情况也会保持在最小程度。

由于EF PHB的设计方式，通过配置结点能够使通信量聚集①具有定义良好的最小离开速率。“定义良好”是指“独立于结点的动态状态”，特别是指独立于结点上其他通信量的密度。在RFC 3246中给出的通用概念如下：边界结点控制通信量聚集，将其特征（速率，突发性）限制在某些预定的水平上。内部结点必须以确保不出现排队效应的方式处理进入的通信量。更简单地说，对内部结点的要求是聚集的最大抵达速率必须小于其最小离开速率。

RFC 3246没有为取得EF PHB而在内部结点上强制实施指定的排队策略。RFC解释为，简单的优先级策略便可实现期待的效果，只要给快速转发通信量赋予比其他通信量绝对高的优先级。只要快速转发通信量本身没有超过内部结点可承受的限度，这种策略对EF PHB来说，其队列时延就是可接受的。然而，这种简单优先级策略的风险在于它会破坏其他PHB通信量的分组流。因此，可以使用一些更高级的排队策略。

确认转发PHB

确认转发（Assured Forwarding，AF）PHB被设计用来提供一种比尽最大努力服务更高级的服务，它既不需要互联网的资源预留，也不需要使用对不同用户流的详细区分。隐藏在AF PHB背后的概念最早是以“显式分配”（explicit allocation）的定义在[CLAR98]中提出的。AF PHB 比显式分配更为复杂，不过还是让我们先来看看显式分配策略的如下关键要素。

1. 用户为他们的通信量可以选择多种服务级别。每种级别以聚合数据率和突发率结合组成的通信量指标来描述。
2. 来自用户的给定级别内的通信量由边界结点监控。通信流中的每个分组都根据它们是否超过通信量指标而标记为“进”（in）或“出”（out）。
3. 在网络内部，没有把来自不同用户或不同等级的通信量分开。相反，所有通信量都被当成一个分组池来处理，分组的唯一区别就是每个分组是被标记了“进”还是“出”。
4. 当发生拥塞时，内部结点将实行一种丢弃策略，其中“出”分组在“进”分组之前先被丢弃。
5. 不同的用户将看到不同级别的服务，因为他们在服务队列中拥有不同数量的“进”分组。

这种方法的好处在于它的简单性。内部结点只要求很少的工作。在边界结点上对通信量进行基于通信量指标的标注，为不同的类型提供了不同级别的服务。

RFC 2597中定义的AF PHB从以下几方面扩展了前面的方法。

1. 定义了4种AF类型，允许4种不同类型的通信量指标定义。用户可以从中选择一种或多种以满足需求。
2. 对于每种类型，可以由客户或服务提供者对分组进行标志，其值为三种丢弃优先级之一。发生拥塞时，分组的丢弃优先级确定分组在AF类型中的相对重要程度。拥塞的区分服务结点将通过丢弃“丢弃优先值”较高的分组来保护有较低“丢弃优先值”的分组。

这种方法比任何其他的资源预留测量实现起来更加简单，同时提供了很大的弹性。在内部区分服务结点中，4种类型的通信量可以通过分配不同数量的资源（缓冲区空间、数据率）得以分别处理。每种类型内部，分组根据丢弃优先级进行处理。因此，正如RFC 2597所指出的，一个IP分组的确认转发的级别取决于如下3个因素：

① 术语“通信量聚集”是指与特定用户的特定服务相关联的分组流。

- 分组所属的AF类型分配到多少转发资源；
- 该AF类型的当前负载以及出现拥塞时的负载；
- 分组的丢弃优先级。

RFC 2597没有要求在内部结点上采用某种机制来管理确认转发通信量。但它的确将RED算法作为管理拥塞的可能方法的一个参考。

图22.8(b)显示了在DS字段中为AF PHB推荐的码点。

22.5 服务级别协约

服务级别协约（SLA）是网络提供者与客户之间的一份合约，它规定了将要向客户提供的具体服务内容。这一规定是正式的，且通常定义的是必须满足的定量门限值。一份典型的SLA包括以下一些信息。

- **对将要提供的服务本质的描述**　基本服务应当是企业不同场所之间基于IP的网络连通性，再加上因特网的接入。这个服务可能还包括附加的功能，如Web主站、域名服务器的维护，以及一些运行和维护任务。
- **希望获得的服务性能级别**　SLA定义了很多度量，如时延、可靠性及可得性，且具有相应的门限值。
- **对服务级别的监视和报告处理过程**　它们描述了服务级别是如何被测量和报告的。

IP网络的SLA中所含的服务参数类型与帧中继和ATM网络中提供的此类参数相类似。它们之间的主要区别在于，因为IP网络本质上是不可靠的数据报传输，因此与面向连接的帧中继和ATM网络相比而言，它在性能上很难实现严格定义的约束。

图22.11所示为一个适用于服务级别协约的典型配置。在这种情况下，由网络服务提供者维护一个基于IP的网络。一个客户在多个不同地点拥有专用网络（即局域网）。客户网络经由接入点的接入路由器连接到服务提供者。服务级别协约指明经过服务器提供者网络的接入路由器之间的通信量的服务和性能级别。另外，提供者网络与因特网链接，因此可向企业提供因特网的接入。例如，对于MCI提供的因特网专用服务（Internet Dedicated Service），其服务级别协约包括以下一些项目。

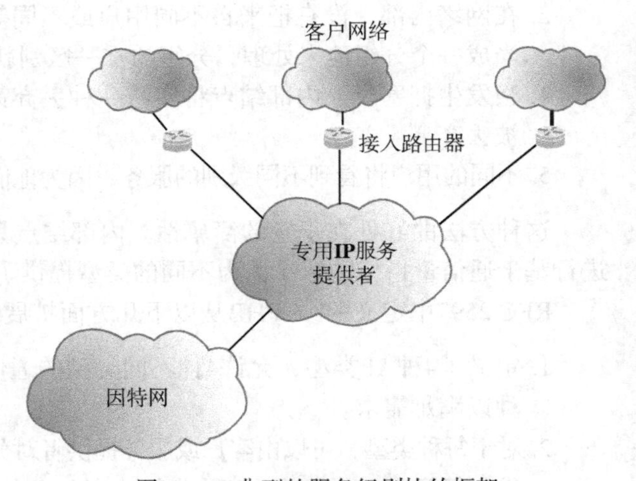

图22.11　典型的服务级别协约框架

- **可用性**　100%可用。
- **等待时间（时延）**　在美国本土内的接入路由器之间，平均往返传输时间小于等于45 ms。在纽约大都会区的接入路由器和伦敦大都会区的接入路由器之间，平均往返传输时间小于等于90 ms。所计算的等待时间是一个月内在路由器之间采样测量值的平均值。
- **网络分组交付（可靠性）**　分组交付成功率大于或等于99.5%。
- **拒绝服务（DoS）**　在客户完整地填写一个故障报告单15 min内，对客户报告的DoS攻击做出响应。MCI对DoS攻击的定义为超过95%的带宽利用率。

- **网络抖动**　抖动定义为某IP流或分组流的接收分组之间端到端时延的变化或差别。在接入路由器之间，抖动性不超过1 ms。

可以为所有网络服务定义一个SLA。另外，也可以为通过公共电信网络的每个具体可用的端到端服务定义相应的SLA，如虚拟专用网或区分服务。

22.6　IP性能度量

IP性能度量工作组（IPPM）是IETF特许的组织，任务是开发与因特网数据传送的质量、性能及可靠性相关的标准度量。有如下两个趋势表明人们需要此类标准化的度量机制。

1. 因特网一直以来且持续不断地以惊人的速度增长。它的拓扑结构也越来越复杂。随着其容量的增长，因特网上的负载以更高的速度增加。同样，公司内联网和外联网之类的专用互联网在复杂性、容量和负载上也呈现出类似的增长趋势。从这些网络的规模来讲，很难判断质量、性能及可靠性这些特征。
2. 因特网向庞大的且数量还在不断增长的商业及个人用户提供服务，并且应用程序的种类也在不断扩展。同样，从用户基础和应用程序范围来看，专用网络也在不断扩张。这些应用程序中有一些对特定的QoS参数很敏感，致使用户要求一些准确且易于理解的性能度量。

一组标准而有效的度量使用户和服务提供者能够对因特网及专用互联网的性能有准确且一致的理解。度量数据可用于多种用途，包括：

- 支持大型复杂互联网的容量规划和故障检修；
- 通过提供统一的比较度量，鼓励服务提供者之间的竞争；
- 支持因特网在协议设计、拥塞控制和服务质量等领域内的研究；
- 验证服务级别协约。

表22.3列出了到本书写就之时已在RFC中定义的度量。表22.3(a)所示度量的结果基于采样技术的估计值。这些度量分如下3个阶段定义。

表22.3　IP性能度量

(a) 采样的度量

度量名称	单一定义	统计定义
单向时延	时延 = dT，其中源点在T时刻传输分组的第一个比特，终点在$T + dT$时刻收到分组的最后一个比特	百分位、中值、极小值、反百分位
往返时延	时延 = dT，其中源点在T时刻传输分组的第一个比特，源点在$T + dT$时刻收到由终点即时返回的分组的最后一个比特	百分位、中值、极小值、反百分位
单向丢失	分组丢失 = 0（表示成功的分组传输和接收）；= 1（表示分组丢失）	平均
单向丢失模式	丢失距离：该模式显示了连续的分组丢失之间的距离，用分组序列来表示低于定义门限值的丢失距离的数量或比率。丢失期：该模式显示了突发丢失（涉及连续分组的丢失）的数量	丢失期的数量；丢失期长度模式；交织丢失期长度模式
分组时延变化	一个分组流中的一对分组的分组时延变化（pdv）= 所选分组之间的单向时延之差	百分位、反百分位、抖动、峰峰值pdv

(b) 其他度量

度量名称	一般性定义	度量
连接性	通过一条运输连接交付一个分组的能力	单向即时连接性、双向即时连接性、单向间隔连接性、双向间隔连接性、双向暂时连接性
大批量传送能力（BTC）	通过一条已经意识到拥塞的运输连接的长期平均数据率（bps）	BTC =（数据发送）/（实耗时间）

- **单一度量** 最基本的或原子的定量，能够用给定的性能度量来测量。例如对于时延度量来说，它的单一度量就是一个分组所经历的时延。
- **样本度量** 在某个给定时间段内的一组单一测量值的集合。例如，对于时延度量来说，它的样本度量就是1小时内的所有测量得到的一组时延值。
- **统计度量** 从给定的样本度量中推导出的一个值，它是对样本中由单一度量定义的值进行统计得到的计算值。例如，一个样本中所有单向时延值的平均数即可定义为一个统计度量。

测量技术既可以是主动的，也可以是被动的。**主动技术**需要向网络注入仅用于测量目的的分组。这种方式有几个缺点。增加了网络的负载，反过来也影响了所需的结果。例如，在一个负载很重的网络上，测量分组的注入可能会增加网络时延，因此测量得到的时延要比没有测量通信量时的正常时延大。另外，主动测量策略可能被拒绝服务（DoS）攻击利用来将自己伪装成合法的测量行为。**被动技术**对现有通信量进行观察和抽取的度量。这种方式可能会将因特网通信量的内容暴露给不正确的接收方，带来安全和保密方面的问题。目前为止，IPPM工作组定义度量都是主动的。

对于样本度量，最简单的技术是在固定时间间隔进行测量，称为定期采样。这种方式存在几个问题。首先，如果该网络上的通信量呈现周期性行为，并且其周期正好是采样周期的整数倍（或相反），其相关影响就可能导致不准确的值。

同时，测量的动作可能会搅乱正在被测量的样本值（例如，向网络注入测量通信量会改变网络的拥塞水平），且周期性重复的打扰可能会驱使网络进入同步状态[FLOY94]，很大程度地夸大原本对个体而言很小的影响，RFC 2330（“IP性能度量框架”）推荐使用泊松采样。这种方法使用一个泊松分布，通过一个希望的平均值来产生随机的时间间隔。

表22.3(a)中列出的大多数统计度量是不言自喻的。百分位度量的定义如下：第x位的百分位是这样的一个y值，有x%的测量值大于或等于y。反百分位x的一组测量值是小于或等于x的所有值所占的百分比。

图22.12所示为分组时延变化度量。这个度量用于测量分组途经网络时在时延上的抖动或变化度。它的单一度量定义为选择两个分组进行测量，并测得这两个时延之间的差距。其统计测量利用了时延的绝对值。

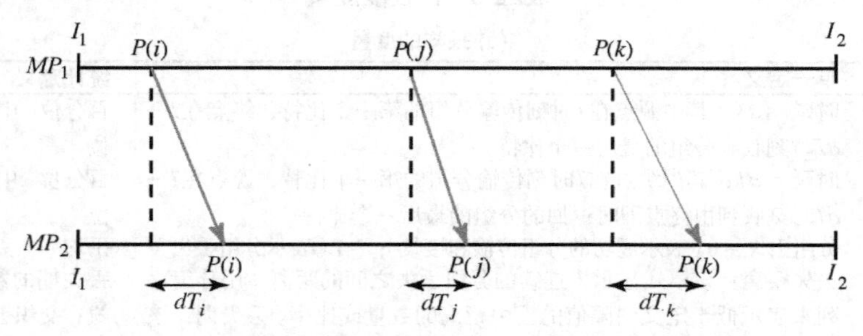

图22.12 分组时延变化定义模型

表22.3(b)列出的两个度量是没有统计定义的。连接性讨论的是网络是否维护了运输级的连接。目前的规约（RFC 2678）没有详细指明其样本度量和统计度量，但是提供了一个框

架，使此类度量可以在这个框架内定义。连接性是由在指明的时间期限内，经过一个连接传递一个分组的能力来决定的。另一个度量是大批量传送能力，它的规约（RFC 3148）也类似，没有样本度量和统计度量，但它是对实现各种不同拥塞控制机制的网络服务的传送能力进行测量的首创者。

22.7 推荐读物

[XIAO99]提供了因特网QoS的概述和整体框架介绍，同时也介绍了综合服务和区分服务。[MEDD10]是一篇更新的综述。[CLAR92]和[CLAR95]分别对实时和弹性应用的互联网服务分配所涉及的问题提供了值得一读的介绍。[SHEN95]对基于QoS的互联网体系结构的基本原理做了大量的分析。[ZHAN95]则广泛地研究了可用于ISA中的排队规则，包括对FQ和WFQ的分析。

[ZHAN93]是关于RSVP策略和功能的一篇很好的综述文章，是由RSVP开发者编写的。[WHIT97]则更广泛地研究了ISA和RSVP。

[CARP02]和[WEIS98]对区分服务的介绍很有启发性，而[KUMA98]则考察了区分服务，以及一些超出当前RFC范围的、支持区分服务的路由器机制。

[BERN00]和[HARJ00]是两篇从服务和性能角度比较综合服务和区分服务的论文。

[VERM04]很好地考察了IP网络的服务级别协约。[BOUI02]的内容涉及数据网络这个更一般化的情况。[MART02]调查了与帧中继这样的数据网络相比较，IP网络的服务级别协约的局限性。

[CHEN02]对因特网性能测量的考察很有用。[PAXS96]提供对IPPM工作框架的全面概述。

BERN00　Bernet, Y. "The Complementary Roles of RSVP and Differentiated Services in the Full-Service QoS Network." *IEEE Communications Magazine*, February 2000.

BOUI02　Bouillet, E.; Mitra, D.; and Ramakrishnan, K. "The Structure and Management of Service Level Agreements in Networks." *IEEE Journal on Selected Areas in Communications*, May 2002.

CARP02　Carpenter, B., and Nichols, K. "Differentiated Services in the Internet." *Proceedings of the IEEE*, September 2002.

CHEN02　Chen, T. "Internet Performance Monitoring." *Proceedings of the IEEE*, September 2002.

CLAR92　Clark, D.; Shenker, S.; and Zhang, L. "Supporting Real-Time Applications in an Integrated Services Packet Network: Architecture and Mechanism." *Proceedings, SIGCOMM '92*, August 1992.

CLAR95　Clark, D. *Adding Service Discrimination to the Internet*. MIT Laboratory for Computer Science Technical Report, September 1995, http://groups.csail.mit.edu/ana/Publications/index.html

HARJ00　Harju, J., and Kivimaki, P. "Cooperation and Comparison of DiffServ and IntServ: Performance Measurements." *Proceedings, 23rd Annual IEEE Conference on Local Computer Networks*, November 2000.

KUMA98　Kumar, V.; Lakshman, T.; and Stiliadis, D. "Beyond Best Effort: Router Architectures for the Differentiated Services of Tomorrow's Internet." *IEEE Communications Magazine*, May 1998.

MART02　Martin, J., and Nilsson, A. "On Service Level Agreements for IP Networks." *Proceedings, IEEE INFOCOMM'02*, 2002.

MEDD10　Meddeb, A. "Internet QoS: Pieces of the Puzzle." *IEEE Communications Magazine*, January 2010.

PAXS96 Paxson, V. "Toward a Framework for Defining Internet Performance Metrics." *Proceedings, INET '96*, 1996, http://www-nrg.ee.lbl.gov

SHEN95 Shenker, S. "Fundamental Design Issues for the Future Internet." *IEEE Journal on Selected Areas in Communications*, September 1995.

VERM04 Verma, D. "Service Level Agreements on IP Networks." *Proceedings of the IEEE*, September 2004.

WEIS98 Weiss, W. "QoS with Differentiated Services." *Bell Labs Technical Journal*, October–December 1998.

WHIT97 White, P., and Crowcroft, J. "The Integrated Services in the Internet: State of the Art." *Proceedings of the IEEE*, December 1997.

XIAO99 Xiao, X., and Ni, L. "Internet QoS: A Big Picture." *IEEE Network*, March/April 1999.

ZHAN93 Zhang, L.; Deering, S.; Estrin, D.; Shenker, S.; and Zappala, D. "RSVP: A New Resource ReSerVation Protocol." *IEEE Network*, September 1993.

ZHAN95 Zhang, H. "Service Disciplines for Guaranteed Performance Service in Packet-Switching Networks." *Proceedings of the IEEE*, October 1995.

22.8 关键术语、复习题及习题

关键术语

classifier 分类器	differentiated services 区分服务（DS）
dropper 丢弃器	elastic traffic flow 弹性通信量
inelastic traffic 非弹性通信量	Integrated Services Architecture 综合服务体系结构（ISA）
jitter 抖动	marker 标记器
meter 度量器	per-hop behavior 每跳行为（PHB）
quality of service 服务质量（QoS）	queueing discipline 排队规则
Resource ReSerVation Protocol 资源预约协议（RSVP）	service level agreement 服务级别协约（SLA）
shaper 整形器	soft state 软状态

复习题

22.1 什么是综合服务体系结构？

22.2 弹性和非弹性通信量有何区别？

22.3 构成ISA的主要功能有哪些？

22.4 列出并简述ISA提供的3类服务。

22.5 FIFO排队和WFQ排队有何区别？

22.6 DS码点的作用是什么？

22.7 列出并简述DS通信量调节的5个主要功能。

22.8 每跳行为的含义是什么？

习题

22.1 如果到达一个终点有多条同等代价的路由存在，则OSPF可能会在这些路由之间平等地分配通信量。这种方式称为负荷平衡。对于像TCP这样的运输层协议来说，负荷平衡会带来什么影响？

22.2 显然，如果某路由器赋予一个流或一个级别的流比较优先的待遇，那么这个流或这个级别的流将受到更好的服务。但是这样做会不会改善互联网提供的整体服务呢？这一点并不是很清楚。这道习题就是为了描述整体服务的改善。假设某网络中有一条链路模型化为一个速率为$T_s = 1$的指数服务器，同时有两个级别的流，它们的泊松到达速率为$\lambda_1 = \lambda_2 = 0.25$，且其利用率函数为$U_1 = 4 - 2T_{q1}$和$U_2 = 4 - T_{q2}$，其中$T_{qi}$代表第$i$类的平均队列时延。因此，第1类通信量比第2类通信量对时延更加敏感。定义网络的总利用率为$V = U_1 + U_2$。

a. 假设给这两类通信量以相同的待遇，且用FIFO排列原则，那么V是多少？

b. 现在假设使用严格优先级服务，那么来自第1类的分组总是比来自第2类的分组先传输。此时V是多少？请加以评价。

22.3 分别为因特网的弹性通信量和非弹性通信量举出3个例子。证明每种例子都属于各自的类型。

22.4 在RSVP中，由于UDP/TCP端口号被用于分组分类，每个路由器必须能够检查这些字段。这一需求导致在以下领域出现问题：

a. IPv6首部处理

b. IP级安全

说明每个领域出现的问题的本质，并推荐一种解决方法。

22.5 为什么区分服务（DS）域是由一组相邻的路由器组成的？在DS域中，边界结点路由器与内部结点路由器之间有什么不同？

22.6 量化EF PHB性能需求的一种方法是对经过接口I离开结点到达外部通信链路的分组使用下面的一组方程：

$$d_j \leqslant f_j > 0 + E_a, \qquad j > 0$$

$$f_0 = d_0 = 0$$

$$f_j = \text{MAX}[a_j, \text{MIN}(d_j\text{–}1, f_j - 1)] + (L_j/R)$$

其中，

d_j = 第j个EF分组从I离开的时间，在分组的最后一个比特离开结点时测得；

f_j = 第j个EF分组从I离开的标准时间，分组的最后一个比特将恰巧在这个时间或者早于这个时间离开结点；

E_a = 对EF分组个体的误差项，表示EF分组的实际离开时间与其理想的离开时间之间在最坏情况下的偏差；

a_j = 将会从I离开的第j个EF分组的最后一个比特到达此结点的时间；

L_j = 将会从I离开的第j个EF分组的长度，以比特为单位；

R = 在接口I处的以bps为单位的EF配置速率，它不是链路上的实际数据率，而是该EF PHB所希望的数据率。

这个定义假设EF分组应以理想的速率R或者更快的速率服务。它必须考虑到以下两种情况：（1）在EF分组到达时，之前的所有EF分组已经发出；（2）在EF分组到达时，仍然有等待中的EF分组。在考虑到以上两个事实的情况下，请解释这个公式。提示：对于第二种情况，还有两种子情况。

22.7 现在考虑另一个EF PHB方程组：

$$D_j \leqslant F_j + E_p, \qquad j > 0$$

$$F_0 = D_0 = 0$$

$$F_j = \mathrm{MAX}[A_j, \mathrm{MIN}(D_{j} - 1, F_{j} - 1)] + (L_j/R)$$

D_j = 到达此结点并从I离开的第j个EF分组的离开时间，在分组的最后一个比特离开结点时测得；

F_j = 到达此结点并从I离开的第j个EF分组的标准离开时间，分组的最后一个比特将恰巧在这个时间或者早于这个时间离开结点；

E_p = 对EF分组个体的误差项，表示EF分组的实际离开时间与其理想的离开时间之间在最坏情况下的偏差；

A_j = 到达此结点并从I离开的第j个EF分组的最后一个比特到达此结点的时间；

L_j = 到达此结点并从I离开的第j个EF分组的长度，以比特为单位；

R = 在接口I处的以bps为单位的EF配置速率，它不是链路上的实际数据率，而是该EF PHB所希望的数据率。

请解释此定义与习题9.9中的公式之间的区别。

22.8 一个视频源以每秒30帧的速度发送，每个帧包含2 Mb的数据。这个数据经历了1秒的延迟抖动。那么终点需要用多大的缓存来消除抖动？

22.9 RFC 2330（IP性能度量框架）定义的百分位如下。假设有一个测量值集合，定义函数$F(x)$，对任意x，它给出在所有测量值中小于或等于x的测量值所占的百分比。如果x小于最小的测量值，则$F(x) = 0\%$。如果x大于或等于最大的测量值，则$F(x) = 100\%$。第y位百分位指的是使$F(x) \geqslant y$成立的最小的x值。假设一组测量值为–2, 7, 7, 4, 18, –5，试判断以下几个百分位分别是多少：0, 25, 50, 100。

22.10 对于单向和双向时延度量来说，如果在合理的时间段内没有到达，则时延被认为是不明确的（非正规地说就是无穷大）。合理的门限值是此方法的一个参数。假设对单向时延采样，并得到如下结果：100 ms，110 ms，不明确，90 ms，500 ms。那么第50位百分位是多少？

22.11 RFC 2330的定义说，一组测量值的中值应当等于第50个百分位，如果这组测量值有奇数个值。对于偶数个测量值，按升序排序后，中值就是位于中心位置的两个数值的平均数。在前两题中，那两个测量组的中值分别是多少？

22.12 RFC 2679定义说，对于一组测量值来说，反百分位X就是所有小于或等于x的值所占的百分比。那么对于习题22.9中的一组测量值，103 ms对应的反百分位值是多少？

第23章　多协议标记交换

学习目标

在学习了本章的内容之后，应当能够：

- 论述MPLS在因特网通信量管理策略中的角色；
- 从顶层解释MPLS的工作过程；
- 理解MPLS中标记的使用；
- 概述标记分发功能是如何实现的；
- 概述MPLS流量工程；
- 理解第二层VPN与第三层VPN的区别。

第22章研究了一些基于IP的机制，这些机制设计用来提高基于IP网络的性能，以及为不同的服务用户提供不同级别的服务质量。尽管在第19章中讨论的路由选择协议的主旨是在互联网中为任何源和任何目的地之间动态地寻找一条路由，但同时它们以如下两种方式提供对性能目标的支持。

1. 由于这些协议是分布和动态的，它们可以通过变更路径以回避流量超大区域来应对拥塞。这样做可以平滑和均衡因特网上的流量，提高整体的性能。
2. 路径可以基于各种度量，例如跳数和时延。因此路由选择算法发掘各种信息，用以决定如何处理具有不同服务需求的分组。

更直接地，第22章讨论的一些机制（综合服务，区分服务）为基于IP的互联网提供了显式的QoS支持。然而，第22章讨论的机制和协议都没有直接应对性能问题：如何改进整体吞吐量和互联网的时延特性。多协议标记交换计划用来提供面向连接的且具有类似区分服务所提供的服务特征的QoS，支持流量管理以提高网络吞吐量，并保持基于IP组网方案的灵活性。

多协议标记交换（Multiprotocol Label Switching，MPLS）是因特网工程部发布的用于在分组中包含选路和流量工程信息的一组标准。因此，MPLS包含了许多相互关联的协议，又称为MPLS协议族。它可以用于IP网络，但同样也可以用于其他类型的分组交换网络。MPLS用于确保特定流的所有分组在干线上选择同一条路径。MPLS被许多电信公司和服务提供者采用，提供所需要的服务质量，以支持实时的话音和视频，并确保带宽的服务级别协约（Service Level Agreement，SLA）。

本章首先概述作为一种组网技术的MPLS的当前状态。

尽管MPLS的基本原则很直观，围绕MPLS建立起来的一整套协议和过程却是非常繁复的。到撰写本章时为止，IETF MPLS工作组已经发布了70个RFC和29个活跃的因特网草案。除此之外，另有5个IETF工作组在开发与MPLS主题相关的RFC。因此，即便写一本书也无法完全描述MPLS的全部范畴。相应地，本章的目标是提供一些基本概念并概览MPLS的广度。

23.1 MPLS的角色

从本质上讲，MPLS是转发分组和为分组选路的高效技术。MPLS在设计时以IP网络为假设对象，不过这项技术也可以用于不采用IP而采用任何链路层协议构建的网络，包括ATM和帧中继。在常规的分组交换网络中，分组交换机必须检查分组首部的多个字段，以决定目的地、路由、服务质量和任何可以支持的流量管理功能（例如丢弃或延迟）。同样，在基于IP的网络中，路由器要检查IP首部的多个字段以判断这些功能。在MPLS网络中，采用固定长度的标记来封装IP分组或数据链路帧。MPLS标记包含了支持MPLS的路由器需要的所有信息，以执行选路、交付、QoS和流量管理功能。与IP不同，MPLS是面向连接的。

IETF MPLS工作组是开发MPLS相关标准和规范的牵头组织。其他许多工作组也处理MPLS相关的问题。简而言之，这些工作组的目标如下所示。

- **MPLS** 负责使用标记交换和在各种基于分组的链路级技术上实现标记交换通路的基本技术的标准化。基于分组的链路级技术包括Packet over SONET、帧中继、ATM和局域网技术（例如，所有形态的以太网和令牌环等）。其中包括在路由器间分发标记和实现封装的过程和协议。
- **公共控制和测量平面（Common Control and Measurement Plane, CCAMP）** 负责为物理通路和因特网及电信服务提供者（ISP和SP）的核心隧道技术定义一个公共的控制平面和独立的公共测量平面，核心隧道技术的例子包括光-光交换机和光-电-光交换机、TDM交换机、以太网交换机、ATM和帧中继交换机、IP封装隧道技术和MPLS。
- **第二层虚拟专用网（Layer 2 Virtual Private Network, L2VPN）** 负责定义和指明有限数量的解决方案，用以支持服务提供者提供的第二层虚拟专用网（L2VPN）。其目标是支持链路层接口，例如ATM和以太网，从而为支持MPLS的IP分组交换网络提供VPN服务。
- **第三层虚拟专用网（Layer 3 Virtual Private Network, L3VPN）** 负责定义和指明有限数量的解决方案，用以支持服务提供者提供的第三层（选路的）虚拟专用网（L3VPN）。标准包括在支持MPLS的IP分组交换网络中为拥有IP接口的端系统提供VPN服务。
- **端到端伪线仿真（Pseudowire Emulation Edge to Edge, PWE3）** 负责指明在MPLS网络中实现伪线仿真的协议。伪线仿真了点到点或点到多点的链路，为用户提供单一的服务，使用户认为得到的是非共享链路或者是选定服务电路提供的服务。
- **路径计算元素（Path Computation Element，PCE）** 关注基于约束的路径计算的体系结构和技术。

这一工作的涉及广度揭示了MPLS的重要性，事实上它正在成长为新兴的霸主。2009年的一项调查发现，84%的公司在广域网中使用MPLS [REED09]。MPLS在几乎所有的主要IP网络中得到应用。[MARS09]将MPLS认可度急剧增加的原因列举如下。

1. MPLS支持IP。20世纪90年代早期，电信业界将他们的希望放在ATM身上，认为ATM将成为未来的网络干线技术，并做了大量投资。但是随着因特网使用的爆炸性增长，电信公司需要重新定位。与此同时，IETF也在寻求使面向电路的ATM技术能够在IP网上运行的方法。其结果就是MPLS，MPLS随后迅速被ATM拥护者采纳。
2. MPLS在几个方面有其内在的灵活性。MPLS将控制部分隔离出来，可使各种应用直接操作标记绑定，同时它还隔离出转发部分，使其采用简单的标记替换机制。同时，MPLS允许标记堆栈，从而使多个控制平面在一个分组上发挥作用。

3. MPLS对协议中立。MPLS设计成可工作于多协议环境。这使MPLS可与ATM、帧中继、SONET或核心的以太网一起工作。
4. MPLS是务实的。体系结构只生成了两个新协议：标记分发协议和链路管理协议。其他所有的都并入或采用现有协议。
5. MPLS是自适应的。MPLS已经发展了很长时间以支持新的应用和服务，包括第二层和第三层虚拟专用网、以太网服务和流量工程。
6. MPLS支持度量。MPLS允许运营商收集广泛的统计信息，这些信息可用来进行网络流量趋势分析和规划。有了MPLS，就有可能在两个路由器之间测量流量的大小、端到端延迟和分组时延。运营商还可以测量集线器、城域和区域之间的流量。
7. MPLS是可扩展的。例如，Verizon使用MPLS实现了几个全球网络，包括它的公共和专用IP网络。Verizon的公共IP网络在世界范围内的六大洲扩展了410个连接点，涉及超过150个国家。

很明显MPLS将扩散到组网的几乎所有领域。因此读者有必要了解该技术和协议的基本概念。

23.2 背景

MPLS的根源需要追溯到20世纪90年代中期，当时人们在IP网络中倾注了大量心血，以提供丰富的QoS集合和流量工程能力。第一个面市的成果是由Ipsilon公司开发的IP Switching。为了与这一产品竞争，其他许多公司纷纷推出了自己的产品，比较著名的有Cisco Systems（tag switching，标签交换）、IBM（aggregate route-based IP switching，积聚的基于路径的IP交换）和Cascade（IP navigator，IP导航器）。所有这些产品的目标都是提高IP的吞吐量和时延性能，并且大家都采用相同的基本方法：使用OSPF之类的标准路由选择协议来定义端点之间的路径，并在分组入网时，把分组指派到这些路径上。

作为对这些专有技术的回应，IETF在1997年建立了MPLS工作组，以开发一个公共的标准方法。工作组在2001年发布了它的第一个建议标准集合。核心标准是RFC 3031。MPLS减轻了基于IP网络的路由器在处理每个分组时的负担，大大增强了路由器的性能。更重要的是，MPLS在4个领域提供了显著的新能力，从而确保了它的流行：服务质量支持、流量工程、虚拟专用网和多协议支持。在转向MPLS的细节之前，我们先简单地了解这些领域。

23.2.1 面向连接的服务质量支持

网络管理者和用户因为多种原因需要越来越精细的服务质量支持。[SIKE00]列举了以下一些主要的需求。

- 为特定应用确保固定的容量，例如音频/视频会议。
- 控制延迟和抖动，为话音确保容量。
- 提供非常具体的、确保的以及可定量的服务级别协约或流量合约。
- 为多个网络客户配置不同程度的服务质量。

一个无连接网络，例如在基于IP的互联网里，无法提供真正牢靠的服务质量保证。区分服务（DS）框架只工作在一个宏观的角度，并且基于来自多个源的累积流量。综合服务（IS）框架，通过使用RSVP，具有面向连接方法的某些特色，但是其灵活性和可扩展性受到了限制。对于诸如话音和视频这样的需要网络预测度很高的服务，在一个有重度负载的网络中，靠区分服务和综合服务方法本身是不够的。相比之下，面向连接的网络（如ATM）具有强大的流量管理和服务质量功能。MPLS在基于IP的互联网上植入了一个面向连接的框架，因此提供了精细和可靠的QoS流量合约的基础。

23.2.2 流量工程

MPLS能够轻松地实现以平衡负载的方式为给定的需求投入网络资源，并且能够在投入时支持区分服务，以满足不同用户流量的需求。动态地定义路由、在需求已知情况下规划资源投入、优化网络的使用之类的能力称为**流量工程**（traffic engineering）。在MPLS出现之前，能够提供强大的流量工程能力的一种网络技术是ATM。

在基本的IP机制里存在自动化流量工程的原始形式。像OSPF这样的路由选择协议可使路由器在逐个分组的基础上动态地变更到达给定目的地的路径，以试图平衡负载。但是这一动态的选路只以非常简单的方式响应拥塞，并不提供支持服务质量的方法。两个端点之间的所有流量都遵循同一路由，只有当拥塞发生时这一路由才可能改变。另一方面，MPLS并不仅仅关注单个分组，而是关注分组流，每个流拥有特定的服务质量需求和可预测的流量需求。采用MPLS，有可能基于这些独立的流来建立路由，同一对端点之间的两个不同的流可能通过不同的路由器。更进一步，当有可能出现拥塞时，MPLS路径可以智能化重选路。也就是说，不是简单地逐分组变更路径，MPLS的路径可以基于一个流一个流地变更，充分利用了每个流已知的流量需求。有效地使用流量需求可以大幅增加可用网络带宽。

23.2.3 虚拟专用网支持

MPLS提供了支持虚拟专用网（Virtual Private Network，VPN）的有效机制。利用虚拟专用网，某个企业或组织的流量将透明地穿越互联网，这些流量将有效地与互联网上的其他流量分开并区别对待，以提供性能和安全保证。

23.2.4 多协议支持

MPLS可用于多种组网技术。本章重点关注基于IP的互联网，这也可能是它的主要应用领域。MPLS是对基于IP的无连接互联网操作方式的增强，需要对IP路由器升级以支持MPLS功能。支持MPLS的路由器可以与常规的IP路由器共存，以便于MPLS策略的逐步演进。MPLS同时还被设计为能够在ATM和帧中继网络中工作。同样，支持MPLS的ATM交换机和支持MPLS的帧中继交换机可以配置成与常规交换机共存。MPLS可以用于纯IP网络、纯ATM网络、纯帧中继网络或包含了两种或所有三种技术的互联网。MPLS的这种通用的本质对目前拥有混合网络技术，并寻找方法优化资源和扩展服务质量支持的用户很有吸引力。

在本章的剩余部分，将聚焦MPLS在基于IP的互联网里的使用，同时简单地提一下MPLS在ATM和帧中继网络中的格式问题。表23.1定义了在讨论中将用到的MPLS关键术语。

表23.1 MPLS术语

转发等价类（Forwarding Equivalence Class，FEC）	一组以相同方式转发的分组（例如，经过相同路径，受到同样的转发处理）
帧融合（frame merge）	当其应用到基于帧的媒体操作时的标记融合，从而消除潜在的信元交织问题
标记融合（label merge）	对于特定FEC，将多个入口标记替换成一个出口标记

（续表）

标记替换（label swap）	基本的转发操作，包含对入口标记的查询，以决定出口标记、封装、端口以及其他数据处理信息
替换标记（label swapping）	一个转发范例，允许采用标记来区分数据分组的类别并实现流水线转发数据，在转发时不同类别处理没有区别
标记交换跳（label switched hop）	两个MPLS结点之间的跳，在这些跳上转发是使用标记完成的
标记交换通路（label switched path）	一个特定的FEC的所有分组经过的一个或多个同一级的标记交换路由器（LSR）的路径
标记交换路由器（Label Switching Router，LSR）	一个可以转发本地的L3分组的MPLS结点
标记堆栈（label stack）	一组有序的标记集合
融合点（merge point）	完成标记融合的结点
MPLS域（MPLS domain）	一个连续的结点集合，这些结点执行MPLS选路和转发，同时也在一个选路和管理域里
MPLS边缘结点（MPLS edge node）	一个MPLS结点，它将MPLS域与域外的结点连接，可能是因为它不运行MPLS，或/并且它处于一个不同的域中。注意，如果一个LSR有一个不运行MPLS的邻居主机，则LSR是一个MPLS边缘结点
MPLS出口结点（MPLS egress node）	一个MPLS边缘结点，它当前的角色是处理离开MPLS域的流量
MPLS入口结点（MPLS ingress node）	一个MPLS边缘结点，它当前的角色是处理进入MPLS域的流量
MPLS标记	一个短小且定长的物理连续标识符，用来识别一个FEC，通常具有本地意义。标志在分组首部携带
MPLS结点	运行MPLS的结点。MPLS结点能够感知MPLS控制协议，运行一个或多个L3路由选择协议，并能够基于标记转发分组。MPLS结点也许能够可选地转发原始L3分组

23.3　MPLS的操作

MPLS网络或互联网[①]包含一组结点，称为**标记交换路由器**（Label Switching Router，LSR），它们可以根据附加在每个分组上的标记来交换分组和为分组选路。标记定义了两个端点之间的分组流，或者是多播时源端点和多播组的目的端点之间的分组流。对于每个确定的流，称为一个**转发等价类**（Forwarding Equivalence Class，FEC），定义了一条特定的通路，该通路跨越由LSR构成的网络，称为**标记交换通路**（Label Switched Path，LSP）。从本质上讲，FEC代表一组拥有同样传输需求的分组。同一个FEC中的所有分组在到达终点的路途中接受同样的处理。这些分组沿同样的路径，在每一跳接受同样的QoS处理。与传统的IP网络中的转发不同，分组在进入MPLS路由器网络时一次性地为特定的分组指配特定的FEC。

因此，MPLS是面向连接的技术。与每个FEC相关的是为该流定义QoS需求的流量特征描述。LSR不需要检查或处理IP首部，而只是根据分组的标记值转发每一个分组。每个LSR都要建立一个表，称为**标记信息库**（Label Information Base，LIB），以指明一个分组如何被处理和转发。因此，转发过程比采用IP路由器时简单。

标记指配判决（也就是将一个分组指配给一个特定的FEC，从而指配到特定的LSP）可依据如下策略。

① 为简单起见，本节的剩余部分将使用术语“网络”。在基于IP的互联网中，指的是因特网或专用的互联网，在那里IP路由器作为MPLS结点工作。

- **终点单播选路**　在缺少其他策略时，从同一个源流至同一个终点的分组可以指配给同一个FEC。
- **流量工程**　分组流可以分割或积聚，以实现流量工程需求。
- **多播**　可以定义经过网络的多播路由。
- **虚拟专用网（VPN）**　某一特定客户的端系统之间的流量，可通过专用的LSP集合的方法与其他公共MPLS网络的流量隔离开。
- **QoS**　具有不同QoS需求的流量可以被指配至不同的FEC。

图23.1描绘了在一个由支持MPLS的路由器构成的域里MPLS的工作过程。以下是工作过程的核心要素。

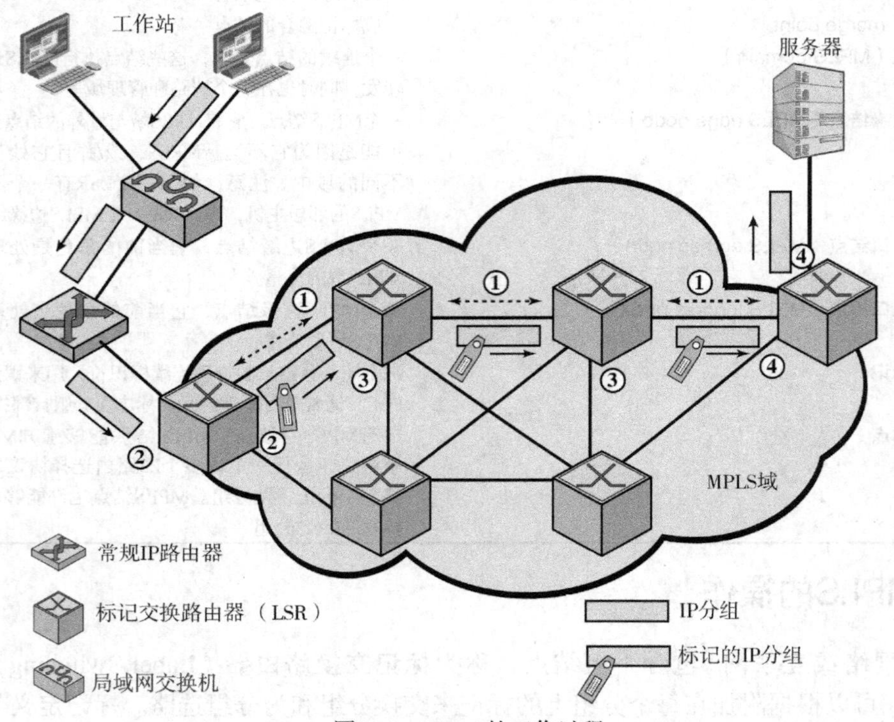

图23.1　MPLS的工作过程

1. 在为给定FEC的分组进行选路和交付之前，必须先定义好一条经过网络的路径（称为LSP），且必须建立这条路径上的QoS参数。QoS参数定义了(1) 有多少资源赋给了这条路径，且(2) 当FEC的分组到达每个LSR时要采用哪种排队和丢弃策略。为了完成这些任务，就要用到两个协议，以便在路由器之间交换必要的信息：
   a. 一个内部选路协议，例如OSPF，它被用来交换可达和选路信息。
   b. 必须为特定FEC的分组指配标记。由于使用全局唯一的标记会给管理带来负担并限制可用标记的数量，因此标记都只具有本地意义，这一点将在后面介绍。网络操作员可以手工指定明确的路径并分配相应的标记值，也可以采用协议来决定路由并在相邻LSR之间建立标记值。可以使用两个协议中的任何一个来完成这一任务：标记分发协议（Label Distribution Protocol，LDP）或者一个增强的RSVP版本。LDP目前被认为是标准技术。
2. 分组通过入口边缘LSR进入MPLS域，这个LSR要对分组进行处理，以决定它需要哪些网络层服务，并定义QoS。LSR将该分组指配给某个FEC，从而也指配了相应的LSP。

LSR为分组添加标记并转发。如果该FEC还不存在LSP，则边缘LSR必须与其他LSR合作定义一条新的LSP。

3. 在MPLS域中，每当LSR收到一个标记分组时，它就会：
   a. 移除进入标记并将相应的外出标记附在分组上；
   b. 沿LSP将分组转发给下一个LSR。
4. 出口边缘LSR剥掉标记，阅读IP分组首部，并将分组转发至最终目的地。

MPLS工作过程的几个关键特征如下所示。

1. 一个MPLS域包含一个连续的（或者说相互连接的）支持MPLS路由器的集合。流量可以从直接连接网络的一个端点进入或离开域，如图23.1的右上角所示。流量也可能来自连接在未使用MPLS的部分互联网上的普通路由器，如图23.1的左上角所示。
2. 一个分组的FEC可以由一个或多个参数决定，这由网络管理者指定。可能的参数如下：
   - 源和/或目的IP地址或IP网络地址
   - 源和/或目的端口号
   - IP协议ID
   - 区分服务码点
   - IPv6流标记
3. 转发是通过查询一个预先定义的表来实现的。这个表将标记值映射成下一跳地址。不需要检查或处理IP首部以及基于目的IP地址执行选路判决。这使得分隔流量类型不仅有可能（例如将尽最大努力流量和任务紧迫型流量区分开），同时使MPLS解决策略非常容易扩展。MPLS将分组转发处理与IP首部信息分离，因为它用多种不同的机制来指配标记。标记只具有本地意义，因此不太可能出现标记不够的情况。这一特征对实现先进的IP服务（如QoS、VPN和流量工程）非常关键。
4. 对于给定的FEC，还可以在LSR上定义特定的每跳行为（Per-hop behavior，PHB）。PHB定义了该FEC分组的排队优先级和丢失策略。
5. 同一对端点之间的分组有可能属于不同的FEC。因此，它们的标记不同，并在每个LSR经历不同的PHB，且有可能沿不同的路径经过网络。

图23.2更具体地描绘了标记处理和转发工作过程。所有LSR都要为每个经过的LSP维护一个转发表。当一个标记分组到达时，LSR检索转发表以决定下一跳。为了可扩展，正如前面提到的，标记只有本地意义，因此，LSR要将进入标记从分组上移除，并在转发分组之前附上对应的外出标记。入口边缘LSR决定每个进入的未标记分组的FEC，并基于此FEC将分组指配给特定的LSP，添加相应的标记，并转发分组。在本例中，第一个分组到达边缘LSR，边缘LSR从IP首部中读取其目的地址前缀128.89。LSR随后在交换表里查找该目的地址，插入一个20比特的标记，其值为19，并将标记过的分组沿接口1转发出去。这个接口通过链路与一个内部LSR相连，该LSR在接口2上收到这个分组。内部LSR读取标记并在其交换表里查找对应项，然后将标记19替换成24，并通过接口0转发出去。出口LSR读取并在其表里查找标记24，根据表里的内容，需要剥除标记并将分组转发至接口0。

现在来看一个例子，它说明了MPLS工作过程的各阶段，如图23.3所示。考察一个分组从源工作站到目的服务器的路径。为了穿过MPLS网络，该分组通过边缘结点LSR 1进入网络。假设这是一个新分组流第一次产生的分组，因而LSR 1并没有该分组的标记。LSR 1检查IP首部，查看目的地址并决定下一跳。假设在本例中的下一跳是LSR 3，那么LSR 1向LSR 3发起一个标记请求。这一请求如绿色虚线所示传经网络。

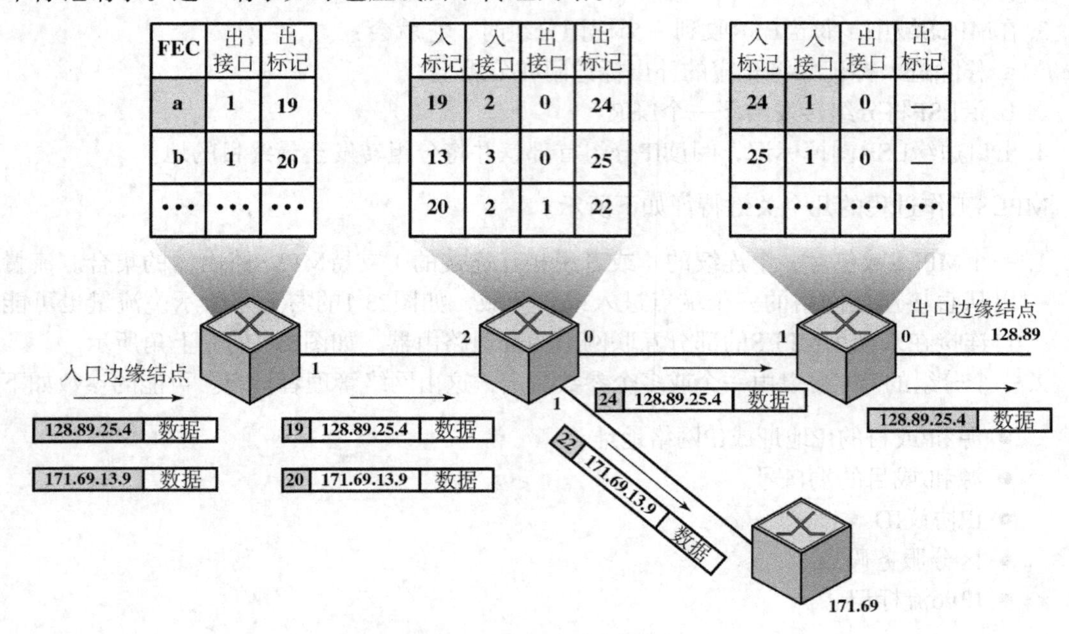

图23.2　MPLS分组转发

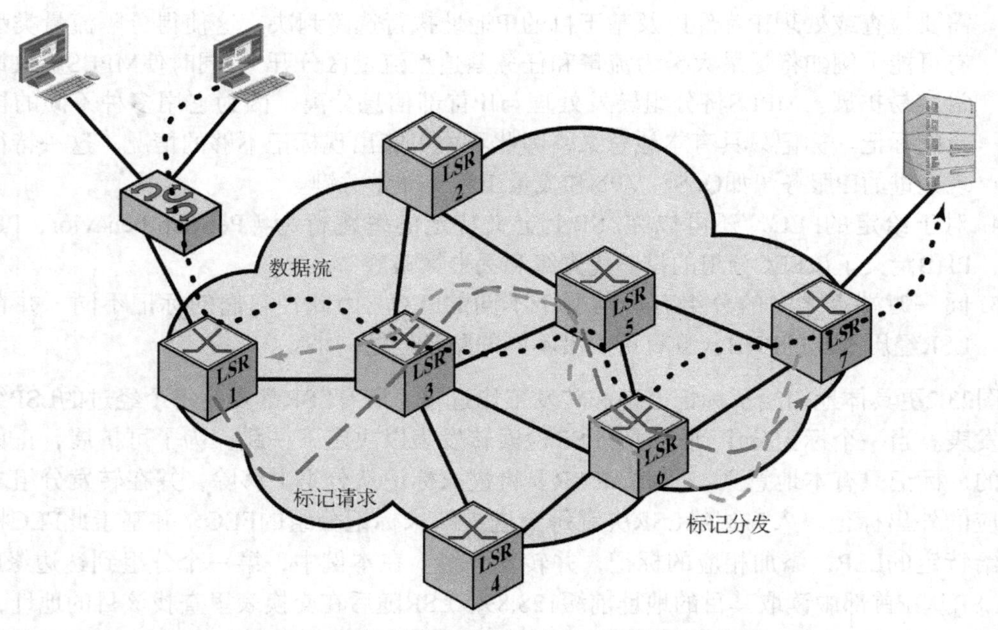

图23.3　LSP的创建和分组经过MPLS域转发的过程

从LSR 7开始，每个中间路由器从其下游路由器收到一个标记，并回溯上游直到LSR 1，从而建立起一条LSP。LSP的建立过程以灰虚线表示。这个建立过程可以由LDP执行，可能会也可能不会涉及流量工程方面的考虑。

LSR 1现在可以插入相应的标记，并把分组转发给LSR 3。随后的每个LSR（LSR 5，LSR 6，LSR 7）检查收到分组的标记，将其用外出标记替换，并转发之。当分组到达LSR 7时，因为该分组即将离开MPLS域，所以LSR 7移除标记，并向终点交付分组。

23.4 标记

23.4.1 标记堆栈

MPLS最强大的功能之一是标记堆栈。一个标记的分组可能携带多个标记，以后进先出的堆栈方式组织。所有处理都基于顶端的标记。在任何LSR处，标记有可能加入堆栈（压入操作）或从堆栈中移除（弹出操作）。标记堆栈允许在网络中的某一段路由里，把多个LSP积聚成一个LSP，从而创建了一个隧道。术语“隧道”（tunnel）指的是这样一个事实，流量选路实际上由标记决定，并在常规的IP选路和过滤机制之下运行。在隧道的开始处，LSR通过向每个分组的堆栈压入同一个标记，为多条LSP的分组指配相同的标记。在隧道的终结处，另一个LSR从标记堆栈中弹出最顶元素，从而露出内部标记。这与ATM相似，它只有一级堆栈（虚通路在虚通道之内），但是MPLS支持无限制的堆栈。

标记堆栈提供了相当的灵活性。企业可以在各站点建立支持MPLS的网络，并在每个站点建立多条LSP。然后，企业就可以使用标记堆栈将其自身流量的多个流积聚起来，再提交给网络接入的提供者。接入提供者可以将来自多个企业的通信量积聚起来，再提交给更大的服务提供者。服务提供者则将多条LSP积聚至布设点之间数量相对少的隧道里。隧道越少意味着表的长度越短，使得提供者更容易掌握网络核心的规模。

23.4.2 标记格式

在RFC 3032里定义的MPLS标记是一个32比特字段，包含如下元素（见图23.4）。

- **标记值** 仅具有本地意义的20比特标记，其中值0到15保留。
- **流量类别（Traffic Class，TC）** 3比特，用来携带流量类别信息。
- **S（栈底比特）** 对于堆栈里最老的项，将S设置为1，对于其他项，将S都设置为0。因此，该比特代表栈底。
- **生存时间（TTL）** 8比特，用来编码跳数或生存时间。

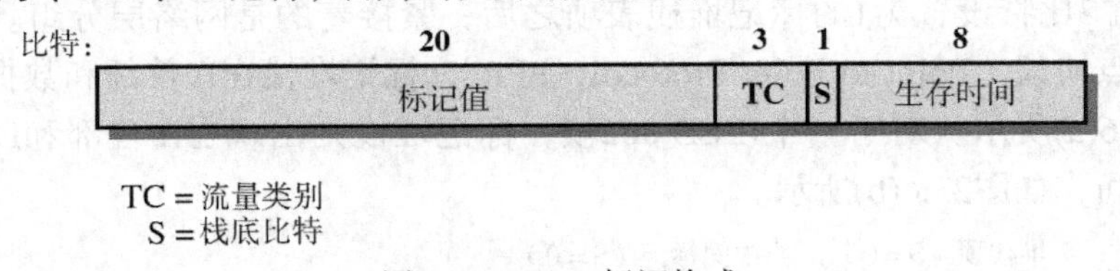

图23.4 MPLS标记格式

流量类别

RFC 3270和5129分别讨论了如何使用TC字段来承载支持区分服务（DS）和显式拥塞指示（ECN）的信息。对于区分服务，一种方法是为每个DS逐跳行为调度类指配一个特殊的标记值，在这种情况下，TC字段并不是必要的。另一种方法是将丢弃优先级或其他DS信息映射到TC字段中。对于ECN，有三个可能的ECN值（不支持ECN、支持ECN、拥塞指示）被映射到TC字段。RFC 5129讨论了用TC字段同时支持DS和ECN的策略。目前，TC比特的明确定义还没有标准化。

生存时间的处理

IP分组首部的一个关键字段是TTL字段（IPv4，见图14.5）或者跳数限制（IPv6，见图14.5）。在常规的基于IP的互联网中，该字段在每个路由器处递减，当计数递减到零时，分组被丢弃。这样做是为了避免形成环路，或避免分组由于错误选路问题而在互联网中逗留过长时间。LSR并不检查IP首部，因此在标记中包含了TTL以便仍能支持TTL功能。处理标记中的TTL字段的规则如下。

1. 当一个IP分组到达某MPLS域的入口边缘LSR时，分组将得到一个标记堆栈表项。该标记堆栈表项的TTL值被赋予与IP TTL相同的值。如果作为IP处理的一部分需要递减IP TTL字段，就认为这项工作已经完成了。
2. 当MPLS分组到达MPLS域内部的一个LSR时，最顶部的标记堆栈表项的TTL值将被递减。然后：
   a. 如果该值为0，则MPLS分组将不被转发。根据标记堆栈表项的标记值，分组可能被简单丢弃或被交给合适的“常规”网络层以实现差错处理（例如生成一个ICMP差错报文）。
   b. 如果该值为正，则会被放入外出MPLS分组的最顶部的标记堆栈表项的TTL字段中，然后转发该分组。外出TTL值是进入TTL值的唯一函数，与在转发之前是否有标记压入或弹出堆栈无关。任何不在栈顶的标记堆栈表项，其TTL字段的值没有意义。
3. 当MPLS分组到达MPLS域的出口边缘LSR时，仅剩的一个标记堆栈表项的TTL值被递减，该标记随后被弹出，导致标记堆栈为空。然后：
   a. 如果该值为0，则IP分组将不被转发。依据标记堆栈表项里的标记值，分组可能被简单丢弃或传递给合适的“常规”网络层以实现差错处理。
   b. 如果该值为正，则会被放在IP首部的TTL字段中，该IP分组采用常规的IP选路转发。注意必须在转发前更改IP首部的检验和。

23.4.3　标记放置

标记堆栈表项紧跟在数据链路层首部后面，但位于任何网络层首部之前。标记堆栈顶在分组中出现得最早（离数据链路层首部最近），栈底出现得最晚（离网络层首部最近），如图23.5所示。在S比特设置为1的标记堆栈表项之后，紧接着的是网络层分组。在数据链路帧里，例如点到点协议（Point to Point Protocol，PPP），标记堆栈在IP首部和数据链路首部之间出现，如图23.6(a)所示。对于一个IEEE 802帧，标记堆栈则出现在IP首部和LLC（逻辑链路控制）首部之间，如图23.6(b)所示。

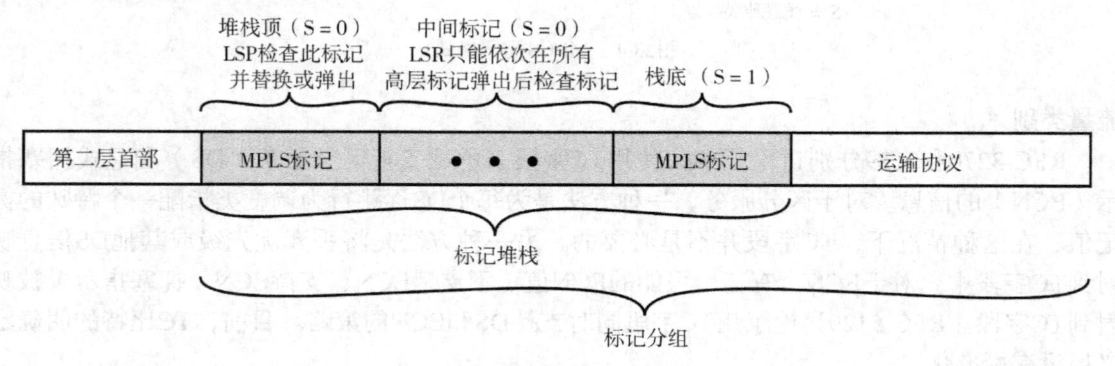

图23.5　标记分组的封装

如果MPLS在一个面向连接的网络服务上使用，可能会采用稍微不同的方法，如图23.6(c)和图23.6(d)所示。对于ATM信元，最顶层标记的标记值放置在ATM信元首部的VPI/VCI字段里。整个顶层标记仍然保持在标记堆栈的顶部，标记堆栈插在信元首部和IP首部之间。将标记值放在ATM信元首部是为了方便ATM交换机的交换，ATM交换机像通常一样只需检查信元首部。类似地，最顶层标记值可以放在帧中继首部的DLCI（数据链路连接标识符）字段里。注意，在这两种情况下，生存时间字段对交换机是不可见的，因此不被递减。要想了解这种情况的处理细节，读者应该查阅MPLS规范。

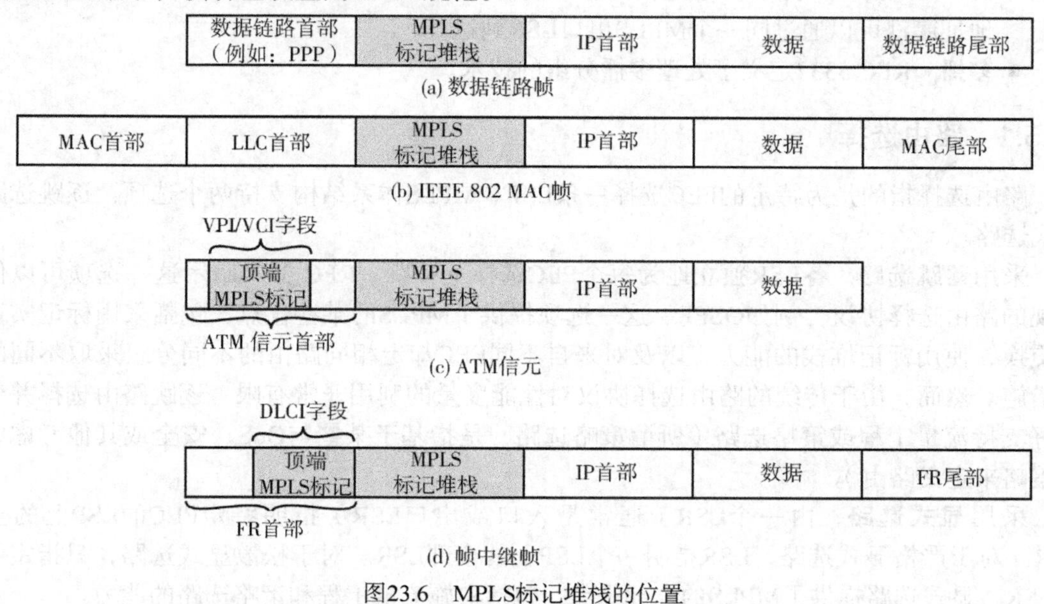

图23.6　MPLS标记堆栈的位置

23.5　FEC、LSP和标记

要了解MPLS，就有必要理解FEC、LSP和标记之间的操作关系。对此进行详细介绍的MPLS规范内容冗长，下文只提供一些概要。

从本质上讲，MPLS的功能是流量被组织成FEC。同一个FEC里的流量沿同一条LSP穿越MPLS域。FEC里的每一个分组被唯一地识别为特定FEC的一部分，因为该分组携带了具有本地意义的标记。在每个LSR处，每个标记分组依据它的标记值被转发，同时LSR将进入标记值替换成外出标记值。

前一段文字中描述的整体策略引入以下一些需求：

1. 每个流量的流必须被指配给特定的FEC。
2. 需要有一个路由选择协议来判断域的拓扑结构和当前状态，以便为FEC指配LSP。这个路由选择协议必须能够收集和使用信息来支持FEC的QoS需求。
3. 每一个LSR都必须了解特定FEC的LSP，并且必须为该LSP指配一个进入标记，还必须将这个标记告知可能会用该FEC向自己发送分组的其他LSR。

第一个需求在MPLS规范的范围之外。指配需要通过手工配置，或者通过某个信令协议，又或者通过在入口LSR处对收到的分组进行分析。在讨论另外两个需求之前，首先考虑LSP的拓扑结构。可以按如下方式分类。

- **唯一入口和出口LSR**　在此情况下只需要一条穿过MPLS域的路径。
- **唯一出口LSR，多入口LSR**　这种情况发生在指配给一个FEC的流量可以包含从不同入口LSR进入网络的源。例如有一个企业内联网，虽然它的物理位置只有一个，但是从多个入口LSR进入一个MPLS域。这种情况将产生多条穿越MPLS域的路径，这些路径的最后几跳很有可能是相同的。
- **单播流量的多出口LSR**　RFC 3031认为最常见的情况是分组根据其网络层目的地址（完全或部分地）指配一个FEC。如果不是这样，就有可能是FEC需要到达多个不同的出口LSR的多条路径。不过，更有可能的情况是有一组目的网络地址簇，而所有这些地址簇都可以通过同一个MPLS出口LSR到达。
- **多播**　RFC 5332定义了处理多播分组的技术。

23.5.1　路由选择

路由选择指的是为特定的FEC选择一条LSP。MPLS体系结构支持两个选项：逐跳选路和显式选路。

采用**逐跳选路**，各LSR独立地为每个FEC选择下一跳。RFC 3031暗示这一选项可以使用常规的路由选择协议，例如OSPF。这一选项提供了MPLS的某些优点，包括采用标记实现快速交换，使用标记堆栈的能力，以及对来自不同FEC却走相同路由的不同分组采取不同的处理措施。然而，由于传统的路由选择协议对性能度量的利用非常有限，逐跳路由选择并未准备好支持流量工程或策略选路（所谓策略选路，是指基于某些与QoS、安全或其他考虑相关的策略来定义路由）。

采用**显式选路**，由一个LSR（通常是入口或出口LSR）指明特定FEC的LSP上的全部LSR。对于严格显式选路，LSR指明一个LSP上的全部LSR。对于松散显式选路，只指定了部分LSR。显式选路提供了MPLS的全部优点，包括实施流量工程和策略选路的能力。

可以通过配置来选择显式路由，即事先建立，另外也可以动态地建立。动态显式路由可提供最佳的流量工程可能性。对于动态显式路由，建立LSP的LSR需要有关MPLS域的拓扑结构信息和该域的QoS相关信息。一个MPLS流量工程规范（RFC 2702）指出，QoS相关信息可分为如下两类。

- 与一个FEC或多个类似FEC的集合相关的一组属性集，该集合指明了这一类FEC的行为特征。
- 与一些资源（结点，链路）相关的一组属性集，这些资源对于在它们中放置LSP是有约束的。

一个既考虑到各流的流量需求，同时又考虑到各跳及穿越各结点的可用资源的路由选择算法，称为**基于约束的路由选择算法**。从本质上讲，一个使用了基于约束的路由选择算法的网络能够在任何时候注意当前的网络利用率、目前的容量及承诺的服务。传统的路由选择算法（如OSPF和BGP）并未在算法中使用足够的耗费度量阵列，因此还称不上是基于约束的。更进一步，对于任何给定的路由计算，它们只能使用单一耗费度量（例如跳数，时延）。对于MPLS，它或者需要在一个现有路由协议上进行补充，或者需要开发一个新的协议。例如，已经定义了一个增强的OSPF版本（RFC 2676），它至少满足部分MPLS需求。对基于约束的路由选择，有用的度量的例子包括：

- 最大链路数据率
- 目前预约的容量
- 分组丢失率
- 链路传播时延

23.6　标记分发

23.6.1　标记分发的需求

路由选择包含为FEC定义一个LSP。而LSP的实际建立则属于另一个独立的功能。要实现这一目标，LSP上的每个LSR必须完成以下工作。

1. 给LSP指配一个标记，该标记用来识别属于相应FEC的进入分组。
2. 把它为该FEC指配的标记信息通知给所有潜在的上游结点（将来会把该FEC的分组发送到这个LSR的结点），使这些结点可以正确地为发给它的分组打上标记。
3. 了解该LSP的下一跳，同时了解下游结点（下一跳的LSR）指配给该FEC的标记信息。这样它才能够将一个进入标记映射到一个外出标记。

上面这个列表中的第一项是一个本地功能。第二项和第三项必须通过手工配置，或需要使用某种标记分发协议。因此，标记分发协议的本质是使一个LSR能够通知其他LSR有关其所做的标记/FEC绑定。除此之外，标记分发协议使两个LSR能够了解彼此的MPLS能力。MPLS体系结构并没有假定只有一个标记分发协议，而是允许多个类似的协议存在。特别地，RFC 3031建议用一个新的标记分发协议与一个现有协议（如RSVP和BGP）的增强版来完成这一功能。

标记分发和路由选择之间的关系很复杂。最好结合两种路由选择过程的上下文来研究。

在逐跳路由选择中，正如已经看到的，对于流量工程和基于策略的选路没有特别的考虑。在这种情况下，每个LSR采用常规的路由选择协议（如OSPF）来判定下一跳。利用路由协议来设计路由的过程就是标记分发协议的工作过程，这相对比较直观。

在显式路由选择中，必须采用更精深的路由选择算法，此类算法并不采用单一的度量来设计路由。在这种情况下，标记分发协议可以使用一个独立的路由选择协议，例如增强型的OSPF，或将路由选择算法结合进更复杂的标记分发协议。

23.6.2　标记分发协议

交流哪个标记与哪个FEC绑在一起的协议称为标记分发协议。标记分发协议有许多种，最常见的是标记分发协议（Label Distribution Protocol，LDP：RFC 5036）、资源预约协议–流量工程（Resource Reservation Protocol-Traffic Engineering，RSVP-TE：RFC 3209）以及为第三层VPN扩展的多协议BGP（L3VPN：RFC 4364）。LDP已经作为优选解决方案崭露头角，我们在此做一简单介绍。

LDP有一个简单目标：它是设计用来分发标记的协议。它是一组过程和报文的集合，标记交换路由器（LSR）用这些过程和报文来建立跨越网络的标记交换通道（LSP），将网络层路由选择信息直接映射成数据链路层交换通道。这些LSP可能在直接连接的邻居处有端点（与IP逐跳转发相对应），或者可能在网络出口处有端点，使得分组在经过所有的中间结点时都采用交换方式。LDP将转发等价类（FEC）与每个建立的LSP关联起来。与一个LSP关联的FEC指明了哪些分组应当映射到该LSP上。各LSR将每个FEC的入口标记与下一跳指配给该FEC的出口标记拼接起来，LSP从而得以在网络中延伸。

使用LDP交换FEC标记绑定信息的两个LSR称为LDP对等实体。为了交互信息，两个LDP对等实体首先在TCP连接上建立一个会话。LDP包含了LSR可以发现潜在LDP对等实体的机制。发现机制使得操作人员不需要显式地配置每个LSR的LDP对等实体。当LSR发现另一个

LSR时，它遵循LDP会话建立过程以建立一个LDP会话。通过这个过程，LSR建立起一个会话TCP连接，并用它来协商会话参数，例如拟使用的标记分配方法。在LSR对参数的意见取得一致后，会话开始工作，LSR使用TCP连接完成标记分发。

LDP支持两种不同的标记分发方法。一种是未受下游请求的（Downstream Unsolicited）分发，使用这种方法的LSR在它准备将某FEC的分组按MPLS方式转发时，将FEC标记绑定信息通告给它的对等实体。另一种是下游请求的（Downstream on Demand）分发，使用这种方法的LSR在收到对等实体有关某FEC的标记的特别请求后，将FEC标记绑定信息发送给对等实体。

LDP依靠路由选择协议（例如OSPF）来建立初始的LSR可达信息。也可以用路由选择协议来定义LSP的路由。如若不然，流量工程考虑可以决定LSP的完整路由（将在23.7节讨论）。一旦建立了某个LSP的路由，就要用LDP来建立LSP并指配标记。图23.7给出了LDP的工作过程。每个LSP都是单向的，标记指配从LSP的终点传递回源点。

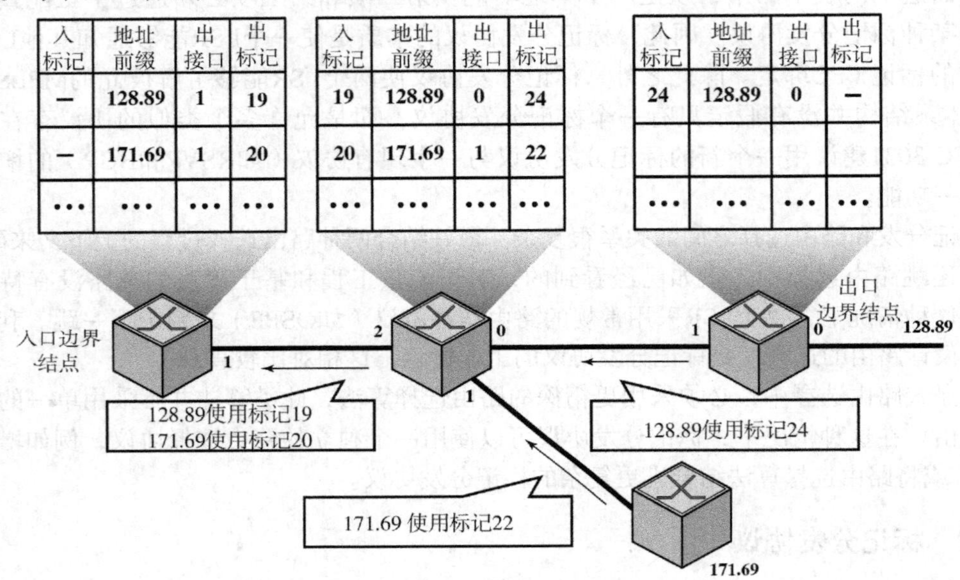

图23.7　使用LDP下游分配来指配标记

23.6.3　LDP 报文

LDP协议通过在LDP对等实体之间的TCP连接上交换报文完成工作。有4种类型的报文，分别反映了LDP的如下4种主要功能。

- **发现**　每个LSR声明和维护其在网络中的存在。LSR通过周期性发送Hello报文来指示它们存在于网络中。Hello报文作为一个到LDP端口的UDP分组发送，其目的地址是子网中所有路由器的组多播地址。
- **会话建立和维护**　如果两个LSR通过LDP Hello报文互相发现，就可以作为LDP对等实体建立、维持和终止会话。当一个路由器与另一个通过Hello报文获知的路由器建立会话时，它在TCP运输层上使用LDP初始化过程。当初始化过程顺利完成后，两个路由器就是LDP对等实体了，它们之间可以交互通告报文。
- **通告**　通告标记映射或标记绑定是LDP的主要任务。通告报文用于创建、更改和删除FEC的标记映射。请求一个标记或将标记映射通告给对等实体，都是由本地路由器决定的。通常，在路由器需要标记时，它会向相邻路由器请求一个标记映射，而当它希望邻居使用某标记时，就会向邻居路由器通告一个标记映射。

- **通知报文**　用来提供建议信息和指示差错信息。LDP通过发送通知报文来报告差错和其他感兴趣的事件。有两种LDP通知报文：
  - 差错通知，它意味着致命的差错。如果某路由器从对等实体收到一个LDP会话的差错通知，则该路由器通过关闭会话的TCP运输连接并丢弃所有通过会话了解到的标记映射来终止LDP会话。
  - 建议通知，它将某个LDP会话的信息或某些对等实体以前收到的报文状态回馈给路由器。

23.6.4　LDP 报文格式

图23.8所示为LDP报文的格式。每个LDP协议数据单元（PDU）包含一个LDP首部，以及后面跟着的一个或多个LDP报文。首部可能由如下3个字段组成。

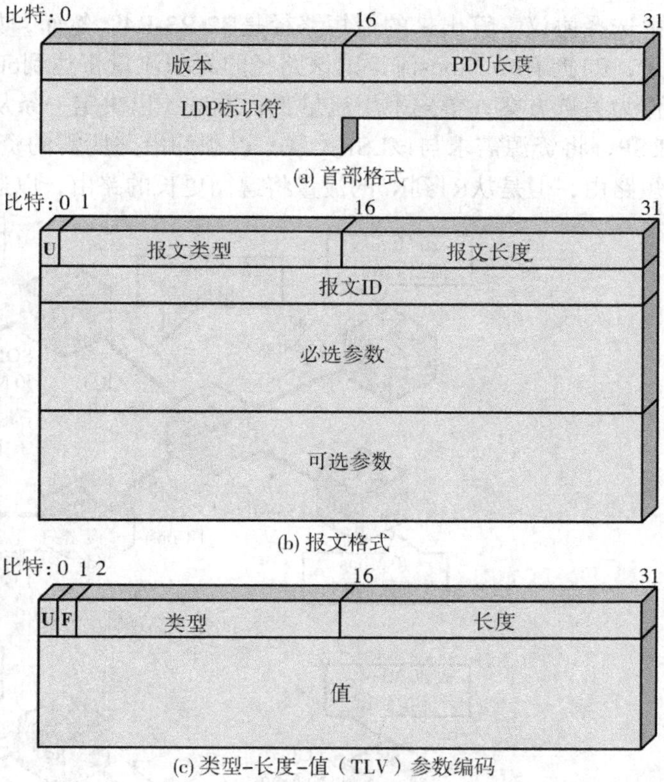

- **版本**　该协议的版本号。目前版本是1。
- **PDU长度**　以八位组表示的PDU长度。
- **LDP标识符**　标志了LSR的唯一性。

每个报文包含如下字段。

- **U比特**　指示如何处理一个未知类型的报文（转发或丢弃）。这实现了后向兼容性。
- **报文类型**　识别特定的报文类型（如Hello报文）。
- **报文长度**　以八位组表示的该报文长度。
- **报文ID**　采用一个序列号识别该特定报文。以后的通知报文可利用该ID识别是否与此报文相关。
- **必选参数**　所需要的报文参数的可变长度集合。某些报文没有必需的参数。
- **可选参数**　可选报文参数的可变长度集合。许多报文没有可选参数。

比特：0　16　31
版本　PDU长度
LDP标识符

(a) 首部格式

比特：0 1　16　31
U　报文类型　报文长度
报文ID
必选参数
可选参数

(b) 报文格式

比特：0 1 2　16　31
U F　类型　长度
值

(c) 类型-长度-值（TLV）参数编码

图23.8　LDP PDU格式

每个参数采用类型-长度-值（TLV）格式。一个LDP TLV编码成2个八位组字段，其中14比特用来指明类型，2比特指明当某个LSR不认识该类型时的行为，其后跟随的是2个八位组的长度字段，再后面是可变长度值字段。

23.7 流量工程

RFC 2702（MPLS上的流量工程需求）如此描述流量工程：

> 流量工程（TE）关注运行网络的优化。总的来说，它指导与测量、建模、特征化和控制互联网流量有关的技术应用与科学原则，并应用这些知识和技术以获得特定的性能目标。MPLS用于流量工程，它所关心的范畴是测量和控制①。

MPLS流量工程的目标有两个方面。首先，流量工程试图以网络容量**最大化利用**的方式将流量分配到网络中。其次，流量工程试图确保在考虑到各种分组流的服务质量需求的前提下，为分组流量选择其最希望的跨越网络的路由。在执行流量工程时，MPLS可能会重载由内部路由选择协议为给定源–终点流所选择的最短路径或最小耗费路由。

图23.9提供了流量工程的简单例子。R1和R8都有分组流发送给R5。使用OSPF或其他路由选择协议，算出来的最短路径是R2-R3-R4。然而，如果假设R8拥有稳定状态的20 Mbps流量，R1拥有40 Mbps流，则该路径的累积流量将达到60 Mbps，这将超过R3-R4链路的容量。作为另选方案，事先采用流量工程方法，以决定一条从源到终点的路径，并且通过建立一条LSP，将资源需求与该LSP关联，以预约沿路所需的资源。在这种情况下，从R8到R5遵循最短路由，但是从R1到R5的流量将遵循更长的路由，以避免网络过载。

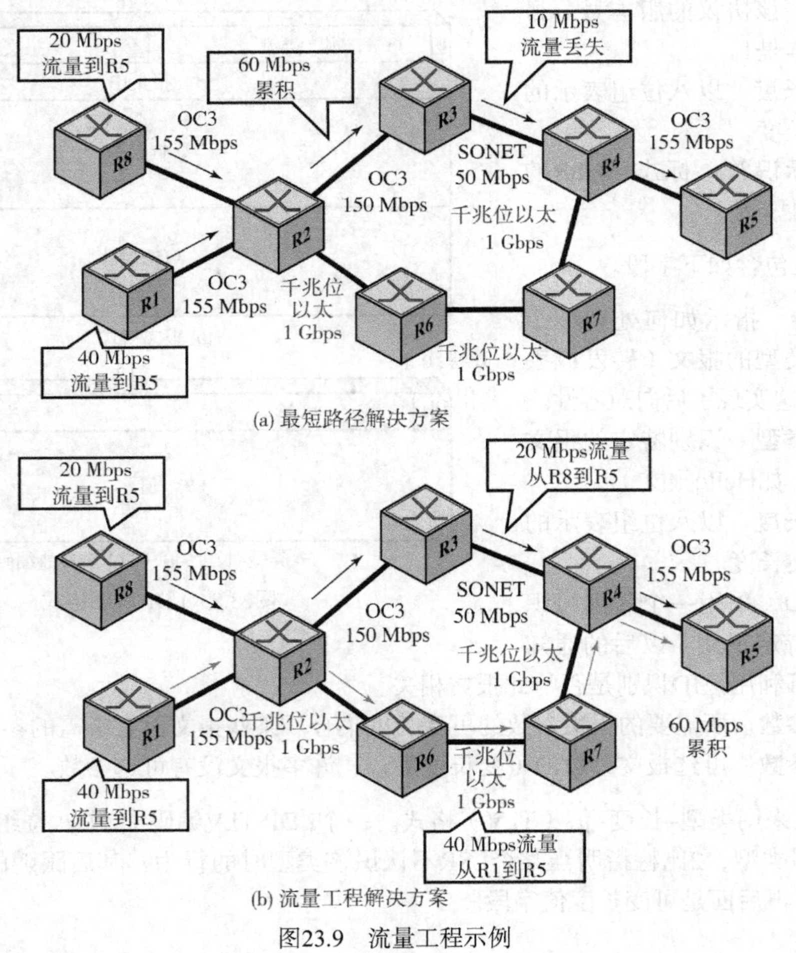

图23.9　流量工程示例

① RFC 2702，IETF Trust。

23.7.1　MPLS流量工程的要素

MPLS TE的工作需要了解网络拓扑和网络中的可用资源，然后它根据该流所需的资源和目前可用的资源，将流映射到特定的路径上。MPLS TE建立从源到终点的单向LSP，该LSP随后用以转发流量。LSP开始的点称为LSP头端或LSP源，LSP结束的点称为LSP尾端或LSP隧道终点。

LSP隧道允许实现各种与网络性能优化有关的策略。例如，LSP隧道可以自动或手工地选路绕开网络故障点、拥塞点或瓶颈。更进一步，可以在两结点之间建立多个并行的LSP隧道，两结点之间的流量可以根据本地策略分别映射到多个LSP隧道上。

为了实现MPLS TE，需要以下几个要素的通力合作。

- **信息分发**　需要一个链路状态协议（如OSPF）来发现网络的拓扑。OSPF经过改进，可以携带与TE相关的额外信息，例如可用带宽和其他相关参数信息。OSPF通过类型10（不透明的）的链路状态广播（LSA）来完成这一任务。
- **路径计算**　一旦网络的拓扑和备选的路由已知，就可以使用一个基于约束的路由选择策略来寻找经过特定网络的最短路径，并且这条路径能够满足流量的资源需求。基于约束的最短路径优先算法（随后讨论）可用于此功能，它工作于LSP头端。
- **路径建立**　需要一个信令协议来为流量预约资源，并为该流量建立LSP。IETF已经定义了完成这一任务的两种备选协议。RSVP已经被改进成具有流量工程扩展功能、可携带标记和建立LSP。另一种方法是LDP的增强，称为基于约束的选路标记分发协议（Constraint-based Routing Label Distribution Protocol，CR-LDP）。
- **流量转发**　通过MPLS实现流量转发，利用前面描述的流量工程要素建立的LSP。

23.7.2　基于约束的最短路径优先算法

基于约束的最短路径优先（Constrained Shortest-Path First，CSPF）算法是OSPF里使用的最短路径优先（SPF）算法的增强版本。CSPF将各种约束考虑在内之后计算路径。在为LSP计算路径时，CSPF会考虑网络的拓扑、LSR之间的单个链路属性，以及现有LSP的属性。CSPF试图满足新LSP的需求，同时通过平衡网络流量来使拥塞最小化。

图23.10显示了使用CSPF的上下文信息。在建立新的LSP时，CSPF在以下3个输入的基础上工作。

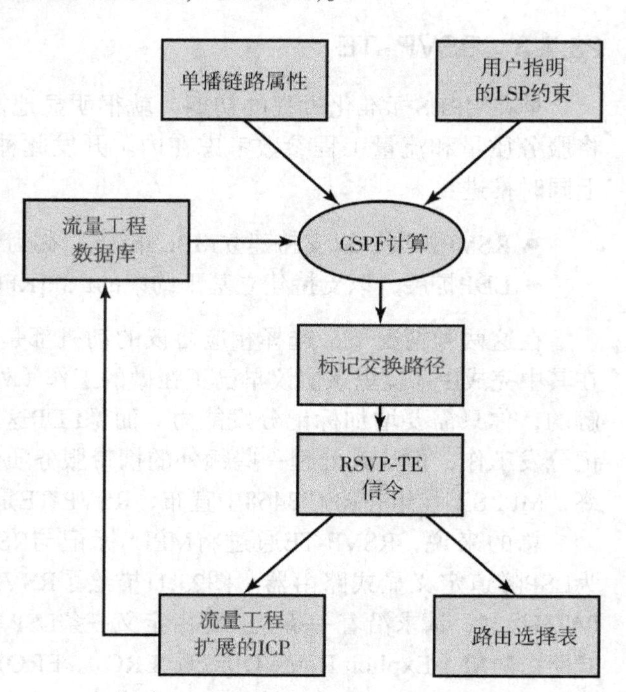

图23.10　CSPF流程图

- **单播链路属性**　包括链路的容量以及允许使用该链路的管理组。例如，某链路可能被预设为仅限一个或几个组使用，也有可能特意禁止某些组使用该链路。术语颜色用来指一个特定的管理组。

- **用户指明的LSP约束**　当一个应用请求某个给定单播目的地的LSP时，该应用指明了路径所需的属性，包括数据率、跳数限制、链路颜色需求、优先级和显式的路由需求。
- **流量工程数据库**　该数据库维护当前的拓扑信息、目前链路可预约容量和链路颜色。

基于以上3个输入，CSPF算法为请求的LSP选择一条路由。RSVP-TE使用这些信息来建立路径并为路由选择算法提供信息，这些信息进一步更新了流量工程数据库。

总的来说，CSPF路径选择过程包括如下步骤。

1. 如果需要定义多条LSP，则每次计算一条LSP，从最高优先级LSP开始。当LSP的优先级相同时，CSPF从有最高容量需求的LSP开始计算。
2. 将流量工程数据库中所有没有足够可预约容量的链路剪除。如果LSP配置包括包含声明，则将所有不与包含颜色共享的链路剪除。如果LSP配置包括排除声明，则将所有包含了被排除的颜色以及不包括任何颜色的链路剪除。
3. 寻找到LSP 出口路由器的最短路径，考虑显式路径约束。例如，如果路径必须经过路由器A，则计算两个独立的SPF，一个从入口路由器到路由器A，另一个从路由器A到出口路由器。
4. 如果存在几个相等耗费的路径，则选择具有最小跳数的路径。
5. 如果仍然存在几个相等耗费的路径，则应用LSP上所配置的CSPF负荷平衡规则。

23.7.3　RSVP-TE

早在MPLS标准化过程的初期，就很明显地需要一个协议，使服务提供者在建立LSP时将服务质量和流量工程参数考虑在内。开发此种类型的信令协议的任务在两个不同的轨道上同时推进：

- RSVP扩展，以支持建立MPLS隧道，称为RSVP-TE[RFC 3209]
- LDP扩展，以支持建立基于约束的LSP[RFC 3212]

在这两种情况下，选择相应协议的动机都是很直观的。将RSVP-TE扩展到MPLS环境，在其中完成IP环境里该协议早已正在做的工作（处理服务质量信息和预约资源），这是可以理解的，你只需要增加标记分发能力。而像LDP这样纯粹的MPLS协议，尽管它设计来完成标记分发工作，但让其处理一些额外的携带服务质量信息的TLV参数，也不是什么新鲜事。最终，MPLS工作组在RFC 3468中宣布，RSVP-TE是推荐方案。

总的来说，RSVP-TE通过将MPLS标记与RSVP流关联来工作。RSVP用来预约资源并为LSP隧道定义显式路由器。图23.11描绘了RSVP-TE的基本操作。入口结点通过使用RSVP PATH报文，请求沿着一条显式路由定义一条LSP。PATH报文包括一个标记请求对象和一个显式路由对象（Explicit Route Object，ERO）。ERO定义了LSP应遵循的显式路由。

标记交换路径的目的结点以一个内含LABEL对象的响应RSVP Resv报文来应答LABEL_REQUEST报文。LABEL对象立即被插入过滤规范列表中，位于其所属过滤规范之后。Resv报文随后沿Path报文创建的路径状态，以相反顺序被回送给上游，直至发送者。

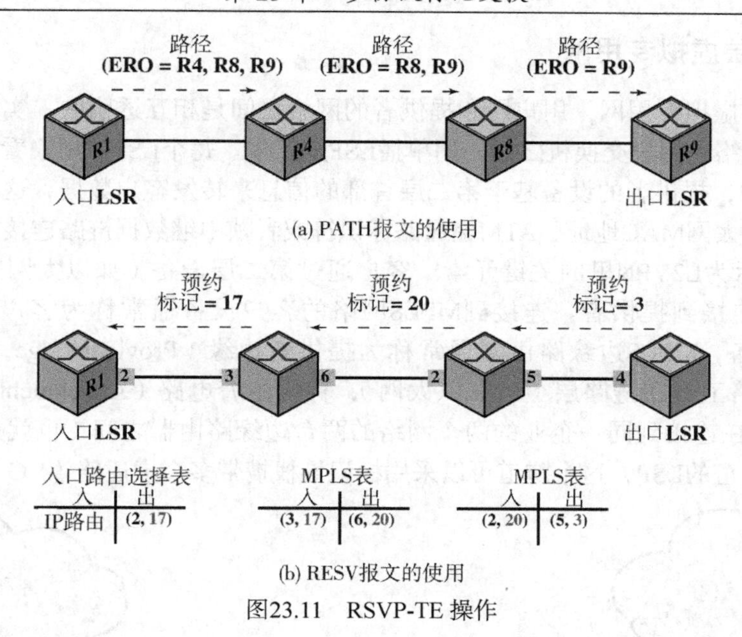

图23.11　RSVP-TE 操作

23.8　虚拟专用网

虚拟专用网（VPN）是配置在公共网络（一个电信运营商的网络或因特网）内的专用网，以利用其大范围布设的经济性和大网络的管理设施。虚拟专用网被企业广泛采用，以创建跨越广阔地理区域的广域网，提供到分支办公室的站点到站点连接，并允许移动用户拨号进入其公司局域网。从提供者的角度来看，公共网络设施被许多客户共享，每个客户的流量与其他流量隔离。虚拟专用网的流量只能从一个虚拟专用网源点到同一个虚拟专用网里的某个终点。虚拟专用网很普遍地采用加密和鉴权设施。

关于虚拟专用网的话题，即便仅限于MPLS支持的虚拟专用网，也是非常复杂的。本节简单概述两个最常见的用MPLS实现虚拟专用网的方法：第二层虚拟专用网（Layer 2 VPN，L2VPN）和第三层虚拟专用网（Layer 3 VPN，L3VPN）。

表23.2基于RFC 4026（“提供者提供的虚拟专用网术语”）定义了讨论中用到的关键VPN术语。

表23.2　虚拟专用网术语

术语	定义
附着电路（AC）	在一个第二层虚拟专用网中，用户边缘通过附着电路连接到提供者边缘。附着电路可能是物理链路或逻辑链路
客户边缘（CE）	客户驻地上的一个设备或一组设备，与提供者提供的虚拟专用网连接
第二层虚拟专用网（L2VPN）	一个基于第二层地址连接一组主机和路由器的L2VPN
第三层虚拟专用网（L3VPN）	一个基于第三层地址连接一组主机和路由器的L3VPN
分组交换网（PSN）	一个网络，其中建立了支持虚拟专用网服务的隧道
提供者边缘（PE）	位于提供者网络边缘，具有与客户接口所需能力的一个或一组设备
隧道	连接经过分组交换网络，用来从一个提供者边缘发送跨越网络的流量到另一个提供者边缘。隧道提供一种方法，将分组从一个提供者边缘运送到另一个。将一个客户的流量与另一个客户的流量区分开，是通过隧道复用器完成的
隧道复用器	一个与分组一起穿越隧道的实体，使得分组能够被判断属于哪个服务实例，以及来自哪个发送者。在MPLS网络中，隧道复用器被格式化成MPLS标记
虚通路（VC）	虚通路在隧道内运输，并通过其隧道复用器识别。在支持MPLS的IP网络中，虚通路标记用来识别隧道中流量属于哪个特定VPN的MPLS标记。也就是说，VC标记是使用MPLS标记的网络所使用的隧道复用器
虚拟专用网（VPN）	一个通用的术语，涉及所有使用公共或专用的网络来创建用户组，使这些用户与其他网络用户分隔开，他们之间可以互相像在一个专用网内那样通信。

23.8.1　第二层虚拟专用网

采用第二层虚拟专用网，用户网和提供者的网络之间是相互透明的。实际上，用户请求连接到提供者网络的用户交换机之间，用单播LSP全互连。每个LSP被用户看成一条第二层电路。在L2VPN中，提供者的设备基于第二层首部的信息来转发客户数据，这些第二层首部信息的例子包括以太网MAC地址、ATM虚通路标识符或者帧中继数据链路连接标识符。

图23.12所示为L2VPN里的关键元素。客户通过第二层设备（如以太网交换机、帧中继或ATM结点）连接到提供者。连接到MPLS网络的客户设备通常称为客户边缘（Customer Edge，CE）设备。MPLS边缘路由器通常称为提供者边缘（Provider Edge，PE）设备。CE和PE之间的链路工作在链路层（例如以太网），称为附着电路（Attachment Circuit，AC）。MPLS网络随后在连接到同一企业的两个网络的两台边缘路由器之间（也就是两个PE之间）建立一条用作隧道的LSP，这个隧道可以采用标记堆栈携带多个虚通路（VC）。

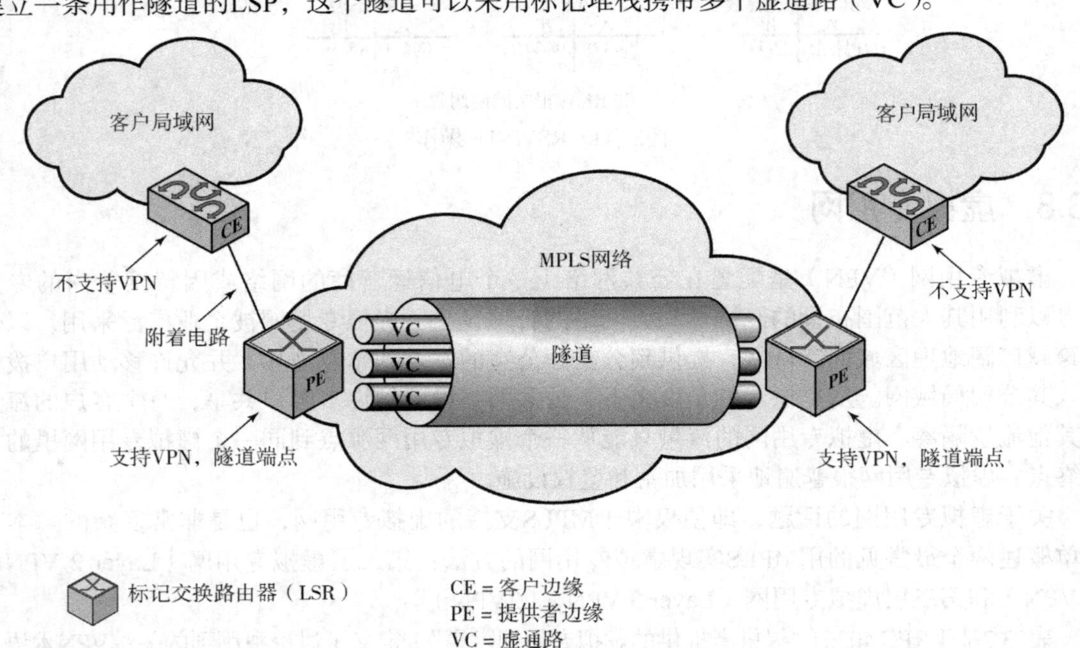

图23.12　第二层VPN概念

当一个链路层帧从CE到达PE时，PE生成MPLS分组。PE压入一个与分配给该帧的VC对应的标记。随后PE在该分组的标记堆栈中压入第二个标记，第二个标记对应的是为该VC在源和目的PE之间建立的隧道。分组随后选路经过该隧道相关的LSP，使用顶层标记来完成标记交换选路。在目的地边缘，目的PE弹出隧道标记并检查VC标记。这告诉PE如何构建一个链路层帧来交付有效载荷给目的CE。

举例来说，如果MPLS分组的有效载荷是ATM AAL5 PDU，那么VC标记通常在PE2对应着一个特定的ATM VC。这就是说，PE2需要能够从VC标记推算出其外出接口以及AAL5 PDU的VPI/VCI（虚通道标识符/ 虚通路标识符）值。如果有效载荷是帧中继PDU，那么PE2需要能够从VC标记推算出其外出接口以及DLCI（数据链路连接标识符）值。如果有效载荷是一个以太网帧，那么PE2需要能够从VC标记推算出其外出接口以及可能的VLAN标识符。这个过程是单向的，双向操作时需要两个方向都独立地重复这一过程。

隧道中的虚电路可以全部属于某个企业，也可以用一个隧道管理来自多个企业的虚电路。在任何情况下，从客户的角度看，一条虚电路就是一个专属的链路层点到点信道。若一个PE有多个VC与CE相连，从逻辑上看就是在客户和提供者之间复用了多条链路层信道。

23.8.2　第三层虚拟专用网

L2VPN的构建基于链路层地址（例如MAC地址），而L3VPN则基于CE之间的VPN路由。这些路由的建立要基于IP地址。像L2VPN一样，基于MPLS的L3VPN通常使用两级标记堆栈。内标记标志了特定的VPN实例，外标记标志了一个隧道或经过MPLS提供者网络的路由。隧道标记与LSP关联，用于标记替换和转发。在出口PE，隧道标记被剥离，VPN标记被用来引导分组到正确的CE，以及到该CE上合适的逻辑流。

对于L3VPN，CE实现了IP，因此是个路由器，正如图23.1所示。CE路由器向提供者通告它们的网络情况。提供者网络随后可以使用一个增强的BGP版本，在CE之间建立VPN。在提供者网络内部，像CR-LDP这样的MPLS工具被用来在边缘PE之间建立路由以支持VPN。因此，提供者的路由器参与到客户的第三层选路功能中。

23.9　推荐读物

[VISW98]包括一个精简的MPLS体系结构概述，并描述了先于MPLS的各种专有技术。[LAWR01]关注MPLS交换机的设计。ITU-T Recommendation Y.1370对MPLS的操作有出色的介绍[ITUT05]。

ITUT05　ITU-T. *MPLS Layer Network Architecture*. ITU-T Recommendation Y.1370, 2005.

LAWR01　Lawrence, J. "Designing Multiprotocol Label Switching Networks." *IEEE Communications Magazine*, July 2001.

VISW98　Viswanathan, A., et al. "Evolution of Multiprotocol Label Switching." *IEEE Communications Magazine*, May 1998.

23.10　关键术语、复习题及习题

关键术语

constrained shortest-path first algorithm　基于约束的最短路径优先算法

constraint-based routing algorithm　基于约束的路由选择算法

forwarding equivalence class　转发等价类（FEC）

label distribution　标记分发

Label Distribution Protocol　标记分发协议（LDP）

label stacking　标记堆栈

label switched path　标记交换通路（LSP）

label switching router　标记交换路由器（LSR）

Layer 2 Virtual Private Network　第二层虚拟专用网（L2VPN）

Layer 3 Virtual Private Network　第三层虚拟专用网（L3VPN）

LSP tunnel　LSP隧道

Multiprotocol Label Switching　多协议标记交换（MPLS）

pseudowire　伪线

Resource Reservation Protocol-Traffic Engineering　资源预约协议–流量工程（RSVP-TE）
traffic engineering　流量工程

复习题

23.1　什么是流量工程？
23.2　什么是MPLS转发等价类？
23.3　什么是MPLS标记交换通路？
23.4　解释标记堆栈。
23.5　基于约束的路由选择算法的含义是什么？

习题

23.1　MPLS规范允许LSR使用一种称为倒数第二跳弹出（penultimate hop popping）的技术。采用该技术，LSP里邻近终点的LSR可以移除分组的标记，并将不带标记的分组发送给LSP上的最后一个LSR。

a. 解释一下为什么这一动作是可能的，也就是说，为什么它能够导致正确的行为。

b. 倒数第二跳弹出有什么优点？

23.2　在TCP/IP协议族里，在某个协议层对应的首部里携带识别下一个更高层所使用协议的信息，是一种标准的处理方式。该信息是必要的，这样PDU的接收者，当剥除特定首部时，能够知道如何解释剩余的比特，以识别和处理剩余的首部部分。例如，IPv4和IPv6首部分别有一个协议字段和一个下一首部字段（见图14.5），TCP和UDP都有一个端口字段（见图15.10和图15.14），该字段可用来识别TCP或UDP上层的协议。然而，MPLS结点在处理一个分组时，该分组的最顶元素是MPLS标记字段，其中没有包含对封装的是何协议的显式信息。通常，该协议是IPv4，但也可以是其他网络层协议。

a. LSP沿途的哪些MPLS结点需要识别分组的网络层协议？

b. 我们必须给MPLS标记设置什么条件才能保证正确的处理？

c. 这些限制是MPLS标记堆栈的所有标记都需要的吗？如果不是，谁需要？

23.3　图23.5描绘了标记堆栈里的最顶标记与封装的第二层首部相邻，堆栈底的标记与传输的协议（如IP协议）首部相邻。解释为什么这是个合适的顺序，而不是反过来。

23.4　支持MPLS的IP网络中，每个路由器的IP层仍必须检查IP首部，以做出路由选择的决定吗？请解释。

23.5　假设我们有两个应用使用了具有流量工程的MPLS。一个应用是延迟敏感（DS）的，例如实时话音或视频应用。另外一个应用是吞吐量敏感（TS）的，例如文件传送应用或海量远端传感器回馈。现在考虑由用户为所请求的LSP的入口结点定义的如下设置。

	PDR	PBS	CDR	CBS	EBS	频度
1	S	S	=PDR	=PBS	0	频繁
2	S	S	S	S	0	未指明

其中，S值是用户指定的，可能每个表项不相同。

a. 哪一行更适合延迟敏感，哪一行更适合吞吐量敏感？

b. 考虑以下两个策略：（1）如果PDR超出则丢弃分组。（2）如果PDR或PBS超出则丢弃分组；如果CDR或CBS超出，则在需要时将分组标记为可以丢弃。哪种策略更适合延迟敏感，哪种策略更适合吞吐量敏感？

第八部分　因特网应用

第24章　电子邮件、域名系统和HTTP

学 习 目 标

在学习了本章的内容之后，应当能够：

- 论述电子邮件应用；
- 解释SMTP的基本功能；
- 解释为什么需要MIME作为对基本E-mail的增强；
- 描述MIME的主要构成；
- 解释因特网的域和域名；
- 论述域名系统（DNS）的工作过程；
- 解释HTTP在Web操作中所发挥的作用；
- 描述HTTP中的代理、网关以及隧道功能；
- 解释Web缓存。

本章首先介绍电子邮件，并以SMTP和MIMI为例，其中SMTP提供了基本的E-mail服务，而MIME在SMTP的基础上增加了多媒体功能。接着，本章要讨论域名系统，它是因特网上的最基本的名称/地址目录查找服务。最后，我们要考察的是用以支持WWW工作的HTTP协议。

24.1　电子邮件——SMTP和MIME

电子邮件是一种允许用户通过工作站和终端撰写并交换报文的工具。这些报文并不需要写在纸面上，除非用户（发件人或收件人）想要纸质的副本。有些电子邮件系统只服务于同一台计算机上的用户，而另外一些系统则通过计算机网络来提供服务。

本节将考察标准因特网邮件系统的体系结构，然后讨论用于支持电子邮件应用的主要协议。

24.1.1　因特网邮件体系结构

要想掌握电子邮件系统及其配套协议的操作，最好先要了解一下因特网邮件的体系结构，它目前在RFC 5598（因特网邮件体系结构）中定义。从最基本的层面看，因特网邮件体系结构由用户领域和传输领域构成，用户领域的表现形式为报文用户代理（Message User Agents，MUA），传输领域的表现形式为报文处理服务（Message Handling Service，MHS），其中包含了报文传送代理（Message Transfer Agents，MTA）。MHS接收来自某个用户的报文，并将其传送给另一个或多个用户，创建了虚拟的从报文用户代理到报文用户代理的交流环境。此体系结构包括3种类型的互操作性。一种是直接作用于用户之间的：报文必须由代表了报文作者的报文用户代理进行格式化，才能使该报文被终点报文用户代理呈现给报文收件人。另外，在报文用户代理和报文处理服务之间也有互操作性要求：在报文从报文用户代理递交给报文处理服务时，以及在报文处理服务交付给终点报文用户代理时。再者，沿着采用报文处理服务穿越的传输路径，各个报文传送代理之间也需要具有互操作性。

图24.1描绘了因特网邮件体系结构的主要构成，包括以下内容。

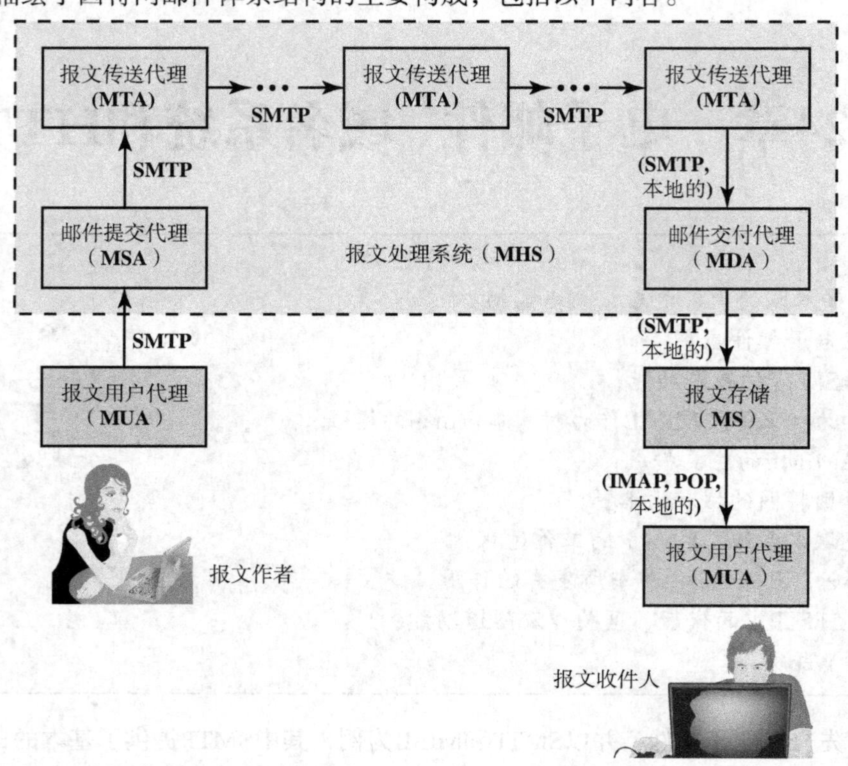

图24.1　在因特网邮件体系结构中，报文作者和收件人之间使用的功能模块及标准协议

- **报文用户代理（Message User Agents，MUA）** 代表用户角色及用户应用程序进行工作。在电子邮件服务系统中，报文用户代理就是用户和用户应用的代表。通常，这个功能位于用户的计算机上，并称为客户电子邮件程序或本地网络电子邮件服务器。发件方的报文用户代理对报文进行格式化，由邮件提交代理提交并进入报文处理服务。收件方的报文用户代理进程接收邮件，并存储和/或显示给接收用户。
- **邮件提交代理（Mail Submission Agent，MSA）** 接受由报文用户代理提交的报文，并强制实施主机域的策略和因特网标准的要求。此功能可以与报文用户代理并置，或者作为一个单独的功能模型存在。在后一种情况下，在报文用户代理和邮件提交代理之间使用简单邮件传输协议（SMTP）。
- **报文传送代理（Message Transfer Agent，MTA）** 用于应用级的邮件分程传递。正如分组交换机或IP路由器，它的工作就是对路由进行评估，并通过转发使报文一步步接近收件人。通过一系列报文传送代理的转发，报文最终到达终点邮件交付代理。报文传送代理还会在报文首部中添加跟踪信息。在报文传送代理之间，以及报文传送代理与邮件提交代理或邮件交付代理之间，使用的是SMTP。

- **邮件交付代理（Mail Delivery Agent，MDA）** 负责将报文从报文处理服务传递到报文存储单元。
- **报文存储（Message Store，MS）** 报文用户代理可以应用一个长期的报文存储单元。报文存储单元可位于远程服务器上，或者与报文用户代理位于同一台计算机上。通常情况下，报文用户代理使用POP（邮局协议）或IMAP（报文访问协议）从远程服务器上提取报文。

另外还有两个概念需要定义。**行政管理域**（administrative management domain，ADMD）是指因特网电子邮件提供者。例如，运营本地报文传送代理的部门、管理企业报文传送代理的IT部门，以及运营公众共享电子邮件服务的ISP。每个行政管理域可以有不同的运营策略和基于信任的决策制定过程。一个显著的例子是，在组织内部交流的邮件与在不同组织间交流的邮件之间的区别。处理这两种通信量的规则往往有很大的不同。

用户代理功能对于电子邮件用户来说是可见的，包括用于报文的准备和提交工作，以便该报文通过路由选择到达终点的设施，还包括帮助用户归档、检索、回复和转发邮件的辅助工具。报文处理服务接受来自用户代理的报文，并通过网络或互联网传输。报文处理服务涉及到发送和传递邮件所需的协议操作。

用户不直接与报文处理服务交互。如果用户为报文指定了一个本地的收件人，报文用户代理就将该报文存储在本地的收件人邮箱中。如果指定的是远程收件人，报文用户代理就将邮件传递给报文处理服务，然后传输到远程的报文传送代理，并最终到达远程邮箱。

为了实现因特网邮件体系结构，需要一组标准。其中值得关注的标准有如下4个。

- **邮局协议（POP）** POP3允许电子邮件客户端（用户代理，UA）从电子邮件服务器（报文传送代理）下载电子邮件。POP3用户代理通过TCP/IP连接到服务器（通常为端口110）。用户代理输入用户名和密码（或者为了方便起见将其保存在机器内，或者为了更好的安全性而每次都由用户亲自输入）。授权之后用户代理即可发出POP3命令来检索和删除邮件。
- **因特网邮件访问协议（IMAP）** 与POP3一样，IMAP也允许电子邮件客户端访问邮件服务器上的邮件。IMAP也使用TCP/IP，且服务器的TCP端口号为143。IMAP比POP3更复杂。IMAP提供了比POP3更强的身份验证，并能提供一些POP3不支持的功能。
- **简单邮件传送协议（SMTP）** 这个协议用于从用户代理到报文传送代理或者从一个报文传送代理到另一个报文传送代理之间传递电子邮件。
- **多用途网际邮件扩充（MIME）协议** MIME进一步扩充了SMTP，并允许将多媒体（非文本）报文封装在标准的SMTP报文内。

本节后面的内容将详细讨论这些标准。

24.1.2　简单邮件传送协议（SMTP）

简单邮件传送协议（Simple Mail Transfer Protocol，SMTP）是TCP/IP协议族中用于主机之间相互传送邮件的标准协议，它在RFC 821中定义。

虽然通过SMTP传送的报文通常都沿用了RFC 822（稍后介绍）中定义的格式，但是除了两个例外情况，SMTP并不关心报文本身的格式或内容。这个概念通常可以比喻为SMTP利用写在邮件“信封”（报文首部）上的信息，但并不会查看信封里面的内容（报文主体）。两个例外情况分别是：

1. SMTP要将报文字符标准化为7比特的ASCII码。

2. SMTP在要交付的报文首部附加一些日志信息，以指示报文采用的路径。

基本电子邮件工作过程

图24.2所示为典型系统中的完整邮件流程。虽然大多数工作并不在SMTP的职责范围内，但图中描绘了SMTP典型工作过程所处的背景环境。

首先，邮件是由用户代理程序响应用户的输入而创建的。创建的每个报文都由一个报文首部和一个报文主体组成，其中报文首部包含了收件方的电子邮件地址以及其他一些信息，而报文主体则包含了要发送的消息。然后，这些报文以某种方式进行排队，并作为输入提供给SMTP发送程序，通常这个程序是主机上的一个随时待命的服务器程序。

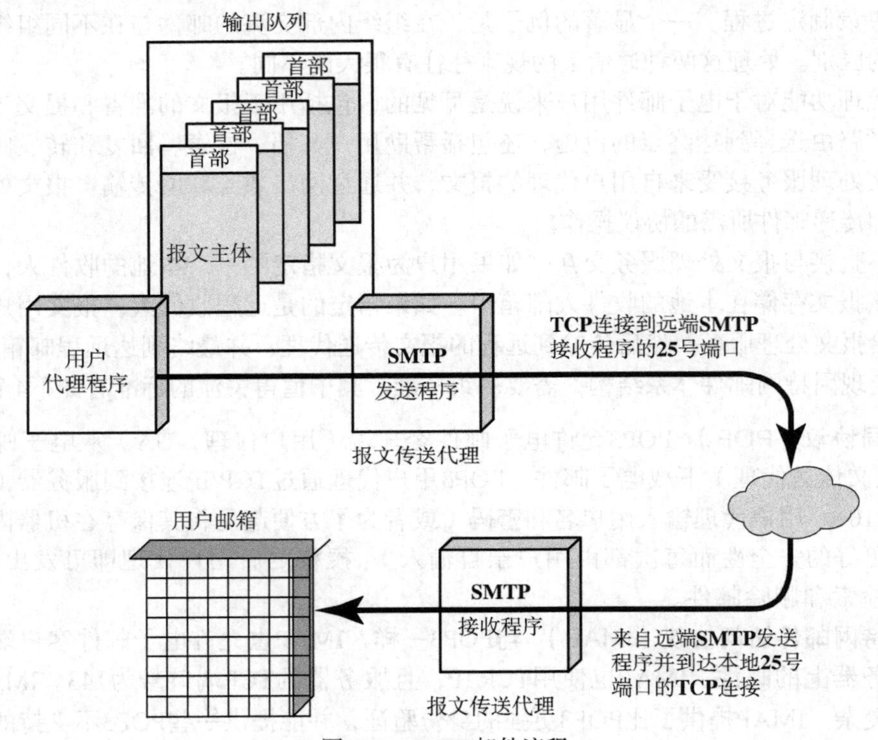

图24.2 SMTP邮件流程

虽然出邮件队列的结构会根据不同的主机操作系统而有所不同，但从逻辑上看，队列中的每个报文都含有以下两个部分。

1. 报文文本，组成如下：
   - RFC 822首部，构成报文的信封并包含一个指示，指出一个或多个预期的收件方。
   - 报文的主体，由用户编写。

2. 邮件目的地址列表。

报文的邮件目的地址列表是由用户代理程序从RFC 822报文首部中推导出来的。在某些情况下，一个或多个目的地址被明确地写在报文首部中。而在另一些情况下，用户代理程序可能需要扩充邮件发送列表中的名称，删除重复的地址，并用实际的邮箱名称代替辅助记忆的名称等。如果指示有任何隐蔽副本（Blind Carbon Copy，BCC），用户代理程序就需要准备报文以满足这一要求。其基本思想是，用户界面上取悦用户的各种格式及风格都将被适合SMTP发送程序的标准列表所取代。

SMTP发送程序从出邮件队列中取得报文，并用SMTP事务经过一个或多个TCP连接将它们传输到目标主机的25号端口，从而将这些报文传输到正确的目的主机。如果主机有大量的出邮件，则可以同时具有多个活动的SMTP发送程序，并且还具有根据需要创建SMTP接收程序的能力，这样才不会因为正在接收来自某个主机的邮件而延误来自另一个主机的邮件。

当SMTP发送程序成功地将某个报文传递到给定主机上的一个或多个用户后，它就从报文的目的地址列表中删除相应的目的地址。当报文的所有目的地址都被处理过之后，这个报文就从队列中删除。在处理队列的过程中，SMTP发送程序可以执行各种优化工作。如果某个报文是发送到同一个主机上的多个用户的，那么这个报文的文本只需要发送一次。如果已经有多个报文准备发送到同一个主机，SMTP发送程序就可以一次性打开TCP连接，传送多个报文，然后再关闭连接，而不是为每个报文都要打开和关闭一次连接。

SMTP发送程序必须处理各种各样的差错。目的主机可能无法到达、不处于工作状态或者TCP连接在邮件传送过程中出现故障等。发送程序可以将邮件重新排队，稍后再递交，并在经过一段时间之后放弃尝试，而不是永无止境地在队列中保留这个报文。一种常见的差错是错误的目的地址，这可能是因为用户输入错误，或者是因为预期的目的用户换了一个不同主机上的新地址。如果可能，SMTP发送程序必须为这个报文重定向，或者向报文发件方返回一个差错通告。

SMTP发送程序使用SMTP协议将报文通过TCP连接传送给SMTP接收程序。SMTP试图提供可靠的操作，但并不保证能够恢复丢失的报文。当报文成功地交付到收件方时，它并不会向报文的发件方返回端到端的确认，甚至不保证一定能够返回差错指示。但是，基于SMTP的邮件系统通常被认为是可靠的。

SMTP接收程序接受每一个到达的报文，它可能会将这个报文投放到适当的用户邮箱中，或者如果需要转发，则将其复制到本地的出邮件队列中。SMTP接收程序必须能够验证本地邮件目的地址并处理各种差错，包括传输差错以及没有足够的磁盘空间保存文件等。

SMTP发送程序对报文所负有的责任直到SMTP接收程序指示传送完成为止。但是，这仅仅表示报文已经到达SMTP接收程序，而不是说报文已经交付给了预期的收件人，并被读取。SMTP接收程序处理差错的职责范围通常仅限于放弃有故障的TCP连接，或者放弃那些在长时间内处于非活动状态的TCP连接。因此，发送程序承担了大部分的差错恢复任务。在收到完成指示之前的一段时间内发生的差错可能会导致重复的报文，但不会有报文丢失。

在大多数情况下，报文从发件方的机器直接通过一条TCP连接到达目的机器。但是，邮件偶尔也会利用SMTP的转发功能途经数个中间机器。在这种情况下，报文必须途经从源到终点的多条TCP连接。产生这种现象的一种可能情况是，发送程序以服务器序列的形式指明了一条到达终点的路由。而更为常见的情况则是因用户地址的搬迁而需要转发。

有一点很重要，需要注意，SMTP协议的作用范围仅限于SMTP发送程序和SMTP接收程序之间的对话过程。SMTP的主要功能是传送报文，尽管有一些辅助功能是针对目的鉴别及处理的。图24.2所示的其他一些邮件处理工具超出了SMTP的范围，且根据不同的系统而各不相同。

RFC 822

RFC 822定义电子邮件发送的报文文本的格式。SMTP标准采纳了RFC 822作为其格式，用以构造通过SMTP传输的报文。在RFC 822中，报文被视为是有信封和内容的。信封包含的是用于完成传输及交付所必需的各种信息。内容则由需要交付给收件方的对象组成。RFC 822标准仅适用于内容。不过，这个内容标准中也包括了一组首部字段，邮件系统可以利用这些字段来创建信封，这个标准试图让程序能够方便地获取此类信息。

RFC 822报文由文本行序列组成，并使用普通的“备注”框架结构。也就是说，报文由一些遵从固定格式的首部行，及其后由任意文本组成的主体部分构成。

通常，首部行由一个关键字、一个冒号以及该关键字的参数组成。这种格式允许将较长的行分成几行来写。最常用的关键字有From，To，Subject和Date。以下是一个报文示例：

Date: Mon, 10 Mar 2008 10:37:17 (EDT)（EST即东部标准时间）

From: “William Stallings” <ws@host.com>

Subject: The Syntax in RFC 822

To: Smith@Other-host.com

Cc: Jones@Yet-Another-Host.com

Hello. This section begins the actual message body, which is delimited from the message heading by a blank line.

另一个在RFC 822首部中经常出现的字段是Message-ID（报文标识符）。这个字段包含的是一个与该报文相关联的唯一标识符。

24.1.3 多用途网际邮件扩充（MIME）协议

多用途网际邮件扩充协议（MIME）是RFC 822框架结构的扩充，它的用意是要解决使用SMTP和RFC 822传递电子邮件时遇到的一些问题和局限性。[RARZ06]中列出了SMTP/822机制中的局限性，如下所述。

1. SMTP不能传输可执行文件或其他二进制的对象。SMTP邮件系统可以使用一些机制将二进制文件转换成文本格式，包括流行的UNIX UU编码/UU解码机制。但是，这里面并没有一个标准，甚至没有一个事实上的标准。
2. SMTP不能传输包含各国语言字符的文本数据，这些非英语国家字符是以十进制值高于128的8比特编码表示的，而SMTP仅限于7比特ASCII码。
3. SMTP服务器可能会拒绝超过一定长度的报文。
4. 在ASCII和字符编码EBCDIC之间进行转换的SMTP网关不能使用一组相互兼容的映射，因而会导致转换问题。
5. 到X.400电子邮件网络的SMTP网关不能处理X.400报文中的非文本数据。
6. 有一些SMTP实现并没有完全遵照RFC 821中定义的SMTP标准。常见的问题包括：
   - 对回车和换行进行删除、添加或重新排序
   - 对大于76个字符的行截断或回卷
   - 对尾部空白（制表符和空格符）的删除
   - 将报文中的行填充成相同的长度
   - 将一个制表符转换成多个空格字符

MIME试图用与现有RFC 822实现相互兼容的方式来解决这些问题。这个规约在RFC 2045到2049中发表。

概述

MIME规约包括以下一些组成元素。

1. 定义了5个可能会在RFC 822首部中出现的新的报文首部字段。这些字段提供与报文主体相关的信息。

2. 定义了一些内容格式，因而标准化了支持多媒体的电子邮件的表示方法。
3. 定义了传送编码，使任何内容格式都能够转化成一种受邮件系统保护的，不被随意改变的格式。

本节要介绍5个报文首部字段，之后将讨论内容的格式和传送编码。

MIME中定义的5个首部字段如下所述。

- **MIME-Version（MIME版本）** 其参数值必定是1.0。这个字段指出报文服从相关RFC文档。
- **Content-Type（内容类型）** 足够详细地描述了报文主体包含的数据。这样，接收方的用户代理程序就可以挑选适当的代理进程或机制，向用户提交这些数据，或者在另一种情况下，以适当的方式处理数据。
- **Content-Transfer-Encoding（内容传送编码）** 指出用来表示报文主体的转换类型，这样做是为了以某种方式将报文主体表示成邮件传送时可接受的格式。
- **Content-ID（内容标识符）** 用于在多个内容中唯一地标识每个MIME报文实体。
- **Content-Description（内容描述）** 主体对象的简单文本描述。当被描述的对象不可读时（如话音数据），它十分有用。

这些字段中的任何一个或所有字段都可能出现在普通的RFC 822首部中。一个完整的实现必须支持MIME-Version、Content-Type和Content-Transfer-Encoding字段。Content-ID和Content-Description字段是可选的，并且有可能被收件方的实现所忽略。

MIME内容类型

庞大的MIME规约主要用于定义各种各样的内容类型。它反映了人们需要一种标准化方式，以便处理多媒体环境中各种各样的信息表示方法。

表24.1列出了MIME内容类型。有7种不同的主要类型，总共14小类。大体上说，内容类型声明了数据的大类，而小类则为该类型的数据指明了具体的格式。

表24.1 MIME内容类型

类型	小类	说明
Text（文本）	Plain	没有经过格式处理的文本，可能是ASCII或ISO 8859
Multipart（多部分）	Mixed	不同部分之间相互独立，但将被同时传输。它们应当以邮件报文中出现的顺序被提交给接收程序
	Parallel	与Mixed的不同之处仅在于它没有定义交付给接收程序时各部分之间的先后顺序
	Alternative	这些不同的部分是相同信息的各种可互换的版本。它们的排列顺序体现了这样一个原则：体现发起者和接收者的邮件系统向用户显示“最佳”版本的信心
	Digest	与Mixed类似，但每个部分的默认类型/小类遵从报文/rfc822
Message（报文）	rfc822	主体本身就是一个服从RFC 822的封装过的报文
	Partial	用于使大型邮件项能够被分片，以一种对接收者而言透明的方式实现
	External-body	包含了一个指针，指向存在于某处的一个对象
Image（图像）	jpeg	JPEG格式的图像，以JFIF编码
	gif	GIF格式的图像
Video（视频）	mpeg	MPEG格式
Audio（音频）	Basic	单通道8比特ISDN μ律编码，以8 kHz的采样速率编码
Application（应用）	PostScript	Adobe Postscript
	octet-stream	由8比特字节组成的普通二进制数据

MIME传送编码

除了内容类型的规范之外，MIME规约中的另一个重要组成是定义了报文主体的传送编码。它的目标是实现跨越最广范围的各种环境的可靠交付。

MIME标准定义了两种数据编码方法。Content-Transfer-Encoding字段实际上可以取6个值（见表24.2），但是其中有3个值（7比特，8比特及二进制）指的是未经任何编码处理但提供了一些有关数据性质的信息。对于SMTP传送，使用7比特的格式是保险的。而在其他一些邮件运输背景条件下，可用8比特和二进制格式。另一个Content-Transfer-Encoding的值是x-token，它表示使用了其他某种编码机制，为此要提供一个名称，它可能是某个运营商特有的机制，也可能是某种应用特有的机制。真正有定义的两种编码机制分别是quoted-printable和base64。定义两种机制是为了在两种传送技术之间提供选择，一种是基本的人类可读的文件传送技术，而另一种是对各种类型来讲都比较安全且结构相对紧凑的数据。

表24.2 MIME传送编码

7比特	所有的数据都被表示成短行的ASCII字符
8比特	每一行都很短，但有可能是非ASCII字符（高位比特置位的八位组）
二进制	不仅可以表示非ASCII字符，而且每行也不会为了SMTP运输而设置得过短
quoted-printable	以这样一种方式对数据进行编码，如果被编码的数据大多数是ASCII文本，那么数据编码后基本上保持能够被人们识别的格式
base64	通过将6比特的输入数据块与8比特的输出数据块相互映射的方法对数据编码，它们都是可打印的ASCII字符
x-token	一种非标准编码方式

当数据由大量的八位组组成，且这些八位组对应于可打印的ASCII字符时，quoted-printable传送编码方式就十分有用。本质上，它用这些字符码的十六进制表示法来表示这些非安全字符，并引入了可逆的（软）换行，以便将报文行限制在76个字符以内。编码法则如下所述。

1. **普通的8比特表示法**。在没有应用其他法则的情况下就会引用这一法则。任何字符都用一个等号加两位数字表示，这两位数字是八位组的十六进制表示。例如，ASCII码的form feed的值为十进制的12，表示为“=0C”。
2. **文字表示法**。除了十进制的61（“=”）之外，从十进制的33（“!”）到十进制的126（“~”）范围内的任何字符都以ASCII字符形式表示。
3. **空白**。除了行尾之外，值为9和32的八位组可分别表示为ASCII的制表符和空格符。行尾的任何空白（制表符或空格）都必须通过法则1表示。在解码时，任何行尾的空格都会被删除。这样就消除了由中间运输代理添加的空白。
4. **换行**。任何换行都要用RFC 822的换行来表示，也就是用一个回车/换行的组合来表示，不论它当初是如何表示的。
5. **软换行**。如果编码后的行大于76个字符（不包括<CRLF>），那么必须在第75个字符的位置上或在此之前插入一个软换行。软换行由十六进制序列3D0D0A组成，用ASCII码表示就是一个等于号加上回车换行符。

base64传送编码也称为radix-64编码，它是常见的一种对任意二进制数据进行编码的方法，使这些数据不会在邮件运输程序的处理过程中受到损伤。这种技术将任意的二进制输入与可打印字符的输出相映射。编码格式具有以下一些相关特征。

1. 该功能的作用范围是全球所有网站都可表示的字符集，而不是该字符集的具体二进制编码。因此，这些字符本身可以被编码成任何具体系统所需的形式。例如，字符

"E"在基于ASCII的系统中表示为十六进制的45，而在基于EBCDIC的系统中则表示为十六进制的C5。

2. 这个字符集由65个可打印字符组成，其中之一用于填充。因为有$2^6 = 64$个有效字符，所以每个字符可用来表示6比特的输入。
3. 在这个字符集中不包括控制字符。因此，以radix-64编码的报文可以顺利通过在数据流中查找控制字符的邮件处理系统。
4. 没有使用连接符（"–"）。这个字符在RFC 822格式中有其重要的意义，因而应当加以避免。

表24.3所示为6比特输入值与字符之间的映射。这个字符集由字母数字加上"+"和"/"组成。字符"="用来作为填充字符。

表24.3　radix-64编码

6比特数值	字符编码	6比特数值	字符编码	6比特数值	字符编码	6比特数值	字符编码
0	A	16	Q	32	g	48	w
1	B	17	R	33	h	49	x
2	C	18	S	34	i	50	y
3	D	19	T	35	j	51	z
4	E	20	U	36	k	52	0
5	F	21	V	37	l	53	1
6	G	22	W	38	m	54	2
7	H	23	X	39	n	55	3
8	I	24	Y	40	o	56	4
9	J	25	Z	41	p	57	5
10	K	26	a	42	q	58	6
11	L	27	b	43	r	59	7
12	M	28	c	44	s	60	8
13	N	29	d	45	t	61	9
14	O	30	e	46	u	62	+
15	P	31	f	47	v	63	/
						（填充）	=

图24.3描绘的是一种简单的映射机制。二进制的输入以3个八位组或24比特块的形式处理。在24比特数据块中，每6比特为一组，映射到一个字符。在图中，这些字符又被编码成8比特的数据块。因此通常每24比特输入在输出时被扩展成32比特。

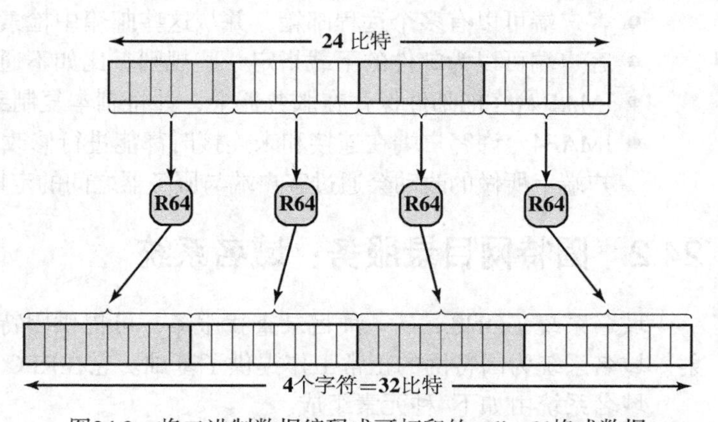

图24.3　将二进制数据编码成可打印的radix-64格式数据

例如，假设24比特的原形文本序列为00100011 01011100 10010001，它可以用十六进制表示为235C91。以6比特块的形式将这个输入重新排列：

001000 110101 110010 010001

这样得到的6比特十进制值为8，53，50和17。在表24.3中查找这几个值产生的radix-64编码，得到字符I1yR。如果这些字符以8比特ASCII格式存放，且奇偶校验位置为0，则有

01001001 00110001 01111001 01010010

用十六进制表示，这就是49317952。归纳如下。

输入数据	
二进制表示	00100011 01011100 10010001
十六进制表示	235C91
输入数据的radix-64编码	
字符表示	I1yR
ASCII编码（8比特，零奇偶校验）	01001001 00110001 01111001 01010010
十六进制表示	49317952

24.1.4 POP和IMAP

邮局协议和因特网报文访问协议用以支持客户端系统（报文用户代理）与存有该客户端邮件的服务器（报文存储）之间的邮件检索。

邮局协议

POP协议版本3表示为POP3，是在RFC 1939中定义的一个因特网标准。POP3为电子邮件检索提供下载和删除基本功能。在执行从客户端（MUA）到服务器（MS）的功能时，客户端需要建立一条到达服务器的TCP连接，使用端口号110。然后，双方要经过以下3个不同状态的交互。

- **认证状态** 在此状态下，客户端本身必须进行用户身份验证。这通常由简单的用户名/密码组合来完成，虽然还有其他更复杂的选项。
- **事务状态** 当服务器对客户端成功验证后，客户端可以访问邮箱，以读取和删除邮件。
- **更新状态** 在此状态下，服务器完成所有客户端命令所要求的改动，然后关闭连接。

因特网报文访问协议

IMAP版本4在RFC 3501中定义。与POP类似，IMAP4服务器为多个用户存储邮件，并由客户端的请求进行检索，但IMAP4模型为用户提供了比POP模型更多的功能，包括：

- 客户端可以有多个远程邮箱，并从这些邮箱中检索邮件。
- 客户端可以为邮件的下载指定一些规则，比如不通过速度慢的链接传输大的邮件。
- IMAP始终把邮件保存在服务器上，并将副本复制到客户端。
- IMAP4允许客户端在连接和未连接时都能进行修改。在未连接时（称为断连客户），客户端上所做的改动会通过客户端与服务器之间的定期重新同步，使之在服务器上生效。

24.2 因特网目录服务：域名系统

域名系统（DNS）是一种目录查找服务，可提供因特网中的主机名与数字地址之间的映射。域名系统为因特网的正常工作提供了基础。它在RFC 1034和1035中定义。

域名系统由如下4种元素组成。

- **域名空间** 域名系统使用了一个树结构的名字空间来标识因特网中的资源。
- **DNS数据库** 从概念上讲，在树结构的名字空间上，每个节点和叶命名的是包含在资源记录（RR）中的一组信息（如IP地址、资源类型）。所有资源记录的集合组织成一个分布式数据库。
- **域名服务器** 这是一些掌握了部分域名树结构及其相关资源记录信息的服务器程序。
- **解析器** 这是一些程序，它们从域名服务器中提取信息，以响应客户的请求。一般情况下客户请求的是某个给定域名所对应的IP地址。

接下来的两节将分别探讨域名和域名系统数据库，然后将描述域名系统的工作过程，其中包括对域名服务器和解析器的讨论。

24.2.1　域名

IP地址提供了一种唯一地标识连接到因特网上的设备的方法。这个地址可分为两部分理解：一个网络号，它标识了因特网中的某个网络；一个主机地址，它唯一地标识出该网络上的某个主机。IP地址在实际应用时存在以下两个问题。

1. 路由器以网络号为依据来规划通过因特网的路径。如果每个路由器都要保留一个主表，以列出每个网络及到达该网络的优先路径，那么对这些表的管理将会非常笨拙和费时。如果能够以简化路由选择功能为前提，对网络进行分组，将会更为可取。
2. 32比特的地址通常写成4个十进制的数字，分别对应该地址的4个八位组。这种数字化的机制对计算机处理来说是很高效的，但对用户却十分不方便，用户更容易记住的是名字，而不是数字化的地址。

上述这些问题就是域这个概念所要解决的。概括地说，**域**指的是由某个实体管理的一组主机，如一家公司或一个政府机关。域是分级组织的，因此一个域可能包含了多个下属域。每个域都有一个名字，并且这个名字反映了域的等级划分。

图24.4所示为域名树的一部分。最顶层的是构成了整个因特网的很少的几个域。另外，在顶层还有各个国家码，如us（美国）、cn（中华人民共和国）、br（巴西）。表24.4中列出了非国家顶级域。每个下属级别的命名都是通过在上一级名字的前面附加该下级域的名字来表示的。如：

- edu是美国大学级的教育院所域。
- mit.edu是MIT（麻省理工学院）域。
- csail.mit.edu是MIT的计算机科学与人工智能实验室域。

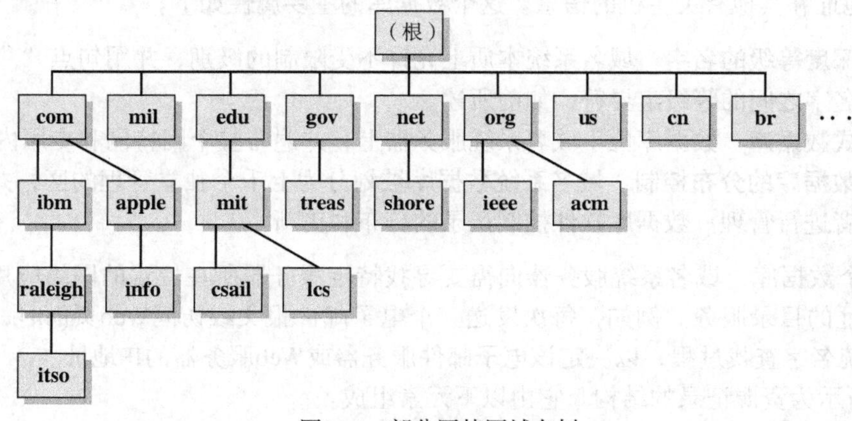

图24.4　部分因特网域名树

表24.4　因特网顶级域

域	内容
com	商业组织
edu	教育院所
gov	美国联邦政府机构
mil	美国军队

（续表）

域	内容
net	网络支持中心、因特网服务提供者以及其他与网络相关的组织
org	非营利组织
us	美国州及地方性政府机构、学校、图书馆和博物馆
国家码	用于特定国家的两个字母的ISO标准标识符（如au，ca和uk）
biz	私人商业专用
info	未限制使用
name	个人，用于电子邮件地址和个人化域名
museum	限用于博物馆、博物馆相关组织以及从事博物馆行业的个人
coop	成员共同拥有的合作组织，如信用合作社
aero	航空社团
pro	医学、法律和会计行业
arpa	地址和路由选择参数区域；用于技术基础结构研究，例如反转域名解析
int	国际组织

当你沿着命名树不断向下移动，最终会到达标识了因特网上某个特定主机的叶节点。这些主机被分配了因特网地址。一个因特网范围的全局组织负责域名的分配，以保证每个域名都是独一无二的。在顶层，创建新的顶级名以及名字与地址的分配，都是由互联网名称与数字地址分配机构（Internet Corporation for Assigned Names and Numbers，ICANN）管理的。实际的地址分配工作也是按照等级关系向下授权代理的。因此给mil域分配了一组大量的地址。然后由美国国防部（DoD）将此地址空间的各个部分分配给所属的各个机构，最后由这些机构将IP地址分配到每台主机。

例如，域名为mit.edu的MIT主机的IP地址为18.7.22.69。其下级域csail.mit.edu的IP地址是128.30.2.121①。

24.2.2 域名系统数据库

域名系统基于一个包含了很多资源记录（RR）的分层数据库，每个资源记录中含有主机的名字、IP地址和其他有关主机的信息。这个数据库的主要属性如下。

- **可变深度等级的名字** 域名系统本质上允许不受限制的级别，并用句点“.”作为可打印的名字之间的等级定界符，如前所述。
- **分布式数据库** 数据库位于域名系统服务器上，并遍布整个因特网和专用内联网。
- **通过数据库的分布控制** 域名系统数据库被划分为上千个独立管理的区，并由独立的管理者进行管理。数据库软件控制记录的分布和更新。

使用这个数据库，域名系统服务器向需要寻找特定服务器所在位置的网络应用程序提供从名字到地址的目录服务。例如，每次发送一个电子邮件报文或访问Web页面时，必定会有一次域名系统名字查找过程，以决定该电子邮件服务器或Web服务器的IP地址。

图24.5所示为资源记录的结构。它由以下元素组成。

- **域名** 虽然在报文中，域名的语法是严格定义的（稍后再描述），但资源记录中的域名格式却以通用方式描述。本质上，资源记录中的域名必须对应于人类可读懂的格式，它包括一串由字母数字形式的字符和连字号构成的标号，两两标号之间由一个句点分隔开。

① 通过将Web浏览器连接到本地ISP上，读者应当能够演示这个名字/地址翻译功能。ISP应当提供了一个ping或nslookup工具，以允许你输入一个域名并得到一个IP地址。这种工具通常在用户操作系统里就有。

- **类型**　标识了此资源记录中资源的类型。表24.5列出了各种不同的类型[①]。
- **类别**　标识了协议族。它只有一个最常用的值是IN，代表因特网。
- **生存时间**　一般来说，当提取程序从一个域名服务器中提取得到一个资源记录后，会把该资源记录保存在高速缓存中，这样它就不需要重复查询该域名服务器了。这个字段指明了需要再次查阅信息源之前，资源记录可以被缓存的时间间隔。零值被解读为资源记录仅能用于正在进行中的事务，而不应当被缓存。
- **Rdata字段长度**　Rdata字段的长度，以八位组为单位。
- **Rdata**　用于描述资源的变长字符串，以八位组为单位。这个信息的格式根据资源记录类型的不同而变化。例如，对于类型A，Rdata是一个32比特的IP地址，而对于类型CNAME，Rdata是一个域名。

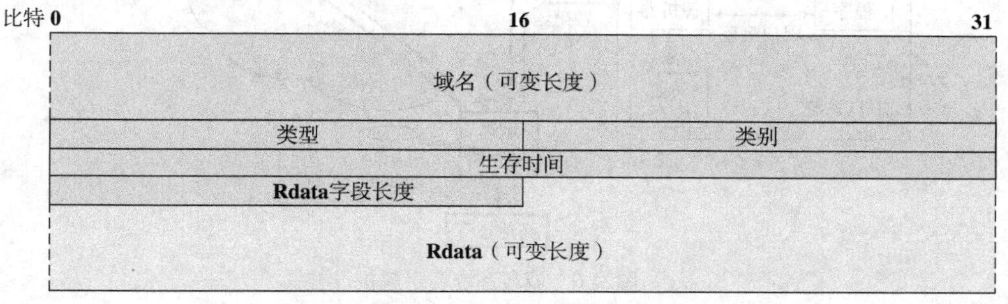

图24.5　域名系统的资源记录格式

表24.5　资源记录类型

类型	描述
A	一个主机地址。这种资源记录类型将一个系统的名字映射为它的IP地址。有些系统（如路由器）具有多个地址，每个地址需要一个独立的资源记录
AAAA	与A类型相似，但是用于IPv6地址
CNAME	规范名字。指定一个主机的别名，并将其映射为它的规范（真实）名字
HINFO	主机信息。标明主机使用的处理器和操作系统
MINFO	邮箱或邮件列表信息。将一个邮箱或邮件列表名映射为一个主机名
MX	邮件交换。标识出向该组织转发邮件的系统
NS	此主域内授权的域名服务器
PTR	域名指针。指向该域名空间中的另一部分
SOA	一个授权区的开始（实现的是命名等级中的哪一部分）。包括与此区相关的参数
SRV	为一个给定服务提供一个或多个服务器名，这些服务器在域中提供该服务
TXT	任意的文本。为了给数据库增加文本注释而提供的一种方式
WKS	熟知服务。可能会列出此主机上可获得的应用服务

24.2.3　域名系统的工作过程

典型的域名系统工作过程包括以下几个步骤（见图24.6）。

1. 一个用户程序请求某个域名的IP地址。
2. 本地主机中的解析模块或本地ISP向与该解析模块处在同一个域中的本地域名服务器提出一个查询。
3. 本地域名服务器检查该名字是否在自己的本地数据库或高速缓存中，如果在，那么向请求方返回该IP地址。否则，该域名服务器查询其他可用的域名服务器，可以从域名系统树的根节点开始，或者从尽可能高的树节点开始向下查询。

① 注意：SRV资源记录类型在RFC 2782中定义。

4. 当本地域名服务器收到一个响应后，就把这个名字/地址映射对保存在本地高速缓存中，并在某段时间内保持此表项，保持时间的长度由接收到的资源记录中的生存时间字段指明。
5. 用户程序得到该IP地址或一个出错警告报文。

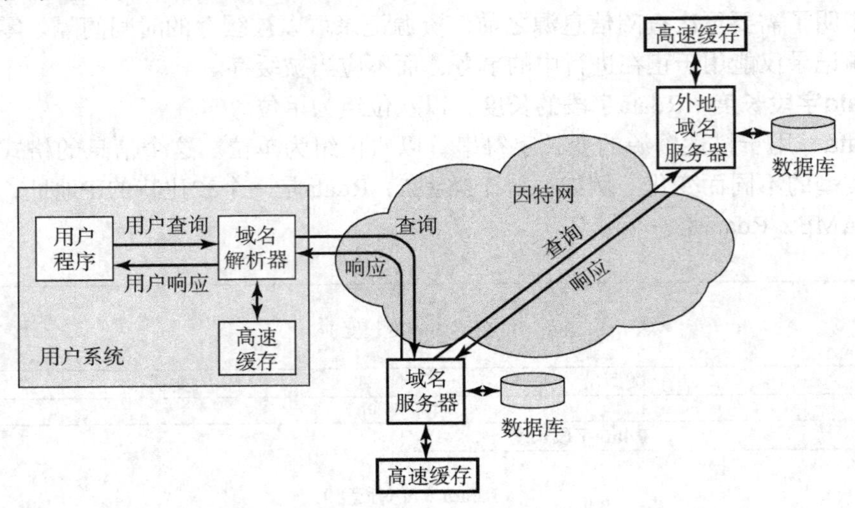

图24.6　域名系统名字解析

如果从用户的角度看，以上这些幕后活动的结果正如图24.7所描绘的。图中，用户发出一个连接到locis.loc.gov的Telnet请求。经过域名系统名字解析后得到的IP地址为140.147.254.3。

支持域名系统功能的分布式DNS数据库必须经常更新，原因在于因特网迅速且持续不断地发展。另外，域名系统必须复制动态分配的IP地址，就像ISP对家庭DSL用户所做的那样，有关域名系统的动态更新功能也已定义。从本质上讲，在条件允许的情况下，域名系统的域名服务器可自动向其他相关的域名服务器发出更新内容。

服务器等级

域名系统数据库是按等级分布的，并位于遍布因特网的域名服务器内。任何拥有一个域的组织都可运行域名服务器，即任何组织都对等级域名空间中的某一个子树负责。每个域名服务器都配置了域名空间的一个子集，称为**区**（zone），它是某个域内的一个或多个（或所有）子域的集合，随之一起的还有相关联的资源记录。这个数据集合被称为权威性的，因为该域名服务器负责维护等级域名空间中该部分子树的精确集合或资源记录。这个等级结构可以扩展到任意深度。因此，分配给某个权威域名服务器的部分名字空间可以进一步向下属域名服务器授权代理，其方式与域名树的结构相对应。例如，有一个域名服务器对应的是ibm.com域。该域中有一部分给定的名字为watson.ibm.com，它对应的是节点watson.ibm.com以及在节点watcon.ibm.com以下的所有分支和叶节点。

服务器等级中的顶层是13个**根域名服务器**，它们共同负责顶级区（见表24.6）。这种重复是为了防止根服务器成为瓶颈。即使是这样，每一个根服务器也非常忙。例如，因特网软件协会（Internet Software Consortium）在报告中指出，其服务器（F）每天要回答将近3亿次域名系统请求（www.isc.org/services/public/F-root-server.html）。注意，某些根服务器以地理位置上分布的多台服务器的形式存在。当多个根服务器具有相同名称时，每个服务器都有相同的数据库副本以及相同的IP地址。当查询该根服务器时，IP路由选择协议和算法将这个查询转发到最方便的服务器上，通常也就是物理上距离最近的服务器。

```
telnet locis.loc.gov
Trying 140.147.254.3...
Connected to locis.loc.gov.
Escape character is '^]'.
          L O C I S:  LIBRARY OF CONGRESS INFORMATION SYSTEM

          To make a choice: type a number, then press ENTER

  1   Copyright Information     -- files available and up-to-date

  2   Braille and Audio         -- files frozen mid-August 1999

  3   Federal Legislation       -- files frozen December 1998

*    *    *    *    *    *    *    *    *    *    *    *    *    *    *

             The LC Catalog Files are available at:
                 http://lcweb.loc.gov/catalog/

*    *    *    *    *    *    *    *    *    *    *    *    *    *    *

  8   Searching Hours and Basic Search Commands
  9   Library of Congress General Information
 10   Library of Congress Fast Facts

 12   Comments and Logoff
      Choice:
 9
              LIBRARY OF CONGRESS GENERAL INFORMATION

 LC is a research library serving Congress, the federal government, the
 library community world-wide, the US creative community, and any researchers
 beyond high school level or age.  On-site researchers request materials by
 filling out request slips in LC's reading rooms; requesters must present a
 photo i.d.  Staff are available for assistance in all public reading rooms.

 ------------------------------------------------------------------------------
 The following phone numbers offer information about hours and other services:

 General Research Info:     202-707-6500     Reading Room Hours:    202-707-6400
 Exhibits/Tours/Gift Shop: 202-707-8000     Location/Parking:      202-707-4700
 Copyright Information:     202-707-3000     Cataloging Products:   202-707-6100
 Copyright Forms:           202-707-9100         "       "  fax:    202-707-1334

 ------------------------------------------------------------------------------
 For information on interlibrary loan, see:  http://lcweb.loc.gov/rr/loan/


 12  Return to LOCIS MENU screen

 Choice:
```

图24.7　一次Telnet会话

考虑某用户主机上的一个程序所提出的对watson.ibm.com的查询。这个查询被发送到本地服务器上，接着进行如下步骤。

1. 如果本地服务器在自己的本地高速缓存中已经有了watson.ibm.com的IP地址，它就返回这个IP地址。
2. 如果该名字不在本地域名服务器的高速缓存中，它就将该查询发送到根服务器。接下来，根服务器将请求转发给另一个服务器，该服务器上有一个ibm.com的域名服务器记录。如果该服务器中有watson.ibm.com的信息，则返回IP地址。
3. 如果刚好有一个watson.ibm.com的权威域名服务器，那么ibm.com域名服务器将请求转发到watson.ibm.com域名服务器，再由这个域名服务器返回IP地址。

通常，单个查询用UDP运载，而为一组名字所做的查询用TCP运载。

表24.6 因特网根服务器

服务器	运营者	城市	IP地址
A	VeriSign全球注册服务	在美国、德国、香港共计有6个站点	IPv4: 198.41.0.4 IPv6: 2001:503:BA3E::2:30
B	信息科学研究院	Marina Del Rey CA, USA	IPv4: 192.228.79.201 IPv6: 2001:478:65::53
C	Cogent通信	在美国、德国、西班牙共计有6个站点	192.33.4.12
D	马里兰大学	College Park MD, USA	128.8.10.90
E	NASA 阿莫斯研究中心	Mountain View CA, USA	192.203.230.10
F	因特网软件协会	在美国及其他国家共计有49个站点	IPv4: 192.5.5.241 IPv6: 2001:500::1035
G	美国国防部网络信息中心	在美国、日本、德国、意大利共计有6个站点	192.112.36.4
H	美国陆军研究实验室	Aberdeen MD, USA San Diego, CA, USA	IPv4: 128.63.2.5 IPv6: 2001:500:1::803f:235
I	Netnod	在美国及其他国家共计有38个站点	IPv4: 192.36.148.17 IPv6: 2001:7fe::53
J	VeriSign全球注册服务	在美国及其他国家共计有70个站点	IPv4: 192.58.128.30 IPv6: 2001:503:C27::2:30
K	Reseaux IP Europeens（网络协作中心）	在美国及其他国家共计有18个站点	IPv4: 193.0.14.129 IPv6: 2001:7fd::1
L	Internet Corporation for Assigned Names and Numbers（因特网名字和编号指派协会）	在美国及其他国家共计有55个站点	IPv4: 199.7.83.42 IPv6: 2001:500:3::42
M	WIDE Project	在美国、日本、韩国、法国共计有6个站点	IPv4: 202.12.27.33 IPv6: 2001:dc3::35

名字解析

如图24.6所示，每个查询都是由位于用户主机系统上的一个名字解析器发起的（如UNIX中的gethostbyname）。每个解析器经过配置，掌握了本地DNS域名服务器的名字和地址。如果解析器在其高速缓存中没有找到被请求的名字，它就向本地DNS服务器发送一个域名系统查询，本地DNS服务器或者立即返回一个地址，或者在查询了一个或多个其他服务器后才返回地址。同样，解析器用UDP发送单查询，而用TCP发送组查询。

有两种方式用于查询的转发和结果的返回。假设解析器向域名服务器（A）发出一个域名系统请求。如果A在自己的本地高速缓存或本地数据库中有这个名字/地址，它就可以向解析器返回IP地址。如果没有，A就要做以下两件事之一：

1. 为了得到所需的结果而查询另一个域名服务器，然后另一个域名服务器将结果返回给A。这称为**递归技术**。
2. 其他域名服务器向A返回下一个服务器（C）的地址，指明A应当向C发送请求。然后A向C发送一个新的域名系统请求。这称为**迭代技术**。

在域名服务器之间进行交换时，既可以使用迭代技术，也可以使用递归技术。而对于由域名解析器发送的请求，使用的是递归技术。

DNS报文

DNS报文使用一种格式，如图24.8所示。一个DNS报文中有5个可能的分区：首部区、询问区、回答区、管理机构区以及附加记录区。

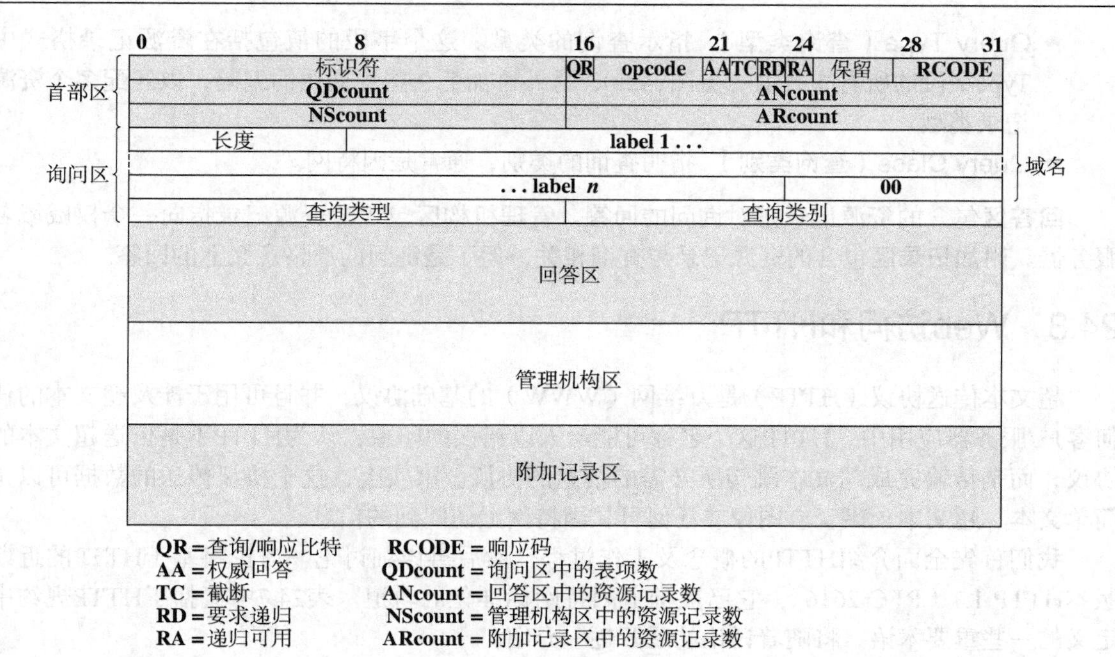

图24.8　DNS报文格式

首部区总是存在并由以下字段构成。

- **Identifier（标识符）** 由生成任意类型查询的程序分配。无论得到什么响应，都要用相同的标识符，以使发送方能够匹配查询和响应。
- **Query/Response（查询/响应）** 指示这个报文是查询还是响应。
- **Opcode（操作码）** 指出这是一个标准查询，还是反向查询（从地址到名字），或者是服务器状态请求。这个值由发起者设置，并被复制到响应中。
- **Authoritative Answer（权威回答）** 在响应中有效，指示出响应的服务器是不是所请求的域名的管理机构。
- **Truncated（截断）** 指示此响应报文是否曾因长度超过传输通道允许的范围而被截断。如果是，请求方将使用TCP连接重新发送该查询。
- **Recursion Desired（要求递归）** 如果置位，就表示要求服务器递归地进行查询。
- **Recursion Available（递归可用）** 在响应中出现，它的置位或清零代表了该域名服务器是否具有对递归查询的支持。
- **Response Code（响应码）** 可能值为：没有差错、格式错（服务器不能解读查询）、服务器故障、名字错（域名不存在）、未实现（不支持此类查询）和拒绝（因管制原因）。
- **QDcount（询问计数）** 询问区中的表项数（零或多个）。
- **ANcount（回答计数）** 回答区中的资源记录数（零或多个）。
- **NScount（NS计数）** 管理机构区中的资源记录数（零或多个）。
- **ARcount（附加记录计数）** 附加记录区中的资源记录数（零或多个）。

询问区包含给域名服务器的查询。如果有，通常仅含一个表项。每个表项包含以下内容。

- **Domain Name（域名）** 用标号序列表示的一个域名，其中每个标号由一个长度八位组以及紧跟其后的此长度的八位组构成。域名由表示根部空标号的值为0的长度八位组终结。

- **Query Type（查询类型）** 指示查询的类型。这个字段的值包括在资源记录格式中Type字段的所有有效值（见图24.5），另外再加上一些更通用的编码，以匹配多个资源记录类型。
- **Query Class（查询类别）** 指明查询的类别，通常是因特网。

回答区包含的资源记录是对询问的回答。**管理机构区**包含的资源记录指向一个权威域名服务器。**附加记录区**包含的资源记录与查询相关，但不是询问的严格意义上的回答。

24.3 Web访问和HTTP

超文本传送协议（HTTP）是万维网（WWW）的基础协议，并且可用于涉及超文本的任何客户/服务器应用中。HTTP这个名称可能给人以错误的印象，认为HTTP不是传送超文本的协议，而是传输完成超文本跳转所必需的信息的协议。事实上，这个协议传送的数据可以是简单文本、超文本、声音、图像或任何可从因特网上访问到的信息。

我们首先全面介绍HTTP的概念及工作过程，然后再详细讨论。讨论将基于HTTP的近期版本HTTP 1.1（RFC 2616），它已被推上因特网标准化的轨道。表24.7中概括了HTTP规约中定义的一些重要术语，将随着讨论的展开逐一介绍。

表24.7　与HTTP相关的关键术语

缓存（cache）	一个程序对响应报文的本地存储，以及用于控制报文的保存、读取和删除的子系统。缓存中保存的是可缓存的响应报文，这样做是为了减少响应时间，并在将来遇到相同的请求时可减少网络带宽的消耗。任何客户或服务器都可能含有缓存，但是当某个服务器被用作隧道使用时，它的缓存不可使用
客户（client）	为了发送请求而建立连接的应用程序
连接（connection）	为了通信的目的，在两个应用程序之间建立的运输层虚电路
实体（entity）	某个数据资源的特定表示或解释，或者是来自服务资源的应答，它可以被包含在一个请求报文或响应报文中。实体由实体首部和实体主体组成
网关（gateway）	用作其他服务器的中介服务器。与代理服务器不同，网关在接收请求时认为自己就是被请求资源的源服务器。请求客户可能并不知道自己正在与一个网关通信。网关经常被用作通过网络防火墙到达服务器的入口，以及读取保存在非HTTP系统中的资源的协议转换器
报文（message）	HTTP通信的基本单位，由那些通过连接传输的结构化的八位组序列组成
源服务器（origin server）	特定资源所在的或将要创建该资源的服务器
代理服务器（proxy）	既可用作服务器，也可用作客户的一种中间程序，它的用途是代表其他客户发出请求。这些请求由内部处理或途经这些代理服务器，在进行了可能的转换之后，到达其他服务器。代理服务器在转发一个请求报文之前，必须对其解译，并且，如有必要还需重写这个报文。通常，代理服务器被用作通过网络防火墙到达客户的入口，并且作为辅助性应用程序，通过协议处理那些用户代理没有实现的请求
资源（resource）	可以通过URI标识的网络数据对象或服务
服务器（server）	为了返回响应以满足请求而接受连接的应用程序
隧道（tunnel）	隧道是一种中间程序，它的用途是完成两个连接之间无判断的中继。虽然隧道可以被一个HTTP请求激活，但是，一旦隧道被激活后，它并不被认为是HTTP通信中的一部分。当被中继的连接的两端都关闭后，隧道就不再存在。当必须有一个入口，入口的数据流不允许也不应当再被中继转发的结点处理分析时，就可以用到隧道
用户代理进程（user agent）	发出请求的客户程序。它们通常是浏览器、编辑器、spider或其他端用户工具

24.3.1 HTTP概述

HTTP是一种面向事务的客户/服务器协议。HTTP最典型的应用是在Web浏览器和服务器之间。为了提供可靠性，HTTP采用了TCP。但是HTTP是“**无状态**”的协议：每个事务都独立地进行。因此，它的典型实现是在客户和服务器之间为每个事务创建一个新的TCP连接，并在事务完成后立刻结束连接，尽管在规约中并没有要求实现这种事务生存期和连接生存期的一对一的关系。

HTTP的无状态特点对它的典型应用来说正好合适。Web浏览器用户的一个正常会话要涉及到读取多个Web页面和文档序列。这个读取的过程最好能迅速执行，而不同的页面和文档又可能分布于相距甚远的多个服务器上。

HTTP的另一个重要特点是能够处理的格式非常灵活。当客户程序向服务器发出请求时，它可以包括一个按优先顺序排序的、自己能够处理的格式的列表，而服务器则以其中的适当格式回答。例如，Lynx浏览器无法处理图像，因此Web服务器就不需要传输Web页面上的任何图像。这样的设计防止了不必要的信息传输，并且为新的标准规约及专有规约扩充格式集提供了基础。

图24.9描绘了HTTP工作过程的3个例子。最简单的情况是用户代理进程建立一条直接到达源服务器的连接。**用户代理**进程是发起请求的客户进程，如正在代表端用户运行的Web浏览器。**源服务器**是期望得到的资源所在的服务器，例如一个Web服务器，在这个服务器上有用户需要的Web主页。在这种情况下，客户进程在客户和服务器之间打开一条端到端的TCP连接，然后客户进程发出HTTP请求。这个请求包括一个特殊命令（称为方法）、一个地址［称为统一资源定位符（URL）］[①]，以及一个类似MIME的报文，这个报文中包含了请求参数、有关客户的信息、并且可能还有一些额外的内容信息。

当服务器接收到这个请求时，它试图执行被请求的动作，并返回HTTP响应。响应包括状态信息、成功/差错码以及一个类似MIME的报文，这个报文包含了有关服务器信息，有关响应本身的信息，并且可能还有主体内容。然后TCP连接就被关闭。

图24.9的中间部分描绘了这样一种情况，在用户代理和源服务器之间不存在端到端的TCP连接。反之，在逻辑上相邻的两个系统之间隔着一个或多个具有TCP连接的中间系统。每个中间系统就像是一个中继系统，因此由客户发起的请求需要通过中间系统的中继到达服务器，而来自服务器的响应也要通过中继返回给客户。

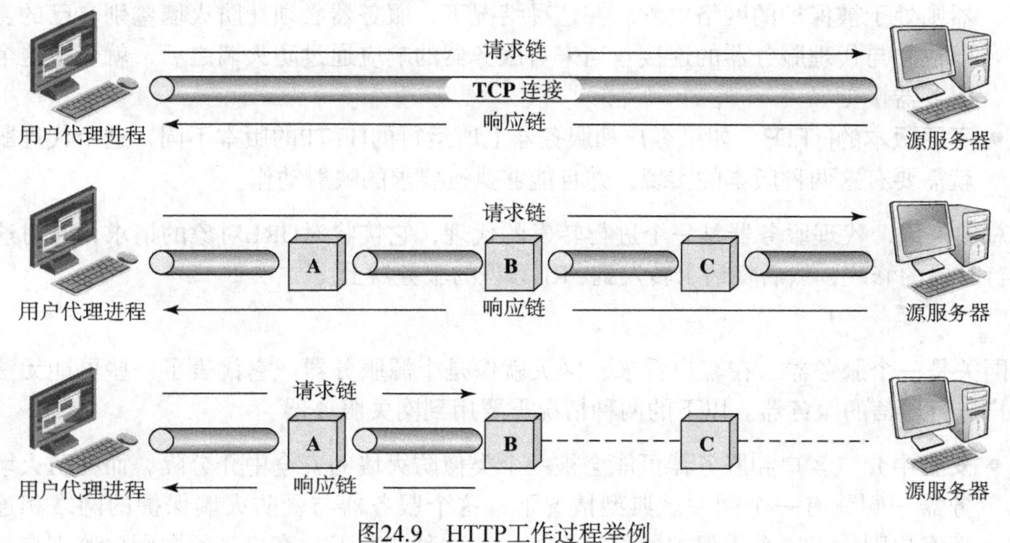

图24.9　HTTP工作过程举例

① 在线附录R中包含了对URL的讨论。

在HTTP规约中定义了3种形式的中间系统：代理服务器、网关以及隧道，图24.10描绘了这3种情况。

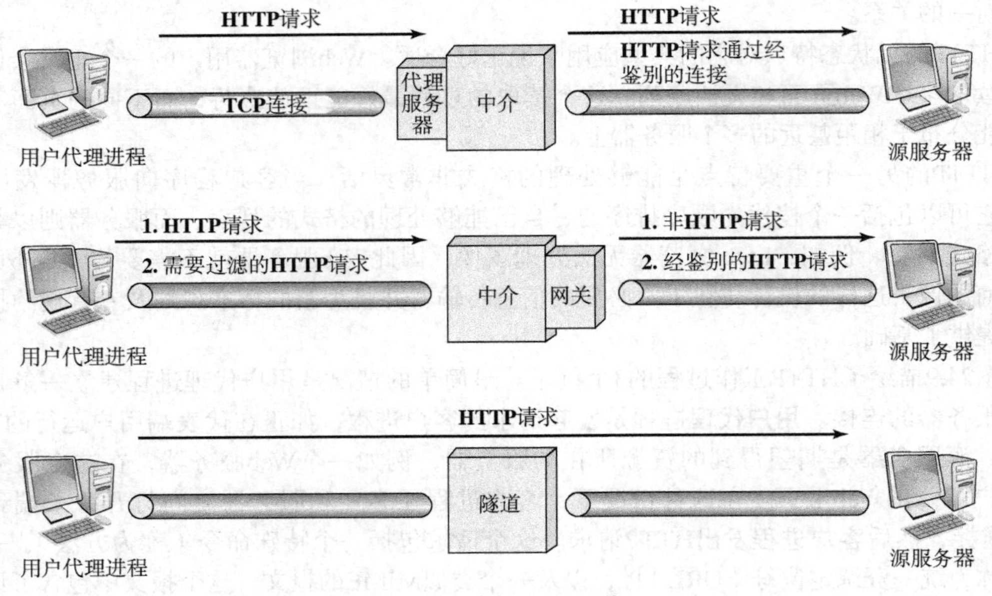

图24.10　中间HTTP系统

代理服务器

代理服务器代表的是其他客户，并且向服务器提交来自其他客户的请求。在与客户交互时，代理服务器就像服务器那样工作，而当与服务器交互时，代理服务器就如同客户。在以下两种情况中需要使用代理服务器。

- **安全中介**　客户和服务器可能会被一个安全中介分隔，如防火墙。在防火墙的客户一侧就有一个代理服务器。典型情况下，客户是受防火墙保护的网络的一部分，而服务器则处于被保护的网络之外。在这种情况下，服务器必须让防火墙鉴别自己的身份，以建立与代理服务器的连接。当来自服务器的响应通过防火墙之后，就会被这个代理服务器接受。
- **不同版本的HTTP**　如果客户和服务器上所运行的HTTP的版本不同，这个代理服务器就需要有这两种版本的实现，并且能够执行要求的映射动作。

总的来说，代理服务器是一个进行转发的代理，它接收对URL对象的请求，并对这个请求进行必要的修改，然后将请求转发到URL标识的服务器上。

网关

网关是一个服务器。在客户看来，网关就像是个源服务器。它代表了一些可能无法直接与客户进行通信的服务器。以下的两种情况需要用到网关服务器。

- **安全中介**　客户和服务器可能会被一个类似防火墙的安全中介分隔，而在防火墙的服务器一侧就有一个网关。典型情况下，这个服务器与受防火墙保护的网络相连接，而客户则位于这个受保护的网络之外。在这种情况下，客户必须向网关鉴别自己的身份，然后由网关将请求递交给服务器。

- **非HTTP服务器**　Web浏览器具有一种内建的能力，使之能与非HTTP协议的服务器打交道，如FTP及Gopher服务器。这种能力也可由网关来提供。客户向网关服务器提出一个HTTP请求。于是网关服务器与相关的FTP或Gopher服务器联系，以获取所需要的结果，然后将这个结果转换成合适的HTTP格式，并传输返回客户。

隧道

与代理服务器和网关不同，隧道不会对HTTP的请求及响应进行任何操作。事实上，隧道仅仅是两个TCP连接之间的中继点，而HTTP报文不经过任何改变地通过隧道，就像在用户代理进程和源服务器之间存在着一条HTTP连接。当客户和服务器之间必须有一个中介系统，但这个系统不需要了解报文的内容时，就可以使用隧道。防火墙就是这样的一个例子，位于受保护的网络之外的客户或服务器可以建立一条经鉴别的连接，然后就可以为HTTP事务保持这条连接。

缓存

回顾图24.9，图中的最后一部分显示的就是缓存的一个例子。缓存是能够保存先前的请求和响应的一种设施，它们被用于处理新的请求。如果一个与保存的请求相同的新请求到达，缓存就可以直接返回保存的响应，而不是访问URL中指出的资源。缓存既可以在客户端运行也可以在服务器上运行，或者在除了隧道之外的任何中介系统上运行。在图中，中介B缓存了一个请求/响应事务，因此，来自客户的一个相应的新请求无须途经全程到达源服务器，而是由B代为处理。

并不是所有的事务都是可以缓存的。同时，客户或服务器也可以指出某个事务被缓存的时间限制。

24.3.2　报文

描述HTTP功能的最佳方式是分别描述HTTP报文中的每个组成部分。HTTP有两种类型的报文：从客户到服务器的请求以及从服务器到客户的响应。图24.11给出了一个例子。更正规地说，它使用的是增强型BNF（Backus-Naur Form）记法[①]（见表24.8）：

```
HTTP-Message = Simple-Request | Simple-Response | Full-Request | Full-Response
Full-Request = Request-Line
   *( General-header | Request-Header | Entity-Header )
   CRLF
   [ Entity-Body ]
Full-Response = Status-Line
   *( General-header | Request-Header | Entity-Header )
   CRLF
   [ Entity-Body ]
Simple-Request =" GET" SP Request-URL CRLF
Simple-Response = [ Entity-Body]
```

① 有关BNF的描述可参见在线附录S。

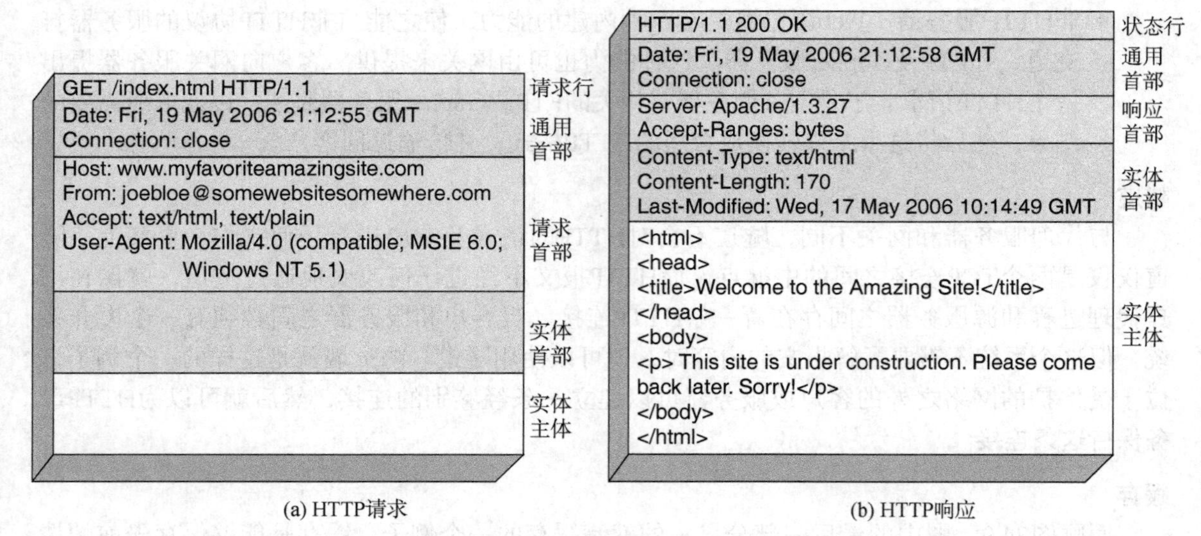

图24.11 HTTP报文格式举例

表24.8 URL和HTTP规约中使用的增强型BNF记法

- 小写字母代表变量或规则的名称。
- 一个规则具有如下格式：

  名称 = 定义
- DIGIT是任何十进制的数字；CRLF是回车换行；SP是一个或多个空格。
- 引号中所引的是文字性文本。
- 尖括号"<"和">"可用在定义中，当某个规则的名称出现在定义中并可能会带来混淆时，就用尖括号将该规则名括起来。
- 被竖线（"|"）分隔的元素是可互相替换的。
- 普通的圆括号仅仅用于成组。
- 位于一个元素之前的符号"*"表示重复。它的完全形式为

  <I>*<J>元素

  表示某个元素至少出现I次，并最多出现J次。*元素允许该元素的任意次重复，包括零次；1*元素要求该元素至少出现一次，而1*2元素则允许该元素出现1或2次；<N>元素意味着该元素将准确地出现N次。
- 方括号"["和"]"中的内容是可选元素。
- 句型"#"用于定义，它具有如下格式：

  <I>#<J>元素

  表示至少有I个元素，且最多有J个元素，每个元素被逗号和可选的空格线分隔。
- 规则右侧出现的分号表示之后是一个注释，直至在这一行的结尾处。

Simple-Request（简单请求）和Simple-Response（简单响应）报文在HTTP/0.9中定义。该请求是一个带请求URL的简单GET命令。而响应则是含有由URL标识的信息的数据块。在HTTP/1.1中并不鼓励使用这种简单的形式，因为它不允许客户进行内容协商，也不允许服务器标识出返回实体的媒体类型。

所有HTTP首部都是由字段序列组成的，并遵守与RFC 822（见24.1节中的描述）相同的通用格式。每个字段从新行开始，并由这个字段的名称、其后的一个冒号及该字段的值组成。

在完整的请求中会用到下列字段。

- **Request-Line（请求行）** 指明请求的动作，该动作应当在什么资源上执行，以及报文中使用的HTTP的版本。
- **General-Header（通用首部）** 包含请求和响应报文都可用的字段，但并不应用于传送的实体。

- **Request-Header（请求首部）** 包含了有关请求以及客户的信息。例如，一个请求可能是有条件的，指明在什么条件下所要求的动作是确定的。在这个首部中还有一个字段可指出哪些格式和编码是客户端能够处理的。
- **Entity-Header（实体首部）** 包含了由请求标识的资源信息以及有关该实体主体的信息（如果存在）。
- **Entity-Body（实体主体）** 报文的主体。

响应报文与请求报文具有相同的结构，但是用以下字段代替了请求行和请求首部。

- **Status-Line（状态行）** 指明报文使用的HTTP版本，并提供有关这个响应的状态信息。例如"OK"表示该请求成功完成。
- **Response-Header（响应首部）** 提供附加数据，以进一步补充状态行提供的状态信息。

虽然基本事务机制非常简单，但是在HTTP中定义了大量的字段和参数。下文将介绍通用的首部字段，之后的几个小节将讨论请求首部、响应首部以及实体。

通用首部字段

通用首部字段既可用于请求报文也可用于响应报文。这些字段在两种类型的报文中都要出现，而它们所包含的信息并不直接应用于传送的数据。下面列出了这些字段。

- **Cache-Control（缓存控制）** 指明了请求/响应链中任何缓存机制都必须遵守的指示。它的作用是防止缓存逆向干扰特定的请求或响应。
- **Connection（连接）** 含有仅应用于某个TCP连接的关键字和首部字段名称的列表，这个连接是发送程序和最近的非隧道接收方之间的TCP连接。
- **Date（日期）** 数据生成的日期和时间。
- **Forwarded（转发）** 网关和代理服务器用来指示请求或响应链的中间步骤的字段。处理此报文的每个网关或代理服务器都要附加一个Forwarded字段，以给出自己的URL。
- **Keep-Alive（保活）** 如果接收到的Connection字段中存在Keep-Alive关键字，就有可能存在Keep-Alive字段，以便向持久连接的请求方提供信息。这个字段指示的是发送程序为等待下一个请求而保持连接处于打开状态的最长时间，或者是当前的持久连接最多还允许传送多少个请求。
- **MIME-Version（MIME版本）** 指明该报文遵守该MIME版本。
- **Pragma** 含有与具体实现相关的指示，可应用于该请求/响应链中的任何接收者。
- **Upgrade（升级）** 用在请求中时，指明客户还能支持且愿意使用的其他协议。用在响应中时，指出将使用什么样的协议。

24.3.3 请求报文

完整的请求报文由一个状态行及其后的一个或多个通用首部、请求首部、实体首部组成，最后还有一个可选的实体主体。

请求方法

完整的请求报文总是从请求行（Request-Line）开始，具有如下的格式：

请求行 = 方法　空格　请求URL　空格　HTTP版本　CRLF

其中的方法（Method）参数指出实际请求命令，它在HTTP中称为一个方法。请求URL（Request-URL）是请求资源的URL，而HTTP版本（HTTP-Version）是发送程序使用的HTTP版本号。

在HTTP/1.1中定义了如下一些请求方法。

- OPTIONS　请求这个URL标识的请求/响应链的可用选项的信息。
- GET　请求读取URL标识的信息，并将其在实体主体中返回。如果这个请求报文中包含了If-Modified-Since首部字段，这个GET就是有条件的，并且如果报文中包含了Range首部字段，它就是对部分内容的操作。
- HEAD　除了在服务器的响应中不允许包括实体主体这一点之外，这个请求与GET请求相同。响应报文中的所有首部字段与主体实体存在时的情况一样。这个请求使客户能够获得有关某个资源的信息，但却不需要传送实体主体。
- POST　要求接受附属实体，作为标识的URL的下级的请求。粘贴的实体成为该URL的下级，就如同一个文件是它所属目录的下级、一篇新贴的文章是它所在新闻组的下级或一个记录是数据库的下级一样。
- PUT　要求接受附属实体，并将其保存在所提供的URL下的请求。它可能是具有新的URL的新资源，也可能是在现有URL下对现有资源内容的刷新。
- PATCH　与PUT类似，只不过该实体中包含有一个列表，列出了与这个URL标识的原资源内容不相同的地方。
- COPY　请求将请求行中的URL所标识的资源复制到该报文实体首部（Entity-Header）中的URL-Header字段所指定的地方。
- MOVE　请求将请求行中的URL所标识的资源转移到该报文实体首部中的URL-Header字段所指定的地方。相当于一个COPY再加一个DELETE。
- DELETE　请求源服务器删除请求行的URL所标识的资源。
- LINK　与请求行标识的资源建立一个或多个链接关系。这些链接在实体首部的Link字段中定义。
- UNLINK　删除一个或多个与请求行标识出的资源之间的链接关系。这些链接在实体首部的Link字段中定义。
- TRACE　请求服务器在响应报文的实体主体中返回它接收到的任何东西。可用于测试及诊断目的。
- WRAPPED　允许客户发送一个或多个封装的请求。这些请求可能是加密或经过处理的。服务器必须对这些请求解包，并做相应的处理。
- Extension-method　允许在不改变协议的情况下定义另外一些方法，但我们并不能肯定接收者是否能够识别这些方法。

请求首部字段

请求首部字段的功能就像是请求的修正器，提供与这个请求相关的一些额外信息及参数。在HTTP/1.1中定义了如下一些字段。

- Accept　该请求被响应时可接受的媒体类型和范围的列表。
- Accept-Charset　在响应时能够接受的字符集列表。
- Accept-Encoding　实体主体可接受的内容编码列表。内容编码主要用来允许一个文档被压缩或加密。通常，资源保存在这些编码中，并且只有在实际使用前才解码。
- Accept-language　响应时希望使用的自然语言集的限制。
- Authorization　含有一个字段值，称为credentials（信任书），客户用来向服务器提供自己的身份鉴别。

- **From**　某人的因特网电子邮件地址，这个人控制着发出请求的用户代理进程。
- **Host**　指明被请求资源的因特网主机。
- **If-Modified-Since**　与GET方法一起使用。这个首部含有一个日期/时间参数，仅当某个资源在指明的日期/时间之后被修改过，这个资源才会被传送。这个特性使缓存能有效更新。缓存机制可以定期向源服务器发送GET报文，并且除非需要更新，否则它只会接收到一个很小的响应报文。
- **Proxy-Authorization**　允许客户向要求鉴别的代理服务器证实自己的身份。
- **Range**　用在GET报文中，通过指定实体主体中的字节范围，使客户能够只请求被标识的资源中的一部分。
- **Referrer**　它是一个资源的URL，而我们正是从这个资源中得到了Request-URL。它使得服务器能够生成返回链列表。
- **Unless**　与If-Modified-Since字段的功能类似，除了两点不同：(1) 它不局限于GET方法；(2) 它的比较基于任何一个实体首部字段值，而不是日期/时间值。
- **User-Agent**　包含了有关生成这个请求的用户代理进程的信息。它可用于统计、跟踪是否违反协议以及自动识别用户代理进程，后者在避免用户代理进程的某个特定限制而需要对响应进行裁剪时会用到。

24.3.4　响应报文

完整的响应报文由一个状态行及其后的一个或多个通用首部、响应首部以及实体首部组成，最后还有一个可选的实体主体。

状态码

完整的响应报文总是从一个状态行（Status-Line）开始，具有如下的格式：

状态行 = HTTP版本　空格　状态码　空格　原因短语　CRLF

其中HTTP版本（HTTP-Version）的值是发送程序使用的HTTP的版本号。状态码（Status-Code）是3位十进制整数，它指出对收到的请求所做的响应，而原因短语（Reason-Phrase）则提供了对该状态码的简短文字说明。

在HTTP/1.1中定义了相当多的状态码。这些代码可以划分为以下几类。

- **Informational（信息的）**　请求已经被接收，且处理继续进行。这个响应没有伴随的实体主体。
- **Successful（成功的）**　请求已被成功接收、理解并接受。在响应报文中返回的信息取决于请求方法，如下所示。
  - GET：实体主体的内容对应于被请求的资源。
  - HEAD：无实体主体返回。
  - POST：该实体描述了或含有执行的结果。
  - TRACE：实体中包含了对应的请求报文。
  - 其他方法：实体中描述了执行的结果。
- **Redirection（重定向）**　要完成这个请求，需要执行进一步的动作。
- **Client Error（客户差错）**　请求中含有语法差错，或请求无法被实现。
- **Server Error（服务器差错）**　服务器在实现一个显然有效的请求时出现了故障。

响应首部字段

响应首部字段提供了与响应有关且不能放在状态行中的额外信息。在HTTP/1.1中定义了以下一些字段。

- Location　定义了请求URL所标识的资源的确切位置。
- Proxy-Authenticate　包含在状态码为Proxy Authentication Required的响应中。这个字段具有“质询”的含义，指出必须有鉴别机制和参数。
- Public　这个服务器能够支持的非标准方法列表。
- Retry-After　包含在状态码为Service Unavailable的响应中，指出预计在多长的时间内该服务仍然无效。
- Server　标识出源服务器用来处理该请求的软件产品。
- WWW-Authenticate　包含在状态码为Unauthorized的响应中。这个字段具有“质询”的含义，指出必须具有鉴别机制和参数。

24.3.5 实体

实体由请求或响应报文中的实体首部和实体主体组成。实体可能代表了数据资源，或者由请求或响应所支持的其他信息组成。

实体首部字段

实体首部字段提供了有关实体主体的选项信息。或者，如果没有实体主体，就是有关该请求所标识的资源的信息。在HTTP/1.1中定义了如下一些字段。

- Allow　请求URL标识的资源能够支持的请求方法的列表。这个字段应当出现在状态码为Method Not Allowed的响应中，并且也有可能在其他响应报文中出现。
- Content-Encoding　指出该资源采用了何种形式的内容编码。目前定义的唯一一种编码形式是zip压缩。
- Content-Language　标识出该实体的预期读者能够识别的自然语言。
- Content-Length　实体主体的大小，以八位组为单位。
- Content-MD5　有待进一步研究。MD5指的是MD5散列函数，在线附录Q对此进行了描述。
- Content-Range　有待进一步研究。它的预期目标是指出所标识的资源有一部分包含在这个响应中。
- Content-Type　指出该实体主体的媒体类型。
- Content-Version　与不断发展的实体相关联的版本标签。
- Derived-From　指出在发送程序修改之前，衍生出该实体的资源的版本标签。这个字段以及Content-Version字段可由一组用户用来管理多次更新。
- Expires　一个日期/时间值，在此时间之后，该实体将会被认为作废。
- Last-Modified　一个日期/时间值，发送程序认为该资源在这个时间做过最后一次修改。
- Link　定义了到其他资源的链接。
- Title　该实体的文本标题。
- Transfer-Encoding　指出为了在发送程序和接收程序之间安全地传送这个报文主体而对该报文主体应用了何种形式的变换。在标准中定义的唯一一种编码形式是分块

(chunked)。分块选项定义了一个过程，用于将实体主体分割成带标号的块，然后分别传输。

- **URL-Header**　告诉接收者其他一些URL，该资源也可以通过这些URL标识。
- **Extension-Header**　允许在不改变协议的情况下定义另一些字段，但我们并不能肯定接收者是否能够识别这些字段。

实体主体

实体主体由任意的八位组序列组成。HTTP的设计允许传送任何类型的内容，包括文本、二进制数据、声音、图像以及视频。当一个实体主体出现在报文中时，对主体中的八位组的解释取决于实体首部的3个字段：Content-Encoding，Content-Type和Transfer-Encoding。它们定义了三层的、按序的编码模型：

实体主体: = Transfer-Encoding (Content-Encoding(Content-Type(data)))

其中的data（数据）是URL标识的资源的内容。Content-Type字段决定了解释该数据的方式。Content-Encoding字段可以应用于数据，并保存在URL而不是数据中。最后，在传送时，可应用Transfer-Encoding来形成报文的实体主体。

24.4　推荐读物

[KHAR98]中有对SMTP的概述。

[MOGU02]讨论了HTTP在设计上的强项以及弱点。[GOUR02]提供了HTTP全面完整的介绍。另外，[KRIS01]也是介绍HTTP的一本好书。[MOCK88]全面介绍了DNS。

GOUR02　Gourley, D., et al. *HTTP: The Definitive Guide*. Sebastopol, CA: O'Reilly, 2002.

KHAR98　Khare, R. "The Spec's in the Mail." *IEEE Internet Computing*, September/October 1998.

KRIS01　Krishnamurthy, B., and Rexford, J. *Web Protocols and Practice: HTTP/1.1, Networking Protocols, Caching, and Traffic Measurement*. Upper Saddle River, NJ: Prentice Hall, 2001.

MOCK88　Mockapetris, P., and Dunlap, K. "Development of the Domain Name System." *ACM Computer Communications Review*, August 1988.

MOGU02　Mogul, J. "Clarifying the Fundamentals of HTTP." *Proceedings of the Eleventh International Conference on World Wide Web*, 2002.

PARZ06　Parziale, L., et al. *TCP/IP Tutorial and Technical Overview*. IBM Redbook GG24-3376-07, 2006. http://www.redbooks.ibm.com/abstracts/gg243376.html

24.5　关键术语、复习题和习题

关键术语

Backus-Naur Form　巴科斯范式（BNF）
base64 transfer encoding　Base64传输编码
domain　域
domain name　域名
Domain Name System　域名系统（DNS）
electronic mail　电子邮件
HTTP gateway　HTTP网关
HTTP message　HTTP报文
HTTP proxy　HTTP代理服务器
HTTP tunnel　HTTP隧道
Hypertext Transfer Protocol　超文本传送协议（HTTP）
iterative technique　迭代技术
Multipurpose Internet Mail Extensions　多用途网际邮件扩充（MIME）协议
name server　域名服务器
origin server　源服务器

radix-64 encoding radix-64编码
resolver 解析器
root name server 根域名服务器
Uniform Resource Locator 统一资源定位符（URL）
recursive technique 递归技术
resource record 资源记录（RR）
Simple Mail Transfer Protocol 简单邮件传送协议（SMTP）
Zone 区

复习题

24.1 RFC 821和RFC 822之间有什么区别？
24.2 什么是SMTP和MIME标准？
24.3 MIME内容类型和MIME传送编码之间有什么区别？
24.4 请简单解释radix-64编码机制。
24.5 什么是域名系统？
24.6 域名系统中的域名服务器和解析器之间有什么区别？
24.7 什么是域名系统的资源记录？
24.8 请简单描述域名系统的工作过程。
24.9 域和区之间有什么区别？
24.10 请解释域名系统中的递归技术和迭代技术之间的区别。
24.11 为什么说HTTP是无状态协议？
24.12 请解释HTTP代理服务器、网关和隧道之间的区别。
24.13 HTTP中的缓存有什么功能？

习题

注意：本章有几道习题需要查阅相关的RFC。

24.1 不同的电子邮件系统在处理多个收件人的方式上有所不同。在某些系统中，发件方的用户代理程序或邮件发送程序完成所有必须的复制工作，并且将它们独立地分别发送出去。另一种方法是首先判断每个目的地的路由。在路由相同的部分只发送一个报文，而只有当路由分岔时才制作副本，这种处理方式称为邮件打包（mail-bagging）。讨论这两种方法相比较时各自的优缺点。
24.2 除了连接的建立和终止之外，用SMTP发送一个很小的电子邮件报文，在网络上至少需要几个来回？
24.3 解释quoted-printable和base64编码机制在用途上有什么区别？
24.4 假设需要向3个不同的用户发送一个报文：user1@example.com，user2@example.com，user3@example.com。为每个用户发送1个独立的报文和向多个（3个）接收方发送1个报文之间有没有区别？请解释。
24.5 我们已经知道字符序列“<CR><LF>.<CR><LF>”向SMTP服务器指示出邮件数据的结尾。如果这个邮件数据本身含有这个字符序列，则会出现什么情况？
24.6 除了在RFC 822中定义的首部字段以外，用户可以任意定义和使用附加的首部字段。这些字段必须以字符串“X-”开头，为什么？
24.7 假设你发现邮箱账号user@example.com有一些技术问题，为解决这些问题，应联系谁？
24.8 虽然TCP是全双工协议，但SMTP以半双工方式使用TCP。客户发送一个命令后就停下来等待对该命令的回答。当网络运行到达其最大容量附近时，这种半双工的操作怎样才能瞒过TCP慢启动机制呢？
24.9 域名系统解析器和域名服务器应当被划归为客户还是服务器，还是两者都有。

24.10 一般来说，DNS解析器利用UDP发出一个查询，但它也可以使用TCP。将TCP用于此处会不会有什么问题？如果有，你建议的解决方案是什么？

24.11 主域名服务器和辅助域名服务器之间的主要区别是什么？

24.12 通过UDP端口53和TCP端口53都可以访问域名服务器。这两个协议分别在什么时候使用？为什么？

24.13 为了得到一个大公司网站www.example.com的IP地址，我们向一个权威域名服务器查询“example.com”区。在对该查询所做出的响应中，共得到8个A记录。多次重复同样的查询后，不断得到相同的8个A记录，但是每次的顺序都不同。原因是什么？

24.14 挖掘工具提供了一种简易的交互式域名系统访问方法。这种挖掘工具在UNIX和Windows操作系统中都可用。它也能通过Web使用。到本书写作时为止，有两个网站提供对挖掘的免费访问。

http://www.gont.com.ar/tools/dig

http://www.webmaster-toolkit.com/dig.shtml

用挖掘工具获取根服务器列表。

24.15 讨论使用多个残桩解析器（stub resolver）和一个仅起缓存作用的域名服务器，而不是多个完全的解析器，有什么优点？

24.16 选择一个根服务器，并使用挖掘工具向它发送一个RD（要求递归）比特置位的查询，以得到www.example.com的IP地址。它是否支持递归查找？请说明原因？

24.17 输入dig www.example.com A以获取www.example.com的IP地址。在响应中返回的A记录中的TTL是什么？等待一会，重复该查询。为什么TTL会变化？

24.18 随着x-DSL和光缆调制解调器技术的广泛使用，目前有很多家庭用户在其台式计算机上建立了Web网站。由于他们的IP地址是由因特网提供者（ISP）动态分配的，每当用户的IP地址发生变化时，用户必须更新自己的域名系统记录（通常由用户计算机上的某种计算机软件来完成这项工作，只要分配的IP地址发生了改变，该软件会自动联络域名服务器以更新相应的数据）。这种服务通常称为动态域名系统。但是，为了使这些更新能够如愿地工作，每个资源记录中有一个字段的设置必须与典型设置完全不同，是哪一个字段？为什么？

24.19 辅助域名服务器定期查询主域名服务器，以检查区数据是否有更新。无论该区数据含有多少资源记录，辅助域名服务器都只需向主域名服务器查询一个资源记录，以判断该区数据是否有任何变化。它们查询的是哪个资源记录？它们怎样使用被请求的信息以判断变化？

24.20 主机170.210.17.145上的一个用户正在使用Web浏览器访问www.example.com。为解析“www. example.com”域名以得到一个IP地址，用户必须向一个权威域名服务器发送对“example.com”域的查询。域名服务器在响应中返回4个顺序如下的IP地址列表{192.168.0.1, 128.0.0.1, 200.47.57.1, 170.210.10.130}。尽管170.210.17.130是域名服务器返回的列表中的最后一个IP地址，但Web浏览器仍建立了一条与170.210.17.130的连接，为什么？

24.21 在部署域名系统之前，SRI网络信息中心集中维护着一个简单的文本文件（HOSTS.TXT），以用于主机名和地址之间的映射。每个连接到因特网上的主机都必须在本地保存该文件的更新副本，这样才能使用主机名而无须直接与计算机的IP地址打交道。讨论一下与早期的集中式HOSTS.TXT系统相比较，域名系统的主要优点是什么？

24.22 在使用持续连接之前，每次都要用一个独立的TCP来获取每一个URL。与早期的HTTP样式，即每次传输都要建立一条连接相比，分析持续连接的优点是什么？

第25章　因特网应用——多媒体

学习目标

在学习了本章的内容之后，应当能够：

- 理解实时通信量的传输需求；
- 概述VoIP网络；
- 总结RTP的主要构成元素；
- 解释RTP与RTCP在角色上的互补。

随着人们越来越多地利用宽带访问因特网，大家对基于Web和因特网的多媒体应用也越来越感兴趣。术语“多媒体”指的是使用多种形式的信息，包括文本、静态图片、音频和视频。读者在继续阅读之前，先回顾2.6节会更有帮助。

对多媒体应用的深入讨论大大超出了本书的范畴。本章的重点是几个关键的话题。首先考察实时通信量的一些主要特征，接下来讨论SIP以及用它来支持IP话音传输，最后要探讨的是实时运输协议。

25.1　实时通信量

高速局域网和广域网的广泛应用，以及因特网和其他互联网的线路容量的不断增加，这些都带来了利用基于IP的网络运输实时通信量的可能性。不过有一点很重要，我们要充分地认识实时通信量的需求与那些高速但并非实时通信量的需求之间的区别。

在使用传统互联网的应用时，如文件传送、电子邮件以及包括Web在内的客户/服务器应用程序，受到关注的性能度量通常是吞吐量和延迟。同时也会考虑到可靠性，并且使用了一些机制来保证数据在传送过程中没有丢失、损坏或失序。相比之下，实时应用更关心的是时间问题。在绝大多数情况下，都要求数据以与发送速率相等的恒定速率交付。在另外一些情况下，每个数据块都有一个关联的最后期限，因此在超过最后期限后，这些数据就作废了。

25.1.1　实时通信量的特点

图25.1所示为一个典型的实时环境。图中，一个服务器产生以64 kbps传输的音频。这个数字化的音频以分组的形式传输，每个分组包括160个八位组的数据，因此每20 ms就会发出一个分组。这些分组穿过一个互联网并被交付给一个多媒体PC。在这里，分组一旦到达就会被实时地以音频形式播放。但是，由于因特网会带来变化的时延，在终点上分组和分组之间到达的时间间隔无法维持在固定的20 ms。为了对此加以补偿，收到的分组要被缓存起来，稍稍延迟一会，然后再以一个固定的速率释放给产生声音的软件。

由时延缓存提供的补偿是很有限的。为了理解这一点，需要定义“时延抖动”这个概念，它是一次会话中分组经历的时延变化的最大值。例如，如果任意分组可见的端到端最小时延是1 ms，而最大时延是6 ms，它的时延抖动就是5 ms。只要时延缓存能够对收到的分组延迟至少5 ms，那么缓存的输出将包括所有收到的分组。但是，如果缓存只能延迟分组

4 ms，那么任何经历了超过4 ms相对时延（绝对时延超过5 ms）的分组将不得不被丢弃，因此导致失序而不会被播放。

到目前为止，对实时通信量的描述都隐含了一个以恒定速率生成的等尺寸的分组序列。而这并不总是此类通信量的配置参数。图25.2描绘了如下几种常见的可能情况。

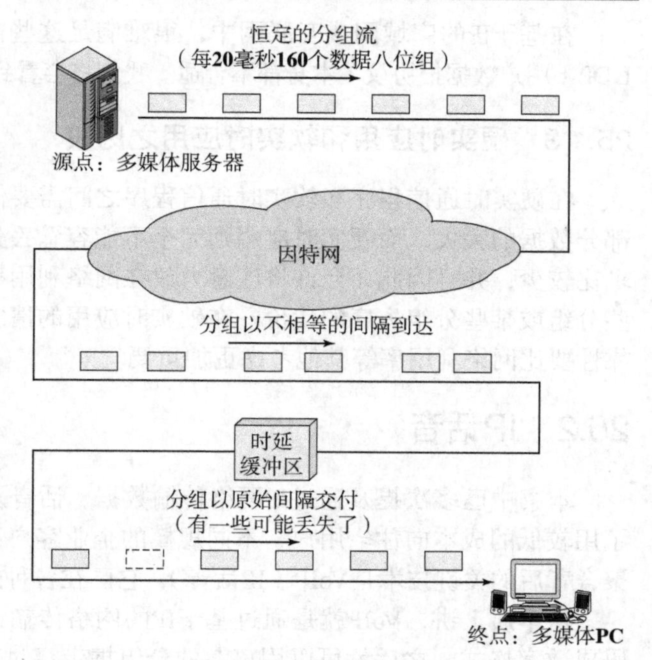

图25.1　实时通信量

- **连续的数据源**　以固定的间隔时间生成固定尺寸的分组。这一类应用的特征是持续不断地生成数据，几乎没有冗余，并且因为太重要了而不能用有损方式进行压缩。例如空中交通控制雷达和实时仿真。
- **断续源**　这个源在以固定间隔时间生成固定尺寸分组的时间段和空闲时间段之间来回变换。像电话或音频会议这样的话音源就很符合这种类型。
- **变化的分组尺寸**　这种源以统一的时间间隔生成变长的分组。一个例子是数字化的视频，不同的帧可能为了得到相同的输出质量等级而经历了不同的压缩率。

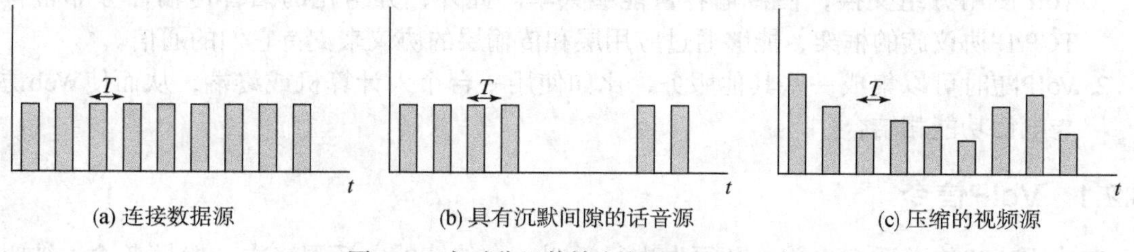

图25.2　实时分组传输（基于[ARAS94]）

25.1.2　实时通信的需求

[ARAS94]列出了以下一些实时通信所需要的性质：

- 低抖动
- 低延迟
- 易于综合非实时服务和实时服务的能力
- 能适应网络和通信量条件的动态变化
- 在大型网络和大量连接的情况下也有很好的表现
- 对网络内部的缓存需求适中
- 高效的容量利用率
- 每个分组的首部比特带来的额外开销低
- 在网络内部和端系统上，每个分组的处理开销低在基于IP的广域网或互联网中，很难满足这些需要。不论是TCP（传输控制协议）还是UDP（用户数据报协议）本身都不合适。我们将会看到RTP为解决这些问题提供了合理的基础。

25.1.3 硬实时应用和软实时应用之比较

在硬实时通信程序和软实时通信程序之间需要做一个明确的区分。软实时应用可以容忍部分数据的丢失，而硬实时应用则完全不能容忍丢失。通常，软实时应用对网络的强制性要求比较少，并且因此而允许将注意力放在网络利用率的最大化上，哪怕会为此而付出丢失一些分组或某些分组失序的代价。在硬实时应用的情况下，一个起决定作用的抖动上限和高可靠性要比网络利用率等其他考虑更加重要。

25.2 IP话音

本书中已多次提及通过IP网络传输数据、话音及视频聚合体的发展趋势。这种聚合实现了用较低的成本向住宅用户、不同规模的企业客户和服务提供者提供更先进的服务。隐藏在聚合背后的关键技术是VoIP（IP话音），它已在各种规模的企业中越来越普及。

从本质上讲，VoIP就是通过基于IP的网络传输话音。VoIP的工作原理是先将话音信息编码成数字格式，之后就可以用离散的分组携带穿过IP网络。VoIP与传统电话相比具有如下两大优点。

1. VoIP系统通常在价格上比使用了PBX的电话系统和传统电话网络的同等的服务更具优势。有几个方面的原因。传统电话网络要为电路交换的话音通信分配专用电路，而VoIP使用分组交换，使传输容量能够共享。此外，分组化的话音传输任务非常符合TCP/IP协议族的框架，能够通过应用层和传输层的协议来支持它们的通信。
2. VoIP随时可以集成一些其他服务，比如使用一台个人计算机或终端，从而使Web访问与电话功能相结合。

25.2.1 VoIP信令

在使用VoIP传送话音之前，必须先进行呼叫。在传统的电话网络中，拨号者输入被叫号码，这个电话号码经过电信运营商的信令系统处理，使被叫电话振铃。而使用VoIP时，主叫用户（程序或个人）要提供URI（统一资源标识符，URL的一种）形式的电话号码，然后这个号码触发一组协议的交互动作，使该呼叫被拨出。

VoIP呼叫拨出过程的关键是会话发起协议（SIP）。会话发起协议不仅支持VoIP，还支持多种多媒体应用。25.3节将讨论会话发起协议。

25.2.2 VoIP处理

一旦被叫方应答，双方（对于电话会议就是多方）之间建立起一条逻辑连接，话音数据就可以在两个方向上进行交换。图25.3所示为VoIP系统中某一个方向上的话音数据的基本流程。在发送端，模拟话音信号首先转换为数字比特流，再被分割成为分组。一般情况下，分组化是通过RTP完成的。RTP协议包括对分组进行标记，使得它们能够在接收端以适当的顺序重新组装的机制。另外它还具有缓冲功能，目的是为了平滑接收数据并使用连续的流来递交话音数据。然后，这些RTP分组借助用户数据报协议和IP协议穿越因特网或专用互联网传输。

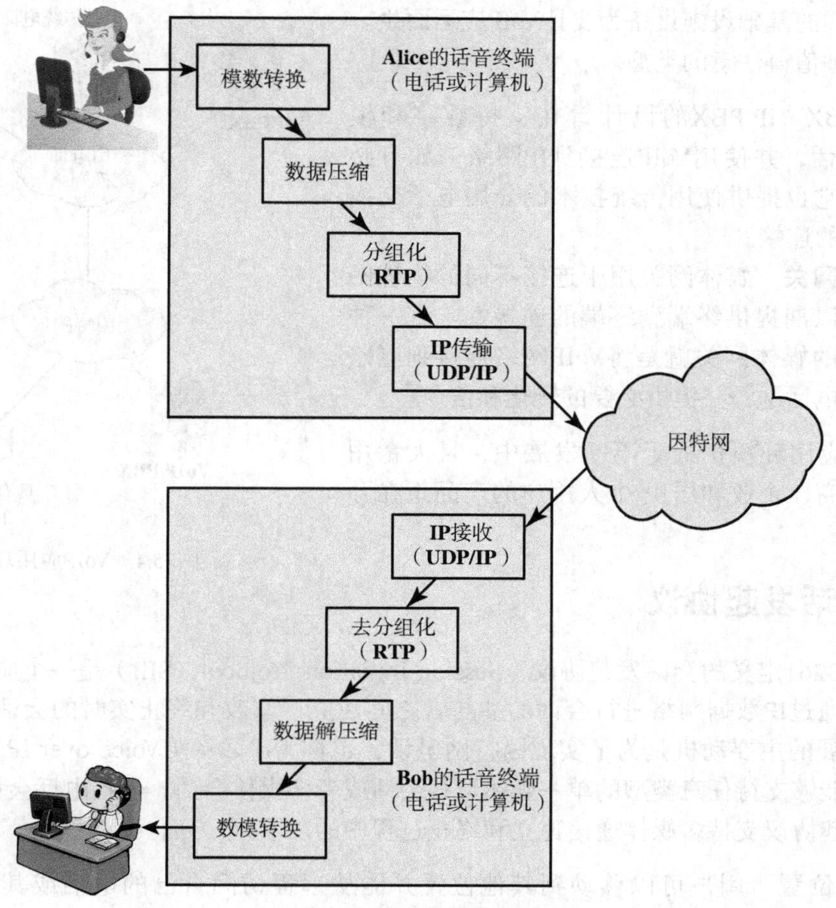

图25.3　VoIP处理过程

在接收端，该过程正好相反。分组有效载荷被RTP重组并置以适当的顺序。然后该数据被解压缩，这个数字化的话音再经过数模转换器的处理，产生接听者的电话或耳机扬声器使用的模拟信号。

25.2.3 VoIP应用环境

使用IP网络的VoIP很可能终将取代目前所使用的公用电路交换网络。但是在可预见的未来，VoIP必须与现有的电话基础设施共存。图25.4所示为新旧技术并存过程中涉及的主要构成元素。

VoIP基础设施的部署一直伴随着各种各样的终端产品，如下所示。

- **传统手持接送话器**　这些有线或无线的装置就像传统电话一样工作，但具有VoIP功能。通常它们会有许多附加特色，安装了显示屏，能提供智能手机所能提供的各种功能。
- **会议设备**　它们提供与传统电话会议系统相同的基本服务。这些装置还允许用户调用其他数据通信服务，如文本、图形、视频和白板。
- **移动设备**　智能手机和其他具有VoIP功能的手机可以直接绑定到VoIP网络，无须通过任何网关系统。
- **软电话**　术语“软电话”是指在个人计算机上操作的应用了VoIP的软件。通常情况下，这些个人计算机会配置通过USB连接的耳机或电话。

各种各样的基础设施设备为支持VoIP应运而生。下面介绍两种值得注意的类型。

- **IP PBX** IP PBX的设计旨在支持数字和模拟电话，并使用VoIP连接到IP网络，如有必要，它也提供使用传统技术的公用电话交换网络的连接。
- **媒体网关** 媒体网关用于连接不同的物理网络，以期提供终端到终端的连接性。有一种重要的媒体网关就是将VoIP网络连接到电路交换电话网，并提供必要的转化和信令。

VoIP的应用环境仍处于不断发展中，且大量用于服务提供商、企业和居民/个人用户的产品正在开发中。

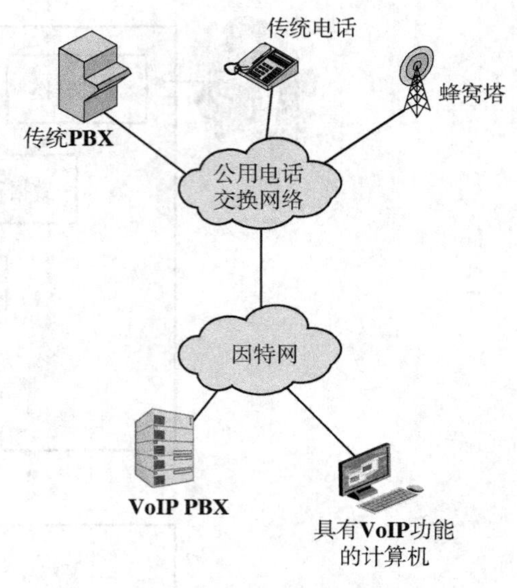

图25.4 VoIP应用环境

25.3 会话发起协议

由RFC 3261定义的会话发起协议（Session Initiation Protocol，SIP）是一个应用级控制协议，用于在通过IP数据网络进行会话的参与者之间建立、修改和终止实时的会话。推动会话发起协议发展的主要动机是为了实现因特网电话，也称为IP话音（Voice over IP，VoIP）。会话发起协议能够支持任意类型的单一媒体形式会话或者多媒体会话，包括电话会议。

会话发起协议支持多媒体通信建立和终止过程中的以下5个方面。

- **用户位置** 用户可以移动到其他位置并能从远程访问自己的电话或其他应用程序功能。
- **用户有效性** 判断被叫方是否愿意参与到通信中。
- **用户能力** 判断所使用的媒体以及媒体参数。
- **会话建立** 建立点对点的或者是多方电话通话，且具有协定的会话参数。
- **会话管理** 包括会话的传送和终止、修改会话参数以及调用服务。

会话发起协议利用了为早期协议而开发的设计元素。会话发起协议基于一种类似HTTP的请求/响应事务模型。每个事务由一个客户请求和至少一个响应组成，其中客户请求调用服务器上的某个特定方法或功能。会话发起协议使用了大部分HTTP首部字段、编码规则以及状态码。这就为信息的显示提供了基于文本的可读懂的格式。会话发起协议还利用了类似于DNS（域名系统）递归查找和迭代查找的概念。会话发起协议与会话描述协议（SDP）结合起来使用，会话描述协议用一组类似于MIME（多用途网际邮件扩充）协议中使用的类型定义了会话的内容。

25.3.1 SIP组成元素和协议

一个SIP网络可被视为由一些以二元定义的元素构成，这二元分别是：客户/服务器及个体的网络元素。RFC 3261对**客户**和**服务器**的定义如下。

- **客户** 客户就是发送SIP请求并接收SIP响应的任何网络元素。客户可以直接与人类用户交互，也可以不直接与人类用户交互。用户代理客户和代理服务器都是客户。

- **服务器** 服务器是接收请求，为请求者提供服务，并为这些请求返回响应的一个网络元素。服务器的例子有代理服务器、用户代理服务器、重定向服务器以及登记服务器。

一个标准SIP网络中的个体元素如下所示。

- **用户代理（User Agent）** 位于每个SIP端站中。它起到了如下两个作用。
  - **用户代理客户（user agent client，UAC）** 发出SIP请求；
  - **用户代理服务器（user agent server，UAS）** 接收SIP请求，并生成一个对该请求接受、拒绝或重定向的响应。
- **重定向服务器（Redirect Server）** 在会话发起阶段用于判断被叫设备的地址。重定向服务器向呼叫设备返回这个信息，指引UAC去联络另一个URI。它模仿了DNS中的迭代查找。
- **代理服务器（Proxy Server）** 一种中间程序，既可用作服务器，也可用作客户。它的用途是代表其他客户发出请求。一个代理服务器起到的主要作用是路由选择，也就是说它确保一个请求被发送到离目的用户更近的另一个实体上。代理服务器还有助于策略的强制实施（例如，确定某个用户有呼叫的权利）。代理服务器在转发请求报文之前，先要解释该请求，并且如有必要还需要重写请求报文中的某些特定部分。它类似于DNS中的递归查找。
- **登记服务器（Registrar）** 接收REGISTER请求的服务器，并将从这些请求中收到的信息（要登记的设备的SIP地址及其关联IP地址）放到它所管理域的位置服务中。
- **位置服务（Location Service）** 位置服务被SIP重定向服务器或代理服务器用来获取有关呼叫者的可能的位置信息。为了这个目的，位置服务维护着一个SIP地址与IP地址的映射数据库。
- **呈现服务器（Presence Server）** 用于接收、存储和分发呈现信息。呈现服务器有如下两组不同的客户：
  - 呈现者（信息生产者）向服务器提供呈现信息，用以存储和分发；
  - 观察者（信息消费者）从服务器接收呈现信息。

在RFC 3261中，以上各种服务器被作为逻辑设备定义。它们可能由配置在因特网上的独立服务器来实现，或者也可以将它们组合成一个应用程序并安装在一个物理服务器中。

图25.5所示为一些SIP组成元素之间的相互关系以及应用的协议。一个用户代理以客户的身份（在图中就是UAC Alice）利用SIP与另一个作为服务器的用户代理（在图中就是UAS Bob）建立一次会话。会话发起过程使用SIP，并涉及到一个或多个代理服务器，用来在两个用户代理之间转发请求和响应。用户代理同时还使用了会话描述协议（SDP），用来描述该媒体会话。

如有必要，代理服务器也可用作重定向服务器。当重定向完成后，代理服务器就需要咨询位置服务数据库，它可能与代理服务器在一起，也可能不在一起。代理服务器与位置服务之间的通信超出了SIP标准的范围。DNS也是SIP操作中的一个重要部分。通常，UAC会用UAS的域名而不是IP地址进行请求。代理服务器需要咨询一个DNS服务器来找出该目的域的代理服务器。

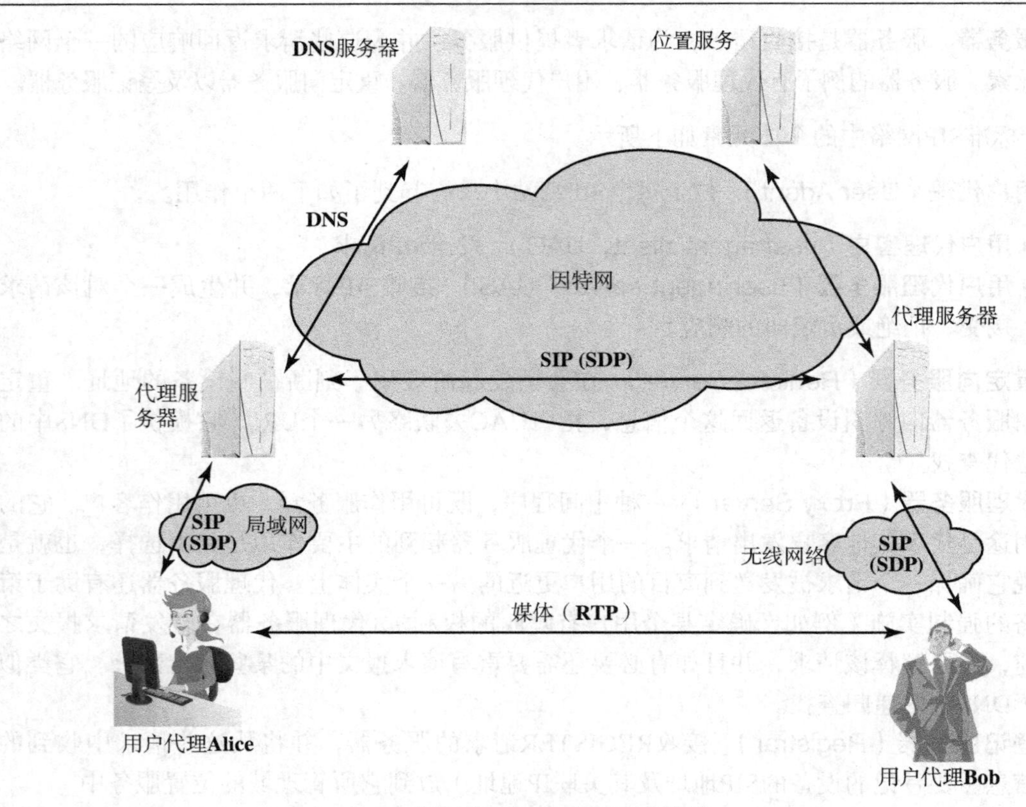

图25.5　SIP组成元素和协议

因为性能的原因，SIP通常运行在UDP上，并且提供了自己的可靠性机制，不过也有可能会使用TCP。如果要求使用一个安全的、加密的运输机制，SIP报文也可以选择用运输层安全（Transport Layer Security，TLS）协议来运载（详见第27章）。

与SIP相关联的是在RFC 4566中定义的会话描述协议（Session Description Protocol，SDP）。SIP用于邀请一个或多个参与者加入一次会话，而用SDP编码的SIP报文主体则包含了参与方能够并且愿意使用些什么样的媒体编码（如话音、视频）等信息。一旦这些信息经过交换且确认后，所有参与者都掌握了每个参与者的IP地址、可用的传输容量以及媒体类型。然后使用一种恰当的运输协议开始传输数据。通常使用的是将在稍后介绍的实时运输协议（RTP）。在整个会话过程中，参与方可以使用SIP报文来修改会话参数，如通告新的媒体类型或有新成员加入该会话中。

25.3.2　SIP统一资源标识符

SIP网络内的资源是通过统一资源标识符（Uniform Resource Identifier，URI）来标识的。通信资源的例子包括以下一些：

- 在线服务的一个用户
- 多路电话上的一次上线
- 消息系统中的一个邮箱
- 网关服务上的一个电话号码
- 一个组织内部的一个小组（如“销售”或“服务台”）

SIP URI具有基于电子邮件地址的格式，即“用户@域”。有两种常用的机制，一种最普通的SIP URI的格式为

sip:bob@biloxi.com

URI也可以包括一个密码、端口号以及相关参数。如果要求安全传输，就用“sips:”代替“sip:”。在后一种情况下，SIP报文通过TLS运输。

25.3.3　会话描述协议

会话描述协议（Session Description Protocol，SDP）描述了会话的内容，包括电话、因特网电台和多媒体应用。SDP包括以下相关信息[SCHU99]。

- **媒体流**　一个会话可以包括多条不同内容的媒体流。SDP目前定义的流类型有音频、视频、数据、控制和应用，类似于因特网电子邮件使用的MIME类型（见表24.1）。
- **地址**　指示一个媒体流的目的地址，它可能是一个多播地址。
- **端口**　对每个媒体流都要指明发送和接收的UDP端口号。
- **载荷类型**　对于使用中的每个媒体流类型（如电话），载荷类型指示了会话期间可以使用的媒体格式。
- **开始和结束时间**　应用于广播会话，如电视或电台节目。它们指示会话的开始、结束和重复时间。
- **发起者**　对于广播会话，需要指明发起者以及联系信息。当接收者遇到技术问题时，这些信息可能会有帮助。

25.4　实时运输协议（RTP）

使用最多的运输级协议是TCP。虽然TCP已经证明自己有实力支持各种广泛的分布式应用，但是它并不适合实时分布式应用。这里所说的实时分布式应用是这样一种应用，即一个源点以恒定速率生成一个数据流，而在一个或多个终点上必须以相同的恒定速率向某个应用交付该数据。此类应用的例子包括音频和视频会议、现场视频发布（不经保存而即时播放）、共享工作空间、远程医学诊断、电话、命令和控制系统、分布式交互仿真、游戏以及实时监控。TCP所具有的下列特性令其不适合用来作为此类应用的运输协议。

1. TCP是点对点的协议，它在两个端点之间建立一条连接。因此它不适合多播分发。
2. TCP包括对丢失报文段的重传机制，之后重传的报文段会失序到达。在绝大多数实时应用中，这些报文段已经失去效用。
3. TCP中没有哪种机制能够方便地将报文段与其时间信息相关联，而这又是实时应用的一个需求。

人们应用得较多的另一种运输协议是UDP，它不具备以上列出的前两个特点，但是与TCP一样，它也没有提供时间信息。就其本身而言，UDP没有提供任何可用于实时应用的通用工具。

虽然每个实时应用可以自带用于支持实时运输的机制，但是它们之间具有的一些共同特点理所当然地要求为之定义一个通用的协议。为了这个目的而设计的协议就是RFC 3550定义的实时运输协议（Real-Time Transport Protocol，RTP）。RTP最适合软实时通信。如果要支持硬实时通信量，那么它还缺少一些必要的机制。

本节将简单而全面地介绍RTP。首先要讨论一下实时运输的需求。接下来要探讨RTP的原理性方法。剩余的内容都将用于介绍构成RTP的两个协议：第一个协议就称为RTP，它是一个数据传送协议；另一个是称为RTCP（RTP Control Protocol）的控制协议。

25.4.1 实时运输协议体系结构

在实时运输协议中，其功能性与应用层的功能性密切相关。实际上，最好视实时运输协议为一个应用程序能够直接用以实现单个协议的框架结构。没有特定于应用的信息，实时运输协议就不是完整的协议。另一方面，实时运输协议强制使用一个结构并定义了共同的功能，这样就使实时应用个体减轻了负担。

RTP遵从了由Clark和Tennenhouse在一份论文[CLAR90]中提出的协议体系结构的设计原则。该论文中提出的两个关键概念是应用级组帧和综合层处理。

应用级组帧

在诸如TCP之类的传统运输协议中，恢复丢失的部分数据的责任是由运输层透明地执行的。[CLAR90]列举了两种场合来说明由应用层执行对丢失数据的恢复可能更合理。

1. 应用程序可以在一定的限度内接受稍有欠缺的交付，并且能不受影响地继续进行。实时音频和视频正是这种情况。对于此类应用，可能需要以更温和的方式通知源点有关交付的质量问题，而不是需要重传。如果丢失的数据太多，源点就可能会改换到一个低质量的传输，这样做降低了对网络的需求，增加了交付的机率。
2. 有时让应用程序而不是运输协议来提供数据的重传可能会更好。在以下背景中这样做会很有帮助：

   a. 发送应用程序可以重新计算丢失的数据值，而不是将其暂存。

   b. 发送应用程序能够提供修正过的值，而不是简单地重传丢失的值，或者可以发送一些新数据用于“修补”因早期丢失而带来的后果。

为了使应用程序具有对重传功能的控制权，Clark和Tennenhouse的建议是，类似表示层和运输层这样的低层应当按照由应用层指定的单位对数据进行处理。应用程序应当将数据流分解成应用级数据单元（Application-level Data Unit，ADU），而低层在处理这些数据时必须保留这些应用级数据单元的边界。应用级的帧就是差错恢复的单位。因此，如果在传输中某个应用级数据单元中的部分数据丢失了，那么一般情况下剩下的数据应用程序也无法使用。此时，应用层将丢弃到达的其他部分，并准备重传完整的应用级数据单元（如果有必要）。

综合层处理

在TCP/IP和OSI这样的典型分层协议体系结构中，每一层都含有一个为实现通信而需要执行的功能子集，并且在端系统上每一层都必须被逻辑地构造成独立的模块。因此在传输时，数据块自上而下地流经体系结构中的每一层，并依次处理。这种结构限制了实现，使之无法调用某些平行的或越级的特定功能以获得更高的效率。[CLAR90]中建议的综合层处理紧扣的思想是，相邻层之间可以紧耦合，实现者可以通过一种紧耦合的方式在这些层之间自由地实现特定的功能。

严格的协议分层结构可能会导致低效率的想法，已经被很多研究人员提出过。例如，[CROW92]考察了在TCP上运行一个远程过程调用（RPC）的低效性，并且建议这两层之间的关系应当更紧密。研究人员认为综合的层处理方式更有利于高效的数据传送。

图25.6所示为RTP实现综合层处理的方式。RTP被设计为运行在无连接运输协议如UDP上。UDP为运输层提供了基本的端口寻址功能。RTP则进一步包括了运输层的功能，如序号。但是RTP本身并不完整。通过修改和/或添加RTP首部从而包含了应用层的功能之后，它才变得完整。从图中可以看出，对于视频传输，有多种不同的视频数据编码标准可用来与RTP结合。

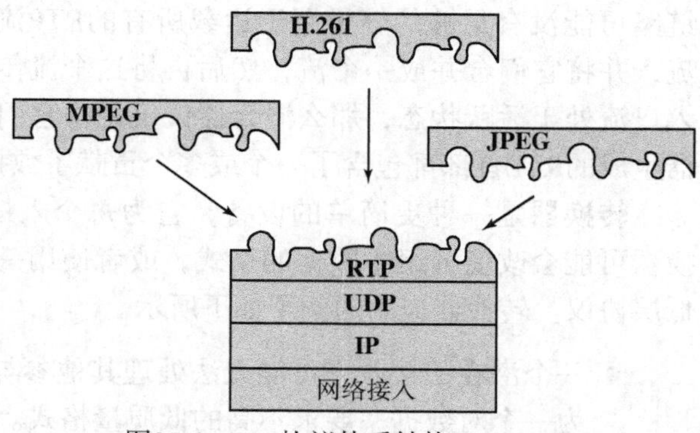

图25.6 RTP协议体系结构[THOM96]

25.4.2 RTP数据传送协议

我们首先来了解一下RTP数据传送协议的基本概念，然后考察协议首部格式。在本小节中任何地方出现的术语“RTP”指的都是RTP数据传送协议。

RTP的概念

RTP支持一次会话中多个参与方之间的实时数据传送。简单地讲，一次会话就是两个或多个RTP实体之间的一个逻辑关联，并且这个关联在整个数据传送期间都被维持着。一次会话由以下几个元素定义。

- **RTP端口号** 所有参与者用于RTP传送的终点端口地址。如果下层是UDP，那么这个端口号出现在UDP首部的目的端口字段中（见图2.6）。
- **RTCP端口号** 所有参与者用于RTCP传送的目的端口号。
- **参与者的IP地址** 它可能是一个多播IP地址（这个多播地址就定义了参与者），也可能是一组单播IP地址。

建立会话的过程超出了RTP和RTCP的范围。

虽然RTP也可用于单播实时传输，但是它的优势在于支持多播传输的能力。为了这个目标，每个RTP数据单元都包括一个源标识，用来标识是组中哪一个成员生成的数据。它还包括一个时间戳，这样接收端点才能通过使用时延缓冲区重新构建正确的时间。RTP还标识了数据在传输时使用的载荷格式。

RTP允许使用两种类型的RTP中继：解释器和混合器。首先需要定义中继的概念。某一给定层上的中继操作就是一个中间系统，在数据传送中，它既用作终点也用作源点。例如，假设系统A希望向系统B发送数据，但是又不能直接发送。可能的原因是B也许在一个防火墙后，又或许B不能直接使用由A传输的格式。在这种情况下，A可能会将数据发送到一个中间的中继系统R。R接受这些数据单元，并进行一些必要的转换或执行一些必要的处理，然后再将数据发送到B。

混合器是一种接收来自一个或多个源的RTP分组流，然后合并这些分组流，再将新的RTP分组流转发到一个或多个终点的RTP中继系统。混合器可能会改变数据的格式，或者只简单地执行混合功能。由于通常多条输入之间的时间不是同步的，混合器要在组合后的分组流中提供时间信息，并将自己标识为同步源。

使用混合器的一个例子是对多个断续式数据源的组合，如音频。假设有多个系统同是一个音频会话的成员，并且各自生成各自的RTP流。在大多数时间只有一个源是活跃的，虽然偶尔也会有多个源同时“讲话”。这时有一个新系统可能也想加入此会话中，但它到网络的链路可能没有足够的容量用于运载所有的RTP流。实际上，用混合器就可以接收所有的RTP流，并将它们合并成一个流，然后再将这个流传输给新的会话成员。如果在同一时间有多条入口流处于活跃状态，那么混合器仅仅是将它们的PCM值简单求和。在每个分组中，由混合器生成的RTP首部都包含了一个或多个贡献了数据的源的标识符。

转换器是一种更简单的设备，它为每个入口RTP分组产生一个或多个出口RTP分组。转换器可能会改变分组中数据的格式，或者使用一种适合于从一个域传送到另一个域的不同的低层协议。转换器应用的例子如下所示。

- 一个潜在的接收方可能无法处理其他参与者所用的高速视频信号。转换器将视频转换为一个对数据率要求不高的低质量格式。
- 应用层的防火墙可能会阻止RTP分组的转发。可以使用两个转换器，防火墙两侧各一个，外侧的转换器通过一条安全连接将收到的所有多播分组用隧道方式传输到位于防火墙内侧的转换器上，然后由内侧的转换器将这些RTP分组发送到受防火墙保护的多播组。
- 转换器能够复制入口多播RTP分组，并将它们发送到多个单播目的地。

RTP固定首部

每个RTP分组包括一个固定首部，并且可能还会包括附加的特定于应用层的首部字段。图25.7所示为固定首部。前12个八位组（阴影部分）必须存在，并由以下字段组成：

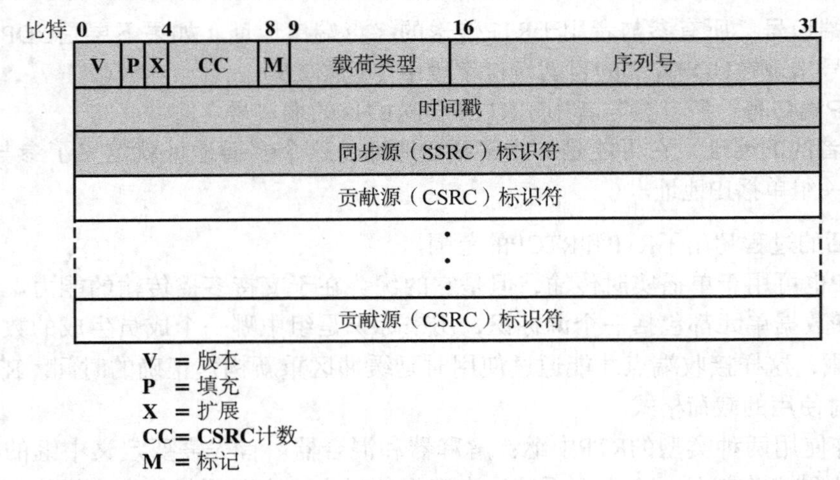

图25.7　RTP首部

- **Version（2比特，版本）** 当前版本是2。
- **Padding（1比特，填充）** 指出载荷尾部是否有填充八位组出现。如果是，那么载荷的最后一个八位组包含的是填充八位组个数的计数值。如果应用程序需要载荷必须是某个长度的整数倍，如32比特，此时就需要使用填充。
- **Extension（1比特，扩展）** 如果置位，那么此固定首部的后面紧跟的就是一个扩展首部，它用于RTP的实验性扩展。
- **CSRC Count（4比特，CSRC计数）** 紧跟在固定首部之后的CSRC（贡献源）标识符的数量。
- **Marker（1比特，标记）** 此标记的解释要依据载荷类型，通常它被用于指示数据流的边界。对于视频来说，它的置位标记了帧的结束。对于音频来说，它的置位标记的是一段语音的开始。

- **Payload Type（7比特，载荷类型）** 指出位于RTP首部之后的RTP载荷的格式。
- **Sequence Number（16比特，序列号）** 每个源由一个随机的序列号开始，每发送一个RTP分组，这个序列号就递增1。这样就能进行丢失检测，并将具有相同时间戳的一系列分组进行排序。多个连续的分组可能具有相同的时间戳，如果它们在逻辑上是同一时间生成的。属于同一个视频帧的多个分组就是这样的一个例子。
- **Timestamp（32比特，时间戳）** 对应于载荷中的第一个数据八位组生成的时刻。这个字段中的时间单位取决于载荷类型。这个值必须是由源点的本地时钟生成的。
- **Synchronization Source Identifier（同步源标识符）** 一个随机生成的值，它是区别一个会话内的不同数据源的唯一性标识符。

在固定首部之后可能还有一个或多个如下字段。

- **Contributing Source Identifier（贡献源标识符）** 标识出载荷的贡献源。这些标识符是由混合器提供的。

Payload Type（载荷类型）字段标识了载荷中的媒体类型及其数据格式，包括对压缩和加密的使用。在一种稳定的状态下，一个源在一次会话期间应当只使用一种载荷类型，但是为了响应条件的改变也可能会改变载荷类型，正如RTCP中所描述的。表25.1总结了RFC 3551中定义的载荷类型。

表25.1　标准音频和视频编码的载荷类型（RFC 3551）

0	PCMU音频	15	G728音频
1	1016音频	16~23	未指派的音频
2	G721音频	24	未指派的视频
3	GSM音频	25	CelB视频
4	未指派的音频	26	JPEG视频
5	DV14音频（8 kHz）	27	未指派
6	DV14音频（16 kHz）	28	nv视频
7	LPC音频	29~30	未指派的视频
8	PCMA音频	31	H261视频
9	G722音频	32	MPV视频
10	L16音频（立体声）	33	MP2T视频
11	L16音频（单声道）	34~71	未指派
12	QCELP无线	72~76	保留
13	舒适噪声	77~95	未指派
14	MPA音频	96~127	动态

25.4.3　RTP控制协议（RTCP）

RTP数据传送协议仅用于用户数据的传输，通常是以多播的方式在一次会话的所有参与者之间传输。一个独立的控制协议（RTCP）同样也以多播方式向RTP数据源和所有会话参与者提供反馈。RTCP使用与RTP相同的底层运输服务（通常为UDP）以及一个独立的端口号。每个参与者定期地向所有其他会话成员发出一个RTCP分组。RFC 3550概述了由RTCP执行的如下4个功能。

- **服务质量（QoS）和拥塞控制** RTCP提供对数据分发质量的反馈。因为RTCP分组是多播的，所有会话参与者都可对其他成员的执行情况和接收情况进行评估。发送方的报告使得接收方能够估计数据率和传输的质量。接收方的报告指出接收方遇到的任何问题，包括分组的丢失和过量的抖动。例如，如果链路上的通信量质量不够高，不足以支持当前的数据率，影音应用可能就会决定降低通过某低速链路的影音传输速率。

来自接收方的反馈对于诊断分发故障也很有用。通过监视来自所有会话参与者的报告，网络管理员就能了解到某个问题是某一个用户特有的，还是普遍存在的。

- **标识** RTCP分组运载的是一个有关RTCP源的持久性文本描述。与随机的SSRC标识符相比，它提供了有关数据分组源的更多信息，并且使一个用户能够关联来自不同会话的多个数据流。例如，独立的音频和视频会话可能同时进行。
- **会话大小的预估和裁剪** 为了执行前两个功能，所有参与者都要发送定期的RTCP分组。这些分组的传输速率必须随着参与者数目的增多而按比例减小。在一个只有少数参与者的会话中，RTCP分组采用每5秒发送1个的最大速率。RFC 3550中包含了相对复杂的算法，通过这种算法，每个参与者会以总的会话参与者数目为基础，限制自己的RTCP速率。其目标是将RTCP通信量限制在低于总会话通信量的5%。
- **会话控制** RTCP可选地提供少量会话控制信息。一个例子就是在用户接口中显示的参与者标识信息。

RTCP传输由多个独立的RTCP分组捆绑成一个单UDP数据报（或其他低层数据单元）组成。RFC 3550中定义了以下的分组类型：

- 发送方报告（SR）
- 接收方报告（RR）
- 源描述（SDES）
- 再见（BYE）
- 特定于应用的分组

图25.8描绘了这些分组类型的格式。每种类型都以一个32比特的字开始，这个字包含以下字段。

- **Version（2比特，版本）** 当前版本为2。
- **Padding（1比特，填充）** 如果置位，则指示控制信息的尾部含有填充八位组。如果是，填充的最后一个八位组包含了统计填充八位组数量的计数值。
- **Count（5比特，计数）** 一个SR或RR分组（RC）中所包含的报告块的数目，或者在一个SDES或BYE分组中所包含的源项数目。
- **Packet Type（8比特，分组类型）** 标识了RTCP分组类型。发送方式接收方报告
- **Length（16比特，长度）** 以32比特字为单位的分组长度减去1。

另外，发送方报告和接收方报告分组还包括下面这个字段。

- **同步源标识符** 标识该RTCP分组的源。

下面描述每一种分组类型。

发送方报告（SR）

RTCP接收方使用发送方报告或者接收方报告（取决于此次会话期间接收方是否也是发送方）来提供对接收质量的反馈。图25.8(a)所示为发送方报告的格式。发送方报告包括一个首部（已介绍过），一个发送方信息块，以及零个或多个接收报告块。发送方信息块包括以下字段。

- **NTP Timestamp（64比特，NTP时间戳）** 此报告发送时的绝对时钟时间。这是一个无符号的固定小数点的数值，其中整数部分在前32比特，小数部分在后32比特。它可

能被发送方用来与接收方报告中返回的时间戳组合，然后测量与该接收方之间的往返时间。

- RTP Timestamp（32比特，RTP时间戳） 这是一个相对时间，用于创建RTP数据分组中的时间戳。它使接收者能够将这个报告与来自同一个源的RTP数据分组一起，以合适的时间顺序排列。
- Sender's Packet Count（32比特，发送方的分组计数） 目前为止在此次会话中由该发送方传送的RTP数据分组总数。

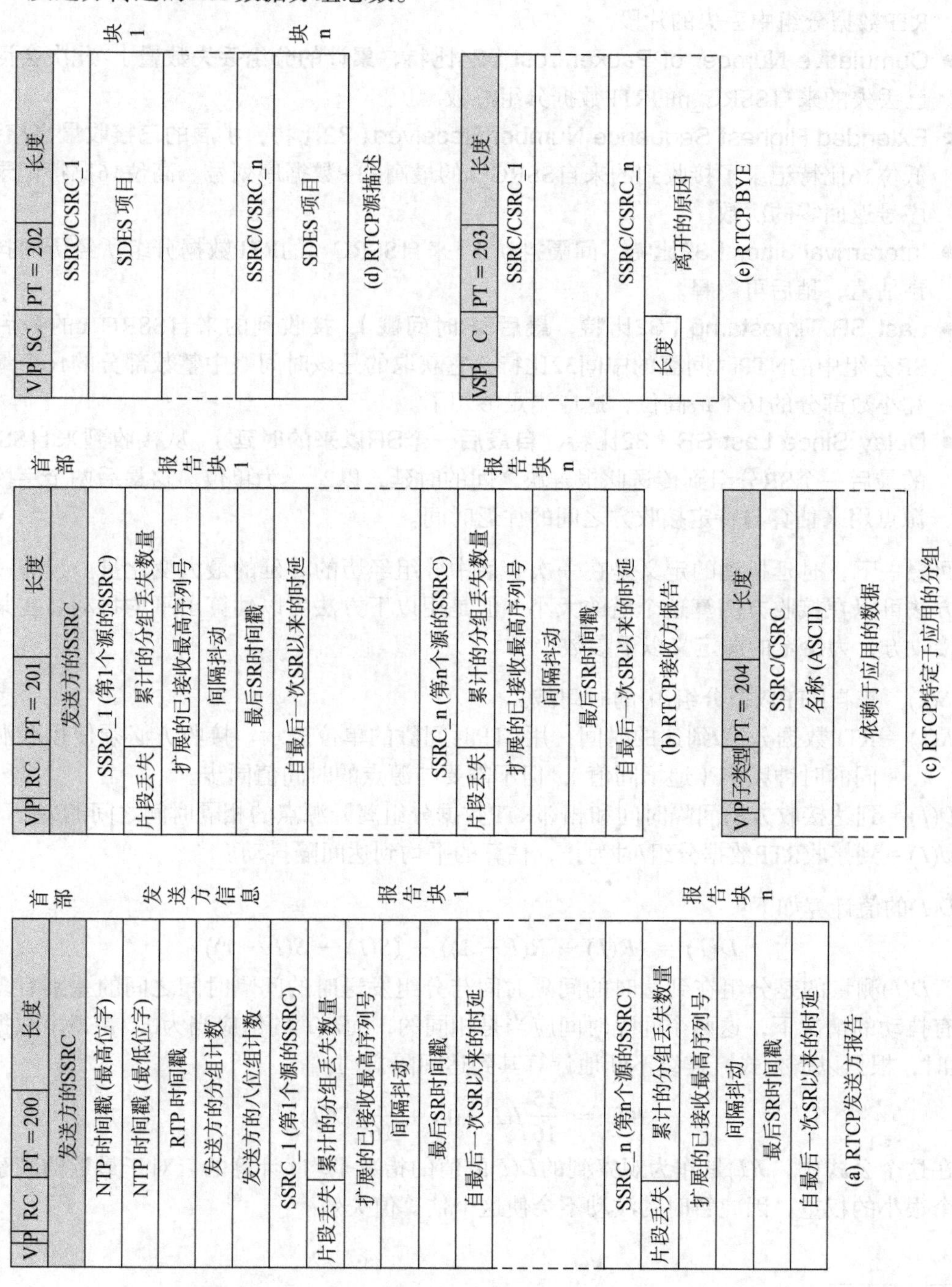

图25.8　RTCP格式

- **Sender's Octet Count（32比特，发送方的八位组计数）** 目前为止在此次会话中由该发送方传送的RTP载荷八位组总数。

紧跟在发送方信息块后面的是零个或多个接收报告块。在此次会话期间，这个参与者接收到的数据的每个来源都会对应一个接收块。每个块包括以下字段。

- **SSRC_n（32比特）** 标识出由此报告块所指向的源。
- **Fraction Lost（8比特，片段丢失）** 自上一个SR或RR分组发送后，来自SSRC_n的RTP数据分组中丢失的片段。
- **Cumulative Number of Packet Lost（24比特，累计的分组丢失数量）** 此次会话期间已丢失的来自SSRC_n的RTP数据分组总数。
- **Extended Highest Sequence Number Received（32比特，扩展的已接收最高序列号）** 低位16比特记录了接收到的来自SSRC_n的最高RTP数据序列号。高位16比特记录了该序号返回零的次数。
- **Interarrival Jitter（32比特，间隔抖动）** 来自SSRC_n的RTP数据分组所经历的抖动的预估值，稍后再解释。
- **Last SR Timestamp（32比特，最后SR时间戳）** 接收到的来自SSRC_n的最后一个SR分组中的NTP时间戳的中间32比特。它获取的是该时间戳中整数部分的16个最低位和小数部分的16个最高位，这应当足够用了。
- **Delay Since Last SR（32比特，自最后一个SR以来的时延）** 从接收到来自SSRC_n的最后一个SR分组到传送此报告块之间的时延，以2^{-16} s为单位。这最后两个字段可被源点用来估算与特定接收方之间的往返时间。

回想一下，时延抖动的定义是在一次会话中分组经历的时延的最大变化量。没有一种简单的方法可以在接收方测算这个值的大小，但是用以下方法可以估算出平均抖动。在某个特定的接收方，为给定的源定义以下参数：

$S(I)$ = 来自RTP数据分组I中的时间戳。

$R(I)$ = RTP数据分组I到达的时间，用RTP时间戳的单位表示。接收方必须使用和源点相同的时钟频率（递增间值），但不需要与源点的时间值同步。

$D(I)$ = 到达接收方的间隔时间和相邻RTP数据分组离开源点的相隔时间之间的差。

$J(I)$ = 到接收RTP数据分组I时为止，估算的平均到达间隔抖动。

$D(I)$的值计算如下：

$$D(I) = (R(I) - R(I-1)) - (S(I) - S(I-1))$$

因此，$D(I)$测量的是分组在到达时的间隔时间与分组发送时的间隔时间之间的差别有多大。在没有抖动的情况下，这两个间隔时间应当是相同的，而$D(I)$的值应当为0。在每个数据分组I到达时，根据以下公式，连续不断地计算其到达间隔抖动：

$$J(I) = \frac{15}{16}J(I-1) + \frac{1}{16}|D(I)|$$

在这个公式中，$J(I)$是作为观察到的$D(I)$的值的指数平均①计算的。对于最近的观察值只给一个很小的权重，因此暂时的波动不会使这个估算值失效。

---

① 作为对比，请参照式(22.3)。

发送方报告中的这些值使得发送方、接收方和网络管理员能够监视网络的状态，因为这些值都是与某个特定会话相关的。例如，分组丢失值给出的是持续拥塞指示，而抖动则测量的是暂时拥塞的情况。抖动测量值可以在因拥塞而导致分组丢失之前，对逐渐增强的拥塞状况提出警告。

接收方报告（RR）

接收方报告，如图25.8(b)所示，其格式与发送方报告的格式相同，除了分组类型字段具有不同的值，并且没有发送方信息块。

源描述（SDES）

源描述分组，如图25.8(d)所示，由源点用来提供有关自己的更多信息。这个分组由一个32比特的首部及其后的零个或多个块组成，其中每个块都包含了描述这个源的信息。各个块的首部是此源点的标识符或贡献源的标识符。紧跟其后的是一个描述性项目列表。表25.2列出了在RFC 3550中定义描述性项目的类型。

结束（BYE）

BYE分组指示了一个或多个源不再活跃。这是向接收方证实，长时间的沉默是因为源已经离开了，而不是因为网络故障。如果混合器接收到一个BYE分组，那么该分组在源列表不做任何变动的情况下被转发。BYE分组的格式由一个32比特的首部及其后紧跟的一个或多个源标识符组成。这个分组还可以可选地包括一个文本描述来说明离开的原因。

表25.2 SDES类型（RFC 3550）

值	名称	描述
0	END	SDES列表结束
1	CNAME	规范名：在一次RTP会话内的所有参与者之间是唯一的
2	NAME	源点的实际用户名称
3	EMAIL	电子邮件地址
4	PHONE	电话号码
5	LOC	地理位置
6	TOOL	生成此数据流的应用的名称
7	NOTE	描述源点当前状态的临时性报文
8	PRIV	个人实验性或特定于应用的扩展

特定于应用的分组

这个分组的目的是用于实验某种特定于应用的功能和性质。最终，如果一个实验性的分组类型被证明是普遍有用的，则有可能为此而分配一个分组类型号，并且成为标准化RTCP的一部分。

25.5 推荐读物

[SPAR07]和[SCHU98]对SIP有很好的概述。[GOOD02]和[SCHU99]讨论了VoIP背景下的SIP。[DIAN02]在通过因特网支持多媒体服务的背景下介绍了SIP。[SHER04]对VoIP的总体介绍值得一读。

DIAN02 Dianda, J.; Gurbani, V.; and Jones, M. “Session Initiation Protocol Services Architecture.” *Bell Labs Technical Journal*, Volume 7, Number 1, 2002.

GOOD02 Goode, B. “Voice Over Internet Protocol (VoIP).” *Proceedings of the IEEE*, September 2002.

SCHU98 Schulzrinne, H., and Rosenberg, J. “The Session Initiation Protocol: Providing Advanced Telephony Access Across the Internet.” *Bell Labs Technical Journal*, October–December 1998.

SCHU99 Schulzrinne, H., and Rosenberg, J. "The IETF Internet Telephony Architecture and Protocols." *IEEE Network*, May/June 1999.

SHER04 Sherburne, P., and Fitzgerald, C. "You Don't Know Jack About VoIP." *ACM Queue*, September 2004.

SPAR07 Sparks, R., and Systems, E. "SIP—Basics and Beyond." *ACM Queue*, March 2007.

25.6 关键术语、复习题及习题

关键术语

Real-Time Transport Protocol 实时运输协议（RTP）
RTP Control Protocol RTP控制协议（RTCP）
Session Description Protocol 会话描述协议（SDP）
Session Initiation Protocol 会话发起协议（SIP）
SIP location service SIP位置服务
SIP proxy server SIP代理服务器
SIP redirect server SIP重定向服务器
SIP registrar SIP登记服务器
voice over IP IP话音传输（VoIP）

复习题

25.1 由SIP提供的5个主要服务是什么？

25.2 列出并简单定义SIP网络的主要组成元素。

25.3 什么是会话描述协议？

25.4 实时通信需要的性能有哪些？

25.5 硬实时应用和软实时应用之间的区别是什么？

25.6 RTP的目标是什么？

25.7 RTP和RTCP之间的区别是什么？

习题

25.1 一个视频源每秒传送30帧，每帧含有2 Mb的数据。该数据经历的时延抖动为1 s。为了消除抖动，终点所需的时延缓冲区大小是多少？

25.2 说明使用RTP作为减缓多播通信量网络拥塞的手段的有效性，或者说如果不使用RTP会怎样？

25.3 在RTP中，发送方定期传送一个发送方报告报文来提供一个绝对时间戳（NTP时间戳）。使用这个绝对时间戳是同步多条数据流的基础，如一个视频信道和一个音频信道。为什么RTP的时间戳字段不能用于此目的？

25.4 说明RTCP的发送方（SR）或接收方报告（RR）块中的最后两个字段如何用于往返传播时间的计算？

附录A　傅里叶分析

本附录将简单介绍傅里叶分析中的几个主要概念。

A.1　周期信号的傅里叶级数表达式

就许多信号而言，有了一张好的积分表的帮助，判断其频域特性就变得非常简单。我们首先考虑的是周期信号。任何周期信号都可表示为正弦波之和，称为傅里叶级数[①]：

$$x(t) = \frac{A_0}{2} + \sum_{n=1}^{\infty}[A_n \cos(2\pi n f_0 t) + B_n \sin(2\pi n f_0 t)]$$

其中，f_0是信号周期的倒数（$f_0 = 1/T$）。频率f_0称为**基频**或**基谐波**，f_0的倍数称为**谐波**。因此一个周期为T的信号由基频$f_0 = 1/T$加上该频率的整数倍谐波组成。如果$A_0 \neq 0$，那么$x(t)$就具有**直流分量**。

其中各系数的值计算如下：

$$A_0 = \frac{2}{T}\int_0^T x(t)\,\mathrm{d}t$$

$$A_n = \frac{2}{T}\int_0^T x(t)\cos(2\pi n f_0 t)\,\mathrm{d}t$$

$$B_n = \frac{2}{T}\int_0^T x(t)\sin(2\pi n f_0 t)\,\mathrm{d}t$$

这个表达式称为正弦-余弦表达式，这是最简单的计算形式，但带来的问题是每个频率有两个组成成分。一个更有用的表达式是振幅-相位表达式，其形式如下：

$$x(t) = \frac{C_0}{2} + \sum_{n=1}^{\infty} C_n \cos(2\pi n f_0 t + \theta_n)$$

它与前面表达式的关系是：

$$C_0 = A_0$$
$$C_n = \sqrt{A_n^2 + B_n^2}$$
$$\theta_n = \arctan\left(\frac{-B_n}{A_n}\right)$$

一些周期信号的傅里叶级数的例子如图A.1所示。

① 数学家们通常把傅里叶级数和傅里叶变换用变量w_0表示，其单位是弧度每秒（rad/s），这里$w_0 = 2\pi f_0$。对于物理和工程学而言，f_0公式更好一些，它表达得更为简单，并且将频率更直观地表示成赫兹而非弧度每秒。

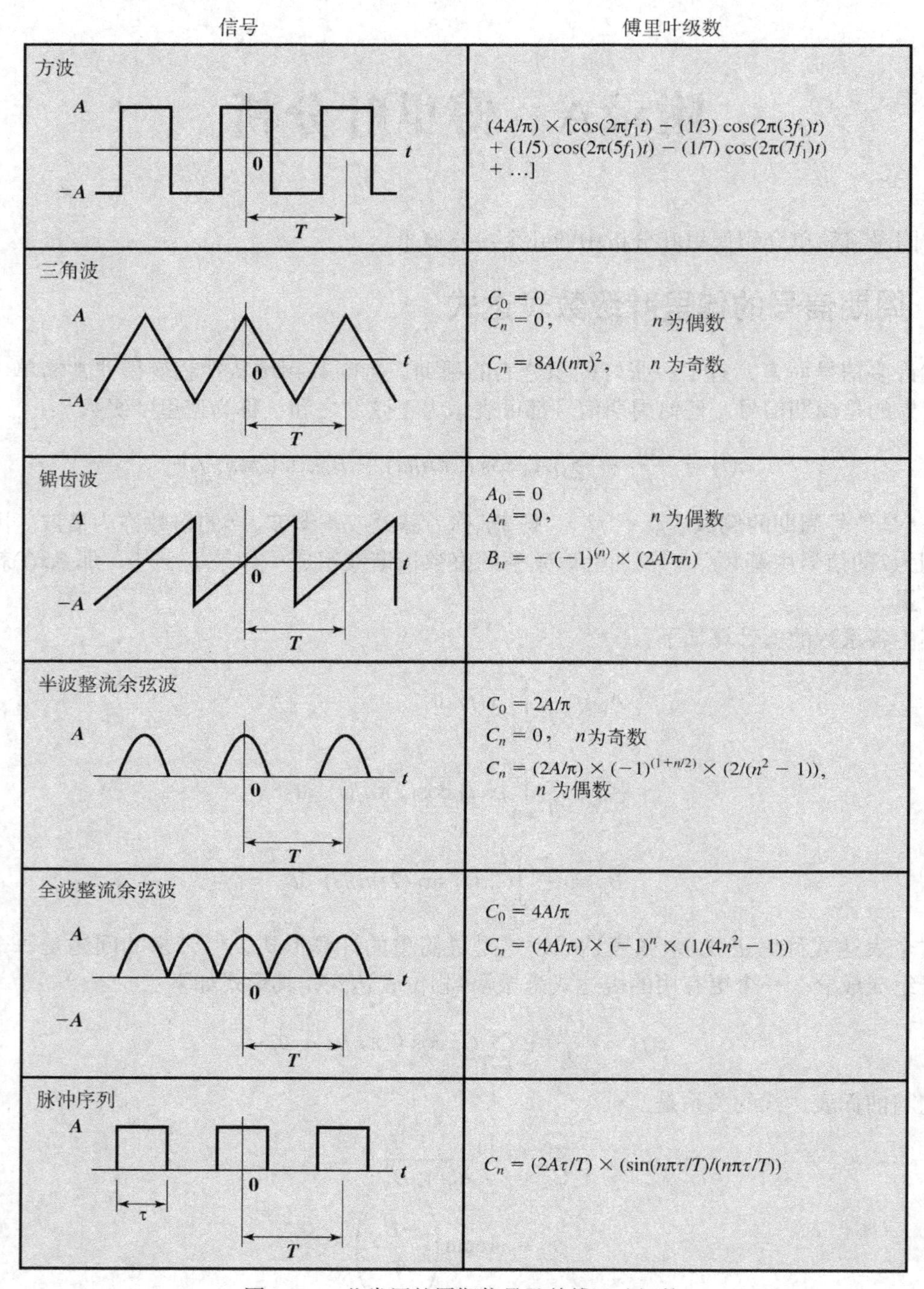

图A.1　一些常用的周期信号及其傅里叶级数

A.2　非周期信号的傅里叶变换表达式

对周期信号来说，我们已经知道它的频谱由离散的频率成分组成，这些频率成分是基频及其谐波。对非周期信号来说，它的频谱由连续的频率组成。这个频谱可通过傅里叶变换来定义，对于频谱为$X(f)$的信号$x(t)$，有如下的关系式成立：

$$x(t) = \int_{-\infty}^{\infty} X(f)\mathrm{e}^{\mathrm{j}2\pi ft}\mathrm{d}f$$

$$X(f) = \int_{-\infty}^{\infty} X(t)\mathrm{e}^{-\mathrm{j}2\pi ft}\mathrm{d}t$$

此处$\mathrm{j} = \sqrt{-1}$。公式中虚数的出现是为了方便。虚数部分的物理意义与波形的相位有关，有关这方面的讨论已经超出了本书的范围。

图A.2所示为傅里叶变换对的一些例子。

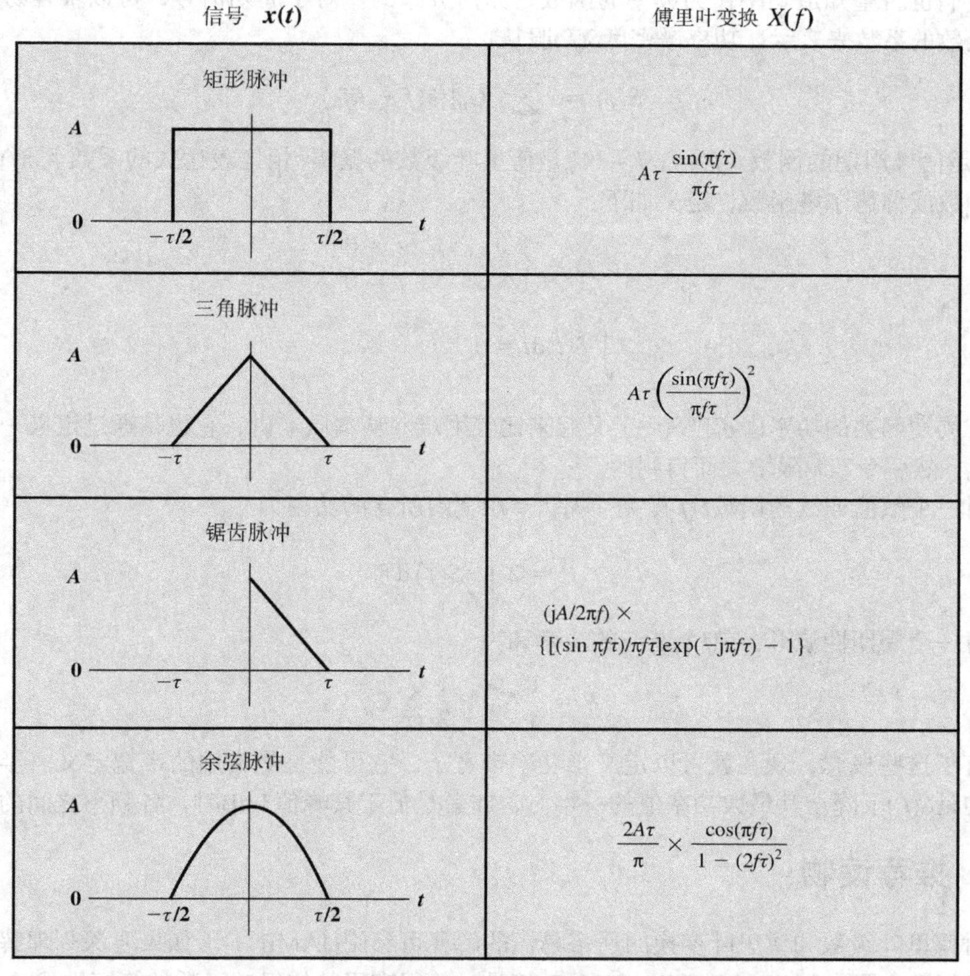

图A.2 一些常用的非周期信号及其傅里叶变换

A.2.1 功率谱密度和带宽

任何时间受限的信号的绝对带宽都是无限的。然而，实际上信号的绝大多数功率集中在某个有限的频带范围内，而其有效带宽正是由包含了绝大部分功率的频谱部分组成的。为了更深入地理解这一概念，需要定义功率谱密度（Power Spectral Density，PSD）。从本质上讲，功率谱密度描述了一个信号的作为频率函数的功率值，也就是说它表示了信号在不同频带下的功率有多少。

首先，让我们从时域的角度观察功率。函数$x(t)$通常指明一个信号的电压或电流。无论是哪种情况，信号中的瞬时功率与$|x(t)|^2$成正比。定义一个时间受限信号的平均功率为

$$P = \frac{1}{t_1 - t_2}\int_{t_1}^{t_2} |x(t)|^2 \, dt$$

对周期信号来说，一个周期内的平均功率为

$$P = \frac{1}{T}\int_{0}^{T} |x(t)|^2 \, dt$$

我们也希望知道功率作为频率的函数是如何分布的。对于周期信号，可以很容易地用傅里叶级数的系数来表示。功率谱密度$S(f)$服从：

$$S(f) = \sum_{n=-\infty}^{\infty} |C_n|^2 \delta(f - nf_0)$$

此处f_0是信号周期的倒数（$f_0 = 1/T$），C_n是傅里叶级数的振幅-相位表达式的系数。$\delta(t)$是单位冲激函数或称德尔塔函数，定义如下：

$$\delta(t) = \begin{cases} 0, & t \neq 0 \\ \infty, & t = 0 \end{cases}$$

$$\int_{-\infty}^{\infty} \delta(t) dt = 1$$

非周期函数的功率谱密度$S(f)$定义起来比较困难。从本质上讲，它也是通过定义一个“周期”T_0，然后令T_0无限增大而得到的。

对一个数值连续的函数$S(f)$，在频带$f_1 < f < f_2$内所含的功率为

$$P = 2\int_{f_1}^{f_2} S(f) \, df$$

对一个周期性波形，前j个谐波的功率和为

$$P = \frac{1}{4}C_0^2 + \frac{1}{2}\sum_{n=1}^{j} C_n^2$$

有了这些概念，现在就可以定义半功率带宽了，它可能是最常用的带宽定义。半功率带宽指的是$S(f)$下降至其最大功率值的一半时，或者是低于其峰值3 dB时，各频率之间的间隔。

A.3 推荐读物

对傅里叶级数和傅里叶变换的通俗易懂的解释可参阅[JAME11]。如果要深刻理解傅里叶变换和级数，可参阅[KAMM07]。[BHAT05]是一篇很有用的傅里叶级数的简短描述。

BHAT05 Bhatia, R. *Fourier Series.* Washington, DC: Mathematical Association of America, 2005.

JAME11 James, J. *A Student's Guide to Fourier Transforms.* Cambridge, England: Cambridge University Press, 2011.

KAMM07 Kammler, D. *A First Course in Fourier Analysis.* Cambridge, England: Cambridge University Press, 2007.

参考文献

ACM Association for Computing Machinery
IBM International Business Machines Corporation
IEEE Institute of Electrical and Electronics Engineers
NIST National Institute of Standards and Technology

ADAM91 Adamek, J. *Foundations of Coding*. New York: Wiley, 1991.

ALSA13 Alsabbagh, E.; Yu, H.; and Gallagher, K. "802.11ac Design Consideration for Mobile Devices." *Microwave Journal*, February 2013.

ANDE95 Anderson, J.; Rappaport, T.; and Yoshida, S. "Propagation Measurements and Models for Wireless Communications Channels." *IEEE Communications Magazine*, January 1995.

ARAS94 Aras, C.; Kurose, J.; Reeves, D.; and Schulzrinne, H. "Real-Time Communication in Packet-Switched Networks." *Proceedings of the IEEE*, January 1994.

ASH90 Ash, R. *Information Theory*. New York: Dover, 1990.

BAI12 Bai, D., et al. "LTE-Advanced Modem Design: Challenges and Perspectives." *IEEE Communications Magazine*, February 2012.

BAKE12 Baker, M. "From LTE-Advanced to the Future." *IEEE Communications Magazine*, February 2012.

BALL89 Ballart, R., and Ching, Y. "SONET: Now It's the Standard Optical Network." *IEEE Communications Magazine*, March 1989.

BARA02 Baran, P. "The Beginnings of Packet Switching: Some Underlying Concepts." *IEEE Communications Magazine*, July 2002.

BEIJ06 Beijnum, I. "IPv6 Internals." *The Internet Protocol Journal*, September 2006.

BELL90 Bellcore (Bell Communications Research). *Telecommunications Transmission Engineering, Volume 2: Facilities*. 1990

BELL00 Bellamy, J. *Digital Telephony*. New York: Wiley, 2000.

BENE64 Benice, R. "An Analysis of Retransmission Systems." *IEEE Transactions on Communication Technology*, December 1964.

BENN48 Bennet, W. "Noise in PCM Systems." *Bell Labs Record*, December 1948.

BERA08 Beradinelli, G., et al. "OFDMA vs SC-FDMA: Performance Comparison in Local Area IMT-A Scenarios." *IEEE Wireless Communications*, October 2008.

BERN00 Bernet, Y. "The Complementary Roles of RSVP and Differentiated Services in the Full-Service QoS Network." *IEEE Communications Magazine*, February 2000.

BERL80 Berlekamp, E. "The Technology of Error-Correcting Codes." *Proceedings of the IEEE*, May 1980.

BERL87 Berlekamp, E.; Peile, R.; and Pope, S. "The Application of Error Control to Communications." *IEEE Communications Magazine*, April 1987.

BERT92 Bertsekas, D., and Gallager, R. *Data Networks*. Englewood Cliffs, NJ: Prentice Hall, 1992.

BERT94 Bertoni, H.; Honcharenko, W.; Maciel, L.; and Xia, H. "UHF Propagation Prediction for Wireless Personal Communications." *Proceedings of the IEEE*, September 1994.

BHAR83 Bhargava, V. "Forward Error Correction Schemes for Digital Communications." *IEEE Communications Magazine*, January 1983.

BHAT05 Bhatia, R. Fourier Series. Washington, DC: Mathematical Association of America, 2005.

BLAC00 Black, U. *IP Routing Protocols: RIP, OSPF, BGP, PNNI & Cisco Routing Protocols*. Upper Saddle River, NJ: Prentice Hall, 2000.

BOEH90 Boehm, R. "Progress in Standardization of SONET." *IEEE LCS*, May 1990.

BORE97 Borella, M., et al. "Optical Components for WDM Lightwave Networks." *Proceedings of the IEEE*, August 1997.

BOUI02 Bouillet, E.; Mitra, D.; and Ramakrishnan, K. "The Structure and Management of Service Level Agreements in Networks." *IEEE Journal on Selected Areas in Communications*, May 2002.

BRAD98 Braden, B., et al. *Recommendations on Queue Management and Congestion Avoidance in the Internet*. RFC 2309, April 1998.

BUX80 Bux, W.; Kummerle, K.; and Truong, H. "Balanced HDLC Procedures: A Performance Analysis." *IEEE Transactions on Communications*, November 1980.

CARN99 Carne, E. *Telecommunications Primer: Data, Voice, and Video Communications*. Upper Saddle River, NJ: Prentice Hall, 1999.

CARP02 Carpenter, B., and Nichols, K. "Differentiated Services in the Internet." *Proceedings of the IEEE*, September 2002.

CERF74 Cerf, V., and Kahn, R. "A Protocol for Packet Network Interconnection." *IEEE Transactions on Communications*, May 1974.

CHAN06 Chan, P., et al. "The Evolution Path of 4G Networks: FDD or TDD?" *IEEE Communications Magazine*, December 2006.

CHEN02 Chen, T. "Internet Performance Monitoring." *Proceedings of the IEEE*, September 2002.

CICI01 Ciciora, W. "The Cable Modem Traffic Jam." *IEEE Spectrum*, June 2001.

CISC07 Cisco Systems, Inc. "802.11n: The Next Generation of Wireless Performance." Cisco White Paper, 2007. cisco.com

CISC12a Cisco Systems, Inc. *Cisco Visual Networking Index: Forecast and Methodology, 2011–2016*. Cisco White Paper, May 30, 2012.

CISC12b Cisco Systems, Inc. *802.11ac: The Fifth Generation of Wi-Fi*. Cisco White Paper, August 2012.

CLAR88 Clark, D. "The Design Philosophy of the DARPA Internet Protocols." *ACM SIGCOMM Computer Communications Review*, August 1988.

CLAR90 Clark, D., and Tennenhouse, D. "Architectural Considerations for a New Generation of Protocols." *Proceedings, SIGCOMM '90, Computer Communication Review*, September 1990.

CLAR92 Clark, D.; Shenker, S.; and Zhang, L. "Supporting Real-Time Applications in an Integrated Services Packet Network: Architecture and Mechanism." *Proceedings, SIGCOMM '92*, August 1992.

CLAR95 Clark, D. *Adding Service Discrimination to the Internet*. MIT Laboratory for Computer Science Technical Report, September 1995. http://groups.csail.mit. edu/ana/Publications/index.html

CLAR98 Clark, D., and Fang, W. "Explicit Allocation of Best-Effort Packet Delivery Service." *IEEE/ACM Transactions on Networking*, August 1998.

COME99 Comer, D., and Stevens, D. *Internetworking with TCP/IP, Volume II: Design Implementation, and Internals*. Upper Saddle River, NJ: Prentice Hall, 1999.

COME01 Comer, D., and Stevens, D. *Internetworking with TCP/IP, Volume III: Client-Server Programming and Applications*. Upper Saddle River, NJ: Prentice Hall, 2001.

COME14 Comer, D. *Internetworking with TCP/IP, Volume I: Principles, Protocols, and Architecture*. Upper Saddle River, NJ: Prentice Hall, 2013.

CORD10 Cordeiro, C.; Akhmetov, D.; and Park, M. "IEEE 802.11ad: Introduction and Performance Evaluation of the First Multi-Gbps WiFi Technology." *Proceedings of the 2010 ACM International Workshop on mmWave Communications: From Circuits to Networks*, 2010.

CORM09 Cormen, T., et al. *Introduction to Algorithms*. Cambridge, MA: MIT Press, 2009.

CROW92 Crowcroft, J.; Wakeman, I.; Wang, Z.; and Sirovica, D. "Is Layering Harmful?" *IEEE Network Magazine*, January 1992.

COUC13 Couch, L. *Digital and Analog Communication Systems*. Upper Saddle River, NJ: Pearson, 2013.

DIAN02 Dianda, J.; Gurbani, V.; and Jones, M. "Session Initiation Protocol Services Architecture." *Bell Labs Technical Journal*, Volume 7, Number 1, 2002.

DEBE07 Debeasi, P. "802.11n: Beyond the Hype." *Burton Group White Paper*, July 2007. www.burtongroup.com

DELL12 Dell, Inc. *Software Defined Networking: A Dell Point of View*. Dell White Paper, October 2012.

DEER96 Deering, S., et al. "The PIM Architecture for Wide-Area Multicast Routing." *IEEE/ACM Transactions on Networking*, April 1996.

DIJK59 Dijkstra, E. "A Note on Two Problems in Connection with Graphs." *Numerical Mathematics*, October 1959.

DINA98 Dinan, E., and Jabbari, B. "Spreading Codes for Direct Sequence CDMA and Wideband CDMA Cellular Networks." *IEEE Communications Magazine*, September 1998.

DIVS98 Divsalar, D.; Jin, H.; and McEliece, J. "Coding Theorems for 'Turbo-Like' Codes." Proceedings, 36th Allerton Conference on Communication, Control, and Computing, September 1998

DOI04 Doi, S., et al. "IPv6 Anycast for Simple and Effective Communications." *IEEE Communications Magazine*, May 2004.

DONA01 Donahoo, M., and Clavert, K. *The Pocket Guide to TCP/IP Sockets*. San Francisco, CA: Morgan Kaufmann, 2001.

EKLU02 Elkund, C., et al. "IEEE Standard 802.16: A Technical Overview of the WirelessMAN™ Air Interface for Broadband Wireless Access." *IEEE Communications Magazine*, June 2002.

FALL12 Fall, K., and Stevens, W. *TCP/IP Illustrated, Volume 1: The Protocols*. Reading, MA: Addison-Wesley, 2012.

FELL01 Fellows, D., and Jones, D. "DOCSIS Cable Modem Technology." *IEEE Communications Magazine*, March 2001.

FIOR95 Fiorini, D.; Chiani, M.; Tralli, V.; and Salati, C. "Can We Trust HDLC?" *ACM Computer Communications Review*, October 1995.

FLOY94 Floyd, S. "TCP and Explicit Congestion Notification." *ACM Computer Communication Review*, October 1994.

FLOY99 Floyd, S., and Fall, K. "Promoting the Use of End-to-End Congestion Control in the Internet." *IEEE/ACM Transactions on Networking*, August 1999.

FORD62 Ford, L., and Fulkerson, D. *Flows in Networks*. Princeton, NJ: Princeton University Press, 1962.

FRAN10 Frankel, S.; Graveman, R.; Pearce, J.; and Rooks, M. *Guidelines for the Secure Deployment of IPv6*. NIST Special Publication SP800-19, December 2010.

FRAZ99 Frazier, H., and Johnson, H. "Gigabit Ethernet: From 100 to 1,000 Mbps." *IEEE Internet Computing*, January/February 1999.

FREE98a Freeman, R. "Bits, Symbols, Baud, and Bandwidth." *IEEE Communications Magazine*, April 1998.

FREE98b Freeman, R. *Telecommunication Transmission Handbook*. New York: Wiley, 1998.

FREE02 Freeman, R. *Fiber-Optic Systems for Telecommunications*. New York: Wiley, 2002.

FREE04 Freeman, R. *Telecommunication System Engineering*. New York: Wiley, 2004.

FREE05 Freeman, R. *Fundamentals of Telecommunications*. New York: Wiley, 2005.

FREE07 Freeman, R. *Radio System Design for Telecommunications*. New York: Wiley, 2007.

FREN13 Frenzel, L. "An Introduction to LTE-Advanced: The Real 4G." *Electronic Design*, February 2013.

FURH94 Furht, B. "Multimedia Systems: An Overview." *IEEE Multimedia*, Spring 1994.

GALL62 Gallager, R. "Low-Density Parity-Check Codes." *IRE Transactions on Information Theory*, January 1962.

GEIE01 Geier, J. "Enabling Fast Wireless Networks with OFDM." *Communications System Design*, February 2001. http://www.csdmag.com

GERL80 Gerla, M., and Kleinrock, L. "Flow Control: A Comparative Survey." *IEEE Transactions on Communications*, April 1980.

GESB02 Gesbert, D., and Akhtar, J. " Breaking the Barriers of Shannon's Capacity: An Overview of MIMO Wireless Systems." *Telektronikk*, January 2002.

GESB03 Gesbert, D., et al. "From theory to practice: An overview of MIMO space—Time coded wireless systems." *IEEE Journal on Selected Areas in Communications*, April 2003.

GHOS10 Ghosh, A., et al. "LTE-Advanced: Next-Generation Wireless Broadband Technology." IEEE Wireless Communications, June 2010.

GONZ00 Gonzalez, R. "Disciplining Multimedia." *IEEE Multimedia, July–September* 2000.

GOOD02 Goode, B. "Voice Over Internet Protocol (VoIP)." *Proceedings of the IEEE*, September 2002.

GOTH11 Goth, G. "Software-Defined Networking Could Shake Up More than Packets." *IEEE Internet Computing*, July/August, 2011.

GOUR02 Gourley, D., et al. *HTTP: The Definitive Guide*. Sebastopol, CA: O'Reilly, 2002.

GREE80 Green, P. "An Introduction to Network Architecture and Protocols." *IEEE Transactions on Communications*, April 1980.

HAAR00a Haartsen, J. "The Bluetooth Radio System." *IEEE Personal Communications*, February 2000.

HAAR00b Haartsen, J., and Mattisson, S. "Bluetooth—A New Low-Power Radio Interface Providing Short-Range Connectivity." *Proceedings of the IEEE*, October 2000.

HALL01 Hall, B. *Beej's Guide to Network Programming Using Internet Sockets*. 2001. http://beej.us/guide/bgnet

HALP10 Halperin, D., et al. "802.11 with Multiple Antennas for Dummies." *Computer Communication Review*, January 2010.

HARJ00 Harju, J., and Kivimaki, P. "Cooperation and Comparison of DiffServ and IntServ: Performance Measurements." *Proceedings, 23rd Annual IEEE Conference on Local Computer Networks*, November 2000.

HATA80 Hata, M. "Empirical Formula for Propagation Loss in Land Mobile Radio Services." *IEEE Transactions on Vehicular Technology*, March 1980.

HAWL97 Hawley, G. "Systems Considerations for the Use of xDSL Technology for Data Access." *IEEE Communications Magazine*, March 1997.

HAYK09 Haykin, S. *Communication Systems*. New York: Wiley, 2009.

HEGG84 Heggestad, H. "An Overview of Packet Switching Communications." *IEEE Communications Magazine*, April 1984.

HELL01 Heller, R., et al. "Using a Theoretical Multimedia Taxonomy Framework." *ACM Journal of Educational Resources in Computing*, Spring 2001.

HIND83 Hinden, R.; Haverty, J.; and Sheltzer, A. "The DARPA Internet: Interconnecting Heterogeneous Computer Networks with Gateways." *Computer*, September 1983.

HOFF00 Hoffman, P. "Overview of Internet Mail Standards." *The Internet Protocol Journal*, June 2000.

HUIT00 Huitema, C. *Routing in the Internet*. Upper Saddle River, NJ: Prentice Hall, 2000.

HUMP97 Humphrey, M., and Freeman, J. "How xDSL Supports Broadband Services to the Home." *IEEE Network*, January/March 1997.

IBM95 IBM International Technical Support Organization. *Asynchronous Transfer Mode (ATM) Technical Overview*. IBM Redbook SG24-4625-00, 1995. http://www.redbooks.ibm.com

IEEE12 IEEE 802.3 Ethernet Working Group. *IEEE 802.3 Industry Connections Ethernet Bandwidth Assessment*. July 2012. http://www.ieee802.org/3/ad_hoc/bwa/

IREN99 Iren, S.; Amer, P.; and Conrad, P. "The Transport Layer: Tutorial and Survey." ACM Computing Surveys, December 1999.

ITUT05 ITU-T. *MPLS Layer Network Architecture*. ITU-T Recommendation Y.1370, 2005.

IWAM10 Iwamura, M., et al. "Carrier Aggregation Framework in 3GPP LTEAdvanced." *IEEE Communications Magazine*, August 2010.

JACO88 Jacobson, V. "Congestion Avoidance and Control." *Proceedings, SIGCOMM '88, Computer Communication Review*, August 1988; reprinted in Computer Communication Review, January 1995; a slightly revised version is available at http://ee.lbl.gov/nrg-papers.html

JACO90a Jacobson, V. "Berkeley TCP Evolution from 4.3 Tahoe to 4.3-Reno." *Proceedings of the Eighteenth Internet Engineering Task Force*, September 1990.

JACO90b Jacobson, V. "Modified TCP Congestion Avoidance Algorithm." *end2endinterest mailing list*, April 20, 1990, ftp://ftp.ee.lbl.gov/email/vanj.90apr30.txt

JAIN90 Jain, R. "Congestion Control in Computer Networks: Issues and Trends." *IEEE Network Magazine*, May 1990.

JAIN92 Jain, R. "Myths About Congestion Management in High-Speed Networks." *Internetworking: Research and Experience*, Volume 3, 1992.

JAME11 James, J. *A Student's Guide to Fourier Transforms*. Cambridge, England: Cambridge University Press, 2011.

JARS11 Jarschel, M., et al. "Modeling and Performance Evaluation of an OpenFlow Architecture." *Proceedings, International Teletraffic Congress*, 2011.

KAMM07 Kammler, D. A *First Course in Fourier Analysis*. Cambridge, England: Cambridge University Press, 2007.

KANE98 Kanel, J.; Givler, J.; Leiba, B.; and Segmuller, W. "Internet Messaging Frameworks." *IBM Systems Journal*, Number 1, 1998.

KARN91 Karn, P., and Partridge, C. "Improving Round-Trip Estimates in Reliable Transport Protocols." *ACM Transactions on Computer Systems*, November 1991.

KENT87 Kent, C., and Mogul, J. "Fragmentation Considered Harmful." *ACM Computer Communication Review*, October 1987.

KERN12 Kern, S. "OpenFlow Protocol 1.3.0 Approved." *Enterprise Networking Planet*, May 17, 2012.

KHAN89 Khanna, A., and Zinky, J. "The Revised ARPANET Routing Metric." *Proceedings, SIGCOMM '89 Symposium*, 1989.

KHAR98 Khare, R. "The Spec's in the Mail." *IEEE Internet Computing*, September/October 1998.

KLEI76 Kleinrock, L. *Queueing Systems, Volume II: Computer Applications*. New York: Wiley, 1976.

KLEI92 Kleinrock, L. "The Latency/Bandwidth Tradeoff in Gigabit Networks." *IEEE Communications Magazine*, April 1992.

KLEI93 Kleinrock, L. "On the Modeling and Analysis of Computer Networks." *Proceedings of the IEEE*, August 1993.

KNUT98 Knuth, D. *The Art of Computer Programming, Volume 2: Seminumerical Algorithms*. Reading, MA: Addison-Wesley, 1998.

KOFF02 Koffman, I., and Roman, V. "Broadband Wireless Access Solutions Based on OFDM Access in IEEE 802.16." *IEEE Communications Magazine*, April 2002.

KOHL06 Kohler, E.; Handley, M.; and Floyd, S. "Designing DCCP: Congestion Control Without Reliability." *ACM Computer Communication Review*, October 2006.

KONH80 Konheim, A. "A Queuing Analysis of Two ARQ Protocols." *IEEE Transactions on Communications*, July 1980.

KRIS01 Krishnamurthy, B., and Rexford, J. *Web Protocols and Practice: HTTP/1.1, Networking Protocols, Caching, and Traffic Measurement*. Upper Saddle River, NJ: Prentice Hall, 2001.

KUMA98 Kumar, V.; Lakshman, T.; and Stiliadis, D. "Beyond Best Effort: Router Architectures for the Differentiated Services of Tomorrow's Internet." *IEEE Communications Magazine*, May 1998.

KURV09 Kurve, A. "Multi-User MIMO Systems: The Future in the Making." *IEEE Potentials*, November/December 2009.

LAWR01 Lawrence, J. "Designing Multiprotocol Label Switching Networks." *IEEE Communications Magazine*, July 2001.

LAYL04 Layland, R. "Understanding Wi-Fi Performance." *Business Communications Review*, March 2004.

LAYL10 Layland, R. "The Dark Side of Server Virtualization." *Network World*, July 7, 2010.

LEIN85 Leiner, B.; Cole, R.; Postel, J.; and Mills, D. "The DARPA Internet Protocol Suite." *IEEE Communications Magazine*, March 1985.

LIMO12 Limoncelli, T. "OpenFlow: A Radical New Idea in Networking." Communications of the ACM, August 2012.

LIN84 Lin, S.; Costello, D.; and Miller, M. "Automatic-Repeat-Request Error-Control Schemes." *IEEE Communications Magazine*, December 1984.

LI02 Li, V., and Zhang, Z. "Internet Multicast Routing and Transport Control Protocols." *Proceedings of the IEEE*, March 2002.

LI05 Li, J., and Chen, H. "Mobility Support for IP-Based Networks." *IEEE Communications Magazine*, October 2005.

LIN04 Lin, S., and Costello, D. *Error Control Coding*. Upper Saddle River, NJ: Prentice Hall, 2004.

MACK99 Mackay, D., and Neal, R. "Good Error-Correcting Codes Based on Very Sparse Matrices." *IEEE Transactions on Information Theory*, May 1999.

MARS09 Marsan, C. "7 Reasons MPLS Has Been Wildly Successful." *Network World*, March 27, 2009.

MART02 Martin, J., and Nilsson, A. "On Service Level Agreements for IP Networks." *Proceedings, IEEE INFOCOMM'02*, 2002.

MAXE90 Maxemchuk, N., and Zarki, M. "Routing and Flow Control in High-Speed Wide-Area Networks." *Proceedings of the IEEE*, January 1990.

MAXW96 Maxwell, K. "Asymmetric Digital Subscriber Line: Interim Technology for the Next Forty Years." *IEEE Communications Magazine*, October 1996.

MCDO91 McDonald, C. "A Network Specification Language and Execution Environment for Undergraduate Teaching." *Proceedings of the ACM Computer Science Educational Technical Symposium*, March 1991.

MCFA03 McFarland, B., and Wong, M. "The Family Dynamics of 802.11." *ACM Queue*, May 2003.

MCQU80 McQuillan, J.; Richer, I.; and Rosen, E. "The New Routing Algorithm for the ARPANET." *IEEE Transactions on Communications*, May 1980.

MEDD10 Meddeb, A. "Internet QoS: Pieces of the Puzzle." *IEEE Communications Magazine*, January 2010.

METC76 Metcalfe, R., and Boggs, D. "Ethernet: Distributed Packet Switching for Local Computer Networks." *Communications of the ACM*, July 1976.

METZ02 Metz, C. "IP Anycast." *IEEE Internet Computing*, March 2002.

MILL10 Mill, K., et al. *Study of Proposed Internet Congestion Control Mechanisms*. NIST Special Publication 500-82, May 2010.

MOCK88 Mockapetris, P., and Dunlap, K. "Development of the Domain Name System." *ACM Computer Communications Review*, August 1988.

MOGU02 Mogul, J. "Clarifying the Fundamentals of HTTP." *Proceedings of the Eleventh International Conference on World Wide Web*, 2002.

MOY98 Moy, J. *OSPF: Anatomy of an Internet Routing Protocol*. Reading, MA: Addison-Wesley, 1998.

MUKH00 Mukherjee, B. "WDM Optical Communication Networks: Progress and Challenges." *IEEE Journal on Selected Areas in Communications*, October 2000.

MYUN06 Myung, H.; Lim, J.; and Goodman, D. "Single Carrier FDMA for Uplink Wireless Transmission." *IEEE Vehicular Technology*, September 2006.

NOWE07 Nowell, M.; Vusirikala, V.; and Hays, R. "Overview of Requirements and Applications for 40 Gigabit and 100 Gigabit Ethernet." *Ethernet Alliance White Paper*, August 2007.

NAGL84 Nagle, J. *Congestion Control in IP/TCP Internetworks*. RFC 896, 6 January 1984.

OJAN98 Ojanpera, T., and Prasad, G. "An Overview of Air Interface Multiple Access for IMT-2000/UMTS." *IEEE Communications Magazine*, September 1998.

OKUM68 Okumura, T., et al. "Field Strength and Its Variability in VHF and UHF Land Mobile Radio Service." *Review of the Electrical Communications Laboratory*, 1968.

OLIV09 Oliviero, A., and Woodward, B. Cabling: *The Complete Guide to Copper and Fiber-Optic Networking*. Indianapolis: Sybex, 2009.

ONF12 Open Networking Foundation. *Software-Defined Networking: The New Norm for Networks*. ONF White Paper, April 12, 2012.

PARE12 Pareit, D.; Moerman, I.; and Demester, P. "The History of WiMAX: A Complete Survey of the Evolution in Certification and Standardization for IEEE 802.16 and WiMAX." *IEEE Communications Surveys and Tutorials*, Fourth Quarter 2012.

PARK88 Park, S., and Miller, K. "Random Number Generators: Good Ones Are Hard to Find." *Communications of the ACM*, October 1988.

PARK11 Parkvall, S.; Furuskar, A.; and Dahlman, E. "Evolution of LTE Toward IMTAdvanced." *IEEE Communications Magazine*, February 2011.

PARZ06 Parziale, L., et al. *TCP/IP Tutorial and Technical Overview*. IBM Redbook GG24-3376-07, 2006. http://www.redbooks.ibm.com/abstracts/gg243376.html

PAXS96 Paxson, V. "Toward a Framework for Defining Internet Performance Metrics." *Proceedings, INET '96*, 1996. http://www-nrg.ee.lbl.gov

PERA10 Perahia, E., et al. "IEEE 802.11ad: Defining the Next Generation Multi-Gbps Wi-Fi." *Proceedings, 7th IEEE Consumer Communications and Networking Conference*, 2010.

PERL00 Perlman, R. *Interconnections: Bridges, Routers, Switches, and Internetworking Protocols*. Reading, MA: Addison-Wesley, 2000.

PETE61 Peterson, W., and Brown, D. "Cyclic Codes for Error Detection." *Proceedings of the IEEE*, January 1961.

PETR00 Petrick, A. "IEEE 802.11b—Wireless Ethernet." *Communications System Design*, June 2000. http://www.commsdesign.com

PICK82 Pickholtz, R.; Schilling, D.; and Milstein, L. "Theory of Spread Spectrum Communications—A Tutorial." *IEEE Transactions on Communications*, May 1982.

PROA05 Proakis, J. *Fundamentals of Communication Systems*. Upper Saddle River, NJ: Prentice Hall, 2005.

RAJA97 Rajaravivarma, V. "Virtual Local Area Network Technology and Applications." *Proceedings, 29th Southeastern Symposium on System Theory*, 1997.

RAMA88 Ramabadran, T., and Gaitonde, S. "A Tutorial on CRC Computations." *IEEE Micro*, August 1988.

RAMA00 Ramalho, M. "Intra- and Inter-Domain Multicast Routing Protocols: A Survey and Taxonomy." *IEEE Communications Surveys and Tutorials*, First Quarter 2000.

RAMA06 Ramaswami, R. "Optical Network Technologies: What Worked and What Didn't." *IEEE Communications Magazine*, September 2006.

RAPP02 Rappaport, T. *Wireless Communications*. Upper Saddle River, NJ: Prentice Hall, 2002.

REED09 Reed, B. "What's Next for MPLS?" *Network World*, December 21, 2009.

REEV95 Reeve, W. *Subscriber Loop Signaling and Transmission Handbook*. Piscataway, NJ: IEEE Press, 1995.

ROBE78 Roberts, L. "The Evolution of Packet Switching." *Proceedings of the IEEE*, November 1978.

SAIR02 Sairam, K.; Gunasekaran, N.; and Reddy, S. "Bluetooth in Wireless Communication." *IEEE Communications Magazine*, June 2002.

SCHU98 Schulzrinne, H., and Rosenberg, J. "The Session Initiation Protocol: Providing Advanced Telephony Access Across the Internet." *Bell Labs Technical Journal*, October–December 1998.

SCHU99 Schulzrinne, H., and Rosenberg, J. "The IETF Internet Telephony Architecture and Protocols." *IEEE Network*, May/June 1999.

SCHW80 Schwartz, M., and Stern, T. "Routing Techniques Used in Computer Communication Networks." *IEEE Transactions on Communications*, April 1980.

SHAN48 Shannon, C. "A Mathematical Theory of Communication." *Bell System Technical Journal*, July 1948 and October 1948.

SHAN02 Shannon, C.; Moore, D.; and Claffy, K. "Beyond Folklore: Observations on Fragmented Traffic." *IEEE/ACM Transactions on Networking*, December 2002.

SHEN95 Shenker, S. "Fundamental Design Issues for the Future Internet." *IEEE Journal on Selected Areas in Communications*, September 1995.

SHER04 Sherburne, P., and Fitzgerald, C. "You Don't Know Jack About VoIP." *ACM Queue*, September 2004.

SHOE02 Shoemake, M. "IEEE 802.11g Jells as Applications Mount." *Communications System Design*, April 2002. http://www.commsdesign.com.

SIKE00 Siket, J., and Proch, D. "MPLS—Bring IP Networks and Connection-Oriented Networks Together." *Business Communications Review*, April 2000.

SKLA93 Sklar, B. "Defining, Designing, and Evaluating Digital Communication Systems." *IEEE Communications Magazine*, November 1993.

SKLA01 Sklar, B. *Digital Communications: Fundamentals and Applications*. Englewood Cliffs, NJ: Prentice Hall, 2001.

SKOR08 Skordoulis, D., et al. "IEEE 802.11n MAC Frame Aggregation Mechanisms for Next-Generation High-Throughput WLANs." *IEEE Wireless Communications*, February 2008.

SPAR07 Sparks, R., and Systems, E. "SIP—Basics and Beyond." *ACM Queue*, March 2007.

STAL99 Stallings, W. *ISDN and Broadband ISDN, with Frame Relay and ATM*. Upper Saddle River, NJ: Prentice Hall, 1999.

STAL00 Stallings, W. *Local and Metropolitan Area Networks, Sixth Edition*. Upper Saddle River, NJ: Prentice Hall, 2000.

STAL05 Stallings, W. *Wireless Communications and Networks, Second Edition*. Upper Saddle River, NJ: Prentice Hall, 2005.

STEV96 Stevens, W. *TCP/IP Illustrated, Volume 3: TCP for Transactions, HTTP, NNTP, and the UNIX(R) Domain Protocol*. Reading, MA: Addison-Wesley, 1996.

TANT98 Tantaratana, S., and Ahmed, K., eds. *Wireless Applications of Spread Spectrum Systems: Selected Readings*. Piscataway, NJ: IEEE Press, 1998.

TEKT01 Tektronix. *SONET Telecommunications Standard Primer*. Tektronix White Paper, 2001. http://www.tek.com/document/primer/sonet-telecommunicationsstandard-primer

THOM96 Thomas, S. *IPng and the TCP/IP Protocols: Implementing the Next Generation Internet*. New York: Wiley, 1996.

TOYO10 Toyoda, H.; Ono, G.; and Nishimura, S. "100 GbE PHY and MAC Layer Implementation." *IEEE Communications Magazine*, March 2010.

VAUG11 Vaughan-Nichols, S. "OpenFlow: The Next Generation of the Network?" *Computer*, August 2011.

VENK05 Venkataraman, N. "Inside Mobile IP." *Dr. Dobb's Journal*, September 2005.

VERM04 Verma, D. "Service Level Agreements on IP Networks." *Proceedings of the IEEE*, September 2004.

VIN98 Vin, H. "Supporting Next-Generation Distributed Applications." *IEEE Multimedia*, July–September 1998.

VISW98 Viswanathan, A., et al. "Evolution of Multiprotocol Label Switching." *IEEE Communications Magazine*, May 1998.

VOGE95 Vogel, A., et al. "Distributed Multimedia and QoS: A Survey." *IEEE Multimedia*, Summer 1995.

WEIS98 Weiss, W. "QoS with Differentiated Services." *Bell Labs Technical Journal*, October–December 1998.

WHIT97 White, P., and Crowcroft, J. "The Integrated Services in the Internet: State of the Art." *Proceedings of the IEEE*, December 1997.

WIDM83 Widmer, A., and Franaszek, P. "A DC-Balanced, Partitioned, 8B/10B Transmission Code." *IBM Journal of Research and Development*, September 1983.

WILL97 Willner, A. "Mining the Optical Bandwidth for a Terabit per Second." *IEEE Spectrum*, April 1997.

WIMA12 WiMAX Forum. *WiMAX Forum Network Architecture: Architecture Tenets, Reference Model and Reference Points*. WMF-T32-001-R021v01, December 3, 2012.

WRIG95 Wright, G., and Stevens, W. *TCP/IP Illustrated, Volume 2: The Implementation*. Reading, MA: Addison-Wesley, 1995.

XI11 Xi, H. "Bandwidth Needs in Core and Aggregation Nodes in the Optical Transport Network." IEEE 802.3 Industry Connections Ethernet Bandwidth Assessment Meeting, November 8, 2011. http://www.ieee802.org/3/ad_hoc/bwa/public/nov11/index_1108.html

XIAO99 Xiao, X., and Ni, L. "Internet QoS: A Big Picture." *IEEE Network*, March/April 1999.

XIAO04 Xiao, Y. "IEEE 802.11e: QoS Provisioning at the MAC Layer." *IEEE Communications Magazine*, June 2004.

XION00 Xiong, F. *Digital Modulation Techniques*. Boston: Artech House, 2000.

YANG95 Yang, C., and Reddy, A. "A Taxonomy for Congestion Control Algorithms in Packet Switching Networks." *IEEE Network*, July/August 1995.

ZENG00 Zeng, M.; Annamalai, A.; and Bhargava, V. "Harmonization of Global Thirdgeneration Mobile Systems." *IEEE Communications Magazine*, December 2000.

ZHAN86 Zhang, L. "Why TCP Timers Don't Work Well." *Proceedings, SIGCOMM '86 Symposium*, August 1986.

ZHAN93 Zhang, L.; Deering, S.; Estrin, D.; Shenker, S.; and Zappala, D. "RSVP: A New Resource ReSerVation Protocol." *IEEE Network*, September 1993.

ZHAN95 Zhang, H. "Service Disciplines for Guaranteed Performance Service in Packet-Switching Networks." *Proceedings of the IEEE*, October 1995.

ZORZ96 Zorzi, M., and Rao, R. "On the Use of Renewal Theory in the Analysis of ARQ Protocols." *IEEE Transactions on Communications*, September 1996.

缩 略 语

A

AAL ATM Adaptation Layer ATM适配层

ADSL Asymmetric Digital Subscriber Line 非对称数字用户环线

AES Advanced Encryption Standard 先进的加密标准

AMI Alternate Mark Inversion 传号交替反转

ANS American National Standard 美国国家标准

ANSI American National Standard Institute 美国国家标准学会

ARP Address Resolution Protocol 地址解析协议

ARQ Automatic Repeat Request 自动重传请求

ASCII American Standard Code for Information Interchange 美国信息互换标准代码

ASK Amplitude-Shift Keying 振幅键控

ATM Asynchronous Transfer Mode 异步传递方式

B

BER Bit Error Rate 比特差错率

BGP Border Gateway Protocol 边界网关协议

C

CBR Constant Bit Rate 恒定比特率

CCITT International Consultative Committee on Telegraphy and Telephony 国际电报电话咨询委员会

CIR Committed Information Rate 许诺的信息速率

CMI Code Mark Inversion 传号码元反转

CRC Cyclic Redundancy Check 循环冗余检验

CSMA/CD Carrier Sense Multiple Access with Collision Detection 带冲突检测的载波监听多点接入

D

DCE Data Circuit-Terminating Equipment 数据电路终接设备

DEA Data Encryption Algorithm 数据加密算法

DES Data Encryption Standard 数据加密标准

DS Differentiated Services 区分服务

DTE Data Terminal Equipment 数据终端设备

F

FCC Federal Communications Commission （美国）联邦通信委员会

FCS Frame Check Sequence 帧检验序列

FDM Frequency-Division Multiplexing 频分复用

FSK Frequency-Shift Keying 频移键控

FTP File Transfer Protocol 文件传送协议

FM Frequency Modulation 调频

G

GFR Guaranteed Frame Rate 保证帧速率

GPS Global Positioning System 全球定位系统

H

HDLC High-Level Data Link Control 高级数据链路控制

HTML Hypertext Markup Language 超文本标记语言

HTTP Hypertext Transfer Protocol 超文本传送协议

I

IAB Internet Architecture Board 以太网体系结构研究会

ICMP Internet Control Message Protocol 网际控制报文协议

ICT Information and Communications Technology 信息和通信技术

IDN Integrated Digital Network 综合数字网络

IEEE Institute of Electrical and Electronics Engineers （美国）电气电子工程师协会

IETF Internet Engineering Task Force 因特网工程部

IGMP Internet Group Management Protocol 网际组管理协议

IP Internet Protocol 网际协议

IPng Internet Protocol-Next Generation 下一代IP协议

IRA International Reference Alphabet 国际基准编码

ISA Integrated Services Architecture 综合服务体系结构

ISDN Integrated Services Digital Network 综合业务数字网

ISO International Organization for Standardization 国际标准化组织

ITU International Telecommunication Union 国际电信联盟

ITU-T ITU Telecommunication Standardization Sector ITU电信标准部

L

LAN Local Area Network 局域网

LAPB Link Access Procedure-Balanced 平衡链路接入规程

LAPD Link Access Procedure on the D Channel D信道上链路接入规程

LAPF Link Access Procedure for Frame Mode Bearer Services 帧方式承载业务链路接入规程

LLC Logical Link Control 逻辑链路控制

M

MAC Media Access Control 媒体接入控制

MAN Metropolitan Area Network 城域网

MIME Multi-purpose Internet Mail Extension 多用途网际邮件扩充

MPLS Multiprotocol Label Switching 多协议标记交换

N

NRZI Nonreturn to Zero, Inverted 不归零反转

NRZL Nonreturn to Zero, Level 电平不归零制

NT Network Termination 网络终端

O

OSI Open Systems Interconnection 开放系统互联

OSPF Open Shortest Path First 开放最短路径优先

P

PBX Private Branch Exchange 用户小交换机

PCM Pulse-Code Modulation 脉冲编码调制

PDU Protocol Data Unit 协议数据单元

PM Phase Modulation 调相

PSK Phase-Shift Keying 相移键控

Q

QAM Quadrature Amplitude Modulation 正交调幅

QoS Quality of Service 服务质量

QPSK Quadrature Phase Shift Keying 四相相移键控

R

RBOC Regional Bell Operating Company 地区贝尔运营公司

RSVP Resource reSerVation Protocol 资源预约协议

S

SAP Service Access Point 服务访问点

SDH Synchronous Digital Hierarchy 同步数字体系

SDU Service Data Unit 服务数据单元

SLA Service Level Agreement 服务级别协约

SMTP Simple Mail Transfer Protocol 简单邮件传送协议

SNMP Simple Network Management Protocol 简单网络管理协议

SONET Synchronous Optical Network 同步光网络

SS7 Signaling System Number 7 7号信令系统

STP Shielded Twisted Pair 屏蔽双绞线

T

TCP Transmission Control Protocol 传输控制协议

TDM Time-Division Multiplexing 时分复用

TE Terminal Equipment 终端设备

U

UBR Unspecified Bit Rate 不指明比特率

UDP User Datagram Protocol 用户数据报协议

UNI User Network Interface 用户网络接口

UTP Unshielded Twisted Pair 无屏蔽双绞线

V

VAN Value-Added Network 增值网络

VBR Variable Bit Rate 可变比特率

VCC Virtual Channel Connection 虚电路连接

VLAN Virtual LAN 虚拟局域网

VPC Virtual Path Connection 虚通道连接

W

WDM Wavelength Division Multiplexing 波分复用

WiFi Wireless Fidelity 无线保真

WWW World Wide Web 万维网